国家出版基金项目
NATIONAL PUBLICATION FOUNDATION

畜禽粪污微生物治理
及其资源化利用丛书

Theory and Practice of Microbial Fermentation
Bed System for Livestock and Poultry Farming

畜禽养殖
微生物发酵床
理论与实践

刘　波
王阶平
蓝江林　　等 编著
张海峰

化学工业出版社

·北京·

内 容 简 介

本书为"畜禽粪污微生物治理及其资源化利用丛书"的一个分册，全书共分九章，以畜禽养殖微生物发酵床中理论与实践为主线，内容包括微生物发酵床起源与发展、微生物发酵床设计与应用、微生物发酵床环境监控、微生物发酵床垫料管理、微生物发酵床猪群管理、微生物发酵床大栏养猪实施案例、发酵床垫料微生物群落动态、微生物发酵床猪病生防机制，以及微生物发酵床推广应用等。

本书具有较强的知识性、系统性和针对性，可供从事畜禽粪污治理及其资源化利用的工程技术人员、科研人员和管理人员参考，也可供高等学校环境科学与工程、生物工程、生态工程、农业工程及其相关专业师生阅读参考。

图书在版编目（CIP）数据

畜禽养殖微生物发酵床理论与实践/刘波等编著. —北京：
化学工业出版社，2021. 11
（畜禽粪污微生物治理及其资源化利用丛书）
ISBN 978-7-122-40334-6

Ⅰ.①畜…　Ⅱ.①刘…　Ⅲ.①畜禽-生态养殖　Ⅳ.①S815

中国版本图书馆CIP数据核字（2021）第245293号

责任编辑：刘兴春　卢萌萌　刘　婧　林　洁　　　文字编辑：张春娥
责任校对：宋　玮　　　　　　　　　　　　　　　　装帧设计：王晓宇

出版发行：化学工业出版社(北京市东城区青年湖南街13号　邮政编码：100011)
印　　装：北京瑞禾彩色印刷有限公司
787mm×1092mm　1/16　印张46½　字数1104千字　2022年2月北京第1版第1次印刷
购书咨询：010-64518888　　　　　　　售后服务：010-64518899
网　　址：http://www.cip.com.cn
凡购买本书，如有缺损质量问题，本社销售中心负责调换
定　　价：398.00元　　　　　版权所有　违者必究

《畜禽养殖微生物发酵床理论与实践》

———————————— 编著人员名单 ————————————

刘 波	**蓝江林**	**陈 峥**	**王阶平**	**邵国青**	**张海峰**
朱育菁	**车建美**	**肖荣凤**	**阮传清**	**郑雪芳**	**陈德局**
刘国红	**陈梅春**	**潘志针**	**陈倩倩**	**林营志**	**葛慈斌**
黄素芳	**史 怀**	**苏明星**	**刘 芸**	**曹 宜**	**陈燕萍**
郑梅霞	**刘丹莹**	**刘 欣**	**夏江平**	**戴文霄**	**张习勇**

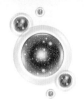

前言

PREFACE

畜禽粪污是畜禽养殖过程中产生的主要污染物。原农业部印发了《畜禽粪污资源化利用行动方案（2017—2020年)》，提供了资源化利用的7种典型技术模式，包括粪污全量收集还田利用模式、粪污专业化能源利用模式、固体粪便堆肥利用模式、异位发酵床模式、粪便垫料回用模式、污水肥料化利用模式和污水达标排放模式；其中，异位发酵床模式、粪便垫料回用模式等均为农村粪污资源化关键技术。微生物发酵床是利用微生物建立起的一套生态养殖系统，具有绿色低碳、清洁环保、就近收集、实时处理、原位发酵、高质化利用等特点，可为打造美丽乡村环境提供技术保障。

在科技部973前期项目、863项目、国际合作项目，国家自然科学基金、原农业部行业专项等的支持下，经过20多年的研究，作者所在团队结合污染治理、健康养殖、资源化利用的机理，围绕微生物发酵床组织编写了"畜禽粪污微生物治理及其资源化利用丛书"，包括了《畜禽养殖微生物发酵床理论与实践》《畜禽粪污治理微生物菌种研究与应用》《畜禽养殖废弃物资源化利用技术与装备》《畜禽养殖发酵床微生物组多样性》《发酵垫料整合微生物组菌剂研发与应用》5个分册，系统介绍微生物发酵床理论和应用技术。本丛书主要从微生物发酵床畜禽粪污治理与健康养殖出发，研究畜禽粪污治理微生物菌种，设计畜禽粪污资源化利用技术与装备，分析微生物发酵床微生物组多样性，提出了畜禽粪污高质化利用的新方案，为解决我国畜禽养殖污染及畜禽粪污资源化利用、为推动微生物农业特征模式之一的微生物发酵床的发展提供了切实可行的理论依据、技术参考和案例借鉴，有助于达到零排放养殖、无臭养殖、无抗养殖、有机质还田、智能轻简低成本运行，实现种养结合生态循环农业、资源高效利用，助力农业"双减（减肥减药)"绿色发展。

本丛书反映了作者及其团队在畜禽养殖微生物发酵床综合技术研发和产业应用实践方面所取得的原创性重大科研成果和创新技术。

（1）提出了原位发酵床和异位发酵床养殖污染微生物治理的新思路，研发了微生物发酵床养殖污染治理技术与装备体系，为我国养殖业污染治理提供技术支撑。

（2）创建了养殖污染治理微生物资源库，成功地筛选出一批粪污降解菌、饲用益生菌，揭示其作用机理，显著提升了微生物发酵床在养殖业中的应用和效果。

（3）探索了微生物发酵床的功能，研发了环境监控专家系统，阐明了发酵床调温机制，研究了微生物群落动态，揭示了猪病生防机理，建立了发酵床猪群健康指数，制定了微生物发酵床技术规范和地方标准，提升了发酵床养殖的现代化管理水平。

（4）创新了发酵床垫料资源化利用技术与装备，成功研制出机器人堆垛自发热隧道式固体发酵功能性生物基质自动化生产线，创制出一批功能性生物基质新产品，实现了养殖粪污的资源化利用。

本丛书介绍的内容中，畜禽粪污微生物治理及其资源化利用的关键技术——原位发酵床在福建、山东、江苏、湖北、四川、安徽等18个省份的猪、羊、牛、兔、鸡、鸭等的污染治理中得到大面积推广应用。据不完全统计结果显示，近年来家畜出栏累计达1323万头，禽类出栏累计达5.6亿羽，产生经济效益达142.9亿元，并实现了畜禽健康无臭养殖、粪污"零排放"。异位发酵床被原农业部选为"2018年十项重大引领性农业技术"，在全国推广超过5000套，成为养殖粪污资源化利用的重要技术。而且，使用后的发酵垫料等副产物被开发为功能性生物基质、整合微生物组菌肥、生物有机肥等资源化产品超过100万吨，取得了良好的社会效益、经济效益和生态效益。发酵床利用微生物技术，转化畜禽粪污，发酵为益生菌，促进动物健康养殖，也能提高发酵产物菌肥的微生物组数量并保存丰富的营养物质，不仅可实现污染治理，还提高了资源化利用菌肥的肥效，成为生态循环农业的重要技术支撑，推进农业的绿色发展。

本书为"畜禽粪污微生物治理及其资源化利用丛书"的一个分册，具体是以畜禽养殖微生物发酵床理论与实践为主线，共分九章：第一章微生物发酵床起源与发展，主要介绍了微生物发酵床的研究历史、研究进展、发展趋势和微生物发酵床时代的养猪革命；第二章微生物发酵床设计与应用，主要介绍了原位发酵育肥猪舍和母猪舍、低位发酵床猪舍、饲料发酵床猪舍、集装箱发酵床猪舍、方舱发酵床猪舍、竹林发酵床笋鸡共生系统和异位发酵床治污工艺系统的设计应用；第三章微生物发酵床环境监控，主要介绍了微生物发酵床环境监控系统和图像存证系统设计与应用、微生物发酵床表层温度分布特征、微生物发酵床猪舍环境参数变化动态；第四章微生物发酵床垫料管理，主要介绍了微生物发酵床垫料制作、垫料发酵、垫料发酵过程物质组变化、垫料发酵指数构建、垫料发酵程度电子鼻判别模型、垫料发酵等级色差判别技术；第五章微生物发酵床猪群管理，主要介绍了微生物发酵床隔栏设计、猪群生长、猪群行为、猪群健康生化指标测定、发酵床对猪肉品质的影响；第六章微生物发酵床大栏养猪技术规范与实施案例，主要介绍了微生物发酵床大栏养猪技术规范、实施案例；第七章发酵床垫料微生物群落动态，主要介绍了发酵床可培养微生物分析、微生物群落的宏基因组和脂肪酸组分析；第八章微生物发酵床猪病生防机制，主要介绍了生猪养殖及其病害管理、垫料微生物组结构变化、垫料主要微生物群落多样性、垫料微生物脂肪酸生态学特性、不同基因型大肠杆菌分布动态、大肠杆菌与沙门菌时空分布、不同发酵程度垫料大肠杆菌分布动态、垫料猪细菌病原种群动态、猪重要病原空间分布、猪舍空气中细菌种群分布、发酵床垫料猪病生防机理；第九章微生物发酵床推广应用，主要介绍了微生物发酵床养猪技术在我国主要地区的推广应用情况，以及微生物发酵床养殖技术在猪、牛、羊、兔、鸡、鸭、鹅等畜禽养殖中的应用情况。本书将理论与实践有效结合，具有较强的技术应用性、可操作性和针对性，可供从事畜禽粪污处理处置及资源综合利用的工程技术人员、科研人员和管理人员参考，也可供高等学校环境科学与工程、生物工程、农业工程及相关专业师生参阅。

本书主要由刘波、王阶平、蓝江林、张海峰等编著，邵国青、朱育菁、车建美、肖荣凤、陈峥、阮传清、郑雪芳、陈德局、刘国红、陈梅春、潘志针、陈倩倩、林营志、葛慈斌、黄素芳、史怀、苏明星、刘芸、曹宜、陈燕萍、郑梅霞、刘欣、戴文霄、夏江平、张习勇等参与了部分内容的编著，在此表示感谢。本书内容涉及成果在研究过程中得到了农业种质资源圃（库）（XTCXGC2021019）、发酵床除臭复合菌种（2020R1034009、2018J01036）、饲料微生物发酵床（2021I0035）、整合微生物组菌剂（2020R1034007、2019R1034-2）、微生物研究与应用科技创新团队（CXTD0099）、农业农村部东南区域农业微生物资源利用科学观测实验站（农科教发〔2011〕8号）、科技部海西农业微生物菌剂国际科技合作基地（国科外函〔2015〕275号）、发改委微生物菌剂开发与应用国家地方联合工程研究中心（发改高技〔2016〕2203号）等项目的支持；在图书编写和出版过程中得到了陈剑平院士、李玉院士、沈其荣院士、李玉院士、谢华安院士、赵春江院士、喻子牛教授、李季教授、姜瑞波研究员、张和平教授、李文均教授、朱昌雄研究员、王琦教授等精心指导，在此一并表示衷心的感谢。

限于编著者水平及编著时间，书中不足和疏漏之处在所难免，敬请读者斧正，共勉于发展微生物农业的征程中。

编著者
2021 年 1 月于福州

目录

第四章　微生物发酵床垫料管理　/137

第七章　发酵床垫料微生物群落动态 /245

第八章　微生物发酵床猪病生防机制

第九章　微生物发酵床推广应用 /484

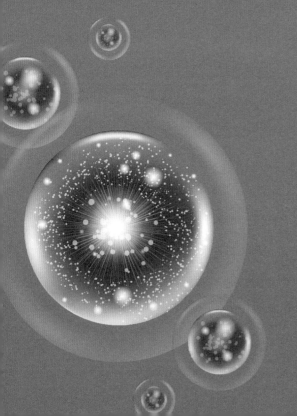

第一章
微生物发酵床起源
与发展

第一节
微生物发酵床研究历史

一、微生物发酵床养猪技术起源

1．中国古代猪圈垫草的方法

微生物发酵床养猪起源于中国猪圈垫草的方法，与中国古代的猪圈垫草产生厩肥的原理相似；据《沈氏农书》（1640）记载：猪圈垫以秸秆，"养猪六口，……垫窝草一千八百斤"。"磨路"，其实就是以碎草和土为垫猪圈材料，经猪踩踏后与粪尿充分混合而成的一种厩肥。《沈氏农书》大约是明崇祯末年（1640 年前后）由浙江归安（今浙江吴兴县）佚名的沈氏所撰，由张履祥辑补成《补农书》。张履祥（1611—1674），字考夫，号念芝，浙江桐乡杨园村（今浙江桐乡县）人。明亡后，其隐居家乡讲授理学兼务农，世称"杨园先生"，生平事迹载在《清史稿·儒林传》。他对《沈氏农书》极为欣赏，但尚感有不足，又根据本人经验和从老农那里得到的知识，约在清顺治十五年（1658 年）写成《补农书》，内容包括"补农书后""总论"和"附录"3 个部分，主要论述有关种植业、养殖业的生产和集约经营等知识，记载了桐乡一带较重要的经济作物如梅豆、大麻、甘

菊和芋芳等的栽培技术，内容相当广泛，且切实可行。乾隆年间，朱坤编辑《杨园先生全集》时，把《沈氏农书》与本书合为一本，分上下两卷，统称为《补农书》，故后世刊本多用此书名。中华书局 1956 年出版了以张履祥（辑补）为作者的《沈氏农书》，由陈恒力校点（张履祥辑补. 沈氏农书. 北京：中华书局，1956）。

2．现代微生物发酵床养猪的起源

许多学者认为现代微生物发酵床养猪技术源于日本，20 世纪 40 年代，日本微生物专家岛本觉也先生开创研究了一门新型农业高新技术——酵素菌技术（称岛本微生物农法），1955 年出版了《岛本微生物农业应用法》；50 年代，日本山岸会在日本本国和韩国、泰国、德国、瑞士、澳大利亚、美国、巴西 7 个国家设立了 50 多个"山岸农法"示范基地。这些基地遵循循环农业的原理，将养殖业与种植业有机地结合在一起，微生物发酵床养猪技术就

是其中的一项重要技术。1996 年，由日本岛本帮彦著、日本磐亚株式会社出版的《岛本微生物农业应用法（蔬菜·大田·果树·饲料实用技术篇）》，由郑重编译为中文版出版，将该技术系统地介绍到了中国。

二、国外微生物发酵床研究概况

1．日本

日本于 1970 年建立了第一个以木屑作为垫料的微生物发酵床系统。从 1992 年开始，日本鹿儿岛大学的专家开始对发酵床养猪技术进行系统研究，形成了较为完善的技术规范。1999 年，在鹿儿岛大学农学部附属农场召开了发酵床养猪技术的应用和推广观摩会，来自10 多个国家的 1000 多名专家、学者和农户参加了这次会议。从此，发酵床养猪技术得到了更为广泛的应用。目前，日本自然农业协会、山岸协会、鹿儿岛大学，韩国自然农业协会，以及中国畜禽养殖行业等都在大力推广和应用这项技术。

2．瑞典

关于发酵床养猪技术的起源，目前被全世界公认的看法是起源于北欧国家瑞典。在 20世纪 60 年代，瑞典的农民发明了一种厚麦秆作为垫料养猪的方法，当时应用的人并不多；到了 80 年代，瑞典在全世界首次颁布了不允许在饲料中添加抗生素的法规，自此，发酵床养猪技术得到推广应用（李锦程，2009）。

3．加拿大

1985 年，加拿大 Biotech 公司推出了以秸秆为垫料的发酵床系统（王钦军和杜维，2011）。Matte（1993）比较了发酵床（deep-litter housing）和漏缝地板猪舍的猪群生长性能，发现发酵床猪舍中 9～16 周龄的猪群体重增加比漏缝地板猪舍的猪群慢，但 16～20 周龄的猪群体重增加比漏缝地板猪舍的猪群快（$P \leqslant 0.004$。P 值是衡量控制组与实验组差异大小的指标，P 值小于 0.05，表示两组存在显著差异；P 值小于 0.01，表示两组的差异极其显著）；发酵床猪舍猪群的饲料转化率高于漏缝地板猪舍猪群；胴体产肉率没有明显差异（$P \leqslant 0.16$）。

4．法国

Bonneau 等（2008）对法国养猪模式的分析结果表明，与漏缝地板猪舍相比，农户小规模的微生物发酵床养猪（pigs raised on litter）能给动物提供更好的福利，有利于育肥猪的生长；发酵床养殖臭味较少，猪肉品质较好；发酵床模式提供了最优的养殖环境。

5．德国

Kaufmann 等（1997）研究了德国的微生物发酵床育肥猪（the biological-bed system for fattening pigs）养殖过程中的猪粪氮素流失情况。利用锯末作为发酵床的垫料，铺垫 50cm深，通过机械周期性翻耕。采集不同深度的垫料样品，采用输入、输出平衡方法测定猪舍内氮素挥发情况，结果表明，发酵床总氮的损失比堆肥的严重。Hoy 等（1997）比较了发酵床和漏缝地板猪舍的氨气（NH_3）和一氧化氮（NO）的浓度和排放情况，发现发酵床猪舍的氨气浓度比漏缝地板猪舍低 26%；与水泡粪处理相比，发酵床猪舍的一氧化氮排放更多。

6. 克罗地亚

Vladimir 等（2010）详细介绍了发酵床养猪（deep-litter pig keeping）技术，比较了发酵床养猪与传统养猪技术的优点与缺点，展望了该技术在克罗地亚的应用前景。由于发酵床养殖技术的生态效益及其给猪群带来的福利和健康好处，近几年来发酵床养殖技术在克罗地亚得到推广，用于高品质猪及猪肉的养殖与生产。但在生产和屠宰性能、微环境等方面还存在一些问题，说明还需要进一步优化发酵床养殖技术与管理过程。

7. 芬兰

在芬兰，微生物发酵床养殖系统被称为原位堆肥系统（*in situ* composting system）。Louhelainen 等（2001）比较分析了发酵床养猪模式对产生的恶臭物质种类和浓度的影响，分别用扩散管法测定氨浓度、叠层袋和气相色谱法测定小分子硫化合物、气相色谱 - 质谱联用技术（GC/MS）测定其他挥发性有机成分。从空气样品中共检测到 400 个有机成分，有 94 个疑似臭气物质；引起强烈、难闻臭气的物质主要是对甲基酚、$C_2 \sim C_7$ 羧酸类化合物和一些酮类物质（如 3- 羟基 -2- 丁酮、2,3- 丁二酮、2- 丁酮）；来自发酵床垫料锯末的萜烯类物质（如 α- 松油萜、β- 松油萜、3- 蒈烯和柠檬烯）是发酵床猪舍中主要的挥发性有机成分；在发酵床母猪舍能有效降低臭气物质含量，硫化物、羧酸类、酮类、对甲基酚的浓度大幅度下降；以锯末作为垫料提高了空气中萜烯类物质的含量；发酵良好的猪舍的空气中氨气和硫化氢含量低于发酵差的；但在垫料翻耕过程中，硫化氢含量会增加，可高达 $15mg/m^3$；其他臭气物质浓度均不超标。

8. 波兰

Knecht 等（2011）比较了发酵床（deep-litter housing）和漏缝地板猪舍的肠道寄生虫感染率及其对胴体产肉率的影响，分别调查了发酵床和漏缝地板猪舍各 60 头育肥猪的肠道寄生虫感染情况，共发现结节线虫（*Oesophagostomum* spp.）、猪蛔虫（*Ascaris suum*）和兰氏类圆线虫（*Strongyloides ransomi*）3 类线虫的虫卵，发酵床猪舍的感染率（25%±11.2%）比漏缝地板猪舍（38.3%±12.6%）的低；未发生感染的猪的平均胴体产肉率为 53.68%，而发生感染的平均胴体产肉率为 52.12%；胴体产肉率与寄生虫虫卵数量呈负相关（$F=5.52$，$P=0.02$。方差分析也叫 F 检验，F 值表示整个拟合方程的显著性，F 越大，表示方程越显著，拟合程度也就越好）。

Jankowska-Mąkosa 和 Knecht（2015）比较了浅垫料和深垫料（shallow and deep litter）发酵床养猪模式的寄生虫感染及其对胴体瘦肉量（lean meat content）和日增重（daily gains）的影响。研究对象包括 400 头育肥猪，分别在育肥的起始和结束期给每头猪称重，以计算平均日增重；发现了结节线虫和猪蛔虫感染，浅垫料发酵床的感染率高于深垫料发酵床；寄生虫感染明显影响育肥猪的育肥和屠宰性能，受寄生虫感染的猪的平均日增重比未发生感染的猪少约 60 g，未发生感染的猪胴体产肉率（55.2%）比受寄生虫感染的猪（52.0%）高。

9. 澳大利亚

Morrison 等（2003）比较了发酵床大栏（deep-litter large group housing）猪舍和传统猪舍未阉割公猪猪群的社会行为和取食行为。设立两个研究项目：项目 1 建立猪群的行为谱（ethogram），发酵床大栏猪舍的养殖密度为每头猪 1m²、每栏 200 头猪、1 个采食空间平均 8.3 头猪，传统猪舍的养殖密度为每头猪 0.7m²、每栏 45 头猪、1 个采食空间平均 8.5 头猪；项目 2 比较发酵床大栏猪舍和传统猪舍的猪群社会行为和取食行为，发酵床大栏猪舍的养殖密度与项目 1 相同，传统猪舍的养殖密度为每头猪 0.49 m²、每栏 20 头猪、1 个采食空间平均 10 头猪。当猪的平均体重为 60kg 时，从每栏中移除 5 头非焦点猪，使养殖密度达到每头猪 0.65 m²、1 个采食空间平均 7.5 头猪。每个项目设立 4 个重复，每个重复组里随机选择 10 头焦点猪进行行为观察与分析，研究均在白天进行。项目 1 从 21 ～ 22 周龄开始观察各种行为；项目 2 从 19 ～ 22 周龄开始观察社会行为，从 20 ～ 22 周龄开始观察取食行为。研究发现，与传统猪舍相比，发酵床猪舍猪群的站立时间更长（$P < 0.01$），坐和躺的时间更少（$P < 0.05$），运动时间也更长（$P < 0.001$）；发酵床猪舍猪群的物理圈交互（physical pen interactions）明显降低（$P < 0.05$），而社交触觉互动（social tactile interactions）（$P < 0.001$）、争食行为（agonistic behavior）（$P < 0.001$）和性行为（sexual behaviours）（$P < 0.01$）均明显增加；发酵床猪舍的猪群只在取食器 1 m 范围内取食的时间更少（$P < 0.05$）、争食事件更少（$P < 0.05$）、取食时间更长（$P < 0.05$），在取食器周边的社交频率更低（$P < 0.05$）。他们认为，传统猪舍猪群取食时间短、争食事件多的原因可能是在取食器中获得并把持 1 个取食位置比较困难；在发酵床猪舍有相对宽松的取食环境，容易导致猪的脂肪积累增多、饲料转化效率低。

10. 印度

Rahman 等（2015）分析了发酵床（deep-litter housing）猪舍和发酵饲料对猪的屠宰性能和猪肉品质的影响。研究对象为 48 头 2 个月龄的断奶仔猪（公、母猪各 24 头），设立 4 个研究组（公、母猪各 6 头）：实验组 E1，传统猪舍，饲喂发酵饲料；实验组 E2，发酵床猪舍，饲喂发酵饲料；实验组 E3，发酵床猪舍，饲喂传统饲料；对照组 C，传统猪舍，饲喂传统饲料。实验持续至 32 周龄，实验结束时，从每组选择公母各 3 头猪进行屠宰，分析屠宰性能和猪肉品质。结果表明，发酵床猪舍和发酵饲料对屠宰前重量、热胴体重量和屠宰率产生显著影响（$P < 0.01$），但对胴体长度、背膘厚度、腰部眼肌面积等无影响；可食用内脏、肝脏和心脏重量的差异显著（$P < 0.05$），肾脏重量无差异；不可食用内脏、猪头重量（$P < 0.01$）和肺脏重量的差异显著（$P < 0.05$），脾脏、胃重量无差异；整体分割特性和肉骨比、大肠和小肠的形态计量特性也存在显著差异；对猪肉的化学成分，如含水量、矿物质和总灰分产生显著影响，但对粗蛋白和脂溶性成分无影响；猪背最长肌的色泽、猪肉的嫩度

差异显著（$P < 0.01$）。因此，发酵床猪舍和发酵饲料能极大地提高猪的屠宰性能和猪肉品质。

三、中国微生物发酵床研究概况

1. 中国香港

中国香港于 1987 年引进原位发酵床养猪系统（pig-on-litter system），在当时仅覆盖 30cm 厚的锯末作为垫料，接入促进发酵的商业化细菌接种剂，猪圈养其上，猪粪在垫料中实现部分降解，对于猪粪处理来说，该技术又称为原位堆肥（in-situ composting）。Tam（1995）对原位发酵床垫料中的微生物丰度和嗜热菌活性进行了为期 10 个月的研究，结果表明，发酵床垫料具有较高的总好氧异养菌、硝化细菌和反硝化细菌丰度，以及耗氧率、ATP 含量、生物质 C 和 N 含量等微生物活性；这些参数在发酵床养猪初期和空置期较低，但当养猪及猪粪与垫料混合并开始原位降解后迅速上升，这表明猪粪和垫料对于维持较高的细菌丰度和活性是非常重要的。许多研究表明，垫料中本土细菌很快建立了高丰度的种群，能部分分解和矿化猪粪中的有机物，从而快速消除氨气和猪粪的臭味；正确管理的发酵床中，接种商业化细菌菌剂的作用很小，可以不再使用；用过的垫料含有大量的有机质、N、P、K 和微量元素，取出后进行堆肥发酵，腐熟后可以生产高质量的有机肥或土壤改良剂（Tiquia and Tam，1998a）。

香港城市大学的研究人员有很多关于使用后的垫料资源化利用的报道。Tam 和 Tiquia（1994）利用 4 种植物种子（莴苣、白菜、番茄和绿豆）的发芽率及根伸长（root elongation）评价不同使用时期的发酵床垫料的植物毒性。研究表明，使用 30 周的垫料的水浸出液对 4 种植物种子的发芽和根伸长无影响；使用 34 周后的垫料浸出液明显减缓种子的发芽；使用 45 周后的垫料浸出液中，4 种植物种子的发芽率分别为莴苣 1%、白菜 16%、番茄 21%、绿豆 44%，根的伸长率分别为 14%、24%、28%、100%。根伸长对垫料毒性更加敏感，与去离子水对照组相比，在所有垫料浸出液中根相对伸长率小于 50%（绿豆除外）；而且，随着垫料使用时间的延长，其浸出液对植物根伸长的抑制作用增强；莴苣、白菜、番茄的最终根长只有对照的 14%、24% 和 28%，而绿豆则相反，所有垫料浸出液促进其根的生长；过高的铜和氨氮浓度是垫料植物毒害的主要原因，使用越久的垫料越严重（Tam and Tiquia，1994）。Tam 和 Wong（1995）评价了原位发酵床使用后的垫料用于蔬菜栽培的肥效特性，研究发现：与使用了 3 个月的垫料相比，使用了 11 个月及以上的垫料具有更高的营养元素、电导率和 Cu、Zn 含量；使用这 2 种垫料改良的沙土能明显促进叶菜——菜心（Brassica parachinensis）的生长，并提高了产量；叶菜可食部分对 N、P、K 的积累以及蔬菜产量与垫料的使用时间相关，施用 20% ~ 30%（体积分数）的使用时间长的垫料可以获得最高的产量，其产量与施用化肥相当，蔬菜的营养物质含量比使用时间短的垫料要高，说明使用时间越长积累的可利用的营养成分就越多；尽管使用后的垫料含有较高的盐、Cu、Zn，但没有影响蔬菜的生长，蔬菜可食部分积累的 Cu、Zn 没有超标，说明垫料的重金属污染对于垫料在农田中的循环利用并不是一个值得关注的严重问题。

Tiquia 等（1997a）将发酵床养猪（pig-on-litter system）使用后的垫料（主要是锯末和猪粪）进行堆肥发酵，并研究了细菌接种剂和湿度调节对猪粪发酵的影响。细菌接种剂是垫料商业化的有机肥臭味控制菌剂。实验分为 4 个处理组：加添或不加添细菌接种剂各 2 个堆体，在堆肥起始阶段均将湿度调至 60%，在整个堆肥过程中，将加添或不加添细菌接种剂的各 1 个堆体的湿度始终维持在 60%。研究结果表明，未加细菌接种剂，且只在初期调节湿度的堆体的发酵效率差，甚至发酵 91 天腐解仍不完全；其他 3 个处理组，腐解速度快，56 天能够腐熟稳定，说明添加了细菌接种剂的堆体继续调节湿度不太重要，相反，在发酵过程持续调节湿度，继续添加菌种就没有意义。Tiquia 等（1997b）研究了翻堆频率对使用后的垫料堆肥发酵的影响。设置 2 个堆体，进行 3 种翻堆频率处理：处理组 A 每 2 天 1 次，处理组 B 每 4 天 1 次，处理组 C 每 7 天 1 次。结果表明，翻堆频率明显影响一些重要的堆肥参数：温度、pH 值、NH_4^+-N 含量、腐殖酸含量和 ATP 含量、种子发芽指数；整体来看，A 和 B 处理组的堆肥发酵速度快，C 组达到腐熟的时间长；植物毒性的清除效果 A、B 组比 C 组好。结果提示，每 2 天或 4 天翻堆 1 次比较合适，74 天可以达到腐熟，考虑到工作量的问题，建议每 4 天翻堆 1 次（Tiquia et al.，1997b）。Tiquia 和 Tam（1998）比较了翻堆和强制通风方式对发酵床垫料堆肥效果的影响，翻堆方式设置 2 个堆体，每 4 天人工翻堆 1 次；强制通风方式设置 2 个堆体，用空气泵强制通风。结果表明，2 种堆肥方式的堆肥效果基本相似，4 个堆体中的垫料均在 60 天后腐熟；堆肥过程中，4 个堆体的物理、化学和微生物的变化基本相似，均能有效地清除堆体中的沙门菌（Salmonella sp.）。因此，强制通风可以作为堆肥系统的一个替代方法（替代翻堆的方式）。

2．中国内地

养猪是我国农业生产的重要组成部分，是农民增收致富的重要手段之一，我国猪肉年产量 5000 万吨左右，居世界第一。据农业部（现农业农村部）统计，我国能繁母猪存栏量为 3397 万头，生猪存栏量为 3.3 亿头（2018 年 2 月），年生猪粪污排放量 40 亿吨。然而，在养猪业迅猛发展的同时，养猪粪污排泄造成的环境污染问题成为阻碍我国生猪产业可持续发展的重要因素。而目前养猪粪污处理主要采用的物理学方法、自然净化法以及生物学方法，由于存在耗能大、占地面积多、消纳时间长以及残渣二次污染等，都无法从根本上解决污染问题。

我国对微生物发酵床（microbial fermentation bed）养猪技术研究时间较晚，20 世纪末，长春市食用菌研究会开始了对此项技术的研究。21 世纪初，徐会连博士（2000 年）引进日本进口原菌种发酵，在福建等几个养猪场，开展了微生物发酵床养猪技术的推广。2002 年，吉林延边黎明农民大学、江苏镇江市科学技术局先后从韩国自然农业协会、日本鹿儿岛大学引进了这项技术，并在当地进行推广。江苏扬中市四墩子猪场于 2003 年引进了日本的发酵床养猪技术，经日本鹿儿岛大学的专家指点，利用当地土壤微生物发酵方法处理猪粪便，可以使猪舍内没有臭味，不造成环境污染，这受到了养猪界的高度赞扬。2005 年，福建省从日本引进洛东酵素菌种，并成立了福建洛东生物科技有限公司，在全省及全国推广此项技术。2005 年福建省农业科学院科研人员开展了微生物发酵床菌种国产化的研究。2006 年，山东省启动了"自然养猪法技术研究和推广"项目，于 2007 年通过试验并在全省推广（肖沪燕，2009）。山东省农业科学院畜牧兽医研究所和日本专家合作，双方共同开展微生物发酵床养猪技术的研究。而后，该技术在长江以北的山东、河北、内蒙古、吉林等地的中小规模养猪场（户）进行了试验，对育肥猪特别是哺乳和断奶仔猪应用效果良好。在冬季，由于菌体增殖发酵产热，发酵床表面温度可保持在 18 ～ 21℃，猪只增重快。另外，发酵床养猪还能节省劳力约 30%、节省水约 75%、节省饲料 20%～ 30%。

刘波和朱昌雄在其编写的《微生物发酵床零污染养猪技术的研究与应用》中系统阐述了微生物发酵床环境益生菌、微生物发酵床饲用益生菌、微生物发酵床益生菌工业化生产技术、微生物发酵床猪舍建造与管理、微生物发酵床远程监控技术、微生物发酵床垫料微生物群落动态、微生物发酵床养猪标准操作规程、微生物发酵床垫料的资源化等研究成果。目前，微生物发酵床养猪技术在我国大约 30 个省 / 市 / 自治区（西藏未应用）得到推广应用。

第二节
微生物发酵床研究进展

一、微生物发酵床养猪技术原理

微生物发酵床养猪技术又称自然养猪法、环保养猪法、生态养猪技术、零污染养猪技术等，国内外的学术名称有垫料养猪（pig on litter，breeding pig on litter）（Tiquia and Tam，1998a）、深层垫料系统（deep-litter-system）（Morrison et al.，2003）、猪粪原位降解系统（*in situ* decompostion of manure）、生物床系统（bio-bed system）、微生物发酵床（microbial fermentation bed）（刘波和朱昌雄，2009）等。其技术核心是根据微生态和生物发酵原理，筛选功能微生物，通过特定营养条件培养形成土著微生物原种；将原种按一定比例掺拌谷壳、木屑等材料，控制发酵条件，制成有机垫料；将垫料按一定厚度铺设在猪舍内，制成发酵床，利用生猪拱翻的生活习性，使垫料和排泄猪粪尿充分混合，通过微生物的原位发酵，使猪粪尿中的有机物质进行充分分解和转化；最终达到降解、消化猪粪尿，除去异味和无害化的目的。这是一种无污染、"零排放"的新型环保养猪技术（王连珠等，2008；刘波和朱昌雄，2009）。

与传统养猪模式相比，微生物发酵床养猪技术将微生态技术、发酵技术及畜禽养殖技术（樊志刚等，2008）结合了起来，具有如下诸多优点：①微生物发酵床养猪技术利用垫料中的有益微生物活性对猪的排泄物进行原位分解发酵，减少氨、一氧化二氮、硫化氢和吲哚等臭味物质的产生和挥发，使猪舍内无臭味，提高了猪舍的卫生水平（Chan et al.，1994）；②微生物发酵床猪舍一般采用全开放式，通风透气性好，温湿度适宜猪的生长，发酵床垫料松软，适应猪只翻拱的自然生活习性，改善了猪的生活环境（Morrison et al.，2007）；③与传统养猪法相比，发酵床猪舍的猪花在站立、拱翻等运动上的活动时间更多，机体抵抗力增强（Morrison et al.，2007），猪只发病减少，特别是呼吸道和消化道疾病的发生大幅下降，减少了抗生素的使用，可以提高育肥猪的蛋白质合成，增加机体氮沉积量，促进生长（谢红兵等，2011）；④猪粪尿与垫料的混合物在微生物的作用下迅速发酵分解，产生热量，中心温度可达 40 ～ 50℃，表层温度能维持在 25 ～ 30℃，能很好地解决猪舍的冬季保温难题，节约了能源；⑤无需冲洗猪舍，可节约大量用水，减少了废水排放。

二、微生物发酵床垫料组成

发酵床是垫料池及填入其中的垫料的总称，它是微生物发酵床养猪法中的核心组成之一。发酵床的面积根据猪的大小和饲养数量的多少进行确定，一般保育猪为 0.5 ～ 0.8 m²/ 头、育肥猪为 0.8 ～ 1.5 m²/ 头、母猪为 2.0 ～ 2.5 m²/ 头；好的垫料应该是价廉易得，它能使动物安乐、舒适，吸水、吸氨气性能强，粉尘少，有毒有害物质少，不易腐败（周开锋，2008），以 50% 稻壳 +50% 锯末 +1% 麸皮 +0.1% 菌种饲养效果较好（池跃田等，2011；董建平和王玉海，2012）。随着应用面积的扩大，垫料资源需求增加，出现了多元化的垫料配方。例如，用 65% 的棉秆、椰子壳粉等代替锯末、稻壳制作发酵床，在 30℃条件下，发酵效果较为稳定，降解猪粪的效果较好（李宏健等，2012）。以粉碎玉米秸秆为主、以花生壳为主或以锯末为主的发酵床饲喂生猪较常规水泥地面饲养组均能够提高猪的生长性能及免疫效果，且利用玉米秸秆和花生壳作为发酵床垫料能够明显提高猪的增重率和饲料利用率（高金波等，2012）。利用废弃食用菌块代替垫料原料中的锯末，对育肥猪生长性能的影响与对照组相比差异不显著，不影响饲养效果（邓贵清和蒋宗平，2011）。

三、微生物发酵床垫料管理技术

微生物发酵床养猪体系中，垫料发酵水平的控制是垫料管理的核心，如何使猪的排泄物数量与垫料的处理能力达到平衡对发酵床养猪非常关键。由于地区和操作过程的差异，有些猪场垫料的发酵效果并不理想，存在发霉、发酸、不发酵的现象，直接导致发酵的失败，造成人力、物力的大量浪费，甚至会造成猪的中毒现象。许多学者在发酵床气味控制、培养基调控、营养元素分解方面进行了大量的研究。要使垫料发酵成功，其湿度必须维持在 50% 左右，具有较高的 pH 值和较低的尿素、氨气和亚硝酸盐含量，但是不溶性蛋白质和硫酸盐含量较高，管理得当的发酵床垫料有利于控制恶臭气体的产生（Chan et al.，1994）。垫料发酵水平直接影响着发酵床的猪粪降解、臭气分解、物质转化、病原菌防控等（Groenestein and Van Faassent，1996）。宋泽琼等（2011）采用"盐梯度悬浮法"测定不同发酵时间发酵床垫料的悬浮率，根据垫料表观确定其发酵程度级别，构建垫料发酵指数方程，判别的相关系数高达 94.20%，能快速、准确地判定未知垫料的发酵程度，对生产具有指导意义。在日常饲养过程中，对于猪粪堆积比较多的地方，要及时疏粪；发酵床表面既要保持很松散，但又不能扬尘，要及时调节水分，否则易引致猪患呼吸道疾病；垫料减少明显要及时补充新鲜的；猪全部出栏后，最好将垫料放置干燥 2 ～ 3 天；将垫料从底部反复翻堆均匀 1 次，视情况可以适当补充发酵床菌种混合物，重新堆积发酵，间隔 24h 后即可再次进猪饲养（蒲丽，2011；安宝聚，2012；方如相，2012）。

四、微生物发酵床垫料微生物特性研究

在微生物发酵床的发酵过程中，猪粪尿排泄在垫料上，自然发酵不断进行，微生物在发酵进程中发挥着重要作用，微生物的种类和数量的变化影响着发酵床的运行状况，与禽畜粪便堆肥的腐熟过程有许多相似之处。郑雪芳等（2011）报道了微生物发酵床垫料在发酵过程中，随着使用时间的增加大肠杆菌的种群数量逐步减少，表层（第1层0～10cm）和底层（第4层60～70cm）分布量最大，第2层（20～30cm）分布量最少。大肠杆菌毒素基因的分布规律与之类似。垫料能明显抑制大肠杆菌的生长，垫料使用后期（第9个月）比使用初期（第1个月）大肠杆菌种群数量明显减少，降低幅度在67.45%～96.53%，说明微生物发酵床能抑制大肠杆菌特别是携带毒素基因大肠杆菌的生长，且对大肠杆菌的生防效果随使用时间的延长而增加（郑雪芳等，2011）。大肠菌群值均在 10^4CFU/100g 范围之内，符合GB 7959—1987（注：该标准现已被 GB 7959—2012 代替）中规定的无公害化指标，由此可以看出厚垫料养猪所得到的猪肉产品不存在大肠菌群超标等食品安全问题（栾炳志，2009）。

张庆宁等（2009）从生态养猪模式的发酵床中分离纯化得到 14 株优势好氧细菌，这些菌株耐高热，能产生多种与猪粪降解相关的酶类，除臭效果明显，对某些病原菌具有抑制作用，对猪安全并有促进生长的功能。刘让等（2010）通过实验室和野外采集样本，分离获得1株地衣芽胞杆菌、3株蜡样芽胞杆菌、1株短小芽胞杆菌、1株乳杆菌，这6株菌对大肠杆菌、葡萄球菌均有不同程度的抑制作用，且动物试验安全，为生态养猪提供了益生菌菌种。

刘云浩等（2011）比较了 6 种提取发酵床养猪垫料微生物总 DNA 的方法，发现十二烷基硫酸钠 - 十六烷基三甲基溴化铵（SDS-CTAB）结合法是一种高效、可靠的垫料微生物总DNA 提取方法，为进一步的分子生态学研究奠定了基础。刘波等（2008）运用脂肪酸生物标记法研究了零排放猪舍垫料微生物群落的多样性，结果表明不同生物标记多样性指数在垫料不同层次分布不同，由此提出了微生物群落分布的特征指标，构建发酵指数指示垫料的发酵特性。不少行业人士对能否使用消毒药对发酵床垫料进行消毒存在一些疑问，为此王振玲等（2009）采用二氧化氯和威特消毒王 2 种消毒药对其消毒后，通过垫料中的微生物菌落总数的变化，发现发酵床上的细菌数量随着消毒后时间的增加，细菌数量呈现一个先下降后上升的过程，不同取样层呈现出不同的变化趋势，表层相对明显，不同取样层的细菌数量在消毒后48 h 分别恢复到了60% 以上。

五、微生物发酵床垫料对猪病害抑制作用研究

郑雪芳等（2011）通过调查微生物发酵床养猪垫料大肠杆菌及其毒素基因的数量分布变化动态，分析微生物发酵床对猪舍大肠杆菌的生物防治作用。分离不同使用时间、不同层次垫料的大肠杆菌，利用聚合酶链反应（PCR）特异性扩增 β-D- 半乳糖苷酶基因 udiA 来鉴定、检测大肠杆菌，并对大肠杆菌 12 种毒素基因进行多重 PCR 检测，构建大肠杆菌种群分布的动态模型，分析微生物发酵床对大肠杆菌病原的生防效果。从不同使用时间、不同层次垫料分离鉴定出大肠杆菌 419 株，并从这些菌株中检测出 59 株携带毒素基因，毒素基因类型为8 种。其中，使用 1 个月的垫料的毒素基因阳性检出率最高，为 22.47%；其次是使用 7 个

月的垫料，为 16.5%；最低的是使用 9 个月的垫料，为 4.23%。在微生物发酵床垫料中，大肠杆菌种群数量的时间变化规律为：随着使用时间的增加种群数量逐步减少；种群数量空间变化规律为：表层（第 1 层 0 ～ 10cm）和底层（第 4 层 60 ～ 70cm）分布量最大，第 2 层（20 ～ 30cm）分布量最少。大肠杆菌毒素基因的分布规律与之类似。从构建的大肠杆菌种群分布动态模型可以看出，垫料第 1 层（$y=169.67x^{-1.0137}$）和第 3 层（$y=313.11x^{-2.1885}$）大肠杆菌种群数量随使用时间呈指数线性方程分布；第 2 层（$y=0.1006x^3-2.3733x^2+16.094x-22.454$）和第 4 层（$y=0.3159x^3+6.0913x^2-35.634x+79.513$）大肠杆菌种群数量随使用时间呈一元三次方程分布，说明垫料能明显抑制大肠杆菌的生长。垫料使用后期（第 9 个月）比使用初期（第 1 个月）大肠杆菌种群数量明显减少，降低幅度为 67.45% ～ 96.53%，说明微生物发酵床对猪舍大肠杆菌能起到显著的生物防治作用。微生物发酵床能抑制大肠杆菌特别是携带毒素基因大肠杆菌的生长，且对大肠杆菌的生防效果随使用时间的延长而增加。

卢舒娴（2011）通过调查微生物发酵床养猪垫料中细菌、真菌、放线菌的群落动态，并以大肠杆菌和沙门菌作为指示菌，分析了微生物发酵床对猪肠道细菌性疾病的生物防治作用。采用 NA、PDA 和高氏一号培养基［营养琼脂培养基（nutrient agar，NA）（g/L）：牛肉膏 3，蛋白胨 5，葡萄糖 2.5，琼脂 18，pH7.0；马铃薯葡萄糖琼脂培养基（potato dextrose agar，PDA）：马铃薯 200g，葡萄糖 20g，琼脂 15 ～ 20g，水 1000mL，pH 自然；高氏一号培养基：可溶性淀粉 20g，NaCl 0.5g，KNO_3 1g，$K_2HPO_4·3H_2O$ 0.5g，$MgSO_4·7H_2O$ 0.5g，$FeSO_4·7H_2O$ 0.01g，琼脂 15 ～ 20g，水 1000mL，pH 7.4~7.6］对不同使用时间、不同层次垫料中的细菌、真菌和放线菌进行分离，用特异性培养基伊红美蓝琼脂和亚硫酸铋琼脂分离垫料中的大肠杆菌和沙门菌，研究发酵床微生物群落动态，分析微生物发酵床对病原菌的生防效果。微生物发酵床中细菌是优势微生物，分布数量达到了 10^8 数量级，其群落动态呈现先上升后下降的趋势，真菌和放线菌的数量相对于细菌低 3 ～ 4 个数量级，并随着垫料使用时间的增加，分布数量逐渐减少。垫料有一定量大肠杆菌和沙门菌的分布，其相对含量与细菌总数呈显著的负相关，而与真菌和放线菌呈显著正相关，在垫料使用的后期（第 5 个月）比使用前期（第 1 个月）其分布数量明显较少，减少幅度分别为 82.8% ～ 100.0% 和 60.3% ～ 89.6%，说明微生物发酵床对猪舍大肠杆菌和沙门菌病原能起到显著的生物防治作用。

六、微生物发酵床养猪生态行为研究

唐建阳等（2012）比较了微生物发酵床养殖和传统的养殖条件下仔猪的行为特点，结果表明，两种养殖模式下仔猪躺卧和睡眠行为持续时间在被测的行为中比例最高，均达 70% 以上，采食和饮水行为次之，分别为 15.96%（微生物发酵床养殖）和 9.33%（传统的养殖）。相比传统养殖，微生物发酵床养殖下仔猪的探究行为发生的概率和持续时间比例明显增加，分别增加了 28.62% 和 12.21%；争斗行为发生概率和持续时间比例明显减少，分别减少了 49.83% 和 91.26%。引入营养指数和健康指数来评价微生物发酵床养殖下仔猪的健康状况，结果表明，微生物发酵床饲养下仔猪的营养指数和传统饲养下仔猪的营养指数相当，分别为 10.83 和 10.03，而微生物发酵床饲养下仔猪的健康指数明显高于传统饲养下仔猪的健康指数，分别为 245.12 和 21.96，说明微生物发酵床养殖模式下，仔猪的生长更加健康。

七、微生物发酵床的挥发性物质研究

猪排泄物在微生物作用下厌氧分解产生的恶臭物质多达 160 余种，主要包括挥发性脂肪酸、酚类、吲哚类、氨和挥发性胺、含硫化合物，其中，挥发性脂肪酸包括乙酸、丙酸、异戊酸、己酸等，吲哚和酚类化合物主要包括吲哚、粪臭素、甲酚和 4- 乙酚，挥发性含硫化合物来自粪中硫酸盐的还原和含硫氨基酸的代谢，主要包括硫化物、甲硫醇和乙硫醇（Le et al.，2005）。猪舍内粪尿分解产生的恶臭使猪抵抗力和免疫力降低，代谢活性减弱，生产性能下降，对疾病的易感性提高，长期生活在养猪场周边恶臭环境中的人们更易患气管炎、支气管炎、肺炎等呼吸系统疾病（Mitloehner and Schenker，2007）。

微生物发酵床猪舍为全开放式猪舍，猪的排泄物被垫料中的细菌作为营养迅速降解、消化，猪舍内无明显异味感。正常发酵状态下，微生物发酵床分解猪粪的过程产生挥发性物质，包括烷类、酯类、烯类、酚类、苯类、噻吩类和哌啶类等，如二丁基羟基甲苯、二十碳烷、二十六碳烷、二十七烷、二十五烷等（蓝江林等，2013）。良好发酵进程的发酵床可以减少尿素、氨、一氧化二氮、硫化氢、吲哚、3- 甲基吲哚等臭味物质产生和挥发，可以减少许多令人不愉快的气体。但是当垫料中的微生物因某些原因生长不良时，排泄在垫料上的猪粪无法分解，就会产生恶臭味，无法达到微生物降解猪粪的目的，这也是判别发酵床微生物发酵好坏的方法之一。如在混合肥料和锯屑的微生物发酵过程中，如果发酵条件不理想，就会产生污染空气的挥发性中间气体一氧化二氮（N_2O）和一氧化氮（NO），从而直接影响猪只的生长（蒲丽，2011）。

八、微生物发酵床垫料的资源化利用技术

对于已经达到使用年限，没有再生必要的垫料以及在垫料再生过程中淘汰的部分，可以经过高温堆肥处理，对垫料进行高温杀菌消毒和腐熟后，制成有机肥料使用，实现资源化利用（Morrison et al.，2003）。发酵床养猪系统中产生的有机垫料经过堆肥处理后的产物达到了有机肥料标准，其 pH 值为 7.23、有机质含量为 37.81%、全氮含量为 2.49%、全磷（P_2O_5）含量为 3.68%、总养分含量达到 7.59%，是一种优质的有机肥（黄义彬等，2011）。使用时间较久的养猪发酵床垫料含有高浓度的有机碳和营养素，其传导率以及铜（Cu）、锌（Zn）的含量也更高。但发酵不成功的垫料循环利用于农业土壤中，会产生危害植物的毒性物质，从而影响种子的发芽以及农作物的生长。在生猪养殖过程中，为了防治疾病、提高饲料利用率和促进生长，在饲料添加剂中大量使用铜、铁、锌、锰、钴、硒、碘、砷等中微量元素（黄玉溢等，2007）。由于一些重金属元素在动物体内的生物效价很低，大部分随畜禽粪便排出体外，从而增加了农用畜禽粪便污染环境的风险（刘荣乐等，2005）。应三成等（2010）对不同使用时间和类型的生猪发酵床垫料中的 22 个有机和无机成分进行了测定分析，使用 1～3 年的垫料中 Cu、Zn 的平均值接近或超过国家标准的最高允许含量，表明废弃垫料不能直接用作有机肥还田。而对于更加系统的资源化利用技术，尚未见更多报道，亟待更深入的研究。

九、微生物发酵床垫料资源化利用体系的构建

微生物发酵床技术在畜禽粪污控制方面显现出来的优势是无可比拟的，但在生产中也存在一些问题。因此，亟须对生产中出现的新问题开展深入研究，构建资源循环利用体系，引导产业链形成。微生物发酵床垫料资源化利用技术体系将养猪过程作为生物资源的转化过程，通过开发利用资源，进行清洁生产，并实现废弃物资源化利用，形成"资源—产品—再生资源"的闭环反馈式循环过程（刘波和朱昌雄，2009）。

在该循环技术体系中，养猪是核心环节，将猪作为高效生物反应器，生产猪肉产品和垫料人工腐殖质产品，然后，将垫料人工腐殖质作为生产原料，加工成为有机肥；接种功能微生物，加工成生物肥料（药）；部分替代食用菌的栽培料，栽培食用菌；调整配方，生产作物育苗基质；食用菌菌渣可再次用来生产有机肥或生物肥料（药）；这些产品用于农作物生产，生产饲料产品和发酵床原料产品，再用于发酵床养猪（图1-1）。如此，形成闭环循环，实现"最佳生产，最适消费，最少废弃"，达到人与自然和谐的、可持续发展的新型社会目标。

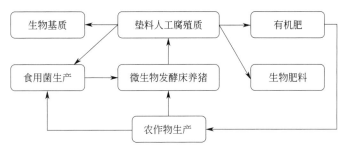

图1-1　微生物发酵床垫料资源化循环利用模式

第三节
微生物发酵床发展趋势

一、基于微生物发酵床养猪模式的生态安全探讨

1. 概述

微生物发酵床养猪是一种新型环保型养猪模式。该模式是根据微生态理论，利用微生物发酵控制技术，将微生物与锯木屑、谷壳或秸秆等按一定比例混合，进行高温发酵后作为有机物垫料，制成发酵床。将猪饲养在发酵床上，其排出的粪尿在垫料中经过微生物分解、消纳，不必冲洗猪舍，无粪污向外排放，形成无污染、无排放、无臭气的清洁生产，从源头上控制了养猪造成的环境污染，达到环保养猪的目的。这种模式是一种倡导慎重开发利用资

源、废弃物资源化、清洁生产、遵循自然生态系统的物质良性循环规律的经济发展模式。目前，随着环保压力的增加和养猪户环保意识的逐渐增强，越来越多的养猪户接受并运用微生物发酵床技术，并收到了良好的经济效益、生态效益和社会效益。然而，大面积运用这一技术存在的一些生态安全问题也开始逐渐显现，以下就这些问题进行探讨，并提出相应的解决对策，以期为深入开展微生物发酵床养猪技术的具体研究提供参考（蓝江林等，2010）。

2．微生物发酵床主要生态安全问题

（1）垫料资源缺乏，引起资源生态安全问题　目前养猪场所使用的发酵床垫料主要为谷壳和木屑，谷壳主要来源于米业加工，木屑则主要来源于木材加工行业。每头猪饲养面积需 $1.2 \sim 1.5m^2$，使用垫料厚度 $40 \sim 80cm$，需垫料约为 $0.48 \sim 1.2m^3$，其中 50% 为木屑，则需木屑 $0.24 \sim 0.6m^3$。按一个存栏 10000 头的养猪场来计算，则需木屑 $2400 \sim 6000~m^3$。农业部畜牧业司发布 2009 年 11 月生猪存栏 46590 万头，如果大面积采用微生物发酵床技术，对垫料资源的需求将是一个极其庞大的数字，必将对木材相关行业以及谷壳的市场供应形成巨大的影响（蓝江林等，2010）。

（2）抗生素、重金属等在垫料中累积，造成新的污染　目前全球至少有 70% 左右的抗生素被用于畜牧业和水产养殖业，这些抗生素大多不能被动物完全吸收，以母体或代谢物的形式排出动物体外的抗生素约占用药量的 40% ～ 90%（李兆君等，2008）。张树清等（2005）检测了我国七个省、市、自治区的规模化养殖场畜禽粪便的主要成分，结果表明，猪粪中土霉素平均含量为 9.09mg/kg，最高达 134.75mg/kg；四环素平均含量为 5.22mg/kg，最高达 78.57mg/kg；金霉素平均含量为 3.57 mg/kg，最高达 121.78mg/kg。由于含 Zn 和 Cu 等重金属的添加剂可改善猪的生长性能，相关企业在猪饲料中大量添加（游金明等，2003），而进入畜禽体内的 90% 的 Cu 元素和 90% ～ 95% 的 Zn 元素将从粪便中排出（贾秀英等，2005）。黄治平等（2007）研究发现连续 4 年施用猪粪的温室土壤中 Cu 和 Zn 大量积累，Pb、Cd、Ni 和 Cr 有积累的风险，土壤 pH 值降低，温室生产的部分番茄和黄瓜 As 含量超标，若连续以 $150m^2/（hm^2 \cdot a）$ 的猪粪施用于该研究区蔬菜温室，土壤中全 Cu 和全 Zn 含量分别经过 10 年和 15 年可能超过国家农田土壤二级标准。采用发酵床养猪，这些未被利用的抗生素、重金属就会全部吸收在垫料中，大量累积，直接利用这些垫料后，也会在土壤中积累，被作物吸收后，可能最终会富集于人体，严重威胁人类健康。

（3）发酵床垫料可能成为动物病原菌的滋生地，存在病害累积爆发的隐患　自然界存在着各种微生物，其中有各种病原菌，在普通养猪模式下，养猪场每天冲洗猪舍，定期对猪舍消毒，大大减少了微生物的存在，也能在很大程度上减少病原菌的存在。而在发酵床养猪模式下，只能对猪舍及垫料表面进行消毒，垫料则可能成为微生物良好的繁殖场所。据检测，每克新鲜垫料中，各种微生物的含量可达 1 亿个以上。虽然通过接种环境益生菌进行充分发酵后，达到 70℃ 的高温能消灭不耐受高温的微生物，但部分发酵不完全的垫料仍然保存了大量的微生物。在饲养过程中，一些生病的猪只携带的病原菌也可能保留在垫料中，造成病害累积爆发的隐患。

（4）垫料使用后出栏，缺乏相应的利用途径，大量堆积，形成新的废弃物污染　发酵床养猪在近几年大量兴起，一般的使用时间为 2～3 年，现在已经有许多垫料出栏，对于废弃的垫料，因地制宜的处理技术研究目前尚属空白领域，目前最简单直接的方法就是将其当作有机肥使用。然而，由于养猪场一般都处于比较偏远的地方，运输成本较高，加之农产品价格原因，有机肥的销量也十分有限；再者，多数养猪场经营比较专一，对有机肥的市场状况缺乏相应了解，也缺乏相应的使用或经营条件，因而，养猪场只好把出栏垫料堆积闲置，从而造成了新的废弃物污染，也形成了一种新的资源浪费。

3．安全措施探讨

（1）加快垫料资源替代研究　微生物发酵床的垫料一般选择吸水性强、透气性好的植物材料，研究者应根据本地的实际情况，选择来源丰富、成本低廉的材料，如谷壳、玉米秸秆、菌渣、花生壳等农业生物资源都可以作为垫料使用。一般来说，碳氮比值越高，垫料利用的年限越长；碳氮比值越低，垫料利用的年限越短。把碳氮比 > 25∶1 的垫料原料和碳氮比 < 25∶1 的营养辅料进行有效组合，提高垫料发酵的质量，延长垫料的使用时间，以最大限度地降低垫料成本（霍国亮等，2009a，b）。研究者应加强垫料配方的研究，在成本低廉、来源丰富、操作简便的原则下，筛选不同材料的配比组合，降低发酵床养猪的垫料成本。

（2）加强饲料源头控制　解决抗生素、重金属等的危害应该从源头上控制饲料中的添加，首先应规范使用配合饲料和添加剂，应该大力宣传科学养猪的知识，帮助生产者规范合理使用配合饲料和添加剂。指导养殖户科学防控动物疫病，规范用药，以减少重金属、药物等的使用残留。第二要加强饲料原料与饲料生产中重金属的监控。在收购饲料原料时加强重金属监控，将潜在风险从源头上降低到最小，对饲料加工工具和加工环境进行质量控制，定期监测饲料加工环境，降低在生产过程中引入的风险。第三是加强立法工作，实施标准化管理。严格按照《饲料和饲料添加剂管理条例》以及农业农村部发布的有关查处生产经营含有违禁药品的饲料和饲料添加剂的紧急通知来执行，加强畜产品质量安全追溯体系工程建设，实现畜产品从"饲养到餐桌"的全程质量控制，保证养殖户实行科学合理的饲养管理方法，使药物残留得到有效控制。

（3）制定技术规程，规范微生物发酵床养猪技术管理　对于微生物发酵床养猪，相关管理部门应尽快进行相关技术规程的制定，指导养猪人员规范技术管理。对于有条件的养猪场，可采用垫料发酵远程监控技术，监测猪场污染状况，解决污染预警失控的生态安全问题。

（4）开展产业循环技术研究，引导形成产业链，变废为宝　据检测，使用 2 年的垫料，有机质含量达 35% 以上、全氮含量高于 1.8%、全磷含量高于 2.2%、全钾含量高于 1.1%，所以其也可作为食用菌栽培基质使用。微生物发酵床养猪，实现了生物资源到生物肥料原位发酵的过程，猪粪、尿经过微生物的分解，充分发酵，除去了水分、臭味以及病原微生物，可直接作为生物有机肥使用；经研究，其可以替代双孢菇培养基质中的牛粪，大大降低双孢菇栽培的成本。垫料还可以作为生防菌生长的培养基，如青枯病生防菌、农作物枯萎病生防菌以及农残降解菌等，接种后，生产生物肥料（药），施用到农田，不但能肥田壮苗，还可防治农作物病害、降解农药残留。研究者要加快垫料资源化利用的研究，开发更多的垫料出栏后的使用技术，从理论基础、技术开发支持以及体系设计方面引导产业链的形成，降低微生物发酵床养猪的技术成本，实现养猪技术的快速发展。

4．讨论

微生物发酵床养猪在使用实践中带来了良好的社会效益，目前看来能够很好地解决养猪造成的环境问题，具有重大的推广意义和广阔的发展前景。然而，也存在一些不容忽视的生态安全问题，如垫料资源的生态安全问题、抗生素和重金属的累积、病原微生物的累积、废弃垫料的资源化利用等。这些问题产生的根本原因不在于技术本身，而是由于技术应用过程缺乏系统化的运行，因此解决这些问题还在于基于微生物发酵床养猪技术的特性，除了继续完善各技术细节的研究，亟须建立起一套体系化的运行机制。

二、低碳农业经济视角下无害化养猪微生物发酵床工程化技术体系

1．概述

低碳经济以低能耗、低排放、低污染为基础，其实质是提高能源利用效率和创建清洁能源结构，核心是技术创新、制度创新和发展观的改变。发展低碳经济是一场涉及生产模式、生活方式、价值观念和国家权益的全球性革命（林琳，2009）。低碳农业经济是低碳经济的有机组成部分，在农业生产经营的过程中，应尽可能减少各种生产资源的消耗，减少人力、物力、财力的投入，以最少的投入，获得最大的收益，同时在生产过程中，尽可能减少对环境、对社会的不良影响，这就是实现低碳经济的过程（王仕军，2009）。

我国是农业大国，农业的发展特别是养殖业的迅猛发展在使广大农民收入提高的同时，也会对环境造成很大的污染。据统计，1 个年出栏万头猪的养猪场，存栏猪约 5000 头，每天消耗饲料约 10t，排粪尿 20t，冲洗污水约 100t，一年产生约 43800t 污水、污物；我国养猪业生产量和饲养量占全球 1/2 以上，当时有专家预计到 2010 年每年畜禽粪便产生量将达到 45 亿吨，大量畜禽排泄物的处理已成为困扰养殖业进一步发展的新问题，而畜禽粪污作为生物质能源的利用也成为低碳农业经济研究中的一个热点。

2．无害化养猪微生物发酵床工程化技术体系设计

无害化养猪微生物发酵床工程化技术体系包括以下 4 个部分：

（1）养殖粪污降解技术体系　研发环境微生物——秸窠零排放Ⅰ号益生菌，用于猪舍粪便分解；设计养猪垫料组成配方；制定养猪垫料管理操作规程；使养猪粪尿实现就地消纳，无需冲洗猪舍，节约用水 90% 以上。

（2）饲用益生菌筛选、利用及评价体系　研发饲用微生物——秸窠零排放Ⅱ号益生菌，作为饲料添加剂喂饲猪，改善猪肠道微生物平衡，提高猪的免疫力，增强抗病能力，减少抗生素等药物用量。

（3）微生物发酵舍垫料远程监测体系　采用远程监控技术，实时监测和控制垫料的发酵过程，信息传递迅速便捷，远程指导养殖人员实施调控操作，实现管理过程的电子信息化，

减少规模使用的管理成本。

（4）垫料资源化循环利用体系　猪粪尿通过垫料上的微生物进行发酵、除臭、转化，可直接作为有机肥使用；还可作为食用菌培养基，收成后形成的废料作为功能（例如生防、固氮、解磷、解钾等）微生物的发酵培养基，可生产出生物有机肥料（药），施用到作物上，既可肥田，又可降解土壤中的农药残留、防治土传病害。

该体系通过生物废弃物就地消纳、管理过程网络信息化以及资源化循环利用，有望彻底解决养猪业环境污染问题，促进养猪业持续发展（图1-2）。

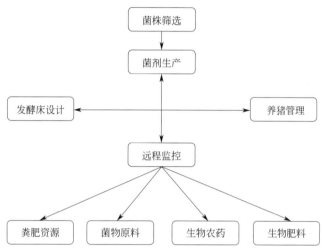

图1-2　远程监控养猪微生物发酵床零排放降污技术路线

3. 养殖粪污降解技术体系

核心技术包括：粪污降解环境微生物的筛选、培养技术；降解微生物菌剂的生产技术；菌剂的使用技术；生物垫料的制作及管理技术等。

环境微生物——秾寀Ⅰ号菌剂用于猪舍粪便分解，将秾寀环境微生物添加剂、锯末、谷壳、米糠、生猪粪按一定比例掺拌均匀，调整水分堆积发酵，杀灭病原菌。经充分发酵后，铺垫猪舍（40～100cm），形成以秾寀Ⅰ号菌为优势群落的生物发酵垫料。在适宜的养殖密度下，秾寀Ⅰ号菌在生物垫料中以生猪粪尿为营养保持生长活性，充分分解猪粪尿，达到猪舍无臭、无排放的环保要求。同时，运用猪舍垫料温度远程监控技术，通过无线终端自动采集垫料温度，将数据自动发送到互联网，实现远程监控，随时指导养猪户进行垫料管理。猪舍垫料一次投入，可连续使用3年。

4. 饲用益生菌筛选、利用及评价体系

核心技术包括：饲用益生菌的筛选、培养技术；益生菌剂的生产技术；益生菌剂的安全性评价技术等。

饲用微生物——秾寀Ⅱ号益生菌作为饲料添加剂。将秾寀饲用微生物添加剂按一定比例均匀拌入饲料喂养生猪，经特殊工艺加工的秾寀饲料添加剂进入生猪的肠道，能够有序地定植于黏膜、皮肤等表面或细胞之间形成生物屏障；这些屏障可以阻止病原微生物的定植，起

着占位、争夺营养、互利共生或拮抗的作用，阻止病原菌侵入，从而对致病菌的定植产生抑制作用。益生菌制剂可以成为非特异性免疫调节因子，增强吞噬细胞的吞噬能力和细胞产生抗体的能力，刺激动物产生干扰素，从而实现生猪肠道的菌群平衡，提高对饲料的吸收率，增强猪的抗病能力，大大降低生猪的发病率与死亡率。

5. 微生物发酵舍垫料远程监测体系

远程监测体系包括零污染猪舍垫料远程监控系统、猪舍远程监控系统、猪饲养网络管理系统、猪病防疫网络管理系统、养猪专家技术支持网络管理系统、猪饲料加工网络管理系统、猪场用工网络管理系统、猪生长状态实时视频监控网络管理系统、猪身份标记网络管理系统、猪屠宰与销售网络管理系统、猪场参与认养肉猪网络管理系统等。基于 IP 的网络化智能监控系统的构架，描述了测量、控制设备与网络相互连接组成一个系统的关系，整个系统构架基本分为三个网络层次：第一网络层次是各被控设备通过网络化智能监控装置连成一个监控网；第二网络层次是区域以太网（局域网）；第三网络层次是 Internet 网络系统。远程监控系统的软件包括两部分：一部分是无线测控终端软件；另一部分是网络管理系统软件。该软件运行能实现猪场地理位置的卫星定位、交通图显示、最近数据监测以及历史数据查询等，同时设置了猪场管理的软件入口。

系统通过采集分析垫料发酵温度参数，研究了垫料配方与堆垛升温的关系、不同配方垫料堆垛温度变化动态，建立了各处理堆垛温度模型；研究了季节温度对垫料堆垛温度的影响及其随时间的变化规律，建立的不同季节垫料堆垛温度预测方程为：

$$Y = -158.3874 + 0.2289x_1 + 15.1024x_2 - 0.03224x_1x_1 - 0.2583x_2x_2$$

式中，x_1 为堆垛时间；x_2 为季节气温。

6. 养殖垫料资源化循环利用体系

该体系包括养殖垫料使用标准评价指标、生物有机肥生产技术、功能有机肥发酵技术、食用菌筛选栽培技术等。养殖垫料经过 2～3 年的使用，猪排泄的粪、尿经过微生物的分解，充分发酵，除去了水分、臭味、病原微生物，可作为生物有机肥使用。据检测，使用 2 年的垫料，有机质含量达 35% 以上、全氮含量高于 1.8%、全磷含量高于 2.2%、全钾含量高于 1.1%。经试验，用使用过的垫料替代双孢菇培养基质中的牛粪，大大降低了双孢菇栽培的成本（图 1-3）。筛选适合在使用后的垫料中生长发酵的生防菌，如青枯病生防菌、农作物枯萎病生防菌以及农残降解菌等，接种后，生产生物肥（药），施用到田间，不但能肥田壮苗，还可防治农作物病害、降解农药残留。

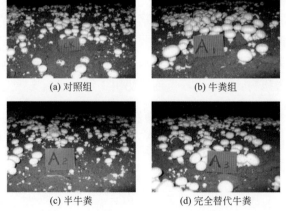

(a) 对照组　　　(b) 牛粪组

(c) 半牛粪　　　(d) 完全替代牛粪

图 1-3　养殖垫料作为食用菌栽培基质

7. 无害化养猪微生物发酵床工程化技术体系优点

无害化养猪微生物发酵床工程化技术体系包括以下优点。

（1）有望彻底解决养猪对环境的污染　采用无害化养猪微生物发酵床工程化技术后，养猪粪污能够就地分解消纳，猪舍通风透气，不需要每天冲洗猪舍，没有粪污等向周围环境排放，真正达到养猪零污染的目的。

（2）提高饲料利用率，改善猪肉品质　饲用益生菌的使用，改善了猪的肠道功能，提高了饲料转化率，节省饲料。猪饲养在垫料上，应激性小，生长健康，提高了猪肉品质。

（3）垫料多方面利用　垫料在使用3年后，既可直接作为有机肥使用，又可用于食用菌的栽培，或制成功能性肥药，循环利用、变废为宝。

（4）省工节本，提高效益　运用该技术无需冲洗粪尿，可节水90%以上；规模化猪场采用自动给食、自动饮水等技术，大量节省人工；采用远程监控技术，实时监测和控制发酵过程，实现规模管理的网络信息化，降低管理成本。在规模养猪场应用这项技术，经济效益十分明显。

运用无害化养猪微生物发酵床工程化技术从原理上完全可以实现资源循环利用，彻底解决养猪业造成的环境污染问题，但目前在生产上推广还存在一定的困难，主要包括以下几方面：①养猪户的认识问题；②与传统养猪方法的对接问题；③首次建造微生物发酵舍的成本问题。在推广过程中，这些问题是完全可以解决的。如养猪户的认识问题，通过开展宣传和技术培训，让养猪户认识到零污染养猪法的优点，同时结合成本分析，使养猪户认识到采用该技术体系在成本上没有显著增加；另外，随着养猪业环保压力不断增加，许多养殖户开始由被动到主动地接受并采用了这种养殖模式。针对与传统养猪方法的对接问题，该技术体系对猪舍的建设并非刚性限制，在实际应用中，根据原有的猪舍条件进行合理设计，加以适当改造即可，如采用调整猪舍垫层配方和铺垫高度等措施即可完成传统猪舍的改造。而针对首次建造微生物发酵舍的成本问题，在新建猪舍无需铺垫猪舍水泥地，可直接使用微生物发酵舍的垫料，比建造水泥地面更经济。同时，根据投资能力，可以将垫层高度调整在20～80cm之间，投资充足可以做80cm的垫层，实际中量力而行。

目前，随着政府和广大科技工作者的努力，越来越多的养殖户逐渐接受并实施无害化养猪微生物发酵床工程化技术体系，并收到了良好的经济效益、生态效益和社会效益。可以肯定的是，这一体系以其低能耗、低排放、低污染以及资源循环利用为技术核心，推动养猪业进行技术创新、模式创新，终将成为低碳农业经济体系的重要组成部分。

三、微生物发酵床人工腐殖质生产园区设计及运行推演

1. 概述

腐殖质（humus）是有机质经微生物作用形成的，在自然环境中广泛存在的芳香族醌类聚合物，约占水环境溶解有机质的50%、土壤有机质的80%。腐殖质含有大量的羧基、酚羟基、羰基、醇羟基等多种活性官能团，具有酸性、亲水性、界面活性、阳离子交换能力、

络合作用及吸附分散能力（Piccolo，2002）。腐殖质在环保、石油开采、农林园艺、医药、分析化学、电池工业等领域都具有广泛的应用价值（费秀鲁和陈宇飞，2001；梁重山等，2002；张乔良等，2004）。在自然界，土壤生成需要至少 500 年的时间，而腐殖质的含量和组成决定了土壤的肥力（童城，2008）。

微生物发酵床养猪技术利用微生物原位发酵技术，将锯末、谷壳、椰壳粉等农业副产物制作成垫料，生猪直接饲养在垫料上，其排泄的粪尿和垫料混合发酵、分解。垫料一般可使用 1 年以上，吸纳了充足的猪粪尿，经过充分的腐熟，从形态、营养成分的种类和含量方面看，都完全可以作为腐殖质来使用（刘波和朱昌雄，2009）。

由此，研究者们构建了资源循环利用体系，建设人工腐殖质生产示范园区，引导产业链形成。在该体系，重点着眼于使用后的垫料资源循环利用环节。转变传统观念，将生猪当作生物反应器，养殖过程看作是人工腐殖质的生产转化过程，生猪养殖不仅可获得猪肉产品，同时可获得垫料人工腐殖质；以垫料人工腐殖质作为生产原料，加工成为（生物）有机肥、食用菌栽培料以及蔬菜、花卉、苗木育苗基质等一系列产品。获得的系列产品用于农业生产，再次获得新的生物原料。通过对各生产环节资源的开发利用，实现清洁生产、废弃物资源化利用。

2. 微生物发酵床人工腐殖质园区的设计

假设微生物发酵床人工腐殖质园区占地 50 亩（1 亩≈666.67m²），规划建设 3 个生产区：①微生物发酵床大栏生态养猪场，进行生猪饲养，获得人工腐殖质原料；②生物基质厂，对人工腐殖质原料进行加工，生产各类生物基质产品；③智能温室，进行生物基质产品的应用。

（1）微生物发酵床大栏生态养猪单元

① 微生物发酵床大栏生态猪舍的设计与建设 猪舍选址要求：地势高、干燥、平缓的地方，背风向阳，光照时间长。猪舍采用单栋大栏设计，单栏面积 2000m²，每批饲养生猪 1500 头，设计建设猪舍 6 座。猪舍采用钢架结构，彩钢瓦覆顶，加装泡沫板层保温隔热。屋顶外装无动力风机，屋顶内加装轴流风机促进猪舍内的空气流通。纵向墙面采用可调卷帘封闭，横向墙面安装水帘、风机等降温设施。发酵床垫料槽地面水泥硬化，既保证地下水安全，同时又可防止阴雨季节地下水上溢损坏垫料。栏舍纵向各设 1m 宽采食台，采用全自动喂料系统，可自由采食。垫料厚度 80cm，采用全椰壳粉制作。

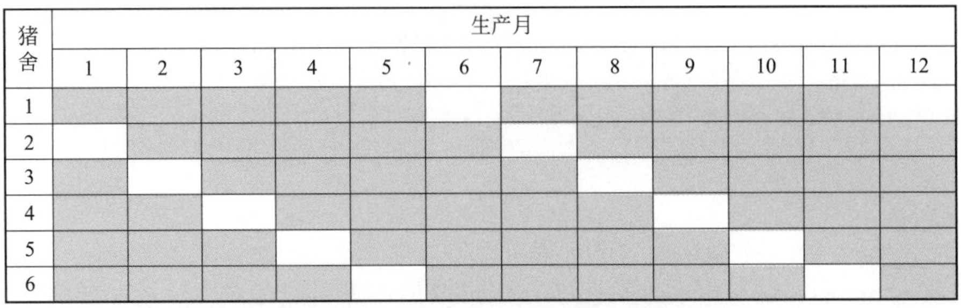

猪舍	生产月											
	1	2	3	4	5	6	7	8	9	10	11	12
1	■	■	■	■	■		■	■	■	■	■	
2		■	■	■	■	■		■	■	■	■	■
3	■		■	■	■	■	■		■	■	■	■
4	■	■		■	■	■	■	■		■	■	■
5	■	■	■		■	■	■	■	■		■	■
6	■	■	■	■		■	■	■	■	■		■

图1-4 饲养周期循环示意（空格表示间隔期）

根据生产线年加工生物基质 100000m³ 的设计生产能力,一期建设微生物发酵床大栏生态猪舍 6 座,单座 2000 m²,存栏 1500 头。每个猪舍间生产时间周期相错 1 个月,如图 1-4 所示。每批生猪饲养周期 5 个月,栏舍清洁消毒、垫料重新发酵等 1 个月,累计年出栏生猪 2 批次,计 1.8 万头。综合生产成本和效益的考虑,饲养生猪 2 批即垫料使用 1 年左右,营养含量达到国家有机肥标准,可以进行垫料更换,则第 12 个月开始垫料陆续出栏,年出栏垫料 6 批次,共 8640m³。

② 微生物发酵床大栏猪舍设施智能化调控　猪舍采用整体钢构建造,猪舍外建立农业生境自动观察站,全面采用计算机控制猪舍内的光、温、水、湿、风等环境因子。同时配备了卷帘、风机、水帘自动控制系统,以及微喷和轴流风机自动控制系统,可以根据猪舍外自动观察站的环境光、温、水、湿、风、雨采集数据,自动地控制猪舍内的卷帘、风机、水帘、微喷执行机构,调节猪舍内环境的光、温、水、湿、风,使得猪舍内的温度常年稳定在 29 ～ 31℃,湿度稳定在 60% ～ 80%。

③ 微生物发酵床大栏养猪垫料管理技术

a. 水分调节。垫料表面太干燥时要适当喷水,在湿度过大的地方加入适量的新椰壳粉,使其表面湿度保持在 45% 左右。

b. 通气性管理。猪舍采用大型旋耕机翻动垫料,翻动深度 30cm 左右。根据垫料湿度和发酵情况调整,一般每周结合疏粪管理或水分调节管理翻动 1 ～ 2 次即可。

c. 垫料补充。进猪一段时间后,猪舍中的垫料变少时,适当补充缺少部分,要及时补充添加一些垫料原料,保证垫床的厚度。

d. 空栏后管理。待猪全部出栏后,将垫料从底部反复翻动均匀,放置 2 ～ 3 天干燥,适当补充原料和发酵菌剂,重新堆垛发酵。发酵完成后,可再次进猪。发酵期间进行猪舍内全面清洁消毒。

(2) 生物基质自动化生产线的设计与应用　生物基质的基本材料为畜禽粪便和一些农业副产物(如秸秆、菌渣等)的发酵混合物,微生物发酵床人工腐殖质充分吸纳了生猪粪尿,并经过完全腐熟发酵,可直接用作生物基质原料。

设计合理的生产工艺路线是获得优质高效生物基质的基本保障,工艺的设计直接影响生产成本、生产效率和产品质量。顺承生猪养殖单元产生的原料路线,工艺的设计本着经济、便捷的原则,本单元模块功能为以微生物发酵床垫料为基材,生产生物基质,设计工艺流程如图 1-5 所示。

图 1-5　生物基质自动化生产线的工艺流程

生物基质自动化生产线采用自主设计的工程化固体发酵装置,利用微生物发酵自身产热(温度可达 70 ～ 80℃)消毒,在不使用外部供热的条件下实现无害化处理,根据产品要求再接种生防菌进行发酵。整个生物基质自动化生产线包括 4 个生产单元:①自动配料混合单元，包括主料仓、辅料料仓、皮带流量秤、双螺旋混合机，可按设定的配方自动配料；②干燥发酵造粒单元，包括隧道式自发热固体发酵装置、平模挤压造粒机、多级振动筛，可实现干燥、造粒、筛分等工序；③自动包装码垛单元，包括螺旋定量包装双秤、自动取袋、上袋包装设备、倒袋整形机、码垛机器人、自动托盘库，可实现自动包装、整形、检测、码垛、缠绕等功能；④中央控制单元，采用昆仑通态人机界面、嵌入式工艺流程过程控制，运行参数有自动/手动控制两种模式可选，对历史数据进行采集记录，可为生产工艺研究提供依据，整体工艺互锁，后续工序出错时自动停止前道工序。整套生产线通过自动化集成系统实现各生产阶段所有参数的计算机自动控制与数据采集，既可用于工程化实验室进行科研工作，也可将科研成果就地转化进行工业化生产。

（3）智能温室的设计建设　采用模块化装配式工艺建造，温室单体面积约 $10000m^2$（15亩），肩高 4.3m，顶高 6.5m。智能温室针对南方高温高湿气候条件设计，配有电动顶部蝶式开窗系统、侧部电动自然通风系统、高压喷雾降温系统、电动内遮阳系统、天然气加温及二氧化碳施肥系统、轴流风机空气循环系统、封闭式防虫系统、温光湿二氧化碳（CO_2）监测系统、出入口空气净化系统等。这些系统均由计算机自动控制，冬天自动加温，夏天自动降温，把温室的温、光、湿、CO_2 等植物生长环境因子控制在一个比较理想的范围内，实现果蔬全天候周年生产。

该智能温室采用作物无土栽培模式，作物栽培不与土壤接触，没有连作障碍问题；全程实施综合病虫害管理（integrated pest management，IPM），降低农药用量，绿色无污染、无农残；作物所需的营养肥料均由计算机专家系统根据植物生长阶段需求及环境条件实时控制，通过循环滴灌系统直接供给各个植物，实现按需供给且可追溯，节水省肥，高产优质，零排放，无农业面源污染；采收、分级、加工、保鲜标准化，运输存储全程冷链化，把产品在流通储存过程中的损失降到最低水平；作物生产全程机械化、智能化，省力、省工、省时，干活不脏不累，便于吸引新生代农民进入农业生产领域。

3. 投资估算及运行模式推演

（1）投资估算　基于疫病防控的原则，微生物发酵床猪舍建设相对独立，包括猪舍、员工宿舍及场区建设。根据已建设完成部分的实际投入，综合折算整个发酵床养猪场设施固定投资为 1000 万元。垫料采用椰壳粉为原料，使用成本约 260 元 $/m^3$，且一次投入可使用 2 年以上，用后垫料作为生物基质的加工原料，为下一生产单元的生产成本，因此可不计入生猪饲养成本核算。

整条（生物）有机肥生产线自行设计，采用（全）自动控制，年生产能力 10 万吨，通过自动化集成系统实现各生产阶段所有参数的计算机自动控制与数据采集，整个生产过程需固定人工 2 名，1 人负责投料，1 人承担码垛后的搬运工作。建成设备投资 260 万元，厂房及场地 240 万元，共 500 万元。智能温室 $10000m^2$，是对以色列智能温室大棚技术的引进、消化、再创新，作物栽培采用全新的作物无土栽培模式，水肥供应一体化。整个棚架设施投入 375 万元，水肥控制设备投入 125 万元，共 500 万元。

（2）运行效益估算　运行效益分以下 3 个单元分别估算。

① 微生物发酵床大栏生态养猪单位运行效益分析见表 1-1。年出栏生猪 2 批次，计 1.8

万头，平均每头 100kg，价格 14.0 元 /kg，产值可达 2520 万元；固定成本包括设施设备折旧费，可变成本包括购买猪苗、饲料、益生菌、药剂费用以及人员工资和水电费等。建成投产后可实现年利润 116 万元。

表1-1　生猪饲养收益表

项目	金额/万元	备注
生猪销售收入	2520	平均100kg/头，14.0元/kg
减去固定成本		
其中：年折旧费	33	折旧30年
减去可变成本		
其中：　猪苗	810	平均20kg/头，450元
饲料	1468.8	料肉比=3：1，单价3.4元/kg
益生菌	32.4	平均0.6kg/头，30元/kg
药剂	18	平均10元/头
年人工费	24	2500元/（人·月），共8人
年水电费	7.8	
其他	10	
利润	116	

② 生物基质 / 有机肥生产收益估算见表 1-2。饲养两批生猪后，垫料即用作生物基质生产，则年出栏垫料 8640m³，约 6912t，可直接作为普通有机肥使用，价格 500 元 /t，产值可达 345.6 万元；固定成本包括设施设备折旧费和固定性销售及管理费用，可变成本包括购买垫料费用、人员工资、水电费等。此项一年可实现利润 57.8 万元。若加工成生物有机肥等，单价可达 800 ～ 1000 元 /t，生产成本增加不会太大，经济价值会更高。该单元的设计生产能力为年产 10 万吨，若满负荷生产可实现 25 万头生猪饲养的粪污消纳，单位生产成本则相应更低，经济效益也会更高。

表1-2　生物基质/有机肥生产收益表

项目	金额/万元	备注
有机肥销售收入	345.6	单价500元/t
减去固定成本		
其中：年折旧费	16.7	折旧30年
固定性销售及管理费用	8	
减去可变成本		
其中：垫料	250	260元/m³，另加损耗补充
年人工费	6	人工2人，2500元/（人·月）
年水电费	2.1	150kW·h/天，200天/年
其他	5	
利润	57.8	

③ 智能温室生产收益估算见表 1-3。智能温室规划种植新品种樱桃番茄，周年采摘，亩

产 20t，年总产 300 t，每吨以 0.8 万元计（即 8 元 /kg），则年产值 240 万元。其中固定成本包括棚架设施、水肥供应处理设备折旧以及固定性销售及管理费用；可变成本包括种苗、栽培基质、年人工费以及年水、肥、电的费用等。此项可实现年利润 73 万元。综合整个园区，正式投产运行，年收益可达 246.8 万元以上。

表1-3 智能温室生产收益表

项目		金额/万元	备注
销售收入		240	单价8元/kg
减去固定成本			
其中：	棚架设施年折旧费	12.5	折旧30年
	水肥供应处理设备折旧费	12.5	折旧10年
	固定性销售及管理费用	8	
减去可变成本			
其中：	种苗	75	1000株/亩，50元/株
	栽培基质	15	1万元/亩
	年人工费	24	人工8人，2500元/(人·月)
	年水、肥、电费	15	1万元/亩
	其他	5	
	利润	73	

（3）经营管理流程 在整个园区设计中，可以实现 3 个生产链的功能：①生猪养殖 -（生物）有机肥生产 - 农作物应用；②生猪养殖 - 生物基质生产 - 农作物应用；③生猪养殖 - 食用菌栽培基质 - 食用菌生产。园区的功能是开放型的，即人工腐殖质产品的应用单元是由市场经营完成的。那么，可根据投资者的意愿，选择不同的产业链的延伸程度，如增加作物（苗木）生产或食用菌栽培单元，即可将园区的产业形成一个闭合的循环。

3 个生产单元独立经营，单独核算，可以以合作协议实现每个单元间的相互关联。对于养猪场来说，发酵床饲养实现了整个生产过程的清洁卫生，消除了环境污染。生物基质加工厂从养猪场获得养分丰富的生产原料，免去了营养成分添加环节，降低了生产成本。智能温室将生物基质产品直接进行种植利用，实现了资源转化。

4. 社会生态效益评价

微生物发酵床人工腐殖质园区的设计建设是设施农业的实践，按照工业化的理念进行农业投资与运营，具备十大现代农业模式特征：高投入、高产出、高效益、高标准、网络化、自动化、机械化、商业化、省土地、节人工（刘波等，2013）。该生产模式能使农业生产不再受季节、天气影响，能按市场需求生产无公害、新鲜、高品质、标准化的产品，大大提高了农产品的产量和价值。

从各单元采用的生产技术来考虑，微生物发酵床养猪能够从源头控制粪污对环境的污染，在生态效益方面的优势是其他处理技术无可比拟的。发酵床大栏生态养猪技术的应用，实现了整个饲养过程的机械化和自动化。废弃垫料的资源开发利用，延伸了产业链，改变了传统观念，突破了发展瓶颈，推动了技术革新。园区建成运行，消除了因粪污、臭气影响生态环境、周边居民生活环境而引起的社会生产矛盾问题，使养猪企业得以安心、安全生产，大大减少了养殖企业危机处理成本。综合技术体系的示范推广，将实现养猪业生态化发展，进一步降低成本，提高效益。这对于养殖业尽快实现向无污染化、节能减排化、绿色化的跨跃式发展具有重要意义。

四、微生物发酵床时代的养猪革命

1．问题的提出

我国是世界上养猪最多的国家之一，每年出栏 7 亿头生猪，生猪产值规模 1.6 万亿元，相当于粮食作物的总和，在农业产业中举足轻重，1.4 亿农民收入靠养殖业（14%）。

养殖污染会造成环境破坏。养猪也会引起严重的环境污染问题。7 亿头猪每年排放 40 亿吨污染物，养殖污染占农业面源污染的 85%，养殖业产生的污染物的化学需氧量（chemical oxygen demand，COD）是工业源 COD 的 4 倍。畜禽粪污排入水体的 COD 已超过生活和工业污水排放的总和，引起了诸多的问题，如生态失衡、资源消耗、环境破坏、空气污染、水体变质，进而会引发食品安全、生态安全、农业安全乃至生存安全等问题。养殖污染与秸秆污染并行，成为农业两大重要的污染源，人们为防治这两大污染进行着持续的投入。

近几年来猪肉价格呈不断上升趋势，这是因为：①养猪造成了严重的环境污染，占比较大的中小猪场被限养；②疫病发生频繁（包括近年来的非洲猪瘟），养猪越来越难；③由于各种贸易摩擦，减少了猪肉进口。

2．问题的思考

（1）原料消耗　养猪的问题在哪里？纵观所有产业，原料的大部分转化为产品、小部分成为废料；而在养猪业中，大部分原料（70% 饲料）转化成废料（猪粪），只有小部分（30%）成为猪肉；养殖业关心的是 30% 原料转化过程，猪粪作为放错位置的资源形成了污染。

（2）有机质来源　一方面农业耕地缺乏有机质，另一方面养殖废弃物成为污染源。地球上土壤耕作层 1000 年只能增加 1cm，耕地有机质含量 0.5% ～ 5%，低于 0.5% 无法耕种。我国耕地有机质平均含量为 2.4%，欧洲为 4.3%，日本为 5%；在化学肥料和农药双减的形势下，农业的发展在于土壤有机质的增加，有机质从哪里来？植物体在自然状态下转化成有机质需要 600 年，显然自然降解过程用时太长。

（3）养殖观念　那么能否改变养殖观念，使有机质取之不尽；养猪的目的一部分是利用猪粪，同时产生猪肉？这样，人们关心的养猪业原料的大部分（70%）就不会浪费，也避免了猪粪污染环境。

3．微生物发酵床养猪新技术

（1）发酵床历史　如何能有效地利用猪粪，先人已有记载，《沈氏农书》中记载了养猪发酵床的制作，"养猪六口，……垫窝草 1800 斤，……磨路，沤厕肥……"受此启发，用现代技术把猪粪利用起来，从大自然中找到了好帮手：微生物。

（2）发酵床原理与设计　人们设计了微生物发酵床养猪系统，将农业秸秆作为垫料，垫入猪舍，接种微生物，猪养在垫料上，猪粪与垫料混合，由微生物发酵降解产生人工腐殖质，既解决了农业秸秆和粪污的污染，又产生了新的资源——发酵垫料腐殖质。猪在这个系统中，作为生物反应器，将饲料植物体迅速地转化为猪粪（24h肠道消化），为发酵床提供原料。

（3）发酵床功能与技术　笔者所在的研究团队和中国农业科学院专家们一起，创新了发酵床模式，应用现代组学技术（微生物组、基因组、代谢组、转录组、物质组等）和远程监控技术揭示发酵床作用机理。微生物发酵床养猪技术流程为：单个猪栏 4500 m^2，底部垫入80cm 的农业秸秆加工成的垫料，接入微生物菌种，养殖 4500 头猪，1 个人管理，年出栏 1 万头猪。采用环境自动监控（光、温、水、湿、雨），机械翻耕，点状补料，微生物喷雾消毒，自动喂料，无抗饲养；养殖全程无粪污排放、无臭味产生、无蝇虫困扰；形成智能、卫生、轻简、高效、环保的零排放养猪系统，生产优质猪肉，产生大量有机肥，同时也消除了猪粪和秸秆污染的困扰。

（4）发酵床降污零排放　发酵床有极强的吸附臭味的能力，能够迅速地吸附臭味，降低氨气浓度，这是其他除臭方法不可比拟的；每克垫料含有 1800 种以上的微生物（细菌、真菌、原生动物），能有效地将猪粪（粪臭素产生粪臭味）原位分解消纳；发酵床处理猪粪能力极强，每立方米垫料每日可以处理 18kg 的猪粪尿；一个 4500m^2 养殖 4500 头猪的发酵床，每日能处理 27t 的猪粪，年处理能力约 9800t 猪粪，正好满足 4500 头猪年排放 9000 多吨猪粪的消纳。整个养殖过程中无臭味、无排放，同时年产优质有机肥 4000t，既提供了干净环保的养殖空间，又节省了粪污处理的人力、物力、财力投入。

（5）发酵床抗病保健康

① 微生物发酵床建立了一个微生物"生物安全"防控体系，发酵床内部和外部的温差形成猪舍空气正压效应，防止外部病原通过空气传入猪舍。调查结果表明，发酵床舍内空气微生物组成与舍外截然不同，舍内空气中含有许多生防菌，几乎不含病原菌，阻断了病原空气传播。

② 发酵床好氧发酵，构建了好氧菌生长环境，抑制了厌氧菌生长。

③ 发酵垫料富含益生菌，可直接杀死猪病原菌；垫料中间温度常年恒定保持在 40 ～ 45℃，在此温度范围内，病毒的生长繁殖被抑制，导致猪病毒在发酵床上难以生存。

④ 发酵床形成了粪菌移植机制，健康猪群在发酵床上面养殖，它可以通过粪便把健康肠道微生物通过发酵床垫料扩增，接种到下一代猪身上，促进猪的健康生长，此即为粪菌移植技术。粪菌移植技术目前在国际上用于治疗人类顽固性腹泻，在人类有一种坚强梭菌引起的腹泻，它可以对所有抗生素产生耐药性，只有从健康人群粪便中分离出肠道菌群，移植到不健康的人体内，才可以治病，这就是利用了粪菌移植技术；实际上发酵床的机理也是如此，可以保持隔代猪的健康。

⑤ 发酵床垫料产生大量的益生菌，猪取食后，能够调整肠道微生态平衡，提高饲料转化率，让猪处于一个健康平衡生长状态。

⑥ 发酵床实际上为养猪形成了一个从空气、垫料、肠道多角度防控猪病的防火墙，可

保障生猪健康生长。

（6）发酵床构建生态化的养殖空间 舒服的微生物发酵床环境保障猪的动物福利。猪也要有个"舒服的家"，发酵床建立了一个"大栏通铺"微生物垫，猪生活在"沙发"上，无抗养殖的自由采食、大空间的运动场、舒适的"沙发床"、无臭干净的环境，使得猪的运动翻拱天性得到发挥，而其翻拱垫料的过程可以将垫料和猪粪混合，增加通气量，促进猪粪发酵。在这样一个环境中，生猪之间的争食打斗现象大幅度下降，与传统养猪模式相比健康指数提升了 10 倍多。

（7）发酵床提供有机化的猪肉品质 健康的生长环境同时也提升了猪肉的品质。肮脏拥挤的猪舍让猪产生"坏脾气"，猪体内毒素分泌增加，影响猪肉品质。发酵床改善了猪的生长环境，抑制了生猪病原的发生，提升了猪的运动能力，增强了生猪健康状态，猪的运动指标血红素含量提高 36%，健康指标血糖含量降低了 41%，免疫指标（IgA、IgG、IgM 等）提升了 25%；健康生长的猪提供了优质的猪肉，猪肉品质关键指标肌间脂肪提高了 39%，生产出的猪肉具有"土猪肉"的风味，被人们称为"运动猪，优质肉，瘦不柴，肥不腻"。

4．微生物发酵床的类型拓展

在原位发酵床的基础上，发展出了异位发酵床、低位发酵床、饲料发酵床、集装箱发酵床、方舱发酵床等不同的发酵床模式。以下介绍异位发酵床和饲料发酵床的设计与应用。

（1）异位发酵床 异位发酵床的设计，即在不改变原来养猪模式的条件下，将原来养殖场的猪粪收集，通过管道送到异位发酵床上进行微生物降解消纳，生产有机肥。建立一个 $2400m^2$ 的模块化异位发酵床，垫料体积 $3600m^3$，日处理粪污 65t，年处理 23725t 粪污，满足了万头猪场粪污处理（日排放约 60t、年排放 21000t 粪污处理能力）的要求。异位发酵床处理粪污能力强，年粪污处理量相当于自身垫料重量的 20 多倍，同时，年产有机肥和生物基质 3000t，增加销售收入 250 万元，相当于多养了 1000 头猪，既解决了环保问题，又增加了产品收入。由于异位发酵床的无臭味、零排放、资源化、简便性、经济性、环保性等特性，被农业农村部选定为 2018 年的"农业重大领先性技术"在全国推广，目前已成为规模化养殖场环保处理装置的标配，全国大约 6000 多个猪场安装了异位发酵床。

（2）饲料发酵床 将牧草发酵饲料与发酵床结合起来，设计了一个 $400 m^2$ 的饲料发酵床，养殖 400 头育肥猪，用饲料牧草粉碎作发酵垫料，垫入发酵床，接种微生物，猪养在发酵饲料垫料上，取食发酵饲料。也许有人会提出疑问：这样猪会不会吃自己的粪便？其实不然，此时猪粪成为牧草发酵饲料的氮素添加，促进了牧草发酵转化成为发酵饲料，猪不会吃未发酵的粪便，而是会翻拱混合物，增加通气量，促进微生物发酵，形成优质的发酵饲料。该养殖过程非常简单，即在饲料发酵床做好后，每天割草投入猪舍，猪取食鲜草和发酵饲料，吃剩的鲜草进入发酵，如此往复循环。饲料发酵床也具有微生物发酵床的特性：猪粪原位发酵，资源化利用，无臭养殖，无抗生产，发酵的益生菌促进猪的生长，提升了猪的免疫抗病能力和猪肉的品质。牧草可以 100% 地替代猪饲料，解决了农民买饲料的资金问题。例如，农民夫妻 2 人，猪场建设花了 20 万元，猪种花了 20 万元，种草 30 亩花了 7 万元，精料补充 10.8 万元，水电运输费用 5 万元，共投入了 62.8 万元，年底卖猪收入 77 万元，一年净赚约 14 万元，基本收回了建设猪舍的成本，因此第二年养猪可净增收益 20 万元。

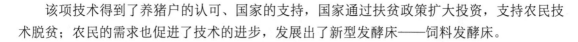

该项技术得到了养猪户的认可、国家的支持，国家通过扶贫政策扩大投资，支持农民技术脱贫；农民的需求也促进了技术的进步，发展出了新型发酵床——饲料发酵床。

5. 微生物发酵床时代的养殖革命

（1）发酵床养殖的优点　微生物发酵床养殖具有许多优点，笔者所在团队总结了发酵床畜禽养殖"543210"的优点，即五省，省水、省工、省料、省药、省电；四提，提高品质、提高猪抗病力、提高出栏率、提高肉料比；三无，无臭味、无蝇蛆、无环境污染；两增，增加经济效益、增加生态效益；一少，减少猪肉药物残留；零排放。

（2）微生物发酵床养殖　我国是一个农业大国，但耕地相对较少。因此，利用微生物发酵床，可以广泛地养殖猪、牛、羊、鸡、鸭、鹅等畜禽。

（3）微生物农业兴起　我国传统农业历经 5 千年的历史，自农耕时代起，人们就依托赖以生存的自然资源，发展种植、养殖和加工业，利用秸秆资源发展畜牧业，将畜禽粪便利用还田以培肥地力。在农业生产发展过程中，形成了一个个利用自然、涵养自然的生态微循环，也逐渐树立了"顺应自然"的绿色文明观。最近百年，农业经历了翻天覆地的变化，传统农业演替到化学农业、生态农业、绿色农业，进而发展到现代农业；一个新的农业时代已经到来——微生物农业兴起。微生物农业是基于微生物参与、种养结合的绿色发展理念，畜禽作为生物反应器，在微生物的协助下转化着植物产物，一部分产生益生菌促进自身健康生长，一部分为人类提供肉食品，一部分产生腐殖质用于植物的再生产，没有放错位置的资源剩余（废物产生），没有农业环境污染，演绎着人类、动物、植物、微生物的自然、和谐、共存的美好景象。

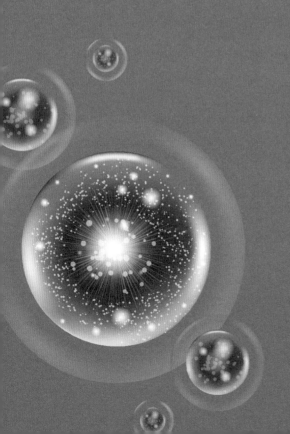

第二章
微生物发酵床设计
与应用

第一节
原位发酵床育肥猪舍设计与应用

一、概述

微生物发酵床养猪利用植物废弃物如谷壳、秸秆、锯糠、椰糠等，制作发酵床垫层，接种微生物，猪养殖在垫层上，排出的粪便由微生物分解消纳，原位发酵成有机肥。王诚等（2009）报道发酵床养猪为一种有机农业生产技术，即猪在发酵床上生长，猪粪污被发酵床垫料中的微生物分解，粪尿免清理，猪舍无臭味；徐旨弘等（2013）监测比较了传统水泥地板、塑料大棚、漏缝地板和发酵床的育肥猪舍的环境参数，结果表明，夏季时发酵床能显著降低舍内氨气和硫化氢浓度，冬季发酵床对猪舍能起到保温作用；章红兵等（2012）指出发酵床养猪能改善猪舍内环境；吴买生等（2010）报道了发酵床养猪的效益，结果表明，发酵床养猪饲料成本比对照组每头降低 20.7 元，眼肌面积、瘦肉率试验组比对照组分别提高 21.5% 和 3.04%，精氨酸提高 12.58%，发酵床猪舍不会造成肌肉中铜、铅、砷、汞、镉、铬的残留超标。采用发酵床养猪技术能改善胴体品质，节省用水，特别是猪舍臭味明显减少，无粪尿污水外排。

常规的发酵床单体猪舍面积在 25 ~ 100 m²，每栏饲养数量在 25 ~ 100 头，存在管理效率低、机械化程度低等问题。笔者设计了微生物发酵床育肥猪大栏养殖猪舍，单体猪舍面积超过 2000 m²，单栏养殖猪的数量超过 1500 头，现将相关研究结果介绍如下。

二、微生物发酵床育肥猪大栏养殖猪舍外观设计

微生物发酵床育肥猪大栏养殖猪舍的外观设计见图 2-1，猪舍设计为单体大栏，可同时饲养 1500 头育肥猪。猪舍由钢架结构建造，面积为 2100m²，长 35m、宽 60m，肩高 4m，顶高 6m，四周围设有一矮墙，矮墙高 1.2m；猪舍长边两侧设置有铝合金卷帘，短边两侧设置有湿帘和风机，屋顶外安装有喷雾降温装置；猪舍内沿四周设有一人行道，宽 1 m，人行道内侧设有围栏圈；栏圈内为发酵床、食槽，在发酵床的中央设有水槽，实行料水干湿分开；屋顶下方 1.5m 处设置有轴流风机，进行猪舍内通风；屋顶下方 2m 处设有微型喷雾消毒降温系统；猪舍外建立了环境参数，包括光亮、温度、水分、湿度、风量以及雨水量数据信息，自动调节猪舍内的温湿度。猪舍的建设成本比同等养殖规模的传统水泥地猪舍降低 16%，适合夏季通风降温，减少猪的热应激；冬季保温升温，减少育肥猪受冻；饲养空间大，便于机械化操作；活动范围大，便于育肥猪运动，减少猪个体争斗。

三、微生物发酵床育肥猪大栏养殖猪舍结构设计

（1）猪舍构成（见图 2-2）　猪舍为一长方形钢结构房子，建筑面积为 2100m²

（35m×60m），发酵床面积1910m²，占建筑面积的91%，四周设有喂食槽，饮水槽设置在发酵床的中央分割线上和短边喂食槽的中部，实现料水的干湿分离。猪舍长边的两侧设置有电动铝合金卷帘，用于控制通气、降温和保温；短边的两侧分别设置有风机和湿帘，屋顶外安装有喷雾降温装置，用于猪舍内的降温。

图2-1　微生物发酵床育肥猪大栏养殖猪舍外观设计

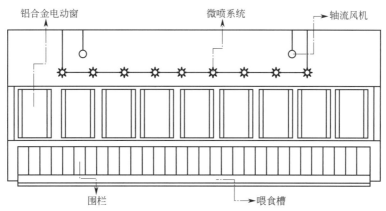

图2-2　微生物发酵床育肥猪大栏养殖猪舍结构长边侧视图

（2）猪舍内配置（见图2-3～图2-5）　猪舍内沿四周围墙设有一人行道，人行道内侧围设有栏圈；栏圈内为发酵床垫料坑，发酵床为地下式，深度80cm，发酵床垫料厚80cm，设置在发酵床垫料坑内；发酵床垫料四周均设置有一水泥平台，水泥平台宽1.5m，且上面设置有食槽，食槽的宽度小于水泥平台的宽度；发酵床垫料的中间设有与水泥平台相平行的一饮水台，饮水台上设置有一水槽；屋顶下方1.5m处设置有轴流风机和微型喷雾降温系统；计算机分别与电动卷帘、轴流风机、负压风机、喷雾增湿装置、微喷降温系统、自动饲喂系统相连，以实现养猪过程环境自动控制和料水自动饲喂。

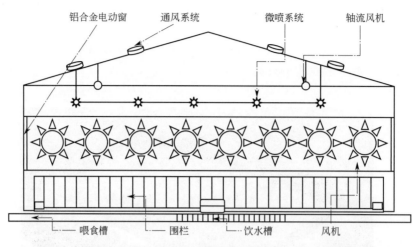

图2-3 微生物发酵床育肥猪大栏养殖猪舍结构前短边侧视图（1）

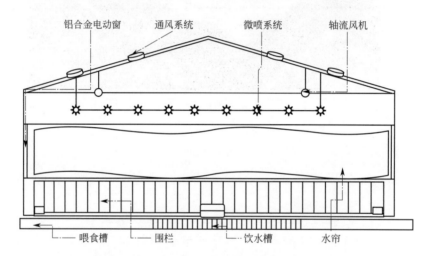

图2-4 微生物发酵床育肥猪大栏养殖猪舍结构前短边侧视图（2）

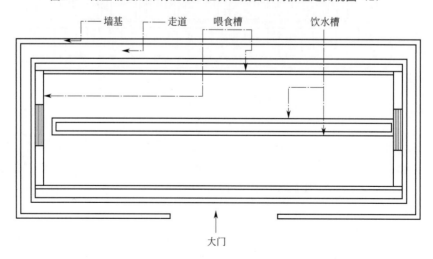

图2-5 微生物发酵床育肥猪大栏养殖猪舍结构俯视图

（3）环境监控装备　猪舍外设有农业生境自动观察站，对环境的光强、温度、湿度、风力、风向、雨量、CO_2、NH_3等数据进行自动采集。猪舍内由计算机自动控制电动卷帘、风机湿帘、轴流风机、喷雾增湿装置、微喷降温系统、自动投料系统的运行。计算机根据光照参数确定白天和晚上的电动卷帘开关；根据室内的温度参数确定风机湿帘、轴流风机、电动卷帘、屋顶喷雾等装备的开关，使得猪舍内的温度保持在 29 ～ 31℃；根据室内空气湿度参数确定喷雾增湿装备的开关，使得猪舍内湿度控制在 60% ～ 80%；根据猪舍内 CO_2 和 NH_3浓度参数确定电动卷帘和风机湿帘的开关，将猪舍内的 CO_2 控制在 2000mg/L 以下、NH_3 控制在 25mg/L 以下。根据定时定量喂食规则确定自动投料系统的开关，实现自动喂食投料。

四、微生物发酵床育肥猪大栏养殖猪舍的实施

自行设计和建造的微生物发酵床育肥猪大栏养殖系统，现代化猪舍单体结构 $2100m^2$，发酵床面积 $1910m^2$，微生物发酵垫料层 80cm 厚。环境监控、微生物防病、益生菌饮水、饲料饲喂全部采用计算机自动控制。该项目六大核心技术是：①微生物发酵床大栏猪舍结构设计，大栏分区、防风、通风、保温、散热、机械化操作；②宽敞的猪运动空间提升猪肉品质，发酵床大栏养猪提供了宽敞的猪运动空间，生产的"运动猪"，猪肉品质优，肌间脂肪比传统养猪提高了 38%，血红素提高了 36%，猪血糖降低了 70%，猪血尿素氮降低了 68%；③育肥猪微生物发酵床养殖，可利用微生物防病、去味、分解猪粪，实现零排放；④育肥猪舍环境光、温、水、湿、料自动检测控制，可以实现远程监控；⑤益生菌料水自动饲喂系统，用芽孢杆菌益生菌替代饲料中的抗生素和添加到猪饮用水中，提高了猪的免疫力、抗病力、生长力；⑥优质猪粪有机肥原位发酵技术，利用微生物发酵床吸附猪粪尿，原位消纳，生产人工腐殖质（有机肥），实现猪粪的无害化处理，可循环利用增效（图 2-6）。

五、讨论

尽管大栏微生物发酵床养猪（每栏 1500 头以上）未见报道，但对常规微生物发酵床养猪（每栏 100 头以下）有过许多的研究。余刚等（2011）指出，发酵床生猪养殖技术是一种低成本、高产出、无污染的生态养猪模式。王学敏等（2013）在长江中下游地区冬季低温时期对新型发酵床猪舍与普通猪舍室内平均温度变化规律进行了对比分析。徐旨弘等（2013）在冬、夏两季选取北京某猪场有窗密闭式和塑料大棚式 2 种样式、漏缝地板和发酵床 2 种地面形式的育肥猪舍进行环境监测，综合评价不同季节、不同建筑样式下发酵床在减少猪舍有害气体、调节温湿度等方面的效果。李娜等（2008）利用有机材料的自然发酵床进行养猪试验，监测补充锯末及停止养猪两种情况下的发酵床温度变化，剖析发酵床的特点。胡志刚等（2012）研究发现发酵床养猪的发病率比对照组降低了 60.1%。盛清凯等（2009）研究冬季发酵床养猪模式对猪舍环境、猪生产性能及免疫性能的影响，试验表明，冬季发酵床养猪模式可以改善猪舍环境，提高猪的生产性能与免疫性能，优于水泥地面养殖模式。段淇斌等（2011）研究了微生物发酵床对育肥猪舍空气环境的影响，发酵床猪舍内 NH_3 平均浓度在各

(a)	(b)
(c)	(d)

图2-6　微生物发酵床育肥猪大栏养殖系统装备

季节均低于对照组。余刚等（2013）以江苏省泗阳县天蓬猪场发酵床猪舍改造为例，从生猪行为习性、动物福利以及环境系统角度，对传统水泥地面猪舍进行发酵床养殖设施改造，分别论述了发酵床养殖的内环境特点、主要内环境参数、舍内通风降温及相关配套设施设备的选择等，进而确定发酵床猪舍改造的主要内容，选择猪舍的最佳改造设计模式。宦海琳等（2013）对发酵床猪舍和水冲清粪猪舍的气载需氧菌（如细菌总数、真菌总数、葡萄球菌、大肠菌群、沙门菌）进行了监测。丁小玲等（2010）进行了发酵床猪舍对肉猪肥育性能及肉质的影响试验。周忠凯等（2013）探讨了不同发酵床猪舍结构和管理因素对舍内湿热环境和通风状况的影响。章红兵等（2012）研究了发酵床饲养方式对猪舍环境的影响，结果表明，发酵床饲养方式猪舍温度显著高于常规水泥地面饲养方式，猪舍空气中 PM_{10} 浓度显著低于常规水泥地饲养方式，氨气浓度极显著低于常规水泥地饲养方式，说明发酵床饲养方式能改善猪舍内环境。

微生物发酵床育肥猪大栏养殖猪舍占地面积 $2100m^2$，养猪发酵床面积利用率为 91.4%，传统猪舍包括隔离带的建设占地面积利用率为 46%，提高了 45 个百分点。每头猪所占的面积为 $1.2m^2$，与传统水泥地养猪密度相似。微生物发酵床育肥猪大栏养殖猪舍构建了大空间，让猪的活动有足够的场所，对于提高育肥猪的猪肉品质和抗病力具有重要意义。猪舍的环境控制，包括光、温、水、湿、二氧化碳、氨气实现自动化。利用椰糠和谷壳配制的发酵床垫料养猪，实现无臭味、零排放、肉质优、省人工、控猪病、无药残、产肥料、智能化、机械化。

整个猪舍单体存栏养殖育肥猪 1500 头，年出栏 4500 头（三批），总投资 260 万元，饲养人员 1 人，年产出 670 万元（按 14 元/kg 计算），年产有机肥 1500t，产值 60 万元（按

400 元 /t 计算），总产值 730 万元，流动成本 80%，年利润 146 万元，2 ～ 3 年收回成本。与同等规模传统养猪比较，节省投资 16%，土地节省 70%，人工节约 60%，品质指标提升 35%，提高了育肥猪防疫水平，综合效益提高 30%，环保实现零排放，是养猪业的一次技术飞跃。

第二节
原位发酵床母猪舍设计与应用

一、概述

微生物发酵床养猪技术被认为是一种无污染、零排放的环保养猪技术，正在我国大力推广。该技术主要是以锯末、椰糠、谷壳、花生壳、秸秆、米糠等以一定比例混合后作为猪舍垫料（刘雯雯等，2013）。陈志明等（2010）在锦州地区经过 3 年的饲养，总结出了一套适合北方地区的生物发酵床养猪污水零排放技术，包括不同阶段发酵床猪舍的设计、微生物发酵床的制作技术等。微生物发酵床接触式产床饲养母猪的研究报道较少，谢实勇等（2012）研究了非接触式产床微生物发酵床母猪饲养系统，即产仔前的母猪饲养在发酵床上，产仔母猪饲养在水泥地上，边上建立一个微生物发酵床用于发酵消纳猪粪。在这种环境下，研究了微生物发酵床养殖模式下对种猪蹄健康和仔猪成活率的影响。结果表明，发酵床对降低妊娠母猪在妊娠期间发生蹄病和魏氏梭菌病、减少无损淘汰具有一定的作用，种猪的淘汰率降低 1%；发酵床模式的饲养改善了妊娠母猪生活环境和体况，增加了窝产活仔数，平均每头母猪提高 1 头窝产活仔猪；发酵床养殖对提高保育猪成活率效果显著，平均提高 2%；在提高育成猪成活率方面差异不显著。

在以往的报道中，微生物发酵床用于母猪舍，在母猪产仔时都采用水泥地和发酵床结合的方法，即母猪躺在水泥地上，不接触发酵床，排便在发酵床上，让微生物分解猪粪。笔者提出了全程接触式微生物发酵床母猪大栏饲养系统，在一个大空间的微生物发酵床上，设计安排公猪养殖以及后备母猪、怀孕母猪、产仔母猪、保育仔猪等养殖区。整个猪舍饲养母猪 500 头，每头母猪平均占有发酵床的面积是 4.9m²，年出栏仔猪 10000 头。现将微生物发酵床母猪大栏养殖猪舍结构设计介绍如下。

二、原位发酵床母猪大栏养殖猪舍外观设计

微生物发酵床母猪大栏养殖猪舍外观设计见图 2-7，采用蘑菇形状，猪舍的投影尺寸，长 93m、宽 33m，面积 3069m²。屋顶采用圆弧形，以减小风的阻力。在屋顶上开设透光窗，增加舍内光照，减少电力照明。两侧采用弧形遮缘，形成通风道，在台风季节可以防止台风，

在微风季节可以形成风道，增加室内的通风能力，在光照强的季节，可以起到遮阳的作用。

图2-7　微生物发酵床母猪大栏养殖猪舍外观效果

三、原位发酵床母猪大栏养殖猪舍平面设计

微生物发酵床母猪大栏养殖猪舍平面设计见图2-8。整个猪舍用地规划面积5700m²，边缘留有绿化带和工作场所。猪舍长93m、宽33m，面积3069m²。微生物发酵床宽27.7m、长88.7m，面积2457m²，占猪舍面积的80%。整个猪舍饲养母猪500头，每头母猪平均占有发

(a) 猪舍用地规划图

(b) 母猪舍养殖区域划分

图2-8　微生物发酵床母猪大栏养殖猪舍平面规划

酵床的面积是 4.9m²，年出栏仔猪 10000 头。猪舍内设有办公区域以及公猪、后备母猪、怀孕母猪、母猪生产、仔猪保育等养殖区，全部采用微生物发酵床作地面，特别是母猪产床采用接触式微生物发酵床，母猪直接在发酵床上产仔，这一技术此前未见相关报道。

四、原位发酵床母猪大栏养殖猪舍结构设计

微生物发酵床母猪大栏养殖猪舍结构设计见图2-9。接触式微生物发酵床母猪大栏养殖系统猪舍总面积 3069m²，其中办公室面积 60m²、走道面积 107m²、发酵床面积 2457m²。发酵床垫料高度 80cm，垫料体积 2321m³，约 733t 垫料。整个发酵床猪舍包括了 5 个部分，即公猪养殖和配种栏，面积为 62m²，后备母猪栏，面积为 400m²，怀孕母猪定位栏，面积为 940m²（230 个），母猪分娩产床，面积为 907m²（100 个），仔猪保育栏，面积为 593m²。微生物发酵床母猪大栏养殖猪舍长边两侧分别装有 8 台风机水帘。猪舍肩高处建造天花板，在天花板与屋顶透光的位置设置透明阳光板，以增加光照，减少电力照明。

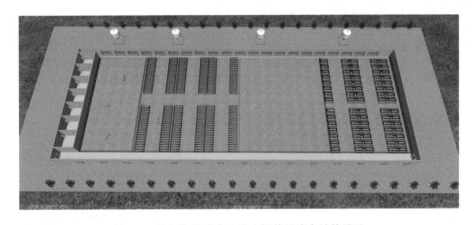

图2-9　微生物发酵床母猪大栏养殖猪舍结构设计

五、原位发酵床母猪大栏养殖猪舍装备设计

微生物发酵床母猪大栏养殖猪舍装备设计了自动喂料系统、自动喷雾系统以及对环境参数包括光、温、水、湿、CO_2、NH_3 等的自动监控系统。在各个母猪养殖区域设计了采食槽和饮水槽，饮水槽设计了溢流管，以排除多余的水。猪舍外设有农业生境自动观察站，可对环境的光强、温度、湿度、风力、风向、雨量、CO_2、NH_3 等数据进行自动采集。猪舍内由计算机自动控制电动卷帘、风机湿帘、轴流风机、喷雾增湿装置、微喷降温系统、自动投料系统的运行。计算机根据光照参数确定白天和晚上的电动卷帘开关；根据室内的温度参数确定风机、湿帘、轴流风机、电动卷帘、屋顶喷雾等装备的开关，使得猪舍内的温度控制在 29 ～ 31℃；根据室内空气湿度参数确定喷雾增湿装备的开关，使得猪舍内湿度控制在 60% ～ 80%；根据猪舍内 CO_2 和 NH_3 的浓度参数确定电动卷帘和风机湿帘的开关，将猪舍内的 CO_2 控制在 2000mg/L 以下和 NH_3 控制在 25mg/L 以下。根据定时定量喂食规则确定自动投料系统的开关，实现自动喂食投料。

六、原位发酵床母猪大栏养殖猪舍的实施

微生物发酵床母猪大栏养殖猪舍，首先从地基立柱开始，进行钢构建设、屋顶安装、发酵床槽建造、母猪舍蘑菇形边缘风道装配，形成母猪微生物发酵床猪舍外观，再进行水帘风机安装、水电安装、监控设备安装等。然后进行内部装配天花板、母猪定位栏基础建设、母猪定位栏装配、母猪产床安装、喂食系统安装、饮水系统安装以及喷淋系统安装等。最后填入椰糠和谷壳，加入微生物发酵剂，进行发酵。

微生物发酵床母猪大栏养殖猪舍建造过程见图 2-10。

(a) 地基立柱

(b) 屋顶安装

(c) 发酵槽的建造

(d) 蘑菇形边缘风道装配

(e) 母猪微生物发酵床猪舍形成

(f) 母猪微生物发酵床猪舍外观

(g) 猪舍内天花板建造

(h) 母猪定位栏基础建设

(i) 母猪定位栏安装

(j) 放置母猪定位栏发酵垫料

(k) 母猪产床喂食槽安装

(l) 母猪产床自动投料系统安装

(m) 母猪产床垫料填铺

(n) 母猪产床保温箱安装

图2-10

(o) 母猪定位栏投料系统安装

(p) 饲料塔的安装

(q) 母猪定位栏进猪

(r) 后备母猪栏进猪

图2-10　微生物发酵床母猪大栏养殖猪舍实施过程

七、讨论

　　尽管微生物发酵床母猪大栏养殖猪舍的设计未见报道，但是关于母猪舍有过许多的研究。林保忠和林渝宁（2012）综述了母猪舍的演替。我国具有悠久的养猪历史，早在新石器时代，我们的祖先就开始了猪的驯化饲养。养殖方式由放牧饲养、小户圈养过渡到以规模化、集约化养殖为主，各类猪舍的规划设计与建设模式也在不断得到改进。但是，随着集约化、规模化养猪生产的发展，由养猪业所引起的环境污染问题和动物福利问题日趋明显，养猪场福利水平低下，已成为制约养猪业可持续发展的重要因素之一。我国生猪生产水平明显低于畜牧业发达国家，据调查，目前疫病频发和母猪繁殖力低下是制约我国生猪生产的主要因素。母猪（含后备、空怀、妊娠、哺乳母猪）与其他猪群一样，其生产力和健康取决于猪种、饲料、管理、疫病和环境五大因素，其中环境已成为我国养猪生产中变数最大、最关键的因素，如猪舍过热、过冷、潮湿、昼夜温差太大等不良环境条件，可直接引起猪患感冒、腹泻或呼吸道疾病（吴中红和王新谋，2010）。

　　通过对某哺乳母猪舍温度环境的测试与分析，说明加强畜舍的隔热设计和采用合理的饲养管理措施是搞好畜舍冬季防寒保温工作、提高生产水平的有效手段（栾冬梅和马淑华，1997）。根据冬季气候特点，参考工业和民用建筑相关规范确定哺乳母猪舍围护结构方案，并采用低温热水供暖系统和环境自动化控制系统相结合的形式调节舍内温度与通风量的平衡（江洪涛等，2004；王晨光等，2013）。母猪舍的设计应按照母猪生理要求和当地气候特点，采用合理的建筑方式，建造经济实用的母猪舍，使养猪户获得最佳的经济效益（张永春，2013）。母猪舍的建筑要尽量考虑不同时期母猪的生理特点，使母猪具有适宜的生存和生产环境。舍内主要的环境条件包括猪舍的保温、隔热、通风、光照、湿度、给水、排污和猪只密度等。在实际生产中，无窗全封闭式猪舍的通风、光照和舍温全靠人工设备调控，舍内环境受外界气候条件的影响最小，给猪只提供了稳定、适宜的环境条件。然而，相对于猪舍的造价和设备，使用维修费也就过高。就小规模猪场而言，未必经济合算。因而在母猪舍的设计中，应当按照母猪生理要求和当地气候特点，有效利用外界自然的光照、通风和热能，使养猪户获得最佳的经济效益（邓利军等，2006；余琼等，2010；李安平等，2011；章啸君等，2013）。微生物发酵床母猪大栏养殖猪舍设计，单体面积近 3100m²，顶高最高处达 7.8m，顶棚采用蘑菇状圆弧形屋顶，形成半包围的隧道，增加猪舍内空气流动，有效利用外界的条件，达到夏季通风降温、冬季保温抗风等效果。大栏设计，有效增加了母猪的生活空间，提高了生产效率。

黄应乐等（2009）制定了母猪单体舍（包括后备猪栏）各阶段的主要工作内容、操作要求与注意事项。舍饲群养是规模化猪场母猪的新型饲养模式，这种新型养殖模式基于"动物福利"养殖理念，依据母猪生物学特性和生理需求特点，为规模化猪场母猪创造了和谐的群居生活及良好的生产环境，并借助利用射频识别、自动化控制及计算机管理等现代电子信息技术开发的母猪智能化管理系统（段栋梁等，2013）。陈叁拾（1996）研究了母猪定位栏和传统母猪舍同等条件饲养繁殖，结果前者优于后者。妊娠母猪的各种饲养方法其经济学很少受到养猪业的关注，最常见的妊娠母猪饲养方法是室内单体限位栏饲养，采用这一方法的主要原因是：①工作人员可以更加轻松地管理更多母猪的喂食、疫苗接种、配种、单个动物的转移等作业；②可以减少母猪间的身体攻击；③工作人员可以更容易操作；④在较小的范围内，可以饲养更多的母猪；⑤由于能更好地控制排便区，母猪的总体卫生状况可得到改善；⑥每头存栏母猪的繁殖性能得到提高（陈琳和庄壮欣，2012）。母猪舍的冬季保暖工作，对解决母猪冬季正常产仔、提高仔猪成活率非常重要。梁巍等（2001）根据多年的养猪实践，摸索出一种取暖的方法，即加天棚、高密度、厚垫草的半封闭饲养模式，此法成本低，节约能源与人工，冬季外温在 –28℃时，舍内在不取暖的条件下可达到 15℃左右、垫草内温度为 21℃左右。微生物发酵床母猪大栏养殖猪舍全程采用微生物发酵床饲养，实现了粪污的源头消纳，有效解决了母猪粪污治理问题。

妊娠母猪舍主要是一个能让母猪保持舒适生活环境、继续怀孕的饲养舍。因此，该设施的设计应能满足母猪维持妊娠、维护身体状况和延长生产寿命以及有利于生产出大体重仔猪的要求（陈琳和庄壮欣，2012）。妊娠猪舍工作需遵守相应的守则：①妊娠猪舍进猪前对猪舍进行清扫、消毒，转入本舍的妊娠母猪必须确认受孕方可接收；②保持舍内清洁、干燥，随时清除粪便，不可对猪有粗暴行为，做好保胎工作；③妊娠猪舍饲喂湿拌料，要求现拌现喂，拌和均匀，根据胚胎的发育规律，对妊娠母猪分为前、中、后三个时间饲喂不同营养成分的饲料；④严禁饲喂发霉、变质、冰冻的饲料，若发现料槽内存有未吃完的剩料，则必须及时清除，并冲洗干净后才能加料；⑤每天早、中、晚三次检查母猪有无返情，阴道有无分泌物流出，粪便是否正常，饲料是否干净，睡姿、呼吸、皮肤有无变化，站立是否稳健，发现问题及时报告组长；⑥在这期间要接种若干疫苗，如伪狂犬病、蓝耳病、口蹄疫、大肠杆菌病等的疫苗，同时还要驱除疥虫等寄生虫，应配合防疫人员，完成免疫接种等工作；⑦注意母猪的临产期，要求临产前 5 ~ 7 天，管理人员将临产母猪转到产房待产，离舍时对猪体外表进行喷洒消毒；⑧怀孕母猪怕热，要注意加大通风降温的力度；⑨场区工作人员服从猪场的统一管理，遵守猪场的各项规章制度，听从管理人员的指挥，配合技术人员的工作，不随意到其他猪舍串门，及时准确填好各项数据（陈志明等，2010）。这些守则核心是要保持妊娠母猪清洁的生活环境，微生物发酵床母猪大栏养殖猪舍利用定期的益生菌喷雾措施保持空间环境的卫生健康，通过良好的垫料管理措施，使垫料保持良好的发酵状态，对病害细菌起到生防的作用，加强猪舍的防疫能力。

猪舍环境的自动监测和控制已成为养猪业数字化、信息化发展的一个重要方向。为此，李立峰等（2011a）以内蒙古农业大学科技园区的哺乳母猪舍为研究对象，设计了一种以 KingView 为开发平台，利用模糊控制技术，对哺乳母猪舍环境进行实时监控，并详细介绍了该系统的结构组成和设计原理。利用 KingView 制作出的环境监控平台功能完善、稳定可靠、画面精美，方便工作人员管理和控制，具有一定的实用价值。为解决北方寒冷地区分娩母猪对猪舍环境的要求，他们研究了一种舍内环境监测和控制系统。该系统综合考虑舍内温度、湿度、氨气浓度及其相互影响，利用组态软件、模糊控制技术和解耦控制技术，通过机械通风系统和热水采暖系统实现了舍内环境的智能控制。试验结果表明，该系统可行且实用，在保证舍内所需温度基本恒定的条件下（舍内温度控制的最大相对误差为 5.5%），也能使舍内相对湿度和氨气浓度保持在适宜范围内（李立峰等，2011b）。微生物发酵床母猪大栏养殖猪舍设计，猪舍环境全程采用自动化监控，环境监控传感器包括温度、湿度、光照、风向、风速、CO_2、NH_3 等，实现在线实时数据采集，通过专家系统的构建，将猪舍温度控制在 30℃以下、空气湿度控制在 65%以上、垫料湿度控制在 50%左右，使母猪的生长保持在最佳环境条件下。

第三节
低位发酵床猪舍设计与应用

一、概述

最早有关漏缝地板猪舍的报道出现在 1977 年，此后很多国家在实行育肥猪饲养管理机械化时都对全漏缝地板表现出很大的兴趣。与传统猪舍相比，全漏缝地板猪舍可提供比较好的饲养环境（顾宪红，1995）。但是，一些国家的经验表明：随着漏缝面积的扩大，育肥猪的生产性能会受到影响。例如，美国内布拉斯加大学的研究发现，在漏缝面积为 25% 的猪舍里饲养育肥猪，日增重和料肉比都比较理想；当漏缝面积逐渐提高到 100% 时，猪的生长和饲料利用效率逐渐降低（顾宪红，1995）。在工厂化猪场的猪栏中安装漏缝地板，不仅有利于清洁卫生和防湿，而且节省清扫的人工。因此，在畜牧业发达国家普遍应用漏缝地板，近年国内兴建的工厂化猪场也大多采用此种模式。

漏缝地板有各种样式，其形状有块状、条状、网状等，材料有水泥、金属、塑料、陶瓷等。块状的水泥漏缝地板规格可根据猪栏和冲粪沟的设计要求而制作。但预制件表面应紧密光滑，无蜂窝状疏松，否则表面容易积垢。同时，板块内有钢筋网，以保证地板能承受规定负荷。条状的与块状的不同之处是便于保证缝隙规格。金属漏缝地板可用金属条排列焊接而成，也可编织成网状（朱尚雄，1990）。漏缝地板已经成为密闭式猪舍的重要设备，它能使猪栏自净，给猪群提供比较清洁和干燥的生活环境，从而有助于控制疾病和寄生虫的发生，改进卫生条件，省去褥草和节省清扫的劳动。然而，粘在漏缝地板上的粪污无法冲洗，使得猪舍仍有臭味，而且也没有解决粪污处理问题，漏下的粪污依然散发臭气。

由此，微生物发酵床应运而生，应用其养殖生产成为畜禽粪污治理的有效方法（武英等，2012）。贾志伟（2013）分析了当前养猪场普遍采取的几种粪便处理模式的优缺点，并针对其优劣设计了一种新型环保猪舍。重新设计的猪舍，集中了漏缝地板和发酵床养猪的优点，并克服了相关缺点，既让猪生活在舒适的环境中，又使猪的粪便得到了有效处理，满足了环保要求。但是，他们的环保猪舍的设计中，漏缝地板和发酵床面积只占猪舍的 1/2，仍然有许多的猪粪排放在水泥地上，需要额外清理。

微生物发酵床养猪发展至今出现了 4 个类型的发酵床：①传统猪舍与发酵床结合形成原位微生物发酵床（*in situ* fermentation bed）（蓝江林等，2012）；②发酵饲料与发酵床结合形成饲料发酵床（fodder fermentation bed）（刘波等，2015）；③猪粪处理池与发酵床结合形成异位发酵床（ectopic fermentation bed）（刘波等，2013）；④漏缝地板与发酵床结合形成低位微生物发酵床（separated fermentation bed），它是在漏缝地板的下方建设发酵床。以下介绍新型低位微生物发酵床的研究进展。

二、低位发酵床的技术原理

低位微生物发酵床是相对于原位微生物发酵床而言的，它是将漏缝地板与发酵床相结合，在漏缝地板的下方建造一个发酵床。利用谷壳、锯糠、椰糠等作垫料，加入微生物发酵剂，混合搅拌，铺平在发酵床内，发酵床表面建立一个依轨道运行的翻堆蛟龙，定期对垫料进行翻堆。猪群在漏缝地板上排泄，干清粪通过人工收集，粪污通过漏缝地板下漏到发酵床上，与垫料混合，微生物发酵，消除臭味，分解粪污，发酵产生有机肥，达到养猪污染治理的目的。一段时间（1 ～ 2 年）后移除有机肥更换新垫料。

三、低位发酵床的结构设计

典型的低位微生物发酵床由钢构房、双层猪舍、漏缝地板、发酵床、翻耙机等构成（图2-11），猪舍宽度4m（按翻耙机3.5m宽度设计）、长度20m（可以根据养猪数量延长猪舍到100m）；上层为漏缝地板猪舍，高度为3m；下层为发酵床空间，高度2m，垫料高度0.4m，翻耙机安装高度在1m处，翻耙深度0.3m。

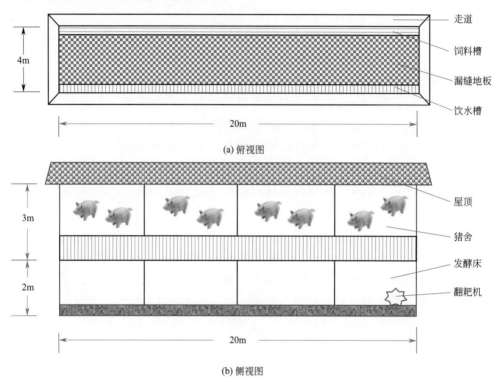

图2-11　低位微生物发酵床俯视图和侧视图

四、低位发酵床翻耙机的设计

低位微生物发酵床翻耙机包括机器电源部分、控制部分、电机（380 V）、减速传动系统、耙、固定平衡系统等。其工作原理与工作方式为：电源可以设立成每天自动对垫料翻耙的指令时间，机器开始运作，耙行到尽头时会触碰到一个回转开关，机器会往回爬行（单相电机需要手动），当爬行到固始位置时自动停止并断开电源。并且，本机核心部分是减速传动系统，采用高标规格材料，是专门针对低位微生物发酵床而设计，具有耐磨、耐腐蚀等特点。翻耙的宽度超过3.5m、深度达30cm左右，翻耙速度为每分钟7～10 m（图2-12）。

五、低位发酵床的运行管理

低位微生物发酵床猪舍分两层设置，上层为漏缝地板猪舍，下层为发酵床空间（图

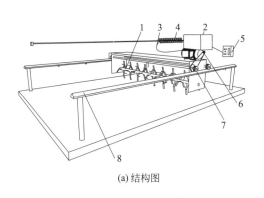

(a) 结构图

(b) 外观图

图2-12　低位微生物发酵床翻耙机

1—滚轮；2—电动机及减速传动机构；3—电线；4—链条；5—电动机；6—轮子；7—滑轮；8—轨道

2-13）。墊料配方采用椰壳粉、锯末、谷壳各1/3的比例，加入微生物发酵剂，混合搅拌，填入发酵床铺平，墊料厚度为0.4 m。整个猪舍无需隔栏，猪舍的两个长边设置为一边饮水、一边喂食。每天人工清理干清粪，猪群的粪污漏入下层的发酵床，通过翻耙机与墊料混合，进行微生物发酵，消除臭味，分解猪粪，将其转化为有机肥。低位微生物发酵床可连续使用，即连续输出有机肥、连续添加墊料。

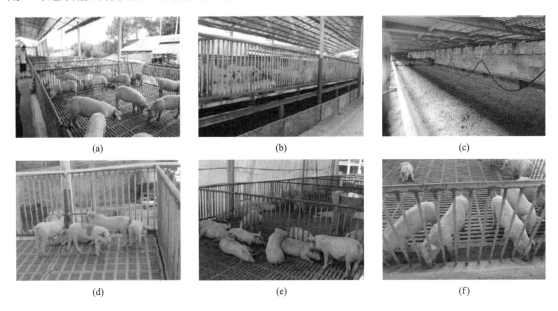

图2-13　低位微生物发酵床运行管理示意

六、讨论

现代化养猪的重要标志是指用类似于工业化的生产方式，以先进的生产工艺流程，综合应用现代化科学的最新成就，实施流水式作业，在单位时间内常年均衡地进行高密度、高效率、全进出式的生产，实现资金、技术、管理的高度集成。先进的设备是提高生产水平和经济效益的重要保证。现代化的猪场配备有猪栏、漏缝地板、饲料供给及饲喂设备、供水及饮水设备、供热保温设备、通风降温设备、清洁消毒设备、粪便处理设备、监测仪器及运输设备等（郭焕金和张家辉，2011）。黄丽琼（1994）概述目前国内外的规模化猪场中都广泛应用了缝隙地板水冲清粪设备。这种设备安装在排粪区粪沟上面已配置好的地板框架上，形成离地悬空的网眼状地板，不仅便于粪便收集，减少清粪工作量，而且也改善了猪的卫生防疫。

猪在圈栏内的排泄行为是直接影响粪尿在舍内的收集方式和清洁生产的首要环节。在不同的舍饲环境和饲养方式下，猪的排泄行为随之变化。在常见的育肥猪圈栏饲养方式下，李以翠等（2008）对两种圈栏面积(14.4m² 和 9.6m²)、两种圈栏形状 (长宽比为 1 : 1 和 1.5 : 1) 和隔栏方式 (开敞和封闭)，进行了两个重复的对比试验，研究这 3 个因素对猪群排泄区地点和排泄区面积大小的影响。他们将每个圈栏划分为 15 个网格区域，利用摄像仪记录猪的排泄行为后，通过 Observer 软件分析落在每个网格区域的排泄频次，将排泄区定义为 80%以上的排泄行为发生所在区域之和。结果表明，圈栏面积对排泄区地点和面积大小有显著影响（$P < 0.001$），圈栏形状和隔栏方式影响不显著。并且随着猪龄的增长，排泄区地点向漏缝地板方向移动，排泄区面积明显加大（$P < 0.05$），污染更加严重。因此，他们认为应在育肥和育成阶段分开管理，并设计合理的圈栏尺寸，以实现猪到漏缝地板上排泄。为了便于冲洗清扫、清除粪便、保持猪栏的清洁卫生与干燥，目前各种猪栏部分或全部采用漏缝地板。常用的漏缝地板材料有水泥、金属、塑料等，一般是预制成块，然后拼装（李元青，1994）。实践证明，在生长育肥猪阶段，采用高架板条式半漏缝地板代替传统的水泥地坪，在猪群健康状况、生长速度及饲料利用率等方面均获得可观改善，每头出栏猪综合收益增值可望达到 60 元以上，用水量节约 50% 左右（万熙卿等，2006）。

尽管漏缝地板猪舍有许多优点，但是它无法消除猪舍臭味，处理起来还是很困难。将微生物发酵床与漏缝地板结合，形成低位微生物发酵床猪舍，一方面接轨传统的养猪模式，另一方面将粪污利用微生物发酵床进行发酵，消除臭味，分解猪粪，将其转化为有机肥。因此，低位微生物发酵床实际上是漏缝地板猪舍与一个有机肥厂的结合，可以一边养猪、一边生产有机肥。

本研究中，低位微生物发酵床的关键技术与原理包括：①猪栏包括育肥栏和保育栏，围栏高度 0.8m；②猪不接触垫料，生活在漏缝地板上，育肥猪用水泥漏缝地板，保育猪用复合材料的漏缝地板；③漏缝地板下面有发酵床垫料层，厚度为 30 ～ 40cm；④垫料上面安装有自动翻耙机，翻耙垫料完全不用人工，而是由机器自动完成，翻耙机翻耙的深度为25 ～ 30cm，翻耙机只需按下启动按钮，走到尽头了它会自动返回，到固始位置了又自动停止，翻耙机配有一个控制的电柜；⑤每个栏安装 2 个饮水器，饮水器下方安装托斗，不能让猪饮水时漏出来的水洒落到发酵床垫料上；⑥料槽是一条水泥食槽，有 1/3 在围栏外面，方便加料；⑦有一条特制的专用扫把辅助把猪粪便拖刷掉到下面的发酵床上；⑧链条给猪玩耍并进行限位，解决猪的定点排便问题；⑨自动高压喷淋装置解决了南方夏天的度夏问题，定时自动 20 个时间段喷雾降温。

低位微生物发酵床的优点包括：①不用清理粪便，省人工，而且完全不用人工翻耙垫料；②节约用水，环境干净无臭味，达到零排放；③猪不接触粪便，干净卫生，猪群特别是保育猪很少拉稀；④由于是猪不接触垫料的发酵床，所以对垫料的要求不高，垫料的来源比原位微生物发酵床更加广泛；⑤对栏舍的消毒更加方便，不需考虑对垫料中微生物的影响；

⑥猪不直接踩踏在垫料上面，垫料能保持蓬松状态，透气性好，粪便的分解更快，垫料的使用年限更长；⑦同样是发酵床零排放，但是猪不接触垫料，完全杜绝了通过发霉的垫料使猪误食霉菌毒素的可能；⑧养殖密度高，最高密度可达 $0.8 \sim 1.0m^2$/头，可以与传统水泥地面的养殖密度一样高，甚至更高。

低位微生物发酵床的建造成本为：①采用钢管立柱+铁皮瓦或铁皮带隔热泡沫板瓦建造，每平方米面积约需 400 元（含顶棚、卷帘、饮水器、料槽、垫料、耙机、钢管围栏等其他设施）；②采用钢管立柱+铁皮瓦+四周墙面+窗户形式每平方米面积约需 500 元。建造成本主要是由五部分组成：第一部分是大棚的建造费用，这部分大概成本是 120 元 $/m^2$；第二部分是支承钢管、支承工字钢及漏缝板，这部分大概是每平方米材料费用 170 元，其中漏缝板每平方米 100 元、所有钢管 70 元 $/m^2$；第三部分的成本是围栏的材料及人工焊接费用，大约是 100 元 $/m^2$；第四部分是耙机及导轨费用，耙机费用主要看栏舍的长度，栏舍越长，每平方米的成本就越低；第五部分是砖、水泥、打地板的石料、清理场地及人工费用。与传统的发酵床比较，新式发酵床增加了第二部分及第四部分的费用，大概每平方米增加 200 元。以上造价数据仅供参考。

第四节
饲料发酵床猪舍设计与应用

一、概述

微生物发酵床是利用生物发酵技术，在猪舍中铺设谷壳、锯末、秸秆、椰糠等有机物垫料，添加微生物菌剂，使用微生物对有机物垫料和猪的粪便进行发酵、降解，从而避免冲洗猪舍，控制猪粪等污物的排放，达到无臭味、无公害、环保的目的，同时也提高了猪的免疫力和生产性能，为猪的健康、生态生产及高效养殖创造良好条件，有效增加养猪业的经济效益、生态效益和社会效益（刘波和朱昌雄，2009；武英等，2012；曹传闺等，2014）。

微生物发酵床养猪发展至今，出现了多种技术形式：

（1）原位微生物发酵床 利用农业副产物，如谷壳、锯末、秸秆、椰糠等配制形成有机物垫料，铺满猪舍，猪养殖于其上，粪便落在垫料上，通过微生物分解消纳，实现无臭味、零排放（蓝江林等，2012）。

（2）异位发酵床 在传统猪舍的周围，建造一个独立的微生物发酵床，铺设有机物垫料，将猪舍的排泄物引导到异位发酵床内，通过翻堆机将排泄物与发酵垫料混合，进行发酵，消纳粪污，消除臭味，实现"零排放"（蒋建明等，2013）。

（3）高位微生物发酵床 高位微生物发酵床的基本原理是：选择垫料组合(常用的垫料原料有锯末、秸秆、稻壳等)制成微生物发酵床，在发酵床床体上方2m铺设漏缝地板，猪不直接接触发酵床，在漏缝地板上进行生猪养殖。猪通过漏缝地板将粪尿直接排放在下面的发酵床中，经发酵床中的有益微生物菌落的发酵，再以翻料机等机械翻耙，猪粪尿和垫料充分混合并得到高效分解和转化，不再需要对猪的粪尿排泄物进行人工清理、冲洗，垫料使用3年后，废弃垫料可生产优质有机肥，真正实现了粪污"零排放"和资源循环再利用（李道波和吴小江，2014）。

（4）饲料发酵床　一种设计的新型微生物发酵床，它是利用猪可饲性农业副产物为垫料，铺满猪舍，猪养于其上，粪便也排泄于其上，粪便作为可饲性垫料的补充氮源，与垫料一同发酵，形成发酵饲料，猪取食发酵饲料垫料，外加补充饲料，则可健康生长，因此而形成无臭味、无排放、不需清理、可循环利用的饲料发酵床。

二、饲料发酵床猪舍设计

饲料发酵床猪舍的设计与原位微生物发酵床的设计相近。以200m²的饲料发酵床猪舍为例，猪舍的长为20m、宽为10m，肩高3.5m，顶高4.5m。发酵床周围留1m宽走道，留1m的饮水台。发酵床沿着饮水台建造，深度50cm，比原位微生物发酵床略浅，这样有利于饲料发酵床的管理。饲料可以通过人工和自动饲喂机直接投放到饲料垫料上（图2-14～图2-16）。

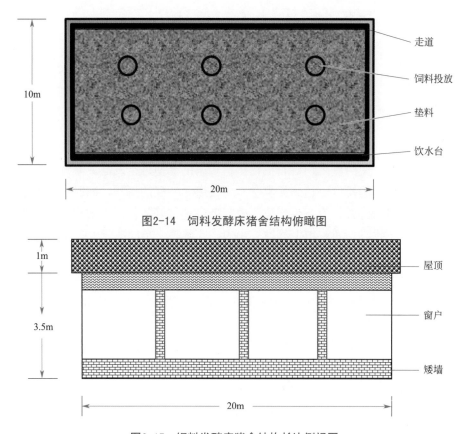

图2-14　饲料发酵床猪舍结构俯瞰图

图2-15　饲料发酵床猪舍结构长边侧视图

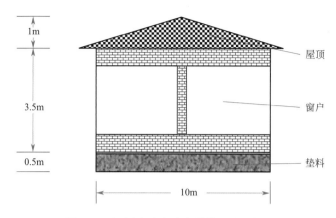

图2-16 饲料发酵床猪舍结构短边侧视图

三、饲料发酵床垫料选择

（1）饲料发酵床垫料选择的原则 饲料发酵床垫料不仅可作为消纳猪粪的基质，同时也可作为发酵饲料的基质，所以饲料发酵床垫料应具有猪的可饲性，也就是农业副产物经过发酵，可被猪饲用的材料，如菌糠、菇柄、麦皮、豆粕、油粕、酒糟、谷壳粉、秸秆粉等。而经发酵仍不可被猪饲用的原料，如锯糠、椰糠等，不能作为饲料发酵床的垫料原料。

（2）饲料发酵床垫料的来源 作为饲料发酵床垫料的原料来源于农副产品加工的下脚料，对于猪来说具有可饲性，具有丰富的营养，C/N 与可饲性成反比，C/N 低可饲性好，反之亦然。C/N 在 20 左右或低于 20 的作为猪饲料较好，如菌糠（C/N=20）、豆秸（C/N=20.4）、麦麸（C/N=20.3）、米糠（C/N=19.8）、马粪（C/N=21.1）、鸡粪（C/N=10）、酒糟（C/N=8）、豆饼（C/N=6.7）、花生饼（C/N=7.6）、菜籽饼（C/N=9.8）等，这些原料经过微生物发酵都可以作为猪的饲料使用；C/N 高的原料，要经过发酵腐熟也可以作为猪饲料，如稻草（C/N=58.7）、麦秸（C/N=96.9）、玉米粒（C/N=97.3）、玉米芯（C/N=88.1）、棉籽壳（C/N=27.6）、甘蔗渣（C/N=84.2）等原料。常见猪可饲性垫料见表 2-1。

表2-1 常见作为饲料发酵床垫料的猪可饲性农业副产物

类别	名称	可饲特性	营养特性
菌糠	金针菇菌糠 950元/t	金针菇根烘干而成，含有有益的菌体蛋白、多种氨基酸、矿物质、B族维生素等，能促进动物生长	成分：粗蛋白12%以上，粗纤维25%以上，水分含量小于12%
	蘑菇渣菌糠 550元/t	蘑菇基质一般用的原料是豆粕、麸皮、玉米、木屑、玉米芯、棉籽壳，菌糠是作饲料载体的最佳原材料	成分：蛋白质10%，纤维15%，灰分8%，水分含量烘干10%、晒干12%
豆渣	大豆蛋白渣 1700元/t	大豆蛋白渣中各种营养成分非常丰富，纤维素含量占据了干物质的1/2，而大豆纤维是最理想的膳食纤维之一	成分：水分10%，蛋白质25%，粗脂肪12%，粗灰分3.5%，粗纤维50%
	花生糠 650元/t	花生糠含粗蛋白、粗脂肪、粗纤维，是三合一的综合性生物饲料，在提高饲料利用率、降低饲养成本等方面均具有显著作用	成分：粗蛋白10%，粗脂肪2.78%，无氮浸出物43%，粗纤维30%，钙0.89%，磷0.13%

类别	名称	可饲特性	营养特性
秸秆	米糠 660元/t	米糠主要作为家养猪、鸡、牛、羊、马等的饲料的基础原料，其口感细腻、成本低	成分：纤维素60%，油脂13%，蛋白质10%，剩余的为水分等
	稻壳粉 750元/t	稻壳粉源自大米外壳，经过粉碎，再经过分离而分为粗细不等的稻壳粉	成分：水分<10%，灰分<12%，粗蛋白<2.5%，粗脂肪<1.9%，粗纤维>40%
	喷浆玉米皮 550元/t	喷浆玉米皮粗纤维含量较高，其能量高、吸收速度快、耗能低、不易饱和，可促进动物生长。并且其气味浓香、口感好，适合多种饲料补充蛋白质	成分：脂肪2.69%，粗纤维9.68%，灰分4.18%，总磷0.45%，还有多糖、蛋白质、肽类、氨基酸、乳酸、植酸钙镁盐
	花生壳粉 650元/t	花生壳中含有大量的有机化合物，如木质素、纤维素、蛋白质、谷甾醇、皂苷等。近年来，国外对花生壳的综合利用进行了深入研究，主要用于饲养畜禽如猪、羊、鸡、獭兔等	成分：干物质91.5%，粗蛋白6.6%，粗脂肪1.2%，粗纤维59.8%，无氮浸出物19.4%，灰分4.4%，钙0.61%，磷0.09%
	麦皮 1100元/t	麦皮是小麦加工面粉的副产品，麦黄色，片状或粉状，是动物养殖业采用的主要原料之一。其主要由种皮、糊粉层、少量胚和胚乳组成，是我国畜禽常用的饲料原料之一	成分：表皮部分主要是纤维素、矿物质，白色的物质含有维生素、油脂、蛋白质、糖类等
	玉米芯颗粒 600元/t	可广泛用于饲料、兽药、氯化胆碱、维生素及生物酶等的加工	成分：粗纤维3.8%，粗蛋白18%，吸附力50%～70%
酒糟	干高粱酒糟 650～700元/t	以微生物发酵，酿制后滤去酒液而得。其含有丰富的蛋白质、氨基酸以及醇类等芳香物质，其氨基酸组成齐全，组氨酸、色氨酸等8种必需氨基酸比例较高，易于吸收	成分：干物质89.45%，粗蛋白21.8%，粗脂肪6.98%，粗纤维7.95%，灰分3.90%，无氮浸出物48.82%，钙0.28%，磷0.20%，水分7%～8%

四、饲料发酵床垫料配方

一般五谷杂粮作物的茎秆籽粒如水稻秆、稻壳、玉米秆、玉米芯、花生壳、杂草等的碳氮比都较高，可以达到（60～100）∶1；豆科作物的茎秆、豆粕、花生粕、菜籽油粕等的碳氮比都较小，碳氮比一般在（15～20）∶1之间。碳氮比大的有机物分解矿化较困难或速度很慢。原因是当微生物分解有机物时，同化5份碳的同时约需要同化1份氮来构成它自身的细胞体，因为微生物自身的碳氮比大约是5∶1。而在同化（吸收利用）1份碳的同时需要消耗4份有机碳来取得能量，所以微生物吸收利用1份氮时需要消耗利用25份有机碳。也就是说，微生物所需的最适碳氮比为25∶1。如果碳氮比过大，微生物的分解作用就慢。所以在配制饲料垫料时，考虑到碳氮比的搭配，一般配制的垫料碳氮比可以考虑在（40～60）∶1之间，缺乏的氮源可以通过猪粪的补充来弥补。具体考虑配方如下：

（1）饲料垫料配方一

稻壳粉	50%
蘑菇菌糠	49%
酒糟	1%
芽胞杆菌发酵剂	0.1%
食盐（2kg）、适量矿物质和微量元素	适量

（2）饲料垫料配方二

玉米芯粉	50%

杏孢菇菌糠	40%
糖渣	10%
芽胞杆菌发酵剂	0.1%
食盐（2kg）、适量矿物质和微量元素	适量

（3）饲料垫料配方三

花生壳粉	50%
金针菇菌糠	49%
豆粕	1%
芽胞杆菌发酵剂	0.1%
食盐（2kg）、适量矿物质和微量元素	适量

根据以上配方备料，将各种原料混合搅拌，边搅拌边添加水分，使得垫料湿度达到45%，填入发酵床发酵5天，而后可以进猪饲养。

五、饲料发酵床垫料管理

饲料发酵床垫料的管理与原位微生物发酵床垫料管理具有相似的地方，即保持垫料的湿度（45%）和维持通气量（经常性翻耙）。猪养殖在饲料垫料上，其粪便也排泄在饲料垫料上，可作为饲料垫料氮源的补充，而迅速地参与发酵，使得饲料垫料碳氮比 [（40～60）∶1] 在增加猪粪后趋向于适合微生物发酵合理的比例 25∶1，有利于猪粪发酵，即有利于饲料垫料的发酵。发酵后的饲料垫料形成发酵饲料，又反过来为猪提供饲料。

饲料垫料可以提供猪饲料的30%，其他的70%饲料可以通过添加正常饲料来补充。正常饲料添加可以直接撒在饲料垫料上，一方面参加饲料垫料的发酵，另一方面提供给猪取食。饲料发酵床上的猪取食由饲料垫料、猪粪、正常饲料一同发酵的发酵饲料，猪粪作为氮源，参与饲料垫料的发酵，同时，健康猪排出的粪便，带有完整的粪菌微生物组，能够维持猪肠道微生态平衡，提高免疫抗病能力。猪粪参与发酵的饲料垫料，其中保存了健康猪群完整的粪菌群落，猪通过取食饲料垫料，实施"粪菌移植"，构建健康肠道微生物菌群，提升了猪群健康水平。

当猪群集中排便时，需通过人工分散。根据垫料发酵情况，及时翻耙调整通气量，通过补充水分保持45%的垫料湿度。

六、饲料发酵床垫料实施

以下以福建漳州市芗城区饲料发酵床养猪实践为例进行介绍。

饲料发酵床养猪设施在漳州芗城区由传统猪舍改造而来（图2-17），在漳州南靖县按标准建猪场 200m² （图2-18），取得了良好的效果。饲料发酵床深度60cm，饲料垫料由食用菌糠（50%）、谷壳粉（15%）、玉米芯粉（10%）、酒糟（5%）、木薯粉渣（10%）、地瓜粉渣（10%）等组成，同时，加入少许红糖、食盐，接入芽胞杆菌发酵剂，搅拌均匀，用水调整湿度到45%，铺入发酵床发酵7天，待发酵床表面温度降低到40℃以下时放入猪群。

图2-17　福建省漳州市芗城区饲料发酵床示范

图2-18　福建省漳州市南靖县饲料发酵床示范

示范从保育猪放入开始，饲料发酵床垫料表面温度在 $30 \sim 40℃$，按 1 头 /m^2 密度饲养。补充饲料直接投放在饲料发酵床上，使用量为正常投放量的 70%，每天投放饲料 3 次。猪群取食饲料垫料，排便在饲料垫料上，猪群自行翻拱，将其与饲料垫料混合进行发酵，发酵过程消除了粪便臭味和粪便毒素，保存了肠道粪菌群落，通过取食将粪便菌群"移植"到猪群肠道，建立健康肠道微生物平衡。饲养过程中管理的主要任务是补充投放饲料、分散垫料和猪粪、补充垫料湿度、翻耙饲料垫料。育肥猪养殖过程中无需使用化学药物包括抗生素，猪群也能健康快速生长，节省了饲料，消除了污染。

七、讨论

（1）饲料发酵床具有发酵饲料的功能　饲料发酵床，将猪可饲性原料（如食用菌糠、谷壳粉、玉米芯粉、酒糟、木薯粉渣、地瓜粉渣等）作为含碳原料，猪粪作为含氮原料，促进垫料发酵转化为发酵饲料，提供给猪取食。饲料发酵床含有丰富的微生物（每克超过 7000 种微生物），可饲性垫料和猪粪经发酵，消除了臭味和猪粪有毒物质，形成营养丰富的发酵饲料，能够替代 30% 的猪饲料，降低了饲养成本，实现了猪粪循环利用，达到畜禽粪污的"零排放"。胡彩虹等（2002）研究了猪粪便细菌群作用下 3- 甲基吲哚（粪臭素）和吲哚形成，结果表明：在猪大肠菌群作用下 L- 色氨酸既能直接降解形成吲哚，又能经吲哚 -3- 乙酸再形成粪臭素，通过改变环境的 pH 值可以调节色氨酸降解成粪臭素和吲哚的相对产量，消除养猪过程中的臭味。英国、美国、日本、加拿大、德国等国家也都在进行畜禽粪饲料化研究。

赵志龙等（1981）开展猪粪发酵饲料喂猪的研究，猪粪发酵料配方为猪粪 480.0kg、米糠 100.0kg、麸皮 120.0kg、谷壳粉 100.0kg、菌种 1.25kg。制作方法为：将上述配料搅拌均匀，湿度为 30% $\sim$ 40%，将料装入发酵槽内形成优质猪饲料。邓百万和陈文强（2006）利用食用菌菌种对猪粪进行发酵生产饲料，以滑菇为菌种，菌丝生长速度快、致密且粗壮发达，发酵时间短，对猪粪的除臭效果较好，其发酵饲料的蛋白质、脂肪、总糖含量分别达 18.9%、0.77%、16.14%，营养丰富，为猪粪的综合利用开辟了一条新途径。

（2）饲料发酵床提供粪菌移植的环境　饲料发酵床承载着可饲性垫料和猪粪，通过发酵形成发酵饲料，猪粪一方面提供了发酵氮源，促进饲料发酵，另一方面提供了健康猪肠道粪菌群落，通过猪群取食发酵饲料，"移植"到猪群肠道，达到粪菌移植（fecal microbiota transplantation，FMT）的效果。

肠道微生物生态系统是哺乳动物体内最复杂和最大的微生态系统，肠道菌群种类多达 1000 余种，细菌总数多达 100 万亿，是宿主细胞数量的 10 倍。肠道菌落主要由硬壁菌门、拟杆菌门、放线菌门和变形杆菌门构成，其中严格厌氧菌的数量比兼性厌氧菌和需氧菌多 2 $\sim$ 3 个数量级。不同个体消化道中存在主导菌群，采用宏基因组学高通量测序方法可划分为拟杆菌属型、普氏菌属型、瘤胃球菌属型三种不同的"肠类型"（李宁，2014）。

关于"粪菌移植"国内外有过大量的报道，奥地利维也纳医科大学内科胃肠病学和肝脏病学的 Angelberger 等在 5 名患有溃疡性结肠炎的患者中应用粪菌移植方法进行治疗，并在移植术后不同时间点比较粪便中细菌的组成，结果证实：具有抗炎并产生短链脂肪酸作用的普拉梭菌、卵形拟杆菌等在患者体内成功定植，这是治疗炎性肠道疾病成功的标志。随后，FMT用于难治性肠病的挽救治疗（陈红英等，2015），并于2013年写入难辨梭状芽胞杆菌感染的临床治疗指南中（崔伯塔等，2013）；用于自闭症的治疗（段云峰等，2015）；用在其他肠外疾病如难治性难辨梭状芽胞杆菌感染、炎性肠病、腹泻型和便秘型肠易激综合征的治疗（江学良等，2014；甘丽和岳仁宋，2015；雷丝丝等，2015；李春梅，2015；李怀东和徐兴杰，2015）。李运喜等（2015）研究表明，无特定病原（specific pathogen free，SPF）鸡粪菌移植的发酵床养殖模式下肉鸡生产性能和发育性能均高于传统普通地面平养模式，大肠杆菌耐药性有降低趋势。饲料发酵床通过对垫料和猪粪的发酵，保存了健康猪群粪菌群落，"添加"到发酵饲料内，猪群通过取食，建立肠道微生物平衡，提高了猪群的抗病能力，促进健康生长。

（3）饲料发酵床实现资源高效利用　我国养殖业飞速发展，在为人类提供丰富的肉、蛋、奶类产品的同时，也产生了大量的畜禽粪便。畜禽粪便的大量排放，对人类和其他生物以及畜禽自身生存环境的污染越来越严重（程文定等，2006）。随着养殖业不断发展，畜禽饲料短缺的问题也越来越严重。因此，开发利用非常规饲料来填补常规饲料的不足是一个重要的发展方向。任何畜禽粪便都是由未消化的饲料养分、体内代谢产物、消化道黏膜、分泌物、肠道微生物及其分解产物等共同组成，畜禽粪便含有大量未消化的蛋白质、B族维生素、矿物质元素、粗脂肪和一定数量的碳水化合物，通过发酵可以实现循环利用。发酵饲料微生物是由光合细菌、放线菌、酵母菌、乳酸菌等80余种有益微生物复合培育而成的多功能菌群，在农林、畜牧、环保等领域有着广泛的应用。它们能利用畜禽粪便中未降解物质如粗纤维、粗蛋白、粗脂肪、木质素、钙、磷等合成大量的蛋白质、氨基酸、糖类等营养物质，分泌维生素、消化酶等多种生物活性物质，能抑制粪便中的病原菌（杭柏林等，2009）。畜禽粪便的再利用及喂饲家畜最早源于20世纪80年代的鸡粪喂猪技术。研究者根据猪、牛有舔食鸡粪的自然现象，通过对鸡粪的理化性质、营养组成进行分析，以及通过进行消化、饲养试验，筛选出鸡粪处理的最佳方法。现在鸡粪作为猪的饲料已在生产中得到了一定的推广和利用（段丰富，2008）。

随着我国畜牧业的蓬勃发展，生产规模化、集约化趋势越来越明显，在给人类提供丰富的畜禽产品的同时，规模化养殖场的畜禽粪便和污水多不做处理而直接用作肥料，某些地区甚至直接将其排入江河，造成严重的环境污染，因此，如何合理处理畜禽粪便关系着畜牧业的健康发展。有研究者指出，畜禽粪便并非完全是不可利用的废物，粪便中有一部分营养物质能被动物直接吸收，还有一部分物质可通过处理再被动物吸收（毛湘冰等，2006）。笔者的一项研究从畜禽粪便的一种利用方式——饲料化利用，即从畜禽粪便的营养价值、饲料化利用途径、饲料化利用的效果、饲料化利用的安全性四个方面对畜禽粪便饲料化利用进行了阐述。饲料发酵床，将猪可饲性垫料添加猪粪进行发酵，消除猪粪臭味和毒素，提供猪群发酵饲料，无需清理猪粪，简化了发酵床管理，一方面提高了农业副产物的循环利用，另一方面实现了养猪污染的"零排放"综合治理。

集装箱发酵床猪舍设计与应用

一、概述

非洲猪瘟在我国发生以来，传播速度快、传染性高、病毒生存能力强，无特效药治疗，导致生猪大量死亡，且复养难度极大。因此，养猪业的目标之一是寻找一种生物安全性较高的养殖模式，集装箱发酵床养猪装备受到重视，它是具有物理和微生物生物安全保障的一种养猪模式。

国内关于集装箱发酵床养猪系统的研究未见报道。集装箱养殖技术主要集中在水产养殖上，集装箱水产养殖技术，又称为受控式集装箱循环水绿色生态养殖技术（钟小庆等，2019），是在经过技术改造的集装箱中进行水产养殖。作为渔业领域唯一入选农业农村部 2018 年十项重大引领性农业技术的集装箱养殖技术已在全国 19 个省、市、自治区推广应用（池潜，2019），王磊等（2019）报道了陆基推水集装箱式水产养殖模式适养种类，集装箱养殖系统取得了可观的生态效益与经济效益。借鉴集装箱水产养殖装备，笔者设计了集装箱发酵床养猪装备系统，利用集装箱的密封性、移动性、装配性的特点，建立物理性生物安全养猪体系，再加上微生物发酵床建立了微生物生物安全体系双重防范体系。

集装箱养猪场建设背景：①疫病肆虐、产能下降。非洲猪瘟烈度强、传染性高、病毒生存能力强、疫苗效果有限，导致生猪大量死亡，且复养难度极大。②猪肉短缺、价格上涨。生猪价格按平均 30 元 /kg 计算，每头猪日均增重 0.5kg，成本按 12 元 /kg 计算，平均头猪可达到日均净利润 9 元。③非洲猪瘟难防、安全担忧。尽管猪肉短缺，养猪利润可观，但是，非洲猪瘟蔓延全域，无药可治。寻找安全的养猪方式成为发展猪业的当务之急。集装箱养猪的全封闭物理防控和发酵床养猪的微生物防控的结合形成高安全性的养猪物理和微生物的"生物安全"防控机制，有望在非洲猪瘟长期存在条件下成为生猪养殖首选方案。④快速建场、恢复生产。非洲猪瘟对养猪业是个危机也是个机遇，集装箱养猪能够在短时间内建立养猪场，具有安全、可控、快速恢复产能的特点，可高性能地防范疫病的侵袭，成为当下发展养猪业可靠的方法之一。

集装箱养猪考虑因素：①生产建设期短，能迅速产生效益；②将生产风险降到最低，并且有完备的风险解决方案；③由专业人做专业事，进行产品线分段，分工合作。

投资建设原则：①快——迅速达产；②稳——有效隔离；③准——规模经济。

二、集装箱发酵床养猪场的规划

集装箱发酵床猪舍，以标准集装箱为载体（长 × 宽 × 高 =12.20m×2.44m×2.90m，面积约为 29.77m²）。集装箱养猪场由单个集装箱拼排组成养猪场，养猪场系统由集装箱组、排污系统、粪污处理系统组成。排污系统由管道和泵组成，粪污处理系统由异位发酵床、发酵床死猪处理系统、液体粪污发酵槽组成（图 2-19）。

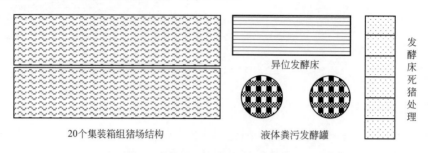

20个集装箱组猪场结构　　　异位发酵床　　　液体粪污发酵罐　　　发酵床死猪处理

图2-19　集装箱发酵床养猪场规划设计

三、集装箱发酵床猪舍结构与设备

1．集装箱发酵床猪舍

集装箱发酵床单体猪舍的改造，内壁安装保温墙，集装箱底部垫入 80cm 的垫料（50%谷壳 +50% 锯糠），集装箱一端安装风机，另一端安装水帘和空调（可选项）；在集装箱两侧分别安装饮水线和料线，顶部安装微生物喷雾装置，配上光照，正面安装门和自动控制器。整个养殖空间长度为 2.1 m（图 2-20）。

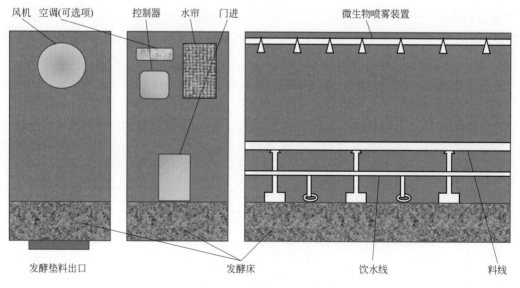

风机　空调(可选项)　　控制器　水帘　门进　　　　　微生物喷雾装置

发酵垫料出口　　　　　发酵床　　　　饮水线　　　料线

图2-20　集装箱发酵床结构示意

在猪舍环境受控的状态下，发酵床显现出它的养殖优势：夏天高温季节，通过风机、水帘降温，必要时使用空调降温，可以使猪舍温度恒定；冬天低温季节，通过发酵床垫料发酵产生热量，保持猪舍温度，无需增加加温设备，可保持猪舍温度恒定。猪粪与垫料的结合，通过微生物好氧发酵，消纳猪粪，抑制猪病原菌（厌氧菌），消除臭味，建立一个安全、舒适、环保的生猪生活环境；同时，健康猪群肠道微生物通过猪粪在垫料中扩繁，形成了特殊的微生物群落，感染下一代生猪，建立了"粪菌移植"机制，促进生猪健康生长；发酵垫料产生的益生菌，通过猪群取食，调节肠道微生物，促进猪群生长，减少抗生素使用，形成无抗养殖。

2. 集装箱漏缝地板猪舍

在养猪习惯上，使用漏缝地板的比较多，技术也比较成熟。集装箱漏缝地板猪舍的结构如图2-21所示，它与集装箱发酵床猪舍类似，在离地面80cm高的地方，建立漏缝地板；猪粪通过漏缝地板收集在集装箱地板，再通过排污管道周期性地抽出，进入异位发酵床或液体发酵槽发酵处理。

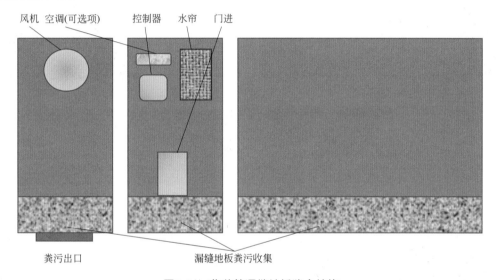

图2-21　集装箱漏缝地板猪舍结构

集装箱漏缝地板猪舍包括了育肥猪舍、保育猪舍、分娩猪舍、配怀猪舍（图2-22）。育肥猪舍为开放的小空间，面积30 m²，小型育肥猪可养殖60头，大型育肥猪可养殖30头，中部设置料槽和饮水装备，粪污通过漏缝地板落到集装箱底部集中收集。保育猪舍存放断奶后的小猪，设有操作台，可以对小猪进行保健防疫处理。分娩猪舍设有母猪限位栏、喂食装备和保育箱，供母猪取食、休息、喂奶，小猪庇护在保育箱内保温。配怀猪舍建立系列定位栏，母猪在此配种、定位饲养。

3. 集装箱漏缝地板猪舍装备

集装箱漏缝地板猪舍的装备包括了双面料槽（80L）、饮水碗、降温水帘、变频风机、LED照明灯带、温湿度控制器、氨气探头、计算机控制系统、料线、水线、水冷机、无动力风机等（图2-23）。集装箱漏缝地板养猪系统与常规的养殖猪方式操作规程相似，容易被用户掌握。集装箱发酵床养猪系统，包括育肥、保育、产床、配怀等环节，由于发酵床的使用，操作规程与漏缝地板有很多差异，还需要不断总结经验进行完善。集装箱发酵床养猪系统完善后表现出的优势，如全程养殖无臭味、微生物降污、微生物防病、粪菌移植等，是其他养殖模式不可比拟的。

(a) 育肥猪舍

(b) 保育猪舍

(c) 分娩猪舍

(d) 配怀猪舍

图2-22　集装箱漏缝地板猪舍类型

(a) 双面料槽

(b) 饮水碗

(c) 降温水帘

(d) 变频风机　　　　　　　(e) LED照明灯带　　　　　　(f) 温湿度控制器

(g) 氨气探头　　　　　　　(h) 计算机控制系统　　　　　　(i) 排污系统

(j) 料线和水线　　　　　　　(k) 水冷机　　　　　　(l) 无动力风机

图2-23　集装箱漏缝地板猪舍装备

四、集装箱发酵床猪舍环境控制装备

集装箱发酵床猪舍环境控制装备系统包括：①执行机构，包括空调、风机、水帘、光照系统、喷雾装置、饮水线、料线等，用于调节温度、湿度、灯光、通风以及控制饮水、投料等（图2-24）；②传感器，包括温度、湿度、光照、氨气、氧气、二氧化碳等传感器。

整个集装箱发酵床在人工受控环境下运行，温度传感器指挥着空调、风机、水帘工作，时间传感器指挥着光照、通风、饮水、投料机构的运行，湿度传感器指挥着喷雾、风机、水帘工作。

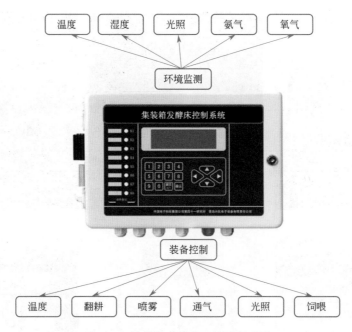

图2-24　集装箱发酵床环境控制系统

五、集装箱猪场的实施

1. 集装箱发酵床猪舍的实施

福建牧子易猪农业科技有限公司（福建永安）建立了集装箱发酵床猪场示范场（图2-25），由20个集装箱组合形成养猪场。每个集装箱可养殖保育猪60头，或中猪40～50头，或大猪30头。该养殖模式的特点是：光、温、水、湿、料、风实现全自动控制；周期性地喷雾微生物菌剂，以控制湿度和进行微生物空间消毒，向垫料增加微生物菌种；每2～3天人工进入集装箱内利用电动翻耕机，翻耕表面25cm的垫料，底部垫料不翻耕，作为微生物保存的空间；整个垫料管理采用周期翻耕、点状补料，对消耗下沉的垫料进行补充；原理上，垫料可以长期使用，消耗的垫料及时补充。

图2-25　集装箱发酵床养猪示范场

2. 集装箱漏缝地板猪舍的实施

集装箱猪舍也可以采用漏缝地板进行粪污处理。福建牧子易猪农业科技有限公司在青水畲族乡建立了一个"集装箱"猪舍，全部由保温集装箱组成，一个集装箱就是一个独立封闭的小猪舍，相互之间互不影响，可以达到安全自动养殖。该生猪养殖基地已建设完成，且于2020年3月底投入使用，设计目标是年产5000头商品猪。

为了加快农业产业化发展，助力乡村振兴，青水畲族乡积极对接省内外资源，引进国际先进养殖技术和产业资金，实现了产业发展和环境保护的和谐统一。该项目总投资2000万元，主要建设配怀舍、分娩舍、保育舍、育肥舍等，预计年产值达3000万元。

六、讨论

1. 集装箱发酵床养猪的优点

（1）方便快捷　集装箱形状规整，移动方便，能够根据需要进行任意摆放以及随时进行转移。

（2）保温恒湿　集装箱是一个全封闭空间，而且安装了50cm厚的保温隔热墙、防止热量流失的双层窗户以及4个250W的红外灯泡，完善的温控设备能够达到良好的隔热保温效果。集装箱安装了自动控温系统，通过猪舍内的温度探头检测，自动调整保温灯和通风系统的工作（当温度低于设定温度时保温灯自动开启，当温度高于设定温度时抽风系统自动开启，同时智能调节通风口大小），始终能够保持温度在适合小猪生长的28℃左右，从而大大减少了因为温度很难控制而导致的各种疾病和问题。

（3）空气过滤　集装箱内安装有一个通风系统，分为大小风口两层，特别是在通风口上安装了空气过滤装置，可有效阻断病原的空气传播。通风口上还有均匀的小孔，能够让风均匀地进入猪舍，防止"贼风"袭猪。

（4）切断病传　集装箱养猪采用了全密封式的箱体装备，可阻隔病原传播途径，解决疫病包括非洲猪瘟的侵袭问题。将断奶小猪转入集装箱批次化喂养（尽可能远离母猪场），就可以做到严格的全进全出，在一批小猪出栏后，还能做到无死角的严格清洗和消毒。

（5）智能养殖　集装箱养猪装备，配备了自动化料线、自动化水线、自动化环境调节装备、自动化粪污处理装备；整个养殖过程无人化管理，减少了环境开放、人猪接触，为今后智慧养殖的发展提供了模式，建立了公司＋农户的分布式模块化养猪方式，提供了可靠的装备管理典范，使得用现代养殖方式促进农民增收成为可能。

（6）环境零污染　集装箱发酵床模式，在集装箱底部留有50cm的空间铺垫发酵垫料，接入微生物菌种，猪粪与垫料结合发酵处理，消纳猪粪，点状补料，免清理，无臭味，同时发酵出优质有机肥，养殖若干批次后取出直接作为有机肥返田，达到了充分利用资源的目的。

2. 集装箱猪场建设的特点

（1）零周期、轻资产　集装箱发酵床猪舍具有可移动式模块化装配，一个猪场建设周期不超过1个月。模块再利用价值高，便于转型升级。

（2）安全可靠、防病好　每个集装箱发酵床猪舍为完全隔离的独立单元，全程自动饲喂，有效隔离了疫病传播；前后采光观察窗，配合高清云摄像镜头，实现了远程监控；即使发现发病猪群，单元可以独立、快速移离，实现"拔牙式"处理；发酵床提供了全程微生物生物安全防控体系。

（3）绿色环保、零污染　利用集装箱发酵床生产全程零排放，免清洗，微生物发酵消纳猪粪和臭气，垫料原位发酵产生有机肥，直接返田利用，实现了资源循环、绿色环保。如不需要使用有机肥，则可采用点状补料，免清理处理，节约了垫料，可长期使用。

（4）节约土地、效率高　可充分利用地形地貌，不破坏耕土层，可进行多层建设，提升土地使用率。

（5）智能管理、省人工　全自动温控、风控、光控和饲喂，无需人工干预，极大降低了养殖难度，减少了疫病传染风险。

（6）标准集成、建设快　模块制造标准化集成，方便增减或定制，在满足客户需求的同时，极大地降低了生产成本和提高了工程进度。

（7）保温恒湿、省能源　保温隔热层采用不锈钢、铝合金和聚氨酯组合，相比现代猪舍节约建材超过80%。

（8）生产高效、成本低　经计算对比，集装箱发酵床生产在效率和成本方面具有明显优势。

3. 集装箱养猪的经验总结

福建牧子易猪农业科技有限公司技术总监介绍：因为每个集装箱都是隔离的，可以非常好地切断传染源，对整个猪场进行设计的时候也会充分考虑到猪场疫情情况，同时也可以很好地把控物品和人员以及猪食的流转，进而来保障它的生物安全。

这种集装箱的模块养殖方式不仅可以根据需要的规模快速组装，短期内便可以投入使用，而且其中的设备也具有现代化特点，有自动的温度、湿度、采光、投喂控制系统，可以保障生猪有一个良好的生长环境，同时独立封闭的养殖也可以保障生物安全。

福建牧子易猪农业科技有限公司总经理钟先生介绍：这个养殖点采用封闭式管理养殖模式，工作人员进入养殖场休息区前要进行两次的消毒和48h的隔离，休息区到养殖区有封闭的通道连接，每次进入养殖区前也要进行消毒后方可进入。

第六节
方舱发酵床猪舍设计与应用

一、概述

方舱建筑具有模块化、易移动、密封性、易拼装、建造快、成本低等特点，广泛地应用在军事、医学、通信、电力等野外作业，可建立洁净环境，防止外界干扰。李岳彬等（2019）综述了方舱技术的发展，指出方舱作为一种集装箱改进的移动运输载体，通过搭载不同设备实现特定设备转移及现场作业等功能，方舱概念提出后经历了军用发展、领域扩展及民用转化3个过程；总结了国内外对方舱的研究工作，概述了其在电磁屏蔽、医疗救助、防爆、应急供电等不同领域的应用研究，同时也提出了我国方舱发展存在的问题，并对未来发展做出展望。

高鼎涵等（2019）报道了大型设备方舱结构设计与分析，针对方舱的布局特点，在结构上进行了针对性设计，对于载荷较大的区域进行了局部加强，在合理简化的前提下建立了方舱舱体骨架的有限元模型。王政等（2016）综述了军用方舱发展趋势，军用方舱是装载军事设备和人员并提供所需要的工作条件和环境防护的由夹芯板组装成型的可移动厢体，适于作为武器装备系统、指挥通信中心、技术支援和后勤保障装备以及各类军事装备和人员的装载体和工作间。它广泛应用于指挥、控制、侦察、探测、通信、电子对抗、机要、文化宣传、动力电站、检测试验、维修保养、备件储运、抢救等方面。方舱装备的设计与建造技术日益成熟。

在非洲猪瘟发生的环境下，寻找具有生物安全防护的养殖装备，引起了业界的重视。方舱发酵床装备应用于养猪业的研究未见报道，而用于动物养殖有过报道。Wagner等（2018）根据猫饲养的基本需要，设计了方舱猫舍，考虑了预期停留时间、猫的类型、建筑材料、建造成本和疾病风险，可用于实验动物的护理等。方舱发酵床猪舍的设计，采纳方舱厢体密封防护的特点，结合原位发酵床，处理猪粪，消除臭味，抑制猪病原，是建立物理和微生物"生物安全"防控的养猪装备。

在方舱发酵床养猪装备的建设方面，人们经常关心的事项包括方舱基础单元面积多大、是否能养母猪、各阶段能养多少猪、方舱发酵的造价与传统猪舍比如何、粪污处理模式、在方舱内的排污口如何摆放、通风如何处理、耐腐蚀性如何、使用寿命多久、建造方舱用什么材料、冬季保温怎么做、夏季降温怎么做、建造工期多久、如何测算投资额以及安装和维修服务等方面的问题。

二、方舱发酵床猪场规划

方舱发酵床猪场是由多个方舱发酵床猪舍单元拼摆组成。方舱发酵床猪舍单元可大可小，大的可做到10000m²单体，小的可以为250m²。例如，方舱发酵床猪舍基础单元面积300m²，长30m、宽10m，肩高4m，顶高8m，发酵床深度0.8m；单体发酵床面积以有利于车辆如拖拉机翻耕转弯为宜。

方舱发酵床养猪场根据养殖规模、自繁自养、地形地貌等模式进行组合设计，有环形组合、竖形组合、横形组合等。以各种形状组合的方舱发酵床单元可以集中在一个区域，设计出通道、养殖区、生活区、饲料加工区、污染处理区、进猪过渡区、出栏隔离区等，形成规模化养猪场（图2-26）。

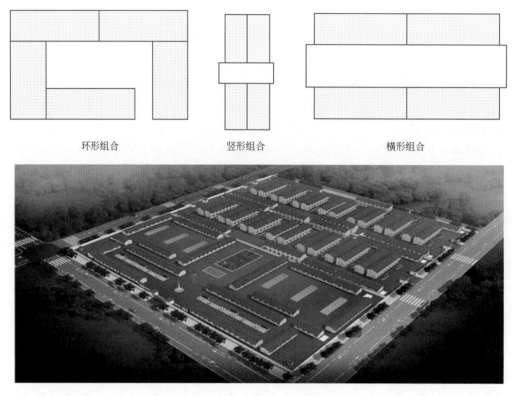

环形组合　　　　　竖形组合　　　　　横形组合

图2-26　方舱发酵床猪舍基础单元的组合形式

三、方舱发酵床猪舍单元设计

1．育肥猪单元设计

方舱发酵床育肥猪单元，其基础单元为 $10m×30m=300m^2$，周围留出 1m 的观察通道，发酵床深度 80cm，一侧布水线、一侧布料线；一端开 4m 大门，给车辆如拖拉机留出通道，并且安放风机，另一端开 4m 的后门和安放水帘；两个侧面开窗户，上下两排，可以根据实际调整窗户的形状；风机和水帘根据实际装配可以开在两侧（图 2-27）。发酵床育肥猪单元

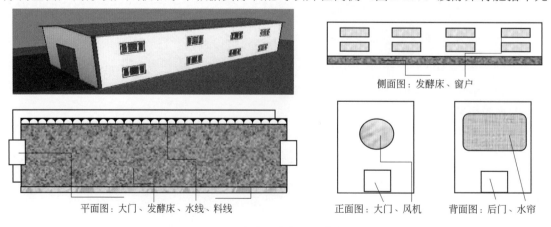

平面图：大门、发酵床、水线、料线　　　　正面图：大门、风机　　背面图：后门、水帘

图2-27　方舱发酵床育肥猪单元

的设计原则为大空间便于机械翻耕。

2．母猪单元设计

方舱发酵床母猪单元，基础单元 10m×30m =300m^2，发酵床深度 80cm。按各占 1/3 分割为 3 个区，即后备母猪栏区、定位栏区、产床区（图 2-28）。后备母猪栏区全部采用发酵床，存放待配种的母猪，两侧设有水线和料线；定位栏区采用相向定位栏排列，每个定位栏的后段采用漏缝地板，便于粪污漏到发酵床中，中间留出空间做发酵床，存放配种后的母猪，定位关闭一段时间后可以放出来在发酵床上运动；产床区关待产母猪，母猪躺卧的地方用漏缝地板铺设，边上设有小猪保温箱，保温箱用塑料地板。两端开有大门，供翻耕机械进出；一端安装风机、一端安装水帘。根据方舱组合的实际，风机和水帘可以装在两侧。

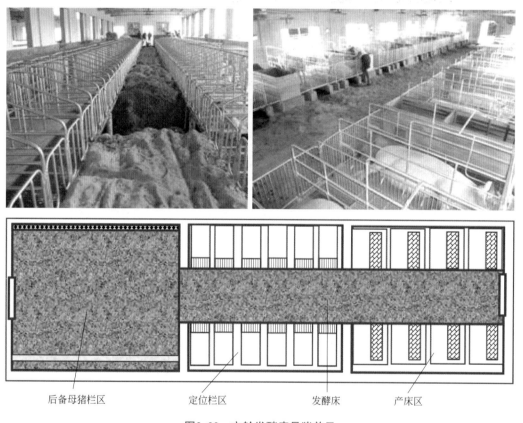

图2-28　方舱发酵床母猪单元

四、示范效果

1．建造成本

方舱猪场在三明牧丰农牧科技有限公司（以下称牧丰农科）示范，牧丰农科从安全便捷、节能增效、生态环保的全新理念着手，创造性地设计了牧丰智能猪舍，其安全高效的养殖模式针对当前非洲猪瘟肆虐，而疫苗还未正式推出的情形之下，可最大限度地拓展养殖猪只的生存空间。方舱发酵床本质上是发酵床养猪，方舱发酵床猪舍装配式建造，速度快、密封程度较高，隔离性较好，引起了养殖业内人士极大的兴趣。方舱发酵床建造成本高于常规发酵床猪舍，低于集装箱发酵床猪舍。方舱猪舍可以利用废旧的箱体进行拼接（图2-29），以降低成本。整个配置如表2-2～表2-5所列。

图2-29　牧丰农科方舱猪舍的建造

表2-2　妊娠舍（长12m、宽6m，每单元面积72m²，双列共34个栏位）

序号	设备名称	设备说明	数量	单位
1	湿帘	33300×1500×150，型号7090（含循环水）	1	套
2	风机	50in/台（智能调速风机含环境控制器、温度传感器、氨气传感器、声报警、5set eps主控制箱）	2	台
3	风机	24in/台（智能调速风机含环境控制器、温度传感器、氨气传感器、声报警、5set eps主控制箱）	1	台
4	食槽	304不锈钢通长母猪槽（长11800，配排水阀）	2	套
5	饮水	自动饮水控制器（含内外丝口，塑料软管，1.4m长、φ20不锈钢304水管，两头要有丝口）	2	套
6	限位栏（前后门）	整体热镀锌，主管6分，次管4分，厚度2.5mm；规格2200×650×1000	34	套
7	限位栏（侧栏）	整体热镀锌，主管6分，次管4分，厚度2.5mm；规格2200×650×1000	36	片
8	漏缝板（发酵床）	全漏缝，新型复合材料板（6000×12000）+玻璃钢梁	72	m²

注：1in=0.0254m，下同。4分管、6分管管径分别是15mm、20mm。

表2-3　分娩舍（长12m、宽8m，每单元面积96m²，双列共12个栏位）

序号	设备名称	设备说明	数量	单位
1	湿帘	3300×1500×150，型号7090（含循环水）	1	套
2	风机	36in/台（智能调速风机含环境控制器、温度传感器、氨气传感器、声报警、5set eps主控制箱）	2	台

续表

序号	设备名称	设备说明	数量	单位
3	风机	18in/台（智能调速风机含环境控制器、温度传感器、氨气传感器、声报警、5set eps主控制箱）	1	台
4	产床	2400×1800×1000，整体热镀锌，主管1in，次管6分，母猪：304不锈钢食槽+铸铁漏缝板（前面一块为无缝板）；仔猪：塑料漏缝板+保温箱+保温板+保温灯；母猪饮水碗，仔猪料槽，仔猪饮水小碗	12	套
5	漏缝板（过道）	全漏缝，新型复合材料板（1000×12000，1200×12000，2400×1200）+玻璃钢梁	45	m²

注：1in=0.0254m，6分管管径是20mm。

表2-4　保育舍（长12m、宽6m，每单元面积72m²，双列共8个栏位）

序号	设备名称	设备说明	数量	单位
1	湿帘	3300×1500×150，型号7090（含循环水）	1	套
2	风机	24in/台（智能调速风机含环境控制器、温度传感器、氨气传感器、声报警、5set eps主控制箱）	2	台
3	风机	18in/台（智能调速风机含环境控制器、温度传感器、氨气传感器、声报警、5set eps主控制箱）	1	台
4	保育栏	4000×2500×700，PVC板+不锈钢折件	6	套
5	漏缝板（发酵床）	全漏缝，新型复合材料板（6000×12000）+玻璃钢梁	72	m²
6	食槽	304不锈钢，双面8孔2个（600×500×550）	2	个
7	食槽	304不锈钢，单面4孔2个（600×500×550）	2	个
8	饮水	水位控制饮水碗，单面6个（含1.4m长、φ20不锈钢304水管+软管+内外丝口）	6	个
9	其他	保温盖板+保温灯+橡胶垫（4000×1200×12）	6	套

注：1in=0.0254m。

表2-5　育肥猪舍（长12m、宽6m，每单元面积72m²，双列共2个栏位）

序号	设备名称	设备说明	数量	单位
1	湿帘	3300×1500×150，型号7090（含循环水）	1	套
2	风机	50in/台（智能调速风机含环境控制器、温度传感器、氨气传感器、声报警、5set eps主控制箱）	2	台
3	风机	24in/台（智能调速风机含环境控制器、温度传感器、氨气传感器、声报警、6set eps主控制箱）	1	台
4	猪栏	6000×6000×1000，整体热镀锌，主管40×40×2.5，次管φ16圆钢	2	套
5	食槽	304不锈钢，双面5孔1个	1	个
6	漏缝板（发酵床）	全漏缝，新型复合材料板（6000×12000）+玻璃钢梁	72	m²
7	饮水	水位控制饮水碗，双面1套（含1.4m长、φ20不锈钢304水管+软管+内外丝）	1	套

注：1in=0.0254m。

2. 使用效果

　　牧丰农科智能猪舍采用智能环控、自动饲喂、动态监控、智能排污设备，根据舍内的实时情况自动采取相对应的处理措施，能迅速降低异常情况对猪群的影响，同时也极大地减少了场内人员在猪舍内的流动，降低了猪只感染疾病的风险，实现场内管理人员与猪零接触也能全程观测到猪群的饲养情况。"智能化、模块化、安全化、生态化、自动化"牧丰智能猪舍，是牧丰农科参考国际知名企业方案，经过专业人士周密分析、调研，以最新养殖生产和生物防控要求为准则精心设计而成。"五化"一体的牧丰智能猪舍，理念新颖、模式独特、方案成熟、生防最严，是新常态下的最佳养殖模式之一。

第七节
竹林发酵床笋鸡共生系统设计与应用

一、概述

当下竹林养鸡逐渐成为农村扶贫致富的实用技术。竹林里空气新鲜、水源清洁，有许多野草和昆虫供鸡自由啄食，养的鸡肉质鲜美有韧性，口味相近于原始的野生竹鸡而备受欢迎（吴东祥，2013）。竹林养鸡，既节省养鸡饲料成本，又可为林地除害去杂，实现了林牧和谐发展（张燕，2014）。竹山养鸡能够有效改善毛竹林生态结构，提高毛竹林和养鸡业的经济收入，达到毛竹林、养鸡业良性发展的生态效益、经济效益和社会效益最大化（李式亮，2013）。每亩立竹达 150 株以上，胸围达 24cm 左右，每亩产鲜笋约 1800kg；选择品种适应性好、抗病力强的土种鸡或土杂鸡，如本地鸡、河田鸡等，一般每亩放养 150 只，以每人管理 1200 只为宜（范永光，2007；徐昌棠，1998）。

竹林地面增加覆盖物可以明显增加冬笋产量。王海霞等（2017）在林地覆盖、水分调控、光照及养分调节 4 个方面开展研究，结果表明，覆盖是促进毛竹林提前出笋、延长笋期和提高冬笋产量最好的措施之一，而且在覆盖物中添加鸡粪的增产效果最好。安徽宣城市宣州区毛竹笋覆盖经营技术的推广试验证明，冬季进行覆盖栽培的毛竹出笋期较普通自然出笋提前约 80 天，高峰出笋期提前 30 ～ 40 天，产量为 22.5 ～ 45.0t（汪时龙，2017）。在红哺鸡竹、黄甜竹、雷竹和高节竹开展的试验也表明地面覆盖带来了相应竹笋的丰产早产效果（方栋龙，2010；彭赛芬，2013；陈珊等，2014；江志标等，2008）。彭赛芬（2013）的研究再次表明，用厩肥覆盖处理对土壤的培肥能力，以及对黄甜竹出笋量及生长的影响均高于谷糠、稻草的覆盖处理。这预示着，将竹林地面催笋用的谷壳等覆盖物作为发酵床，动物粪污排泄其上，由微生物降解成为厩肥，在此过程中产生的热量和养分可为覆盖催笋提供热量和营养，即微生物发酵床技术可被应用于种植行业（以往的微生物发酵床都是用于养殖行业）。

微生物发酵床用于竹林覆盖，可以提早产笋，增加产量，具有良好的经济效益；但是，经过发酵床覆盖的竹林，产笋季节只有 2 个月（1 ～ 2 月份），其他的时间发酵床没有被充分利用。为此，研究者提出"发酵床笋鸡共生系统"的设计，引入生态循环农业模式，利用微生物发酵床技术，构建小径竹微生物发酵床笋鸡共生系统。在竹林边建立微生物发酵床鸡舍，白天鸡群放养在竹林发酵床上，晚上回到鸡舍发酵床。鸡群在发酵床垫料上排泄粪便，可以提供营养，促进垫料发酵，增加地温，提高竹笋产量；垫料则消纳鸡粪、消除臭味，发酵产生益生菌，并抑制病原，促进鸡的健康和生长；同时，充分发酵的垫料和鸡粪又可作为上好的有机肥，可以减少或完全替代化学肥料，改善土壤理化性质及竹林生长情况，降低竹林经营成本，解决覆盖经营带来的土壤恶化问题。另外，使用多年的发酵床垫料，可以加工成无土栽培的基质袋，加以循环利用。通过以上各种措施，最终达到提高林地利用效率、降低生产成本、增加林农收入、实现农业绿色可持续发展的目的。

二、微生物发酵床笋鸡共生系统养鸡场规划

选择小径竹林地 10 亩，利用 50% 锯糠 +50% 谷壳，制作 40cm 厚的微生物发酵床，覆盖竹林，每亩竹林放养土鸡 200 只；在其边上建立 200m^2 的微生物发酵床鸡舍，发酵床深度 50cm，养殖土鸡 2000 只。笋鸡共生系统两段循环，第一阶段养鸡促竹，每年春—夏—秋季 8 个月（3 ～ 10 月份），清除部分竹林发酵床垫料到鸡舍，保留 10 ～ 15cm 的竹林垫料，继续养鸡，白天鸡活动于竹林增添鸡粪有机质，晚上赶回发酵床鸡舍，排便于发酵床发酵积累有机质；这样，白天鸡放养在竹林发酵床上，添加鸡粪，促进发酵，提供营养，促进竹笋生长；同时，消纳鸡粪，消除臭味，发酵产生益生菌，抑制病原，鸡取食益生菌，提高免疫力，促进鸡的生长，从而形成笋鸡共生系统。第二阶段催笋控鸡，鸡舍发酵床腐熟垫料与新增垫料混合后，铺垫在竹林形成 40cm 的发酵床，建立鸡群放养回栏，避开鸡群取食竹笋，利用秋冬季 4 个月（11 月份至翌年 2 月份）竹林发酵床在催笋的同时养鸡。福建省顺昌县大干镇来布村微生物发酵床笋鸡共生系统的规划如图 2-30 所示。小径竹林微生物发酵床笋鸡共生系统构建的技术路线如图 2-31 所示。

(a) 微生物发酵床竹林养鸡　　　　　　　(b) 微生物发酵床在竹林的布局

图2-30　来布村微生物发酵床笋鸡共生系统的规划

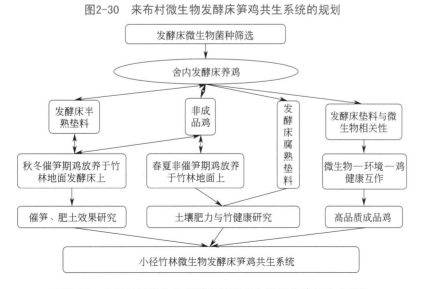

图2-31　小径竹林微生物发酵床笋鸡共生系统构建的技术路线

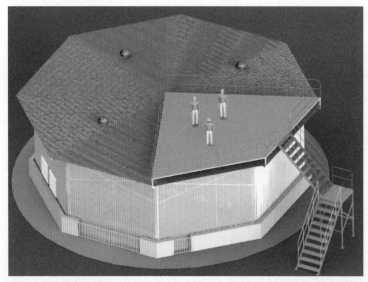

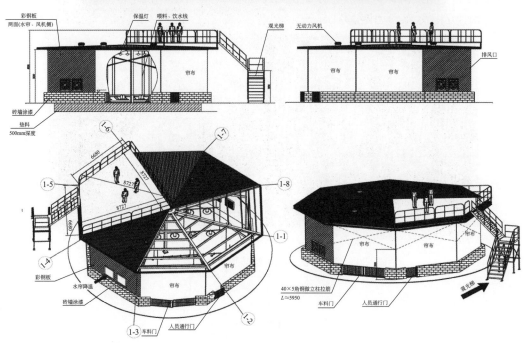

图2-32　微生物发酵床观光鸡舍结构设计（单位：mm）

三、微生物发酵床观光鸡舍结构设计

微生物发酵床竹林和鸡舍养殖土鸡，鸡粪经过垫料发酵，无臭味、无污染，构建了良好的生态环境。结合养鸡项目的休闲农业，研究者设计了微生物发酵床观光鸡舍，发酵床鸡舍兼作观景台，具体设计为：发酵床鸡舍为八角形钢结构设计，鸡舍面积200m²，容纳2000只鸡；鸡舍肩高4m，顶高6m，直径16m；顶部1/4形成观光平台，边上设有楼梯上台。鸡舍两侧设有门进、水帘、风机；其余侧壁采用卷帘封闭和开启。鸡舍内设有自动喂料线和饮水线。鸡舍底部发酵床 50cm 厚，垫料采用 50% 锯糠 +50% 谷壳，混匀后铺垫，接入微生物菌种。观光鸡舍设计如图 2-32 所示。

四、微生物发酵床观光鸡舍的实施

微生物发酵床智能化观光鸡舍规模为 200m^2，养殖 2000 只鸡，放养竹林面积 10 亩。智能鸡舍包括发酵床系统、鸡饲喂系统（水线、料线）、远程监控系统（视频以及温度、湿度、空气等环境因素）和鸡舍环境控制系统（冬季加热系统，水帘、风机、升降侧窗帘等），结合竹林观光，建立鸡舍顶部观光平台，为接轨三产融合奠定基础。鸡舍建造过程如图 2-33 所示。

图2-33 微生物发酵床观光鸡舍的建造过程示意

五、微生物发酵床养鸡技术

1. 微生物发酵床养鸡原理

随着养鸡业的不断发展，人们常用抗生素来抑制或杀灭鸡消化道内的有害微生物，以提高其生产性能，但是饲料中添加抗生素有副作用，如可能导致鸡体内菌群失调，产生耐药性，以及药物残留对人类健康产生影响等，这也日益引起世界的关注，许多国家已经越来越多地禁止用抗生素作为饲料添加剂。与此同时，微生态制剂作为抗生素的替代品在养鸡业中的应用越来越广泛，并取得了良好的经济效益。微生态制剂是在微生物理论指导下，利用对宿主有益的、活的正常微生物或其促生长物质经特殊工艺制成的制剂，以达到调整体内微环境平衡的目的。微生物生长促进剂是指摄入动物体内参与肠内微生物平衡，具有直接提高动物对饲料的利用率及促进动物生长作用的活性微生物培养物。

鸡的消化肠道比较短,粪便中还有 70% 左右的有机物没有被分解,作为粪便处理,它的水分大,有机养分高,如果不及时分解,会变质发臭。鸡排出粪便后,被发酵床上的功能菌分解形成了菌体蛋白,鸡可以啄食这些菌体蛋白来补充营养,可以减少饲料的喂养量。鸡舍中产生的臭气,主要是氨气,氨气浓度太大就会影响鸡的健康,诱发呼吸道疾病,程度较轻时造成鸡采食量下降、产蛋减少,而程度较严重时就会导致鸡只死亡。而发酵床垫料中的功能菌能够有效除臭,充分分解粪便,减少鸡舍的氨气量,鸡舍不会产生难闻的臭味,并且在粪便分解的同时,也能够有效防止寄生虫传染,减少鸡的发病率。

2．养鸡微生物发酵床的制作

不同类型的发酵床菌种制作发酵床的方法也不同,发酵床的制作方法如下所述。

① 稀释菌种　干撒式发酵床发酵菌剂每千克可铺鸡床 15 ~ 20m²,按 1：5 比例与米糠、玉米粉或麸皮不加水混匀,目的是增加铺撒量、均匀撒入垫料。

② 垫料准备　面积 20 m² 的鸡床约需锯末 8m³。锯末必须无毒、无害、去杂,晒干后再用。

③ 播撒菌种　可以采用边铺边撒,也可混匀后再铺,切记无需加水。最上面一层菌种铺撒量略多。

④ 铺足垫料　鸡床要求锯末厚度 50cm,锯末不易得到时可部分用稻壳、花生壳、秸秆代替,铺在发酵床底部,床表面 15 ~ 20cm 仍要用锯末。

⑤ 放鸡入床　铺好后可以放鸡进去,不要等发酵好了再放,表面干燥时,可以先洒一点水,以鸡奔跑不起扬尘为宜。

3．养鸡发酵床效益分析

①降低运营成本,节省人工。无需每天清理鸡舍。②节省饲料。鸡的粪便在发酵床上一般只需 3 天就会被微生物分解,粪便给微生物提供了丰富营养,促使有益菌不断繁殖,形成菌体蛋白,鸡吃了这些菌体蛋白不但补充了营养,还能提高免疫力。另外,由于鸡的饲料和饮水中也配套添加了微生态制剂,在鸡胃肠道内存在大量有益菌,这些有益菌中的一些纤维素酶、半纤维素酶类能够分解秸秆中的纤维素、半纤维素等,采用这种方法养殖,可以增加粗饲料的比例,减少精料用量,从而降低饲养成本。据生产实践,节省饲料一般都在 10% 以上。③降低药费成本。鸡生活在发酵床上,更加健康,不易生病,减少了医药成本。④垫料和鸡粪混合发酵后,直接形成优质的有机肥。⑤提高了鸡肉、鸡蛋的品质,更有市场竞争优势。

六、讨论

笋鸡共生系统利用微生物发酵床技术,建立发酵床竹林和发酵床鸡舍,充分利用微生物的优势,将鸡粪发酵形成有机肥,促进竹林生长,催笋增产,同时为放养鸡群提供了田间发酵床环境,提供垫料发酵益生菌,促进鸡的生长,形成笋鸡共生体系。采用发酵床养鸡,可以节省 70% 劳动力、节约用水、提高鸡肉品质、显著改善鸡的外观、显著降低发病率(特别是呼吸道疾病等),鸡舍几乎闻不到臭味,改善了劳作环境,与传统养鸡法相比有着极显著不同，并且达到了零排放、不污染环境、增加经济效益的目的。由于体现了鸡的福利，减少了氨味对鸡的影响，鸡的抗应激能力大大增强，发病率大大减少，管理起来得心应手，这是发酵床养鸡给养殖户带来的最直观的好处。同时，笋鸡共生系统，很好地结合了垫料在大田和鸡舍内的循环利用，一次建设可以多年使用，使用到期后的垫料也是优质的有机肥料。在发酵床养鸡，顺应了鸡的原始生活本质，如啄食砂砾、用脚刨地等原始生活习惯。发酵床垫料中有木屑以及可消化利用的玉米芯粉末、秸秆碎秆等，这些可充分锻炼鸡的砂囊和促进鸡肠的生长。研究表明，在这种环境和条件下，鸡的盲肠可比一般普通鸡盲肠的长度长 1/3，这样既强化了胃肠的消化功能，又锻炼了鸡的躯体和内脏，也杜绝了鸡的心理应激反应。

同时由于室内、室外皆使用了发酵床，消除了养鸡的臭味和污染，提供了构建观光的农业条件，再结合智能化观光鸡舍的设计，构建竹林鸡舍观光环境，游客可以近距离地参观发酵床养鸡的全过程，同时可以登上观光鸡舍，高瞻远瞩，胜揽竹林风光，为农业生产和农业观光结合建立模式。

第八节
异位发酵床治污工艺设计与应用

一、概述

微生物发酵床发酵是畜禽粪污治理的有效方法之一，利用农业废弃物如谷壳、锯末、秸秆、椰糠等作垫料，添加微生物菌剂，对猪粪便等进行发酵降解，并形成有机肥，从而免去冲洗猪舍的劳动，达到无臭味、无排放、循环利用猪粪的目的（刘波和朱昌雄，2009）。微生物发酵床养猪发展至今出现原位微生物发酵床（in situ fermentation bed）（蓝江林等，2012）、高位微生物发酵床（separated fermentation bed）（蒋建明等，2013）、饲料发酵床（fodder fermentation bed）和异位发酵床（displaced fermentation bed）四个类型的发酵床。

关于异位发酵床的整体研究未见报道，现将各种研究结果小结如下。

二、异位发酵床技术原理

异位发酵床是相对于原位微生物发酵床而言的。在处理猪粪污染方面，异位发酵床与原位发酵床的原理相似，只是异位发酵床不作为猪舍养猪，只作为集中处理养猪废弃物的固体发酵池。异位发酵床由发酵槽、发酵垫料、发酵微生物接种剂、翻堆装备、粪污管道、防雨棚等组成。异位发酵床具体是利用谷壳、锯糠、椰糠等作原料，加入微生物发酵剂，混合搅拌，铺平在发酵池内，将猪等动物的排泄物直接导入在发酵床上，利用自动翻堆机翻耙，使粪污和垫料充分搅拌混合，调整垫料湿度在 40%～60%，通过搅拌增加垫料通气量，有利于发酵微生物充分发酵，分解粪污等有机物质，同时产生较高的温度（40～60℃）将水分蒸发，多次导入粪污循环发酵，最终转化产生生物有机肥。其技术核心在于"异位发酵床"的建设和管理，可以说"异位发酵床"效率高低决定了污染治理效益的高低。

三、异位发酵床处理工艺

异位发酵床是为了适应传统养猪污染治理方法而建立的，整个工艺装备由排粪沟、集粪池、喷淋池、异位发酵床、翻堆机等组成。异位发酵床处理工艺见图2-34。猪舍内的粪污通过尿泡粪，经过排粪沟进入集粪池，在集粪池内通过粪污切割搅拌机搅拌防止沉淀，粪污切割泵打浆并抽到喷淋池，喷淋机将粪污浆喷洒在异位发酵床上，添加微生物发酵剂，由行走式翻堆机翻堆，将垫料与粪污混合发酵，消除臭味，分解猪粪，产生高温，蒸发水分。喷淋机周期性地喷淋粪污，翻堆机周期性地翻耕混合垫料，如此往复循环，完成粪污的处理，最终产生生物有机肥。

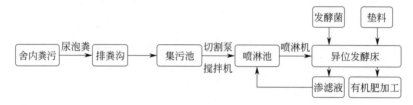

图2-34　粪污异位发酵床处理工艺流程

四、异位发酵床结构设计

典型的异位发酵床由钢构房、发酵池、翻堆机、喷淋泵等构成（图2-35）。发酵池宽度为4m、深度为1.5m、长度为40m（可以根据面积要求变化），一般一个发酵床由4个发酵池组成（可以根据面积要求变化）（图2-36、图2-37），两个发酵池中央有一个喷淋池，宽度为2m，深度和长度与发酵池相同。这样，典型异位发酵床的标准面积为720m²。

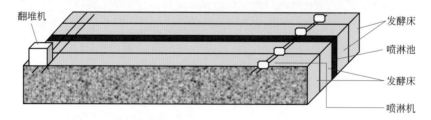

图2-35　异位发酵床喷淋池、发酵池、翻堆机、喷淋机示意

发酵池上方配有依轨道运行的翻堆机。翻堆机可升降的高度为1～1.5m，行走速度为4m/min，10min完成一趟（40m），发酵床的两头有变池轨道装备，可以横向运动，翻堆机通过变池轨道从一个池变轨到另一个池，继续作业。配合翻堆机的作业，在喷淋池上方配有依轨道运行的粪污浆喷淋机，进浆管口潜入喷淋池，出浆喷头安装在横跨发酵池的水管上，每个喷头对准一个发酵池，喷淋机边行进边把喷淋池内的粪污喷淋在发酵床上，喷淋机与翻堆

机共享同一套行走轨道，喷淋机行走速度为 4m/min，一次作业完成一个来回的粪污浆喷淋后，喷淋机放回发酵床一端的喷淋机架上，而后，翻堆机开始作业，如此往复循环，完成粪污的喷淋吸附、翻堆混合，进而发酵分解。

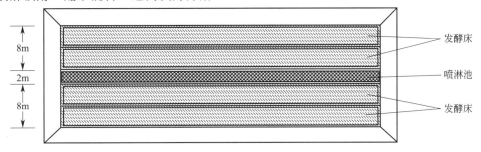

图2-36　异位发酵床俯视图

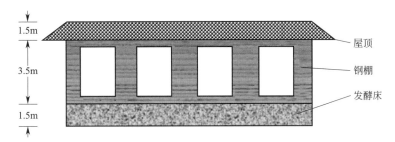

图2-37　异位发酵床侧视图

五、异位发酵床翻堆机设计

福建省农业科学院与福建省农科农业发展有限公司合作研发设计和生产的"轨道行走升降式异位发酵床翻堆机（FJNK 型）"，实现了异位发酵床粪污喷淋、翻堆增氧、连续发酵的技术创新，广泛应用于异位发酵床有机废弃物的无害化处理。该机导轨式行走设计，可前进、倒退、转弯，由一人操控驾驶。

FJNK 型翻堆机宽度为 4 m，翻堆深度为 1.5m，行驶中整车骑跨在发酵池边的轨道上，由机架下挂装的旋转刀犁对发酵池垫料实施翻拌、破碎、蓬松、移堆、混合等动作，翻堆机车过之后形成新的条形堆垛，促进垫料发酵，随着物料发酵形成高温使垫料逐渐脱水，具有破碎装置的刀犁可有效地破碎发酵过程形成的板结垫料，翻拌蓬松的垫料提高了对粪污的吸附能力，使得异位发酵床处理效率提升、使用成本降低，从根本上解决了异位发酵床通气量制约的问题（图 2-38）。

图2-38　FJNK型翻堆机框架及其安装状态

FJNK 型翻堆机的特点有：①适用于畜禽粪便、糟渣饼粕和秸秆锯屑等有机废弃物的发酵翻堆，广泛应用于有机肥厂、复混肥厂等的发酵腐熟和除水分作业；②适用于好氧发酵的物料翻松增氧，可与太阳能增温发酵室等配套使用，提高发酵温度；③翻堆机与移行机配套使用可实现一机多池应用的功能，运行平稳，坚固耐用，翻抛均匀；④翻堆机采用集中控制，可实现手动或自动控制，配有软启动器，启动时冲击负荷低，设计限位行程开关，起到安全和限位作业；⑤翻堆机配有刀犁液压升降系统，可在 0～1.4m 范围内调节升降高度，适应不同高度的物料翻堆，对物料具有一定的打碎和混合功能。

FJNK 型翻堆机型号配置如表 2-6 所列。

表2-6　FJNK型翻堆机型号配置

型号	FJNK6000×1050	FJNK5000×1050	FJNK4000×1050	FJNK3000×1050
工作宽度/m	6	5	4	3
配套动力/kW	25.74	25.74	16.25	16.25
工作速度/(m/h)	240	240	240	240
空载速度/（m/h）	480	480	480	480
发酵槽尺寸(宽×高)/mm	6000×1050	5000×1050	4000×1050	3000×1050
外形尺寸(长×宽×高)/mm	6670×3920×2740	5670×3920×2740	4670×3920×2740	3670×3920×2740
搅拌刀犁升起高/mm	1400	1400	1400	1400
翻堆能力/(m³/h)	2160	1800	1440	1080

六、异位发酵床猪粪消纳机制

1. 异位发酵床垫料配比方案

异位发酵床的垫料很大一部分来源于农业副产物，而不同的原料其所含木质素以及碳氮比不同，这对发酵床垫料的发酵水平和耐久性影响较大。垫料分为硬垫料和软垫料，硬垫料是指那些木质素含量较高的农作物秸秆，其碳氮比较高，微生物分解不容易，发酵耐用时间较长，如锯糠、椰糠、树枝、棉籽壳等；软垫料是指那些木质素含量较低的作物秸秆，其碳氮比较低，微生物分解较为容易，发酵耐用时间较短，如稻草、麦草、玉米秸秆、花生壳等。

异位发酵床垫料选择尽量将硬垫料和软垫料结合使用，一般来说，垫料碳氮比在 55 以上的农作物秸秆都可以作垫料，原理上垫料配比为硬垫料 50%+ 软垫料 50%。垫料发酵使用到碳氮比小于 15 时，不能继续使用（图 2-39）。

发酵床垫料使用原则：高碳氮比，含难降解物料，连续流加氮素，尽量延长使用寿命，保存更多肥效。例如，

配方 1：谷壳（C/N 值 =75）+ 锯糠（C/N 值 =450），平均 C/N 值 =262。

配方 2：谷壳（C/N 值 =75）+ 菌糠（C/N 值 =85），平均 C/N 值 =80。

配方 3：稻草（C/N 值 =58）+ 麦秆（C/N 值 =96），平均 C/N 值 =77。

配方 4：锯糠（C/N 值 =450）+ 稻草（C/N 值 =58），平均 C/N 值 =254。

配方 5：椰糠（C/N 值 =82）+ 谷壳（C/N 值 =75），平均 C/N 值 =78。

举例说明：麦秸 C/N 值 =96，1000kg 的麦秸中的含碳量 =1000×0.4703=470.3kg，1000kg 的麦秸中的含氮量 =1000×0.0048=4.8kg。如果按要求物料堆的适宜碳氮比为 30∶1，

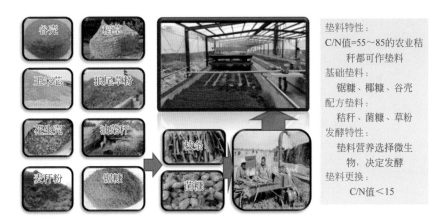

图2-39 异位发酵床垫料来源及更换

则物料堆应有总氮量 15.68kg，尚需补充氮量 =15.68–4.8=10.88kg，猪粪含氮 2%，则需要添加 500kg 猪粪。1000kg 麦秆 +500kg 猪粪的 C/N 值 =30∶1，发酵 20d 后 C/N 值 =16 腐熟。

2．异位发酵床猪粪消纳原理

（1）垫料发酵 堆肥理论上讲应趋于微生物菌体碳氮比在 16 左右。一般认为，C/N 值从最初 25～30 或更高降低到 15～20，表示堆肥腐熟，达到稳定程度。异位发酵床与猪粪堆肥最大的区别在于，异位发酵床采用猪粪连续流加和翻抛通气好氧发酵技术，周期性地将污物喷洒在垫料上，通过翻抛机翻抛增加氧气以利于好氧发酵，连续流加技术让猪粪在垫料上的发酵始终处于较好的发酵环境（营养和通气充足），提高了猪粪降解水平。

（2）垫料配比 碳氮比对微生物的生长代谢起着重要的作用，碳氮比低则微生物分解速度 快，温度上升迅速，堆肥周期短；而碳氮比过高，则微生物分解速度缓慢，温度上升慢，堆肥周期长。异位发酵床由于氮素流加技术的使用，使得发酵床较长时间处于高温发酵阶段，让猪粪降解效率得到较大的提升。

（3）氮素损失 不同碳氮比对猪粪堆肥 NH_3 挥发和腐熟度的影响：低碳氮比的 NH_3 挥发明显大于高碳氮比处理，说明碳氮比越低，其氮素损失越大。异位发酵床流加技术，使得一批猪粪高温发酵后补充的营养（猪粪）还能继续进行高温发酵，好氧发酵杀灭了猪的厌氧病原菌，不会进一步让猪粪深度消解，保存了较多的营养，减少了氨气的挥发。

（4）营养调节 低碳氮比堆肥盐分过高会抑制种子发芽率，而高碳氮比会导致堆肥肥料养分含量不达标。相比之下，碳氮比为 24.0～32.4 的处理较有利于减小氮素的损失和促进堆肥的腐熟。因此，综合考虑各方面因素，堆肥的碳氮比以控制在 25～30 为宜。异位发酵床初期粪污的营养物质太少，应增加干清粪。异位发酵床发酵过程中，垫料的碳氮比会逐渐降低，随之而来的是发酵效能的降低，此时必须添加垫料（碳素营养），调节碳氮比以保持异位发酵床的发酵水平。

3．异位发酵床垫料碳氮比变化动态

对于 1t 锯糠与谷壳等量配比的垫料（3m³），发酵前碳氮比＞200，每天加粪污 20kg，21 天加粪量 400kg，水分蒸发量 280kg，固体物存量 120kg，垫料消存量 448kg，垫料碳氮比

下降 32%，水分蒸发量 70%；其发酵能力随着时间的变化逐渐衰减（图 2-40）。

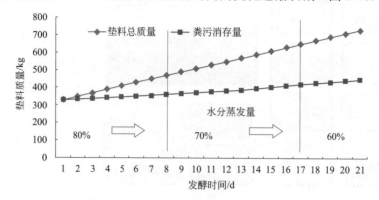

图 2-40　异位发酵床 21d 发酵过程的粪污消存能力

异位发酵床年度发酵过程垫料碳氮比和体积的变化如图 2-41 所示。考察异位发酵床 1t 垫料（3m^3）消纳粪污的过程，出发垫料碳氮比为 280，每天添加粪污 20kg，随着发酵时间进程，垫料的碳氮比和体积逐渐下降，形成 4 个阶段：①高发酵水平阶段，在前 3 个月，垫料碳氮比从 260 下降到 127，仍然处于微生物适合发酵的范围，垫料维持较高水平发酵；②中发酵水平阶段，在 3～6 个月，垫料碳氮比从 127 下降到 43，仍处于适合微生物发酵的范围，继续添加粪污，进一步降低碳氮比，影响到微生物发酵水平，垫料处于中等发酵水平；③低发酵水平阶段，在 6～9 个月，垫料碳氮比从 43 下降到 14，这个阶段的前期微生物仍可发酵，后期碳氮比低于 30 时微生物发酵受到抑制，垫料处于低发酵水平状态；④不发酵阶段，在 9～12 个月，垫料碳氮比从 14 下降到 5，发酵停止。

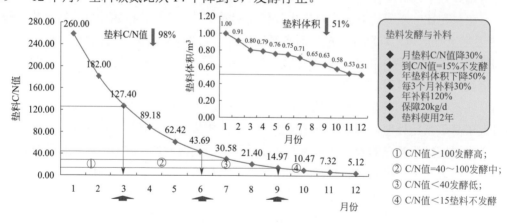

图 2-41　异位发酵床年度发酵过程垫料碳氮比和体积的变化

异位发酵床年度垫料发酵过程，垫料碳氮比理论上每月下降 30%，年度垫料体积下降了 51%，到 C/N 值 =15% 不发酵，所以每 3 个月补料 30%，年补料 120%，保障 20kg/d，整个垫料使用寿命 2 年。

4. 异位发酵床死床的防控

异位发酵床由垫料、粪污流加、翻抛通气形成了微生物发酵的环境，根据发酵的营养和条件（通气、温度、pH 值、含水量等）选择微生物组。异位发酵床出现死床的原因就是发酵条件（营养和环境）不能满足微生物的生长需要，营养太低，碳氮比太高，均会影响微生物的发酵，如新建的异位发酵床初期营养太低，垫料不足以发酵，此时应增加营养，添加固体猪粪；而含水量过高，也会影响垫料发酵，如添加过多的粪污，使得垫料湿度＞70%，影响发酵通气量的供应，限制发酵，此时应平衡含水量，如减少粪污添加或添加干的垫料，促进微生物发酵；在垫料发酵后期，碳氮比严重下降，低于 30 时限制了微生物的生长，此时应通过添加垫料提升碳氮比，促进微生物生长。控制异位发酵床死床的措施有添加垫料、添加猪粪、曝气降湿、辅助微生物菌剂使用等（图 2-42）。

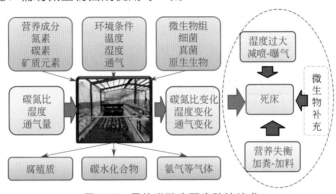

图2-42　异位发酵床死床防控技术

七、异位发酵床运行管理

（1）异位发酵床垫料配方　采用椰壳粉、锯末、谷壳各 1/3，加入微生物发酵剂，混合搅拌，填入发酵池铺平，将粪污导入异位发酵床，通过翻堆机翻堆，每天多次。异位发酵床微生物迅速发酵，分解猪粪、除臭。异位发酵床可连续使用，连续添加垫料，连续产出有机肥。

（2）异位发酵床治污能力　每吨垫料含水量达 50% 时，其吸污能力为 1.2 倍，即每吨垫料第一次可以吸纳粪污（干物质 10%）1200kg，每天翻抛 2 次垫料，每天每吨垫料吸污料可蒸发水分 10%，即每天蒸发掉 120kg 水分，每天可补充（吸纳）粪污 120kg，每个月能够吸纳 3600kg 粪污，即每吨垫料每月能够处理大约 3t 的粪污。

（3）异位发酵床治污面积　每吨垫料体积约 3m³，每吨垫料每个月可以吸纳粪污 3600kg；按每头母猪平均每天产生 10kg 粪污计算，每头母猪每个月产生粪污量 300kg，需要 0.25m³ 垫料来吸纳；1000 头母猪的粪污量需要的垫料为 250m³，即 2.5 头母猪 1m³ 垫料；按发酵池深度 1.5m、宽度 4m 计算，需要发酵池的长度为 41.7m。配套一个 1000 头母猪场，可建造 30m 长、1.5m 深、4m 宽的发酵池 2 条；这样建立一个钢构房，加上两边走道各留 1m，发酵池两头各留 2.5m 翻堆机移位机位，总面积为 12m×35m=420m²。育肥猪每日排泄量为 6kg，为母猪排泄量的 60%，按同样的计算方法，1000 头育肥猪需要的垫料为 150m³，钢构房面积为 252m²，长度 21m，宽度 12m。

（4）异位发酵床营养诊断及其微生物组营养调控（图 2-43）

① C/N 值＞ 75，初建发酵床（1 个月）：垫料较黄，营养太低，增加干清粪，2 天翻耕 1 次。

② C/N 值＞ 50，运行发酵床（＞ 6 个月）：垫料转褐色，粪污喷洒 25kg/（d·m²），1 天翻耕 1 次 , 添加垫料。

③ C/N 值＞ 25，腐熟发酵床（＞ 12 个月）：垫料转黑褐色，粪污喷洒 25kg/（d·m²），1 天翻耕 1 次，曝气 1 h。

（5）异位发酵床湿度诊断及其微生物组湿度调控（图 2-44）

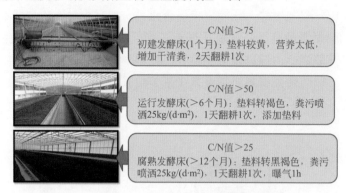

图2-43　异位发酵床营养诊断及其微生物组营养调控

① 55%＜湿度＜ 65%，初建发酵床（1 个月）：垫料较黄，粪污喷淋垫料湿度＜ 65%，发酵槽头不渗水。

② 湿度＜ 65%，运行发酵床（＞ 6 个月）：垫料转褐色，粪污喷洒 25kg/（d·m²），槽头不渗水，高湿曝气。

③ 湿度＞ 65%，腐熟发酵床（＞ 12 个月）：垫料转黑褐色，粪污喷洒 25kg/（d·m²），槽头不渗水，高湿曝气。

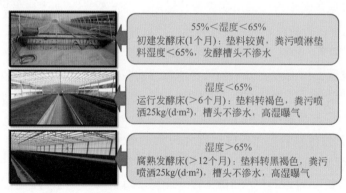

图2-44　异位发酵床湿度诊断及其微生物组湿度调控

（6）异位发酵床通气诊断及其微生物组通气调控（图 2-45）　异位发酵床的翻耕不是越多越好，在发酵旺盛时期，垫料中真菌起到很大的作用，如果此时翻抛太频繁会破坏真菌菌丝的生长，反而破坏了发酵状态。初建发酵床（1 个月）翻耕 2 天 1 次：垫料较黄，2 天翻耕 1 次，湿度＜ 65%，曝气 3 min/h（日 4 次）。运行发酵床（＞ 6 个月）翻耕 1 天 1 次：垫料转褐色，粪污喷洒 25kg/（d·m²），1 天翻耕 1 次，曝气 6min/h。腐熟发酵床（＞ 12 个月）翻耕 1 天 1 次加曝气：垫料转黑褐色，粪污喷 25kg/（d·m²），翻耕 1 次 / 天，曝气 15 min/h；此时曝气可以迅速降低湿度，有利于发酵。

（7）异位发酵床技术适用性　异位发酵床适用于面积大小不同的传统猪舍，猪群不与垫料直接接触，在猪场的外围建立异位发酵床，将各个猪舍的粪污通过沟渠或管道送到异位发

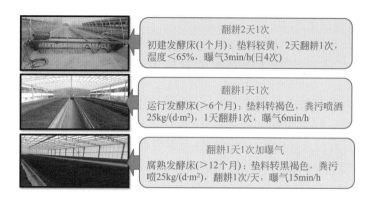

翻耕2天1次

初建发酵床(1个月)：垫料较黄，2天翻耕1次，湿度＜65%，曝气3min/h(日4次)

翻耕1天1次

运行发酵床(＞6个月)：垫料转褐色，粪污喷洒25kg/(d·m²)，1天翻耕1次，曝气6min/h

翻耕1天1次加曝气

腐熟发酵床(＞12个月)：垫料转黑褐色，粪污喷25kg/(d·m²)，翻耕1次/天，曝气15min/h

图2-45　异位发酵床通气诊断及其微生物组通气调控

酵床，统一发酵处理。垫料选择范围大，可以是谷壳、锯糠、椰糠、秸秆粉、菌糠等。发酵处理周期灵活，如需要生产有机肥，发酵时间可以控制在45d左右，将有机肥取出后，补充垫料，继续运行。如果不是急需有机肥，垫料更换时间可以延迟至600d左右。异位发酵床的实施过程见图2-46。

(a) 填垫料　　　　　　　　　　　　　　(b) 喷淋池

(c) 发酵池　　　　　　　　　　　　　　(d) 喷淋机

(e) 翻堆机　　　　　　　　　　　　　　(f) 发酵状态

图2-46　异位发酵床的实施过程

八、异位发酵床技术创新

1. 创新设计了养殖粪污微生物治理异位发酵床处理系统及装备

模块化设计异位发酵床系统装备,包括平行粪污槽、条式发酵槽、行走式粪污流加泵、自适应升降式翻抛机、阳光保温棚以及异位发酵床运行参数远程监测系统,制定了模块化标准施工方案,建立了异位发酵床设计建造的经济学模型:①异位发酵床建设面积方程:$Y_{面积}=$(0.78× 猪数 –91.83)/4.5。②异位发酵床建设造价方程:$Y_{造价}=0.08×$ 面积 +25.04;研发了异位发酵床系统技术,包括垫料配方、发酵菌种研制、管理操作规程;利用垫料发酵降解养殖粪污,大幅度提高了粪污处理效率,消除了粪污臭味,与传统猪场的"沼气 - 曝氧"模式相比,减少了环保设施建设投资 25%,降低了运行费用 50%,其具有操作智能化程度高、能耗低、运行成本低、适应性广的特点,可用于猪、牛、羊、鸡、鸭等动物的粪污处理,实现了养殖粪污零排放处理。笔者所在团队与企业福建省农科农业发展有限公司结合,实现异位发酵床系统技术与装备的产业化。该养殖污染微生物治理重要装备如图 2-47 所示。

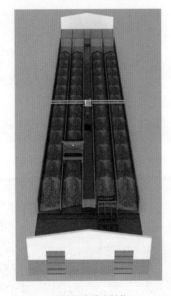

(a) 异位发酵床结构　　(b) 自适应升降式翻抛机与行走式粪污流加泵

图2-47　异位发酵床处理系统设计

2. 提出异位发酵床微生物菌种筛选标准

笔者所在团队建立了养殖粪污微生物资源库,并提出了异位发酵床微生物菌种筛选标准:筛选的菌株应同时满足"适应高温、缺氮生长、缺碳生长",筛选出一批具有自主知识产权且适用于不同垫料的高效粪污降解菌和除氨氮硝化细菌;系统研究了菌株生长竞争、培养条件、产酶特性、降解机理、除臭机制,明确了发酵菌剂功能作用;优化了菌剂发酵条件和生产工艺,创制出异位发酵床专用粪污降解菌剂产品,包括秾窠 - Ⅰ粪污降解菌(*Bacillus amyloiquefaciedns* FJAT-B)、秾窠 - Ⅲ环境消毒菌(*Lysinibacillus xylanilyticus* FJAT-4748)、秾窠 - Ⅶ菌糠发酵降解菌(*Lactobacillus* sp. FJAT-160304)、秾窠 -Ⅸ秸秆发酵降解菌(*Bacillus bingmayongensis* FJAT-13831，自主发现的新种）、秫窠 - X异位发酵床专用发酵菌（*Bacillus subtilis* LPF-I-A），应用于猪、牛、羊、鸡、鸭养殖污染微生物治理系统，提升了发酵床的粪污发酵降解效果（图 2-48）。

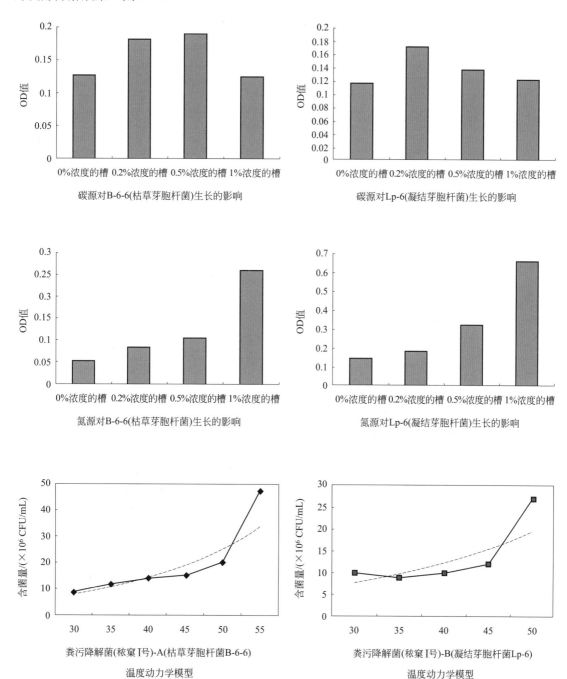

(a) 满足高温（＞45℃）、缺氮、缺碳条件能生长的菌种筛选标准研究

图2-48

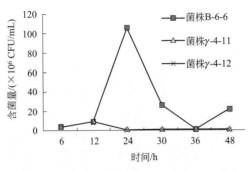

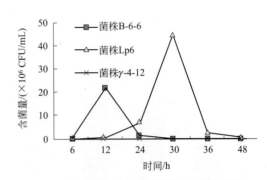

粪污降解菌A\C\D混合培养的生长竞争特性　　　粪污降解菌B\C\D混合培养的生长竞争特性

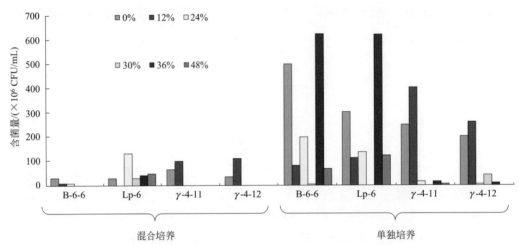

粪污降解菌(秽窠I号)菌株混合培养与单独培养不同时间生长数量的比较

谷壳粉为载体

淀粉为载体

玉米蛋白粉为载体

(b) 复合菌剂中各菌株的互作关系和生产工艺研究

图2-48　异位发酵床菌剂研发

3. 探索了异位发酵床粪污降解机理和除臭机制

（1）探明了异位发酵床发酵粪污过程中微生物组结构的变化 利用宏基因组技术，研究了发酵床垫料微生物群落多样性，研究了发酵过程、冬夏季节、腐熟程度、垫料深度等不同条件下微生物组的变化特性及其与粪污降解的相关性；阐述了微生物群落数量分布多样性、种类分布多样性、丰度分布多样性与发酵阶段的相关性，分析了养殖废弃物发酵过程中微生物群落演替，揭示了各阶段的标志性功能微生物（图2-49）。

（2）阐明了异位发酵床粪污和粪臭降解的机制 笔者分析了异位发酵床微生物降解猪粪过程中物质组变化，建立了垫料发酵过程中物质组代谢足迹判别模型，解析了粪污降解的物质转化；利用 HPLC 研究了发酵床垫料粪臭降解机理，建立了垫料粪臭素降解模型：

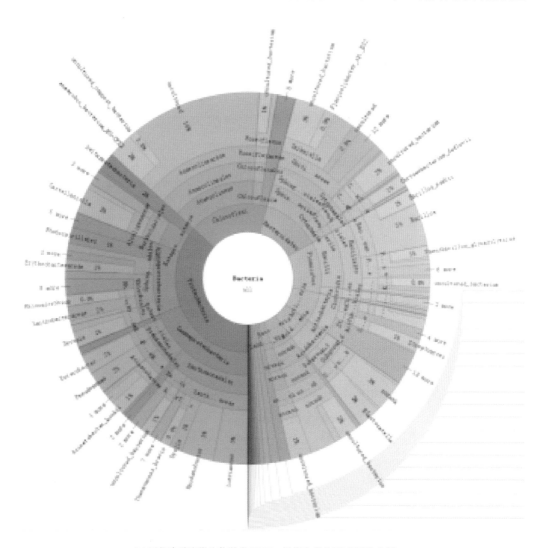

(a) 异位发酵床微生物种类(OTU，操作分类单元)多样性分析

图2-49

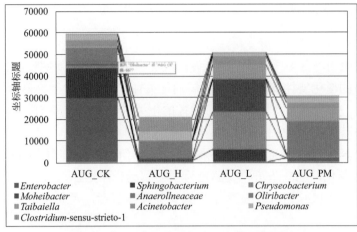

(b) 异位微生物发酵床不同处理组TOP10细菌属群路数量(reds)

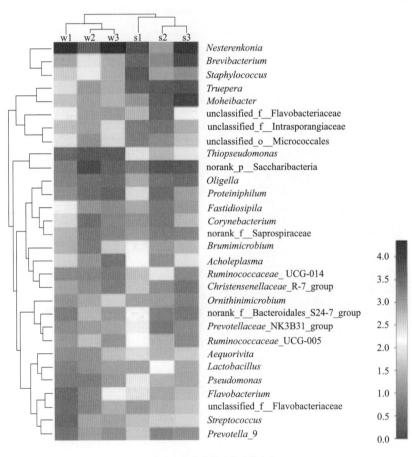

(c) 发酵床细菌群落演替季节变化

图2-49　异位发酵床粪污降解机理宏基因组分析

y（粪臭素含量）= $-0.2316x$(发酵时间)+4.042，R^2=0.99，经发酵床处理粪臭素含量降低了84% ～ 96%，证实了发酵床具除臭功能，为彻底解决养殖污染引起的环境恶臭提供了有效的治理方法（图 2-50）。

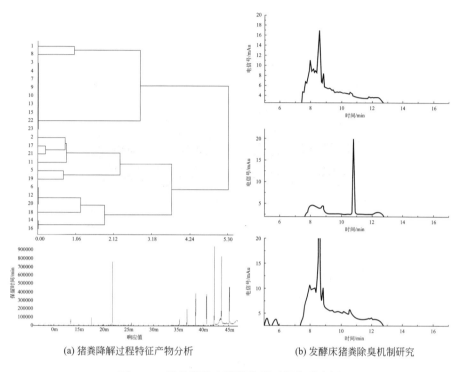

(a) 猪粪降解过程特征产物分析　　　　(b) 发酵床猪粪除臭机制研究

图2-50　异位发酵床猪粪降解过程物质分析

4. 全面研究总结了异位发酵床管理技术

（1）首次建立了发酵床粪污发酵程度判别方法　笔者所在团队系统测定了垫料的酸碱度、电导率、盐度、感官特性、含水量、吸水性、悬浮率、有机质含量、紫外吸光度、微生物生物量等，分析了垫料理化特性与发酵程度等的相关性，将垫料按发酵时间分为 4 个等级，首创了"盐梯度悬浮法"发酵指数模型基础方法，判别准确率达 95%；利用 GC/MS 测定 4 个级别垫料的挥发性物质代谢足迹，建立电子鼻发酵程度判别模型，为自动监测发酵程度提供技术基础；利用色差技术分析 4 个发酵等级色差值，建立了发酵等级色差统计模型，发酵程度判别准确率达 94% 以上，使得垫料发酵程度判别摆脱经验管理的方式，为微生物发酵床垫料管理提供了操作简捷、稳定可靠的检测方法，减少了发酵床死床现象的发生（图 2-51）。

（2）制定了异位发酵床应用的福建省地方标准　笔者所在团队研究了异位发酵床的建设和日常管理技术，制定了异位发酵床的建设和管理技术规范，完成编制首个福建省地方标准"畜禽粪污异位微生物发酵床处理技术规范"，对异位发酵床的粪污处理原则、选址与布局、发酵床建设要求、粪污的收集和运输、粪污的贮存、垫料制作、发酵床管理、腐熟垫料处理等内容进行了规定，为养殖企业建立异位发酵床处理技术提供标准（图 2-52）。

畜禽养殖微生物发酵床理论与实践

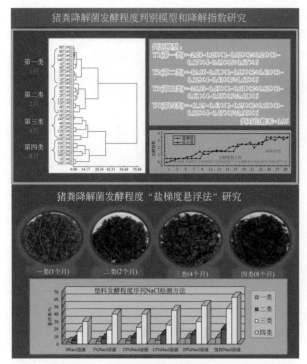

(a) 盐梯度悬浮法检测

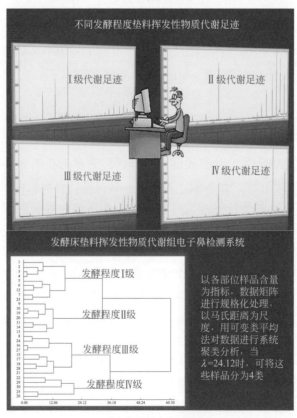

(b) 电子鼻垫料发酵程度判别

图2-51　垫料发酵程度判别方法建立

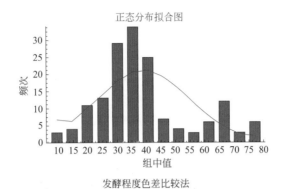

(a) 色差仪发酵程度检测

(b) 福建省地方标准

图2-52 异位发酵床操作技术规范的建立

5．发酵床副产物资源化利用

（1）提出异位发酵床腐熟垫料加工成整合微生物组菌剂的思路　从作物连作障碍原因分析出发，笔者所在团队首次提出根际微生物组"同工菌"的概念，以异位发酵床为生产装备，创立了整合微生物组菌剂生产工艺，创建了整合微生物组菌剂质量检验指标体系，生产出整

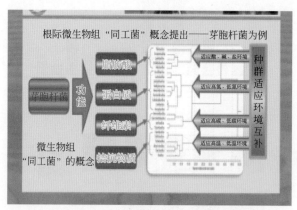

(a) 整合微生物组菌剂研发思路

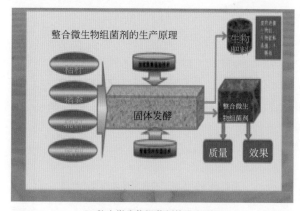

(b) 整合微生物组菌剂的生产原理

(c) 整合微生物组菌剂的应用

(d) 修复机理微生物组学分析

图2-53 整合微生物组菌剂的研究与应用

合微生物组菌剂连作障碍修复产品，对菊花连作障碍防治效果达 95% 以上，对番茄和瓜类连作障碍防治效果达 90% 以上，取得了理想的防治效果，提高了垫料副产物资源化利用的附加值（图 2-53）。

（2）开展了异位发酵床腐熟垫料功能性微生物肥料和生物基质研发 以异位发酵床腐熟垫料为原料，研究了功能性微生物在腐熟垫料中的培养特性、数量变化，优化了哈茨木霉、地衣芽胞杆菌、淡紫拟青霉等功能性微生物固体发酵的培养基配方和发酵条件，生产出功能性生物肥料产品并投入应用。笔者所在团队与厦门市江平生物基质技术股份有限公司合作，以微生物发酵床垫料为基础原料，研发了异位发酵床腐熟垫料生物基质产品，设计了生物基质自动生产线。最终研制出 4 大类 17 个功能性生物基质和生物肥料产品，在基质育苗、基质栽培、土壤修复、土壤培肥、连作障碍解除等方面大面积应用，培育 37 亿株的各类植物种苗统计成活率达 95% 以上，田间病害发生率减少 10%～30%，实现异位发酵床副产物资源化，取得了良好的应用效果（图 2-54）。

近三年来，上述技术与产品在福建、江西、江苏、安徽、湖北、贵州、四川 7 个省 820 家猪场进行了推广，建立异位发酵床 56 万立方米，处理养殖粪污规模达 302.8 万头生猪（年

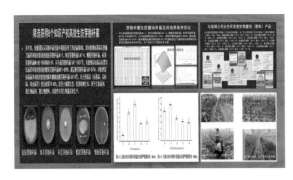

(a) 异位发酵床腐熟垫料功能性细菌微生物肥料研发

图2-54

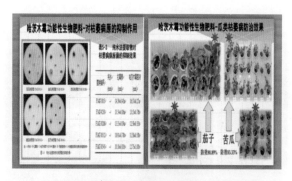

(b) 异位发酵床腐熟垫料功能性真菌微生物肥料研发

(c) 异位发酵床腐熟垫料功能性生物基质产品研发

(d) 异位发酵床腐熟垫料综合利用

图2-54　腐熟垫料功能性微生物肥料和生物基质研发与应用

出栏），生产副产物资源化产品生物基质、生物肥料等 15.2 万立方米，繁育种苗 37 亿株，推广面积 308.3 万亩，累计实现综合经济效益 72.9 亿元，取得了良好的社会效益、环境效益和生态效益。该技术得到用户和政府管理部门的一致认可，被列为畜禽养殖废弃物资源化利用模式之一。

九、讨论

异位发酵床是独立于猪舍而建造的猪粪污染治理装备，垫料配方采用椰壳粉、锯末、谷壳各 1/3，加入微生物发酵剂，混合搅拌，填入发酵池铺平，将粪污导入到异位发酵床，通过翻堆机每天进行多次翻堆。异位发酵床中的微生物迅速发酵，分解猪粪，消除粪污臭。异位发酵床可以连续使用，即连续添加垫料、连续出有机肥。异位发酵床的技术体系包括了以下原理。

（1）空气对流蒸发水分原理　因地制宜地建设异位发酵床，充分利用不同季节空气流向，辅助以卷帘机等可调节通风的设施，用于控制发酵床空气的流向和流速，将异位发酵床蒸发出来的水分排出，无需额外能量。

（2）微生物发酵原理　利用粪污提供微生物以营养，促进微生物生长，在垫料上、空气中甚至各个角落都弥漫着有益菌，使有益菌成为优势菌群，形成阻挡有害菌的天然屏障，消除臭味，分解粪污，从而达到处理粪污的效果。

（3）温室凉亭效应原理　异位发酵床的阳光棚起着调节温度的作用，冬暖夏凉，改善异位发酵床常年工作温度条件，在冬天，整个发酵床形成温室效应，保障发酵床垫料发酵温度，在夏季，敞开窗户，形成扫地风、穿堂风等类似凉亭的效应，防止温度过高。结合垫料管理，异位发酵床治污效果理想，但异位发酵床养猪污染治理的整体研究目前尚未见报道。

异位发酵床技术体系中，核心工作部件为翻堆机，而且有关翻堆机的研究在国内外有过许多的报道。林家祥和刘慧丽（2015）设计了翻堆机避障装置，研究了翻堆机的速度和力学性能。张兴权（2011）详细论述了滚筒式内置动力装置污泥翻堆机的结构特点、技术性能及应用效果，为我国污泥处理中的翻抛技术装备发展与进步提供了一种可供参考借鉴的工程实例。徐鹏翔等（2013）分析了堆肥方式和翻堆机的特点与适用性，提出了翻堆机的发展趋势，对国内堆肥发展形势和翻堆机的应用情况进行了分析和总结。林家祥等运用 SolidWorks 建立构件的三维模型，导入 HyperMesh 进行网格划分，得到构件前六阶非刚体固有频率和相应的振型，整机重量也减少了 24%，以验证机型设计的合理性。王泽民和张维强（2014）通过 AN-SYS 求解得到刮板、主动链轮和驱动轴的固有频率与对应的模态振型。闵令强（2013）和吴昊昊（2013）的模态分析的结果为刮板、主动链轮和驱动轴的进一步优化设计提供了参考依据。付君等采用正交设计方法，初步选出相关因素及水平，结合有限元分析，得出合理的、可操作性强的翻堆机设计方案（付君等，2011）。

笔者研制的异位发酵床 FJNK 型翻堆机特点如下。

① 具有疏松发酵床增氧的功能：异位发酵床采用耗氧发酵工艺，翻堆机疏松垫料，增加了通气量，促进了微生物耗氧发酵，提升了发酵床处理粪污的效率。

② 具有翻堆搅拌粉碎的性能：异位发酵床工作过程使得垫料逐步结块变硬，影响持续发酵水平，翻堆机在翻堆的同时具备搅拌粉碎功能，同时具有刀犁升降功能，能适应垫料的高低，可有效地把黏稠的粪污、微生物菌种和垫料粉碎拌匀，为物料发酵创造良好的好氧环境，在这种松散物料性状下，发酵温度可提升到 60 ～ 70℃维持 3 ～ 4 天，达到充分发酵的目的。

③ 具有节省能耗和劳力的特点：翻堆机配套匀浆切割机和喷淋机系统，能均匀地将粪污喷淋于垫料之上，整机动力均衡适宜、耗能低、产量大，降低了粪污治理的成本，按机器

技术参数测算，小型机每小时可翻拌垫料 1000m³ 左右，相当于 200 个人同时手工翻拌的工作量，因此可节省大量的劳动力，整个有机肥（粪污处理）生产线人员最多 4～5 个，使成品有机肥具有明显的价格优势。

④ 具有整机结构紧凑、经久耐用的优势：机器整体结构合理，整机刚性好、受力平衡、简明、结实、性能安全可靠、易操控、对场地适用性强，除粗壮的机架外，其他零部件均为标准件，使用维护方便。

异位发酵床系统研制的成功，很好地解决了粪污收集、搅拌匀浆、均匀喷淋、粉碎翻堆、耗氧发酵，扩大了粪污处理能力，提高了发酵运行效率，延长了垫料使用寿命，提升了有机肥发酵质量，适应于各种传统养猪方法的污染治理，具有较高的生态效益、经济效益和社会效益。

第三章

微生物发酵床
环境监控

微生物发酵床环境监控系统设计与应用

一、概述

微生物发酵床养猪利用植物废弃物如谷壳、秸秆、锯糠、椰糠等，制作发酵床垫层，接种微生物，猪养殖在垫层上，排出的粪便由微生物分解消纳，原位发酵成有机肥，达到无臭味、零污染以及提高猪肉品质和猪抗病力等的效果（刘波和朱昌雄，2009）。笔者设计了微生物发酵床育肥猪大栏养殖猪舍，占地面积 2100m²，养猪发酵床面积 1900m²，通栏养殖1500 头育肥猪（刘波等，2014）。

关于传统猪舍的环境监控系统的设计有过几篇报道。朱伟兴等（2012）报道了基于物联网技术开发的保育舍环境可视化调控系统。他们采用 Zigbee 无线技术将舍内各保育床及其周围的设备组成无线网络系统，以 ARM-LINUX 嵌入式服务器为现场控制中心。系统依据分布于各保育床内的传感器获得的环境参数，精确调节各保育床内的小气候环境；通过 WIFI无线技术将服务器与互联网无缝连接，使用户端延伸并扩展到猪舍及室内设备，实现环境与设备之间、环境与人之间的信息交换；采用 B/S（浏览器 / 服务器）模式，实现通过浏览器远程实时监控猪舍。试验结果表明，该系统性能稳定，信息无线采集、环境自动调控及远程可视化调控均达到实际需求，适合保育猪舍环境智能化精准管理，可应用于自动化、智能化的牲畜养殖中。韩宝龙和倪伟（2014）根据猪场养殖环境控制过程中存在的非线性、强耦合、大惯性等难题，以及传统环境监控系统采用的有线方式成本高、效率低且不便管线布设与管理等缺陷，设计了一种基础无线传感网技术的猪场养殖环境监控系统，并在系统中采用基于径向基（radial basis function，RBF）神经网络的解耦控制算法。仿真结果表明，系统能够很好地解决环境因子之间的强耦合，提高系统的实时性。该系统既具有较高的解耦性能，又能够满足监控过程中对多测点、多要素、易组网、易安装等方面的要求，具有较好的实用价值和应用前景。李立峰等（2011a）设计了一种以 KingView 为开发平台，利用模糊控制技术，对哺乳母猪舍环境进行实时监控，并详细介绍了该系统的结构组成和设计原理。利用KingView 制作出的环境监控平台功能完善、稳定可靠、画面精美，方便工作人员管理和控制，具有一定的实用价值。李立峰等（2011b）设计了一种舍内环境监测和控制系统。该系统综合考虑了舍内温度、湿度、氨气浓度及其相互影响，利用组态软件、模糊控制技术和解耦控制技术，通过机械通风系统和热水采暖系统实现了舍内环境的智能控制。试验结果表明，该系统可行且是在保证舍内所需温度基本恒定的条件下（舍内温度控制的最大相对误差为5.5%），也能使舍内相对湿度和氨气浓度保持在适宜范围内。

然而，传统猪舍的环境监控系统与微生物发酵床大栏猪舍的特性不同，微生物发酵床大栏猪舍的环境控制系统不仅要考虑到舍内空气环境监控，还需考虑到不同层次垫料的环境监控。有关微生物发酵床大栏猪舍的环境控制系统设计未见报道，研究针对微生物发酵床大栏猪舍环境监控，设计了舍外环境参数、舍内环境参数、垫层环境参数的在线采集，实现了微生物发酵床大栏猪舍环境智能化控制。

二、微生物发酵床大栏猪舍环境监控实体模型设计

微生物发酵床育肥猪大栏养殖猪舍单栏面积2100m²，发酵床面积1900m²，肩高6m，顶高8m，同期养殖1500头育肥猪，采用自动喂料系统、自动饮水系统，配有电动铝合金窗，微喷雾化空气消毒系统，喷雾垫料加湿系统，环境参数包括光照、温度、水分、湿度、CO_2、NH_3、通风、喷雾自动监控，以及机械化垫料翻耕。

采用密闭猪舍，通过环境监控，保持冬暖夏凉，提高猪的生长效率和抗病力，减少饲料消耗，解决猪粪污染。根据猪生长最佳环境，育肥猪在20～30℃温度环境下生长最快，最佳空气湿度在65%～95%，最佳垫料湿度在65%～85%，适宜的CO_2浓度＜2000mg/L，适宜的NH_3浓度＜25mg/L。猪对温度的高低非常敏感，高密度饲养，如果空气质量差，为某些疾病的发生和传播创造了有利条件。根据猪的生物学特性，微生物发酵床大栏猪舍环境监控实体模型设计见图3-1，微生物发酵床大栏猪舍环境监控实体模型设计表明，环境控制执行机构包括了自动控制铝合金窗、室内轴流风机、空气自控微喷系统、垫料自控喷淋系统、自控风机水帘五套系统。

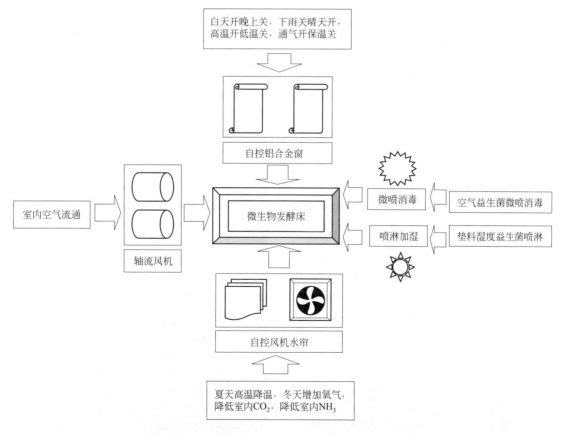

图3-1　微生物发酵床大栏猪舍环境监控实体模型

环境控制执行机构的功能为：自控铝合金窗通过时间或光强识别白天和晚上，用于白天

开窗、晚上关窗；通过空气湿度判别下雨，用于晴天开窗、雨天关窗；通过温度监测，控制高温开窗、低温关窗；通过 CO_2 和 NH_3 的监测，超标时开窗通气，冬天通气后关窗保温。室内轴流风机用于室内空气循环，通过时间定时器或空气温度和湿度，开启或关闭轴流风机，控制室内空气流通。自控微喷系统用于空气消毒和增湿，通过定时器用于每日一次的益生菌微喷消毒，通过空气湿度监测控制开关，增加空气湿度。自控喷淋系统用于垫料增湿和添加益生菌，根据垫料湿度的监测，控制喷淋开关，增加垫料湿度和益生菌。自控风机水帘在自控铝合金帘关闭的条件下启用，用于降温增湿，增加氧气，降低室内 CO_2，降低室内 NH_3，通过猪舍环境监测，控制执行。

三、微生物发酵床大栏猪舍环境监控系统设计

微生物发酵床大栏猪舍环境监控系统主要由人机界面（human machine interface，HMI）、可编程逻辑控制器（programmable logic controller，PLC）、传感器及执行机构四部分组成。环境监控系统设计框架见图3-2。传感器系统包括了温度、湿度、光照、风向、风速、CO_2、NH_3 等传感器，控制器系统包括了 HMI 和 PLC，执行机构包括了输入 / 输出（input/output，IO）接口以及风机湿帘、照明系统、微喷系统、喷淋系统、轴流风机、电动铝合金窗等。各参数实时采集检测，经 Modbus 协议通信，传输至 HMI 内部寄存器，再由 HMI 经专用协议通信传输至 PLC，完成数据处理。PLC 作为数据实时采集处理控制器，由内部环境监控专家系统程序对数据实时分析计算，确定各执行机构的操作规则，通过光电隔离 IO 接口来控制继电器，由继电器驱动执行机构，实现过程的智能化、人性化。

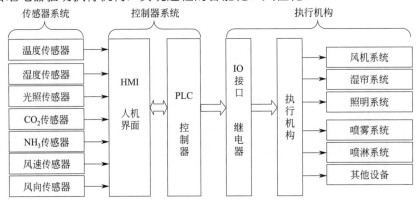

图3-2　微生物发酵床大栏猪舍环境控制系统框架

环境监控系统采用整机设计，在输入端设有传感器信号输入口，在输出端设有执行机构信号输出口，通过人机界面与显示屏结合，显示采集数据和控制动作，并通过通信系统与计算机相连，采集数据和动作信号通过计算机网络通信，与远程终端连接，进行数据的保存与远程监控。采集的数据送回网络，建立数据库，长期保存。

四、微生物发酵床大栏猪舍环境监控系统程序设计

微生物发酵床大栏猪舍环境监控传感器有温度、湿度、光照、风向、风速、CO_2、NH_3

等传感器，每种传感器监控程序启动时，经过初始化，采集和显示数据，进入量程范围判断，在范围内，数据进入 PLC 传送，不在范围，则启动报警，继续采集，完成监测循环。传输到 PLC 的数据，一方面进入人机界面显示，另一方面到 PLC 专家系统处理，并对结果进行判断，如果是停机信号，则结束程序；如果是在执行范围，则数据进入 IO 接口进行数模转化，控制执行机构执行，完成控制循环（图 3-3）。

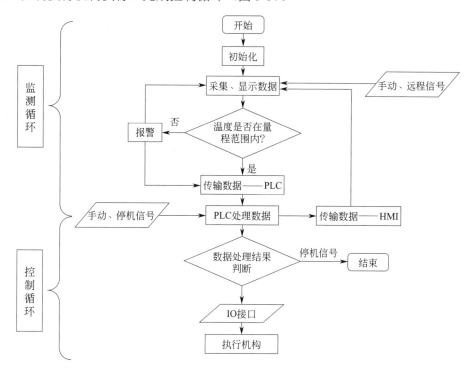

图3-3　微生物发酵床大栏猪舍环境监控系统程序设计

五、微生物发酵床大栏猪舍环境监控专家系统模式设计

微生物发酵床大栏猪舍环境监控专家系统模式围绕执行机构（风机湿帘、照明系统、微喷系统、喷淋系统、轴流风机、电动铝合金窗等）进行，整个专家系统分为三个状态：一是电动铝合金窗帘关闭时的状态，此时室内的温度、湿度、通气由风机水帘联合控制，调节室内的温度、湿度、CO_2、NH_3、照明等参数；二是电动铝合金窗帘开启状态，此时，室内仅有轴流风机受控，进行均匀通风；三是微喷系统和喷淋系统执行机构的控制，无论电动铝合金窗帘开启与否，根据空气湿度的监测，微喷系统控制空气湿度和进行益生菌空气消毒，根据垫料湿度的监测，喷淋系统控制垫料湿度和补充垫料益生菌。其主要参数控制原理如下所述。

（1）温度的调节与控制　根据猪生长的不同阶段以及不同季节对温度的要求，进行温度控制。在气温低于 15℃ 的冬春季（11 月、12 月、1 月、2 月），电动铝合金窗帘全天候关闭，温度的控制由风机水帘进行。在低温下会增加猪体温热量消耗，增加采食量，降低肉料比，当猪处于下限临界温度（15℃）时，气温每下降 1℃ 日增重减少 11 ～ 22g，饲料多消耗20 ～ 30g。冬春季采用微生物发酵床养猪，垫料在分解粪尿达到粪污零排放的同时产生生物热，有利于猪舍温度的提高，当猪舍温度高于 25℃时，通过温度传感器的监测，开启风机，使得猪舍内温度低于 25℃，此时停止风机，以此不断循环。

在气温高于 25℃的夏秋季，当猪处于上限临界温度（35℃）时，气温每上升 1℃日增重减少 15～30g、饲料多消耗 60～70g。保持猪舍有一个适宜的温度是非常必要的。此时，开启电动铝合金窗帘，以采用自然通风为主，可使猪舍内的温度控制在 30℃左右，有利于猪的生长。当夏季中午短暂高温，猪舍内气温高于 35℃时，可以关闭电动铝合金窗帘，适时开启风机湿帘系统降温，还可启动喷雾系统、屋顶喷淋系统降温，使得猪舍内温度降至 30℃以下，然后关闭风机水帘等降温机构，再开启电动铝合金窗帘，以此不断循环。中午过后，猪舍内气温可以由自然通风达到 30℃以下时，则保持电动铝合金窗帘开启状态，使得猪舍气温稳定在 30℃以下。

（2）湿度的调节与控制　空气湿度对猪的影响总是与气温共同作用的。当温度适宜时，相对湿度从 45%升到 75%～95% 时，对猪的采食量和增重均无明显不良影响。当猪舍内低温高湿时，猪体内热量散发加剧，猪采食量增加，增重减少。当猪舍内高温高湿时，直接影响猪体内外热量交换，扰乱正常生理而易发生暑病。适宜的猪舍空气湿度范围在 65%～95%。当猪舍的空气湿度低于 65% 时，通过湿度传感器监测，开启微喷系统，增加空气湿度，达到 85% 时关闭微喷系统。室外空气湿度、电动铝合金窗帘开启和关闭以及风机湿帘系统和喷淋系统的启闭等都会影响猪舍湿度的变化，根据执行机构的不同状态，按猪舍实际湿度的监控，采用不同的调控方法，如开关电动铝合金窗帘以及启闭风机湿帘系统、喷淋系统、微喷系统等，将湿度控制在 65%～95% 适宜范围。

微生物发酵床大栏养猪，把发酵床垫料的发酵管理到位，则垫料内微生物生长旺盛，分解猪粪能力、除臭能力、抵抗病原能力就强。垫料的管理关键在于通气量和湿度，通气量可以通过机械翻耕增加，而湿度则可以通过喷淋系统增加。将湿度传感器埋入垫料的 20cm、40cm、60cm 深处，以 20cm 垫层的湿度传感器为标准，将垫层的湿度控制在 65% 以上，当垫层湿度低于 65% 时，开启喷淋系统，增加垫料湿度，当湿度达到 70% 时，关闭喷淋系统。在使用喷淋系统时周期性地加入芽孢杆菌益生菌，可以达到补充微生物、增强垫料抗猪病原菌的能力。

（3）空气质量的调节与控制　猪舍内空气质量主要指二氧化碳浓度和氨气浓度。当猪舍内二氧化碳和氨气浓度过高时，表现出猪舍空气质量不良，环境闷，氨味大，对猪生长不利。大气中二氧化碳平均浓度一般为 0.03%，变幅较小。在猪舍中，由于猪的呼吸和排便，再加上缺少猪舍内外气体交换，二氧化碳浓度增加明显。氨气是一种有毒、无色、有强烈刺激性臭味的气体，猪舍的氨气来源主要有猪的肠胃消化物、粪尿、舍内环境饲料残渣、垫料有机物腐败分解等。猪舍内氨气的含量与饲养密度、猪舍温湿度、猪舍结构等有着密切的关系。一定量的氨气进入呼吸道可引起咳嗽、气管炎、呼吸困难、窒息等，氨的水溶液呈碱性，对黏膜具有刺激性，严重时可发生碱灼伤，引起视觉障碍等各种炎症。氨可以由肺泡进入血液，与血红蛋白结合，引起贫血和组织缺氧。

猪舍内空气质量调控的原则是：①当猪舍内二氧化碳平均浓度大于 2000mg/L 时，舍内空气沉闷，应开启通风设备；②我国无公害养殖 GB 18407.3 规定，猪舍氨气浓度应小于 20mg/m³，当超过此值时，应开启通风设备。通风设备包括风机水帘系统或电动铝合金窗帘系统。

（4）人工智能控制系统　将微生物发酵床大栏猪舍作为一个管理系统，根据经验，猪舍温度应控制在 30℃以下、空气湿度控制在 65% 以上、垫料湿度也应控制在 65% 以上。不同季节、不同昼夜、不同风速，采用的控制机构不同（参见图 3-4）。

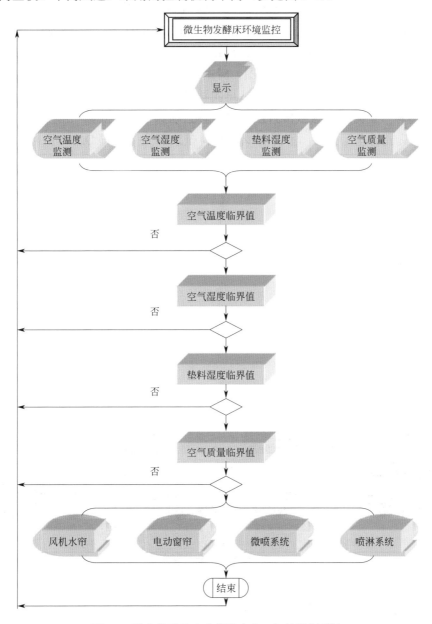

图3-4　微生物发酵床大栏猪舍人工智能控制系统

低温季节（温度在 15℃以下）时，电动铝合金窗帘关闭，微生物发酵床产生的生物热能和猪散发的热量，使得猪舍升温和保温，猪舍温度保持在 20℃。当温度高于 25℃时，开启风机水帘系统降温；当猪舍湿度低于 65% 时，开启微喷系统提高湿度；当空气质量超标时，如果温度高于 25℃，开启电动铝合金窗帘进行通风，达标后关闭；如果温度低于 20℃，开启风机通风，达标时关闭。垫料湿度低于 65% 时，开启喷淋系统加湿，达标关闭。

适温季节（温度在 15 ～ 30℃）时，微生物发酵床产生的生物热能和猪散发的热量，使得猪舍升温和保温，猪舍温度保持在25℃。当温度高于25℃时，开启电动铝合金窗帘通风降温，达标关闭。当空气湿度低于65%时，开启微喷系统提高湿度，达标关闭；当垫料湿度低于65%时，开启喷淋系统增加垫料湿度，达标关闭。

高温季节（温度在30℃以上）时，如果风速超过3m/s，则开启电动铝合金窗帘系统，降低猪舍温度；如果风速低于3m/s，关闭电动铝合金窗帘，开启风机水帘系统降温，达标关闭；当猪舍湿度低于65%时，开启微喷系统提高湿度；当空气质量超标时，如果风速超过3m/s，则开启电动铝合金窗帘系统通风；如果风速低于3m/s，关闭电动铝合金窗帘，开启风机水帘系统通风降温，达标关闭；空气湿度低于65%时，开启微喷系统提高空气湿度，达标关闭；垫料湿度低于65%时，开启喷淋系统加湿，达标关闭。

将这些经验编制成专家系统，用户可以设置多个执行机构的参数临界点、启动时间、关闭时间、保持时间，由计算机根据专家系统进行自动控制。控制器的菜单设计具备人性化界面供操作，可以根据实际情况，重新设置专家系统参数；也可以在手动模式下，控制单机动作或多机动作。系统具备扩容、与其他智能系统通信的功能，升级灵活、方便。

六、微生物发酵床大栏猪舍环境监控系统的实施

微生物发酵床大栏猪舍环境监控系统的实施见图3-5。环境监控系统的显示界面包括4个区域，即两边各一个视频监控区，放置远程视频监控图像；猪舍外环境监控区，显示环境监测数据包括温度、湿度、风速、风向；猪舍内环境监控区，显示环境监测数据包括温度和湿度（室内空气，垫料表层，垫料20cm、40cm、60cm处）、CO_2、NH_3、光照等。在标题区内，有在线标志、平均温度、平均湿度的显示。

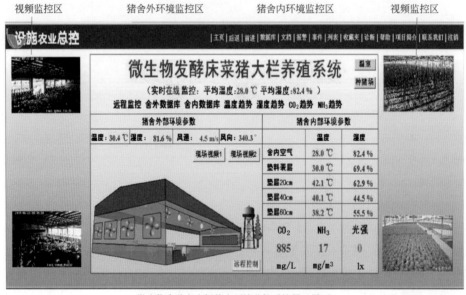

(a) 微生物发酵床大栏猪舍环境监控系统显示界面

(b) 远程视频监控系统

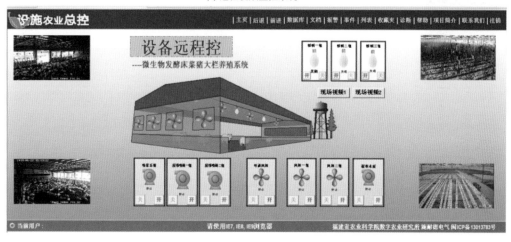

(c) 设备远程监控系统

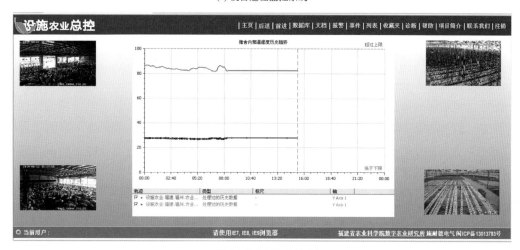

(d) 温度和湿度远程监控曲线

图3-5

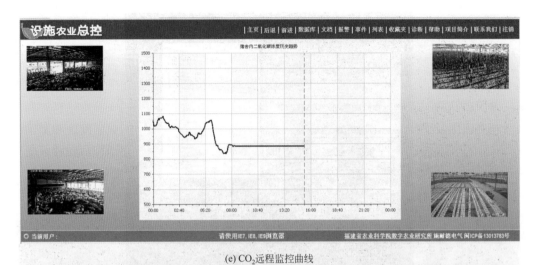

(e) CO$_2$远程监控曲线

(f) NH$_3$远程监控曲线

图3-5　微生物发酵床大栏猪舍环境监控系统的实施

动画区域作为执行机构的动画指示，当风机水帘开启时动画上的风机也开始旋转；当电动窗帘开启时动画区的窗帘也开启；当微喷和喷淋系统开启时动画上的微喷和喷淋系统也开始喷淋。远程监控视频可以通过箭头键选择方向旋转观看。

设备远程监控界面，列出了执行机构的开关，可以通过修改参数建立新的专家控制系统，也可以通过手动，直接控制执行机构。远程监控曲线监控界面，列出了温度、湿度、CO$_2$、NH$_3$监控曲线，可以查询监控效果和变化状态。

七、讨论

微生物发酵床大栏猪舍环境监控系统设计与实现，解决了发酵床猪舍的环境自动控制问题。环境监控传感器包括温度、湿度、光照、风向、风速、CO$_2$、NH$_3$等传感器，可实现在线实时数据采集，通过专家系统的构建，将猪舍温度控制在30℃以下、空气湿度控制在65%以上、垫料湿度控制在65%以上。不同季节、不同昼夜、不同风速，采用的控制执行机构不同。

执行机构包括了风机湿帘系统、照明系统、微喷系统、喷淋系统、轴流风机系统、电动铝合金窗帘系统、屋顶喷淋系统等，各执行机构系统组合，共同完成猪舍环境的控制。系统设计了远程视频监控界面、参数远程监控曲线界面、执行机构远程操作界面，提供了良好的人机界面。

对于环境监控系统设计有过许多的报道，然而在养猪业上报道较少，只有几篇论文论述了猪舍的环境监测和风机、水帘、窗帘的开关定时控制（朱伟兴等，2012；韩宝龙等，2014；李立峰等，2011a），在微生物发酵床猪舍环境监控上未见报道。微生物发酵床猪舍环境监控与以往的猪舍环境监控有着本质的区别，它不仅要监测猪舍空气的环境参数，还要监测垫料中的环境参数。发酵床猪舍的环境调控执行机构也较为复杂，控制一个参数可以通过不同的执行机构及其组合进行。研究通过环境参数的监测，建立专家系统，来组合地控制执行机构，实现猪舍环境在线监测和控制，保障发酵床环境处于最优的状态，实现自动化控制。

第二节
微生物发酵床图像存证系统设计与应用

一、概述

微生物发酵床育肥猪大栏养殖猪舍占地面积 2100m²，养猪发酵床面积 1900m²，可同时容纳 1500 头育肥猪饲养，与传统猪栏平均 30 头生猪相比一栏猪的数量约提高 53 倍（刘波等，2014）。如此之大的猪群管理必须采用远程视频监控系统。

远程视频监控系统在许多领域都有应用。例如，远程视频在变电站的应用，可以提升变电站制约的实效。远程视频类别的图像管控，涵盖了根本层次内的制约架构、制约图像所用的框架、传送变电类别信息的框架等。变电站所带有的远程监控，能采纳联动类的预警体系，搭建起无人值守的制约架构，经由图像所带的监控路径，可构造出变电站的总括制约，并完善互通变电信息的渠道（彭华，2014）。电力行业变电站远程视频图像监控系统不同于普通工业企业、商场超市、住宅小区的本地监控，它是一种网络化视频监控系统。由于当前国内电力项目变电站位置分散、使用管理却相对集中，在系统实施前结合自身特点进行合理规划、科学制定管理平台就显得尤为重要（罗代俊，2013）。利用远程视频对环境质量和污染源排放进行有效的监控，在制止环境违法等方面发挥着重要的作用（刘毅和吴婷，2007）。李晋和李绍荣（2007）提出一种基于片上可编程系统（system on a programmable chip，SOPC）的远程视频图像监控系统的设计方案，通过将 NiosII 软核处理器、用户自定义逻辑模块、存储器、I/O 接口等集成到单块低成本的现场可编程门阵列（field programmable gate array，FPGA）上，组成一个 SOPC，实现远程视频图像监控系统。与传统的实现方案相比，该方案降低了系统的成本、复杂性和功耗。

远程视频监控系统也可以应用于养猪业。张鹏（2015）使用现有的视频监控技术，建立了一套使用视频监控对生猪质量安全流程进行管理的方法。规模化养殖是目前生猪养殖的主要方式之一，杨威和俞守华（2014）通过分析传统的单摄像头监控方案在应用过程中暴露出的覆盖面积有限、容易丢失重要信息数据等缺陷，提出了基于视频数字图像处理技术和人工智能技术的双摄像头监控方案，并从系统构成、运作流程与涉及的关键技术方面进行研究，从而实现了应用视频监控技术提高规模化猪场的管理水平和经济效益的目标。刘波等（2014）设计与实现了微生物发酵床大栏猪舍环境监控系统，解决了发酵床猪舍的环境自动控制问题。环境监控传感器设有温度、湿度、光照、风向、风速、CO_2、NH_3 等控制系统，可实现在线实时数据和图像采集。近年来，天津市一些种猪场通过现代信息技术改造传统的养猪模式，利用计算机实时监控猪场的整体生产过程，实现猪舍的视频监控功能、种猪舍与仔猪舍自动温度调节功能和信息化管理功能；改善猪舍环境，提高仔猪成活率，有效降低饲料消耗和能源消耗，节省劳动力，降低工人劳动强度，提高管理水平（黄缨和杨丹，2014）。王磊（2014）介绍了一种低成本、多功能的猪舍智能监控系统的设计，具体是在对猪舍内的猪只行为进行实时视频监控的同时，采集并记录猪舍内的环境参数，为猪舍的智能化监测提供精确、便捷的方法。该系统以 ARM9 内核芯片 S3C2410 为核心处理器，利用各种传感器采集猪舍内部的环境参数，通过通用分组无线服务技术（general packet radio service，GPRS）实现猪舍远程安防监控，从而实现了猪舍智能化。白红武等（2010）通过射频识别（radio frequency identification，RFID）电子耳标不仅能够对种猪个体进行标识，还能记录生猪饲养过程的重要数据，实现了饲养过程的可追溯。该系统给出了将 RFID 技术、无线传感器网络（wireless sensor network，WSN）技术、3G 技术融合起来应用到规模化养殖场的管理的具体方法。针对猪舍视频监控场景中常常遭遇局部亮度不均衡而引起后继图像分析困难的问题，有人提出一种图像自适应局部亮度调整法。该方法中，首先是为避免物体色度的干扰，将原图像转换为 YCbCr 模型后，只利用亮度 Y 分量图像，根据最大类间方差（Ostu）将 Y 图像分为明暗两区；其次是针对过亮和过暗的局部区域采用正弦函数进行非线性反向调整灰度值（纪滨等，2013）。随着计算机和信息技术在动物采食、行为、环境舒适等信息的采集以及上述信息与动物生长的关系等方面的应用，出现了利用 RFID 的物联网技术的母猪智能饲养系统。该系统满足了养猪场目前生产管理的需要，实现了母猪养殖管理的标准化、精量化和安全化，提高了母猪养殖的生产效率、经济效益和质量安全（刘敏，2012）。

然而，目前所用到的远程视频监控系统，对图像仅有储存可视功能，尚未能对图像进行文献编码存证保存和图像分析利用，面对需长期储存的大量的图像无法有效利用。微生物发酵床大栏猪舍，由于面积宽广、猪群庞大，用传统的目测方法观察猪群难度很大，因此，有必要对庞大的视频图像进行定点、定时的自动采集，自动编辑成文献进行存证，为设计图像处理软件分析猪群行为打下数据基础。相关的研究未见报道。笔者尝试通过设计微生物发酵床大栏猪舍的远程视频图像自动采集，自动编辑成 A4 格式的 Word 文档，形成文献存证系统，用于庞大猪群的管理。

二、微生物发酵床大栏猪舍概述

微生物发酵床育肥猪大栏养殖猪舍的外观设计见图 3-6，猪舍设计为单体大栏，可同时饲养 1500 头育肥猪。猪舍由钢架结构建造，面积为 2100m²，长 35m、宽 60m，肩高 4.0m，顶高 6.0 m，四周围设有一矮墙，矮墙高 1.2m；猪舍长边两侧设置有铝合金卷帘，短边两侧设置有湿帘和风机，屋顶外安装有喷雾降温装置；猪舍内沿四周设有一人行道，宽 1m，人行道内侧设有围栏圈；栏圈内为发酵床、食槽，在发酵床的中央设有水槽，实行料水干湿分开；屋顶下方 1.5 m 处设置有轴流风机，进行猪舍内通风；屋顶下方 2m 设有微型喷雾消毒降温系统；猪舍外建立了环境参数，包括光照、温度、水分、湿度、风量以及雨水量数据信息，自动调节猪舍内的温度、湿度。猪舍的建设成本比同等养殖规模的传统水泥地猪舍降低 16%，适合夏季通风降温，减少猪的热应激；在冬季可保温、升温，减少育肥猪受冻；饲养空间大，便于机械化操作；活动范围大，便于育肥猪运动，减少猪个体争斗。猪舍内设有两个视频监控云台。

图3-6　微生物发酵床育肥猪大栏养殖猪舍设计

　　猪舍外设有农业生境自动观察站，对环境的光照、温度、湿度、风力、风向、雨量、CO_2、NH_3 等数据进行自动采集。猪舍内由计算机自动控制电动卷帘、风机湿帘、轴流风机、喷雾增湿装置、微喷降温系统、自动投料系统的运行。计算机根据光照参数确定白天、晚上电动卷帘的开关；根据室内的温度参数确定风机湿帘、轴流风机、电动卷帘、屋顶喷雾等装备的开关，使得猪舍内的温度保持在 29 ～ 31℃；根据室内空气湿度参数确定喷雾增湿装备的开关，使得猪舍内湿度控制在 60% ～ 80%；根据猪舍内 CO_2 和 NH_3 浓度参数确定电动卷帘和风机湿帘的开关，将猪舍内的 CO_2 控制在 2000mg/L 以下、NH_3 控制在 25mg/L 以下。根据定时定量喂食规则确定自动投料系统的开关，实现自动喂食投料。

三、远程视频监控系统的结构设计

　　（1）系统概述　远程视频图像监控系统的功能，主要体现在：①通过图像监控、安防监控，保护无人值守或少人值守变电站人员和设备的安全；②通过图像监控结合远程和本地人员操作经验的优势，避免误操作；③通过图像监控、灯光联动、环境监控，监视现场设备的运行状况，起到预警和保护的作用；④配合其他系统（如调度自动化系统等）的工作。

（2）系统特点

① 嵌入式技术和 B/S 架构，前端设备采用嵌入式实时多任务操作系统（RTOS）和嵌入式处理器，完全脱离 PC 平台，系统调度效率高，代码是固化在 FLASH 中，系统更加稳定可靠；软件系统是基于互联网的 Web 技术，完全采用 B/S 体系结构，所有操作都通过 IE 或 Navigator 进行。

② 视频转发技术。系统根据网络带宽、流量和用户的请求合理地分配各个视频流数据的传输，并可以依据用户网络的实际情况采取视频转发技术以降低多个用户请求同一视频流数据时的网络流量，从而保证了图像质量，有效降低了在多用户并发操作下的图像延迟和带宽占用。

③ 本地处理能力。由于变电站为无人值守，对系统的可靠性要求非常高，即使通信中断或者公司企业网出现故障，变电站的本地处理能力也能确保及时进行现场录像和告警记录。

④ 数据测控技术，包括所有模拟信号、开关信号、电压电流的采集及设备远程控制等。

⑤ 数据存储、处理、分析技术。系统使用了微软公司的 SQL Server 数据库系统，并成功地实现了数据库的分布存储和访问，有效降低了系统负担，大大提高了系统的稳定性。同时，系统支持对数据的多种查询和分析方式。

⑥ 后台处理技术。即使主值计算机关机，由于 Web 服务器仍有测控进程和录像进程在服务，也不影响系统的测控、录像和告警等功能。

⑦ 灵活的告警及联动处理。一旦系统检测到有报警，即自动启用报警联动动作，向预先设置的手机发送短消息，向预先设置的邮件用户发送电子邮件，多种方式并行传递保证抢修和责任人员无论身在何处都会在第一时间获取现场信息。

（3）监控中心　在监控中心的机房放置一台服务器，用于安装系统软件，如某公司开发的 eWatch 综合应用平台系统软件，作为系统 Web/ 数据库 / 录像 / 报警服务器，连接到交换机，接入供电公司的局域网。

通过交换机，主干网络分别与变电站、供电所和机关等重要场所的网络相连。将短信发送控制器连接到机房交换机上，接入供电公司局域网。在操作台放置一台或两台计算机作为监控主机，在此计算机上安装视频解码卡，并将其连接到供电公司局域网上；计算机从视频解码卡上引出模拟视频图像信号，通过 eWatch 数字矩阵功能，实现电视墙显示。各相关部门的计算机，不需另外加装软件，监控时，打开 IE 浏览器即可。

（4）实时遥视功能

① 画面分割，用户可自由使用单画面、四画面、九画面、十六画面进行端站远程图像监控 / 安防监控；可进行上下翻页；可针对每个画面分别选择不同端站 / 同一端站的不同的摄像机；当前画面可在满屏和正常显示两种方式之间任意切换，满屏达 1024×768；一用户同时多点遥视、多用户同时一点遥视、多用户同时多点遥视。

② 自动轮巡，用户选择执行轮巡方案；用户可以制定各种完全满足自己工作需要的多个摄像机之间的自动轮巡方案；可设定切换时间；轮巡方案中的摄像机可以是多个端站的；在自动轮巡过程中，若用户需要关注某个画面，可以对该摄像机进行通道锁定，锁定的通道不参与轮巡，便于用户监视和控制；也可以进行画面锁定，实现图像定格。

③ 云台控制，对带云台的摄像机，还可以进行云台镜头控制（实现对摄像机视角、方位、焦距、光圈、景深的调整）。可以直接在画面上操作，也可通过操作面板操作，云镜控

制快速灵活。云台转动速度和镜头伸缩速度都可以根据需要及时调整。

④ 告警弹出画面，在将告警源与指定的摄像机进行告警关联之后，当该告警源产生告警时，关联的摄像机自动弹出画面。

⑤ 自动到预置位，对于有预置位功能的摄像机，用户可以进行预置位定义，并自动执行到预置位、告警到预置位。

⑥ 开 / 关灯，打开 / 关闭摄像机的灯光，同时系统还具备延时自动关灯功能。

⑦ 人性化的控制权协商机制，云台控制可以进行人性化的协商。

⑧ DO 的输出控制，可以远程控制开关设备。

⑨ 对讲 / 监听，可以和监控站建立对讲，中心和端站之间进行通话，或者监听某路视频的声音。

⑩ 状态实时监测，系统及时监测各站点通信状态和各摄像机工作状态，在遥视界面的树形结构中直观显示出来。

⑪ 抓拍，及时拍摄下当前画面。

四、远程视频图像存证系统的结构设计

系统的结构设计主要包括系统组成、视频云台、网络连接、点的控制、时间控制、文本编码规则、存储识别、自动文档、故障识别等（图3-7）。该系统应用通常属于业务系统的一个子集，配置接口改用管道形式可方便其他系统的调用。主进程内部维护一个队列，在后台以服务形式运行，在指定的时机创建线程来完成定点定时操作。日志记录与故障通知单独设定一个进程，当出现抓图失败的时候可通过邮件通知用户。文档创建与发布采用独立进程进行，通常每天运行一次。

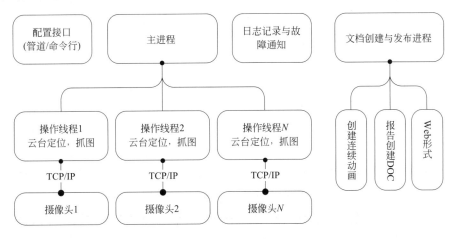

图3-7　系统结构图

（1）分布式录像与集中录像　系统同时支持分布式录像和集中式网络录像；在各个端站直接支持硬盘录像和告警事件存储，确保了即使通信或者网络中断，对现场的监控仍在继续；对于重点摄像机，还可以进行集中式网络录像。分布式录像和集中式网络录像支持常年录像、计划录像、告警录像（含移动侦测录像、图像遮盖录像）、手动录像等几种方式。

① 手动录像　用户可根据需要随时选择系统各个监控点进行录像。

② 计划录像　用户可根据需要定制计划录像，包括每日、每月、每周计划录像。

③ 告警录像　产生告警时，关联的摄像机可以自动录像。

④ 常年录像　可对某些摄像机进行常年录像。

⑤ 录像检索与回放　在遥视界面里，可以进行录像的检索与回放；可根据录像类型（人工录像、计划录像、告警录像、常年录像）、时间、端站、摄像机等信息检索并回放录像及抓拍的图片；回放时可实现启动、暂停、按帧播放等多种交互播放方式，并可对录像和图片进行删除等操作。

⑥ 录像管理　用户可以根据录像类型（人工录像、计划录像、告警录像、常年录像）、时间、端站、摄像机等信息检索录像并存档。

⑦ 录像播放　用户可以打开存档的录像进行播放，以便分析端站情况。

（2）系统管理／设置

① （分）中心、端站管理　系统采用中心、分中心、端站的树状层次结构，充分保证了系统扩容／删减的灵活性。系统既支持中心／端站的二级网络结构，也支持中心／分中心／端站的三级网络结构。可随时方便地进行分中心、端站的增加、删除、修改、查询等操作。

② 设备管理　用户依据分中心、端站对自己所有的设备（如摄像机、视频服务器、测控服务器等）、灯光控制器（或报警控制器）和环境设备（如烟感、红外、温度、湿度、水浸等）灵活地增加、删除、修改、设置。

③ 历史数据、日志管理　实现对系统的历史数据（遥测、状态、告警）的查询、备份、删除管理；系统中各种操作均有日志记录，可利用日志管理对日志进行查询、清除、备份操作。

（3）数字矩阵及电视墙　在监控中心或者监控分中心，如果建设了电视墙，可直接利用eWatch综合应用平台的数字矩阵功能，把监控图像解码到电视墙上。平台对电视墙的格局不作限制。

五、远程视频图像存证系统的程序设计

（1）用户及权限管理　可以将各种权限组成不同的权限组，然后根据工作需要，将某一用户设置为该组的成员，该用户即可获得该组的所有功能。可将用户分成不同优先级，在控制设备时根据优先级进行控制权协商。录像管理用户可以对所选摄像机进行计划、移动侦测、遮挡录像设置；同进录像可以进行前端和网络录像两种选择；同时，对已设定的录像可以进行处理。

（2）报警联动　用户可以对摄像机、告警量进行报警关联动作的设置，在告警产生时，自动执行相关联的动作如开灯、录像、打开警铃、发短消息、高速球机自动执行到预置位。

（3）布防撤防　用户在实际应用中可以根据实际情况对告警分时设置，同时可以进行布防撤防。

（4）轮巡方案　用户可以根据实际需要建立自己的轮巡方案（图3-8）。

大栏养猪微生物发酵床远程视频图像存证分析系统在笔者所在团队的示范基地进行了应用，部分记录结果如图3-9所示。

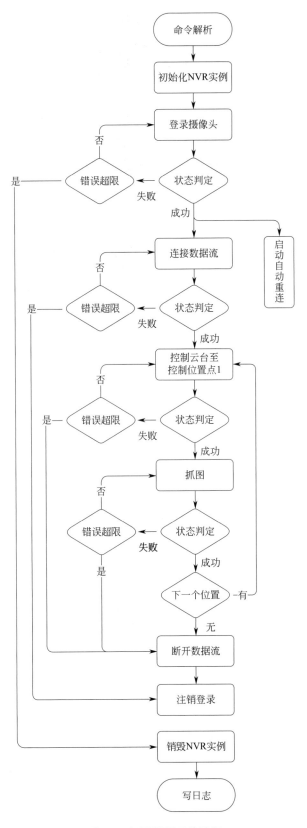

图3-8　抓图线程工作流程

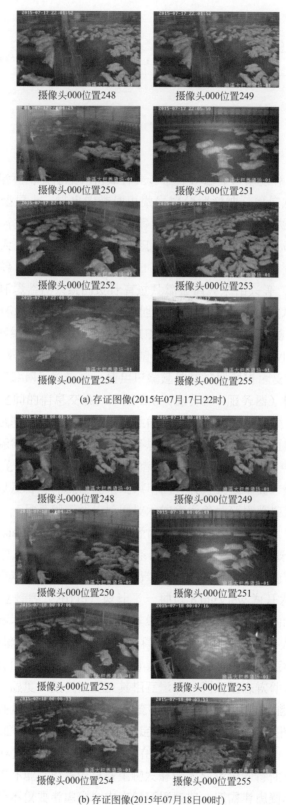

图3-9 大栏养猪微生物发酵床远程视频图像存证分析系统的记录及实例

第三节
微生物发酵床表层温度分布特征

一、概述

微生物发酵床养猪是一种区别于传统养猪模式的有机农业技术，其优势在于能有效地解决猪生产过程中的排泄物处理，达到降低环境污染等目的（刘波等，2009；章红兵等，2012；蓝江林等，2012）。养猪发酵床垫料是由谷壳、秸秆、锯末等农业有机废弃物按照一定的比例混合后，铺垫起来的有机介质，其作用是对猪排泄物进行吸附，并利用微生物对排泄物进行发酵，从而达到无臭味、无污染、零排放的目的（谭熙忠，2012；林旭光，2013）。

微生物发酵床养猪具有很多优点，然而，许多学者认为夏季发酵床使得猪舍产生高温从而对猪产生较大影响，是发酵床推广应用的最大障碍。温度过高不利于猪的生长，Coliln等（2001）的研究表明，当温度高于33℃时，猪的采食量严重下降；刘胜军等（2010）的研究表明，在温度为33℃时，猪的平均日采食量、平均日增重下降，而料重比显著上升，表明高温不利于猪体重的累积。徐旨弘等（2013）研究认为，夏季时发酵床能显著降低舍内氨气和硫化氢浓度，但床面日平均温度、猪舍空气日平均温度和日最高温度均极显著地高于有窗密闭漏缝地板舍；大棚式发酵床舍空气日平均温度和日最高温度又显著高于有窗密闭发酵床舍，有窗密闭发酵床舍又显著高于有窗实体地面舍。王学敏等（2012）在夏季7～8月高温季节对南京市六合区江苏省农业科学院试验猪场两种不同类型育肥猪舍室内温度进行了观测分析，数据比较分析表明：夏季新型可移动发酵床育肥舍室内日平均温度波动幅度较大，而普通育肥舍室内日平均温度波动幅度较小；新型可移动发酵床育肥舍在夏季中午高温时舍内日平均温度高于普通育肥舍内日平均温度，而早上和晚上的日平均温度低于普通育肥舍内日平均温度。徐言明（2012）的研究表明，发酵床温度高于传统水泥地面的主要原因是菌种正常发酵产热和垫料中能量原料添加过多。周忠凯等（2013）研究认为，夏季通风量加大，传统猪舍和发酵床猪舍平均通风量差异不显著，平均为4460m³/h，两种猪舍的温度差异不大，进一步增加舍内空气流动可以降低舍内温度和湿度过高对生猪生产带来的影响。

多年的观察发现微生物发酵床具有自动调节垫料表层温度的功能，如在温度低于15℃的冬天，垫料表面温度可以稳定在20～24℃，当温度高于40℃时垫料表面的温度可以稳定在29～33℃。微生物发酵床养猪在秋季、冬季、春季时节垫料发酵提高了猪舍内的温度，有利于生猪的生长，这在行业内已经达成共识；争议最大的是在夏季高温季节，一般都认为垫料发酵产生高温，影响生猪的生长。其实不然，夏季高温促进了发酵床垫料的发酵，而垫料发酵过程提高了温度，蒸发了大量的水分，带走了大量的热量，这使得垫料表面（20cm）的温度下降，垫料湿度降低，抑制了微生物的活动，垫料停止发酵，等到下一轮猪粪尿排在垫料上,增加了垫料的湿度和营养,微生物重复了上述过程,将水分蒸发,带走热量,降低湿度,抑制发酵,降低温度(刘波,2016)。因而,夏季高温季节,大栏微生物发酵床在通风良好的条件下,并不影响生猪的生长。为进一步提供现场证据,在夏季高温期间,笔者对微生物发酵床大栏养猪区域范围的温度场进行测定,尝试分析夏季高温对微生物发酵床垫料表层温度的影响,现将结果小结如下。

二、研究方法

1．实验时间、地点

2015 年 7 月 15 日 12：00 ～ 15：00 于福清渔溪现代设施农业样板工程微生物发酵床大栏养猪基地进行温度采集。

2．微生物发酵床大栏猪舍平面分布及区域描述

微生物发酵床猪舍由钢架结构建造,面积为 2100m²,长 35m、宽 60m,肩高 4.5m,顶高 8.0m,屋顶下方 1.5m 处设置有轴流风机,进行猪舍内通风;屋顶下方 2m 设有微型喷雾消毒降温系统,整个发酵床面积 2000m²(刘波等,2014),猪舍平面分布如图 3-10所示。

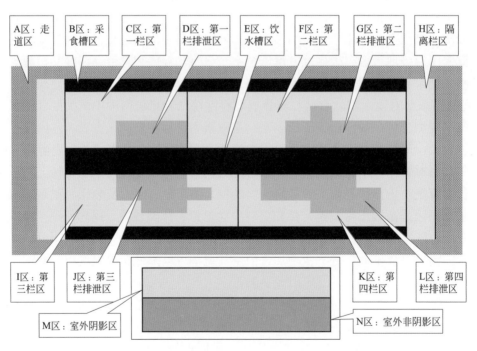

图3-10 微生物发酵床大栏猪舍平面分布

微生物发酵床大栏猪舍采用接触式发酵床饲养模式,2100m² 为一个大栏,中间用栏杆隔成 4 个小栏,包括采食槽区、饮水槽区和隔离栏区等,并配备导流水槽,避免饮用水流入发酵床内。微生物发酵床大栏猪舍内各区域的描述如表 3-1 所列。

表3-1　微生物发酵床大栏猪舍内部各区域描述

区域	具体描述
A区	走道区，围绕猪舍一圈，瓷砖地板
B区	采食槽区，猪舍前后各一排
C区	第一栏区，饲养育肥猪，养殖密度0.33 头/ m²
D区	第一栏排泄区
E区	饮水槽区，两排饮水槽之间有栏杆将第一、二栏和第三、四栏隔开
F区	第二栏区，饲养母猪，养殖密度0.11 头/ m²
G区	第二栏排泄区
H区	隔离栏区，左右各一栏，隔离弱猪、病猪
I区	第三栏区，饲养育肥猪，养殖密度0.24 头/ m²
J区	第三栏排泄区
K区	第四栏区，饲养保育猪，养殖密度0.56 头/ m²
L区	第四栏排泄区
M区	室外阴影区，距离猪舍门口1～3m
N区	室外非阴影区，阳光直射，距离猪舍门口5～10m

3. 微生物发酵床大栏猪舍各区域表层温度采集

将猪舍走道区等分为 60 个大小一致的样方块，采食槽区和饮水槽区各等分成 28 个大小一致的样方块，第一栏到第四栏分别等分成 20 个、36 个、28 个、28 个大小一致的样方块，隔离栏区等分成 24 个大小一致的样方块，猪舍外围阴影区和非阴影区各等分成 16 个大小一致的样方块。采用手持式红外测温仪 Tecman TM600（香港泰克曼公司）对各样方块内的表层温度进行测定，每个样方块采用五点采样法测定平均温度，并根据微生物发酵床大栏猪舍的结构制成相对应的温度矩阵。

4. 数据分析

采用 SPSS 22.0 统计软件，从以下四个方面进行温度分析：①分别从猪活动垫料区、采食槽区、饮水槽区、走道区以及室外区随机抽取温度样本 30 份，采用单因素方差分析各区域温度差异情况；②分别从第一栏、第二栏、第三栏、第四栏随机抽取温度样本 30 份，采用单因素方差分析不同养猪密度下猪活动垫料区表层温度差异情况；③分别从第一到第四栏的排泄区和非排泄区随机抽取温度样本 18 份，采样独立样本 T 检验比较不同养殖密度下猪排泄区和非排泄区垫料表层温度差异情况；④统计夏季高温时，微生物发酵床大栏养猪下猪的生活状况，采用实时拍照的方式对猪的生活状况进行存证分析。

三、微生物发酵床大栏猪舍范围温度场数据采集

将采集的温度数据按照微生物发酵床大栏猪舍的结构制成温度矩阵，具体区域见图 3-11 标注，每个区域标注的温度值为该区域随机测定 5 次后的平均值。

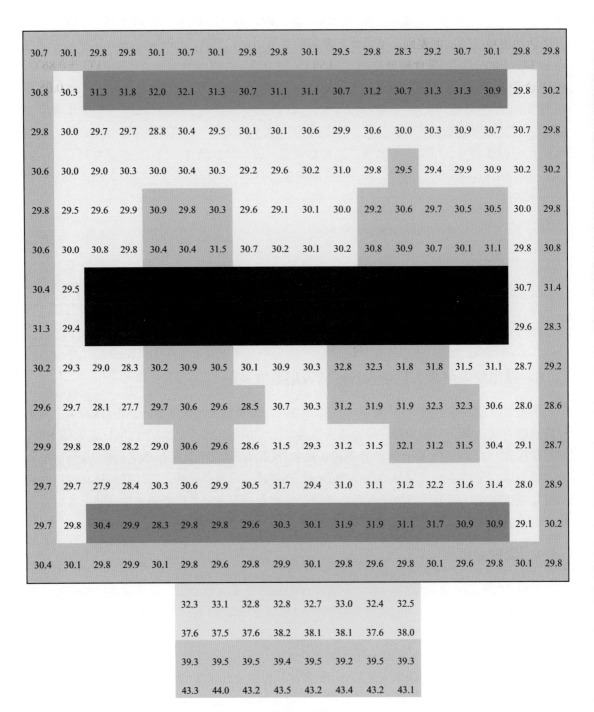

图3-11　微生物发酵床大栏猪舍各区域温度矩阵

四、微生物发酵床大栏猪舍不同区域表层温度差异分析

微生物发酵床大栏猪舍各区域表层温度统计如表3-2所列，统计4个栏区发酵床垫料表层的温度表征猪活动垫料区的表层温度。采食槽区和饮水槽区为水泥结构的硬化处理，饮

水槽区配有导流水道，以避免饮用水流入发酵床内，两块区域各统计 30 个样本，比较它们与猪活动垫料区的温度差别。单因素方差实验结果表明，猪舍内部不同区域：猪活动垫料区（30.13℃ ±0.86℃）、采食槽硬化区（30.58℃ ±1.09℃）、饮水槽硬化区（30.93℃ ±0.86℃）和猪舍瓷砖走道硬化区（29.90℃ ±0.69℃）的表面温度不存在显著差异（$P \geq 0.05$）；而猪舍内部表层温度和猪舍外部水泥地表面温度（阴影区 35.25℃ ±2.70℃、非阴影区 41.44℃ ±2.12℃）存在显著差异（$P < 0.05$）。

表3-2　微生物发酵床不同区域温度

地点	研究区域	样本数	温度/℃
发酵床猪舍内	猪活动垫料区	30	30.13±0.86 c
	采食槽硬化区	30	30.58±1.09 c
	饮水槽硬化区	30	30.93±0.86 c
	猪舍瓷砖走道硬化区	30	29.90±0.69 c
发酵床猪舍外	外部水泥地表阴影区	30	35.25±2.70 b
	外部水泥地表非阴影区	30	41.44±2.12 a

注：表中温度数据为"平均值 ± 标准差"，同列数据后相同小写字母表示不同区域温度值差异不显著（$P \geq 0.05$），不同小写字母表示不同区域温度值差异显著（$P < 0.05$）。全书同。

五、不同养殖密度下猪活动垫料区表层温度差异分析

微生物发酵床垫料区总共分为 4 个大栏，第一栏（30m×25m）饲养中等育肥猪（> 150kg），密度为 0.33 头 /m²；第二栏（30m×45m）饲养大型空怀母猪（> 300kg），密度为 0.11 头 /m²；第三栏（30m×35m）饲养小型育肥猪（> 60kg），密度为 0.24 头 /m²；第四栏（30m×35m）饲养保育猪（> 30kg），密度为 0.56 头 /m²。分析不同养殖密度下，猪活动垫料区表层温度的差异。方差分析结果表明，不同猪养殖密度不会导致发酵床垫料表层温度发生明显改变（$P \geq 0.05$）（表 3-3）。

表3-3　不同养殖密度猪活动垫料区表层温度分析

研究区域	样本数	养殖密度/（头/m²）	温度/℃
第一栏（中猪，>150kg）	30	0.33	29.89±0.70 a
第二栏（大猪，>300kg）	30	0.11	29.99±0.56 a
第三栏（小猪，>60kg）	30	0.24	29.82±1.41 a
第四栏（保育猪，>30kg）	30	0.56	30.72±0.99 a

六、不同养殖密度下猪排泄区和非排泄区垫料表层温度差异分析

分别统计不同养殖密度猪活动垫料区的排泄区和非排泄区的垫料表层温度，结果见表 3-4，每一栏排泄区和非排泄区的垫料表层温度均在 29.5 ～ 32℃范围内，T 检验结果表明第一、第二和第三栏排泄区和非排泄区的垫料表层温度不存在显著差异（$P \geq 0.05$）；而

第四栏排泄区和非排泄区温度存在显著差异（$P < 0.05$）。发酵床垫料对猪的饲养密度具有一定的饱和度，过高的饲养密度会使得排泄集中区的垫料表层的温度过高，不利于猪的健康管理。

表3-4　不同养殖密度猪栏排泄集中区和非排泄区垫料表层温度分析（样本数为18）

研究区域	第一栏	第二栏	第三栏	第四栏
养殖密度/(头/ m²)	0.33	0.11	0.24	0.56
排泄集中区温度	30.34±0.63 a	30.32±0.70 a	30.02±0.82 a	31.98±0.53 a
非排泄区温度	29.88±0.47 a	29.97±0.55 a	29.56±0.89 a	31.05 ±0.38 b

七、夏季高温微生物发酵床大栏养猪下猪的生活状况

7月下旬是福清地区的高温时期，根据气象局的温度报告数据，高温都在32℃以上。以7月27～30日的最高气温为例，气温分别为33℃、34℃、32℃和33℃。福清基地猪舍位置的气温很高，中午12:30，阶段性气温可高达40℃以上，选择7月27～30日中午12:30猪栏照片，如果猪舍外温度高，发酵床表层温度也高，高温难耐，猪就不会躺在发酵床上；如果猪舍外温度高，发酵床表层温度适宜，猪就能舒适地躺在发酵床上。从存证照片上看，育肥猪都舒适地躺在发酵床上，表明发酵床温度对猪的生长是适宜的（图3-12）。

图3-12　高温期间微生物发酵床猪生活状况

八、讨论

对于养猪来说，猪舍内环境温度条件是影响猪健康的重要环境因子，温度过高会影响猪

的采食及能量消耗，不利于猪健康生长。微生物发酵床通过发酵床垫料对猪排泄物进行吸附，并利用微生物对猪排泄物进行发酵分解，从而达到减少猪舍内臭味、解决粪便处理和环境污染问题的目的，该方法近几年得到了广泛的应用与推广（王远孝等，2011；曹传闺等，2014）。但是通过微生物发酵会提高垫料的温度，导致猪舍温度过高而不利于猪的生长，特别是在炎热的夏季。传统的微生物发酵床猪舍建造，一般分为多个栏，每栏饲养 30～100 头猪，猪舍由于过度分割，通风状况较差，导致发酵床猪舍的热量无法通畅排出，最终舍内温度升高（刘波等，2014）。为克服这一缺点，笔者设计了微生物发酵床大栏养猪系统，建立了一个面积为 2000m²，发酵床面积为 1900m²，屋顶肩高 4.5m 的大空间发酵床猪舍，南北通风窗的面积占墙体面积的 70%，同时饲养 1800 头育肥猪（刘波等，2014）。通过长期的调查研究发现，无论在寒冷的冬季或者是在炎热的夏季，与外环境相比，微生物发酵床均能保证发酵床垫料表层温度相对稳定，不会随着环境温度的改变而发生剧烈变化。为此，研究拟通过分析夏季高温条件下微生物发酵床垫料与周围外部环境表层温度的差异，为夏季发酵床养猪提供理论指导。

发酵床养猪栏表面温度（30.13℃ ±0.86℃）和非垫料区域采食槽（30.58℃ ±1.09℃）、饮水槽（30.93℃ ±0.86℃）以及猪舍走道（29.90℃ ±0.69℃）的表面温度差异不显著（$P > 0.05$）（表 3-2），该结果表明发酵床的发酵不会明显升高垫料表层温度。发酵不会导致发酵床表面温度急剧上升一方面的原因是大栏发酵床通风能力强，夏季空气对流快，垫料表面不易形成局部高温，另一个原因可能是微生物垫料很厚（40～80cm），而发酵主要集中在中层，对上层温度影响相对较小。此外，发酵床基质能为微生物的发酵活动构建一个疏松、透气的空间，微生物对猪粪尿的发酵，产生热量，将垫料中的水分带走，同时带走热量，使得垫料温度下降，垫料的干燥降低了微生物的活动，不会继续提高发酵床温度，新的猪粪尿加入又会发生第二轮的微生物发酵，以此循环，从而使发酵床的温度保持在一个适合的范围，促进猪的健康生长。发酵床养猪栏（30.13℃ ±0.86℃）和外部地表温度（阴影区 35.25℃ ±2.70℃、非阴影区 41.44℃ ±2.12℃）则存在明显差异（表 3-2），表明相对于水泥地面，垫料对温度的改变具有缓冲性，不会引起温度发生剧烈变化，是很好的温度调节器。

在集约化和规模化养猪不断发展的今天，在一定范围内合理适当地提高猪养殖密度能够迅速提高养猪经济效益。研究还发现，在一定范围内不同养殖密度不会明显地升高发酵床垫料表面的温度，这个结果进一步表明发酵床垫料具有一定的缓冲性。猪的排泄具有明显的区域性，据此可以将养猪栏分为排泄区和非排泄区，排泄区相比非排泄区湿度大，发酵程度高。因此研究排泄区和非排泄区垫料表面温度差异对于发酵床垫料温度特征的研究具有一定的意义。研究表明，在猪养殖密度相对较低时（第一、二、三栏），相对非排泄区，排泄区的温度会升高 0.5～1℃，但是总体上两者没有显著性差异（$P \geqslant 0.05$），原因可能是排泄区虽然发酵程度高，产热多，但是湿度大，水气蒸发快，导致带走的热量更多，从而仍保持温度处于一个平衡状态；而随着养殖密度的增加（第四栏），排泄区和非排泄区的温度差异变得显著，表明随着排泄量的增加，微生物的发酵可能也随之增加，当达到一定值后超过了发酵床垫料本身的调节范围，导致温度升高，因此控制合理的养猪密度有利于保持发酵床垫料表层温度的稳定。排泄区和非排泄区垫料表层温度差异的具体原因将在后续进行深入研究。

研究结果表明，微生物发酵床温度在夏季高温季节能够保持相对稳定，在周围环境温度升高时能够自我调节，使发酵床垫料表层温度不至于剧烈变化，该研究结果将为夏季发酵床养猪提供一定的理论数据指导。微生物发酵床大栏养猪舍倡导大栏养猪的模式，足够大的空间能促进猪的运动，猪的翻拱、踩踏带动猪粪尿在发酵床中均匀分布，加上大面积的发酵床的自我调节能力，有利于发酵床表层温度的控制。

第四节
微生物发酵床猪舍环境参数变化动态

一、概述

微生物发酵床养猪利用植物废弃物如谷壳、秸秆、锯糠、椰糠等材料制作发酵床垫层，接种微生物，猪养殖在垫层上，排出的粪便由微生物分解消纳，原位发酵成有机肥。微生物发酵床猪舍的舍内湿热环境和通风状况在不同季节变化很大。周忠凯等（2013）对发酵床猪舍的温度、湿度、CO_2浓度进行连续监测，分析冬季、春季和夏季舍内湿热环境状况，结果表明，冬季发酵床猪舍内平均温度20.3℃、湿度77.8％、CO_2为1720mg/m³；冬季发酵床猪舍CO_2浓度显著高于夏季（$P < 0.05$），因夏季通风量较大，平均为4460 m³/h，冬季通风量较小，平均为786 m³/h。盛清凯等（2009）试验表明，冬季采用发酵床养猪模式可改善猪舍环境，提高猪的生产性能与免疫性能，优于水泥地面养殖模式。刘振等（2008）的研究结果表明：在夏季高温条件下，舍内空气温度在29～32℃之间、发酵床温度在31～37℃之间。夏季发酵床温度在38℃对生猪养殖未见明显影响（徐燕，2013）。

长期以来，人们认为微生物发酵床养猪的缺点之一是夏季高温，使得猪舍内温度太高，不利于猪的生长。为解决这一问题，笔者提出了大栏微生物发酵床猪舍的设计，设计了基于微生物发酵床的育肥猪和母猪大栏养殖猪舍（刘波等，2014a；2014b），设计了大栏猪舍育肥猪群管理隔离栏结构（刘波等，2014c），设计了大栏猪舍环境监控系统（刘波等，2014d），研究了大栏养殖猪群管理策略（刘波等，2014e）。猪舍采用钢构建造，提高了猪舍的高度和保温能力，扩大了养猪空间，增加了猪舍通气量，提高了猪舍散热能力。实地建立了一个发酵床面积为1800m²的大栏猪舍，饲养1600头猪，整体采用钢结构建造，猪舍肩高6m，大窗通风，通风面积占墙体面积的2/3，配备有分级水帘，通过计算机环境自动监测采集夏季高温季节微生物发酵床猪舍内外环境参数，分析其动态变化规律，经过两年周期的使用，出栏生猪逾6000头，取得了理想的效果，为解决微生物发酵床夏季高温季节养猪提供了科学依据。

二、研究方法

（1）大栏微生物发酵床　微生物发酵床育肥猪大栏养殖猪舍为单体大栏设计，可同时饲养1600头育肥猪。猪舍由钢架结构建造，面积2100m²，长35m、宽60m，肩高4.0m，顶高6.0m，四周围建高为1.2m的矮墙；猪舍长边两侧设置有铝合金卷帘，短边两侧分设湿帘和风机，屋顶外安装有喷雾降温装置；猪舍内沿四周设有人行道，宽1m，人行道内侧设有围栏圈；栏圈内为发酵床、食槽，在发酵床的中央设有水槽，实行料水干湿分开；屋顶下方1.5m处设置有轴流风机，进行猪舍内通风；屋顶下方2m设有微型喷雾消毒降温系统。该设计模式适合夏季通风降温，减少猪的热应激；冬季保温升温，减少育肥猪受冻；饲养空间大，便于机械化操作；活动范围大，便于育肥猪运动，减少猪个体争斗（刘波等，2014a）。

（2）猪舍内外环境参数测定　实验从2014年6月1日开始、2014年9月12日结束，共104天。微生物发酵床猪舍室内环境参数温度、湿度、氨气、二氧化碳传感器距地面1.5m，垫料内层温度传感器安装在垫料下20cm处。采用计算机环境参数自动采集系统的结构如图3-12所示（刘波等，2014e）。检测的参数每3秒采集一次，包括最高温度、最低温度、平均温度、垫料内层（20cm）温度、相对湿度、氨气浓度、二氧化碳浓度等，采集的数据进行日平均值的统计。猪舍室外环境参数采用农业小气候气象站，每3秒采集一次，包括最高温度、最低温度、平均温度、相对湿度、地表温度、CO_2浓度、瞬时风速、太阳总辐射等，进行日平均值的统计，分析夏季高温环境参数变化规律。

（3）高温季节大栏微生物发酵床猪舍室内环境参数变化　夏季高温季节大栏微生物发酵床猪舍室内环境参数测定，统计室内温度、垫料内层（20cm）温度、湿度、氨气浓度、二氧化碳浓度等的日平均值，构建矩阵，分析夏季104天内的环境参数变化动态。分析大栏微生物发酵床猪舍室内环境参数相关性，以天数为指标、环境参数为样本，进行相关系数统计，利用聚类分析揭示因子间的相互关系。进行猪舍室内温度聚类分析，以天数为样本，最高温度、最低温度、平均温度为指标，欧氏距离为尺度，进行系统聚类，分析高温区、中温区、常温区的划分。

（4）高温季节大栏微生物发酵床猪舍室外环境参数变化　夏季高温季节大栏微生物发酵床猪舍室外环境参数测定，统计室外日平均温度、相对湿度、地表温度、二氧化碳浓度、瞬时风速、太阳总辐射等，分析夏季104天内的环境参数变化状况。分析大栏微生物发酵床猪舍室外环境参数相关性，以天数为指标、环境参数为样本，进行相关系数统计。进行猪舍室外温度聚类分析，以天数为样本，以平均温度、最高温度、最低温度为指标，欧氏距离为尺度，进行系统聚类，分析高温区、中温区、常温区的划分。

（5）夏季高温季节大栏微生物发酵床猪舍室内外环境参数相互关系　利用室内环境参数[平均温度、垫料内层（20cm）温度、湿度、氨气浓度、二氧化碳浓度]和室外环境参数（温度、湿度、地表温度、二氧化碳浓度、瞬时风速、太阳总辐射）等构建矩阵，分析猪舍室内外环境参数相关性；比较夏季高温季节大栏微生物发酵床猪舍室内温度与垫料温度变化动态、猪舍室内温度与室外温度变化动态、猪舍室内外二氧化碳浓度变化动态、猪舍室内外氨气浓度变化动态、猪舍室内外环境参数月份变化动态。

三、高温季节大栏微生物发酵床猪舍室内环境参数变化

（1）夏季高温季节大栏微生物发酵床猪舍室内环境参数测定　通过计算机连续采集了自6月1日至9月12日共104天的微生物发酵床猪舍室内环境参数，结果见表3-5。观察结果表明：室内平均温度28.8 ℃，垫料内层（20cm）平均温度40.5℃，室内平均湿度78.0%，平均氨气浓度14.4mg/L，平均CO_2浓度955mg/L。垫料表层温度比内层20cm处低8℃，为32℃，由于猪舍通风能力强以及装配有降温设备，室内空气温度不会超过30℃，平均氨气浓度小于20mg/L，平均CO_2浓度小于1200mg/L，发酵床内的环境参数未超过猪舍限量的阈值，符合猪的生长条件，从而确定了夏季高温季节发酵床养猪的环境条件。

表3-5　高温季节大栏微生物发酵床猪舍室内环境参数变化

时间	室内温度/℃	垫料内层（20cm）温度/℃	室内湿度/%	氨气浓度/（mg/L）	CO_2浓度/（mg/L）
2014-6-1	28.7	37.5	57.5	14.5	883
2014-6-2	30.9	39.1	56.3	17.8	855
2014-6-3	30.2	39.3	56.9	15.6	890
2014-6-4	29.8	39.4	55.4	17.4	826
2014-6-5	29.9	39.6	59.5	15.9	879
2014-6-6	29.3	37.9	58.4	14.3	840
2014-6-7	29.8	37.2	57.1	15.8	850
2014-6-8	29.1	37.5	57.6	14.5	906
2014-6-9	28.5	38.1	56.4	14.6	929
2014-6-10	27.6	39.1	59.9	15.9	837
2014-6-11	29.9	38.4	67.2	14.3	877
2014-6-12	30.4	37.6	76.6	12.4	876
2014-6-13	30.0	37.5	77.2	12.3	854
2014-6-14	31.1	38.1	76.0	12.4	821
2014-6-15	30.3	39.5	76.6	13.0	862
2014-6-16	28.8	41.0	77.4	13.3	927
2014-6-17	29.5	41.3	70.5	18.2	951
2014-6-18	28.3	41.2	78.0	15.1	961
2014-6-19	28.5	42.5	76.9	18.0	820
2014-6-20	30.1	43.1	75.0	18.4	920
2014-6-21	29.3	43.0	73.2	19.5	965
2014-6-22	29.0	42.4	76.2	16.8	1040
2014-6-23	29.8	42.1	72.7	17.0	903
2014-6-24	30.7	41.5	72.6	17.0	1093
2014-6-25	32.1	40.9	71.8	10.2	1082
2014-6-26	32.2	40.9	70.9	10.0	1105
2014-6-27	31.9	40.6	69.2	17.5	1067
2014-6-28	31.3	42.1	75.5	18.4	1049
2014-6-29	31.7	41.3	73.4	19.2	1043
2014-6-30	29.8	43.5	77.4	19.1	988
2014-7-1	31.5	44.6	80.7	18.1	1080
2014-7-2	31.1	44.0	80.9	17.9	1031

续表

时间	室内温度/℃	垫料内层（20cm）温度/℃	室内湿度/%	氨气浓度/（mg/L）	CO_2浓度/（mg/L）
2014-7-3	29.1	45.9	77.3	17.6	877
2014-7-4	29.1	47.2	74.6	11.0	987
2014-7-5	29.7	48.2	73.9	12.9	1007
2014-7-6	29.1	44.0	74.6	13.0	987
2014-7-7	29.7	45.9	73.9	12.0	1007
2014-7-8	29.7	47.2	73.1	15.0	1050
2014-7-9	31.2	48.2	83.2	16.0	1055
2014-7-10	29.7	43.2	73.1	17.4	1050
2014-7-11	31.2	44.3	83.2	15.4	1055
2014-7-12	29.7	46.7	82.2	14.1	945
2014-7-13	31.5	48.4	88.5	14.7	916
2014-7-14	29.8	47.1	80.0	15.9	845
2014-7-15	31.8	46.5	78.4	15.2	1007
2014-7-16	30.3	45.8	74.4	15.4	1071
2014-7-17	32.0	44.4	76.4	15.2	910
2014-7-18	30.9	44.7	75.9	16.2	888
2014-7-19	30.3	44.8	76.0	14.1	1109
2014-7-20	30.1	43.4	73.6	12.5	885
2014-7-21	29.3	42.6	77.3	10.8	882
2014-7-22	32.1	41.6	76.4	9.3	757
2014-7-23	31.0	41.3	79.4	10.1	737
2014-7-24	28.9	41.4	80.3	12.9	818
2014-7-25	30.9	41.7	77.0	15.3	995
2014-7-26	30.1	42.3	80.9	18.9	1039
2014-7-27	29.3	42.4	82.0	18.1	963
2014-7-28	28.1	41.3	82.4	17.0	1234
2014-7-29	30.7	40.6	81.6	16.2	855
2014-7-30	30.3	39.8	81.2	15.6	975
2014-7-31	32.7	40.2	86.2	15.1	944
2014-8-1	29.7	39.9	83.1	12.9	971
2014-8-2	30.7	39.5	85.6	12.9	808
2014-8-3	31.7	39.4	85.8	12.4	816
2014-8-4	30.5	39.8	86.5	14.0	887
2014-8-5	30.5	39.6	80.3	13.0	933
2014-8-6	28.2	39.3	66.2	13.7	1002
2014-8-7	30.4	39.4	74.5	14.8	836
2014-8-8	28.6	39.0	72.0	13.9	827
2014-8-9	27.8	39.2	69.7	14.1	898
2014-8-10	29.4	38.7	75.5	16.5	1005
2014-8-11	28.6	38.5	78.0	15.4	1078
2014-8-12	27.6	38.6	71.2	13.1	974
2014-8-13	29.0	38.8	76.6	12.3	1001
2014-8-14	27.7	37.8	78.4	14.4	922
2014-8-15	26.9	38.3	82.5	16.6	938
2014-8-16	26.7	38.7	83.2	15.1	993
2014-8-17	26.1	38.5	85.7	15.9	994
2014-8-18	25.9	38.5	85.6	12.6	1008
2014-8-19	27.2	38.1	84.1	11.8	1000
2014-8-20	26.2	37.1	77.8	15.3	971

续表

时间	室内温度/℃	垫料内层（20cm）温度/℃	室内湿度/%	氨气浓度/（mg/L）	CO_2浓度/（mg/L）
2014-8-21	25.8	37.5	79.5	16.2	977
2014-8-22	26.3	38.0	88.8	14.3	984
2014-8-23	26.6	38.1	87.0	13.1	995
2014-8-24	27.3	37.5	86.6	13.3	1023
2014-8-25	26.1	37.5	85.7	14.1	1022
2014-8-26	26.2	37.6	89.0	13.2	1016
2014-8-27	26.8	37.4	81.7	15.3	1010
2014-8-28	25.6	37.4	82.6	13.5	1007
2014-8-29	25.4	37.4	92.0	14.4	932
2014-8-30	26.3	37.6	82.4	13.5	876
2014-8-31	28.2	37.8	90.0	12.9	812
2014-9-1	26.5	37.5	90.9	13.6	1129
2014-9-2	27.2	37.5	85.4	14.2	1159
2014-9-3	26.8	37.4	92.0	11.7	1124
2014-9-4	26.5	36.8	91.8	11.4	1242
2014-9-5	23.9	36.5	89.7	12.4	941
2014-9-6	23.5	36.9	89.6	16.2	840
2014-9-7	25.7	36.8	90.7	12.6	905
2014-9-8	24.5	38.9	92.4	12.5	889
2014-9-9	24.7	36.9	93.6	11.3	931
2014-9-10	25.2	36.8	92.1	12.9	874
2014-9-11	23.7	38.9	90.4	10.2	852
2014-9-12	21.6	38.9	82.4	9.0	1102
平均值	28.8	40.5	78.0	14.4	955

（2）夏季高温季节大栏微生物发酵床猪舍室内环境参数相关分析　利用相关分析对微生物发酵床猪舍室内环境参数相关性进行分析，结果见表3-6。分析结果表明：室内温度（℃）与垫料内层（20cm）温度相关系数为0.5540，呈显著相关；室内温度（℃）与室内湿度（%）的相关系数为–0.4333，呈显著负相关；氨气浓度（mg/L）与CO_2浓度（mg/L）相关系数为0.0375，无相关性，它们与室内温度、室内湿度、垫料内层温度无相关性。发酵床猪舍室内环境参数聚类分析见图3-13。室内温度和湿度归为一类，氨气浓度和CO_2浓度归为一类。

表3-6　夏季高温季节大栏微生物发酵床猪舍室内环境参数的相关系数

项目	1	2	3	4	5
1：室内温度/℃	1.0000				
2：垫料内层（20cm）温度/℃	0.5540	1.0000			
3：室内湿度/%	–0.4333	–0.1085	1.0000		
4：氨气浓度/（mg/L）	0.1832	0.2175	–0.2133	1.0000	
5：CO_2浓度/（mg/L）	–0.0941	0.1239	0.2106	0.0375	1.0000

（3）夏季高温季节大栏微生物发酵床猪舍室内温度聚类分析　利用夏季104天内的猪舍室内平均温度、最高温度、最低温度构建矩阵，以欧氏距离为尺度，进行系统聚类分析，结果见图3-14。当$\lambda=25$时，可将温度分为2类。第1类为高温区，温度范围为28～32℃；在该区中，当$\lambda=14$时可将其分为2个亚类，第1亚类温度范围为28～29℃，第2亚类温度范围为30～32℃。第2类为中温区，温度范围为21～27℃，在该区中，当$\lambda=18$时可将其分为2个亚类，第一亚类温度范围为21～23℃，第二亚类温度范围为24～27℃。

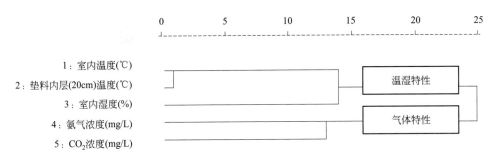

图3-13 发酵床猪舍室内环境参数聚类分析

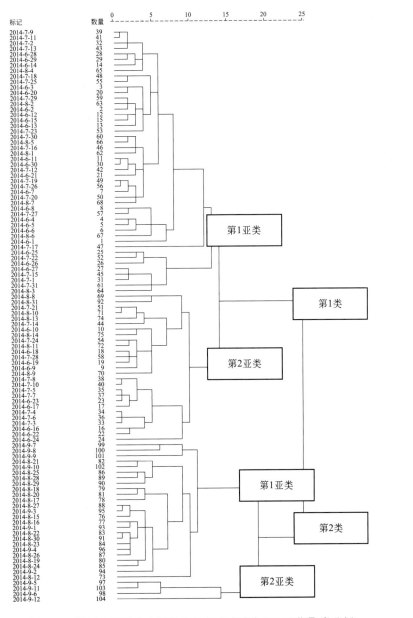

图3-14 夏季高温季节大栏微生物发酵床猪舍温区日期聚类分析

四、夏季高温季节大栏微生物发酵床猪舍室外环境参数变化

（1）高温季节大栏微生物发酵床猪舍室外环境参数测定　通过计算机连续测定了6月1日至9月12日的微生物发酵床猪舍室外的温度、湿度、地表温度、空气二氧化碳（CO_2）浓度、瞬时风速、太阳总辐射的日平均值，结果见表3-7。监测期内平均温度为29.0℃、最高温度为33.7℃、最低温度为25.8℃、湿度为80.2%、地表温度为31.2℃、空气二氧化碳（CO_2）浓度为574mg/L、瞬时风速为2.2 m/s、太阳总辐射为199W/m²。夏季室外环境参数可以满足生猪的生长。

表3-7　高温季节大栏微生物发酵床猪舍室外环境参数变化

时间	空气温度/℃			湿度/%	地表温度/℃	空气CO_2浓度/（mg/L）	瞬时风速/（m/s）	太阳总辐射/（W/m²）
	平均	最大	最小					
2014-6-1	28.3	31.2	25.9	80.6	34.4	534	2.4	338
2014-6-2	26.3	32.1	24.5	87.7	27.5	576	1.6	101
2014-6-3	25.7	28.4	24.1	81.2	28.4	548	3.1	212
2014-6-4	26.4	30.5	23.2	80.4	30.3	534	2.6	236
2014-6-5	25.6	29.3	23.5	84.3	27.6	544	2.5	101
2014-6-6	23.2	24.1	22.2	88.3	23.7	557	2.5	32
2014-6-7	23.5	27.4	22.0	88.2	24.3	564	2.4	27
2014-6-8	25.4	29.1	23.4	82.5	28.2	546	2.7	194
2014-6-9	25.8	30.5	23.6	78.0	28.5	528	2.4	166
2014-6-10	26.5	30.9	22.0	77.1	30.6	527	2.9	264
2014-6-11	25.5	28.6	22.5	79.4	29.8	523	3.1	260
2014-6-12	25.0	30.1	21.2	75.6	29.3	518	2.7	265
2014-6-13	24.9	29.4	20.3	73.5	29.3	531	2.4	252
2014-6-14	26.5	31.2	22.5	67.5	31.2	519	2.9	270
2014-6-15	26.5	29.3	24.5	75.7	27.5	535	1.9	78
2014-6-16	25.8	27.6	24.6	87.9	25.6	561	2.6	36
2014-6-17	29.9	34.2	25.1	81.8	31.3	535	2.6	143
2014-6-18	26.3	31.2	24.6	88.5	27.9	577	1.8	99
2014-6-19	25.8	30.3	24.0	89.5	27.4	600	1.7	95
2014-6-20	29.0	31.6	26.7	83.0	28.8	554	2.1	59
2014-6-21	29.3	33.6	25.4	80.0	30.6	542	2.0	169
2014-6-22	28.8	33.4	25.1	81.1	30.1	545	2.2	131
2014-6-23	25.2	29.5	22.3	88.6	26.8	583	3.1	95
2014-6-24	29.1	32.7	25.7	80.7	32.1	539	1.7	268
2014-6-25	29.1	32.7	25.7	80.7	32.1	539	1.7	268
2014-6-26	29.7	35.1	25.2	81.1	31.9	559	1.8	214
2014-6-27	30.0	35.0	26.4	81.5	31.7	565	1.6	179
2014-6-28	26.8	29.4	24.6	86.9	28.3	573	3.0	94
2014-6-29	26.7	30.8	24.1	84.7	30.0	559	3.1	193
2014-6-30	29.1	32.7	25.4	82.2	31.1	554	2.1	162
2014-7-1	30.6	36.0	26.5	78.7	33.2	560	1.8	249

续表

时间	空气温度/℃			湿度/%	地表温度/℃	空气CO₂浓度/（mg/L）	瞬时风速/（m/s）	太阳总辐射/（W/m²）
	平均	最大	最小					
2014-7-2	31.3	37.1	27.1	77.2	33.6	559	2.0	247
2014-7-3	30.1	36.6	27.2	81	32.2	572	1.6	185
2014-7-4	30.0	33.7	27.3	82.8	33.3	563	2.6	223
2014-7-5	30.6	35.3	27.1	80.5	33.5	555	2.2	200
2014-7-6	30.5	35.1	27.7	81.2	32.9	578	2.1	173
2014-7-7	29.4	34.6	27.5	81.6	31.4	572	2.3	141
2014-7-8	29.7	37.3	26.2	79.2	31.7	579	2.1	173
2014-7-9	30.0	36.7	26.2	81.4	31.5	609	2.0	162
2014-7-10	31.1	36.7	27.0	79.8	32.9	598	2.0	233
2014-7-11	32.0	37.6	27.8	75.8	34.6	578	2.0	277
2014-7-12	32.1	37.7	27.3	74.1	34.3	575	2.1	246
2014-7-13	32.2	37.9	28.6	74.5	34.8	568	2.1	245
2014-7-14	28.7	35.3	24.7	84.2	30.1	605	1.6	110
2014-7-15	30.4	35.6	24.8	78.2	32.1	580	1.9	203
2014-7-16	30.2	35.0	26.9	78.4	32.7	581	2.1	241
2014-7-17	30.5	33.3	28.4	76.1	32.3	548	2.7	216
2014-7-18	30.4	33.6	28.6	79.2	32.7	552	3.1	233
2014-7-19	29.5	32.9	26.7	81.7	31.8	567	2.6	227
2014-7-20	30.1	33.6	26.8	76.7	33.0	562	2.6	281
2014-7-21	30.3	34.4	26.2	72.4	33.3	552	2.5	300
2014-7-22	30.4	33.5	25.8	72.4	31.0	544	3.1	163
2014-7-23	28.1	30.0	26.0	84.7	26.2	639	6.3	71
2014-7-24	31.2	35.5	27.2	76.8	32.9	544	1.8	308
2014-7-25	31.2	35.5	27.2	76.8	32.9	544	1.8	308
2014-7-26	29.9	34.9	26.0	79.8	32.2	580	1.6	272
2014-7-27	29.9	34.5	26.8	81.7	32.5	586	2.1	258
2014-7-28	29.5	33.5	25.8	78.6	32.2	583	2.2	287
2014-7-29	29.4	33.6	26.3	77.3	31.9	570	2.5	275
2014-7-30	30.0	33.8	26.9	75.3	31.9	563	2.2	258
2014-7-31	29.9	37.5	25.2	76.3	31.7	576	2.1	242
2014-8-1	31.7	38.0	26.3	72.8	32.2	585	1.7	270
2014-8-2	30.7	36.6	25.4	75.9	32.3	581	2.0	246
2014-8-3	29.6	35.3	26.2	80.7	31.2	582	1.8	213
2014-8-4	30.8	35.8	27.5	78.1	32.4	585	1.9	228
2014-8-5	30.6	35.4	27.3	78.8	32.9	583	2.0	242
2014-8-6	30.1	36.1	27.1	79.1	31.9	587	1.5	166
2014-8-7	30.2	36.6	27.0	80.0	33.0	591	1.9	205
2014-8-8	30.1	35.8	26.9	81.2	32.3	598	1.9	167
2014-8-9	29.6	35.0	26.5	85.1	31.6	615	1.5	134
2014-8-10	29.3	35.3	27.0	84.6	30.7	610	1.4	157
2014-8-11	29.3	33.6	26.8	83.4	31.3	598	2.2	181

时间	空气温度/℃			湿度/%	地表温度/℃	空气CO$_2$浓度/(mg/L)	瞬时风速/(m/s)	太阳总辐射/(W/m^2)
	平均	最大	最小					
2014-8-12	28.1	31.7	26.2	87.9	29.5	608	2.2	156
2014-8-13	27.5	30.7	26.0	88.8	27.7	606	1.9	70
2014-8-14	29.1	34.2	25.7	83.1	31.1	591	1.8	235
2014-8-15	29.6	36.0	26.0	81.4	32.0	598	1.8	230
2014-8-16	29.5	33.0	27.6	83.8	32.3	591	2.0	210
2014-8-17	28.8	34.0	24.9	84.0	30.9	610	1.8	161
2014-8-18	28.8	36.2	25.5	82.0	31.3	600	1.5	240
2014-8-19	27.6	31.5	26.3	86.3	28.3	604	1.6	174
2014-8-20	27.1	32.1	24.8	85.6	28.7	597	1.6	142
2014-8-21	28.4	34.3	24.6	81.5	31.2	601	1.4	233
2014-8-22	29.2	34.2	26.0	81.2	32.0	594	1.8	225
2014-8-23	29.4	35.1	25.4	81.2	32.0	604	1.7	221
2014-8-24	30.4	36.2	26.2	75.1	33.0	590	1.8	245
2014-8-25	30.6	37.1	26.3	76.1	33.3	600	1.8	249
2014-8-26	29.6	32.8	26.6	76.8	32.4	582	2.6	260
2014-8-27	29.9	33.7	27.6	78.3	31.8	582	2.5	196
2014-8-28	29.5	35.9	24.9	75.0	32.5	579	2.5	257
2014-8-29	28.6	33.4	25.1	78.4	30.4	582	2.2	175
2014-8-30	29.3	34.6	26.5	78.1	31.9	599	2.4	222
2014-8-31	29.3	35.5	25.6	77.8	32.6	588	2.4	251
2014-9-1	30.2	37.2	26.4	77.0	32.6	613	1.5	205
2014-9-2	30.3	37.2	26.9	76.3	32.1	601	1.8	186
2014-9-3	29.5	37.1	26.0	77.6	32.2	602	1.9	224
2014-9-4	27.4	30.0	24.9	78.6	28.6	583	2.5	111
2014-9-5	28.3	31.9	26.1	78.9	29.5	586	2.3	129
2014-9-6	29.5	33.4	27.2	78.1	31.7	579	2.5	210
2014-9-7	30.0	36.3	26.5	78.2	32.5	587	2.1	251
2014-9-8	30.7	36.4	27.0	78.5	33.4	593	1.7	224
2014-9-9	30.9	36.4	27.4	78.0	34.0	593	1.8	223
2014-9-10	30.7	35.2	27.9	79.2	33.6	592	2.2	183
2014-9-11	29.3	32.5	26.9	81.9	31.9	577	2.5	185
2014-9-12	30.0	34.4	27.1	79.2	33.2	584	2.1	217
平均值	29.0	33.7	25.8	80.2	31.2	574	2.2	199

（2）夏季高温季节大栏微生物发酵床猪舍室外环境参数相关分析　利用相关分析对微生物发酵床猪舍室外的温度、湿度、地表温度、空气二氧化碳（CO$_2$）浓度、瞬时风速、太阳总辐射相关性进行分析，结果见表3-8。平均温度、最高温度、最低温度、地表温度相互间的相关系数在0.85～0.89之间，极显著相关；温度（平均温度、最高温度、最低温度、地表温度）与湿度呈负相关，但相关性不显著（$r=-0.47\sim-0.17$），与CO$_2$浓度呈正相关，相关性也不显著（$r=0.09\sim0.41$）；湿度、CO$_2$浓度、瞬时风速、太阳总辐射之间无显著相关性；地表温度与太阳总辐射显著相关（$r=0.77$），发酵床猪舍室外环境参数聚类分析见图3-15，结果将参数分为温湿特性和气体特性两类。

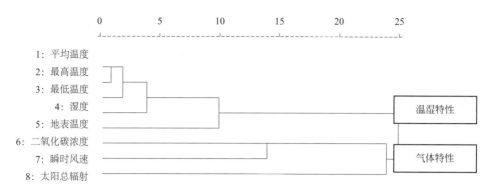

图3-15　夏季高温季节大栏微生物发酵床猪舍室外环境参数聚类分析

表3-8　夏季高温季节大栏微生物发酵床猪舍室外环境参数相关系数

因子	1	2	3	4	5	6	7	8
1：平均温度	1.0000							
2：最高温度	0.8987	1.0000						
3：最低温度	0.8577	0.6740	1.0000					
4：湿度	−0.4714	−0.4538	−0.1713	1.0000				
5：地表温度	0.8743	0.8263	0.6763	−0.6047	1.0000			
6：二氧化碳浓度	0.3270	0.4199	0.4162	0.2965	0.0994	1.0000		
7：瞬时风速	−0.3031	−0.4754	−0.2259	−0.0196	−0.3117	−0.2228	1.0000	
8：太阳总辐射	0.4965	0.4885	0.2432	−0.6755	0.7730	−0.1810	−0.1303	1.0000

（3）夏季高温季节大栏微生物发酵床猪舍室外温度参数聚类分析　利用夏季猪舍室外104天的平均温度、最高温度、最低温度构建矩阵，以欧氏距离的平方为尺度，进行系统聚类分析，结果见图3-16。当$\lambda=25$时，可将温度分为2类。第1类为高温区，温度范围为27～31℃；在该区中，当$\lambda=12$时可将其分为2个亚类，第1亚类温度范围为27～29℃，第2亚类温度范围为30～31℃。第2类为常温区，温度范围为23～26℃。

五、夏季高温季节大栏微生物发酵床猪舍室内外环境参数的相互关系

（1）夏季高温季节大栏微生物发酵床猪舍室内外环境参数相关性　对6～9月104天微生物发酵床猪舍室内外的环境参数进行相关分析，参数包括：室内平均温度、垫料内层温度、室内湿度、室内氨气浓度、室内二氧化碳浓度、室外平均温度、室外湿度、室外地表温度、室外二氧化碳浓度、室外瞬时风速和室外太阳总辐射，分析结果见表3-9。特点表现为：①室内平均温度和室内湿度与室外平均温度和室外湿度无相关性，表明发酵床猪舍具有较好的温度和湿度调节性能；②室内二氧化碳浓度与室外二氧化碳浓度不相关，表明猪舍内产生的二氧化碳具有独立性；③室内氨气浓度与所有监测因子无相关性，表明室内产生的氨气不受其他环境因子的影响，与猪粪发酵有关；④室内与室外相关的环境参数有：室内平均温度与室外二氧化碳浓度呈负相关（$r = -0.42$），室内湿度与室外温度（平均、最高、最低）、室外地表温度、室外二氧化碳浓度呈正相关（$r = 0.54$、0.54、0.46、0.44、0.52）。

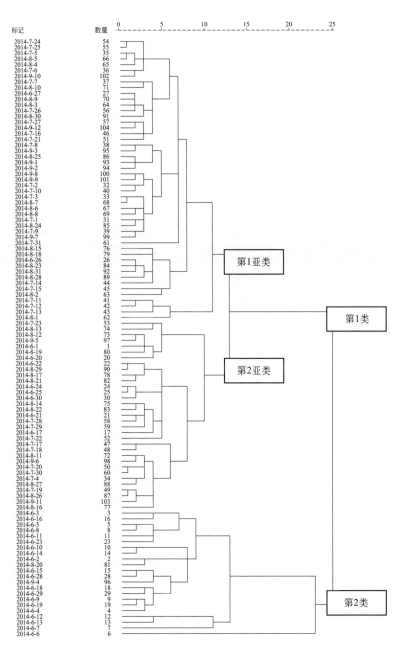

图3-16　夏季高温季节大栏微生物发酵床猪舍室外温度参数聚类分析

表3-9　夏季高温季节大栏微生物发酵床猪舍室内外环境参数相关系数

项目	1	2	3	4	5	6	7	8	9	10	11	12	13
1：室内平均温度	1.00												
2：垫料内层温度	0.55	1.00											
3：室内湿度	−0.43	−0.11	1.00										
4：室内氨气浓度	0.18	0.22	−0.21	1.00									
5：室内二氧化碳浓度	−0.09	0.12	0.21	0.04	1.00								
6：室外平均温度	−0.03	0.35	0.54	−0.10	0.26	1.00							
7：室外最高温度	−0.07	0.26	0.54	−0.06	0.27	0.90	1.00						

项目	1	2	3	4	5	6	7	8	9	10	11	12	13
8：室外最低温度	−0.12	0.30	0.46	−0.08	0.24	0.86	0.68	1.00					
9：室外湿度	−0.05	0.00	−0.33	0.23	0.01	−0.48	−0.46	−0.18	1.00				
10：室外地表温度	−0.09	0.24	0.44	−0.11	0.24	0.87	0.83	0.68	−0.61	1.00			
11：室外二氧化碳浓度	−0.42	−0.14	0.52	−0.08	0.19	0.31	0.41	0.40	0.30	0.09	1.00		
12：室外瞬时风速	0.18	0.04	−0.20	−0.10	−0.33	−0.31	−0.48	−0.23	−0.01	−0.32	−0.21	1.00	
13：室外太阳总辐射	0.02	0.00	0.23	−0.10	0.11	0.51	0.49	0.25	−0.68	0.77	−0.20	−0.14	1.00

微生物发酵床猪舍室内外环境参数聚类分析见图3-17。当 $\lambda=25$ 时，可将温度分为2类：第1类为温湿特性类，包括参数为室外平均温度（6）、室外地表温度（10）、室内平均温度（1）、室外最低温度（8）、室外最高温度（7）、垫料内层温度（2）、室内氨气浓度（4）、室外瞬时风速（12）、室内湿度（3）、室外湿度（9）、室外太阳总辐射（13）；第2类为二氧化碳（CO_2）特性类，参数包括室内二氧化碳浓度（5）、室外二氧化碳浓度（11）。

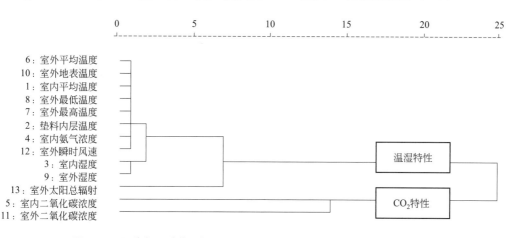

图3-17　夏季高温季节大栏微生物发酵床猪舍室内外环境参数聚类分析

（2）夏季高温季节大栏微生物发酵床猪舍室内温度与垫料温度变化动态比较　大栏微生物发酵床猪舍室内温度与垫料温度变化动态见图3-18。垫料内层最高温度在47℃左右，垫料内层温度方程为：$y= -0.0023x^2+0.2022x+38.389$（$R^2=0.5238$），室内空气最高34℃左右，室内空气温度方程为：$y= -0.0015x^2+0.1033x+28.791$（$R^2=0.7474$），两者都呈抛物线方程。垫料内层加权温度（38.4℃）要比室内空气加权温度（28.8℃）高10℃左右；垫料内层温度高有利于微生物发酵，室内温度30℃左右有利于猪的生长。

（3）夏季高温季节大栏微生物发酵床猪舍室内温度与室外温度变化动态比较　大栏微生物发酵床猪舍室内温度与室外温度变化动态见图3-19。室外最高平均温度在32℃左右，室外温度方程为：$y= -0.0012x^2+0.1567x+25.109$（$R^2= 0.5066$），室内最高平均温度在33℃左右，室内温度方程为：$y= -0.0015x^2+0.1033x+28.791$（$R^2=0.7474$），两者都呈抛物线方程。室内空气加权温度（28.8℃）要比室外空气加权温度（25.1℃）高3℃左右；在夏季高温季节，室内通过水帘降温、风机通风和遮阳处理，使得温度与室外温度差异不大，在30～33℃之间，表明发酵床可以控制温度，在夏季不会产生高温，所以也不会影响猪的生长。

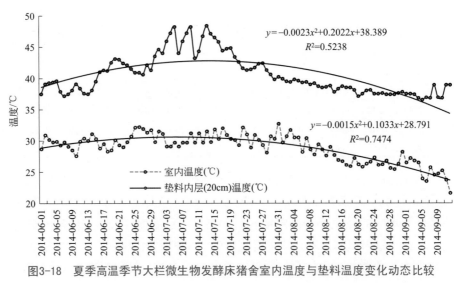

图3-18 夏季高温季节大栏微生物发酵床猪舍室内温度与垫料温度变化动态比较

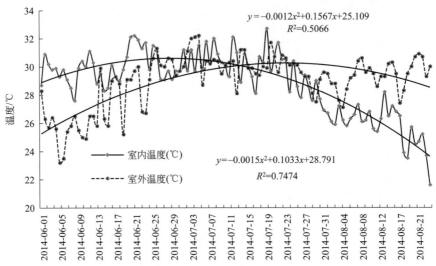

图3-19 夏季高温季节大栏微生物发酵床猪舍室内温度与室外温度变化动态比较

（4）夏季高温季节大栏微生物发酵床猪舍室内外二氧化碳浓度变化动态比较　大栏微生物发酵床猪舍室内外二氧化碳浓度变化动态见图3-20。室外二氧化碳浓度平均值为574mg/L，变化幅度较小，其动态方程为：$y=-0.006x^2+1.2065x+532.88$（$R^2=0.5246$）；室内二氧化碳浓度平均值为955mg/L，是室外的1.66倍，同时变化幅度很大。

（5）夏季高温季节大栏微生物发酵床猪舍室内氨气浓度变化动态比较　夏季高温季节大栏微生物发酵床猪舍室内氨气浓度变化动态见图3-21，氨气浓度的最大值为19mg/L、最小值为9mg/L，与高温季节温度关系不大，与猪的生长和发酵床的管理有关。猪舍内的氨气浓度都在25mg/L以下，符合养殖标准。

（6）夏季高温季节大栏微生物发酵床猪舍室内外环境参数月份变化动态比较　比较6月、7月、8月、9月，猪舍内平均温度分别为30.0℃、30.4℃、27.7℃、25.3℃，猪舍外平均温度分别为26.9℃、30.3℃、29.4℃、29.7℃，两者相近；猪舍内湿度分别为68.6%、78.7%、81.5%、89.2%，猪舍外湿度分别为81.9%、78.5%、80.7%、78.6%，两者相近；猪舍内垫料温度分别为 40.1℃、44.2℃、38.4℃、37.7℃，猪舍外地表温度为 29.2℃、32.4℃、31.5℃、32.0℃（表 3-10），垫料深处 20cm 的温度比地表温度高出 5 ～ 12℃，垫料表层的温度在 35 ～ 40℃，适宜猪的生长。

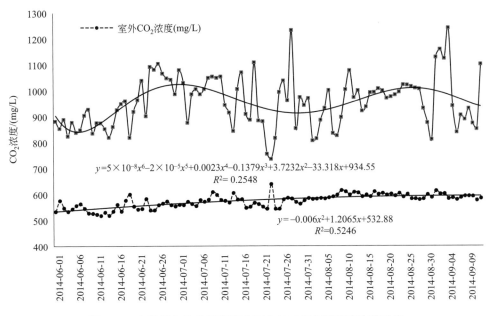

图3-20　大栏微生物发酵床猪舍室内外二氧化碳浓度变化动态

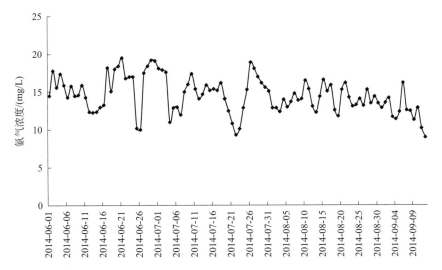

图3-21　夏季高温季节大栏微生物发酵床猪舍室内氨气浓度变化动态

表3-10　夏季高温季节大栏微生物发酵床猪舍室内外环境参数月份变化动态比较

月份	室内环境参数					室外环境参数					
	温度 /℃	垫温 /℃	湿度 /%	NH$_3$浓度 /（mg/L）	CO$_2$浓度 /（mg/L）	温度 /℃	地温 /℃	湿度 /%	CO$_2$浓度 /（mg/L）	风速 /（m/s）	辐射 /（W/m^2）
6	30.0	40.1	68.6	15.3	929	26.9	29.2	81.9	549	2.37	167
7	30.4	44.2	78.7	14.8	966	30.3	32.4	78.5	572	2.31	226
8	27.7	38.4	81.5	14.0	952	29.4	31.5	80.7	594	1.91	205
9	25.3	37.7	89.2	12.5	995	29.7	32.0	78.6	589	2.08	196

夏季高温季节大栏微生物发酵床猪舍室内外环境参数月份相关系数分析表明（表3-11），室内温度、室内垫温、室内湿度、室内NH_3浓度之间存在着相关性，相关系数为0.64～0.97；室内CO_2浓度与室内温度、室内氨气浓度呈负相关，其他参数存在显著相关，相关系数为$r=-0.87～-0.72$，而室内CO_2浓度与室内垫温无相关性。

表3-11　夏季高温季节大栏微生物发酵床猪舍室内外环境参数月份相关系数

项目	1	2	3	4	5	6	7	8	9	10	11
室内温度	1.00										
室内垫温	0.81	1.00									
室内湿度	−0.84	−0.41	1.00								
室内NH_3浓度	0.97	0.64	−0.94	1.00							
室内CO_2浓度	−0.72	−0.19	0.93	−0.87	1.00						
室外温度	−0.30	0.22	0.77	−0.50	0.74	1.00					
室外地温	−0.36	0.18	0.81	−0.56	0.80	1.00	1.00				
室外湿度	0.35	−0.26	−0.75	0.57	−0.89	−0.88	−0.91	1.00			
室外CO_2浓度	−0.72	−0.44	0.89	−0.77	0.67	0.75	0.76	−0.52	1.00		
室外风速	0.70	0.67	−0.68	0.64	−0.36	−0.43	−0.43	0.12	−0.91	1.00	
室外辐射	0.05	0.50	0.50	−0.16	0.49	0.94	0.90	−0.76	0.56	−0.26	1.00

夏季高温季节大栏微生物发酵床猪舍室内外环境参数月份聚类分析表明（图3-22），当$\lambda=25$时，可分为2类：第1类为室外温度依赖型，从月份统计总体看，室外温度、室外地温、室外辐射、室内湿度、室内CO_2浓度、室外CO_2浓度之间存在着相关性，如月平均室外温度影响到月平均室内湿度变化趋势，从而影响到月平均室内CO_2浓度；第2类为室外湿度依赖型，室内温度、室内NH_3浓度、室内垫温、室外风速、室外湿度存在着相关性，室外风速影响着室外湿度，预示着季节变化影响室内温度和垫温，从而影响到发酵床的发酵能力。

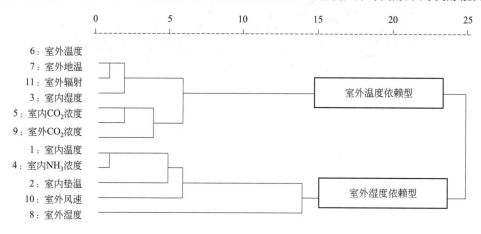

图3-22　夏季高温季节大栏微生物发酵床猪舍室内外环境参数月份聚类分析

六、讨论

（1）大栏微生物发酵床猪舍的设计，实现了夏季高温季节舍内温度的调控　刘波等（2014e）报道了大栏微生物发酵床猪舍通过高架钢构、大窗通风、水帘风机设计与计算机控制，实现舍内温度的适宜条件，当节点温度高于35℃时，计算机指挥打开大窗，进行通风；

当节点温度高于40℃时，计算机指挥关闭窗户，打开风机、水帘进行降温，使得整个夏季高温季节猪舍内的温度与猪舍外的温度相近。结合大栏微生物发酵床通风系统和温控系统的设计，6～9月份，猪舍内平均温度分别为30.0℃、30.4℃、27.7℃、25.3℃，猪舍外平均温度分别为26.9℃、30.3℃、29.4℃、29.7℃，两者相近，解决了夏季高温季节发酵床养猪遇到的高温问题。刘振等（2008）研究表明，在夏季高温条件下，当空气温度为29～32℃时，发酵床温度在31～37℃，这与笔者等报道的相近。徐言明（2012）报道，采用发酵床养猪的实践证明，气温在38℃时，发酵床上的猪也没有不良反应，一切都很正常。杨艳等（2014）探讨南方夏季高温条件下微生物发酵床养猪的效果，结果表明，发酵床组与传统养猪组日增重差异不显著（$P > 0.05$），发病率基本一致。因而通过大栏设计，配备大窗通风和水帘、风机降温，将发酵床的温度控制在与室外气温相近的水平，对夏季发酵床养猪没有不良影响。

（2）大栏微生物发酵床猪舍温区的划分，为管理提供依据　夏季高温季节大栏微生物发酵床内的温区可以划分为2类，第1类为高温区，温度范围为28～32℃，在该区中；当$\lambda=14$时，可将其分为2个亚类，第1亚类温度范围为28～29℃，第2亚类温度范围为30～32℃。第2类为中温区，温度范围为21～27℃，在该区中，当$\lambda=18$时，可将其分为2个亚类，第1亚类温度范围为21～23℃，第2亚类温度范围为24～27℃。同样，夏季高温季节大栏微生物发酵床内的温区也可以划分为以下2类，第1类为高温区，温度范围为27～31℃，在该区中，当$\lambda=12$时可将其分为2个亚类，第1亚类温度范围为27～29℃，第2亚类温度范围为30～31℃。第2类为常温区，温度范围为23～26℃。王海宏等（2014）研究表明，夏季发酵床比水泥地面日增重低6.7%（$P < 0.05$），料重比增加4.4%（$P < 0.05$）；冬季发酵床比水泥地面日增重提高16.7%（$P < 0.05$），料重比降低5.5%（$P < 0.05$）。在凉爽和寒冷的季节采用发酵床养猪效果显著，表现出较好的生产性能；夏季发酵床的高温环境对育肥猪的生产性能有明显的不利影响，而且体重越大，影响越大；采用发酵床养殖模式，可以通过圈舍设计和通风设施的改进来扬长避短。焦洪超和栾炳志（2013）研究表明，垫料中原有的土著微生物能启动发酵床垫料温度升高，而猪粪的添加可使垫料快速升温到50℃以上，且随猪粪量的增加，发酵温度也随之升高，并延长维持高温的时间；垫料的初始水分为65%能满足发酵、升温的需要，但随着发酵的进行，水分含量逐渐降低；垫料中氮素的损失主要集中在发酵的前期；垫料发酵产生的高温能达到抑制大肠菌群等有害微生物的目的。结果提示，生产中随猪粪尿的持续加入和适当的管理，发酵床可持续稳定运行，满足生产需要，且符合粪便无公害处理的要求。大栏微生物发酵床猪舍的设计，使得舍内环境参数独立于舍外，猪舍内外温区划分相似，表明微生物发酵床可在夏季将发酵床温度控制在与环境温度相似，能够顺利度夏。

（3）大栏微生物发酵床猪舍的设计，使得二氧化碳和氨气浓度得到控制　从以上的研究得出，夏季高温季节大栏微生物发酵床猪舍室内氨气浓度变化动态参见图3-21，氨气浓度的最大值为19mg/L、最小值为9mg/L，与高温季节温度关系不大，与猪的生长和发酵床的管理有关。徐旨弘等（2013）研究表明，北京夏季时发酵床能显著降低舍内氨气和硫化氢浓度（$P < 0.05$），但床面日平均温度、猪舍空气日平均温度和日最高温度均极显著地高于有窗密闭漏缝地板舍（$P < 0.01$），做好夏季发酵床的通风和环境调控非常关键。周忠凯等（2014）研究了发酵床生猪养殖过程中氨气的排放率，选择彩钢瓦和大棚膜两种结构类型的半钟式发酵床猪舍，利用猪舍环境数据自动监测系统测定发酵床猪舍内氨气浓度，采用二氧化碳平衡法估算发酵床猪舍的通风量，并确定发酵床猪舍的氨气排放率。研究结果显示，测试期间彩

钢瓦和大棚膜猪舍内氨气平均浓度分别为 (5.8 ± 1.3)mg/L、(6.2 ± 2.0)mg/L；两种类型猪舍内氨气浓度差异不显著，随着季节冬—春—夏的变化而逐渐降低，冬季猪舍内的平均氨气浓度显著高于春季和夏季，春季、夏季猪舍内的氨气浓度差异不显著；两种类型猪舍的氨气排放率每头猪分别为 (6.7 ± 2.0)g/d、(7.4 ± 0.5)g/d，差异不显著，平均排放率为 (7.1 ± 0.3)g/d；冬季排放率显著低于春季和夏季（$P<0.05$），春季与夏季发酵床猪舍氨气的排放率间差异不显著，分别为 (7.5 ± 0.2)g/d、(8.9 ± 0.6)g/d。孙亚楠（2012）测量了发酵床猪舍空气中 PM_{10} 和氨气浓度，结果表明，PM_{10} 浓度为 392.4mg/L，氨气浓度为 892.5mg/L，均低于国家标准。段淇斌等（2011）研究了发酵床对育肥猪舍空气环境的影响，对利用微生物发酵床技术（试验组）和普通水泥地面饲养（对照组）圈舍内的氨气（NH_3）和硫化氢（H_2S）两种气体的季节浓度变化进行研究，结果表明，微生物发酵床组猪舍内 NH_3 平均浓度在各季节均低于传统猪舍对照组，夏季极显著低于对照组（$P<0.01$），据此认为，发酵床养猪降低了猪舍内 NH_3、H_2S 等有害气体的浓度，为猪的生长发育提供了适宜的环境。周玉刚等（2010）分别对发酵床猪舍和传统猪舍的 H_2S 和 NH_3 浓度进行测定，上午 8 时发酵床猪舍 NH_3 浓度为保育舍 2.54mg/L、母猪舍 4.61mg/L、育肥舍 1.24mg/L；传统猪舍 NH_3（mg/L）浓度为保育舍 4.84、母猪舍 7.42、育肥舍 8.26。试验结果表明，发酵床猪舍 NH_3 浓度显著低于传统猪舍。汪开英等（2010）采用 NH_3 排放系数对规模化养殖场 NH_3 排放量进行估算，在模拟实际生产的动物人工气候室中，对三种不同地面结构的育肥猪舍 NH_3 排放相关数据进行连续在线检测，研究了不同地面类型猪舍内 NH_3 排放与主要影响因子的相关性及其排放系数。研究得出半缝隙地面猪舍、实心地面猪舍、微生物发酵床猪舍内 NH_3 排放系数每头猪分别为：(9.47 ± 7.09)g/d、(11.23 ± 4.23)g/d、(4.27 ± 2.09)g/d。笔者研究表明发酵床猪舍内的氨气浓度在 20mg/L 以下，符合养殖标准。

北方冬季发酵床饲养模式能够提高猪舍内的温度，显著改善猪舍内环境，有效解决了粪尿污染的问题。张丽萍等（2014）为了探明发酵床养猪过程中的碳素流向及二氧化碳与甲烷排放特征，分别选取稻壳＋锯木屑（FD）、稻壳＋菌糠（FJ）、稻壳＋酒糟（FW）三种不同原料的发酵床作为研究对象，通过垫料采集和静态箱法收集气体，对一个养殖周期内的碳素变化和二氧化碳、甲烷排放量进行测定。结果表明，一个养殖周期结束后，三种发酵床二氧化碳与甲烷的排放总量占碳素总损失的比例分别为 41.21%（FJ）、54.12%（FD）、48.27%（FW），是碳素转化的主要形式。三种垫料的二氧化碳排放特点呈现一定的相似性，均在养殖前期与后期各出现 1 个排放高峰期，后期排放量大于前期；其二氧化碳排放总量具有显著性差异，FD 在整个养殖周期内二氧化碳排放量最大，其次是 FJ。FJ 与 FW 的甲烷排放特点与二氧化碳相似，均在养殖前期与后期出现两个排放高峰期且排放量大小相近，而 FD 的甲烷排放集中在前期，后期仅有微弱回升；三种发酵床的甲烷排放总量同样具有显著性差异，一个饲养周期内 FW 的甲烷排放总量最大，其次是 FJ。通过相关性分析发现，三种发酵床二氧化碳与甲烷的排放呈负相关关系，初步表明发酵床存在甲烷氧化成二氧化碳的生物途径。大栏微生物发酵床猪舍室内外二氧化碳浓度变化动态研究表明，室外二氧化碳浓度平均值为 574mg/L，变化幅度较小，室内二氧化碳浓度平均值为 955mg/L，是室外的 1.73 倍，同时变化幅度很大。张爽等（2014）探讨了北方冬季发酵床猪舍内的环境状况，其研究结果表明：冬季发酵床猪舍内环境温度为 17.36℃；发酵床猪舍垫料 10cm 处的温度为 26.14℃、20cm 处的温度为 26.35℃；发酵床猪舍内氨气的浓度为 10.71mg/L，二氧化碳的浓度为 0.13%，氨气和二氧化碳浓度均在卫生学范围内，不会对猪的生产性能产生不利影响。

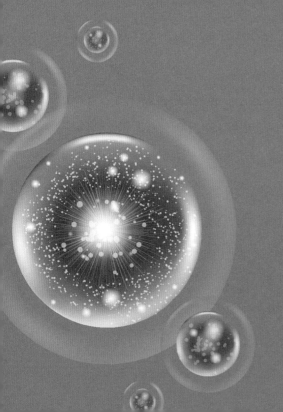

第四章

微生物发酵床
垫料管理

第一节
微生物发酵床垫料制作

一、垫料的来源及其特点

1. 垫料类别

所有植物秸秆和动物有机固体废物统称为生物原料，都可以成为垫料的原料；不同生物原料的碳氮比、吸水性、分解性不同。可以把不同来源的垫料分为 2 类：①硬垫料，即原料的木质素、粗纤维等的含量较高，惰性较强，硬度较大，碳氮比较高，发酵的耐久性较好，如木屑、椰糠等；②软垫料，即原料的木质素、粗纤维等的含量较低，惰性较弱，硬度较小，碳氮比较低，发酵的耐久性较差，如稻草、麦秆、野草等。

2. 垫料发酵的耐受性

选择垫料时以锯末、谷壳等为宜。这主要是根据垫料配方设计的原则和垫料选择的原则来决定的，即以惰性原料为主，硬度较大，有适量的营养和能量，各种原料的惰性和硬度大小排序为：锯木屑＞统糠粉＞棉籽壳粗粉＞花生壳＞棉秆粗粉＞黄玉米秸秆粗粉＞其他秸秆粗粉，原料的惰性越大，在其中添加营养饲料如玉米就越有必要，以保证垫料的碳氮比在 25 左右，否则全部用惰性原料如锯木屑，则发酵不启动，无法发酵产热。惰性主原料要粗细搭配，如用粗木屑时要搭配至少 1/3 的细锯末或其他材料。

3. 发酵床垫料的疏松性

发酵床垫料需要经常性地保持其通畅性、疏松性，以利于粪尿分散和吸附在垫料的表面；同时，要及时将过于集中的粪便进行分散、掩埋处理，并引导猪群不要集中排便。另外，发酵床长了很多菌丝，不一定就代表菌种发酵旺盛，有可能是水分过多或发酵床垫料发生板结而引起。如果菌种对垫料中的粗纤维消耗过快，则需要经常补充垫料，这样可能会导致管理和使用成本增加，所以购买菌种时要细心甄别。

4. 主要农业废弃物的碳氮比

不同的农业废弃物碳氮比如表 4-1 所列。原料碳氮比与垫料的软硬有一定的关系，还与粗纤维含量等有关，一般说来，碳氮比高、木质素含量高、粗纤维含量高、分解性差的原料称为硬垫料，但也不绝对，如椰糠的碳氮比低于玉米芯，前者为硬垫料，因为其粗纤维含量高，分解性差；而后者为软垫料，其木质素含量低、粗纤维含量低，分解性较好。

表4-1　主要农业废弃物的碳氮比

废弃物名称	碳含量/%	氮含量/%	碳氮比
杂木屑	49.18	0.10	491.8
栎木屑	50.4	1.10	45.8
椰糠	—	—	80.1
树叶	41.0	1.00	41.0
稻草	42.3	0.72	58.7
麦秸	46.5	0.48	96.9
玉米芯	42.3	0.48	88.1
豆秸	49.8	2.44	20.4
嫩草	14.0	0.54	26.0
野草	46.7	1.55	30.1
甘蔗渣	53.1	0.63	84.3
棉籽壳	56.0	2.03	27.6
麦麸	44.7	2.2	20.3
米糠	41.2	2.08	19.8
啤酒糟	47.7	6.0	8.0
豆饼	45.4	6.71	6.77
花生饼	49.0	6.32	7.75
菜籽饼	45.2	4.6	9.83
马粪	12.2	0.58	21.0
黄牛粪	38.6	1.78	21.7
奶牛粪	31.8	1.33	23.9
猪粪	25.0	2.0	12.5
鸡粪	30.0	3.0	10.0

二、垫料配方

1. 配方原则

所有植物茎秆都可以作为发酵床的垫料，其差别在于木质素和纤维素含量不同以及分解性好坏，导致垫料发酵的耐久性差异。从垫料微生物发酵原理上看，微生物培养基最佳的碳氮比应在30左右，粪污的碳氮比较低（＜25），粪污吸附于垫料上，在粪污团粒结构的周围都可形成碳氮比为30的适合于微生物生长的营养环境，因而只要保证粪污与垫料结合处能有大于30的碳氮比，垫料就能发酵消纳粪污；如果垫料的碳氮比低于30，与低碳氮比粪污的结合使得在其周围难以形成适合微生物生长的碳氮比＞30的营养条件，就会抑制微生物的发酵。所以，选用的垫料碳氮比越高，发酵粪污的能力越强。

2. 软硬搭配

在按照碳氮比选择原料原则的支撑下，根据发酵床实施的多年经验，提出以硬垫料＋软垫料的等量配比方式。硬垫料主要包括锯末、椰糠、树枝粉等，软垫料主要包括稻草粉、谷壳、玉米秸秆、花生壳、烟草秸秆、油茶秸秆、小麦秸秆、菌糠等,各配方成分等量配比。

3. 原料搭配

好的发酵床就是能结合养猪生产的需要,科学调整各原料的种类和数量,配制成发酵菌种最适宜生长繁殖的培养基。所以必须根据垫料的基本要求,同时结合各种材料的理化特性以及猪只情况来计算垫料材料用量。不同的材料、不同季节的配比是不一样的。

表4-2简要列出了针对育肥猪生产的垫料用量大致比例,其他类型的猪也可以参照使用。

表4-2　垫料原料搭配

项目	透气性原料	吸水性原料	营养辅料	菌种	辅助调节剂
垫料用量	40%~50%	30%~50%	0~20% (视原料而不同)	视菌种成品 类型而不同	结合垫料 要求添加
冬季用量	60~70cm厚	30~50cm厚	30~50kg/m³	0.1~1kg/m³	0~3%
夏季用量	40~60cm厚	20~30cm厚	20~30kg/m³	0.1~1kg/m³	0~3%

4. 配方举例

根据各地的原料来源和实际需要,可以按以下列举的配方来制备垫料:① 50% 锯末 +50% 稻壳;② 50% 椰糠 +50% 稻壳;③ 50% 锯末 +50% 玉米秸秆;④ 50% 椰糠 +50% 玉米秸秆;⑤ 50% 锯末 +50% 花生壳;⑥ 50% 椰糠 +50% 花生壳;⑦ 50% 锯末 +50% 玉米芯;⑧ 50% 椰糠 +50% 菌糠;⑨ 33% 锯末 +33% 玉米秸 +33% 花生壳(由于四舍五入总和不为 100%);⑩ 25% 锯末 +25% 稻壳 +25% 花生壳 +25% 玉米秸秆;⑪ 25% 锯末 +25% 稻壳 +25% 玉米秸秆 +25% 棉秆;⑫ 25% 锯末 +25% 烟草秸秆 +29% 花生壳 +20% 木粉(由于四舍五入总和不为 100%);⑬ 25% 树枝粉 +25% 玉米秸秆 +25% 花生壳 +25% 玉米芯。

三、垫料制作要点

1. 垫料混合

垫料制作的过程其实是物料发酵的过程,其目的是:在垫料中增殖优势有益菌群;通过发酵过程产生的热量杀死病毒等有害微生物。垫料制作方法根据制作场所不同,一般分为集中统一制作和猪舍内直接制作两种。集中统一制作垫料是在舍外场地统一搅拌、发酵制作垫料。这种方法可用较大的机械制作,操作自如,效率较高,适用于规模较大的猪场,在新制作垫料时通常采用该方法。在猪舍内直接制作垫料也是常用的一种方法,即在猪舍内逐栏把谷壳、锯末、生猪粪、米糠以及秕窠饲料添加剂混合均匀后使用。这种方法效率较低,适用于规模不大的猪场使用。总之,无论采用以上何种方法,只要能达到充分搅拌,可以充分发酵即可。

2. 菌剂添加

垫料制作过程中营养辅料与菌种均需要进行分级稀释。一般成品菌种由于用量相对少,为使菌种能均匀分布于垫料中扩大繁殖以迅速提升有益微生物菌群数量，一般菌种与流散性较好的营养辅料（也是稀释剂）一起进行分级稀释，以达到扩大容量、与营养源充分接触的目的。先用少量的营养辅料小比例地与菌种混合均匀，再加入较大剂量的营养辅料，这样逐级扩大营养辅料的比例，逐渐稀释至预定用量。

液体营养辅料一般用水稀释后直接按要求喷洒到垫料中，即将各种垫料、菌种和辅料按比例投入，混合均匀。该模式菌种用量少，发酵均匀，但由于需要全面翻动，花费劳力大。

某成品菌种铺设垫料案例中的使用比例见表4-3。

表4-3　某成品菌种发酵床制作原料组成

原料选择		透气性原料	吸水性原料	营养辅料	菌种	辅助调节剂
		谷壳	锯末	米糠	成品菌种	无
比例	冬季	40%	40%	3.0kg/m³	200～300 g/m³	—
	夏季	50%	30%	2.0kg/m³	200～300 g/m³	—

菌剂使用举例见表4-4，由季节、猪舍面积大小、垫料厚度计算出所需要的谷壳、锯末、鲜猪粪、米糠以及秸窠饲料添加剂的使用数量。在猪舍内逐栏把谷壳、锯末、鲜猪粪、米糠等，按一定比例混合，将零排放Ⅰ号产品稀释1000倍液加入垫料，逐步搅拌，使垫料水分保持在45%，混合均匀堆积成梯形后，用塑料薄膜覆盖周围保温，垫料堆积时间为15～20d。

表4-4　微生物发酵床垫料的配方

序号	季节	主料		辅料		微生物
		谷壳	锯末	鲜猪粪	米糠	零排放Ⅰ号产品
Ⅰ	春季	50%	50%	2kg/m³	2kg/m³	零排放Ⅰ号-A，1000倍稀释液使用
Ⅱ	夏季	10%	90%	2kg/m³	2kg/m³	零排放Ⅰ号-B，1000倍稀释液使用
Ⅲ	秋季	30%	70%	2kg/m³	2kg/m³	零排放Ⅰ号-C，1000倍稀释液使用
Ⅳ	冬季	70%	30%	2kg/m³	2kg/m³	零排放Ⅰ号-D，1000倍稀释液使用

3. 水分调节

无论采用何种模式或何种填料方法，只要能达到充分搅拌，使其能够充分发酵即可。其中水分的多少是关键，一般将垫料的湿度调整到50%～65%比较合适，现场实践是用手抓垫料来判断，即物料用手捏紧后松开，感觉蓬松且迎风有水汽，说明水分掌握较为适宜。

4. 垫料预发酵

填入垫料池中的混合垫料，需要经过发酵成熟处理（即酵熟）后方可放入猪只进行饲养。酵熟技术处理的目的：一是增殖优势菌种；二是杀死大部分垫料原料中不利于养猪生产的微生物（包括绝大多数病原细菌和霉菌）。规模化自然猪场常使用此法，以便于机械操作和集中管理。将同菌种混合好的垫料原料，堆积成梯形结构，然后稍微按压垫料的梯形表面，冬季应覆盖透气性好的材料，如麻袋等，使其升温并达到保温效果。

正常酵熟过程一般在发酵第2天，其垫料温度即可上升到40～50℃，4～7d后垫料最高温度可达 70℃以上，以后再逐渐降温到 45℃左右的平衡温度，此时即表明垫料发酵成熟。酵熟过程一般夏天需 10d 左右，冬天在 15d 左右。夏季制作的垫料由于不添加猪粪等额外营养源物质，故垫料本身的少量营养在发酵中很快消耗，而冬季制作的垫料加入了猪粪等丰富的营养源物质，故发酵时间加长，温度曲线衰减得慢。酵熟过程两个关键检查时期为发酵的第 2 天和发酵处于平衡温度的时间（夏天在第 10 天左右，冬天在第 15 天左右），在这两个时间点检查垫料温度是否达到以及是否符合垫料酵熟过程温度曲线，否则应尽快查明原因。发酵成熟的垫料，握一把在手中散开，其气味清爽，无恶臭、无霉变气味，如有恶臭等异味，说明发酵不成熟，尚需进一步发酵。

发酵成熟的垫料，由内往外翻耙平整，再在垫料表面铺设 10cm 左右的未经发酵过的垫料原料，经过 24 h 后即可进猪。当然，垫料的发酵成熟开始时需要满足启动要求，特别是温度的要求非常重要。夏天温度高，一般均能满足启动温度要求。而北方的冬季温度低，可通过火炉取暖及温室提温等措施，提高发酵环境温度。

操作说明：①垫料组成。夏季可以不使用生猪粪制作垫料，但需适当增加优质米糠用量。当锯末和谷壳缺乏时，可以使用花生壳、玉米秸秆、玉米芯、树枝、树叶、稻草等替代，比例照厂家指导决定。②酵母糠的制作。将所需的米糠与适量的秫窠饲料添加剂逐级混合均匀备用。③原料混合。将谷壳、锯末各取 10% 备用，将其余谷壳和锯末倒入垫料场内，在上面倒入生猪粪及米糠和秫窠饲料添加剂混合物，用铲车等机械或人工充分混合搅拌均匀。④垫料堆积发酵。各原料在搅拌过程中需调节水分，使垫料水分保持在 45%，混合均匀堆积成梯形后，用麻袋或编织袋覆盖周围保温。

5．垫料厚度

育肥猪舍垫料层高度随着季节、温度、猪的大小以及垫料清除时间长短在 30～100cm 之间改变。一般来说，垫料使用 3 个月的高度可以掌握在 20cm 左右，使用 1 年的高度为 40cm 左右，使用 2 年的高度可在 80cm 左右。小猪的垫料可矮些，在 30～60cm；育肥猪垫料可高些，在 60～80cm。近年来发展起来的发酵床垫料免清理技术，统一采用 80cm 厚度垫料铺垫，在使用过程中，利用机械每日翻耕，只翻耕垫料 20～30cm 深度，垫料底部不做翻耕，采用点状补料，即对局部消耗下沉的垫料及时进行补充，这样发酵床垫料可以连续使用 10～15 年。需要有机肥时，可直接将发酵垫料取出使用，再补充新的垫料进去。从另外的角度看，发酵床也是有机肥储藏的缓冲仓库，需要时取出来出售使用，获得的资金购买垫料补充更新，不需要时可以通过点状补料持续使用，由此解决垫料成本与有机肥难买的矛盾。

6．垫料铺设

垫料经过发酵，温度达 65～70℃时，保持 3d 以上（夏季的时候为了避免垫料的辐射热，需待垫料中温度平稳后方可放猪），当将垫料摊开后，气味清爽、没有粪臭味时即可摊开到每一个栏舍。垫料高度根据不同季节、不同猪群而定。垫料在栏舍摊开铺平后，用预留未经发酵的谷壳、锯末覆盖，厚度约 10cm，间隔 24 h 才可进猪饲养。

7．注意事项

① 只有在垫料完全发酵成熟后放猪才能保证健康养猪。夏季因垫料中不加猪粪，所以温度衰减很快，原因是垫料中的营养（米糠）在发酵中很快被消耗完，所以曲线很快趋于稳定。冬季因垫料中含有猪粪等丰富的营养，发酵时间加长，温度曲线衰减慢。垫料发酵成熟与否，关键看温度曲线是否趋于稳定。

② 夏季放猪前，如果是新垫料，温度曲线趋于稳定的时间一般为 10d 左右；如果是旧垫料，温度曲线趋于稳定的时间一般为 7d 左右。垫料发酵状况会随着气温的变化和垫料状况的不同而有所变化。

③ 调整水分要特别注意不要过量。垫料必须新鲜，制作垫料时原材料的混合方式没有限制，以高效、均匀为原则。

④ 垫料堆积后表面应稍微按压。特别是在冬季，周围应使用通气性遮盖物如麻袋等覆盖，使得垫料能够升温并保温。所堆积的物料散开的时候，气味应清爽，不能有恶臭的情况出现。散开物料时，如仍有氨臭，并且温度还较高、水分也充足，则可以让它继续发酵。

⑤ 一定要注意第 2 天物料初始温度是否上升至 40～50℃，一般每天上升 5℃，7～10d 升温至 60～70℃说明发酵成功。否则应查明原因，一般从以下几个因素考虑：a. 谷壳、锯末、米糠、生猪粪等原材料是否符合要求；b. 谷壳、锯末、米糠、生猪粪以及秕窠酵素比例是否恰当；c. 物料是否混合均匀；d. 物料水分是否合适，是否在 45%～55% 之间。

四、发酵床制作管理的简化

1．发酵床结构简化

微生物发酵床的结构要求只要做到通风良好、保温严实即可。具体结构上要求肩高 3～4m，发酵床的大小根据养殖体量而定，一般为：猪 $1m^2$/ 头，牛 $6\ m^2$/ 头，羊 $1.5\ m^2$/ 只，鸡、鸭、鹅均为 $1m^2$/10 只。发酵床底部不用水泥，槽的边缘可用砖头砌齐。留好垫料机耕管理的通道。

2．发酵床垫料铺设

微生物发酵床垫料铺设是为了吸附粪污，进行微生物发酵。垫料来源可用各种农业秸秆，理想组成就是硬性垫料与软性垫料等量配方，如 50% 锯糠 +50% 谷壳。如果条件不足，也可全部使用软性垫料，如全部使用菌糠、玉米秸秆、稻草、麦草等。如使用玉米秸秆，可以在底部 30～50cm 处使用不粉碎的整株秸秆垫底，上部 30cm 使用粉碎的玉米秸秆；也可将麦秆、稻草打捆压实，垫入底部 30～50cm，上部 30cm 用粉碎的稻草粉或麦秆粉。垫料铺设完成后，不需预发酵，因垫料带有许多微生物，也不必添加微生物；垫料的水分少，比较干燥，有利于粪污吸附，不必添加水分，待畜禽养殖入舍时，粪污排入垫料很快会提高湿度，同时启动垫料内的微生物发酵，平衡湿度。

3．发酵床的管理

微生物发酵床管理最重要的是保持好氧状态，一般来说，只要掌握每日翻耕、点状补料，就能搞好发酵床的管理。每日翻耕采用旋耕机，只要翻耕垫料表层 25～30cm 厚度垫料，不需要深挖，所以每日用旋耕机走一次就可以达到要求；当垫料局部消耗下沉或者局部粪污过多湿度过大时，可采用点状补料方式，在下沉的地方或过湿的地方添加新的垫料即可。

第二节

微生物发酵床垫料发酵

一、概述

随着畜禽集约化养殖技术的进步以及农业产业结构的调整，规模化生猪养殖得到快速发展，致使养猪业成为农村面源污染的主要来源之一（富相奎和刘娣，2005）。许多研究表明，发酵床养猪与传统养猪模式相比，可在很大程度上改善猪的生活环境，降低猪的疾病发生率和死亡率（朱洪等，2008；王诚等，2009；沈剑华，2010）。发酵床养猪技术是利用微生物处理猪排泄物的零排放环保养猪技术，通过将高效粪污降解菌剂与锯末、谷壳、生猪粪以一定比例掺拌发酵制成猪圈有机垫料。

传统垫料以谷壳和锯末为基材，大规模发酵床养猪造成市场原材料供应短缺，迫切需要探索新的农业废弃物为替代资源。随着食用菌产业的发展，我国每年至少有 400 万吨食用菌下脚料菌糠产生（兰良程，2009）。菌糠含有糖类、有机酸、酶、蛋白质等生物活性物质及其他营养成分，在农业生产上具有较高的利用价值（万水霞等，2011）。东南亚国家及我国海南盛产椰子，椰子壳富含纤维，直接丢弃造成纤维的大量浪费。而以菌糠和椰子壳粉为原料制作发酵床，不但解决了垫料原料紧缺的问题，降低了垫料成本，而且促进了菌糠和椰子壳的资源再利用，解决了农业废弃物污染问题。

研究采用菌糠和椰子壳粉为配比基材，检测其堆积发酵过程中的温度、pH 值、电导率、盐度、微生物量等理化参数，对比传统垫料配方发酵过程中各参数的变化趋势，初步确定了菌糠和椰子壳粉制作发酵床垫料的优势配比；然后结合实际应用中不同配比垫料的感官品质和猪肉品质，分析制作垫料的最佳配比，以期为农业废弃物资源的高效合理利用及寻找垫料原材料提供理论依据。

二、研究方法

1. 试验材料

菌糠和椰子壳粉：使用前先晒干再用粉碎机粉碎成颗粒状；谷壳和锯末：使用前先晒干；高效粪污降解菌：短短芽胞杆菌 FJAT-JK-2，由福建省农业科学院农业生物资源研究所提供。

2．试验方法

菌糠、椰子壳粉、谷壳和锯末按不同比例（表4-5）混合后，接种1%的FJAT-JK-2菌液，搅拌堆积成正方锥形进行发酵，每处理1m³，各处理含水率控制在50%～60%之间。当发酵温度上升到高温（>50℃）并持续2d时，进行翻动搅拌后继续发酵。

表4-5　垫料原料配比

编号	配比（体积比）
1号	100%椰子壳粉
2号	椰子壳粉:菌糠=2:1
3号	椰子壳粉:菌糠=1:1
4号	椰子壳粉:菌糠=1:2
5号	100%菌糠
CK	谷壳:锯末=1:1

（1）样品采集　从堆体的不同位置（东南西北中5个方向）和不同层次（上中下3个层次）采集并混匀后形成待测样品，前期2d采集样品/次，共采5次，后期6d采集样品/次，共采2次。

（2）指标测定　24h内测定样品的pH值、含水量、盐度和电导率（EC）。

（3）温度　参照禹兰景等（2008）的方法，每天8:00、14:00、18:00时测定堆体内垂直高度50cm处的温度，取算术平均值作为堆体内50cm处的温度，同时观测环境温度。

（4）微生物数量　用NA和PDA培养基，采用平板稀释培养计数法。

（5）pH值　参照刘凯等（2011）的方法，按样品:去离子水=1:10浸提1h后用pH计测定其悬浮液pH值，3次重复。

（6）电导率和盐度　用HI993310便捷式水质电导仪和土壤盐度测定仪进行检测，3次重复。

3．椰子壳粉和菌糠发酵床垫料养猪试验

根据上述发酵行为研究结果，挑取配制垫料的两个优势配比，分别配制成垫料应用于猪舍进行生猪养殖，以CK处理（谷壳:锯末=1:1）为对照，3栏/处理、30 m²/栏、8头/栏（3个月大的生猪），垫料厚度70cm。垫料制作及管理：按刘波等的方法，以4 d/次进行猪舍内垫料翻动搅拌；发酵床观察：定期观察和测量发酵床垫料颜色变化及下沉厚度；猪肉品质检测（周光宏，2002）：出栏时称量每头猪活体重，随机抽取3头猪进行出肉率和瘦肉率检测（瘦肉率为每头猪的同一部位的瘦肉含量），并依据《猪肉　猪肝　猪尿抽样方法》（NY/T 763—2004）规定每栏随机抽取3份猪肉样品分别进行感官品质及重金属、脂肪、蛋白质含量等指标的检测。具体方法和计算公式如下。

活体重：在猪空腹时进行体重的测量；

$$出肉率=\frac{活体重-副产品重-粪尿量}{活体重}\times100\%$$

$$瘦肉率=\frac{瘦肉重}{胴体重}\times100\%$$

$$蛋白质含量(g/100g)=\frac{(V_1-V_2)\times c\times0.014}{\frac{V_3}{100}\times m}\times6.25\times100$$

式中，V_1 为试样消耗硫酸或盐酸标准滴定溶液的体积，mL；V_2 为空白消耗硫酸或盐酸标准滴定溶液的体积，mL；V_3 为吸取消耗液的体积，mL；c 为硫酸或盐酸标准滴定溶液的浓度，mol/L；0.014 为 1.0mL 硫酸或盐酸标准滴定溶液相当的氮的质量，g；m 为试样质量，g；6.25 为氮换算为蛋白质的系数；100 为换算系数。

$$脂肪含量\ (g/100g)=(m_1-m_0)/m_2$$

式中，m_1 为接收瓶和粗脂肪的质量，g；m_0 为接收瓶的质量，g；m_2 为试样的质量，g。

$$金属含量(ng/kg)=\frac{(c-c_0)\times V\times 1000}{m\times 1000\times 1000}$$

式中，c 为试样消耗液中汞的含量，ng/mL；c_0 为试剂空白液中汞的含量，ng/mL；V 为试样消耗液总体积，mL；m 为试样质量，g。

4．数据处理

采用 SPSS 软件，以各处理发酵过程中动态检测的温度、pH 值、电导率、盐度、细菌数量、真菌数量为指标，各处理为样本，Euclidean 为相关尺度，组间连接法为聚类方法，进行聚类分析，建立各处理的聚类图。将检测到的活体重、出肉率、瘦肉率的数据进行处理之间比对，以及将蛋白质含量、脂肪含量、金属含量及各感官指标与国标规定的标准进行比对，检测猪肉质量合格与否。

三、发酵床垫料理化性质变化

1．温度变化行为

各处理温度变化趋势如图 4-1 所示，2 号、3 号、4 号处理第 2 天达到温度峰值，最高温度分别为 60℃、66.7℃、68.7℃，并持续高温（＞50℃）9d、15d、15d，16d 后维持在 30～40℃之间。对照处理（CK）第 2 天达到峰值 51.3℃，并持续高温（＞45℃）7d，16d 后维持在 30～40℃之间。2 号处理温度变化趋势和对照最为相似，其次是 3 号、4 号处理。5 号处理温度为所有处理中最高，达 70.3℃，并持续高温（＞50℃）18d，垫料温度过高不适宜猪的养殖；1 号处理温度基本不变，接近室温，说明没有产生发酵作用。

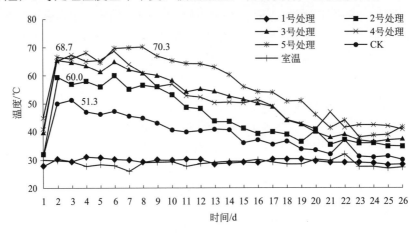

图4-1　各处理温度动态变化趋势

2．pH值变化行为

各处理pH值变化趋势如图4-2所示，1号、2号、3号处理整个过程pH值维持在6.5～7.5的中性范围内，无明显变化，与对照处理的pH值变化趋势极为相似。4号处理pH值第7天达到高峰，为8.91，第9天后维持在6.5～7.5中性范围内；5号处理分别在第3天、9天出现高峰，峰值分别为8.58和8.71；与对照处理相比，4号、5号处理pH偏碱性。

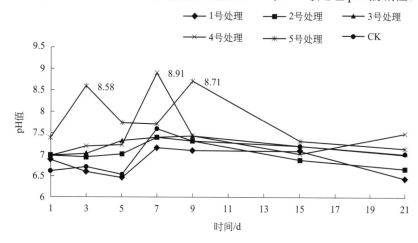

图4-2 各处理pH值动态变化趋势

3．电导率变化行为

各处理电导率变化趋势如图4-3所示，各处理电导率值都高于对照处理，其中2号、4号、5号处理值维持在5～6mS/cm范围，电导率变化不明显；对照处理电导率值维持在0.7～1.5mS/cm范围，也无明显变化。2号、4号、5号处理电导率变化趋势与对照处理较为相似。3号处理第5天下降到低值4.28mS/cm，第7天又上升到高峰5.51mS/cm，之后维持在5～6mS/cm范围；1号处理第7天下降到4.41mS/cm，之后维持在4.4～5mS/cm范围。1号、3号处理电导率变化趋势与对照差距较大。

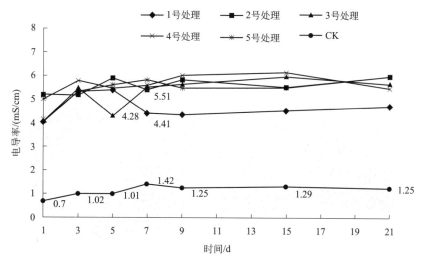

图4-3 各处理电导率动态变化趋势

4．盐度变化行为

各处理盐度变化趋势如图 4-4 所示，2 号、4 号、5 号处理前 9 天维持在 0.2～0.4g/L 范围，第 9 天开始下降，第 15 天趋于 0；对照处理前 9 d 维持在 0～0.1g/L 范围，第 9 天开始下降趋于 0。2 号、4 号、5 号处理的盐度变化趋势与对照较为相似。3 号处理第 5 天达到高峰，峰值为 0.84g/L，第 7 天又开始下降，第 15 天趋于 0；1 号处理第 9 天达到高峰，峰值为 0.813g/L，第 9 天后开始下降，最低值为 0.263g/L，故 1 号、3 号处理盐度变化趋势较对照处理差距较大。

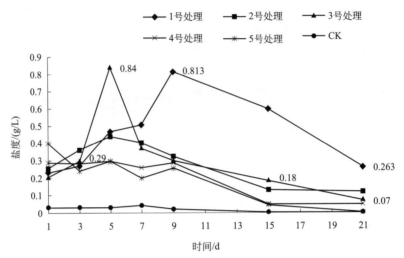

图4-4　各处理盐度动态变化趋势

5．垫料感官变化

垫料应用于猪舍养殖过程的观察结果如图 4-5 所示，垫料色泽上，随着使用时间的延长，2 号、3 号处理保持椰子粉的黄棕色，对照处理木屑逐渐变黑。猪舍卫生上，2 号、3 号处理猪身上干净清洁，无垫料附着，对照处理猪身上易附着木屑。垫料下沉厚度上，由于猪的踩踏和偶食消耗使得垫料下沉，使用 6 个月后 2 号、3 号处理垫料下沉厚度为 15cm，对照处理垫料下沉厚度为 20cm（表 4-6），2 号、3 号处理的保持蓬松能力比对照好。

(a) 初进猪的状态

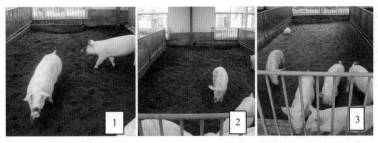

(b) 饲养6个月后的状态

图4-5　发酵床垫料感官变化

1—2号处理（椰子壳粉：菌糠=2：1）；2—3号处理（椰子壳粉：菌糠=1：1）；
3—CK（谷壳：锯末=1：1）

表4-6　各处理发酵床垫料养殖过程中下降厚度

项目	发酵床垫料下沉厚度/cm
2号处理（椰子壳粉:菌糠=2:1）	15
3号处理（椰子壳粉:菌糠=1:1）	15
CK（锯末:谷壳=1:1）	20

四、发酵床垫料微生物群落变化

1．细菌变化动态

各处理细菌变化趋势如图 4-6 所示，2 号、3 号处理分别在第 7 天、第 9 天达到细菌数量峰值 $4.95×10^7$CFU/g 和 $8.3×10^7$CFU/g，第 15 天后接近 0；对照处理在第 7 天达到细菌数量峰值 $7.00×10^7$CFU/g，第 15 天后接近 0；2 号处理细菌变化趋势与对照最为相似；其次是 3 号处理。1 号处理细菌数量基本不变，说明没产生发酵作用；4 号、5 号处理第 1 天开始下降，并分别在第 3 天、5 天达到最低值，后又在第 9 天上升到最高，细菌数量变化波澜起伏，与对照差距较大。图 4-7 所示为细菌菌落形态。

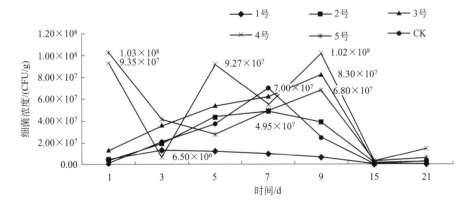

图4-6　各处理细菌数量变化趋势

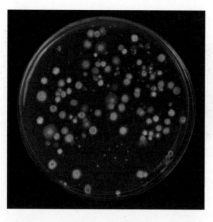 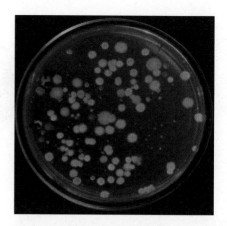

(a) 细菌分离平板正面图　　　　　　　　　　　(b) 细菌分离平板反面图

图4-7　细菌分离平板图

2．真菌变化动态

各处理真菌变化趋势如图 4-8 所示，各处理真菌数量都在第 5 天达到峰值，第 7 天回归到接近 0 的水平，其中 2 号、4 号处理的峰值分别为 $9.0×10^6$CFU/g、$8.0×10^6$CFU/g，对照处理高峰值为 $8.0×10^6$CFU/g。2 号、4 号处理的真菌数量变化趋势与对照最为相似。1 号、3 号、5 号处理的高峰值分别为 $1.07×10^7$CFU/g、$1.97×10^7$CFU/g 和 $2.67×10^7$CFU/g，与对照相差较大。图 4-9 所示为真菌菌落形态。

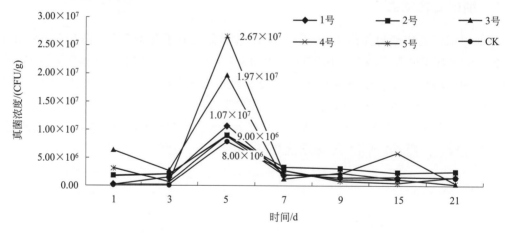

图4-8　各处理真菌变化趋势

五、发酵床垫料配方综合分析

1．垫料配方参数聚类分析

各检测参数聚类分析结果显示，当 $λ=5$ 时，可将 6 个处理划分为 5 类，其中 2 号和 CK 归为一类，其他各处理单独归为一类；当 $λ=10$ 时，可将 6 个处理划分为 4 类，其中 2 号、3 号处理和 CK 归为一类，其他各处理单独归为一类（图 4-10）。综上分析，整个发酵过程变化趋势 2 号处理和对照最为相似，其次是 3 号处理。

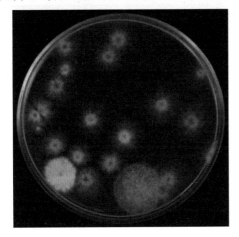

(a) 真菌分离平板正面图

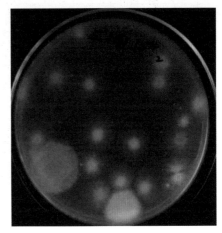

(b) 真菌分离平板反面图

图4-9　真菌菌落形态

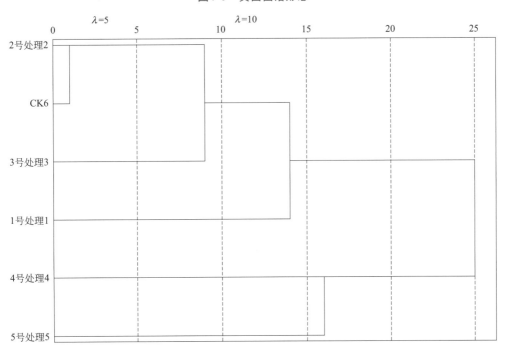

图4-10　各处理发酵过程参数聚类分析

2. 垫料配方对猪肉品质的影响

不同处理猪肉品质检测结果如表 4-7 所列，2 号、3 号处理猪在活体重、出肉率、瘦肉率上都略高于对照处理。经相关部门检测，3 个处理的猪肉感官和重金属指标都符合鲜猪肉标准要求，肌肉蛋白质含量都在 20% 左右，肌肉脂肪含量 2 号、3 号处理明显高于对照处理。肌肉脂肪含量越低，肌肉的嫩度、多汁性、风味也越低，2 号、3 号处理饲养出的猪肉品质比对照处理略好。

表4-7　各处理垫料饲养猪的猪肉品质检测

检测项目	2号（椰子壳粉:菌糠=2:1）	3号（椰子壳粉:菌糠=1:1）	CK（锯末:谷壳=1:1）
活体重/(kg/头)	134.34	125.63	121.5
出肉率/%	74.41	71.00	70.15
瘦肉率/%	62.18	63.24	60.18
肌肉蛋白质含量/%	21.4	21.8	20.1
肌肉脂肪含量/%	5.1	5.7	1.7
色泽	肌肉有光泽，红色均匀，脂肪乳白色	肌肉有光泽，红色均匀，脂肪乳白色	肌肉有光泽，红色均匀，脂肪乳白色
组织状态	纤维清晰，有坚韧性，指压后凹陷立即恢复	纤维清晰，有坚韧性，指压后凹陷立即恢复	纤维清晰，有坚韧性，指压后凹陷立即恢复
黏度	外表湿润，不黏手	外表湿润，不黏手	外表湿润，不黏手
气味	具有鲜猪肉固有的气味，无异味	具有鲜猪肉固有的气味，无异味	具有鲜猪肉固有的气味，无异味
煮沸后肉汤	澄清透明，脂肪团聚于表面	澄清透明，脂肪团聚于表面	澄清透明，脂肪团聚于表面
汞/(mg/kg)	≤0.01	≤0.01	≤0.01
镉/(mg/kg)	≤0.01	≤0.01	≤0.01
无机砷/(mg/kg)	≤0.035	≤0.01	≤0.01
铅/(mg/kg)	≤0.13	≤0.20	≤0.01

六、讨论

在发酵床养殖快速发展、垫料原材料需求紧缺时期，垫料原材料替代研究报道屡见不鲜。高金波等（2012）发现，与常规水泥地面饲养相比，利用玉米秸秆和花生壳作为发酵床垫料能明显提高猪的增重率和饲料利用率。李娟等（2012）研究表明，常规垫料和玉米秸秆按30%混合作垫料饲养肉鸡最为适宜。董建平和王玉海（2012）发现，采用50%稻壳+50%锯末＋麸皮＋菌种进行猪的饲养效果最好。马平和刘小莉（2012）报道，采用玉米秸秆、锯末比例为5:5配比制作发酵床垫料的效果甚好。刘小莉等（2012）报道，添加菌糠配制发酵床垫料养猪最佳配比为锯末50%、菌糠50%。笔者研究了不同配比的菌糠和椰子壳粉作为垫料的理化性质和养猪实际效果，结果发现，椰子壳粉与菌糠制作垫料最佳配比为椰子壳粉:菌糠=2:1（体积比），其次是椰子壳粉:菌糠=1:1（体积比）。

发酵床检测指标报道陆续出现，例如蓝江林等（2012）利用气相色谱-质谱联用（GC/MS）技术分析了不同发酵程度垫料的挥发性物质，为建立养猪微生物发酵床垫料发酵程度判别模型标准和计算机自动分析方法提供了可靠的基础。宋泽琼等（2011）采用"盐梯度悬浮法"测定了未知垫料的发酵指数，能快速、准确地判定未知垫料的发酵程度。研究采用菌糠和椰子壳粉为配比基材，通过检测堆积发酵过程中的温度、pH值、电导率、盐度、微生物量等参数，对比各参数变化趋势与传统垫料配方在发酵过程中各参数的变化趋势，并结合实际应用中垫料的感官和猪肉品质的检测，分析制作垫料的最佳配比。

堆积发酵过程升温期、高温期、降温期中，高温期是发酵过程最重要的环节，此时菌株处于增长迅速期。研究中传统垫料配方（对照处理）发酵高温期与2号、3号处理较为相似，而4号、5号处理温度偏高，可能是由于4号、5号处理菌糠含有比例较高，菌糠携带的丰富真菌大量繁殖所致，垫料温度过高不适宜猪的生活。适宜的 pH 值可使微生物有效发挥作用，一般微生物生长适宜 pH 为中性或弱碱性（罗维和陈同斌，2004）。研究 2 号、3 号处理 pH 均在中性到弱碱性，与对照一样，5 号、4 号处理 pH 偏碱，故不适宜发酵降解菌的繁殖。电导率（EC）是以数字形式来表示溶液的导电能力，它能间接推测出垫料浸提液中的离子总浓度，即可溶性盐的含量，EC 越高，水溶性盐分含量越高（敬芸仪等，2006）。研究中各处理的盐度和电导率值都比对照高，分析原因可能是椰子壳粉含盐量较高导致；从细菌数量变化趋势看，2 号、3 号处理与对照很相近；2 号、4 号处理的真菌数量变化趋势与对照很相近，由此可推测椰子壳粉的含盐量对细菌的繁殖生长无明显影响。

综合分析各处理参数变化趋势，与对照最为相似的为 2 号处理，其次是 3 号处理；各参数数据聚类分析结果也表明，当 $\lambda=5$ 时对照与 2 号处理划为一类，当 $\lambda=10$ 时对照与 2 号、3 号处理划为一类。故作为替代当前生态发酵床垫料的最佳选择为 2 号处理，即椰子壳粉：菌糠 =2：1（体积比）；其次是 3 号处理，即椰子壳粉：菌糠 =1：1（体积比）。

第三节
微生物发酵床垫料发酵过程物质组变化

一、概述

发酵床养猪是将有机垫料，如锯木屑、谷壳、秸秆、花生壳等农副产品按一定比例与微生物混合，进行高温发酵后填入到经过特殊设计的猪舍里（李跃进，2013）。填入的垫料及垫料中的微生物加速吸收并发酵降解猪的排泄物，因此规模化养猪场无需进行人工清理即可达到对环境零排放的目的，并为提高猪生产性能和免疫力、大幅度减少疾病发生的健康养殖模式提供良好基础，从而实现可持续发展的经济效益和环境效益（刘让等，2011；张学峰等，2013）。除此之外，发酵床养猪技术的优势还表现在可消纳大量作物秸秆、猪的用药量明显减少及各种资源的节约等方面（武英等，2009；夏新山等，2013；王新梅等，2014）。

发酵床技术养猪的关键在于有益微生物以猪粪尿为基础营养维持自身的繁殖代谢，猪粪尿得以加速降解，进一步通过优势菌群效应遏制病原微生物的生长发育（王潇娣等，2012；魏玉明等，2012）。猪粪尿的物质降解速率取决于垫料中微生物的降解能力，在猪群集中的大型养猪场，快速有效的降解过程显得至关重要。实现对猪粪尿降解过程的监测，将会成为发酵床养猪技术优化的方向之一。

垫料物质组分的分析是猪粪降解、猪尿吸纳、垫料发酵程度、发酵床微生物群落的变化及微生物群落的稳定性等发酵床"健康状态"的主要表征，对垫料物质组分的鉴定是推动发酵床养猪科学化发展的重要基础。近些年来，与发酵床养猪相关的研究呈逐步展开趋势，内容多涉及垫料组成对发酵效果影响的研究、菌剂及维护管理方面等（孟祥宇等，2013；王小红等，2013；冯国兴等，2014；刘彦和魏时来，2014；王香祖等，2014），较少有研究报道针对发酵垫料中的物质组分。

本研究首次尝试取极性从低到高的 5 组有机溶剂，通过梯度萃取的方式对发酵垫料物质组分进行提取，并通过气相色谱质谱联用仪实现物质组分的分析与鉴定。研究不同溶剂层的物质分布及含量，鉴定垫料中主要的物质组分，确定不同物质组分提取方式，推动发酵床养猪的科学化管理。

二、研究方法

1．试验材料

样品为养猪微生物发酵床垫料，主要原料为锯末和谷壳，发酵垫料呈黑色，发酵等级为四级，采集时间为 2015 年 1 月 26 日，采集地点为福建省福州市渔溪生猪养殖场。主要试剂和仪器：精密鼓风干燥箱（施都凯仪器设备上海有限公司）；AL 104 型电子天平［梅特勒 - 托利多仪器（上海）有限公司］；KQ5200E 型超声波清洗器（昆山市超声仪器有限公司）；Agilent 7890/ 5975C -GC/MSD（安捷伦公司）；所用溶剂均为色谱纯。

2．试验方法

（1）发酵垫料物质提取　通过对角线采样的方法采集发酵垫料，混合均匀后风干至恒重，取适量，采用石油醚、氯仿、乙酸乙酯、丙酮和乙醇等 5 组不同极性溶剂各 200 mL 并辅以超声对垫料组分进行固液萃取，提取过程如图4-11 所示。溶剂与垫料混合后，超声30min，取滤液，重复 3 次，合并 3 次的滤液，旋转蒸干，测定物质的提取率（提取率 = 有机溶剂层提取物的质量 / 垫料质量）。

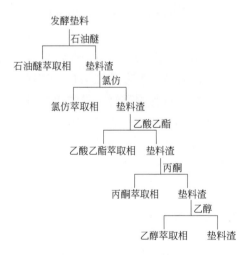

图4-11　发酵垫料物质梯度提取技术路线

（2）GC/MS 分析色谱条件　GC/MS 分析，采用美国 Agilent 7890 / 5975C -GC/MSD 气相色谱质谱仪，色谱柱为 DB-5MS，30m×0.250mm 毛细管柱。GC/MS 条件：电离方式 EI，电子能量 70eV，进样口温度 250℃，不分流进样，进样量 1.0μL；载气为高纯氦气，恒流，柱流速 1.0mL/min；四极杆温度 150℃；离子源温度 250℃；接口温度 280℃；扫描质量数范围 30 ～ 500amu，溶剂延迟 8.0min。GC/MS 联用仪的柱温箱升温程序分别为：石油醚层，起始温度 40℃，以 10℃ /min 速率升温至 300℃，保持 5min；氯仿层，起始温度 40℃，以 10℃ /min 速率升温至 260℃，再以 5℃ /min 速率升温至 300℃，保持 4min；乙酸乙酯层，起始温度 40℃，以 10℃ /min 速率升温至 120℃，再以 5℃ /min 速率升温至 200℃，接着以 20℃ /min 速率升温至 300℃，维持 1min；丙酮层，起始温度 40℃，以 10℃ /min 速率升温至 300℃，保持 4min；乙醇层，起始温度 40℃，以 20℃ /min 速率升温至 240℃，再以 5℃ /min 速率升温至 300℃，保持 8min。

（3）定量和定性分析　以 EI 为离子源，进行气质联用 (GC/MS) 分析，所得到的质谱图利用 NIST 谱图库进行检索，同时根据相似度 CAS 号进行定性分析，定量分析结果根据总离子流色谱峰的峰面积，用直接面积归一化法来计算各组分的含量。

三、不同极性溶剂萃取总离子流图分析

固液萃取是根据不同物质在溶剂中溶解度的差异，进行分离和富集。不同溶剂的极性、沸点及挥发性等不同，为提高各溶剂层物质的分离度，对 GC/MS 进行升温程序调整。具体升温程序参见本节二、（2）相关内容。

如图 4-12 ～图 4-16 所示为不同升温条件、不同溶剂萃取物质的总离子流图，物质的分离度佳。其中图 4-12 所示为石油醚对垫料物质的萃取结果，物质被检出的组分较少，在 19.4min 左右有一个物质的高峰，主要物质的检出时间在 24 ～ 28min 之间。图 4-13 所示为氯仿对垫料物质的萃取结果，与石油醚层的萃取结果相比，氯仿层物质被检出的组分丰富，在 19.4min 左右仍可观察到一个物质的高峰，检出的物质的保留时间集中在 20 ～ 34min 之间，物质组分丰富，信噪比低，物质的分离度好。图 4-14 为乙酸乙酯对垫料物质的萃取结果，物质被检出的丰度较氯仿层低，19.4min 左右的高峰消失，主要物质保留时间集中在 10 ～ 18min 之间，在 12.6 min 左右出现一个物质的高峰。图 4-15 为丙酮对垫料物质的萃取结果，物质被检出的丰度较高，物质的保留时间集中在 16 ～ 28min 之间，在 24.3min 左右出现物质的高峰。图 4-16 所示为乙醇对垫料物质的萃取结果，物质被检出的丰度较低，物质的保留时间集中在 10 ～ 16min 之间。

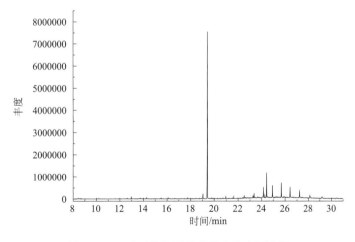

图4-12　石油醚萃取层物质鉴定总离子流图

四、不同极性溶剂萃取效果比较

统计 5 组不同有机溶剂对垫料中物质的提取率、总组分数量、相对含量在 1% 以上的组分数量以及 1% 以上组分的相对总含量值（见表 4-8）。结果显示，垫料中物质的提取率随

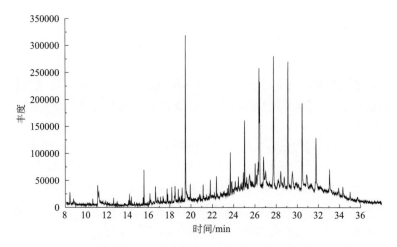

图4-13　氯仿萃取层物质鉴定总离子流图

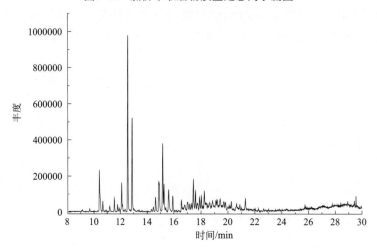

图4-14　乙酸乙酯萃取层物质鉴定总离子流图

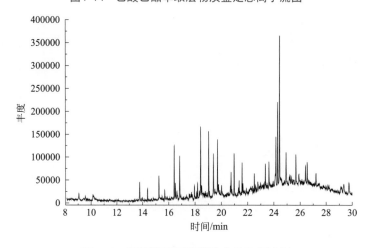

图4-15　丙酮萃取层物质鉴定总离子流图

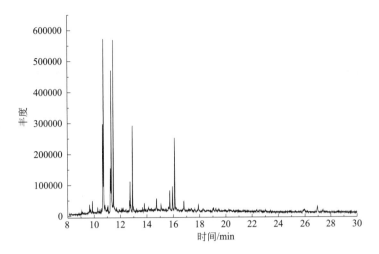

图4-16　乙醇萃取层物质鉴定总离子流图

溶剂极性的增加而明显增大，弱极性的石油醚层和氯仿层，其物质提取率均较低，分别为0.041% 和 0.079%，随着极性的增加，有机溶剂的提取效果明显增强，中等极性的乙酸乙酯层和丙酮层的物质提取率分别为 0.371% 和 0.540%，而在极性较大的乙醇溶剂中物质提取率可以达到 1.130%。

通过 GC/MS 分析及谱库检索对垫料中的物质组分进行分析与鉴定，与物质提取率的结果类似，随着提取的溶剂的极性增大，物质总组分呈逐步增加的趋势，石油醚提取的物质的总组分为 65 种，含量在 1% 以上的组分有 8 种。氯仿、乙酸乙酯提取的物质总组分分别为73 种和 74 种，其中含量在 1% 以上的物质组分分别为 18 种和 19 种。丙酮提取的物质的组分最多，达到了 83 种，其中含量在 1% 以上的组分为 24 种。但乙醇提取的物质组分只有 52种，含量在 1% 以上的组分有 14 种。这是由于 GC/MS 对弱极性物质的检出度高，但极性高的物质在乙醇中的溶解度更好，因此乙醇提取的物质被 GC/MS 检出的较少，此结果与乙醇提取垫料组分的总离子图的结果相一致（图 4-16）。统计含量在 1% 以上的物质在总组分中的含量，结果显示 5 种溶剂提取的含量在 1% 以上的物质均占到总含量的 64% 以上，表明所鉴定出的 1% 以上的组分为发酵垫料中的主要成分。

表4-8　五种溶剂层物质分类分析

溶剂层	物质提取率/%	总组分数量/种	含量在1%以上组分数量/种	1%以上组分的相对总含量/%
石油醚	0.041	65	>8	78.13
氯仿	0.079	73	>18	64.94
乙酸乙酯	0.371	74	>19	74.65
丙酮	0.540	83	>24	64.11
乙醇	1.130	52	>14	78.11

五、不同极性溶剂萃取物质鉴定

利用 NIST 谱图库对 GC/MS 检测出的物质进行检索，统计相对含量在 1% 以上的物质，结果如表 4-9 所列。

表4-9　五种溶剂提取物化学成分

溶剂层	序号	保留时间 /min	化合物名称	相对含量/%
石油醚	1	19.4	邻苯二甲酸环己基甲基丁酯	45.66
	2	24.94	四十四烷	7.93
	3	24.4	邻苯二甲酸单（2-乙基己基）酯	7.30
	4	24.16	四十三烷	5.98
	5	28.13	2-丙基十三烷基亚硫酸酯	3.81
	6	26.4	二十八烷	3.34
	7	19.04	环丁基十五烷基草酸酯	2.70
	8	23.36	二十四烷	1.41
氯仿	1	29.115	四十三烷	14.25
	2	27.7563	2-丙基十三烷基亚硫酸酯	10.97
	3	27.0151	环丁基十七烷基草酸酯	7.7
	4	26.4446	2,4-二(1-甲基-1-苯乙基)苯酚	4.9768
	5	19.4921	邻苯二甲酸丁基辛基酯	4.6655
	6	25.027	2-甲基二十三烷	3.0037
	7	26.8152	3-(2-甲氧基乙基)辛基邻苯二甲酸酯	2.8734
	8	29.5326	2-(十二烷氧基)乙醇	2.6988
	9	26.0211	3-甲基氮茚	1.8044
	10	23.6859	十九烷	1.6634
	11	30.8914	3,5,24-三甲基四十烷	1.4182
	12	29.115	6-环己基十二烷	1.407
	13	27.7563	2-丙烯基环己烷	1.3614
	14	27.0151	1-氯十八烷	1.32
	15	26.4446	十三烷基二氯乙酸酯	1.3069
	16	19.4921	环丁基十五烷基草酸酯	1.2694
	17	25.027	十二烷基异丁基碳酸酯	1.1347
	18	26.8152	2-丙基十四烷基亚硫酸酯	1.1198
乙酸乙酯	1	12.5631	2-甲基萘	20.24
	2	15.1571	2,3-二甲基萘	7.35
	3	18.2451	1,4,6-三甲基萘	7.07
	4	15.2571	2,6-二甲基萘	4.96
	5	10.3986	萘	4.4125
	6	17.4393	2,2′-二甲基联苯	3.5016
	7	18.8627	4,4′-二甲基联苯	3.36
	8	15.61	1,3-二甲基萘	2.9177
	9	21.2979	1,2,3-三甲基-4-丙烯基萘	2.54
	10	12.0984	5-甲基苯	2.3823
	11	16.8099	4-甲基-1,1′-联苯	2.38
	12	19.4156	4-(1-甲基乙基)-1,1′-联苯	2.1285
	13	14.8983	2,7-二甲基萘	2.0047
	14	17.5981	1,6,7-三甲基萘	1.9498
	15	18.6451	4,6,8-三甲基薁	1.7552
	16	19.198	1,4,5-三甲基萘	1.5804
	17	14.6218	1-乙基萘	1.4682
	18	19.1039	3,4′-二甲基-1,1′-联苯	1.4339
	19	19.8097	3,5-二甲基-1-(苯甲基)苯	1.2241

续表

溶剂层	序号	保留时间 /min	化合物名称	相对含量/%
丙酮	1	24.4328	单(2-乙基己基)邻苯二甲酸酯	7.6523
	2	24.9327	四十三烷	6.17
	3	25.6797	2-丙基十四烷基亚硫酸酯	4.67
	4	24.2857	2,4-二(1-甲基-1-苯乙基)苯酚	4.2664
	5	18.4273	二(2-甲基丙基)邻苯二甲酸酯	3.5699
	6	25.3092	1,54-二溴五十四烷	3.43
	7	19.7037	十六烷酸乙酯	3.0441
	8	19.0331	14-甲基十五烷酸甲酯	3.0217
	9	26.415	1-氯十八烷	2.9384
	10	16.4274	十五醛	2.4996
	11	19.3978	丙烯酸2-乙基己基-邻苯二甲酸丁酯	2.288
	12	16.8509	十四烷	2.1529
	13	20.9742	16-甲基十七烷酸甲基酯	1.867
	14	25.9091	十八烷基-2-丙基亚硫酸酯	1.8063
	15	26.6562	E-8-甲基-9-十四碳烯-1-醇乙酸酯	1.4906
	16	29.3501	2-溴乙醇	1.4211
	17	23.6269	7-环己基十三烷	1.2864
	18	20.7448	9-十八碳烯酸-(Z)-甲酯	1.2832
	19	21.58	十八烷酸乙酯	1.218
	20	15.2392	1,2-二溴-2-甲基-十一烷	1.1752
	21	16.5215	十六烷基环氧乙烷	1.0921
	22	19.7801	环丁基十六烷基草酸酯	1.0496
	23	13.7805	2,2,6,8-四甲基-7-氧杂三环[6.1.0.0(1,6)]壬烷	1.0319
	24	29.7559	5β-胆甾烷-3-酮	1.0175
乙醇	1	10.6631	二(2-甲基丙基)邻苯二甲酸酯	12.3381
	2	10.7278	6-乙基-3-辛基邻苯二甲酸异丁酯	11.3632
	3	11.3101	2-甲基丙基邻苯二甲酸丁酯	11.0438
	4	11.4748	十六烷酸乙酯	10.8967
	5	16.1039	单(2-乙基己基)邻苯二甲酸酯	7.4767
	6	12.91	十八烷酸乙酯	6.4462
	7	11.2454	邻苯二甲酸丁酯	5.7508
	8	15.9392	2,4-二(1-甲基-1-苯乙基)苯酚	2.7452
	9	12.7277	油酸乙酯	2.4857
	10	15.7333	十五烷基-2-丙基亚硫酸酯	2.066
	11	14.7334	2-丙基十三烷基亚硫酸酯	1.9128
	12	16.798	2-丙基十四烷基亚硫酸酯	1.3516
	13	10.8219	4-(1-甲基-1-苯乙基)酚	1.1615
	14	9.869	十五醛	1.0718

　　进一步根据物质的化学性质，将不同有机溶剂提取的垫料中物质的组分统计归纳，可将其分为烃类、酯类、醇类、醛类、酮类、羧酸类和其他类（包括胺、酚和烯/醇氧化物等）7类物质，以各溶剂层中每一类物质的相对含量对物质种类作图，结果如图4-17所示。石油醚对低极性的酯类物质的萃取效果最佳（如邻苯二甲酸环己基甲基丁酯；邻苯二甲酸单(2-乙基己基)酯；环丁基十五烷基草酸酯和2-丙基十三烷基亚硫酸酯等），相对含量约占石油醚层物质的60%；烷烃类物质次之，含量在20%左右，以极性弱的长链烷烃为主，如四十三烷、二十八烷和二十四烷等。氯仿层对长链烷基酯的萃取效果最佳，相对含量占氯仿

层物质的 27% 左右，如 2- 丙基十三烷基亚硫酸酯、环丁基十七烷基草酸酯、邻苯二甲酸丁基辛基酯、3-(2- 甲氧基乙基) 辛基邻苯二甲酸酯等，它对饱和烃的萃取效果与石油醚的效果相当，但对于甲基化修饰的烷烃及不饱和烯烃的萃取效果要优于石油醚，如 2- 甲基二十三烷和 2- 丙烯基环己烷。乙酸乙酯层的萃取物中，鉴定出较多的烃类化合物为萘及其萘的衍生物，达到乙酸乙酯层物质的 78% 以上。丙酮萃取的物质组分丰富，从烃类到酯类、醇类、醛类等适合于全物质萃取的需求。乙醇萃取的物质以极性高的酯类物质为主，如二 (2- 甲基丙基) 邻苯二甲酸酯、6- 乙基 -3- 辛基邻苯二甲酸异丁酯、2- 甲基丙基邻苯二甲酸丁酯等，约占乙醇萃取物的 78%。

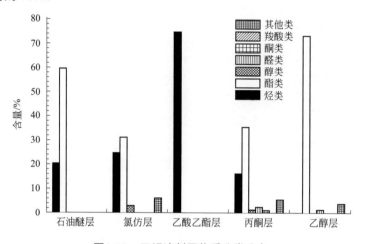

图4-17　五组溶剂层物质分类分布

综上所述，发酵垫料中的主要物质分布是酯类和烃类，以及少量的醇类、醛类、酮类和其他类（包括胺、酚和烯 / 醇氧化物等）。观察各萃取层中的物质分布，石油醚、氯仿和丙酮萃取层均是酯类为主、烃类其次，乙酸乙酯萃取层鉴定出含量较多的烃类化合物，乙醇萃取层主要物质仍是酯类物质（图 4-17）。

六、讨论

研究工作采用极性从低到高的 5 种有机溶剂对发酵床养猪中的垫料成分进行物质提取，物质的提取率，乙醇（提取率最高，达到了 1.13%）>丙酮>乙酸乙酯>氯仿>石油醚。利用气相色谱质谱联用（GC/MS）技术进一步对不同有机溶剂萃取的物质进行分离鉴定。通过观察各有机层物质鉴定的总离子流图，可以初步判断该溶剂层萃取物组分的丰富程度和相对含量。结果显示，石油醚层和乙醇层的信号峰较少，氯仿层、乙酸乙酯层、丙酮层的信号峰较多，对应所鉴定出的主要成分也相对较为丰富。

李卿等利用氢氧化钠溶液浸提，甲基醚萃取发酵床养猪垫料中挥发性有机酸，利用气相色谱法测定挥发性有机酸，检测的物质较少，灵敏度较低。笔者研究了石油醚、氯仿、乙酸乙酯、丙酮和乙醇 5 种从低极性到高极性的有机溶剂对垫料中的物质组分进行梯度萃取，并通过高灵敏度的气相色谱质谱联用仪实现物质组分的分析与鉴定，检测限小，测定的物质丰度高、种类全，同类研究中未见报道。

利用 NIST 谱图库检索，同时根据相似度 CAS 号实现定性、定量分析。根据组分理化性质的不同将所鉴定的物质划分为烃类、酯类、醇类、醛类、酮类、羧酸类和其他类（包括胺、酚和烯/醇氧化物等）7 类。不同极性的溶剂对物质组分的提取效率差别很大，其中石油醚和氯仿对低极性的酯类物质和长链烷烃的提取效果较好，但氯仿层提取的种类更多，对不饱和烃的提取效果要优于石油醚层；乙酸乙酯对烯烃类化合物（包括多环芳烃）有较好的提取效果；丙酮适合全物质提取，对垫料中低极性的烷烃组分到高极性酯组分的提取效果均较好；乙醇溶剂适合极性较高的酯类物质的提取，如苯二甲酸类酯。

第四节
微生物发酵床垫料发酵指数构建

一、概述

目前，许多大规模的养猪基地均采用了微生物发酵床技术。发酵床养猪体系中，垫料发酵水平的判断十分困难。然而，发酵水平的控制是垫料管理的核心技术之一，如何使猪的排泄物与垫料的处理能力达到平衡对发酵床养猪非常关键（Wirth，1983）。许多学者在发酵床气味控制（Groenestein et al.,1996）、培养基调控（Morrison and Hemsworth，2003）、营养元素分解（Chan et al.,1994）方面进行了大量的研究。Groenestein 等（1996）研究了发酵床猪只的 NH_3、N_2O、NO 气体的挥发，结果表明，在混合肥料和锯屑的微生物发酵过程中，如果发酵条件不理想，就会产生污染空气的挥发性中间气体 N_2O 和 NO，直接影响发酵床对猪粪的降解、臭气的分解、物质的转化、病原菌的防控，进而影响猪只的健康。发酵不成功的垫料循环回收利用于农业土壤中，会产生危害植物的毒性物质而影响种子发芽、农作物的生长（Tiquia et al.,1997）。但是养猪微生物发酵床垫料是一个复杂的混合体系，其发酵水平受诸多因素影响，如何判断其发酵程度，用于指导生产实践，目前尚未见相关文献报道。养猪微生物发酵床垫料发酵指数的研究，提供了垫料发酵过程的判别方法，对于管理好发酵床养猪具有重要意义。

研究测定了不同发酵程度垫料在不同浓度盐溶液中的悬浮物的差异，结果表明，随着垫料发酵程度的加深，垫料原料中的木屑、谷壳等经过微生物发酵降解产生腐殖质、纤维素、木质素等的含量变化加大，这些分解后的物质在不同浓度盐溶液中的悬浮性发生变化，发酵程度越高的垫料在不同浓度的盐溶液中的悬浮性下降越大，表现出了指示垫料发酵程度的规律，为此笔者提出了"盐梯度悬浮法"，测定不同发酵时间的养猪微生物发酵床垫料的悬浮率来判断垫料的发酵水平，建立养猪微生物发酵床垫料的发酵指数模型。利用指数模型能够快速判定垫料的发酵程度，从而进行发酵床垫料管理，有利于减少发酵床垫料在微生物发酵过程中产生污染，使废弃垫料可以资源化循环利用。

二、研究方法

1．供试材料

（1）样品采集　某年 8 月 17 日采自福州新店的养猪场的不同使用时间的垫料。养猪场猪栏发酵床面积 6m×8m。在每栏发酵床纵向中轴线上三等分，设三个取样点，每个取样点直径约 40cm，上下翻匀，取混匀垫料 2kg，共取 10 栏 30 个样本，编号为 1、2、3…30。

（2）设备及试剂

① 设备：1000mL 量筒、250 目的标准分样筛。

② NaCl 溶液：浓度分别为 0、5%、10%、15%、20%、25%（饱和溶液为 26.5%）。

2．养猪微生物发酵床垫料表观特征分析

根据垫料的颜色、气味、腐烂度、松散度、湿度、成分的完整性等表观特征，将垫料发酵程度分为四级，一级发酵 1 个月、二级发酵 2 个月、三级发酵 4 个月、四级发酵 8 个月。

3．养猪微生物发酵床垫料悬浮率与发酵程度的相关性研究

运用"盐梯度悬浮法"：称取 10g 垫料于 1000mL 量筒中；量取 1000mL 不同浓度的 NaCl 溶液倒入量筒中，充分混合后，静置 5 min，将上层悬浮物用药匙捞取于滤纸上；下层垫料通过 250 目标准分样筛过滤，控干水分，直到不滴水为止；将下层垫料捞取于滤纸上；分别连同滤纸将上下层垫料烘干；称量上下层垫料的干重。每个浓度梯度的 NaCl 溶液处理重复 3 次，计算悬浮率。

$$悬浮率 = 上层垫料干重 /(上层垫料干重 + 下层垫料干重)×100\%$$

4．养猪微生物发酵床垫料发酵指数模型的建立

以垫料发酵级别为因变量，以养猪微生物发酵床垫料在不同浓度 NaCl 溶液中的悬浮率为自变量，采用多因子互作项逐步回归分析法，以 $P < 0.05$ 为引入标准、$P > 0.10$ 为剔除标准，建立养猪微生物发酵床垫料发酵指数的多因子互作项逐步回归分析模型：

$$Y=n+n_1X_1+n_2X_2+n_3X_3+n_4X_4+n_5X_5+n_6X_6+n_7X_1X_2+ n_8X_1X_3+\cdots+n_iX_5X_6 \ (n \in N)$$

其中 n 为常数，n_i 为系数，$X_1 \sim X_6$ 为垫料在 6 个浓度的 NaCl 溶液中的悬浮率。统计利用 DPSv7.05 对数据进行分析。

三、养猪微生物发酵床垫料表观特征

养猪微生物发酵床垫料表观特征见图 4-18。根据垫料的颜色、气味、腐烂度、松散度、湿度、成分的完整性等特点，将垫料分为四级：一级垫料使用了 1 个月，颜色为灰黄色，气味清香，湿度很小，原料腐烂程度很浅，表明发酵程度浅；二级垫料使用了 2 个月，颜色为浅灰褐色，有点锯末的原料味，湿度较小，成分较不均匀，原料腐烂程度浅，表明发酵程度中等；三级垫料使用了 4 个月，颜色为深棕色，略有点发酵粪便的味道，原料腐烂程度较

深，湿度较大，成分不均匀，表明发酵程度深；四级垫料使用了 8 个月，颜色为橄榄土褐色，有轻微的氨臭味，原料腐烂程度很深，湿度很大，表明发酵程度很深。

(a) 一级

(b) 二级

(c) 三级

(d) 四级

图4-18 养猪微生物发酵床垫料表观特征分级

四、养猪微生物发酵床垫料在NaCl梯度溶液中的悬浮率

养猪微生物发酵床垫料在 NaCl 梯度溶液中的悬浮率的试验结果见表 4-10。30 个养猪微

生物发酵床垫料：在 0% NaCl 溶液中的悬浮率最大的是样品 28，为 36.98%，最小的是样品 25，为 0.21%；在 5% NaCl 溶液中的悬浮率最大的是样品 28，为 43.61%，最小的是样品 5，为 1.08%；在 10% NaCl 溶液中的悬浮率最大的是样品 28，为 44.53%，最小的是样品 16，为 1.18%；在 15% NaCl 溶液中的悬浮率最大的是样品 28，为 46.72%，最小的是样品 16，为 1.26%；在 20% NaCl 溶液中的悬浮率最大的是样品 28，为 47.83%，最小的是样品 16，为 1.90%；在 25% NaCl 溶液中的悬浮率最大的是样品 28，为 50.09%，最小的是样品 16，为 2.56%。

表4-10　养猪微生物发酵床垫料在NaCl梯度溶液中的悬浮率　　　　　　　　单位：%

样品编号	NaCl溶液浓度					
	0	5%	10%	15%	20%	25%
1	4.98	5.64	7.79	9.05	9.36	12.15
2	4.04	6.2	6.96	9.09	9.41	14.07
3	16.87	18.61	19.44	27.23	28.07	31.43
4	1.86	3.76	4.06	5.47	10.41	16.78
5	0.57	1.08	3.63	6.42	7.71	10.24
6	4.47	7.28	7.28	10	14.12	14.18
7	5.62	7.89	8.15	9.59	10.78	11.6
8	10.42	11.86	12.7	16.01	19.56	25.14
9	8.54	10.38	13.08	14	19.43	24.5
10	1.19	2.17	2.39	4.94	7.11	14.34
11	1.25	2.78	4.09	4.68	7.72	14.32
12	1.29	1.83	2.94	5.07	10.87	16.56
13	4.27	6.52	9.2	10.38	10.68	16.54
14	1.33	1.45	3.16	5.14	12.01	22.96
15	5.41	6.85	8.39	10.41	12.92	17.01
16	1.04	1.09	1.18	1.26	1.90	2.56
17	1.09	1.16	1.66	2.52	3.0	3.30
18	4.99	7.27	7.35	8.02	14.04	15.07
19	1.3	2.84	2.96	8.79	14.22	19.66
20	2.19	3.3	3.54	8.65	13.56	17.2
21	7.64	9.64	11.63	18.26	23.26	26.85
22	4.67	6.08	6.74	10.04	10.71	18.81
23	7.84	13.03	16.63	21.02	22.03	25.88
24	13.01	19.5	20.75	30.72	31.57	31.83
25	0.21	1.46	2.18	2.61	5.01	5.77
26	0.34	2.63	2.64	3.22	5.96	6.25
27	2.08	2.88	7.17	11.39	16.24	25.45
28	36.98	43.61	44.53	46.72	47.83	50.09
29	26.26	28.45	33.47	38.94	40.19	42.48
30	28.69	37.28	38.46	38.57	41.45	47.4

　　30 个养猪微生物发酵床垫料在相同浓度 NaCl 溶液中的悬浮率不同，同一种垫料的悬浮

率随 NaCl 溶液浓度的升高而增加，但是在每个 NaCl 浓度梯度中增加的幅度随着垫料样品的不同也有差异，其中，样品 28、29 和 30 在不同浓度 NaCl 溶液中的悬浮率均比其他样品大。

五、养猪微生物发酵床垫料悬浮率的聚类分析及其与垫料发酵程度的相互关系

以养猪微生物发酵床垫料在不同浓度 NaCl 溶液中的悬浮率为指标，猪栏各个部位采集的垫料为样本，构建聚类分析数据矩阵，数据经过标准化处理，以切比雪夫距离为相关尺度，用可变法为聚类方法，对 30 个养猪微生物发酵床垫料在不同浓度 NaCl 溶液中的悬浮率进行聚类分析，聚类结果见图 4-19。根据样品的使用时间、颜色、气味、原料腐烂程度、湿度、成分的完整性等特点，结合垫料各级的表观特征，当 $\lambda=2.8202$ 时可将 30 个样品分成以下四类：

（1）类 I　包括 3 个样品，分别为样品 28、29、30；悬浮率在 26.26% ～ 50.09% 之间，发酵程度为一级。

（2）类 II　包括 6 个样品，分别为样品 3、8、9、21、23、24；悬浮率在 7.64% ～ 31.83% 之间，发酵程度为二级。

（3）类 III　包括 17 个样品，分别为样品 1、2、4、5、6、7、10、11、12、13、14、15、18、19、20、22、27；悬浮率在 0.57% ～ 25.45% 之间，发酵程度为三级。

（4）类 IV　包括 4 个样品，分别为样品 16、17、25、26，悬浮率在 0.21% ～ 6.25% 之间，发酵程度为四级。

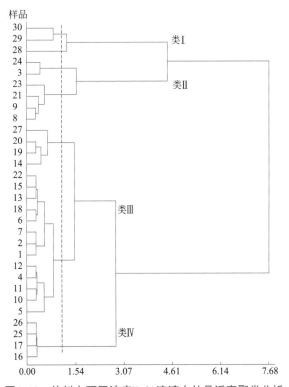

图4-19　垫料在不同浓度NaCl溶液中的悬浮率聚类分析

　　计算养猪微生物发酵床各发酵级别垫料在不同浓度 NaCl 溶液中的悬浮率平均值，见图 4-20，垫料在不同浓度 NaCl 溶液中的悬浮率随着发酵程度级别的增加均呈下降趋势，说明垫料的盐梯度悬浮率越小，垫料的发酵程度越深。

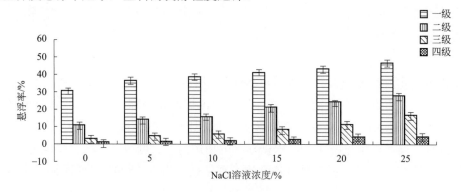

图4-20　不同发酵级别垫料在不同浓度NaCl溶液中的悬浮率

六、养猪微生物发酵床垫料发酵指数的研究

　　以垫料发酵级别（Y）为因变量，以养猪微生物发酵床垫料在不同浓度 NaCl 溶液中的悬浮率（X）为自变量，采用多元逐步回归筛选变量，以 $P < 0.05$ 为引入标准、$P > 0.10$ 为剔除标准，其中 6 个变量被引入方程，包括 X_1、X_2、X_3、X_4、X_5、X_6，由此得到"最优"回归方程，即养猪微生物发酵床垫料发酵指数模型：

$$Y=4.3843-0.1128X_1+0.2007X_3-0.2232X_4+0.1619X_5-0.1794X_6-0.0613X_1X_2+0.0538X_1X_3+0.0611X_2X_4+0.0280X_2X_5-0.0386X_2X_6-0.0447X_3X_4-0.0390X_4X_5+0.0407X_4X_6$$

　　模型相关系数为 $R=0.9945$，判定系数为 $R^2=0.9900$，调整后的 $R^2=0.9900$，Durbin-Watson 统计量为 1.674，接近 2.00，因此整体回归模型达到显著水平。采用建立的养猪微生物发酵床垫料发酵指数的多元线性回归方程对 30 个养猪微生物发酵床垫料的发酵程度水平进行拟合（见图 4-21），经过计算，拟合准确率为 99.00%，可以看出，所建养猪微生物发酵床垫料发酵指数的多元线性回归模型拟合效果良好。

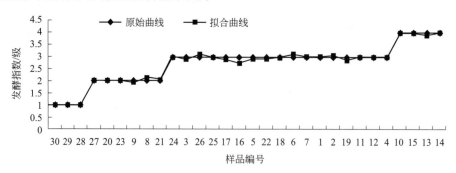

图4-21　养猪微生物发酵床垫料发酵指数拟合曲线

　　采用方程计算出 30 个养猪微生物发酵床垫料发酵指数的预测值，然后采用未参加建模的 30 个养猪微生物发酵床垫料发酵指数的原始数据进行后验预测检验，见表 4-11。经过计算，预测检验准确率为 99.00%，因此，所建的养猪微生物发酵床垫料发酵指数的多元线性

回归模型可靠性和预测精度较高，可用于预测养猪微生物发酵床垫料的发酵指数。

表4-11 30个微生物发酵床垫料样品发酵指数后验预测误差

样品编号	预测值/级	实际值/级	相对误差
30	1	1.00	0.00
29	1	0.98	0.02
28	1	1.00	0.00
27	2	1.99	0.01
20	2	2.02	−0.02
23	2	2.05	−0.05
9	2	1.95	0.05
8	2	2.14	−0.14
21	2	2.07	−0.07
24	3	2.97	0.03
3	3	2.92	0.08
22	3	3.13	−0.13
18	3	2.99	0.01
6	3	2.89	0.11
7	3	2.75	0.25
1	3	2.92	0.08
2	3	2.91	0.09
5	3	2.96	0.04
19	3	3.13	−0.13
11	3	3.03	−0.03
12	3	3.04	−0.04
4	3	3.10	−0.10
10	3	2.86	0.14
15	3	3.09	−0.09
13	3	3.07	−0.07
14	3	3.04	−0.04
26	4	4.01	−0.01
25	4	3.96	0.04
17	4	3.93	0.07
16	4	4.07	−0.07

七、讨论

垫料是微生物发酵床养猪技术体系中的核心，它直接与猪只接触，影响着猪舍内的微环境，发酵床垫料管理的好坏不仅关系到垫料使用的年限，而且会影响猪群的健康状况和饲养效果（王兆勇，2009），其中垫料的含水率、翻动次数、温度、填充料的选择等是发酵床运行良好的重要因素。管理得当的垫料物质发酵后可以作为天然的生物肥料，但是发酵程度不充分的垫料会产生许多恶臭的气体，不利于循环回收利用于农业土壤中，会产生危害植物的毒性物质而影响种子发芽、农作物的生长。所以对发酵床垫料的发酵程度的研究显得非常重要，可以用来直接指导发酵床的管理，为发酵床垫料循环利用模式的建立提供实验依据，有利于废弃垫料作为有机肥的研究。

针对垫料的发酵进程和不同时间发酵后的营养物质的变化已有文献报道。Groenestein 等（1996）研究在混合肥料和锯屑的微生物发酵过程中，每周测定发酵床温度、湿度、pH 值、尿素、氨气、亚硝酸盐、硝酸盐、磷酸盐、硫化物、硫酸盐、氯化物、氟化物、氧化还原电位、可溶性和不溶性蛋白质及锯屑颗粒大小的变化。Chan 等（1994）研究发现，要使垫料发酵成功，其湿度必须维持在较低水平，大约为 50%，具有良好发酵进程的发酵床的 pH 值较高，含有较低的尿素、氨气和亚硝酸盐，但是不溶性蛋白质和硫酸盐含量较高，从而可知管理得当的发酵床垫料有利于控制恶臭气体的产生。Tam 和 Wong（1995）研究发现，使用时间较久的养猪发酵床垫料含有高浓度的有机碳和营养素，其传导率及 Cu、Zn 的含量也更高。但是这些指标的测定需要应用大量的仪器且方法复杂，没有统一的标准，很难在实际生产中推广应用。

根据物理评价指标，即垫料的颜色、气味、腐烂度、湿度、成分的完整性等特点，可将垫料分为不同的发酵级别，这种方法总的来说具有直观、检测简便、快速的优点，不需要大量的仪器和复杂的测定，常用于描述垫料发酵过程所处的状态，可以定性描述垫料的发酵程度情况，适合有经验的技术人员现场应用（张亚宁，2004）。但是难以定量表征垫料的发酵程度，缺乏可信度和可操作性，由于缺乏量化的测定指标，容易造成人为引起的主观误差，只能与其他指标结合使用。

首先根据垫料表观确定其发酵程度级别，可将 30 个样品分为四级：一级发酵程度浅；二级发酵程度中等；三级发酵程度深；四级发酵程度很深。然后通过"盐梯度悬浮法"测定不同发酵时间发酵床垫料的悬浮率，研究发现，不同发酵程度垫料在相同浓度 NaCl 溶液中的悬浮率不同，同一垫料的悬浮率随 NaCl 溶液浓度的升高而增加，且随着发酵程度级别的增加都呈下降趋势，即悬浮率越小，发酵程度越深；悬浮率越大，发酵程度越浅。

在建立养猪微生物发酵床垫料发酵指数模型中，笔者采用了多元逐步回归方法。首先通过"盐梯度悬浮法"测定不同发酵时间发酵床垫料的悬浮率，而后用聚类分析，对垫料的悬浮率进行聚类，结合垫料的表观特征确定其发酵程度级别，再以垫料发酵级别（Y）为因变量，以养猪微生物发酵床垫料在不同浓度 NaCl 溶液中的悬浮率（X）为自变量，采用多元逐步回归分析法，以 $P < 0.05$ 为引入标准、$P > 0.10$ 为剔除标准，建立养猪微生物发酵床垫料发酵指数的多元线性回归模型为：$Y=4.3843-0.1128X_1+0.2007X_3-0.2232X_4+0.1619X_5-0.1794X_6-0.0613X_1X_2+0.0538X_1X_3+0.0611X_2X_4+0.0280X_2X_5-0.0386X_2X_6-0.0447X_3X_4-0.0390X_4X_5+0.0407X_4X_6$，呈显著水平，采用该方程对 30 个养猪微生物发酵床垫料的发酵程度水平进行拟合和后验预测检验，准确率达 99.00%。运用该模型可以准确地判断不同使用时间垫料的发酵程度，有利于发酵床垫料的日常维护管理，具有显著的应用价值。

第五节
发酵床垫料发酵程度电子鼻判别模型

一、概述

在微生物发酵床养猪过程中，垫料中微生物发酵的好坏直接影响着猪粪的分解，当垫料中微生物因某些原因生长不良时，排泄在垫料上的猪粪无法分解，使得发酵床产生严重的猪粪臭味，无法达到微生物降解猪粪的目的（蓝江林等，2012）。微生物发酵床发出的不同气味，由不同的挥发性物质组成，也能够判别发酵床微生物发酵的好坏，笔者的研究引入了电子鼻概念（Persand and Dodd，1982），利用气相色谱 - 质谱联用技术分析发酵床不同发酵状态垫料的挥发性物质组成和含量，结合垫料发酵时间和程度测定，构建微生物发酵床猪舍环境气味电子鼻判别模型，利用电子鼻对发酵床的发酵水平进行判别，同类的研究未见报道。

1993 年，Pearce 等首次把传感器应用在啤酒检测上，用实验室制造的由 12 个有机导电聚合物传感器组成的系统检测了 3 种近似的商品酒，有 2 种是酿造后再储存的啤酒，还有 1 种是淡色啤酒，结果表明，这 3 种啤酒很容易被鉴别，而且还很快鉴别出一种人为感染的啤酒和未被感染的酒。电子鼻是模拟动物嗅觉器官开发出的一种高科技产品，目前人类还没有全部搞清楚动物的嗅觉原理。但是随着科技的发展，目前世界上的一些大学已经开发出具有广泛应用价值的电子鼻，最著名的是德国的汉堡大学，它在当今世界的传感器领域中具有一定的权威性。关于电子鼻产品的研究有过许多报道，如恶臭气体电子鼻、可以嗅出癌症的电子鼻、环境监测电子鼻，还有用于水果品质评价（潘胤飞等，2004；罗剑毅等，2007；张晓华等，2007）、酒类识别（秦树基和黄林，2000）、煤矿火灾预报（曾峰等，2010）等的电子鼻，其用途十分广泛。

笔者的研究利用了垫料混合猪粪尿降解过程中发生的挥发性物质变化，通过 GC-MS 检测，将挥发性物质的特性与垫料发酵程度判断有机结合，采用相应的模型技术，旨在通过对不同发酵程度垫料的挥发性物质的分析，建立一套垫料发酵程度判别方法，科学指导微生物发酵床实际生产，同时据此使得垫料的发酵处在最佳水平，延长微生物发酵床的使用寿命和降低使用成本。现将研究结果小结如下。

二、研究方法

1. 供试材料

样品为养猪微生物发酵床垫料。采集时间：2010 年 8 月 17 日。采集地点：福州市新店生猪养殖场，总面积 560m²，共分 10 栏。采集方法：每个猪栏发酵床垫料面积为 6m×8m=48m²，在猪栏纵向中轴线上距栏边沿 1m、3m、5m 处设 3 个采样点，每个采样点直径约 40cm，将垫料上下纵深翻匀，取样 500g 待用，采样 10 个猪栏共 30 个样品，按照栏位样点顺序编号为 1、2、3…30。根据各样品发酵程度表观特征观测，将 30 个样品的发酵程度分为四个级别：Ⅰ级，垫料外观完整，无明显腐烂，发酵程度浅；Ⅱ级，原料外观部分较完整，有腐烂症状，发酵程度较深；Ⅲ级，原料腐烂程度较深，发酵程度深；Ⅳ级，原料外观完全腐烂，发酵程度很深。

2．实验仪器

主要实验仪器采用美国 Agilent 公司制造的 7890A/5975C 气质联用仪（GC-MS）；SPME 萃取柄（美国 Supleco 公司），100 μm 聚二甲基硅氧烷（PDMS）萃取头（美国 Supleco 公司）；电子天平（Navigator NO4120）；恒温摇床（HZQ-F160）；pH 计。

3．实验方法

（1）微生物发酵床垫料挥发性物质收集与分析　SPME 老化方法：使用前将 SPME 萃取头旋入萃取柄，用丙酮浸泡萃取头 1 h 后，将 SPME 萃取头在气质联用仪的进样口于 250℃ 下老化 30min。

① 挥发性气味收集：将微生物发酵床垫料样品 100g 放置于 250mL 三角瓶内，以有孔橡皮塞封口，用封口膜将橡皮塞孔封住，室温（32℃左右）放置 24h。插入 SPME 萃取柄，采集时间为 3h。

② 进样方式：手动进样。

③ 色谱条件：采用 HP5-MS 色谱柱，进样口温度 250℃，压力 4.5338psi（1psi=6894.76Pa），总流量 104mL/min，隔垫吹扫流量 3mL/min，不分流。

④ 升温程序为：50℃保持 2min，以 5℃/min 速率升温至 280℃并保持 3min。

⑤ 质谱条件：采集模式，全扫描；EMV 模式，相对值；全扫描参数，开始时候的质量数为 50.00amu，结束时的质量数为 550.00amu；MS 温度，离子源 230℃，MS 四极杆 150℃。

（2）微生物发酵床垫料挥发性物质在样品中分布特性聚类分析　构建数据矩阵，进行 R 型聚类分析，即以挥发性物质为指标，以样品为样本，数据矩阵进行规格化处理，以马氏距离为尺度，用可变类平均法对数据进行系统聚类分析。对挥发性物质分出的类别进行分布特性分析。

（3）微生物发酵床垫料挥发性物质判别分类的聚类分析　以采集的样品序列为样本，样品中的挥发性物质含量为指标，构建数据矩阵，数据矩阵进行规格化处理，以马氏距离为尺度，用可变类平均法对数据进行系统聚类分析。分析出的聚类类别与对应的发酵床垫料发酵程度相关联，聚类的类别作为判别分析的级别，用于判别模型的建立。

（4）微生物发酵床垫料挥发性物质判别模型的建立　以各挥发性物质在样品中的含量（X_j）为指标，各采样的样品（X_i）为样本，垫料聚类类别（发酵级别）（Y）为测定值，组建判别分析数据矩阵如下：

$$\begin{pmatrix} X_{11} & X_{12} & \cdots & X_{1j} & Y_1 \\ X_{21} & X_{22} & \cdots & X_{2j} & Y_2 \\ \cdots & \cdots & \cdots & \cdots & \cdots \\ X_{i1} & X_{i2} & \cdots & X_{ij} & Y_i \end{pmatrix}$$

其中，j 为挥发性物质的浓度；i 为垫料发酵程度级别序号。用 Bayes 逐步判别方法建模，多组逐步判别分析是按照 Bayes 准则，用 WILKS 统计量从 M 个因子中，根据各因子判别能力大小的显著性检验结果，精选出若干判别能力大的且配合较好的因子，建立 Bayes 判别函数，并且可以判别新的样本是属于哪一组。Bayes 判别函数方程为：

$$y_i(x) = c_{0i} + \sum_{j=1}^{p} c_{ij} x_j \qquad (i = 1, 2, \cdots, p)$$

其中：

$$c_{0i} = -\sum_{k=1}^{p} c_{jk} x_{ij}$$

$$c_{ij} = (n - m) \sum_{k=1}^{p} x_{ik} w_{kj}^{(l+1)}$$

当 $y_i(x) = \max_{1 \leqslant i \leqslant p} [y_i(x)]$ 时，将个体 x 划入第 i 类。判别值的后验概率为：

$$p(y_i) = \frac{e^{y_i(x)}}{\sum_{k=1}^{p} e^{y_i(x)}}$$

三、微生物发酵床垫料挥发性物质的分析

根据各样品发酵程度表观特征观测，将 30 个样品的发酵程度分为四个级别，选择各级别样品 1 个，GC/MSD 谱图见图 4-22 ～ 图 4-25。样品 1 发酵程度为 Ⅰ 级，共检测到 130种物质，其中匹配度 ≥ 90、含量 ≥ 4% 的有 4 种，含量最高的为二丁基羟基甲苯，含量为25.47%，保留时间为 21.799min。样品 9 的发酵程度为 Ⅱ 级，共检测到 17 种物质，其中匹配度 ≥ 90、含量 ≥ 4% 的有 7 种；含量最高的物质为二十碳烷，含量为 18.33%，保留时间为43.554 min。样品 16 的发酵程度为 Ⅲ 级，共检测到 20 种物质，其中匹配度 ≥ 90、含量 ≥ 4%

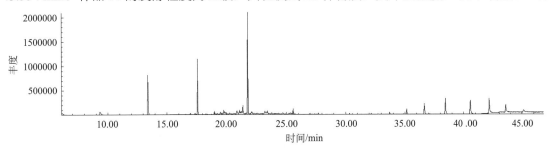

图4-22　样品1的GS/MSD谱图（Ⅰ级）

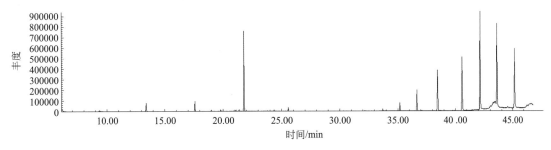

图4-23　样品9的GS/MSD谱图（Ⅱ级）

的有 8 种，含量最高的物质为丁基羟基甲苯，含量为 20.05%，保留时间为 21.805min。样品 30 的发酵程度为Ⅳ级，共检测到 48 种物质，其中匹配度≥90、含量≥4% 的有 2 种，含量最高的为二十烷，含量为 5.34%，保留时间为 43.554min。

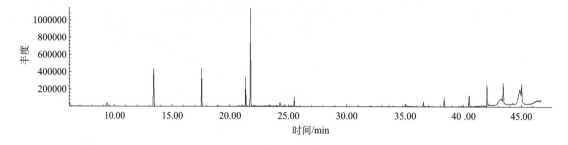

图4-24　样品16的GS/MSD谱图（Ⅲ级）

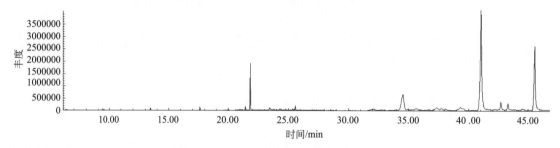

图4-25　样品30的GS/MSD谱图（Ⅳ级）

各样品检测到的挥发性物质结果见表 4-12，各物质含量见表 4-13、表 4-14。匹配度 ≥ 90、相对含量≥4% 的物质共 22 种，编号为 1 ～ 22。共有 7 类，其中烷类物质 11 种，酯类物质 4 种，烯类和酚类物质各 2 种，苯类、噻吩类和哌啶类物质各 1 种。

从各类物质在样品中的分布来看，烷类物质分布普遍，其中分布频次最高的是物质 6，在 25 个样品中存在，含量为 5.34% ～ 71.51%；其次是物质 8，在 10 个样品中存在，含量为 6.56% ～ 27.46%；物质 11 在 7 个样品中存在，含量为 4.04% ～ 13.71%；物质 10 和物质 18 各在 4 个样品中存在。物质 14 和物质 15 均存在于 3 个样品中；物质 2 和物质 22 存在于 2 个样品中；物质 1、物质 3、物质 4、物质 5、物质 7、物质 9、物质 12、物质 13、物质 16、物质 17、物质 19、物质 20 和物质 21 均在 1 个样品中检测到。

表4-12　微生物发酵床垫料挥发性物质特性（匹配度≥90，相对含量≥4%）

编号	名称	CAS No.	中文名	分子式	匹配度/%	分布频次
1	1,2,4-benzenetricarboxylic acid4-dodecyl dimethyl ester	33975-29-0	1,2,4-苯三羧酸十二烷基二甲基酯		90	1
2	[3R-(3alpha,3abeta, 7beta,8aalpha)]-1H-3a,7-methanoazulene,2,3,4,7,8,8a-hexahydro-3,6,8,8-tetramethyl	469-61-4	[3R-(3α,3Aβ,7β,8Aα)]-2,3,4,7,8,8A-六氢-3,6,8, 8-四甲基-1H-3A,7-亚甲基薁	$C_{15}H_{24}$	98	2
3	1-octadecene	112-88-9	1-十八烯	$C_{18}H_{36}$	92	1
4	2,6-bis(1,1-dimethylethyl)-4-(1-oxopropyl) phenol	14035-34	2,6-二(1,1-二甲基乙基)-4-(1-氧代丙醇)苯酚	$C_{17}H_{26}O_2$	97	1

续表

编号	名称	CAS No.	中文名	分子式	匹配度/%	分布频次
5	4-(3-oxocyclohexyl)butyric acid,methyl ester	147895-12-3	4-(3-氧环己酮)丁酸甲酯		90	1
6	butylated hydroxytoluene	128-37-0	丁基羟基甲苯	$C_{15}H_{24}O$	96	25
7	trans-cyclopentanepropanoi acid,2-methyl-3-oxo-, methyl ester	92486-10-7	反式环戊烷丙酸-2-甲基-3-氧甲酯		90	1
8	eicosane	112-95-8	二十烷	$C_{20}H_{42}$	95	10
9	heneicosane	629-94-7	二十一烷	$C_{21}H_{44}$	91	1
10	heptacosane	593-49-7	二十七烷	$C_{27}H_{56}$	90	4
11	hexacosane	630-01-3	二十六烷	$C_{26}H_{54}$	98	7
12	hexadecane	629-73-2	十六烷	$C_{16}H_{34}$	98	1
13	meso-4,5-dicyclohexyl-2,7-dimethyloctan	65149-86-2	内消旋-4,5-二环己基-2,7-二甲基辛酸	$C_{22}H_{42}$	90	1
14	n-nonadecanoic acid,pentamethyldisilyl ester	1000217-02-3	正-十九烷酸五甲基二硅基酯		90	3
15	nonacosane	630-03-5	二十九烷	$C_{29}H_{60}$	99	3
16	octacosane	630-02-4	二十八烷	$C_{28}H_{58}$	99	1
17	octadecane	593-45-3	十八烷	$C_{18}H_{38}$	98	1
18	pentacosane	629-99-2	二十五烷	$C_{25}H_{52}$	98	4
19	2,6-bis(1,1-dimethylethyl)-4-(1-methylpropyl)-phenol	17540-75-9	2,6-二(1,1-二甲基乙基)-4-(1-甲基丙基)苯酚	$C_{18}H_{30}O$	93	1
20	piperidine, 1-(5-trifluoromethyl-2-pyridyl)-4- (1H-pyrrol-1-yl)-	1000268-74-7	1-(5-三氟甲基-2-吡啶)-4-(1-氢-吡咯-1-基)哌啶		90	1
21	tetracosane	646-31-1	二十四烷	$C_{24}H_{50}$	99	1
22	2-decyl-thiophene	24769-39-9	2-癸基噻吩	$C_{14}H_{24}S$	90	2

表4-13 微生物发酵床垫料挥发性物质含量（Ⅰ） 单位：%

样品	类别	微生物发酵床垫料挥发性物质含量										
		1	2	3	4	5	7	6	8	9	10	11
1	1	0	5.32	0	0	0	0	5.65	0	0	0	0
2	1	0	0	0	0	0	0	25.47	11.57	0	0	6.55
3	1	0	0	0	0	0	0	24.03	0	0	0	0
4	1	0	0	0	0	0	0	12.34	0	0	0	0
5	1	6.06	0	0	0	0	0	58.16	0	0	0	0
6	1	0	0	0	6.34	0	0	0	0	0	0	0
7	1	0	0	20.5	0	0	0	22.9	0	0	0	0
8	3	0	0	0	0	0	0	70	0	0	0	0
9	2	0	0	0	0	0	0	13.16	27.46	0	16.53	0
10	2	0	0	0	0	0	0	49.62	8.97	0	0	0
11	2	0	0	0	0	0	0	0	0	0	0	0
12	1	0	0	0	0	0	0	21.79	0	0	0	0

样品	类别	微生物发酵床垫料挥发性物质含量										
		1	2	3	4	5	7	6	8	9	10	11
13	2	0	0	0	0	15.3	0	0	0	0	0	0
14	2	0	0	0	0	0	0	63.17	9.14	0	5.5	4.04
15	3	0	0	0	0	0	0	43.92	17.85	0	10.15	8.06
16	3	0	0	0	0	0	0	20.05	6.56	7.37	0	0
17	3	0	0	0	0	0	0	6.72	9	0	0	13.71
18	3	0	0	0	0	0	0	13.06	0	0	0	0
19	2	0	0	0	0	0	0	31.15	12.11	0	1	5.52
20	2	0	5.32	0	0	0	0	50.65	0	0	0	0
21	3	0	0	0	0	0	5.57	40.58	15.51	0	0	0
22	4	0	0	0	0	0	0	70.76	0	0	0	0
23	1	0	0	0	0	0	0	0	0	0	0	0
24	3	0	0	0	0	0	0	0	0	0	0	0
25	4	0	0	0	0	0	0	21.67	13.61	0	14.72	11.67
26	4	0	0	0	0	0	0	58.8	0	0	0	0
27	3	0	0	0	0	0	0	71.51	0	0	0	0
28	3	0	0	0	0	0	0	60.73	0	0	0	0
29	4	0	0	0	0	0	0	43.6	21.73	0	0	7.78
30	4	0	0	0	0	0	0	5.34	0	0	0	0

表4-14　微生物发酵床垫料挥发性物质含量（Ⅱ）　　　　单位：%

样品	类别	微生物发酵床垫料挥发性物质含量										
		12	17	13	14	18	20	19	21	15	16	22
1	1	0	0	0	0	0	0	0	0	0	0	0
2	1	0	0	0	0	0	0	0	0	0	0	0
3	1	0	0	0	0	0	0	0	0	0	0	0
4	1	0	0	0	0	0	0	0	0	0	0	0
5	1	0	0	0	0	0	0	0	0	0	0	0
6	1	0	0	0	0	0	0	0	0	0	0	0
7	1	0	0	0	0	0	0	0	0	0	0	0
8	3	0	0	0	0	0	0	0	0	0	0	0
9	2	0	0	0	0	0	0	0	4	45.15	0	0
10	2	0	0	5.06	0	0	0	0	0	0	0	0
11	2	0	0	0	0	0	0	9.59	0	0	0	0
12	1	0	0	0	0	0	0	0	0	0	0	0

续表

样品	类别	微生物发酵床垫料挥发性物质含量										
		12	17	13	14	18	20	19	21	15	16	22
13	2	0	0	0	0	0	0	0	0	0	0	0
14	2	0	0	0	0	0	0	0	0	0	0	0
15	3	0	0	0	0	6.03	0	0	0	0	0	0
16	3	0	0	0	0	0	10	0	0	0	0	0
17	3	0	0	0	0	0	0	0	0	8.25	13.06	0
18	3	8.52	0	0	0	0	0	0	0	0	0	0
19	2	0	0	0	0	4.01	0	0	0	0	0	0
20	2	0	0	0	0	0	0	0	0	0	0	0
21	3	0	6.94	0	0	0	0	0	0	0	0	0
22	4	0	0	0	0	0	0	0	0	0	0	6.37
23	1	0	0	0	7.17	0	0	0	0	0	0	0
24	3	0	0	0	42.62	0	0	0	0	0	0	0
25	4	0	0	0	0	7.29	0	0	0	9.82	0	0
26	4	0	0	0	0	0	0	0	0	0	0	7.09
27	3	0	0	0	0	0	0	0	0	0	0	0
28	3	0	0	0	0	0	0	0	0	0	0	0
29	4	0	0	0	0	5.76	0	0	0	0	0	0
30	4	0	0	0	64.51	0	0	0	0	0	0	0

四、微生物发酵床垫料挥发性物质在样品中分布特性聚类分析

具体分析结果见表4-15和图4-26。当$\lambda=19.48$时，可将这些物质分为4类。根据物质在30个样品中分布的频次，将23个物质分为微频次（存在于1～2个样品中）、低频次（存在于3～6个样品中）、中频次（存在于7～9个样品中）和高频次（存在于10个以上样品中）4类。类别Ⅰ有3类6种物质，主要是微频次分布物质，存在于1～2个样品中。包括物质2在2个样品中存在，含量均为5.32%；物质1、物质3、物质4、物质5和物质7，均在1个样品中存在。类别Ⅱ有2类3种物质，主要是高频次分布，包括物质6在25个样品中存在、物质8存在于10个样品中、物质9存在于1个样品中。类别Ⅲ有1类5种物质，主要是中频次分布，均为烷类物质，含量为4.04%～16.53%，包括物质11在7个样品中存在，其余4个包括物质10在4个样品中存在，物质12、物质17和物质13均在1个样品中存在。类别Ⅳ有5类8种物质，主要是低频次分布，在1～4个样品中存在，主要是烷类物质，包括物质14和物质15存在于3个样品中，物质18存在于4个样品中，物质16、物质19、物质20、物质21和物质22仅存在于1个样品中。

表4-15 聚类过程

序号	I	J	距离
1	21	19	1.3045
2	17	12	2.3077
3	18	14	2.3745
4	7	5	3.1119
5	20	14	4.4365
6	9	8	4.8125
7	13	12	6.3387
8	16	15	6.4582
9	4	3	6.4807
10	2	1	6.5088
11	11	10	6.5922
12	8	6	8.4116
13	3	1	8.6692
14	12	10	9.4124
15	19	14	10.337
16	5	1	11.796
17	15	14	11.808
18	22	14	14.837
19	6	1	19.507
20	10	1	27.518
21	14	1	48.709

注：I、J分别为第I、第J个因子距离，下同。

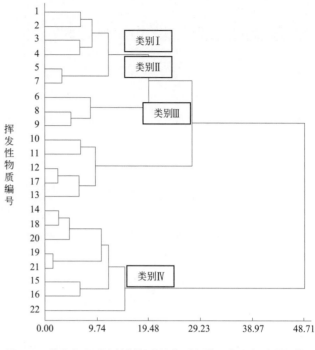

图4-26 微生物发酵床垫料挥发性物质在样品中分布系统聚类图

五、微生物发酵床垫料挥发性物质类别分类的聚类分析

具体分析结果见表 4-16 和图 4-27。以各部位样品含量为指标，数据矩阵进行规格化处理，以马氏距离为尺度，用可变类平均法对数据进行系统聚类分析。当 $\lambda=24.12$ 时，可将这些样品分为 4 类。

表4-16 聚类过程

T	I	J	距离	T	I	J	距离
1	4	3	1.1228	16	29	22	8.9492
2	27	16	1.5173	17	13	11	9.5125
3	19	10	1.7049	18	18	15	9.6889
4	24	8	3.4718	19	16	8	10.556
5	23	7	3.6191	20	7	5	10.777
6	14	11	3.8429	21	11	9	12.18
7	12	6	3.9108	22	21	15	12.259
8	28	18	5.073	23	30	22	15.541
9	26	25	5.7635	24	5	1	17.079
10	3	2	5.8016	25	15	8	19.755
11	20	10	5.9158	26	25	22	20.674
12	17	15	6.3735	27	9	1	32.398
13	6	5	7.5981	28	22	8	35.596
14	2	1	7.9603	29	8	1	60.299
15	10	9	8.8495				

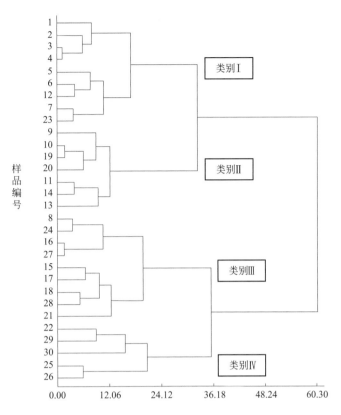

图4-27 微生物发酵床垫料样品系统聚类

类别Ⅰ包括 9 个样品，分别是样品 1 ～ 7、样品 12 和样品 23，该类别与样品的发酵程度Ⅰ级相符合，垫料外观完整，无明显腐烂，发酵程度浅。类别Ⅱ包括 7 个样品，分别是样品 9、样品 10、样品 11、样品 13、样品 14、样品 19 和样品 20，该类别与样品的发酵程度Ⅱ级相符合，原料外观部分较完整，有腐烂症状，发酵程度较深。类别Ⅲ包括 9 个样品，分别是样品 8、样品 15 ～ 18、样品 21、样品 24、样品 27 和样品 28，该类别与样品的发酵程度Ⅲ级相符合，原料腐烂程度较深，发酵程度深。类别Ⅳ包括 5 个样品，分别是样品 22、样品 25、样品 26、样品 29 和样品 30，该类别与样品的发酵程度Ⅳ级相符合，原料外观完全腐烂，发酵程度很深。聚类结果对 30 个样品的分类与发酵分级观测结果相对应，随着发酵程度的加深，烷类物质种类变化显著，发酵级别 1 级、2 级、3 级和 4 级垫料的烷类物质分别为 2 种、8 种、9 种和 5 种。二丁基羟基甲苯在各样品中普遍存在，随着发酵级别的加深，平均含量逐渐升高，在 1 级、2 级、3 级和 4 级垫料中平均含量分别为 18.93%、25.59%、36.28% 和 40.03%。

六、微生物发酵床垫料挥发性物质判别模型的建立

以各种物质在样品中的含量（X_j）为指标，被测的样品（X_i）为样本，垫料发酵级别（Y）为测定值，来组建判别分析数据矩阵。当 Fa 临界值 =1.15 时，共选入 13 个变量，建立判别函数。建立的判别模型如下：

$Y_1=-2.55-1.78X_1+1.118X_5+0.3228X_6-0.11X_8+2.155X_9+2.0423X_{12}+0.419X_{14}+0.358X_{15}+1.3403$
$X_{16}+1.4783X_{17}+2.116X_{18}+1.7778X_{19}+0.728X_{22}$

$Y_2=-32.2-8.276X_1+4.4647X_5+1.1555X_6-0.36X_8+7.762X_9+7.3885X_{12}+1.519X_{14}+1.404X_{15}+4.7393$
$X_{16}+5.2838X_{17}+7.8603X_{18}+7.0997X_{19}+2.989X_{22}$

$Y_3=-52.4-10.95X_1+5.1174X_5+1.5124X_6-0.98X_8+11.39X_9+10.332X_{12}+2.046X_{14}+1.896X_{15}+6.9559$
$X_{16}+8.8878X_{17}+11.775X_{18}+8.1377X_{19}+4.178X_{22}$

$Y_4=-83.4-12.87X_1+6.207X_5+1.7829X_6-1.15X_8+13.22X_9+12.019X_{12}+2.657X_{14}+2.318X_{15}+8.0323$
$X_{16}+10.2487X_{17}+16.053X_{18}+9.8704X_{19}+8.447X_{22}$

计算后分类和后验概率见表 4-17，判别效果矩阵分析见表 4-18。精确度可以满足垫料发酵程度归类。对于 30 个样本发酵级别的判别，错误 1 个，为样品 15，原分类Ⅲ类，模型判别为Ⅳ类。模型对垫料发酵程度级别的判别准确率达 96.67%，精确度可以满足垫料发酵程度归类。模型的用法为：对于 1 个未知发酵类别的样品，首先测定其挥发性物质组成，选择 $X_1 \sim X_{22}$（物质编码见表 4-12），代入方程计算，计算 Y_i，当 $1 \leqslant Y_i \leqslant 2$ 时，归为发酵程度Ⅰ类；当 $2 < Y_i \leqslant 3$ 时，归为发酵程度Ⅱ类；当 $3 < Y_i \leqslant 4$ 时，归为发酵程度Ⅲ类；当 $Y_i > 4$ 时，归为发酵程度Ⅳ类。

表4-17　计算后分类和后验概率

样本序号	原分类	计算后分类	后验概率
1	1	1	1.0000
2	1	1	1.0000
3	1	1	1.0000
4	1	1	1.0000
5	1	1	1.0000
6	1	1	1.0000
7	1	1	1.0000
8	3	3	0.9931
9	2	2	1.0000
10	2	2	0.9996
11	2	2	1.0000
12	1	1	1.0000
13	2	2	1.0000
14	2	2	0.9613
15	3	*4	0.9633
16	3	3	0.9999
17	3	3	0.9999
18	3	3	0.9999
19	2	2	0.6919

续表

样本序号	原分类	计算后分类	后验概率
20	2	2	0.8735
21	3	3	0.9999
22	4	4	1.0000
23	1	1	1.0000
24	3	3	0.9179
25	4	4	0.9994
26	4	4	1.0000
27	3	3	0.9960
28	3	3	0.8410
29	4	4	0.7997
30	4	4	0.9999

表4-18 判别效果矩阵分析

来自 \ 判为	类1	类2	类3	类4	小计	正确率/%
类1	9	0	0	0	9	1
类2	0	7	0	0	7	1
类3	0	0	8	1	9	0.889
类4	0	0	0	5	5	1

注：判对的概率 =0.96667。

七、讨论

一般认为猪舍中产生最多、危害最大的有害气体主要有氨气、硫化氢、二氧化碳等，硫化物是臭气的主要元凶。国家规定的《恶臭污染物排放标准》（GB 14554—1993）中有氨、三甲胺、硫化氢、甲硫醇、甲硫醚、二甲二硫醚、二硫化碳、苯乙烯等物质。微生物发酵床猪舍没有明显的臭气，发酵床猪舍温度和湿度都更适宜猪的生长（苏铁等，2010），空气环境好，研究利用气相色谱 - 质谱联用技术，分析了养猪微生物发酵床不同发酵程度垫料挥发性物质的种类和含量，共检测到 7 类 22 种不同的挥发性物质（匹配度 ≥ 90，相对含量 ≥ 4%），其中烷类物质 12 种，酯类物质 4 种，烯类和酚类物质各 2 种，苯类、哌啶类和噻吩类物质各 1 种，在样品中较普遍存在的是苯类和烷类物质。

对于猪场的不良气味，目前无论是定性测量还是定量测量，都还缺乏便捷有效的技术方法。而常用的气味测定方法主要有嗅觉测量法、气体探测管技术、传感器检测、红外气体分析等都有其各自的使用范围和优缺点（朱伟兴等，2006；张琳等，2009）。猪舍空气环境是一个多变量耦合的结果，因而，采用基于电子鼻的猪舍氨气、硫化氢气体定量识别方法，可以取得良好的效果（俞守华等，2009）。电子鼻技术能较好地解决单个传感器对混合气体发生交叉敏感问题，准确识别出其组分和浓度。这项技术在食品品质监控（洪雪珍等，2010）、粮食储藏（周显青等，2010）、医学诊断（何庆华等，2010）、环境保护（杨建华等，2002；毕丽君和高宏岩，2006）等方面已广泛应用。研究结果表明，垫料发酵过程中，挥发性物质种类和含量都有复杂的变化，这些变化是垫料的发酵程度的客观反映。利用电子鼻的概念和分析方法，能够得到样品中挥发性物质成分的整体信息，有利于准确判断垫料的使用状况。

微生物发酵床分解猪粪的过程产生了许多挥发性物质，包括烷类、酯类、烯类、酚类、苯类、噻吩类和哌啶类等，这些物质在不同发酵程度垫料中分布不同，有的物质分布普遍，为高频次分布，如物质 6 在 25 个样品中存在。有的物质为中频次分布，如物质 8 在 10 个样品中存在，物质 11 在 7 个样品中存在。低频次分布的如物质 10 和物质 18 在 4 个样品中存在。物质 14 和物质 15 均存在于 3 个样品中；物质 2 和物质 22 存在于 2 个样品中。其余的 13 种物质为微频次分布，仅在 1 个样品中检测到，包括物质 1、物质 3 ～ 5、物质 7、物质 9、物质 12、物质 13、物质 16、物质 17、物质 19 ～ 21。这些物质的分布特性表明了发酵过程猪粪的分解状态。

微生物发酵床的主要功能是使猪排泄的粪尿原位发酵分解，而使猪的排泄物与垫料的处理能力达到平衡对发酵床养猪非常关键。对发酵床管理的好坏不仅关系到垫料使用的年限，而且会影响猪群的健康状况和饲养效果（王兆勇，2009）。不同发酵状态的垫料其物质结构不同，分析使用 2 个月的发酵床新垫料和使用 18 个月的旧垫料中不同深度位点垫料成分的变化，结果表明，与新垫料相比，旧垫料持水能力降低，孔隙度下降，总氮、铵态氮、灰分及总磷的含量增加（盛清凯等，2010）。随着使用时间的增加，垫料中灰分、蛋白质、脂肪、全氮、钠、镍、全磷、Cu、Zn、Ca、K、Cd、As、Mg、Mn 的含量逐步增加。育肥床垫料和保育床垫料中粗纤维、有机质的含量的差异不大（应三成等，2010）。研究发现，随着垫料发酵程度的加深，物质种类和含量均发生明显的变化，其中垫料挥发性物质变化显著。烷类物质种类变化显著，发酵程度Ⅰ级、Ⅱ级、Ⅲ级和Ⅳ级垫料的烷类物质分别为 2 种、8 种、9 种和 5 种。在各样品中普遍存在的是二丁基羟基甲苯，随着发酵级别的加深，其平均含量逐渐升高，在Ⅰ级、Ⅱ级、Ⅲ级和Ⅳ级垫料中平均含量分别为 18.93%、25.59%、36.28% 和 40.03%。样品的聚类分析结果和发酵级别相关联的分析表明，各物质在 30 个样品中的分布和含量存在多态性，能够指示垫料的使用状态。

利用检测的挥发性物质组成特征，根据各物质在样品中的含量，利用聚类分析、逐步判别分析，构建垫料发酵程度判别模型，模型对垫料发酵程度级别的判别准确率达 96.67%，精确度可以满足垫料发酵程度归类。该方法对于科学地指导垫料管理具有重要意义。通过 GC/MS 检测发酵床垫料挥发性物质，引入电子鼻的概念和分析方法，在发酵床猪舍环境的监测分析方面，是一个新的尝试。然而，猪舍的空气环境是十分复杂的，通过挥发性物质构建的发酵程度判别模型还需要进一步分析不同的管理模式、不同的饲养状态、不同地区等条件下的垫料样品，一方面进行模型验证，另一方面对建模的数据样本进行扩充分析，以增加模型的可靠性，为建立养猪微生物发酵床垫料发酵程度判别模型标准和计算机自动分析方法，提供可靠的基础。

发酵床垫料发酵等级色差判别技术

一、概述

随着发酵时间的增加，发酵床垫料的发酵程度逐渐加深，垫料也从新鲜原料开始慢慢发生一系列变化，并最终成为可以用于花卉栽培的基质（蓝江林等，2013）。垫料是微生物发酵床养殖技术的核心，发酵床垫料管理得当，不仅能够保持猪舍内部的微环境平衡，而且能促进微生物对猪排泄物进行发酵分解，因此了解并调控发酵床垫料的发酵情况对于整个猪舍的环境保持具有重要意义（盛清凯等，2010；宦海琳等，2014）。目前对于发酵程度的判断主要是根据垫料存在于发酵床的时间对其进行简单分级，但是由于猪在猪舍内的排泄区具有特异性，因此简单地通过垫料的存在时间对垫料发酵程度进行分级很难全面反映垫料的真实发酵情况（李以翠等，2006）。另一种方法是根据垫料物理特征（即垫料的颜色、气味、腐烂度、湿度、成分完整性等特点）对垫料的发酵程度进行分级，这种方法总的来说具有直观、检测快速的优点，不需要大量的仪器和复杂的测定，常用于描述垫料发酵所处的状态，可以定性描述垫料发酵程度的情况，适合有经验的技术人员现场应用。但是这种方法由于缺乏量化的测定指标，容易造成人为引起的主观误差，只能与其他指标结合使用（张亚宁，2004）。宋泽琼等（2011）根据垫料在不同 NaCl 溶液中悬浮率的不同，将猪发酵床垫料分成4个等级，较好地反映了猪发酵床垫料的发酵程度，但同时也存在操作烦琐、工作量大等问题。因此，如何找到一种快速鉴定发酵床垫料的发酵等级的方法对研究微生物发酵床具有重要的意义，目前尚未有该方面研究的报道。

发酵床垫料随着发酵时间的延长，垫料颜色逐渐从黄色向灰色变化，最终变成黑色。垫料色泽能较准确地反映出垫料的真实发酵程度。笔者根据这一思路，从福建渔溪猪场中采集160份猪发酵床垫料样本。利用 CIE Lab 色差法得到采集样本与未发酵垫料之间的色差值 ΔE，利用统计学分析将垫料分成4个等级，得到一个根据色差值 ΔE 对猪发酵垫料进行分级的标准，该研究的目的在于快速鉴定猪发酵床垫料的发酵等级，为后续的研究提供理论基础。

二、研究方法

1. 供试材料

发酵床垫料采集：2015年5月采集于福建渔溪现代微生物发酵床大栏养猪福清示范基地。将养猪场发酵床（长60m、宽35m）的长轴和短轴分别进行8等分和4等分，由此将发酵床分成32个区域，如图4-28所示。

1-4	2-4	3-4	4-4	5-4	6-4	7-4	8-4
1-3	2-3	3-3	4-3	5-3	6-3	7-3	8-3
1-2	2-2	3-2	4-2	5-2	6-2	7-2	8-2
1-1	2-1	3-1	4-1	5-1	6-1	7-1	8-1

图4-28　发酵床垫料区域划分

采用五点采样法，如图4-29所示，以对角线中点为中心取样点，再在对角线上选择四个与中心样点距离相等的点作为取样点，一个区域取5点，32个区域共计160份样本。每份样本均匀四等分，取两份样本混匀再四等分，再取两份样本混匀再四等分，直至所需的采样量，进行色差数据分析。

2．色差分析研究

色差仪选用中国台湾泰仕 TES135 色差仪测定。测定前将160份已混匀的垫料在白纸上铺平，将色差计正对垫料成90°，保证其不露光，对垫料样本进行色差

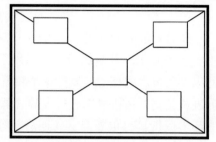

图4-29　五点采样法示意

测定。测定模式采用 $L*$、$a*$、$b*$、ΔE（$L*$ 为明度坐标，表征颜色的亮度大小；$a*$、$b*$ 为色品坐标，表示颜色的色彩和饱和度；ΔE 为总色差值），以未发酵的空白垫料作为色差测定参比样。采用亨特（Hunter）色差公式对色差数据进行分析：

$$\Delta E=[(\Delta L)^2+(\Delta a)^2+(\Delta b)^2]^{1/2}$$

式中，$\Delta L=L_1-L_2$；$\Delta a=a_1-a_2$；$\Delta b=b_1-b_2$；

其中 $L=10Y^{1/2}$

$$a=\frac{17.5\left(\dfrac{X}{f_{XB}+f_{XA}}Y\right)}{Y^{1/2}} \qquad b=\frac{7.0\left(Y\dfrac{Z}{f_{ZB}}\right)}{Y^{1/2}}$$

式中　X、Y 和 Z——样品的刺激值；

f_{XA}、f_{XB}、f_{ZB}——所选用的 CIE 标准色度观察者和标准照明体决定的常数。

计算已发酵垫料的总色差值（ΔE）。每份垫料重复3次，取平均值作为该份垫料的最终色差值。

3．垫料发酵等级研究

根据垫料的色差划分垫料的发酵等级，引入 STDEV 算法，根据样本的色差相对于平均值（μ）的离散程度（σ），将垫料的发酵等级分为四级（表4-19）：

表4-19　不同发酵等级垫料色差值 ΔE 范围

垫料发酵等级	公式
发酵一级	$0<\Delta E\leqslant\mu-2\sigma$
发酵二级	$\mu-2\sigma<\Delta E\leqslant\mu$
发酵三级	$\mu<\Delta E\leqslant\mu+2\sigma$
发酵四级	$\Delta E\geqslant\mu+2\sigma$

注：其中 $\mu=\dfrac{\sum\limits_{i=1}^{N}X_i}{N}$，$\sigma=\sqrt{\dfrac{\sum\limits_{i=1}^{N}(X_i-\mu)^2}{N}}$，$N=160$。

4．不同发酵等级垫料表观特征分析

分析不同发酵等级的垫料的表观特性，从表观颜色、干湿度、味道和腐烂度 4 个角度进行阐述，并拍照记录。

三、垫料样本色差统计

采用 TES135 色差仪对 160 份垫料样本的色差进行测定，选用 L^*、a^*、b^*，ΔE 模式，通过亨特色差公式对数据进行分析，测定 ΔE。如表 4-20 所列，160 份垫料样本的平均色差（μ）=39.06，标准偏差 (σ)=15.72。

表4-20　垫料样本色差统计

垫料编号	ΔE	垫料编号	ΔE	垫料编号	ΔE	垫料编号	ΔE
1	18.51	36	35.56	71	42.39	106	23.80
2	11.26	37	23.01	72	64.98	107	30.46
3	31.00	38	35.46	73	56.83	108	30.53
4	11.56	39	41.43	74	64.81	109	30.23
5	35.49	40	45.28	75	44.56	110	20.76
6	31.08	41	23.82	76	64.79	111	33.70
7	32.51	42	27.47	77	77.90	112	33.60
8	38.29	43	21.39	78	64.52	113	33.65
9	34.23	44	37.18	79	71.33	114	28.85
10	42.76	45	29.28	80	67.39	115	27.66
11	30.40	46	19.63	81	64.02	116	27.90
12	21.17	47	16.91	82	75.45	117	27.95
13	32.78	48	26.28	83	64.33	118	24.40
14	21.16	49	28.34	84	67.57	119	24.80
15	25.29	50	20.35	85	25.01	120	33.01
16	15.03	51	16.86	86	75.28	121	20.36
17	37.41	52	68.25	87	50.79	122	20.56
18	20.45	53	63.99	88	51.82	123	31.38
19	6.80	54	61.91	89	48.64	124	34.19
20	26.94	55	67.50	90	79.66	125	32.60
21	34.35	56	46.96	91	66.45	126	36.86
22	38.81	57	70.86	92	57.29	127	34.47
23	32.16	58	36.59	93	30.47	128	38.26
24	39.57	59	68.21	94	29.55	129	33.73
25	28.55	60	64.41	95	30.77	130	38.24
26	32.32	61	58.87	96	35.76	131	45.71
27	44.54	62	69.91	97	32.00	132	39.02
28	29.67	63	62.50	98	22.40	133	34.63
29	40.89	64	51.33	99	27.15	134	34.25
30	35.72	65	75.88	100	38.83	135	38.07
31	41.34	66	75.69	101	35.58	136	40.14
32	42.13	67	62.22	102	25.10	137	31.02
33	33.46	68	13.48	103	38.56	138	34.92
34	44.95	69	48.16	104	39.02	139	28.92
35	40.37	70	55.07	105	39.41	140	35.52

垫料编号	ΔE	垫料编号	ΔE	垫料编号	ΔE	垫料编号	ΔE
141	41.13	146	33.60	151	38.81	156	40.56
142	27.10	147	36.02	152	41.22	157	33.39
143	33.60	148	28.70	153	33.86	158	40.35
144	36.27	149	37.23	154	32.76	159	34.16
145	38.02	150	40.04	155	29.84	160	35.06

四、垫料发酵等级测定

如表 4-21 所列为垫料发酵的四个等级。160 份垫料样本大多为发酵二级和发酵三级，其中发酵二级的样本数最多，有 103 份样本，发酵三级的样本数为 48 个；发酵四级的样本数较少，只有 8 个样本；发酵一级的样本数最少，只有 1 个样本为发酵一级。

表4-21　垫料发酵等级测定

发酵等级	公式	色差值 ΔE 范围
发酵一级	$0 < \Delta E \leq \mu - 2\sigma$	$0 < \Delta E \leq 7.62$
发酵二级	$\mu - 2\sigma < \Delta E \leq \mu$	$7.62 < \Delta E \leq 39.06$
发酵三级	$\mu < \Delta E \leq \mu + 2\sigma$	$39.06 < \Delta E \leq 70.49$
发酵四级	$\Delta E \geq \mu + 2\sigma$	$\Delta E \geq 70.49$

五、不同等级垫料表观特征研究

将四个等级的表观特征统计如表 4-22 所列，随着发酵时间的增加，垫料的颜色逐渐由黄向黑转变，垫料的腐烂程度和湿度也越来越大；四级垫料带有明显的氨臭味，表明猪粪等排泄物已经被发酵降解。

表4-22　不同发酵等级垫料表观特征

发酵等级	表观颜色	干湿度	味道	腐烂程度
未发酵垫料	明黄	干	无	无
发酵一级	暗黄	干	无	无
发酵二级	灰黄	湿度小	轻微泥土味道	腐烂程度低
发酵三级	棕灰	中等湿度	猪粪便味道	腐烂程度中等
发酵四级	黑灰	湿度很大	氨臭味	腐烂程度高

采用平板摄像仪，固定焦距，固定光圈，对四个等级的垫料样本进行拍摄，结果如图 4-30 所示。

六、讨论

CIE Lab 色彩空间基于一种颜色不能同时既是绿又是红，也不能同时既是蓝又是黄这个理论而建立。当一种颜色用 CIE $L*a*b$ 时，$L*$ 表示明度值；$a*$ 表示红 / 绿值及 $b*$ 表示黄 / 蓝值。随着发酵程度的增加，L、a 和 b 的值逐渐下降，表明随着发酵程度的增加，垫料的

(a) 发酵一级垫料(0<ΔE≤7.62)

(b) 发酵二级垫料(7.62<ΔE≤39.06)

(c) 发酵三级垫料(39.06<ΔE≤70.49)

(d) 发酵四级垫料(ΔE>70.49)

图4-30 四个发酵等级垫料样品图

明度值下降，颜色逐渐往黑色转变；a 和 b 的值总体上也随着发酵程度的增加而变小，但是相比 L 值，没有呈现出规律性递减，表明发酵过程中垫料的颜色会朝着不同的颜色转变，这可能与猪排泄区域分布有关，后续对此还将进行深入研究。不同发酵等级垫料与空白垫料的色差值 ΔE 综合了 L、a 和 b 三个指标，结果更加科学合理。

STDEV（$б$）是基于样本估算的标准偏差，反映了数值相对于平均值（$\bar{X}$）的离散程度。根据样本的色差相对于平均值的离散程度，可初步得到一个根据色差值 ΔE 对猪发酵垫料进行分级的标准。根据这一标准，人们能快速地通过色差计测色值对垫料的发酵等级进行初步分级。由不同发酵等级垫料的表观特征的测定结果显示：垫料的色度分析能准确地反映垫料的发酵等级。这为垫料发酵等级的快速确定奠定了理论基础。

第五章

微生物发酵床
猪群管理

微生物发酵床隔栏设计

一、概述

以往的猪舍单个栏的大小都为 20 ～ 100m^2，不利于发酵床管理的机械化和环境监控的自动化。笔者设计了微生物发酵床大栏猪舍，单个猪栏的面积在 2000m^2 左右，一栏饲养1500 头育肥猪，通过拖拉机翻耕垫料实现发酵床管理的机械化，每次操作的时间仅需 1h，大幅度降低了劳动强度；同时也设计了微生物发酵床大栏猪舍环境参数包括光、温、水、湿、风、CO_2、NH_3 监控系统，实现了猪舍环境的自动调控。微生物发酵床大栏猪舍设计未见同类报道。

但是，如此大的猪群管理存在着许多问题，单栏猪群数量大，超过 1500 头，观察难度大，并且在猪群中存在着生长时间的差异、个体大小的差异、健康程度的差异、抗病能力的差异、竞争能力的差异等。由于猪的个体大小、健康、抗病、竞争能力的不同，对其的取食、饮水、运动、睡卧、争斗等行为难以观察，无法分类管理，造成小猪更弱、弱猪更不健康、病猪漏治，引起猪群体管理的缺位。为此，笔者提出了微生物发酵床大栏猪舍猪群管理隔离栏结构设计，在大栏的条件下实施渐进分栏，实现大栏猪群的有效管理。

二、微生物发酵床大栏猪舍猪群管理隔离栏结构设计

微生物发酵床大栏猪舍猪群管理隔离栏分成 8 个区域，如图 5-1 所示。其中 1、2 栏和 3、4 栏位于发酵床的两侧，作为隔离栏，各栏的面积为 52.5m^2，主要功能是用于隔离病、弱、小、差的猪，第 1 栏用于隔离生病的猪，第 2 栏用于隔离体质较弱的猪，第 3 栏用于隔离瘦小的猪，第 4 栏用于隔离竞争力较差的猪；同时，将 1 ～ 4 栏的门打开，把边上的卷帘放下，可以形成消毒通道，由挂在小栏上方的超声雾化器喷雾药物，将猪群赶过消毒通道进行病害消毒。第 5、6、7、8 栏为渐进隔栏，面积分别为 730m^2、210m^2、730m^2、210m^2，将刚进栏的小猪从第 5 栏放入，渐进地将大一点的猪分散到第 6 栏，再从第 6 栏分散出更大一点的猪到第 7 栏，以此类推，将健康的但大小有差异的猪渐进地分散到第 8 栏。等到育肥猪长到75kg 左右、猪群的健康状态稳定时，可以打开所有的栏门，让各栏贯通，这样猪群可以有更大的运动空间。

三、微生物发酵床大栏猪舍猪群管理隔离栏装备设计

第 1、2、3、4 隔离栏用于隔离病、弱、小、差的猪，投影上空有一高 2.3m 的顶棚，用阳光板制作；在栏的四周装配有手摇卷膜机，需要作为消毒间时，将四周的薄膜放下，形成

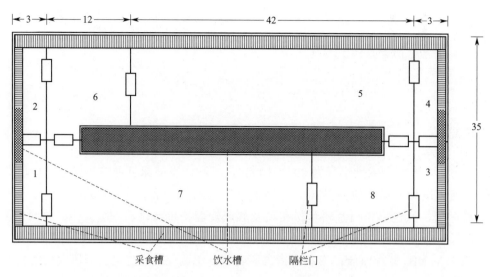

图5-1　微生物发酵床大栏猪舍猪群管理隔离栏结构设计(单位：m)

一个温室，可作消毒间；在这些栏中，第1栏和第2栏之间有一门，可以互通；第1栏和第7栏、第2栏和第6栏之间也有一门，可以互通；同样，第3栏和第4栏结构相同；第1栏左侧设有前段采食槽，装备了自动喂料系统，后段有饮水槽，装备了鸭嘴式饮水器，料水干湿分开；同样装备第2～第4栏采食槽和饮水槽。第5～第8栏用于大栏饲养育肥猪，以第7栏为例，它与第1栏、第6栏以及第8栏之间有门相通，采食槽在栏的南向，装备了自动喂料系统，饮水槽在中央线上，装备了鸭嘴式饮水器；同样的结构原理，在第5、6、8栏装配，每个栏都有3个门与相邻的栏互通，采食槽在发酵床的边缘，装备了自动喂料系统，饮水槽在发酵床中央线上，装备了鸭嘴式饮水器，实施干湿分离。

四、微生物发酵床大栏猪舍猪群管理隔离栏的实施

微生物发酵床大栏猪舍猪群管理隔离栏的实施按图5-1设计实施，实施结果见图5-2。育肥猪从保育栏引进时，从第7栏进入，育肥猪初期在20kg左右，个体较小；第7栏面积有730m²，可以容纳1500头小猪。小猪进入大栏3天为适应期，适应后开始渐进分栏，将病、弱、小、差的猪分别隔离到第1～第4栏，将体形大的猪逐步地逆时针进入第8栏，第8栏的猪继续生长，将更大一点的猪进入第5栏、继续进入第6栏。直到全体猪群长到75kg左右，把第5～第8栏相互贯通的门打开，让猪群有更大的运动空间。当第1～第4栏的猪健康后，再放入第7栏。

五、讨论

近年来，生猪生产向规模化、集约化方向发展，不论是生猪饲养量还是经济效益都创历史新高。但随着生产的发展，许多问题也随之而来，其中最大的问题是规模化养猪生产粪污产生量大，严重污染周围的环境和地下水质，威胁人们的身心健康，同时还给病原微生物

图5-2　微生物发酵床大栏猪舍猪群管理隔离栏的实施

繁殖、传播带来可乘之机，易造成传染病发生。为此，笔者所在团队按照"引进推广、消化吸收"的工作思路，积极推广"微生物发酵床"养猪，并通过养殖大户示范，取得了良好的成效。发酵床养殖模式可显著改善猪舍环境和猪的福利状况，并改善生产性能和猪肉品质，其安全性和经济性优势明显，应用前景广阔（俞锦禄，2009；王远孝等，2011；郭祥军，

2011；蒋建明等，2013；聂昌林等，2013)。

微生物发酵床养猪污染治理的环保效果更加显著。猪粪尿污染物排放已成为环境污染的重要因素之一，研究新型、高效、节能、减排的发酵床养猪技术是今后养猪业发展的一个重要方向。与传统水泥地面养猪进行对比，发酵床养猪免除了处理猪粪尿和冲洗猪舍，能够完全降解猪粪，可以实现环保、节水、节能、增效的目的。另外，发酵床的发酵效果与菌种类型、垫料原料种类及其制作方法和维护有着很大的关系。微生物发酵床养猪推广前景好，因其具有环保、生态、省时、省工、省料、肉质好等显著特点，所以受到欧美国家、德国、日本、韩国等发达国家养猪业界的普遍重视，普及面很广，我国国内也正在大力推广普及该技术（马晋，2004；施光发等，2006；李爱赟等，2010；曹东等，2012)。

微生物发酵床养猪可以显著提高猪的生长性能。符利辉等（2010）选择同品种、同批次、平均体重（16.35±2.33）kg 的杂交猪（本地白♀ × 大约克♂）180 头，随机分成 3 组，每组 4 次重复，每重复 8 头公猪、7 头母猪。第 1 组为对照组，用传统水泥地圈栏；试验 2 组采用负压抽风发酵床圈栏；试验 3 组采用负压抽风＋水帘降温的发酵床圈栏，试验期 150d，结果表明，试验 2、3 组与对照组比较日增重分别提高了 8.29%（$P < 0.01$）、13.34%（$P < 0.01$），饲料转化率分别提高了 2.78%、6.06%，发病率降低了 14.52%、19.35%，增重成本分别降低了 2.16%、3.55%。武华玉等（2009）选择 50 日龄的试验猪 300 头随机分成 2 组，分别采用微生物发酵床养猪技术、传统养猪技术进行饲养，60d 后，采用微生物发酵床养猪技术饲养的猪较传统养猪技术的猪日增重可提高 14.1%，料重比降低了 5.63%，且猪粪中干物质、粗蛋白及钙、磷含量分别减少了 10.68%、7.87%、39.57%、23.77%，达到了"零排放"和无污染的目的。

刘波等（2014）报道了微生物发酵床育肥猪大栏养殖系统，猪舍占地面积 2100m²，养猪发酵床面积 1900m²，整个猪舍单体存栏养殖育肥猪 1500 头，年出栏 4500 头（三批），总投资 260 万元，饲养人员 1 人，年产出 670 万元（按 7 元 /500g 计算），年产有机肥 1500t，产值 60 万元（按 400 元 /t 计算），总产值 730 万元，流动成本 80%，年利润 146 万元，2 ~ 3 年收回成本。与同等规模的传统养猪比较，节省投资 16%，土地节省 70%，人工节约 60%，品质指标提升了 35%，提高了育肥猪防疫水平，综合效益提高 30%，环保实现"零排放"，是养猪业的一次革命。可以认为，微生物发酵床育肥猪大栏养殖系统投资成本低，养殖过程自动化和机械化程度高，养殖污染治理彻底，猪的生长性能和猪肉品质高。

然而，微生物发酵床育肥猪大栏养殖系统单栏同期养殖育肥猪 1500 头，由于猪群过大，管理难度很大；同时，由于猪群个体间的大小、健康水平、抗病力、竞争能力的不同，管理人员难以观察猪群的取食、饮水、运动、睡卧、争斗等行为，无法实施分类管理，从而造成小猪更弱、弱猪更不健康、病猪漏治，最终会引起猪群体管理的缺位。为此，笔者设计了微生物发酵床大栏猪舍育肥猪群管理隔离栏结构，提出猪群渐进分栏管理方法，具体实施如上文所述。利用这一方法，提高了病猪的治疗能力，促进了弱猪的康复能力，提升了同期猪群的管理水平，为微生物发酵床育肥猪大栏养殖系统健康运行提供了基础。

第二节
微生物发酵床猪群生长

一、概述

笔者设计了大栏微生物发酵床，面积为 1800m²，一栏同期饲养 1500 头育肥猪。大猪群的管理与传统养猪的管理有着很大的差异，传统养猪一栏为 20 ～ 80 头，群体较小，无大猪群管理的问题。以往关于育肥猪生长性能管理的研究主要在饲料营养添加方面，例如，张勇等（2008）探讨了不同蛋白质水平饲粮对生长育肥猪生产性能、免疫机能及臀中肌中钙蛋白酶（μ-calpain）表达量的影响；杨静等（2014）研究饲粮中添加不同水平的饲用桑粉对于育肥猪生长性能和肉质的影响；邢成军等（2005）通过在饲料中添加大蒜素研究其对猪生长性能的影响；纪少丽和李爱花（2013）评估饲料中添加植物提取物止痢草精油（OE）对妊娠 - 哺乳期母猪的作用，研究 OE 单独或与抗生素联合使用对断奶 - 育肥阶段猪群血清胰岛素样生长因子 -1（insulin like growth factor-1，IGF-1）浓度、生长性能和胴体品质的影响；王中华和黄修奇（2011）研究甜菜碱对育肥猪生长性能、胴体品质和肉质的影响；宋凯等（2008）采用黑曲霉菌液体发酵制备木聚糖酶，添加到小麦日粮中对育肥猪生产性能和血液生化指标的影响；童建国等（2008）研究中草药提取物对育肥猪生产性能和肉质的影响。

微生物发酵床大栏养殖大猪群管理，首先是对一栏 1500 头的大群体"吃、喝、拉、撒"进行观察管理，特别注重找到一些简单易行的指标作为大群体猪群的健康指标，提出群体管理方法。

微生物发酵床大栏养殖大猪群生长性能管理将从猪的生长日龄和采食量的关系入手，以整群采食量、头均采食量、头均饮水量、群体健康级别划分，以个体体长与体重的关系等为指标，研究不同日龄育肥猪的取食量和生长的关系，观察大猪群生长健康状况，为微生物发酵床大栏养殖大猪群生长性能管理提供经验。

二、研究方法

（1）发酵床猪舍与仔猪　微生物发酵床大栏猪舍，位于福清下里农场，发酵床猪栏养猪面积 1800m²，垫料采用椰糠和谷壳各 50%，垫料高度 80cm。饲养 1500 头育肥猪，仔猪 60 日龄，平均重 20kg。猪舍温度控制在 28 ～ 32℃之间，湿度控制在 70% ～ 90% 之间。

（2）发酵床猪的饲喂　采用自动喂料系统，所有饲料均适宜生喂、干喂，不必蒸煮、浸泡，添加农家青杂料最好生喂。开始饲喂要控制喂量，以后逐日增量，要保证供给足够的清洁用水。由一种料改喂另一种料时，必须交叉投喂 5d 左右，逐渐过渡到新料。饲料原料应确保新鲜，如有霉变、变质等现象，严禁饲喂。饲料产品应存放于干燥通风处，严防潮湿、霉变。

（3）发酵床养猪生长模型的建立　1～56日龄猪统计保育猪资料（6月中旬～8月中旬），56～155日龄猪使用发酵床现场调查资料（8月中旬～12月中旬）。每日微生物发酵床1500头猪采食，从中选择200头猪进行称量，统计不同日龄下，猪的体重、增重、饲喂天数、日均采食量、日采食范围、阶段采食量、累计采食量以及料重比等参数，建立模型。

（4）微生物发酵床大栏养殖猪群采食和病害观察记录　逐日观察育肥猪整群采食量、头均采食量、头均饮水量等参数，进行模型验证。同时，从育肥猪进入发酵床开始，每10天观察一次，观察记载皮炎——痘状斑疹、拉稀——消化道疾病、咳嗽——呼吸道疾病、僵猪——营养不良、眼病——眼结膜炎、外伤——拐脚以及烈性传染病等育肥猪发病情况，直到110天停止发病为止，分析猪群病害发生规律。

三、猪群生长阶段生长指标统计

统计结果见表5-1，主要包括不同日龄下猪的体重、增重、饲喂天数、日均采食量、日采食量范围、阶段采食量、累计采食量以及料重比等参数。猪从出生到28日龄，饲养天数23d，体重范围为6～15kg，平均体重6.5kg，23d增重5.5kg，日采食范围为0.23～0.27kg，日均采食量0.25kg，料重比达到1.05；98日龄的中猪，体重可达53kg，14d增重11kg，日采食范围为1.9～2.1kg，日均采食量2.0kg，料重比达到2.55；155日龄大猪，体重可达100kg，15d增重12kg，日采食范围为3.1～3.3kg，日均采食量3.2kg，料重比达到4.00。通过数据分析，建立了猪群生长状况理论模型，包括：①体重与日龄模型；②增重与日龄模型；③日均采食量与日龄模型；④料重比与日龄模型等。

表5-1　微生物发酵床大栏养殖猪群生长特性

日龄	体重范围/kg	体重/kg	增重/kg	饲喂天数/d	日采食量范围/kg	日均采食量/kg	阶段采食量/kg	累计采食量/kg	料重比	累计料重比
28	6～15	6.5	5.5	23	0.23～0.27	0.25	5.75	5.75	1.05	1.05
42		13.0	6.5	14	0.60～0.70	0.65	9.10	14.85	1.40	1.14
56	15～30	20.0	7.0	14	0.85～0.95	0.9	12.6	27.45	1.80	1.37
70		30.0	10.0	14	1.30～1.50	1.4	19.6	47.05	1.96	1.57
84	30～60	42.0	12.0	14	1.70～1.90	1.8	25.2	72.25	2.10	1.72
98		53.0	11.0	14	1.90～2.10	2.0	28.0	100.3	2.55	1.89
112		64.0	11.0	14	2.10～2.30	2.2	30.8	131.1	2.80	2.05
126	60～100	76.0	12.0	14	2.60～2.80	2.7	37.8	168.9	3.15	2.22
140		88.0	12.0	14	2.90～3.10	3.0	42.0	210.9	3.50	2.40
155		100.0	12.0	15	3.10～3.30	3.2	48.0	258.9	4.00	2.59

1. 猪体重、增重与日龄模型

猪体重与日龄模型见图5-3，体重（y）与日龄（x）模型为$y=0.7589x-19.883$（$R^2=0.9937$）。50日龄猪标准体重应为18.062kg，100日龄猪标准体重应为56.007kg，150日龄猪标准体重应为93.952kg。微生物发酵床大栏养猪体重增长标准以此为参考，如果设计110kg出栏，则计算模型为110=0.7589x-19.883，即x=(110+19.883)/0.7589，需要饲养171.146d。

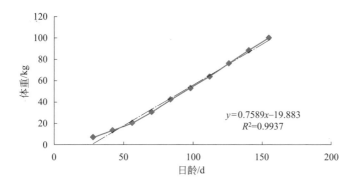

图5-3　微生物发酵床大栏养殖猪群日龄与体重相关性模型

猪增重与日龄模型见图 5-4，增重（y）与日龄（x）呈幂指数关系，模型为 $y=1.0395x^{0.5051}$（$R^2=0.8854$）。50 日龄猪标准日增重应为 7.5/23=0.326kg，100 日龄猪标准日增重应为 10.5/14=0.75kg，150 日龄猪标准日增重应为 13.2/14=0.94kg。微生物发酵床大栏养猪体重日增长标准以此为参考。

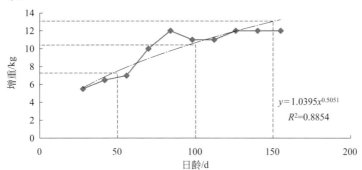

图5-4　微生物发酵床大栏养殖猪群日龄与增重相关性模型

2．猪日均采食量与日龄模型

猪日均采食量与日龄模型见图 5-5，日均采食量（y）与日龄（x）模型为 $y=0.0235x-0.3343$（$R^2=0.9917$）。60 日龄猪日均采食量应为 1.0757kg，65 日龄猪日均采食量应为 1.1932kg，70 日龄猪日均采食量应为 1.4kg，75 日龄猪日均采食量应为 1.4282kg。微生物发酵床大栏养猪日均采食量标准以此为参考。

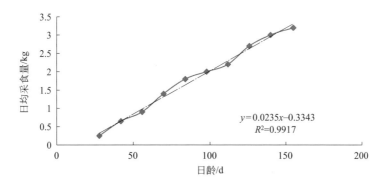

图5-5　微生物发酵床大栏养殖猪群日龄与日均采食量相关性模型

3．料重比与日龄模型

猪料重比与日龄模型见图5-6，料重比（y）与日龄（x）呈线性关系，模型为$y=0.022x+0.4278$（$R^2=0.9885$）。50日龄猪料重比应为1.5278，100日龄猪料重比应为2.6278，150日龄猪料重比应为3.7278。微生物发酵床大栏养猪料重比标准以此为参考。

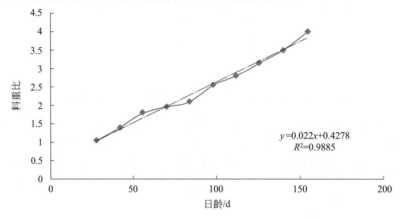

图5-6　微生物发酵床大栏养殖猪群日龄与料重比相关性模型

4．微生物发酵床大栏养殖育肥猪阶段性生长状况模型验证

实验结果见表5-2。微生物发酵床大栏养殖育肥猪1500头，观察开始于60日龄、结束于77日龄，记录整群采食量、日均采食量、日均饮水量。从表5-2可以看出，随着猪的日龄增加，日均采食量逐渐增加，60日龄猪日均采食量1.129kg，65日龄日均采食量1.442kg，70日龄日均采食量1.205kg，75日龄日均采食量1.735kg。对比猪日均采食量与日龄模型，60日龄、65日龄、70日龄、75日龄猪日均采食量理论值分别为1.0757kg、1.1932kg、1.3107kg、1.4282kg，在60～65日龄发酵床猪日均采食量高于理论值，表明发酵床养殖初期，猪还有一个适应过程，到了75日龄发酵床猪日均采食量高于理论值，表明猪已适应发酵床养殖。

表5-2　微生物发酵床大栏养殖60～77日龄猪群生长状况

日龄/d	整群采食量/kg	日均采食量/kg	日均饮水量/kg
60	1530.0	1.129	3.387
61	1719.5	1.269	3.807
62	1782.5	1.315	3.945
63	1713.0	1.264	3.792
64	1871.0	1.380	4.140
65	1955.0	1.442	4.326
66	1772.0	1.308	3.924
67	1848.0	1.367	4.101
68	1278.5	0.946	2.838
69	1743.0	1.293	3.879
70	1625.0	1.205	3.615
71	1801.5	1.348	4.044
72	1900.0	1.429	4.287
73	2047.5	1.547	4.641

续表

日龄/d	整群采食量/kg	日均采食量/kg	日均饮水量/kg
74	2165.0	1.637	4.911
75	2293.0	1.735	5.205
76	2250.0	1.704	5.112
77	2250.0	1.703	5.109

四、微生物发酵床大栏养殖猪病动态监测

观察结果见表5-3。整个养殖过程发现了皮炎——痘状斑疹、拉稀——消化道疾病、咳嗽——呼吸道疾病、僵猪——营养不良、眼病——眼结膜炎、外伤——拐脚等，未发现烈性传染病。

表5-3　微生物发酵床大栏养殖猪病发生动态监测

病害	猪生长阶段发病率(病猪头数/千头猪数)/%										
	10d	20d	30d	40d	50d	60d	70d	80d	90d	100d	110d
皮炎——痘状斑疹	85	55	27	16	25	30	20	25	25	29	27
拉稀——消化道疾病	15	23	20	5	23	80	24	27	30	10	3
咳嗽——呼吸道疾病	15	24	57	105	111	85	170	80	33	12	8
僵猪——营养不良	8	15	25	60	40	36	5	30	10	5	0
眼病——眼结膜炎	0	0	34	15	25	30	9	50	30	10	8
外伤——拐脚	15	23	20	50	40	27	20	4	0	0	0

① 对猪皮炎——痘状斑疹的观察结果表明，进栏30d以前皮炎发生较为严重，旬累计发病率在3%～9%，30d以后，皮炎转轻，发病率都在2.5%以下（图5-7）。发病动态模型为三元多项式方程：$y=-0.3258x^3+7.2401x^2-49.419x+125.56$（$R^2=0.9257$），在已知日龄条件下可以计算发病理论值。

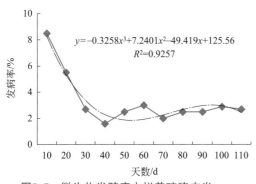

图5-7　微生物发酵床大栏养殖猪皮炎——
痘状斑疹发生动态

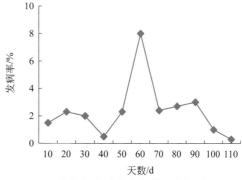

图5-8　微生物发酵床大栏养殖猪拉稀——
消化道疾病发生动态

② 对拉稀——消化道疾病的观察结果表明，一般情况下，微生物发酵床大栏养猪拉稀——消化道疾病的旬累计发病率在2.5%以下（图5-8），属正常范围。这批猪在进栏50～70d时，正遇到福清地区二次台风天气，猪群受潮受凉，拉稀发病率一度提高到8%。

③ 对咳嗽——呼吸道疾病的观察结果表明，一般情况下，微生物发酵床大栏养猪咳嗽——呼吸道疾病的旬发病率在2.5%以下（图5-9），属正常范围。这批猪在进栏40～80d

时，正遇到福清地区二次台风天气，猪群受潮受凉，咳嗽——呼吸道疾病发病率一度提高到8% ~ 16%。秋季高温季节遇到台风突然降温，能极大地提高猪发生咳嗽等呼吸道疾病的概率，应加强保温和防雨。

④ 对僵猪——营养不良的观察结果表明，一般情况下，微生物发酵床大栏养猪僵猪——营养不良的旬发病率在2.5%以下（图5-10），属正常范围。这批猪在进栏30 ~ 60d时，猪营养不良（僵猪）一度提高到4% ~ 6%，这与猪群迅速生长、饲料跟不上有关。

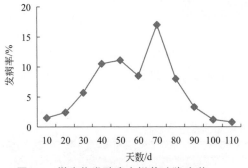

图5-9　微生物发酵床大栏养殖猪咳嗽——
呼吸道疾病发生动态

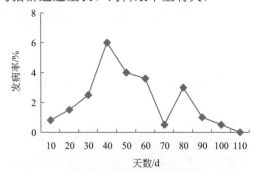

图5-10　微生物发酵床大栏养殖猪僵猪——
营养不良发生动态

⑤ 对眼病——眼结膜炎的观察结果表明，一般情况下，微生物发酵床大栏养猪眼病——眼结膜炎的旬发病率在2.5%以下（图5-11），属正常范围。这批猪在进栏30 ~ 80d时，猪群生长迅速，猪粪堆积增加，同时，管理上没有及时翻料，猪粪发酵不彻底，氨气产生量大，眼病——眼结膜炎发病率一度提高到3% ~ 5%。加强发酵床的翻堆管理，是减少眼病——眼结膜炎发病的关键。

⑥ 对外伤——拐脚的观察结果表明，一般情况下，微生物发酵床大栏养猪外伤——拐脚的旬发病率在2.5%以下（图5-12），属正常范围。这批猪在进栏40 ~ 60d时，猪群外伤——拐脚增加，一度提高到3% ~ 5%。

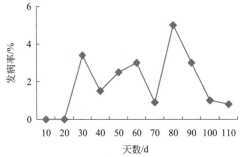

图5-11　微生物发酵床大栏养殖猪眼病——
眼结膜炎发生动态

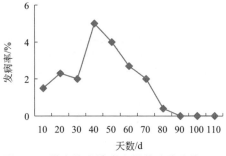

图5-12　微生物发酵床大栏养殖猪外伤——
拐脚发生动态

五、微生物发酵床猪群养殖效果

1．试验方法

实验从8月1日起至9月12日结束，实验期41d。

处理1：饲料中添加洛东酵素菌，垫料用洛东酵素菌发酵制作。

处理2：饲料中添加秾窠Ⅱ号饲用益生菌，垫料用秾窠Ⅰ号环境益生菌发酵制作。

处理3：饲料中不添加饲用益生菌，垫料用洛东酵素菌发酵制作。

处理4：饲料中不添加秾窠Ⅱ号饲用益生菌，垫料用秾窠Ⅰ号环境益生菌制作。

每个处理50头猪，放入时测定体重，结束时测定体重，统计饲料用量、增重量、料肉比以及死亡率。

2.试验记录

根据试验设计，针对每头猪的耳号，记载期初重、期末重、增重、死亡等，试验结果见表5-4～表5-7。

表5-4　处理1生物发酵舍保育猪实验记录表

猪耳号	期初重 / kg	期末重 / kg	增重 / kg	备注
1	10	17	7	
2	9.5	19	9.5	
3	9.5	18.5	9	
4	9.75	27.5	17.75	
5	9.5	20.5	11	
6	11.25	22	10.75	
7	10.5			8.21死亡，16.5kg
8	12.25	24	11.75	
9	10	23	13	
10	10.75	19	8.25	
11	8	24	16	
12	10.25	20	9.75	
13	8.75			9.4死亡，10kg
14	12.25	28.5	16.25	
15	11.5	24.5	13	
16	12.25	30	17.75	
17	12.75	31.5	18.75	
18	12.25	35	22.75	
19	11.25	27	15.75	
20	10.5	29.5	19	
21	11.25	21	9.75	
22	11	26.5	15.5	
23	11.75	27	15.25	
24	12.75	29	16.25	
25	13.75	28.5	14.75	
26	11.75	20.5	8.75	

猪耳号	期初重 / kg	期末重 / kg	增重 / kg	备注
27	10.25	27	16.75	
28	8.75	21	12.25	
29	10.75			8.22死亡，14.5kg
30	14.75	34	19.25	
31	14.5	33.5	19	
32	10.75	25.5	14.75	
33	11.5	30.5	19	
34	12.75	27	14.25	
35	10.25	23	12.75	
36	15	34.5	19.5	
37	11.75	26.5	14.75	
38	13.25	30	16.75	
39	15.75	30	14.25	
40	12.5	28	15.5	
41	14.25	37.5	23.25	
42	15.5	33.5	18	
43	14	35.5	21.5	
44	11.25	32.5	21.25	
45	14.75	24	9.25	
46	14	24.5	10.5	
47	11.75	26.5	14.75	
48	11.25	23	11.75	
49	14	29.5	15.5	
50	11.75	27.5	15.75	
总重量	560	1257.5	697.5	
平均重	11.91	26.75	14.84	

表5-5　处理2生物发酵舍保育猪实验记录表

猪耳号	期初重 / kg	期末重 / kg	增重 / kg	备注
51	12.25	20.5	8.25	
52	11.75	19.5	7.75	
53	9.75	23.5	13.75	
54	14	33.5	19.5	
55	11.25	19	7.75	
56	12.25	30	17.75	
57	11.25	23.5	12.25	
58	11.25	32	20.75	

续表

猪耳号	期初重 / kg	期末重 / kg	增重 / kg	备注
59	13.25	27	13.75	
60	11	29.5	18.5	
61	13.5	36.5	23	
62	12.75	27.5	14.75	
63	12.5	26.5	14	
64	12.25	34.5	22.25	
65	11.75	31	19.25	
66	12.75	31	18.25	
67	10	20.5	10.5	
68	12.75			8.13死亡，14.5kg
69	12.75	33	20.25	
70	12.75	29.5	16.75	
71	13.75	21.5	7.75	
72	12.25	29.5	17.25	
73	14.25	31.5	17.25	
74	13.25	34.5	21.25	
75	12.75	29.5	16.75	
76	10	28.5	18.5	
77	13	26	13	
78	12.5	24.5	12	
79	13.5	31.5	18	
80	9.75	25	15.25	
81	12.5	26	13.5	
82	12.75	24	11.25	
83	11.5			8.23死亡，17.5kg
84	10.25	28.5	18.25	
85	12.75			9.3死亡，15kg
86	13.25	26	12.75	
87	13.75	31	17.25	
88	12	32	20	
89	10.5			8.14死亡，15kg
90	10.5	23.5	13	
91	12.5	28.5	16	
92	11.75	18	6.25	
93	10.75	23.5	12.75	
94	10.75	23	12.25	
95	9	23	14	
96	13.25	18.5	5.25	
97	12.75	25	12.25	
98	12.25	21.5	9.25	
99	13.25	20	6.75	

猪耳号	期初重 / kg	期末重 / kg	增重 / kg	备注
100	12.75	20.5	7.75	
总重量	558	1222.5	664.5	
平均重	12.13	26.58	14.45	

表5-6　处理3生物发酵舍保育猪实验记录表

猪耳号	期初重 / kg	期末重 / kg	增重 / kg	备注
101	14.5	26	11.5	
102	13.5	28.5	15	
103	12.5	21	8.5	
104	12.25			9.7死亡，16kg
105	14.25	37.5	23.25	
106	14.5	37	22.5	
107	12.75			9.10死亡，17.5kg
108	12.5	20.5	8	
109	10.5	22.5	12	
110	14	25	11	
111	13.75	20.5	6.75	
112	13.25	27.5	14.25	
113	11.25	33.5	22.25	
114	9.5	21	11.5	
115	11.75	20.5	8.75	
116	10.75	16	5.25	
117	12.25	22.5	10.25	
118	13.75	27	13.25	
119	11.75	19.5	7.75	
120	11.25			8.21死亡，13.5kg
121	13.25	26.5	13.25	
122	12.25	21.5	9.25	
123	10.75	25	14.25	
124	10.75	21	10.25	
125	9.5	21	11.5	
126	12.75	30.5	17.75	
127	10.75	24.5	13.75	
128	10.75	26.5	15.75	
129	9.75	24.5	14.75	
130	12.75	29.5	16.75	
131	11.25			8.20死亡，13.25kg
132	11.25	26.5	15.25	
133	9.75	22.5	12.75	
134	12.25	25	12.75	
135	9.25	23.5	14.25	

续表

猪耳号	期初重 / kg	期末重 / kg	增重 / kg	备注
136	9.25	23.5	14.25	
137	9.25	26.5	17.25	
138	9.25	21	11.75	
139	9.75	24.5	14.75	
140	11.25	27.5	16.25	
141	10.75	28.5	17.75	
142	10.25	19.5	9.25	
143	11.5	29	17.5	
144	11.5	28.5	17	
145	13.5	36.5	23	
146	10	28	18	
147	11.25	28	16.75	
148	11.25	28	16.75	
149	9.75	22	12.25	
150	9.75	19.5	9.75	
总重量	528.25	1164.5	636.25	
平均重	11.48	25.32	13.84	

表5-7　处理4生物发酵舍保育猪实验记录表

猪耳号	期初重/kg	期末重/kg	增重/kg	备注
151	9.75	19.5	9.75	
152	11.75			8.22死亡，14kg
153	12.25	24	11.75	
154	13.25			8.7死亡，15kg
155	10	28.25	18.25	
156	11.25	24	12.75	
157	10.25	28.75	18.5	
158	11.25	23.5	12.25	
159	11.75	26	14.25	
160	9.75	26	16.25	
161	11.75	28.5	16.75	
162	11.5	26.5	15	
163	11.5	26	14.5	
164	13	28.5	15.5	
165	11.75	23.5	11.75	
166	9.75	28.75	19	
167	10.25	24	13.75	
168	9.5	23	13.5	
169	13.25	26	12.75	
170	11.75	30	18.25	
171	12.25	32.5	20.25	
172	10.25	24	13.75	

猪耳号	期初重/kg	期末重/kg	增重/kg	备注
173	11.25	29	17.75	
174	10.75	23.5	12.75	
175	11.25			8.23死亡，13kg
176	9.75	19	9.25	
177	11.5	22	10.5	
178	11.25	28	16.75	
179	11.25			8.24死亡，15kg
180	8.75	14.5	5.75	
181	10.75	25.5	14.75	
182	10	25	15	
183	9	18.5	9.5	
184	8.75	19.5	10.75	
185	10.25	17.5	7.25	
186	10	16	6	
187	10.25	21.5	11.25	
188	9.25	22.5	13.25	
189	8.75	19.5	10.75	
190	10	22	12	
191	10.5	24	13.5	
192	10.75	25.5	14.75	
193	10.75	25.5	14.75	
194	10.75	21.5	10.75	
195	10	22.5	12.5	
196	10.25	17.5	7.25	
197	9.75	22	12.25	
198	9.5	22.5	13	
199	10.75	21.5	10.75	
200	9	20	11	
总重量	485	1087.25	602.25	
平均重	10.54	23.63	13.09	

3．处理效果

41d 的试验，各处理饲养效果见表5-8。采用微生物发酵床饲养的保育猪成活率为92%～94%。有饲用益生菌的处理平均日增重为352～362g/d，比没有饲用益生菌的处理平均日增重（319～337g/d）高7.42%～10.34%。有饲用益生菌的处理总耗料为1410.5～1451.5kg，比没有饲用益生菌的处理总耗料1289～1367kg 高84.5～121.5kg。有饲用益生菌的处理料肉比在2.08～2.12 之间，没有饲用益生菌的处理料肉比在2.14～2.15之间。

表5-8　微生物发酵床养猪效果

处理	平均日增重/g	总耗料/kg	料肉比	成活率/%
1	362	1451.5	2.08∶1	94
2	352	1410.0	2.12∶1	92
3	337	1367.0	2.15∶1	92
4	319	1289.0	2.14∶1	92

4．处理组个体增重频次分布

将各处理的猪个体增重分为五组，组中值在 7～9g、10～12g、13～15g、16～21g 之间，统计各处理猪个体增重范围频次分布，统计结果见表5-9。处理 1 的日增重中间值为 15.13g，所占比例为 31.91%；处理 2 的日增重中间值为 14.13g，所占比例为 23.91%；处理 3 的日增重中间值为 14.23g，所占比例为 30.43%；处理 4 的日增重中间值为 13.00g，所占比例为 34.78%。

表5-9　处理样本个体增重频次分布

处理	组中值/g	样本数	理论值/g	比例/%	累计次数	累计比例/%
1	8.62	8	4.60	17.02	8.00	17.02
	11.88	9	11.54	19.15	17.00	36.17
	15.13	15	15.10	31.91	32.00	68.09
	18.38	11	10.30	23.40	43.00	91.49
	21.63	4	3.66	8.51	47.00	100.00
2	7.02	8	3.91	17.39	8.00	17.39
	10.58	7	9.91	15.22	15.00	32.61
	14.13	11	14.00	23.91	26.00	56.52
	17.68	13	11.02	28.26	39.00	84.78
	21.23	7	4.83	15.22	46.00	100.00
3	7.05	6	4.36	13.04	6.00	13.04
	10.65	12	11.74	26.09	18.00	39.13
	14.23	14	15.46	30.43	32.00	69.57
	17.85	10	9.94	21.74	42.00	91.30
	21.45	4	3.12	8.70	46.00	100.00
4	7.20	4	3.40	8.70	4.00	8.70
	10.10	10	10.65	21.74	14.00	30.43
	13.00	16	15.84	34.78	30.00	65.22
	15.90	10	11.17	21.74	40.00	86.96
	18.80	6	3.74	13.04	46.00	100.00

5．处理组个体增重方差分析

处理组个体增重方差分析结果见表 5-10～表 5-13。4 个处理组的日平均增重分别为 15.12g、14.74g、13.86g、13.20g，方差分析表明，处理间的显著水平 $P=0.1154>0.05$，表明差异不显著。多重比较也说明处理间差异不显著。

表5-10　处理组个体增重统计

处理	样本数	均值/g	标准差
处理1	44	15.12	3.89
处理2	44	14.74	4.53
处理3	44	13.86	4.33
处理4	44	13.20	3.39

表5-11　方差分析表

变异来源	平方和	自由度	均方	F值	显著水平
处理间	99.0550	3.0000	33.0183	2.0030	0.1154
处理内	2835.3026	172.0000	16.4843		
总变异	2934.3576	175.0000			

表5-12　Tukey法多重比较（下三角为均值差，上三角为显著水平）

处理	均值/g	1	2	3	4
1	15.11932		0.9715	0.4657	0.1223
2	14.73864	0.3807		0.7395	0.2871
3	13.85795	1.2614	0.8807		0.8716
4	13.19886	1.9205	1.5398	0.6591	

表5-13　多重比较

处理	均值/g	5%显著水平	1%极显著水平
处理1	15.11932	a	A
处理2	14.73864	a	A
处理3	13.85795	a	A
处理4	13.19886	a	A

注：表中的小写字母表示差异显著，大写字母表示差异极显著，余同。

6. 处理组个体日增重概率分布

处理组个体日增重概率分布的分析结果见表 5-14～表 5-21。处理组猪个体日增重见表 5-14。用二项分布、波松分布、负二项分布、核心分布、二项 - 波松分布进行频次分布检验，理论频次总和 =184.0000、卡方值 =500.7469 适合度最高，表明处理组个体日增重概率分布为二项分布。

表5-14　处理组猪个体日增重　　　　　　　　　　　　　　　　单位：kg

处理1增重	处理2增重	处理3增重	处理4增重
7.00	8.25	11.50	9.75
9.50	7.75	15.00	11.75
9.00	13.75	8.50	18.25
17.75	19.50	23.25	12.75
11.00	7.75	22.50	18.50

处理1增重	处理2增重	处理3增重	处理4增重
10.75	17.75	8.00	12.25
11.75	12.25	12.00	14.25
13.00	20.75	11.00	16.25
8.25	13.75	6.75	16.75
16.00	18.50	14.25	15.00
9.75	23.00	22.25	14.50
16.25	14.75	11.50	15.50
13.00	14.00	8.75	11.75
17.75	22.25	5.25	19.00
18.75	19.25	10.25	13.75
22.75	18.25	13.25	13.50
15.75	10.50	7.75	12.75
19.00	20.25	13.25	18.25
9.75	16.75	9.25	20.25
15.50	7.75	14.25	13.75
15.25	17.25	10.25	17.75
16.25	17.25	11.50	12.75
14.75	21.25	17.75	9.25
8.75	16.75	13.75	10.50
16.75	18.50	15.75	16.75
12.25	13.00	14.75	5.75
19.25	12.00	16.75	14.75
19.00	18.00	15.25	15.00
14.75	15.25	12.75	9.50
19.00	13.50	12.75	10.75
14.25	11.25	14.25	7.25
12.75	18.25	14.25	6.00
19.50	12.75	17.25	11.25
14.75	17.25	11.75	13.25
16.75	20.00	14.75	10.75
14.25	13.00	16.25	12.00
15.50	16.00	17.75	13.50
23.25	6.25	9.25	14.75
18.00	12.75	17.50	14.75
21.50	12.25	17.00	10.75
21.25	14.00	23.00	12.50
9.25	5.25	18.00	7.25
10.50	12.25	16.75	12.25
14.75	9.25	16.75	13.00
11.75	6.75	12.25	10.75
15.50	7.75	9.75	11.00

表5-15　处理组猪个体日增重频次分布

每样方数	实测频数	Fx	$Fx \cdot x$
0	0	0	0
1	0	0	0
2	0	0	0
3	0	0	0
4	0	0	0
5	2	10	50
6	3	18	108
7	5	35	245
8	9	72	576
9	8	72	648
10	11	110	1100
11	10	110	1210
12	19	228	2736
13	16	208	2704
14	18	252	3528
15	16	240	3600
16	12	192	3072
17	14	238	4046
18	17	306	5508
19	7	133	2527
20	5	100	2000
21	3	63	1323
22	4	88	1936
23	5	115	2645
样方均值=14.0761		样本方差=16.9669	

表5-16　处理组猪个体日增重概率分布二项分布频次检验

每样方数	观察频数	理论频数	卡方值
0	0	0	0
1	0	0	0
2	0	0	0
3	0	0.0004	0.0004
4	0	0.0035	0.0035
5	2	0.0211	185.5191
6	3	0.0999	84.2029
7	5	0.3826	55.7196
8	9	1.2071	50.311
9	8	3.1733	7.3415
10	11	7.0076	2.2746
11	10	13.0631	0.7182
12	19	20.6049	0.125
13	16	27.5009	4.8097

续表

每样方数	观察频数	理论频数	卡方值
14	18	30.9846	5.4414
15	16	29.324	6.0541
16	12	23.1271	5.3535
17	14	15.0209	0.0694
18	17	7.8977	10.4906
>=19	24	4.5812	82.3123

理论频次总和=184.0000，卡方值=500.7469

表5-17　处理组猪个体日增重概率分布波松分布频次检验

每样方数	观察频数	理论频数	卡方值
0	0	0.0001	0.0001
1	0	0.002	0.002
2	0	0.014	0.014
3	0	0.0659	0.0659
4	0	0.2319	0.2319
5	2	0.6529	2.779
6	3	1.5318	1.4072
7	5	3.0803	1.1964
8	9	5.4198	2.3649
9	8	8.4767	0.0268
10	11	11.9318	0.0728
11	10	15.2685	1.8179
12	19	17.9101	0.0663
13	16	19.3926	0.5935
14	18	19.498	0.1151
15	16	18.297	0.2884
16	12	16.0969	1.0427
17	14	13.3283	0.0338
18	17	10.4228	4.1505
19	7	7.7217	0.0675
20	5	5.4346	0.0347
>=21	12	9.2221	0.8368

理论频次总和=184.0000，卡方值=17.2083

表5-18　处理组猪个体日增重概率分布负二项分布频次检验
（矩法估计参数K=68.5410）

每样方数	观察频数	理论频数	卡方值
0	0	0.0005	0.0005
1	0	0.0059	0.0059
2	0	0.0351	0.0351
3	0	0.1405	0.1405
4	0	0.4280	0.4280

每样方数	观察频数	理论频数	卡方值
5	2	1.0579	0.8389
6	3	2.2093	0.2830
7	5	4.0083	0.2454
8	9	6.4486	1.0095
9	8	9.3439	0.1933
10	11	12.3445	0.1464
11	10	15.0172	1.6762
12	19	16.9594	0.2455
13	16	17.9018	0.2020
14	18	17.7646	0.0031
15	16	16.6551	0.0258
16	12	14.8162	0.5353
17	14	12.5536	0.1666
18	17	10.1644	4.5969
19	7	7.8879	0.1000
20	5	5.8824	0.1324
>=21	12	12.3750	0.0114

理论频次总和=184.0000，卡方值=11.0216

表5-19 处理组猪个体日增重概率分布负二项分布频次检验
（最大或然法估计参数 K_0=68.5410，K=67.1343）

每样方数	观察频数	理论频数	卡方值
0	0	0.0005	0.0005
1	0	0.006	0.006
2	0	0.0356	0.0356
3	0	0.1424	0.1424
4	0	0.4327	0.4327
5	2	1.0671	0.8156
6	3	2.2236	0.2711
7	5	4.0268	0.2352
8	9	6.4678	0.9914
9	8	9.3589	0.1973
10	11	12.3502	0.1476
11	10	15.0106	1.6726
12	19	16.9406	0.2503
13	16	17.874	0.1965
14	18	17.733	0.004
15	16	16.6252	0.0235
16	12	14.7925	0.5272
17	14	12.5384	0.1704
18	17	10.1581	4.6083
19	7	7.8892	0.1002
20	5	5.8891	0.1342
>=21	12	12.4375	0.0154

理论频次总和=184.0000，卡方值=10.9781

表5-20　处理组猪个体日增重概率分布核心分布频次检验

每样方数	观察频数	理论频数	卡方值
0	0	0.0005	0.0005
1	0	0.0063	0.0063
2	0	0.0366	0.0366
3	0	0.1449	0.1449
4	0	0.4372	0.4372
5	2	1.0724	0.8024
6	3	2.2262	0.2689
7	5	4.0217	0.238
8	9	6.4509	1.0073
9	8	9.3299	0.1896
10	11	12.3143	0.1403
11	10	14.9771	1.6539
12	19	16.9195	0.2558
13	16	17.8723	0.1961
14	18	17.7521	0.0035
15	16	16.6607	0.0262
16	12	14.8364	0.5423
17	14	12.5818	0.1599
18	17	10.1937	4.5446
19	7	7.9129	0.1053
20	5	5.9001	0.1373
>=21	12	12.3527	0.0101

理论频次总和=184.0000，卡方值=10.9071

表5-21　处理组猪个体日增重概率分布波松－二项分布频次检验
($N=2.00000000$，$P=0.20536743$)

每样方数	观察频数	理论频数	卡方值
0	0	0.0006	0.0006
1	0	0.0067	0.0067
2	0	0.0385	0.0385
3	0	0.1501	0.1501
4	0	0.4475	0.4475
5	2	1.0877	0.7651
6	3	2.2434	0.2552
7	5	4.0339	0.2314
8	9	6.4507	1.0075
9	8	9.3127	0.185
10	11	12.2813	0.1337
11	10	14.9355	1.631
12	19	16.8801	0.2662
13	16	17.845	0.1907
14	18	17.7427	0.0037

每样方数	观察频数	理论频数	卡方值
15	16	16.6696	0.0269
16	12	14.859	0.5501
17	14	12.6112	0.1529
18	17	10.223	4.4925
19	7	7.9371	0.1106
20	5	5.9165	0.142
>=21	12	12.3272	0.0087
理论频次总和=184.0000，卡方值=10.7966			

六、讨论

（1）微生物发酵床大栏养殖猪群生长曲线　项云等（2010）利用 Gompertz 方程对 44 头金华猪新品系（B 型）后备猪（公母各半）进行生长曲线拟合研究。张树山等（2012）对随机选择的 32 头（4 窝）巴马小型猪 0 ～ 25 周期间每周平均体重进行测定，并用 Logistic 和 Gompertz 模型对其进行拟合。徐如海等（2007）利用 14 头杜洛克公猪 1596 条连续日称重记录，进行了 Logistic 方程和 Compertz 方程的生长曲线拟合分析。关红民等（2010）以舍饲型合作猪为研究对象，对其生长发育进行了研究，并运用 Gompertz、Richards 和 Logistic 3 种非线性模型拟合了体重变化规律。孙华等（2008）测试 102 头湖北白猪优质系 2 个世代从出生到 20 日龄、50 日龄及 25 ～ 90kg 体重期间的生长发育情况，用 Logistic 和 Gompertz 方程对其生长曲线进行拟合和分析，推导了其达 90kg 体重日龄校正公式。陶志伦等（2004）以 Logistic 和 Gompertz 方程拟合 90 头金华猪生长肥育期的生长曲线。

对微生物发酵床大栏养殖大猪群生长规律模型的研究未见报道，微生物发酵床大栏养殖猪群的生长状况，以猪日龄为核心，观察体重范围、平均体重、日增重、饲喂天数、日采食量范围、日均采食量、阶段采食量、累计采食量、料重比、累计料重比等，建立了一套猪群生长状况动态模型：①建立了猪体重（y）与日龄（x）的模型，为 $y=0.7589x-19.883$（$R^2=0.9937$），用于判断特定日龄下猪应该生长的体重理论值；②建立了猪半月增重（y）与日龄（x）的幂指数关系模型，为 $y=1.0395x^{0.5051}$（$R^2=0.8854$），作为理论值，判别特定日龄下猪半月增重的标准；③建立了日均采食量（y）与日龄（x）的模型，为 $y=0.0235x-0.3343$（$R^2=0.9917$），作为理论值，判别特定日龄下猪日均采食量的标准；④建立了猪料重比（y）与日龄（x）的线性关系模型，为 $y = 0.022x+0.4278$（$R^2 = 0.9885$），作为理论值，判别特定日龄下猪料重比的标准。当猪体重、猪半月增重、日均采食量、猪料重比实际值低于理论值时，必须寻找原因，加强猪的管理。

黄茂盛等（2012）为了解发酵床饲养育肥猪的实际效果，将日龄和体重接近的 100 头DLY（D 代表杜洛克猪，L 代表长白猪，Y 代表大约克猪）三元杂交仔猪随机分成两组，分别在小栏发酵床和普通猪舍用相同的日粮进行饲养，以比较两种猪舍对猪生长育肥性能的影响。结果表明，小栏发酵床饲养的生长育肥猪，其达 100kg 体重日龄、30 ～ 100kg 日增重和料重比分别为（170.67±3.31）d、（731±28）g 和 2.94∶1，分别比普通猪舍饲养的生长育肥猪缩短 3.61d（$P < 0.01$）、提高 26g（$P < 0.01$）和降低 0.17。笔者研究了微生物发酵床母猪→保育猪→育肥猪全程大栏养猪的结果是，体重达 100kg 的日龄为 155d，比小栏发酵床养殖缩短 15d；料重比为 2.59，比小栏发酵床养殖降低 0.35。微生物发酵床大栏养猪（1500头）的效果优于小栏养猪（100 头）。

（2）微生物发酵床大栏养殖猪群生长状况　章红兵等（2012）试验选择 23d 断奶三元杂交（杜洛克猪 × 长白猪 × 大约克猪）仔猪 60 头，公母各半，随机分成试验组和对照组。试验组采用发酵床饲养方式，对照组采用常规饲养方式，试验期为 137d。试验组平均日增重比对照组增加了 6.76%，差异显著（$P < 0.05$），料重比降低了 5.13%，差异不显著（$P > 0.05$）；说明发酵床饲养方式对猪是安全的，可以明显提高肉猪的生产性能，该研究与笔者研究的结果相似。利用微生物发酵床大栏养殖猪群生长曲线模型，对微生物发酵床大栏养殖育肥猪 1500 头 60～77 日龄生长阶段的日均采食量进行观察，可以看出在 60～65 日龄发酵床猪日均采食量低于理论值，表明发酵床养殖初期，猪还有一个适应过程，到了 70～75 日龄发酵床猪日均采食量高于理论值，表明猪已适应发酵床养殖，特别是在 75 日龄发酵床猪日均采食量提高 21%，表明发酵床养猪更加有利于猪的生长。通过日均采食量，可以判断猪的生长状况，猪日均采食量与日龄模型应用于微生物发酵床大栏养猪群体管理具有重要意义。

（3）微生物发酵床大栏养殖猪群病害发生动态　章红兵等（2012）的结果表明，在保育期，试验组发病率比对照组降低 26.47%，在生长期和育肥期，试验组发病率比对照组分别提高了 42.29% 和 39.50%，各组死亡率没有变化，但后期发病率有所提高。该研究与笔者研究的结果相似。

郭彤等（2012）选择 84 头体重在 (7.5±0.2)kg 的"杜长大"三元杂交断奶仔猪，随机分为两组。试验组采用发酵床饲养，对照组采用传统水泥地面饲养，基础日粮完全相同。结果表明，与对照组相比，试验组日增重显著增加（$P < 0.05$），饲料增重比和腹泻率显著降低（$P < 0.05$）；试验组盲肠和结肠内容物中大肠杆菌、沙门菌数量明显降低（$P < 0.05$），而乳酸杆菌和双歧杆菌数量显著升高（$P < 0.05$）；发酵床饲养模式中猪舍的环境得到显著改善，舍内温度明显升高（$P < 0.05$），氨气浓度和悬浮颗粒浓度均显著低于（$P < 0.05$）传统水泥地面猪舍，无论是对照组还是试验组，在猪只的新鲜粪便、发酵床垫料及水泥地面中均未检测到寄生虫的存在，说明发酵床养殖可提高断奶仔猪日增重和降低饲料增重比及腹泻率，具有改善肠道微生态平衡和畜舍环境的作用。

微生物发酵床大栏养殖猪群的主要病害有皮炎——痘状斑疹、拉稀——消化道疾病、咳嗽——呼吸道疾病、僵猪——营养不良、眼病——眼结膜炎、外伤——拐脚，未发现烈性传染病。从发酵床养猪发生的病害看，整体发病情况是比较低，各种病害的发病率不超过 10%，治疗的难度也不大，只要加强管理，注意喂食，保障水质干净，许多的病害可以自愈。皮炎——痘状斑疹最严重时期是在发酵床养殖的 10d 内，皮炎达 8.5%。拉稀——消化道疾病最严重时期发生在发酵床养殖的 60d，拉稀达 8.0%。咳嗽——呼吸道疾病最严重时期发生在发酵床养殖 70d，咳嗽发病率达 17.0%。僵猪——营养不良最严重时期发生在发酵床养殖的 40d，僵猪达 6.0%。眼病——眼结膜炎最严重时期发生在发酵床养殖的 80d，眼病达 5.0%。外伤——拐脚最严重时期发生在发酵床养殖的 40d，外伤拐脚达 5.0%。

第三节
微生物发酵床猪群行为

一、概述

微生物发酵床养猪与传统的养猪比较，改变了猪的生活环境（刘波等，2008）。猪同人类一样对自己的生活环境有着基本的生存需要和行为适应，它们需要基本的饮食、睡眠、活动，需要适宜的活动空间和生活环境，需要表达自己的天性（董红敏等，1998）。猪对外界环境的适应性反应表现在各种行为上，包括猪群的运动、取食、攻击和防御等。不同的饲养环境，猪的行为表现不同（Dong et al.,2001），传统饲养条件下，猪舍生产环境枯燥乏味，使猪容易产生一些恶习，如咬尾、咬耳、厮打等争斗行为，影响生猪的健康生长。随着人们对环境重要性认识的提高，各种环境调控技术和措施正日渐广泛地应用于养猪生产实践中（李保明等，2004）。其中，微生物发酵床养猪技术因能从源头实现无排放、零污染而被广泛推广到养猪生产中，它是基于微生态理论和生物发酵理论，在猪舍铺设一定厚度的谷壳、锯末和饲料添加剂等混合有机物垫料，作为微生物的培养基，接种环境益生菌，通过微生物发酵形成以环境益生菌为优势菌的相对稳定的种群结构对猪排出的粪尿进行降解、消化，从而达到猪舍干净、无臭味、舒适的环境状况（郑雪芳等，2009）。

猪一生中，仔猪培育阶段是最重要的一个时期，其饲养环境状况的好坏，对仔猪的生长发育速度、猪免疫力、饲料报酬及后期育肥效果等均有很大的影响（施正香等，2004）。为了研究微生物发酵床养殖对生猪生长的影响，笔者选取微生物发酵床猪舍和传统养殖猪舍进行了两种养殖模式下猪行为表现的统计分析，研究不同养猪环境对猪生长的影响，为微生物发酵床养猪技术的推广应用提供理论依据。

二、研究方法

（1）试验动物与试验设计　以南阳实业有限公司九都猪场为试验点，选择饲养 20 日龄的断奶生猪为试验材料。各取微生物发酵床猪舍 3 个栏和传统猪舍 3 个栏进行观察，每个栏的面积为 40m²，饲养密度为 1 头 /m²。

（2）饲养管理　断奶仔猪喂饲基础日粮，试验所有仔猪均自由采食和饮水，每天在上午 7：00 之前添加饲料、晚 18：00 再次添加。

（3）调 查 观 察　每天于 7：00、9：00、11：00、13：00、15：00、17：00、19：00，用干湿球温度计测猪舍内外的温、湿度，用水银温度计测试垫料表层（0 ～ 5cm）和里层（25 ～ 30cm）的温度。仔猪行为观察及定义参照相关文献（Eddie and Koene，2003；Adam and Hogan，2005）：采用人工肉眼观察法观察仔猪的采食、饮水、睡眠、躺卧、争斗、探究、排泄等行为，记录各行为发生的概率。行为发生的概率：发生某一行为猪的头数占试验猪总头数的百分比例。此外，每栏都挑选 3 头长势一致的健康仔猪做标记，观察它们发生各行为的持续时间。持续时间比例：观察期内各行为持续时间总和占整个观察期时间的百分比。观察由 3 名穿统一服饰（白大褂）的观察者完成，作为 3 个重复试验，为避免观察时的人为干扰，选择离猪栏 1m 外作为观测点，每次进入观察点 30min 后，开始进行行为观察。观测时间为 7：00～19：00，每隔 2h 进行一次，每次观察 30min，持续观察 6d。

（4）微生物发酵床饲养下仔猪健康评价　研究构建营养指数和健康指数两个指标来评价仔猪的健康状况。营养指数的设计思路为：采食多表明猪的取食正常，除去排泄，就成为提供猪生长的营养基础，水作为生理过程的单位指标，该指数越高，猪的生长条件越好。健康指数的设计思路为：希望猪有正常的睡眠和躺卧，同时能够有正常的运动，探究和游走作为猪运动指标，并且希望争斗行为减少，所以该指标将希望的好行为累加，除以不良指标；该指数越大表明健康水平越高。

计算公式为：

营养指数 =（采食 – 排泄）/ 饮水

健康指数 =（睡眠 + 探究 + 游走 + 躺卧）/ 争斗

（5）统计分析　采用 SPSS 软件对所采集的数据进行统计分析，数据以平均数 ± 标准差表示。

三、猪舍小气候环境

断奶小猪一般培育期要求舍温 25～30℃，湿度 65%～75%，试验期间对微生物发酵床猪舍和传统养殖猪舍内大气温度、地面温度及舍内相对湿度进行了测试（见表 5-22）。结果表明，传统养殖猪舍内大气温度和地面温度相差较小，为 0.5～2.0℃，而微生物发酵床猪舍内大气温度和地面温度相差较大，为 2.5～5.0℃，微生物发酵床舍内垫料表层平均温度为 32.4～34.9℃，温度过高，不适于断奶小猪生长，因此，采用微生物发酵床养猪模式，如何降低基质垫料表层的温度成为迫切需要解决的一大难题。此外，微生物发酵床猪舍与传统猪舍的地面湿度，分别为 70%～92% 和 64%～82%，因此微生物发酵床猪舍较适合断奶小猪生长。

表5-22　观察期间猪舍内外温湿度

测试位点	温度/℃				湿度/%		
	平均	日较差	最高	最低	平均	最高	最低
大气空气	27.4～33	2.5～8.8	38	25.5	64～90	98	60
传统养殖舍内地面	27.5～32.3	2.3～7.2	36	26	64～82	85	50
微生物发酵床舍内地面	32.4～34.9	2～4.5	43	28	70～92	98	64

四、不同饲养方式对仔猪各行为变量的影响

为了了解微生物发酵床养猪对仔猪行为的影响，笔者对微生物发酵床猪舍和传统猪舍猪的行为进行连续 6 天从早 7：00 至晚 19：00 的观察，记录了猪采食、饮水、睡眠、躺卧、争斗、探究、排泄、游走等行为。各时段记录的各行为发生概率根据各时段头尾及中间时刻记

录的发生各行为猪头数占试验猪头数的百分数的平均值得出，并记录各行为在各时段的持续时间。从表5-23可以看出，睡眠和躺卧是仔猪主要的行为，在7:00至19:00的每个时段，约有40%～70%的仔猪处于睡眠和躺卧状态；比较微生物发酵床和传统养殖方式下仔猪发生各行为的比例差异，结果表明，在观察期内两种养殖模式下，虽然仔猪的采食、饮水、睡眠、躺卧、排泄和游走的行为发生比例无显著差异（$P > 0.05$），但是仔猪的探究行为比例的差异接近显著水平（$P=0.087$）、争斗行为差异显著（$P=0.043$）。

表5-23　观察期间猪行为表现（平均值±标准差）

养殖方式	时间	仔猪发生各行为概率/%							
		采食	饮水	睡眠	躺卧	争斗	探究	排泄	游走
微生物发酵床养殖	7:00～9:00	14.6±4.07	4.2±0.95	36.8±3.66	14.0±1.89	1.8±1.00	16.5±2.53	1.8±0.31	9.2±2.60
	9:00～11:00	15.2±2.60	4.2±1.56	49.2±9.35	6.8±0.82	2.3±0.66	14.7±4.16	1.5±0.40	5.3±1.19
	11:00～13:00	9.3±1.89	6.8±1.48	49.8±5.97	8.7±2.31	1.8±0.76	15.1±4.73	1.5±0.66	6.2±0.55
	13:00～15:00	7.7±1.32	3.5±1.08	58.8±3.91	8.5±0.79	1.3±0.63	12.3±2.74	1.8±0.59	5.2±0.54
	15:00～17:00	14.7±1.63	4.6±0.75	34.7±8.47	12.7±1.45	1.0±0.82	18.7±3.64	2.2±0.70	11.6±3.53
	17:00～19:00	19.6±5.11	5.0±0.34	28.5±8.96	11.5±6.20	0.6±0.07	27.5±3.19	3.8±0.42	5.6±2.60
传统养殖	7:00～9:00	12.7±2.51	7.0±2.07	48.0±9.17	9.3±3.23	2.3±0.13	10.3±2.91	2.7±1.24	9.7±4.95
	9:00～11:00	13.1±3.06	2.7±1.16	56.8±8.53	8.4±1.72	4.0±1.96	7.7±2.77	1.7±0.94	5.6±2.37
	11:00～13:00	17.0±4.98	4.7±0.82	40.0±2.93	9.3±1.79	3.7±1.33	15.0±3.91	2.7±0.85	8.0±1.33
	13:00～15:00	12.7±1.75	4.0±0.33	57.0±4.22	8.3±1.93	2.3±1.19	11.0±3.06	1.7±0.43	3.0±0.51
	15:00～17:00	16.7±3.99	4.3±0.69	42.7±6.51	12.0±2.52	2.7±0.54	17.0±5.19	1.0±0.33	5.0±1.22
	17:00～19:00	20.8±2.93	6.7±2.45	40.0±9.60	9.2±2.76	2.5±3.07	13.8±2.38	1.7±0.39	5.4±2.55

五、不同饲养方式对各行为变量持续时间的影响

微生物发酵床饲养仔猪各行为的持续时间比例见图5-13(a)，传统饲养仔猪各行为的持续时间比例见图5-13(b)。由图可见，睡眠和躺卧行为在一天中所占时间最长，且两种养殖模式下，睡眠和躺卧行为占被测的时间比例分别是71.19%（微生物发酵床养殖）和71.61%（传统养殖）。

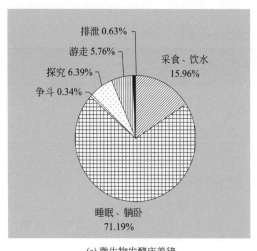
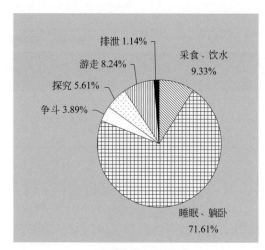

(a) 微生物发酵床养猪　　　　　　　　(b) 传统集约化养猪

图5-13　不同饲养方式下各行为持续时间比例

微生物发酵床养殖仔猪的采食、饮水行为持续时间比例明显高于传统养殖，分别是15.96%和9.33%。此外，微生物发酵床养殖仔猪的争斗行为持续时间明显比传统养殖低，分别是0.34%和3.89%，而仔猪的探究行为则是微生物发酵床养殖条件大于传统养殖条件下的，分别是6.39%和5.61%。

六、饲养方式对仔猪采食、饮水行为的影响

不同饲养方式下，仔猪采食、饮水行为表现见图5-14，观察期内，微生物发酵床养殖下的仔猪发生的采食、饮水的概率总体低于传统养殖下猪的采食、饮水概率，平均为18.23%（微生物发酵床养殖）和20.4%（传统养殖）。但是，一天中，微生物发酵床养殖下，仔猪发生的采食、饮水持续时间比例总体上高于传统养殖下的，分别平均为15.96%和9.33%。仔猪的相应行为表现，说明在微生物发酵床养殖下，仔猪用餐较为愉悦，能持续较长的时间。此外，两种养殖模式下，仔猪一天中采食、饮水的头数比例最高值都是出现在17:00～19:00这个时段，这可能是因为夏季这个时段气温由中午的炎热逐渐缓和，仔猪的食欲也相应增加；另外，19:00以后猪基本都进入睡眠，故临睡前有一个采食高峰期。

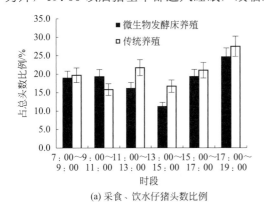
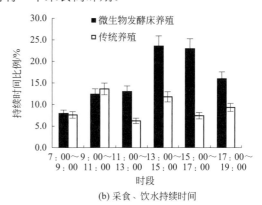

(a) 采食、饮水仔猪头数比例　　　　　　　　(b) 采食、饮水持续时间

图5-14　不同饲养方式下仔猪的采食、饮水行为

七、饲养方式对仔猪躺卧和睡眠行为的影响

躺卧、睡眠是一种基本行为，由图5-15可见，微生物发酵床养殖和传统养殖模式下，猪的躺卧、睡眠高峰期都是在13:00～15:00这个时段，17:00～19:00猪睡眠行为发生概率最少，分别为40%（微生物发酵床养殖）和49.2%（传统养殖），说明这个时段猪较为活跃。两种养殖模式相比较，猪一天中躺卧、睡眠持续时间比例无明显差异。

八、饲养方式对仔猪探究行为的影响

探究行为是猪固有的行为，仔猪有嬉闹、喜欢用吻突摆弄物体的行为，一天中约有6%的时间用于该行为的表达。15:00～17:00和17:00～19:00参与探究行为仔猪的比例较多（图5-16），表明这两个时段仔猪较为兴奋。不同饲养方式下猪的探究行为表现存

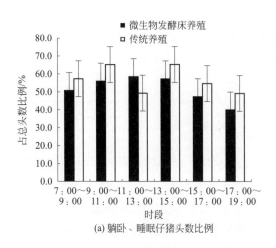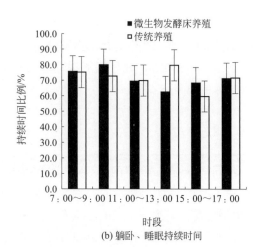

（a）躺卧、睡眠仔猪头数比例　　　　　（b）躺卧、睡眠持续时间

图5-15　不同饲养方式下仔猪的躺卧、睡眠行为

在一定的差异，微生物发酵床养殖，仔猪发生探究行为的概率（17.47%）和持续时间比例（6.39%）均较传统养殖条件下（分别为12.47%和5.61%）高，这可能是因为微生物发酵床养殖增加基质垫料，可供仔猪探究，而传统养殖下，由于饲养环境单调，会抑制猪的正常探究行为表达。

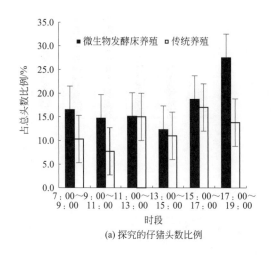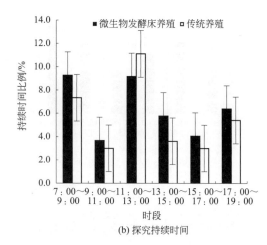

（a）探究的仔猪头数比例　　　　　（b）探究持续时间

图5-16　不同饲养方式下仔猪的探究行为

九、饲养方式对仔猪争斗行为的影响

由图5-17可见，微生物发酵床养殖下，仔猪的争斗行为发生概率为1.46%，持续时间比例为0.34%，二者均明显低于传统养殖下仔猪的相应行为指标，分别为2.91%和3.89%。白天，传统养殖下猪的争斗行为发生概率和持续时间比例分别比微生物发酵床养猪下猪的争斗行为高出49.83%和91.26%，说明微生物发酵床养殖猪舍的基质垫料能增加猪的扒料、咀嚼等探究行为，使猪的探究动机和正常探究行为得到表达，从而感到舒适、放松、愉悦，减少了争斗行为发生。

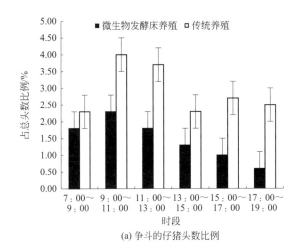

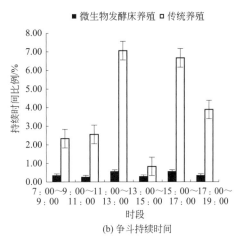

图5-17　不同饲养方式下仔猪的争斗行为

十、不同饲养方式下仔猪的健康评价

为了评价微生物发酵床养殖下猪的健康情况，引入营养指数和健康指数来分析微生物发酵床养殖和传统养殖下，这两个健康指标值的差异。统计结果如表 5-24 所列，微生物发酵床养殖下，仔猪的采食行为、饮水行为、探究行为和躺卧行为的持续时间比例高于传统养殖下仔猪的相应行为持续时间比例；而微生物发酵床养殖下仔猪的排泄行为和争斗行为持续时间比例明显低于传统养殖下仔猪的相应行为表现。

表5-24　不同饲养方式下仔猪行为的比较

行为类别	仔猪发生各行为持续时间比例/%	
	微生物发酵床养殖	传统养殖
采食	14.24±6.27	8.57±3.20
饮水	1.72±1.41	0.76±0.13
排泄	0.63±0.34	1.14±0.65
睡眠	57.16±11.02	59.61±5.36
探究	6.39±2.70	5.61±3.56
游走	5.76±1.99	8.24±6.90
躺卧	14.03±6.34	12.00±4.38
争斗	0.34±0.23	3.89±2.80

微生物发酵床饲养下仔猪的营养指数略高于传统饲养下仔猪的营养指数（表 5-25），在微生物发酵床饲养和传统饲养条件下，营养指数分别为10.83、10.03，仔猪吃的多，消化的少，平衡的水消耗少，生理正常，营养状态良好且比较相近。两种不同饲养模式下仔猪的健康指数统计表明（表 5-25），微生物发酵床饲养下仔猪的健康指数为 245.12，极显著地高于传统饲养下仔猪的健康指数 21.96（$P < 0.01$），说明在微生物发酵床饲养下仔猪睡得好、探究和游走运动行为得到充分表达，争斗行为减少，这对于仔猪健康成长非常有利。

表5-25　不同饲养方下仔猪营养指数和健康指数的比较

仔猪健康评价类型	微生物发酵床养殖	传统养殖
营养指数=（采食-排泄）/饮水	10.83±6.41	10.03±4.40
健康指数=（睡眠+探究+游走+躺卧）/争斗	245.12±4.82	21.96±0.98

十一、讨论

现代养猪生产一般采用高密度集约化饲养，然而集约化生产过程过分地追求经济效益，使得猪只饲养空间不足、环境贫瘠恶劣，使猪的很多行为习性被剥夺或缺失，甚至演变成有害的异常行为，给猪本身及养猪生产造成很大的伤害和损失（Fraser et al.,1991；Beattie et al.,1996）。英国《新科学家》周刊 2004 年 9 月 4 日发表了题为"污染造成了野生动物界混乱"的文章，该文章指出"动物的行为越来越古怪，原因是环境污染"。众多研究表明，要防止动物的异常行为发生，首先要有良好的饲养环境。人们期望在为猪提供舒适、实用的饲养环境的同时，要求养猪生产模式、饲养环境及其工程设施能真正满足猪的行为需要。微生物发酵床养殖不但能改善猪舍的环境卫生条件，还能为生猪提供探究行为表现的介质，满足猪的正常行为表达。

猪属白天活动动物，仔猪各行为表现的时段主要集中在 6：00 ～ 19：00，19：00 后除个别猪尚有少量的活动外，基本上都进入躺卧睡眠期，表明猪活动受光周期控制。此外，从猪在一天中各行为的时间分配比例可以看出，一天中，躺卧、睡眠是仔猪最主要的行为，微生物发酵床养殖和传统养殖两种养殖条件下，仔猪的躺卧、睡眠时间都达 70% 以上。其次是采食、饮水行为，仔猪约 10% 的时间用于采食、饮水，其采食行为只在白天进行，19：00 后基本没有再进食，表明其行为表达受光周期影响，这与施正香等 [7] 研究的结果相似。

猪的一般活动大多来源于探究行为，猪通过看、听、闻、尝、啃、吮、拱等进行探究。研究表明，微生物发酵床养殖增加仔猪的探究行为和减少争斗行为的发生，这与 Bracke 等（2006）报道的结果相同，即在猪舍内添加垫草可显著降低猪的争斗行为。Dawkins 和 Webster（2000）的研究也表明，垫有 12cm 厚垫草的丰富环境中仔猪更容易进行探究行为。由于微生物发酵床养殖中的基质垫料可以为仔猪拱地、咀嚼等探究行为提供刺激物及发泄途径，使仔猪的探究动机和正常探究行为得以表达，从而感到安逸、舒适，进而减少了争斗行为。而传统养殖下，仔猪长期生活在单调的环境中，咬栏、咬尾就成了消闲、增加刺激的唯一途径，从而增加了仔猪争斗行为的发生。

第四节
微生物发酵床猪群健康生化指标测定

一、概述

大栏微生物发酵床技术是以接种益生菌与猪粪中正常菌群构成发酵床的优势菌群，以椰壳、谷壳为发酵床垫料，在发酵床原位降解消纳粪尿，是养殖业污染治理的一种革新。大栏微生物发酵床微生物发酵菌是非特异性免疫调节因子，是良好的免疫激活剂，它增强巨噬细胞的活性，刺激机体免疫系统产生干扰素，同时提高免疫球蛋白的含量和活性，从而提高猪的细胞和体液免疫水平。鲜凌瑾等（2010）的研究表明，发酵床显著提高了血清中的总蛋白、白蛋白和丙氨酸氨基转移酶浓度（$P < 0.05$），血清中总胆固醇提高了 24.71%，碱性磷酸酶提高了 48.04%。发酵床生态养殖方式对猪的免疫力方面有一定的促进作用，周玉刚等（2011）发现，发酵床养殖模式中，猪血清中的高密度脂蛋白明显升高（$P < 0.05$），低密度脂蛋白和尿素含量明显降低（$P < 0.05$）。到目前为止，微生物发酵床养猪模式对肉猪的血液和生化指标的积极作用，有很多的研究报道，但是这些研究报道都是集中在小栏发酵床模式，最多是 60 头的小样本的模式，这些研究报道都是试验性研究模式。微生物发酵床养猪模式对育肥猪免疫力的改善作用，在实际生产中如何？大栏微生物发酵床养殖模式是否能够提高育肥猪的免疫力，增强猪的生长机能？目前尚未见报道。因此，笔者尝试研究了微生物发酵床大栏养猪模式对育肥猪免疫力和生长机能的影响，以下就此进行简要介绍。

二、研究方法

（1）微生物发酵床的制作　微生物制剂由福建省农业科学院农业生物资源研究所研制提供。微生物发酵床主要原料是椰壳粉。发酵床的微生物制剂稀释 1000 倍，喷入垫料，使得垫料的湿度达 45%～55%，而后堆起发酵 7d，铺平，发酵床的垫料使用厚度是 80cm，待表面温度降到 40℃时进猪。

（2）试验地点、试验动物及分组　试验在福清渔溪样板工程与示范园区的猪场进行，试验时间为 2013 年 8 月 8 日至 2013 年 12 月 5 日，共计 120d。试验动物为 2000 头"杜洛克猪 × 长白猪 × 大约克猪"三元杂交商品猪，体重均为 30kg，且日龄相近，体况良好。试验将体重和日龄相近的猪，分为实验组和对照组，每组 1000 头，分别于发酵床猪舍和水泥地面猪舍内饲养，饲养期为 120d。

（3）试验日粮　试验日粮为统一的玉米 + 豆粕型全价平衡颗粒饲料（表 5-26），由福建华龙饲料有限公司生产。

表5-26　基础日粮的营养成分

营养成分	30～60kg	60～120kg
玉米/%	65	65
麸皮/%	10	13
豆粕/%	20	17
预混料/%	5	5
消化能/(MJ/kg)	12.97	12.97
粗蛋白/%	16.4	14.5
赖氨酸/%	0.82	0.7
钙/%	0.55	0.7
有效磷/%	0.45	0.4

（4）饲养管理　两组试验猪饲喂方式都为自由采食，饮水方式是鸭嘴式饮水器自由饮水。其他的均按照常规免疫和饲养管理，观察试验猪精神状态、发病及死亡情况等。

（5）数据测定　饲养 120d，按体重相近的原则从实验组和对照组中各选取 4 头空腹育肥猪，于猪前腔静脉采血 20mL，将其中 10mL 加入抗凝血，采用 IDEXX 全自动生化分析仪检测。另外，10mL 血样置于 37℃温箱 30min，待血清析出后吸取血清于离心管中 1000r/min 离心 10min，制备血清样品，分装于 1.5mL 离心管中，于冰箱（−20℃）中保存，供分析测试使用。测定碱性磷酸酶（ALP）、丙氨酸氨基转移酶（ALT）、总胆红素（TBIL）、血糖（GLU）、血清尿素氮（SUN）和总蛋白（TP）、白蛋白（ALB）、肌酐（CREA）、淀粉酶（AMYL）、胆固醇（CHOL）、球蛋白（GLOB）、磷（PHOS）、钙离子（Ca^{2+}）、IgA、IgG、IgM 以及猪瘟抗体。

三、发酵床饲养对生长育肥猪血液生化指标的影响

由表 5-27 可知，与对照组相比，大栏微生物发酵床养猪模式组的总蛋白含量降低了 4.8%（$P < 0.05$），白蛋白含量降低了 8%（$P > 0.05$），球蛋白含量提高 3.3%（$P < 0.05$），淀粉酶增加了 21.4%（$P < 0.01$），血清碱性磷酸酶活性提高了 0.86%（$P > 0.05$），丙氨酸氨基转移酶活性降低了 33.8%（$P < 0.01$）。与对照组相比，发酵床组中血清尿素氮含量降低了 39.8%（$P < 0.01$），总胆固醇含量增加了 9.4%（$P < 0.05$），总胆红素增加了 36.4%，血糖降低了 41.4%（$P < 0.01$）。

表5-27　两种不同养殖模式对育肥猪血液生化指标的影响比较

项目	实验组/（g/100g）	对照组/（g/100g）	正常范围	单位	增比/%
ALB（白蛋白）	34.5±0.32	37.5±0.36	18～33	g/L	−8
TP（总蛋白）	79±0.56	83±0.48	60～80	g/L	−4.8
ALP（碱性磷酸酶）	123±0.43	122±0.47	92～294	U/L	0.86
ALT（丙氨酸氨基转移酶）	48±0.27	72.5±0.58	9～43	U/L	−33.8
TBIL（总胆红素）	7.5±0.04	5.5±0.69	2～5	μmol/L	36.4
SUN（血清尿素氮）	3.55±0.08	5.9±0.99	2.1～10.7	mmol/L	−39.8
CREA（肌酐）	139.5±0.89	137.5±0.35	44～186	umol/L	1.5
Ca^{2+}（钙离子）	2.805±0.74	2.86±0.05	1.62～2.85	mmol/L	−2.1
PHOS（磷）	2.55±0.38	2.685±0.71	1.16～2.97	mmol/L	−5.2
AMYL（淀粉酶）	925±0.25	762±0.08	271～1198	U/L	21.4
GLU（血糖）	3.75±0.21	6.4±0.11	4.72～8.89	mmol/L	−41.4
CHOL（胆固醇）	2.90±0.31	2.65±0.54	0.47～2.04	mmol/L	9.4
GLOB（球蛋白）	44.5±0.97	46±0.03		g/L	−3.3

四、发酵床饲养对生长育肥猪血清免疫球蛋白的影响

由表 5-28 可知，与对照组相比，大栏微生物发酵床养猪模式组的 IgA 含量增加了 34.05%（$P < 0.01$），IgG 含量提高了 21.6%（$P < 0.01$），IgM 含量提高了 17.3%（$P < 0.05$）。

表5-28　两种不同养殖模式对育肥猪免疫指标的影响比较

免疫球蛋白	实验组	对照组	增比/%
IgA/（g/L）	0.185±0.79	0.138±0.37	34.05
IgG/（g/L）	3.38±0.27	2.78±0.09	21.6
IgM/（g/L）	0.95±0.38	0.81±0.72	17.3

五、发酵床饲养对生长育肥猪特定病原抗体效价的影响

由表5-29可知，与对照组相比，大栏微生物发酵床养猪模式组的猪瘟抗体效价的增比是52.1%，而对照组的增比平均是15.8，实验组比对照组抗体效价增比增加了36.3%，差异显著（$P < 0.05$）。

表5-29 不同养殖模式对猪瘟抗体效价的影响

样本	实验组60天	实验组120天	增比/%	对照组60天	对照组120天	增比/%
	OD_{630nm}值	OD_{630nm}值		OD_{630nm}值	OD_{630nm}值	
1	0.45±0.71	0.73±0.37	62.2	0.39±0.23	0.55±0.54	41
2	0.78±0.27	1.18±0.11	51.3	0.65±0.74	0.78±0.21	20
3	0.83±0.39	1.07±0.59	28.9	0.74±0.07	0.87±0.44	17.6
4	0.58±0.04	0.98±0.02	69	0.98±0.03	0.91±0.01	−7.1
5	0.75±0.79	1.12±0.57	49.3	0.95±0.19	1.02±0.27	7.4

六、讨论

（1）发酵床饲养对生长育肥猪血液生化指标的影响 血液生化指标是衡量组织细胞通透性和机体新陈代谢机能的指征。血清中碱性磷酸酶和丙氨酸转氨酶的活性均可反映畜禽对蛋白质和脂类的代谢效率，特别是碱性磷酸酶，作为具有遗传标记的同工酶，其活性的高低可反映动物的生长速度和生产性能与脂肪代谢效率。有研究表明，血液中谷丙转氨酶活性的升高可作为应激反应的一个标志（Rosebrough et al.,1983）。研究发现，大栏微生物发酵床养猪模式组与普通水泥地板组相比，血清碱性磷酸酶活性提高0.86%（$P > 0.05$），丙氨酸氨基转移酶活性降低33.8%（$P < 0.01$）。这表明大栏微生物发酵床养猪模式组猪体的蛋白质和脂类的代谢效率都比对照组好，而且还可减少对猪的应激，改善动物福利。血清尿素氮浓度可以较准确地反映动物体内蛋白质代谢和氨基酸之间的平衡状况，氨基酸平衡良好时血清尿素氮浓度下降（Borg et al.,1987）。

笔者研究中的大栏微生物发酵床养猪模式组的血清尿素氮含量降低39.8%（$P < 0.01$），总胆固醇含量增加9.4%（$P < 0.05$），总胆红素增加了36.4%，血糖降低了41.4%（$P < 0.01$）。该结果表明，大栏微生物发酵床养猪模式对于育肥猪体内糖、蛋白质代谢和氨基酸代谢有很好的调节和促进作用。大栏微生物发酵床饲养模式能够提高育肥猪对葡萄糖和脂肪的转化与利用效率。

（2）大栏微生物发酵床饲养对生长育肥猪免疫指标的影响 免疫球蛋白是动物免疫系统受到抗原刺激后B细胞转化为浆细胞而产生的具有抗体活性，能与相应的抗原发生特异性结合的蛋白质。它包括IgG、IgA、IgM，其中IgG主要由脾脏和淋巴结中的浆细胞合成和分泌，是动物血清中浓度最大的一类免疫球蛋白，占免疫球蛋白总量的70%～80%，在抗体介导的防御反应中起着重要作用。盛清凯等（2009）研究发现，与水泥地模式相比，发酵床生态养殖模式显著提高了猪血清中IgG的浓度（$P < 0.05$），其含量为3.33g/L，而血清IgM浓度无显著差异（$P > 0.05$）。张灵启等（2008）的针对芽胞杆菌对断奶仔猪免疫力影响效果的

研究中发现，芽胞杆菌能提高血清 IgA 和 IgM 的含量。李春丽等（2005）在微生态制剂对哺乳猪生长及免疫机能的影响一文中认为，母乳 IgA 水平一直保持不变，而未添加微生态制剂的组下降了 4.2%，发病率明显降低。

笔者的研究发现与对照组相比，大栏微生物发酵床养猪模式组的 IgA 含量增加了 34.05%（$P < 0.01$），IgG 含量提高了 21.6%（$P < 0.01$），IgM 含量提高了 17.3%（$P < 0.05$）。由此可见，微生态制剂有促进动物生长和增强免疫力的作用。

（3）大栏微生物发酵床饲养对生长育肥猪特定病原抗体效价的影响　大栏微生物发酵床的益生菌可刺激免疫器官发育，促进红细胞免疫功能，具有免疫刺激因子的作用。作为免疫佐剂的一种，它可以提高黏膜免疫和疫苗抗体水平，提高动物的体液免疫水平和细胞免疫水平，增强机体抵抗力，减少疫病的发生。卢胜明（2002）和赵希彦（2009）利用芽胞杆菌微生态饲料添加剂饲喂雏鸡，结果发现，试验组的新城疫抗体效价和各免疫器官指数均显著高于对照组。但是尹德明（2008）研究发现，在不同的饲养模式下，发酵床生态养殖模式养猪和传统水泥地面养猪二者对猪瘟免疫效果差异不显著。

笔者研究发现，大栏微生物发酵床养猪模式组的猪瘟抗体效价比对照组抗体效价增比增加了 36.3%，差异显著（$P < 0.05$）。这也证明微生物发酵床的益生菌可以提高黏膜免疫和疫苗抗体水平，增强机体抵抗力，减少疫病发生。

第五节
微生物发酵床对猪肉品质的影响

一、概述

微生物发酵床养猪模式是近几年我国各地探索的新养猪模式之一，与目前常规养殖模式相比，具有很多优点。研究证明，微生物发酵床养猪模式所建立的有益微生物占主导的微生态环境对有害微生物形成了竞争优势，同时猪体内外微生态的平衡，降低了猪群对各种细菌性疾病的易感性（苏霞等，2011；何世山等，2012）。王远孝等（2007）认为，微生物发酵床养猪模式可以显著提高猪肉的嫩度，改善猪肉的风味，有提高瘦肉率的趋势，但对屠宰率、肉色等肉品质指标及安全性能指标无显著影响。章红兵等（2012）认为，与常规饲养方式相比，发酵床饲养方式对生长育肥猪的肉质没有明显影响，猪肉中均未检出重金属说明发酵床饲养方式对猪是安全的。丁小玲等（2007）研究认为，发酵床养猪猪肉的眼肌面积、大理石纹和肉色均显著优于常规水泥猪舍养猪。到目前为止，微生物发酵床养猪模式对肉质的积极作用，有很多的研究报道，但是这些研究报道都是集中在小栏发酵床模式，最多是 60 头的小样本的模式，这些研究报道都是试验性研究模式。而对于微生物发酵床养猪模式对肉质的改善作用，在实际生产中如何？大栏微生物发酵床养殖模式是否能够改善肉质？目前尚未见报道。为此，笔者针对开创性大栏的微生物发酵床养猪模式，来研究它对育肥猪肉品质的影响。

二、研究方法

（1）试验地点、试验动物及分组 试验在福清渔溪样板工程与示范园区的猪场进行，试验时间为 2013 年 8 月 8 日至 2013 年 12 月 5 日，共计 120d。试验动物为 2000 头"杜洛克猪 × 长白猪 × 大约克猪"三元杂交商品猪，体重均约 30kg，且日龄相近，体况良好。将试验动物按体重和日龄相近，分为实验组和对照组，每组 1000 头，分别于发酵床猪舍和水泥地面猪舍内饲养，饲养期为 120d。

（2）微生物发酵床的制作 微生物发酵床主要原料是椰壳粉，由厦门江平公司提供，微生物制剂由福建省农业科学院农业生物资源研究所研制提供，发酵床的垫料使用厚度是 80cm。微生物制剂稀释 1000 倍，喷入垫料，使得垫料的湿度达 45%～55%，而后堆起发酵 7d，铺平，待表面温度降到 40℃时进猪。

（3）试验日粮 试验日粮为统一的玉米＋豆粕型全价平衡颗粒饲料（见表 5-26），由福建华龙饲料有限公司生产。

（4）饲养管理 两组试验猪饲喂方式都为自由采食，饮水方式是鸭嘴式饮水器自由饮水。其他均按常规免疫和饲养管理，观察试验猪精神状态、发病及死亡情况等。

（5）数据测定 饲养结束后，实验组选择 4 头猪，对照组使用 2 头，清晨空腹测定猪的体重，然后屠宰进行猪肉品质和安全指标测定试验。

（6）数据处理 试验数据用 SPSS 16.0 软件分析，组间差异采用 t 检验进行差异显著性分析。

三、微生物发酵床大栏养猪与传统水泥地猪栏养猪环境描述

大栏微生物发酵床养猪模式猪舍（图 5-18），坐北朝南，整个大栏长 65m、宽 35m，地面到屋脊高度 4.5 m，屋顶为双坡式，采用双层夹心彩钢板和钢架构成。整个大栏猪舍西面墙有 12 台风机，东面墙有湿帘，东西纵向负压通风。南北面是大扇铝合金卷闸门，外加蓝色卷帘。屋脊面高度分布 4 条喷雾装置，用来加湿和喷洒微生态制剂。猪舍正中间有一排 200 个鸭嘴式饮水线，猪舍靠周围边道一圈为自动进料线及料槽。猪舍地面是 80cm 厚的椰壳垫料。整个大栏猪舍中间不分隔，所有的试验猪可以在大约 2000m² 的微生物发酵床表面自由活动。

而传统水泥地板饲养模式猪舍（两栋）（图 5-19），为双坡有窗猪舍，地面到屋脊高度 3.5m，跨度 9m，长度 54m，墙体为二四墙，砖混结构，屋顶为双坡式，采用聚苯乙烯彩钢板和钢架构成，房顶建有泡沫隔热层，门宽 150cm、高 200cm，纵墙上留有可以开启的大窗户（2m×2m，距地面高度 90cm，每间隔 0.6 m），利用窗户进行采光、自然通风和调节舍内通气量，并在一定程度上调节舍内的温湿度。每栋 25 个栏，每栏 18m² 饲养 20 头。每栏分布 1 个料槽和 4 个鸭嘴式饮水器。

图5-18　微生物发酵床大栏养猪

图5-19　传统水泥地猪栏养猪

四、微生物发酵床大栏养猪对猪胴体品质的影响

从表 5-30 可知，在整个 120 天饲养试验过程中，实验组猪肉的皮厚比对照组多了 28%（$P < 0.01$），皮率比对照组多了 11.1%（$P < 0.01$），差异极显著；而脂肪率比对照组多 4.0%（$P < 0.05$）、背膘厚比对照组多 2.2%（$P < 0.05$）、眼肌面积比对照组多 5.5%（$P < 0.05$），差异显著；骨率、瘦肉率和屠宰率与对照组相比差异不显著。大栏微生物发酵床猪舍饲养的肉猪的脂肪率、皮率、背膘厚、皮厚和眼肌面积明显优于传统猪舍饲养的肉猪。

表5-30　猪胴体品质的比较

项目	屠宰率/%	瘦肉率/%	脂肪率/%	皮率/%	骨率/%	背膘厚/cm	皮厚/cm	眼肌面积/cm²
实验组	75.35	60.96	19.91	7.50	12.01	2.42	0.32	56.98
对照组	75.69	61.92	19.15	6.75	12.2	2.37	0.25	54
增比/%	−0.45	−1.6	4.0	11.1	−1.6	2.1	28	5.5

五、微生物发酵床大栏养猪对猪肉理化性质的影响

从表 5-31 可知，大栏微生物发酵床猪舍饲养的肉猪比传统水泥地板猪舍饲养的肉猪在肉色上的得分多了 18.21%（$P < 0.01$）、大理石样纹（肌间脂肪）比对照组多了 39.11%（$P < 0.01$）、嫩度比对照组多了 17.06%（$P < 0.01$）、存储损失比对照组多了 11.71%（$P < 0.01$），差异极显著，在 pH 值、熟肉率和失水率方面有差异倾向，其他方面差异不显著。

表5-31　猪肉理化性质的比较

项目	肉色/分	大理石纹/分	pH_{45}	pH_{24}	嫩度/N	熟肉率/%	失水率/%	存储损失/%
实验组	3.25±0.65	3.13±0.26	6.20±0.02	5.45±0.17	24.43±0.02	60.86±0.45	28.71±1.98	2.48±0.14
对照组	2.75±0.25	2.25±0.25	6.3±0.00	5.4±0.20	20.87±0.04	61.9±0.68	28.23±2.53	2.22±0.02
增比/%	18.21	39.11	−1.58	0.92	17.06	1.68	−1.7	11.71

注：pH_{48} 表示猪宰杀后 48min 测定的 pH 值，pH_{24} 表示猪宰杀后 24h 测定的 pH 值。

六、微生物发酵床大栏养猪对肉质氨基酸含量的影响

从表 5-32 可知，大栏微生物发酵床猪舍饲养肉猪的肉质总氨基酸含量比传统水泥地板

猪舍饲养的多了 0.098%，存在差异，但差异不显著（$P > 0.05$）。赖氨酸和组氨酸的含量则比传统水泥地板猪舍饲养肉猪高了 3.27% 和 15.4%，差异显著（$P < 0.05$）。

表5-32　两种不同养殖模式对肉质氨基酸含量的影响比较

项目	实验组/(g/100g)	对照组/(g/100 g)
总氨基酸	75.24±0.22	74.51±0.57
天门冬氨酸	7.58±0.09	7.62±0.19
苏氨酸	3.83±0.07	3.90±0.54
丝氨酸	3.24±0.61	3.32±0.01
谷氨酸	12.02±0.32	12.19±0.03
甘氨酸	3.20±0.22	3.26±0.09
丙氨酸	4.52±0.42	4.48±0.17
胱氨酸	0.52±0.05	0.67±0.63
甲硫氨酸	1.95±0.06	1.61±0.78
异亮氨酸	3.18±0.82	3.24±0.22
亮氨酸	6.89±0.05	6.83±0.63
酪氨酸	2.52±0.02	2.27±0.53
苯丙氨酸	3.84±0.09	3.58±0.57
赖氨酸	6.63±0.55	6.42±0.91
组氨酸	3.82±0.89	3.31±0.23
精氨酸	5.23±0.42	5.24±0.43
脯氨酸	2.68±0.17	2.89±0.77

七、讨论

（1）微生物发酵床大栏养猪是发酵床养猪中的新模式　微生物发酵床养猪新模式从 2005 年开始在中国兴起。大部分的发酵床养猪模式都是小单元的形式，也就是一个常规的垫料猪舍（以宽 10 ～ 15m 最为常见）分隔成几个小栏。尤其在 2008 年后，报道了很多这种常规微生物发酵床养猪新模式（刘振钦等，2007；帅起义等，2008；朱洪等，2008；何鑫等，2009；张庆宁等，2009；李建芬等，2010）。它不仅解决了养殖污染排放的问题，改善了猪肉风味和肉品质，提高了农业副产品的利用，节省了能源，减少了浪费，提高了养殖效益，也迎合了现代提倡的动物福利的要求（王露和郭宗义，2009；吴玉臣等，2009）。而对于一个大统栏，中间不加分隔的发酵床养猪新模式，到目前为止都未见报道。笔者研究中的微生物发酵床是一个面积为 2275m² 的大栏，猪养殖密度 1.2m²/ 头，与传统养殖的密度相似，大栏的中间不加分隔，比传统猪舍的 20 m² 的分栏大 100 倍，猪可以在这个大栏自由活动，解决了养殖密度不降低的条件下，猪的运动空间留出。这种依据猪的天性，进一步拓展动物福利的做法，增加了猪的相对活动空间，给猪生活带来更多的舒适性和愉悦性，让猪能够健康、快乐地生长，这种微生物发酵床大栏养猪的模式未见报道。

（2）微生物发酵床大栏养猪新模式对猪肉品质的影响　吴买生等（2010）发现微生物发酵床猪舍对育肥猪屠宰率、膘厚、皮厚、后腿比、胴体斜长、胴体直长等胴体性状影响不大，但能显著提高猪背最长肌的横断面面积，即眼肌面积，常规发酵床试验组比传统养猪对照组提高 21.75%。李玉元等（2010）研究发现，常规发酵床组生长育肥猪的屠宰率、胴体瘦肉率和眼肌面积与传统养猪比较，分别提高了 0.94%、1.00% 和 0.72%，但各指标两组间差异均不显著（$P > 0.05$）。笔者研究发现，在微生物发酵床大栏养猪新模式中，脂肪率比传统养猪对照组多 4.0%（$P < 0.05$）、眼肌面积比对照组多 5.5%（$P < 0.05$），差异显著。这个结果与微生物发酵床大栏养殖的通风和采光相关。此外，因为研究采用大栏模式，肉猪平时的运动量比常规的发酵床模式要大，而比传统的水泥地板更大，这也是眼肌面积比对照组大的主要原因之一。

（3）大栏微生物发酵床养猪新模式对猪肉理化性质的影响　王诚等（2009）发现，常规发酵床养殖模式较传统水泥地面饲养生产的猪肉大理石纹（肌间脂肪）评分提高 7.35%，肌间脂肪试验组显著高于对照组。吴买生等（2010）研究发现，常规发酵床养殖模式的试验组和传统养猪对照组的肉色、大理石纹、pH 值、失水率、熟肉率、存储损失均处于正常范围，经 t 检验，各项肉质指标之间差异不显著（$P > 0.05$）。丁小林等（2010）研究认为，发酵床养殖模式试验组猪的肉色和大理石纹指标均显著优于传统养猪对照组（$P < 0.05$）。笔者研究中的大栏微生物发酵床猪舍饲养的肉猪在肉色上的得分比传统水泥地板猪舍饲养的肉猪对照组高了 18.21%（$P < 0.01$）、大理石样纹（肌间脂肪）比对照组多了 39.11%（$P < 0.01$）、嫩度比对照组多了 17.06%（$P < 0.01$）。这些指标大大超过常规微生物发酵床养猪模式，得到这个结果除了与研究所用的栏大、猪运动量充足密切相关外，还有一个原因就是与研究使用大栏的一边水、一边料的布局模式有关。因为是人为增加了饮水的距离，大大增加了猪的活动量。由此可知，大栏微生物发酵床养猪模式对饲养肉猪在肉色、嫩度值、大理石样纹（肌间脂肪）方面要优于传统发酵床猪舍，也更优于传统的水泥地板猪舍模式。

（4）微生物发酵床大栏养猪新模式对猪肉中氨基酸成分的影响　猪肉氨基酸含量是评定其肉质优劣的重要指标之一。丁小玲等（2010）研究发现，苏淮猪新品种，在发酵床养殖条件下，其肌肉中氨基酸含量大幅提高，除甘氨酸、脯氨酸基本相当外，天门冬氨酸比对照组高 40% 以上，谷氨酸、酪氨酸和苯丙氨酸高 70% 以上。笔者研究中的大栏微生物发酵床猪舍饲养肉猪肉质的总氨基酸含量比传统水泥地板猪舍饲养的肉猪多了 0.9%，有一些差异，但是差异不显著（$P > 0.05$）。但赖氨酸和组氨酸的含量比传统水泥地板猪舍饲养的肉猪高了 3.27% 和 15.7%，差异显著（$P < 0.05$）。因为试验组和对照组的日粮配方相同，氨基酸水平的提高应是猪大量啃食了发酵床中的菌体蛋白所致。

综上所述，与水泥地面养猪相比，微生物发酵床大栏养猪可以显著提高猪肉的嫩度，明显改善了猪肉的风味。发酵床猪舍饲养的肉猪的背膘厚、皮厚、眼肌面积都要优于传统猪舍饲养的肉猪。发酵床猪舍饲养的肉猪与传统猪舍饲养的肉猪在猪肉嫩度、肉色、肌间脂肪、皮厚和皮率方面差异极显著。肉质中的氨基酸也有一些差异。同时该养猪模式无污染、无臭味、减少病害和自动化程度高，可谓养猪业的一次革命。

第六章

微生物发酵床大栏养猪
技术规范与实施案例

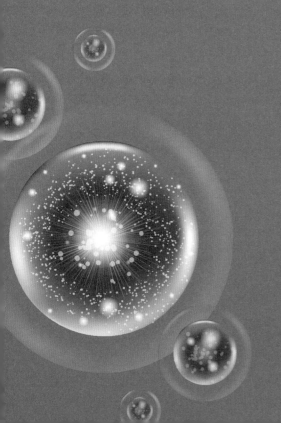

☑ 微生物发酵床大栏养猪技术规范

☑ 微生物发酵床养猪实施案例

第一节
微生物发酵床大栏养猪技术规范❶

一、适用范围

本标准规定了大栏微生物发酵床养殖的场址选择、场区规划、猪舍建设、发酵菌培育、垫料配制、发酵床管理、饲养管理、防疫、消毒与档案记录等要求。

本标准适用于福建省的微生物发酵床母猪养殖利用。

二、规范性引用文件

下列文件对于本文件的应用是必不可少的。凡是注日期的引用文件，仅注日期的版本适用于本文件；凡是不注日期的引用文件，其最新版本（包括所有的修改单）适用于本文件。

① 《生活饮用水卫生标准》（GB 5749）；

② 《畜禽病害肉尸及其产品无公害化处理规程》（GB 16548—2006）；

③ 《畜禽产地检疫规范》（GB 16549—1996）；

④ 《规模猪场建设》（GB/T 17824.1—2008）；

⑤ 《规模猪场生产技术规程》（GB/T 17824.2—2008）；

⑥ 《规模猪场环境参数及环境管理》（GB/T 17824.3—2008）；

⑦ 《畜禽养殖业污染物排放标准》（GB 18596）；

⑧ 《村镇建筑设计防火规范》（GBJ 39—1990）；

⑨ 《畜禽场环境质量标准》（NY/T 388—1999）；

⑩ 《有机肥料》（NY/T 525—2021）；

⑪ 《农用微生物菌剂生产技术规程》（NY/T 883—2004）；

⑫ 《生物有机肥》（NY 884—2012）；

⑬ 《无公害食品　畜禽饮用水水质》（NY 5027—2008）；

⑭ 《无公害食品　畜禽饲料和饲料添加剂使用准则》（NY 5032—2006）。

三、术语和定义

下列术语和定义适用于本标准。

1. 微生物发酵床

微生物发酵床就是将垫料添加到猪舍，利用生猪的拱翻习性作为机器加工，使猪粪、尿和垫料充分混合，通过发酵床的分解发酵，使猪粪、尿中的有机物质得到充分的分解和转

---

❶ 标题格式进行局部修改。

化，微生物以尚未消化的猪粪为食饵，繁殖滋生，消除恶臭，抑制害虫、病菌；同时，有益微生物菌群能将垫料、粪便合成可供牲畜食用的糖类、蛋白质、有机酸、维生素等营养物质，增强牲畜抗病能力，促进牲畜健康生长。

2. 大栏

大栏是指单个栏舍面积在 100m² 以上，包括活动栏杆分隔。

四、选址及坐向

1. 选址

发酵床猪舍应选择在交通便利，离人群或居民区 1km 以上，离主干水流 2～3km，地势较高处，背风向阳，土壤较为干燥之地。同时也要符合 GB/T 17824.1—2008、GB/T 17824.3—2008 和 GBJ 39—1990 的要求。

2. 猪舍坐向

猪舍坐向为坐北朝南。

五、猪舍设计

（一）猪舍的结构

主体结构为砖混钢架结构，南北面底部是 1.2m 砖墙，上面用铝合金卷帘与双层彩钢瓦、湿帘、风机交替分布，东西各 5m 高砖墙、双层彩钢瓦到顶。

（二）母猪舍

1. 外部框架设计

长 100m，宽 33m，肩高 5m，屋顶弧形。

2. 母猪舍采光和通风系统设计

母猪舍采光通过保温层和屋顶一一相对应的长 6m、宽 1.2m 的透明塑料采光瓦，形成一整条的采光带。还有猪舍南北侧墙上的大窗户，作为互补采光，其他是保温层的日光灯。整个猪舍采用横向通风，南面 22 台 JFD1000E 的风扇；北面装 15cm 厚、2.5m 宽、3m 长湿帘，总共 50m²，与铝合金卷帘交替分布。

3. 母猪舍发酵床结构设计

（1）发酵床母猪舍内部分布　整个母猪发酵床猪舍内部从西到东分别分布后备舍、公猪舍、配种栏、怀孕母猪舍、保育舍、产房。各个单元之间用不锈钢加镀锌栏杆做分隔。整个栏舍都在发酵床上面，北面留一条 3m 宽的水泥道。

（2）发酵床底槽建造模式

① 地上槽模式　就是将垫料槽建在地面上，垫料槽底部与猪舍外地面持平或略高，硬地平台及操作通道需垫高 50 ～ 100cm(同育肥舍)。

② 地下槽模式　就是将垫料槽构建在地表面以下，槽深 40 ～ 80cm，新猪场建设时可仿地上槽模式，一次性开挖一地下长槽，再由铁栅栏分隔成若干单元 (同育肥舍)。

（3）发酵床猪舍喂料系统

1）料塔分布　在猪舍北面，由 6 个 2.5t 的玻璃钢料塔组成 6 条独立的喂料系统，保证同一大栏猪群里面，后备舍、公猪舍、配种栏、怀孕母猪舍、保育舍、哺乳母猪的不同饲料需求。

2）料线、料位及水位分布

① 后备栏一面是饲料，另一面是饮水位。

② 怀孕栏是水、料在同一自由进出栏位里，其中每个料槽是独立的，料槽底部有 3 个漏水孔，漏水孔下方（料槽底部）有一条长条的收集废水管道，引流到发酵床边上的储水池，再通过储水池将废水反滴到发酵床内，促进垫料的发酵。

③ 配种舍同怀孕栏。

④ 公猪栏分布在北面水帘的一边，靠近后备区，由分隔栏杆分开。

（三）育肥舍

1．猪舍的结构

主体结构为砖混钢架结构，南北面用 1.2m 高墙铝合金或用其他材质卷帘，东西面 1.2m 高砖墙上方装置排放湿帘、风机。

2．猪舍外部框架设计

长 90 ～ 100m，宽 18 ～ 20m，肩高 5m，屋顶为弧形和三角形。弧形建筑的猪舍适于沿海地区，因其台风较为频繁。

3．猪舍通风系统设计

整个猪舍采用纵向通风，西面 12 台 JFD1000E 的风扇，其中 8 台在正面、4 台在侧面。中间两台 JHF50 轴流风机。东面装 15cm 厚、2.5m 宽、20m 长湿帘，东面侧面两面补充装 2.5m 宽、3m 长湿帘。南北两面由铝合金卷帘或其他材质的卷帘构成。

4．猪舍发酵床结构设计

略。

5．发酵床猪舍内部分布

① 整个发酵床猪舍内部分为 5 个活动栏，东西两面各有一个 4.5m 宽、20m 长，总面

积 90m² 的隔离消毒通道栏，作为进猪、出猪及平时隔离时所用的小栏；其余三个栏面积 540m²，便于垫料的日常养护。

② 发酵床面积为栏舍面积的 85% 左右，余下面积应作硬化处理，成为硬地平台，供作生猪取食或饮水的场所。

③ 垫料高度以保育猪 40～50cm、育成猪 60～80cm 为宜，一般南方地区可适当垫低，北方地区适当垫高，夏季适当垫低，冬季适当垫高。

④ 育成猪养殖密度较常规养殖方式降低 10% 左右，便于发酵床能及时充分地分解粪尿排泄物，保持健康养殖环境。

⑤ 垫料进出口的设计要满足进料和清槽（即垫料使用到一定期限时需要从垫料槽中清出）时操作便利。

⑥ 加湿装置应保证后期垫料养护加菌时能共用。

⑦ 通风设施完整，南方夏季加湿时要考虑加湿帘；冬季应定时开启排风扇，避免猪舍湿度过大。

6. 发酵床底槽建造模式

（1）地上槽模式　就是将垫料槽建在地面上，垫料槽底部与猪舍外地面持平或略高，硬地平台及操作通道需垫高 50～100cm，保育猪 50cm 左右、育成猪 100cm 左右，利用硬地平台的一侧及猪舍外墙构成一个与猪舍等长的长槽，并视养殖需要中间由铁栅栏分隔成若干圈栏，以防止串栏。

适应地区：南方大部分地区；江、河、湖、海等地下水位较高的地区。

（2）地下槽模式　就是将垫料槽构建在地表面以下，槽深 40～80cm，保育猪 40cm 左右、育成猪 80cm 左右，新猪场建设时可仿地上槽模式，一次性开挖一地下长槽，再由铁栅栏分隔成若干单元。

适应地区：北方干燥或地下水位较低的地区。

7. 发酵床猪舍喂料系统

料塔分布：在猪舍北面，由三个 5t 的玻璃钢料塔组成三条独立的喂料系统，保证同一大栏猪群里面，因存在个体的大小差异，可以有区别、分阶段地针对该猪群饲喂不同饲料，保证猪群营养水平，促进生猪的生长均衡。

（四）垫料组成

1. 垫料原料按照使用量划分，可以分为主料和辅料

（1）主料　顾名思义就是制作垫料的主要原料，通常这类原料占到物料比例的 60% 以上，由一种或几种原料构成，常用的主料有椰壳粉、木屑、草炭、秸秆粉、花生壳、蘑菇渣等。

（2）辅料　主要是用来调节物料水分、pH 值、通透性的一些原料，由一种或几种原料

组成，通常这类原料占整个物料的比例不超过 40%。常用的辅料有稻壳粉、麦麸、饼粕、玉米面等。

2．垫料原料使用原则

① 原料来源广泛、供应稳定；
② 主料必须为高碳原料；
③ 主料水分不宜过高，应便于临时储存；
④ 不得选用已经腐烂霉变的原料；
⑤ 成本或价格低。

3．原料配比

见表 6-1。

表6-1　原料配比

厚度/cm	椰壳粉/m³	稻壳/m³	菌液/kg	水/kg
60～80	9	6	24	2000

（五）发酵床制作

1．确定垫料厚度

① 后备舍、公猪舍、配种栏、怀孕母猪舍、产房垫料层高度夏天为 40 ~ 60cm，冬季为 60 ~ 80cm。
② 保育猪舍垫料层夏天为 40cm，其他时期高度一般为 60cm。

2．计算材料用量

根据不同夏冬季节、猪舍面积大小，以及所需的垫料厚度计算出所需要的谷壳、锯末、米糠以及益生菌液的使用数量。

3．物料堆积发酵

第一步，将未发酵的椰壳粉、谷壳按 6∶4 比例充分混匀，一边混合一边喷洒加有益生菌（0.1%）的水，水分掌握在 30% 左右（手握成团、一触即散为宜）。

第二步，将搅拌好的原料打堆，四周用塑料布盖严厌氧发酵。室温尽量保持在 20 ~ 25℃左右，夏天 7 ~ 10d，冬季 10 ~ 15d。

第三步，整个发酵过程需用温度计监测温度，记录温度变化，当温度升到 60℃时，维持 3 ~ 5d 即可使用。

第四步，发酵好的垫料摊开铺平，再用预留的谷壳、椰壳粉各 10% 混合后，覆盖上面整平，厚度约 10cm，然后等待 24h 后方可进猪。如猪在圈中跑动时，表层垫料太干，出现灰尘，则说明垫料过于干燥，水分不够，应根据情况喷洒些水分，便于猪正常生长。因为整个发酵床中的垫料中存在大量的微生物菌群，通过微生物菌群的分解发酵，发酵床面一年四季始终保持在 20℃左右的温度，这为猪的健康生长提供了一个优良环境。

六、猪群的管理

1．进猪前的准备工作

母猪抗体水平检测如下。

① 按 100% 的抽取样本量，从前腔静脉采血检测猪瘟病毒、伪狂犬病毒、猪圆环病毒、猪繁殖与呼吸障碍综合征病毒、猪口蹄疫病毒等的抗体水平。

② 补免。根据检测结果，制定免疫程序。

2．进猪当天消毒、体表驱虫和预防保健等工作

（1）驱虫 用 0.1% 辛硫磷或 0.1% 伊维菌素 +0.05% 双季铵盐消毒药进行体表驱虫和消毒。

（2）饮水保健 添加维生素 C 或多维电解质，夏秋时节适当在水里添加 200mg/L 的阿莫西林或硫酸安普霉素等肠道药物，冬春季节推荐使用 200mg/L 强力霉素或泰乐菌素等呼吸道药，连续使用 5d。

（3）饲料 以新鲜为主，有条件的可加入多维和膨化大豆提高猪的食欲，减少转栏应激。

（4）转栏 转栏猪群应适当增加密度，过 3～5d 再恢复到正常密度。

3．后备猪群的日常管理

（1）日常记录 每日采食量、饮水量。

（2）猪群情况评估 根据猪群健康调查表，做好当日猪群情况评估。

（3）病、弱、小的猪群管理 标记好弱小猪，并将它转移到隔离栏进行专门护理。对于病猪进行治疗，弱小猪补充多维、易消化蛋白饲料，同时添加香味诱食剂。

（4）并栏 每周根据猪个体的小、中、大情况，将体况相近的猪进行并栏。根据猪群的状况，利用中间三个大的活动栏（每个栏对应一个料塔），分别饲喂不同的料，促进猪群的均衡生长。

（5）抗体水平的抽查 每个月按 1%～5% 的采样量，对猪 5 种重要疾病［猪瘟（SF）、猪繁殖与呼吸障碍综合征（PRRSV）、猪圆环病毒 2 型（PCV2）、伪狂犬（PRV）、口蹄疫（FMD）］的抗体水平进行抽查。

4．公猪的日常饲养管理

（1）定量饲喂 给每头公猪饲喂特有的公猪料 2.5～5kg，对于每周超过两次采精的公猪，要适当补充蛋白质如鸡蛋每天 2～4 个、饲料添加剂多维 10g。

（2）记录每日采食量、饮水量。

（3）精液的采集及检测　每周采精 1 ～ 3 次，同时检测精液的密度、活度。

（4）公猪的运动　根据公猪使用的频率，每天放在 100 ～ 200 m² 的运动场运动 0.5 ～ 2h。

（5）公猪抗体水平抽查　每个月按 1% ～ 5% 的采样量，对公猪抗体水平进行抽查。

5．怀孕母猪的管理

（1）配种 25 日的管理

① 配种，将母猪限制在活动栏里，8 ～ 25 日龄可适当运动。

② 配种完的饲料增加多维和蛋白质 1% ～ 2%（相比后备猪）。

③ 配种完 1 周内，提供适当安静的环境，减少垫料翻耕频率。

（2）配种 25 ～ 80 日的管理

① 让母猪在自由进出活动栏里运动。

② 饲料增加多维和蛋白质 1% ～ 2%（相比后备猪）。

③ 进行每周 2 ～ 3 次正常垫料翻耕频率。

（3）配种 80 日至产仔的管理　饲料增加多维和蛋白质 1% ～ 2% 的哺乳料，同时注意适当运动。

6．产房和哺乳母猪的管理

① 产仔完，按常规进行剪齿、断尾，并用 1% 的硫酸安普霉素 2 mL 预防黄白痢。

② 产前第一天小猪活动栏垫上一块塑料地垫，防止小猪舔食垫料而噎死。

③ 其他的小猪管理方法参照普通养殖饲养管理。

7．育肥猪管理

（1）育肥猪抗体水平的抽查

① 按 5% 的抽取样本量，从前腔静脉采血检测猪瘟、伪狂犬、猪圆环病毒病、猪繁殖与呼吸障碍综合征、猪口蹄疫等的抗体水平。

② 补接疫苗　根据前面的抽样结果，及时补接抗体水平较低的疫苗。

（2）进猪当日管理　进猪当天消毒，进行体表驱虫和预防保健等工作。

（3）驱虫　用 0.1% 辛硫磷或 0.1% 伊维菌素 +0.05% 双季铵盐消毒药进行体表驱虫和消毒。

（4）饮水保健　饮水添加维生素 C 或多维电解质，夏秋时节适当在水里添加 200mg/L 的阿莫西林或硫酸安普霉素等肠道药物，冬春季节推荐使用 200mg/L 强力霉素或泰乐菌素等呼吸道药，连续使用 5d。

（5）饲料　饲料以新鲜为主，有条件的可加入多维和膨化大豆提高猪的食欲，减少转栏应激。

（6）转群　刚转栏猪群，应适当增加密度，过 3 ～ 5d，再恢复到正常密度。

（7）猪群的日常管理

① 记录　记录每日采食量、饮水量。

② 猪群健康调查表　根据猪群健康调查表，做好当日猪群情况评估。

③ 特殊护理　标记好弱小猪，并将它转移到隔离栏进行专门护理。

④ 并栏　每周根据猪个体的小、中、大情况，将体况相近的猪进行并栏。根据猪群的状况，利用中间三个大的活动栏（每个栏对应一个料塔），分别饲喂不同的料，促进猪群的均衡生长。

⑤ 采样抽查　每个月按 1% 的采样量，对育肥猪抗体水平进行抽查。

七、垫料管理

发酵床垫料养护主要涉及垫料的通透性管理、水分调节、垫料补充、疏粪管理、补菌、垫料更新等多个环节。

1．垫料通透性管理

长期保持垫料适当的通透性，即垫料中的含氧量始终维持在正常水平，是发酵床保持较高粪尿分解能力的关键因素之一，同时也是抑制病原微生物繁殖、减少疾病发生的重要手段。通常比较简便的方式就是将垫料经常翻动，翻动深度 25 ～ 35cm，通常可以结合疏粪或补水将垫料翻匀。后备期（60 ～ 80d），每周 1 次对全场垫料进行翻耕；怀孕期每周 2 次对全场垫料进行翻耕。另外每隔 50 ～ 60d 要彻底将垫料翻动一次，并且要将垫料层上下混合均匀。

2．水分调节

根据发酵床上实时的湿度采集器的数据，及时通过自动微喷和浇淋装备，保证垫料的水分含量在 38% ～ 45%（因季节或空气湿度的不同而略有差异，常规补水方式可以采用加湿喷雾补水，也可结合补菌时补水）。

3．疏粪管理

每周进行一次疏粪管理，将排粪量多的地方的粪转移到排粪量少的地方。

4．补菌

每周一次通过自动微喷补充益生菌液，按 1 :（50 ～ 100）倍稀释喷洒，一边翻猪床20cm 一边喷洒。补菌可结合水分调节和疏粪管理进行。

5．垫料补充与更新

（1）通常垫料减少量达到 10% 后就要及时补充，补充的新料要与发酵床上的垫料混合均匀，并调节好水分。

（2）发酵床垫料是否需要更新，可按以下方法进行判断：

① 高温段上移，母猪发酵床的高温段是在向下 40 ～ 60cm 处，如果高温段是向发酵床表面位移，就说明需更新发酵床垫料了。可以再加大有机物含量小的垫料进行混合，例如

椰壳粉。

② 发酵床持水能力减弱，垫料从上往下水分含量逐步增加。当垫料达到使用寿命，供碳能力减弱，粪尿分解速度减慢，水分不能通过发酵产生的高热挥发，会向下渗透，并且速度逐渐加快，该批猪出栏后应及时更新垫料。

③ 猪舍出现臭味，并逐渐加重。

④ 发酵床 20～80cm 间的垫料温度如果连续 3d 低于 35℃以下，说明发酵床垫料发酵能力很差，这时需要采取翻耕、补加新鲜垫料、补充菌液的方法来处理。如果采取以上方法无效，就要将垫料清理出发酵床。

八、垫料温湿度、猪舍环境的远程监管及自动化控制

1．数字传感器

主要由温度传感器、湿度传感器、光照传感器、二氧化碳传感器、氨气传感器、风速传感器、风向传感器等部分组成。它的功能为：利用数字传感器采集现场的温度、湿度、光照、二氧化碳、氨气、室外风速、风向等各种环境参数，将其转换为数字信号，再通过现场通讯总线传送至控制系统。

2．自动控制系统

主要由人机对话界面（HMI）、可编程控制器（PLC）、远程数据传输模块（DTU）、交流接触器、继电器、电机、变频器、水泵、电磁阀等部分组成。它的功能为：根据大栏养猪场现场环境状况，按照养殖技术人员的要求实现对大栏养猪场的通风系统、降温系统、补光系统、电动卷帘门窗等现场执行设备的自动化控制；此控制系统还具备远程监控功能，可以接入到远程服务器，远程服务器上的专家系统可对上传的现场数据进行分析判断，并做出对应决策方案，控制现场执行设备的运行状态。

3．LED电子屏现场数据显示系统

主要由室内 LED 电子屏、数据协议转换卡、LED 控制卡等部分组成。它的功能为：通过 LED 电子屏显示大栏养猪场内外环境的温度、湿度、光照度、二氧化碳浓度、氨气浓度等数据，为现场养殖技术人员准确了解现场环境状况提供便利。

4．实时视频监控

主要由网络摄像机、互联网、互联网监控程序等部分组成。它的功能为：采用带云台的高倍变焦网络摄像机，实现现场画面远程监控，远程专业技术人员可通过应用程序操作网络摄像机上的云台，实现对大栏养猪场内的任意一头猪的仔细观察，为远程疾病诊断的可行性提供技术支持。

第二节
微生物发酵床养猪实施案例

一、微生物发酵床零排放猪舍的建立

　　宁德市农科所养猪场建立了秾窠零排放猪舍（图6-1），采用远程监控秾窠微生物发酵床零排放养猪。猪舍可以用单向式和双向式。猪栏内下挖一个80cm的槽，填上由50%谷壳+50%锯糠+秾窠零排放Ⅰ号益生菌组成的垫料，经过堆垛发酵，待温度降到45℃以下时，放入猪仔，猪仔在垫料上活动，排泄物被垫料吸附，其中的微生物分解猪粪，使得猪舍无臭味，不排放污染，无需用水冲洗猪舍，即可保持猪舍的卫生，节约劳力，可以连续使用3年。

图6-1　宁德市农科所远程监控秾窠微生物发酵床零排放养猪舍

　　远程监控秾窠微生物发酵床零排放养猪法中猪舍的设计一般采用单列式，猪舍跨度为9～13m，立面全开放卷帘式，猪舍屋檐高度3～3.2m。栋舍间距要宽畅，一般在15m以上。栏圈面积大小可根据猪场规模大小（即每批断奶转栏猪数量）而定，一般掌握在60m²左右，饲养密度0.8～1.5头/m²。在猪舍一端设一饲喂台，在猪舍外墙位置安装饮水器，要保证猪饮水时所滴漏的水往栏舍外流，以防饮水弄湿垫料。垫料高度保育猪为30～80cm、中大猪为40～100cm。猪舍地面可以水泥硬化，也可以不硬化。为了便于在夏季高温季节养猪，有条件的地方可以安装卷帘、水帘、风机进行降温（图6-2）。

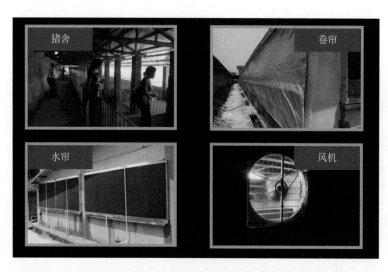

图6-2　猪舍夏季降温设施

二、微生物发酵床的制作

由季节、猪舍面积大小、垫料厚度计算出所需要的谷壳、锯末、鲜猪粪、米糠以及秾窠饲料添加剂的使用量，在猪舍内逐栏把谷壳（45%）、锯末（50%）、鲜猪粪（2.5%）、米糠（2.5%）按一定比例混合，再将零排放 I 号产品稀释 1000 倍液加入垫料，逐步搅拌，使垫料水分保持在 45%，混合均匀堆积成梯状后，用塑料薄膜覆盖周围保温，垫料堆积时间为 20d 左右。堆积后应稍微按压垫料表面，特别是在冬季，周围应使用通气性的物件如麻袋等覆盖，使它能够升温并保温。所堆积的物料散开时，气味应清爽，不能有恶臭的情况出现。散开物料时，如仍有氨臭味，则在温度还较高、水分也充足的情况下让垫料继续发酵。

三、远程监控微生物发酵床的安装

秾窠零排放猪舍远程监控系统安装在福建省宁德市农科所养猪场，对九个猪舍实施远程监控。探头埋在发酵舍垫料下，离地 20cm 处，用自来水管保护。实施 24 h 实时监测，探头数据通过远程无线终端传送到猪场办公区控制计算机上，通过互联网，再将收集的数据及时传送到网络，用户在任何地方只要联网，就可以实施猪舍垫料温度的远程监控（图 6-3）。整个系统可以同时监控的猪舍数量超过 10 万个。远程监控系统的安装要注意安装避雷系统，无线传送的距离应在 30 m 内。

养殖场安装一台主控机，每个笼舍都安装一台无线路由器，这些路由器同主控机组成网状结构，形成覆盖全场的无线网；每个笼舍内测控终端采集的感应器数据，均实时上传到主控机；主控机接收并记录全网监测数据；主控机实时处理各监测点所采集的数据，发现异常会及时提示或告警；操作人员可在主控机的图形化人机界面上直接查看全养殖场的实时数据，并可随时下达操控指令。

远程监控系统的软件包括两部分，其中一部分是无线测控终端，用 CC2510Fx 整合了 CC2500 射频收发机及业界标准的增强型 8051MCU 的卓越性能，具有 8/16/32kB 的系统内置

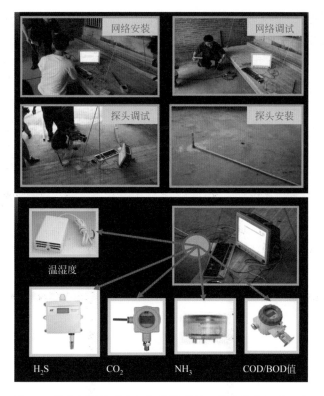

图6-3　秸窠零排放猪舍远程监控系统及其安装和调试示意

可编程闪存、1/2/4kB 的 RAM 及众多的其他强大外设。传感器与之相连，采集的数据存入 RAM 内存，通过射频收发机发射到终端计算机系统，计算机系统将数据收集整理编码，通过网络发送到网络数据库网站，在终端上设计出监控界面，通过网络实时地监测采集数据，并做简单统计分析（图6-4）。

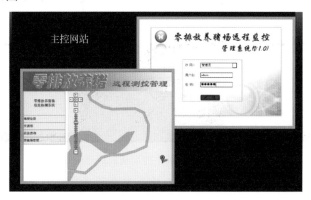

图6-4　猪舍远程监控管理系统

在互联网上安装一台用于汇集测控数据的主机，每个养殖场的主控机均有权限连接该数据库；养殖场的主控机在采集本地数据的同时，采用同步或异步方式将数据上传至互联网数据库主机；测控网管理部门在可连接互联网的计算机上运行远程测控程序，可以连接到指定养殖场，实时查看测控数据；第三方应用系统可以同步接入，提供测控数据的深加工和精细控制。网络管理系统包括猪场地理位置的卫星定位、交通图显示、最近数据监测、历史数据查询，同时还设置了猪场管理的软件入口。

后台管理主要加添新的猪场管理点，针对整个养猪场的划分、监测设备以及一些用户信息进行管理；在决定增加新的猪场点时，采集猪场的地理位置、地名、法人代表、猪场规模等，为增添新的管理点做必要的设置（图6-5）。后台管理功能有基础资料管理、报警管理、监测管理、系统设置。各养猪场根据分配的养猪场编码，对本养猪场的基本信息进行设置，包括联系人、联系方式以及本养猪场的详细地址等信息。其中准确设置经纬度后，用户可以通过网站地图准确地定位本养猪场的地理位置，同时用于整体猪场分布显示。除了提供卫星定位图，系统还提供行政区划图，根据地名，可以将管理的猪场显示在地图上。

图6-5　猪舍远程监控系统的后台管理

互联网数据库主机可设置的功能有：全网监测点接入管理，测控数据汇集和备份数据库，远程主控机后台系统，远程主控机测控指令中继。

远程主控系统可设置的功能有：远程养殖场接入管理，远程养殖场监测点动态图示，远程养殖场监测点测控及流程设置，远程养殖场测控数据告警处理，远程养殖场实时控制处理，全网组网设备故障检测，全网测控数据汇总、统计、全网测控数据综合查询（历史查询、条件查询、对比查询等），后端应用系统数据处理接口及远程控制接口。

远程检测系统除了猪场的检测外，还可以提供全流域的水系污染检测，观察和评估因猪场污染对水系污染的影响。

四、微生物发酵床养猪日常饲养管理要点

微生物发酵床养猪饲养管理与传统的养猪模式基本相同，首先要给猪注射疫苗，控制疾病的发生；猪进入发酵舍前必须做好驱虫工作；进入发酵舍的猪大小必须较为均衡且保持健康；猪群应保持适当的密度：7～30kg 的猪 0.4～1.2 m²/头，30～100kg 的猪 1.2～1.5 m²/头。

一般猪舍卷帘是敞开的，以利于通风带走发酵舍中的水分；在天气闷热，尤其是在盛夏季节时，开启风机强制通风以及开启滴水系统，以达到防暑降温的目的；日常检查猪群生长情况，把太小的猪挑出来，单独饲养。

1. 微生物发酵床猪饲料益生菌的添加

猪饲料中添加 0.1%～0.2% 的秾窠饲料添加剂，猪体重 30kg 以下按 0.1%、30～60kg 时按 0.15%、60kg 以上时按 0.2% 的比例添加。

2. 微生物发酵床垫料管理

垫料表面不起灰尘时，猪进入第一周不需调整垫料，这时需观察猪排粪尿区分布情况。一周后每周调整垫料 1～2 次，搅拌深度在 30cm 以上，此时，若垫料太干，出现灰尘，说明垫料水分不足，应根据垫料干湿情况，在表面喷洒水分；用叉把特别集中的猪粪分散在比较干燥的地方，在夏天时就地往后堆积即可；在特别潮湿的地方加入适量新的锯末、谷壳，锯末、谷壳各 50%；用叉子或便携式犁耕机把板结的垫料打散铺开（图 6-6）。

图6-6

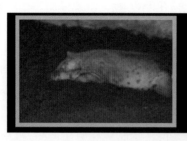

图6-6　微生物发酵床的垫料管理示意

从放猪之日起 50d 时需上下全面翻耙垫料一次，具体操作为：在猪舍内用小型挖掘机或铲车，在粪便较为集中的地方，把粪尿分散开来，并从底部反复翻拌均匀；水分多的地方添加锯末、谷壳搅拌调整；看垫料的水分决定是否全面翻耙，如果水分偏多、氨臭较浓，应全面上下翻耙一遍。看具体情况也可以适当补充米糠与秾窠饲料添加剂的混合物。

猪出栏后：①猪全部出栏后，最好将垫料放置干燥 2 ～ 3 天；②用小型挖掘机或铲车将垫料从底部反复翻弄均匀一遍，看情况可以适当补充米糠与秾窠饲料添加剂混合物，重新堆积发酵；③用谷壳、锯末覆盖，厚度约 10cm，间隔 24 h 后，确认表面没有起粉尘时即可再次进猪饲养。

3．微生物发酵床的管理注意事项

主要包括：①秾窠饲料添加剂需严格按比例添加；②强猪与弱猪需分开饲养；③控制养殖密度；④垫料表面不能起粉尘；⑤夏天的时候垫料无需翻动；⑥盛夏时节，需开启风机强制通风以及开启滴水系统；⑦猪的饮用水温度不能过高。盛夏的管理重点为：夏季使用的垫料一定要经过完全发酵；饲养过程中，不要翻动垫料，猪粪区扩大时就地往后堆积即可；要加强通风，一般采用负压式或轴流式风机进行猪舍内外的空气交换；在非排粪区进行一天2 ～ 3h 的滴水，抑制垫料发酵，滴水的时机是当气候最低温度高于 29℃时要开启滴水，最高温度小于 29℃时不滴水。总之，要给猪提供一个舒适生长的环境。为了生猪的健康，要特别强调在饲料中按规定添足微生物饲料添加剂。

五、有关日常出现的问题

1．关于微生物饲料添加剂的问题

① 在秾窠微生物发酵床养猪过程中，生猪生活在以垫料为载体的生物系统中，猪的排泄物也在垫料中得到分解，有害微生物得到抑制，保证了猪的健康成长。所以给生猪喂食的饲料中按规定添加足量的秾窠饲料添加剂是十分必要的。它既保证了猪的安全、无污水排放，又提高了饲料的利用率、增强了生猪的体质和抗病能力。

② 饲料中按规定添加足量的秾窠饲料添加剂（零排放Ⅰ、Ⅱ号），其效果是：a. 因秾窠饲料添加剂中含有淀粉酶和蛋白酶，提高了猪对饲料的吸收率，排出的猪粪无臭味，既改善了环境又降低了养殖成本；b. 秾窠饲料添加剂中所含的高单位有益菌，在随饲料进入肠道时，

会促进生猪肠道的乳酸菌大量繁殖，改善肠道微生态平衡，抑制有害菌在肠道内的繁殖和附着，增强猪的抗病能力；c. 按规定添加足量的秕窠饲料添加剂后，对垫料中的有益微生物是一个补充，可保持垫料中有益菌的含量，抑制垫料中有害菌的繁殖，保证猪的健康成长。

③ 如在饲料中不加或少加秕窠饲料添加剂，则：a. 猪肠道不能充分吸收饲料中的营养，除了会造成饲料浪费外，所排出的排泄物的臭味也会影响生猪生长；b. 因垫料中的有益菌得不到补充，就不能形成以有益菌为强势菌的生物圈，不能有效地抑制猪排泄物中有害菌的繁殖，使垫料变成繁殖有害菌的载体，反而容易造成生猪生病。

2．关于猪的皮肤会出现红点的问题

首先要分清是猪病造成，还是因垫料过敏造成。如果是因垫料造成，则应检查在垫料制作时，有否充分发酵，如充分发酵则因猪刚刚接触新垫料时受刺激会出现红点，稍待几天就会自动消失，在猪出栏第 2 轮起就不会出现这个问题。

3．关于垫料的问题

① 作为基本原料，锯末是不可缺少的，但因条件所限不能取得时也可用以下材料替代：a. 粗糠；b. 稻秆、麦秆、草等切成 8 ～ 10cm 长度；c. 树枝、叶、玉米秸秆粉碎物。总之，以达到既吸水又透气的状况为佳。

② 冬天时期，垫料的高度一般比夏天厚 20cm 左右。冬天由于气温较低，发酵程度比夏天弱，保温也比夏天困难。而增加谷壳等通气基质的含量，能够提高升温能力，增加密度高的基质，可以降低升温水平。

③ 垫料堆积一周后还没有发酵（温度没有上升），这时就要及时确认垫料的质量是否有问题，是否加入防腐剂、杀虫剂，另外还要检查垫料的水分是否过高或是不足，再次确认发酵条件后再进行发酵。

④ 垫料堆积一周后温度上升但有臭味，这是因为垫料水分过高，造成厌气发酵，建议再次调整水分，加入一部分锯末、秕窠饲料添加剂后再搅拌，让其再发酵。

4．关于放猪后发酵床不干燥的问题

垫料经过几次翻搅后仍然潮湿且温度低，遇到这种情况时，首先要确认：①垫料是否还能使用，是否已经使用了很久；②垫料的高度是否合适；③冬季时，是否过度翻搅；④是否控制在适当的养殖密度内。

因为：①如果经过多年的使用，垫料本身会逐渐无机化，缺乏弹力，吸水力、透气性差，所以不会发酵，这时必须加入一定量的新的谷壳和锯末进行替换，正常情况下，垫料一次可使用 3 年；②夏天垫料的最基本高度也应在 40cm 以上；③冬天猪粪尿太集中时，无需过分翻动垫料，可适当翻动表面 30cm 处，让猪粪尿在垫料中分解，夏天则无需翻动垫料；④由于饲养员对垫料的管理水平有差别，猪的粪尿由垫料吸收的程度也有差别，所以，应以垫料能完全处理粪尿为目标控制猪的养殖密度。

5. 关于微生物发酵床管理的其他问题

① 关于垫料高度比规定的低，但发酵正常进行，是否有必要补充新垫料。首先，因为发酵正常进行，养殖密度也正常，所以垫料的日常管理是合格的。但是在冬季，如果饲养员的养殖经验不足，对发酵技术尚未熟练掌握，则适当补充一部分垫料是必要的。

② 从饮水器漏水进入垫料是否有问题？垫料是保水性非常好的材料，长期的水积累会造成发酵条件恶劣而影响养殖效果，所以要杜绝此现象发生。

③ 夏季的发酵舍是否温度过高，超过猪的耐受程度？微生物发酵床使用隔离材料不会出现此问题，如果进行适度的换气、滴水处理以及调整垫料高度，则猪舍的温度不会过高，也就不会影响猪的生长。

④ 单个微生物发酵床最少可养多少头猪？微生物发酵床的垫料运行量不得少于 $10m^3$，厚度最薄不得少于 40cm，所以要考虑猪排泄物与垫料的处理能力是否达到了平衡。从断奶猪（约 7kg）成长到大猪，随着猪体重增大，其排泄物也增加，故养殖密度应做相应调整，主要以垫料的变化状况为依据，密度太高，垫料表面变得非常潮湿，氨味产生时应立即调整养殖密度，一般 7～30kg 体重的小猪，其所需的垫料面积为 0.4～1.2m^2/ 头，30～100kg体重的育肥猪其所需的垫料面积为 1.2～1.5m^2/ 头，母猪则是 2～3 m^2/ 头。

⑤ 如何判断垫料运行是否正常？微生物发酵床养猪的垫料管理非常重要，因猪的生长增重，以及气候等环境的变化，均可能影响垫料的运行。正常的垫料运行，其中心部应是无氨味、湿度在 45%（手握不成团，较松）、温度在 45℃左右、pH 值为 7～8，否则不正常。当因其他原因造成垫料过湿而显氨味时，要添加谷壳、锯末再堆积，并且调整水分和 pH 值在合适范围内。

⑥ 放猪时的注意事项：饲料中添加秾窠饲料添加剂一定要搅拌均匀。猪进栏时要注意大小均匀，以保证每头猪都能正常采食和饮水。

⑦ 垫料制作注意事项：垫料制作的配料可根据气候的变化和周围环境的影响适当调整，在夏天时一般情况下不加生猪粪（加生猪粪时温度会缓慢下降，造成放猪时温度过高），故要相应地增加米糠的量，米糠是秾窠饲料添加剂的营养物，不加生猪粪时，米糠也不增加，会造成秾窠饲料添加剂的营养物不足，而多加米糠时，也可让秾窠饲料添加剂分散范围更广，更有利于发酵。在冬天时一定要加生猪粪，若不加生猪粪，垫料温度会急速上升并迅速下降，造成杀菌不充分。使用生猪粪时，一定要把酵母糠撒在生猪粪上，这样可使秾窠饲料添加剂得到充分的营养，利于发酵。

第七章
发酵床垫料微生物
群落动态

第一节
发酵床可培养微生物分析

一、发酵床芽胞杆菌空间分布多样性

1．概述

微生物群落是发酵床养猪技术的核心部分，猪排泄物降解效率和发酵床使用年限均与菌种质量有着直接的关系。加入良好的微生物菌剂可有效抑制有害微生物的生长繁殖，提高发酵床养猪的安全性。发酵床功能菌群的粪便分解能力首先取决于发酵菌种的组成和活性。微生物发酵床养猪技术利用垫料中活性有益微生物对猪只排泄物进行原位分解发酵，无需冲洗猪舍，减少废水排放，减少氨、氧化亚氮、硫化氢、吲哚等臭味物质的产生和挥发，猪舍内无臭味，提高了猪舍的卫生水平（郑宏文等，2014）。

凌云等（2007）研究发现，禽畜粪便堆肥过程中，发酵床细菌的数量最多，在不同堆肥温度时期各微生物的数量有不同的变化。刘让等（2010）通过实验室和野外采集样本，分别获得 1 株地衣芽胞杆菌、3 株蜡样芽胞杆菌、1 株短小芽胞杆菌和 1 株乳酸杆菌，研究发现这 6 个菌株对大肠杆菌、葡萄球菌均有不同程度的抑制作用，且动物试验安全，这为生态养猪提供了发酵菌种。刘波等（2008）运用脂肪酸生物标记法研究了零排放猪舍垫料微生物群落的多样性，结果表明，不同生物标记多样性指数在垫料不同层次分布不同。李珊珊（2012）从猪场和污水中筛选获得了除臭的解淀粉芽胞杆菌（*Bacillus amyloliqueaciens*）和贝莱斯芽胞杆菌（*Bacillus velezensis*）的混合菌剂，可以有效去除硫化氢和氨气，为微生态发酵床养殖及粪便堆肥提供了微生物菌种资源。

微生物发酵床垫料成分主要为椰壳等富含纤维的填充物，因此垫料中应该含有丰富的产纤维素酶和木质素酶等的菌株。芽胞杆菌是产酶菌株的主要来源，它是一类产芽胞的、好氧或兼性厌氧的细菌类群，广泛分布在自然界各种环境中。芽胞杆菌的生理生化特性多样，能产生多种功能代谢产物。它能以发酵床垫料为能源，产生各种酶，降解粪便污染物，除去臭味。以下研究以微生物发酵床垫料为样本，采用纯培养法分离芽胞杆菌，利用 16S rDNA 基因进行初步鉴定种类和系统发育分析，为芽胞杆菌新资源和功能菌株挖掘提供帮助。

2．研究方法

（1）样品采集　2015 年 1 月 26 日，从福建省福清市国家现代农业示范园微生物发酵床养猪栏采集表层垫料样品。该猪场建筑面积为 2100m²（35m×60m），发酵床槽面积 1910m²，发酵床深度 80cm，发酵床垫料由 70% 椰糠和 30% 谷壳组成。发酵床饲养 1600 头不同日龄育肥猪，饲养密度为 1 头 /m²。

采样方法为：将大栏发酵床宽度方向划分 4 栏、长度方向划分 8 栏（表 7-1），每个栏采用五点取样方法采样混合获得栏的垫料样品，共采集 32 个栏的 32 个样品。将样品装入无菌的聚氯乙烯塑料瓶，带回实验室，并立即进行菌株富集与分离。

表7-1　发酵床分栏

1-4	2-4	3-4	4-4	5-4	6-4	7-4	8-4
1-3	2-3	3-3	4-3	5-3	6-3	7-3	8-3
1-2	2-2	3-2	4-2	5-2	6-2	7-2	8-2
1-1	2-1	3-1	4-1	5-1	6-1	7-1	8-1

注：8-1、8-2、8-3、8-4 为病猪栏的垫料；1-1、1-2 为无猪生长栏的垫料。

（2）仪器试剂　PCR 仪和凝胶成像分析仪购自 Bio-Rad 公司；恒温振荡培养箱购自上海一恒科技有限公司（HZQ-F160）；Taq DNA 聚合酶购自上海博尚生物有限公司；引物由上海博尚生物有限公司合成。LB 培养基：胰蛋白胨 10g、酵母提取物 5g、氯化钠 5g、琼脂 15g、水 1L，pH 7.2 ～ 7.4。

（3）芽胞杆菌的分离与鉴定　采用梯度稀释涂布法分离垫料中的芽胞杆菌，根据菌落形态特征、颜色等进行归类、计数、纯化，并采用 –80℃甘油冷冻法进行保存。采用 Tris-饱和酚法提取芽胞杆菌基因组 DNA。采用通用细菌 16S 引物进行扩增、测序。扩增引物采用细菌 16S rDNA 的通用引物 Eubac27F（5′-AGAGTTTGATCCTGGCTCAG-3′，大肠杆菌 16S rDNA 的 8 ～ 27bp 处）和原核微生物特异性引物 Eubac1492R（5′-GGTTACCTTGTTACGACTT-3′，大肠杆菌 16S rDNA 的 1491 ～ 1509bp 处），引物由上海生物工程有限公司合成。PCR 反应体系（25μL）：2.5μL 10×Buffer、0.5μL 10mmol/L dNTP、引物各 1μL、0.3μL（5U/μL）的 Taq 酶和 1μL DNA 模板。PCR 反应程序：94℃预变性 5min，94℃变性 30 s，55℃退火 45s，72℃延伸 90s，35 个循环，最后 72℃延伸 10min。PCR 产物的检测：取 2.5μL PCR 产物，点样于 1.5% 的琼脂糖凝胶中，以 100bp Marker 作为标准分子量，于 100V 电压下电泳 40min，以溴化乙锭（EB）染色，用凝胶成像系统观察结果。序列测定：检测出有条带的菌株 PCR 产物送至铂尚生物技术有限公司进行测序。

（4）芽胞杆菌系统发育分析　所得序列提交 GenBank 数据库，获取序列号。将测序所得 16S rDNA 序列在韩国网站（EZtaxon-e.ezbiocloud.net）上进行序列比对分析（Kim et al.，2012），选择相关的参考菌株序列，再经 Clustal X 对齐后（Thompson et al.，1997），用软件 Mega 6.0（Tamura et al.，2013）进行聚类分析（方法为 Neighbour-Joining，Nucleotide: Jukes-Cantor）（Jukes and Cantor，1969；Felsenstein，1985；Saitou and Nei，1987），构建聚类树。

（5）芽胞杆菌群落多样性指数分析

丰富度（D）计算公式：

$$D=(S-1)/\lg N$$

Pielou 均匀度指数（J）计算公式：

$$J=H/\lg S$$

香农 - 威纳指数（H）计算公式：

$$H=\mathrm{SUM}(P_i \lg P_i)$$

优势度指数（λ）计算公式：

$$\lambda=\mathrm{SUM}(P_i^2)$$

Hill 指数（N_1）计算公式：

$$N_1=\exp H$$

式中，$P_i=N_i/N$；N_i 为第 i 种芽胞杆菌的数量；S 为芽胞杆菌占据的单元总数；N 为芽胞杆菌种类个体总数。

利用生物统计软件 PRIMER 5 进行计算。

（6）芽胞杆菌种类分布聚类分析　利用芽胞杆菌群落多样性指数统计值为矩阵，以多样性指数为指标，以芽胞杆菌种类为样本，以相关系数为尺度，用类平均法进行系统聚类。通过软件 SPSS 16.0 进行统计分析，分析基于群落多样性指数的芽胞杆菌种类聚集特征。

3．发酵床可培养芽胞杆菌的分离与鉴定

根据菌落形态、颜色等特征划分，从 32 份微生物发酵床垫料样品中分离获得芽胞杆菌菌株 452 株。通过 Eztaxon 软件对 452 个菌株进行 16S rDNA 基因序列分析和同源性比对，去除同一样本的相同菌株，共获得了 266 个菌株（表 7-2）。由表 7-2 可知，45 株菌与最近缘种的模式菌株的 16S rDNA 基因序列相似性为 100%，其他菌株与最近缘种的模式菌株的 16S rDNA 基因序列同源性在 97.47%～99.93% 之间，说明大部分菌株与其最近缘种之间存在一定的遗传差异。根据 16S rDNA 同源性分析结果，选取了 59 个代表菌株进行后续分析。

表7-2　芽胞杆菌种类鉴定与含量

样品名称	菌株编号		16S rDNA相似性/%	亲缘关系最近的芽胞杆菌	中文名称	含量/(10^6CFU/g)
MF1-1	[1]	FJAT-41614	99.50	*Bacillus aryabhattai*	阿氏芽胞杆菌	0.3
	[2]	FJAT-41599	99.50	*Bacillus circulans*	环状芽胞杆菌	5
	[3]	FJAT-41616	99.80	*Bacillus altitudinis*	高地芽胞杆菌	1
	[4]	FJAT-41609	99.30	*Bacillus licheniformis*	地衣芽胞杆菌	8
	[5]	FJAT-41604	99.50	*Bacillus methylotrophicus*	甲基营养型芽胞杆菌	1
	[6]	FJAT-41602	98.23	*Bacillus nealsonii*	尼氏芽胞杆菌	2
	[7]	FJAT-41605	99.30	*Bacillus nealsonii*	尼氏芽胞杆菌	0.3
	[8]	FJAT-41608	99.89	*Bacillus siralis*	青储窖芽胞杆菌	0.2
	[9]	FJAT-41611	99.60	*Lysinibacillus fusiformis*	纺锤形赖氨酸芽胞杆菌	0.1
	[10]	FJAT-41610	99.70	*Lysinibacillus halotolerans*	耐盐赖氨酸芽胞杆菌	0.1
	[11]	FJAT-41612	99.60	*Lysinibacillus macroides*	长赖氨酸芽胞杆菌	0.1
	[12]	FJAT-41606	98.50	*Lysinibacillus chungkukjangi*	清国酱赖氨酸芽胞杆菌	1
	[13]	FJAT-41607	99.30	*Lysinibacillus manganicus*	锰矿土赖氨酸芽胞杆菌	0.3
MF1-2	[14]	FJAT-41620	99.70	*Bacillus aryabhattai*	阿氏芽胞杆菌	3
	[15]	FJAT-41622	99.30	*Bacillus circulans*	环状芽胞杆菌	2
	[16]	FJAT-41623	99.70	*Bacillus clausii*	克劳芽胞杆菌	1
	[17]	FJAT-41625	99.69	*Bacillus altitudinis*	高地芽胞杆菌	1
	[18]	FJAT-41629	99.70	*Bacillus kochii*	柯赫芽胞杆菌	2
	[19]	FJAT-41630	99.60	*Bacillus licheniformis*	地衣芽胞杆菌	1
	[20]	FJAT-41621	99.60	*Bacillus methylotrophicus*	甲基营养型芽胞杆菌	5
	[21]	FJAT-41633	99.80	*Bacillus xiamenensis*	厦门芽胞杆菌	0.1
	[22]	FJAT-41627	99.25	*Bacillus isronensis*	印空研芽胞杆菌	1
	[23]	FJAT-41632	99.90	*Lysinibacillus halotolerans*	耐盐赖氨酸芽胞杆菌	0.7
	[24]	FJAT-41619	98.67	*Ornithinibacillus scapharcae*	拾蛤鸟氨酸芽胞杆菌	0.1

续表

样品名称	菌株编号	16S rDNA相似性/%	亲缘关系最近的芽胞杆菌	中文名称	含量/(10^6CFU/g)
MF1-3	[25] FJAT-41636	99.40	*Bacillus nealsonii*	尼氏芽胞杆菌	10
	[26] FJAT-41652	99.50	*Bacillus aryabhattai*	阿氏芽胞杆菌	5
	[27] FJAT-41642	99.00	*Bacillus circulans*	环状芽胞杆菌	2
	[28] FJAT-41644	99.00	*Bacillus flexus*	弯曲芽胞杆菌	1
	[29] FJAT-41639	99.49	*Bacillus halosaccharovorans*	嗜盐噬糖芽胞杆菌	2
	[30] FJAT-41643	99.60	*Bacillus licheniformis*	地衣芽胞杆菌	2
	[31] FJAT-41648	100.00	*Bacillus methylotrophicus*	甲基营养型芽胞杆菌	2
	[32] FJAT-41638	99.00	*Bacillus oleronius*	蔬菜芽胞杆菌	3
	[33] FJAT-41641	99.70	*Bacillus rhizosphaerae*	根际芽胞杆菌	0.1
	[34] FJAT-41635	99.89	*Brevibacillus borstelensis*	波茨坦短芽胞杆菌	0.1
	[35] FJAT-41640	99.60	*Brevibacillus nitrificans*	硝化短芽胞杆菌	0.2
	[36] FJAT-41646	97.47	*Lysinibacillus composti*	堆肥赖氨酸芽胞杆菌	2
	[37] FJAT-41649	97.91	*Lysinibacillus composti*	堆肥赖氨酸芽胞杆菌	0.1
	[38] FJAT-41650	99.80	*Lysinibacillus halotolerans*	耐盐赖氨酸芽胞杆菌	0.2
	[39] FJAT-41637	98.60	*Ornithinibacillus scapharcae*	拾蛤鸟氨酸芽胞杆菌	0.2
MF-1-4	[40] FJAT-41656	99.00	*Paenibacillus ginsengiterrae*	人参土类芽胞杆菌	20
	[41] FJAT-41658	100.00	*Bacillus aryabhattai*	阿氏芽胞杆菌	20
	[42] FJAT-41667	99.30	*Bacillus altitudinis*	高地芽胞杆菌	3
	[43] FJAT-41668	98.90	*Bacillus circulans*	环状芽胞杆菌	50
	[44] FJAT-41662	99.80	*Lysinibacillus halotolerans*	耐盐赖氨酸芽胞杆菌	1
	[45] FJAT-41663	99.39	*Bacillus halosaccharovorans*	嗜盐噬糖芽胞杆菌	4
	[46] FJAT-41654	99.50	*Bacillus licheniformis*	地衣芽胞杆菌	0.4
	[47] FJAT-41660	99.80	*Bacillus methylotrophicus*	甲基营养型芽胞杆菌	0.6
	[48] FJAT-41666	99.79	*Bacillus nealsonii*	尼氏芽胞杆菌	0.2
	[49] FJAT-41661	99.80	*Bacillus oleronius*	蔬菜芽胞杆菌	1
	[50] FJAT-41659	99.49	*Bacillus rhizosphaerae*	根际芽胞杆菌	0.1
	[51] FJAT-41653	99.00	*Gracilibacillus marinus*	海洋芽胞杆菌	0.1
MF-2-1	[52] FJAT-41679	99.50	*Bacillus kochii*	柯赫芽胞杆菌	1
	[53] FJAT-41684	99.00	*Bacillus circulans*	环状芽胞杆菌	4.3
	[54] FJAT-41682	99.10	*Bacillus clausii*	克劳芽胞杆菌	2
	[55] FJAT-41674	99.80	*Bacillus halosaccharovorans*	嗜盐噬糖芽胞杆菌	2
	[56] FJAT-41683	99.80	*Bacillus altitudinis*	高地芽胞杆菌	3
	[57] FJAT-41670	99.50	*Bacillus licheniformis*	地衣芽胞杆菌	5
	[58] FJAT-41673	98.42	*Paenibacillus pabuli*	饲料类芽胞杆菌	0.2
	[59] FJAT-41678	99.34	*Bacillus amyloliquefaciens*	解淀粉芽胞杆菌	2
MF-2-2	[60] FJAT-41694	99.30	*Bacillus aryabhattai*	阿氏芽胞杆菌	2
	[61] FJAT-41689	97.60	*Bacillus circulans*	环状芽胞杆菌	1
	[62] FJAT-41690	99.00	*Bacillus clausii*	克劳芽胞杆菌	1
	[63] FJAT-41700	99.70	*Bacillus halosaccharovorans*	嗜盐噬糖芽胞杆菌	7
	[64] FJAT-41695	99.80	*Bacillus altitudinis*	高地芽胞杆菌	2
	[65] FJAT-41687	98.70	*Bacillus kochii*	柯赫芽胞杆菌	0.2
	[66] FJAT-41699	100.00	*Bacillus methylotrophicus*	甲基营养型芽胞杆菌	0.5
	[67] FJAT-41703	98.20	*Ornithinibacillus scapharcae*	拾蛤鸟氨酸芽胞杆菌	0.4

畜禽养殖微生物发酵床理论与实践

续表

样品名称	菌株编号	16S rDNA相似性/%	亲缘关系最近的芽胞杆菌	中文名称	含量/(10⁶CFU/g)
MF-2-3	[68] FJAT-41708	100.00	*Bacillus cereus*	蜡样芽胞杆菌	1
	[69] FJAT-41705	99.39	*Bacillus rhizosphaerae*	根际芽胞杆菌	1
	[70] FJAT-41709	97.90	*Bacillus humi*	土地芽胞杆菌	1
	[71] FJAT-41712	99.30	*Bacillus aryabhattai*	阿氏芽胞杆菌	3
	[72] FJAT-41713	99.10	*Bacillus circulans*	环状芽胞杆菌	1
	[73] FJAT-41718	99.59	*Bacillus halosaccharovorans*	嗜盐噬糖芽胞杆菌	1
	[74] FJAT-41715	99.30	*Bacillus kochii*	柯赫芽胞杆菌	2
	[75] FJAT-41706	99.60	*Bacillus licheniformis*	地衣芽胞杆菌	3
	[76] FJAT-41714	99.79	*Bacillus mesophilum*	嗜常温芽胞杆菌	1
	[77] FJAT-41707	100.00	*Bacillus methylotrophicus*	甲基营养型芽胞杆菌	0.7
MF2-4	[78] FJAT-41729	99.00	*Bacillus clausii*	克劳芽胞杆菌	2
	[79] FJAT-41728	100.00	*Bacillus isronensis*	印空研芽胞杆菌	4
	[80] FJAT-41736	99.60	*Bacillus rhizosphaerae*	根际芽胞杆菌	2
	[81] FJAT-41739	97.97	*Lysinibacillus halotolerans*	耐盐赖氨酸芽胞杆菌	1
	[82] FJAT-41734	99.20	*Bacillus aryabhattai*	阿氏芽胞杆菌	3
	[83] FJAT-41735	99.00	*Bacillus circulans*	环状芽胞杆菌	2
	[84] FJAT-41726	99.70	*Bacillus altitudinis*	高地芽胞杆菌	2
	[85] FJAT-41722	99.60	*Bacillus kochii*	柯赫芽胞杆菌	3
	[86] FJAT-41727	99.50	*Bacillus licheniformis*	地衣芽胞杆菌	0.7
	[87] FJAT-41731	100.00	*Bacillus methylotrophicus*	甲基营养型芽胞杆菌	0.9
MF3-1	[88] FJAT-41752	100.00	*Bacillus kochii*	柯赫芽胞杆菌	1
	[89] FJAT-41754	99.56	*Bacillus siralis*	青储窖芽胞杆菌	2
	[90] FJAT-41742	99.50	*Gracilibacillus marinus*	海洋纤细芽胞杆菌	4
	[91] FJAT-41746	99.60	*Bacillus aryabhattai*	阿氏芽胞杆菌	2
	[92] FJAT-41750	99.80	*Bacillus altitudinis*	高地芽胞杆菌	2
	[93] FJAT-41743	99.40	*Bacillus kochii*	柯赫芽胞杆菌	1
	[94] FJAT-41741	99.70	*Bacillus licheniformis*	地衣芽胞杆菌	6
	[95] FJAT-41747	100.00	*Bacillus methylotrophicus*	甲基营养型芽胞杆菌	0.5
	[96] FJAT-41740	98.60	*Ornithinibacillus scapharcae*	拾蛤鸟氨酸芽胞杆菌	0.1
MF-3-2	[97] FJAT-41382	99.70	*Bacillus aryabhattai*	阿氏芽胞杆菌	2
	[98] FJAT-41375	99.40	*Bacillus circulans*	环状芽胞杆菌	2
	[99] FJAT-41374	99.80	*Bacillus halosaccharovorans*	嗜盐噬糖芽胞杆菌	1
	[100] FJAT-41386	99.60	*Bacillus licheniformis*	地衣芽胞杆菌	15
	[101] FJAT-41380	100.00	*Bacillus methylotrophicus*	甲基营养型芽胞杆菌	0.6
	[102] FJAT-41372	99.49	*Bacillus rhizosphaerae*	根际芽胞杆菌	0.4
	[103] FJAT-41392	99.80	*Lysinibacillus halotolerans*	耐盐赖氨酸芽胞杆菌	0.2
	[104] FJAT-41371	98.33	*Paucisalibacillus globulus*	小球状少盐芽胞杆菌	0.2
MF-3-3	[105] FJAT-41399	99.40	*Bacillus aryabhattai*	阿氏芽胞杆菌	0.2
	[106] FJAT-41393	99.30	*Bacillus clausii*	克劳芽胞杆菌	0.4
	[107] FJAT-41398	99.59	*Bacillus halosaccharovorans*	嗜盐噬糖芽胞杆菌	0.1
	[108] FJAT-41395	99.10	*Bacillus kochii*	柯赫芽胞杆菌	0.1
	[109] FJAT-41396	99.30	*Bacillus licheniformis*	地衣芽胞杆菌	3
	[110] FJAT-41397	99.60	*Bacillus rhizosphaerae*	根际芽胞杆菌	1
	[111] FJAT-41400	99.80	*Bacillus circulans*	环状芽胞杆菌	1

样品名称	菌株编号	16S rDNA相似性/%	亲缘关系最近的芽胞杆菌	中文名称	含量/(10⁶CFU/g)
	[112] FJAT-41410	99.78	*Bacillus cereus*	蜡样芽胞杆菌	0.2
	[113] FJAT-41409	99.30	*Bacillus aryabhattai*	阿氏芽胞杆菌	0.2
	[114] FJAT-41412	99.60	*Bacillus clausii*	克劳芽胞杆菌	0.4
	[115] FJAT-41407	99.10	*Bacillus eiseniae*	蚯蚓芽胞杆菌	0.2
MF-3-4	[116] FJAT-41413	99.40	*Bacillus kochii*	柯赫芽胞杆菌	0.4
	[117] FJAT-41404	99.30	*Bacillus licheniformis*	地衣芽胞杆菌	0.2
	[118] FJAT-41403	100.00	*Bacillus methylotrophicus*	甲基营养型芽胞杆菌	0.2
	[119] FJAT-41408	99.50	*Bacillus niacini*	烟酸芽胞杆菌	0.2
	[120] FJAT-41445	99.90	*Lysinibacillus halotolerans*	耐盐赖氨酸芽胞杆菌	0.1
	[121] FJAT-41458	99.68	*Bacillus altitudinis*	高地芽胞杆菌	0.2
	[122] FJAT-41456	98.10	*Bacillus altitudinis*	高地芽胞杆菌	0.1
	[123] FJAT-41463	98.09	*Bacillus kochii*	柯赫芽胞杆菌	0.4
MF-4-1	[124] FJAT-41457	99.20	*Bacillus licheniformis*	地衣芽胞杆菌	1.3
	[125] FJAT-41459	99.10	*Bacillus methylotrophicus*	甲基营养型芽胞杆菌	0.6
	[126] FJAT-41467	99.20	*Brevibacillus limnophilus*	居湖短芽胞杆菌	0.2
	[127] FJAT-41455	98.10	*Ornithinibacillus scapharcae*	拾蛤鸟氨酸芽胞杆菌	0.3
	[128] FJAT-41476	98.30	*Bacillus circulans*	环状芽胞杆菌	0.1
	[129] FJAT-41474	99.80	*Bacillus altitudinis*	高地芽胞杆菌	0.5
	[130] FJAT-41468	98.80	*Bacillus kochii*	柯赫芽胞杆菌	0.1
	[131] FJAT-41469	99.30	*Bacillus licheniformis*	地衣芽胞杆菌	0.8
MF-4-2	[132] FJAT-41473	100.00	*Bacillus methylotrophicus*	甲基营养型芽胞杆菌	7
	[133] FJAT-41475	99.78	*Bacillus siralis*	青储窖芽胞杆菌	1
	[134] FJAT-41470	97.98	*Lysinibacillus halotolerans*	耐盐赖氨酸芽胞杆菌	1
	[135] FJAT-41484	98.32	*Paenibacillus illinoisensis*	伊利诺伊类芽胞杆菌	10
	[136] FJAT-41483	98.59	*Paucisalibacillus globulus*	小球状少盐芽胞杆菌	10
	[137] FJAT-41215	100.00	*Bacillus altitudinis*	高地芽胞杆菌	0.51
	[138] FJAT-41209	97.69	*Bacillus isronensis*	印空研芽胞杆菌	0.01
	[139] FJAT-41214	100.00	*Bacillus aryabhattai*	阿氏芽胞杆菌	0.016
MF-4-3	[140] FJAT-41220	100.00	*Bacillus kochii*	柯赫芽胞杆菌	2.7
	[141] FJAT-41216	99.50	*Bacillus licheniformis*	地衣芽胞杆菌	0.2
	[142] FJAT-41219	99.93	*Bacillus tequilensis*	特基拉芽胞杆菌	1.31
	[143] FJAT-41213	99.79	*Bacillus halotolerans*	耐盐短杆菌	1
	[144] FJAT-41488	99.51	*Bacillus eiseniae*	蚯蚓芽胞杆菌	0.51
	[145] FJAT-41495	100.00	*Bacillus kochii*	柯赫芽胞杆菌	0.11
	[146] FJAT-41489	99.50	*Bacillus licheniformis*	地衣芽胞杆菌	0.31
MF-4-4	[147] FJAT-41494	99.64	*Bacillus siamensis*	暹罗芽胞杆菌	0.07
	[148] FJAT-41491	99.86	*Bacillus tequilensis*	特基拉芽胞杆菌	2.5
	[149] FJAT-41492	99.00	*Bacillus halotolerans*	耐盐短杆菌	0.1
	[150] FJAT-41496	99.79	*Gracilibacillus marinus*	海洋纤细芽胞杆菌	0.2

样品名称	菌株编号	16S rDNA相似性/%	亲缘关系最近的芽胞杆菌	中文名称	含量/(10⁶CFU/g)
MF-5-1	[151] FJAT-41504	100.00	*Bacillus altitudinis*	高地芽胞杆菌	0.3
	[152] FJAT-41498	100.00	*Bacillus kochii*	柯赫芽胞杆菌	0.8
	[153] FJAT-41499	99.72	*Bacillus licheniformis*	地衣芽胞杆菌	1.5
	[154] FJAT-41503	99.70	*Bacillus rhizosphaerae*	根际芽胞杆菌	0.1
	[155] FJAT-41511	100.00	*Bacillus tequilensis*	特基拉芽胞杆菌	1.8
	[156] FJAT-41506	99.86	*Lysinibacillus halotolerans*	耐盐赖氨酸芽胞杆菌	0.7
	[157] FJAT-41510	98.53	*Ornithinibacillus scapharcae*	拾蛤鸟氨酸芽胞杆菌	1.2
MF-5-2	[158] FJAT-41519	99.93	*Bacillus altitudinis*	高地芽胞杆菌	0.02
	[159] FJAT-41512	98.97	*Bacillus amyloliquefaciens*	解淀粉芽胞杆菌	0.3
	[160] FJAT-41513	99.17	*Bacillus cereus*	蜡样芽胞杆菌	0.04
	[161] FJAT-41523	98.70	*Bacillus clausii*	克劳芽胞杆菌	0.12
	[162] FJAT-41515	99.86	*Bacillus flexus*	弯曲芽胞杆菌	0.18
	[163] FJAT-41527	100.00	*Bacillus kochii*	柯赫芽胞杆菌	0.02
	[164] FJAT-41520	99.58	*Bacillus licheniformis*	地衣芽胞杆菌	0.48
	[165] FJAT-41524	99.93	*Bacillus siamensis*	暹罗芽胞杆菌	0.01
	[166] FJAT-41518	99.86	*Bacillus subtilis*	枯草芽胞杆菌	0.08
	[167] FJAT-41516	99.93	*Bacillus tequilensis*	特基拉芽胞杆菌	0.09
	[168] FJAT-41526	99.51	*Paenibacillus lactis*	牛奶类芽胞杆菌	0.15
MF-5-3	[169] FJAT-42924	100.00	*Bacillus altitudinis*	高地芽胞杆菌	0.1
	[170] FJAT-42919	100.00	*Bacillus aryabhattai*	阿氏芽胞杆菌	0.3
	[171] FJAT-42929	100.00	*Bacillus clausii*	克劳芽胞杆菌	0.1
	[172] FJAT-42926	99.72	*Bacillus kochii*	柯赫芽胞杆菌	0.4
	[173] FJAT-42925	100.00	*Bacillus licheniformis*	地衣芽胞杆菌	0.5
	[174] FJAT-42923	99.29	*Bacillus haikouensis*	海口芽胞杆菌	0.1
	[175] FJAT-42921	99.93	*Bacillus subtilis*	枯草芽胞杆菌	5
	[176] FJAT-42930	99.37	*Oceanobacillus caeni*	淤泥大洋芽胞杆菌	0.2
MF-5-4	[177] FJAT-41532	100.00	*Bacillus altitudinis*	高地芽胞杆菌	0.12
	[178] FJAT-41536	99.65	*Bacillus clausii*	克劳芽胞杆菌	0.3
	[179] FJAT-41542	100.00	*Bacillus kochii*	柯赫芽胞杆菌	0.1
	[180] FJAT-41537	99.72	*Bacillus licheniformis*	地衣芽胞杆菌	1.1
	[181] FJAT-41529	99.39	*Bacillus rhizosphaerae*	根际芽胞杆菌	0.1
	[182] FJAT-41541	99.93	*Bacillus tequilensis*	特基拉芽胞杆菌	0.1
	[183] FJAT-41539	99.93	*Lysinibacillus halotolerans*	耐盐赖氨酸芽胞杆菌	0.6
MF-6-1	[184] FJAT-41223	99.90	*Bacillus methylotrophicus*	甲基营养型芽胞杆菌	0.289
	[185] FJAT-41225	99.60	*Bacillus aryabhattai*	阿氏芽胞杆菌	9.2
	[186] FJAT-41236	99.50	*Bacillus circulans*	环状芽胞杆菌	0.3
	[187] FJAT-41234	99.30	*Bacillus kochii*	柯赫芽胞杆菌	0.1
	[188] FJAT-41235	99.20	*Bacillus licheniformis*	地衣芽胞杆菌	2.6
	[189] FJAT-41224	99.40	*Bacillus marisflavi*	黄海芽胞杆菌	0.1

样品名称	菌株编号	16S rDNA相似性/%	亲缘关系最近的芽胞杆菌	中文名称	含量/(10⁶CFU/g)
MF-6-2	[190] FJAT-41552	100.00	*Bacillus altitudinis*	高地芽胞杆菌	1
	[191] FJAT-41548	99.72	*Bacillus clausii*	克劳芽胞杆菌	0.2
	[192] FJAT-41545	100.00	*Bacillus licheniformis*	地衣芽胞杆菌	1.7
	[193] FJAT-41551	99.29	*Bacillus methylotrophicus*	甲基营养型芽胞杆菌	0.1
	[194] FJAT-41549	99.72	*Bacillus tequilensis*	特基拉芽胞杆菌	1.7
	[195] FJAT-41544	99.93	*Brevibacillus borstelensis*	波茨坦短芽胞杆菌	0.1
MF-6-3	[196] FJAT-41244	100.00	*Bacillus methylotrophicus*	甲基营养型芽胞杆菌	0.57
	[197] FJAT-41255	99.40	*Bacillus aryabhattai*	阿氏芽胞杆菌	2.4
	[198] FJAT-41248	100.00	*Bacillus tequilensis*	特基拉芽胞杆菌	0.06
	[199] FJAT-41242	100.00	*Bacillus kochii*	柯赫芽胞杆菌	1
	[200] FJAT-41252	99.46	*Bacillus vietnamensis*	越南芽胞杆菌	1
MF-6-4	[201] FJAT-41143	99.79	*Bacillus clausii*	克劳芽胞杆菌	1.4
	[202] FJAT-41146	99.72	*Lysinibacillus macrolides*	长赖氨酸芽胞杆菌	0.1
	[203] FJAT-41142	100.00	*Bacillus siamensis*	暹罗芽胞杆菌	1
	[204] FJAT-41147	99.93	*Bacillus licheniformis*	地衣芽胞杆菌	2.6
	[205] FJAT-41150	99.93	*Bacillus tequilensis*	特基拉芽胞杆菌	1
	[206] FJAT-41149	99.93	*Bacillus cereus*	蜡样芽胞杆菌	1
	[207] FJAT-41145	99.93	*Bacillus subtilis*	枯草芽胞杆菌	1
MF-7-1	[208] FJAT-41167	100.00	*Bacillus altitudinis*	高地芽胞杆菌	3
	[209] FJAT-41175	100.00	*Bacillus circulans*	环状芽胞杆菌	23
	[210] FJAT-41172	100.00	*Bacillus kochii*	柯赫芽胞杆菌	2
	[211] FJAT-41168	99.79	*Bacillus licheniformis*	地衣芽胞杆菌	6
	[212] FJAT-41169	99.79	*Bacillus niabensis*	农研所芽胞杆菌	4
	[213] FJAT-41166	99.93	*Bacillus subtilis*	枯草芽胞杆菌	1
	[214] FJAT-41176	99.93	*Bacillus tequilensis*	特基拉芽胞杆菌	4
	[215] FJAT-41174	98.60	*Ornithinibacillus scapharcae*	拾蛤鸟氨酸芽胞杆菌	1
MF-7-2	[216] FJAT-41295	99.40	*Bacillus methylotrophicus*	甲基营养型芽胞杆菌	0.05
	[217] FJAT-41299	99.20	*Bacillus aryabhattai*	阿氏芽胞杆菌	0.11
	[218] FJAT-41305	99.00	*Bacillus circulans*	环状芽胞杆菌	0.01
	[219] FJAT-41307	99.00	*Bacillus kochii*	柯赫芽胞杆菌	0.41
	[220] FJAT-41302	99.50	*Bacillus licheniformis*	地衣芽胞杆菌	4.02
	[221] FJAT-41301	99.80	*Lysinibacillus halotolerans*	耐盐赖氨酸芽胞杆菌	0.2
MF-7-3	[222] FJAT-41178	100.00	*Bacillus circulans*	环状芽胞杆菌	0.3
	[223] FJAT-41180	99.72	*Bacillus clausii*	克劳芽胞杆菌	0.4
	[224] FJAT-41181	98.45	*Lysinibacillus halotolerans*	耐盐赖氨酸芽胞杆菌	0.1
	[225] FJAT-41182	100.00	*Bacillus kochii*	柯赫芽胞杆菌	1.6
	[226] FJAT-41184	99.86	*Bacillus licheniformis*	地衣芽胞杆菌	1.5
	[227] FJAT-41179	99.93	*Bacillus methylotrophicus*	甲基营养型芽胞杆菌	0.3
	[228] FJAT-41190	99.93	*Bacillus subtilis*	枯草芽胞杆菌	0.1
	[229] FJAT-41183	98.45	*Lysinibacillus halotolerans*	耐盐赖氨酸芽胞杆菌	0.1

样品名称	菌株编号	16S rDNA相似性/%	亲缘关系最近的芽胞杆菌	中文名称	含量/(10⁶CFU/g)
MF-7-4	[230] FJAT-41309	99.50	*Bacillus kochii*	科赫芽胞杆菌	0.16
	[231] FJAT-41312	98.98	*Bacillus altitudinis*	高地芽胞杆菌	0.03
	[232] FJAT-41317	99.50	*Bacillus methylotrophicus*	甲基营养型芽胞杆菌	0.21
	[233] FJAT-41318	100.00	*Bacillus aryabhattai*	阿氏芽胞杆菌	0.2
	[234] FJAT-41319	99.93	*Bacillus amyloliquefaciens*	解淀粉芽胞杆菌	0.2
MF-8-1	[235] FJAT-41323	99.80	*Bacillus methylotrophicus*	甲基营养型芽胞杆菌	0.18
	[236] FJAT-41322	99.93	*Bacillus aryabhattai*	阿氏芽胞杆菌	1.2
	[237] FJAT-41331	100.00	*Bacillus circulans*	环状芽胞杆菌	0.1
	[238] FJAT-41328	99.20	*Bacillus kochii*	柯赫芽胞杆菌	0.1
	[239] FJAT-41324	98.80	*Bacillus licheniformis*	地衣芽胞杆菌	2.9
	[240] FJAT-41329	99.90	*Lysinibacillus halotolerans*	耐盐赖氨酸芽胞杆菌	0.3
	[241] FJAT-41330	99.93	*Bacillus amyloliquefaciens*	解淀粉芽胞杆菌	0.1
MF-8-2	[242] FJAT-41595	100.00	*Bacillus methylotrophicus*	甲基营养型芽胞杆菌	0.3
	[243] FJAT-41598	100.00	*Bacillus altitudinis*	高地芽胞杆菌	0.1
	[244] FJAT-41596	99.78	*Bacillus cereus*	蜡样芽胞杆菌	0.2
	[245] FJAT-41590	99.65	*Bacillus clausii*	克劳芽胞杆菌	0.9
	[246] FJAT-41585	99.72	*Bacillus licheniformis*	地衣芽胞杆菌	1.6
	[247] FJAT-41586	100.00	*Bacillus siamensis*	暹罗芽胞杆菌	0.1
	[248] FJAT-41597	99.93	*Bacillus tequilensis*	特基拉芽胞杆菌	0.1
	[249] FJAT-41593	98.16	*Bacillus timonensis*	泰门芽胞杆菌	0.1
MF-8-3	[250] FJAT-41333	99.78	*Bacillus cereus*	蜡样芽胞杆菌	0.01
	[251] FJAT-41334	100.00	*Bacillus kochii*	柯赫芽胞杆菌	0.03
	[252] FJAT-41335	100.00	*Bacillus methylotrophicus*	甲基营养型芽胞杆菌	0.11
	[253] FJAT-41336	99.93	*Bacillus amyloliquefaciens*	解淀粉芽胞杆菌	0.01
	[254] FJAT-41338	99.50	*Bacillus aryabhattai*	阿氏芽胞杆菌	0.06
	[255] FJAT-41343	99.50	*Bacillus licheniformis*	地衣芽胞杆菌	1.56
MF-8-4	[256] FJAT-41205	99.93	*Bacillus amyloliquefaciens*	解淀粉芽胞杆菌	2.1
	[257] FJAT-41199	99.72	*Bacillus clausii*	克劳芽胞杆菌	0.3
	[258] FJAT-41203	99.72	*Bacillus eiseniae*	蚯蚓芽胞杆菌	0.1
	[259] FJAT-41191	99.86	*Bacillus licheniformis*	地衣芽胞杆菌	0.7
	[260] FJAT-41206	98.78	*Bacillus oceanisediminis*	海床类芽胞杆菌	0.1
	[261] FJAT-41195	100.00	*Bacillus siamensis*	暹罗芽胞杆菌	0.5
	[262] FJAT-41192	99.93	*Bacillus subtilis*	枯草芽胞杆菌	1.1
	[263] FJAT-41202	99.93	*Brevibacillus borstelensis*	波茨坦短芽胞杆菌	0.1
	[264] FJAT-41198	99.72	*Lysinibacillus halotolerans*	耐盐赖氨酸芽胞杆菌	2.2
	[265] FJAT-41197	98.59	*Ornithinibacillus scapharcae*	拾蛤鸟氨酸芽胞杆菌	0.2
	[266] FJAT-41201	99.85	*Paenibacillus barengoltzii*	巴伦类芽胞杆菌	0.1

4．芽胞杆菌系统发育分析

基于 16S rDNA 基因序列系统发育分析的结果表明，59 个代表菌株属于芽胞杆菌纲的 2 个科（Bacillaceae 和 Paenibacillaceae）、8 个属（芽胞杆菌属 *Bacillus*、类芽胞杆菌属 *Paenibacillus*、赖氨酸芽胞杆菌属 *Lysinibacillus*、短芽胞杆菌属 *Brevibacillus*、鸟氨酸芽胞杆菌属 *Ornithinibacillus*、大洋芽胞杆菌属 *Oceanibacillus*、少盐芽胞杆菌属 *Paucisalibacillus* 和纤细芽胞杆菌属 *Gracilibacillus*）（图 7-1 和表 7-2）中的 51 个种。

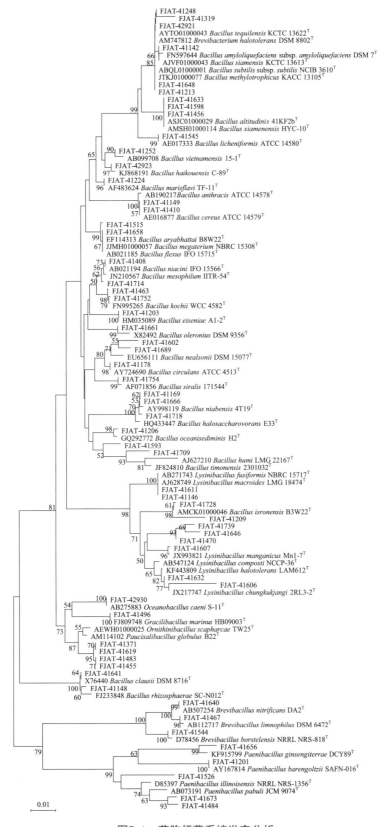

图7-1 芽胞杆菌系统发育分析

如图 7-1 所示，在微生物发酵床垫料芽胞杆菌中，芽胞杆菌属的菌株数量最多（37 株，62.7%），其次依次为赖氨酸芽胞杆菌属（8 株，13.6%）、类芽胞杆菌属（5 株，8.5%）、短芽胞杆菌属（3 株，5.1%）、鸟氨酸芽胞杆菌属（2 株，3.4%）、少盐芽胞杆菌属（2 株，3.4%）、大洋芽胞杆菌属（1 株，1.7%）和纤细芽胞杆菌属（1 株，1.7%）。

在 59 个代表菌株中，15 株与最近缘种模式菌株的 16S rDNA 基因序列同源性在 97%～98.7% 之间，可能为潜在新种。其中，FJAT-41646 与堆肥赖氨酸芽胞杆菌（*Lysinibacillus composti*）的模式菌株的同源性为 97.47%；FJAT-41709 与土地芽胞杆菌（*Bacillus humi*）的模式菌株的同源性为 97.90%；FJAT-41209 与印空研芽胞杆菌的模式菌株的同源性为 97.69%；FJAT-41739 和 FJAT-41181 与耐盐赖氨酸芽胞杆菌（*Lysinibacillus halotolerans*）的模式菌株的同源性分别为 97.97% 和 98.45%；FJAT-41463 与柯赫芽胞杆菌（*Bacillus kochii*）的模式菌株的同源性为 98.09%；FJAT-41456 与高地芽胞杆菌（*Bacillus altitudidinis*）的模式菌株的同源性为 98.1%；FJAT-41455 和 FJAT-41174 与拾蛤鸟氨酸芽胞杆菌（*Ornithinibacillus scapharcaes*）的模式菌株的同源性分别为 98.1% 和 98.6%；FJAT-41593 与泰门芽胞杆菌（*Bacillus timonensis*）的模式菌株的同源性为 98.16%；FJAT-41602 与尼氏芽胞杆菌（*Bacillus nealsonii*）的模式菌株的同源性为 98.23%；FJAT-41606 与清国酱赖氨酸芽胞杆菌（*Lysinibacillus chungkukjangi*）的模式菌株的同源性为 98.5%；FJAT-41371 和 FJAT-41483 与小球状少盐芽胞杆菌（*Paucisalibacillus globulus*）的模式菌株的同源性分别为 98.33% 和 98.59%；FJAT-41484 与伊利诺伊类芽胞杆菌（*Paenibacillus illinoisensis*）的模式菌株的同源性为 98.32%；FJAT-41673 与饲料类芽胞杆菌（*Paenibacillus pabuli*）的模式菌株的同源性为 98.42%。为最终确定上述菌株的分类地位，将使用包括生理生化特征、DNA-DNA 杂交以及脂肪酸分析等多相分类方法对其进行鉴定，以确定它们是否为新种。

5. 发酵床芽胞杆菌种类空间分布特征

50 种芽胞杆菌在微生物发酵床垫料中的分布见表 7-3。由表 7-3 可得出，地衣芽胞杆菌（*Bacillus licheniformis*）分布最广，存在于 29 份垫料中，分布较广的是柯赫芽胞杆菌（Bacillus kochii），分布在 23 份垫料中，甲基营养型芽胞杆菌（*Bacillus methylotrophicus*）分布于 21 份垫料，阿氏芽胞杆菌（*Bacillus aryabhattai*）、高地芽胞杆菌（*Bacillus altitudinis*）、环状芽胞杆菌（*Bacillus circulans*）、耐盐赖氨酸芽胞杆菌（*Lysinibacillus halotolerans*）、克劳芽胞杆菌（*Bacillus clausii*）和特基拉芽胞杆菌（*Bacillus tequilensis*）分布在 10～20 份垫料之间。根际芽胞杆菌（*Bacillus rhizosphaerae*）和拾蛤鸟氨酸芽胞杆菌（*Ornithinibacillus scapharcae*）分布在 8 份垫料中；嗜盐噬糖芽胞杆菌（*Bacillus halosaccharovorans*）分布在 7 份垫料中；枯草芽胞杆菌（*Bacillus subtilis*）、解淀粉芽胞杆菌（*Bacillus amyloliquefaciens*）和蜡样芽胞杆菌（*Bacillus cereus*）分布在 6 份垫料中；暹罗芽胞杆菌（*Bacillus siamensis*）分布在 5 份垫料中；海洋芽胞杆菌（*Gracilibacillus marinus*）、波茨坦短芽胞杆菌（*Brevibacillus borstelensis*）、青储窖芽胞杆菌（*Bacillus siralis*）、尼氏芽胞杆菌（*Bacillus nealsonii*）、印空研芽胞杆菌（*Bacillus isronensis*）和蚯蚓芽胞杆菌（*Bacillus eiseniae*）分布在 3 份垫料中；小球状少盐芽胞杆菌（*Paucisalibacillus globulus*）、长赖氨酸芽胞杆菌（*Lysinibacillus macroides*）、耐盐芽胞杆菌（*Bacillus halotolerans*）、泰门芽胞杆菌（*Bacillus timonensis*）、蔬

菜芽胞杆菌（*Bacillus oleronius*）和弯曲芽胞杆菌（*Bacillus flexus*）分布在 2 份垫料中；其余都只存在于 1 份垫料中。

表7-3　芽胞杆菌种类分布多样性

物种	S	N(×10⁵)	D	J	H	λ	N₁
1. *Bacillus circulans*	16	94.11	3.30	0.54	1.50	0.35	4.49
2. *Bacillus licheniformis*	29	81.47	6.36	0.85	2.86	0.08	17.45
3. *Bacillus aryabhattai*	19	54.19	4.51	0.71	2.10	0.19	8.16
4. *Bacillus altitudinis*	18	28.98	5.05	0.75	2.17	0.17	8.73
5. *Bacillus methylotrophicus*	21	21.71	6.50	0.74	2.24	0.18	9.42
6. *Bacillus kochii*	23	20.73	7.26	0.83	2.61	0.09	13.55
7. *Paenibacillus ginsengiterrae*	1	20.00	0.00	0.00	0.00	1.00	1.00
8. *Bacillus halosaccharovorans*	7	17.10	2.11	0.81	1.57	0.26	4.80
9. *Bacillus tequilensis*	10	12.66	3.55	0.78	1.80	0.19	6.07
10. *Bacillus nealsonii*	3	12.50	0.79	0.51	0.56	0.67	1.74
11. *Bacillus clausii*	14	10.52	5.52	0.87	2.30	0.12	10.01
12. *Paucisalibacillus globulus*	2	10.20	0.43	0.14	0.10	0.96	1.10
13. *Paenibacillus illinoisensis*	1	10.00	0.00	0.00	0.00	1.00	1.00
14. *Lysinibacillus halotolerans*	15	8.70	6.47	0.86	2.33	0.13	10.28
15. *Bacillus subtilis*	6	8.28	2.37	0.66	1.18	0.41	3.26
16. *Bacillus isronensis*	3	5.01	1.24	0.47	0.51	0.68	1.67
17. *Bacillus rhizosphaerae*	8	4.80	4.46	0.74	1.55	0.27	4.70
18. *Bacillus amyloliquefaciens*	6	4.71	3.23	0.63	1.13	0.39	3.09
19. *Gracilibacillus marinus*	3	4.20	1.39	0.20	0.22	0.91	1.25
20. *Bacillus oleronius*	2	4.00	0.72	0.81	0.56	0.63	1.75
21. *Bacillus niabensis*	1	4.00	0.00	0.00	0.00	1.00	1.00
22. *Ornithinibacillus scapharcae*	8	3.50	5.59	0.82	1.71	0.23	5.55
23. *Bacillus siralis*	3	3.20	1.72	0.76	0.83	0.49	2.29
24. *Bacillus cereus*	6	2.45	5.58	0.69	1.23	0.35	3.42
25. *Lysinibacillus composti*	1	2.10	0.00	0.00	0.00	1.00	1.00
26. *Bacillus siamensis*	5	1.68	7.71	0.62	1.00	0.45	2.72
27. *Bacillus halotolerans*	2	1.20	5.48	0.65	0.45	0.72	1.57
28. *Bacillus flexus*	2	1.18	6.04	0.62	0.43	0.74	1.53
29. *Bacillus timonensis*	2	1.10	10.49	0.44	0.30	0.83	1.36
30. *Bacillus horneckiae*	1	1.00	0.00	0.00	0.00	1.00	1.00
31. *Bacillus humi*	1	1.00	0.00	0.00	0.00	1.00	1.00
32. *Bacillus mesophilum*	1	1.00	0.00	0.00	0.00	1.00	1.00
33. *Bacillus vietnamensis*	1	1.00	0.00	0.00	0.00	1.00	1.00
34. *Lysinibacillus chungkukjangi*	1	1.00	0.00	0.00	0.00	1.00	1.00
35. *Bacillus eiseniae*	3	0.81	0.00	0.81	0.89	0.47	2.45
36. *Brevibacillus borstelensis*	3	0.30	0.00	1.00	1.10	0.33	3.00
37. *Lysinibacillus manganicus*	1	0.30	0.00	0.00	0.00	1.00	1.00
38. *Lysinibacillus macroides*	2	0.20	0.00	1.00	0.69	0.50	2.00
39. *Bacillus niacini*	1	0.20	0.00	0.00	0.00	1.00	1.00

续表

物种	S	$N(\times10^5)$	D	J	H	λ	N_1
40. *Brevibacillus limnophilus*	1	0.20	0.00	0.00	0.00	1.00	1.00
41. *Brevibacillus nitrificans*	1	0.20	0.00	0.00	0.00	1.00	1.00
42. *Oceanibacillus caeni*	1	0.20	0.00	0.00	0.00	1.00	1.00
43. *Paenibacillus pabuli*	1	0.20	0.00	0.00	0.00	1.00	1.00
44. *Paenibacillus lactis*	1	0.15	0.00	0.00	0.00	1.00	1.00
45. *Bacillus haikouensis*	1	0.10	0.00	0.00	0.00	1.00	1.00
46. *Bacillus marisflavi*	1	0.10	0.00	0.00	0.00	1.00	1.00
47. *Bacillus oceanisediminis*	1	0.10	0.00	0.00	0.00	1.00	1.00
48. *Bacillus xiamenensis*	1	0.10	0.00	0.00	0.00	1.00	1.00
49. *Lysinibacillus fusiformis*	1	0.10	0.00	0.00	0.00	1.00	1.00
50. *Paenibacillus barengoltzii*	1	0.10	0.00	0.00	0.00	1.00	1.00

注：S 表示发布频次；N 表示含量（10^5）；D 表示丰富度指数；J 表示均匀度指数；H 表示香农指数；λ 表示优势度指数；N_1 表示 Hill 指数。

6. 发酵床芽胞杆菌种群多样性指数

由表 7-3 可知，地衣芽胞杆菌（*Bacillus licheniformis*）的香农指数最高，为 2.86，其均匀度指数 J 也较高，为 0.85，说明地衣芽胞杆菌在 32 份微生物发酵床垫料中分布最丰富；其次是柯赫芽胞杆菌（*Bacillus kochii*），其香农指数为 2.61；再次为耐盐赖氨酸芽胞杆菌（*Lysinibacillus halotolerans*）、克劳芽胞杆菌（*Bacillus clausii*）、甲基营养型芽胞杆菌（*Bacillus methylotrophicus*）、高地芽胞杆菌（*Bacillus altitudinis*）和阿氏芽胞杆菌（*Bacillus aryabhattai*），它们的香农指数介于 2.10 ～ 2.33 之间，均匀度指数为 0.71 ～ 0.87。其余芽胞杆菌种类的香农指数均低于 2，在 32 份垫料中分布不均匀。

当欧式距离为 5 时，可分为六大类（图 7-2）：第一类为阿氏芽胞杆菌（*Bacillus aryabhattai*），其特征为中含量、中丰富度、中多样性、中均匀度指数；第二类为环状芽胞杆菌（*Bacillus circulans*），其特征为中丰富度、高含量、中均匀度、中多样性指数；第三类为地衣芽胞杆菌（*Bacillus licheniformis*），其特征为高含量、高丰富度、高多样性、高均匀度指数；第四类为柯赫芽胞杆菌（*Bacillus kochii*）、甲基营养型芽胞杆菌（*Bacillus methylotrophicus*）和高地芽胞杆菌（*Bacillus altitudinis*），它们的特征为低含量、中丰富度、中均匀度、中多样性指数；第五类为耐盐赖氨酸芽胞杆菌（*Lysinibacillus halotolerans*）、克劳芽胞杆菌（*Bacillus clausii*）、特基拉芽胞杆菌（*Bacillus tequilensis*）和嗜盐噬糖芽胞杆菌（*Bacillus halosaccharovorans*），它们的特征为低含量、低丰富度、中均匀度、中多样性指数；其余皆归为第六类，其特征为低含量、低丰富度、低均匀度、低多样性指数。

7. 基于芽胞杆菌的微生物发酵床取样单元空间分布

芽胞杆菌在微生物发酵床的空间分布多样性见表 7-4。实验结果表明，垫料 MF-1-3 含有的芽胞杆菌种类最多，含有 15 种芽胞杆菌，其次是垫料 MF-1-1 和 MF-1-4 含有 12 种芽胞杆菌，再次为垫料 MF-1-2、MF-5-2 和 MF-8-4 含有 11 种芽胞杆菌。其余垫料中芽胞杆菌种类由多至少依次为：垫料 MF-2-3 和 MF-2-4 均含有 10 种芽胞杆菌，垫料 MF-2-2、MF-3-4、MF-4-2 和 MF-7-1 皆含有 9 种芽胞杆菌，垫料 MF-2-1、MF-3-1、MF-3-2、MF-5-3 和 MF-8-2 各含有 8 种芽胞杆菌；垫料 MF-3-3、MF-4-3、MF-4-4、MF-5-1、MF-5-4、MF-6-4、MF-7-3

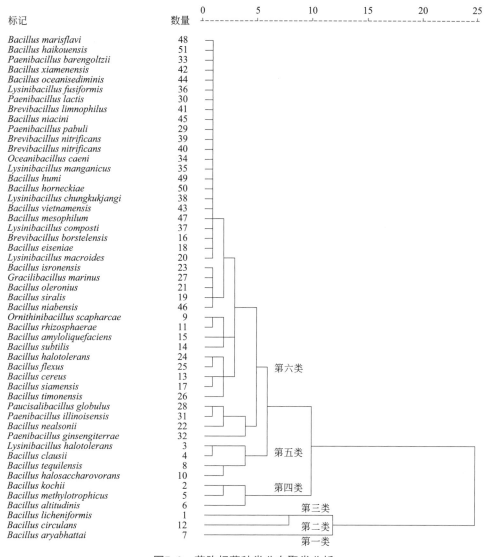

图7-2　芽胞杆菌种类分布聚类分析

和 MF-8-1 都含有 7 种芽胞杆菌，垫料 MF-4-1、MF-6-1、MF-6-2、MF-7-2 和 MF-8-3 含有 6 种芽胞杆菌，垫料 MF-6-3 和 MF-7-4 中芽胞杆菌种类最少，仅含有 5 种。

表7-4　微生物发酵床垫料取样单元芽胞杆菌总含量　　　　　　　单位：10^6CFU/g

取样单元	含量	取样单元	含量	取样单元	含量	取样单元	含量	取样单元	含量	取样单元	含量	取样单元	含量	取样单元	含量
1-4	19.4	2-4	19.5	3-4	18.6	4-4	3.1	5-4	6.4	6-4	12.6	7-4	44	8-4	4.9
1-3	16.9	2-3	14.1	3-3	21.4	4-3	38.6	5-3	1.49	6-3	4.8	7-3	4.8	8-3	3.4
1-2	29.9	2-2	15.7	3-2	5.8	4-2	5.746	5-2	6.7	6-2	5.03	7-2	4.4	8-2	1.78
1-1	100.4	2-1	20.6	3-1	2.1	4-1	3.8	5-1	2.42	6-1	8.1	7-1	0.8	8-1	7.5

注：8-1、8-2、8-3、8-4 为病猪栏的垫料；1-1、1-2 为无猪生长栏的垫料。

8. 基于多样性指数的微生物发酵床取样单元聚类分析

欧式距离约为 5 时，32 份垫料的芽胞杆菌空间分布多样性可分为五大类（图7-3和表7-5），

第一类为垫料 MF-1-4，特征为极高含量、中丰富度、中多样性、中均匀度指数；第二类为
MF-7-1，特征为高含量、中丰富度、中多样性、中均匀度指数；第三类为 MF-4-2，特征为
低含量、中丰富度、中多样性指数、中均匀度指数；第四类为 MF-1-3、MF-1-2、MF-2-3、
MF-2-2、MF-2-1、MF-3-1、MF-2-4、MF-1-1、MF-3-2、MF-6-1，特征为中含量、中丰富度、
中高均匀度、中高多样性指数；其余都归为第五类，特征为低含量，均匀度和多样性指数不
均一。

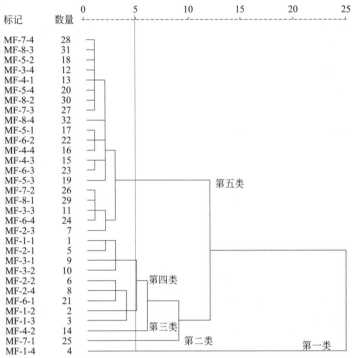

图7-3 微生物发酵床垫料中芽胞杆菌的空间分布

表7-5 微生物发酵床垫料中芽胞杆菌的空间分布多样性

样品	S	$N(\times10^5)$	D	J	H	λ	N_1
MF-1-1	12	19.40	3.71	0.68	1.68	0.26	5.39
MF-1-2	11	25.90	3.07	0.77	1.85	0.22	6.34
MF-1-3	15	30.10	4.11	0.77	2.08	0.17	8.04
MF-1-4	12	100.40	2.39	0.56	1.39	0.33	4.03
MF-2-1	8	19.50	2.36	0.90	1.87	0.17	6.49
MF-2-2	9	15.10	2.95	0.77	1.70	0.27	5.46
MF-2-3	10	14.70	3.35	0.94	2.16	0.13	8.69
MF-2-4	10	20.60	2.97	0.95	2.18	0.12	8.88
MF-3-1	8	18.60	2.39	0.86	1.78	0.20	5.93
MF-3-2	8	21.40	2.29	0.53	1.10	0.51	3.00
MF-3-3	7	5.80	3.41	0.71	1.39	0.33	4.01
MF-3-4	9	2.10	10.78	0.97	2.12	0.13	8.33
MF-4-1	6	3.10	4.42	0.88	1.58	0.25	4.83
MF-4-2	9	38.60	2.19	0.77	1.69	0.21	5.43
MF-4-3	7	5.75	3.43	0.70	1.36	0.31	3.88
MF-4-4	7	3.80	4.49	0.60	1.18	0.46	3.24

样品	S	$N(\times10^5)$	D	J	H	λ	N_1
MF-5-1	7	6.40	3.23	0.88	1.72	0.20	5.59
MF-5-2	11	1.49	25.08	0.81	1.95	0.18	7.03
MF-5-3	8	6.70	3.68	0.49	1.01	0.57	2.75
MF-5-4	7	2.42	6.79	0.77	1.51	0.29	4.51
MF-6-1	6	12.59	1.97	0.45	0.81	0.58	2.24
MF-6-2	6	4.80	3.19	0.76	1.36	0.30	3.88
MF-6-3	5	5.03	2.48	0.80	1.29	0.32	3.65
MF-6-4	7	8.10	2.87	0.90	1.76	0.19	5.79
MF-7-1	9	44.30	2.11	0.72	1.57	0.31	4.82
MF-7-2	6	4.80	3.19	0.36	0.64	0.71	1.89
MF-7-3	7	4.40	4.05	0.77	1.49	0.28	4.44
MF-7-4	5	0.80	0.00	0.93	1.49	0.24	4.43
MF-8-1	7	4.88	3.79	0.61	1.19	0.42	3.28
MF-8-2	8	3.40	5.72	0.72	1.50	0.31	4.49
MF-8-3	6	0.38	0.00	0.78	1.41	0.29	4.08
MF-8-4	11	7.50	4.96	0.77	1.86	0.20	6.39

注：S 表示发布频次；N 表示含量（10^5）；D 表示丰富度指数；J 表示均匀度指数；H 表示香农指数；λ 表示优势度指数；N_1 表示 Hill 指数。

9. 讨论

以上研究采用传统培养法与基于 16S rDNA 的系统发育学分析相结合，首次对微生物发酵床垫料中可培养的芽胞杆菌的生物多样性进行了全面分析。研究结果表明，微生物发酵床垫料中可培养芽胞杆菌种类丰富，59 个代表菌株分属于芽胞杆菌纲中的 2 个科、8 个属、51 个种。其中多数属于芽胞杆菌属，为优势属。在所有菌株中，15 株与最近缘种的模式菌株的 16S rDNA 基因序列的同源性在 97%～98.7% 之间，而且其表型特征与模式菌株也存在一定差异，可能为新种，占总菌数的 25.42%，暗示微生物发酵床垫料中可能含有丰富的芽胞杆菌新物种。

国外学者采用纯培养法与基于 16S rDNA 的系统发育学分析相结合，对土壤环境中的芽胞杆菌进行了多样性研究（Antony et al.，2012；刘国红等，2014）。芽胞杆菌广泛分布于自然界的各个环境中，且为大多数环境微生物种群中的优势种群。微生物发酵床的填充物主要为椰壳等高纤维材料，只有能降解纤维的微生物才能得以存活。叶少文等（2015）分析了微生物发酵床垫料不同深度酶活力，发现垫料具有很高的纤维素酶活力和半纤维素酶活力。Ghani 等（2013）报道地衣芽胞杆菌能产生多种重要酶，如纤维素酶、果胶酶、淀粉酶、蛋白酶等，这些酶作用可以为地衣芽胞杆菌的生存提供能源。地衣芽胞杆菌是发酵床垫料中的优势种群，这可能与 Yan 等（2013）报道的地衣芽胞杆菌是大曲发酵过程中的优势菌群一致。对柯赫芽胞杆菌（*Bacillus kochii*）的文献报道较少，该菌最初是从乳制品中分离获得，生长条件为 10～40℃（最佳为 30℃）、pH 6.0～10.5（最佳为 pH7）和 0～0.1g/mL NaCl（最佳为 0.005g/mL NaCl）（Seiler et al.，2012），该菌的生长特性导致其在发酵床中的广泛分布。环状芽胞杆菌（*Bacillus circulans*）是一种重要的益生菌，它能产生抑制病原菌生长的表面活性剂（Mukherjee et al.，2009）、抗肿瘤活性的胞外天冬酰胺酶（Prakasham et al.，2010）、蛋白酶（Venugopal and Saramma，2007）、木聚糖酶（Kazuyo et al.，2014）、几丁质酶（Tomita et al.，2013），它还可以作为发酵程度的检测指标（Subba et al.，2008；Yan et al.，2013），因此，环状芽胞杆菌的广泛存在与发酵床具有生防抗病作用可能有一定的相关性。阿氏芽胞杆菌（*Bacillus aryabhattai*）广泛分布于贫瘠环境中，Antony 等（2012）在南极冰核中分离获得阿氏芽胞杆菌，Lee 等（2012）发现阿氏芽胞杆菌可以在贫瘠土壤环境中存活并促进意大利苍耳的生长。高地芽胞杆菌（*Bacillus altitudinis*）是一种重要的产碱性蛋白酶微生物资源（Madhuri et al.，2012；Kumar et al.，2011），葛慈斌等（2015）在分析武夷山地衣内生和表生芽胞杆菌多样性时发现，高地芽胞杆菌和阿氏芽胞杆菌是重要的微生物类群，与刘国红等（2014）的研究玉米根际土壤芽胞杆菌多样性的结果相一致。耐盐赖氨酸芽胞杆菌（*Lysinibacillus halotolerans*）是从盐碱土壤中分离得到，关于此菌的报道甚少。微生物发酵床分离获得的芽胞杆菌基本属于芽胞杆菌脂肪酸群 I、II 或 III，这三类脂肪酸群的共性就是可以在偏碱性环境生存（刘波等，2014）。微生物发酵床垫料含盐量很高，且 pH 值普遍在 8.0 ～ 9.0 之间，随着发酵时间的增加，垫料中的盐浓度和 pH 皆呈上升状态（蓝江林等，2013）。因此，发酵床垫料的高盐碱度很可能是导致耐（嗜）盐碱芽胞杆菌种类存在的主要原因。由此说明的研究结果与垫料性质变化呈一致性。

笔者通过 16S rDNA 基因系统发育分析发现，微生物发酵床存在一定量的芽胞杆菌潜在新种，其中潜在新种 *Ornithinibacillus* sp. 分布在 8 份垫料中，这说明潜在新物种与发酵床的发酵健康程度具有一定的关联。微生物发酵床含有丰富的微生物资源，通过对微生物发酵床芽胞杆菌种群多样性进行分析，获得了大量的芽胞杆菌资源，这为进一步挖掘新功能和新物种提供了重要来源。关于芽胞杆菌种群变化与微生物发酵床生态功能的关联还需要做进一步的探讨和研究。

二、发酵床曲霉菌的分离与鉴定

1．概述

微生物发酵床大栏养猪是近年来发展起来的一种环保养殖模式，其原理是利用植物废弃物如谷壳、秸秆、锯糠、椰糠等制作成发酵床垫料，接种芽胞杆菌，猪养殖在垫层上，其排出的尿液和粪便可由垫料吸收及被微生物分解，达到除臭、除异味的目的（刘波等，2008）。但是，发酵床垫料使用 1 ～ 2 年后其中会含有丰富的养分，这为微生物的生存提供了良好的生长环境。垫料原料、猪粪及空气等携带的微生物均可在垫料中继续生长繁殖。目前对于养猪过程中发酵床垫料可培养的真菌进行分离鉴定还未见报道。在畜牧业中，曲霉菌一方面可作为发酵菌参与垫料的发酵；另一方面部分菌株及其产生的毒素可通过污染饲料危害动物健康，造成重大经济损失，并通过直接或间接（动物产品传播）途径污染食品，影响人类健康（周育等，2012）。

曲霉属作为自然界分布最普遍的真菌之一，已有 180 多个公认的变种，分属于 7 个亚属（Pitt and Samson，2000；Klich，2002）。许多菌种在传统的酿造业、现代的发酵工业及生物工程中被广泛应用，例如应用其可产生多种有机酸和酶，有的次生代谢物具有抗生素活性等。部分菌种可引起谷物、食品、饲料以及工业材料和制品的霉腐变质，或产生多种真菌毒素，这在食品行业受到普遍重视（齐祖同，1997）。少数曲霉是人和动物的致病菌，已证实大约有 16 个种可危害人的健康（Bandh et al.，2012）。

曲霉属种的鉴定与分类较为复杂，传统方法是以其形态特征和培养特征为主要依据（齐祖同，1997）。但是这些特征会受培养条件的影响，因此，学者们建议使用查氏琼脂培养基（czapek agar，CA）、查氏酵母培养基（czapek yeast exatract agar，CYA）和麦芽浸膏琼脂（malt extract agar，MEA）作为描述的标准培养基（Samson and Pitt，1985），并结合显微镜下的菌体形态特征进行鉴定。但是，仅利用平板培养形态特征和菌体形态进行鉴定，需要较好的分类与鉴定经验，否则容易出现错误的鉴定结果（Hong et al.，2010）。随着分子生物学方法的逐渐渗透，利用基因间隔序列（ITS）分析和 β- 微管蛋白基因进行辅助鉴定，可提高曲霉菌的鉴定准确率与效率（Yazdania et al.，2011；Nasri et al.，2015）。

2．研究方法

（1）材料　供试样品：于 2015 年 5～8 月采自福建现代微生物发酵床大栏养猪福清市渔溪镇基地和福州市永泰县基地，样品共计 106 份。培养基：含 300μg/mL 硫酸链霉素的马铃薯葡萄糖琼脂培养基（PDA），查氏琼脂培养基（CA）和查氏酵母培养基（CYA）参照齐祖同等（1997）的方法配制。试剂：真菌基因组 DNA 提取试剂盒（厂家 Bioteke、型号 DP2032），PCR 反应所需试剂 [均购自铂尚生物技术（上海）有限公司]，除特殊注明的试剂外，其他试剂均为国产分析纯试剂。

（2）菌株的分离与纯化　称取垫料样品 10g 置于含 90mL 无菌水的三角瓶中，充分振荡配成 10^{-1} 浓度的悬浮液，依次梯度稀释成 10^{-2}、10^{-3} 和 10^{-4} 浓度。吸取 100μL 各浓度的悬浮液至含 300μg/mL 硫酸链霉素的 PDA 平板中央均匀涂布，每个梯度重复 3 次，置于 28℃培养 3～7d 后选取不同的单菌落，挑取菌落边缘的菌丝于 PDA 培养基上纯化培养，将不同样品中纯化培养的菌落，根据菌落形态和色泽，将完全一致的进行初步归类后，选择有代表性的菌株 1～2 株进行下一步的培养鉴定。

（3）菌株的形态学鉴定　参照孔华忠（2007）和 Nyongesa 等（2015）的方法。纯化后的菌株用接种针蘸取其孢子分别点接于 CA 和 CYA 培养基平板上，于 28℃静置培养 3～7d 后，观察菌落形状、质地和颜色等形态特征，每处理点接 3 皿。另取一接种后的平皿，待菌丝刚长出时，将无菌的盖玻片斜插入平板内，继续培养至孢子成熟，将盖玻片取出后于倒置显微镜下观察孢子的着生情况及分生孢子梗的形态特征等。

（4）菌株的分子鉴定　菌株的 DNA 采用真菌基因组 DNA 试剂盒提取。ITS 序列扩增引物为 ITS4/ITS5 序列 F：TCCTCCGCTTATTGATATGC，R：GGAAGTAAA AGTCGTAACAAGG。PCR 反应体系（25μL）：2.5 U/μL Taq 酶 0.25μL，10×Buffer 2.5μL（含 2.5mmol/L 的 MgCl₂），2.5mmol/L dNTP 0.2μL，100μmol/L Primer 各 1μL，DNA 模板 1μL，其余用 ddH₂O 补足。PCR 扩增程序：94℃预变性 5min；94℃变性 1min，55℃退火 1min，72℃延伸 1min，共 30 个循环；最后 72℃延伸 10min。PCR 产物用 1.5% 琼脂糖凝胶电泳检测，并用凝胶图像分析系统观察。将回收的目的片段送交铂尚生物技术（上海）有限公司进行测序分析。将测得的序列进行 Blast 检索，并下载相关序列，用 Clustal W 软件进行比对后再进行手工校正。系统发育树分析采用软件 MEGA 4 中的 N-J 法进行，利用 bootstrap（1000 次重复）检验各分支的置信度。

3. 构巢曲霉（*Aspergillus nidulans*）的分离与鉴定

菌株编号为 FJAT-30987，分离自福清基地。在 CYA 培养基上于 28℃培养 7 天后，菌落平均直径为 48mm，质地绒状，浅绿色至草绿色，中心有脐状突起，平坦或有少量放射状皱纹 [图 7-4(a)]，菌落背面显黄褐色，有放射状皱纹 [图 7-4(b)]。在 CA 培养基上于 28℃培养 7 天后，菌落平均直径为 30mm，质地绒状，灰白色至浅黄色，中心有脐状突起 [图 7-4(c)]，菌落背面浅黄色 [图 7-4(d)]。显微镜下，菌株分生孢子头呈放射形，分生孢子梗茎壁平滑，顶囊半球形，产孢结构双层，分生孢子球形，灰绿色，大小为 3.0 ～ 4.5 μm [图 7-4(e)、(f)]。

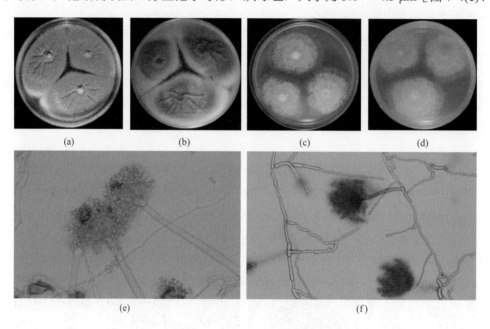

(a) (b) (c) (d)

(e) (f)

图7-4　菌株FJAT-30987的菌落和菌体形态

(a)，(b)—CYA培养基上的菌落形态；(c)，(d)—CA培养基上的菌落形态；(e)，(f)—显微镜下的菌体形态

4. 亮白曲霉（*Aspergillus candidus*）的分离与鉴定

菌株编号为 FJAT-30990，分离自福清基地。该菌生长缓慢，在 CYA 培养基上于 28℃培养 7d 后，菌落平均直径为 6mm，质地绒状，白色，中部稍隆起 [图 7-5(a)]，菌落背面淡黄色至白色 [图 7-5(b)]。其在 CA 培养基上于 28℃培养 7d 后，菌落平均直径为 16mm，质地绒状，灰白色至白色，中部稍隆起 [图 7-5(c)]，菌落背面浅黄色至白色 [图 7-5(d)]。显微镜下，菌株分生孢子头疏松且不规则叉开或近球形，分生孢子梗茎壁平滑，顶囊半球形，产孢结构双层，分生孢子球形，无色，大小为 1.8 ～ 2.5 μm [图 7-5(e)、(f)]。

5. 杂色曲霉（*Aspergillus versicolor*）的分离与鉴定

菌株编号为 FJAT-30991 和 FJAT-30993，分离自福清基地。菌株生长较缓慢，在 CYA 培养基上于 28℃培养 7d 后，菌落平均直径为 19mm，质地绒状，灰绿色，中部稍隆起，有

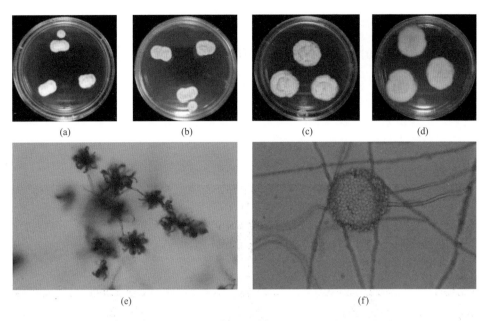

图7-5 菌株FJAT-30990的菌落和菌体形态

(a)，(b)—CYA培养基上的菌落形态；(c)，(d)—CA培养基上的菌落形态；(e)，(f)—显微镜下的菌体形态

少量放射状皱纹［图 7-6(a)］，菌落背面深褐色或红褐色［图 7-6(b)］。它们在 CA 培养基上于 28℃培养 7d 后，菌落平均直径为 16mm，质地绒状，扁平、土黄色或灰白色［图 7-6(c)］，菌落背面浅黄色［图 7-6(d)］。显微镜下，菌株分生孢子头呈球形或辐射形，分生孢子梗茎壁平滑，顶囊半球形，产孢结构双层，分生孢子球形，浅绿色，大小为 2.5～3.5μm［图 7-6(e)、(f)］。

图7-6 菌株FJAT-30991和FJAT-30993的菌落和菌体形态

(a)，(b)—CYA培养基上的菌落形态；(c)，(d)—CA培养基上的菌落形态；(e)，(f)—显微镜下的菌体形态

6. 土曲霉（*Aspergillus terreus*）的分离与鉴定

菌株编号为 FJAT-31011 和 FJAT-31038，分离自福清基地和永泰基地。在 CYA 培养基上于 28℃培养 7d 后，菌落平均直径为 38mm，质地绒状，土褐色 [图 7-7-(a)]，菌落背面黄褐色 [图 7-7-(b)]。在 CA 培养基上于 28℃培养 7d 后，菌落平均直径为 20mm，质地绒状，灰白色至白色，边缘放射状 [图 7-7(c)]，菌落背面黄褐色 [图 7-7(d)]。显微镜下，菌株分生孢子头放射形，分生孢子梗茎壁平滑，顶囊半球形，分生孢子头到后期形成致密的直柱形，产孢结构双层，分生孢子球形或近球形，大小为 1.8 ～ 2.5 μm[图 7-7(e)、(f)]。

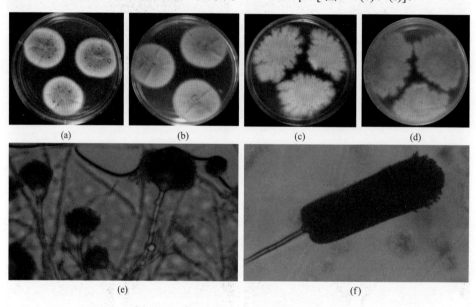

图7-7　菌株FJAT-31011和FJAT-31038的菌落和菌体形态
（a），（b）—CYA 培养基上的菌落形态；（c），（d）—CA 培养基上的菌落形态；（e），（f）—显微镜下的菌体形态

7. 黄曲霉（*Aspergillus flavus*）的分离与鉴定

菌株编号为 FJAT-30988 和 FJAT-31042，分离自福清基地和永泰基地。在 CYA 培养基上于 28℃培养 7d 后，菌落平均直径为 45mm，质地绒状，黄绿色至草绿色，边缘白色，中央凸起，有放射状沟纹 [图 7-8(a)]，菌落背面灰白色，可产生菌核 [图 7-8(b)]。在 CA 培养基上于 28℃培养 7d 后，菌落平均直径为 48mm，质地绒状，中间部分呈黄色，边缘黄色或白色 [图 7-8(c)]，菌落背面淡褐色或灰白色 [图 7-8(d)]。显微镜下，菌株分生孢子头放射形，分生孢子梗茎壁平滑，顶囊半球形，产孢结构双层，分生孢子黄色，球形或近球形，大小为 4.0 ～ 5.5 μm[图 7-8(e)、(f)]。

8. 烟曲霉(*Aspergillus fumigatus*)的分离与鉴定

菌株编号为 FJAT-31045 和 FJAT-31052，分离自永泰基地。在 CYA 培养基上于 28℃培养 7d 后，菌落平均直径 45mm，质地绒状，暗绿色边缘白色，丝绒状或絮状 [图 7-9(a)]，菌落背面淡黄色 [图 7-9(b)]。在 CA 培养基上于 28℃培养 7d 后，菌落平均直径为 48mm，质地

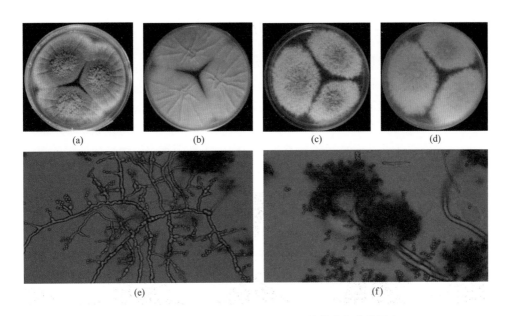

图7-8　菌株FJAT-30998和FJAT-31042的菌落和菌体形态

（a），（b）—CYA 培养基上的菌落形态；（c），（d）—CA 培养基上的菌落形态；（e），（f）—显微镜下的菌体形态

绒状，较稀疏，灰白色 [图 7-9(c)]，菌落背面淡褐色 [图 7-9(d)]。显微镜下，菌株分生孢子头放射形，分生孢子梗茎壁平滑，顶囊半球形或棒形，产孢结构单层，分生孢子无色，球形或近球形，大小为 2.5 ～ 3.0μm[图 7-9(e)、(f)]。

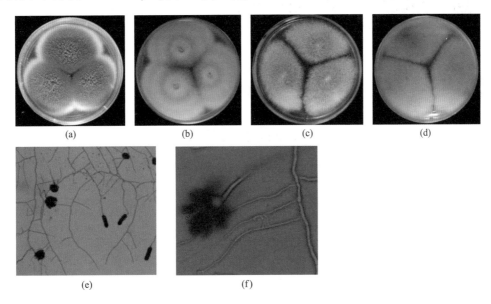

图7-9　菌株FJAT-31045和FJAT-31052的菌落和菌体形态

（a），（b）—CYA 培养基上的菌落形态；（c），（d）—CA 培养基上的菌落形态；（e），（f）—显微镜下的菌体形态

9．菌株的分子鉴定结果

对上述 10 株菌株用真菌通用引物 ITS4/ITS5 扩增，将扩增产物送至铂尚生物技术（上海）

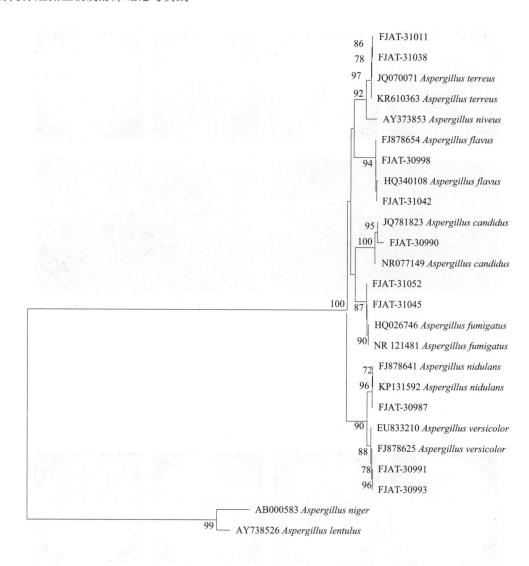

图7-10 基于ITS序列构建的真菌分离菌株分子系统发育树

有限公司进行测序，所得序列登录 GenBank 进行 BLAST 分析，选择同源性高于 99% 且公开发表或 ATCC 标准菌株的序列下载后，利用 MEGA 4 软件的邻近相邻法构建系统发育树。从系统发育树（图 7-10）可以看出，菌株 FJAT-31011 和 FJAT-31038 与 GenBank 数据库中土曲霉 *Aspergillus terreus* 的序列 JQ070071 和 KR610363 以 97% 的置信度聚在一支上；菌株 FJAT-30988 和 FJAT-31042 与黄曲霉 *Aspergillus flavus* 的序列 FJ878654 和 HQ340108 以 94% 的置信度聚在一支上；菌株 FJAT-30990 与亮白曲霉 *Aspergillus candidus* 的序列 JQ781823 和 NR077149 以 100% 的置信度聚在一支上；菌株 FJAT-30987 与构巢曲霉 *Aspergillus nidulans* 的序列 FJ878641 和 KP131592 以 96% 的置信度聚在一支上；菌株 FJAT-30991 和 FJAT-30993 与杂色曲霉 *Aspergillus versicolor* 的序列 EU833210 和 FJ878625 以 96% 的置信度聚在一支上；菌株 FJAT-31052 和 FJAT-31045 与烟曲霉 *Aspergillus fumigatus* 的 HQ026746 和 NR 121481 聚

在一支上。

10．讨论

从福建现代微生物发酵床大栏养猪福清基地和永泰基地采集的 106 份样品中，共分离到 6 种曲霉菌。选择了有代表性的 10 株菌株，进行了其在菌落形态鉴定培养基查氏琼脂培养基（CA）和查氏酵母培养基（CYA）上的色泽、形状、生长速度以及菌体的显微形态特征，依据曲霉菌鉴定的相关文献（齐祖同，1997；Hubka et al.，2013；Nyongesa et al.，2015）进行了初步鉴定，并通过 rDNA-ITS 的序列构建的分子系统发育树进一步鉴定与验证。这 6 种曲霉菌分别鉴定为构巢曲霉 *Aspergillus nidulans*、亮白曲霉 *Aspergillus candidus*、杂色曲霉 *Aspergillus versicolor*、土曲霉 *Aspergillus terreus*、黄曲霉 *Aspergillus flavus* 和烟曲霉 *Aspergillus fumigatus*。在福清基地分离到除烟曲霉外的 5 种菌，在永泰基地仅分离到土曲霉、黄曲霉和烟曲霉。结果表明，不同地区的大栏养猪微生物发酵床中分布的曲霉菌种类有差异。

在上述分离到的 6 种不同种的曲霉菌中，有部分菌株可对人、畜造成较大的危害。烟曲霉是一种最普遍的侵袭性曲霉，可引起人、畜和禽类的肺曲霉病，造成严重危害（Chen et al.，2015a；2015b）。土曲霉是免疫缺陷型病人易于感染的曲霉菌之一（Blum et al.，2008；Modi et al.，2012）。黄曲霉可产生黄曲霉毒素，该种毒素被世界卫生组织癌症研究机构划定为 1 类致癌物，可导致动物免疫力低下，具致癌、致畸和致突变性（Ali et al.，2014）。杂色曲霉可引起人的过敏症（Libert et al.，2015），其产生的杂色曲霉素可诱发人和动物产生肿瘤（胡伟莲等，2005）。因此，在猪场的管理过程中，对分离到的这些菌株需进行致病性检测，同时，要密切监测这些菌株的分布量，减少人、畜感染的风险。另一方面，所分离到的这些菌株中部分也具有有益的一面，例如，构巢曲霉是研究真核生物基因表达和调控的最好的模式系统之一，可用于重组体异源蛋白的宿主（Osmani et al.，2014）。亮白曲霉、构巢曲霉以及土曲霉可产生葡聚糖酶（齐祖同，1997）。这些菌株对猪生长过程是否产生危害，及是否对发酵猪粪过程起作用还有待进一步的研究。

三、发酵床可培养微生物群落空间变化

1．概述

微生物群落在零排放养殖技术中起着重要的作用，对基质中的微生物进行动态分析，也就成了一项不可缺少的工作。对于微生物群落结构多样性研究，传统的方法是采用琼脂培养基培养方法，由于不同的微生物需要的营养条件不同，培养基的成分会影响微生物的生长状况，根据微生物所需要的代谢底物配制合适的培养基，对环境中的微生物进行培养，根据微生物的培养特征，即微生物群体在培养基上的形态和生长习性，主要包括菌落的形状、颜色、大小、透明度、光泽质地、边缘情况及隆起情况等，对培养的微生物从形态学上进行鉴别和统计。通过传统的琼脂培养基培养方法，可以对环境微生物群落的多态性进行初步了解，同时还能够获取可利用的微生物资源，为将来更好地进行微生物环境工程研究创造条件。

2．研究方法

（1）材料

① 培养基　细菌：牛肉膏蛋白胨培养基（简称 NA）。真菌：马铃薯培养基（简称 PDA）。放线菌：高氏培养基（改良）。

② 样品环境　发酵床垫料高度 60 cm，配方由谷壳 49%、锯末 49%、米糠 2% 组成，用处理菌种兑水稀释 1000 倍，加入垫料中搅拌，使垫料水分保持在 45%，堆制发酵 10d，然后摊平养猪。猪舍空气温度 30～32℃，垫层 20 cm 处温度 40～41℃。

③ 样品采集（图 7-11）　采集地点为福州新店养猪场。采集时间为 2010 年 8～9 月。采集方法：猪栏面积为 6m×8 m，在猪栏纵向中轴线上距取食台 1 m、3 m、5 m 处设 3 个样点，共 30 个样点，每个采样点直径约 40 cm，将垫料上下翻匀，采集 2 kg 发酵床垫层，取样待用。间隔 15d 取样一次，共取样 5 个批次。

④ 仪器及设备　振荡器、摇床、150 mL 三角瓶等、18×180 试管、移液管、GC 瓶、灭菌涂布棒、培养皿、移液枪、超净台、水浴锅等。

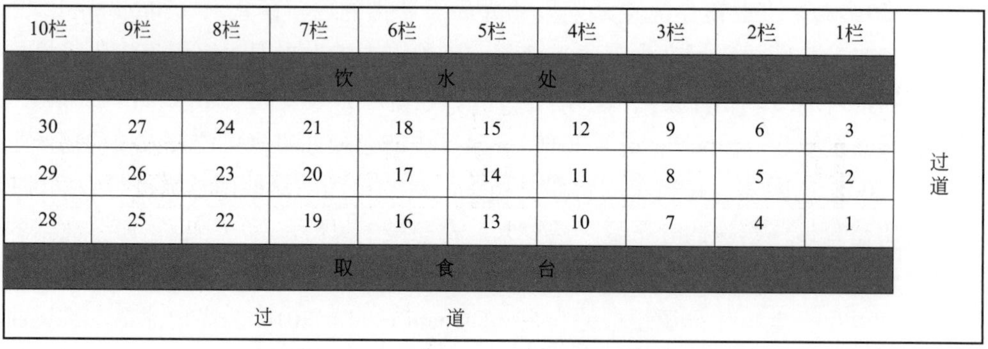

10栏	9栏	8栏	7栏	6栏	5栏	4栏	3栏	2栏	1栏	
饮　　水　　处										过道
30	27	24	21	18	15	12	9	6	3	
29	26	23	20	17	14	11	8	5	2	
28	25	22	19	16	13	10	7	4	1	
取　食　台										
过　　道　　道										

图7-11　猪舍概貌及取样栏舍位点示意

（2）试验方法

① 称样　称取 10g 样品至装有 90mL 无菌水的三角瓶中，摇床振荡 15min，使之充分溶解，即配成 10^{-1} 浓度。

② 稀释样品原液　吸取 1mL 原液至装有 9mL 无菌水的试管，即配成 10^{-2} 浓度，依次稀释配置成 10^{-3}、10^{-4}、10^{-5} 浓度。

③ 平板涂布　于超净台上无菌操作，溶液在振荡器上振荡 10～20s，吸取 200μL 至相应标记浓度的平板上，溶液滴至平板中央，用涂布棒涂匀。涂好的平板正放静置，使溶液渗透进平板中。每个梯度重复 3 次；细菌梯度为 10^{-3}、10^{-4}、10^{-5}；真菌梯度为 10^{-1}、10^{-2}、10^{-3}；放线菌梯度为 10^{-2}、10^{-3}、10^{-4}；每个浓度 3 个重复。

④ 培养　将涂好的平板用报纸包好倒置于恒温箱中培养，细菌 30℃、1～2d，真菌 25℃、2～6d，放线菌 28℃、5～7d；然后根据菌落的形态特征如大小、色泽、边缘状态及表面干湿等进行分类统计。

⑤ 划线分离　观察分离培养的菌落，将要纯化的菌落标上标记，无菌操作用接种环直接取平板上要分离纯化的菌落至相应标记的平板上，划线完后放在 30℃温箱中培养。

⑥ 结果计算　每克样品中微生物的数量＝同一稀释度的 3 个平板上菌落平均数 × 稀释倍数 ×5/ 含菌样品质量（g）。

3．发酵床微生物群落数量分布

根据细菌、真菌、放线菌的形态学特征记录平板培养分离结果并进行统计分析，实验结果见表 7-6。从表 7-6 中可以看出，以微生物的含量为指标，细菌（×10⁵CFU/g）＞放线菌（×10⁴CFU/g）＞真菌（×10³CFU/g）；三类微生物的分布最大值，细菌[(70.25 ～ 1930.00)×10⁵ CFU/g] 和真菌 [(80.00 ～ 277.5)×10³CFU/g] 变化都比较大，放线菌的含量在第 30 天（122.00×10⁴CFU/g）高，其余时间 [(73.00 ～ 85.00)×10⁴CFU/g] 相对比较稳定；三类微生物的分布最小值，细菌 [(5.23 ～ 13.50)×10⁵CFU/g] 和真菌 [(0.75 ～ 2.75)×10³ CFU/g] 比较稳定，放线菌除第 15 天（11.00×10⁴CFU/g）外比较稳定 [(0.7 ～ 3.5)×10⁴CFU/g]；三类微生物的平均分布值，细菌在 1 ～ 60d 的变化比较大 [(33.72 ～ 197.23）×10⁵CFU/g]，真菌第 60 天（7.87×10³CFU/g）比前面 1 ～ 45d[(26.45 ～ 48.64）×10³CFU/g] 降低比较大，而放线菌 [(20.14 ～ 33.18）×10⁴CFU/g] 相对比较稳定。由于每栏圈养生猪的数量和发育时期不同，其粪便中所含微生物的种类和数量有所差别，这会对发酵床垫层中微生物的含量和种类产生一定的影响。

表7-6　微生物含量统计

时间/d	细菌含量/（10⁵CFU/g）			真菌含量/（10³CFU/g）			放线菌含量/（10⁴CFU/g）		
	最大值	最小值	平均值	最大值	最小值	平均值	最大值	最小值	平均值
1	70.25	5.23	33.72	102.50	1.05	34.33	78.00	3.50	27.93
15	164.75	8.25	54.35	192.50	1.05	48.64	73.00	11.00	28.46
30	655.00	13.50	139.33	277.50	2.75	37.17	122.00	1.75	33.18
45	1930.00	13.00	197.23	162.50	1.50	26.45	83.00	0.70	20.14
60	602.50	10.10	79.40	80.00	0.75	7.87	85.00	3.45	24.43

4．发酵床微生物群落空间分布

微生物按照含量的高低可以分为：类群Ⅰ属于高含量、类群Ⅱ属于中含量、类群Ⅲ属于低含量三类，这三类微生物在各位点的分布体现了微生物的空间分布情况。

（1）细菌的空间分布多态性　以位点为样本、以细菌含量为指标进行聚类，细菌分为三类，含量大于 70.00×10⁵CFU/g 属于类群Ⅰ，含量在（30.00 ～ 70.00）×10⁵CFU/g 之间为类群Ⅱ，含量小于 30.00×10⁵CFU/g 为类群Ⅲ，5 次的空间分布如图 7-12 ～图 7-16 所示。

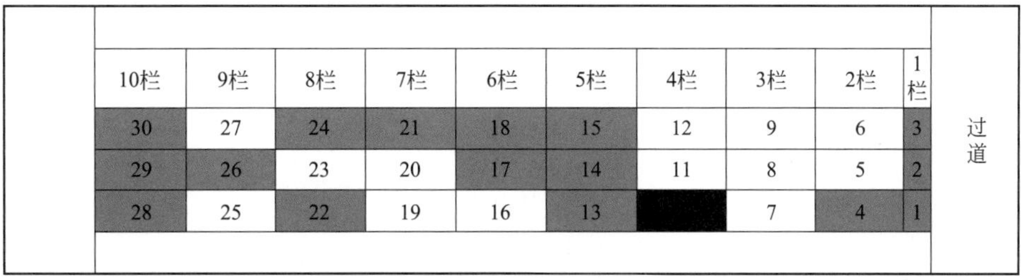

10栏	9栏	8栏	7栏	6栏	5栏	4栏	3栏	2栏	1栏	
30	27	24	21	18	15	12	9	6	3	过道
29	26	23	20	17	14	11	8	5	2	
28	25	22	19	16	13		7	4	1	

图7-12　第1天采样细菌空间分布

图中的深颜色表示类群Ⅰ，以此类推，三种颜色分别代表了三类组别。

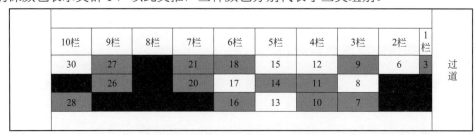

图7-13　第15天采样细菌空间分布

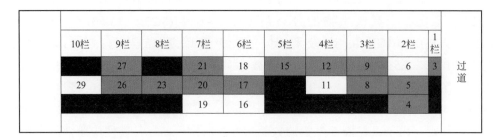

图7-14　第30天采样细菌空间分布

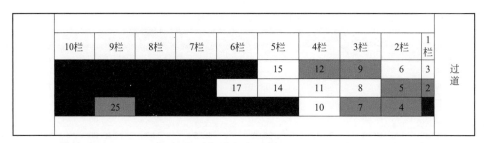

图7-15　第45天采样细菌空间分布

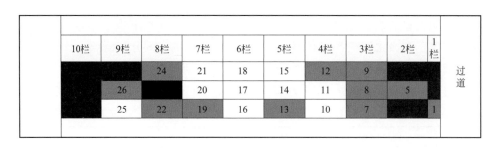

图7-16　第60天采样细菌空间分布

①　第1天采样分布分析：类群Ⅰ包括1个位点，在4栏的位10，细菌数量为 70.25×10^5 CFU/g；类群Ⅱ包括16个位点，即：1栏的位1、位2和位3，2栏的位4，5栏的位13、位14和位15，6栏的位17和位18，7栏的位21，8栏的位22和24，9栏的位26及10栏的三个位点，细菌数量变化范围为（30.00～60.00）$\times 10^5$ CFU/g；其余13个位点属于类群Ⅲ，低于 30.00×10^5 CFU/g，最低位是6栏的位16，细菌数量为 5.53×10^5 CFU/g。

② 第15天采样分布分析：类群Ⅰ包括10个位点，即：1栏的位1和位2，2栏的位4和位5，7栏的位19，8栏的位22、位23和位24，9栏的位25及10栏的位29，最高为2栏的位5，细菌数量为164.75×10⁵CFU/g；类群Ⅱ包括13个位点，即：1栏的位3，3栏的位7和位9，4栏的位10和位11，5栏的位14，6栏的位16和位18，7栏的位20和位21，9栏的位26和位27及10栏的位28，细菌数量变化范围为（30.50～69.50）×10⁵CFU/g；其余7个位点属于类群Ⅲ，细菌数量低于29.50×10⁵CFU/g，最低位是5栏的位15，细菌数量为8.25×10⁵CFU/g。

③ 第30天采样分布分析：类群Ⅰ包括11个位点，即：1栏的位1和位2，3栏的位7，4栏的位10，5栏的位13和位14，8栏的位22和位24，9栏的位25及10栏的位28和位30，细菌数量范围在（13.50～655.00）×10⁵CFU/g之间，最高为4栏的位10，细菌数量为655.00×10⁵CFU/g；类群Ⅱ包括13个位点，即：1栏的位3，2栏的位4和位5，3栏的位8和位9，4栏的位12，5栏的位15，6栏的位17，7栏的位20和位21，8栏的位23，9栏的位26和位27，细菌数量变化范围为（34.50～66.50）×10⁵CFU/g；其余6个位点属于类群Ⅲ，低于28.25×10⁵CFU/g，最低位是6栏的位18，细菌数量为8.25×10⁵CFU/g。

④ 第45天采样分布分析：类群Ⅰ包括15个位点，即：1栏的位1，5栏的位13，6栏的位16和位18，7栏的位19、位20和位21，8栏的位22、位23和位24，9栏的位26和位27及10栏的位28、位29和位30，细菌数量大于84×10⁵CFU/g，最高为1栏的位1，为1930.00×10⁵CFU/g；类群Ⅱ中包括7个位点，即：1栏的位2，2栏的位4和位5，3栏的位7和位9，4栏的位12，9栏的位25，细菌数量范围在（32.00～64.75）×10⁵CFU/g之间；其余9个位点属于类群Ⅲ，细菌数量低于28.00×10⁵CFU/g，最低位是5栏的位14，细菌数量为13.00×10⁵CFU/g。

⑤ 第60天采样分布分析：类群Ⅰ包括9个位点，即：1栏的位2和位3，2栏的位4和位6，8栏的位23，9栏的位27及10栏的位28、位29和位30，细菌数量高于79.00×10⁵CFU/g，最高的为1栏的位3，细菌数量为602.50×10⁵CFU/g；类群Ⅱ包括13个位点，即：1栏的位1，2栏的位5，3栏的位7、位8和位9，4栏的位12，5栏的位13、位14和位15，7栏的位19，8栏的位22和位24及9栏的位26，细菌数量范围在（38.25～68.00）×10⁵CFU/g之间；其余8个位点属于类群Ⅲ，细菌数量低于29.25×10⁵CFU/g，最低位是4栏的位11，细菌数量为10.10×10⁵CFU/g。

（2）真菌的空间分布多态性　以位点为样本、以真菌含量为指标进行聚类，真菌分为三类，含量大于70.00×10³CFU/g属于类群Ⅰ，含量在（30.00～70.00）×10³CFU/g为类群Ⅱ，含量小于30.00×10³CFU/g为类群Ⅲ，五次的空间分布如图7-17～图7-21所示。颜色分类同细菌。

① 第1天采样分布分析：类群Ⅰ包括3个位点，即1栏的位2、2栏的位5和3栏的位9，真菌数量高于80.00×10³CFU/g，最高为3栏的位9，真菌数量为102.50×10³CFU/g；类群Ⅱ包括11个位点，即：1栏的位1和位3，2栏的位6，3栏的位7和位8，5栏的位14和位15，6栏的位17，9栏的位25、位26和位27，真菌数量范围在（31.50～60.00）×10³CFU/g之间；类群Ⅲ包括其余的16个位点，真菌数量变化范围为（1.05～26.50）×10³CFU/g，最低位是4栏的位12，真菌数量为1.05×10³CFU/g。

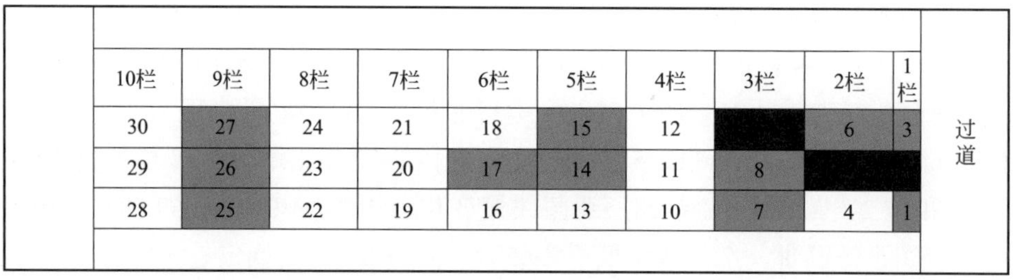

10栏	9栏	8栏	7栏	6栏	5栏	4栏	3栏	2栏	1栏	
30	27	24	21	18	15	12		6	3	过
29	26	23	20	17	14	11	8			道
28	25	22	19	16	13	10	7	4	1	

图7-17　第1天采样真菌空间分布

② 第 15 天采样分布分析：类群 Ⅰ 包括 8 个位点，即：2 栏的位 4 和位 5，3 栏的位 9，5 栏的位 14，9 栏的位 25、位 26 和位 27 及 10 栏的位 28，最高为 9 栏的位 26，真菌数量为 192.50×10³ CFU/g；类群 Ⅱ 包括 6 个位点，即：1 栏的位 1，2 栏的位 6，3 栏的位 7 和位 8，5 栏的位 13 和位 15，真菌数量范围在（32.50 ～ 67.55）×10³ CFU/g 之间；其余 16 个位点属于类群Ⅲ，真菌数量范围为（1.05 ～ 27.75）×10³ CFU/g，最低位是 4 栏的位 12，真菌数量为 1.05×10³ CFU/g。

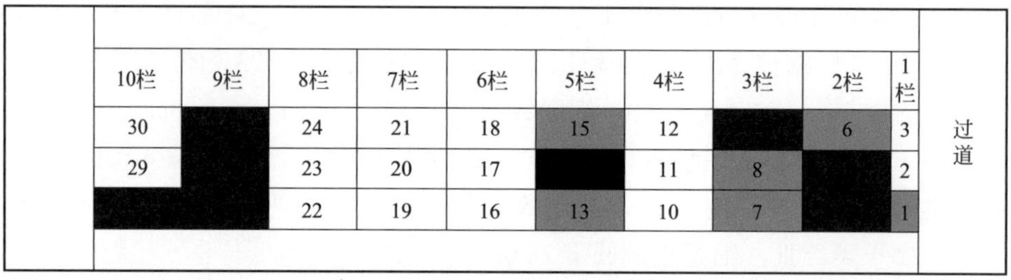

10栏	9栏	8栏	7栏	6栏	5栏	4栏	3栏	2栏	1栏	
30		24	21	18	15	12		6	3	过
29		23	20	17		11	8		2	道
		22	19	16	13	10	7		1	

图7-18　第15天采样真菌空间分布

③ 第 30 天采样分布分析：类群 Ⅰ 包括 4 个位点，即：7 栏的位 19、位 20 和位 21 及 9 栏的位 25，最高为 7 栏的位 19，真菌数量为 277.50×10³ CFU/g；类群 Ⅱ 包括 11 个位点，即：1 栏的位 1 和位 2，3 栏的位 7 和位 9，5 栏的位 13、位 14 和位 15，6 栏的位 17，9 栏的位 26 和位 27 及 10 栏的位 28，真菌数量范围在（30.00 ～ 62.50）×10³ CFU/g 之间；其余 16 个位点属于类群Ⅲ，真菌数量变化范围为（2.75 ～ 25.00）×10³ CFU/g，最低位是 4 栏的位 12，真菌数量为 2.75×10³ CFU/g。

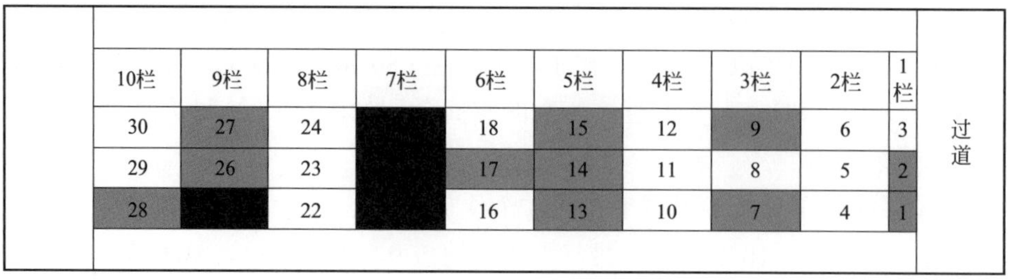

10栏	9栏	8栏	7栏	6栏	5栏	4栏	3栏	2栏	1栏	
30	27	24		18	15	12	9	6	3	过
29	26	23		17	14	11	8	5	2	道
28		22		16	13	10	7	4	1	

图7-19　第30天采样真菌空间分布

④ 第 45 天采样分布分析：类群 Ⅰ 包括 3 个位点，即：6 栏的位 16 和位 18 以及 7 栏的位 19，最高为 7 栏的位 19，真菌数量为 162.50×10³ CFU/g；类群 Ⅱ 包括 4 个位点，即 5 栏

的位 13 和位 15 以及 7 栏的位 20 和位 21，真菌数量范围在（32.50～57.50）×10³CFU/g 之间；其余 23 个位点属于类群Ⅲ，真菌数量变化范围为（1.50～25.00）×10³CFU/g，最低位是 8 栏的位 24，真菌数量为 1.50×10³CFU/g。

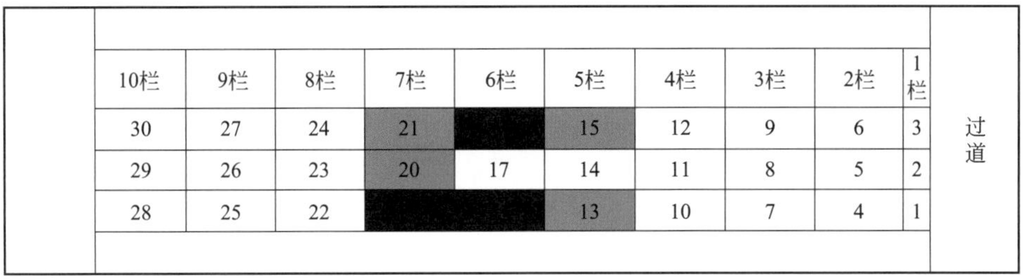

10栏	9栏	8栏	7栏	6栏	5栏	4栏	3栏	2栏	1栏	
30	27	24	21		15	12	9	6	3	过道
29	26	23	20	17	14	11	8	5	2	
28	25	22			13	10	7	4	1	

图7-20　第45天采样真菌空间分布

⑤ 第 60 天采样分布分析：类群Ⅰ包括 1 个位点，即：6 栏的位 18，真菌数量为 80.00×10³CFU/g；类群Ⅱ包括 1 个位点，即：6 栏的位 17，真菌数量为 35.00×10³CFU/g；其余 28 个位点属于类群Ⅲ，真菌数量在（0.75～10.00）×10³CFU/g 之间，最低位是 4 栏的位 10，真菌数量为 0.75×10³CFU/g。在真菌的空间分布中，4 栏的三个位点和 8 栏的三个位点及 10 栏的位 29 和位 30，真菌数量在 60 天中较稳定，属于类群Ⅲ；3 栏随时间变化，由较高的含量减少至低含量。

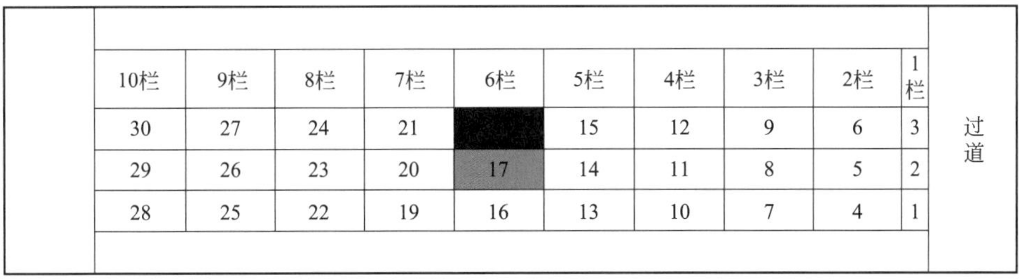

10栏	9栏	8栏	7栏	6栏	5栏	4栏	3栏	2栏	1栏	
30	27	24	21		15	12	9	6	3	过道
29	26	23	20	17	14	11	8	5	2	
28	25	22	19	16	13	10	7	4	1	

图7-21　第60天采样真菌空间分布

（3）放线菌的空间分布多态性　以位点为样本、以放线菌含量为指标进行聚类，放线菌分为三类，含量大于 70.00×10⁴CFU/g 的属于类群Ⅰ，含量在（30.00～70.00）×10⁴CFU/g 的为类群Ⅱ，含量小于 30.00×10⁴CFU/g 的为类群Ⅲ，5 次的空间分布如图 7-22～图 7-26 所示。

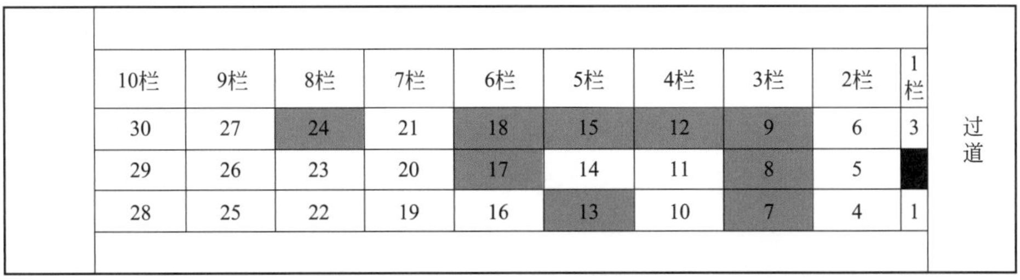

10栏	9栏	8栏	7栏	6栏	5栏	4栏	3栏	2栏	1栏	
30	27	24	21	18	15	12	9	6	3	过道
29	26	23	20	17	14	11	8	5		
28	25	22	19	16	13	10	7	4	1	

图7-22　第1天采样放线菌空间分布

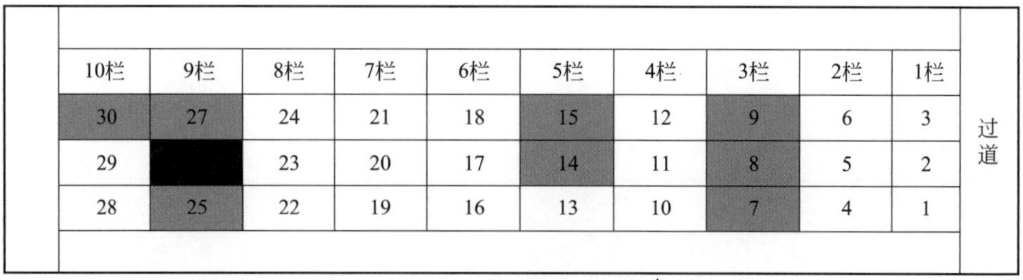

10栏	9栏	8栏	7栏	6栏	5栏	4栏	3栏	2栏	1栏	
30	27	24	21	18	15	12	9	6	3	过道
29		23	20	17	14	11	8	5	2	
28	25	22	19	16	13	10	7	4	1	

图7-23　第15天采样放线菌空间分布

10栏	9栏	8栏	7栏	6栏	5栏	4栏	3栏	2栏	1栏	
30	27	24		18	15	12		6	3	过道
29	26	23	20	17	14	11	8	5	2	
28	25	22		16	13	10	7	4	1	

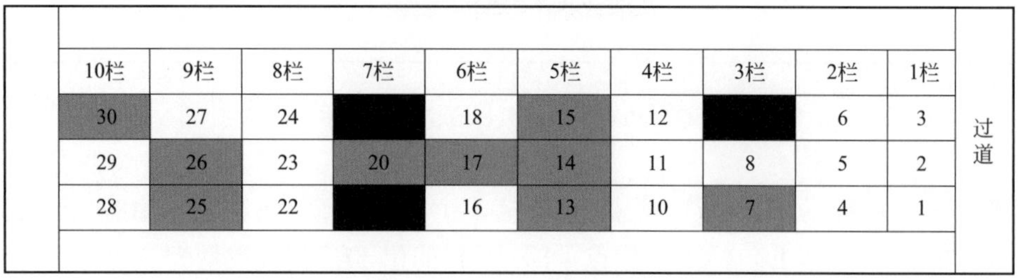

图7-24　第30天采样放线菌空间分布

10栏	9栏	8栏	7栏	6栏	5栏	4栏	3栏	2栏	1栏	
30	27	24	21	18	15	12	9	6		过道
29	26	23	20	17	14	11	8	5	2	
28	25	22	19	16	13	10	7	4	1	

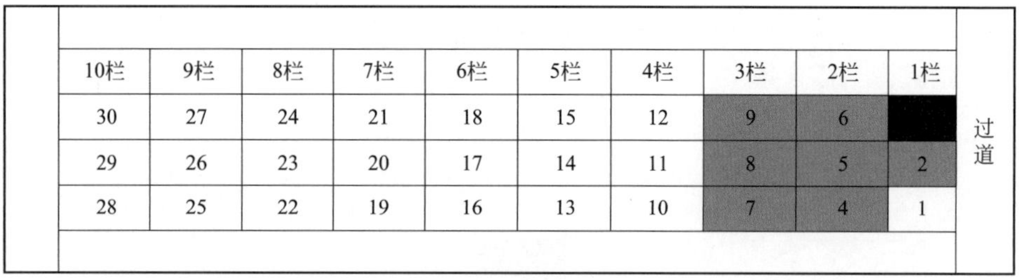

图7-25　第45天采样放线菌空间分布

10栏	9栏	8栏	7栏	6栏	5栏	4栏	3栏	2栏	1栏	
30	27	24	21	18	15	12	9	6	3	过道
29	26	23	20	17	14	11	8	5	2	
	25	22	19	16	13	10	7	4	1	

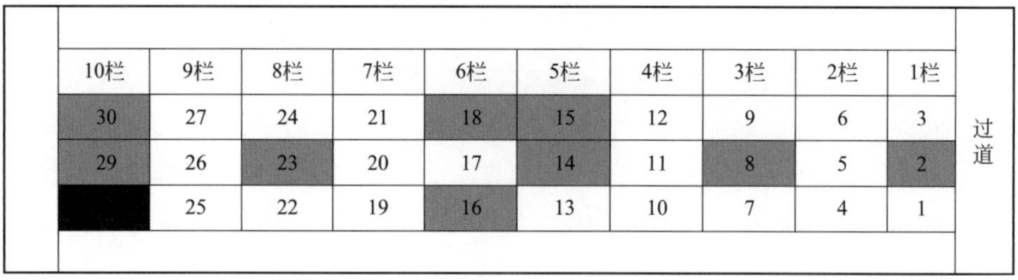

图7-26　第60天采样放线菌空间分布

① 第 1 天采样分布分析：类群Ⅰ包括 1 个位点，即 1 栏的位 2，放线菌数量为 78.00×10⁴ CFU/g；类群Ⅱ包括 9 个位点，即：3 栏的位 7、位 8 和位 9，4 栏的位 12，5 栏的位 13 和位 15，6 栏的位 17 和位 18，8 栏的位 24，放线菌数量范围在（32.00～66.50）×10⁴ CFU/g 之间；其余 20 个位点属于类群Ⅲ，放线菌数量变化范围为（3.50～28.00）×10⁴ CFU/g，最低位是 2 栏的位 5 和 10 栏的位 30，放线菌数量为 3.50×10⁴ CFU/g。

② 第 15 天采样分布分析：类群Ⅰ包括 1 个位点，即 9 栏的位 26，放线菌数量为

73.00×10⁴CFU/g；类群Ⅱ包括 8 个位点，即：3 栏的位 7、位 8 和位 9，5 栏的位 14 和位 15，9 栏的位 25 和位 27 及 10 栏的位 30，放线菌数量范围在（35.00～59.75）×10⁴CFU/g之间；其余 21 个位点属于类群Ⅲ，放线菌数量变化范围为（11.00～29.75）×10⁴CFU/g，最低位是 2 栏的位 4，放线菌数量为 11.00×10⁴CFU/g。

③ 第 30 天采样分布分析：类群Ⅰ包括 3 个位点，即：3 栏的位 9、7 栏的位 19 和位 21，放线菌数量为（90.00～122.00）×10⁴CFU/g，最高为 7 栏的位 19；类群Ⅱ包括 9 个位点，即：3 栏的位 7，5 栏的位 13、位 14 和位 15，6 栏的位 17，7 栏的位 20，9 栏的位 25 和位 26 及 10 栏的位 30，放线菌数量范围在（35.50～54.50）×10⁴CFU/g之间；其余 18 个位点属于类群Ⅲ，放线菌数量变化范围为（1.75～28.50）×10⁴CFU/g，最低位是 1 栏的位 1，放线菌数量为 1.75×10⁴CFU/g。

④ 第 45 天采样分布分析：类群Ⅰ包括 1 个位点，即：1 栏的位 3，放线菌数量为 83.00×10⁴CFU/g；类群Ⅱ包括 7 个位点，即：1 栏的位 2、2 栏的位 4、位 5 和位 6，3 栏的位 7、位 8 和位 9，放线菌数量范围在（30.50～49.75）×10⁴CFU/g之间；其余 22 个位点属于类群Ⅲ，放线菌数量范围为（0.70～28.50）×10⁴CFU/g，最低位是 10 栏的位 30，放线菌数量为 0.70×10⁴CFU/g。

⑤ 第 60 天采样分布分析：类群Ⅰ包括 1 个位点，即：10 栏的位 28，放线菌数量为 85.00×10⁴CFU/g；类群Ⅱ包括 9 个位点，即：1 栏的位 2，3 栏的位 8，5 栏的位 14 和位 15，6 栏的位 16 和位 18，8 栏的位 23 及 10 栏的位 29 和位 30，放线菌数量范围在（30.00～61.00）×10⁴CFU/g之间；其余 20 个位点属于类群Ⅲ，放线菌数量变化范围为（3.45～28.50）×10⁴CFU/g，最低位是 1 栏的位 1，放线菌数量为 3.45×10⁴CFU/g。

在放线菌的空间分布中，类群Ⅰ分布很少，第 30 天类群Ⅰ有三个位点，其余时间均为一个位点，类群Ⅲ比较多，多于 18 个位点；4 栏的位 10 和位 11 放线菌分布比较稳定，属于类群Ⅲ，其余位点都有变化。

5. 发酵床微生物群落时间分布

综合比较细菌、真菌和放线菌的空间分布，类群Ⅰ属于高含量（细菌含量＞70.00×10⁵CFU/g，真菌含量＞70.00×10³CFU/g，放线菌含量大于 70.00×10⁴CFU/g），类群Ⅱ属于中含量 [细菌含量在（30.00～70.00）×10⁵CFU/g，真菌含量在（30.00～70.00）×10³CFU/g，放线菌含量在（30.00～70.00）×10⁴CFU/g]，类群Ⅲ属于低含量（细菌含量小于 30.00×10⁵CFU/g，真菌含量小于 30.00×10³CFU/g，放线菌含量小于 30.00×10⁴CFU/g），对比后的结果见表 7-7。从表 7-7 可以看出，在平均水平，细菌的类群Ⅱ分布（12.2）多于类群Ⅰ（9.2）和类群Ⅲ（8.6），而真菌、放线菌类群Ⅲ（19.8，20.2）多于类群Ⅰ（3.8，1.4）和类群Ⅱ（6.4，8.4）。

表7-7　微生物发酵床垫料微生物三个类群分布比较

时间/d	细菌			真菌			放线菌		
	类群Ⅰ	类群Ⅱ	类群Ⅲ	类群Ⅰ	类群Ⅱ	类群Ⅲ	类群Ⅰ	类群Ⅱ	类群Ⅲ
1	1	16	13	3	11	16	1	9	20
15	10	13	7	8	6	16	1	8	21
30	11	13	6	4	10	16	3	9	18

续表

时间/d	细菌			真菌			放线菌		
	类群Ⅰ	类群Ⅱ	类群Ⅲ	类群Ⅰ	类群Ⅱ	类群Ⅲ	类群Ⅰ	类群Ⅱ	类群Ⅲ
45	15	6	9	3	4	23	1	7	22
60	9	13	8	1	1	28	1	9	20
平均	9.2	12.2	8.6	3.8	6.4	19.8	1.4	8.4	20.2

对细菌类群空间分布的比例进行时间比较，结果如图 7-27 所示。类群Ⅰ分布比例在 1～45d 趋于上升（3.33%→33.33%→36.67%→50%），在 45～60d 趋于下降（50.00%→30.00%），类群Ⅱ分布比例趋势和类群Ⅰ相反，在 1～45d 趋于下降（53.33%→43.33%→43.33%→20.00%），在 45～60d 趋于上升（20.00%→43.33%），类群Ⅲ分布比例呈现"降—升—降"的变化趋势：在 1～30d 分布比例的变化为 43.33%→23.33%→20%，在 30～45d 为 20.00%→30.00%，在 45～60d 为 30.00%→26.67%。

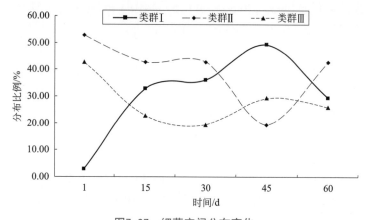

图7-27 细菌空间分布变化

对真菌类群进行空间分布比例的时间比较，结果如图 7-28 所示。类群Ⅰ分布比例在 1～15d 呈现上升趋势（10.00%→26.67%），在 15～60d 呈现下降趋势（26.67%→13.33%→10.00%→3.33%），类群Ⅱ空间分布比例在 1～30d 的趋势和类群Ⅰ相反（36.67%→20.00%→33.33%），在 30～60d 趋势和类群Ⅰ相似（33.33%→13.33%→3.33%），类群Ⅲ的空间分

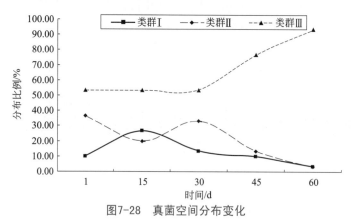

图7-28 真菌空间分布变化

布比例在 1 ～ 30d 的稳定不变（53.33%），在 30 ～ 60d 和类群Ⅰ、类群Ⅱ的变化相反，呈上升趋势（53.33% → 76.67% → 93.33%）。

对放线菌类群进行空间分布比例的时间比较，结果如图 7-29 所示。类群Ⅰ在 30d 时的空间分布比例为 10%，其余时间均为 3.33%，平均分布比例为 4.67%；类群Ⅱ空间分布比例呈"降—升—降—升"的趋势，和类群Ⅰ相似，1d、30d、60d 时均为 30.00%，15d 时为 26.67%，45d 时为 23.33%，平均分布比例为 28%；类群Ⅲ的平均空间分布比例（67.33%）远高于类群Ⅰ和类群Ⅱ，类群Ⅲ的空间分布比例呈"升—降—升—降"趋势（66.67% → 70.00% → 60.00% → 73.33% → 66.67%），与类群Ⅱ相反。

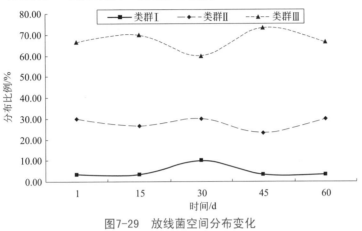

图7-29　放线菌空间分布变化

6. 发酵床微生物群落比例分布

对细菌、真菌、放线菌各类群在微生物发酵床垫料中的空间分布比例进行比较，具体见图 7-30 ～图 7-32。在细菌分布中，类群Ⅰ平均空间分布比例为 30.67%，类群Ⅱ平均空间分布比例为 40.67%，类群Ⅲ平均空间分布比例为 28.67%，类群Ⅱ＞类群Ⅰ＞类群Ⅲ；在真菌分布中，空间分布平均比例按高低依次是类群Ⅲ（66.00%）、类群Ⅱ（21.33%）、类群Ⅰ

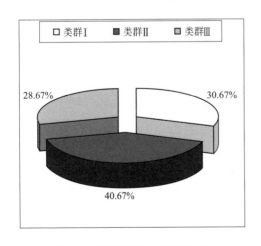

图7-30 细菌类群空间分布比例

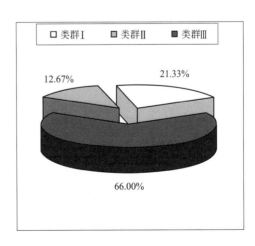

图7-31 真菌类群空间分布比例

（12.67%）；放线菌空间分布平均比例按照高低依次是类群Ⅲ（67.33%）、类群Ⅱ（28.00%）、类群Ⅰ（4.67%）。

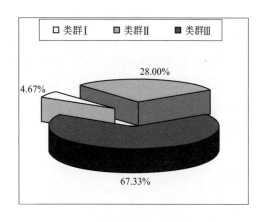

图7-32 放线菌类群空间分布比例

7.讨论

通过培养统计的微生物含量分析，发现：①含量最高的是细菌（×10^5 CFU/g），其次是放线菌（×10^4 CFU/g），真菌含量最少（×10^3 CFU/g）。②将微生物分为三个类群，类群Ⅰ特征为细菌含量大于 70.00×10^5 CFU/g、真菌含量大于 70.00×10^3 CFU/g、放线菌含量大于 70.00×10^4 CFU/g，类群Ⅱ特征为细菌含量在（30.00 ～ 70.00）×10^5 CFU/g、真菌含量在（30.00 ～ 70.00）×10^3 CFU/g、放线菌含量在（30.00 ～ 70.00）×10^4 CFU/g，类群Ⅲ特征为细菌含量小于 30.00×10^5 CFU/g、真菌含量小于 30.00×10^3 CFU/g、放线菌含量小于 30.00×10^4 CFU/g。三类微生物的含量最大值变化不同：细菌 [(70.25 ～ 1930.00)×10^5 CFU/g]、真菌 [(80.00 ～ 277.50)×10^3 CFU/g] 变化都比较大，放线菌的含量最大值出现在第 30 天（122.00×10^4 CFU/g），其余时间 [（73.00 ～ 85.00）×10^4 CFU/g] 相对比较稳定。③三类微生物的含量最小值，细菌 [(5.23 ～ 13.50)×10^5 CFU/g] 和真菌 [(0.75 ～ 2.75)×10^3 CFU/g] 比较稳定，放线菌除第 15 天（11.00×10^4 CFU/g）外都比较稳定 [(0.70 ～ 3.50)×10^4 CFU/g]。④三类微生物的平均含量，细菌在 1 ～ 60 天的变化比较大 [(33.72 ～ 197.23)×10^5 CFU/g]、真菌第 60 天（7.87×10^3 CFU/g）比第 1 ～ 45 天 [(26.45 ～ 48.64)×10^3 CFU/g] 降低比较多，而放线菌 [(20.14 ～ 33.18)×10^4 CFU/g] 相对比较稳定。

通过空间分布多态性分析发现：①细菌没有固定的样位保持高含量或低含量，类群Ⅰ在 1 ～ 60d 包含的位点数分别为 1 个位点、10 个位点、11 个位点、15 个位点、9 个位点；类群Ⅱ在 1 ～ 60d 包含的位点数分别为 16 个位点、13 个位点、13 个位点、6 个位点、13 个位点，类群Ⅲ在 1 ～ 60d 包含的位点数分别为 13 个位点、7 个位点、6 个位点、9 个位点、8 个位点。②在真菌的空间分布中，类群Ⅲ包含的位点要多于类群Ⅰ和类群Ⅱ，4 栏的位 11 和位 12 以及 8 栏的三个位点真菌数量一直保持很低，属于类群Ⅲ，类群Ⅰ在 1 ～ 60d 包含的位点数分别为 3 个位点、8 个位点、4 个位点、3 个位点、1 个位点、类群Ⅱ在 1 ～ 60d 包含的位点数分别为 11 个位点、6 个位点、10 个位点、4 个位点、1 个位点，类群Ⅲ在 1 ～ 60d 包含的位点数分别为 16 个位点、16 个位点、16 个位点、23 个位点、28 个位点。③在放线菌的空间分布中，类群Ⅰ和类群Ⅱ包含的位点比较少，类群Ⅲ包含的位点比较多，4 栏的位 10 和位 11 放线菌数量比较稳定，属于类群Ⅲ，其余都有所变化，类群Ⅰ在 1 ～ 60d 包含的位点数分别为 1 个位点、1 个位点、3 个位点、1 个位点、1 个位点。类群Ⅱ在 1 ～ 60d 包含的位点数分别为 9 个位点、8 个位点、9 个位点、7 个位点、9 个位点；类群Ⅲ在 1 ～ 60d 包含的位点数分别为 20 个位点、21 个位点、18 个位点、22 个位点、20 个位点。

总体的空间分布比例细菌是三个类群数量差别较真菌和放线菌的小，真菌和放线菌都是类群Ⅲ的比例高于另两个类群。

四、发酵床可培养微生物群落数量变化

1. 概述

微生物发酵床基质中的微生物数量及其变化反映了发酵床基质的性能状况，将微生物发酵床垫料中的微生物按照数量（栏均值）与时间的关系建立坐标，微生物的数量变化曲线可分为前峰型、中峰型、后峰型、双峰型等类型，据此分析细菌、真菌和放线菌三类微生物的变化。

2. 细菌数量变化动态

对取样的每一栏细菌数量进行时间上的比较，1 ～ 10 栏实验结果分别见图 7-33 ～图 7-42。10 个栏舍微生物发酵床垫料中的细菌变化如下（文中括号内数字为不同时间的细菌栏均值，

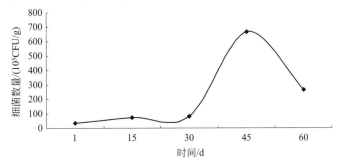

图7-33　1栏细菌数量变化

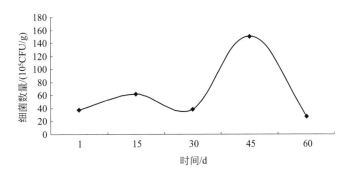

图7-34　7栏细菌数量变化

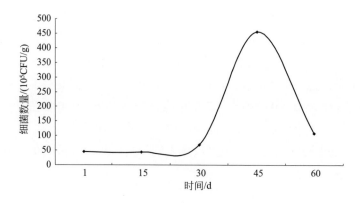

图7-35　10栏细菌数量变化

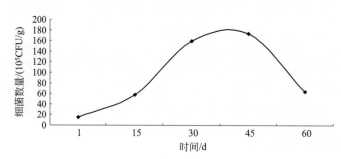

图7-36　9栏细菌数量变化

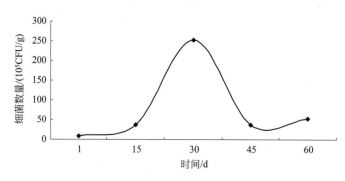

图7-37　3栏细菌数量变化

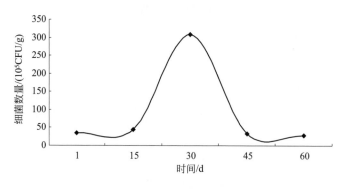

图7-38　4栏细菌数量变化

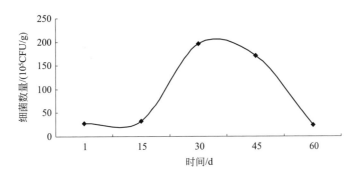

图7-39 6栏细菌数量变化

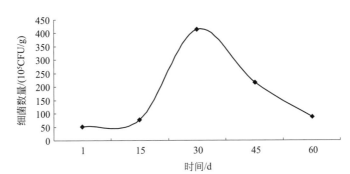

图7-40 8栏细菌数量变化

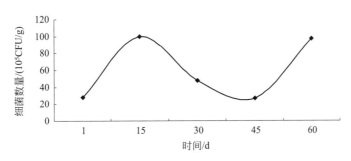

图7-41 2栏细菌数量变化

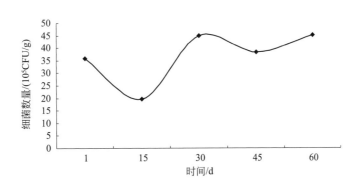

图7-42 5栏细菌数量变化

单位为 $10^5\,CFU/g$）。

（1）后峰型 1栏（34.67、71.50、79.00、666.08、266.08）、7栏（37.33、61.83、38.17、156.67、27.33）、10栏（46.00、44.08、68.83、456.67、108.67）三栏变化趋势相同，1～30d 细菌数量相对比较低、比较稳定，30～45d 细菌数量升高，峰值在45d时，45～60d 细菌数量降低；9栏 1～45d（15.00、57.67、159.17、173.25）细菌数量随时间逐渐升高，峰值在45d时，细菌数量为 $173.25\times10^5\,CFU/g$，45～60d（173.25、63.67）细菌数量降低。

（2）中峰型 3栏（8.67、36.67、252.33、36.67、52.75）、4栏（35.36、44.08、308.17、32.67、28.12）两栏变化趋势相同，呈钟形曲线，峰值在第30天时，细菌数量高于其余时间，其中3栏 30d时比60d时高4倍多、比1d时高29倍，4栏 30d时比15d时高7倍、比60d时高11倍；6栏（27.58、32.17、196.50、170.58、23.58）的细菌数量在1～30d时随时间逐渐升高，30～60d时降低；8栏（51.33、76.25、413.50、214.50、88.33）与6栏的细菌数量变化趋势相似，在30～45d时的细菌数量降幅为48%，大于6栏同时期的降幅13%。

2栏和5栏的细菌数量变化与上述不同，两者之间也不同，2栏数量变化趋势呈"升—降—升—降"（28、99.67、47.83、27.00、52.75），第15天时栏均含量最高，第45天时最低，比第15天时降低72.91%；5栏数量变化趋势呈"降—升—降—升"（35.83、19.58、45.00、38.17、45.08），第60天时栏均值最高，第15天时最低，第60天时比第15天时升高130.23%。

3．真菌数量变化动态

对取样的每一栏真菌数量进行时间上的比较，实验结果见图7-43～图7-52。10个栏舍微生物发酵床垫料中的真菌变化如下（文中括号内数字为不同时间的真菌栏均值，单位为 $10^3\,CFU/g$）。

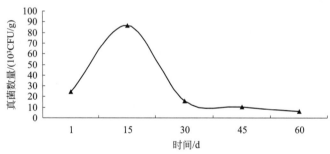

图7-43　2栏真菌数量变化

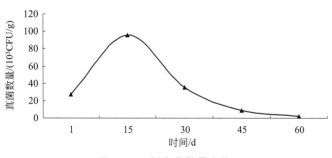

图7-44　3栏真菌数量变化

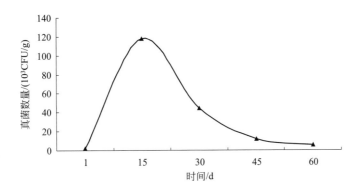

图7-45　9栏真菌数量变化

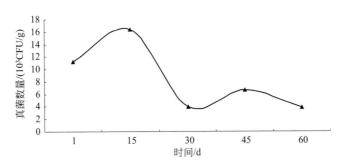

图7-46　4栏真菌数量变化

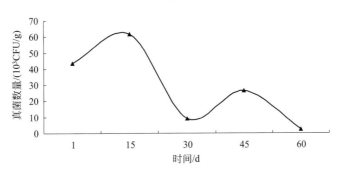

图7-47　5栏真菌数量变化

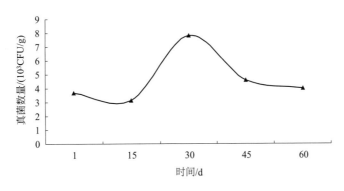

图7-48　8栏真菌数量变化

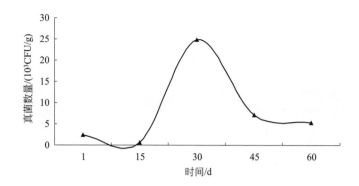

图7-49　10栏真菌数量变化

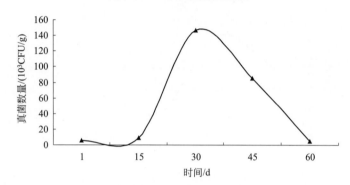

图7-50　7栏真菌数量变化

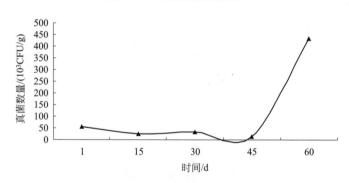

图7-51　1栏真菌数量变化

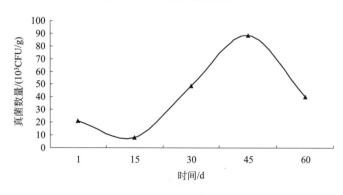

图7-52　6栏真菌数量变化

（1）前锋型　2栏（24.5、86.67、16、10.42、5.83）、3栏（27.5、95.85、35、8.83、2.55）和9栏（1.22、117.5、44.17、11.83、5.58）的真菌数量变化趋势相似，峰值在15天时，15～60d时真菌数量趋于减少，1～15d时，2栏增加了95%、3栏增加了248.5%、9栏则增加了863.1%，15～30d时降低的幅度分别为2栏82%、3栏63.5%、9栏62%，30～45d时降低的幅度分别为2栏34.9%、3栏74.8%、9栏73%，45～60d时的降低幅度分别为2栏44%、3栏71.1%、9栏52.8%。

（2）双峰型　4栏（11.18、16.43、3.92、6.67、3.83）、5栏（43.33、61.67、9.08、26.5、2.19）两栏的真菌数量变化趋势相同，数量变化均呈"升—降—升—降"曲线，在15d时真菌数量最高，其中1～15d时的升幅分别为4栏47%、5栏42%，30～45d时的升幅分别为4栏70%、5栏192%；15～30d时的降幅分别为4栏76.14%、5栏85%，45～60d时的降幅分别为：4栏42.6%、5栏91.7%。

（3）中峰型　8栏（3.67、3.12、7.83、4.58、4.02）、10栏（2.5、0.67、24.92、7.08、5.25）两栏的真菌数量变化趋势相似，峰值在30d时，真菌数量10栏比8栏的多2倍；7栏（5.42、9.42、146.67、85、4.65）与这两栏的变化趋势在1～45d时的变化相似，45～60d时的降幅分别为7栏95%、8栏12%、10栏为26%，7栏降幅最大。

（4）后峰型　1栏（54.17、24.25、33.33、15.25、433）1～45d时真菌数量的变化较平缓，60d时比1～45d时的平均值高12倍，6栏呈"降—升—降"（21.33、7.85、48.83、88.33、40）的"S"形曲线，45d时真菌数量最高，比15d时的最低值高出10倍。

4．放线菌数量变化动态

对取样的每一栏放线菌数量进行时间上的比较，实验结果见图7-53～图7-62。10个栏舍微生物发酵床垫料中的放线菌变化如下（文中括号内数字为不同时间的放线菌栏均值，单位为10^4CFU/g）。

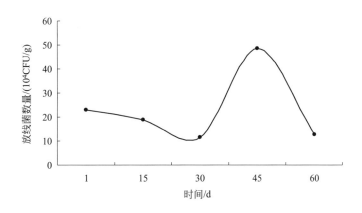

图7-53　1栏放线菌数量变化

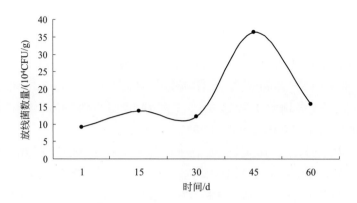

图7-54　2栏放线菌数量变化

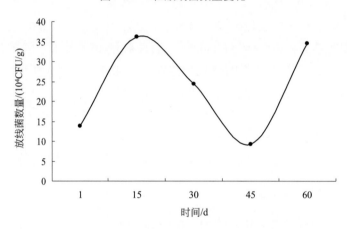

图7-55　5栏放线菌数量变化

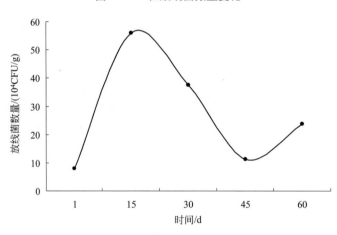

图7-56　9栏放线菌数量变化

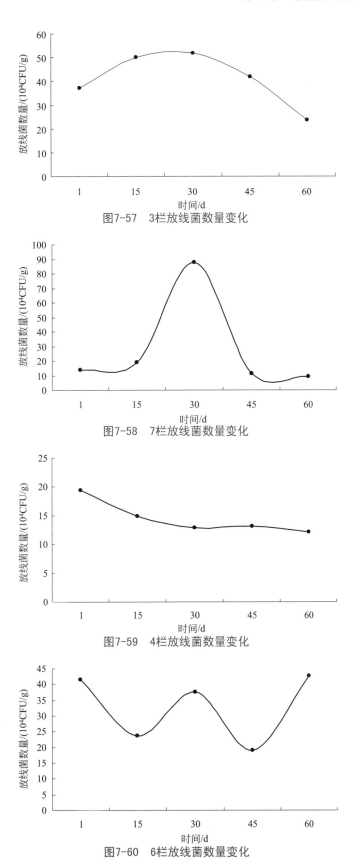

图7-57　3栏放线菌数量变化

图7-58　7栏放线菌数量变化

图7-59　4栏放线菌数量变化

图7-60　6栏放线菌数量变化

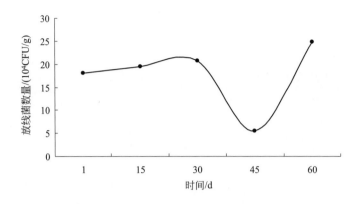

图7-61　8栏放线菌数量变化

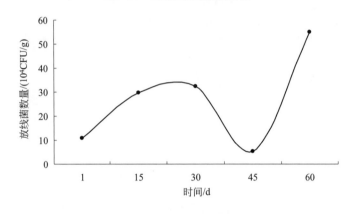

图7-62　10栏放线菌数量变化

（1）后峰型　1栏（22.83、18.83、11.5、48.5、12.53）的放线菌数量变化趋势是"降—升—降"，45～60d的降幅为74%，比1～15d的降幅（17.5%）和15～30d的降幅（39%）大，30～45d时的升幅为76%；2栏（9.17、13.83、12.17、36.33、15.83）后期比前期的变化更大，45d时的放线菌数量比30d时升高了约2倍，15d时的放线菌数量比1d时升高了84%，60d时的放线菌数量比45d时降低了56%，30d时的放线菌数量比15d时降低了28%。

（2）前锋型　5栏（13.83、36.17、24.42、9.25、34.60）、9栏（8.00、55.92、37.50、11.13、16.83）两栏的放线菌数量变化趋势相同，即呈"升—降—升"，峰值在15d时，其中1～15d时的升幅分别为5栏161.5%、9栏599%，45～60d时的升幅分别为5栏57.8%、9栏51.2%；15～30d时的降幅分别为5栏32.5%、9栏33%，30～45d时的降幅分别为5栏62.1%、9栏70.3%。

（3）中峰型　3栏（37.17、50.00、51.67、41.92、23.83）的放线菌数量先升高后降低，峰值在30d时，1～15d时的升高幅度为34.5%，15～30d时的升高幅度仅为3%，30～45d时降幅为19%，45～60d时降幅为43%；7栏（13.83、18.92、87.67、11.42、9.13）的放线菌数量变化呈钟形，峰值在30d时，比60d时的最低值高860.2%，15d时的放线菌数量比第1天时增加了37%，60d时的放线菌数量比45d时降低20%。

（4）其余栏　其余四栏的放线菌数量变化各有特点：4栏（19.33、14.83、12.92、

13.08、12.08）是变化曲线最平缓的，整体趋势是下降，相邻两次的变化幅度比较小，分别为降23%、降13%、升1%和降8%；6栏呈"降—升—降—升"的"W"形变化曲线（41.42、23.75、37.50、19.08、42.67），变化幅度比较大，相邻两次的变化幅度分别为降43%、升58%、降49%、升124%；8栏（18、19.5、20.75、5.6、24.83）、10栏（11.00、29.83、32.42、5.17、55.00）两栏变化趋势相似，10栏升高的幅度大于8栏，1～30d时的升幅8栏为8%、6%和10栏为171%、9%，45～60d时10栏的升幅963.8%比8栏的343.4%高。

将微生物发酵床基质不同时间的微生物平均含量取以2为底的对数，分析微生物的时间变化，结果如图7-63所示。从图中可以看出，细菌的平均含量呈现先升后降的趋势，1～45d时的平均含量逐渐增加（5.076、5.764、7.122、7.624），60d时降低至6.311；真菌的平均含量则基本呈现下降趋势，15d时（5.604）比第1d（5.101）有所增加，30～60d的（4.962、4.725、2.976）低于第1天且随时间而下降；而放线菌的平均含量变化平缓（4.804、4.831、5.052、4.332、4.611）。

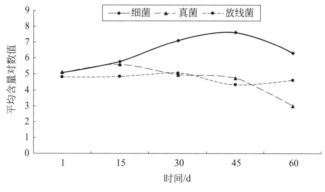

图7-63 培养微生物总量的时间变化

5. 讨论

通过对每一栏的微生物数量进行时间上的比较分析发现，微生物的数量变化曲线可分为前峰型、中峰型、后峰型、双峰型等类型，分析结果表明。

（1）细菌包含类型主要是后峰型和中峰型 后峰型有1、7、9、10四栏，1～30d细菌数量 [1栏 $(34.67～79.00)×10^5$ CFU/g，7栏 $(37.33～61.83)×10^5$ CFU/g，10栏 $(44.08～68.83)×10^5$ CFU/g] 相对比较低、比较稳定，30～45d时细菌数量升高，峰值在45d时1栏为 $666.08×10^5$ CFU/g、7栏为 $156.67×10^5$ CFU/g、10栏为 $456.67×10^5$ CFU/g，45～60d时细菌数量降低；9栏1～45d时细菌数量随时间逐渐升高，峰值在45d时，细菌数量为 $173.25×10^5$ CFU/g，45～60d（$173.25×10^5$ CFU/g、$63.67×10^5$ CFU/g）细菌数量降低。中峰型有3、4、6、8栏。3栏、4栏两栏变化趋势相同，呈钟形曲线，峰值在30d时（3栏 $252.33×10^5$ CFU/g，4栏 $308.17×10^5$ CFU/g），其中3栏30d时比60d时（$52.75×10^5$ CFU/g）高4倍多、比1d时（$8.67×10^5$ CFU/g）高29倍，4栏30d时比15d时（$44.08×10^5$ CFU/g）高7倍、比60d时（$28.12×10^5$ CFU/g）高11倍；6栏细菌数量在1～30d时

[(27.58 ～ 196.50)×10⁵ CFU/g] 随时间逐渐升高，30 ～ 60d 时 [(196.50 ～ 23.58)×10⁵ CFU/g] 降低，8 栏与 6 栏的细菌数量变化趋势相似，在 30 ～ 45d 时 [(413.50 ～ 214.50)×10⁵ CFU/g] 的细菌数量降幅为 48%，大于 6 栏同时期 [(196.50 ～ 170.58)×10⁵ CFU/g] 的降幅 13%。2 栏和 5 栏含量变化与上述不同，两者之间也不同，2 栏呈"升—降—升—降"，第 15 天时细菌数量最高，为 99.67×10⁵ CFU/g，第 45 天时最低，为 27.00×10⁵ CFU/g，比第 15 天时降低 72.91%；5 栏呈"降—升—降—升"，第 60 天时栏均值最高，细菌数量为 45.08×10⁵ CFU/g，第 15d 时最低，为 19.58×10⁵ CFU/g，第 60 天时比第 15 天时升高 130.23%。

（2）真菌的数量变化曲线包括了全部四种类型　前锋型包括 2、3、9 三栏，三栏的真菌数量变化趋势相似，真菌数量峰值在 15d 时，分别为 2 栏 86.67×10³ CFU/g、3 栏 95.85×10³ CFU/g、9 栏 117.5×10³ CFU/g，15 ～ 60d 时真菌数量趋于减少，1 ～ 15d 时，2 栏增加了 253.8%、3 栏增加了 248.5%、9 栏则增加了 9531.1%，15 ～ 30d 时降低的幅度分别为 2 栏 82%、3 栏 63.5%、9 栏 62%，30 ～ 45d 时降低的幅度分别为 2 栏 35%、3 栏 74.8%、9 栏 73%，45 ～ 60d 时的降低幅度分别为 2 栏 44%、3 栏 71.1%、9 栏 52.8%。双峰型包括 4、5 栏，两栏变化趋势相同，呈"升—降—升—降"，真菌数量在 15d 时（16.43×10³ CFU/g、61.67×10³ CFU/g）最高，其中 1 ～ 15d 时的升幅分别为 4 栏 47%、5 栏 42%，30 ～ 45d 时的升幅分别为 4 栏 70%、5 栏 192%；15 ～ 30d 时的降幅分别为 4 栏 76%、5 栏 85%，45 ～ 60d 时的降幅分别为 4 栏 42%、5 栏 92%，第二次的升降幅度差别比第一次大。中峰型包括 7、8、10 三栏，8 栏和 10 栏两栏变化趋势相似，峰值在 30d 时，10 栏真菌数量（24.92×10³ CFU/g）比 8 栏（7.83×10³ CFU/g）多 2 倍；7 栏与这两栏的变化趋势在 1 ～ 45d 时的变化相似，45 ～ 60d 时的降幅分别为 7 栏 95%、8 栏 12%、10 栏为 26%，7 栏降幅更大。后峰型包括 1、6 两栏。1 栏 1 ～ 45d 时真菌数量 [(15.25 ～ 54.17)×10³ CFU/g] 的变化较平缓，60d 时（433×10³ CFU/g）比 1 ～ 45d 时的平均值（31.75×10³ CFU/g）高 12 倍，6 栏呈"降—升—降"的"S"形曲线，45d 时真菌数量最高，为 88.33×10³ CFU/g，比 15d 时的最低值（7.85×10³ CFU/g）高出 10 倍。

（3）放线菌的数量变化曲线类型比较多样化　后峰型包括 1、2 两栏，1 栏的变化趋势是"降—升—降"，峰值在 45d 时，放线菌数量为 48.50×10⁴ CFU/g，最低位在 30d 时，为 11.5×10⁴ CFU/g，45 ～ 60d 的降幅 74% 比 1 ～ 15d 的降幅 17.5% 和 15 ～ 30d 的降幅 39% 大，30 ～ 45d 时的升幅为 76%；2 栏后期比前期的变化更大，第 45 天时的放线菌数量（36.33×10⁴ CFU/g）比 30d 时（12.17×10⁴ CFU/g）升高了约 2 倍，第 15 天时的放线菌数量（13.83×10⁴ CFU/g）比第 1 天时（9.17×10⁴ CFU/g）升高了 50.8%，60d 时的放线菌数量（15.83×10⁴ CFU/g）比 45d 时降低了 56%，30d 时的放线菌数量比 15d 时降低了 12%；前锋型包括 5、9 两栏，两栏变化趋势相同，呈"升—降—升"，峰值在 15d 时，放线菌数量分别为 5 栏 36.17×10⁴ CFU/g、9 栏 55.92×10⁴ CFU/g，1 ～ 15d 时的升幅分别为 5 栏 161.5%、9 栏 599%，45 ～ 60d 时的升幅分别为 5 栏 57.8%、9 栏 51.2%；15 ～ 30d 时的降幅分别为 5 栏 32.5%、9 栏 33%，30 ～ 45d 时的降幅分别为 5 栏 62.1%、9 栏 70.3%；中峰型包括 3、7 两栏。3 栏先升高后降低，峰值在 30d 时，放线菌数量为 51.67×10⁴ CFU/g，1 ～ 15d 时的升高幅度为 60%，15 ～ 30d 时的升高幅度仅为 3%，30 ～ 45d 时的降幅为 19%，45 ～ 60d 时的降幅为 43%；7 栏的放线菌数量变化呈钟形，峰值在 30d 时，放线菌数量 87.67×10^4 CFU/g 比其余时间 [(9.13 ～ 18.92)×10^4 CFU/g] 较高，比 60d 时的最低值 11.42×10^4 CFU/g 高 860.2%，15d 时的放线菌数量比第 1 天时增加了 37%，60d 时的放线菌数量比 45d 时降低 21%。

（4）其余四栏含量变化各有特点　8 栏和 10 栏两栏变化趋势相似，最高值在第 60 天时，分别为 8 栏 24.83×10^4 CFU/g、10 栏 55.00×10^4 CFU/g，10 栏升高的幅度大于 8 栏，1 ～ 15d 和 15 ～ 30d 时的升幅 8 栏为 8%、6% 和 10 栏为 171%、9%，45 ～ 60d 时 10 栏的升幅 963.8% 比 8 栏 351.5% 高；4 栏 [(12.08 ～ 19.33)×10^4 CFU/g] 是变化曲线最平缓的，整体趋势是下降，相邻两次的变化幅度分别为降 23%、降 13%、升 1% 和降 8%；6 栏呈"降—升—降—升"的"W"形变化曲线，放线菌含量在（19.08 ～ 42.67）×10^4 CFU/g，最低值在 45d 时，最高在 60d 时，1 ～ 60d 相邻两次的变化幅度分别为降 43%、升 58%、降 49%、升 124%。

对不同时间的微生物平均含量取以 2 为底的对数，分析微生物的时间变化，结果表明：细菌的平均含量对数值呈现先升后降的趋势，1 ～ 45d 时的平均含量对数值逐渐增加（5.076、5.764、7.122、7.624），60d 时降低至 6.311；真菌的平均含量对数值则基本呈现下降趋势，而放线菌的平均含量对数值变化平缓。

五、发酵床可培养微生物群落比例变化

1．概述

微生物发酵床垫料中的微生物种类繁多，有各种微生物构成的群落结构，这些微生物群落在发酵床垫料中经过发酵，会形成特定的微生态系统，微生物的种类、数量和分布的变化都会引起微生态平衡的变化。

2．研究方法

研究以微生物发酵床垫料中三类微生物平均含量之间的相互比值作为衡量微生物发酵床垫料微生物结构比例变化的指数，分析各类微生物在垫层的相互关系。细菌 / 真菌以 B/F 表示，细菌 / 放线菌以 B/A 表示，真菌 / 放线菌以 F/A 表示。

3．发酵床微生物群落细菌/真菌比例变化动态

对 1 ～ 10 栏细菌 / 真菌比值（B/F 值，文中数值 ×10^2）按照时间变化进行分析，见图 7-64 ～图 7-73。

2 栏（0.63、1.15、2.72、2.59、16.71）、3 栏（0.13、0.38、7.2、4.15、19.78）和 5 栏（0.83、0.32、2.61、1.44、8.73）三栏的 B/F 值曲线相似，1 ～ 45d 的 B/F 值较低，均小于 5，其中第 1 ～ 30 天的 B/F 值趋于升高，30 ～ 45d 的 B/F 值趋于降低，45 ～ 60d 的 B/F 值升高且升高幅度大：2 栏升高 545.2%、3 栏升高 376.6%、5 栏升高 506.3%；2 栏和 3 栏的变化范围（0.63 ～ 16.71，0.13 ～ 19.78）较大，5 栏的变化范围（0.32 ～ 8.73）较小。以上表明 2、3 两栏细菌 / 真菌结构比例在 1 ～ 45d 时较稳定，在 45 ～ 60d 时会发生很大变化，5 栏的细菌 / 真菌结构比例较稳定，45 ～ 60d 时发生很大变化。1 栏（0.64、2.95、2.37、43.68、55.60）的 B/F 比值变

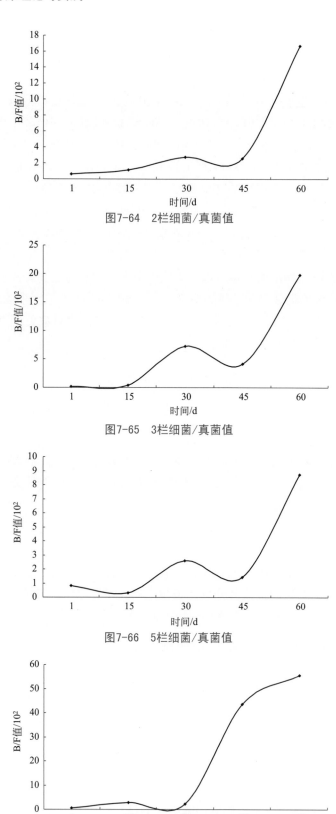

图7-64　2栏细菌/真菌值

图7-65　3栏细菌/真菌值

图7-66　5栏细菌/真菌值

图7-67　1栏细菌/真菌值

化曲线与 2、3、5 三栏相似，1 栏在 30～45d 时的 B/F 升高幅度较大，为 1743%，表明 1 栏在 1～30d 时细菌 / 真菌结构比例较稳定、30～60d 时发生很大的变化。

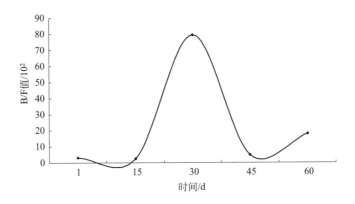

图7-68　4栏细菌/真菌值

4 栏的 B/F 值变化曲线呈钟形，变化范围（2.68～79.53）很大，第 30 天时最高，其余时间相对很低，分别为：第 1 天时 3.16、第 15 天时 2.68、第 45 天时 4.9、第 60 天时 17.92，最低为第 15 天时的 B/F 值，比最高第 30 天时的 B/F 值低 96.6%，表明 4 栏的细菌 / 真菌结构比例在 1～15d 时和 45～60d 时较稳定，在第 30 天时发生很大变化。

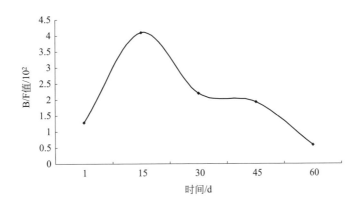

图7-69　6栏细菌/真菌值

6 栏的 B/F 值变化范围比较小（1.29～4.10），但在 1～15d 时升高（1.29、4.10），15～60d 时趋于降低（4.10、2.20、1.93、0.59），表明 6 栏的细菌 / 真菌结构比例较稳定，随时间发生较小的变化。

7 栏的 B/F 值变化范围比较小（0.26～6.89），1～30d 时呈降低趋势（6.89、6.57、0.26），30～60d 时（0.26、1.84、5.96）趋于升高，表明 7 栏的细菌 / 真菌结构比例较稳定，随时间发生较小的变化。

8 栏的 B/F 值变化范围比较大（0.49～53.35），1～15d 时 B/F 值较低（4.66、0.49），30～60d 时 B/F 比值较高（53.35、46.80、24.09）且趋于降低，15～30d 时（0.49、53.35）

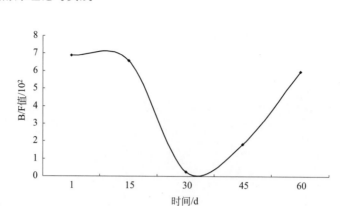

图7-70　7栏细菌/真菌值

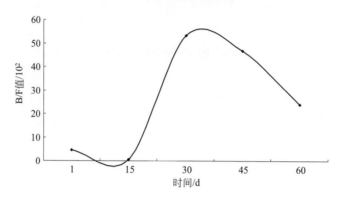

图7-71　8栏细菌/真菌值

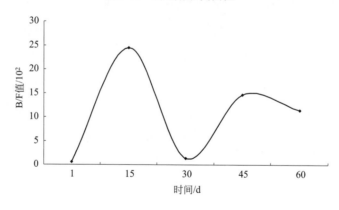

图7-72　9栏细菌/真菌值

和45～60d时（46.80、24.09）B/F值变化较大，表明细菌/真菌结构比例不稳定，在15～30d时和45～60d时发生较大的变化，30～60d时趋于稳定。

9栏的B/F值（0.55、24.47、1.31、14.64、11.40）在1～45d时相邻两个时间段B/F比值相差很大，45～60d时的差别稍小，表明在1～45d时细菌/真菌结构比例变化很大，45～60d时趋于稳定。

10栏B/F值变化范围大（0.69～64.47），1～30d时较低（1.82、0.69、2.41）且相差比较小，

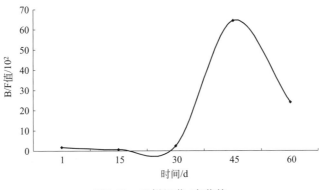

图7-73　10栏细菌/真菌值

45 ～ 60d 时较高（64.47、24.10）并且相差比较大，表明细菌 / 真菌结构比例在 1 ～ 30d 时较稳定、30 ～ 60d 时发生很大变化。

5 栏、6 栏、7 栏三栏 B/F 值变化范围比较小，B/F 值 < 10，比较稳定，其余 7 栏变化的范围比较大，表明细菌 / 真菌的结构比例不稳定，变化很大。

4. 发酵床微生物群落细菌/放线菌比例变化动态

对每栏细菌与放线菌的平均含量比值（B/A 值，文中数值 ×10）按照时间变化进行分析，见图 7-74 ～图 7-83。

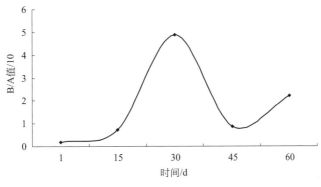

图7-74　3栏细菌/放线菌值

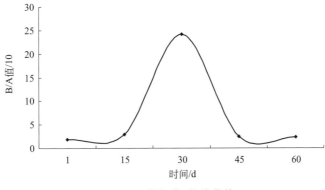

图7-75　4栏细菌/放线菌值

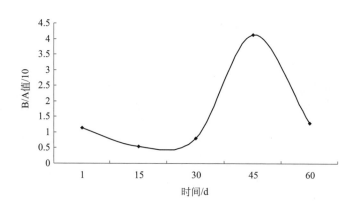

图7-76　5栏细菌/放线菌比值

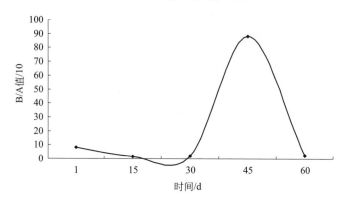

图7-77　10栏细菌/放线菌比值

　　3栏和4栏B/A值变化曲线相似，呈钟形，3栏（0.18～4.88）小于4栏的B/A值范围（1.83～24.12），两栏1～30d时B/A值（0.18、0.73、4.88，1.83、2.97、24.12）趋于上升，15～30d时的升幅比较大，分别为568.49%和712.12%，30～45d时B/A值（4.88、0.87，24.12、2.5）趋于下降，降幅比较大，分别为82.2%和89.6%，45～60d时3栏趋于上升（0.87、2.21）、4栏趋于下降（2.50、2.35），表明3栏细菌/放线菌结构比例比4栏稳定，在15～45d时两栏细菌/放线菌结构比例发生较大变化，45～60d时3栏发生较小的变化，4栏趋于稳定。

　　5栏和10栏B/A值变化曲线相似，呈"降—升—降"趋势，5栏的变化范围（0.54～4.13）小于10栏（1.48～88.39）。1～15d时B/A值降低（1.13、0.54，8.27、1.48），降幅分别为5栏52.21%、10栏82.10%，45～60d时B/A值降低，降幅分别为5栏68.50%、10栏97.40%，15～45d时B/A值升高，升幅最大在30～45d时，分别为5栏416.30%、10栏4109.00%，表明5栏细菌/放线菌结构比例比10栏稳定，在30～60d时两栏细菌/放线菌结构比例发生较大变化。

　　6栏和8栏B/A值变化曲线相似，6栏的变化范围（0.55～8.94）小于8栏（1.05～39.00），1～45d时两栏B/A值（0.67、1.35、2.61、8.94，1.09、1.03、19.95、39.00）呈上升趋势，8栏在1～15d时稍有下降，45～60d时两栏B/A值趋于降低（8.94、0.55，39.00、3.56），表明6栏细菌/放线菌结构比例比8栏稳定，在30～60d时两栏的细菌/放线菌结构比例都发生了较大变化。

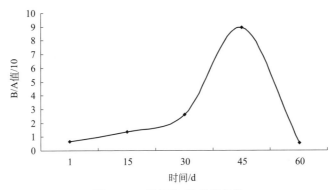

图7-78　6栏细菌/放线菌比值

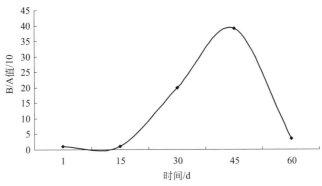

图7-79　8栏细菌/放线菌比值

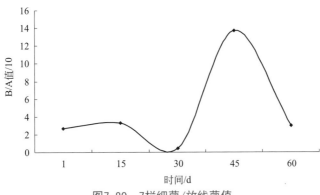

图7-80　7栏细菌/放线菌值

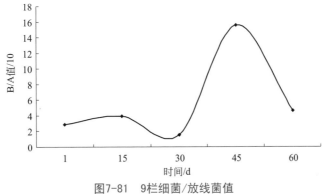

图7-81　9栏细菌/放线菌值

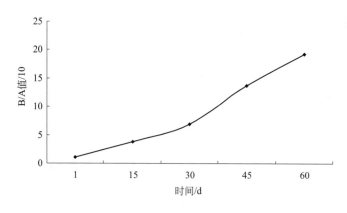

图7-82 1栏细菌/放线菌值

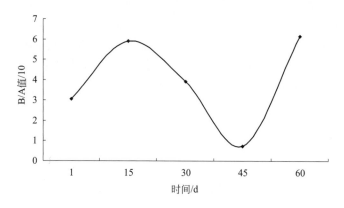

图7-83 2栏细菌/放线菌值

7栏和9栏B/A值变化曲线相同,呈"升—降—升—降"趋势,两栏曲线范围也比较接近(0.43～13.72,1.54～15.56),1～15d时B/A值升高(2.7、3.27、2.88、3.91),升幅分别为21.11%和35.76%,30～45d时B/A值升高(0.45、13.72,1.54、15.56),升幅分别为2948.89%和910.4%,15～30d时B/A值降低,降幅分别为86.24%和60.61%,45～60d时B/A值降低,降幅分别为54.23%和87.98%,表明两栏细菌/放线菌结构比例较不稳定,随时间发生较大的变化。

1栏、2栏的B/A值变化曲线与以上变化曲线不同,1栏B/A值范围较大(1.06～19.25),并且B/A值呈直线上升趋势(1.06、3.80、6.87、13.75、19.25),相邻两次时间的升高幅度依次为258.5%、80.8%、100.1%、40%,表明1栏细菌/放线菌结构比例不稳定,随时间变化而发生较大变化;2栏B/A<10,呈"升—降—升"趋势(3.05、5.92、3.95、0.74、6.16),1～15d时B/A值升高,升幅为94.10%,45～60d时升高,升幅为732.43%,15～45d时降低,相邻两次时间的降幅分别为33.28%和81.27%,表明2栏的细菌/放线菌结构比例较稳定,但随时间变化发生较大的变化。

2、3、5、6四栏的B/A值变化范围比较小,表明细菌/放线菌含量比变化小,细菌/放线菌结构比例比较稳定,其余6栏变化的范围比较大,B/A值最大值均大于10,变化范围最大的是10栏(1.48～88.39),表明这6栏细菌/放线菌的含量比变化很大,细菌/放线菌结构比例较不稳定。

5．发酵床微生物群落真菌/放线菌比例变化动态

对每栏真菌与放线菌的平均值比值（F/A 值，文中数值 $\times 10^{-1}$）按照时间变化进行分析，见图 7-84 ～图 7-93。

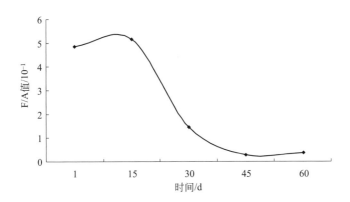

图7-84　2栏真菌/放线菌值

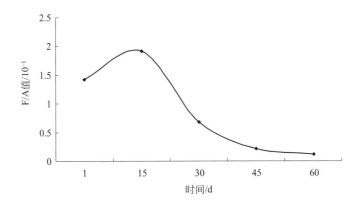

图7-85　3栏真菌/放线菌值

2 栏和 3 栏的 F/A 值变化曲线相似，呈"升—降"变化趋势，2 栏的 F/A 值变化范围（0.29 ～ 5.15）较大，3 栏的变化范围（0.11 ～ 1.92）较小，两栏在 1 ～ 15d 时 F/A 值较高（4.85、5.15，1.42、1.92）且趋于升高，升幅分别为 6.18% 和 35.21%，30 ～ 60d 时 F/A 值较低（1.45、0.29、0.37，0.68、0.21、0.11），15 ～ 60d 时 F/A 值趋于降低，表明 3 栏比 2 栏的真菌 / 放线菌结构比例稳定，两栏在 15 ～ 30d 时真菌 / 放线菌结构比例发生较大变化，在 30 ～ 60d 时趋于稳定。

4 栏和 8 栏的 F/A 值变化曲线相近，且两栏 F/A 值变化范围（0.30 ～ 1.11，0.15 ～ 2.10）比较小，两栏在第 15d 时的 F/A 值最高，1 ～ 15d 时 F/A 值升高（0.58、1.11，0.23、2.10），升幅分别为 91.38% 和 813.04%，15 ～ 30d 时降低（1.11、0.30，2.10、0.37），降幅分别为 72.97% 和 82.38%，30 ～ 45d 时升高（0.30、0.51，0.37、0.83），升幅分别为 70.00% 和 124.32%，45 ～ 60d 时降低（0.51、0.13，0.83、0.15），降幅分别为 74.51% 和 81.93%，表明两栏的真菌 / 放线菌结构比例不稳定，随时间发生比较大的变化。5 栏和 4、8 两栏的 F/A 值变化曲线相近，5 栏 F/A 值变化范围为 0.15 ～ 2.86，在 45d 时 F/A 值最高，随时间变化也

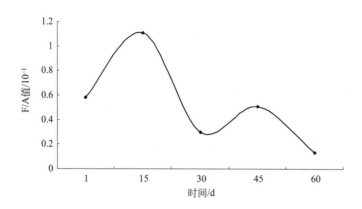

图7-86　4栏真菌/放线菌值

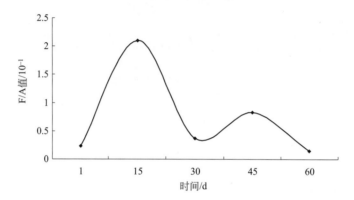

图7-87　8栏真菌/放线菌值

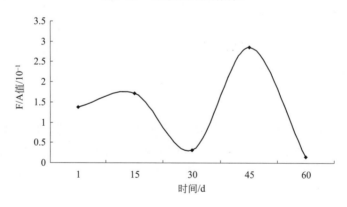

图7-88　5栏真菌/放线菌值

呈"升—降—升—降"（1.37、1.71、0.31、2.86、0.15）趋势，表明5栏真菌／放线菌结构比例较稳定，随时间发生比较大的变化。

6栏和7栏的F/A值变化曲线相似，呈"升—降"趋势，6栏F/A值变化范围（0.38～4.63）比7栏（0.39～7.45）小，6栏1～45d时F/A值（0.52、0.33、1.18、4.63）总体呈现升高趋势，但15d时略微下降，7栏1～45d时F/A值（0.39、0.5、1.66、7.45）均表现为升高，两栏F/A值在1～30d时和第60天时（0.94、0.78）比较小，两栏真菌／放线菌结构比例都在1～30d时比较稳定，在30～60d时发生较大的变化。

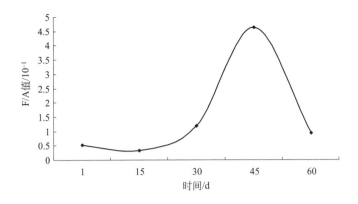

图7-89　6栏真菌/放线菌值

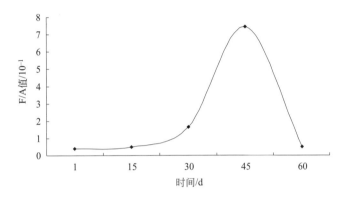

图7-90　7栏真菌/放线菌值

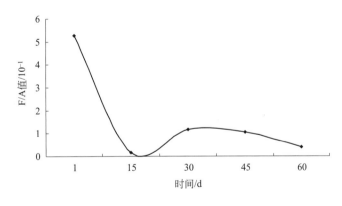

图7-91　9栏真菌/放线菌值

　　9栏和10栏的F/A值变化曲线相似，呈"降—升—降"变化，变化范围（0.40～5.27，0.10～4.55）比较小，不同的是9栏1～15dF/A值降低（5.27、0.16），降幅为96.96%，15～30dF/A值升高（0.16、1.18），升幅为637.50%，30～60dF/A值降低（1.18、1.06、0.40），相邻两次的降幅分别为10.17%和62.26%，而10栏在1～30d时F/A值降低（4.55、2.13、0.87），相邻两次的降幅分别为53.19%和59.15%，30～45dF/A值升高（0.87、1.37），升幅为57.47%，45～60dF/A值降低（1.37、0.10），降幅为92.70%，表明两栏的真菌/放线菌结构比例比较稳定，但随时间发生比较大的变化。

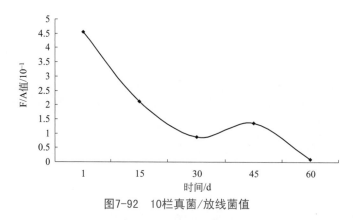

图7-92　10栏真菌/放线菌值

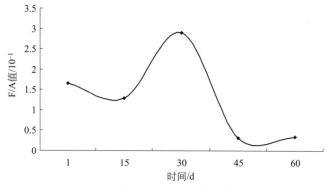

图7-93　1栏真菌/放线菌值

1栏 F/A 值变化曲线呈"W"形（1.65、1.29、2.9、0.31、0.35），变化范围较小（0.31～2.9），两次降幅分别为 21.8% 和 89.3%，两次升幅分别为 124.8% 和 12.9%，表明1栏的真菌/放线菌结构比例比较稳定，在1～45d 时发生比较大的变化，45～60d 时趋于稳定。

10个栏的 F/A 值都比较小（F/A 值＜10），其中1、3、4、5、8五栏的 F/A 值＜3，其余五栏 4＜最大 F/A 值＜8，60d 时10栏 F/A 值＜1，表明真菌/放线菌含量差别比较小，结构相对较稳定，真菌/放线菌结构比例在 60d 时处于相同的状态。

6．讨论

细菌/真菌（B/F 值）的分析表明：2栏、3栏和5栏三栏的细菌/真菌（B/F 值）曲线相似，2栏和3栏的变化范围（0.63～16.71，0.13～19.78）较大，5栏的变化范围（0.32～8.73）较小。2栏和3栏 1～45d 比值较，低均小于5，其中第1～第30天的 B/F 比值趋于升高，30～45d 的 B/F 比值趋于降低，45～60d 的 B/F 比值升高且升高幅度大：2栏升高 545.4%，3栏升高 376.6%，5栏升高 506.3%；表明2、3两栏在1～45d 时细菌/真菌结构比例较稳定，45～60d 时发生很大的变化。9栏的细菌/真菌（B/F 值）变化范围（0.55、24.47、1.31、14.64、11.40）与2、3两栏相近，在1～45d 时（0.55、24.47、1.31）相邻两个时间段 B/F 值相差很大，45～60d 时（14.64、11.40）的差别稍小，表明9栏在1～45d 时细菌/真菌结构比例变化很大，45～60d 时趋于稳定。

1栏、4栏、8栏和10栏的细菌/真菌（B/F 值）变化范围很大（0.64～55.60，2.68～79.53，0.49～53.35，0.69～64.47）；1栏（0.64、2.95、2.37、43.68、55.60）B/F 值变化曲线与2、3、

5 三栏相似，1 栏在 30～45d 时的 B/F 升高幅度较大（1743%），1～30d 时 B/F 值较低，小于 5，表明 1 栏在 1～30d 时细菌／真菌结构比例较稳定，30～60d 时发生很大变化。4 栏变化曲线呈钟形，第 30 天时最高，第 1 天、第 15 天、第 45 天、第 60 天时相对很低（13.16、2.68、4.9、17.92），B/F 值最低为第 15 天时，比最高第 30 天时的 B/F 值低 92.1%；8 栏 1～15d 时 B/F 值较低（4.66、0.49），30～60d 时 B/F 值较高（53.35、46.8、24.09）且趋于降低，15～30d 时（0.49、53.35）和 45～60d 时（46.8、24.09）B/F 值变化较大；10 栏 1～30d 时 B/F 值较低（1.82、0.69、2.41）且相差比较小，45～60d 时较高（64.47、24.10）并且相差比较大。这表明 4 栏细菌／真菌结构比例在 1～15d 时和 45～60d 时较稳定，在第 30d 时发生很大变化；8 栏细菌／真菌结构比例不稳定，在 15～30d 时和 45～60d 时发生较大的变化，30～60d 时趋于稳定；10 栏的细菌／真菌结构比例在 1～30d 时较稳定，30～60d 时发生很大变化。

5 栏、6 栏、7 栏三栏 B/F 值变化范围（0.32～8.73，1.29～4.1，0.26～6.89）比较小，表明三栏的细菌／真菌含量差别变化小，细菌／真菌结构比例比较稳定。5 栏 1～45dB/F 值较低（0.13～2.61）、60d 时的 B/F 值升高（8.73），6 栏在 1～15d 时升高（1.29、4.1）、15～60d 时趋于降低（4.1、2.2、1.93、0.59），7 栏 1～30d 时呈降低趋势（6.89、6.57、0.26）、30～60d 时（0.26、1.84、5.96）趋于升高，表明这三栏细菌／真菌结构比例在比较稳定的基础上随时间发生了较大的变化。

细菌／放线菌（B/A 值）的分析表明：1 栏、4 栏、7 栏、8 栏、9 栏、10 栏六个栏的 B/A 值范围（1.06～19.25，1.83～24.12，0.43～13.72，1.05～39，1.54～15.56，1.48～88.39）较大，最大值均大于 10，最高值最小的是 7 栏（13.72），最高的是 10 栏（88.39），变化范围最大的是 10 栏，8 栏的最低值比最高值降低了 99.87%，各栏变化差别比较大，表明这 6 栏细菌／放线菌的含量相差比较大，细菌／放线菌结构比例变化较大。1 栏 B/A 值呈直线上升趋势（1.06、3.8、6.87、13.75、19.25），相邻两次时间升高的幅度依次为 171.3%、80.8%、100.1%、40%；4 栏 B/A 值变化曲线呈钟形，1～30d 时 B/A 值（1.83、2.97、24.12）趋于上升，以 15～30d 时的升幅比较大，为 712.12%，30～45d 时趋于下降，降幅比较大，为 89.6%，45～60d 时趋于下降（2.5、2.35）；8 栏 1～45d 时的 B/A 值呈上升趋势，在 1～15d 时稍有下降，45～60d 时 B/A 值趋于降低；7 栏和 9 栏 B/A 值变化曲线相同，呈"升—降—升—降"趋势，1～15d 时 B/A 比值升高，升幅分别为 21.11% 和 35.76%，30～45d 时 B/A 比值升高，升幅分别为 3090.7% 和 910.4 %，15～30d 时 B/A 值降低，降幅分别为 86.85% 和 60.61%，45～60d 时 B/A 值降低，降幅分别为 54.23% 和 87.98%；10 栏呈"降—升—降"趋势，1～15d 时 B/A 值降低（8.27、1.48），降幅为 82.10%，45～60d 时 B/A 值降低，降幅为 97.4%，15～45d 时 B/A 值升高，升幅最大在 30～45d 时，为 4109 %。表明 1 栏细菌／放线菌结构比例不稳定，随时间变化而发生较大变化；4 栏细菌／放线菌结构比例在 15～45d 时发生较大变化，45～60d 时趋于稳定；8 栏在 30～60d 时细菌／放线菌结构比例发生较大变化；7、9 两栏随时间变化而发生较大的变化；10 栏细菌／放线菌结构比例在 30～60d 时发生较大变化。

2、3、5、6 四栏的 B/A 值变化范围（0.74～6.16，0.18～4.88，0.54～4.13，0.55～8.94）比较小，表明细菌／放线菌含量差别变化小、细菌／放线菌结构比较稳定；2 栏呈"升—降—升"趋势（3.05、5.92、3.95、0.74、6.16），1～15d 时 B/A 值升高，升幅为 94.10%，45～60d 时升高，升幅为 5.41%，15～45d 时降低，相邻两次降幅分别为 33.61% 和

81.17%；3 栏呈钟形，1～30d 时 B/A 比值（0.18、0.73、4.88）趋于上升，以 15～30d 时的升幅比较大，为 568.49%，30～45d 时 B/A 比值（4.88、0.87）趋于下降，降幅为 82.2%，45～60d 时 B/A 比值趋于上升（0.87、2.21），升幅为 154.02%；5 栏 1～15d 时 B/A 值降低（1.13、0.54），降幅为 52.21%，45～60d 时 B/A 值降低，降幅为 68.50%，15～45d 时 B/A 值升高，升幅最大在 30～45d 时，为 416.3%；6 栏 1～45d 时 B/A 值（0.67、1.35、2.61、8.94）呈上升趋势，45～60d 时 B/A 值趋于降低（8.94、0.55），降幅为 93.85%。表明 2 栏细菌 / 放线菌结构比例在 1～15d 时和 30～45d 时发生较大变化；3 栏在 15～45d 时发生较大变化，45～60d 时发生较小的变化；5 栏在 30～60d 时发生较大变化；6 栏在 30～60d 时发生较大变化。

真菌 / 放线菌（F/A 值）分析表明：1 栏、3 栏、4 栏、5 栏、8 栏五栏的 F/A 值变化范围（0.31～2.9，0.11～1.92，0.3～1.11，0.15～2.86，0.15～2.1）较小，4 栏的变化范围最小，表明这五栏真菌 / 放线菌含量差别变化小，真菌 / 放线菌结构比较稳定。1 栏 F/A 值变化曲线呈"W"形（1.65、1.29、2.9、0.31、0.35），1～15d 时和 30～45d 时的降幅分别为 21.8% 和 89.3%，15～30d 时和 45～60d 时的升幅分别为 124.8% 和 12.9%；3 栏在 1～15d 时 F/A 值较高（1.42、1.92）且趋于升高，升幅为 35.21%，30～60d 时 F/A 值较低（0.68、0.21、0.11），15～60d 时 F/A 值趋于降低，降幅依次为 64.58%、69.17%、47.62%；4 栏和 8 栏 F/A 值变化曲线相近，15d 时的 F/A 值最高，两栏 1～15d 时 F/A 值升高，升幅分别为 91.38% 和 623.33%，15～30d 时降低，降幅分别为 73.64% 和 82.38%，30～45d 时升高，升幅分别为 70.00% 和 124.32%，45～60d 时降低，降幅分别为 74.51% 和 81.93%，5 栏和 4 栏、8 栏两栏的 F/A 值变化曲线相近，在 45d 时 F/A 值最高（2.86），随时间变化也呈"升—降—升—降"（1.37、1.71、0.31、2.86、0.15）趋势，变化幅度分别为升 24.82%、降 81.87%、升 822.58%、降 94.76%。表明 1 栏的真菌 / 放线菌结构比例较不稳定，在 15～30d 和 30～45d 时发生比较大的变化，45～60d 时趋于稳定；3 栏在 15～30d 时发生较大变化，在 30～60d 时趋于稳定；4 栏、8 栏和 5 栏的真菌 / 放线菌结构比例随时间发生比较大的变化。

2 栏、6 栏、7 栏、9 栏和 10 栏五栏的 F/A 值变化范围（0.29～5.15，0.38～4.63，0.39～7.45，0.40～5.27，0.10～4.55）比上述五栏大，表明这五栏的真菌 / 放线菌含量差别变化大，真菌 / 放线菌结构比例比较不稳定。2 栏在 1～15d 时 F/A 值较高（4.85、5.15）且趋于升高，升幅为 6.18%，30～60d 时 F/A 值较低（1.45、0.29、0.37），15～45d 时 F/A 值趋于降低，相邻两时间段的降幅分别为 71.84% 和 80.00%，45～60d 时略有升高，升幅为 27.59%；6 栏和 7 栏的 F/A 值变化曲线相似，呈"升—降"趋势，6 栏 1～45d 时 F/A 值（0.52、0.33、1.18、4.63）总体呈现升高的趋势，但 15d 时略微下降，降幅为 36.54%，15～30d 和 30～45d 时的升幅分别为 257.58% 和 292.37%，7 栏 1～45d 时 F/A 值（0.39、0.50、1.66、7.45）均表现为升高，相邻两时间段的升幅分别为 28.21%、232.00% 和 348.80%，1～30d 时的 F/A 值比较低，两栏 60d 时 F/A 值均较低（0.94，0.78），降幅分别为 79.70% 和 89.53%；9 栏和 10 栏的 F/A 值变化曲线相似，呈"降—升—降"变化，9 栏 1～15d 时 F/A 值降低（96.96%），15～30d 时 F/A 值升高（637.50%），30～60d 时 F/A 值降低，相邻两时间段降幅分别为 10.16%、62.26%，而 10 栏是 1～30dF/A 值降低，相邻两时间段降幅分别为 53.19%、59.15%，30～45d 时 F/A 值升高（57.47%），45～60d 时 F/A 值降低（92.70%）。表明 2 栏真菌 / 放线菌结构比例在

15～30d时发生较大变化，在30～60d时趋于稳定；6栏和7栏真菌/放线菌结构比例在1～30d时比较稳定，在30～60d时发生较大变化；9栏和10栏真菌/放线菌结构比例较不稳定，随时间变化而发生比较大的变化，10栏与9栏相比变化较小。

10个栏的F/A值都比较小（F/A值<10），其中1栏、3栏、4栏、5栏、8栏五栏F/A值<3，其余五栏4<最大F/A值<8，60d时10个栏的F/A值<1，表明真菌/放线菌含量差别比较小，真菌/放线菌结构比例相对较稳定，在60d时10个栏处于相同的状态。4栏的F/A值变化范围最小（0.3～1.11），真菌/放线菌含量变化很小。

六、发酵床可培养微生物空间分布型变化

1．概述

空间分布（spatial distribution），是表示生物个体在空间上的分配状态，是一种空间上的统计概念。生物种群的空间分布因种类和发育阶段的差异而不同，其还受到种群密度大小以及环境因素等的影响。了解空间分布的差异，可以认识某种生物的生活习性和对环境的适应性。研究生物种群空间分布型的聚集度指标有多种，如平均拥挤度 m^*、平均拥挤度与其平均值之比值 m^*/m（当 $m^*/m<1$ 时为均匀分布，当 $m^*/m=1$ 时为随机分布，当 $m^*/m>1$ 时为聚集分布）、C_A（当 $C_A<0$ 时为均匀分布，当 $C_A=0$ 时为随机分布，当 $C_A>0$ 时为聚集分布）、负二项分布中的 K 指标（依据对某一种群抽样调查中所得的3个重要分布信息，即均数、方差和样本数之间的关系）等，这些指标还可以给种群行为以及种群扩散的时间序列变化等提供信息。

2．研究方法

研究采用负二项分布中的动差法 K 指标，即 $K=\bar{x}^2/(S^2-\bar{x})$，$S^2$ 是样本方差，$\bar{x}$ 为样本均数。当 $K<0$ 时为均匀分布，当 $K\to+\infty$（>2）时为随机分布，当 $K>0$ 时为聚集分布。

3．微生物发酵床细菌空间分布型变化动态

对每批次的细菌的空间分布聚集度指标进行分析，结果见表7-8。从表7-8中可以看出，1～60d时细菌负二项分布中的 K 分别为4.18982、2.93855、0.37925、0.27847、0.54044，1～15d时 $K\to+\infty$（>2），表明在1～15d时细菌的空间分布为随机分布，30～60d时 $2>K>0$，且 K 呈减小后增加趋势，表明细菌在30～60d时的空间分布属于聚集分布，且聚集分布程度先降低又增加。

表7-8　不同时间细菌负二项分布中的 K 指标

时间/d	K'	$A(i)$	和值			公共 K 值	Chi-Square =0.00000 DF=29
			wXX	wXY	wYY		
1	4.1898	207.8793	4798.516	1145.279	273.3476	4.18982	
15	2.9385	94.7764	2528.831	860.5721	292.8564	2.93855	
30	0.3792	0.5683	15.5834	41.0904	108.3474	0.37925	

时间/d	K'	$A(i)$	和值			公共K值	Chi-Square
			wXX	wXY	wYY		=0.00000 DF=29
45	0.2785	0.2373	6.3389	22.763	81.7426	0.27847	
60	0.5404	1.4967	41.704	77.1667	142.7847	0.54044	

注：K 为二项分布中的动差法 K 指标；Chi-Square 为卡方系数；DF 为自由度。下同。

4. 微生物发酵床真菌空间分布型变化动态

对每批次的真菌的负二项分布中的 K 指标进行分析，结果见表7-9。从表7-9中可以看出，1～60d 时真菌负二项分布中的 K 分别为 1.5002、0.8140、0.5202、0.4270、0.2469，$2 > K > 0$，且 K 随时间变化趋于减小，这表明真菌在 1～60d 时的空间分布属于聚集分布，且聚集分布程度逐渐降低。

表7-9 不同时间真菌负二项分布中的 K 指标

时间/d	K'	$A(i)$	和值			公共 K 值	Chi-Square=0.00000 DF=29
			wXX	wXY	wYY		
1	1.5002	19.9538	533.5136	355.6277	237.053	1.50020	
15	0.8140	4.3837	122.128	150.0295	184.3053	0.81403	
30	0.5202	1.3504	36.9954	71.1234	136.734	0.52016	
45	0.4270	0.7891	21.2395	49.7417	116.4921	0.42700	
60	0.2469	0.1677	4.1434	16.78	67.9562	0.24692	

5. 微生物发酵床放线菌空间分布型变化动态

对每批次的放线菌的负二项分布中的 K 指标进行分析，结果见表7-10。从表7-10中可以看出，1～60d 时，放线菌负二项分布中的 K 分别为 1.6107、3.9483、1.4944、1.3296、1.6894，在 15d 时 $K > 2$，其余时间 $K > 1$（$K > 0$），这表明放线菌的空间分布在 1～15d 时由聚集分布转变为随机分布、在 15～60d 时由随机分布转变为聚集分布，30～60d 时 K 呈先减小后增加趋势，表明放线菌的聚集分布程度先降低又增加。

表7-10 不同时间放线菌负二项分布中的 K 指标

时间/d	K'	$A(i)$	和值			公共K值	Chi-Square=0.00000 DF=29
			wXX	wXY	wYY		
1	1.6107	23.6423	610.0908	378.7851	235.1751	1.61065	
15	3.9483	182.5373	4182.836	1059.409	268.3219	3.94827	
30	1.4944	19.7696	530.6842	355.1131	237.6278	1.49441	
45	1.3296	14.9119	383.4009	288.3628	216.8829	1.32958	
60	1.6894	26.4774	680.5157	402.8174	238.4396	1.68939	

细菌、真菌、放线菌的负二项分布中的公共 K 值变化曲线如图 7-94 所示。细菌和放线菌在 1～30d 时 K 值变化比较大，细菌（4.1898、2.9385、0.3792）逐次下降，两次降幅分别为 29.9% 和 87.1%，之后 45～60d 时 K 值趋于稳定（0.27847、0.54044），表明细菌的空

间分布聚集度总体降低，由随机分布转变为聚集分布，且聚集分布的程度逐渐减弱，之后保持比较稳定的聚集分布程度。放线菌 1～30d 时 K 值先升高后降低（1.6107、3.9483、1.4944），升幅和降幅分别是 145.1%、62.2%，之后 45～60d 时 K 值趋于稳定（1.3296、1.6894），表明放线菌聚集度 1～30d 时波动比较大，由聚集分布转变为随机分布，又转变为聚集分布，之后在 30～60d 时保持比较稳定的聚集分布状态。真菌的聚集分布指数 K 值在 1～60d 时逐渐降低，曲线变化比较平缓，表明真菌聚集分布的程度变化比较平缓，聚集分布程度比较稳定。在 30～60d 时细菌、真菌、放线菌聚集度指数 K 值都变化不大，趋于稳定，放线菌比细菌和真菌偏高，表明细菌、真菌、放线菌均处于比较稳定的聚集分布状态，放线菌的聚集分布程度比细菌和真菌偏高。

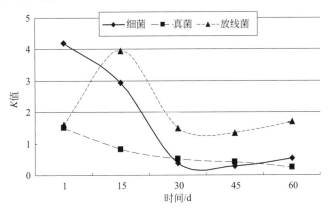

图7-94 负二项分布中的公共 K 值比较

（1）细菌负二项分布中 K 值变化分析 1～15d 时二项分布中的 K 值分别为 4.1898、2.9385，$K\to+\infty$（>2），表明在 1～15d 时细菌的空间分布为随机分布，30～60d 时二项分布中的 K 分别为 0.3792、0.2785、0.5404，2>K>0，且 K 呈减小后增加趋势，表明细菌在 30～60d 时的空间分布属于聚集分布，且聚集分布程度先降低又增加。

（2）真菌负二项分布中 K 值变化分析 1～60d 时负二项分布中的 K 值分别为 1.5002、0.8140、0.5202、0.4270、0.2469，2>K>0，且 K 随时间变化趋于减小，表明真菌在 1～60d 时的空间分布属于聚集分布，且聚集分布程度逐渐降低。

（3）放线菌负二项分布中 K 值变化分析 在 15d 时负二项分布中的 K 值为 3.9483，K>2，表明 15d 时为随机分布，其余时间 K 值分别为 1.6107、1.4944、1.3296、1.6894，K>1（K>0），表明放线菌的空间分布为聚集分布，1～15d 时，由聚集分布转变为随机分布，15～30d 时又转变为聚集分布，30～60d 时 K 值呈减小后增加趋势，表明放线菌的聚集分布程度先降低后增加。

七、发酵床垫料微生物酶活特性变化

1. 概述

随着畜牧业生产规模的日益扩大，畜禽粪便造成的环境污染问题越来越严重，加强畜禽排泄物污染的防治已迫在眉睫（杨朝飞，2001）。微生物发酵床养猪技术是近年来发展起来的粪污原位微生物降解的生态养猪方法，它是依据生态学原理，利用益生菌资源，将微生物技术、发酵技术以及养殖技术相结合应用于现代养殖业，发酵床普遍采用的原料是谷壳和锯末，按照一定比例混合，猪的粪尿直接排泄在上面，通过微生物的作用，分解猪粪，消除臭味，猪舍内空气质量得到改善，实现了猪粪尿的"零排放"，从而减少环境污染，这是一种环保养殖模式（刘波和朱昌雄，2009）。

酶活性是反映环境中微生物数量及活动强度变化的重要参数。目前研究较多的是关于土壤酶活性的研究，例如：金建丽等（2014）对人参地土壤的酶活性的研究表明，土壤蛋白酶和过氧化氢酶具有明显的垂直分层分布，土层越深，酶活性越弱；孙英杰等（2014）对不同植被类型土壤酶活性的研究表明，各植被类型下土壤酶活性的垂直分布均表现为表层土壤酶活性大于下层；朱昊宇（2015）对红壤丘陵区不同林分类型土壤酶活性及养分特征的研究表明，土壤蔗糖酶、脲酶、过氧化氢酶和碱性磷酸酶可以作为土壤肥力和质量的生物学评价指标。

猪粪在垫料中降解的一切生物化学过程也都是在酶的参与下进行的，因此垫料酶活性的大小不但可以反映出垫料降解猪粪的能力（朱洪等，2007），还能表征垫料的腐熟程度，但目前有关该方面的研究报道较少。以下的研究对微生物发酵床不同方位及不同深度垫料进行了酶活性研究，探讨其变化规律，以期为微生物发酵床作用机理及垫料发酵程度提供理论参考。

2．研究方法

（1）样品采集　样品采集地点为福建省福清市国家现代农业示范园微生物发酵床养猪栏，该猪场建筑面积为 2100 m^2（35 m×60 m），发酵床槽面积 1910 m^2，约占建筑面积的 91%，发酵床为地下式，发酵床垫料厚 80 cm。在一个养殖栏内采集 4 点样品（图 7-95），包括 0cm、5cm、30cm、50 cm 的垫料样品，共采集 16 个样品。样品采集时间为 2015 年 1 月 26 日。

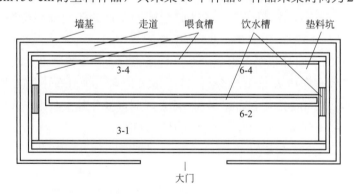

图7-95　微生物发酵床育肥猪大栏养殖猪舍结构俯视图

（2）酶活性的测定　测定垫料中蔗糖酶、纤维素酶、半纤维素酶采用 3,5- 二硝基水杨酸比色法，中性、碱性磷酸酶采用磷酸苯二钠比色法（关松荫，1986）。

①蔗糖酶活性以 24h 后，1g 垫料生成葡萄糖的质量（mg）表示；②纤维素酶活性以 72 h 后，1 g 垫料生成葡萄糖的质量（mg）表示；③半纤维素酶活性以 72 h 后，1 g 垫料生成木糖的质量（mg）表示；④中性、碱性磷酸酶以 24 h 后，1 g 垫料中释放出的酚的质量（mg）表示中性、碱性磷酸酶活性。

（3）数据分析　数值采用平均值 ± 标准差表示，所有数据采用 Microsoft Excel 和 SPSS 进行统计分析，差异显著性则用 Duncan 氏法进行多重比较，以 $P<0.05$ 作为差异显著性判断标准。

3. 微生物发酵床垫料的蔗糖酶活性

由图 7-96 可知，同一采样点，在 0 ～ 50 cm 垫料的垂直深度，随着深度的加大，蔗糖酶活性逐渐下降（$P<0.05$）。在不同采样点同一深度，蔗糖酶活性也有所不同，在 0cm 的深度，蔗糖酶活性为采样点 3-1 ＞采样点 6-4 ＞采样点 6-2 ＞采样点 3-4，采样点 3-1 的蔗糖酶活性最强，酶活性为 227.15 mg/g；在 5 cm、30 cm 和 50 cm 的深度，蔗糖酶活性均为采样点 3-1 ＞采样点 3-4 ＞采样点 6-4 ＞采样点 6-2，采样点 3-1 的蔗糖酶活性分别为 112.15 mg/g、89.48 mg/g 和 63.15 mg/g。

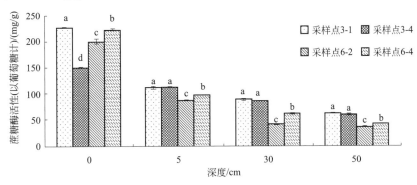

图7-96　微生物发酵床垫料的蔗糖酶活性变化

图中数据为"平均值 ± 标准差"，同列数据后相同小写字母表示不同区域温度值差异不显著（$P \geq 0.05$）、不同小写字母表示不同区域温度值差异显著（$P<0.05$），全书同义

4. 微生物发酵床垫料的纤维素酶活性

由图 7-97 可知，在同一采样点，在 0 ～ 50 cm 的垫料层中，随着深度的加大，纤维素酶活性呈不断降低的趋势（$P<0.05$）（图中两个小写字母的乘积表示二者差异不显著，例如 ab 与 a 或 b 之间差异不显著，下同）。在不同采样点同一深度，纤维素酶活性有所差异，在 0 cm 和 5 cm 的深度，纤维素酶活性为采样点 6-2 ＞采样点 3-1 ＞采样点 3-4 ＞采样点 6-4，采样点 6-2 纤维素酶活性分别为 1.68 mg/g 和 0.71 mg/g；在 30 cm 的深度，纤维素酶活性为

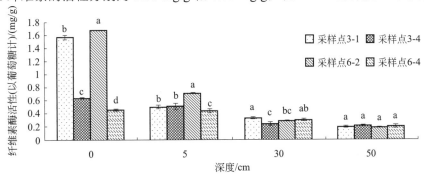

图7-97　微生物发酵床垫料的纤维素酶活性变化

采样点 3-1 ＞采样点 6-4 ＞采样点 6-2 ＞采样点 3-4，采样点 3-1 的纤维素酶活性为 0.33 mg/g;在 50 cm 的深度，各采样点纤维素酶活性不显著。

5. 微生物发酵床垫料的半纤维素酶活性

由图 7-98 可知，同一采样点，在 0～50 cm 的垫料层中，随着深度的加大，半纤维素酶活性呈不断降低的趋势（$P<0.05$）。在不同采样点同一深度，半纤维素酶活性变化较大。在 0cm 的深度，半纤维素酶活性为采样点 3-1 ＞采样点 6-2 ＞采样点 3-4 ＞采样点 6-4，采样点 3-1 半纤维素酶活性为 236.30 mg/g；在 5 cm 的深度，半纤维素酶活性为采样点 6-2 ＞采样点 6-4 ＞采样点 3-4 ＞采样点 3-1，采样点 6-2 的半纤维素酶活性为 108.45mg/g；在 30cm 的深度，半纤维素酶活性为采样点 3-4 ＞采样点 6-4 ＞采样点 3-1 ＞采样点 6-2，采样点 3-4 的半纤维素酶活性为 87.83mg/g；在 50cm 的深度，半纤维素酶活性为采样点 3-1 ＞采样点 6-2 ＞采样点 3-4 ＞采样点 6-4，采样点 3-1 的半纤维素酶活性为 85.14 mg/g。

6. 微生物发酵床垫料的中性、碱性磷酸酶活性

由图 7-99、图 7-100 可知，同一采样点，在 0～50 cm 的垫料层中，随着深度的加大，中性、碱性磷酸酶活性呈不断降低的趋势（$P<0.05$）。在不同采样点同一深度，中性、碱性磷酸酶活性有所不同，在 0cm 的深度，中性磷酸酶活性为采样点 6-2 ＞采样点 6-4 ＞采样点 3-4 ＞采样点 3-1，采样点 6-2 中性磷酸酶活性为 259.83mg/g，碱性磷酸酶活性为采样点 3-1 ＞采样点 3-4 ＞采样点 6-4 ＞采样点 6-2，采样点 3-1 碱性磷酸酶活性为 135.67mg/g；在 5cm 深度，中性磷酸酶活性为采样点 3-1 ＞采样点 6-4 ＞采样点 6-2 ＞采样点 3-4，采样点 3-1 的

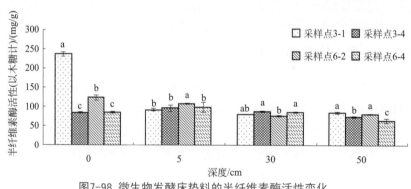

图7-98 微生物发酵床垫料的半纤维素酶活性变化

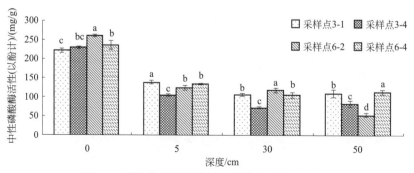

图7-99 微生物发酵床垫料的中性磷酸酶活性变化

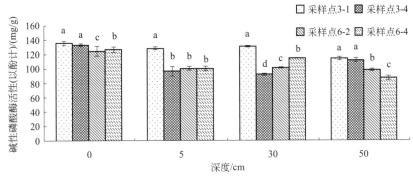

图7-100　微生物发酵床垫料的碱性磷酸酶活性变化

中性磷酸酶活性为 137.74mg/g，碱性磷酸酶活性为采样点 3-1＞采样点 6-2＞采样点 6-4＞采样点 3-4，采样点 3-1 碱性磷酸酶活性为 128.56mg/g；在 30cm 深度，中性磷酸酶活性为采样点 6-2＞采样点 6-4＞采样点 3-1＞采样点 3-4，采样点 6-2 中性磷酸酶活性为 117.61mg/g，碱性磷酸酶活性为采样点 3-1＞采样点 6-4＞采样点 6-2＞采样点 3-4，采样点 3-1 碱性磷酸酶活性为 130.48mg/g；在 50cm 深度，中性磷酸酶活性为采样点 6-4＞采样点 3-1＞采样点 3-4＞采样点 6-2，采样点 6-4 酶活性为 114.14mg/g，碱性磷酸酶活性为采样点 3-1＞采样点 3-4＞采样点 6-2＞采样点 6-4，采样点 3-1 碱性磷酸酶活性为 115.99 mg/g。

7．不同深度微生物发酵床垫料的酶活性变化

比较不同深度条件下，4 个采样点垫料中蔗糖酶、纤维素酶、半纤维素酶、中性磷酸酶以及碱性磷酸酶的平均酶活性，能在一定程度上客观评价猪粪在有机垫料中降解以及有机物质转化的腐熟程度。对 4 个深度的土壤酶活性计算其平均酶活性，并作图比较其数值大小，结果见表 7-11。结果表明，蔗糖酶、纤维素酶、半纤维素酶、中性磷酸酶、碱性磷酸酶，在 0～50 cm 垫料层中都随着深度的增加而显著降低（$P<0.05$），总酶活性的变化为深度 0cm＞深度 5cm＞深度 30cm＞深度 50cm。

表7-11　微生物发酵床垫料不同深度下酶活性的大小　　　　　　单位：mg/g

深度/cm	蔗糖酶活性	纤维素酶活性	半纤维素酶活性	中性磷酸酶活性	碱性磷酸酶活性
0	200.38±9.21a	1.09±0.1638a	132.89±18.65a	236.94±5.96a	130.05±1.68a
5	102.88±3.19b	0.54±0.0326b	99.43±2.55b	121.37±5.23b	106.67±3.98b
30	69.95±5.95c	0.29±0.01c	82.56±1.39b	98.22±7.05c	109.96±4.34b
50	50.72±3.45d	0.20±0.01c	76.92±2.38b	81.69±8.44c	103.09±3.29b

8．讨论

微生物发酵床养猪的目的是要确保发酵床对猪粪尿的消化降解能力始终维持在较高的水平，有效控制病原菌的繁殖，为猪生长繁育提供舒适、健康的生态环境（贺月林等，2011）。在微生物发酵床垫料中，一切复杂的生化反应过程都是在生物酶催化作用下发生的，研究生物酶

活性有助于深入了解猪粪在有机垫料中降解以及有机物质转化的腐熟程度（戴芳等，2005）。

蔗糖酶又称转化酶，是表征土壤生物学活性的一种重要的酶，它对增加土壤中的易溶物质起重要作用。蔗糖酶能将土壤中高分子量的多糖水解成小分子葡萄糖或果糖，为土壤生物体提供充分的能源，其活性反映了土壤有机质积累与分解转化的规律、微生物数量及土壤碳代谢的强度（李东坡等，2005），而且能够作为评价土壤熟化程度和土壤肥力的指标。研究结果表明，同一取样点，在 0～50 cm 垫料的垂直深度，随着深度的加大，蔗糖酶活性逐渐下降（$P<0.05$），这与梁毅等（2013）研究的不同土地利用方式下土壤养分和酶活性的变化相一致。

纤维素酶是胞外水解酶，与碳素代谢密切相关，可降解纤维素为葡萄糖，所以纤维素酶活性的变化可以反映环境中碳素物质的降解情况。在发酵床养猪垫料中，纤维素酶始终保持较高的活性而直接参与了垫料中纤维素、半纤维素、木质素等的分解（朴哲等，2001）。以上的研究表明，同一取样点，在 0～50 cm 垫料的垂直深度，随着深度的加大，纤维素酶活性逐渐下降（$P<0.05$），这与龙妍等（2007）研究的生草葡萄园土壤微生物分布及土壤酶活性相一致。半纤维素酶是表征土壤碳素循环速度的重要指标之一，它能将水不溶性多分支杂多糖的分子聚合物水解成水溶性低分子化合物（廖梓良等，2008）。以上的研究表明，同一取样点，在 0～50 cm 垫料的垂直深度，随着深度的加大半纤维素酶活性逐渐下降（$P<0.05$）。

土壤有机磷转化受多种因子制约，尤其是磷酸酶的参与，可加速有机磷的脱磷速度。在pH4～6的土壤中均有磷酸酶，积累的磷酸酶对垫料磷素的有效性具有重要作用。研究证明，磷酸酶与土壤碳、氮含量呈正相关，与有效磷酸含量及 pH 值也有关。磷酸酶活性是评价土壤磷素生物转化方向与强度的指标（Pant and Warman，2000）。以上的研究表明，同一取样点，在 0～50 cm 垫料的垂直深度，随着深度的加大，中性、碱性磷酸酶活性逐渐下降（$P<0.05$），这与章婷曦等（2007）研究的太湖沉积物中碱性磷酸酶活力（APA）和磷形态的垂向特征及相关性相一致。

比较不同深度条件下，4 个采样点垫料中蔗糖酶、纤维素酶、半纤维素酶、中性磷酸酶和碱性磷酸酶的平均酶活性，研究表明，在 0～50 cm 垫料层中，随着深度的加大酶活性都有不断降低的趋势，这与李买军等（2014）研究的养猪场发酵床垫料及下层土壤中酶活性的变化特性基本相同。之所以会下降，推测可能是由于垫料的长时间使用，加上猪的长期踩踏，导致垫料层被压得紧实结块，通水透气性能下降，微生物活动能力减弱，酶活性相应降低。因此，在使用过程中建议定期推翻垫料以提高酶活性，进一步加快猪粪尿的分解。

此外，垫料中酶活性的影响因素非常复杂，垫料中微生物的种类、水气热状况、酸碱度、结构组成、养分丰缺、污染程度及培肥方式等都显著影响着垫料酶活性（万忠梅和吴景贵，2005）。因此，在后续研究中还需对垫料中的优势菌群进行筛选分类，测定垫料中含水量、酸碱度等，进一步探究其与酶活性以及垫料的发酵腐熟之间的关系，深化对垫料中物料转化机理的研究，为加快粪尿的分解以及垫料的科学管理利用提供更加完整的依据。

综上研究表明，在 0～50 cm 垂直垫料层中，随着深度的加大，蔗糖酶、纤维素酶、半纤维素酶、中性和碱性磷酸酶酶活性都有不断降低的趋势。下层垫料由于长时间的使用以及猪的长期踩踏，导致垫料层被压实结块，通水透气性能下降，微生物活动能力减弱，酶活性相应降低。因此，这为我们定期推翻垫料以提高酶活性来加快猪粪尿的分解以及对垫料的科学管理利用提供了依据。

发酵床微生物宏基因组分析

一、发酵床垫料微生物总DNA提取方法

1．概述

微生物群落在零污染猪舍中起到了决定性的作用，然而对垫料中微生物群落的动态研究显得十分薄弱，这一方面是由于许多功能微生物无法人工培养，另一方面是因为用分离微生物的方法研究微生物群落动态的工作量繁重，对了解微生物实际群落变化比较困难（Vestal and White，1989）。基于DNA分析的分子生态技术为该研究提供了强有力的工具，而该技术的应用必须以获得能真实反映原环境样品中微生物实际组成状况的总DNA为基础。猪垫料是以谷壳、锯末、猪粪便加益生菌构成的发酵物，类似土壤，但又区别于土壤，由于没有专门对应猪垫料DNA提取的试剂盒以及相应比较成熟的提取方法，故以下的研究采用DNA提取试剂盒和相关文献的方法作为参考，对垫料总DNA的提取方法进行摸索。

2．研究方法

（1）试剂和仪器

① 试剂　液氮，氯仿/异戊醇（24：1），无水乙醇，醋酸钠均为国产分析纯或分子生物学等级；十二烷基硫酸钠（dodecyl sulfonic acid sodium salt，SDS，Aladdin公司），十六烷基三甲基溴化铵（cetrimonium bromide，CTAB，Aladdin公司），蛋白酶K（Proteinase K，Merck公司），聚乙烯吡咯烷酮（polyvinylpyrrolidone，PVP，Aladdin公司），PEG 8000（Polyethylene glycol-8000，Aladdin公司），土壤总DNA提取试剂盒（Ultra Clean Soil DNA Isolation Kit，MOBIO公司），粪便总DNA提取试剂盒（北京百泰克生物技术有限公司），淤泥总DNA提取试剂盒（北京百泰克生物技术有限公司）。

② 仪器　PCR扩增仪（T personal，Biometra公司），核酸蛋白分析仪（Biophotometer Plus，Eppendorf公司），凝胶成像系统（Geldoc-It TS，UVP公司）。

（2）发酵床垫料的采集　2010年8月从福州新店养猪场采集的发酵床垫料样品，其性质见表7-12。

表7-12　实验所用垫料样品

样品编号	有机质含量/%	氮含量/%	磷含量/%	钾含量/%	采样时间
A1	66.15	0.348	0.603	0.382	2010年8月
A2	53.24	0.682	0.228	0.447	2010年8月
A3	46.59	0.575	0.388	0.555	2010年8月
A4	30.91	0.671	0.261	0.530	2010年8月

（3）实验方法

① 土壤总 DNA 提取试剂盒法　选用美国 MOBIO 公司生产的 Ultra Clean Soil DNA Isolation Kit，实验步骤参考说明书。

② 粪便总 DNA 提取试剂盒法　选用北京百泰克生物技术有限公司生产的粪便总 DNA 提取试剂盒，实验步骤参考说明书。

③ 淤泥总 DNA 提取试剂盒法　选用北京百泰克生物技术有限公司生产的淤泥基因组 DNA 快速提取试剂盒（离心柱型），实验步骤参考说明书。

④ SDS 法　参照赵勇等（2005）的方法，并做适当修改，其提取步骤为：取 -70℃ 保存的垫料经液氮研磨之后，称取 4 g 置于 30 mL 离心管中；加入 15 mL TENP 缓冲液（50 mmol/L Tris-HCl，20 mmol/L EDTA，100 mmol/L NaCl，0.01 g/mL PVP，pH10），涡旋混匀，1000 r/min 离心 10 min，弃上清液，加入 15 mL TENP 缓冲液，重复以上步骤，直到上清液清澈透明；在沉淀中加入 12 mL SDS 裂解液（0.25mol/L NaCl，0.1mol/L Tris-HCl，0.02mol/L EDTA，4%SDS，2%PVP），涡旋混匀，65℃ 温育 1 h（每隔 20 min 轻轻摇动 1 次）；1000 r/min 离心 10 min，上清液转移至 30mL 洁净离心管；管中加入 180μL 蛋白酶 K（20 mg/mL）和 0.6 mL 异硫氰酸胍洗液（5mol/L GuSCN，0.1mol/L Tris-HCl），37℃ 水浴 0.5 h。加入等体积氯仿/异戊醇（24∶1），轻轻混匀，10000 r/min 离心 10 min；将上清液转移到新的离心管中。加入 0.2 倍体积的醋酸钠溶液（3mol/L NaAc）和 1.7 倍体积的 10% PEG 8000 溶液（0.1 g/mL PEG 8000，1.2mol/L NaCl），置于 -20℃ 沉淀至少 15 min；12000 r/min 离心 10 min，弃上清液。加入 70% 乙醇洗涤沉淀，于超净台吹干，之后加入 200 μL 双蒸水溶解 DNA。

⑤ CTAB 法　参照沙红等（2005）的方法，并做适当修改。其提取步骤同 SDS 法，不同之处是在于用 CTAB 替换 SDS。加入 10 mL CTAB 裂解液（1.4mol/L NaCl，0.1mol/L Tris-HCl，0.02mol/L EDTA，2%CTAB，2%PVP）进行裂解。

⑥ SDS-CTAB 结合法　参照 Zhou 等（1996）的方法并进行了适当修改。其具体提取步骤为：取 -70℃ 保存的垫料经液氮研磨之后，称取 4 g 置于 30 mL 离心管中；加入 15 mL TENP 缓冲液（50 mmol/L Tris-HCl，20 mmol/L EDTA，100 mmol/L NaCl，0.01 g/mL PVP，pH10），涡旋混匀，1000 r/min 离心 10 min，弃上清液，加入 15 mL TENP 缓冲液，重复以上步骤，直到上清液清澈透明；在沉淀中加入 12 mL SDS 裂解液（0.25mol/L NaCl，0.1mol/L Tris-HCl，0.02mol/L EDTA，4%SDS，2%PVP）、180μL 蛋白酶 K（20mg/mL）和 0.6 mL 异硫氰酸胍洗液（5mol/L GuSCN，0.1mol/L Tris-HCl），涡旋混匀，65℃ 温育 1 h（每隔 20 min 轻轻摇动 1 次）；1000r/min 离心 10min，上清液转移至 30mL 洁净离心管；管中加入 0.2 倍体积的醋酸钠溶液（3mol/L NaAc）和 1.7 倍体积的 10% PEG 8000 溶液（0.1 g/mL PEG 8000，1.2mol/L NaCl），置于 -20℃ 下沉淀至少 15 min；1000 r/min 离心 15 min，留沉淀；往沉淀中加入 10 mL CTAB 裂解液（1.4mol/L NaCl，0.1mol/L Tris-HCl，0.02mol/L EDTA，2%CTAB，2%PVP），65℃ 温育 15min；加入等体积氯仿/异戊醇（24∶1），轻轻混匀，10000 r/min 离心 10min；将上清液转移到新的 30mL 离心管中，加入 10% PEG 8000 溶液，置于 4℃ 过夜，沉淀 DNA。于 12000 r/min 离心 10 min，弃上清液。加入 70% 乙醇洗涤沉淀，于超净台吹干，之后加入 200μL 双蒸水溶解 DNA。

（4）DNA 纯度检测和定量分析　用核酸蛋白测定仪测定不同方法得到的 DNA 溶液的

$A_{280\,nm}$ 和 $A_{260\,nm}$、$A_{260\,nm}$ 和 $A_{230\,nm}$ 的比值以及 DNA 的浓度。

（5）DNA 的 PCR 扩增　为了检测 DNA 的质量，以所获得的 DNA 作为模板，扩增 16S rDNA 基因对的正向引物为 5-AGAGTTTGATCCTGGTCAG-3、反向引物为 5-TACCTTGTTACGACTT-3。总体积 25μL 的反应体系为：模板（DNA 稀释液）1μL，正向引物（25mol/L）1μL，反向引物（25mol/L）1μL，10×PCR Buffer（含 Mg^{2+}）2.5μL，dNTP（25 mol/L）2μL，Taq 酶（5U/μL）2μL，ddH_2O 15.5μL。反应条件：预变性 94℃ 5 min；变性 94℃ 30s，72℃ 10min，35 个循环；最后 72℃延伸 10min。

3．DNA的纯度和浓度检测结果

将以不同方法处理提取的垫料微生物总 DNA 在核酸蛋白分析仪测定的数据列入表 7-13。DNA 纯度是衡量垫料微生物总 DNA 提取的重要指标，一般用 A_{260nm}/A_{280nm} 值和 A_{260nm}/A_{230nm} 值分别检测提取 DNA 样品中蛋白质和腐殖酸杂质的污染程度（Ogram et al.，1987）。A_{260nm}/A_{280nm} 值越大，DNA 越纯；反之，A_{260nm}/A_{230nm} 值越低，腐殖酸污染越严重。一般来说，当 A_{260nm}/A_{280nm} 值＞1.7 时 DNA 较纯，否则有蛋白质污染（Yeates et al.，1998）。

表7-13　以不同方法提取的垫料DNA的纯度和浓度

提取方法	样品编号	A_{260nm}/A_{280nm}	A_{260nm}/A_{230nm}	DNA浓度/（ng/μL）
土壤试剂盒方法	A1	2.60	0.21	10.2
	A2	3.50	0.47	19.0
	A3	1.17	0.30	16.7
	A4	2.02	0.30	15.1
粪便试剂盒方法	A1	1.75	0.23	94.3
	A2	1.34	0.13	779.4
	A3	1.45	0.27	839.6
	A4	1.52	0.44	1726.9
淤泥试剂盒方法	A1	1.76	0.55	44.5
	A2	1.54	0.52	41.1
	A3	1.38	0.31	38.5
	A4	1.66	0.73	47.8
SDS法	A1	1.00	0.66	575.2
	A2	1.05	0.46	448.5
	A3	1.20	0.53	562.5
	A4	1.19	0.65	628.6
CTAB法	A1	1.45	0.77	369.1
	A2	1.42	0.65	460.2
	A3	1.55	0.44	643.6
	A4	1.32	0.78	439.8

续表

提取方法	样品编号	A_{260nm}/A_{280nm}	A_{260nm}/A_{230nm}	DNA浓度/（ng/μL）
SDS-CTAB法	A1	1.84	1.46	255.8
	A2	1.77	1.81	125.8
	A3	1.67	1.56	333.9
	A4	1.80	1.73	253.7

以上研究结果表明，采用土壤总 DNA 提取试剂盒法提取四种垫料的 DNA，所得到的 DNA 浓度最低，质量也很低，并且纯度也低，A_{260nm}/A_{280nm} 值为 2.0 左右甚至更高，A_{260nm}/A_{230nm} 值为 0.3 左右；粪便试剂盒提取法提取的 DNA 浓度最高，但是 DNA 质量和纯度不够高，A_{260nm}/A_{280nm} 值为 1.5 左右，A_{260nm}/A_{230nm} 值为 0.3 左右；淤泥总 DNA 提取试剂盒法只有 A1 的微生物总 DNA 纯度比较好，但浓度较低，A_{260nm}/A_{280nm} 值为 1.5 左右，A_{260nm}/A_{230nm} 值为 0.5 左右；SDS 法和 CTAB 法得到的 DNA 虽然浓度都很高，但是纯度都很低；只有 SDS-CTAB 结合法所提取的纯度最高，而且浓度也较高，A_{260nm}/A_{280nm} 值为 1.8 左右，A_{260nm}/A_{230nm} 值在 1.4 以上。

4. 琼脂糖凝胶电泳检测结果

琼脂糖凝胶电泳检测结果见表 7-14、图 7-101 和图 7-102。由于土壤总 DNA 提取试剂盒法所提取的 DNA 质量和浓度都很低，16S rDNA 通用引物 PCR 扩增之后没有目的条带出现；而粪便试剂盒法、SDS 法以及 CTAB 法提取的 DNA 含有大量的腐殖酸，并呈现黄褐色，严重影响后续的 PCR 扩增，以致扩增不出目的条带；虽然淤泥总 DNA 试剂盒法提取的 DNA 纯度要高于上面的几种方法，但是提取的 DNA 也还是会呈现淡黄色，所以在后续 PCR 时也只有一种垫料的 DNA 扩增出了目的条带，这对于不同发酵程度的垫料来讲，没有针对性；而 SDS-CTAB 法所提取的四种发酵程度不同的垫料的 DNA 都具有很高的纯度，DNA 溶液比较清澈透明，直接 DNA 电泳能得到比较单一的条带，后续的 PCR 也能扩增出比较亮的目的条带。

表7-14 不同提取方法得到的四种垫料的DNA及其16S rDNA PCR电泳图的分析结果

提取方法	样品编号	结果	总DNA电泳结果
土壤试剂盒方法	A1	没有得到目的条带	没有得到目的条带
	A2	没有得到目的条带	
	A3	没有得到目的条带	
	A4	没有得到目的条带	
粪便试剂盒方法	A1	没有得到目的条带	有条带出现，呈弥散状
	A2	没有得到目的条带	
	A3	没有得到目的条带	
	A4	没有得到目的条带	
淤泥试剂盒方法	A1	有得到目的条带，但条带很淡	有单一条带出现
	A2	有得到目的条带	
	A3	有得到目的条带，但条带很淡	
	A4	没有得到目的条带	

续表

提取方法	样品编号	结果	总DNA电泳结果
SDS法	A1	没有得到目的条带	有条带出现，呈弥散状
	A2	没有得到目的条带	
	A3	没有得到目的条带	
	A4	没有得到目的条带	
CTAB法	A1	没有得到目的条带	有条带出现，呈弥散状
	A2	没有得到目的条带	
	A3	没有得到目的条带	
	A4	没有得到目的条带	
SDS-CTAB法	A1	得到目的条带，条带很亮	有单一条带出现
	A2	得到目的条带，条带很亮	
	A3	得到目的条带，条带很亮	
	A4	得到目的条带，条带很亮	

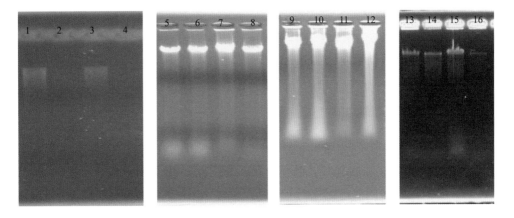

图7-101　不同方法提取的四种垫料总DNA的琼脂糖电泳图

1～4－淤泥总DNA提取试剂盒提取的总DNA；5～8－CTAB法提取的总DNA；9～12－SDS法提取的总DNA；13～16－SDS-CTAB法提取的总DNA

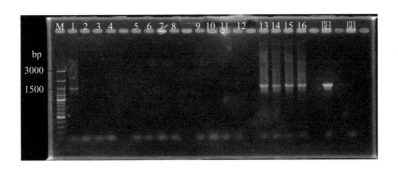

图7-102　不同方法提取的四种垫料总DNA进行16S rDNA PCR扩增的电泳图

从左到右依次为：DL3000分子量的Marker；1～4为淤泥总DNA提取试剂盒提取的四种垫料的PCR扩增结果；5～8为SDS法；9～12为CTAB法；13～16为SDS-CTAB法；阳、阴分别为阳性对照，阴性对照

5．讨论

垫料配方中主料是谷壳和锯末各占50%，辅料是鲜猪粪和米糠，并添加"发酵床专用菌剂"。所以在垫料中含有大量的多糖、多酚、单宁、色素以及腐殖酸，这些物质的存在会严重影响DNA的质量和纯度，能否有效地去除这些物质关系到整个提取过程的成败。

目前，市面上没有针对发酵床垫料微生物总DNA提取的试剂盒，通过实验发现，无论是土壤、粪便还是淤泥的总DNA提取试剂盒都具有很高的针对性，不适于对垫料微生物总DNA的提取，因此通过对DNA提取方法进行了摸索。结果发现，单纯采用SDS法和CTAB法提取的DNA都含有大量的杂质，因此，先用SDS法进行粗提，之后再将经PEG 8000沉淀得到的DNA直接溶于CTAB缓冲液中，利用CTAB与核酸形成的复合物可溶解在高盐缓冲液中这一特性，将SDS法提取的DNA与CTAB结合在一起，通过氯仿/异戊醇抽提，以PEG 8000沉淀，可得到高质量的DNA。不论是从纯度检测还是PCR扩增效果检测，均反映出SDS-CTAB结合法适合于垫料微生物总DNA的提取。

在DNA样品提取缓冲液中加入高分子螯合剂聚乙烯吡咯烷酮（PVP）或聚乙烯聚吡咯烷酮（PVPP）等，能络合多酚和萜类物质，再经离心或氯仿抽提除去，可有效地防止多酚物质氧化成醌类，避免溶液变成褐色而具有抗氧化作用（易庆平等，2007）。在多糖去除方面，由于多糖的许多理化性质与DNA很相似，不容易将它们分开。国外有一些去除多糖的相关报道，Dellaporta等（1983）认为，加入高浓度的KAc有利于除去多糖；Poreski等（1997）在沉淀粗提DNA时，将NaCl浓度提高至2.5 mol/L以除去多糖。然而针对高有机含量的垫料，高盐浓度的抽提液也可大大降低腐殖酸的干扰（LaMontagne et al.，2002）。在SDS-CTAB法中TENP缓冲液和CTAB裂解液都是高盐溶液，同时还加入了PVP，结果证明它们能有效地吸收腐殖酸及其他酚类、多糖化合物，避免对后续PCR扩增的影响。另一方面，采用PEG 8000进行DNA沉淀，同传统的无水乙醇或异戊醇沉淀法相比，虽然它们有相近的得率，但PEG 8000法能大大减少腐殖酸和蛋白质等杂质的污染。

二、基于宏基因组技术分析发酵床垫料的微生物组成

1．概述

（1）微生物发酵床大栏养猪技术及其优点

① 微生物发酵床　微生物发酵床就是利用植物废弃物如谷壳、秸秆、锯糠、椰糠等制作发酵床垫层，添加环境益生菌，经发酵后铺垫到猪舍，母猪、公猪、小猪、育肥猪生活在垫料上，它们的排泄物混入垫料发酵，同时利用生猪的拱翻习性和机械翻耕，使猪粪、尿和垫料充分混合，然后通过发酵床的分解发酵，环境微生物充分生长繁殖，使猪粪、尿得到充分分解和转化，产生优质有机肥，消除猪粪恶臭，实现猪场的"零排放"（蓝江林等，2012；王远孝等，2011）。同时饲喂饲用益生菌，替代抗生素，抑制猪病发生，解决猪肉药残问题。

② 发酵床大栏养猪　育肥猪舍4000 m²以上，存栏育肥猪4000头，年出栏10000头。采用混交饲养，交叉保护，渐进渐出的饲养模式（刘波等，2014）。

③ 发酵床大栏养猪的优点　微生物发酵床大栏养猪具有"五省、四提、三无、两增、一

少、零排放"的优点。五省,即省水、省工、省料、省药、省电;四提即提高品质、提高猪抗病力、提高出栏率、提高肉料比;三无即无臭味、无蝇蛆、无环境污染;两增即增加经济效益、增加生态效益;一少即减少猪肉药物残留;零排放即猪粪尿由微生物在猪舍内降解,从而实现零污染(刘波等,2014)。

(2)微生物发酵床大栏养猪拥有六大核心技术(刘波等,2014)

① 发酵床结构设计 蘑菇形微生物发酵床猪舍设计,实现大栏、防风、通风、保温、散热,微生物发酵,益生菌消毒,机械化操作等功能。

② 接触式发酵床制作 母猪生产和育肥猪生产全程采用接触式微生物发酵床,利用微生物防病、去臭味、分解猪粪,实现"零排放"。

③ 发酵床猪舍环境参数控制 光、温、水、湿、料等自动控制,并远程监控。

④ 益生菌的应用 益生菌料水自动饲喂系统,益生菌空气消毒,用益生菌替代饲料中抗生素而添加到猪饲料和饮用水中,提高猪的免疫力、抗病力和生长力。

⑤ 猪病原弱株系交叉保护防治猪病 利用多猪场仔猪和不同年龄的猪,混交饲养,渐进渐出栏,在猪群中自然发生猪病原弱株系交叉感染,形成弱株系保护防治病害,可降低用药量50%。

⑥ 猪粪原位发酵 优质猪粪有机肥原位发酵技术,是利用微生物发酵床垫料吸附猪粪尿,微生物发酵猪粪,原位消纳,生产人工腐殖质,实现猪粪的无害化处理,生产种苗基质、生物农药、生物肥料,进行循环利用,达到猪粪的资源化利用而增效。因此,微生物发酵床大栏养猪是一种现代化的有机养猪模式,能够实现无臭味、无蝇虫、零排放、肉质优、省人工、控猪病、无药残、产肥料、资源化、智能化、机械化。

(3)本研究的意义及必要性 我国农业源污染中比较突出的是畜禽养殖业污染问题。《第一次全国污染源普查公报》显示,我国畜禽养殖业的化学需氧量、总氮和总磷分别占农业源污染的96%、38%和56%。畜禽养殖业快速发展带来的废物和污水排放量剧增,已成为农村三大面源污染之一。在养猪生产中,每头猪都是一个污染源,一个养殖场就是一个环境污染物的生产场。据报道,180天生产期的生猪日排泄系数(g/头)分别为粪2200、尿2900、总氮25.06、总磷9.44。一个年出栏万头肥猪的猪场年粪尿排泄量约1万吨。中国生猪存栏4.7亿头,出栏7.16亿头(2013年),占世界养猪总量的1/2以上,年猪场粪尿排泄量约7.16亿吨。养猪业的料肉比通常为3∶1,也就是33%的饲料转化为猪肉,而多达67%的饲料转变为猪粪,一个万头猪场每天所造成的有机物污染相当于一个人口为5万~10万的小城镇每天所造成的污染。因此,动物排泄出的粪便是养殖业的最大有机污染源之一。这些有机污染源如果不进行适当处理,就会带来以下几方面的严重危害:①造成空气污染;②造成水质污染;③传播人畜共患病;④影响畜禽的自身生长(梁亚宁等,2013)。

目前在我国采用最广泛的对于养殖业固体有机污染物即动物粪便的处理模式是养-沼-渔/种,其重点环节是沼气发酵,虽然产生的沼气可以用于发电和用作生物燃气,但都需要一个将猪粪收集到发酵池的过程(沈跃,2005)。当前,收集猪粪的过程包括水冲粪工艺和干清粪工艺,但前者会造成水资源浪费和水污染等问题,后者需要大量的劳动力,且劳动强度大。近年来,由于农村劳动力逐年减少,对于脏、累、苦的养猪行业招工尤其困难。此外,这种处理模式还存在建沼气池的占地问题和人力、物力、财力的高投入问题,而且池渣也需要进行无害化处理。

微生物发酵床养猪技术综合利用了微生物学、生态学、发酵工程学原理，是以活性功能微生物作为物质能量"转换中枢"的一种生态养殖模式。该技术的核心在于利用活性强大的有益功能微生物复合菌群，长期和持续稳定地将动物粪尿废弃物进行降解，一部分降解为无臭气体被排放掉；另一部分转化为粗蛋白、菌体蛋白和维生素等营养物质，而且这些营养物质在动物拱食垫料的过程中有一部分又可以重新被动物吸收利用，并且有益功能菌在进入动物体内后还可以调节改善动物肠道内环境而促进消化吸收，大大提高饲料的转化率和利用率，从而在源头上消除了动物粪尿对生态环境的污染，使圈舍无臭味，达到污染物"零排放"（刘波等，2014）。

更为重要的是，微生物发酵床大栏养猪的六大核心技术均直接或间接与微生物群落组成及其动态演替密切相关。然而，人们对微生物发酵床养猪技术中的微生物群落知之甚少。以下的研究拟采用高通量测序技术，结合可培养方法，全面而深入地分析：①微生物发酵床垫料中的微生物群落组成及其动态演替规律，以及人工管理对垫料微生物群落的调控作用；②饲用益生菌对猪肠道微生物菌群的调控作用。

2．研究方法

（1）发酵床垫料样品采集及垫料理化性质测定　按下表将位于福清渔溪现代农业示范基地的大栏养猪发酵床划分为 8×4 个方格，在各个区域随机挖取 10 cm 深度的垫料样品，分别测定各垫料样品的温度、pH 值、含水量、含盐量、硝态氮和粗纤维含量等理化指标。

1-4	2-4	3-4	4-4	5-4	6-4	7-4	8-4
1-3	2-3	3-3	4-3	5-3	6-3	7-3	8-3
1-2	2-2	3-2	4-2	5-2	6-2	7-2	8-2
1-1	2-1	3-1	4-1	5-1	6-1	7-1	8-1

（2）发酵床垫料的发酵程度与发酵等级划分　铺平垫料，将色差计入光口正对垫料，使其不露光，测定垫料与空白垫料的色差值（ΔE）。每份垫料重复 3 次，取平均值作为该份垫料的最终值。在大量分析数据的基础上，快速而准确地判定各样品的发酵程度，并进行发酵等级划分。其中 $0 < \Delta E < 30$ 为发酵等级一级；$30 < \Delta E < 50$ 为发酵等级二级；$50 < \Delta E < 65$ 为发酵等级三级；$65 < \Delta E < 80$ 为发酵等级四级。

（3）以高通量测序方法进行各垫料样品的微生物组测序

① 总 DNA 的提取　按土壤 DNA 提取试剂盒 FastDNA SPIN Kit for Soil 的操作指南，分别提取各垫料样品的总 DNA，于 –80℃ 冰箱冻存备用。

② 16S rDNA 和 ITS 测序文库的构建　采用扩增原核生物 16S rDNA 的 V3-V4 区的通用引物 U341F 和 U785R 对各垫料样品的总 DNA 进行 PCR 扩增，并连接测序接头，从而构建成各垫料样品的真细菌和古细菌 16S rDNA V3-V4 区测序文库。采用扩增真菌 5.8S 和 28S rDNA 之间的转录间区的通用引物 ITS-F1-12 和 ITS-R1-12 对各垫料样品的总 DNA 进行 PCR 扩增，并连接测序接头，从而构建成各垫料样品的真菌 ITS 测序文库。

③ 高通量测序　使用 Illumina MiSeq 测序平台，采用 PE300 测序策略，每个样品至少获得 10 万条读序（reads）。

（4）测序数据质控　通过 Pandaseq 软件（Andre et al.，2012），利用重叠关系将双末端测序得到的成对读序 reads 拼接成一条序列，得到高变区的长读序 reads。然后使用内部撰写的程序对拼接后的读序 reads 进行如下处理，获取净读序（clean reads）：去除平均质量值低于 20 的读序 reads；去除含 N 的碱基数超过 3 个的读序 reads；读序 reads 长度范围为 250 ～ 500 nt。

（5）操作分类阶元分析

① 操作分类阶元聚类　为便于进行下游物种多样性分析，将标识序列（Tags）聚类为操作分类阶元（operational taxonomic units，OTU）。首先把拼接的 Tags 中的单元素序列（singletons）（对应 reads 只有一条的序列）过滤掉，因为 singletons 可能由于测序错误造成，故将这部分序列去除，不加入聚类分析，利用 usearch 在 0.97 相似度下进行聚类，对聚类后的序列进行嵌合体过滤后，得到用于物种分类的 OTU，每个 OTU 被认为可代表一个物种（Edgar，2013）。

② 操作分类阶元抽平处理　为避免因样品数据大小不同而造成分析时的偏差，在样品达到足够的测序深度的情况下，对每个样品进行随机抽平处理。测序深度用 α - 多样性指数来衡量。抽平的参数必须在保证测序深度足够的前提下去选取。

③ 核心微生物组（core microbiome）分析　根据样品的共有 OTU 以及 OTU 所代表的物种，可以找到核心微生物组（覆盖 90% 样品的微生物组）。

Ⅰ. OTU 的韦恩（Venn）分析。Venn 图可以很好地反映组间共有以及组内特有的 OTU 数目。利用 R 语言的 VennDiagram 包的 venn.diagram 函数实现。

Ⅱ. OTU 的主成分分析（PCoA）。PCoA 分析可以初步反映出不同处理或不同环境间的样品可能表现出分散和聚集的分布情况，从而可以判断相同条件的样品组成是否具有相似性。利用 R 语言 ade4 包里的 dudi.pca 函数实现。

（6）物种分类和丰度分析

① 物种注释分析　从各个 OTU 中挑选出一条序列，作为该 OTU 的代表序列。将该代表序列，用 RDP classifier 算法与已知物种的 16S 数据库（GreenGenes，http://greengenes.lbl.gov）（McDonald et al.，2012）进行比对，从而对每个 OTU 进行物种归类。归类后，根据每个 OTU 中序列的条数得到 OTU 丰度表。

② 物种丰度分析　在门、纲、目、科、属水平，将每个注释上的物种或 OTU 在不同样品中的序列数整理在一张表格，形成堆叠柱状图、星形图及统计表。

③ 物种热图分析　物种热图是利用颜色梯度可以很好地反映出样品在不同物种下的丰度大小以及物种聚类、样品聚类信息。利用 R 语言的 gplots 包的 heatmap.2 函数实现。

（7）样品复杂度分析

① 单个样品复杂度分析　α- 多样性是对单个样品中物种多样性的分析，常用的度量指标包括物种丰富度指数（observed species，数值越高表明样品物种丰富度越高）、chao1 指数（是度量物种丰富度的指标，它和丰度、均匀度无关，但是它对稀有的物种很敏感）、香农指数（Shannon，可衡量物种多样性和种间个体分配的均匀性，如果每一个体都属于不同的种，多样性指数就最大；如果每一个体都属于同一种，则其多样性指数就最小）、辛普森指数（Simpson，是基于在一个无限大的群落中，随机抽取两个个体，它们属于同一物种的概率）以及 PD_whole_tree 指数（反映了样品中物种对进化历史保存的差异，指数越大说明物

种对进化历史保存的差异越大）。利用 QIIME 软件计算样品的 α - 多样性指数的值，并做出相应的稀释曲线（Paul and Josephine，2004）。稀释曲线是利用已测得 16S rDNA 序列中已知的各种 OTU 的相对比例，来计算抽取 *n* 个（*n* 小于测得 Reads 序列总数）Reads 时各 α - 多样性指数的期望值，然后根据一组 *n* 值（一般为一组小于总序列数的等差数列）与其相对应的 α - 多样性指数的期望值做出曲线，并作出 α - 多样性指数的统计表格。

② 样品间复杂度比较分析　β - 多样性分析反映了不同样品在物种多样性方面存在的差异大小。分析各类群在样品中的含量，进而计算出不同样品间的 β - 多样性值。以下的分析中通过 QIIME 软件，采用迭代算法，分别在加权物种分类丰度信息和不加权物种分类丰度信息的情况下进行差异计算，得到最终的统计分析结果表并做出组间的距离 box 图及 PCoA 展示图。

（8）显著性差异分析

① 线性判别效应量分析（linear discriminant analysis effect size，LDA EffectSize，即 LEfSe）　LEfSe 是一种用于发现和解释高维度数据生物标识（基因、通路、分类阶元等）的分析工具，可以进行两个或多个分组的比较，它强调统计学意义和生物相关性，能在组与组之间寻找具有统计学差异的生物标识。以下分析采用 LEfSe Tools 进行（Segata et al.，2011），通过线性判别分析（LDA）来估算每个组分（物种）丰度对差异效果影响的大小，找出对样品划分产生显著性差异影响的群落或物种。

② 组间差异分析　使用秩和检验的方法对不同分组之间进行显著性差异分析，以找出对组间划分产生显著性差异影响的物种。以下对于两组间的差异分析采用 R 语言 stats 包的 wilcox.test 函数，对于两组以上的组间差异分析采用 R 语言 stats 包的 kruskal.test 函数。

③物种冗余分析（redundancy analysis，RDA）或者典范对应分析（canonical correspondence analysis，CCA）　CCA/RDA 主要用来检测环境因子、样品、菌群三者之间的关系或者两两之间的关系。可以基于样品的所有 OTU，也可基于样品的优势物种或者差异物种。CCA 采用 R 语言 vegan 包的 cca 函数，RDA 采用 R 语言 vegan 包的 rda 函数。

3．高通量测序、生物信息学分析及数据统计

通过 Illumina 平台（Hiseq 或者 Miseq）进行双末端 Paired-end 测序，获得的初始 reads 通过 reads 之间的重叠关系拼接成长 Reads，并对拼接后的 reads 进行质控：去除平均质量值低于 20 的 reads；去除 reads 含 N 的碱基数超过 3 个的 reads；reads 长度范围为 250 ～ 500 nt，得到 clean reads。部分结果见表 7-15。

表7-15　样品数据和OTU统计的部分数据

样品(sample name)	标签序列 (tags)	单元素序列 (singleton)	单元素序列的比例/%	匹配到的读序(mapped reads)	匹配到的读序比例/%	净标签序列 (clean tags)	操作分类阶元 (OTU)
S1.1.1	94647	54256	57.32459	3345	3.534185	61329	1647
S1.1.2	109136	60098	55.06707	3031	2.777269	74752	2196
S1.1.3	96491	49476	51.27525	1225	1.269548	76527	2428
S1.1.4	112998	60340	53.39918	3015	2.668189	80082	2214
S1.2.1	124999	45227	36.18189	737	0.589605	113803	1825
S1.2.2	109998	63017	57.28922	2510	2.28186	80422	2398

续表

样品（sample name)	标签序列 (tags)	单元素序列 (singleton)	单元素序列的比例/%	匹配到的读序 (mapped reads)	匹配到的读序比例/%	净标签序列 (clean tags)	操作分类阶元 (OTU)
S1.2.3	110447	56751	51.38302	3153	2.854763	79703	2126
S1.2.4	123999	59013	47.59151	3612	2.912927	92364	1494

注：第一列 Sample name 是样品名称；第二列 Tags 是将测序数据经过拼接和质控后得到的长 reads 数目；第三列 singleton 是 singleton 的条数；第四列 singleton（%）是 singleton 占 clean reads 的比例；第五列 Mapped reads 是比对上 OTUs 的 clean reads 的条数；第六列 Mapped reads（%）是比对上 OTUs 的 reads 占 clean reads 的比例；第七列是过滤掉单拷贝和嵌合体后的 clean tags；第八列 OTUs 是样品所含有的 OTU 个数。

4．OTU分析

OTU 聚类：首先将序列完全一样的 clean reads 归为一种 tag，并统计每条 tag 对应的丰度（即 reads 数目），然后将 tags 根据其丰度大小进行排序，将其中的 singletons（指无法和其他片段匹配的单一 reads，即对应 reads 只有一条的序列）过滤掉，因为 singletons 可能由于测序错误造成，故将这部分序列去除，不进行后期 OTU 聚类，利用 usearch 在 0.97 相似度下进行聚类，对聚类后的序列进行嵌合体过滤后，得到用于物种分类的 OTU，最后将所有 clean reads 比对到 OTU 序列上，将能比对上 OTU 的 reads 提取出来，得到最终的 Mapped reads（表 7-15）。

统计各个样品每个 OTU 中的丰度信息，OTU 的丰度初步说明了样品的物种丰富程度。2 个季节 84 个样品共产生 154556 个 OTU，平均每个样品有 (1862.12±505.96) 个 OTU。每个样品 OTU 部分统计结果见表 7-15。

对原始数据进行 QC 之后，用 usearch 软件对数据进行去嵌合体和聚类的操作，usearch 聚类时，先将 reads 按照丰度从大到小排序，通过 97% 相似度的标准聚类，得到 OTU，每个 OTU 被认为可代表一个物种。在聚类过程中利用从头测序 (de novo) 方法去除嵌合体（chimeras）。接下来对每个样品的标签（tags）进行随机抽平处理，并提取对应的 OTU 序列。然后使用 QIIME 软件，做 α- 多样性指数的稀释曲线，根据稀释曲线选择合理的抽平参数，利用 QIIME 软件对得到的抽平后的 OTU 进行分析，首先从 OTU 中分别提取一条 reads 作为代表序列，将该代表序列与 16S RNA RDP 数据库比对，从而对每个 OTU 进行物种分类。归类后，根据每个 OTU 中序列的条数，得到 OTU 丰度表，最后根据该 OTU 丰度表进行后续分析。

OTU 抽平处理：由于不同样本对应的 reads 数量差距较大，为了保证后期分析结果合理，可以对每个样本的数据进行随机抽平处理，抽平参数根据 α- 多样性指数的稀释曲线来确定。

α- 多样性反映的是单个样品内部的物种多样性，常用的度量指标包括物种丰富度指数（observed species 指数)、chao1 指数、Shannon 指数以及 Simpson 指数、PD whole tree 指数等。物种丰富度指数和 chao1 指数反映了样品中群落的丰富度（species richness），即简单指群落中物种的数量，而不考虑群落中每个物种的丰度情况。这两个指数对应的稀释曲线还可以反映样品测序量是否足够。如果曲线趋于平缓或者达到平台期，就可以认为测序深度已经基本覆盖到样品中所有的物种；反之，则表示样品中物种多样性较高，还存在较多未被测序检测到的物种。图 7-103 展示了样品 chao1 指数和 observed species 指数的稀释曲线图。结果显示，各样品均具有较好的物种丰富度，且不同样品的物种丰富度存在明显差异；在测序达到一定深度后，各样品的 chao1 指数和 observed species 指数的稀释曲线趋于平缓或者达到平台期，表明测序深度已经基本覆盖到样品中所有的物种。

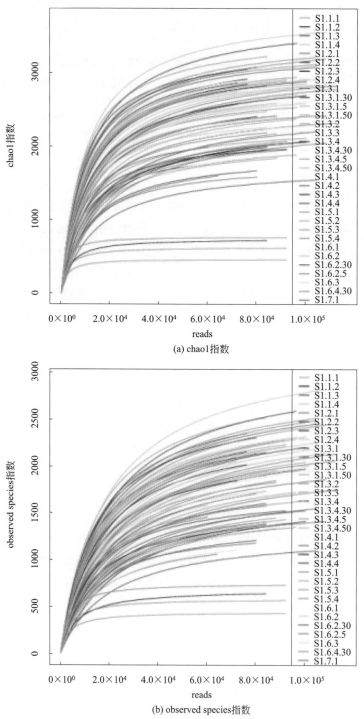

(a) chao1指数

(b) observed species指数

图7-103 样品物种丰富度α-多样性指数（chao1指数和observed species指数）稀释曲线图

香农指数（Shannon 指数）以及辛普森指数（Simpson 指数）反映群落的多样性（species diversity），受样品群落中物种丰富度（species richness）和物种均匀度（species evenness）的影响。相同物种丰富度的情况下，群落中各物种具有越大的均匀度，则认为群落具有越大的多样性。Shannon 指数和 Simpson 指数值越大，说明个体分配越均匀。如果每一个体都属于不同的种，则 Shannon 指数和 Simpson 指数就大，如果每一个体都属于同一种，则 Shannon 指数和 Simpson 指数就小。图 7-104 展示了部分样品 Shannon 指数和 Simpson 指数稀释曲线图。结果表明，绝大多数样品的 Shannon 指数和 Simpson 指数稀释曲线很快就到达了平台期，说明各个样品均具有较好的物种多样性，而且不同个体属于不同种的可能性大，即物种均匀度大。

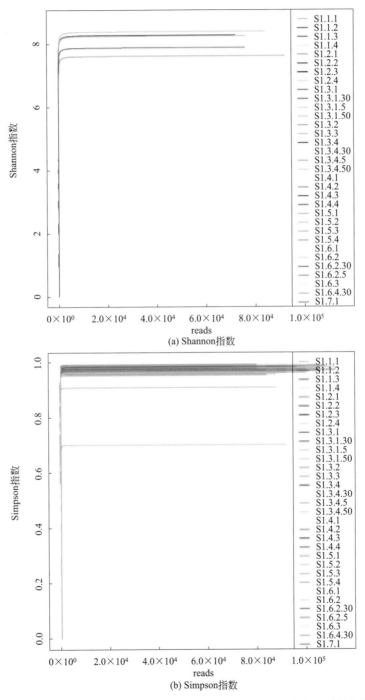

图7-104 样品物种多样性α-指数（Shannon指数和Simpson指数）稀释曲线图

　　谱系多样性指数（PD-whole-tree 指数）反映了样品中物种对进化历史保存的差异，PD-whole-tree 指数越大，说明物种对进化历史保存的差异越大。测序深度指数（Goods-coverage 指数）反映了测序的深度，Goods-coverage 指数接近 1，说明测序深度已经基本覆盖到样品中所有的物种。图 7-105 展示了样品 PD-whole-tree 指数和 Goods-coverage 指数的稀释曲线

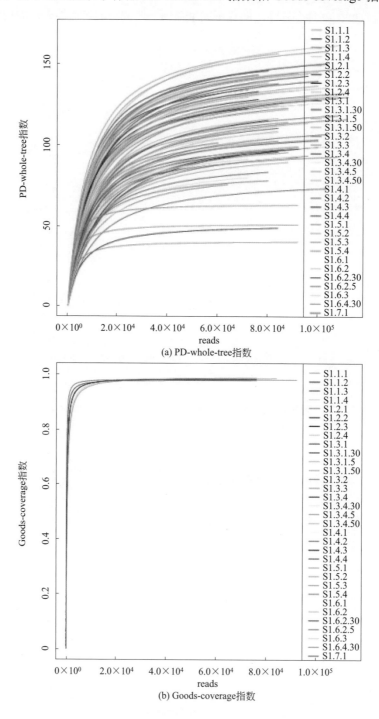

图7-105　PD-whole-tree指数和Goods-coverage指数稀释曲线图

图。图中一条曲线代表一个样品，横轴表示从某个样品中随机抽取的 clean reads 数目，纵轴表示该 reads 数目对应的 α- 多样性指数的大小。在 Goods-coverage 指数的稀释曲线图中，随着测序深度的增加，当曲线趋于平缓时表示此时的测序数据量比较合理。

根据 α- 多样性分析，兼顾测序饱和度和样品完整性，对每个样品随机抽取了 60623 条 reads。表 7-16 展示了抽平后的部分样品 OTU 统计信息。

表7-16　抽平后样品OTU统计

样品	抽平后的读序数量	最终的OTUs数量
S1.1.1	60623	1643
S1.1.2	60623	2055
S1.1.3	60623	2266
S1.1.4	60623	2041
S1.2.1	60623	1468

注：第一列 sample name 是样品名称；第二列 even_reads_num 是抽平的 reads 数，第三列 final_OTUs 是抽平后样品所含有的 OTU 个数。

5. 核心微生物组(core microbiome)分析

图 7-106 展示了各样品共有 OTU 数与样本数的关系。图 7-106 中表示的是覆盖一定比例以上样品的共有 OTU 数目，横坐标是覆盖样品的比例，纵坐标是统计的覆盖大于此比例样品的共有 OTU 数目。例如，若一个 OTU 覆盖 50% 以上的样品，则在 > 0.5 的横坐标所对应的纵坐标的 OTU 数目加 1，分析所有的 OTU 后，统计得出覆盖 50% 以上样品的 OTU 数目。

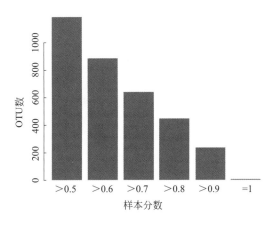

图7-106　共有OTU数与样本数的关系

结合 OTU 所代表的物种，可以找出核心微生物组（即覆盖 90% 样品的微生物组）。冬季和春季 84 份样品的核心微生物组（core microbiome）共包含 236 个 OTUs，其部分物种信息如表 7-17 所列。

表7-17 核心微生物组OTU列表

OTU编号	分类水平	分类阶元名称
denovo131	科	小梨形菌科（Pirellulaceae）
denovo183	属	德沃斯菌属（Devosia）
denovo18	目	未分类的1目JG30-KF-CM45
denovo503	科	类诺卡菌科（Nocardioidaceae）
denovo718	目	芽胞杆菌目（Bacillales）
denovo1974	科	根瘤菌科（Rhizobiaceae）
denovo1375	属	白色杆菌属（Leucobacter）
denovo6390	科	小梨形菌科（Pirellulaceae）

6. 冬季和春季共有和特有的OTU

在 0.97 的相似度下，得到了每个样品的 OTU 个数，利用韦恩 Venn 图可以展示多样品共有和各自特有 OTU 数目，直观展示样品间 OTU 的重叠情况。结果表明，冬季和春季样品鉴定到的 OTU 数目分别为 5472 个和 6858 个，春季的 OTU 比冬季略丰富；冬季和春季特有的 OTU 数目分别为 598 个和 1984 个，而共有的 OTU 数目为 4874 个，说明垫料的微生物群落具有一定的稳定性（图 7-107）。图 7-107 中，不同颜色图形代表不同样品或者不同组别，不同颜色图形之间交叠部分数字为两个样品或两个组别之间共有的 OTU 个数；同理，多个颜色图形之间交叠部分数字为多个样品或组别之间共有 OTU 个数。

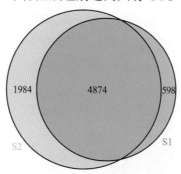

图7-107 冬季(S1)和春季(S2)的OTU Venn图分析

7. 基于OTU丰度的主成分分析

主成分分析（principal component analysis，PCA）是一种分析和简化数据集的技术。主成分分析经常用于减少数据集的维数，保持数据集中的对方差贡献最大的特征。这是通过保留低阶主成分、忽略高阶主成分而做到的。保留的低阶成分往往能够最大程度地保留住数据的重要特征。PCA 运用降维的思想，通过分析不同样品 OTU（97% 相似性）组成可以反映样品的差异和距离，将多维数据的差异反映在二维坐标图上，坐标轴取对方差贡献最大的前两个特征值。两个样品的距离越近，则表示这两个样品的组成越相似。不同处理或不同环境间的样品可能表现出分散和聚集的分布情况，从而可以判断相同条件的样品组成是否具有相似性。结果表明，2 个季节的部分样品的微生物组成具有一定的相似性（图 7-108）。图 7-108

中，横坐标表示第一主成分，括号中的百分比则表示第一主成分对样品差异的贡献率；纵坐标表示第二主成分，括号中的百分比表示第二主成分对样品差异的贡献率；图中各点分别表示各个样品；不同颜色代表样品属于不同的分组，S1 和 S2 分别为冬季和春季。

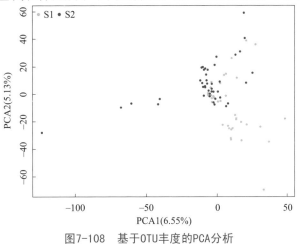

图7-108　基于OTU丰度的PCA分析

8. 秩-多度曲线（Rank-Abundance Curve）

秩 - 多度曲线（Rank-Abundance Curve）能同时解释样品所含物种的丰富度和均匀度。物种的丰富程度由曲线在横轴上的长度来反映，曲线越宽，表示物种的组成越丰富；物种组成的均匀程度由曲线的形状来反映，曲线整体斜率越大则表示样品中各物种所占比例差异越大。如图 7-109 所示，各个样品的曲线在横轴上均在 10^3 左右，说明各样品具有较高的丰富度；各曲线的斜率相对较大，且有一定差异，表明各样品的均匀度较好，且样品间的均匀度存在差异。

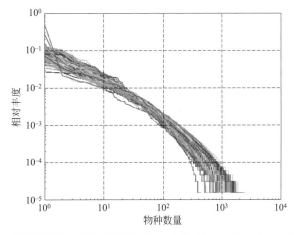

图7-109　冬季和春季84份样品的秩-多度曲线（Rank-Abundance Curve）图

9. 物种累积曲线

物种累积曲线（species accumulation curves）用于描述随着抽样量的加大物种增加的状况，是了解调查样地物种组成和预测物种丰富度的有效工具，在生物多样性和群落调查中，被广泛用于抽样量充分性的判断以及物种丰富度（species richness）的估计。因此，通过物种累积曲线不仅可以判断抽样量是否充分，而且在抽样量充分的前提下，运用物种累积曲线还可以对物种丰富度进行预测。使用 R 语言 vegan 软件包中的 Specaccum 函数进行垫料样品的物种累积曲线分析，结果如图 7-110 所列。结果表明，随着抽样 reads 的增加，垫料样品的物种累积曲线迅速趋于平缓，最后达到平台期，这说明抽样量具有足够的充分性，同时样品具有较好的物种丰富度。

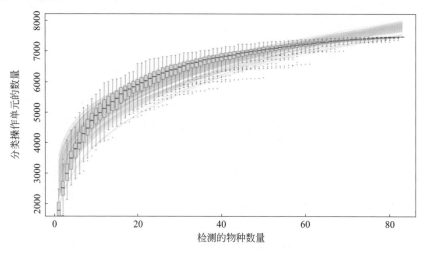

图7-110　Specaccum物种累积曲线

10．物种分类和丰度分析

（1）物种注释分析　从各个 OTU 中挑选出丰度最高的一条序列，作为该 OTU 的代表序列。使用 RDP 算法，将该代表序列与已知物种的 16S 数据库进行比对，从而对每个 OTU 进行物种归类。如表 7-18 所列，共鉴定出的 OTU 数目为 7456 个，可鉴定到科和属水平的 OTU 分别为 4886 个和 2351 个，各样品的 OTU 数目在 1643 ～ 2467 个之间。

表7-18　OTU注释统计

项目	数量/个
总OTUs数量	7456
鉴定到科水平的OTUs数量	4886
鉴定到属水平的OTUs数量	2351
鉴定到种水平的OTUs数量	246
每个样品的最小OTUs数量	1643
每个样品的最大OTUs数量	2467

（2）物种丰度分析　分别在门、纲、目、科、属分类等级对各个样品作相应的物种堆叠柱状图，如图 7-111 所示。图 7-111 展示了各样品在门分类等级上的前 20 位物种堆叠柱状图。其中丰度在前 5 位的分别是放线菌门、厚壁菌门、变形菌门、拟杆菌门和绿弯菌门，这与一般的土壤样品（变形菌门排第一位）存在明显差异。

图7-111　样品门分类水平上物种堆叠柱状图（TOP20）

横轴为样品名称，纵轴为相对丰度的比例。颜色对应不同物种名称，色块长度表示该色块所代表物种的相对丰度的比例

为了充分比较冬季和春季样品在门水平上的组成差异，分别将相对丰度在前10位的门进行物种堆叠柱状图（图7-112）和相对丰度在前10位的属进行物种堆叠星图（star）（图7-113）的进一步展示。在物种堆叠星图中，一个星形图代表一个样品的物种相对丰度信息。每个星形图中的扇形代表一个物种，用不同颜色区分，用扇形的半径来代表物种相对丰度的大小，扇形半径越长代表此扇形所对应的物种的相对丰度越高。这两个图均能直观而形象地展示出不同样品在门和属水平的物种组成差异性。特别是在物种堆叠星图中，可以看出：① TOP10的属在各个样品中的丰度存在显著差异；② 各个样品中的优势属是各不相同的；③ 棒杆菌属（*Corynebacterium*）、葡萄球菌属（*Staphylococcus*）、梭菌属（*Clostridium*）是多数样品的优势属，而且这3个属主要来源于人和动物，明显区别于一般的土壤样品。

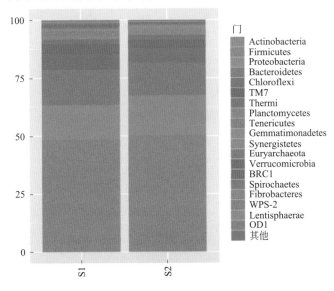

图7-112　冬季和春季门分类水平的物种堆叠柱状图

横轴为分组名称，纵轴为相对丰度的比例。颜色对应不同物种名称，色块长度表示该色块所代表物种的相对丰度的比例

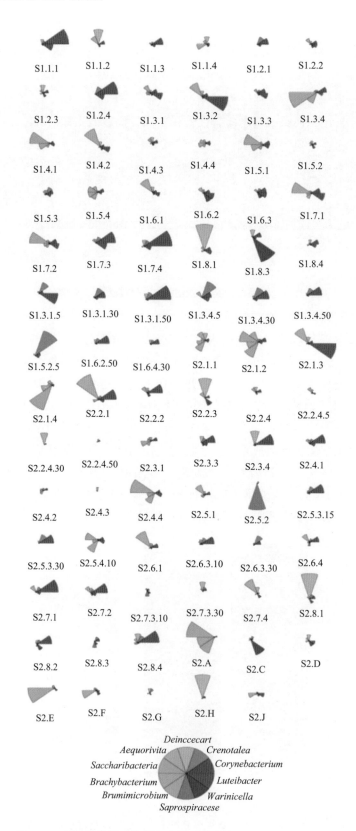

图7-113 冬季和春季84份样品中属分类水平的top10物种堆叠星图

（3）物种热图分析　物种热图（Heatmap）是以颜色梯度来代表数据矩阵中数值的大小并能根据物种或样品丰度相似性进行聚类的一种图形展示方式。聚类结果加上样品的处理或取样环境分组信息，可以直观地观察到相同处理或相似环境样品的聚类情况，并直接反映了样品的群落组成相似性和差异性。本分析内容分别在门、纲、目、科、属、种分类等级进行 Heatmap 聚类分析。纵向聚类表示所有物种在不同样品间的相似情况，距离越近，枝长越短，说明样品的物种组成及丰度越相似。横向聚类表示该物种在各样品中丰度的相似情况，与纵向聚类一样，距离越近，枝长越短，说明两物种在各样品间的组成越相似。图 7-114 展示了冬季和春季 84 份样品的物种热图。

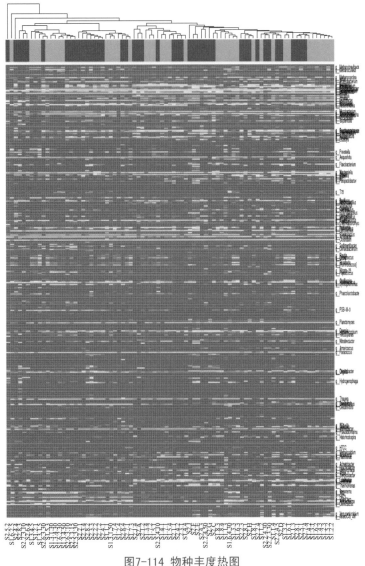

图7-114　物种丰度热图

如有样品分组信息，图中前两行为样品分组信息（如只有一种分组情况，则只有一行），颜色与图例对应

11．样品复杂度分析

（1）单个样品复杂度分析　表7-19展示了冬季和春季部分样品的各 α-多样性的chao1指数，

Goods-corerage observed-species 指数、PD-whole-tree 指数、Shannon 指数和 Simpson 指数统计结果。其中，Goods-coverage 指数和 Simpson 指数均接近 100% 或 1，表明有较好的 α - 多样性。

表7-19　部分样品 α - 多样性统计结果

样品名称	chao1指数	Goods-coverage指数	observed-species指数	PD-whole-tree指数	Shannon指数	Simpson指数
S1.6.4.30	3076.52	0.988519	2227	140.2418	8.201338	0.987794
S2.8.2	3204.837	0.987485	2322	127.0928	7.974412	0.982028
S1.3.4.50	2430.234	0.990418	1728	115.2661	7.446158	0.979526
S2.3.3	2853.009	0.988969	2194	133.8351	8.093712	0.985735

如图 7-115 所示为冬季和春季样品的 α - 多样性盒形图，能更直观地显示组间 α - 多样性差异。盒形图是为表示定量变量所常用的图形之一，其他几类图形有直方图、茎叶图、散点图，都属于质量管理等方面的统计工具。盒子（矩形框）是盒形图的主体，中间的黑色横线是数据的中位数（median），即数据中占据中间位子的数，数据中有 1/2 大于中位数（在其之上）、另 1/2 小于中位数（在其之下）。盒子的上下两边称为上下四分位数（Hinges），其意义为：数据中有 1/4 的数目大于上四分位数（即盒子的上边），另外有 1/4 的数目小于下四分位数（即盒子的下边），也就是在盒子之下。也就是说，有 1/2 的数目在中间封闭盒子的范围内，有 1/2 分布在盒子上下两边。在盒子上下两边分别有一条纵向的线段，叫触须线。上截止横线是变量值本体最大值，下截止横线是变量值本体最小值。本体指的是除异常值和极值以外的变量值，称为本体值。异常值标记为 o，极值标记为 *。高于触须线上截止横线的值的取值范围为：①异常值 $x >$ 上四分位数 $+1.5IQR$，②极值 $x >$ 上四分位数 $+3.0IQR$；低于触须线下截止横线的值的取值范围为：①异常值，$x <$ 下四分位数 $-1.5IQR$；②极值，$x <$ 下四分位数 $-3.0IQR$；从而表明盒子外面数值点的分布。IQR（interquartile range）= 上四分位数 - 下四分位数。

从图 7-115 可以看出：①春季的度量比冬季的分散得多；②冬季和春季的 Simpson 指数几乎没有差异，而且数值均较高，春季的 Goods_coverage 指数略优于冬季，其他 4 个指数均为冬季优于春季（主要根据中位数和盒子的位置来判断）。

多样性的各个指数进行秩和检验分析（若两组样品比较则使用 R 中的 wilcox.test 函数，若两组以上的样品比较则使用 R 中的 kruskal.test 函数），通过秩和检验筛选不同条件下的显著差异的 α - 多样性指数。如表 7-20 所列，冬季和春季的 Shannon 指数和 Simpson 指数均没有显著差异，其 P 值分别为 0.126908 和 0.103608（远大于 0.05 或 0.01），其他 4 个 α - 多样性指数均具有显著差异，表明冬季和春季垫料样品中的物种丰富度存在明显差异。

表7-20　α - 多样性指数差异检验

α - 多样性指数	冬季平均值	春季平均值	P值
chao1	2423.567	2105.283	0.016903
Goods-coverage	0.990603	0.991986	0.01393
observed-species	1767.923	1522.636	0.01857
PD-whole-tree	113.9643	96.05387	0.000655

续表

α-多样性指数	冬季平均值	春季平均值	P值
Shannon	7.451308	7.179553	0.126908
Simpson	0.977329	0.969371	0.103608

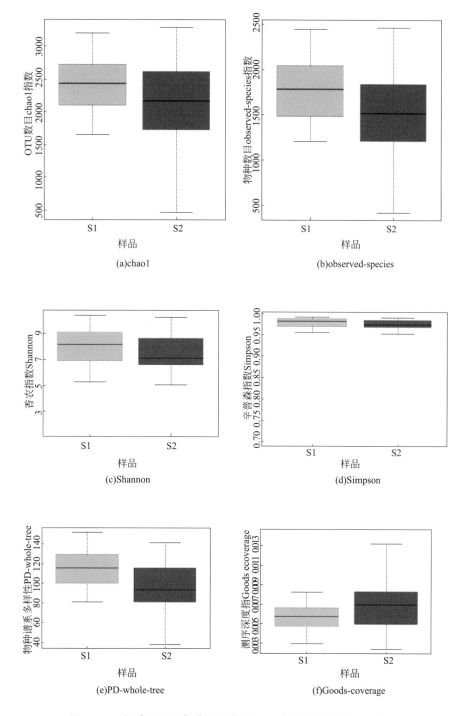

图7-115　冬季(S1)和春季(S2)样品的α-多样性盒形图(boxplot)

（2）样品间复杂度分析　与 α - 多样性分析不同，β - 多样性分析是用来比较一对或一组样品在物种多样性方面存在的差异大小。

UniFrac 是通过利用系统进化的信息来比较样品间的细菌群落差异。其计算结果可以作为一种衡量 β - 多样性的指数，它考虑了物种间的进化距离，该指数越大表示样品间的差异越大。UniFrac 结果分为加权 UniFrac（weighted UniFrac）与非加权 UniFrac（unweighted UniFrac）两种，其中 weighted UniFrac 考虑了序列的丰度，unweighted UniFrac 不考虑序列丰度。图 7-116 展示了 UniFrac 的距离分布热图（heatmap），通过对 UniFrac 结果的聚类，具有相似 β - 多样性的样品聚类在一起，反映了样品间的相似性。截取部分 β - 多样性值统计的数据矩阵如表 7-21（weighted-Unifrac）和表 7-22（unweighted-Unifrac）所列。

表7-21 加权物种丰度信息计算得到的样品β-多样性数据矩阵（weighted-Unifrac）

项目	S1.6.4.30	S2.8.2	S1.3.4.50	S2.3.3	S1.3.1.50
S1.6.4.30	0	0.277339	0.225499	0.295431	0.276327
S2.8.2	0.277339	0	0.293183	0.168633	0.228792
S1.3.4.50	0.225499	0.293183	0	0.257668	0.261996
S2.3.3	0.295431	0.168633	0.257668	0	0.285235
S1.3.1.50	0.276327	0.228792	0.261996	0.285235	0

表7-22 非加权物种丰度信息计算得到的样品β-多样性数据矩阵（unweighted-Unifrac）

项目	S1.6.4.30	S2.8.2	S1.3.4.50	S2.3.3	S1.3.1.50
S1.6.4.30	0	0.436771	0.361715	0.448344	0.365867
S2.8.2	0.436771	0	0.472899	0.352892	0.443735
S1.3.4.50	0.361715	0.472899	0	0.466884	0.36036
S2.3.3	0.448344	0.352892	0.466884	0	0.450683
S1.3.1.50	0.365867	0.443735	0.36036	0.450683	0

根据各样品差异性的统计结果，对样品进行聚类分析并计算样品间距离，以判断各样品物种组成的相似性。冬季和春季 84 份样品的聚类分析结果如图 7-116 所示。样品越靠近，说明两个样品的物种组成越相似。

为了进一步展示样品间物种多样性差异，使用 PCoA 分析的方法展示各个样品间的差异大小。图 7-117 给出了 PCoA 对样品间物种多样性的分析结果，如果两个样品距离较近，则表示这两个样品的物种组成较相近。PCoA 是一种研究数据相似性或者差异性的可视化方法，它没有改变样品点之间的项目位置关系，只改变了坐标系统。图 7-117 中横坐标表示第一主成分，括号中的百分比则表示第一主成分对样品差异的贡献率；纵坐标表示第二主成分，括号中的百分比表示第二主成分对样品差异的贡献率。图中点分别表示各个样品，绿色代表冬季样品，蓝色代表春季样品。从结果来看，与加权的相比，非加权的冬季和春季样品间物种多样性的差异更加显著，其他环境微生物组分析结果中也存在类似的情况（如美国加利福尼亚州不同产区葡萄糖汁中的细菌）。

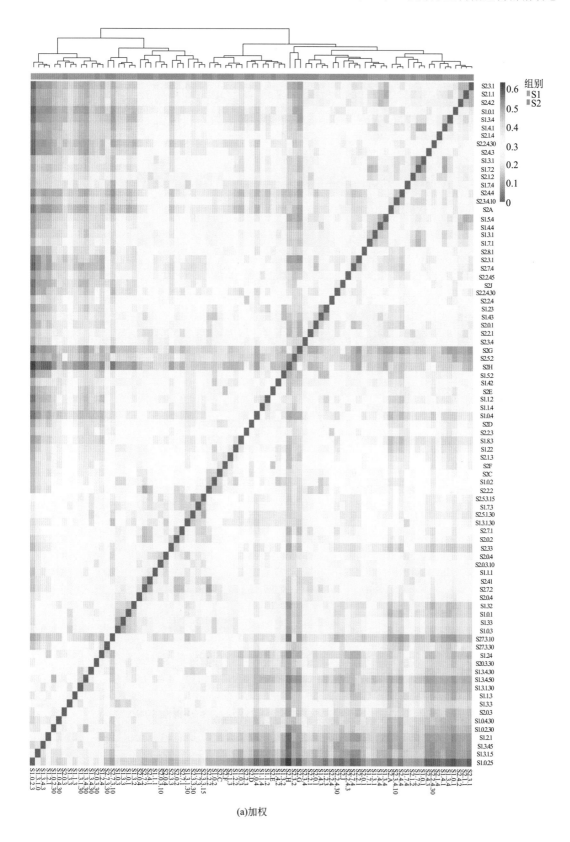

(a)加权

图7-116

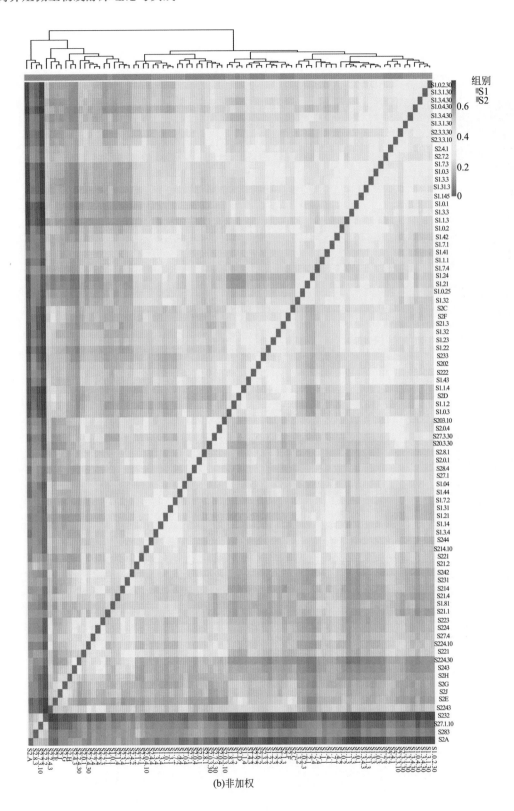

图7-116　冬季和春季84份样品的β-多样性热图和聚类分析

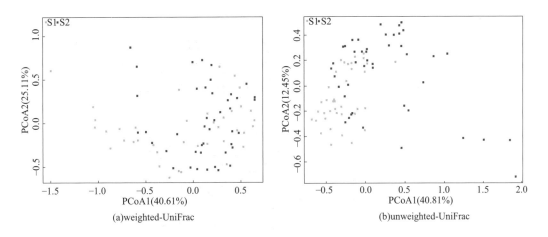

(a)weighted-UniFrac　　　　　　　　　　(b)unweighted-UniFrac

图7-117　冬季和春季84份样品的β-多样性PCoA分析图

12. 显著性差异分析

（1）LEfSe（LDA Effect Size）分析　LEfSe 分析即线性判别分析（linear discriminant analysis， LDA）结合 Effect Size 分析，一般采用 LEfSe 在线分析工具。采用线性判别分析（LDA）来估算每个组分（物种）丰度对差异效果影响的大小，找出对样品划分产生显著性

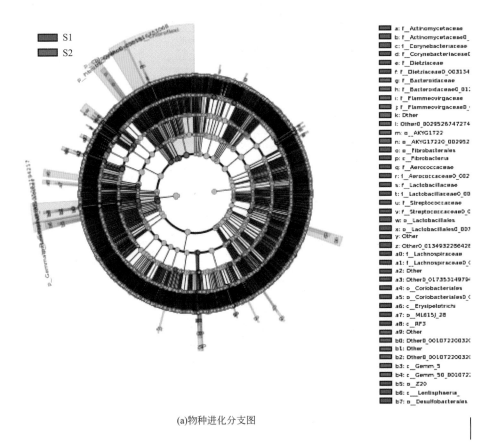

(a)物种进化分支图

图7-118

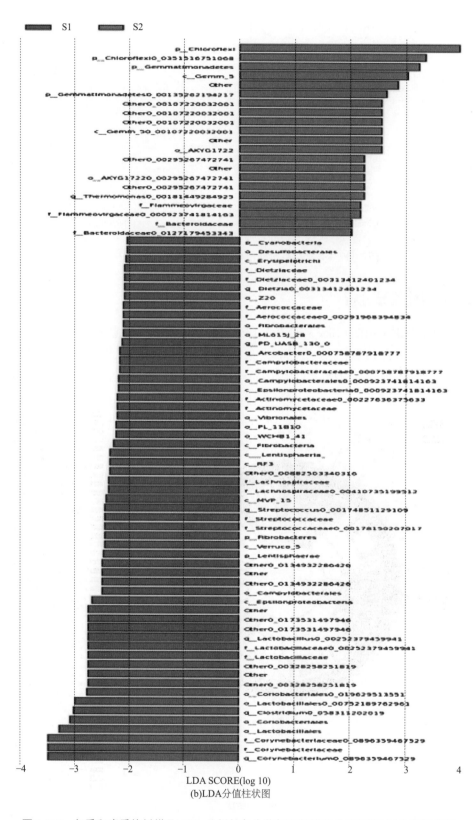

图7-118 冬季和春季垫料样品LEfSe分析的各生物标识的进化分支图和LDA分值柱状图

差异影响的群落或物种，即寻找微生物组数据中的生物标识。

线性判别分析也叫作 Fisher 线性判别（Fisher linear discriminant，FLD），是模式识别的经典算法，它是在 1996 年由 Belhumeur 引入模式识别和人工智能领域的。鉴别分析的基本思想是将高维的模式样本投影到最佳鉴别矢量空间，以达到抽取分类信息和压缩特征空间维数的效果，投影后保证模式样本在新的子空间有最大的类间距离和最小的类内距离，即模式在该空间有最佳的可分离性。因此，它是一种有效的特征抽取方法。使用这种方法能够使投影后模式样本的类间散布矩阵最大，并且同时类内散布矩阵最小。

LEfSe 在线分析工具可以实现多个分组之间同时比较，而且还涉及分组比较的内部进行亚组分析比较。其基本步骤分为两步：第一步，先进行两组之间的比较，或者多组之间两两比较选出差异的待选标志物 Marker；第二步，分别对两组之内的亚组进行差异比较，同样存在差异一致性定义为最终标志物 Marker。

图 7-118 展示了冬季和春季样品的 LEfSe 分析结果，图 7-118(a) 为物种进化分支图，图中由内至外的圆圈代表了由门至属的分类级别；不同分类级别上的每一个小圆点代表该水平上的一个分类阶元，小圆点的大小代表了其相对丰度大小。图中各颜色的含义分别是：黄色节点表示的是在不同分组中均没有起到重要作用的微生物类群，即无显著差异的物种；红色和绿色分别代表冬季和春季样品中的显著差异的物种组成。未能在进化分支图中显示的生物标识的物种名称在右侧图例中进行展示，字母及编号与图中一一对应。

图 7-118(b) 是统计不同分组中有显著作用的微生物类群通过 LDA 线性回归分析后得到的 LDA 分值柱状图。它展示了 LDA 分值大于预设值的显著性差异物种，即具有统计学差异的生物标识；默认预设值为 2，只有 LDA 分值大于 2 的物种才会显示在该图中；柱子的长短代表各个生物标识的 LDA 分值，即不同组间显著差异物种的影响程度。结果表明，不同季节各自对应不同的对显著性差异具有突出贡献的物种（即生物标识），而且，冬季的生物标识明显多于春季。

（2）OTU 水平的差异分析　表 7-23 显示了在冬季和春季组间有显著差异的 20 个 OTUs（$P<0.05$，Kruskal-Wallis test）。

表7-23　显著差异的OTU列表

OTU编号	夏季平均值	春季平均值	P值	分类阶元
denovo227	0.00072313	0.001578	0.007598649	*Luteimonas*藤黄色单胞菌属
denovo4232	8.90×10^{-6}	3.76×10^{-7}	0.001784556	Bacteriovoracaceae噬菌弧菌科
denovo4046	8.48×10^{-6}	3.01×10^{-6}	0.013035265	Lachnospiraceae毛螺菌科
denovo251	0.000697698	0.000808	0.048666832	*Planctomyces*浮霉菌属
denovo472	8.69×10^{-5}	0.000427	0.006295808	*Syntrophomonas*互营单胞菌属
denovo3832	0	7.51×10^{-6}	0.017903496	Ruminococcaceae瘤胃球菌科

OTU编号	夏季平均值	春季平均值	P值	分类阶元
denovo650	0	0.000747	0.010035346	*Rhodococcus*红球菌属
denovo976	0	0.000179	0.010033659	*Thermomonas*热单胞菌属
denovo1685	8.90×10^{-6}	2.48×10^{-5}	0.012274982	*Clostridium*梭菌属
denovo3889	4.24×10^{-7}	9.39×10^{-6}	0.021941718	*Dethiobacter*脱硫杆菌属
denovo949	0	0.000204	0.005591301	JG30-KF-CM45未分类的1目
denovo5222	2.54×10^{-6}	0	0.03143593	Verrucomicrobiaceae疣微菌科
denovo6016	4.66×10^{-6}	3.76×10^{-7}	0.00381996	*Methylophaga*噬甲基菌属
denovo3279	3.43×10^{-5}	4.13×10^{-6}	0.000205427	*Sphaerochaeta*长发球形菌属
denovo6215	0.000920656	0.000542	0.017778209	*Clostridium*梭菌属
denovo1069	4.24×10^{-7}	6.42×10^{-5}	0.000984704	Clostridiales梭菌目
denovo1208	0	0.000123	0.010033659	Pseudomonadaceae假单胞菌科
denovo5046	4.24×10^{-6}	3.76×10^{-7}	0.03233758	WCHD3-02未分类的1科
denovo5505	3.39×10^{-6}	7.51×10^{-7}	0.037219715	*Anaeromusa*厌氧香蕉菌属
denovo1722	4.24×10^{-7}	3.94×10^{-5}	0.00100674	Gammaproteobacteria γ-变形菌纲

（3）属水平的差异分析　通过 Kruskal-Wallis test 分析可以找出在冬季和春季组间有明显差异（$P<0.05$）的属共有 136 个，表 7-24 展示了部分结果，可看到各属的基本信息。

表7-24　差异显著的属基本信息列表

物种名称	冬季平均值	春季平均值	P值
*Methanobrevibacter*甲烷短杆菌属	0.000775	0.000525	0.020195
*Methanomethylovorans*甲烷噬甲基菌属	1.02×10^{-5}	1.50×10^{-6}	0.008736
*Iamia*应微所菌属	0.000412	0.000724	0.024142
*Georgenia*乔治菌属	0.001107	0.002121	0.004871

注：第二列和第三列分别为两组样品的均值；最后一列是秩和检验的 P 值。下同。

为了直观地展示这些具有显著差异的属，分别对它们进行热图分析（图 7-119）和 PCoA 分析（图 7-120）。从中可以看出，冬季和春季的差异属可以分别聚类在一起（图 7-120）。

（4）全水平的差异分析　使用 R 中的 kruskal.test 函数，分别从门、纲、目、科、属水平，通过秩和检验对冬季和春季样品筛选显著差异（$P<0.05$）的物种，共找到 317 个。部分信息展示在表 7-25 中。

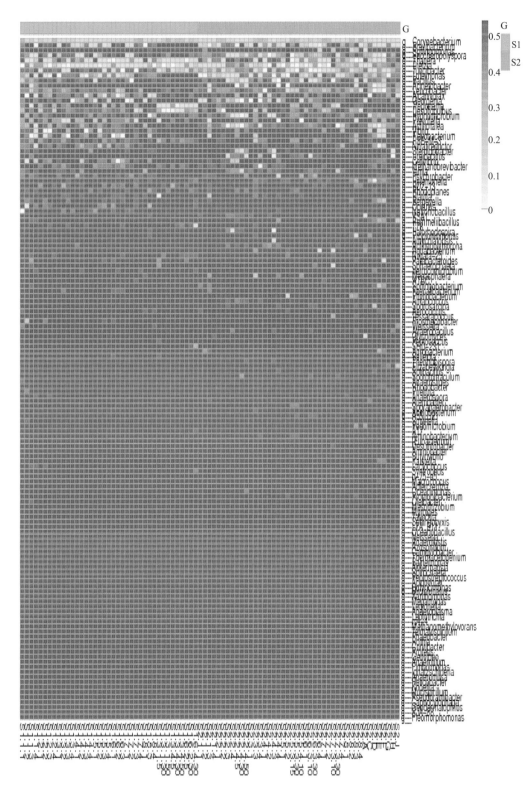

图7-119　冬季和春季差异物种（属水平）的热图分析

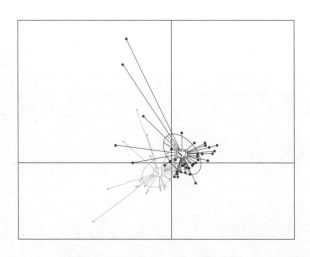

图7-120　冬季和春季垫料样品中具有显著差异的属的PCoA分析

表7-25　冬季和春季所有水平上差异显著的物种列表

物种名称	冬季平均值	春季平均值	P值
Crenarchaeota泉古菌门	0.000115	4.36×10^{-5}	0.019192
MCG未分类的1纲	0.000113	4.25×10^{-5}	0.020142
pGrfC26未分类的1目	0.000113	4.25×10^{-5}	0.020142
Euryarchaeota广古菌门	0.006431	0.004513	0.049248
Methanobacteria甲烷杆菌纲	0.000821	0.000567	0.023326
Methanobacteriales甲烷杆菌目	0.000821	0.000567	0.023326
Methanobacteriaceae甲烷杆菌科	0.000802	0.000565	0.035802
*Methanobrevibacter*甲烷短杆菌属	0.000775	0.000525	0.020195
WSA2未分类的1科	1.91×10^{-5}	2.25×10^{-6}	0.002006

　　同样，为了直观地展示这些具有显著差异的OTU，分别对它们进行热图（图7-121）和PCoA分析（图7-122）。从中可以看出，冬季和春季的各差异的OTU可以分别聚类在一起（图7-122）。

13．冗余(RDA)分析

　　梯度分析理论，如基于单峰模型的典型对应分析（canonical correspondence analysis，CCA）和基于线性模型的冗余分析（redundancy analysis，RDA），可用于多指标之间的对比，进行描述环境变迁的可信度（显著性）及解释的能力（重要性）等问题的统计学定量刻画。其中RDA是一种直接梯度分析方法，能从统计学的角度来评价一个或一组变量与另一组多变量数据之间的关系。图7-123展示了微生物发酵床垫料中的微生物组与季节因子（即气温）的RDA分析（即关联性分析）结果，为了保证图中字符不重叠，物种名取了前8个字符来代表，图中标出了丰度为TOP20的物种。蓝色线条与红色线条成锐角，表示这些物种与季节因子（气温）呈正相关；与红色线条成钝角，表示这些物种与季节因子（气温）呈负相关，但它们与季节因子（气温）均具有明显的相关性。

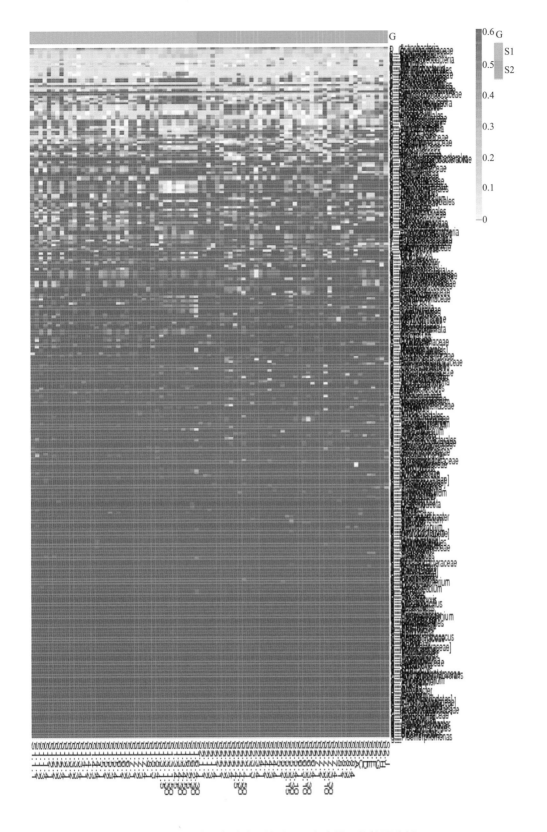

图7-121　冬季和春季差异物种（所有水平）的热图分析

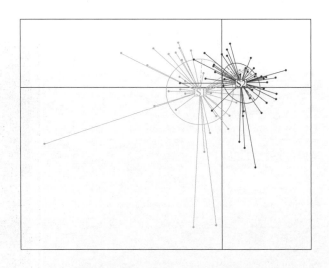

图7-122　冬季和春季垫料样品中具有显著差异的属的PCoA分析

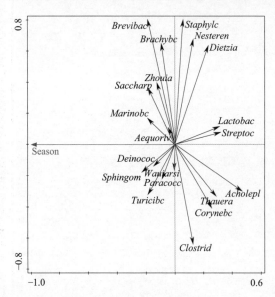

图7-123　微生物发酵床垫料中的微生物组与季节因子（气温）的关联性分析

三、发酵床微生物组的季节性变化

1．概述

微生物发酵床垫料中的微生物消纳处理畜禽粪便，细菌在降解过程中起重要作用。早期发酵床微生物研究主要依赖于传统的分离培养法。赵国华等（2015）采用常规的分离培养法研究了养猪发酵床垫料中的微生物群落构成，芽胞杆菌为垫料中的优势菌，起着降解垫料有机质的作用，随着发酵床寿命的延长，其中的微生物群落多样性逐渐降低。王震等（2015）同样发现芽胞杆菌是发酵床垫料中的优势细菌，并参与猪粪降解与发酵床病原生防过程。依靠分离培养技术，大量的除臭菌、猪粪降解菌得到了更深入的研究与应用。但该方法操作周期长，过程烦琐，很难完全分离到垫料中的不可培养的厌氧菌及特殊营养类型微生物。脂肪酸标记法与聚合酶链反应 - 变性梯度凝胶电泳（PCR-DGGE）技术无分离培养过程，能够较为全面地揭示微生物多样性。刘波等（2008）采用微生物群落脂肪酸生物标记分析了零排放猪场垫料多样性，共检测出 37 个垫料微生物生物标记。宦海琳等（2014）采用 PCR-DGGE 技术对发酵床垫料基质中的细菌群落多样性进行研究，结果表明垫料中的主要菌群是节杆菌属、放线菌属、芽胞杆菌属和梭菌属等，垫料的组成影响其中的微生物群落结构。随着测序技术的发展，宏基因组测序技术成为研究环境微生物、微生物之间以及微生物与环境因子相互作用的有力工具。该技术绕过传统纯培养技术的瓶颈，研究包含特定生境中微生物的全部遗传信息，更全面地揭示了微生物多样性（李翔等，2007）。

温度是影响微生物生长和代谢的重要因素。温度可以影响细胞内的生化反应，具体如可以通过影响微生物细胞的酶活性、细胞质膜流动性及环境因子等进而影响微生物的生长。Ren 等（2016）采用 16S rDNA 基因序列高通量测序技术分析牛粪堆肥中的微生物组结构与变化，发现主要的细菌为拟杆菌门、变形菌门、厚壁菌门及放线菌门，并且发酵各阶段具有不同的细菌群落。笔者前期研究发现，在发酵的不同阶段，垫料中的优势微生物不同，随着发酵时间延长，棒状杆菌属、芽胞杆菌属、枝芽胞杆菌属、假单胞菌属、放线菌属、乳杆菌属含量增加（Chen et al.，2017）；基于宏基因组分析养猪发酵床微生物组季节性变化的研究未见报道。

为了揭示夏季高温与冬季低温胁迫下发酵床垫料微生物组多样性，研究采用 Illumina 二代测序技术，分析了原位微生物发酵床夏季和冬季的微生物群落结构，研究细菌多样性与温度的关系，可为夏冬季节发酵床的维护和发酵床猪粪的生物降解提供理论依据。

2．研究方法

（1）材料

①采样地点　微生物发酵床位于福建省福清渔溪现代设施农业样本工程示范基地。微生物组采样季节选择夏季和冬季。

② 发酵床夏季和冬季样本采集方法　夏季样本取自微生物发酵床 7 月表层垫料，冬季样本取自同年 12 月微生物发酵床表层垫料。采用五点取样法采集，同时进行三次重复采样，混合每次采集的垫料，进行细菌多样性研究。垫料由 70% 椰糠和 30% 谷壳粉构成。7 月份发酵床室内平均温度为 30.13℃，12 月为 15.67℃。夏季样本为 s1、s2 和 s3；冬季样本为 w1、w2 和 w3。

（2）方法

① 微生物发酵床垫料总 DNA 的提取。按土壤 DNA 提取试剂盒 FastDNA SPIN Kit for Soil 的操作指南，称取 500 mg 垫料样本进行总 DNA 的提取。采用琼脂糖凝胶电泳检测总 DNA 浓度，稀释至终浓度为 1ng/μL 开展后续试验。

② 微生物组 16S rDNA V3-V4 区测序。采用原核生物 16S rDNA 基因 V3-V4 区通用引物 U341F 和 U785R 对各垫料样本总 DNA 进行 PCR 扩增，PCR 反应重复三次。取相同体积混合后进行目的片段回收，所用胶回收试剂盒为 AxyPrepDNA 凝胶回收试剂盒（Axygen 公司）。采用 QuantiFluor™ -ST 蓝色荧光定量系统（Promega 公司）对回收产物进行定量检测。然后

构建插入片段为 350 bp 的 paired-end（PE）文库（TruSeq™ DNA Sample Prep Kit 建库试剂盒，Illumina 公司），经过 Qubit 定量和文库检测，HiSeq 上机测序（上海美吉）。

③ 微生物组测序数据质控与分析。对测序得到的原始数据进行拼接、过滤，得到有效数据。采用 Mothur 软件（version 1.36.1）基于有效数据进行 OTUs 聚类和物种分类分析（Schloss et al.，2009）。相应的数据释放与 SRA （Sequence Read Archive）数据库，序列号分别为 SRR5611215（S1）、SRR5611214（S2）、SRR5611217（S3）、SRR5611216（W1）、SRR5611223（W2）和 SRR5611222（W3）。

采用 RDP classifier 贝叶斯算法对 97% 相似水平的 OTU 代表序列进行分类学分析（Wang et al.，2007）。从各个 OTU 中挑选出一条序列作为该 OTU 的代表序列，将该代表序列与已知物种的 16S 数据库（Silva，http://www.arb-silva.de）进行物种注释分析；根据每个 OTU 中序列的条数，得到各个 OTU 的丰度值（Quast et al.，2013；Oberauner et al.，2013）。反映组间各样品之间的共有及特有 OTU 数目的 Venn 图，采用 VennDiagram 软件生成（Fouts et al.，2012）。

④ 微生物发酵床 RDA 细菌群落结构季节变化差异分析。微生物发酵床细菌群落结构季节变化差异分析选取含量 TOP9 的细菌门和 TOP12 的细菌属分别比较两个季节在门和属水平上的差异。RDA 分析基于线性模型，研究温度、垫料、菌群三者之间的关系。在 RDA 图内，环境因子用箭头表示，箭头连线和排序轴的夹角代表某个环境因子与排序轴的相关性大小，夹角越小，相关性越高；反之相关性越低。环境因子之间的夹角为锐角时，表示两个环境因子之间呈正相关关系，不出现锐角时呈负相关关系。

⑤ 微生物发酵床细菌群落 PICRUSt 基因预测。16S 功能预测是通过 PICRUSt（Phylogenetic investigation of communities by reconstruction of unobserved states）对 OTU 丰度表进行标准化（Langille et al.，2013），根据 KEGG 数据库的信息，获得各功能基因的丰度，推测微生物群落的功能信息。PICRUSt 首先根据微生物 16S rDNA 信息推测亲缘关系最近的微生物，根据其宏基因组预测其他基因片段的功能，与数据库比对获得微生物群落的代谢功能。经 PICRUSt 分析，绝大多数微生物预测结构与真实基因功能图谱非常相近，但对于无法自数据库比对获得同源物种信息的微生物则无法预测其功能。分析获得 KEGG 代谢通路包含 3 个水平信息，以下采用 level2 水平进行分析。

3. 微生物发酵床细菌种类季节变化差异比较

夏季和冬季发酵床 6 个样本共获得 762923 个有效序列。所有样本的稀释曲线接近平台（图 7-124），测序深度已经基本覆盖样本中的所有物种，覆盖率高。Venn 图显示（图 7-125），夏季样本包含 1741 种 OTUs，冬季样本包含 1677 种 OTUs，夏季样本有更丰富的细菌种类。2 组样本共有的 OTU 有 1575 个，其中夏季特有 OTU 166 种，占夏季总 OTU 的 9.5%；冬季特有 OTU 有 102 种，占冬季 OTU 总量的 6.1%。夏冬垫料 6 个样本中共检测到 1843 种 OTU 类型，其中夏季样本包含 34 个门、70 纲、139 目、258 科、566 属和 889 种细菌；冬季样本包含 28 个门、59 纲、124 目、231 科、525 属和 832 种细菌。夏季微生物发酵床具有更为丰富和多样的细菌类群。

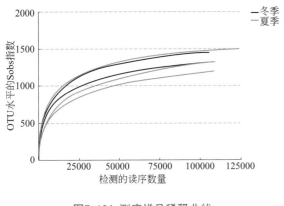

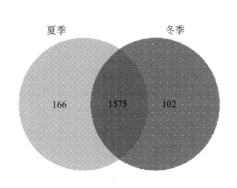

图7-124　测序样品稀释曲线

图7-125　OTU水平的韦恩图

4. 微生物发酵床细菌群落结构季节变化差异比较

微生物发酵床主要的细菌属于拟杆菌门 Bacteroidetes、厚壁菌门 Firmicutes、变形菌门 Proteobacteria、放线菌门 Actinomycetes 和糖杆菌门 Saccharibacteria（图 7-126），夏季样本中主要为拟杆菌门 Bacteroidetes（28.3%）、厚壁菌门 Firmicutes（20.7%）、放线菌门 Actinomycetes（19.8%）和变形菌门 Proteobacteria（10.4%）；冬季发酵床垫料中主要为拟杆菌门（31.6%）、厚壁菌门（28.1%）和变形菌门（22.3%）。其中，异常球菌 - 栖热菌门 Deinococcus-Thermus 在微生物发酵床夏季样本中的含量为冬季样本的 10 倍。夏季垫料中的放线菌门、绿弯菌门和螺旋菌门含量也明显高于冬季样本。而变形菌门在冬季样本中的含量远高于夏季样本，为后者的 2 倍。拟杆菌门和厚壁菌门含量也明显高于夏季样本。

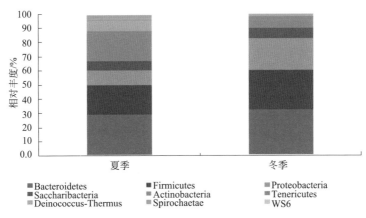

图7-126　微生物发酵床垫料在门水平的微生物组成及相对丰度

通过对细菌门水平的研究，发现夏冬两个季节微生物发酵床垫料中的细菌群落结构不同，细菌分布与温度相适应。夏季中耐热细菌含量多，包括放线菌门、异常球菌 - 栖热菌门、绿弯菌门和螺旋菌门，并且具有更加丰富的细菌种类。冬季中，在各种生境中广泛分布的拟杆菌门、厚壁菌门及变形菌门含量高。

在属水平上，两个季节的垫料共检测到 581 个细菌属，其中夏季样本包含 566 个属，冬季样本包含 525 个属。夏季样本中的主要细菌为糖杆菌门 Saccharibacteria 的 1 属（6.5%）、

漠河杆菌属 *Moheibacter*（8.8%）和特吕珀菌属 *Truepera*（7.4%）；冬季样本中含量较多的为糖杆菌门 Saccharibacteria 的 1 属（7.1%）、硫假单胞菌 *Thiopseudomonas*（6.8%）、寡源杆菌属 *Oligella*（3.5%）和嗜蛋白菌属 Proteiniphilum （3.8%）（图 7-127）。异常球菌 - 栖热菌门的特吕珀菌属在夏季样本中的相对含量为冬季样本的 10 倍；拟杆菌门的漠河杆菌是冬季样本的 13.2 倍。假单胞菌科的硫假单胞菌在冬季样本中的相对含量为夏季样本的 25 倍。发酵床冬季样本中的拟杆菌门的普氏菌属 -9、链球菌属、黄杆菌属和嗜蛋白菌属高于发酵床夏季样本，分别是夏季样本的 3.7 倍、9.6 倍、5.2 倍和 3.4 倍。

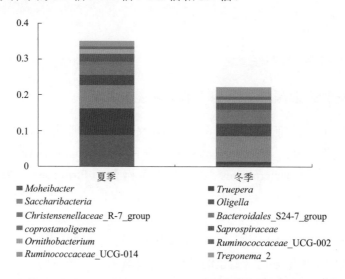

图 7-127　微生物发酵床垫料在属水平的微生物组成及相对丰度

　　发酵床细菌属水平结果进一步揭示了季节性温度下细菌群落结构的差异。特吕珀菌属适应高温环境，可降解多糖等有机物（Albuquerque et al.，2005），漠河杆菌属参与粪便的生物降解（Schauss et al.，2016）。夏季高温下，含量具有显著差异的特吕珀菌属和漠河杆菌属适应高温下的粪污降解。冬季发酵床中，假单胞菌属和硫假单胞菌属含量明显高于夏季。假单胞菌分布广泛，是重要的有机物降解菌（郝燕妮等，2016；李静等，2016）。假单胞菌属和硫假单胞菌可降解猪粪中的有机物，适应冬季低温下的猪粪降解。

5. 微生物发酵床细菌群落季节变化热图分析

　　根据对不同分类水平的微生物多样性进行分析，选择含量前 50 的细菌属，根据它们在发酵床夏季和冬季垫料样本中丰度比例结构建立热图（图 7-128）。按季节不同，样本聚成两类：夏季样本（S1、S2 和 S3）和冬季样本（W1、W2 和 W3），说明相同季节的微生物发酵床垫料具有相似的微生物构成。根据丰度差异，细菌可聚成三类。第一类为在微生物发酵床夏季和冬季样本中含量低的细菌，包含葡萄球菌属、短杆菌属和涅斯捷连科菌等 7 个属。第二类为在夏季样本中含量高的降解菌，包括嗜热菌特吕珀菌属、漠河杆菌属、紫单胞菌科、间孢囊菌科及微球菌目的细菌。第三类为在冬季样本中含量较高的细菌属，其中可分为三个亚类：第一亚类的硫假单胞菌属和糖杆菌属含量最高；第二亚类包含嗜蛋白菌属、海洋杆菌属、不动杆菌属和嗜冷杆菌属等 9 个属的细菌，多为适冷菌；第三亚类包含假单胞菌属、乳酸杆菌属、黄杆菌属等降解菌。

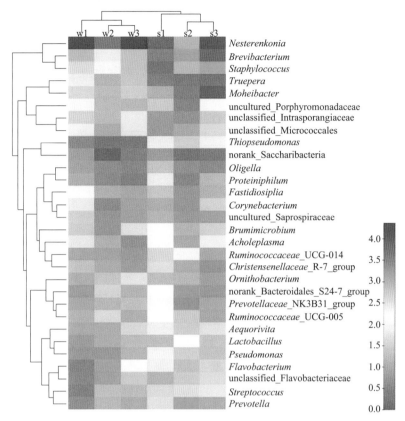

图7-128 细菌在各样本间的分布热图（属水平）

异常球菌 - 栖热菌门在夏季发酵床含量高，此门细菌包含异常球菌目和栖热菌目 2 个目，具有厚的细胞壁结构，能够抵抗严酷环境。在微生物发酵床中分离到的该门细菌有异常球菌目的特吕珀菌属。放线菌门在夏季微生物发酵床中的含量也明显高于冬季样本，为冬季的 3.5 倍。放线菌是自然界中重要的降解菌，可降解多种有机物。拟杆菌门的漠河杆菌属含量在夏季样本中也高于冬季样本。

变形菌门细菌在冬季发酵床中含量高。微生物发酵床的该门细菌主要包括 β - 变形菌的寡源杆菌属和 γ - 变形菌的假单胞菌属、硫假单胞菌属、海洋杆菌属等，其中假单胞菌属和硫假单胞菌含量在冬季样本中高于夏季样本。冬季样本中拟杆菌门也具有数量优势，是夏季样本中的 2 倍多。拟杆菌门的嗜蛋白菌属、冬季微菌属和黄杆菌属在冬季发酵床中的含量分别为夏季样本的 1.8 倍、2.1 倍和 5.2 倍。嗜冷菌属是变形菌门莫拉菌科嗜冷或耐冷的细菌，常分布于潮湿、寒冷和高盐的环境中，在温暖和低盐的环境中也有分布，它们在食品发酵中起重要作用（Juni and Heym，1986）。冬季微菌属是适冷性细菌，最适生长温度为 16 ～ 19℃（Bowman et al.，2003），在冬季发酵床垫料表面的温度是其最适生长温度，因此其含量高于夏季样本。综上，冬季微生物发酵床耐冷菌和嗜冷菌含量高，与较低温度相关。

6. 微生物发酵床细菌群落季节变化RDA关联分析

RDA 分析反映了垫料菌群与季节性温度之间的关系。结果显示，细菌门的分布与温度相关（图 7-129）。从分析结果可以看出：①温度与放线菌门含量夹角为锐角，呈正相关，随温度升高含量增加，在夏季发酵床含量高达 19.8%，而冬季含量为 12.7%；②温度与厚壁菌门、变形菌门和拟杆菌门的含量为钝角，呈负相关，3 个门细菌含量随温度降低而增加，在冬季样本中含量较高，分别是夏季样本的 1.4 倍、2.1 倍及 1.1 倍；③放线菌与厚壁菌门、变形菌门和拟杆菌门菌量之间为钝角，呈负相关，随着温度升高放线菌含量增加，夏季发酵床中的放线菌含量是冬季垫料的 1.6 倍，而厚壁菌门、变形菌门和拟杆菌门含量分别降低了 27.3%、53.4% 和 10.4%；④厚壁菌门、变形菌门和拟杆菌门之间呈锐角，呈正相关，它们在夏季和冬季发酵垫料中的含量变化一致。

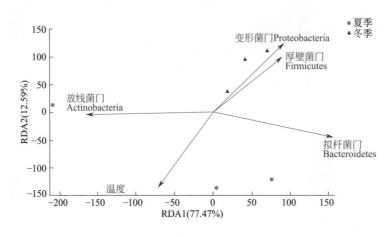

图7-129　垫料微生物与季节因子的RDA分析

7. 发酵床微生物代谢相关基因的季节性差异

根据 PICRUSt 预测两个季节主要有机物降解途径，分析细菌群落对氨基酸、碳水化合物和脂类的代谢的相关基因的拷贝数的季节差异性。研究发现，夏季高温条件代谢相关基因丰度高，有机物代谢活跃（图 7-130）。夏季发酵床垫料细菌氨基酸、碳水化合物和脂类的代谢基因的拷贝数分别为 6808477、6480413 和 2121815，比冬季高 27.3%、27.5% 和 27.1%。例如，夏季垫料细菌群落中参与氨基酸代谢的氨基转移酶、肽酶及脱羧酶的拷贝数分别为 14327、58036 和 17157，是冬季的 1.5 倍、1.3 倍及 1.6 倍；糖酵解途径中的葡萄糖激酶、丙酮酸激酶和乳酸脱氢酶拷贝数是 8048、28506 及 4252，为冬季的 1.8 倍、1.1 倍和 1.3 倍；脂类代谢中的羧酸酯酶和甘油磷酸二酯酶是 16860 和 44061，为冬季的 2.0 倍和 1.5 倍。根据 PICRUSt 的预测信息，夏季发酵床细菌的有机物代谢基因数量高于冬季，推测夏季发酵床垫料细菌的代谢水平高于冬季，与细菌群落丰度和多样性指数高相关。

8. 讨论

畜牧业产生的粪污以及其副产物造成的环境污染是制约我国禽畜养殖健康发展的一大障碍。规模化养殖导致大量的粪便集中产生，未经处理排放至环境会造成严重的水源、土

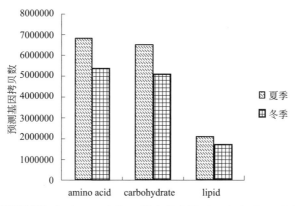

图7-130　发酵床细菌群落氨基酸（amino acid）、碳水化合物（carbohydrate）和脂类（lipid）代谢相关基因的季节性差异

壤和空气等的污染（苏杨，2006；Leconte et al.，2011）。采用微生物发酵的方式处理禽畜粪便，将养殖废弃物变废为宝，转化生产有机肥，实现了资源充分利用。微生物能够有氧或厌氧发酵降解粪污中的有机物并产生能量（陈杰等，2014），目前已经有多种微生物和微生物复合菌剂应用于养殖废弃物处理中。有研究分析了微生物发酵床夏季和冬季垫料的细菌多样性，发现微生物发酵床的主要细菌属于拟杆菌门、厚壁菌门、变形菌门和放线菌门。李志宇（2012）采用传统平板分离培养方法以及 PCR-DGGE 分子技术分析了发酵床垫料微生物的多样性，发现主要的菌群为厚壁菌门、拟杆菌门和变形菌。朱双红（2012）采用 16S rDNA 克隆结合酶切分型的方式获得生物发酵床样本中的细菌组成，主要为厚壁菌门、变形菌门和拟杆菌门，这与笔者的研究结果一致。笔者采用宏基因组方法研究微生物发酵床中的细菌组成发现拟杆菌门占主要优势，约为细菌总量的 30%，而在李志宇（2012）和朱双红（2012）的研究中厚壁菌门是主要细菌，占细菌总量的 55% 以上。由于分子克隆方式通量不够，不能全面揭示获得的环境微生物多样性，这是造成研究结果与前人研究差异的主要原因，也说明宏基因组技术在环境微生物多样性研究方面具有明显优势。

　　夏季和冬季发酵床具有不同的细菌群落构成，主要的有机物降解菌种类具有明显差异。夏季有机物降解菌主要为特吕珀菌属和漠河菌属，在高温条件下高效降解有机物；冬季主要为假单胞菌属和硫假单胞菌，可在低温条件下高效降解。特吕珀菌属能够适应高温环境，最佳生长温度为 50℃，可利用多种糖类、有机酸和氨基酸（Albuquerque et al.， 2005），在温度较高的夏季相对含量高。漠河杆菌属于拟杆菌门黄杆菌科，分离于粪便发酵物（Schauss et al.，2016），参与粪便的生物降解。分离自厌氧发酵的活性污泥中的硫假单胞菌是厌氧菌，可以硝酸盐为电子受体氧化还原活性污泥中的硫化物，参与氮循环过程（Tan et al.，2015；2016）。假单胞菌分布广泛，是重要的有机物降解菌，可降解烯烃类有机物（郝燕妮等，2016；李静等，2016）。微生物发酵床中的假单胞菌属和硫假单胞菌可降解猪粪中的有机物，参与猪粪降解。黄杆菌属的细菌能够降解多糖，如纤维素、木聚糖、几丁质和葡聚糖（Bernardet et al.，1996; Lee et al.，2006; Rasmussen et al.，2008），发酵床中黄杆菌属细菌参与猪粪中多糖的降解。黄杆菌属的 *F. banpakuense* 还原硝酸盐，参与堆肥中的氮循环（Kim et al.，2011）。

以上的研究揭示了夏冬季节发酵床细菌多样性及其在不同季节的分布特征：夏季微生物发酵床中的放线菌和嗜热菌等有机质降解菌含量高，促进夏季高温条件下的猪粪降解；在冬季低温条件下嗜冷菌和适冷菌含量高，促进猪粪在较低温度下的降解。对夏冬季节细菌多样性的研究有助于研究细菌与环境的协同适应，发掘发酵床中蕴藏的耐热、嗜冷菌和嗜盐等嗜极细菌资源；同时为夏冬季节发酵床的维护提供参考，促进以发酵床设施处理养殖废弃物的发展。

以上的研究采用宏基因组技术对夏冬两个季节垫料样本的微生物多样性进行分析，与传统分离培养及16S rDNA克隆方式相比，宏基因组方法可更加全面地反映发酵床的细菌组成。研究揭示了夏冬季节细菌群落构成，优势菌为拟杆菌门、厚壁菌门、变形菌门和放线菌门。夏冬季节垫料细菌群落结构不同，前者有更为丰富的细菌类群。夏季样本中的放线菌门和异常球菌 - 栖热菌门的含量高于冬季样本；异常球菌 - 栖热菌门的特吕珀菌属含量高于冬季样本。冬季样本中的拟杆菌门和变形菌门含量高于夏季样本；拟杆菌门的嗜蛋白菌属、冬季微菌属和黄杆菌属以及变形菌门的假单胞菌属、硫假单胞菌属和嗜冷菌属含量高于夏季垫料。季节性温度影响微生物发酵床细菌群落结构与代谢水平。

四、发酵床不同深度与发酵程度微生物组多样性

1. 样本高通量测序

于10月和11月进行采样，具体为采集发酵床不同深度10 cm、30 cm、50 cm的样本和采集不同发酵程度（四级：i、ii、iii、iv）的样本进行宏基因组测定，结果如表7-26所列。从序列含量看，不同深度样本差异不显著，不同发酵级别样本，ii级和iii级发酵程度的样本序列含量高于i级和iv级。

表7-26　2015年发酵床生产的菌剂宏基因组数据统计

处理	样品名称	Reads数量	碱基数量	平均长度	最小长度	最大长度
发酵床不同深度采样	OCT10cm	126763	55524763	438.0203	283	482
	OCT30cm	128677	56523388	439.2657	256	473
	OCT50cm	105478	46245075	438.4334	280	485
发酵床垫料发酵级别	OCTi	133900	58568673	437.4061	295	500
	OCTii	140990	62072194	440.2596	282	494
	OCTiii	147090	64612283	439.2704	338	473
	OCTiv	122849	53514892	435.6152	322	513
发酵床不同深度采样	NOV10cm	100947	44126847	437.1289	275	492
	NOV30cm	100849	44117438	437.4603	309	496
	NOV50cm	101537	44577683	439.029	270	488
发酵床垫料发酵级别	NOVi	125150	54889404	438.5889	279	473
	NOVii	143145	63287601	442.1223	268	483
	NOViii	149292	65395785	438.0394	342	475
	NOViv	124548	54684377	439.0627	298	486

注：OCT代表10月份，NOV代表11月份。下同。

2．物种统计分析

14 个样本分类阶元（Taxon）个数统计：门（Phylum）36、纲（Class）78、目（Order）165、科（Family）312、属（Genus）662、种（Species）1077、分类单元（OUT）2116。10 月份不同深度样本相对含量（reads）平均值 94431.33 大于 11 月的 75942.67；不同发酵级别样本相对含量（reads）平均值 10 月（107252.75）与 11 月（105281.75）差异不显著；10 月不同深度的样本相对含量平均值小于 10 月不同发酵级别的样本；同样，11 月不同深度的样本相对含量平均值小于 11 月不同发酵级别的样本（表 7-27）。

表7-27　10月和11月不同深度和不同发酵等级的细菌相对含量（reads）

样品名称	Reads数量	样品名称	Reads数量
OCT10cm	103786	NOV10cm	78120
OCT30cm	95987	NOV30cm	74066
OCT50cm	83521	NOV50cm	75642
平均值	94431.33	平均值	75942.67
OCTi	111564	NOVi	90970
OCTii	107727	NOVii	109670
OCTiii	105938	NOViii	120944
OCTiv	103782	NOViv	99543
平均值	107252.75	平均值	105281.75

表 7-28 列出了 10 月和 11 月不同深度和不同发酵等级的垫料中的芽胞杆菌相对含量，可以看出：10 月垫料中的芽胞杆菌相对丰度高于 11 月；优势的属包括芽胞杆菌属、脲芽胞杆菌属、类芽胞杆菌属、少盐芽胞杆菌属等。

表7-28　10月和11月不同深度和不同发酵等级的垫料中的芽胞杆菌相对含量

名称	OCT10cm	OCT30cm	OCT50cm	OCT i	OCT ii	OCTiii	OCTⅰv
Bacillus 芽胞杆菌属	145	279	149	178	71	123	189
Amphibacillus 兼性芽胞杆菌属	1	0	4	19	12	14	843
Paucisalibacillus 少盐芽胞杆菌属	20	210	64	24	5	12	16
Ureibacillus 尿素芽胞杆菌属	7	329	227	5	2	7	2
Paenibacillus 类芽胞杆菌属	10	95	2	8	9	45	10
Vulcanibacillus 火山芽胞杆菌属	5	5	32	13	28	24	59
Gracilibacillus 纤细芽胞杆菌属	4	18	23	6	4	10	6
Oceanobacillus 大洋芽胞杆菌属	16	11	15	14	6	12	16
Halolactibacillus 盐乳芽胞杆菌属	1	4	11	31	66	33	28
Thermobacillus 热芽胞杆菌属	0	54	13	3	6	15	31
Virgibacillus 枝芽胞杆菌属	6	5	3	17	7	11	3
Sinibacillus 中华芽胞杆菌属	0	28	4	0	0	0	1
Geobacillus 地芽胞杆菌属	3	2	1	6	1	2	1
Aneurinibacillus 解硫胺素芽胞杆菌属	6	7	0	0	1	3	1
Rummeliibacillus 鲁梅尔芽胞杆菌属	0	0	2	0	1	0	1
Ammoniibacillus 氨芽胞杆菌属	0	2	0	2	1	3	4
Caldalkalibacillus 热碱芽胞杆菌属	1	1	0	5	0	6	0
Tuberibacillus 肿块芽胞杆菌属	0	0	0	1	0	0	0
芽胞杆菌小计	607	1175	832	1663	2142	895	2819
细菌总量	78120	74066	75642	90970	109670	120944	99543

续表

名称	NOV10cm	NOV30cm	NOV50cm	NOVi	NOVii	NOViii	NOViv
*Bacillus*芽胞杆菌属	263	97	66	419	79	355	32
*Amphibacillus*兼性芽胞杆菌属	3	4	0	1	0	3	0
*Paucisalibacillus*少盐芽胞杆菌属	57	18	9	48	69	107	3
*Ureibacillus*尿素芽胞杆菌属	8	7	1	1	1	24	0
*Paenibacillus*类芽胞杆菌属	54	2	6	11	71	146	2
*Vulcanibacillus*火山芽胞杆菌属	3	14	48	3	0	28	75
*Gracilibacillus*纤细芽胞杆菌属	6	6	1	152	8	20	1
*Oceanobacillus*大洋芽胞杆菌属	24	9	12	35	10	72	11
*Halolactibacillus*盐乳芽胞杆菌属	0	3	1	4	0	0	3
*Thermobacillus*热芽胞杆菌属	10	11	0	2	0	17	0
*Virgibacillus*枝芽胞杆菌属	13	1	0	18	14	9	1
*Sinibacillus*中华芽胞杆菌属	1	1	0	3	0	14	1
*Geobacillus*地芽胞杆菌属	4	0	0	1	1	5	0
*Aneurinibacillus*解硫胺素芽胞杆菌属	3	1	0	1	1	0	0
*Rummeliibacillus*鲁梅尔芽胞杆菌属	2	0	0	2	1	14	0
*Ammoniibacillus*氨芽胞杆菌属	1	0	0	1	0	1	0
*Caldalkalibacillus*热碱芽胞杆菌属	0	0	0	0	0	0	0
*Tuberibacillus*肿块芽胞杆菌属	0	4	0	0	0	0	0
芽胞杆菌小计	581	292	493	1111	781	2434	409
细菌总量	103786	95987	83521	111564	107727	105938	103782

表7-29列出了10月和11月不同深度和不同发酵等级的垫料中鉴定到的部分细菌各属的相对含量（reads）。

表7-29　10月和11月不同深度和不同发酵等级的垫料中的细菌属水平的相对含量（reads）统计

物种名称	OCT 10cm	OCT 30cm	OCT 50cm	OCTi	OCTii	OCTiii	OCTiv	总计
*Luteibacter*黄体杆菌属	26438	23673	4	18561	6303	6340	26	89698
norank-Saccharibacteria 糖杆菌门未命名的1属	23735	11711	11798	19703	14531	11350	13315	162409
unclassified-Flavobacteriaceae 黄杆菌科未分类的1属	7275	5603	98	14272	5289	5393	2238	46494
*Crenotalea*泉长杆菌属	3613	3722	3	3017	632	932	14	14118
*Taibaiella*太白菌属	2863	2357	10	1633	437	417	594	9919
*Tetrasphaera*四叠球菌属	2730	1264	126	3004	2507	2740	2747	20979
*Truepera*特吕珀菌属	2663	2770	1172	2890	2359	3167	5553	46327
*Corynebacterium*棒杆菌属	2026	1063	1181	2077	1661	1755	5201	24105
*Mizugakiibacter*水垣杆菌属	1888	2618	0	354	76	120	1	5268
*Brumimicrobium*冬微菌属	1878	2961	26	1797	3540	1287	202	31328
norank-Candidate-division-WS6候选 WS6门未命名的1属	1497	865	183	663	599	721	1937	6684
*Nakamurella*中村菌属	1480	1547	5	1539	321	628	29	6418
*Fastidiosipila*苛求球菌属	1288	1860	1215	1823	1301	1903	5799	19654
uncultured-Phycisphaeraceae 海草球菌科未培养的1属	1114	274	22	327	55	31	5	2288
*Flexivirga*弯曲杆菌属	973	411	0	2370	536	355	15	5380

续表

物种名称	OCT 10cm	OCT 30cm	OCT 50cm	OCTi	OCTii	OCTiii	OCTiv	总计
*Moheibacter*漠河杆菌属	801	1283	979	938	1752	3227	7001	41019
*Thauera*陶厄菌属	800	704	2	422	266	555	531	3699
*Ornithinimicrobium*鸟氨酸微菌属	787	903	62	1649	825	2320	306	14801
norank-JG30-KF-CM45 JG30-KF-CM45目未命名的1属	760	718	193	2602	798	1541	1152	16199
*Guggenheimella*古根海姆菌属	702	712	177	1046	865	992	2472	9629
*Oligella*寡源小杆菌属	657	423	660	299	1399	445	2130	7758
uncultured-Anaerolineaceae 厌氧绳菌科未培养的1属	578	1061	476	1059	424	304	870	18650
uncultured-Saprospiraceae 腐螺旋菌科未培养的1属	549	771	1469	747	2268	5184	2437	39764
unclassified-Acidimicrobiales 酸微菌目未培养的1属	537	590	8	631	391	904	186	4630
unclassified-Dermacoccaceae 皮肤球菌科未培养的1属	486	218	1	1021	267	244	12	2951
*Oceanococcus*海洋球菌属	481	540	4	448	92	147	9	2550
*Marmoricola*居大理石菌属	474	840	1	620	210	307	17	2861
Ruminococcaceae-UCG-014 瘤胃球菌科的1属	471	361	281	327	433	340	1704	5199
Clostridium-sensu-stricto-1 狭义梭菌属1	418	471	434	350	149	678	1077	6743
Christensenellaceae-R-7-group 克里斯滕森菌科R-7群的1属	381	708	649	560	739	916	2142	10105
*Lactobacillus*乳杆菌属	365	80	41	1320	1886	566	1252	8580
*Paracocccus*副球菌属	354	607	133	382	299	775	345	5211
*Aequorivita*海平面菌属	323	574	273	479	10693	10253	1700	56794
unclassified-Rhizobiales 根瘤菌目未分类的1属	317	607	61	253	49	81	41	1747
*Ornithobacterium*鸟氨酸小杆菌属	298	405	42	697	2193	4502	371	17208
*Mycobacterium*分枝杆菌属	290	213	10	268	80	105	30	1571
uncultured-Draconibacteriaceae 龙小杆菌科未培养的1属	269	353	34	284	424	483	315	2877
uncultured-Family_XI 科XI未培养的1属	261	228	66	324	307	301	557	2749
*Croceibacter*藏红色杆菌属	244	467	6	449	1310	3032	9	11048
*Terrisporobacter*土产孢杆菌属	242	216	472	187	106	465	598	5289
*Arthrobacter*节杆菌属	239	75	103	491	293	389	636	3609
unclassified-Rhodobacteraceae 红杆菌科未分类的1属	229	337	9	207	89	156	19	1383
unclassified-Corynebacteriales 棒杆菌目未分类的1属	221	262	8	543	155	290	11	2146
unclassified-norank-Bacteria 细菌未分类的1属	218	66	70	170	123	101	595	2333
*Luteimonas*藤黄单胞菌属	216	519	233	225	232	667	6	5015
*Salinisphaera*咸水球形菌属	212	117	2	74	16	22	0	473

物种名称	OCT 10cm	OCT 30cm	OCT 50cm	OCTi	OCTii	OCTiii	OCTiv	总计
unclassified-Propionibacteriaceae 丙酸杆菌科未分类的1属	208	226	13	307	111	199	189	1871
Alcanivorax食烷菌属	196	237	0	236	99	106	2	3148
Marinobacter海杆菌属	188	175	69	128	2765	1434	1112	11733
Ruania阮氏菌属	187	140	20	712	349	293	59	5304
norank-Armatimonadetes 装甲菌门未命名的1属	185	120	1	98	32	70	11	996
Petrimonas石单胞菌属	178	285	502	149	220	275	1265	6233
Georgenia乔治菌属	176	76	20	182	375	363	247	2176
Jatrophihabitans居麻风树菌属	175	162	1	103	18	35	2	551
unclassified-Microbacteriaceae微杆菌科未分类的1属	172	159	73	539	192	282	174	4497
norank-OM1_clade 科OM1未命名的1属	171	711	466	380	140	310	132	3768
unclassified-Order_Ⅲ 目Ⅲ未分类的1属	170	517	0	50	5	5	0	758
Marinicella海胞菌属	157	150	18	172	7241	3429	27	19856
Candidatus-Microthrix 候选微丝菌属	156	215	25	217	158	389	409	2094
Arenimonas沙单胞菌属	156	107	476	101	298	252	641	4148
unclassified-Micrococcales 微球菌目未分类的1属	151	99	74	151	221	174	525	3063
Bacillus芽胞杆菌属	145	279	149	178	71	123	189	2445
unclassified-Nocardioidaceae 类诺卡菌科未分类的1属	145	145	2	284	87	130	15	1117
Corynebacterium-1棒杆菌属1	142	51	474	218	219	132	193	5519
norank-Mollicutes_RF9 柔膜菌目RF9未命名的1属	116	127	400	137	155	159	296	2267
norank-Hydrogenedentes 氢细菌门未命名的1属	115	82	32	170	97	153	3	1257
Pseudomonas假单胞菌属	114	73	1686	336	4986	1097	3312	26799
norank-AKYG1722 目AKYG1722未命名的1属	114	167	28	201	59	97	75	1085
Hyphomicrobium生丝微菌属	111	367	1	79	31	64	16	922
Rubellimicrobium微红微菌属	111	244	59	94	253	516	409	3349
unclassified-Ruminococcaceae瘤胃球菌科未分类的1属	109	93	344	132	129	221	231	2098
Nitrolancea硝酸盐针形菌属	109	29	0	22	4	0	1	171
Erysipelothrix丹毒丝菌属	100	87	49	114	162	209	637	1747
norank-TRA3-20 目TRA3-20未命名的1属	99	90	0	28	7	4	0	242
Nitrosococcus亚硝化球菌属	99	122	1	266	46	231	4	1100
uncultured-Phyllobacteriaceae 叶杆菌科未培养的1属	96	325	18	164	49	188	36	2102
Rhodococcus红球菌属	95	111	34	161	102	188	33	3246

续表

物种名称	OCT 10cm	OCT 30cm	OCT 50cm	OCTi	OCTii	OCTiii	OCTiv	总计
*Limnobacter*湖杆菌属	94	241	35	170	110	202	87	1840
*Dietzia*迪茨菌属	93	68	32	200	161	109	123	2610
*Halomonas*盐单胞菌属	92	33	28	171	663	950	253	2869
unclassified-Bacteroidetes 拟杆菌门未分类的1属	92	44	6	56	62	188	622	2619
unclassified-Gammaproteobacteria γ-变形菌纲未分类的1属	88	230	13	99	85	32	91	4948
uncultured-Geodermatophilaceae 地嗜皮菌科未培养的1属	87	64	1	147	30	55	28	565
*Brachybacterium*短杆菌属	87	39	30	684	225	339	85	10002
*Castellaniella*卡斯泰拉尼菌属	86	267	5	50	42	52	51	2001
*Galbibacter*黄色杆菌属	82	320	45	96	627	2293	8	19340
*Tessaracoccus*四球菌属	73	87	9	78	80	103	129	785
norank-OPB54 纲OPB54未命名的1属	71	807	2185	48	52	29	584	18212
unclassified-Intrasporangiaceae 间孢囊菌科未分类的1属	67	31	1	118	64	48	16	843
*Propioniciclava*丙酸棒菌属	67	24	3	28	58	90	51	424
norank-Bacteroidales-S24-7-group 拟杆菌科S24-7群未命名的1属	67	68	44	92	69	18	71	828
*Proteiniclasticum*解蛋白菌属	66	57	71	88	31	59	130	888
*Leucobacter*无色杆菌属	62	61	157	86	72	48	325	1609
*Microbacterium*微小杆菌属	62	112	27	157	37	43	17	1554
*Streptococcus*链球菌属	62	38	21	406	126	387	318	6405
*Flavobacterium*黄杆菌属	61	366	37	114	288	321	631	7636
*Proteiniphilum*嗜蛋白菌属	56	103	623	171	279	441	527	4845
*Devosia*德沃斯菌属	55	149	18	238	94	14	12	667
norank-Microgenomates 小基因组菌门未命名的1属	52	56	11	161	154	108	235	1545
unclassified-Frankiales 弗兰克菌目未分类的1属	49	43	0	16	3	6	0	124
*Rhizomicrobium*根微菌属	48	30	0	22	3	2	0	126
*Altererythrobacter*交替赤杆菌属	48	99	8	60	45	73	49	744
*Tissierella*泰氏菌属	45	16	420	62	84	53	349	1778
*Nitrococcus*硝化球菌属	44	33	1	43	7	34	4	234
uncultured-Caldilineaceae 暖绳菌科未培养的1属	42	62	79	54	32	39	79	809
*Legionella*军团菌属	42	28	0	21	24	7	32	266
*Desulfobulbus*脱硫叶菌属	42	14	86	63	133	112	185	1177
unclassified-Deltaproteobacteria δ-变形菌纲未分类的1属	41	19	18	147	447	221	878	8948
uncultured-Acidimicrobiales 酸微菌目未培养的1属	41	66	50	53	57	60	108	874
*Aeromicrobium*气微菌属	40	43	16	44	43	35	80	1195
*Longispora*长孢菌属	40	39	16	75	31	91	35	1514

物种名称	OCT 10cm	OCT 30cm	OCT 50cm	OCTi	OCTii	OCTiii	OCTiv	总计
uncultured-Rhodospirillaceae 红螺菌科未培养的1属	39	59	278	83	178	202	254	4594
norank-S0134-terrestrial-group 科S0134陆生群未命名的1属	38	97	416	88	21	77	67	2266
unclassified-Xanthomonadaceae 黄单胞菌科未分类的1属	38	66	85	113	208	352	98	3207
Candidimonas白色单胞菌属	37	118	0	45	20	17	0	297
Turicibacter苏黎世杆菌属	37	102	70	79	25	58	93	871
unclassified-Actinobacteria 放线菌纲未分类的1属	37	71	0	43	10	11	3	191
uncultured-Rhodothermaceae 红热菌科未培养的1属	37	245	59	58	34	53	67	1724
Iamia应微所菌属	35	27	21	37	30	62	92	642
C1-B045候选属C1-B045	34	24	63	22	295	339	264	4649
Acholeplasma无胆甾原体属	34	29	3056	236	563	59	1123	11589
Lysinimicrobium赖氨酸微属	34	45	18	169	73	66	20	622
[Eubacterium] coprostanoligenes group 产粪甾醇优杆菌群（需重分类至一个新属）	31	29	159	87	136	91	146	1291
Pusillimonas极小单胞菌属	31	734	578	36	87	140	562	4668
uncultured-Xanthomonadales 黄单胞菌目未培养的1属	31	48	130	24	10	19	10	672
Enterococcus肠球菌属	30	55	19	58	19	27	37	533
Pelagibacterium远洋小杆菌属	30	52	23	72	94	115	179	1047
Bdellovibrio蛭弧菌属	28	49	20	31	16	16	173	957
Owenweeksia欧文韦克斯菌属	27	32	4	62	131	28	0	838
Brevibacterium短小杆菌属	27	8	13	219	31	73	21	3024
Microlunatus小月菌属	26	41	0	31	2	6	0	120
Lactococcus乳球菌属	26	37	15	24	5	11	29	318
Methylophaga噬甲基菌属	25	61	5	3	17	11	57	1055
Caldicoprobacter热粪杆菌属	25	346	1577	59	130	53	414	5218
uncultured-Coriobacteriaceae 红蝽菌科未培养的1属	25	23	10	104	76	28	132	589
Prevotella-9普氏菌属9	24	7	10	194	208	19	74	834
Ornithinicoccus鸟氨酸球菌属	24	142	31	60	29	75	46	1299
Methylovirgula甲基小杆菌属	23	90	0	1	1	0	1	116
Alkaliphilus嗜碱菌属	23	35	10	27	10	16	35	357
norank-TK10 纲TK10未命名的1属	23	22	2	16	2	4	2	84
Subdoligranulum欺诈小粒菌属	22	10	5	82	136	51	110	634
norank-480-2 科480-2未命名的1属	22	58	11	40	23	59	61	499
Staphylococcus葡萄球菌属	21	9	14	121	24	42	11	3307
Alkanibacter食烷杆菌属	20	17	0	5	0	1	0	44

物种名称	OCT 10cm	OCT 30cm	OCT 50cm	OCTi	OCTii	OCTiii	OCTiv	总计
Erysipelotrichaceae-UCG-010 丹毒丝菌科UCG-010的1属	20	25	4	26	18	20	66	222
unclassified-Alphaproteobacteriaα-变形菌纲未分类的1属	20	29	7	32	44	17	15	425
Paucisalibacillus少盐芽胞杆菌属	20	210	64	24	5	12	16	662
Microbacter微杆菌属	20	11	19	31	53	52	365	643
Aquamicrobium废水微菌属	19	115	71	32	27	63	112	1152
Chryseolinea金色线菌属	19	207	7	37	10	25	7	660
Cryomorpha冷形菌属	19	100	39	66	35	28	124	1261
norank-GR-WP33-58 科GR-WP33-58未命名的1属	19	13	73	9	2193	1170	459	17172
Nitrosomonas亚硝化单胞菌属	19	42	23	35	24	58	80	693
unclassified-Rickettsiales 立克次体目未分类的1属	17	2	0	1	1	0	0	27
Isosphaera等球菌属	17	7	0	19	9	15	3	135
uncultured-Carnobacteriaceae 肉杆菌科未培养的1属	17	4	1	63	61	113	175	575
norank-Bacteroidetes-VC2.1-Bac22拟杆菌纲VC2.1-Bac22未命名的1属	17	13	0	83	36	79	103	450
norank-TM6 门TM6未命名的1属	16	10	0	2	1	1	0	35
Cloacibacillus下水道杆菌属	16	45	237	11	33	8	222	791
Jonesia琼斯菌属	16	3	6	21	336	115	75	716
Luteococcus黄球菌属	16	18	4	36	40	77	29	309
Oceanobacillus大洋芽胞杆菌属	16	11	15	14	6	12	16	263
Family-XIII-AD3011-group 科XIII AD3011群的1属	15	16	5	37	28	32	40	434
unclassified-Porphyromonadaceae 紫单胞菌科未分类的1属	15	9	117	51	124	106	1371	2790
unclassified-Bacillales 芽胞杆菌目未分类的1属	15	9	4	4	0	1	0	37
Hephaestia火神菌属	14	70	1	21	16	27	0	174
uncultured-Chloroflexi 绿弯菌门未培养的1属	14	26	2	42	15	8	32	228
norank-Marinilabiaceae 海滑菌科未命名的1属	14	31	549	86	119	100	1170	15474
uncultured-Porphyromonadaceae 紫单胞菌科未培养的1属	13	7	6275	61	42	3	35	14920
norank-SHA-109 门SHA-109未命名的1属	13	19	0	14	7	6	2	829
Oceanobacter海洋杆菌属	13	5	205	55	2183	247	43	8796
[Ruminococcus]-gauvreauii-group 高氏瘤胃球菌群的1属，需重分类至新属	13	4	1	58	50	40	57	390
Ruminococcaceae-UCG-005 瘤胃球菌科UCG-005的1属	13	8	31	75	119	55	165	1490
Pseudobutyrivibrio假丁酸弧菌属	13	8	8	173	284	75	199	939

物种名称	OCT 10cm	OCT 30cm	OCT 50cm	OCTi	OCTii	OCTiii	OCTiv	总计
uncultured-Rhodobacteraceae 红杆菌科未培养的1属	13	24	21	23	13	43	20	344
unclassified-Erythrobacteraceae 赤杆菌科未分类的1属	13	35	0	13	3	3	1	138
Nocardioides类诺卡菌属	13	35	2	22	6	26	8	427
unclassified-Micromonosporaceae 小单胞菌科未分类的1属	12	244	0	6	0	2	0	270
unclassified-Phyllobacteriaceae 叶杆菌科未分类的1属	12	98	1	26	10	22	14	305
unclassified-Alcaligenaceae 产碱杆菌科未分类的1属	12	14	17	20	42	88	234	1917
norank-DEV007 科DEV007未命名的1属	12	1	22	29	38	13	79	387
norank-Micrococcales 微球菌目未命名的1属	12	40	66	53	27	30	27	1433
[Eubacterium]-hallii-group 霍氏优杆菌群的1属，需重分类至新属	12	7	1	55	42	35	55	317
unclassified-Synergistaceae 互营菌未分类的1属	12	15	0	40	30	23	128	625
Coprococcus-3粪球菌属3	12	7	2	54	32	33	86	483
unclassified-Family-XI 科XI未分类的1属	11	11	180	27	62	42	175	731
Atopostipes陌生杆菌属	11	10	20	213	35	120	309	867
vadinBC27-wastewater-sludge-group vadinBC27废水污泥群的1属	11	199	182	93	77	35	370	1525
unclassified-Enterobacteriaceae 肠杆菌科未分类的1属	11	26	12	26	6	14	18	232
unclassified-Erysipelotrichaceae 丹毒丝菌科未分类的1属	11	3	5	6	7	7	14	77
uncultured-Chitinophagaceae 噬几丁质菌科未培养的1属	11	28	11	146	77	185	8	1938
unclassified-Cellulomonadaceae 纤维素单胞菌未分类的1属	11	17	37	63	38	15	14	438
uncultured-Ruminococcaceae 瘤胃球菌科未培养的1属	11	6	413	21	38	13	46	946
Solobacterium单小杆菌属	11	14	4	61	50	52	69	353
Ruminococcaceae-UCG-002 瘤胃球菌科UCG-002的1属	11	8	11	59	53	37	184	930
norank-Subgroup-6 目亚群6未命名的1属	10	26	22	29	24	6	5	172
Paenibacillus类芽胞杆菌属	10	95	2	8	9	45	10	471
Simiduia	10	5	5	84	117	45	715	1261
Sphingobacterium鞘脂小杆菌属	10	3	84	29	96	261	302	1347
unclassified-Bacteroidales 拟杆菌目未分类的1属	10	11	67	12	5	3	16	374
Facklamia法克拉姆菌属	10	6	5	71	37	76	64	702
Actinomadura马杜拉放线菌属	10	67	19	43	9	65	11	1161

物种名称	OCT 10cm	OCT 30cm	OCT 50cm	OCTi	OCTii	OCTiii	OCTiv	总计
unclassified-Clostridia 梭菌纲未分类的1属	10	24	63	1	0	4	6	425
Family-XIII-UCG-002 科XIII UCG-002的1属	10	16	68	12	29	22	78	341
unclassified-Hyphomicrobiaceae 生丝微菌科未分类的1属	10	31	13	78	29	25	11	315
*Trueperella*特吕珀菌属	10	10	4	21	34	17	36	180
*Trichococcus*束毛球菌属	10	8	6	51	41	37	147	362
*Mogibacterium*艰难小杆菌属	9	8	4	26	21	25	20	232
*Peredibacter*吞菌杆菌属	9	7	28	2	56	30	50	895
unclassified-Cyclobacteriaceae圆杆菌科未分类的1属	9	3	6	2	2	0	7	94
*Kangiella*姜氏菌属	9	6	4	10	501	1487	1	2337
[Eubacterium]-brachy-group 短优杆菌群的1属，需重分类至新属	9	15	0	11	1	4	14	69
*Phascolarctobacterium*考拉杆菌属	9	1	1	82	205	9	31	500
Candidatus-Saccharimonas 候选糖单胞菌属	9	4	13	11	15	10	26	123
*Blautia*布劳特菌属	9	5	1	120	275	39	102	895
*Microbispora*小双孢菌属	8	21	0	9	3	3	5	97
*Isoptericola*居白蚁菌属	8	4	7	10	11	11	6	560
unclassified-Flammeovirgaceae 火色杆菌科未分类的1属	8	30	0	41	16	2	0	97
g-unclassified-Peptostreptococcaceae 消化链球菌科未分类的1属	8	4	6	7	5	24	67	249
norank-C178B 目C178B未命名的1属	8	3	0	63	9	17	0	107
*Cellvibrio*纤维弧菌属	8	1	27	1	1	4	13	333
norank-c-Bacteroidetes-vadinHA17拟杆菌纲vadinHA17未命名的1属	8	2	2	5	7	7	11	64
*Azoarcus*固氮弓菌属	8	1	9	15	41	33	52	1073
*Holdemanella*霍尔德曼菌属	7	9	3	58	48	47	35	294
*Ureibacillus*尿素芽胞杆菌属	7	329	227	5	2	7	2	621
*Sulfurovum*硫卵形菌属	7	6	0	3	3	1	2	67
Clostridium-sensu-stricto-6 狭义梭菌属6	7	5	7	7	4	18	10	119
*Garciella*加西亚菌属	7	12	96	12	6	4	34	362
unclassified-Lachnospiraceae 毛螺菌科未分类的1属	7	4	5	70	56	54	93	597
Ruminiclostridium-5瘤胃梭菌属5	7	10	54	10	13	6	33	213
Coprococcus-1粪球菌属1	7	2	23	64	87	31	118	975
uncultured-Synergistaceae 互营菌科未培养的1属	7	44	26	11	11	9	206	449
*Enteractinococcus*肠放线球菌属	7	4	20	28	14	12	123	445
unclassified-Bacilli 芽胞杆菌纲未分类的1属	7	16	0	4	1	1	0	30

续表

物种名称	OCT 10cm	OCT 30cm	OCT 50cm	OCTi	OCTii	OCTiii	OCTiv	总计
*Euzebya*尤兹比菌属	6	6	3	17	5	15	1	114
unclassified-Chitinophagaceae 噬几丁质菌科未分类的1属	6	19	13	42	17	20	51	245
Treponema-2密螺旋体属2	6	8	4467	27	10	10	43	15835
Ruminococcaceae-NK4A214-group 瘤胃球菌科NK4A214群的1属	6	4	24	35	71	43	101	547
*Luteivirga*黄棒形菌属	6	9	148	5	12	6	41	1786
*Idiomarina*海源菌属	6	39	373	11	242	126	455	4793
*Anaerovorax*厌氧贪食菌属	6	2	5	10	7	13	23	93
*Virgibacillus*枝芽胞杆菌属	6	5	3	17	7	11	3	108
*Aneurinibacillus*解硫胺素芽胞杆菌属	6	7	0	0	1	3	1	24
*Mumia*莫纳什马校菌属	6	13	0	8	7	3	9	122
norank-LD29 科LD29未命名的1属	6	2	2	7	4	3	79	296
norank-Cyanobacteria 蓝细菌纲未命名的1属	5	0	4	6	5	2	4	219
norank-9M32 科9M32未命名的1属	5	1	0	2	0	1	0	9
*Coxiella*科克斯体属	5	1	0	3	0	0	0	9
*Desulfovibrio*脱硫弧菌属	5	4	16	0	4	4	2	132
Ruminococcus-2瘤胃球菌属2	5	0	1	20	19	7	12	131
*Planifilum*平螺纹丝菌属	5	36	0	11	1	8	7	101
*Sphaerochaeta*长发球形菌属	5	120	3634	21	60	3	73	8025
*Vulgatibacter*泛杆菌属	5	8	136	3	2	10	9	417
*Defluviicoccus*污泥球菌属	5	10	0	1	1	1	0	26
*Hoppeia*霍佩菌属	5	1	0	14	8	2	1	33
AKYG587暂定名AKYG587属	5	29	135	3	0	2	1	215
*Seohaeicola*居黄海菌属	5	2	0	1	5	3	4	23
*Vulcanibacillus*火山芽胞杆菌属	5	5	32	13	28	24	59	337
*Puniceicoccus*紫红球菌属	4	1	0	6	7	6	10	254
*Mariniphaga*食海菌属	4	4	108	12	35	40	746	2034
uncultured-Sandaracinaceae 橙色菌科未培养的1属	4	6	136	11	19	6	93	608
*Novosphingobium*新鞘脂杆菌属	4	6	0	13	10	9	0	211
Rikenellaceae-RC9-gut-group 理研菌科RC9肠道群的1属	4	1	46	22	13	8	7	167
norank-JTB255-marine-benthic-group科 JTB255深海底群的1属	4	13	2	2	2	25	1	189
*Alkalibacter*嗜碱杆菌属	4	1	0	7	4	7	5	51
*Pseudospirillum*假螺菌属	4	2	20	7	26	33	123	518
*Gracilibacillus*纤细芽胞杆菌属	4	18	23	6	4	10	6	265
*Gordonia*戈登菌属	4	43	2	52	9	10	4	848
Helcococcus创伤球菌属	4	6	0	9	25	3	11	75
uncultured-Sphingobacteriaceae 鞘脂杆菌科未培养的1属	4	1	1	2	5	22	3	360

物种名称	OCT 10cm	OCT 30cm	OCT 50cm	OCTi	OCTii	OCTiii	OCTiv	总计
Lachnospiraceae-FCS020-group 毛螺菌科FCS020群的1属	4	2	0	7	10	14	18	91
*Paenalcaligenes*类产碱菌属	4	3	6	31	35	31	295	530
*Catenibacterium*链小杆菌属	4	7	1	39	43	25	28	183
norank-Parcubacteria 候选Parcubacteria门未命名的1属	4	6	13	0	4	7	10	162
*Desulfomicrobium*脱硫微菌属	4	1	114	9	9	1	11	543
norank-Atribacteria 候选Atribacteria门未命名的1属	4	1	0	19	11	13	27	120
*Fluviicola*居河菌属	4	1	5	4	11	3	153	2306
uncultured-Peptococcaceae 消化球菌科未培养的1属	4	3	412	15	9	7	24	608
*Marvinbryantia*马文布莱恩特菌属	4	1	3	34	46	37	25	298
*Fusicatenibacter*纺锤链杆菌属	4	1	0	13	32	8	34	142
BD1-7-clade BD1-7分支的1属	4	3	0	3	39	20	7	135
uncultured-Streptosporangiaceae 链孢囊菌科未培养的1属	3	52	1	5	1	8	3	177
unclassified-Gaiellales 盖亚菌科未分类的1属	3	1	0	0	1	2	8	44
*Marinobacterium*海小杆菌属	3	0	1	0	7	1	4	157
uncultured-Gemmatimonadaceae 芽单胞菌科未培养的1属	3	14	1	15	11	8	1	68
*Rubrivirga*红色杆菌属	3	4	0	27	18	9	0	63
unclassified-Cellvibrionaceae 纤维弧菌科未分类的1属	3	9	5	24	26	5	60	171
uncultured-Micromonosporaceae 小单胞菌科未培养的1属	3	1	0	0	0	2	0	8
Prevotellaceae-NK3B31-group 普雷沃菌科NK3B31群的1属	3	0	0	37	15	5	44	138
norank-BIrii41 科BIrii41未命名的1属	3	12	52	20	15	5	14	429
uncultured-Unknown-Family-Order-Ⅲ 目Ⅲ未知科未培养的1属	3	5	0	33	4	5	0	165
*Ruminiclostridium*瘤胃梭菌属	3	94	918	9	22	7	91	1810
*Megasphaera*巨球形菌属	3	0	1	53	149	10	39	298
norank-113B434 纲113B434未命名的1属	3	0	54	9	37	9	25	626
*Faecalibacterium*粪小杆菌属	3	4	1	101	274	55	24	619
*Defluviimonas*下水道单胞菌属	3	27	1	9	9	17	4	118
Ruminococcus-1瘤胃球菌属1	3	0	1	11	10	6	14	65
uncultured-Cyclobacteriaceae 圆杆菌科未培养的1属	3	0	36	3	0	1	9	283
norank-SM2D12 科SM2D12未命名的1属	3	0	0	4	24	8	0	61
*Lysobacter*溶杆菌属	3	5	5	2	6	6	3	3019
*Cohnella*科恩菌属	3	39	1	5	0	0	13	111

物种名称	OCT 10cm	OCT 30cm	OCT 50cm	OCTⅰ	OCTⅱ	OCTⅲ	OCTⅳ	总计
uncultured-Erysipelotrichaceae 丹毒丝菌科未培养的1属	3	0	1	21	12	6	20	93
Haliea海妖菌属	3	1	1	3	13	16	18	74
norank-JG30-KF-CM66 纲JG30-KF-CM66未命名的1属	3	5	0	6	5	6	0	32
unclassified-Bacillaceae 芽胞杆菌科未分类的1属	3	95	12	12	1	4	29	215
Ruminiclostridium-6瘤胃梭菌属6	3	0	9	4	4	1	14	44
Candidatus-Alysiosphaera 候选——假丝球形菌属	3	10	0	5	3	5	3	58
norank-M05-Pitesti 科M05-Pitesti未命名的1属	3	5	1	1	12	12	13	84
Thermobifida热双歧菌属	3	13	34	12	1	15	3	221
Erysipelotrichaceae-UCG-003 丹毒丝菌科UCG-003的1属	3	4	3	7	1	12	7	46
unclassified-Solirubrobacterales 土壤红色杆菌目未分类的1属	3	14	0	0	0	0	0	17
Desulfococcus脱硫球菌属	3	5	0	10	13	33	27	99
norank-1013-28-CG33 目1013-28-CG33未命名的1属	3	2	0	9	1	6	2	43
Aestuariimicrobium河口微菌属	3	0	0	5	1	1	1	18
Geobacillus地芽胞杆菌属	3	2	1	6	1	2	1	27
uncultured-Halobacteroidaceae 盐拟杆菌科未培养的1属	3	2	0	7	0	2	2	24
Aliicoccus别样球菌属	3	1	0	11	7	3	1	57
Nautella水手菌属	3	3	0	2	13	18	1	45
Sphaerobacter球形杆菌属	3	11	7	5	2	4	2	71
unclassified-Sphingomonadales 鞘脂单胞菌目未分类的1属	3	1	0	3	2	1	0	12
norank-BC-COM435 目BC-COM435未命名的1属	2	3	4	0	0	5	9	252
uncultured-Gaiellales 盖亚菌目未培养的1属	2	3	1	4	4	1	14	102
unclassified-Rhodospirillales 红螺菌目未分类的1属	2	6	0	3	1	7	1	49
Sneathiella斯尼思菌属	2	5	1	1	2	2	16	68
norank-KD4-96 纲KD4-96未命名的1属	2	0	0	3	0	1	0	6
unclassified-Coriobacteriaceae 红蝽杆菌科未分类的1属	2	0	0	1	2	0	3	13
Dethiobacter脱硫杆菌属	2	57	74	4	16	3	109	598
unclassified-Desulfuromonadales 脱硫单胞菌目未分类的1属	2	0	0	1	1	1	101	113
uncultured-Moraxellaceae 莫拉菌科未培养的1属	2	13	15	1	1	0	10	69
Persicitalea桃色杆菌属	2	0	170	0	0	1	0	401

物种名称	OCT 10cm	OCT 30cm	OCT 50cm	OCTi	OCTii	OCTiii	OCTiv	总计
Lachnospiraceae-NK4A136-group毛螺菌科NK4A136群的1属	2	4	2	0	7	4	4	29
Sunxiuqinia孙氏菌属	2	3	0	2	1	2	0	11
Cellulomonas纤维素单胞菌属	2	1	1	0	0	0	2	19
Patulibacter扩散杆菌属	2	0	0	3	0	0	0	5
Escherichia-Shigella埃希杆菌属/志贺菌属	2	2	1	2	2	1	5	51
Pedobacter地杆菌属	2	1	1	2	5	23	0	3438
uncultured-Bacteriovoracaceae噬菌弧菌科未培养的1属	2	0	0	1	1	0	1	86
Flindersiella弗林德斯菌属	2	21	0	3	1	2	1	35
Acinetobacter不动杆菌属	2	1	11	0	0	0	0	105
norank-BD2-11-terrestrial-group目BD2-11陆生群未命名的1属	2	14	3	4	12	12	50	282
Lachnospiraceae-XPB1014-group毛螺菌科XPB1014群的1属	2	1	34	21	25	36	62	297
uncultured-Order-Ⅲ目Ⅲ未培养的1属	2	0	19	3	48	94	26	3098
norank-Sva0996-marine-group科Sva0996海洋群未命名的1属	2	8	0	4	1	3	1	27
Prevotella-1普雷沃菌属1	2	0	0	24	21	7	7	100
Reichenbachiella赖兴巴赫菌属	2	13	0	12	3	1	1	964
Ruminofilibacter瘤胃丝杆菌属	2	89	3275	33	4	6	28	8888
Prevotella-7普雷沃菌属7	2	0	1	2	1	0	2	13
Haloferula盐棒形菌属	2	1	6	15	14	15	39	221
Thermovirga热棒形菌属	2	1	0	5	0	2	18	42
[Eubacterium]-nodatum-group缠结优杆菌群的1属，需重分类至新属	2	0	0	8	9	7	15	60
Pelotomaculum厌氧肠形菌属	2	0	6	2	2	1	8	50
uncultured-Family-XIV科XIV未培养的1属	2	53	93	6	8	1	30	2195
Phaselicystis豆状孢囊菌属	2	12	12	6	0	0	3	61
Acetitomaculum醋香肠菌属	2	2	3	6	2	4	7	46
Ruminococcaceae-UCG-008瘤胃球菌科UCG-008的1属	2	2	6	14	19	7	56	353
Lachnospiraceae-ND3007-group毛螺菌科ND3007群的1属	2	0	0	23	18	10	27	140
norank-Clostridiales-vadinBB60-group梭菌科vadinBB60群的1属	2	183	652	13	14	0	11	1261
Gelidibacter冰冷杆菌属	2	1	0	0	4	10	12	80
Tenacibaculum黄色杆形菌属	2	2	2	3	35	180	0	242
Steroidobacter类固醇杆菌属	2	46	35	16	3	6	9	372
Acidibacter酸杆菌属	2	15	0	0	0	0	0	17
uncultured-Rhizobiales根瘤菌目未培养的1属	2	11	1	4	2	8	4	55
Akkermansia阿克曼斯菌属	2	0	1	30	44	1	9	143
norank-AT425-EubC11-terrestrial-group目AT425-EubC11陆生1群未命名的1属	2	14	31	21	10	6	24	255

物种名称	OCT 10cm	OCT 30cm	OCT 50cm	OCTi	OCTii	OCTiii	OCTiv	总计
*Haloplasma*嗜盐菌属	2	3	7	1	0	1	0	41
[Eubacterium]-ruminantium-group 反刍优杆菌群的1属，需重分类至新属	2	0	1	21	51	13	16	118
*Methylocaldum*甲基暖菌属	2	24	0	8	2	13	17	114
*Donghicola*居东海菌属	2	2	0	4	15	24	7	93
Candidatus-*Soleaferrea*候选属	1	1	0	4	1	1	8	30
*Dialister*小杆菌属	1	0	1	26	22	4	11	88
*Amphibacillus*兼性芽胞杆菌属	1	0	4	19	12	14	843	904
unclassified-Planococcaceae 动球菌科未分类的1属	1	7	25	3	2	3	3	82
*Balneola*班努斯菌属	1	1	0	5	7	5	3	149
OM27-clade OM27分支的1属	1	1	52	2	0	3	2	138
Ruminococcaceae-UCG-012 瘤胃球菌科UCG-012的1属	1	23	57	8	2	1	20	211
*Sandaracinus*橙色菌属	1	0	6	2	1	1	1	107
norank-PL-11B8-wastewater-sludge-group科PL-11B8废水污泥群未命名的1属	1	3	206	3	4	2	21	1036
uncultured-Fibrobacteraceae 纤维杆菌科未培养的1属	1	1	11	4	12	2	35	374
*Thalassospira*海旋菌属	1	8	0	4	2	0	0	85
norank-MSB-1E8 科MSB-1E8未命名的1属	1	3	0	2	0	0	0	8
*Desulfofustis*脱硫棒菌属	1	0	0	2	2	0	2	33
norank-M2PB4-65-termite-group 科M2PB4-65白蚁群未命名的1属	1	1	898	3	13	0	51	1252
unclassified-Halieaceae 海妖菌科未分类的1属	1	0	0	1	41	18	22	215
unclassified-Draconibacteriaceae 龙杆菌科未分类的1属	1	4	0	20	4	1	0	62
norank-NB1-n 目NB1-n未命名的1属	1	213	238	6	7	2	19	1491
*Tamlana*耽罗国菌属	1	0	0	7	18	12	0	40
unclassified-Paenibacillaceae 类芽胞杆菌科未分类的1属	1	22	2	1	1	3	5	65
Candidatus-*Caldatribacterium*候选属	1	1	0	1	0	0	13	46
norank-Candidate-division-SR1 候选门SR1未命名的1属	1	0	497	2	7	4	77	1340
uncultured-Syntrophomonadaceae 互营单胞菌科未培养的1属	1	93	1	1	2	1	309	734
*Acetobacterium*醋酸杆菌属	1	0	0	0	0	1	0	18
*Thermopolyspora*热多孢菌属	1	13	0	1	0	1	0	23
*Melghirimyces*迈勒吉尔霉菌属	1	0	0	5	1	0	0	10
*Oligosphaera*寡养球形菌属	1	1	69	3	1	1	0	211
*Thioalkalispira*硫碱螺旋菌属	1	1	33	1	0	2	5	211
*Roseburia*罗氏菌属	1	0	0	9	83	5	40	165
*Sandaracinobacter*橙色杆菌属	1	4	1	2	1	3	9	37

续表

物种名称	OCT 10cm	OCT 30cm	OCT 50cm	OCTi	OCTii	OCTiii	OCTiv	总计
uncultured-Christensenellaceae 克里斯滕森菌科未培养的1属	1	3	13	1	6	6	12	74
unclassified-Nannocystaceae 侏囊菌科未分类的1属	1	1	0	0	1	0	1	17
Muricauda 鼠尾菌属	1	0	1	0	3	1	1	11
unclassified-Rhodospirillaceae 红螺菌未分类的1属	1	2	0	0	0	0	1	45
Brevundimonas 短波单胞菌属	1	0	1	0	0	0	0	18
unclassified-Chloroflexi 绿弯菌门未分类的1属	1	9	0	2	1	0	3	41
Tepidimicrobium 中温微菌属	1	0	32	1	0	4	1	98
Caldalkalibacillus 热碱芽胞杆菌属	1	1	0	5	0	6	0	13
Anaerotruncus 厌氧棒菌属	1	0	0	26	8	9	19	122
Gracilimonas 纤细单胞菌属	1	10	8	6	18	13	6	725
unclassified-Cryomorphaceae 冷形菌科未分类的1属	1	1	2	25	779	380	35	7807
Anaerovibrio 厌氧弧菌属	1	1	1	93	145	4	16	635
Oribacterium 河口小杆菌属	1	0	1	18	43	8	2	111
Thermocrispum 热密卷菌属	1	4	0	2	0	0	3	76
norank-Gracilibacteria 纤细杆菌科未命名的1属	1	0	15	1	6	3	16	266
Dorea 多雷菌属	1	4	1	27	30	17	30	173
norank-Bacteroidales-UCG-001 拟杆菌目UCG-001科未命名的1属	1	2	10593	8	16	0	17	11043
Carnobacterium 肉食杆菌属	1	0	0	2	0	0	2	12
Lachnospiraceae-NK3A20-group 毛螺菌科NK3A20群的1属	1	0	0	3	7	3	3	30
Variibacter 多变杆菌属	1	5	0	1	0	0	1	21
Ignavigranum 懒惰颗粒菌属	1	1	0	9	8	1	18	45
Lachnospiraceae-AC2044-group 毛螺菌科AC2044群的1属	1	0	6	8	6	4	24	61
norank-DA111 科DA111未命名的1属	1	3	1	0	0	1	1	20
Syntrophomonas 互营单胞菌属	1	3	101	1	0	1	8	181
Prevotellaceae-UCG-003 普雷沃菌科UCG-003的1属	1	0	2	17	13	1	5	57
Methylobacter 甲基杆菌属	1	5	0	4	1	3	2	40
Treponema 密螺旋体属	1	3	670	7	0	0	0	6792
Roseibacillus 玫瑰色杆菌属	1	0	0	0	0	1	0	16
Silanimonas 喷泉单胞菌属	1	25	0	2	1	0	1	46
Thioalkalimicrobium 硫碱微菌属	1	0	4	4	15	4	34	680
unclassified-Eubacteriaceae 优杆菌科未分类的1属	1	0	3	0	2	1	1	18
Tistlia 蒂斯蒂尔菌属	1	1	0	0	0	0	0	15
Pontibaca 海橄榄形菌属	1	3	0	7	9	48	8	180
Halolactibacillus 盐乳芽胞杆菌属	1	4	11	31	66	33	28	185
unclassified-Peptococcaceae 消化球菌科未分类的1属	1	8	79	2	1	2	4	115

物种名称	OCT 10cm	OCT 30cm	OCT 50cm	OCTi	OCTii	OCTiii	OCTiv	总计
uncultured-Myxococcales 黏球菌目未培养的1属	1	1	0	0	0	0	0	15
*Mobilitalea*运动杆菌属	1	7	1957	29	27	17	56	2614
*Lautropia*劳特罗普菌属	1	3	0	5	1	5	2	23
Erysipelotrichaceae-UCG-001 丹毒丝菌科UCG-001的1属	1	2	2	5	1	10	6	47
Erysipelotrichaceae-UCG-004 丹毒丝菌科UCG-004的1属	1	0	114	3	9	0	3	181
CL500-29-marine-group CL500-29海洋菌群的1属	1	1	1	2	1	0	0	17
norank-Subgroup-21 超群21目未命名的1属	1	2	0	2	1	1	1	27
*Saccharofermentans*糖发酵菌属	1	1	0	1	1	1	0	5
*Jeotgalicoccus*咸海鲜球菌属	1	2	1	14	1	6	10	111
*Actinomyces*放线菌属	1	1	0	0	0	3	3	8
unclassified-Opitutae 丰佑菌纲未分类的1属	1	0	1	0	0	2	3	57
*Lachnospira*毛螺菌属	1	0	7	10	13	8	31	91
*Psychrobacter*嗜冷杆菌属	1	0	9	26	7	41	12	200
*Defluviitalea*废水杆菌属	1	0	21	1	0	0	0	34
*Anaerofustis*厌氧棒形菌属	1	1	0	1	0	1	1	6
unclassified-Rhodocyclaceae 红环形菌科未分类的1属	1	0	18	0	0	1	0	30
Candidatus-*Odyssella* 候选门奥德赛菌属	1	0	0	0	0	0	0	4
norank-possible-family-01 可能的科01未命名的1属	1	0	14	1	0	0	0	40
*Wandonia*莞岛菌属	1	1	0	0	2	0	0	9
norank-Lentisphaerae-RFP12-gut-group 黏胶球形菌纲RFP12肠道菌群未命名的1属	1	1	173	7	30	5	66	642
*Marinimicrobium*海微菌属	1	0	0	0	1	0	27	47
*Kroppenstedtia*克罗彭施泰特菌属	1	2	4	2	0	2	2	16
*Hydrogenophaga*噬氢菌属	1	0	0	3	1	1	1	194
uncultured-Propionibacteriaceae 丙酸杆菌科未培养的1属	1	4	0	4	2	6	6	27
norank-B1-7BS 目B1-7BS未命名的1属	1	7	8	4	3	3	2	325
unclassified-Lentisphaerae 黏胶球形菌门未分类的1属	0	0	33	1	7	0	16	196
*Catenovulum*卵链菌属	0	0	0	0	1	5	0	9
*Desulfurispirillum*脱硫螺菌属	0	0	0	0	0	0	0	18
*Desulfotomaculum*脱硫肠状菌属	0	0	1	1	0	3	0	18
norank-GZKB75 纲GZKB75未命名的1属	0	1	83	0	0	0	1	129
*Tepidanaerobacter*中温厌氧杆菌属	0	4	7	0	0	0	2	31
norank-DB1-14 目DB1-14未命名的1属	0	0	2	0	0	0	155	247

续表

物种名称	OCT 10cm	OCT 30cm	OCT 50cm	OCTi	OCTii	OCTiii	OCTiv	总计
uncultured-Acidimicrobiaceae 酸微菌科未培养的1属	0	5	0	12	2	5	2	36
Desulfitibacter脱硫线杆菌属	0	6	15	1	0	0	1	57
Spirochaeta-2螺旋体属2	0	0	0	2	0	0	0	92
unclassified-Leptospiraceae 钩端螺旋体科未分类的1属	0	0	0	0	0	0	3	629
Lachnospiraceae-UCG-010 毛螺菌科UCG-010的1属	0	0	0	3	5	0	0	10
Blvii28-wastewater-sludge-group Blvii28废水污泥菌群的1属	0	0	5	2	2	0	22	201
Selenomonas-1新月形单胞菌属1	0	0	0	0	3	0	3	8
Ruminococcaceae-UCG-013 瘤胃球菌科UCG-013的1属	0	1	76	1	3	5	15	160
Ruminococcaceae-UCG-010 瘤胃球菌科UCG-010的1属	0	15	141	20	30	16	75	544
Pseudoxanthomonas假黄单胞菌属	0	0	7	2	0	4	6	112
norank-Phycisphaeraceae 海草球形菌科未命名的1属	0	0	5	0	0	0	0	22
Vibrio弧菌属	0	0	0	3	17	23	2	63
Salinicola居盐场菌属	0	0	0	1	0	0	0	547
Collinsella柯林斯菌属	0	1	1	24	28	7	31	146
Hahella河氏菌属	0	1	90	0	0	0	0	162
unclassified-Syntrophomonadaceae 互营单胞菌科未分类的1属	0	4	0	0	0	0	0	17
Desulfonatronum脱硫弯曲杆菌属	0	0	0	4	10	8	5	40
unclassified-Thermoanaerobacteraceae 热厌氧杆菌科未分类的1属	0	108	9	0	0	0	6	172
Caminicella热液烟囱菌属	0	0	7	1	0	0	0	26
Paludibacter沼泽杆菌属	0	0	0	0	0	0	0	8
norank-WCHB1-41 纲WCHB1-41未命名的1属	0	1	0	0	0	0	1	13
[Eubacterium]-ventriosum-group 凸腹优杆菌群的1属，需重分类至新属	0	0	0	2	1	4	2	10
norank-SBYG-2791 门SBYG-2791未命名的1属	0	0	0	0	0	0	0	24
uncultured-Verrucomicrobiaceae 疣微菌科未培养的1属	0	0	0	4	6	0	0	11
Marinospirillum海螺菌属	0	0	0	1	3	0	14	485
Ulvibacter石莼杆菌属	0	0	0	2	3	2	5	27
norank-GZKB124 科GZKB124的1属	0	0	42	2	0	0	1	52
Selenomonas新月形单胞菌属	0	0	0	1	34	0	0	39
Olivibacter橄榄形杆菌属	0	0	4	3	4	5	2	397
norank-WCHB1-69 科WCHB1-69未命名的1属	0	1	0	1	1	4	1	15
Candidatus-Xiphinematobacter 候选门剑线虫杆菌属	0	0	0	1	1	0	1	26
Sinibacillus中华芽胞杆菌属	0	28	4	0	0	0	1	53

续表

物种名称	OCT 10cm	OCT 30cm	OCT 50cm	OCTi	OCTii	OCTiii	OCTiv	总计
*Arcobacter*弓形杆菌属	0	0	7	0	1	0	0	1064
*Methylohalomonas*甲基盐单胞菌属	0	0	9	0	0	0	0	21
norank-LNR-A2-18 纲LNR-A2-18未命名的1属	0	1	21	6	3	2	1	95
uncultured-Prevotellaceae 普雷沃氏菌科未培养的1属	0	0	1	9	17	3	2	49
*Halocella*嗜盐菌属	0	0	24	0	1	1	5	156
*Algisphaera*海藻球形菌属	0	0	0	6	13	0	0	19
*Succinivibrio*琥珀酸弧菌属	0	1	5	9	28	2	4	113
norank-Oligosphaeria 寡养球形菌纲未命名的1属	0	0	0	0	0	0	0	18
*Prolixibacter*长杆菌属	0	0	9	10	2	4	1	495
norank-TA06 门TA06未命名的1属	0	2	0	2	1	0	2	9
uncultured-Clostridiaceae-1 梭菌科1未培养的1属	0	0	0	0	0	0	2	6
*Tuberibacillus*肿块芽胞杆菌属	0	0	0	1	0	0	0	5
*Geovibrio*地弧菌属	0	0	0	0	0	0	0	71
unclassified-Clostridiales 梭菌纲未分类的1属	0	70	29	1	6	0	8	244
norank-Oligosphaerales 寡养球形菌目未命名的1属	0	0	1	0	0	0	0	25
norank-Bacteroidales-RF16-group 拟杆菌目RF16菌群未命名的1属	0	0	0	4	4	1	5	43
*Sinomicrobium*中华微菌属	0	0	0	0	0	0	0	171
*Gracilibacter*纤细杆菌属	0	0	7	0	0	0	0	9
unclassified-Opitutaceae 丰佑菌科未分类的1属	0	0	0	0	0	1	0	5
*Aerococcus*气球菌属	0	0	1	1	1	0	1	57
*Parapedobacter*副土地杆菌属	0	0	0	1	11	30	9	327
norank-D8A-2 目D8A-2未命名的1属	0	1	0	0	0	0	4	122
norank-NPL-UPA2 纲NPL-UPA2未命名的1属	0	3	3	0	0	0	0	33
norank-Erysipelotrichaceae 丹毒丝菌科未命名的1属	0	2	0	2	0	3	6	23
norank-DSSF69 科DSSF69未命名的1属	0	0	30	0	0	0	0	49
Lachnospiraceae-NK4B4-group 毛螺菌科NK4B4菌群的1属	0	0	0	11	4	4	2	28
norank-Oligosphaeraceae 寡养球形菌科未命名的1属	0	4	244	4	4	0	9	771
[Anaerorhabdus]-furcosa-group 叉状棍状厌氧菌群的1属，需重分类至新属	0	1	0	3	1	1	4	19
*Lacticigenium*产乳酸菌属	0	1	0	20	9	13	17	67
norank-FGL12-B44 纲FGL12-B44未命名的1属	0	0	0	0	0	0	0	107
*Saccharomonospora*糖单孢菌属	0	19	10	35	4	20	8	311

续表

物种名称	OCT 10cm	OCT 30cm	OCT 50cm	OCTi	OCTii	OCTiii	OCTiv	总计
*Comamonas*丛毛单胞菌属	0	0	0	0	0	0	0	47
*Thermobacillus*热芽胞杆菌属	0	54	13	3	6	15	31	162
uncultured-Nocardioidaceae 类诺卡菌科未培养的1属	0	0	0	0	0	0	0	5
norank-Oligoflexaceae 寡养弯菌科未命名的1属	0	0	1	0	0	0	10	89
unclassified-Sphingobacteriales 鞘脂杆菌目未分类的1属	0	0	1	0	0	0	0	17
*Fibrobacter*纤维杆菌属	0	1	52	2	8	2	17	2282
norank-NKB5 目NKB5未命名的1属	0	0	10	1	0	0	2	19
*Actinopolyspora*多孢放线菌属	0	23	18	2	0	0	2	101
*Constrictibacter*压缩杆菌属	0	6	2	2	3	4	4	42
Urania-1B-19-marine-sediment group Urania-1B-19海洋沉积物菌群的1属	0	0	28	1	0	1	0	50
*Thermophagus*热贪食菌属	0	1	0	1	1	1	0	385
*Rheinheimera*伦黑墨菌属	0	0	0	0	6	4	10	28
norank-R76-B128 纲R76-B128未命名的1属	0	0	62	0	1	0	0	925
Incertae-Sedis-Lachnospiraceae 毛螺菌科未定地位的1属	0	0	2	6	12	6	10	46
norank-Actinobacteria 放线菌纲未命名的1属	0	0	0	2	1	0	1	7
*Solimonas*土壤单胞菌属	0	0	1	0	0	0	1	81
uncultured-Selenomonadales 新月形单胞菌目未培养的1属	0	0	1	13	22	2	16	66
*Syntrophaceticus*互营醋酸饲养菌属	0	6	3	0	0	1	10	49
*Aliidiomarina*别样海源菌属	0	1	0	3	82	24	28	621
norank-OPB56 科OPB56未命名的1属	0	0	0	0	0	0	0	53
*Rhodanobacter*罗纳河杆菌属	0	0	0	8	3	0	0	18
*Thermobispora*热双孢菌属	0	0	0	0	0	0	0	16
*Ottowia*奥托菌属	0	0	0	2	0	2	0	75
*Formosa*台湾菌属	0	0	0	0	5	5	0	15
*Algoriphagus*嗜寒冷菌属	0	0	0	0	0	0	0	28
unclassified-Puniceicoccaceae 紫红球菌科未分类的1属	0	0	0	0	2	0	31	72
*Parvibaculum*小棒形菌属	0	1	5	0	0	0	0	25
*Providencia*普罗维登斯菌属	0	0	0	0	0	0	0	6
unclassified-Methylophilaceae 噬甲基菌科未分类的1属	0	0	0	0	0	0	0	11
*Salinicoccus*盐水球菌属	0	0	2	1	2	1	2	108
unclassified-Firmicutes 厚壁菌门未分类的1属	0	11	29	0	0	2	9	151
norank-TA18 纲TA18未命名的1属	0	0	4	0	0	0	0	17
*Alloprevotella*别样普雷沃菌属	0	0	0	10	9	2	1	33
*Lutispora*污泥产孢菌属	0	0	15	0	0	0	2	21
*Gelria*格尔德兰菌属	0	119	9	2	1	0	31	361

物种名称	OCT 10cm	OCT 30cm	OCT 50cm	OCTi	OCTii	OCTiii	OCTiv	总计
*Anaerostipes*厌氧棒形菌属	0	1	1	1	0	1	18	64
uncultured-Paenibacillaceae 类芽胞杆菌科未培养的1属	0	2	9	2	0	5	11	78
*Illumatobacter*沉积物杆菌属	0	1	0	3	6	2	0	16
norank-Sh765B-TzT-29 目Sh765B-TzT-29未命名的1属	0	7	0	0	0	1	0	8
*Advenella*陌生菌属	0	1	0	0	0	0	1	71
*Amycolatopsis*拟无枝酸菌属	0	0	0	1	0	1	1	14
norank-KI89A-clade 目KI89A分支未命名的1属	0	1	3	2	1	0	0	12
*Streptomyces*链霉菌属	0	7	0	6	0	1	2	260
*Peptococcus*消化球菌属	0	0	0	1	0	1	3	11
*Butyricicoccus*丁酸球菌属	0	0	0	1	14	0	2	19
*Blastocatella*出芽链菌属	0	0	0	10	5	2	0	17
norank-RL185-aaj71c12 目RL185-aaj71c12未命名的1属	0	0	0	2	1	0	2	24
*Bifidobacterium*双歧杆菌属	0	1	0	3	6	1	5	20
*Thermomonospora*热单孢菌属	0	8	0	2	0	0	4	19
Ruminiclostridium-9瘤胃梭菌属9	0	0	1	0	3	0	3	14
*Parapusillimonas*副极小单胞菌属	0	1	0	0	1	0	23	37
unclassified-Phycisphaerales 海草球形菌目未分类的1属	0	0	0	0	0	0	0	55
unclassified-Cytophagia 纤维黏网菌纲未分类的1属	0	3	0	0	1	1	0	12
*Mitsuokella*光冈菌属	0	1	0	3	5	0	3	24
*Globicatella*球链菌属	0	0	0	5	4	3	4	164
uncultured-Marinilabiaceae 海滑菌科未培养的1属	0	2	734	9	10	1	226	3304
Prevotella-2普雷沃菌属2	0	0	2	4	8	2	10	58
*Nesterenkonia*涅斯捷连科菌属	0	0	0	1	0	0	0	43
*Pseudofulvimonas*假深黄单胞菌属	0	0	24	2	0	0	3	696
uncultured-Methylophilaceae 噬甲基菌科未培养的1属	0	2	22	1	0	0	0	102
norank-Gastranaerophilales 候选目Gastranaerophilales未命名的1属	0	0	3	0	2	0	1	37
unclassified-Sphingobacteriaceae 鞘脂杆菌科未分类的1属	0	0	36	1	2	4	0	2313
unclassified-Mollicutes 柔膜菌纲未分类的1属	0	0	22	5	18	1	32	389
unclassified-Spirochaetaceae 螺旋体科未分类的1属	0	0	3	0	0	0	1	48
*Sporobacter*产孢杆菌属	0	0	7	1	1	3	5	26
norank-055B07-P-DI-P58 纲055B07-P-DI-P58未命名的1属	0	1	18	3	3	0	4	86
*Prauserella*普劳泽菌属	0	0	0	5	0	2	3	38
*Bergeyella*伯杰菌属	0	0	0	1	1	0	0	11
norank-Pla4-lineage 纲Pla4系未命名的1属	0	0	0	0	0	0	0	55

物种名称	OCT 10cm	OCT 30cm	OCT 50cm	OCTi	OCTii	OCTiii	OCTiv	总计
*Desulfuromonas*脱硫单胞菌属	0	0	1	4	1	4	0	39
*Oscillibacter*颤杆菌属	0	0	0	6	9	1	8	64
Ruminococcaceae-UCG-009 瘤胃球菌科UCG-009的1属	0	0	0	2	1	2	3	20
Lachnospiraceae-UCG-005 毛螺菌科UCG-005的1属	0	1	1	5	20	2	8	52
Ruminococcaceae-UCG-004 瘤胃球菌科UCG-004的1属	0	1	0	4	4	1	13	114
*Achromobacter*无色杆菌属	0	0	0	0	1	1	13	31
uncultured-Clostridiales	0	0	31	0	1	0	0	40
unclassified-Rhodothermaceae 红热菌科未分类的1属	0	7	1	1	2	0	0	19
uncultured-Lachnospiraceae 毛螺菌科未分类的1属	0	1	122	4	22	1	30	276
*Anaerococcus*厌氧球菌属	0	1	0	1	0	1	0	3
*Flaviflexus*黄弯菌属	0	2	0	6	6	4	10	65
*Rhizobium*根瘤菌属	0	1	5	0	0	0	1	36
uncultured-Methylococcaceae 甲基球菌科未培养的1属	0	2	48	2	0	3	1	176
*Papillibacter*乳头杆菌属	0	0	108	0	0	0	3	140
*Solirubrobacter*土壤红色杆菌属	0	8	0	1	3	1	0	20
*Aminobacterium*氨基酸小杆菌属	0	7	106	0	0	0	96	282
norank-Draconibacteriaceae 龙杆菌科未命名的1属	0	0	3	0	1	1	1	14
*Pseudomaricurvus*假海弯菌属	0	1	2	2	92	13	144	547
norank-PL-11B10 科PL-11B10未命名的1属	0	0	27	3	5	0	0	290
Ruminiclostridium-1瘤胃梭菌属1	0	4	282	2	0	0	10	627
*Rummeliibacillus*鲁梅尔芽胞杆菌属	0	0	2	0	1	0	1	23
norank-P3OB-42 科P3OB-42未命名的1属	0	1	12	0	0	0	0	67
Candidatus-*Solibacter*候选门土壤杆菌属	0	1	0	0	0	0	0	8
norank-Family-XI 科XI未命名的1属	0	0	39	2	3	2	33	124
*Salinimicrobium*盐微菌属	0	0	2	0	0	0	0	13
*Victivallis*食谷物菌属	0	0	24	1	0	0	1	75
*Haloactinopolyspora*盐多孢放线菌属	0	4	2	7	2	3	1	47
unclassified-Clostridiaceae-2 梭菌科2未分类的1属	0	0	186	1	3	1	7	345
*Proteocatella*食蛋白链菌属	0	0	0	1	0	0	11	13
norank-W27 各W27未命名的1属	0	0	13	0	0	0	0	33
*Salinispira*盐螺菌属	0	5	0	2	0	0	0	91
*Sterolibacterium*固醇小杆菌属	0	0	0	0	0	0	2	219
unclassified-Cyanobacteria 蓝细菌纲未分类的1属	0	0	14	0	0	0	0	22
Rs-M59-termite-group Rs-M59白蚁菌群的1属	0	0	0	0	0	0	0	407

物种名称	OCT 10cm	OCT 30cm	OCT 50cm	OCTi	OCTii	OCTiii	OCTiv	总计
*Desulfuribacillus*脱硫杆菌属	0	0	4	0	3	0	134	264
unclassified-Comamonadaceae 丛毛单胞菌科未分类的1属	0	0	4	0	2	6	26	125
norank-OCS116-clade 目OCS116分支未命名的1属	0	0	16	0	1	1	17	75
*Sedimentibacter*沉积物杆菌属	0	17	337	15	10	15	9	713
unclassified-Myxococcales 黏球菌目未分类的1属	0	0	3	0	0	0	0	12
Candidatus-*Desulforudis*候选属	0	20	2	0	0	0	0	41
*Sulfurospirillum*硫磺螺菌属	0	0	2	0	0	0	0	9
norank-WCHB1-25 纲WCHB1-25未命名的1属	0	0	119	3	14	4	15	313
*Paraeggerthella*副伊格尔兹菌属	0	0	0	1	0	0	0	4
norank-OPB35-soil-group 纲OPB35土壤菌群未命名的1属	0	5	13	3	3	0	20	108
*Oscillospira*颤螺菌属	0	0	1	7	4	1	10	36
Prevotellaceae-UCG-001 普雷沃菌科UCG-001的1属	0	0	0	0	3	0	3	19
*Cerasicoccus*浅粉色球菌属	0	0	0	0	0	2	8	50
uncultured-Family-XIII 科XIII未培养的1属	0	0	0	0	0	0	0	3
*Mesotoga*中温外袍菌属	0	1	0	0	0	0	4	13
dgA-11-gut-group dgA-11肠道菌群的1属	0	0	1	7	4	3	16	43
uncultured-Bacillaceae 芽胞杆菌科未培养的1属	0	0	0	13	1	3	2	70
uncultured-Puniceicoccaceae 紫红球菌科未培养的1属	0	1	4	0	0	1	3	72
*Ammoniibacillus*氨芽胞杆菌属	0	2	0	2	1	3	4	15
*Saccharopolyspora*糖多孢菌属	0	58	37	7	1	2	10	248
*Anaeromyxobacter*厌氧黏杆菌属	0	4	3	1	0	1	0	105
unclassified-Cytophagaceae 噬纤维菌科未分类的1属	0	0	1	2	0	0	0	335
norank-OM190 纲OM190未命名的1属	0	6	1	5	0	0	0	24
norank-SRB2 科SRB2未命名的1属	0	1	33	0	0	0	2	92
*Sphingobium*鞘脂菌属	0	1	0	0	0	0	0	15
*Howardella*霍华德菌属	0	0	0	7	7	1	0	19
*Chelatococcus*螯合球菌属	0	3	0	0	0	0	1	12
*Proteiniborus*食蛋白质菌属	0	1	7	2	0	0	2	21
norank-Flavobacteriaceae 黄杆菌科未命名的1属	0	0	1	0	0	0	0	22
*Sulfurimonas*硫单胞菌属	0	0	0	1	1	3	0	908
norank-FTLpost3 科FTLpost3未命名的1属	0	0	8	2	8	0	4	34

续表

物种名称	NOV 10cm	NOV 30cm	NOV 50cm	NOVⅰ	NOVⅱ	NOVⅲ	NOVⅳ
uncultured-Anaerolineaceae 厌氧绳菌科未培养的1属	5514	7654	308	53	3	180	166
Truepera特吕珀菌属	5206	1425	1292	515	1878	13482	1955
uncultured-Saprospiraceae 腐螺旋菌科未培养的1属	4230	1964	5997	894	3590	5987	3677
norank-OPB54 纲OPB54未命名的1属	3627	8871	1710	17	2	125	84
unclassified-Cryomorphaceae 冷形菌科未分类的1属	3094	231	253	224	2115	472	195
Brumimicrobium冬微菌属	2775	3240	472	119	3443	9326	262
norank-Saccharibacteria 糖杆菌门未命名的1属	2410	2381	13288	1317	2669	13045	21156
norank-JG30-KF-CM45 目JG30-KF-CM45未命名的1属	1653	360	319	2939	668	2272	224
Marinicella海胞菌属	1491	68	110	344	6526	47	76
Corynebacterium棒杆菌属	1476	380	1730	1144	544	1916	1951
Pseudomonas假单胞菌属	1412	2450	4351	697	962	1256	4067
Aequorivita海平面菌属	1148	1001	831	2356	24441	2014	708
Caldicoprobacter热粪杆菌属	1135	649	522	13	1	63	231
uncultured-Family-XIV 科XIV未培养的1属	1077	880	41	0	0	1	3
norank-S0134-terrestrial-group 科S0134陆生菌群未命名的1属	1068	114	19	69	17	171	4
uncultured-Rhodospirillaceae 红螺菌科未培养的1属	1042	378	74	958	508	501	40
Petrimonas石单胞菌属	1004	643	504	75	35	527	571
Guggenheimella古根海姆菌属	1002	335	487	149	27	244	419
norank-OM1-clade 科OM1分支未命名的1属	967	136	36	82	33	192	12
Ruminofilibacter瘤胃线杆菌属	926	1898	299	4	1	2285	38
Moheibacter漠河杆菌属	903	1728	3928	470	3804	11065	3140
Fastidiosipila苛求球菌属	882	836	994	159	62	257	1275
Acholeplasma无胆甾原体属	841	544	1711	56	22	589	2726
Marinobacter海杆菌属	835	190	396	1073	2533	548	287
Longispora长孢菌属	813	16	24	264	12	58	0
Ornithinimicrobium鸟氨酸微菌属	766	294	259	4155	1431	919	125
uncultured-Phyllobacteriaceae 叶杆菌科未培养的1属	762	180	11	186	38	46	3
norank-GR-WP33-58 科GR-WP33-58未命名的1属	761	367	739	6013	4512	356	488
unclassified-Flavobacteriaceae 黄杆菌科未分类的1属	735	422	224	568	1555	2710	112
Alcanivorax食烷菌属	715	23	54	79	296	1098	7
unclassified-Deltaproteobacteria δ-变形菌纲未分类的1属	689	2447	746	45	2196	901	153
Actinomadura马杜拉放线菌属	652	34	4	209	11	25	2

物种名称	NOV 10cm	NOV 30cm	NOV 50cm	NOVⅰ	NOVⅱ	NOVⅲ	NOVⅳ
norank-Marinilabiaceae 海滑菌科未命名的1属	604	2243	4552	24	3	351	5628
C1-B045属C1-B045	550	447	1365	34	103	910	199
unclassified-Bacteroidetes 拟杆菌门未分类的1属	549	463	191	6	18	205	117
unclassified-Gammaproteobacteria γ-变形菌纲未分类的1属	518	1407	1205	8	247	764	161
Tetrasphaera四叠球菌属	517	144	642	1952	399	1654	553
Pusillimonas极小单胞菌属	517	443	151	256	471	598	64
Reichenbachiella赖兴巴赫菌属	503	47	6	5	11	358	2
uncultured-Chitinophagaceae 噬几丁质菌科未培养的1属	490	10	35	300	414	217	6
Ornithobacterium鸟氨酸小杆菌属	481	550	261	2023	4764	447	174
Castellaniella卡斯泰拉尼菌属	470	113	58	81	312	395	19
Crenotalea泉长杆菌属	439	11	37	339	322	988	49
Ruania阮氏菌属	422	22	41	2426	328	279	26
Cryomorpha冷形菌属	421	100	118	5	23	135	48
Croceibacter藏红色杆菌属	395	6	10	1665	3240	212	3
Galbibacter黄色杆菌属	361	68	38	7960	7094	319	29
Paracocccus副球菌属	342	483	254	163	265	367	442
Luteibacter黄体杆菌属	335	23	41	1417	788	5706	43
Rubellimicrobium微红微菌属	322	493	213	37	220	224	154
Oceanococcus海洋球菌属	314	13	10	145	130	206	11
Christensenellaceae-R-7-group 克里斯滕森菌科R-7群的1属	313	426	801	97	585	230	1558
Gracilimonas纤细单胞菌属	310	120	62	2	60	91	18
Oligella寡源小杆菌属	296	167	252	202	102	290	436
uncultured-Rhodothermaceae 红热菌科未培养的1属	296	163	34	20	27	622	9
Idiomarina海源菌属	289	2092	464	269	212	117	98
Sphaerochaeta长发球形菌属	281	508	1922	6	3	62	1327
Clostridium-sensu-stricto-1 狭义梭菌属1	277	250	322	242	806	1005	264
Proteiniphilum嗜蛋白菌属	268	897	449	53	5	74	899
Bacillus芽胞杆菌属	263	97	66	419	79	355	32
Halomonas盐单胞菌属	263	241	41	68	12	9	45
Chryseolinea金色线菌属	256	9	13	8	0	55	7
Luteivirga黄棒形菌属	255	14	22	30	45	1175	18
norank-Hydrogenedentes 氢细菌门未命名的1属	248	12	11	80	110	121	23
Terrisporobacter土产孢杆菌属	242	238	211	223	771	1035	283
Arenimonas沙单胞菌属	238	156	319	110	185	558	551
Luteimonas藤黄色单胞菌属	237	62	40	272	2018	225	63

续表

物种名称	NOV 10cm	NOV 30cm	NOV 50cm	NOVⅰ	NOVⅱ	NOVⅲ	NOVⅳ
unclassified-Acidimicrobiales 酸微菌目未分类的1属	233	17	93	77	319	619	25
*Arthrobacter*节杆菌属	223	26	124	343	177	406	84
*Oceanobacter*海洋杆菌属	210	106	583	122	4283	326	415
*Owenweeksia*欧文韦克斯菌属	201	16	20	59	115	17	126
norank-Armatimonadetes 装甲菌门未命名的1属	193	20	27	4	83	139	13
unclassified-Microbacteriaceae 微杆菌科未分类的1属	192	137	77	2061	140	236	63
norank-NB1-n 目NB1-n未命名的1属	190	488	131	1	0	19	176
*Steroidobacter*固醇杆菌属	188	5	4	9	3	44	2
Corynebacterium-1棒杆菌属1	185	57	314	2051	707	463	313
*Nakamurella*中村菌属	184	14	49	117	119	353	33
*Tissierella*泰氏菌属	175	60	135	46	15	178	140
uncultured-Order-III 目III未培养的1属	173	1050	981	19	85	390	208
unclassified-Corynebacteriales 棒杆菌目未分类的1属	173	9	18	224	91	130	11
unclassified-Micrococcales 微球菌目未分类的1属	166	50	137	126	350	745	94
uncultured-Family-XI 科XI未培养的1属	164	63	140	59	20	92	167
norank-AKYG1722 目AKYG1722未命名的1属	161	28	11	19	17	97	11
*Methylophaga*噬甲基菌属	159	34	12	495	66	103	7
unclassified-Alcaligenaceae 产碱菌科未分类的1属	159	163	106	14	865	165	18
*Limnobacter*湖杆菌属	152	121	124	18	15	294	177
norank-BC-COM435 目BC-COM435未命名的1属	148	20	7	1	4	45	4
norank-Micrococcales 微球菌目未命名的1属	146	22	13	79	44	865	9
uncultured-Caldilineaceae 暖绳菌科未培养的1属	145	51	39	13	9	149	16
uncultured-Xanthomonadales 黄单胞菌目未培养的1属	142	28	11	15	1	189	14
*Thermophagus*热贪食菌属	140	241	0	0	0	0	0
*Brachybacterium*短杆菌属	140	40	48	7635	255	366	29
norank-B1-7BS 目B1-7BS未命名的1属	130	27	15	19	5	92	9
*Garciella*加西亚菌属	125	28	13	1	0	3	16
unclassified-Xanthomonadaceae 黄单胞菌科未分类的1属	125	62	37	298	629	1051	45
*Aquamicrobium*废水微菌属	117	177	42	147	74	123	33
Treponema-2密螺旋体属2	114	2188	2205	2	41	9	6705
*Ornithinicoccus*鸟氨酸球菌属	112	64	22	484	95	112	3

物种名称	NOV 10cm	NOV 30cm	NOV 50cm	NOVi	NOVii	NOViii	NOViv
*Flavobacterium*黄杆菌属	108	1204	89	4161	150	44	62
unclassified-Rhodobacteraceae 红杆菌科未分类的1属	106	103	11	29	15	68	5
*Sedimentibacter*沉积物杆菌属	106	55	36	3	0	35	75
Candidatus-Microthrix候选-微丝菌属	105	11	59	23	11	271	45
*Nitrosococcus*亚硝化球菌属	105	3	20	56	35	100	12
norank-JTB255-marine-benthic-group科 JTB255深海底菌群未命名的1属	104	0	2	25	0	9	0
*Leucobacter*白色杆菌属	103	95	92	119	82	242	65
*Brevibacterium*短小杆菌属	103	4	15	2237	54	212	7
Ruminococcaceae-UCG-014 瘤胃球菌科UCG-014的1属	101	47	212	66	147	145	564
*Taibaiella*太白菌属	100	192	175	194	218	536	193
unclassified-Dermacoccaceae 皮肤球菌科未培养的1属	100	3	12	254	36	288	9
*Ruminiclostridium*瘤胃梭菌属	99	337	99	2	2	28	99
*Dietzia*迪茨菌属	99	60	68	1146	222	161	68
*Vulgatibacter*泛杆菌属	98	19	2	14	2	107	2
*Lactobacillus*乳杆菌属	95	41	228	408	526	1610	162
norank-480-2 科480-2未命名的1属	95	20	23	15	4	60	8
*Rhodococcus*红球菌属	94	70	76	672	1388	183	39
*Mycobacterium*分枝杆菌属	93	53	23	133	126	128	19
*Kangiella*姜氏菌属	92	29	3	88	84	19	4
*Dethiobacter*脱硫杆菌属	90	206	14	1	0	3	19
*Streptococcus*链球菌属	90	21	93	398	2690	1712	43
uncultured-Draconibacteriaceae 龙杆菌科未培养的1属	88	108	131	7	1	16	364
*Pelagibacterium*远洋小杆菌属	87	149	50	49	89	38	20
unclassified-Family-XI 科XI未分类的1属	85	32	30	9	1	39	27
uncultured-Porphyromonadaceae 紫单胞菌科未培养的1属	84	265	2067	13	1	61	5993
unclassified-Porphyromonadaceae紫单 胞菌科未分类的1属	82	118	275	29	9	90	394
unclassified-Hyphomicrobiaceae 生丝微菌科未分类的1属	82	14	1	10	1	10	0
*Erysipelothrix*丹毒丝菌属	81	37	93	26	10	47	95
norank-Candidate-division-WS6候选门 WS6未命名的1属	80	16	23	40	10	5	45
uncultured-Streptosporangiaceae 链孢囊菌科未培养的1属	79	10	4	2	1	8	0
uncultured-Unknown-Family-Order-III 目III未知科未培养的1属	79	0	0	34	2	0	0
uncultured-Methylococcaceae 甲基球菌科未培养的1属	77	16	1	11	1	13	1

续表

物种名称	NOV 10cm	NOV 30cm	NOV 50cm	NOVi	NOVii	NOViii	NOViv
*Georgenia*乔治菌属	75	9	33	213	57	305	45
uncultured-Sphingobacteriaceae 鞘脂杆菌科未培养的1属	74	3	1	204	33	6	1
unclassified-Alphaproteobacteria α-变形菌纲未培养的1属	74	24	8	40	27	83	5
unclassified-Rhizobiales 根瘤菌目未分类的1属	74	37	16	54	11	139	7
*Isoptericola*居白蚁菌属	73	4	3	358	15	47	3
uncultured-Acidimicrobiales 酸微菌目未培养的1属	72	5	17	45	20	270	10
norank-BIrii41 科BIrii41未命名的1属	69	8	9	5	3	208	6
vadinBC27-wastewater-sludge-group vadinBC27废水污泥菌群的1属	68	180	148	0	1	5	156
*Thioalkalimicrobium*硫碱微菌属	68	351	100	0	0	0	99
*Nitrosomonas*亚硝化单胞菌	67	22	82	14	19	124	84
uncultured-Sandaracinaceae 橙色菌科未培养的1属	65	47	34	23	5	156	3
*Mariniphaga*食海菌属	63	158	382	9	1	43	429
uncultured-Syntrophomonadaceae 互营单胞菌科未培养的1属	63	219	44	0	0	0	0
unclassified-Propionibacteriaceae 丙酸杆菌科未分类的1属	62	13	59	238	57	148	41
uncultured-Fibrobacteraceae 黄杆菌未培养的1属	59	61	91	2	0	43	52
*Halocella*嗜盐菌属	59	45	19	0	0	2	0
*Paucisalibacillus*少盐芽胞杆菌属	57	18	9	48	69	107	3
uncultured-Phycisphaeraceae 海草球菌科未培养的1属	57	14	14	5	23	333	14
*Tepidimicrobium*中温微菌属	56	2	0	0	0	0	1
unclassified-Nocardioidaceae 类诺卡菌科未分类的1属	56	1	11	130	18	82	11
unclassified-norank-Bacteria 细菌域未分类的1属	55	45	135	4	0	155	596
*Paenibacillus*类芽胞杆菌属	54	2	6	11	71	146	2
unclassified-Cellulomonadaceae 纤维素单胞菌科未分类的1属	53	21	3	24	13	125	4
*Enterococcus*肠球菌属	52	21	14	99	24	70	8
*Iamia*应微所菌属	52	6	24	60	68	111	17
G-norank-Bacteroidales-S24-7-group拟杆菌科S24-7群未命名的1属	52	40	45	72	115	64	11
norank-AT425-EubC11-terrestrial-group 目AT425-EubC11陆生菌群未命名的1属	52	5	8	3	3	63	13
*Staphylococcus*葡萄球菌属	51	1	6	2973	14	15	5
*Atopostipes*陌生杆菌属	49	4	9	16	19	46	6
*Persicitalea*桃色杆菌属	49	14	14	30	2	99	20

物种名称	NOV 10cm	NOV 30cm	NOV 50cm	NOVⅰ	NOVⅱ	NOVⅲ	NOVⅳ
norank-Microgenomates 小基因组菌门未命名的1属	49	88	335	4	13	100	179
Turicibacter苏黎世杆菌属	47	32	41	61	43	157	26
Solimonas土壤单胞菌属	45	0	9	0	0	17	8
unclassified-Clostridia 梭菌纲未分类的1属	44	257	12	0	0	4	0
uncultured-Rhodobacteraceae 红杆菌科未培养的1属	44	71	2	19	18	32	1
Thauera陶厄菌属	43	115	94	4	2	18	143
Altererythrobacter交替赤杆菌属	43	31	7	219	31	28	3
norank-Clostridiales-vadinBB60-group 梭菌科vadinBB60群未命名的1属	42	136	47	2	3	7	149
Thalassospira海旋菌属	41	0	0	1	16	12	0
Alkaliphilus嗜碱菌属	41	23	29	44	11	48	5
Microbacterium微杆菌属	41	45	23	705	83	166	36
Lysinimicrobium赖氨酸小杆菌属	41	19	12	10	9	103	3
Peredibacter吞菌杆菌属	40	308	136	3	11	175	40
uncultured-Carnobacteriaceae 肉杆菌科未培养的1属	40	5	38	19	1	23	15
Pseudospirillum假螺菌属	39	85	27	24	37	47	44
Syntrophomonas互营单胞菌属	39	6	3	0	0	0	18
Streptomyces链霉菌属	39	7	1	190	4	2	1
unclassified-Ruminococcaceae 瘤胃球菌科未分类的1属	39	72	120	7	41	45	515
Lactococcus乳球菌属	38	10	5	50	20	47	1
Aliidiomarina别样海源菌属	37	217	224	1	2	1	1
Desulfobulbus脱硫叶菌属	35	21	111	15	3	19	338
unclassified-Synergistaceae 互营菌科未分类的1属	35	316	20	0	0	0	6
Tessaracoccus四球菌属	35	7	40	35	22	60	27
Enteractinococcus肠放线球菌属	35	5	25	80	17	60	15
Mizugakiibacter水垣杆菌属	34	5	9	12	13	132	6
Balneola班努斯菌属	33	22	20	2	38	9	3
Ruminococcaceae-UCG-005 瘤胃球菌科UCG-005的1属	33	33	103	27	611	178	39
unclassified-Leptospiraceae 钩端螺旋体科未分类的1属	32	16	230	0	0	9	339
Cloacibacillus下水道杆菌属	32	54	74	1	0	7	51
Mobilitalea运动杆菌属	32	72	130	4	1	26	255
uncultured-Ruminococcaceae 瘤胃球菌科未培养的1属	32	72	60	3	1	20	210
OM27-clade OM27分支的1属	31	4	2	3	0	30	7
norank-Subgroup-6 亚群6目未命名的1属	31	4	0	0	1	11	3
Haloferula盐棒形菌属	31	26	34	2	4	22	10

物种名称	NOV 10cm	NOV 30cm	NOV 50cm	NOVi	NOVii	NOViii	NOViv
norank-DEV007 科DEV007未命名的1属	30	34	59	8	2	26	34
Euzebya尤兹比菌属	29	2	2	7	3	18	0
Simiduia	29	7	31	46	10	130	27
Aeromicrobium气微菌属	29	79	63	511	28	143	41
Parapedobacter副土地杆菌属	28	4	1	64	170	8	1
norank-113B434 纲113B434未命名的1属	28	200	45	5	0	14	197
unclassified-Phyllobacteriaceae 叶杆菌科未分类的1属	27	65	10	9	5	5	1
Saccharomonospora糖单孢菌属	27	3	9	126	8	40	2
Pontibaca海橄榄形菌属	27	9	8	16	20	18	6
Thermobifida热双歧菌属	27	3	4	66	5	31	4
Aminobacterium氨基酸小杆菌属	27	14	32	0	0	0	0
Sphingobacterium鞘脂小杆菌属	26	210	61	108	11	46	100
Thermocrispum热密卷菌属	26	2	1	25	2	10	0
uncultured-Chloroflexi 绿弯菌门未培养的1属	26	56	4	1	0	0	2
Proteiniclasticum解蛋白菌属	26	88	77	28	10	87	70
uncultured-Coriobacteriaceae 红蝽菌科未培养的1属	25	14	23	17	33	67	12
Legionella军团菌属	24	3	49	2	4	26	4
Oceanobacillus大洋芽胞杆菌属	24	9	12	35	10	72	11
Ruminococcaceae-UCG-012 瘤胃球菌科UCG-012的1属	23	60	11	0	0	3	2
Sandaracinus橙色菌属	23	2	1	37	2	29	1
Devosia德沃斯菌属	23	14	4	12	13	12	9
Ruminiclostridium-1瘤胃梭菌属1	23	247	11	0	1	0	47
Paenalcaligenes类产碱菌属	22	35	16	9	3	30	10
AKYG587属AKYG587	22	11	0	4	0	3	0
norank-LD29 科LD29未命名的1属	22	6	21	0	3	122	19
unclassified-Intrasporangiaceae 间孢囊菌科未分类的1属	21	2	13	345	46	67	4
unclassified-Enterobacteriaceae 肠杆菌科未分类的1属	21	8	12	44	2	30	2
unclassified-Firmicutes 厚壁菌门未分类的1属	21	34	39	0	0	3	3
Ruminococcaceae-UCG-002 瘤胃球菌科UCG-002的1属	21	4	38	17	411	68	8
Microbispora小双孢菌属	20	13	10	0	1	4	0
Hyphomicrobium生丝微菌属	20	25	12	8	36	145	7
Bdellovibrio蛭弧菌属	20	132	305	1	1	68	97
Desulfitibacter脱硫线杆菌属	19	15	0	0	0	0	0

物种名称	NOV 10cm	NOV 30cm	NOV 50cm	NOVi	NOVii	NOViii	NOViv
norank-LNR-A2-18 纲LNR-A2-18未命名的1属	19	22	3	0	0	0	17
unclassified-Rhodospirillales 红螺菌目未分类的1属	18	6	0	5	0	0	0
Nitrococcus硝化球菌属	18	1	5	5	6	31	2
norank-Bacteroidales-UCG-001 拟杆菌目UCG-001科未命名的1属	18	102	42	2	0	1	241
Family-XIII-UCG-002 科XIII UCG-002的1属	18	22	8	1	0	6	51
Azoarcus固氮弓菌属	18	39	4	36	1	6	810
Planifilum平螺纹丝菌属	17	5	1	2	1	5	2
uncultured-Paenibacillaceae 类芽胞杆菌科未培养的1属	17	3	1	1	1	24	2
norank-Subgroup-21 亚群21目未命名的1属	17	1	0	1	0	0	0
Marmoricola居大理石菌属	17	34	9	119	54	151	8
Sphaerobacter球形杆菌属	17	1	0	2	0	17	0
norank-SRB2 科SRB2未命名的1属	17	27	9	0	0	1	2
unclassified-Planococcaceae 动球菌科未分类的1属	16	16	1	1	1	3	0
uncultured-Cyclobacteriaceae 圆杆菌科未培养的1属	16	10	30	58	14	79	24
Prevotella-9普雷沃菌属9	16	4	11	14	46	200	7
Haloplasma嗜盐菌属	16	7	3	1	0	0	0
norank-Mollicutes-RF9 柔膜菌纲RF9目未命名的1属	15	10	126	25	124	52	525
norank-BD2-11-terrestrial-group 目BD2-11陆生菌群未命名的1属	15	2	18	3	3	133	11
unclassified-Sphingobacteriaceae 鞘脂杆菌科未分类的1属	15	1	0	2201	24	29	0
uncultured-Synergistaceae 互营菌科未培养的1属	15	67	14	0	0	0	39
uncultured-Puniceicoccaceae 紫红球菌科未培养的1属	15	15	5	0	0	28	0
unclassified-Halieaceae 海妖菌未分类的1属	14	80	9	2	15	9	3
Olivibacter橄榄形杆菌属	14	4	1	337	14	8	1
unclassified-Cellvibrionaceae 纤维弧菌科未分类的1属	14	14	5	2	2	2	0
Family-XIII-AD3011-group 科XIII AD3011群的1属	14	6	13	17	179	28	4
unclassified-Clostridiales 梭菌目未分类的1属	14	99	9	0	0	0	8
Pedobacter土地杆菌属	14	0	1	3267	121	1	0
Thermobispora热双孢菌属	14	0	0	2	0	0	0
unclassified-Bacillaceae 芽胞杆菌科未分类的1属	14	4	2	10	15	14	0

物种名称	NOV 10cm	NOV 30cm	NOV 50cm	NOVⅰ	NOVⅱ	NOVⅲ	NOVⅳ
uncultured-Marinilabiaceae 海滑菌科未命名的1属	14	124	799	3	0	3	1379
Prauserella普劳泽菌属	14	2	0	8	2	2	0
Gelria格尔德兰菌属	13	124	61	0	0	0	1
Virgibacillus枝芽胞杆菌属	13	1	0	18	14	9	1
unclassified-Mollicutes 柔膜菌纲未分类的1属	13	39	102	2	0	2	153
unclassified-Thermoanaerobacteraceae 热厌氧杆菌科未分类的1属	12	14	23	0	0	0	0
unclassified-Bacteroidales 拟杆菌目未分类的1属	12	29	40	1	1	0	167
uncultured-Christensenellaceae 克里斯滕森菌科未培养的1属	12	11	2	0	0	0	7
norank-Oligosphaeraceae 寡养球形菌科未命名的1属	12	20	108	1	0	5	360
uncultured-Geodermatophilaceae 地嗜皮菌科未培养的1属	12	1	11	51	29	43	6
Erysipelotrichaceae-UCG-010 丹毒丝菌科UCG-010的1属	12	3	10	2	1	5	10
Flexivirga弯曲杆菌属	12	1	10	110	25	553	9
norank-M05-Pitesti 科M05-Pitesti未命名的1属	12	3	2	4	12	3	1
unclassified-Opitutae 丰佑菌纲未分类的1属	12	8	4	1	2	20	3
Saccharopolyspora糖多孢菌属	12	3	4	64	9	39	2
unclassified-Paenibacillaceae 类芽胞杆菌科未分类的1属	11	3	0	3	3	9	1
Gordonia戈登菌属	11	6	12	237	376	76	6
Lysobacter溶杆菌属	11	9	2	2657	305	5	0
Jatrophihabitans居麻风树菌属	11	0	3	6	1	32	2
Tistlia蒂斯蒂尔菌属	11	1	1	0	0	0	0
unclassified-Peptococcaceae 消化球菌科未分类的1属	11	2	2	0	0	1	2
uncultured-Methylophilaceae 嗜甲基菌科未培养的1属	11	26	3	12	0	19	6
Pelotomaculum厌氧肠形菌属	11	17	1	0	0	0	0
Rhizobium根瘤菌属	11	0	3	11	3	1	0
norank-OPB35-soil-group 纲OPB35土壤菌群未命名的1属	11	23	22	0	0	0	8
Nocardioides类诺卡菌属	11	13	11	192	35	39	14
Blvii28-wastewater-sludge-group Blvii28废水污泥菌群的1属	10	1	81	0	0	0	78
norank-PL-11B8-wastewater-sludge-group科PL-11B8废水污泥菌群未命名的1属	10	27	152	4	0	6	597
norank-Cyanobacteria 蓝细菌纲未命名的1属	10	35	55	3	0	58	32

续表

物种名称	NOV 10cm	NOV 30cm	NOV 50cm	NOVi	NOVii	NOViii	NOViv
*Thermobacillus*热芽胞杆菌属	10	11	0	2	0	17	0
Ruminiclostridium-5瘤胃梭菌属5	10	15	12	3	19	5	16
unclassified-Comamonadaceae 丛毛单胞菌科未分类的1属	10	30	13	2	2	14	16
norank-OCS116-clade 目OCS116分支未命名的1属	10	2	3	1	0	23	1
norank-Lentisphaerae-RFP12-gut-group 黏胶球形菌纲RFP12肠道菌群未命名的1属	10	69	65	1	23	20	171
*Isosphaera*等球形菌属	9	2	6	1	3	29	15
unclassified-Peptostreptococcaceae消化链球菌科未分类的1属	9	1	6	9	51	46	6
*Amycolatopsis*拟无枝酸菌属	9	1	1	0	0	0	0
norank-Bacteroidetes-VC2.1-Bac22拟杆菌纲VC2.1-Bac22未命名的1属	9	91	13	1	1	0	4
*Luteococcus*黄球菌属	9	5	10	14	9	29	13
Candidatus-*Desulforudis*候选属	9	9	1	0	0	0	0
*Desulfotomaculum*脱硫肠状菌属	8	3	2	0	0	0	0
Ruminococcaceae-NK4A214-group 瘤胃球菌科NK4A214的1属	8	6	8	12	165	49	15
*Ureibacillus*尿素芽胞杆菌	8	7	1	1	1	24	0
norank-NPL-UPA2 纲NPL-UPA2未命名的1属	8	5	1	1	0	12	0
unclassified-Cyclobacteriaceae 圆杆菌科未分类的1属	8	6	17	2	1	14	17
unclassified-Rhodospirillaceae 红螺菌科未分类的1属	8	0	1	2	1	29	0
*Fibrobacter*纤维杆菌属	8	45	450	1	0	11	1685
norank-DA111 科DA111未命名的1属	8	2	0	0	0	0	3
[Eubacterium]-coprostanoligenes-group 粪甾醇优杆菌群的1属，需重分类至新属	8	13	16	13	497	53	12
*Microbacter*小杆菌属	8	5	6	4	1	3	65
norank-P3OB-42 科P3OB-42未命名的1属	8	0	0	1	0	45	0
uncultured-Rhizobiales 根瘤菌目未培养的1属	8	3	1	3	1	6	1
uncultured-Peptococcaceae 消化球菌科未培养的1属	8	6	24	0	0	5	91
norank-WCHB1-25 纲WCHB1-25未命名的1属	8	46	26	0	0	5	73
*Cerasicoccus*浅粉色球菌属	8	14	10	0	1	1	6
*Novosphingobium*新鞘脂杆菌属	7	6	1	16	114	23	2
*Ulvibacter*石莼杆菌属	7	0	1	5	2	0	0
*Cellvibrio*纤维弧菌属	7	21	0	56	9	183	2
*Constrictibacter*压缩杆菌属	7	2	1	1	4	5	1

物种名称	NOV 10cm	NOV 30cm	NOV 50cm	NOVi	NOVii	NOViii	NOViv
*Silanimonas*喷泉单胞菌属	7	4	1	0	0	3	1
Coprococcus-3粪球菌属3	7	5	4	5	142	91	3
norank-TK10 纲TK10未命名的1属	7	2	0	0	0	4	0
*Jonesia*琼斯菌属	7	3	11	61	31	22	9
*Phaselicystis*豆状孢囊菌属	7	3	0	1	0	15	0
unclassified-Rhodothermaceae 红热菌科未分类的1属	7	0	0	1	0	0	0
*Pseudomaricurvus*假海弯菌属	7	78	82	6	27	39	54
*Desulfomicrobium*脱硫微菌属	7	15	91	3	0	12	266
*Trueperella*特吕珀菌属	7	2	9	12	1	12	5
unclassified-Lentisphaerae 黏胶球形菌门未分类的1属	6	30	28	1	0	0	74
unclassified-Chitinophagaceae 噬几丁质菌科未分类的1属	6	8	8	4	1	16	34
*Marinospirillum*海螺菌属	6	183	100	0	0	2	176
*Holdemanella*霍尔德曼菌属	6	3	1	11	8	54	4
uncultured-Moraxellaceae 莫拉菌科未培养的1属	6	3	3	2	2	10	1
Prevotellaceae-NK3B31-group 普雷沃菌科NK3B31群的1属	6	0	2	7	10	9	0
Clostridium-sensu-stricto-6 狭义梭菌属6	6	0	4	1	18	27	5
norank-D8A-2 目D8A-2未命名的1属	6	92	18	0	0	1	0
*Facklamia*法克拉姆菌属	6	2	13	364	3	35	10
*Gracilibacillus*纤细芽胞杆菌属	6	6	1	152	8	20	1
*Syntrophaceticus*互营醋酸饲养菌属	6	8	15	0	0	0	0
*Acinetobacter*不动杆菌属	6	0	2	46	16	15	6
*Anaerovorax*厌氧贪食菌属	6	4	3	0	0	1	13
Candidatus-Alysiosphaera 候选-假丝球形菌属	6	8	2	2	4	7	0
unclassified-Cytophagia 纤维黏网菌纲未分类的1属	6	0	0	1	0	0	0
Erysipelotrichaceae-UCG-001 丹毒丝菌科UCG-001的1属	6	0	2	0	7	5	0
*Haloactinopolyspora*盐多孢放线菌属	6	0	2	14	5	1	0
*Salinispira*盐螺菌属	6	43	14	1	0	8	12
*Chelatococcus*螯合球菌属	6	1	0	1	0	0	0
*Proteiniborus*食蛋白菌属	6	1	0	0	0	1	1
Ruminococcaceae-UCG-010 瘤胃球菌科UCG-010的1属	5	20	56	2	33	5	126
*Pseudoxanthomonas*假黄单胞菌属	5	4	7	21	3	46	7
*Hahella*河氏菌属	5	2	2	12	4	44	2
*Thermopolyspora*热多孢菌属	5	0	1	1	0	0	0

物种名称	NOV 10cm	NOV 30cm	NOV 50cm	NOVⅰ	NOVⅱ	NOVⅲ	NOVⅳ
*Defluviimonas*下水道单胞菌属	5	5	7	0	3	15	13
unclassified-Puniceicoccaceae 紫红球菌科未分类的1属	5	5	14	0	0	12	3
Candidatus-*Saccharimonas* 候选-糖单胞菌属	5	2	2	5	6	10	5
*Akkermansia*阿克曼斯菌属	5	3	9	14	3	20	2
*Methylocaldum*甲基暖菌属	5	18	8	1	0	16	0
*Mumia*莫纳什马校菌属	5	38	6	14	9	3	1
norank-OM190 纲OM190未命名的1属	5	0	0	0	0	6	1
*Trichococcus*束毛球菌属	5	10	11	15	6	11	4
unclassified-Micromonosporaceae 小单孢菌科未分类的1属	4	0	0	1	0	1	0
norank-DB1-14 目DB1-14未命名的1属	4	19	53	0	0	8	6
*Marinobacterium*海小杆菌属	4	7	5	0	0	5	120
*Mogibacterium*艰难小杆菌属	4	3	10	11	56	21	14
*Vibrio*弧菌属	4	1	1	5	1	6	0
Rikenellaceae-RC9-gut-group 理研菌科RC9肠道菌群的1属	4	0	9	10	32	7	4
*Methylohalomonas*甲基盐单胞菌属	4	0	0	7	1	0	0
*Candidimonas*白色单胞菌属	4	1	1	4	7	43	0
*Thioalkalispira*硫碱螺菌属	4	33	49	1	0	11	70
Urania-1B-19-marine-sediment group Urania-1B-19海洋沉积物菌群的1属	4	14	0	0	0	2	0
*Ottowia*奥托菌属	4	1	4	3	20	39	0
norank-KI89A-clade 目KI89A分支未命名的1属	4	0	0	1	0	0	0
*Treponema*密螺旋体属	4	102	624	1	0	4	5376
*Catenibacterium*链小杆菌属	4	1	4	0	5	22	0
Coprococcus-1粪球菌属1	4	13	29	28	335	224	10
unclassified-Actinobacteria 放线菌纲未分类的1属	4	1	0	3	1	6	1
*Solobacterium*单小杆菌属	4	2	9	10	42	22	3
*Papillibacter*乳头杆菌属	4	9	2	0	0	0	14
*Geobacillus*地芽胞杆菌属	4	0	0	1	1	5	0
unclassified-Clostridiaceae-2 梭菌科2未分类的1属	4	16	17	0	0	0	110
*Anaeromyxobacter*厌氧黏杆菌属	4	71	14	0	0	7	0
*Marinimicrobium*海微菌属	4	0	1	1	1	10	1
*Amphibacillus*兼性芽胞杆菌属	3	4	0	1	0	3	0
*Tepidanaerobacter*中温厌氧杆菌属	3	11	4	0	0	0	0
norank-Phycisphaeraceae 海草球菌科未命名的1属	3	1	1	0	0	11	1
*Collinsella*柯林斯菌属	3	0	2	4	11	33	1

续表

物种名称	NOV 10cm	NOV 30cm	NOV 50cm	NOVⅰ	NOVⅱ	NOVⅲ	NOVⅳ
Candidatus-*Caldatribacterium*候选属	3	25	1	0	1	0	0
*Subdoligranulum*欺诈小粒菌属	3	4	8	16	13	168	6
norank-TRA3-20 目TRA3-20未命名的1属	3	0	0	1	0	10	0
norank-DSSF69 科DSSF69未命名的1属	3	0	0	6	0	10	0
unclassified-Chloroflexi 绿弯菌门未分类的1属	3	22	0	0	0	0	0
*Faecalibacterium*粪杆菌属	3	1	3	6	14	123	7
*Anaerotruncus*厌氧棒菌属	3	0	2	4	34	14	2
norank-NKB5 目NKB5未命名的1属	3	1	0	0	0	2	0
*Anaerovibrio*厌氧弧菌属	3	2	2	4	5	356	2
norank-SM2D12 科SM2D12未命名的1属	3	2	1	9	5	2	0
norank-OPB56 科OPB56未命名的1属	3	2	13	0	0	13	22
*Cohnella*科恩菌属	3	2	1	0	0	44	0
*Salinicoccus*盐水球菌属	3	0	1	89	3	2	2
uncultured-Erysipelotrichaceae 丹毒丝菌科未培养的1属	3	2	1	4	4	15	1
Lachnospiraceae-XPB1014-group 毛螺菌科XPB1014群的1属	3	3	12	3	62	15	18
Prevotella-1普雷沃菌属1	3	0	0	2	27	5	2
*Aneurinibacillus*解硫胺素芽胞杆菌属	3	1	0	1	1	0	0
*Nesterenkonia*涅斯捷连科菌属	3	2	0	36	0	1	0
*Phascolarctobacterium*考拉杆菌属	3	2	0	4	66	84	3
norank-1013-28-CG33 目1013-28-CG33未命名的1属	3	7	4	0	0	0	6
*Tenacibaculum*黄色杆形菌属	3	6	0	6	1	2	0
*Flaviflexus*黄弯菌属	3	0	0	9	7	17	1
*Pseudobutyrivibrio*假丁酸弧菌属	3	4	5	11	6	145	5
norank-Family-XI 科XI未命名的1属	3	12	4	1	0	16	9
*Vulcanibacillus*火山芽胞杆菌属	3	14	48	3	0	28	75
unclassified-Erythrobacteraceae 赤杆菌科未分类的1属	3	1	2	43	4	14	3
norank-Flavobacteriaceae 黄杆菌科未命名的1属	3	0	0	2	0	16	0
unclassified-Gaiellales 盖亚菌目未分类的1属	2	1	12	2	0	7	5
Ruminococcaceae-UCG-013 瘤胃球菌科UCG-013的1属	2	10	14	0	1	1	31
*Sneathiella*斯尼思菌属	2	6	23	0	1	4	3
*Desulfonatronum*脱硫弯曲杆菌属	2	2	3	0	0	0	6
*Caminicella*热液烟囱菌属	2	12	1	0	0	3	0

物种名称	NOV 10cm	NOV 30cm	NOV 50cm	NOVⅰ	NOVⅱ	NOVⅲ	NOVⅳ
norank-M2PB4-65-termite-group 科M2PB4-65白蚁菌群未命名的1属	2	5	46	0	0	3	228
unclassified-Coriobacteriaceae 红蝽杆菌科未分类的1属	2	0	0	0	1	2	0
Hephaestia火神菌属	2	0	0	3	1	19	0
Sulfurovum硫卵形菌属	2	5	0	0	0	0	38
uncultured-Clostridiaceae-1 梭菌科1未培养的1属	2	0	2	0	0	0	0
Oligosphaera寡养球形菌属	2	4	18	0	0	2	109
Sandaracinobacter橙色杆菌属	2	1	8	0	0	4	1
unclassified-Nannocystaceae 侏囊菌科未分类的1属	2	0	1	0	0	10	0
Muricauda鼠尾菌属	2	1	1	0	0	0	0
Actinopolyspora多孢放线菌属	2	0	4	34	4	10	2
Incertae-Sedis-Lachnospiraceae 毛螺菌科未定地位的1属	2	0	1	1	1	5	0
Dorea多雷菌属	2	0	3	4	8	45	1
unclassified-Lachnospiraceae 毛螺菌科未分类的1属	2	6	7	16	90	162	25
Parvibaculum小棒形菌属	2	6	9	1	1	0	0
Haliea海妖菌属	2	2	9	1	0	0	5
Lutispora污泥产孢菌属	2	1	1	0	0	0	0
[Ruminococcus]-gauvreauii-group 高氏瘤胃球菌群的1属，需重分类至新属	2	2	7	13	84	57	2
Roseibacillus玫瑰色杆菌属	2	8	1	0	0	1	2
Ruminiclostridium-9瘤胃梭菌属9	2	0	1	0	3	1	0
unclassified-Frankiales 弗兰克氏菌目未分类的1属	2	0	0	0	0	5	0
unclassified-Phycisphaerales 海草球形菌目未分类的1属	2	49	4	0	0	0	0
norank-Parcubacteria 候选Parcubacteria门未命名的1属	2	13	12	0	0	76	15
uncultured-Myxococcales 黏球菌目未培养的1属	2	0	0	11	0	0	0
Pseudofulvimonas假深黄单胞菌属	2	2	2	1	18	642	0
Seohaeicola居黄海菌属	2	0	1	0	0	0	0
Desulfuromonas脱硫单胞菌属	2	0	5	0	0	0	22
Ruminococcaceae-UCG-008 瘤胃球菌科UCG-008的1属	2	1	9	5	95	131	4
Ruminococcaceae-UCG-009 瘤胃球菌科UCG-009的1属	2	0	0	0	9	1	0
Blautia布劳特菌属	2	4	15	17	71	231	4
Solirubrobacter土壤红色杆菌属	2	0	1	0	0	3	1
Rummeliibacillus鲁梅尔芽胞杆菌属	2	0	0	2	1	14	0
Psychrobacter嗜冷杆菌属	2	3	2	57	19	21	0

物种名称	NOV 10cm	NOV 30cm	NOV 50cm	NOVⅰ	NOVⅱ	NOVⅲ	NOVⅳ
norank-Atribacteria 候选Atribacteria门未命名的1属	2	41	2	0	0	0	0
Defluviitalea废水杆菌属	2	8	0	0	0	0	1
Fluviicola居河菌属	2	1953	63	0	0	9	98
Salinisphaera咸水球形菌属	2	0	0	6	0	22	0
Aliicoccus别样球菌属	2	0	3	22	1	3	0
uncultured-Bacillaceae 芽胞杆菌科未培养的1属	2	0	1	18	25	5	0
uncultured-Propionibacteriaceae 丙酸杆菌科未培养的1属	2	0	0	1	0	0	1
Sulfurimonas硫单胞菌属	2	75	104	0	0	594	128
Donghicola居东海菌属	2	29	2	1	3	1	1
Catenovulum卵链菌属	1	0	0	1	1	0	0
norank-GZKB75 纲GZKB75未命名的1属	1	2	9	0	0	0	32
uncultured-Gaiellales 盖亚菌目未培养的1属	1	5	24	2	1	27	13
Salinicola居盐场菌属	1	0	0	545	0	0	0
Microlunatus小月菌属	1	1	2	4	0	5	1
uncultured-Gemmatimonadaceae 芽单胞菌科未培养的1属	1	2	2	5	0	4	1
norank-MSB-1E8 科MSB-1E8未命名的1属	1	0	0	0	0	1	0
Alkalibacter碱杆菌属	1	10	3	0	0	3	6
Candidatus-Xiphinematobacter 候选-剑线虫杆菌属	1	0	11	0	0	2	9
Sinibacillus中华芽胞杆菌属	1	1	0	3	0	14	1
norank-Candidate-division-SR1 候选门SR1未命名的1属	1	29	90	0	0	5	627
uncultured-Prevotellaceae 普雷沃氏菌科未培养的1属	1	0	0	0	0	16	0
norank-SHA-109 门SHA-109未命名的1属	1	6	300	0	3	23	435
uncultured-Micromonosporaceae 小单胞菌科未培养的1属	1	0	0	0	0	1	0
Melghirimyces迈勒吉尔霉菌属	1	0	0	1	1	0	0
Desulfovibrio脱硫弧菌属	1	8	3	0	0	0	85
Sinomicrobium中华微菌属	1	0	0	167	3	0	0
Lacticigenium产乳酸菌属	1	1	1	2	0	2	0
Cellulomonas纤维单胞菌属	1	2	3	0	4	2	1
Megasphaera巨球形菌属	1	0	0	0	7	35	0
uncultured-Nocardioidaceae 类诺卡菌科未培养的1属	1	0	0	2	1	1	0
unclassified-Erysipelotrichaceae 丹毒丝菌科未分类的1属	1	3	10	1	0	1	8

物种名称	NOV 10cm	NOV 30cm	NOV 50cm	NOVⅰ	NOVⅱ	NOVⅲ	NOVⅳ
norank-Oligoflexaceae 寡养弯菌科未命名的1属	1	0	8	0	0	66	3
Ruminococcus-2瘤胃球菌属2	1	1	5	7	7	44	2
*Oribacterium*河口小杆菌属	1	1	0	2	6	28	0
*Rheinheimera*伦黑墨菌属	1	0	1	2	0	2	2
[Eubacterium]-hallii-group 霍氏优杆菌群的1属，需重分类至新属	1	2	2	10	63	32	0
norank-Actinobacteria 放线菌纲未命名的1属	1	2	0	0	0	0	0
uncultured-Bacteriovoracaceae 噬菌弧菌科未培养的1属	1	76	4	0	0	0	0
[Eubacterium]-brachy-group 短优杆菌群的1属，需重分类至新属	1	1	4	3	0	1	5
Lachnospiraceae-NK3A20-group 毛螺菌科NK3A20群的1属	1	0	1	0	3	6	2
*Variibacter*多变杆菌属	1	9	2	0	0	0	1
*Illumatobacter*沉积物杆菌属	1	1	1	1	0	0	0
norank-JG30-KF-CM66 纲JG30-KF-CM66未命名的1属	1	1	1	0	1	2	1
*Methylobacter*甲基杆菌属	1	3	2	0	0	13	5
Lachnospiraceae-FCS020-group 毛螺菌科FCS020群的1属	1	0	0	2	19	13	1
*Defluviicoccus*污泥球菌属	1	0	0	1	2	4	0
Ruminiclostridium-6瘤胃梭菌属6	1	0	0	2	0	6	0
*Thermomonospora*热单孢菌属	1	0	1	0	0	·3	0
*Parapusillimonas*副极小单胞菌属	1	4	1	3	0	1	2
Prevotella-7普雷沃菌属7	1	0	0	0	3	1	0
Prevotella-2普雷沃菌属2	1	0	1	5	16	9	0
*Lautropia*劳特罗普菌属	1	0	1	0	0	0	4
norank-055B07-P-DI-P58 纲055B07-P-DI-P58未命名的1属	1	1	12	0	0	2	41
Erysipelotrichaceae-UCG-003 丹毒丝菌科UCG-003的1属	1	0	1	1	5	1	0
Erysipelotrichaceae-UCG-004 丹毒丝菌科UCG-004的1属	1	1	17	0	0	1	31
*Acetitomaculum*醋香肠菌属	1	1	1	5	11	1	0
*Desulfococcus*脱硫球菌属	1	1	0	0	0	0	6
Lachnospiraceae-ND3007-group 毛螺菌科ND3007群的1属	1	2	0	3	20	34	0
Ruminococcaceae-UCG-004 瘤胃球菌科UCG-004的1属	1	0	5	2	76	7	0
*Jeotgalicoccus*咸海鲜球菌属	1	0	0	71	2	2	0
*Gelidibacter*冰冷杆菌属	1	3	20	1	5	4	17
norank-Draconibacteriaceae 龙杆菌科未命名的1属	1	4	2	0	0	0	1

物种名称	NOV 10cm	NOV 30cm	NOV 50cm	NOVⅰ	NOVⅱ	NOVⅲ	NOVⅳ
*Aestuariimicrobium*河口微菌属	1	0	1	0	2	2	1
uncultured-Halobacteroidaceae 盐拟杆菌科未培养的1属	1	3	2	0	0	0	2
*Victivallis*食谷物菌属	1	12	12	0	0	1	23
Candidatus-*Odyssella*候选-奥德赛菌属	1	1	1	0	0	0	0
norank-W27 纲W27未命名的1属	1	11	1	0	0	1	6
*Marvinbryantia*马文布莱恩特菌属	1	1	8	5	51	79	3
unclassified-Myxococcales 黏球菌目未分类的1属	1	8	0	0	0	0	0
norank-possible-family-01 可能的科01未命名的1属	1	22	0	0	0	1	0
[Eubacterium]-ruminantium-group 反刍优杆菌群的1属，需重分类至新属	1	1	1	1	2	7	1
*Wandonia*莞岛菌属	1	0	0	4	0	0	0
norank-Bacteroidetes-vadinHA17拟杆菌纲vadinHA17未命名的1属	1	12	3	0	0	0	6
*Nautella*水手菌属	1	1	0	0	1	0	2
unclassified-Order-III 目III未分类的1属	1	1	1	0	0	8	0
*Oscillospira*颤螺菌属	1	1	0	4	1	6	0
*Nitrolancea*硝酸盐针形菌属	1	1	0	2	0	2	0
*Ammoniibacillus*氨芽胞杆菌属	1	0	0	1	0	1	0
unclassified-Cytophagaceae 噬纤维菌科未分类的1属	1	52	153	0	1	26	99
*Kroppenstedtia*克罗彭施泰特菌属	1	0	0	0	0	2	0
*Sphingobium*鞘脂菌属	1	1	3	0	0	8	1
norank-FTLpost3 科FTLpost3未命名的1属	1	0	0	1	0	0	10
Candidatus-*Soleaferrea*候选属	0	0	0	0	13	1	0
*Desulfurispirillum*脱硫螺菌属	0	0	0	0	0	0	18
*Dialister*小杆菌属	0	0	0	0	0	22	1
unclassified-Rickettsiales-Incertae-Sedis-Rickettsiales立克次体目未定地位的1科未分类的1属	0	0	0	0	0	6	0
uncultured-Acidimicrobiaceae 酸微菌科未培养的1属	0	1	1	1	0	6	1
Spirochaeta-2螺旋体属2	0	82	6	0	0	0	2
*Puniceicoccus*紫红球菌属	0	4	3	0	0	0	213
Lachnospiraceae-UCG-010 毛螺菌科UCG-010的1属	0	0	0	0	0	2	0
Selenomonas-1新月形单胞菌属1	0	0	0	0	0	2	0
*Rhizomicrobium*根微菌属	0	0	0	1	2	18	0
unclassified-Syntrophomonadaceae 互营单胞菌科未分类的1属	0	6	7	0	0	0	0

续表

物种名称	NOV 10cm	NOV 30cm	NOV 50cm	NOVⅰ	NOVⅱ	NOVⅲ	NOVⅳ
*Paludibacter*沼泽杆菌属	0	1	0	0	0	2	5
norank-WCHB1-41 纲WCHB1-41未命名的1属	0	11	0	0	0	0	0
*Rubrivirga*红色杆菌属	0	2	0	0	0	0	0
[Eubacterium]-ventriosum-group 凸腹优杆菌群的1属，需重分类至新属	0	0	0	0	0	1	0
norank-SBYG-2791 门SBYG-2791未命名的1属	0	1	0	0	0	1	22
uncultured-Verrucomicrobiaceae 疣微菌科未培养的1属	0	0	1	0	0	0	0
*Desulfofustis*脱硫棒菌属	0	0	0	0	0	0	26
*Alkanibacter*食烷杆菌属	0	0	0	0	0	1	0
norank-GZKB124 科GZKB124未命名的1属	0	0	0	0	0	0	7
unclassified-Draconibacteriaceae 龙杆菌科未分类的1属	0	0	0	0	0	0	32
*Selenomonas*新月形单胞菌属	0	0	0	0	0	4	0
*Tamlana*耽罗国菌属	0	0	0	1	0	1	0
norank-WCHB1-69 科WCHB1-69未命名的1属	0	5	0	0	0	0	2
*Arcobacter*弓形杆菌属	0	14	45	2	1	37	957
unclassified-Desulfuromonadales 脱硫单胞菌目未分类的1属	0	3	0	0	0	0	4
*Acetobacterium*醋酸杆菌属	0	0	3	0	0	0	13
*Succinivibrio*琥珀酸弧菌属	0	0	0	3	15	45	1
norank-Oligosphaeria 寡养球形菌纲未命名的1属	0	1	3	0	0	0	14
*Prolixibacter*长杆菌属	0	7	9	0	0	0	453
norank-TA06 门TA06未命名的1属	0	2	0	0	0	0	0
unclassified-Bacillales 芽胞杆菌目未分类的1属	0	0	0	0	0	4	0
*Tuberibacillus*肿块芽胞杆菌属	0	4	0	0	0	0	0
Lachnospiraceae-NK4A136-group 毛螺菌科NK4A136群的1属	0	2	3	0	0	1	0
*Geovibrio*地弧菌属	0	0	1	0	0	4	66
norank-Oligosphaerales 寡养球形菌目未命名的1属	0	1	7	0	0	0	16
norank-Bacteroidales-RF16-group 拟杆菌目RF16群的1科未命名的1属	0	0	0	5	24	0	0
*Sunxiuqinia*孙氏菌属	0	0	0	0	0	1	0
*Gracilibacter*纤细杆菌属	0	1	0	0	0	0	1
unclassified-Opitutaceae 丰佑菌科未分类的1属	0	2	1	0	0	1	0
*Aerococcus*气球菌属	0	0	0	52	0	1	0

续表

物种名称	NOV 10cm	NOV 30cm	NOV 50cm	NOVⅰ	NOVⅱ	NOVⅲ	NOVⅳ
*Roseburia*罗氏菌属	0	1	3	2	3	18	0
norank-Erysipelotrichaceae 丹毒丝菌科未命名的1属	0	1	0	0	4	5	0
Lachnospiraceae-NK4B4-group 毛螺菌科NK4B4群的1属	0	0	0	0	0	7	0
[*Anaerorhabdus*]-*furcosa*-group 叉状棍状厌氧菌群的1属，需重分类至新属	0	1	1	0	6	1	0
*Propioniciclava*丙酸棒菌属	0	2	32	8	4	30	27
norank-FGL12-B44	0	16	68	0	0	5	18
*Comamonas*丛毛单胞菌属	0	2	22	0	0	2	21
*Brevundimonas*短波单胞菌属	0	0	0	1	0	15	0
norank-C178B	0	1	0	0	0	6	0
unclassified-Sphingobacteriales 鞘脂杆菌目未分类的1属	0	2	5	0	0	2	7
norank-TM6 门TM6未命名的1属	0	0	0	1	0	4	0
Ruminococcus-1瘤胃球菌属1	0	1	1	0	3	14	1
*Escherichia-Shigella*埃希杆菌属/志贺菌属	0	1	0	4	17	11	3
*Helcococcus*创伤球菌属	0	2	4	11	0	0	0
norank-R76-B128 纲R76-B128未命名的1属	0	1	7	0	0	0	854
norank-Gracilibacteria 纤细杆菌科未命名的1属	0	31	95	0	0	10	88
uncultured-Selenomonadales 新月形单胞菌目未培养的1属	0	0	1	0	0	1	10
*Flindersiella*弗林德斯菌属	0	0	0	1	0	4	0
*Rhodanobacter*罗纳河杆菌属	0	0	0	0	0	7	0
*Carnobacterium*肉食杆菌属	0	0	1	3	0	2	1
*Formosa*台湾菌属	0	1	1	0	0	0	3
*Ignavigranum*懒惰颗粒菌属	0	1	0	3	1	2	0
*Algoriphagus*嗜寒冷菌属	0	8	10	3	2	1	4
*Providencia*普罗维登斯菌属	0	0	0	0	0	6	0
Lachnospiraceae-AC2044-group 毛螺菌科AC2044群的1属	0	0	1	1	3	2	5
unclassified-Methylophilaceae 噬甲基菌科未分类的1属	0	0	0	0	0	11	0
norank-TA18 纲TA18未命名的1属	0	0	1	0	0	12	0
*Alloprevotella*别样普雷沃菌属	0	0	0	2	3	6	0
*Anaerostipes*厌氧棒形菌属	0	0	3	0	20	19	0
*Advenella*陌生菌属	0	3	0	1	0	0	65
Prevotellaceae-UCG-003 普雷沃菌科UCG-003的1属	0	0	2	6	8	2	0
*Peptococcus*消化球菌属	0	1	0	0	5	0	0

续表

物种名称	NOV 10cm	NOV 30cm	NOV 50cm	NOVⅰ	NOVⅱ	NOVⅲ	NOVⅳ
norank-Sva0996-marine-group 科Sva0996海洋菌群未命名的1属	0	2	1	0	0	5	0
Butyricicoccus丁酸球菌属	0	0	0	1	0	1	0
norank-RL185-aaj71c12 目RL185-aaj71c12未命名的1属	0	0	0	16	0	2	1
Bifidobacterium双歧杆菌属	0	0	0	1	1	2	0
unclassified-Eubacteriaceae 优杆菌科未分类的1属	0	1	4	0	0	1	4
Halolactibacillus盐乳芽胞杆菌属	0	3	1	4	0	0	3
Mitsuokella光冈菌属	0	0	0	0	1	11	0
Globicatella球链菌属	0	2	1	137	4	2	2
Hoppeia霍佩菌属	0	1	0	0	0	0	1
norank-Gastranaerophilales 候选目Gastranaerophilales未命名的1属	0	2	2	0	16	5	6
unclassified-Spirochaetaceae 螺旋体科未分类的1属	0	0	3	0	0	0	41
Sporobacter产孢杆菌属	0	2	3	0	0	1	3
Thermovirga热棒形菌属	0	11	3	0	0	0	0
[Eubacterium]-nodatum-group 缠结优杆菌群的1属，需重分类至新属	0	0	1	2	1	14	1
Bergeyella伯杰菌属	0	6	1	0	1	1	0
norank-Pla4-lineage 纲Pla4系未命名的1属	0	0	0	0	0	55	0
CL500-29-marine-group CL500-29海洋菌群的1属	0	0	3	0	0	8	0
Oscillibacter颤杆菌属	0	0	1	2	34	3	0
Lachnospiraceae-UCG-005 毛螺菌科UCG-005的1属	0	1	0	1	2	10	1
Achromobacter无色杆菌属	0	13	0	0	0	1	2
uncultured-Clostridiales 梭菌目未培养的1属	0	0	2	0	0	0	6
uncultured-Lachnospiraceae 毛螺菌科未培养的1属	0	15	10	0	1	15	55
Lachnospira毛螺菌属	0	0	1	3	5	12	0
norank-PL-11B10 科PL-11B10未命名的1属	0	6	39	0	0	4	206
Candidatus-Solibacter候选-土壤杆菌属	0	6	1	0	0	0	0
Anaerofustis厌氧棒形菌属	0	0	0	0	0	0	1
Salinimicrobium盐微菌属	0	0	0	8	2	1	0
unclassified-Rhodocyclaceae 红环菌科未培养的1属	0	0	1	0	0	1	8
Proteocatella食蛋白链菌属	0	0	0	0	0	1	0
Sterolibacterium固醇小杆菌属	0	156	50	0	0	0	11

物种名称	NOV 10cm	NOV 30cm	NOV 50cm	NOVⅰ	NOVⅱ	NOVⅲ	NOVⅳ
unclassified-Cyanobacteria 蓝细菌纲未分类的1属	0	0	2	1	0	5	0
Rs-M59-termite-group Rs-M59白蚁菌群的1属	0	1	8	0	0	0	398
*Desulfuribacillus*脱硫杆菌属	0	11	46	0	0	1	65
*Fusicatenibacter*纺锤链杆菌属	0	0	0	1	6	43	0
unclassified-Bacilli 芽胞杆菌纲未分类的1属	0	0	0	0	0	1	0
*Sulfurospirillum*硫黄螺菌属	0	0	4	0	0	0	3
*Paraeggerthella*副伊格尔兹菌属	0	0	0	0	0	3	0
BD1-7-clade BD1-7分支的1属	0	6	19	0	0	10	24
Prevotellaceae-UCG-001 普雷沃菌科UCG-001的1属	0	0	0	0	3	10	0
uncultured-Family-XIII 科XIII未培养的1属	0	0	1	0	0	0	2
*Mesotoga*中温外袍菌属	0	8	0	0	0	0	0
dgA-11-gut-group dgA-11肠道菌群的1属	0	0	0	1	8	2	1
*Howardella*霍华德菌属	0	1	0	0	0	3	0
*Hydrogenophaga*噬氢菌属	0	13	9	0	0	0	165
unclassified-Sphingomonadales 鞘脂单胞菌目未分类的1属	0	0	0	0	0	2	0

3. 细菌属多样性指数

10月和11月不同深度和不同发酵等级的垫料中的细菌属水平chao1多样性指数如图7-131所示。chao1指数在生态学中常用来估计物种总数，chao1值越大，代表物种总数越多，表明群落的丰富度越高。

4. 发酵床不同深度垫料细菌属物种组成

10月不同深度的垫料细菌属水平组成情况如图7-132所示。浅层垫料（10 cm）中，相对含量排名前5的属分别为黄体杆菌属（*Luteibacter*）25.47%、糖杆菌门未命名的1属（norank-Saccharibacteria）22.87%、黄杆菌科未分类的1属（unclassified-Flavobacteriaceae）7.01%、泉长杆菌属（*Crenotalea*）3.48%、冬微菌属（*Brumimicrobium*）1.81%。中层垫料（30 cm）中，相对含量排名前5的属分别为黄体杆菌属（*Luteibacter*）24.66%、糖杆菌门未命名的1属（norank-Saccharibacteria）12.2%、黄杆菌科未分类的1属（unclassified-Flavobacteriaceae）5.84%、泉长杆菌属（*Crenotalea*）3.88%、冬微菌属（*Brumimicrobium*）3.08%。深层垫料（50cm）中，相对含量排名前7的属分别为糖杆菌门未命名的1属（norank-Saccharibacteria）14.13%、拟杆菌目UCG-001科未命名的1属（norank-Bacteroidales_UCG-001）12.68%、紫单胞菌科未分类的1属（uncultured-Porphyromonadaceae）7.51%、密螺旋体属2（*Treponema*-2）5.35%、长发球形菌属（*Sphaerochaeta*）4.35%、瘤胃丝杆菌属（*Ruminofilibacter*）3.92%和

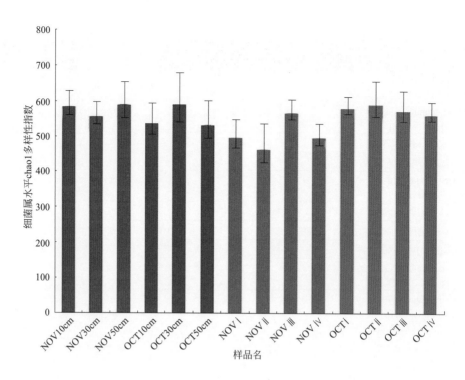

图7-131　10月和11月不同深度和不同发酵等级的垫料中的细菌chao1多样性

无胆甾原体属（*Acholeplasma*）3.66%。结果表明，10月浅层和中层垫料中的丰度较高的细菌种类相同，而深层垫料中丰度较高的细菌种类差异明显，这提示：深层垫料具有显著不同的生态位和生境类型。

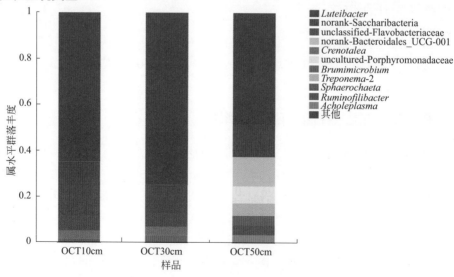

图7-132　10月不同深度的垫料属水平的细菌组成

11月不同深度的垫料细菌属水平组成情况如图7-133所示。浅层垫料（10 cm）中，相对含量排名前7的属分别为糖杆菌门未命名的1属（norank-Saccharibacteria）17.57%、腐螺旋菌科未培养的1属（uncultured-Saprospiraceae）7.93%、海滑菌科未命名的1属（norank-

Marinilabiaceae）6.02%、假单胞菌属（*Pseudomonas*）5.75%、漠河杆菌属（*Moheibacter*）5.19%、纲 OPB54 未命名的 1 属（norank-OPB54）2.26% 和特吕珀菌属（*Truepera*）1.71%。中层垫料（30 cm）中，相对含量排名前 9 的属分别为纲 OPB54 未命名的 1 属（norank-OPB54）11.96%、厌氧绳菌科未培养的 1 属（uncultured-Anaerolineaceae）10.33%、冬微菌属（*Brumimicrobium*）4.37%、假单胞菌属（*Pseudomonas*）3.31%、δ - 变形菌纲未分类的 1 属（unclassified-Deltaproteobacteria）3.3%、糖杆菌门未命名的 1 属（norank-Saccharibacteria）3.21%、腐螺旋菌科未培养的 1 属（uncultured-Saprospiraceae）2.65%、漠河杆菌属（*Moheibacter*）2.33% 和特吕珀菌属（*Truepera*）1.92%。深层垫料（50cm）中，厌氧绳菌科未培养的 1 属（uncultured-Anaerolineaceae）7.06%、特吕珀菌属（*Truepera*）6.66%、腐螺旋菌科未培养的 1 属（uncultured-Saprospiraceae）5.41%、纲 OPB54 未命名的 1 属（norank-OPB54）4.64%、冷形杆菌科未分类的 1 属（unclassified-Crymorphaceae）3.96%、冬微菌属（*Brumimicrobium*）3.55%、糖杆菌门未命名的 1 属（norank-Saccharibacteria）3.08%、假单胞菌属（*Pseudomonas*）1.81% 和漠河杆菌属（*Moheibacter*）1.16%。结果表明，11 月浅层、中层和深层垫料中的丰度较高的细菌种类均存在明显差异。

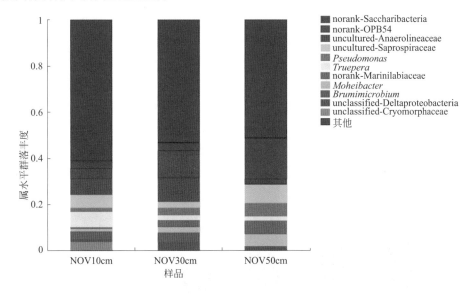

图7-133　11月不同深度的垫料属水平的细菌组成

5．发酵床不同发酵程度垫料细菌属物种组成

10 月不同发酵程度的垫料细菌属水平组成情况如图 7-134 所示。发酵等级 i 级的垫料中，相对含量排名前 7 的属分别为糖杆菌门未命名的 1 属（norank-Saccharibacteria）17.66%、黄体杆菌属（*Luteibacter*）16.64%、黄杆菌科未分类的 1 属（unclassified-Flavobacteriaceae）12.79%、特吕珀菌属（*Truepera*）2.59%、棒杆菌属（*Corynebacterium*）1.86%、苛求球菌属（*Fastidiosipila*）1.63% 和冬微菌属（*Brumimicrobium*）1.61%。发酵等级 ii 级的垫料中，相对含量排名前 13 的属分别为糖杆菌门未命名的 1 属（norank-Saccharibacteria）13.49%、海平

面菌属（*Aequorivita*）9.93%、海胞菌属（*Marinicella*）6.72%、黄体杆菌属（*Luteibacter*）5.85%、黄杆菌科未分类的1属（unclassified-Flavobacteriaceae）4.91%、假单胞菌属（*Pseudomonas*）4.63%、冬微菌属（*Brumimicrobium*）3.29%、特吕珀菌属（*Truepera*）2.19%、腐螺旋菌科未培养的1属（uncultured-Saprospiraceae）2.11%、鸟氨酸小杆菌属（*Ornithobacterium*）2.04%、漠河杆菌属（*Moheibacter*）1.63%、棒杆菌属（*Corynebacterium*）1.54%和苛求球菌属（*Fastidiosipila*）1.21%。发酵等级iii级的垫料中，相对含量排名前13的属分别为糖杆菌门未命名的1属（norank_Saccharibacteria）10.71%、海平面菌属（*Aequorivita*）9.68%、黄体杆菌属（*Luteibacter*）5.98%、黄杆菌科未分类的1属（unclassified-Flavobacteriaceae）5.09%、腐螺旋菌科未培养的1属（uncultured-Saprospiraceae）4.89%、鸟氨酸小杆菌属（*Ornithobacterium*）4.25%、海胞菌属（*Marinicella*）3.24%、漠河杆菌属（*Moheibacter*）3.05%、特吕珀菌属（*Truepera*）2.99%、苛求球菌属（*Fastidiosipila*）1.8%、棒杆菌属（*Corynebacterium*）1.66%、冬微菌属（*Brumimicrobium*）1.21%和假单胞菌属（*Pseudomonas*）1.04%。发酵等级iv级的垫料中，相对含量排名前9的属分别为糖杆菌门未命名的1属（norank-Saccharibacteria）12.83%、漠河杆菌属（*Moheibacter*）6.75%、苛求球菌属（*Fastidiosipila*）5.59%、特吕珀菌属（*Truepera*）5.35%、棒杆菌属（*Corynebacterium*）5.01%、假单胞菌属（*Pseudomonas*）3.19%、腐螺旋菌科未培养的1属（uncultured-Saprospiraceae）2.35%、黄杆菌科未分类的1属（unclassified-Flavobacteriaceae）2.16%和海平面菌属（*Aequorivita*）1.64%。结果表明，10月发酵等级为i级和iv级的垫料中相对含量超过1%的细菌种类明显少于发酵等级为ii级和iii级的垫料，说明不同发酵等级的垫料细菌组成和丰度存在显著差异。

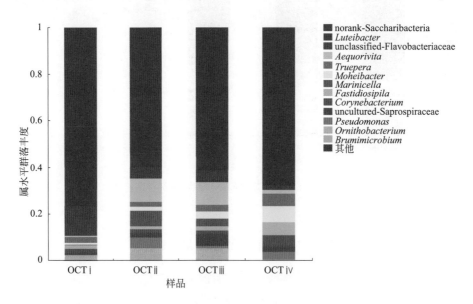

图7-134　10月不同发酵程度的垫料属水平的细菌组成

11月不同发酵程度的垫料细菌属水平组成情况如图7-135所示。发酵等级i级的垫料中，相对含量排名前12的属分别为黄色杆菌属（*Galbibacter*）8.75%、短杆菌属（*Brachybacterium*）8.39%、科GR-WP33-58未命名的1属（norank-GR-WP33-58）6.61%、鸟氨酸小杆菌属（*Ornithobacterium*）4.57%、黄杆菌属（*Flavobacterium*）4.57%、地杆菌属（*Pedobacter*）3.59%、葡萄球菌属（*Staphylococcus*）3.27%、目 JG30-KF-CM45 未命名的 1 属（norank-JG30-KF-CM45）3.23%、海平面菌属（*Aequorivita*）2.59%、鸟氨酸小杆菌属（*Ornithobacterium*）2.22%、黄体杆菌属（*Luteibacter*）1.56% 和糖杆菌门未命名的 1 属（norank-Saccharibacteria）1.45%。发酵等级 ii 级的垫料中，相对含量排名前 12 的属分别为海平面菌属（*Aequorivita*）22.29%、黄色杆菌属（*Galbibacter*）6.47%、海胞菌属（*Marinicella*）5.95%、鸟氨酸小杆菌属（*Ornithobacterium*）4.34%、科 GR-WP33-58 未命名的 1 属（norank-GR-WP33-58）4.11%、海洋杆菌属（*Oceanobacter*）3.91%、漠河杆菌属（*Moheibacter*）3.47%、腐螺旋菌科未培养的 1 属（uncultured-Saprospiraceae）3.27%、冬微菌属（*Brumimicrobium*）3.14%、糖杆菌门未命名的 1 属（norank-Saccharibacteria）2.43%、特吕珀菌属（*Truepera*）1.71%、鸟氨酸微菌属（*Ornithinimicrobium*）1.3%。发酵等级 iii 级的垫料中，相对含量排名前 9 的属分别为特吕珀菌属（*Truepera*）11.15%、糖杆菌门未命名的 1 属（norank-Saccharibacteria）10.79%、漠河杆菌属（*Moheibacter*）9.15%、冬微菌属（*Brumimicrobium*）7.71%、腐螺旋菌科未培养的 1 属（uncultured-Saprospiraceae）4.95%、黄体杆菌属（*Luteibacter*）4.72%、目 JG30-KF-CM45 未命名的 1 属（norank-JG30-KF-CM45）1.88%、海平面菌属（*Aequorivita*）1.67% 和假单胞菌属（*Pseudomonas*）1.04%。发酵等级 iv 级的垫料中，相对含量排名前 9 的属分别为糖杆菌门未命名的 1 属（norank-Saccharibacteria）21.25%、特吕珀菌属（*Truepera*）6.74%、紫单胞菌科未培养的 1 属（uncultured-Porphyromonadaceae）6.02%、海滑菌科未命名的 1 属（norank-Marinilabiaceae）5.65%、密螺旋体属（*Treponema*）5.4%、假单胞菌属（*Pseudomonas*）4.09%、腐螺旋菌科未培养的 1 属（uncultured-Saprospiraceae）3.69%、漠河杆菌属（*Moheibacter*）3.15% 和特吕珀菌属（*Truepera*）1.96%。结果表明，11 月不同发酵等级的垫料中高丰度的细菌种差异较大，而且与 10 月的各发酵程度的垫料细菌组成差异明显。

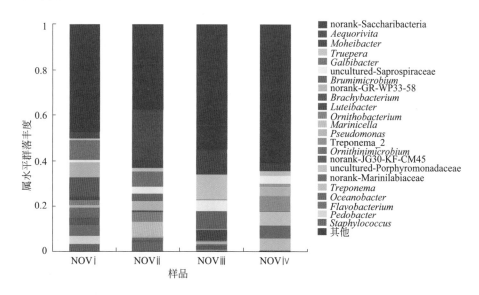

图7-135　11月不同发酵程度的垫料属水平的细菌组成

第三节
发酵床微生物脂肪酸组分析

一、基于脂肪酸在发酵床微生物群落多样性

1. 概述

微生物群落在零排放猪舍中起到了决定性的作用，然而垫料中的微生物群落动态研究显得十分薄弱，一方面是由于许多功能微生物无法人工培养，另一方面用分离微生物的方法研究微生物群落动态工作量繁重，因此相关的研究未见报道。

磷脂脂肪酸（phospholipids fatty acid，PLFAs）谱常被用于定性和定量分析复杂微生物群落多样性（Zelles，1999；Ponder and Tadros，2002；Torneman et al.，2008）。磷脂是所有生活细胞细胞膜的基本组分。笔者引入脂肪酸甲酯 FAME 谱图分析方法，研究微生物脂肪酸生物标记（PLFA biomarker）变化动态，指示微生物群落的变化。FAME 谱图分析方法的原理是基于脂类几乎是所有生物细胞膜的重要组成部分（Vestal and White，1989；Fraterrigo et al.，2006；Liu et al.，2006），不同微生物体内往往具有不同的磷脂脂肪酸组成和含量水平，其含量和结构具有种属特征或与其分类位置密切相关，能够标志某一类或某种特定微生物的存在（Steger et al.，2003），是一类最常见的生物标记物。但是古生菌不能使用 FAME 谱图进行分析，因为它的极性脂质是以醚而不是以酯键的形式出现（Masood et al.，2005）。此外，磷脂不能作为细胞的储存物质，一旦生物细胞死亡，其中的磷脂化合物就会马上消失，因此，磷脂脂肪酸可以代表微生物群落中"存活"的那部分群体（Winding et al.，2005；Webster et al.，2006；Neufeld et al.，2007）。

以下的研究应用 PLFAs 法分析零排放猪舍垫料微生物群落磷脂脂肪酸生物标记特征，并结合香农 - 威纳（Shannon-Wiener）指数（H_1）、丰富度指数（D）和 Pielou 均匀度（J）等多样性指数测定方法，进行微生物群落脂肪酸生物标记总量的比较，微生物群落脂肪酸生物标记的检测和聚类分析，微生物群落脂肪酸生物标记多样性指数、垫料微生物脂肪酸生物标记特征指数 B 的分析，垫料耗氧细菌和厌氧细菌脂肪酸生物标记发酵指数 F 的分析，揭示养猪粪便排放过程中垫料微生物变化的特点，从而了解微生物群落的变化，找出零排放猪舍垫料中具粪便分解功能的微生物指标，作为监控零排放猪舍垫料功能发挥的标准。

2. 研究方法

（1）垫料微生物群落取样　零排放猪舍垫料微生物群落取样于宁德地区农科所养殖场，采用日本洛东微生物菌种（福州洛东公司生产）和零排放 I 号菌种（研究者自行研制，凝结芽胞杆菌 Lp-6 菌株 *Bacillus coagulans* Lp-6，菌种产品数量 10×10^8/mL），两个栏紧靠，垫料高度 80 cm，配方由谷壳 49%、锯末 49%、鲜猪粪 1%、米糠 1% 组成，用处理菌种兑水稀释 1000 倍，加入垫料搅拌，使垫料水分保持在 45%，堆制发酵 7d，而后摊平养猪，一个垫

层可以使用 3 年。为了解短期内（1 个月内）垫料中微生物结构差异，取样分别在前者 60 d
和后者 30 d 后进行；取样层分为第 1 层（0 ～ 20 cm）、第 2 层（20 ～ 40 cm）、第 3 层（40 ～ 60
cm）、第 4 层（60 ～ 80 cm）；取样方法为五点取样，每层的样本充分混合后取出小样进行微
生物群落脂肪酸生物标记分析。

（2）微生物群落脂肪酸生物标记的检测　PLFAs 的提取参考 Frostegard 等（1993）和
Kourtev 等（2002）的方法并略做修改。脂肪酸提取步骤如下。

① 脂肪酸的释放和甲酯化：取 10g 土样于 50mL 离心管中，加入 20mL 0.2mol/L 的
KOH 甲醇溶液，涡旋振荡 5min，并于 37℃水浴温浴 1h，每 10min 涡旋样品一次。

② 中和溶液 pH 值：加入 3mL 1.0mol/L 的醋酸溶液，充分摇匀。

③ 脂肪酸的萃取：加入 10mL 正己烷，充分摇匀，于 2000r/min 离心 15min，取上层正
己烷相于干净玻璃试管中，吹干，溶剂挥发。

④ 在玻璃试管中加入 0.6mL 体积比为 1 : 1 的正己烷 / 甲基丁基醚溶液，充分溶解，转
入 GC 小瓶，用于脂肪酸测定。

样品脂肪酸成分检测及成分分析参照 Margesin 等的方法（2007）。①脂肪酸成分检测：
用微生物自动分析仪（Sherlock MIS，美国 MIDI 公司生产）分析微生物脂肪酸生物标记，
在下述气相色谱条件下平行分析脂肪酸甲酯混合物标样和待检样本：二阶程序升高柱温，
170℃起始，经 5℃ /min 升温至 260℃，而后经 40℃ /min 升温至 310℃，维持 90s；汽化室
温度 250℃；检测器温度 300℃；载气为 H_2（2mL/min），进样模式为分流进样，分流比为
100 : 1；辅助气中有：空气（350mL/min）、H_2（30 mL/min）；尾吹气为 N_2（30mL/min）；柱
前压 10.00psi（1psi= 6.895kPa）；进样量 1μL。②脂肪酸成分分析：系统根据各组分保留时间
计算等链长（ECL）值确定目标组分的存在，采用峰面积归一化法计算各组分的相对含量，
再将二者与系统谱库中的标准菌株数值匹配计算相似度（similarity index，SI），从而给出一
种或几种可能的菌种鉴定结果。一般以最高 SI 的菌种名称作为鉴定结果，但当其报告的几
个菌种的 SI 比较接近时，则根据色谱图特征及菌落生长特性进行综合判断。以脂肪酸混合
标样校正保留时间。

（3）微生物群落脂肪酸生物标记总量的比较　将两个微生物菌种处理的垫料各层微生
物脂肪酸生物标记分别计算总和，以微生物脂肪酸生物标记总和代表微生物群落总量，作图
比较不同菌种处理的垫料各层微生物群落总量的变化，分析处理的效果。

（4）微生物群落脂肪酸生物标记的分布　将样本微生物脂肪酸生物标记（PLFAs）分析
的结果，以处理层次为指标，以脂肪酸生物标记为样本，构建表格，总体分析各脂肪酸生物
标记（PLFAs）在各处理垫料中的分布。

（5）微生物群落脂肪酸生物标记的聚类分析　将样本微生物脂肪酸生物标记（PLFAs）
分析的结果，以处理层次为指标，以脂肪酸生物标记为样本，构建矩阵，将数据进行中心化
处理，以欧氏距离为聚类尺度，用类平均法对数据进行系统聚类，分析各类的特点。

（6）微生物群落脂肪酸生物标记多样性指数　引入群落生态学 Pielou 均匀度指数（J），
对微生物群落脂肪酸生物标记在不同处理各层次分布的均匀度进行分析，均匀度指数越高，
表明微生物脂肪酸生物标记（PLFAs）在垫料各层次分布的频次越高，含量的分布也越为均
匀，其计算公式为：

$$J=-\sum P_i \ln P_i/\ln S$$

式中，$P_i=N_i/N$；N_i 为处理 i 种脂肪酸生物标记的含量；N 为试验中脂肪酸生物标记的总含量；S 为脂肪酸生物标记种类总数。

引入群落生态学多样性指数香农指数（H），对微生物群落脂肪酸生物标记在不同处理各层次分布的多样性指数进行分析，多样性指数高，表明微生物生物标记（PLFAs）在垫料各层次分布的总量较高，分布的格局较复杂，Shannon-Wiener 多样性指数（H_1）的计算公式为：

$$H_1=-\sum P_i \ln P_i$$

式中，$P_i=N_i/N$，N_i 为处理 i 种脂肪酸生物标记的含量；N 为试验中脂肪酸生物标记的总含量。

（7）不同垫料微生物脂肪酸生物标记特征指数（B）的分析　选用微生物脂肪酸生物标记 16:00 代表细菌数量，18:3 ω6c（6,9,12）代表真菌数量，20:4 ω6,9,12,15c 代表原生生物数量，TBSA 10Me18:0 代表放线菌数量，构建生物标记特征指数，生物标记特征指数（B）定义为：

$$生物标记特征指数(B)=\frac{细菌\times真菌}{原生生物\times放线菌}$$

特征指数 B 越小，表明细菌和真菌的含量相对较少，可比较分析垫料各层次微生物分布的情况。

（8）不同垫料耗氧细菌和厌氧细菌脂肪酸生物标记发酵指数 F 的分析　选用微生物脂肪酸生物标记 i17:0 代表耗氧细菌、18:1 ω7c 代表厌氧细菌，计算耗氧细菌／厌氧细菌的比例，分析垫料各层次耗氧细菌和厌氧细菌分布的情况。用 i17:0 代表耗氧细菌，用 18:1 ω7c 代表厌氧细菌，构建发酵指数 F，定义为：

$$发酵指数(F)=\frac{好氧细菌生物标记}{厌氧细菌生物标记}$$

3. 微生物群落脂肪酸生物标记的比较

试验结果见图 7-136。各生物标记脂肪酸含量的总和代表着微生物的总量。日本洛东微生物菌种处理组和零排放Ⅰ号菌种处理组各层微生物生物标记脂肪酸含量的总量变化趋势相近，两个处理的第 2 层微生物含量最低，其余较高；日本洛东微生物菌种处理组第 1 层为 268249、第 2 层为 133483、第 3 层为 270406、第 4 层为 271520；零排放Ⅰ号菌种处理组第一层为 203721、第 2 层为 184572、第 3 层为 220481、第 4 层为 236522。前者的各层微生物脂肪酸生物标记含量比后者略高，但差异不显著（$P<0.05$），表明在短时间内（30d），各层微生物结构具有一定的稳定性。

4. 微生物群落脂肪酸生物标记在垫料中的分布

试验结果见表 7-30。从不同微生物菌种处理组垫料的不同层次中分析出 37 个脂肪酸生物标记，指示着不同类群的微生物，包括细菌、真菌、放线菌、原生生物等。不同脂肪酸生物标记在垫料的各层次的分布有几种类型：①生物标记数量小，在各层中的分布不完全，如 i11:0 指示着细菌，数量在 220 以下，在洛东微生物菌种处理组仅分布在第 2 层（20 ～ 40 cm），其余层次没有分布，在零排放Ⅰ号微生物菌种处理组分布在第 1、第 2、第 3 层，第 4

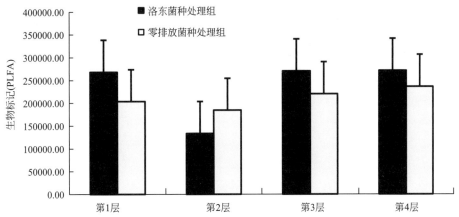

图7-136　不同微生物菌种处理组各层脂肪酸生物标记总量变化

层没有分布；②生物标记数量小，在各层次的分布为完全分布，如 12:00 指示着细菌，数量在 576 ～ 1329 之间，在两种微生物菌种处理的垫料的各层完全分布；③生物标记数量大，在各层次的分布不完全，如 i17:0 3OH 指示着耗氧细菌，数量在 1854 ～ 11020 之间，在洛东微生物菌种处理组各层次中仅在第 2、3 层中分布，在零排放 I 号微生物菌种处理组的第 1、第 3、第 4 层中分布，第 2 层没有分布；④生物标记数量大，在各层次的分布为完全分布，如 18:1 $\omega 9c$ 指示着真菌，数量在 31320 ～ 107126 之间，在两种微生物菌种处理的垫料的各层完全分布。

表7-30　不同微生物菌种处理组脂肪酸生物标记在各层的分布

序号	生物标记	微生物类型	洛东微生物菌种处理组				零排放I号微生物菌种处理组			
			第1层	第2层	第3层	第4层	第1层	第2层	第3层	第4层
1	i11:0	细菌	0	220	0	0	149	193	139	0
2	i11:0 3OH	革兰阳性细菌	441	0	383	0	365	0	0	609
3	12:00	细菌	779	706	781	576	1329	1155	957	968
4	12:0 3OH	革兰阳性细菌	578	0	547	0	480	421	556	368
5	i13:0	黄杆菌属	427	0	366	0	365	263	433	303
6	14:00	细菌	3518	1765	3231	2105	3586	3519	3664	3444
7	i14:0	耗氧细菌	1826	603	1439	1021	1481	1314	1450	1211
8	a15:0	细菌	14518	4483	9568	4518	11092	10810	12235	9268
9	i15:0	细菌	15479	5226	12494	8437	12775	11449	13180	11288
10	i15:0 3OH	革兰阴性细菌	3321	521	3301	1301	2564	3331	2378	2590
11	i15:1 G	细菌	1531	0	1343	518	449	531	582	548
12	16:00	假单胞杆菌	59261	32378	60500	66735	51235	48358	56178	56615
13	10Me16:0	硫酸盐还原细菌	9400	2755	9231	9427	0	0	0	6803
14	a16:0	革兰阳性细菌	1041	436	909	743	577	510	1091	1143
15	i16:0	革兰阳性细菌	10313	5067	8556	5281	7081	6696	7885	7387
16	16:0 N alcohol	细菌（莫拉菌属）	544	0	646	610	485	738	560	868
17	16:1 $\omega 5c$	甲烷氧化菌	1806	0	1665	1985	1232	0	1287	2170
18	16:1 $\omega 9c$	革兰阴性细菌	0	0	1027	0	0	0	756	0
19	17:00	节杆菌属	3213	1793	3058	2820	2896	2778	3312	3290
20	10 Me 17:0	放线菌	1252	818	1177	565	506	378	543	593
21	a17:0	革兰阳性细菌	7216	2461	5027	2967	4855	4753	5438	4715
22	cy17:0	革兰阴性细菌	5972	2185	4856	2938	5799	4241	5849	5801
23	i17:0	耗氧细菌	4989	1986	4409	2745	3666	3966	4032	3695

序号	生物标记	微生物类型	洛东微生物菌种处理组				零排放I号微生物菌种处理组			
			第1层	第2层	第3层	第4层	第1层	第2层	第3层	第4层
24	i17:0 3OH	革兰阴性细菌	0	1854	10315	0	7664	0	6417	11020
25	17:1 ω8c	革兰阴性细菌	2375	1104	2399	2779	1839	1471	1813	1908
26	i17:1 ω9c	细菌	0	0	0	0	4492	5370	5119	0
27	18:00	氢杆菌属	9240	6890	10353	8698	7820	7271	8510	8693
28	i18:0	革兰阳性细菌	6078	2794	4850	4271	5174	4367	4408	6332
29	10Me 18:0	放线菌	3572	1298	3231	1541	2435	2342	2518	4127
30	11Me 18:1 ω7c	纤维素单胞菌属	4779	1824	6336	0	0	2428	0	4044
31	18:1 ω7c	厌氧细菌	16247	6722	16772	13758	11292	12713	12503	11361
32	18:1 ω9c	真菌	53113	35554	59259	107126	34982	31320	40981	50740
33	18:3 ω6c (6,9,12)	真菌	2252	1512	3047	2010	1817	1691	1916	2222
34	cy19:0ω8c	伯克霍尔德菌	11453	6137	11000	11264	8274	6601	8947	7762
35	20:00	细菌	1462	1734	1257	1159	1177	1122	1384	1203
36	20:1 ω9c	氢杆菌属	710	1291	1147	1181	738	869	0	0
37	20:4 ω 6,9,12,15c	原生动物	9543	1366	5926	2441	3050	1603	3460	3433

注：i、a、cy 和 Me 分别表示异、反异、环丙基和甲基分枝脂肪酸；ω、c 和 t 分别表示脂肪酸端、顺式空间构造和反式空间构造。

5. 微生物群落脂肪酸生物标记的聚类分析

分析结果见图 7-137。当 $\lambda=6.791$ 时，可将垫料的微生物脂肪酸生物标记分为 3 类，类型 I 中含有脂肪酸生物标记 a15:0（耗氧细菌）、18:00（细菌）、i15:0（耗氧细菌）、i16:0（耗氧细菌）、18:1 ω7c（厌氧细菌）、16:00（细菌）和 18:1 ω9c（真菌），其特征为生物标记含量高，数量在 67475～431260 之间，同时在不同层次垫料中皆为完全分布；类型 II 中含有脂肪酸生物标记 cy17:0、cy19:0ω8c、i17:0 3OH 和 11Me18:1ω7c，其特征是生物标记含量中等，cy17:0 和 cy19:0ω8c 两种脂肪酸标记在不同层次垫料中完全分布，i17:0 3OH 和 11Me18:1ω7c 两种脂肪酸标记在不同层次垫料中不完全分布；类 III 为其余的脂肪酸生物标记，数量差异较大，但都在 6000 以下，在垫料中分布的形式多样化，有完全分布和不完全分布，微生物中含有细菌、真菌、放线菌、原生生物等。

6. 微生物群落脂肪酸生物标记多样性指数分析

试验结果见表 7-31。垫料微生物群落脂肪酸生物标记按照总数量的高低分成 4 个组，即高含量组（67475～431260）、中含量组（21064～58266）、低含量组（10145～19411）、小含量组（701～7251）；生物标记的分布频次为 2～8，表明生物标记所指示的微生物在不同微生物处理组的各层次的分布差异。生物标记的香农指数和均匀度指数出现两种状态，一种是香农指数高，均匀度指数也高，如 a15:0 的香农指数为 2.9059、均匀度指数为 0.9686，表明生物标记所指示的微生物在垫料的各层次数量分布多，同时均匀度也好；另一种是香农指数低、均匀度指数高，如 i17:1 ω9c 香农指数为 1.5810、均匀度指数为 0.9975，表明生物

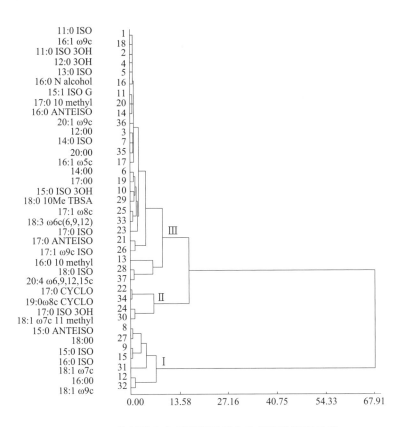

图7-137　垫料微生物群落脂肪酸生物标记的聚类分析

标记所指示的微生物在垫料的各层次数量分布较少，但均匀度较好。

表7-31　垫料微生物群落脂肪酸生物标记多样性指数

序号	类型	脂肪酸生物标记	频次	脂肪酸总量	Shannon（H）	均匀度（J）
12	生物标记高含量组	16:00	8	431260	2.9747	0.9916
32		18:1 $\omega7c$	8	413075	2.8780	0.9593
31		18:1 $\omega7c$	8	101368	2.9581	0.9860
9		i15:0	8	90328	2.9451	0.9817
8		a15:0	8	76492	2.9059	0.9686
34		cy19:0$\omega8c$	8	71438	2.9644	0.9881
27		18:00	8	67475	2.9892	0.9964
15	生物标记中含量组	i16:0	8	58266	2.9654	0.9885
28		i18:0	8	38274	2.9640	0.9880
22		cy17:0	8	37641	2.9319	0.9773
13		10Me16:0	5	37616	2.2201	0.9561
21		a17:0	8	37432	2.9360	0.9787
24		i17:0 3OH	5	37270	2.1543	0.9278
37		20:4 $\omega6,9,12,15c$	8	30822	2.7290	0.9097
23		i17:0	8	29488	2.9558	0.9853
6		14:00	8	24832	2.9604	0.9868
19		17:00	8	23160	2.9799	0.9933
29		10Me18:0 TBSA	8	21064	2.9120	0.9707

序号	类型	脂肪酸生物标记	频次	脂肪酸总量	Shannon（H）	均匀度（J）
30	生物标记低含量组	11Me18:1 $\omega7c$	5	19411	2.1923	0.9442
10		i15:0 3OH	8	19307	2.8604	0.9535
33		18:3 $\omega6c$（6,9,12）	8	16467	2.9687	0.9896
25		17:1 $\omega8c$	8	15688	2.9506	0.9835
26		i17:1 $\omega9c$	3	14981	1.5810	0.9975
35		20:00	8	10498	2.9851	0.9950
7		i14:0	8	10345	2.9455	0.9818
17		16:1 $\omega5c$	6	10145	2.5548	0.9883
3	生物标记小含量组	12:00	8	7251	2.9537	0.9846
14		a16:0	8	6450	2.9220	0.9740
36		20:1 $\omega9c$	6	5936	2.5466	0.9852
20		10Me17:0	8	5832	2.8823	0.9608
11		i15:1 G	7	5502	2.6259	0.9354
16		16:0 N alcohol	7	4451	2.7822	0.9910
4		12:0 3OH	6	2950	2.5670	0.9931
5		i13:0	6	2157	2.5635	0.9917
2		i11:0 3OH	4	1798	1.9686	0.9843
18		16:1 $\omega9c$	2	1783	0.9833	0.9833
1		i11:0	4	701	1.9748	0.9874

在生物标记高含量组中，各脂肪酸生物标记在各层垫料中为完全分布，所指示的微生物种类主要是细菌，包括耗氧菌和厌氧菌；香农指数 Shannon（H）大于 2.8780，表明各生物标记分布的多样性指数较高，所指示的微生物在各层中有较好的分布特点，均匀度大于 0.9593，表明生物标记分布的均匀度指数较高，所指示的微生物在各层中分布较为均匀。

在生物标记中含量组中，各脂肪酸生物标记在各层垫料中有完全分布和不完全分布，所指示的微生物种类有细菌、放线菌和原生生物，香农指数（H）在 2.1543～2.9799 之间，表明各生物标记分布的多样性指数较高，但不同的生物标记间差异较大，所指示的微生物在各层中有较好的分布特点，均匀度大于 0.9097，表明生物标记分布的均匀度指数较高，所指示的微生物在各层中分布较为均匀。

在生物标记低含量组中，各脂肪酸生物标记在各层垫料中有完全分布和不完全分布，所指示的微生物种类有细菌和真菌，香农指数（H）在 1.5810～2.9851 之间，表明各生物标记分布的多样性指数较高，但不同的生物标记间差异较大，所指示的微生物在各层中分布数量多少差异较大，均匀度大于 0.9442，表明生物标记分布的均匀度指数较高，所指示的微生物在各层中分布较为均匀。

在生物标记小含量组中，各脂肪酸生物标记在各层垫料中有完全分布和不完全分布，所指示的微生物种类主要是细菌，香农指数（H）在 0.9833～2.9537 之间，表明各生物标记分布的多样性指数差异较大，所指示的微生物在各层中分布数量多少差异较大，均匀度大于 0.9354，表明生物标记分布的均匀度指数较高，所指示的微生物在各层中分布较为均匀。

7．不同垫料微生物脂肪酸生物标记特征指数B的分析

试验结果见表7-32。细菌用16:00代表，真菌用18:3 $\omega6c$（6,9,12）代表，原生动物用20:4 $\omega6,9,12,15c$代表，放线菌用TBSA 10Me18:0代表，分析结果表明，在不同微生物菌种处理的垫料的不同层次中，含量为细菌＞原生动物＞放线菌＞真菌。从细菌指示生物标记看，不同微生物菌种处理组中，第3层≈第4层＞第1层＞第2层。不同的微生物指示生物标记在各层的分布存在显著差异。生物标记特征指数 B 分析结果表明，在洛东微生物菌种处理组中，特征指数 B 的大小顺序为：第2层＞第3层＞第4层＞第1层，在零排放Ⅰ号微生物菌种处理组中，特征指数 B 的大小顺序为：第1层＞第3层＞第2层＞第4层；特征指数 B 越大，表明指示细菌和真菌的生物标记含量越高。

表7-32　垫料特征微生物群落脂肪酸生物标记含量的比较

脂肪酸生物标记	物种	洛东微生物菌种处理组				零排放Ⅰ号微生物菌种处理组			
		第1层	第2层	第3层	第4层	第1层	第2层	第3层	第4层
16:00	细菌	59261	32378	60500	66735	51235	48358	56178	56615
18:3 $\omega6c$（6,9,12）	真菌	2252	1512	3047	2010	1817	1691	1916	2222
20:4 $\omega6,9,12,15c$	原生动物	9543	1366	5926	2441	3050	1603	3460	3433
TBSA 10Me18:0	放线菌	3572	1298	3231	1541	2435	2342	2518	4127
生物标记特征指数B		3.9650	27.6106	9.6278	7.0056	12.5349	11.0106	12.3546	8.8790

8．不同垫料耗氧细菌和厌氧细菌脂肪酸生物标记发酵指数F的分析

分析结果见表7-33和图7-138。从表7-31可知，不同处理方法的垫料耗氧细菌和厌氧细菌脂肪酸生物标记在各层次的分布差异显著，总体上厌氧细菌指示生物标记数量大于耗氧细菌。洛东微生物菌种处理组处理的时间较久，大约为2个月，零排放Ⅰ号微生物菌种处理组时间较短，仅1个月，从总体上看，不同微生物处理方法相应层次，时间长的指示细菌生物标记含量比时间短的略高，如洛东微生物菌种处理组细菌生物标记总量第1层为21236、第2层为8708、第3层为21181、第4层为16503，零排放Ⅰ号微生物菌种处理组细菌生物标记总量第1层为14958、第2层为16679、第3层为16535、第4层为15056。

表7-33　不同垫料耗氧细菌和厌氧细菌脂肪酸生物标记的比例

脂肪酸生物标记	洛东微生物菌种处理组				零排放Ⅰ号微生物菌种处理组			
	第1层	第2层	第3层	第4层	第1层	第2层	第3层	第4层
i17:0 耗氧细菌	4989	1986	4409	2745	3666	3966	4032	3695
18:1 $\omega7c$厌氧细菌	16247	6722	16772	13758	11292	12713	12503	11361
细菌生物标记总量	21236	8708	21181	16503	14958	16679	16535	15056

发酵指数 F 表明了耗氧细菌和厌氧细菌的比例，发酵指数越大，耗氧菌含量越多，厌氧发酵的水平较低。从发酵指数 F 的变化看，不同的处理时间，发酵指数 F 变化规律不同，发酵时间长的，发酵指数 F 随着层次的增加而减小，发酵时间短的，发酵指数 F 的变化不明显。各层洛东微生物菌种处理组处理的时间较长约2个月，发酵指数 F 随着层次的增加而下降，第1层为0.3070、第2层为0.2954、第3层为0.2628、第4层为0.1995，零排放Ⅰ号

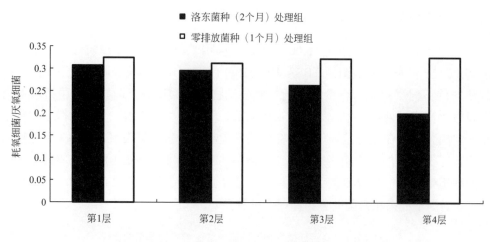

图7-138　不同微生物菌种处理组发酵指数F的变化

微生物菌种处理组处理的时间较短约1个月，发酵指数F在各层次中变化不大，第1层为0.3246、第2层为0.3119、第3层为0.3224、第4层为0.3252。

9. 讨论

笔者采用脂肪酸生物标记研究零排放猪舍垫料微生物群落，结果表明，用微生物脂肪酸生物标记，分析零排放猪舍垫料微生物群落变化规律，方法可行，指标灵敏。从试验采用的两种微生物菌种处理组看，除了时间差异造成的微生物群落的差异，其他差异不大，两个菌种都能很好地发挥零排放猪舍垫料分解粪便排泄物的功能。

微生物脂肪酸生物标记，指示着微生物群落，不同的微生物种类可以有不同的生物标记，相同的微生物种类的不同种下分类阶元也有不同的生物标记，同一个生物标记，可以存在不同的微生物中，一组微生物脂肪酸生物标记，相当于微生物群落的指纹图谱而相互区别（Tunlid et al.，1991）。研究提供了零排放猪舍垫料微生物群落的分析手段，关于零排放猪舍垫料生物标记多样性、生物标记特征指数B、生物标记发酵指数F的变化规律，还有待于进一步研究。

不同微生物的脂肪酸在组成和含量上有较大差异，它和微生物的遗传变异、耐药性等有极为密切的关系。大多数革兰阳性菌（G[+]）中支链C15:0脂肪酸丰度很高（Juneja et al.，1998），而在大多数革兰阴性菌（G[-]）中C16:0丰度较高。一些细菌如考克斯体属、土拉弗朗西丝菌属、假单胞菌属和结核分枝杆菌属细菌有其特殊的脂类，可经磷脂脂肪酸分析实现鉴定。短链脂肪酸已经用于陆源厌氧细菌的鉴定（Demoling and Bååth，2008）。Dubey等（2006）测定了分枝杆菌属4株菌的脂肪酸，确定其主要由16种脂肪酸组成，并分析了它们之间的差异。

根据微生物细胞脂肪酸的组成，一般可通过单次实验比较准确地将微生物鉴定到种，但是脂肪酸是一种可随着培养条件变化而发生改变的细胞组分，并且气相色谱、质谱等是高精密度的分析仪器，因此，分析过程的条件选择和质量控制显得非常重要，必须对培养基成分、微生物培养条件、微生物纯化、菌龄、色谱条件等实验条件进行标准化，否则会严重影响方法的准确度和重复性（Müller et al.，1998）。目前已有一种商业化的微生物FAME气相色谱分析系统，即Sherlock MIS微生物鉴定系统（美国MIDI公司开发），Sherlock MIS微生物鉴定系统从微生物的培养、菌落的收集、微生物细胞皂化释放脂肪酸、脂肪酸甲基化、脂肪酸甲酯的萃取和洗涤，到最后的鉴定、结果的判断都有一套完整的标准化程序，可以避免上述不利条件的影响。Sherlock MIS 微生物鉴定系统具有分析周期短、操作简单、准确度高等优点，目前国内外已有将 Sherlock MIS 应用于微生物鉴定和脂肪酸生物标记研究的报道。

二、基于脂肪酸组发酵床微生物亚群落分化

1．概述

养猪业产生的大量猪粪污染，引起严重的环境问题。近年来，利用微生物分解猪粪，解决养猪过程的臭味和污染排放问题取得了很好的效果（孔凡真，2005）。研究猪舍垫料微生物亚群落的变化对于揭示整个微生物发酵过程中猪粪尿的降解、转化规律等具有重要意义（Tam and Vrijmoed，1993）。但是，猪舍垫料微生物群落动态的研究十分薄弱，一方面是由于许多功能微生物都处于存活不可培养状态（Amann et al.，1995；McCarthy and Murray，1996），另一方面，传统分离微生物的方法繁琐耗时，不能用于监测微生物种群结构的动态变化。笔者引入磷脂脂肪酸（phospholipids fatty acid,PLFA）作为微生物的脂肪酸生物标记，来分析猪舍垫料微生物亚群落结构的变化。

利用脂肪酸生物标记（PLFA）分析环境微生物群落的变化在国内外都有过报道。White 等（1979）最先利用脂肪酸生物标记（PLFA）研究了河口沉积物中微生物群落数量的变化；随后，在堆肥样品（Medeiros et al.，2006）、海河沉积物（Hackl et al.，2005；Syakti et al.，2006）和土壤微生物群落结构（Puglisi et al.，2005）等的研究中脂肪酸生物标记（PLFA）得到了广泛应用。Calderón 等（2000）曾用脂肪酸生物标记（PLFA）分析，研究模拟了耕种行为对微生物群落的影响，发现其对长期耕种土地的影响比对荒地的影响要小得多；Murata 等（2005）用 PLFA 法研究受多种金属污染的土壤微生物群落结构的变化；Zelles 等（1992）比较 8 个耕地土壤的PLFA，发现每个土壤都有特异的 PLFA 图谱，称之为土壤指纹图谱，前人的研究表明 PLFA 是用于分析生态环境中微生物群落有效的工具（Yao et al.，2000）。笔者在前期的研究中发现脂肪酸生物标记（PLFA）能很好地反映猪舍垫料中微生物的结构及其多样性（刘波等，2008），利用脂肪酸生物标记（PLFA）试图进一步分析猪舍垫料猪粪分解微生物亚群落的分化，相关的研究未见报道。具体是将采集自不同时间、不同层次的猪舍垫料，利用 PLFA 生物标记法，分析它们的脂肪酸生物标记分布特点，根据脂肪酸生物标记的聚类结果，揭示猪舍垫料微生物亚群落的分化，探讨猪粪尿分解过程中微生物群落结构的变化规律。以下进行详细介绍。

2．研究方法

（1）取样　猪舍垫料取样于"零排放"养猪示范基地莆田优利可农牧发展有限公司，示范基地均按照日本洛东生物发酵舍养猪操作规程进行垫层配比和相关管理，垫料配方为：谷壳 40%、锯末 60%、生猪粪 5 kg/m³、米糠 3 kg/m³；日本洛东微生物菌种（主要是枯草芽胞杆菌和酵母菌）200g/ m³；垫料 80cm，垫料最长的使用周期为 2 年。取样方法为：选择饲养猪 1 个月、6 个月和 24 个月的猪舍，每个猪舍进行 4 层取样（第 1 层 10 ～ 20 cm，第 2 层 20 ～ 40 cm，第 3 层 40 ～ 60 cm，第 4 层 60 ～ 80 cm），每层取样方法为五点取样，每层的

样本充分混合后取出小样，进行脂肪酸生物标记分析，每个小样设 3 个重复。

（2）脂肪酸生物标记分析方法　PLFA 的提取参考 Frostegård 等（1993）和 Kourtev 等（2002）的方法并略做修改。提取过程分脂肪酸的释放和甲酯化、溶液的中和、脂肪酸的萃取和脂肪酸溶解 4 个步骤。具体操作为：在 50mL 离心管中，分别加入 10g 垫料和 20mL 0.2mol/L 的 KOH 甲醇溶液，充分混匀，并于 37℃水浴 1h（每 10 min 涡旋样品一次）；加入 3mL 1.0mol/L 的醋酸溶液中和，充分摇匀；加入 10mL 正己烷，充分摇匀，于 2000 r/min 离心 15min，将上层正己烷相转入干净的玻璃试管中，吹干；加入 0.6mL 体积比为 1：1 的正己烷：甲基叔丁基醚溶液，充分溶解，转入 GC 小瓶，用于脂肪酸测定。

PLFA 成分采用美国 Agilent6890N 型气相色谱仪测定。在下述色谱条件下平行分析脂肪酸甲酯混合物标样和待检样本：色谱柱 HP-ULTRA2（25 m×0.2 mm×0.33 μm），分流进样，进样量 1μL，分流比为 100：1，载气（H_2）流速 2 mL/min，尾吹气（N_2）流速 30mL/min。二阶程序升高柱温：170～260℃，5℃/min；260～310℃，40℃/min，保持 90s。汽化室温度 250℃，检测器温度 300℃，柱前压 10.00psi（1psi= 6.895 kPa）。脂肪酸成分分析采用微生物自动分析仪（Sherlock MIS，美国 MIDI 公司生产）：系统根据各组分保留时间计算等链长（ECL）值确定目标组分的存在，采用峰面积归一化法计算各组分的相对含量。

（3）微生物群落脂肪酸生物标记的统计分析

① 微生物脂肪酸生物标记分布分析　以 1 个月、6 个月、24 个月的垫料为单位，统计含量最高的前三个生物标记，代表特征微生物，作图分析其在不同处理时间的猪舍垫料中不同层次的分布量的变化。

② 猪舍垫料微生物群落特征聚类分析　将不同时间、不同层次的猪舍垫料的脂肪酸生物标记数据，以不同时间、不同层次的垫层为样本，以脂肪酸生物标记量为指标，构建矩阵，数据经过规格化转换，以马氏距离为尺度，用可变类平均法进行系统聚类，划分微生物亚群落。

③ 脂肪酸生物标记微生物亚群落特征分析　以亚群落为单位，统计出各脂肪酸生物标记总量，各脂肪酸生物标记在猪舍垫料的分布频次，分布的多样性指数 Simpson（J）、Shannon（H）、Brillouin、Mcintosh（Dmc）、均匀度，并以其为指标，以脂肪酸生物标记为样本，构建矩阵，将矩阵数据中心化处理，以欧氏距离为聚类尺度，用类平均法进行系统聚类，分析猪舍垫料微生物亚群落的变化特征。

3. 猪舍垫料微生物脂肪酸生物标记分析

分析结果见表 7-34。分析出猪舍垫料中脂肪酸生物标记 40 个，不同的脂肪酸生物标记代表着不同类型的微生物，在不同时间猪舍垫料中的分布差异显著。有的生物标记分布在全部取样对象的层次内，称完全分布，如 14:00；有的生物标记只分布在特定的取样层次内，如 10Me 18:0，称不完全分布。将不同时间、不同层次的垫料中脂肪酸生物标记总含量最高的前 9 个生物标记作图 7-139，这 9 个脂肪酸生物标记分别为 18:1 $\omega9c$ 真菌、16:00 假单胞杆菌 G^-、i17:0 3OH 细菌 G^-、18:1 $\omega7c$ 假单胞杆菌 G^-、i18:0 细菌 G^+、a15:0 耗氧细菌 G^+、18:00 氢杆菌属、i16:0 细菌 G^+、i15:0 耗氧细菌 G^+（Tunlid and White，1992; Hill et al.，2000; Wilkinson et al.，2002），脂肪酸生物标记含量总和分布在 151280 ～ 1125570 之间，其中以真菌 18:1 $\omega9c$、16:00 假单胞杆菌 G^-、i17:0 3OH 细菌 G^- 含量为最高。

表7-34　猪舍垫料中脂肪酸生物标记

序号	脂肪酸生物标记	物种	垫料1个月				垫料6个月				垫料24个月				脂肪酸生物标记量	
			第1层	第2层	第3层	第4层	第1层	第2层	第3层	第4层	第1层	第2层	第3层	第4层	总含量	平均含量
1	i11:0 3OH	细菌G+	0	0	0	0	0	0	0	4072	0	0	0	0	4072	339.3
2	12:00	细菌	3278	5019	0	0	0	0	0	0	0	0	0	0	8297	691.4
3	12:0 3OH	细菌G+	0	0	0	0	0	0	0	0	1291	701	1385	0	3377	281.4
4	a14:0	耗氧细菌G+	0	0	0	0	0	0	0	5143	0	0	0	0	5143	482.6
5	14:00	细菌	5720	5896	2744	3008	6329	4564	1348	4088	2473	1908	2941	16134	57153	4762.5
6	i14:0	耗氧细菌G+	0	0	0	0	5212	3318	0	5208	2257	1795	1645	8015	27450	2287.5
7	14:1 ω5c	假单胞杆菌	0	0	3592	0	0	0	0	0	0	0	0	0	3592	299.3
8	15:0 2OH	耗氧细菌G+	0	0	0	0	0	0	0	0	1470	0	0	0	1470	122.5
9	15:0 3OH	耗氧细菌G+	0	0	0	0	0	0	0	0	3206	1772	2731	0	7709	642.4
10	a15:0	耗氧细菌G+	6819	5171	3734	3106	32078	23789	1964	17923	13315	8904	13696	64908	195407	16283.9
11	i15:0	耗氧细菌G+	8529	5768	7247	0	20208	17052	2108	8806	12713	10234	13130	45485	151280	12606.7
12	i15:0 3OH	细菌G-	4313	0	0	0	2339	1875	0	0	4720	1775	2969	0	17991	1499.3
13	a15:1	耗氧细菌G+	0	0	0	0	1992	1975	0	0	0	0	0	0	3967	330.6
14	16:00	假单胞杆菌G-	127501	172904	57794	118449	73547	60080	49893	118068	35480	24827	43070	182446	1064059	88671.6
15	10Me 16:0	硫酸盐还原细菌（G+）	0	0	0	0	0	0	0	0	8139	6207	7543	0	21889	1824.1
16	16:0 3OH	细菌G-	0	0	0	0	0	2882	0	0	6336	1373	5096	0	15687	1307.3
17	a16:0	细菌G+	0	0	0	0	0	0	0	0	1433	798	0	0	2231	185.9
18	i16:0	细菌G+	5554	5763	3894	0	20816	19198	6623	23121	18016	12644	14697	21261	151587	12632.3
19	16:1 ω5c	甲烷氧化菌	0	0	0	0	3028	0	0	0	0	1441	3163	7727	15359	1279.9

续表

序号	脂肪酸生物标记	物种	垫料1个月				垫料6个月				垫料24个月				脂肪酸生物标记量	
	标记		第1层	第2层	第3层	第4层	第1层	第2层	第3层	第4层	第1层	第2层	第3层	第4层	总含量	平均含量
20	16:1 ω9c	细菌G-	0	0	0	0	2459	1722	0	0	0	0	0	0	4181	348.4
21	17:00	节杆菌	4136	0	0	2725	3314	3044	2011	5147	2041	1909	2910	9782	37019	3084.9
22	10Me 17:0	放线菌	0	0	0	0	0	0	0	0	1507	1092	1508	0	4107	342.3
23	a17:0	细菌G+	3631	0	0	0	12333	14188	3276	11924	15671	9574	12264	16931	99792	8316
24	cy 17:0	细菌G-	8912	10553	8460	3079	10307	10743	2315	6374	2482	1800	2958	7173	75156	6263
25	i17:0	细菌G+	0	0	0	0	5180	6440	2924	6017	8238	7864	9792	13531	59986	4998.8
26	i17:0 3OH	细菌G-	92858	169051	243906	13201	7351	6371	13252	82847	0	0	2820	0	631657	52638.1
27	a17:1 ω9c	假单胞杆菌	0	0	0	0	0	2446	0	0	0	0	0	0	2446	203.8
28	i17:1 ω9c	细菌 G+	4814	0	3243	0	5933	4962	1808	4708	0	0	0	11369	36837	3069.8
29	17:1 ω8c	细菌G-	0	0	0	0	0	0	0	0	0	0	1457	8044	9501	791.8
30	10Me 18:0	放线菌	0	0	0	0	7076	6692	0	0	13783	4213	6663	0	38427	3202.3
31	18:00	氢杆菌属	14589	19774	5847	27874	10135	8463	7007	19222	10423	7476	12403	33026	176239	14686.6
32	i18:0	细菌G+	26214	35816	56557	5173	4826	0	8080	49398	3931	1594	4786	0	196375	16364.6
33	11Me 18:1 ω7c	纤维素单胞菌属	21525	26268	0	0	4384	0	0	0	0	0	0	0	52177	4348
34	18:1 ω7c	假单胞杆菌	22114	20163	14146	0	22842	17701	0	19981	10679	5730	11253	84868	229477	19123.1
35	18:1 ω9c	真菌	137796	202729	62911	174154	50487	37067	61127	142106	34228	20177	34882	167906	1125570	93797.5
36	18:3 ω6c (6,9,12)	真菌	13361	9498	3429	23191	0	0	0	0	0	0	3370	0	52849	4404.1
37	cy 19:0 ω8c	伯克霍尔德菌	9180	10566	9866	0	16735	14102	2442	11074	2561	5180	8416	6395	96517	8043.1
38	20:00	细菌	5216	7618	0	3313	2595	1916	1879	6351	0	0	0	0	28888	2407.3
39	20:1 ω9c	氢杆菌属	0	0	0	3782	0	2867	1514	7738	0	0	0	0	15901	1325.1
40	20:4 ω6,9,12,15c	原生生物	0	0	3968	0	0	0	0	0	0	0	1460	0	5374	447.8

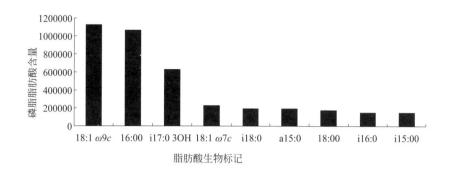

图7-139　脂肪酸生物标记总含量最高的前九个生物标记

4．不同时间垫料特征微生物脂肪酸生物标记的分布

将脂肪酸生物标记总含量最高的前三个生物标记作图 7-140，脂肪酸生物标记 18:1 $\omega 9c$ 指示真菌（White et al.，1996；Wilkinson et al.，2002）、16:00 指示革兰阴性细菌 G^-（假单胞杆菌）（White et al.，1996）、i17:0 3OH 指示革兰阴性细菌 G^-（Tarah et al.，2006），在不同处理时间、不同层次的猪舍垫料中的分布总量最大，为优势菌群，它们对猪粪尿的降解起主要作用。总体上看，标识真菌（18:1$\omega 9c$）和标识革兰阴性细菌（16:00）在不同时间、垫层不同层次分布的数量趋势相近，而与标识革兰阴性细菌（i17:0 3OH）分布差异很大。真菌 18:1$\omega 9c$ 和革兰阴性细菌 16:00 可分布于 1 个月、6 个月、24 个月的垫料的不同层次，不同层次垫料氧气通透量不同，表明其为兼性厌氧微生物，革兰阴性细菌 i17:0 3OH 仅分布于 1 个月的垫料的第 1、第 2、第 3 层中，在 1 个月的第 4 层和 6 ～ 24 个月的各层分布量极低，表明其为耗氧微生物。

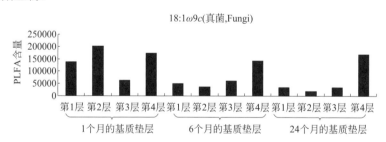

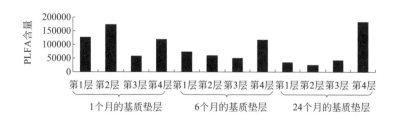

图7-140

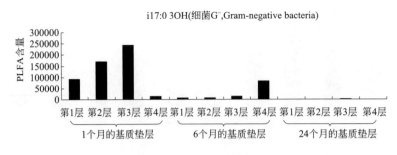

图7-140　猪舍垫料中脂肪酸生物标记量最高的三个标记在不同层次的分布

从图 7-140 可以看出，指示真菌的脂肪酸生物标记 18:1 $\omega 9c$，在 1 个月处理的垫料中第 3 层分布较少，第 1、第 2、第 4 层分布较多；在 6 个月处理的垫料中，它的分布随着层次的增加脂肪酸生物标记含量增加，第 1 层＝第 2 层＜第 3 层＜第 4 层；在 24 个月处理的垫料中，它的分布规律与处理 6 个月的相近，说明处理 6 个月后，脂肪酸生物标记 18:1 $\omega 9c$ 指示的真菌在垫料的分布趋于稳定。

脂肪酸生物标记 16:00 指示革兰阴性细菌（假单胞杆菌），它在垫料各层次的分布规律与脂肪酸生物标记 18:1 $\omega 9c$ 相似。它在 1 个月处理的垫料中第三层分布较少，第 1、第 2、第 4 层分布较多；在 6 个月处理的垫料中，第 4 层的分布较多，第 1、第 2、第 3 层的分布量相当，且较少；在 24 个月处理的垫料中，它的分布规律与处理 6 个月的相近，说明处理 6 个月后，该生物标记指示的革兰阴性细菌（假单胞杆菌）在垫料的分布趋于稳定。

脂肪酸生物标记 i17:0 3OH 指示革兰阴性细菌，在 1 个月处理的基质各垫层中分布最多，其次是 6 个月处理的垫料，在 24 个月处理的垫料中，除第 3 层有少量分布外，其余各层次没有分布。说明脂肪酸生物标记 i17:0 3OH 只分布在新的垫料中，在旧的基质层中几乎不分布。

5．猪舍垫料微生物亚群落的分化

以不同时间、不同层次的垫料为样本，以脂肪酸生物标记量为指标，数据经过规格化转换，以马氏距离为尺度，用可变类平均法进行系统聚类，结果如图 7-141 所示。

当马氏距离为 56.62 时，不同时间猪舍垫料微生物可分为 3 个亚群落，亚群落 I 包括了 1 个月垫料的第 1～第 4 层和 6 个月垫料的第 1 层，其特征为革兰阴性细菌含量高，革兰阳性细菌含量低，如标记革兰阴性细菌的脂肪酸生物标记 i17:0 3OH 在 1 个月的垫料各层次的平均分布量为 129754，而标记革兰阳性细菌的脂肪酸生物标记 a15:0 在 1 个月的垫料各层次的平均分布量只有 4707.5；亚群落 II 包括了 6 个月垫料的第 2～第 4 层和 24 个月垫料的第 2 层，其特征为革兰阴性细菌和革兰阳性细菌含量中等；亚群落 III 包括了 24 个月垫料的第 1、第 3 和第 4 层，其特征为革兰阳性细菌含量高、革兰阴性细菌含量低。为方便亚群落特征的分析，笔者将 1 个月的垫料第 1～第 4 层定义为初始期亚群落，6 个月垫料的第 1～第 4 层定义为过渡期亚群落，24 个月垫料的第 1～第 4 层归为稳定期亚群落。

6．猪舍垫料微生物亚群落的脂肪酸生物标记分布特征

（1）初始亚群落的脂肪酸生物标记分布特征（1 个月）　分析结果见表 7-35 和图 7-142。

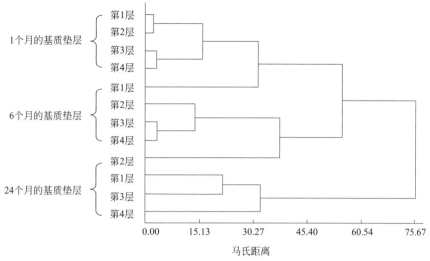

图7-141　猪舍垫料脂肪酸生物标记的聚类分析

当欧氏距离为 12.72 时，可将 1 个月垫料脂肪酸生物标记分为两个类群，类群 I 包含了 9 条脂肪酸生物标记，它们是 12:00、i15:0（细菌 G⁺）、i16:0（细菌 G⁺）、17:00、i17:1 ω9c、11Me 18:1 ω7c（纤维素单胞菌属）、18:1 ω7c（假单胞杆菌属）、cy19:0 ω8c（伯克霍尔德菌属）、20:00，其特征为：特征脂肪酸生物标记在垫料的层次分布小于 3 层，即不完全分布，脂肪酸总量的平均值为 23327.22，分布多样性指数中香农指数（Shannon，H）为 1.30，较小。

表7-35　猪舍垫料微生物初始亚群落的脂肪酸生物标记分布特征

类别	脂肪酸生物标记	频次	总量	脂肪酸生物标记生态学指数				
				辛普森指数 (Simpson)J	香农指数 (Shannon)H	均匀度	布里渊指数 (Brillouin)	均衡度指数 (Mcintosh)（Dmc）
类群 I	12:00	2	8297	0.48	0.97	0.97	0.97	0.28
	i15:0	3	21544	0.66	1.57	0.99	1.57	0.42
	i16:0	3	15211	0.66	1.56	0.99	1.56	0.42
	17:00	2	6861	0.48	0.97	0.97	0.97	0.28
	i17:1 ω9c	2	8057	0.48	0.97	0.97	0.97	0.28
	11Me 18:1 ω7c	2	47793	0.50	0.99	0.99	0.99	0.29
	18:1 ω7c	3	56423	0.66	1.56	0.98	1.56	0.42
	cy19:0 ω8c	3	29612	0.67	1.58	1.00	1.58	0.42
	20:00	3	16147	0.63	1.51	0.95	1.51	0.40
	总和		209945.00	5.22	11.68	8.81	11.68	3.21
	平均值		23327.22	0.58	1.30	0.98	1.30	0.36
类群 II	14:00	4	17368	0.72	1.92	0.96	1.91	0.48
	a15:0	4	18830	0.73	1.93	0.97	1.93	0.48
	16:00	4	476648	0.72	1.91	0.95	1.91	0.47
	cy17:0	4	31004	0.72	1.89	0.94	1.89	0.47
	i17:0 3OH	4	519016	0.64	1.62	0.81	1.62	0.40
	18:00	4	68084	0.69	1.83	0.91	1.83	0.45
	i18:0	4	123760	0.66	1.70	0.85	1.70	0.42
	18:1 ω9c	4	577590	0.72	1.89	0.95	1.89	0.47
	18:3ω6c（6,9,12）	4	49479	0.67	1.75	0.87	1.75	0.42
	总和		1881779.00	6.27	16.44	8.21	16.43	4.06
	平均值		209086.56	0.70	1.83	0.91	1.83	0.45

类群 Ⅱ 包括了 9 条脂肪酸生物标记，它们是 14:00（细菌）、a15:0（耗氧细菌 G⁺）、16:00（假单胞杆菌 G⁻）、cy17:0（细菌 G⁻）、i17:0 3OH（细菌 G⁻）、18:00（氢杆菌属）、i18:0（细菌 G⁺）、18:1 $\omega 9c$（真菌）、18:3 $\omega 6c$（6,9,12）（真菌），其特征为：脂肪酸生物标记在垫料层次分布的层数多于类群 Ⅰ、脂肪酸总量的平均值大于类群 Ⅰ、香农指数的值大于类群 Ⅰ，特征脂肪酸生物标记在垫料的层次分布皆为 4 层，即完全分布，脂肪酸总量的平均值为 209086.56，香农指数（H）为 1.83。

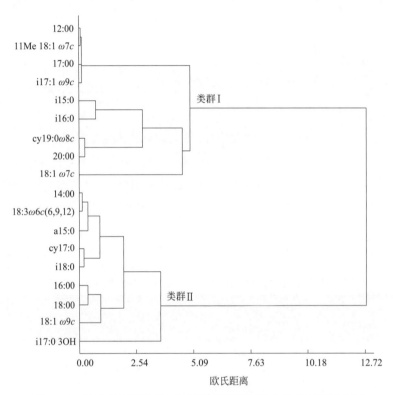

图7-142　猪舍垫料微生物初始亚群落的脂肪酸生物标记聚类分析

（2）过渡亚群落的脂肪酸生物标记分布特征（6 个月）　分析结果见表 7-36 和图 7-143。当欧氏距离为 71.11 时，可将 6 个月垫料的脂肪酸生物标记分为两个类群，这两个类群与 1 个月垫料的两个类群（初始亚群落）的分化比较有很大的差异，1 个月的垫料分布 2 层以上的脂肪酸生物标记共有 18 条，而 6 个月的垫料则有 23 条；此外，6 个月垫料两个类群的脂肪酸生物标记的组成存在很大差异。

① 类群 Ⅰ，包含了 15 条脂肪酸生物标记，它们是 14:00、a15:0、i15:0、16:00、i16:0、17:00、a17:0、cy17:0、i17:0、i17:0 3OH、i17:1 $\omega 9c$、18:00、18:1 $\omega 9c$、cy19:0 $\omega 8c$、20:00，其特征为脂肪酸生物标记在垫料中 4 层都有分布，脂肪酸总量的平均值较高，为 75805.33，香农指数（H）为 1.79。

② 类群 Ⅱ，包括了 8 条脂肪酸生物标记，它们是 i14:0、i15:0 3OH、a15:1、16:1 $\omega 9c$、10Me18:0、i18:0、18:1 $\omega 7c$、20:1 $\omega 9c$，其特征为脂肪酸生物标记在垫料分布以 2～3 层为主，脂肪酸总量的平均值、香农指数的值较类群 Ⅰ 小，脂肪酸总量平均值为 21851.88，香农指数（H）为 1.17。

表7-36　猪舍垫料微生物过渡亚群落的脂肪酸生物标记的特征

类别	脂肪酸生物标记	频次	总量	脂肪酸生物标记生态学指数				
				Simpson J	Shannon H	均匀度	Bridlouin	Mcintosh（Dmc）
类群 I	14:00	4	16329	0.70	1.84	0.92	1.84	0.46
	a15:0	4	75754	0.67	1.68	0.84	1.68	0.42
	i15:0	4	48174	0.66	1.70	0.85	1.70	0.42
	16:00	4	301588	0.72	1.92	0.96	1.92	0.47
	i16:0	4	69758	0.72	1.88	0.94	1.88	0.47
	17:00	4	13516	0.72	1.92	0.96	1.92	0.48
	a17:0	4	41721	0.71	1.85	0.93	1.85	0.46
	cy17:0	4	29739	0.70	1.82	0.91	1.82	0.45
	i17:0	4	20561	0.73	1.94	0.97	1.94	0.49
	i17:0 3OH	4	109821	0.41	1.17	0.59	1.17	0.23
	i17:1ω9c	4	17411	0.72	1.89	0.95	1.89	0.47
	18:00	4	44827	0.70	1.88	0.94	1.88	0.46
	18:1ω9c	4	290787	0.67	1.80	0.90	1.80	0.43
	cy19:0ω8c	4	44353	0.69	1.79	0.89	1.79	0.45
	20:00	4	12741	0.67	1.79	0.89	1.78	0.43
	总和		1137080	10.19	26.87	14.40	26.86	6.59
	平均值		75805.33	0.68	1.79	0.96	1.79	0.44
类群 II	i14:0	3	13738	0.65	1.56	0.98	1.56	0.42
	i15:0 3OH	2	4214	0.49	0.99	0.99	0.99	0.29
	a15:1	2	3967	0.50	1.00	1.00	1.00	0.30
	16:1ω9c	2	4181	0.48	0.98	0.98	0.98	0.29
	10Me18:0	2	13768	0.50	1.00	1.00	1.00	0.30
	i18:0	3	62304	0.35	0.93	0.59	0.93	0.19
	18:1ω7c	3	60524	0.66	1.58	1.00	1.58	0.42
	20:1ω9c	3	12119	0.52	1.28	0.81	1.28	0.31
	总和		174815	4.15	9.32	7.35	9.32	2.52
	平均值		21851.88	0.52	1.17	0.92	1.17	0.32

（3）稳定亚群落的脂肪酸生物标记分布特征（24个月）　分析结果见表7-37和图7-144。当欧氏距离为22.22时，可将24个月垫料脂肪酸生物标记分为3个类群。24个月垫料的亚群落特征与处理1个月和6个月的垫料亚群落特征比较有很大的差异，前者分化为3个类群，后二者只有2个类群，同时，这个处理分化的类群与处理1个月和6个月的垫料脂肪酸生物标记类群分化比较有很大的差异，处理1个月的垫料脂肪酸生物标记共有18条，处理6个月的则有23条，处理24个月的有25条；不同时间的猪舍垫料微生物亚群落的脂肪酸生物标记组成也有很大差异。

表7-37　猪舍垫料微生物稳定亚群落的脂肪酸生物标记的特征

类别	脂肪酸生物标记	频次	总量	脂肪酸生物标记生态学指数				
				Simpson J	Shannon H	均匀度	Brillouin	Mcintosh（Dmc）
类群Ⅰ	12:0 3OH	3	3377	0.64	1.53	0.96	1.53	0.41
	14:00	4	23456	0.49	1.38	0.69	1.38	0.29
	a15:0	4	100823	0.54	1.50	0.75	1.49	0.32
	i15:0	4	81562	0.62	1.69	0.84	1.69	0.39
	i15:0 3OH	3	9464	0.62	1.48	0.93	1.48	0.39
	16:00	4	285823	0.55	1.50	0.75	1.50	0.33
	a16:0	2	2231	0.46	0.94	0.94	0.94	0.27
	16:1ω5c	3	12331	0.53	1.29	0.81	1.29	0.32
	17:1ω8c	2	9501	0.26	0.62	0.62	0.62	0.14
	i18:0	3	10311	0.62	1.46	0.92	1.46	0.38
	18:1ω7c	4	112530	0.41	1.18	0.59	1.18	0.23
	18:1ω9c	4	257193	0.53	1.47	0.73	1.47	0.32
	总和		908602	6.27	16.04	9.53	16.03	3.79
	平均值		75716.83	0.52	1.34	0.79	1.34	0.32
类群Ⅱ	i14:0	4	13712	0.60	1.63	0.82	1.63	0.37
	i16:0	4	66618	0.74	1.97	0.99	1.97	0.49
	17:00	4	16642	0.60	1.62	0.81	1.62	0.37
	a17:0	4	54440	0.74	1.97	0.98	1.97	0.49
	cy17:0	4	14413	0.66	1.78	0.89	1.78	0.42
	i17:0	4	39425	0.74	1.96	0.98	1.96	0.49
	18:00	4	63328	0.65	1.74	0.87	1.74	0.41
	cy19:0 ω8c	4	22552	0.71	1.89	0.95	1.89	0.47
	总和		291130	5.44	14.56	7.29	14.56	3.51
	平均值		36391.25	0.68	1.82	0.91	1.82	0.44
类群Ⅲ	15:0 3OH	3	7709	0.65	1.54	0.97	1.54	0.41
	10Me16:0	3	21889	0.66	1.58	0.99	1.58	0.42
	16:0 3OH	3	12805	0.59	1.38	0.87	1.38	0.36
	10Me17:0	3	4107	0.66	1.57	0.99	1.57	0.42
	10Me 18:0	3	24659	0.59	1.41	0.89	1.41	0.36
	总和		71169	3.15	7.48	4.71	7.48	1.97
	平均值		23723.00	1.05	2.49	1.57	2.49	0.66

① 类群Ⅰ，包含了12条脂肪酸生物标记，它们是12:0 3OH、14:00、a15:0、i15:0、i15:0 3OH、16:00、a16:0、16:1 ω5c、17:1 ω8c、i18:0、18:1 ω7c、18:1 ω9c，其特征为脂肪酸生物标记分布在垫料的2～4层次，脂肪酸总量的平均值较高，为75716.83，香农指数（H）为1.34。

② 类群Ⅱ，包括了8条脂肪酸生物标记，它们是i14:0、i16:0、17:00、a17:0、cy17:0、i17:0、18:00、cy19:0 ω8c，其特征为脂肪酸生物标记分布在垫料的4个层次，脂肪酸总量的平均值较类群Ⅰ小，脂肪酸总量的平均值为36391.25，香农指数（H）为1.82。

③类群Ⅲ，包括了5条脂肪酸生物标记，它们是15:0 3OH、10Me 16:0、16:0 3OH、10Me 17:0、10Me 18:0，其特征为脂肪酸生物标记在垫料分布以3个层次为主，脂肪酸总量

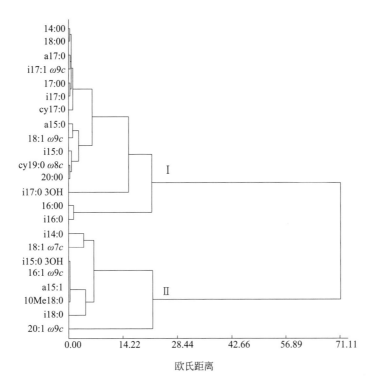

图7-143　猪舍垫料微生物过渡亚群落的脂肪酸生物标记聚类分析

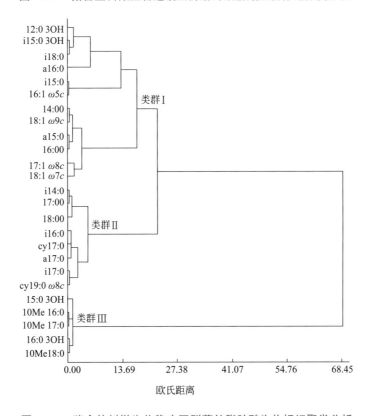

图7-144　猪舍垫料微生物稳定亚群落的脂肪酸生物标记聚类分析

的平均值较类群Ⅰ和类群Ⅱ小，而香农指数的值较类群Ⅰ和类群Ⅱ大，脂肪酸总量的平均值为 23723.00，香农指数（H）为 2.49。

7. 讨论

Klamer 和 Bååth（1998）的研究指出，脂肪酸含量与其所指示的微生物量相对应，脂肪酸含量的增减能很好地反映微生物种群的兴衰，因此通过磷脂脂肪酸方法可以对微生物进行定性和定量描述。研究应用 PLFA 法分析不同处理时间猪舍垫料微生物的种群结构，检测出从 C_{11} 到 C_{20} 共 40 个脂肪酸生物标记。其含量和分布在不同处理时间和不同层次的垫料中有明显差异。如指示革兰阴性细菌的脂肪酸生物标记 i17:0 3OH，在 1 个月的垫料中分布最多，在 24 个月的垫料中，除第 3 层有少量分布外，其余各层次均无分布，说明脂肪酸生物标记 i17:0 3OH 所指示的那类革兰阴性菌在 24 个月的垫料中已经衰亡或不存在，这也揭示了这类革兰阴性菌对营养需求的敏感性。而指示真菌的脂肪酸生物标记 18:1 $\omega 9c$，在新、旧垫层中分布量相当，说明脂肪酸生物标记 18:1 $\omega 9c$ 所指示的真菌对营养需求的敏感性较低或更能适应逆境条件，这与白震等（2007）认为真菌对养分的依赖性小于细菌的结论相一致。王曙光和侯彦林（2004）在研究尿素肥斑扩散对土壤微生物群落结构的影响时，也得出真菌抗、耐逆境能力强的结论。

猪舍生物发酵是一个复杂的生物化学过程，而此过程是通过垫料微生物群落的演替来完成的，在该过程中，每一个微生物群落在一定的时间有适合自身生长繁殖的条件，对某一种或某一类特定物质的降解起作用（Diaz-Ravina and Bååth，1996）。研究发现，不同时间处理的猪舍垫料微生物群落结构不同，即存在亚群落的分化。其中初始亚群落（1 个月的垫料）主要以革兰阴性菌为优势菌，在过渡亚群落（6 个月的垫料）中革兰阴性菌和革兰阳性菌含量相当，而稳定亚群落（24 个月的垫料）中则以革兰阳性菌为优势菌，这表明不同的微生物发酵阶段，有着不同的微生物组成，以适应猪舍垫料环境的变化。因此，可以通过不同时间垫料中 G^+/G^- 比值的大小来判别生物发酵的进程和作为垫料利用的一个指标值（刘波等，2008）。

微生物发酵舍在分解猪粪的过程中，垫层在 1 个月内建立起的微生物初始亚群落，对猪粪具有较高的分解能力，微生物初始亚群落脂肪酸生物标记的结构特征指示亚群落的特性；垫层在 6 个月左右建立起微生物过渡亚群落，是猪粪分解微生物分解能力旺盛、效率稳定的时期，该时期持续的时间较长；垫层在 24 个月左右建立起微生物稳定亚群落，该时期微生物对猪粪的分解能力下降，是研究垫层更换的微生物指标的关键时期。微生物发酵舍垫层中微生物亚群落的研究，为确定猪粪发酵过程中的微生物群落指标提供了理论基础。

三、基于脂肪酸分析的大栏养猪发酵床微生物群落结构的空间分布

1. 概述

微生物发酵床养猪的核心技术是利用其形成的有益功能微生物种群，长期和持续稳定地将猪粪尿进行降解。因此，研究发酵床的微生物群落结构对于揭示发酵床对猪粪尿的降解、转化规律等具有重要意义（Tam and Vrijmoed，1993）。赵国华等（2015）研究发酵床养猪模

式下不同使用年限微生物群落的变化，利用微生物分离结合 16S rDNA 分子生物学鉴定对发酵床微生物群落进行分析；张学锋等（2013）利用微生物分离结合 16S rDNA 研究了不同层次垫料对养猪土著微生物发酵床稳定期微生物菌群的影响；李娟等（2014）进行了鸡发酵床不同垫料理化性质及微生物菌群变化规律研究。笔者前期研究中利用磷脂脂肪酸生物标记分析了不同使用时间发酵床微生物群落结构的动态变化规律（郑雪芳等，2009）。然而，目前关于发酵床微生物群落结构空间分布未见报道。

微生物群落的研究通常采用传统的分离培养法，但是许多功能微生物都处于存活不可培养状态（Amann et al.，1995，McCarthy and Murray，1996）。磷脂脂肪酸（phospholipid fatty acid，PLFA）图谱分析是近几年来发展起来的研究微生物群落结构的一种新方法，它可定量分析微生物群落的生物量和群落结构（Boschker and Middelburg，2002；Techtmann et al.，2015）。以下的研究是利用 PLFA 法研究大栏养猪发酵床微生物群落的空间分布特性，寻找其变化规律，为微生物发酵床大栏养殖提供理论依据。

2．研究方法

（1）取样　试验地点位于福清渔溪现代设施农业样本工程示范基地的微生物发酵床大栏养猪舍，发酵床面积 1617 m²（33 m×49 m），深度为 80 cm，使用时间为 1 年，发酵床垫料由谷壳 30%、椰糠 70% 构成（即谷壳与椰糠的体积比为 3：7）。饲养密度为 1 头 /m²。取样方法：将整个发酵床划分为 5 个不同的区域 A、B、C、D 和 E，每个区域再划分为 3 个层次，即第一层（L1）0 ～ 25 cm、第二层（L2）25 ～ 50 cm、第三层（L3）50 ～ 75 cm（图 7-145），每个区域的每层取样方法为五点取样，每层的样本充分混合后取出小样（10 g），进行脂肪酸生物标记分析，每个小样设 3 个重复。

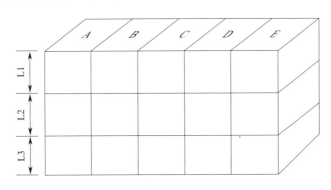

图7-145　微生物发酵床样本采集示意

（2）PLFA 分析方法
PLFA 的提取、分析方法同二、2. 相关内容。
（3）数据统计与分析
① 磷脂脂肪酸（PLFA）生物标记的识别　不同 PLFA 指示不同类群的微生物，一些饱和或单不饱和脂肪酸代表细菌生物量，其中支链磷脂脂肪酸常见于革兰阳性细菌如 i11:0、a12:0、i12:0、a13:0、i13:00 等（Zelles et al.，1997）；环化脂肪酸和单烯不饱和脂肪酸在革兰阴性细菌中占比高，如 cy17:0、cy19:0 ω8c、10:0 3OH、11:0 3OH、16:0 2OH 等（Hamman

et al.，2007；Breulmann et al.，2014；Eo et al.，2015）；18:1 $\omega9c$、18:3 $\omega6,9,12$ 等多烯脂肪酸为真核生物所独有，其总和可指示真菌生物量（Ruess and Chamberlain，2010）；指示放线菌的脂肪酸有 10Me16:0、10Me17:0 和 10Me18:0（Moche et al.，2015）。

② 微生物群落多样性指数分析　引入群落生态学丰富度指数 Shannon-Wiener、多样性指数 Simpson 和均匀度指数 Pielou，分析发酵床不同空间垫料微生物群落的多样性。按照计算物种指数的方法计算各指数值（Garland and Mills，1991）。

③ 聚类分析　采用 DPS 软件，以供试样品的 PLFA 为样本，进行单因子方差分析，构建矩阵，以兰氏距离为聚类尺度，用类平均法进行系统聚类，分析发酵床不同空间微生物种群动态。

④ 采用 DPS 软件中多元统计分析中的主成分分析（principal component analysis， PCA）方法，主要包括数据求协方差矩阵，计算特征方程中所有特征值，并根据特征值累积比例确定主成分的数量，计算主成分载荷值和主成分得分，进行一级主成分评分等。主成分分析过程采用 DPS 软件的相关模块进行处理，具体步骤参见文献唐启义和冯明光（2002）。

3．发酵床不同空间垫料微生物PLFA测定

微生物发酵床不同空间垫料共检测到 57 个脂肪酸生物标记（表7-38），不同的生物标记代表着不同类型的微生物。脂肪酸生物标记 15:00、17:00、a15:0、16:1 $\omega9c$、10Me18:0、18:1 $\omega9c$ 和 20:1 $\omega9c$ 在各样本中均有分布，属完全分布类型；10:00、11:00、20:4 $\omega6$，9，12，15c 等其余 50 种脂肪酸生物标记只在发酵床特定空间分布，为不完全分布；a12:0、i17:1 $\omega10c$、18:3 $\omega6,9,12$ 和 20:1 $\omega7c$ 只在发酵床的 A 区分布，17:1 $\omega6$ 只在发酵床的 B 区分布，16:0 3OH 只在发酵床的 B 区表层分布，15:0 3OH 和 16:0 2OH 只在发酵床的 E 区表层分布。A 区 PLFA 种类最少，其 L1、L2 和 L3 层分别为 17 种、12 种和 16 种，B 区 PLFA 种类最多，其 L1、L2 和 L3 层分别为 45 种、45 种和 44 种。

表7-38　发酵床不同空间垫料磷脂脂肪酸生物标记类型及含量（平均值）

脂肪酸生物标记	物种	A区			B区			C区		
		第一层	第二层	第三层	第一层	第二层	第三层	第一层	第二层	第三层
10:00	A	0.00	0.00	0.00	1.77	1.69	1.99	1.17	0.90	1.01
11:00	A	0.00	0.00	0.00	1.21	0.77	0.67	0.48	0.29	0.28
12:00	A	0.00	0.00	0.00	9.12	8.59	10.12	8.74	4.85	4.46
13:00	A	0.00	0.00	0.00	2.40	2.07	2.23	1.52	0.91	0.63
14:00	A	0.00	0.00	0.00	38.33	32.58	34.77	22.11	15.53	9.11
15:00	A	0.80	0.30	0.15	29.53	25.04	27.98	18.95	12.89	7.76
16:00	A	0.83	0.00	0.00	271.53	237.91	273.12	201.59	136.13	87.02
17:00	A	4.52	1.45	1.33	9.59	8.21	10.45	11.24	8.48	5.45
18:00	A	0.00	0.00	0.00	39.07	35.09	41.91	55.62	34.72	25.73
19:00	A	0.00	0.00	0.00	0.61	0.43	0.58	1.00	0.55	0.44
20:00	A	0.00	0.00	0.00	2.17	1.87	2.38	2.94	1.65	2.95
10:0 3OH	B	0.00	0.00	0.00	0.19	0.23	0.00	0.24	0.53	0.00
11:0 3OH	B	0.33	0.00	0.00	0.36	0.41	0.36	0.64	0.62	0.33
i11:0	C	0.00	0.00	0.00	0.48	0.47	0.61	0.37	0.30	0.46

脂肪酸生物标记	物种	A区			B区			C区		
		第一层	第二层	第三层	第一层	第二层	第三层	第一层	第二层	第三层
i11:0 3OH	B	0.00	0.00	0.00	0.20	0.15	0.19	0.48	0.89	0.43
12:0 3OH	B	0.00	0.00	0.00	0.93	0.92	0.58	0.33	0.47	0.00
a12:0	C	0.35	0.00	0.57	0.00	0.00	0.00	0.00	0.00	0.00
i12:0	C	0.00	0.00	0.00	0.78	0.74	0.85	0.62	0.56	0.36
a13:0	C	0.00	0.00	0.00	2.05	2.27	2.12	1.43	1.00	0.82
i13:0	C	0.00	0.00	0.00	2.87	2.57	2.87	1.85	1.46	0.93
a14:0	C	0.00	0.52	0.72	0.87	1.42	0.86	0.37	0.76	1.46
i14:0	C	0.00	0.00	0.00	18.69	16.34	18.63	11.48	11.11	7.65
14:1 $\omega5c$	B	0.00	0.00	0.00	0.67	0.98	0.75	0.00	0.36	0.40
15:0 3OH	D	0.00	0.00	0.00	0.00	0.00	0.00	0.00	0.00	0.00
a15:0	C	0.26	0.50	0.58	89.06	75.92	88.11	69.65	52.00	32.14
i15:0	C	0.00	0.00	0.00	98.19	84.02	94.24	62.14	43.80	25.80
i15:0 3OH	C	0.00	0.00	0.00	0.00	0.35	0.00	0.32	0.51	0.00
15:1 $\omega6c$	B	0.00	0.00	0.00	1.36	1.15	1.37	1.68	0.73	0.00
16:0 2OH	B	0.00	0.00	0.00	0.00	0.00	0.00	0.00	0.00	0.00
16:0 3OH	B	0.00	0.00	0.00	6.10	0.00	0.00	0.00	0.00	0.00
a16:0	C	2.22	3.02	2.97	0.00	1.76	1.62	1.88	1.01	2.68
i16:0	C	0.00	0.00	0.00	46.05	38.66	43.39	34.26	24.00	18.40
16:1 $\omega5c$	B	0.00	0.00	0.00	6.72	6.67	8.49	4.79	2.48	2.04
16:1 $\omega9c$	B	27.64	17.81	12.26	6.93	7.36	7.54	4.93	2.18	1.17
10 Me17:0	E	0.00	0.00	0.00	0.00	0.00	2.78	4.51	1.51	2.34
a17:0	C	0.00	0.00	0.00	15.54	12.16	14.70	14.37	11.92	11.68
cy17:0	B	0.00	0.00	0.00	5.38	4.62	11.73	11.16	8.42	6.07
i17:0	C	0.00	0.00	0.00	15.59	11.38	13.34	11.03	9.13	6.92
17:1 $\omega9c$	B	0.00	0.00	0.00	4.71	1.76	2.48	1.06	0.77	0.53
i17:1 $\omega10c$	B	31.50	12.35	10.19	0.00	0.00	0.00	0.00	0.00	0.00
i17:1 $\omega5c$	F	2.93	0.00	1.61	0.00	0.00	0.00	0.00	0.00	0.00
17:1 $\omega5$	F	0.67	0.00	0.00	5.75	4.11	0.00	0.00	0.00	0.00
17:1 $\omega6$	F	0.00	0.00	0.00	7.11	6.29	7.85	0.00	0.00	0.00
17:1 $\omega8c$	B	0.00	0.00	0.00	0.00	0.00	0.00	6.00	5.58	2.23
17:1 $\omega9c$	B	0.00	0.00	0.00	15.59	11.38	13.34	0.00	0.00	0.00
10Me18:0	E	5.14	3.19	6.00	7.44	3.66	5.62	4.22	3.13	3.01
i18:0	C	0.00	0.00	0.00	0.00	0.00	0.00	9.90	1.35	1.19
18:1 $\omega5c$	B	0.00	0.00	0.00	1.18	0.95	1.16	0.00	0.00	0.00
11Me 18:1 $\omega7c$	C	0.00	0.00	0.40	0.21	0.33	0.62	0.21	0.65	1.32
18:1 $\omega9c$	G	33.35	21.08	21.40	196.06	175.05	205.29	167.88	109.72	59.97
18:3 $\omega6,9,12c$	G	11.35	10.90	5.03	0.00	0.00	0.00	0.00	0.00	0.00
cy19:0 $\omega8c$	B	0.00	0.00	0.00	6.34	5.49	7.74	8.77	6.34	6.97
i19:0	C	0.00	0.00	0.00	1.05	1.60	1.84	1.55	1.04	0.86
20:1 $\omega7c$	B	1.15	1.15	0.80	0.00	0.00	0.00	0.00	0.00	0.00
20:1 $\omega9c$	B	2.67	2.62	1.73	3.32	3.70	3.93	2.46	2.26	1.58
20:2 $\omega6，9c$	H	3.35	0.00	1.56	1.49	0.00	1.58	0.00	0.00	0.00
20:4 $\omega6,9,12,15c$	H	0.00	0.00	0.00	0.88	0.83	1.57	2.02	0.74	0.60

脂肪酸生物标记	物种	D区			E区		
		第一层	第二层	第三层	第一层	第二层	第三层
10:00	A	2.82	2.07	1.79	1.58	1.20	1.12
11:00	A	1.45	0.73	1.01	0.65	0.42	0.30
12:00	A	14.29	15.71	8.06	7.85	6.62	7.77
13:00	A	3.63	2.38	1.95	1.51	1.24	1.10
14:00	A	55.50	36.64	25.41	21.91	19.27	18.41
15:00	A	39.69	26.61	23.58	19.68	17.20	16.61
16:00	A	373.58	222.58	200.77	224.94	184.16	177.57
17:00	A	15.79	11.20	9.82	15.31	10.76	11.93
18:00	A	54.97	35.94	41.16	60.46	48.64	55.52
19:00	A	2.56	0.76	0.68	1.99	0.77	1.05
20:00	A	2.83	2.08	2.09	4.95	3.57	3.96
10:0 3OH	B	0.86	0.42	0.17	0.55	0.00	0.49
11:0 3OH	B	0.39	0.66	0.24	0.96	0.53	1.08
i11:0	C	0.69	0.54	0.69	0.55	0.41	0.53
i11:0 3OH	B	0.12	0.12	0.00	1.79	0.51	1.08
12:0 3OH	B	1.36	1.05	0.82	1.13	0.47	0.53
a12:0	C	0.00	0.00	0.00	0.00	0.00	0.00
i12:0	C	1.35	0.87	0.73	0.81	0.66	0.76
a13:0	C	3.17	2.81	1.42	2.16	1.45	0.00
i13:0	C	4.77	3.04	2.31	2.48	1.87	1.72
a14:0	C	2.54	2.97	0.82	0.00	1.08	3.41
i14:0	C	29.28	18.07	15.58	14.83	10.51	13.00
14:1 $\omega5c$	B	0.78	1.51	0.86	0.57	0.46	1.54
15:0 3OH	D	0.00	0.00	0.00	1.05	0.00	0.00
a15:0	C	125.40	85.44	69.15	77.40	62.94	69.62
i15:0	C	136.22	84.79	70.10	74.42	55.03	62.80
i15:0 3OH	C	0.00	0.00	0.00	1.19	0.00	0.71
15:1 $\omega6c$	B	0.00	0.00	1.23	0.00	0.00	0.00
16:0 2OH	B	0.00	0.00	0.00	2.02	0.00	0.00
16:0 3OH	B	0.00	0.00	0.00	0.00	0.00	0.00
a16:0	C	0.00	0.00	0.00	5.63	1.51	4.41
i16:0	C	0.00	0.00	0.00	35.88	30.51	30.94
16:1 $\omega5c$	B	10.86	5.55	5.27	4.57	3.25	3.47
16:1 $\omega9c$	B	7.59	5.51	4.58	4.31	3.85	2.45
10 Me17:0	E	0.00	2.32	2.88	8.53	4.18	3.94
a17:0	C	21.71	15.39	12.77	25.86	16.30	19.49
cy17:0	B	7.56	7.52	12.21	13.86	10.79	9.94
i17:0	C	21.72	17.13	12.92	17.45	13.13	16.26
17:1 $\omega9c$	B	6.58	5.17	2.79	0.00	1.24	1.36
i17:1 $\omega10c$	B	0.00	0.00	0.00	0.00	0.00	0.00
i17:1 $\omega5c$	F	0.00	0.00	0.00	0.00	0.00	0.00

脂肪酸生物标记	物种	D区			E区		
		第一层	第二层	第三层	第一层	第二层	第三层
17:1 ω5	F	0.00	0.00	0.00	0.00	0.00	0.00
17:1 ω6	F	0.00	0.00	0.00	0.00	0.00	0.00
17:1 ω8c	B	8.83	6.59	0.00	10.10	6.83	7.96
17:1 ω9c	B	8.84	8.19	6.15	0.00	0.00	0.00
10Me18:0	E	33.65	9.51	5.95	8.45	4.73	6.18
i18:0	C	0.00	0.00	0.00	9.18	8.90	5.95
18:1 ω5c	B	2.46	0.52	1.35	0.00	0.00	0.00
11Me 18:1 ω7c	C	0.00	0.00	0.00	2.24	0.28	1.48
18:1 ω9c	G	286.83	169.27	157.30	187.87	147.60	148.33
18:3 ω6,9,12c	G	0.00	0.00	0.00	0.00	0.00	0.00
cy19:0 ω8c	B	8.24	5.15	7.84	14.13	9.05	8.89
i19:0	C	10.90	1.17	2.58	3.70	1.86	2.31
20:1 ω7c	B	0.00	0.00	0.00	0.00	0.00	0.00
20:1 ω9c	B	4.91	4.61	4.10	0.00	2.23	2.68
20:2 ω6,9c	H	0.00	0.00	0.00	0.00	0.00	0.00
20:4 ω6,9,12,15c	H	0.97	0.79	0.95	2.03	2.48	1.18

注：A代表细菌；B代表细菌G⁻；C代表细菌G⁺；D代表好氧菌；E代表放线菌；F代表硫还原菌；G代表真菌；H代表原生生物。

4. 发酵床不同空间垫料微生物生物量特征

由表7-39可以看出，微生物发酵床不同空间垫料细菌、真菌、放线菌、革兰阳性细菌、革兰阴性细菌和总PLFA含量差异显著，D区表层最大，分布量分别为994.24nmol/g、286.83nmol/g、33.65nmol/g、357.75nmol/g、69.38nmol/g和1315.70nmol/g，均显著高于其他空间；A区各层次垫料细菌、真菌、革兰阳性细菌和总PLFA含量均显著低于其他区域；细菌、真菌和放线菌在各个不同空间垫料分布量均为细菌＞真菌＞放线菌。

表7-39　微生物发酵床不同空间垫料特征微生物PLFA含量（平均值±标准差）

样本		PLFA含量/（nmol/g）					
		细菌	真菌	放线菌	G⁺	G⁻	总PLFA
A区	L1	75.87±3.45 i	44.70±2.98 i	5.14±0.22gh	2.83±0.09j	63.29±1.90 ab	129.08±10.08 j
	L2	39.72±3.44 j	31.98±9.38 j	3.19±0.23 j	4.04±0.16 j	33.93±2.59 hi	74.90±1.45 k
	L3	33.31±4.23 j	26.43±1.09 j	6.00±0.18 g	5.24±0.32 j	24.98±4.50 j	67.32±3.66 k
B区	L1	769.60±9.28 b	196.06±5.74 bc	7.44±0.30 f	291.43±8.25 b	59.98±5.39 bc	975.51±7.81 b
	L2	660.41±8.41 cd	175.05±1.80 d	3.66±0.54 ij	249.99±11.31 d	45.77±3.30 f	839.91±11.09 d
	L3	757.51±17.31 b	205.29±4.86 b	8.40±0.32 ef	283.80±14.83bc	59.66±3.54 bc	974.37±13.02 b
C区	L1	589.33±7.20 e	167.88±10.50de	8.73±0.39 e	221.43±7.05 e	42.545±5.80 fg	767.94±25.02 e
	L2	409.13±19.02 g	109.72±9.12 g	4.64±0.54 hi	160.60±4.48 h	31.63±1.13 i	524.22±3.90 h
	L3	279.26±10.06 h	59.97±4.54 h	5.35±0.25 gh	112.67±6.53 i	21.75±3.61 j	345.19±16.00 i
D区	L1	994.24±8.36 a	286.83±12.11 a	33.65±1.56 a	357.75±10.86 a	69.38±2.27 a	1315.70±13.26a
	L2	641.49±2.37 d	169.27±9.61 de	11.83±1.66 c	232.22±1.94 e	52.57±4.23 de	823.34±11.85 d
	L3	553.00±10.40 f	157.30±6.10 ef	8.83±0.70 e	189.07±2.78 g	47.61±1.56ef	720.08±9.61fg

续表

样本		PLFA含量/（nmol/g）					
		细菌	真菌	放线菌	G⁺	G⁻	总PLFA
E区	L1	689.65±21.87 c	187.87±8.95 c	16.98±1.01 b	273.78±4.97 c	53.99±2.84 cd	896.54±21.72 c
	L2	539.50±10.98 f	147.60±5.22 f	8.91±0.72de	206.44±4.54 f	39.21±6.91 gh	698.48±19.89 g
	L3	570.20±8.18 ef	148.33±5.15 f	10.12±0.80 d	233.39±14.47 e	41.47±1.76 fg	729.84±19.96 f

注：同列数值后不同小写字母表示差异显著（$P < 0.05$）。下同。

　　真菌和细菌的比值可反映真菌和细菌生物量的变化及两种微生物的相对丰度（于树等，2008）。Kieft 等（1994）认为，G⁺菌对环境适应能力极强，而 G⁻菌适应能力较差；Marschner 等（2003）也认为 G⁺菌的竞争力显著强于 G⁻菌。由图 7-146 可见，A 区各层次真菌/细菌值极显著高于其他区域（$P < 0.01$），而 G⁺/G⁻值则极显著低于其他区域（$P < 0.01$）。B、C、D 和 E 各区域和各层次之间的真菌/细菌值和 G⁺/G⁻值无显著差异。

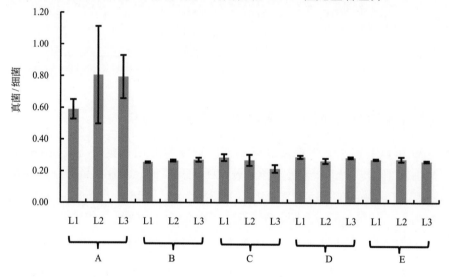

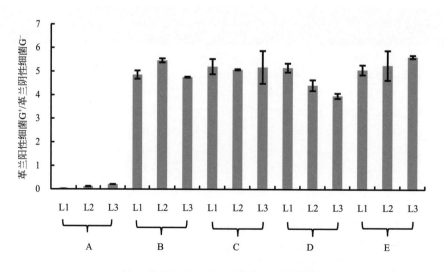

图7-146　微生物发酵床不同空间垫料真菌/细菌和G⁺/G⁻值

5．发酵床不同空间微生物群落多样性分析

发酵床不同区域不同层次的垫料的 Simpson 指数、Shannon 指数和 Pielou 指数均呈显著差异（表 7-40），Simpson 指数和 Shannon 指数最大值均出现在 C 区 L3 层，分别是 0.8813 和 3.7779，C 区 L3 层的 Pielou 指数较大为 0.7099，仅次于 A 区 L2 层（0.7598）和 A 区 L3 层（0.7511）。A 区 3 个层次（L1、L2 和 L3）的 Simpson 指数和 Shannon 指数小于其他区域，Pielou 指数大于其他区域，其中 A 区 L1 和 L2 的 Simpson 指数最小，为 0.8214，A 区 L2 的 Shannon 指数最小，为 2.7237，A 区 L2 的 Pielou 指数最大，为 0.7598。

表7-40 发酵床不同空间微生物群落多样性指数（平均值±标准差）

样本		脂肪酸生物标记生态学指数		
		Simpson指数	Shannon指数	Pielou指数
A区	L1	0.8214±0.0002 f	2.8730±0.0020 k	0.7029±0.0007 d
	L2	0.8214±0.0004 f	2.7237±0.0005 l	0.7598±0.0008 a
	L3	0.8371±0.0009 e	3.0042±0.0003 j	0.7511±0.0003 b
B区	L1	0.8565±0.0009 c	3.5597±0.0004 f	0.6482±0.0008 h
	L2	0.8514±0.0007 d	3.5081±0.0006 h	0.6388±0.0004 i
	L3	0.8527±0.0010 d	3.5294±0.0005 g	0.6465±0.0005 h
C区	L1	0.8591±0.0002 c	3.5622±0.0004 f	0.6565±0.0007 g
	L2	0.8633±0.0003 c	3.5873±0.0002 e	0.6571±0.0003 g
	L3	0.8813±0.0006 a	3.7779±0.0007 a	0.7099±0.0003 c
D区	L1	0.8459±0.0009 d	3.4311±0.0001 k	0.6492±0.0006 h
	L2	0.8569±0.0004 c	3.5286±0.0004 g	0.6630±0.0008 g
	L3	0.8493±0.0006 d	3.4578±0.0001 i	0.6542±0.0002 h
E区	L1	0.8696±0.0004 b	3.7017±0.0002 b	0.6865±0.0005 e
	L2	0.8623±0.0005 c	3.6013±0.0003 d	0.6722±0.0003 f
	L3	0.8727±0.0007 b	3.6940±0.0004 c	0.6850±0.0006 e

6．基于PLFA发酵床不同空间垫料群落结构的聚类分析

发酵床不同空间垫料聚类结果如图 7-147 所示，当兰氏距离为 117.1 时，可将不同空间垫料聚为两个类群，A 区 3 个层次的垫料聚在一个类群（类群Ⅰ），其他区域各层次聚在另一类群中（类群Ⅱ）；当兰氏距离为 23.4 时可将类群Ⅱ细分为 2 个亚类群，B 和 D 在一个亚类群，C 和 E 聚在同一亚类群中，相同区域不同层次样本均在同一类群中。由此可见，发酵床垫料 PLFA 分布与区域性关系更为密切。

7．基于PLFA发酵床不同空间垫料群落结构的主成分分析

基于 PLFA 发酵床不同空间垫料经主成分分析得出，主成分 1（PC1）贡献率为 52.08%，主成分 2（PC2）贡献率为 72.26%，PC1 和 PC2 基本能将发酵床不同空间垫料样本区分出来（图 7-148）。A 区 3 个不同层次垫料样本归在一类群；D 区和 B 区的 3 个不同层次垫料样本归在

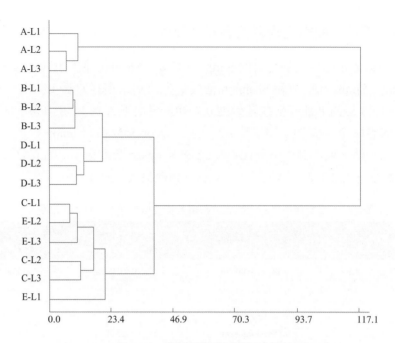

图7-147　微生物发酵床群落结构空间分布的聚类分析

一类群；C 区和 E 区的 3 个不同层次垫料样本归在一类群；A 区的 3 个不同层次垫料微生物种群与 PC1 和 PC2 均呈负相关；E 区 3 个不同层次垫料微生物种群与 PC1 和 PC2 均呈正相关；D 区和 B 区的 3 个不同层次垫料微生物种群与 PC1 呈正相关，与 PC2 均呈负相关；C 区垫料表层微生物与 PC1 和 PC2 呈正相关，中间层和底层与 PC1 呈负相关、与 PC2 均呈正相关。

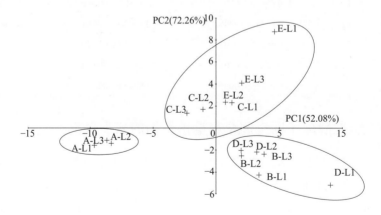

图7-148　微生物发酵床群落结构空间分布的主成分分析

8. 讨论

微生物发酵床是通过垫料微生物群落来完成对猪粪尿的降解。然而，目前关于发酵床与微生物群落的密切相关性还知之甚少。Bardgett 等（1996）认为土壤中磷脂脂肪酸的组成可以表示土壤微生物群落的组成和结构。Stegera 等（2003）的研究指出，脂肪酸量的增减能很好地反映微生物种群的兴衰。以上的研究利用磷脂脂肪酸生物标记技术研究发酵床微生物群落空间分布特性，以期探明发酵床对猪粪的降解机理。发酵床不同空间垫料共检测出$C_{10} \sim C_{20}$共 57 个脂肪酸生物标记，表明发酵床存在丰富的微生物种类，研究结果与刘波等（2016）对发酵床进行宏基因组分析的结果相吻合。研究发现，发酵床不同空间垫料 PLFA 的种类和含量都不同，A 区各层垫料检测的 PLFA 种类最少，B 区各层垫料中 PLFA 种类最多。D 区表层垫料细菌、真菌、放线菌、革兰阳性细菌、革兰阴性细菌和总 PLFA 含量明显高于其他区域。此外，各个区域表层（L1）PLFA 种类和数量高于中间层（L2）和底层（L3），说明发酵床表层微生物种类最多、分布数量最大，可能是因为：①表层直接接触新鲜猪粪尿，粪尿输入提供营养，促进微生物生长；②中间层和底层温度高，可达 $60 \sim 70$℃，高温杀死了一部分微生物，从而导致中间层和底层微生物种类和数量低于表层。张学峰等（2013）研究表明，发酵床从 $30 \sim 70$ cm 垫料中微生物数量依次降低，认为其原因是不同深度垫料的温度、含氧量、微生物分解原材料等综合作用的结果。

G^+ 细菌和 G^- 细菌是生态系统中细菌的重要组成部分。Merilä 等（2010）认为，革兰阳性细菌能够适应条件较差的环境，且资源有限的情况下更擅长竞争资源，而革兰阴性细菌的生存更依赖环境提供新鲜的有机物。Saetre 和 Bååth（2000）同样认为较高比例的革兰阳性细菌 G^+ 是环境从富营养到寡营养转变的一种表现。笔者前期对不同使用时间垫料微生物群落结构的研究发现，使用时间为 1 个月的垫料，主要以革兰阴性菌为优势菌，形成的群落结构为初始群落；使用时间为 6 个月的垫料中革兰阴性菌和革兰阳性菌含量相当，为过渡型群落；而使用时间为 24 个月的垫料则以革兰阳性菌为优势菌，为稳定型群落。研究发现，A 区垫料的 $G^+/G^- < 1$，革兰阴性菌为优势菌，为初始群落；而发酵床 B、C、D 和 E 区垫料的 $G^+/G^- > 1$，说明这些区域革兰阳性细菌分布量大于革兰阴性细菌，发酵床已形成稳定的群落结构，此外也预示着这些区域垫料的营养条件下降，可以考虑补充新鲜的垫料。

多样性指数对于评价微生物群落多样性是非常有效的，高的多样性指数表明高的微生物群落多样性。Simpson 指数反映群落中常见物种数量，Shannon 指数反映群落中物种的丰富度，Pielou 指数反映群落中各物种分布的均匀度。研究显示，Simpson 指数、Shannon 指数和 Pielou 指数在发酵床不同区域，甚至同一区域不同层次均存在显著差异，表明随着发酵床微生态系统的确立，由于不同空间区域小环境不同造成微生物群落结构的空间异质性，如一些微生物种类适应在垫料表层环境生存，而另一些微生物种类则能适应或忍耐垫料深层次高温环境而存在于这个生态系统中。发酵床 A 区的 Pielou 指数大于其他区域，而 Simpson 指数和 Shannon 指数小于其他区域，说明该区域垫料中微生物种类少，分布量低，但分布均匀，与 PLFA 测定结果相吻合，即 A 区 PLFA 种类最少，其 L1、L2 和 L3 层分别为 17 种、12 种和 16 种，远低于其他区域（一般超过 40 种）。

聚类分析和主成分分析均显示发酵床垫料微生物群落与区域性关系较层次性更为密切。A 区 3 个层次垫料样本单独归一类群，B 区和 D 区样本划分为一类，C 区和 E 区样本归为另一类群中，说明 B 区和 D 区垫料形成相似的微生物群落结构，而 C 区和 E 区的微生物群落结构相似，A 区垫料形成不同于 B、C、D 和 E 区的微生物群落。以上的研究为大栏养猪模式，面积较大，每个区域面积约为 325 m^2，不同区域生境存在一定差异，从而形成了不同的群落结构。当然，发酵床的微生物发酵是一个复杂的生物化学过程，而此过程是通过垫料微生物群落的演替来完成的，在该过程中，每一个微生物群落在一定的时间有适合自身生长繁殖的条件，对某一种或某一类特定物质的降解起作用，在后续研究中，还需结合其他技术如宏基因组技术对发酵床的不同使用时间、不同空间、不同材质垫料的群落结构进行进一步的研究，以期为发酵床的科学管理和利用提供更加完整的依据。

大栏养猪发酵床微生物群落结构在不同区域和层次均存在明显差异：①细菌、真菌、放线菌、革兰阳性细菌、革兰阴性细菌和总 PLFA 含量在各个区域表层（L1）分布量高于中间层（L2）和底层（L3），D 区表层分布量最大；A 区各层次真菌 / 细菌值显著高于其他区域，而 G^+/G^- 值则显著低于其他区域；②不同区域和层次的垫料 Simpson 指数、Shannon 指数和 Pielou 指数值均呈现显著差异；③聚类分析和主成分分析均把 A 区单独归在一类群，B 区和 D 区归在同一类群中，C 区和 E 区归在同一类群中。

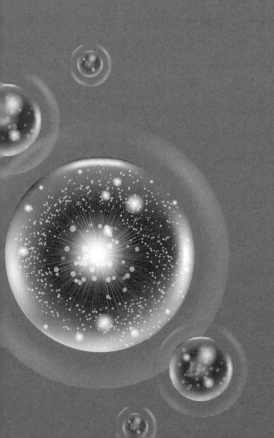

第八章
微生物发酵床猪病生防
机制

生猪养殖的常见细菌性病害

一、畜禽养殖污染现状

随着畜牧业规模化生产的不断发展，不可避免地会对周围环境造成污染。畜产废弃物中粪便及污水数量最大，如不经处理随意向周边排放，不仅危害家畜本身，对周围环境的水体、土壤、空气和作物造成严重污染，还会成为畜禽传染病、寄生虫和人畜共患病的传染源。因此，解决养猪业的粪污排放问题对我国农业经济的可持续发展有着重大的意义。畜牧生产对周围环境的污染主要包括以下几方面。

（1）恶臭气体污染 养殖场恶臭除畜禽的皮肤分泌物、外激素、呼出气体等特有臭气外，还有来自粪污在堆放过程中有机物的腐败分解产物所产生的氨气、硫化物、吲哚等200多种恶臭物质（周忠强等，2019）。这些恶臭物质会刺激人的神经系统，对呼吸中枢产生毒害，使人感到头痛、恶心，严重影响人们的生活质量，同时也影响畜禽的健康生长。这些恶臭气体中，影响最为严重的是硫化氢和氨气：当硫化氢浓度达到 $200 \sim 300mg/L$ 时，会引起畜禽轻度中毒；当氨气浓度达到 $50mg/L$ 时仔猪的增重率下降12%，当氨气浓度达到 $100 \sim 150mg/L$ 时仔猪增重率下降30%。

（2）病原微生物污染 畜禽体内的微生物主要通过消化道排出体外，以粪便为主要载体。病猪和带菌猪的粪便中含有寄生虫、细菌、病毒，这些病原微生物在粪便中可以很长时间维持其感染性。同时，由养殖场排出的大量粉尘携带着数量和种类众多的微生物，并为微生物提供营养和庇护，大大增强了微生物的活力和延长了它们的生存时间，这些尘埃和微生物可随风传播，从而扩大了污染和危害范围（Li et al., 2020）。这些病原微生物如不经适当处理，就会成为危险的传染源，造成疫病传播，不仅影响畜禽健康生长，而且也会威胁人体健康。

（3）药物、添加剂污染 在饲料中添加抗生素等药物可以提高畜禽的生产能力和抗病能力，因此，养殖场中普遍采用抗生素来防治畜禽疾病。但长期盲目地在饲料中添加抗生素等药物会引起畜禽体内残留、蓄积，并通过生物链进入人体，这些药物残留长期积累在人体内会产生毒副作用，危害人体健康。有些抗生素残留如青霉素、链霉素以及新生霉素会使人发生过敏反应甚至更严重的后果。有些治疗用化学药品和霉菌毒素等通过畜禽产品的残留形式转移到人体，逐渐在人体中积累、浓缩，损害组织甚至导致癌变。

（4）金属元素污染 在饲料中添加一些可以调节动物代谢的元素，如铜、锌、铁、砷等微量元素，在一定程度上可以增强畜禽抗病能力，提高畜禽的生长性能，但这些元素被畜禽直接吸收利用的很少，更多的是通过粪便排出体外。这些含在畜禽粪便中的金属元素如不经合理处理则会造成严重后果，一旦土壤受到污染，作物在污染的土壤中生长时，有害元素就会被作物大量吸收而残留在收获的农产品中，再通过食物链进入动物或人体，对人体健康造成威胁。

（5）氮、磷污染　畜禽粪便中含有大量的无机态氮、磷和氮、磷化合物。据报道，猪大约将 53.1% 的食入氮和 79.8% 的食入磷排出体外（陈钟佃等，2010），畜禽粪便中的氮、磷可以转化成硝酸盐和磷酸盐，并通过下渗或雨水冲刷流入河流湖泊，造成地下水源和地表水源污染，进而造成水体的富营养化，使藻类和其他水生植物大量繁殖，这些水生植物消化水体中的溶解氧，导致水生动物缺氧死亡，死亡后的水生动物腐烂后，会进一步加剧水体恶化。在某些地方的饮用水中 NO_3^- 含量高达 300 mg/L，远超小于 50 mg/L 的国际标准，医学研究表明，饮用水中 NO_3^- 含量超过 90 mg/L 时将会危及人体健康（张炎等，2004）。

二、猪常见细菌性病害

近年来，在规模化猪场中，猪细菌病的危害有加重趋势，在一些免疫抑制疾病发生的地区尤为常见。当前规模猪场病毒病趋向缓和，而细菌病则呈上升态势，其中链球菌、大肠杆菌、巴氏杆菌、副猪嗜血杆菌为 4 种主要的细菌病原体。

1.猪大肠杆菌病

大肠杆菌（Escherichia coli）自 1885 年被发现后，一直被认为是人和动物肠道内的正常菌群的主要成员之一，直到 20 世纪中叶人们才认识到一些特殊血清型的大肠杆菌对人和动物有致病性，尤其易引起婴儿和幼畜的严重腹泻和败血症。

大肠杆菌对环境的抵抗力不强，其在 60℃、15 min 就可以死亡，一般的消毒药品都易将其杀死。大肠杆菌有三种抗原结构，分别是菌体抗原（O 型）、表面抗原（K 型）和鞭毛抗原（H 型）。O 型抗原存在于菌体细胞壁中，是由磷脂、多糖和蛋白质组成的复合物，也就是内毒素抗原，耐热。K 型抗原在菌体的表面，大多数为包膜物质，也有一些为菌毛，如 K88 等。引起仔猪黄痢的大肠杆菌菌毛，最常见的是 K88（苏承宗和吴启承，1995）。H 型抗原是不耐热的蛋白质，在有鞭毛的菌株中存在，与致病性无关。致病性大肠杆菌与大量存在于肠道内的非致病性大肠杆菌，在形态、染色、培养特性和生化反应等方面并无差别，但在抗原构造上有所不同。

猪大肠杆菌病（swine colibacillosis）是由致病性大肠杆菌引起的猪肠道传染病，主要表现为仔猪黄痢（yellow scour of newborn pigs）、仔猪白痢（white scour of piglets）和仔猪水肿病（edema disease of swine）三种（刘春喜等，2008）。仔猪黄痢多发生于 1 周龄以内的哺乳仔猪，尤其是 1 ～ 3 日龄仔猪。通常一头仔猪发病则很快会传至整窝，死亡率极高。仔猪黄痢一年四季均有发生。仔猪白痢是由大肠杆菌引起的一种非败血性、急性肠道传染病，多发于 10 ～ 30 日龄仔猪，影响仔猪生长发育，以 10 ～ 20 日龄发病最多。其在一年四季均可发生，以严冬、炎热及阴雨连绵季节发病较多。仔猪白痢和仔猪黄痢称为仔猪腹泻性大肠杆菌病。仔猪水肿病是由致病性大肠杆菌引起的一种急性、散发性肠毒血症。该病的发病率不高，但病死率很高，常出现内毒素中毒的休克症状并迅速死亡，通常由带菌母猪传给仔猪，呈地方性流行。仔猪水肿病主要发生于断奶的仔猪，4 月龄猪也偶有发生，一般多见于春季和秋季。但发生过仔猪黄痢的猪一般不发生仔猪水肿病。

2.猪沙门菌病

沙门菌病（salmonellosis）是由沙门菌属（*Salmonella*）中的一种或几种引起的人和多种动物感染的急性和慢性疾病的总称，临床诊断上多以败血症和肠炎为特征。目前全世界已分离出 2541 个血清型，我国已发现 287 个，且新的血清型还在不断地被发现。沙门菌污染源主要是病猪及带菌猪，主要由粪便、尿液、乳液及病原菌污染水源、饲料等，其中饲料和水源的污染是导致沙门菌相互传染的主要原因，各种饲料中均可发现沙门菌，尤其是动物性饲料最为常见（潘培生，2009）。沙门菌对于腐败、干燥和日光等环境因素抵抗力较强，该菌在水中可以存活 2～3 周，在粪便中可以存活 1～2 个月，在冰冻土壤中能够存活过冬，在潮湿温暖的地方虽然只能存活 4～6 周，但是在干燥的地方则可以保持 8～20 周的活力。沙门菌不耐热，60℃、15min 即可将其灭活。其对于各种化学消毒剂的抵抗力也不强，常规消毒药的常用浓度就可以达到杀菌的目的。

猪沙门菌病又称猪副伤寒，临床上可分为急性（败血症）、亚急性和慢性三种类型，常引起较高的死亡率，急性病例出现败血症变化，死亡率可达 90%；慢性病例产生坏死性肠炎，影响猪的生长发育，死亡率可达 25%～50%，这给养猪业造成了巨大的经济损失。本病主要发生于 4 个月龄以内的断奶仔猪，成年猪很少发病，哺乳仔猪一般不发生沙门菌病，也不感染，很可能与母源抗体的作用有关（刘芹防和崔尚金，2009）。细菌可通过病猪或带菌猪的粪便、污染的水源和饲料等经消化道感染健康猪。鼠类也可传播本病。沙门菌分布广，能从各种途径传入猪群。许多猪可借本身的抵抗力将其消灭或免疫，有些则成为带菌猪。但因饲养管理不当、气候突变或长途运输等，使猪的抵抗力普遍下降时，或病菌几经通过猪体毒力增高，也可造成本病的暴发。1～4 月龄仔猪易感性较高。半岁以上猪的免疫系统已逐步完善，感染后很少发病，但在相当一段时间内带有本菌。在应激因素作用下，尤其是在发生猪瘟时，往往发生本病的并发和继发感染。本病一年四季均可发生，多雨潮湿季节更易发生，在猪群中一般呈散发或地方流行。环境污秽、潮湿、棚舍拥挤、粪便堆积、饲料和饮水供应不及时等应激因素易促进本病的发生。

3．猪链球菌病

猪链球菌病（swine streptococcsis）是由多种链球菌（*Streptococcus* spp.）感染引起不同临床症状的传染病的总称。其主要表现为败血症、化脓性淋巴结炎、脑膜脑炎和关节炎等。不同年龄、品种的猪均可感染发病，通常断奶前后的仔猪多发，现代集约化密集型养猪更易流行，一年四季均可发生，其中春、秋多发，呈地方性流行。病猪和带菌猪是本病的主要传染源，病猪排泄物污染的饲料、饮水和物体也会使猪只经过呼吸道和消化道感染而发病。近年来该病的发病率呈上升趋势，尤其对小猪的危害较大。同时猪链球菌病是人畜共患病，可直接危害人的健康（王冬梅和周晓峰，2006）。

4．巴氏杆菌病

猪巴氏杆菌病又称猪肺疫，俗称"锁喉风"或"肿脖子瘟"，是由多杀巴氏杆菌（*Pasteurella multocida*）所引起的一种急性、热性传染病。该病最急性病症呈败血症变化，急性型呈纤维素性胸膜炎症状，慢性型症状不明显，逐渐消瘦，有时伴有关节炎（朱明恩，2010）。本菌对多种动物和人均有致病性，多为散发，有时可呈地方性流行，冷热交替、气候巨变、闷热、多雨、潮湿时期多发。发病的畜禽和带菌畜禽是主要的传染源，由排泄物、分泌物排出有毒力的病菌，污染饲料和饮水，经消化道传染给健康猪。此外，经呼吸道、吸血昆虫和损伤的皮肤、黏膜也可感染该病菌。

5．猪副嗜血杆菌病

猪副嗜血杆菌病是由副猪嗜血杆菌（*Haemophilus parasuis*）引起的猪多发性浆膜炎和关节炎的细菌性传染病，又称革拉泽病。副猪嗜血杆菌是猪群呼吸道中的一种常见菌，但在特定条件下，它可以侵入机体引起严重的全身性疾病，临床上表现为纤维素性多发性浆膜炎、关节炎和脑膜炎。本病主要感染仔猪，断奶后 10d 左右多发。其发病率为 10% ~ 15%，严重时死亡率可达 50%。病猪或带菌猪主要通过空气，经呼吸道感染健康猪，消化道和其他传染途径也可感染（赵瑞香和周艳，2009）。此外，本病的发生还与猪抵抗力、环境卫生、饲养密度等有极大的关系。

6．其他细菌性病害

除了上述几种常见的猪细菌性病害以外，猪的其他细菌性病害还有（李义民，2009；苗立中等，2009；姚春香，2010）：①猪丹毒，是由红斑丹毒丝菌（*Erysipelothrix rhusiopathiae*）引起的一种急性、热性传染病；②炭疽 (anthrax)，是由炭疽芽胞杆菌（*Bacillus anthracis*）引起的一种人畜共患的急性、热性、败血性传染病；③猪增生性肠炎（hyperplastic enteritis of piglets）又称猪回肠炎、猪坏死性肠炎、猪腺瘤病等，是由猪胞内劳森菌（*Lawsonia intracellularis*）所引起的一组具有不同特征病理变化的疾病群；④猪传染性胸膜肺炎（porcine contagious pleuropneumonia），是由胸膜肺炎放线杆菌（*Actinobacillus pleuropneumoniae*）引起的猪呼吸系统的一种接触性传染病；⑤猪传染性萎缩性鼻炎（swine infectious atrophic rhinitis），是一种由支气管败血波氏杆菌（*Bordetella bronchiseptica*）和产毒素多杀巴氏杆菌（*Pasteurella multocida*）引起的猪呼吸道慢性传染病，其中产毒素多杀巴氏杆菌为主要病原；⑥猪梭菌性肠炎又称仔猪红痢、仔猪传染性坏死性肠炎，是 1 周龄内的仔猪感染 C 型产气荚膜梭菌（*Clostridium perfringens*）所引起的高致死性的肠毒血症；⑦猪多发性浆膜炎（mycoplasmal hydrohymenitis of swine），是由猪鼻腔支原体和猪嗜血杆菌引起的一种畸形、接触性传染病；⑧猪李斯特菌病（listeriosis），是由单核细胞增生李斯特菌（*Listeria monocytogenes*）引起的多种动物和人的一种散发性传染病；⑨布氏杆菌病（brucellosis），是由布鲁菌属（*Brucella*）细菌引起的急性或慢性的人兽共患传染病，主要通过消化道感染健康猪，也可通过结膜、阴道、皮肤感染；⑩附红细胞体病（eperythrozoonosis），是由附红细胞体属（*Eperythrozoon*）细菌引起的一种人畜共患传染病，其可造成红细胞的改变而容易为体内的网状内皮系统或是被吞噬细胞所破坏；⑪猪坏死杆菌病（necrobacillosis），是由坏死梭杆菌（*Fusobacterium necrophorum*）引起的多种哺乳动物和禽类的一种慢性传染病；⑫猪结核病，是由分枝杆菌（*Mycobacterium* spp.）引起的一种人畜共患的慢性传染病，主要通过消化道感染；⑬钩端螺旋体病（leptospirosis），又称细螺旋体病，是由致病性钩端螺旋体（*Leptospira* spp.）引起的一种人兽共患和自然疫源性的传染病；⑭猪支原体肺炎（气喘病），是由猪肺炎支原体（*Mycoplasma hyopneumoniae*）引起的一种慢性呼吸道接触性传染病，又称猪地方流行性肺炎，俗称气喘病。

第二节
发酵床垫料微生物组结构变化

一、概述

微生物发酵床养猪技术是近年我国引进的一种新兴养猪模式，实现了养猪业无臭味、零排放的目的。该技术通过在垫料中接种特殊的环境益生菌来带动垫料发酵，使垫料中形成以有益微生物为优势菌的稳定微生物群落结构，有效地杀灭或抑制病原微生物，从而有利于生猪的健康生长。微生物群落在发酵床养猪技术中起到了决定性的作用。其群落动态与垫层有机物质成分和含量以及微生物间的相互作用等多种因素密切相关。研究垫层中的细菌、真菌和放线菌的时空动态，对于揭示整个垫料发酵使用过程中的物质转化规律、对病原微生物的抑制以及零污染技术的生物防治效果等非常重要。以下的研究针对垫料使用过程中细菌、真菌和放线菌的时空动态分布进行监测，研究发酵床养殖技术对猪病的生物防治机理。

二、研究方法

1. 培养基和试剂

(1) 培养基　NA/L，牛肉浸膏 3.0g、蛋白胨 5.0g、葡萄糖 10.0g、琼脂 17.0g，pH 7.2；PDA/L，马铃薯 200.0g、葡萄糖 20.0g、琼脂 17.0g；高氏一号培养基 /L：可溶性淀粉 20.0g、NaCl 0.5g、KNO$_3$ 1.0g、K$_2$HPO$_3$ · 3H$_2$O 0.5g、MgSO$_4$ · 7H$_2$O 0.5 g、FeSO$_4$ · 7H$_2$O 0.01g、琼脂 17.0g，pH 7.4 ～ 7.6。

(2) 试剂　链霉素，高锰酸钾，DNA 聚合酶（上海生工生物工程技术服务有限公司），100bp Marker（上海英骏生物技术有限公司）。

2. 样品采集与处理

零排放猪舍基质垫料取样于福州新店某猪场，猪场按照微生物发酵床养猪标准操作规程进行垫层配比和相关管理。取样方法为：从 3 月份起，按照 1 次 / 月的频率进行采样，连续采样 5 个月，每次样品分 4 层进行取样（第 1 层 0 ～ 20 cm，第 2 层 20 ～ 40 cm，第 3 层 40 ～ 60 cm，第 4 层 60 ～ 80 cm），每层分五点取样并充分混合后进行微生物分离。

3．微生物的分离与培养

采用稀释涂板法进行微生物分离，每层混合样品分别称取 10g，加入装有 90mL 无菌水的三角瓶中稀释，充分振荡均匀后，即配成 10^{-1} 浓度的垫料悬浮液原液，吸取 1mL 原液至装有 9 mL 无菌水的试管中稀释，按 10^{-2}、10^{-3}、10^{-4}、10^{-5} 浓度梯度稀释原液，制备成不同浓度梯度的垫料悬浮液。在超净工作台上进行无菌操作，取适当浓度梯度的垫料稀释液，吸取 200 μL 均匀涂布，细菌分离采用 NA 培养基，真菌用 PDA 培养基＋链霉素，放线菌用高氏一号培养基＋重铬酸钾。每个菌群做 3 个梯度，每个梯度 3 个重复。处理后倒置于 30℃人工气候箱中培养，细菌培养 1 ～ 2d、真菌和放线菌培养 3 ～ 5d 后，根据菌落形态、色泽、边缘状态、表面干湿状态等特征，进行计数、纯化和保存。

4．垫料中各种微生物的数量计算方法

采用涂抹平板分离法培养的微生物在计算结果时，常按下列标准从接种后的 3 个稀释度中，选择 1 个合适的稀释度，计算每克样品中的活菌数。同一稀释度各个重复的菌数相差不太悬殊；细菌、放线菌以每个培养皿 30 ～ 300 个菌落为宜，真菌以每皿 10 ～ 100 个菌落为宜。

$$\text{菌数/g} = \frac{\text{平均菌落数×稀释倍数×5×100}}{10}$$

三、微生物发酵床细菌数量变化

垫料使用过程中细菌数量变化如图 8-1 所示，垫料中细菌的分布数量很大，是降解有机物和产热的主要微生物，可以达到 10^8 数量级。随着垫料使用时间的增加，垫料中细菌数量呈现先上升后下降的趋势，这可能是因为在垫料使用的早期，猪肠道细菌在垫料中快速增殖，使垫料中细菌群落数量呈现一个较快的上升趋势，随着使用时间的增加，垫层中微生物生长所必需的碳源和氮源等营养成分含量降低，限制细菌的生长。在调查中发现，垫料表层细菌数量峰值出现在第 3 个月，达到 $5.17×10^8$CFU/g，而第 2 层、第 3 层和第 4 层细菌数量

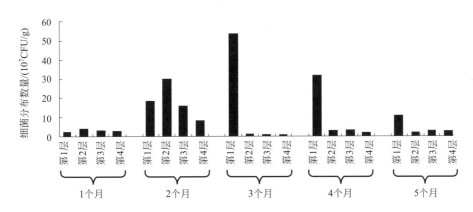

图8-1 微生物发酵床养猪猪舍垫料细菌的分布动态

峰值则出现在第 2 个月，分别达到 3.00×10^8CFU/g、1.58×10^8CFU/g 和 8.00×10^7CFU/g。从空间上看，垫料表层的细菌数量高于垫料里层，在垫料使用的第 1 个月，不同层次的细菌分布数量差别不大，从第 2 个月开始，表层的细菌数量显著增加，到第 3 个月，垫料表层的细菌分布数量甚至比里层高出 3 个数量级。

四、微生物发酵床真菌数量变化

垫料使用过程中真菌数量的变化如图 8-2 所示，垫料中真菌的分布数量在 $10^4\sim10^5$ 数量级，比细菌低而与放线菌相似。随着垫料使用时间的增加，垫料真菌数量逐渐减少，垫料使用 5 个月后，垫料中不同层次的真菌分布数量均比第 1 个月减少了 90% 以上。这可能是由于垫料发酵底物是以纤维素和木质素为主要成分的谷壳和锯末，垫料使用初期真菌数量较多可能是由于垫料中存在纤维素和木质素。随着使用时间增加，真菌数量逐渐减少，这可能是由于在垫料里层温度较高（$55\sim65℃$），而大部分真菌在温度达到 50℃ 时就不能存在，而当温度超过 60℃ 时，真菌几乎完全消失。

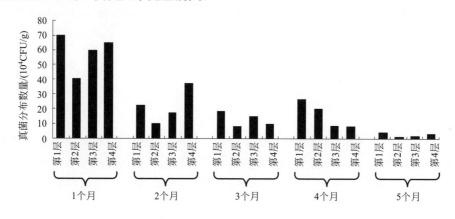

图8-2 微生物发酵床养猪猪舍垫料真菌的分布动态

五、微生物发酵床放线菌数量变化

垫料使用过程中放线菌数量的变化如图 8-3 所示，放线菌数量的变化趋势与真菌相似，即在垫料使用初期，放线菌的数量较多，然后逐渐减少，其数量上低于细菌、略高于真菌。在开始使用的前两个月，垫层中的放线菌分布数量较多，具体在 $(2.2\sim4.18)\times10^6$CFU/g。随着垫料使用时间的增加，放线菌的数量逐渐减少，到第 3 个月，放线菌数量明显减少，5 个月后其分布数量比第 1 个月减少了 52.9%～97.8%。

六、讨论

发酵床微生物群落在发酵床养猪技术中起到决定性的作用，垫料中的微生物数量是标志

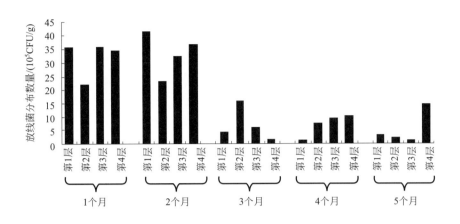

图8-3　微生物发酵床养猪猪舍垫料放线菌的分布动态

垫料生物学性质的重要组成部分。其群落动态与垫层有机物质成分和含量以及微生物间的相互作用等多种因素密切相关。卫亚红等（2007）采用稀释平板法对堆肥过程中的微生物总量及细菌、真菌、放线菌的数量变化进行研究。湛方栋等（2005）针对三种典型的植烟土壤——中性紫色土、黄壤和黄色石灰土，研究了烤烟根际微生物群落结构及其动态变化。结果发现，在烤烟生长过程中，根际细菌的数量在团棵期最低，然后逐渐增加，现蕾期达到峰值，进而又逐渐减少；放线菌和真菌数量从团棵期到成熟期呈增长趋势。但在微生物发酵床基质垫料中的微生物种群消长动态的数据研究还未见报道。本研究对基质垫料使用过程中细菌、真菌、放线菌的时空动态分布进行监测。发现在垫料的发酵使用过程中，细菌是优势种群，分布量达到了 10^8 数量级，对垫料升温起主要作用。真菌和放线菌的数量相对于细菌低 $3 \sim 4$ 个数量级。从使用时间看，随着垫料使用时间的增加，细菌数量呈现先上升后下降的趋势，细菌总量在第 3 个月达到最大值，真菌和放线菌的动态变化趋势相似，都是随着使用时间的增加，数量逐渐减少。从空间上看，细菌主要分布在垫料表层，里层的分布量明显减少，真菌和放线菌在不同层次中的分布情况比较复杂，一般情况下，表层和最里层的分布相对较多。

第三节
发酵床垫料可培养微生物群落多样性

一、概述

在微生物发酵床垫料这个微生态系统中，动物体内固有的微生物菌群、微生物饲料添加剂和垫料中生长的微生物菌群，组成了动物体（猪）内外的微生态系统，增加了微生态环境中的生物多样性，提高了动物的适应性，有利于生态系统的稳定、和谐、健康发展。在这个微生态系统中，细菌是复杂有机物和矿质元素转化以及粪尿分解的最重要的贡献者，其多样性研究对于全面了解垫料生态系统，以及动物的安全健康状况尤为重要。

目前对微生物多样性的研究方法主要有以下 4 种：①传统的微生物平板纯培养方法；② Biolog 平板分析方法；③磷脂脂肪酸分析法（PLFA）；④分子生物学方法。以下研究是通过传统的稀释平板法，对基质垫料使用过程中不同时间、不同层次的细菌进行分离鉴定，以进一步了解养猪发酵床垫料中细菌群落的多样性。

二、研究方法

1．供试菌株

通过 NA 培养基从 5 批基质垫料中分离的细菌，菌种编号为：FJAT-8344 ～ FJAT-8352，FJAT-8436 ～ FJAT-8442，FJAT-8500 ～ FJAT-8597，FJAT-8841 ～ FJAT-8860，FJAT-8911 ～ FJAT-8914，FJAT-10500 ～ FJAT-10522，FJAT-11349 ～ FJAT-11389。

2．培养基和试剂

(1) 培养基　NA/L，牛肉浸膏 3.0g、蛋白胨 5.0g、葡萄糖 10.0g、琼脂 17.0g，pH7.2；LB/L，酵母浸膏 5.0g、蛋白胨 10.0g、NaCl 10.0g，pH7.0。

(2) 试剂　DNA 聚合酶（上海生工生物工程技术服务有限公司）；100 bp Marker（上海英骏生物技术有限公司）；Wizard® Genomic DNA Purification Kit（上海英骏生物技术有限公司）。

3．菌株的DNA提取

活化菌株：将在 –70℃保存的 85 株垫料分离细菌于 NA 平板上活化，30℃培养 24 h；然后挑取纯培养平板上的单菌落到 LB 液体培养基（20 mL/150 mL）中于 37℃、170r/min 过夜培养（12 ～ 18 h）；按照 Wizard® Genomic DNA Purification Kit 试剂盒操作步骤提取细菌 DNA，于 –20℃保存备用。

4．PCR鉴定

(1)PCR 扩增引物　为细菌通用引物，16S1：5′-AGA GTT TGA TCC TGG CTC AG-3′，16S2：5′-GGT TAC CTT GTT ACG ACT T-3′。

(2)PCR 反应程序　94℃预变性 5min，94℃变性 30s，55℃退火 30s，72℃延伸 1min 30s，重复 30 个循环，最后于 72℃延伸 10min。

(3)PCR 产物的检测　取 5μL PCR 产物，点样于 1.5% 的琼脂糖凝胶中，以 100 bp Marker 作为标准分子量，在 110V 电压电泳 45 min，以 EB 染色，用凝胶成像系统观察结果。

5．16S rDNA序列分析

将 PCR 产物送至上海生工生物工程技术服务有限公司进行测序。测序结果中每个样品的双向序列用 DNAMAN version 6.0 软件中的 Sequence Assembly 进行拼接并输出全序列，将获得的序列与 GenBank 核酸序列数据库进行同源序列比对分析。

三、垫料细菌的16S rDNA鉴定

实验结果如表 8-1 所列。一般研究认为，凡是 16S rDNA 序列的同源性大于 97% 便可认为是同一种属；低于 93%～95% 可能为 2 个不同属的成员，同源性为 96%～98% 时，则可能为 1 个属内的新成员。对从 5 个月的基质垫料中分离的共 72 株细菌进行 16S rDNA 测序鉴定，其序列匹配度都在 97%～100% 之间，基本认为是属于同一个属的细菌，这 72 株细菌分属于细菌域的变形菌门 Proteobacteria、放线菌门 Actinobacteria、厚壁菌门 Firmicutes 和拟杆菌门 Bacteroidetes4 个门；22 个属（不动杆菌属 Acinetobacter、节杆菌属 Arthrobacter、芽胞杆菌属 Bacillus、短杆菌属 Brachybacterium、短单胞菌属 Brachymonas、短芽胞杆菌属 Brevibacillus、伯克霍尔德菌属 Burkholderia、丛毛单胞菌属 Comamonas、棒杆菌属 Corynebacterium、戈登菌属 Gordonia、克雷伯菌属 Klebsiella、微杆菌属 Microbacterium、苍白杆菌属 Ochrobactrum、类芽胞杆菌属 Paenibacillus、副球菌属 Paracoccus、假单胞菌属 Pseudomonas、雷尔菌属 Ralstonia、红球菌属 Rhodococcus、沙雷菌属 Serratia、鞘脂杆菌属 Sphingobacterium、葡萄球菌属 Staphylococcus 和寡养单胞菌属 Stenotrophomonas）。

表8-1　垫料细菌鉴定结果

属	菌株编号	分离批次	细菌种名	中文名
不动杆菌属 Acinetobacter	FJAT-8584	2	Acinetobacter beijerinckii	伯杰氏不动杆菌
	FJAT-8440	1	Acinetobacter calcoaceticus	乙酸钙不动杆菌
	FJAT-8436	1	Acinetobacter junii	琼氏不动杆菌
	FJAT-8588	2	Acinetobacter junii	琼氏不动杆菌
	FJAT-8590	2	Acinetobacter junii	琼氏不动杆菌
	FJAT-8596	2	Acinetobacter lwoffii	鲁氏不动杆菌
	FJAT-10521	4	Acinetobacter seohaensis	黄海不动杆菌
	FJAT-8846	3	Acinetobacter sp.	不动杆菌
	FJAT-11369	5	Acinetobacter sp.	不动杆菌
	FJAT-8506	1	Acinetobacter towneri	汤纳不动杆菌
	FJAT-8847	3	Acinetobacter towneri	汤纳不动杆菌
节杆菌属 Arthrobacter	FJAT-8845	3	Arthrobacter nicotianae	烟草节杆菌
	FJAT-8848	3	Arthrobacter nicotianae	烟草节杆菌
	FJAT-8591	2	Arthrobacter protophormiae	原玻璃蝇节杆菌
	FJAT-8911	3	Arthrobacter protophormiae	原玻璃蝇节杆菌

属	菌株编号	分离批次	细菌种名	中文名
	FJAT-10505	4	*Bacillus amyloliquefaciens*	解淀粉芽胞杆菌
	FJAT-8597	2	*Bacillus anthracis*	炭疽芽胞杆菌
	FJAT-8850	3	*Bacillus anthracis*	炭疽芽胞杆菌
	FJAT-11363	5	*Bacillus anthracis*	炭疽芽胞杆菌
	FJAT-11366	5	*Bacillus anthracis*	炭疽芽胞杆菌
	FJAT-8344	1	*Bacillus cereus*	蜡样芽胞杆菌
	FJAT-8844	3	*Bacillus cereus*	蜡样芽胞杆菌
	FJAT-10516	4	*Bacillus cereus*	蜡样芽胞杆菌
	FJAT-8854	3	*Bacillus flexus*	弯曲芽胞杆菌
	FJAT-11373	5	*Bacillus flexus*	弯曲芽胞杆菌
	FJAT-10503	4	*Bacillus licheniformis*	地衣芽胞杆菌
芽胞杆菌属	FJAT-8348	1	*Bacillus megaterium*	巨大芽胞杆菌
Bacillus	FJAT-8851	3	*Bacillus megaterium*	巨大芽胞杆菌
	FJAT-10517	4	*Bacillus megaterium*	巨大芽胞杆菌
	FJAT-8350	1	*Bacillus pumilus*	短小芽胞杆菌
	FJAT-8853	3	*Bacillus pumilus*	短小芽胞杆菌
	FJAT-10512	4	*Bacillus pumilus*	短小芽胞杆菌
	FJAT-10515	4	*Bacillus pumilus*	短小芽胞杆菌
	FJAT-10518	4	*Bacillus pumilus*	短小芽胞杆菌
	FJAT-11372	5	*Bacillus pumilus*	短小芽胞杆菌
	FJAT-10500	4	*Bacillus subtilis*	枯草芽胞杆菌
	FJAT-10501	4	*Bacillus subtilis*	枯草芽胞杆菌
	FJAT-10502	4	*Bacillus subtilis*	枯草芽胞杆菌
	FJAT-10508	4	*Bacillus subtilis*	枯草芽胞杆菌
	FJAT-10511	4	*Bacillus subtilis*	枯草芽胞杆菌
	FJAT-11361	5	*Bacillus subtilis*	枯草芽胞杆菌
短杆菌属 *Brachybacterium*	FJAT-8346	1	*Brachybacterium zhongshanense*	中山短杆菌
短单胞菌属 *Brachymonas*	FJAT-8843	3	*Brachymonas chironomi*	摇蚊短单胞菌
短芽胞杆菌属	FJAT-8349	1	*Brevibacillus brevis*	短短芽胞杆菌
Brevibacillus	FJAT-8439	1	*Brevibacillus brevis*	短短芽胞杆菌
	FJAT-8594	2	*Brevibacillus brevis*	短短芽胞杆菌
伯克霍尔德菌属 *Burkholderia*	FJAT-10504	4	*Burkholderia* sp.	伯克霍尔德菌
丛毛单胞菌属	FJAT-8585	2	*Comamonas kerstersii*	科氏丛毛单胞菌
Comamonas	FJAT-8589	2	*Comamonas testosteroni*	睾丸酮丛毛单胞菌
棒杆菌属 *Corynebacterium*	FJAT-8587	2	*Corynebacterium efficiens*	有效棒杆菌
戈登菌属 *Gordonia*	FJAT-8441	1	*Gordonia cholesterolivorans*	食胆固醇戈登菌
克雷伯菌属 *Klebsiella*	FJAT-8505	1	*Klebsiella pneumoniae*	肺炎克雷伯菌
	FJAT-8345	1	*Microbacterium arabinogalactanolyticum*	解阿拉伯半乳聚糖微杆菌
	FJAT-11367	5	*Microbacterium barkeri*	巴氏微杆菌
微杆菌属	FJAT-8351	1	*Microbacterium lacticum*	乳酸微杆菌
Microbacterium	FJAT-8437	1	*Microbacterium lacticum*	乳酸微杆菌
	FJAT-8593	2	*Microbacterium lacticum*	乳酸微杆菌
	FJAT-8438	1	*Microbacterium* sp.	微杆菌
	FJAT-10507	4	*Ochrobactrum intermedium*	中间型苍白杆菌
苍白杆菌属 *Ochrobactrum*	FJAT-10519	4	*Ochrobactrum intermedium*	中间型苍白杆菌
	FJAT-8586	2	*Ochrobactrum* sp.	苍白杆菌
类芽胞杆菌属 *Paenibacillus*	FJAT-8849	3	*Paenibacillus polymyxa*	多黏类芽胞杆菌
副球菌属 *Paracoccus*	FJAT-8852	3	*Paracoccus aminovorans*	噬氨副球菌

续表

属	菌株编号	分离批次	细菌种名	中文名
假单胞菌属 *Pseudomonas*	FJAT-11370	5	*Pseudomonas alcaligenes*	产碱假单胞菌
雷尔菌属 *Ralstonia*	FJAT-8352	1	*Ralstonia pickettii*	皮氏雷尔菌
红球菌属 *Rhodococcus*	FJAT-8842	3	*Rhodococcus pyridinivorans*	食嘧啶红球菌
沙雷菌属 *Serratia*	FJAT-8595	2	*Serratia marcescens*	黏质沙雷菌
鞘脂杆菌属 *Sphingobacterium*	FJAT-8841	3	*Sphingobacterium* sp.	鞘脂杆菌
	FJAT-10514	4	*Sphingobacterium* sp.	鞘脂杆菌
葡萄球菌属 *Staphylococcus*	FJAT-11371	5	*Staphylococcus epidermidis*	表皮葡萄球菌
	FJAT-10506	4	*Staphylococcus gallinarum*	鸡葡萄球菌
寡养单胞菌属 *Stenotrophomonas*	FJAT-10510	4	*Stenotrophomonas maltophilia*	嗜麦芽寡养单胞菌

四、不同使用时间垫料可培养细菌多样性变化

不同使用时间的基质垫料中，可培养微生物种类和分布数量都有很大的差异，第 1 个月，垫料中的可培养细菌组成如表 8-2 所列，分别属于前述 4 个门的 10 个属（芽胞杆菌属 *Bacillus*、微杆菌属 *Microbacterium*、短杆菌属 *Brachybacterium*、不动杆菌属 *Acinetobacter*、短芽胞杆菌属 *Brevibacillus*、戈登菌属 *Gordonia*、克雷伯菌属 *Klebsiella*、雷尔菌属 *Ralstonia*、埃希菌属 *Escherichia* 和沙门菌属 *Salmonella*）。其中，丰度最高的是短短芽胞杆菌（*Brevibacillus brevis*），其累积分布量达到 4.16×10^7 CFU/g，其次是乳微杆菌、短状杆菌、琼氏不动杆菌，其累积分布量为（$1.20 \sim 1.78$）$\times 10^7$ CFU/g。其中短短芽胞杆菌作为发酵床技术添加的环境益生菌，在垫料不同的层次中均有分布，且保持优势菌的地位，其他菌株在垫料不同层次中呈不完全分布。

表8-2　第1个月细菌分布

培养基	序号	细菌种名	中文译名	细菌分布数量/（10^5CFU/g）			
				第一层	第二层	第三层	第四层
NA	1	*Brevibacillus brevis*	短短芽胞杆菌	225	175	16.17	0.17
	2	*Microbacterium lacticum*	乳微杆菌	175	0	0	3.5
	3	*Brachybacterium zhongshanense*	中山短杆菌	0	77.5	18.17	24
	4	*Acinetobacter junii*	琼氏不动杆菌	175	0	0	0
	5	*Bacillus subtilis*	枯草芽胞杆菌	0	18.17	0.5	0.67
	6	*Microbacterium* sp.	微杆菌	127.5	0	0	0
	7	*Acinetobacter towneri*	汤纳不动杆菌	75	0	0	0
	8	*Bacillus cereus*	蜡样芽胞杆菌	0	2	1.33	0.33
	9	*Microbacterium arabinogalactanolyticum*	解阿拉伯半乳聚糖微杆菌	0	1.5	0.33	0.67
	10	*Gordonia cholesterolivorans*	食胆固醇戈登菌	50	0	0	0
	11	*Klebsiella pneumoniae*	肺炎克雷伯菌	0	0.33	0	0.5
	12	*Acinetobacter calcoaceticus*	乙酸钙不动杆菌	25	0	0	0
	13	*Ralstonia pickettii*	皮氏雷尔菌	0	0	0	0.67
	14	*Bacillus megaterium*	巨大芽胞杆菌	0	0.17	0	0

培养基	序号	细菌种名	中文译名	细菌分布数量/（10⁵CFU/g）			
				第一层	第二层	第三层	第四层
EMB	15	*Escherichia coli*	大肠杆菌	225	175	16.17	0.17
SB	16	*Salmonella* sp.	沙门菌	175	0	0	3.5

从使用时间为2个月的基质垫料中分离的可培养细菌，其种类和分布如表8-3所列，分别属于3个门（变形菌门、放线菌门和厚壁菌门）11个属（节杆菌属 *Arthrobacter*、不动杆菌属 *Acinetobacter*、芽胞杆菌属 *Bacillus*、从毛单胞杆菌属 *Comamonas*、棒杆菌属 *Corynebacterium*、微杆菌属 *Microbacterium*、苍白杆菌属 *Ochrobactrum*、短芽胞杆菌属 *Brevibacillus*、沙雷菌属 *Serratia*、埃希菌属 *Escherichia* 和沙门菌属 *Salmonella*）。其中，丰度最高的是原玻璃蝇节杆菌（*Arthrobacter protophormiae*），其累积分布量达 6.43×10⁷ CFU/g。其次是乙酸钙不动杆菌、短短芽胞杆菌、丛毛单胞菌、棒状杆菌，其累积分布数量在（1.18～5.23）×10⁷ CFU/g。分布范围广，在垫料的不同层次中呈完全分布的有不动杆菌属（*Acinetobacter*）、节杆菌属（*Arthrobacter*）、微杆菌属（*Microbacterium*）、芽胞杆菌属（*Bacillus*）4类细菌。

表8-3　第2个月细菌分布

培养基	序号	细菌种名	中文译名	细菌分布数量/（×10⁵CFU/g）			
				第一层	第二层	第三层	第四层
NA	1	*Arthrobacter protophormiae*	原玻璃蝇节杆菌	143.33	165	201.67	133.33
	2	*Acinetobacter calcoaceticus*	乙酸钙不动杆菌	466.67	38.33	13.33	5
	3	*Brevibacillus brevis*	短短芽胞杆菌	266.67	16.17	18.17	5
	4	*Bacillus subtilis*	枯草芽胞杆菌	0	0	3.33	0
	5	*Comamonas kersterii*	科氏丛毛单胞菌	116.67	0	1.67	3.33
	6	*Corynebacterium efficiens*	有效棒杆菌	50	60	8.33	0
	7	*Microbacterium lacticum*	乳酸微杆菌	50	3.33	11.67	3.33
	8	*Ochrobactrum* sp.	苍白杆菌	133.33	6.67	0	0
	9	*Comamonas testosteroni*	睾丸酮丛毛单胞菌	0	0	6.67	10
	10	*Acinetobacter lwoffii*	鲁氏不动杆菌	0	0	51.67	0
	11	*Bacillus anthracis*	炭疽芽胞杆菌	0	0	6.67	0
	12	*Serratia marcescens*	黏质沙雷菌	0	1.67	0	0
EMB	13	*Escherichia coli*	大肠杆菌	21.8	14.5	5	6.83
SB	14	*Salmonella* sp.	沙门菌	68	31.5	26.8	10.3

第3个月垫料可培养细菌的鉴定结果和分布数量如表8-4所列，其分离到的细菌分属于11个属（鞘脂杆菌属 *Sphingobacterium*、红球菌属 *Rhodococcus*、短单胞菌属 *Brachymonas*、节杆菌属 *Arthrobacter*、短芽胞杆菌属 *Brevibacillus*、芽胞杆菌属 *Bacillus*、类芽胞杆菌属 *Paenibacillus*、不动杆菌属 *Acinetobacter*、副球菌属 *Paracoccus*、埃希菌属 *Escherichia* 和沙门菌属 *Salmonella*）。其中，丰度最高的是鞘脂杆菌（*Sphingobacterium* sp.）和摇蚊短单胞菌（*Brachymonas chironomi*），累积分布量分别为 7.55×10⁷ CFU/g 和 7.15×10⁷ CFU/g。鞘脂杆菌属（*Sphingobacterium*）、短单胞菌属（*Brachymonas*）、芽胞杆菌属（*Bacillus*）这3个属的细菌在垫料层中呈完全分布。

表8-4　第3个月细菌分布

培养基	序号	细菌种名	中文译名	细菌分布数量/（×10⁵CFU/g）			
				第一层	第二层	第三层	第四层
NA	1	*Sphingobacterium* sp.	鞘脂杆菌	690	20	15	30
	2	*Brachymonas chironomi*	摇蚊短单胞菌	225	127.5	230	132.5
	3	*Brevibacillus brevis*	短短芽胞杆菌	127.5	20	60	2.5
	4	*Bacillus subtilis*	枯草芽胞杆菌	0	3.17	0	0
	5	*Rhodococcus pyridinivorans*	食嘧啶红球菌	15	0	10	7.5
	6	*Arthrobacter nicotianae*	烟草节杆菌	5	2.5	0	2.5
	7	*Acinetobacter towneri*	汤纳不动杆菌	0	2.5	0	0
	8	*Acinetobacter calcoaceticus*	乙酸钙不动杆菌	0	2.5	0	0
	9	*Arthrobacter protophormiae*	原玻璃蝇节杆菌	2.5	0	0	0
	10	*Bacillus cereus*	蜡样芽胞杆菌	2.5	0	0	0
	11	*Bacillus megaterium*	巨大芽胞杆菌	0	0	2.5	0
	12	*Bacillus anthracis*	炭疽芽胞杆菌	0	0	2.5	0
	13	*Bacillus flexus*	弯曲芽胞杆菌	0	0	0	2.5
	14	*Paenibacillus polymyxa*	多黏芽胞杆菌	0	2.5	0	0
	15	*Paracoccus aminovorans*	噬氨副球菌	0	0	2.5	0
EMB	16	*Escherichia coli*	大肠杆菌	4.5	1.5	0.1	0.5
SB	17	*Salmonella* sp.	沙门菌	68	31.5	26.8	10.3

第4个月，垫料分离可培养细菌的鉴定结果和分布数量如表8-5所列，属于10个属（微杆菌属 *Microbacterium*、芽胞杆菌属 *Bacillus*、伯克霍尔德菌属 *Burkholderia*、葡萄球菌属 *Staphylococcus*、短芽胞杆菌属 *Brevibacillus*、寡养单胞菌属 *Stenotrophomonas*、鞘脂杆菌属 *Sphingobacterium*、不动杆菌属 *Acinetobacter*、埃希菌属 *Escherichia* 和沙门菌属 *Salmonella*）。其中微杆菌、枯草芽胞杆菌和鸡葡萄球菌的丰度较高，分别为 $6.95×10^7$ CFU/g、$2.25×10^7$ CFU/g 和 $1.25×10^7$ CFU/g。枯草芽胞杆菌、短短芽胞杆菌和微杆菌在每个垫料层中均有分布。

表8-5　第4个月细菌分布

培养基	序号	细菌种名	中文译名	细菌分布数量/（×10⁵CFU/g）			
				第一层	第二层	第三层	第四层
NA	1	*Microbacterium* sp.	微杆菌	120	240	155	180
	2	*Brevibacillus brevis*	短短芽胞杆菌	70	120	25	10
	3	*Bacillus subtilis*	枯草芽胞杆菌	20	15	15	15
	4	*Staphylococcus gallinarum*	鸡葡萄球菌	55	0	70	0
	5	*Bacillus licheniformis*	地衣芽胞杆菌	5	0	15	10
	6	*Bacillus amyloliquefaciens*	解淀粉芽胞杆菌	10	5	0	0
	7	*Stenotrophomonas maltophilia*	嗜麦芽寡养单胞菌	0	40	0	0
	8	*Sphingobacterium* sp.	鞘脂杆菌属	0	25	0	0
	9	*Acinetobacter calcoaceticus*	乙酸钙不动杆菌	0	0	0	10
	10	*Bacillus cereus*	蜡样芽胞杆菌	0	0	10	0
	11	*Bacillus megaterium*	巨大芽胞杆菌	0	0	5	0
	12	*Burkholderia* sp.	伯克霍尔德菌	5	0	0	0

培养基	序号	细菌种名	中文译名	细菌分布数量/（×10⁵CFU/g）			
				第一层	第二层	第三层	第四层
EMB	13	*Escherichia coli*	大肠杆菌	2.5	1.5	0	0
SB	14	*Salmonella* sp.	沙门菌	5.5	1.2	1.05	3

第 5 个月，垫料分离可培养细菌的鉴定结果和分布数量如表 8-6 所列，属于 6 个属（芽胞杆菌属 *Bacillus*、微杆菌属 *Microbacterium*、不动杆菌属 *Acinetobacter*、假单胞菌属 *Pseudomonas*、葡萄球菌属 *Staphylococcus* 和短芽胞杆菌属 *Brevibacillus*）。其中，丰度最高的是巴氏微杆菌（*Microbacterium barkeri*），分布量为 6.20×10^7 CFU/g，主要分布在垫料表层，其次是短短芽胞杆菌（*Brevibacillus brevis*）和枯草芽胞杆菌（*Bacillus subtilis*），总分布量为 9.00×10^6 CFU/g 和 5.0×10^6 CFU/g，它们在垫料不同层次中呈完全分布。

表8-6 第5个月细菌分布

培养基	序号	细菌种名	中文译名	细菌分布数量/（×10⁵CFU/g）			
				第一层	第二层	第三层	第四层
NA	1	*Microbacterium barkeri*	巴氏微杆菌	600	20	0	0
	2	*Bacillus subtilis*	枯草芽胞杆菌	50	20	15	5
	3	*Brevibacillus brevis*	短短芽胞杆菌	10	20	15	5
	4	*Bacillus cereus*	蜡样芽胞杆菌	10	0	5	10
	5	*Staphylococcus epidermidis*	表皮葡萄球菌	0	0	0	61
	6	*Pseudomonas alcaligenes*	产碱假单胞菌	0	0	2.5	0
	7	*Acinetobacter calcoaceticus*	乙酸钙不动杆菌	0	0	37.5	0
	8	*Bacillus flexus*	弯曲芽胞杆菌	0	5	0	0
EMB	9	*Escherichia coli*	大肠杆菌	1.5	1	0	0
SB	10	*Salmonella* sp.	沙门菌	5	7	1.7	0.4

五、讨论

在微生物发酵床垫料这个微生态系统中，动物体内固有的微生物菌群、微生物饲料添加剂和垫料中生长的微生物菌群，组成了动物体（猪）内外的微生态系统，增加了微生态环境中的生物多样性，其微生物结构是标志垫料生物学特性的重要指标。对垫料细菌经 16S rDNA 基因扩增和序列测定，结果表明，分离到的 72 株细菌分属于 4 个门的 22 个属，在垫料使用前后，芽胞杆菌属细菌是最重要的优势菌，在垫料的不同使用时间、不同层次均有分离到，其中短短芽胞杆菌（*Brevibacillus brevis*）是发酵床技术添加的环境益生菌，在发酵床基质垫料中占主要的优势地位。从使用时间上看，中山短杆菌（*Brachybacterium zhongshanense*）、琼氏不动杆菌（*Acinetobacter junii*）、解阿拉伯半乳聚糖微杆菌（*Microbacterium arabinogalactanolyticum*）、肺炎克雷伯菌（*Klebsiella pneumoniae*）、食胆固醇戈登菌（*Gordonia cholesterolivorans*）仅存在于垫料使用初期（使用 1 个月），而巴氏微杆菌（*Microbacterium barkeri*）、表皮葡萄球菌（*Staphylococcus epidermidis*）、产碱假单胞菌（*Pseudomonas alcaligenes*）则在垫料使用后期（使用 5 个月）才出现。

第四节
发酵床大肠杆菌毒性基因时空分布

一、概述

生猪疫病一直是困扰养猪业的一道难题。研究表明，猪舍的不良环境是许多疾病的诱因，只有给猪提供舒适、干净的生活环境才能减少生猪疫病的发生，提高生猪的生产能力（周轶韬，2009）。微生物发酵床养猪是近年我国引进的一种新兴养猪模式，它给农户和养殖户带来可观经济效益的同时也减轻了对环境的污染，是一种无污染、无排放、无臭气的环保养猪技术（刘波等，2008）。应用微生物发酵床养猪技术可彻底解决养猪对环境的污染，改善猪舍环境，减少生猪疫病。

研究表明，微生物发酵床的垫料能形成以有益微生物为优势菌群的生物保护屏障，阻止有害微生物的侵入，对致病菌的定植产生抑制作用（盛清凯等，2009）。有些专家则认为微生物发酵床通过微生物发酵，使垫料里层温度高达 $60 \sim 70℃$，杀灭或抑制细菌、病毒繁殖，从而有利于生猪健康生长（Deininger et al.，2000）。刘振钦等（2007）调查发现，微生物发酵床养猪与传统养猪相比，猪死亡率下降了96%，可能原因是微生物发酵床垫层形成的平衡稳定的微生态区系能抑制有害微生物的生长，有利于保持猪肠道健康，减少猪的肠道疾病。李荣林等（2009）对发酵床养猪和常规养猪进行对比分析发现，发酵床养猪出现疾病的情况明显少于常规养猪，且发酵床养猪的各项肉质指标均优于常规养猪。许多研究已证明微生物发酵床养猪能够降低生猪疫病的发生，但微生物发酵床对猪舍大肠杆菌病原生物防治作用的相关研究未见报道。

为了阐明微生物发酵床垫料对猪肠道疾病的生防机理，笔者拟以大肠杆菌为靶标菌，调查大肠杆菌特别是致病性大肠杆菌在垫料的分布动态，分析微生物发酵床对猪舍大肠杆菌病原的防治作用。首先，根据大肠杆菌普遍存在的 *udiA* 基因（β-D-半乳糖苷酶基因）设计大肠杆菌的特异检测引物（Mcdaniels and Rice，1996；明镇寰等，1999），用于微生物发酵床垫料大肠杆菌的检测。其次，采用多重PCR法对大肠杆菌携带的毒素基因进行检测和定型。最后，建立大肠杆菌在垫料分布的动态模型。通过分析大肠杆菌及其毒素基因在不同使用时间、不同层次垫料中分布的数量和类型，得出其分布规律，旨在为微生物发酵床规模化养猪场猪疫病暴发做出有效的预测预报，同时也为今后的猪舍环境污染及防治提供临床依据。

二、研究方法

（1）材料　培养基和试剂：大肠杆菌鉴别培养基伊红美蓝（北京陆桥技术有限责任公司），DNA聚合酶（上海生工生物工程技术服务有限公司），100 bp Marker（上海英骏生物技术有限公司）。

用于大肠杆菌引物特异性鉴定的参考菌株：大肠杆菌（*Escherichia coli*）K88、沙门菌（*Salmonella choleraesuis*）FJAT-8752、鼠李糖乳杆菌（*Lactobacillus rhamnosus*）FJAT-8695、青枯雷尔菌（*Ralstonia solanacearum*）FJAT-1458、铜绿假单胞菌（*Pseudomonas aeruginosa*）FJAT-341、蜡样芽胞杆菌（*Bacillus cereus*）ANTI-8098、苏云金芽胞杆菌（*Bacillus thuringiensis*）Bt9408、金黄色葡萄球菌（*Staphyloccocus aureus*）FJAT-12029、恶臭假单胞菌（*Pseudomonas putida*）FJAT-349、阴沟肠杆菌（*Enterobacter cloacae*）FJAT-YJ10，为实验室保存的菌株。

用于大肠杆菌毒素基因检测的参考菌株：标准菌株 RO8c（*estB+estA+elt+faeG*）、B44a（*fanA*）、F107a（*fedA*）、PD20c（*aidA–I*）、P16Ma（*fasA*）、AMR-47c（*Stx2e*）、JG280c（*astA+paa+sepA*），由加拿大农业部南方研究中心 Edward Topp 博士惠赠。

（2）微生物发酵床大肠杆菌种群动态调查　猪舍垫料取样于按照零污染养猪标准操作规程进行垫层配比和相关管理的零污染养猪示范基地宁德新科农牧发展有限公司。

取样方法为：选择饲养猪 1 个月、3 个月、5 个月、7 个月和 9 个月的垫料，进行 4 层取样（第 1 层 0 ～ 10 cm，第 2 层 20 ～ 30 cm，第 3 层 40 ～ 50 cm，第 4 层 60 ～ 70 cm）。每层采用五点取样法，样本充分混合后取小样（10 g），进行大肠杆菌的分离。

（3）微生物发酵床大肠杆菌的分离与培养　采用伊红美蓝鉴别培养基进行分离。每份样品分别称取 10 g，于 90 mL 无菌水中进行稀释。按 10^{-2}、10^{-3}、10^{-4} 梯度稀释样品，然后各取 200μL 稀释液涂布于伊红美蓝鉴别培养基平板上，处理后倒置于 30℃暗培养箱培养至长出单菌落。根据大肠杆菌在伊红美蓝鉴别培养基上会形成黑色带金属光泽的菌落的形态特征，挑出具有代表性的单菌落，并计数、纯化、保存分离得到的菌株。

（4）微生物发酵床大肠杆菌毒素基因检测　DNA 模板的制备：将分离到的疑似大肠杆菌菌株和参考菌株接种 LB 平板培养基，37℃纯培养 24 h，挑取单菌落，均匀悬浮于 50 μL 超纯水中，100℃水浴 10 min 后，迅速冰浴 5 min，4℃ 10000 r/min 离心 1 min，取上清液于 –20℃保存备用。

引物设计：针对大肠杆菌的 *udiA* 基因设计 1 对大肠杆菌特异检测引物。引物序列如下：UdiAf，5′-AAAACGGCAAGAAAAAGCAG-3′；UdiAr，5′-ACGCGTGGTTACAGTCTTGCG-3′。针对大肠杆菌 12 种毒素基因（*estB*、*estA*、*elt*、*faeG*、*fanA*、*fedA*、*aidA–I*、*Stx2e*、*astA*、*paa*、*fasA*、*sepA*）设计 12 对毒素基因检测引物（李咏梅等，2003；薄清如等，2005；李晓虹等，2006；Tatiana et al.，2007），引物序列见表 8-7，由上海英骏生物技术有限公司合成。将 12 种毒素基因分为 3 组进行四重 PCR 反应。

表8-7　12种毒素基因的引物分组和序列

PCR	基因	碱基序列	退火温度/℃	片段/bp	阳性对照
1	estB	For-TGCCTATGCATCTACACAAT	55	113	RO8c
1		Rev-CTCCAGCAGTACCATCTCTA			
1	estA	For-CAACTGAATCACTTGACTCTT	55	158	RO8c
1		Rev-AA ATA ACATCCAGCACAGG			
1	elt	For-GGCGTTACTATCCTCTCTAT	55	272	RO8c
1		Rev-TGGTCTCGGTCAGATATGT			

续表

PCR	基因	碱基序列	退火温度/℃	片段/bp	阳性对照
1	faeG	For-GAATCTGTCCGAGAATATCA	55	499	RO8c
1		Rev-GTTGGTACAGGTCTTAATGG			
2	fanA	For-AATACTTGTTCAGGGAGAAA	59	230	B44a
2		Rev-AACTTTGTGGTTAACTTCCT			
2	fedA	For-TGGTAACGTATCAGCAACTA	59	313	F107a
2		Rev-ACTTACAGTGCTATTCGACG			
2	aidA-I	For-ACAGTATCATATGGAGCCA	59	585	PD20c
2		Rev-TGTGCGCCAGAACTATTA			
2	Stx2e	For-AATAGTATACGGACAGCGAT	59	733	AMR-47c
2		Rev-TCTGACATTCTGGTTGACGC			
3	astA	For-TCGGATGCCATCAACACAGT	62	125	JG280c
3		Rev-GTCGCGAGTGACGGCTTTGTAAG			
3	paa	For-GGCCCGCATACAGCCTTG	62	282	JG280c
3		Rev-TCTGGTCAGGTCGTCAATACTC			
3	fasA	For-GTA ACTCCACCGTTTGTATC	62	409	P16Ma
3		Rev-AAGTTACTGCCAGTCTATGC			
3	sepA	For-TAA AACCCGCCGCCTGAGTA	62	611	JG280c
3		Rev-TGCCGGTGA ACAGGAGGTTT			

① 大肠杆菌引物特异性鉴定　以提取的大肠杆菌及其他细菌的 DNA 为模板，以灭菌双蒸水作为空白对照，验证引物的特异性。PCR 反应总体系为 25μL，其中 10×PCR Buffer 2.5μL、10mmol/L dNTP 0.5μL、10μmol/L 引物 1μL、Taq 酶 1U、DNA 模板 25 ng。PCR 反应程序：94℃预变性 3min；94℃变性 1min，55℃退火 30 s，72℃延伸 1min，重复 35 个循环；最后 72℃延伸 7min。

② 大肠杆菌分子检测　PCR 反应体系和反应程序与①相同。

③ 大肠杆菌毒素基因检测　采用多重 PCR 法进行大肠杆菌毒素基因检测，分 3 组四重 PCR，反应体系均为 25μL，含 Taq 酶 1U、10×PCR Buffer 2.5μL、10mmol/L dNTP 0.5μL、10μmol/L 引物 1μL 和 DNA 模板 25 ng。3 组反应的 PCR 程序，组Ⅰ为预变性 15min（95℃）；变性 1min（95℃），退火 1min（55℃），延伸 2min（72℃），重复 30 个循环（每下一个循环退火时间加 3s）；最后延伸 10min（72℃）。组Ⅱ为预变性 15min（95℃）；变性 1min（95℃），退火 1min（59℃），延伸 2min（72℃），重复 30 个循环（每下一个循环退火时间加 3 s）；最后延伸 10min（72℃）。组Ⅲ为预变性 15min（94℃）；变性 1min（94℃），退火 1min（62℃），延伸 1min（72℃），重复 35 个循环；最后延伸 10min（72℃）。

④ PCR 产物的检测　取 10μL PCR 产物，点样于 1.5% 的琼脂糖凝胶中，以 100 bp Marker 作为标准分子量，于 120 V 电压、1 倍 TAE 缓冲液中电泳 2 h，EB 染色，采用凝胶成像系统观察结果。

三、微生物发酵床养猪垫层大肠杆菌毒素基因检测

（1）大肠杆菌引物特异性鉴定　根据大肠杆菌的 udiA 基因设计的大肠杆菌特异检测引

物 UdiAf/UdiAr 对大肠杆菌 K88、沙门菌 FJAT-8752、鼠李糖乳杆菌 FJAT-8695、青枯雷尔菌 FJAT-1458、铜绿假单胞菌 FJAT-341 等 10 种不同的细菌进行 PCR 扩增，结果见图 8-4，所用引物特异性强，只对大肠杆菌扩增出一条大小为 150 bp 的条带，而沙门菌、鼠李糖乳杆菌、青枯雷尔菌等其他 9 种非大肠杆菌均无扩增带，表明引物 UdiAf/UdiAr 对大肠杆菌有特异性，能对大肠杆菌进行快速、准确的检测。

图8-4　大肠杆菌检测引物的特异性鉴定

1～10 分别为大肠杆菌 K88、沙门菌 FJAT-8752、鼠李糖乳杆菌 FJAT-8695、青枯雷尔菌 FJAT-1458、铜绿假单胞菌 FJAT-341、蜡样芽胞杆菌 ANTI-8098、苏云金芽胞杆菌 Bt9408、金黄色葡萄球菌 FJAT-12029、恶臭假单胞菌 FJAT-349、阴沟肠杆菌 FJAT-YJ10；CK 为空白对照；M 为分子量标准（3000 bp、2000 bp、1500 bp、1200 bp、1031 bp、900 bp、800 bp、700 bp、600 bp、500 bp、400 bp、300 bp、200 bp、100 bp）

（2）大肠杆菌分子鉴定　从不同使用时间、不同层次的垫料中分离的 433 株疑似大肠杆菌经大肠杆菌特异检测引物的鉴定结果如图 8-5 所示，这对引物在大肠杆菌菌株扩增出大小约 150bp 的条带，在清水对照和不是大肠杆菌的菌株中没有扩增出相应的片段，说明这对引物对大肠杆菌是特异的，同时，也说明零污染养猪猪舍垫料有大肠杆菌的存在。分离的 433 株疑似大肠杆菌中检测出 419 株为阳性，阳性率为 96.77%，分别在 1 个月垫料分离的 94 株疑似大肠杆菌中检测出 89 株阳性、3 个月垫料分离的 63 株疑似大肠杆菌中检测出 60 株阳性菌株、5 个月垫料分离的 96 株疑似大肠杆菌中经检测全部为阳性菌株、7 个月垫料分离的 106 株疑似大肠杆菌中检测出 103 株阳性菌株、9 个月垫料分离的 74 株疑似大肠杆菌中检测出 71 株阳性菌株。

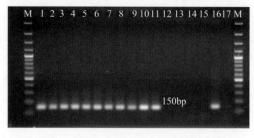

图8-5　大肠杆菌特异检测图谱

1～11 为大肠杆菌阳性检测；12～15 为大肠杆菌阴性检测；16 为阳性对照；17 为阴性对照；M 为分子量标准（同图 8-3 注）

（3）大肠杆菌毒素基因研究

① 大肠杆菌毒素基因 PCR 检测结果　利用建立的多重 PCR 对 419 株经鉴定为大肠杆菌的菌株进行毒素基因检测，结果发现，样品中存在 12 种毒素基因中的 8 种毒素基因，分别是第 1 组毒素基因 *estB*、*estA*、*faeG*、*elt*，第 2 组毒素基因 *fedA*、*aidA–I*、*Stx2e* 和第 3 组毒

素基因 *sepA*。扩增产物大小与阳性对照一致（图8-6）。

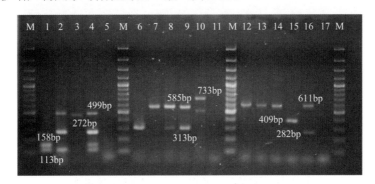

图8-6　大肠杆菌毒素基因PCR检测图谱

1～5 为大肠杆菌毒素基因第 1 组检测结果，其中 4 为阳性对照 RO8ᶜ、5 为空白对照；6～11 为大肠杆菌毒素基因第 2 组检测结果，其中 9 为阳性对照 PD20c、10 为阳性对照 AMR-47c、11 为空白对照；12～17 为大肠杆菌毒素基因第 3 组检测结果，其中 15 为阳性对照 P16Ma、16 为阳性对照 JG280c、17 为空白对照；M 为分子量标准（同上）

② 大肠杆菌毒素基因数量分布　结果见表 8-8。从 1 个月垫料中分离到的 89 株大肠杆菌中检测到 20 株含毒素基因，阳性检出率为 22.47%，其中 5 株携带 *estB* 基因、2 株携带 *elt* 基因、6 株携带 *faeG* 基因、1 株携带 *aidA–I* 基因、2 株携带 *sepA* 基因、1 株携带 *faeG*+*sepA* 2 种毒素基因、1 株携带 *faeG* +*Stx2e* 2 种毒素基因、1 株携带 *estB*+*faeG*+*elt* 3 种毒素基因、1 株携带 *estB*+*estA*+*fedA* 3 种毒素基因；3 个月垫料分离到的 60 株大肠杆菌中检测出 7 株含毒素基因，阳性检出率为 11.67%，其中 1 株携带 *estA* 基因、4 株携带 *faeG* 基因、1 株携带 *aidA–I* 基因、1 株携带 *estA*+*faeG* 2 种毒素基因；5 个月垫料分离的 96 株大肠杆菌中检测出 13 株含毒素基因，阳性检出率为 13.54%，其中 1 株携带 *estA* 基因、1 株携带 *faeG* 基因、2 株携带 *fedA* 基因、2 株携带 *Stx2e* 基因、2 株携带 *aidA–I* 基因、2 株携带 *Stx2e*+*aidA–I* 2 种毒素基因、3 株携带 *fedA*+*Stx2e*+*aidA–I* 3 种毒素基因；7 个月垫料分离的 103 株大肠杆菌中检测出 14 株含毒素基因，阳性检出率为 13.59%，其中 1 株携带 *estB* 基因、4 株携带 *faeG* 基因、2 株携带 *elt* 基因、4 株携带 *aidA–I* 基因、1 株携带 *elt*+*faeG* 2 种基因、1 株携带 *estA*+ *faeG* 2 种基因、1 株携带 *estB*+*estA*+ *faeG* 3 种毒素基因；9 个月垫料分离的 71 株大肠杆菌中检测出 3 株含有毒素基因，阳性检出率为 4.23%，其中 1 株携带 *fedA* 基因、1 株携带 *elt* 基因、1 株携带 *Stx2e*+*aidA–I* 2 种毒素基因。

表8-8　不同使用时间垫料大肠杆菌毒素基因的检测结果

使用时间	检测数量	毒素基因类型	毒素基因检出量	毒素基因检出率/%
1个月垫料	89	*estB*	5	5.62
		elt	2	2.25
		faeG	6	6.74
		aidA–I	1	1.12
		sepA	2	2.25
		faeG +*sepA*	1	2.25
		faeG +*Stx2e*	1	1.12
		estB+*faeG*+*elt*	1	1.12
		estB+*estA*+*fedA*	1	1.12

使用时间	检测数量	毒素基因类型	毒素基因检出量	毒素基因检出率/%
3个月垫料	60	estA	1	1.67
		faeG	4	6.67
		aidA–I	1	1.67
		estA+faeG	1	1.67
5个月垫料	96	estA	1	1.04
		faeG	1	1.04
		fedA	2	2.08
		Stx2e	2	2.08
		aidA–I	2	2.08
		Stx2e+aidA–I	2	2.08
		fedA+Stx2e+aidA–I	3	3.13
7个月垫料	103	estB	1	0.97
		faeG	4	3.88
		elt	2	1.94
		aidA–I	4	3.88
		elt+faeG	1	0.97
		estA+faeG	1	0.97
		estB+estA+faeG	1	0.97
9个月垫料	71	fedA	1	1.41
		elt	1	1.41
		Stx2e+aidA–I	1	1.41

③ 大肠杆菌毒素基因特征分布　对于从不同使用时间、不同层次基质垫料中分离的携带毒素基因的大肠杆菌菌株进行分析，只携带单一的毒素基因菌株占75.44%，同时携带两种毒素基因的菌株占14.04%，同时携带3种毒素基因的菌株占10.53%。毒素基因 aidA-I 在不同使用时间的基质垫料中均有分布，而毒素基因 faeG 和 estA 只在基质垫料使用的前期分布，在基质垫料使用的后期（9个月开始）没有分布。毒素基因 faeG、estB 和 fedA 在不同层次的基质垫料中均有分布，而毒素基因 elt、estA、aidA-I、Stx2e 和 sepA 只分布在基质垫料的第1、3、4层，在基质垫料的第2层没有分布。

四、微生物发酵床养猪垫层大肠杆菌种群毒素基因分布动态

（1）时间动态　不同使用时间的垫料，携带毒素基因的大肠杆菌种类和数量存在较大差异（表8-9）。1个月新鲜垫层中携带毒素基因大肠杆菌种类和数量最多，携带毒素基因大肠杆菌分布总量为 2.08×10^5 CFU/g；9个月垫料携带毒素基因大肠杆菌分布数量最低，为 5.0×10^4 CFU/g。1个月新鲜垫层的大肠杆菌分布8种毒素基因，分别是 faeG、elt、estA、estB、fedA、aidA-I、Stx2e 和 sepA，其中携带 sepA 基因（耐药性因子）的大肠杆菌分布量最大，为 7.0×10^4 CFU/g，携带 Stx2e 基因（志贺毒素）的大肠杆菌分布量最低，为 1.0×10^3 CFU/g；3个月垫料的大肠杆菌分布3种毒素基因，分别是 faeG、estA 和 aidA-I；5个月垫料的大肠杆菌分布5种毒素基因，分别是 faeG、estA、fedA、aidA-I 和 Stx2e，其中携带 fedA

基因（菌毛 A 亚单位基因）大肠杆菌分布量最大，为 5.9×10^4 CFU/g，*faeG* 基因（菌毛蛋白基因）分布量最低，为 1.0×10^3 CFU/g；7 个月垫料的大肠杆菌分布 6 种毒素基因，分别是 *faeG*、*elt*、*estA*、*estB*、*fedA* 和 *aidA-I*，其中携带 *aidA-I* 基因大肠杆菌分布量最大，为 7.0×10^4 CFU/g，携带 *faeG* 基因分布量最低，为 1.0×10^3 CFU/g；9 个月垫料的大肠杆菌分布 4 种毒素基因，分别是 *elt*、*fedA*、*aidA-I* 和 *Stx2e*，携带 *fedA* 基因大肠杆菌分布量为 2.0×10^4 CFU/g，分别携带 *elt*、*aidA-I* 和 *Stx2e* 3 种不同毒素基因的大肠杆菌分布量均为 1.0×10^4 CFU/g。随着垫料使用时间的延长，携带毒素基因大肠杆菌在垫料中的分布渐少，说明垫料的使用能抑制以大肠杆菌为靶标菌的病原菌的生长。

表8-9　不同毒素基因类型的大肠杆菌时间分布特征　　　　单位：CFU/g

垫料使用时间	携带不同毒素基因类型的大肠杆菌数量（$\times 10^3$）							
	faeG	*elt*	*estA*	*estB*	*fedA*	*aidA-I*	*Stx2e*	*sepA*
1个月垫料	35.0	30.0	11.0	49.0	2.0	10.0	1.0	70.0
3个月垫料	71.0	0.0	40.0	0.0	0.0	40.0	0.0	0.0
5个月垫料	1.0	0.0	20.0	0.0	59.0	16.0	3.4	0.0
7个月垫料	1.0	60.0	10.0	5.0	4.0	70.0	0.0	0.0
9个月垫料	0.0	10.0	0.0	0.0	20.0	10.0	10.0	0.0

（2）空间动态　携带毒素基因的大肠杆菌在微生物发酵床垫料的空间分布动态如表 8-10 所列，携带不同毒素基因的大肠杆菌基本上都是在第 1 层分布量最大，在第 2 层分布量最低。携带 *faeG*、*estB* 和 *fedA* 3 种毒素基因的大肠杆菌在垫料各层次均有分布；携带 *elt*、*Stx2e* 和 *sepA* 基因的大肠杆菌分布规律相同，只分布在垫料的第 1、3 和 4 层，且在第 1 层分布量最大，其次是第 3 层，第 2 层没有分布；携带 *estA* 毒素基因的大肠杆菌和携带 *aidA-I* 毒素基因的分布规律相同，都只分布在第 1、3、4 层，且在第 3 层分布量最大，其次是第 1 层，第 2 层没有分布。

表8-10　不同毒素基因类型大肠杆菌在垫料空间分布特征　　　　单位：CFU/g

垫料深度	携带不同毒素基因类型的大肠杆菌数量（$\times 10^3$）							
	faeG	*elt*	*estA*	*estB*	*fedA*	*aidA-I*	*Stx2e*	*sepA*
第一层	150.0	60.0	26.0	5.0	23.0	50.0	33.0	30.0
第二层	30.0	0.0	0.0	2.0	33.0	0.0	0.0	0.0
第三层	100.0	30.0	45.0	27.0	17.0	70.0	11.0	20.0
第四层	10.0	10.0	10.0	20.0	12.0	26.0	1.1	20.0

五、微生物发酵床养猪垫层大肠杆菌种群空间分布动态

不同使用时间、不同层次的垫料中大肠杆菌的分布见图 8-7，从垫料的不同使用时间来看，随着使用时间的增加，垫料大肠杆菌分布量减少，这可能是因为垫料使用一段时间后，垫层碳源和氮源等微生物生长的必需营养成分含量降低，从而限制微生物的生长包括大肠杆菌的生长；从垫料的不同层次来看，垫料的表层（第 1 层）大肠杆菌分布量最多，其次是底层（第 4 层），垫料的第 2 层（第 2 层，离表层 30 ～ 40cm）分布量最少，大肠杆菌在垫

料的这种分布规律与大肠杆菌的生长条件相关。大肠杆菌属兼性厌氧菌，适宜生长温度为15～46℃，最适生长温度为37℃。垫料表层通气量好，且温度（25～35℃）适宜，故大肠杆菌在垫料的表层分布量最大；垫料底层虽通气量差，但为大肠杆菌的生长营造了厌氧环境，且温度适宜，所以分布量也较大；垫料的第2层温度高达55～65℃，不适于大肠杆菌生长，故大肠杆菌在垫料的第2层分布量最少。

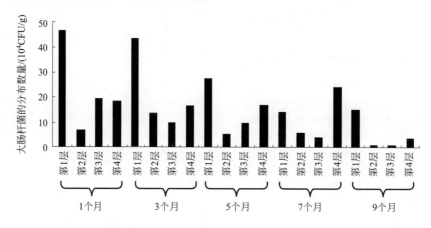

图8-7　零污染养猪猪舍垫料大肠杆菌的分布动态

六、微生物发酵床对猪舍大肠杆菌生物防治的效果

以垫料使用时间为"x"变量，以大肠杆菌在垫料不同层次的分布数量为"y"变量，构建大肠杆菌在不同使用时间、不同层次垫料中的分布动态的回归模型。从图8-8可以看出，垫料表层（第1层）大肠杆菌种群数量从刚开始使用第1个月的4.67×10^5 CFU/g下降至使用第9个月的1.52×10^5 CFU/g，下降幅度为67.45%，垫料表层大肠杆菌种群数量随使用时间变化符合方程$y=169.67x^{-1.0137}$（$R^2=0.8461$）；垫料第2层大肠杆菌种群数量随使用时间呈现先上升后下降的趋势，峰值出现在使用第5个月的垫料，符合方程$y=0.1006x^3-2.3733x^2+16.094x-22.454$（$R^2=0.7692$）；垫料第3层大肠杆菌分布数量随使用时间变化与第1层相似，符合指数线性方程$y=313.11x^{-2.1885}$（$R^2=0.7421$），大肠杆菌种群数量从使用第1个月的1.93×10^5 CFU/g下降至使用第9个月的6.70×10^3 CFU/g，下降幅度为96.53%；垫料最底层（第4层）大肠杆菌分布数量随使用时间呈先降后升再降的变化趋势，大肠杆菌分布数量最大值出现在使用9个月的垫料中，分布量为2.42×10^5 CFU/g，垫料底层大肠杆菌种群数量随使用时间的变化符合方程$y=-0.3159x^3+6.0913x^2-35.634x+79.513$（$R^2=0.90$）。总体上，大肠杆菌在垫料不同层次的分布数量都为从猪粪便直接分离的大肠杆菌万分之一，且随着垫层的使用，垫料形成平衡稳定的微生态体系，这对大肠杆菌的生物防治效果更为明显。

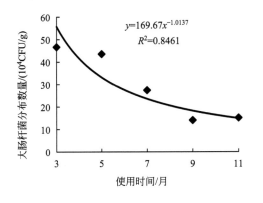

(a)大肠杆菌在不同使用时间基质垫层第1层的分布动态

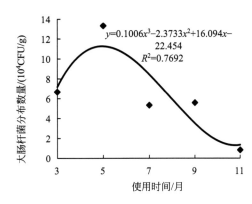

(b)大肠杆菌在不同使用时间基质垫层第2层的分布动态

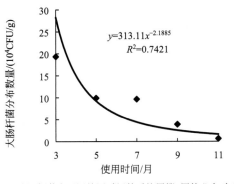

(c)大肠杆菌在不同使用时间基质垫层第3层的分布动态

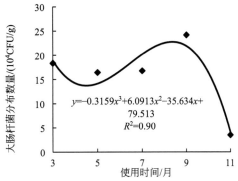

(d)大肠杆菌在不同使用时间基质垫层第4层的分布动态

图8-8　大肠杆菌在不同使用时间、不同层次垫料分布的动态模型

七、讨论

（1）微生物发酵床大肠杆菌毒素基因检测及其分布动态　病原性大肠杆菌是一种常见的人畜胃肠疾病的病原微生物，可使人畜发生腹泻、水肿病，甚至死亡（谷文彬和冯丽杰，2006；杨少华和柴同杰，2006；闻晓波等，2007）。大肠杆菌毒力主要取决于是否携带相应的毒素，如志贺毒素（Stx2e）和扩散性黏附素（aidA–I）这两个毒素基因所编码的毒素是大肠杆菌 O157:H7 高危菌株的主要致病因子（徐晓静和惠鸿文，2005），可引起仔猪水肿病。肠产毒素性大肠杆菌（enterotoxigenic Escherichia coli，ETEC）是引起仔猪腹泻的主要致病菌，ETEC 常携带热不稳定肠毒素基因（elt）、热稳定肠毒素基因（estA、estB）和 F4/K88 菌毛蛋白基因（faeG）（Boerlin et al.，2005）。含耐药性因子（sepA）的菌体能编码一种使药物外流的蛋白质，对人和牲畜的危害很大，存在高风险（Bejelloun et al.，1995；Koji et al.，2002）。因此，大肠杆菌毒素基因的检测成为鉴别病原性大肠杆菌的重要依据。研究分离 419 株大肠杆菌中，57 株携带毒素基因，其中 22 株携带 faeG 基因、14 株携带 aidA–I 毒素基因、11 株携带 Stx2e 毒素基因、9 株携带 estB 基因、6 株携带 elt 基因、5 株携带 sepA 基因、4 株携带 estA 基因，这表明分离的病原性大肠杆菌中主要携带 faeG 基因，它所编码

的毒素是引起仔猪腹泻的主要致病因子，此外，还存在引起仔猪水肿的 *aidA–1* 毒素基因和 *Stx2e* 毒素基因，预示该猪场存在引发仔猪腹泻和水肿的大肠杆菌病风险，当然，研究分离的大肠杆菌中只有极少部分带有毒素基因，且所携带的毒素基因是否表达产生致病性有待进一步确定。

（2）微生物发酵床对猪疫病的生物防治　控制疫病是当前我国养猪业中的主要问题。猪的许多疫病根源来自猪粪便。据统计，在已发生的疫病中至少有 10% 的疫病与粪便高度关联，有 70% 与环境空气质量相关（刘滨疆，2009），因此消除粪便污染和改善养殖环境就能控制大多数疫病的发生。微生物发酵床利用谷壳、锯末、米糠组成的垫料作为培养基进行发酵，对猪排出的粪尿进行降解、消化，从源头实现零排放，从而净化环境、减少猪疫病的发生。吴金山（2009）认为，微生物发酵床饲养下，猪所处的环境在一定程度上回归了野生状态，保证了猪在整个生长过程中生活轻松、愉悦、舒适，从而增强了体质，提高了免疫力。有人认为小猪腹泻与水泥地面对猪腹部的冷刺激有很大的关联性（田冬梅，2010），而微生物发酵床给生猪提供了温暖舒适的环境，完全免除了冰凉地面对猪的侵害，因此，仔猪黄痢、白痢和红痢几乎在发酵床圈舍消失。为了阐明微生物发酵床对猪疫病的生物防治作用，笔者的研究以大肠杆菌为靶标菌，跟踪调查垫料大肠杆菌及其毒素基因的分布动态，调查时间为 9 个月，调查频率为 1 次 /2 个月。从研究调查结果来看，微生物发酵床养猪垫料有一定量大肠杆菌的分布，其分布数量远小于猪粪便大肠杆菌的分布数量（10^8 CFU/g），且分离的大肠杆菌大部分没有携带毒素基因。此外，研究进一步发现，垫料的表层大肠杆菌分布量最大，其次是最底层，第 2 层分布量最小；1 个月垫料大肠杆菌分布量最多，9 个月垫料大肠杆菌分布量最小。总体来看，垫料的第 1 层和第 3 层大肠杆菌种群数量随使用时间呈指数线性方程分布，第 2 层和第 4 层大肠杆菌种群数量随使用时间呈一元三次方程分布；大肠杆菌在垫料的种群分布动态为：使用一段时间后（第 9 个月），垫料大肠杆菌分布数量明显降低，特别是第 1 层和第 3 层的垫料，比垫料使用的前期（第 1 个月）降低 67.45% ～ 96.53%。由此可见，微生物发酵床能够抑制大肠杆菌的生长，从而对猪舍大肠杆菌病原起到生防作用，且微生物发酵床使用一定时间后，生防效果更为明显。

（3）结论

① 不同使用时间、不同层次的垫料有一定量的大肠杆菌分布且分布量不同，一般垫料的表层大肠杆菌分布量最大，第 2 层分布量最小，且大肠杆菌分布量随使用时间增加而减少；大肠杆菌毒素基因的分布规律与大肠杆菌的分布规律相类似。

② 微生物发酵床养猪垫料形成的稳定微生物群落结构能够抑制大肠杆菌特别是致病性大肠杆菌的生长。表层（大部分为猪粪便）分布的大肠杆菌经过垫料生物抑制后，在垫料的第 2 层分布量明显降低，特别是很多毒素基因在第 2 层没有分布。

③ 由于大肠杆菌在外界存活时间与一些主要肠道病原菌相近，它的出现可能预示着某些肠道病原菌的存在，因此可将大肠杆菌分布量作为检测猪疫病特别是肠道疾病发生的指标。

④ 微生物发酵床能够对养猪舍起到疫病生物防治的作用，因此利用微生物发酵床养猪是一种健康、无污染的新型养猪模式。

第五节
发酵床发酵过程中大肠杆菌毒性基因分布动态

一、概述

我国是养猪大国，目前，国内养殖业向规模化、工厂化方向发展，随之而来的猪粪污染问题也日益严重。而如果养猪场产生的废弃物大多未经处理，直接排放至环境或简单堆存，病死动物无害化处理不彻底，会造成严重的水源、土壤和空气污染等。陈欣等（2007）的研究结果指出，施用未腐熟畜禽粪便作为肥料，对蔬菜和土壤的污染较严重，大肠杆菌含量高。由于传统的养猪模式造成大量的土地和水资源污染，新型的微生物发酵床养猪模式引起了广泛关注。微生物发酵床养猪，是一种区别于传统养猪的模式，利用农业废弃物如谷壳、锯末、秸秆、椰糠等作垫料，猪群直接饲喂于其上，粪尿排泄于其上，同时添加微生物菌剂，对猪粪便等进行发酵降解，其优势在于能有效地解决猪生产过程中的排泄物处理，降低环境污染。

微生物发酵床的垫料是猪活动的载体，其中分布着多种微生物，微生物的种类和丰度受发酵床物理、化学和生物因素的影响而呈现动态变化。刘波等（2008）利用脂肪酸标记法研究零排放猪舍垫料微生物生物群落多样性，发现垫料中存在包括细菌、真菌、放线菌、原生动物等在内的 37 个不同类群的微生物。王潇娣等（2012）采集南方高热地区的发酵床垫料进行细菌分离，揭示垫料中主要的细菌有大肠杆菌、葡萄球菌、沙门菌、链球菌和芽胞杆菌等。其中，大肠杆菌是分布最广泛的细菌之一，在哺乳动物粪便和自然界中广泛存在，是牲畜肠道中的常驻菌种，其中多数没有致病性，但是有些特殊血清型的大肠杆菌，能产生一些毒素，例如肠毒素、致水肿毒素、神经毒素，对牲畜尤其是幼畜有病原性（蔡宝祥，2001）。郑雪芳等（2011）研究了不同深度的微生物发酵床养猪垫料中大肠杆菌及其毒素基因的数量分布，发现大肠杆菌种群数量呈现表层和底层分布量最大、中层分布量最少，表明微生物发酵床对猪舍大肠杆菌能起到显著的生物防治作用。

以下的研究是以发酵床垫料为研究对象，利用大肠杆菌筛选培养基，分离不同发酵等级垫料中的大肠杆菌，并根据在大肠杆菌中普遍存在的 *udiA* 基因（β-D- 半乳糖苷酶基因）（McDaniels and Rice，1996）的特异检测引物检测微生物发酵床垫料大肠杆菌，分析其血清型、抗生素抗性以及毒素基因携带情况，对微生物发酵床不同发酵程度的垫料中大肠杆菌的特征提供研究基础。

二、研究方法

1. 材料

（1）实验地点　福建省农科院示范基地接触式微生物发酵床育肥猪舍。

（2）不同发酵程度垫料主要猪病原菌分布样本采集　不同发酵等级的微生物发酵床垫料采自育肥猪大栏发酵床，样品发酵等级按潘志针等（2016）的色差法判别，采集4个发酵等级的垫料。

2．方法

（1）垫料中大肠杆菌的分离鉴定

① 采集后的垫料立即进行大肠杆菌分离　每份样品取3份平行样，分别称取1g，于9mL无菌水中进行稀释。继续进行梯度稀释后，取 10^{-5} 稀释样品 $100\mu L$ 涂布于伊红美蓝培养基平板上（北京陆桥技术有限责任公司），30℃培养至长出单菌落。根据大肠杆菌在伊红美蓝鉴别培养基上会形成黑色带金属光泽的菌落的形态特征，挑取单菌落，并计数、纯化、保存分离得到的菌株。

② 大肠杆菌 udiA 基因的扩增

反应体系：$2\times PCR$ mix $10\mu L$（上海博尚生物公司），大肠杆菌菌液 $1\mu L$，正向引物 $0.5\mu L$、反向引物 $0.5\mu L$（上海博尚生物公司），用无菌水补充体积至 $20\mu L$。

扩增条件为：94℃，预变性 10min；然后94℃变性 30s，50℃退火 30s，72℃延伸 30s，进行 35 个循环，最后72℃延伸 10 min。

测序由上海博尚生物公司完成，序列同源性比对应用 NCBI Blastn 程序。微生物发酵床大肠杆菌基因扩增所用引物如表8-11 所列。

表8-11　猪致病菌毒素基因扩增所用引物

基因	引物	片段长度
udiA	udiA For:5′-AAAACGGCAAGAAAAAGCAG-3′ udiA Rev:5′-ACGCGTGGTTACAGTC TTGCG-3′	150 bp（李晓虹等，2006）
sepA	sepA For-TAA AACCCGCCGCCTGAGTA sepA Rev-TGCCGGTGA ACAGGAGGTTT	611 bp（李咏梅等，2003）
astA	astA For-TCGGATGCCATCAACACAGT astA Rev-GTCGCGAGTGACGGCTTTGTAAG	125 bp（李咏梅等，2003）

（2）大肠杆菌血清型鉴定　分离得到的大肠杆菌采用 O 抗原诊断血清检测其是否具有致病性。将过夜培养后的大肠杆菌于 121℃高压灭菌，与大肠杆菌 O 抗原血清进行玻板凝集试验，以清水为对照。多价血清购买自天津生物芯片有限公司，包括致泻大肠杆菌诊断血清多价 10（O91，O118，O138，O145）、肠致病性大肠杆菌（EPEC）多价 3（O128，O142，O146，O151，O158）、肠产毒素性大肠杆菌（ETEC）多价 4（O159，O166，O167，O168，O169）。

（3）毒素基因 astA 和 sepA 的扩增　PCR 反应体系同上（1）② udiA 基因的扩增。sepA 扩增条件为：94℃预变性 10min；94℃变性 30s，58℃退火 30s，72℃延伸 30s，进行 35 个循环，最后72℃延伸 10 min。astA 扩增条件为：94℃预变性 10 min；94℃变性 30s，61℃退火 30s，72℃延伸 30 s，进行 35 个循环，最后72℃延伸 10 min。测序由上海博尚生物公司完成，序列同源性比对应用 NCBI Blastn 程序。

三、不同发酵程度垫料大肠杆菌分布

10^{-5} 稀释后的样品涂布培养后，挑取 60 余株菌落为黑色带金属光泽、表面光滑湿润的圆形微凸菌株，进一步分离纯化（图 8-9）。结合 PCR 扩增 *udiA* 基因序列（图 8-10），将序列信息进行比对确认，初步鉴定分离了 41 株大肠杆菌。这些大肠杆菌均来自发酵等级一的垫料中，而在相同的稀释倍数下，其他发酵等级的垫料中未分离到（表 8-12）

图8-9　大肠杆菌菌落图

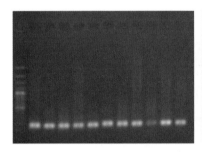
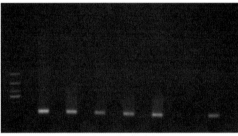

图8-10　大肠杆菌*udiA*基因的PCR检测

表8-12　不同发酵程度垫料大肠杆菌分布

垫料发酵级别	垫料色差（色差△E）	采样数/个	大肠杆菌株数/株
一级	$0 < \Delta E \leqslant 7.63$	3	41
二级	$7.63 < \Delta E \leqslant 39.06$	3	0
三级	$39.06 < \Delta E \leqslant 70.49$	3	0
四级	$\Delta E \geqslant 70.49$	3	0

四、大肠杆菌血清型鉴定

致泻大肠杆菌可引起传染性疾病，根据发病机制、血清型和毒力测定等，其可分为肠出血性大肠杆菌（EHEC）、肠产毒素性大肠杆菌（ETEC）、肠致病性大肠杆菌（EPEC）、肠聚集性大肠杆菌（EAEC）和肠侵袭性大肠杆菌（EIEC）5 类（Kuwayama et al.，2011）。试验采用致泻大肠杆菌诊断血清多价 10、肠致病性大肠杆菌（EPEC）多价 3、肠产毒素性大肠杆菌（ETEC）多价 4 对分离的 41 株大肠杆菌血清型进行检测。结果显示，致泻大肠杆菌共 15 株，占总数的 36.6%（表 8-13）。未检出 EPEC 多价 3 和 ETEC 多价 4 血清型的大肠杆菌。

表8-13　41株大肠杆菌的血清型鉴定结果

大肠杆菌血清型	大肠杆菌多价O抗原特性	样本数量/个	检出数/个	检出率/%
致泻大肠杆菌多价10	O91，O118，O138，O145	41	15	36.6
肠致病性大肠杆菌（EPEC）多价3	O128，O142，O146，O151，O158	41	0	0
肠产毒素性大肠杆菌（ETEC）多价4	O159，O166，O167，O168，O169	41	0	0

五、大肠杆菌毒素基因*astA*和*sepA*的扩增

进一步对 15 株致泻大肠杆菌进行 *astA* 和 *sepA* 基因的扩增，有 2 株大肠杆菌扩增出 611 bp 的 *sepA* 基因片段，有 9 株扩增出 125 bp 的 *astA* 基因片段（图 8-11）。将 PCR 产物进行测序分析，与 GenBank 中大肠杆菌相应的基因相似性均在 98% 以上。即在垫料中分离的具有热稳定肠毒素 *astA* 基因的大肠杆菌占总数的 21.95%，含耐药性因子(*sepA*)的占 4.88%（表 8-14）。

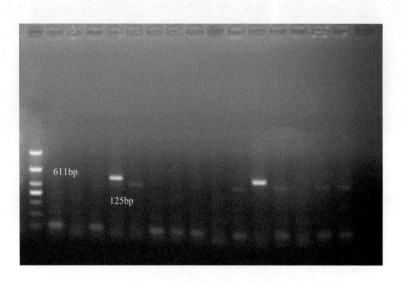

图8-11　大肠杆菌*astA*和*sepA*基因的克隆

表8-14　毒素基因*astA*和*sepA*的扩增结果

大肠杆菌毒素基因	基因片段长度/bp	检测总数（*n*）	检出数（*n*）	百分比/%
热稳定肠毒素*astA*	125	15	9	21.95
耐药性因子*sepA*	611	15	2	4.88

六、讨论

随着规模化养猪的发展，养猪业带来的副产物尤其是猪粪便带来的污染问题日益严峻。禽畜粪便带来的病原菌是重要的污染物之一，主要包括大肠杆菌、葡萄球菌、沙门菌等。周学利等（2014）从猪的肠道内容物和垫料中均分离到了大肠杆菌、沙门菌、链球菌、葡萄球菌，发酵床的垫料和猪肠道内容物中含有的细菌种类基本相同，但含量差异较大。大肠杆菌是人畜共患病的病原菌之一，会导致人和禽畜的出血性腹泻、败血症、结肠炎等，甚至会引起死亡。大肠杆菌的部分血清型可引起肠道感染，称为致泻性大肠杆菌，是造成初生仔猪腹泻最重要的病原体之一。肠致病性大肠杆菌是引起猪腹泻的主要病原菌之一，主要毒力因子包括束状菌毛介导的黏附作用及志贺毒素引起的损伤（杨正时，1985；华荣虹等，2006）。肠产毒素性大肠杆菌是引起仔猪黄白痢的主要病原菌之一，该菌株分泌耐热和不耐热肠毒素，具有与致病性相关的菌毛。其致病机理是通过菌毛黏附在小肠上皮细胞，释放毒素，刺激腺苷环化酶或鸟苷环化酶的产生，引起肠液过度分泌和聚积，产生水样腹泻，影响仔猪生长发育和降低饲料报酬而造成较大的经济损失（宦海霞等，2006）。

在相同的稀释倍数（10^{-5} 稀释倍数）下，分离不同发酵等级（以色差值为指标）的微生物发酵床垫料中的大肠杆菌，研究微生物发酵床养猪垫料中的大肠杆菌的状态。发酵初级的垫料中存在大肠杆菌，而随着发酵的进行，大肠杆菌数量减少，以至于在此浓度下，仅在垫料发酵级别为一级即垫料使用时间较短、发酵程度较低（$0 < \Delta E \leqslant 7.63$）的条件下，分离到 41 株大肠杆菌，而发酵程度高的垫料，即垫料发酵程度在二级以上（$\Delta E > 7.63$）的环境中未分离到大肠杆菌。卢舒娴（2011）研究了发酵床养猪垫料有一定量大肠杆菌和沙门菌分布，但是垫料使用一段时间后，其分布数量呈现不断下降趋势，至第 5 个月，降至一个极低的水平。郑雪芳等（2011）通过调查微生物发酵床养猪垫料中大肠杆菌及其毒素基因的数量分布变化动态，分析微生物发酵床对猪舍大肠杆菌的生物防治作用。结果表明，从不同使用时间、不同层次的垫料中分离鉴定出大肠杆菌 419 株，并从这些菌株中检测出 59 株携带毒素基因，毒素基因类型为 8 种。其中 1 个月垫料的毒素基因阳性检出率最高，为 22.47%，其次是 7 个月基质垫料，为 16.5%，最低的是 9 个月基质垫料，为 4.23%。研究进一步验证了微生物发酵床垫料大肠杆菌随着垫料发酵程度的提高，其种群数量大幅度下降。这一发现对于微生物发酵床养猪具有重要意义。对于传统养猪舍，始终存在着大肠杆菌的分布，传统养猪的许多措施就是为降低包括大肠杆菌在内的猪病原菌（张雪寒等，2003；关怡等，2010）。微生物发酵床在发酵一段时间后，垫料的大肠杆菌的浓度大幅度降低，为微生物发酵床养猪病害生物防控提供了思路，其作用机理有待于进一步研究。

采用大肠杆菌 O 抗原诊断血清对分离的大肠杆菌进行血清型的诊断，共检测到致泻大肠杆菌诊断血清菌株 15 株，没有检测到肠致病性大肠杆菌和肠产毒素性大肠杆菌。试验对这 15 株大肠杆菌进行仔猪腹泻和抗生素抗性基因的克隆，其中具有热稳定肠毒素 (astA) 基因的大肠杆菌占总数的 21.95%、含耐药性因子 (sepA) 的占 4.88%。astA 基因编码产生热稳定肠毒素，其最主要的致病因素是细菌的附着使肠黏膜表皮细胞受到破坏。sepA 是一种多耐药性基因，能编码一种使药物外流的蛋白质，具多重耐药性，故对多种抗生素不敏感，对人畜的危害大，存在高风险（张雪寒等，2003）。

第六节————————————————————————————
发酵床猪重要病原的空间分布

一、概述

生猪养殖常见的致病菌可能导致或者继发其他病原感染，给养猪业造成严重的经济损失（蔡宝祥，2001）。大肠杆菌（*Escherichia coli*）是牲畜肠道中的常驻菌种，其中多数没有致病性，但是有些特殊血清型的大肠杆菌，能产生一些毒素，例如肠毒素、致水肿毒素、神经毒素，对牲畜尤其是幼畜有病原性（张鹏飞，2008）。沙门菌（*Salmonella*）病是一种常见、重要的人畜共患肠道疾病，不仅能导致鸡白痢、仔猪副伤寒、流产等动物疾病，还能使人类发生伤寒、副伤寒、败血症、胃肠炎和食物中毒。猪链球菌（*Streptococcus suis*）病是由链球菌属中的致病性链球菌所致的一种人畜共患的多型性传染病，急性型常为出血性败血症和脑炎，慢性型以关节炎、内膜炎、淋巴结化脓及组织化脓等为特征。魏氏梭菌又称产气荚膜梭菌（*Clostridium perfringens*），是引起畜禽坏死性肠炎、肠毒血症、气性坏疽的主要致病菌，其毒素具有致死、坏死及溶血等活性，由该菌引起的疾病病程短、死亡快。猪丹毒是由红斑猪丹毒丝菌（*Erysipelothrix rhusiopathiae*）引起的一种急性热性传染病，其主要特征为急性型呈败血症、亚急性型在皮肤上出现紫红色疹块、慢性型则主要发生心内膜炎及皮肤坏死与多发性非化脓性关节炎。此病一年四季均可发生，炎热多雨季节多发。夏秋两季多雨，雨水冲刷土壤使其中的猪丹毒丝菌有机会扩大传染。胸膜肺炎放线杆菌（*Actinobacillus pleuropneumoniae*）是一种高度传染性病原菌，能引起猪的出血性、化脓性和纤维素性肺炎。多杀性巴氏杆菌（*Pasteurella multocida*）可以引起猪肺疫和猪的萎缩性鼻炎。副猪嗜血杆菌（*Haemophilus parasuis*）是一种条件致病菌，可以引起猪的纤维素性肺炎、关节炎和脑膜炎（刘正飞和蔡旭旺，2003）。刘涛等（2011）报道信阳某处发酵床猪场由于引入了外来的病原，而出现猪繁殖与呼吸综合征和猪传染性胸膜肺炎混合感染。因此做好发酵床猪场疾病的调查，并及时诊断，将有利于发酵床猪场疾病的控制，为后期发酵床养猪提供借鉴。目前，微生物发酵床猪舍不同发酵等级垫料中的病原菌空间分布特性还未见报道，故以下研究采用宏基因组技术，获得垫料样本宏基因组 DNA，采用 8 种病原菌的特异性检测引物，特异性检测发酵床垫料中的病原菌，对垫料中的致病菌进行初步探讨，为发酵床养猪提供技术支持和防控指导。

二、研究方法

1. 材料

（1）实验地点　福清农科院示范基地接触式微生物发酵床母猪大栏养殖系统猪舍。猪舍长 93m、宽 33m，总面积 3069m²，其中发酵床长度 88.7m、宽 27.7m，面积 2457m²，垫料高度 80 cm，垫料体积 2321m³，椰糠＋谷壳垫料约 733t，猪只 1500 头。正常发酵的发酵床垫料颜色为黄褐色，疏松，含水量低，无明显臭味。不良发酵的垫料是由于管理不当而导致积水且未经妥善处理的浸水垫料，颜色呈黑色，含水量高，有明显臭味。

（2）不同发酵程度的垫料，其主要猪病原菌分布样本采集　不同发酵等级微生物发酵床垫料采自育肥猪大栏发酵床，样品发酵等级按潘志针等（2016）的色差法判别，将垫料分为四个等级，如表 8-15 所列。

表8-15　不同发酵等级垫料样品

垫料编号	垫料等级	色差值 ΔE 范围
4-1，7-1	i	$\Delta E \leqslant 7.63$
5-4，4-2，2-3	ii	$7.63 < \Delta E \leqslant 39.06$
3-3，1-2，2-1	iii	$39.06 < \Delta E \leqslant 70.49$
6-2，7-2，1-1	iv	$\Delta E > 70.49$

（3）发酵不良的垫料主要猪病原菌的分布样本采集　浸水垫料被认为是发酵不良的垫料，采集垫料样本位于育肥猪 2-1、2-4 以及母猪舍仔猪栏 8-1、8-4。采集后的垫料立即进行微生物种群宏基因组 DNA 的提取，其余垫料分装成 10 g/ 袋，置于 –80℃冰箱，备用。

2．方法

垫料总 DNA 提取：垫料宏基因组提取试剂盒 FastDNATM SPIN Kit for Soil（土壤总 DNA 快速提取试剂盒），购自 MP Biomedicals 公司。致病菌毒素基因的扩增 PCR 反应试剂：10×Buffer，dNTP（每种 10mmol/L），Taq 酶（2.5U/μL）（上海博尚生物公司）。扩增条件为 94℃预变性 4min；然后 94℃变性 1min，50℃退火 1min，72℃延伸 1min，进行 35 个循环，最后 72℃延伸 10 min。测序由上海博尚生物公司完成，序列同源性比对应用 NCBI Blastn。微生物发酵床病猪和浸水垫料猪致病菌毒素基因扩增所用引物如表 8-16 所列。

表8-16　猪致病菌毒素基因扩增所用引物

检测对象	引物	片段长度
大肠杆菌	udiAf:5′ -AAAACGGCAAGAAAAAGCAG-3′ udiAr :5′ -ACGCGTGGTTACAGTC TTGCG-3′	150 bp（郑雪芳等，2011）
沙门菌	scf:5′ - ACTGCTAAAACCACTACT - 3′ scr:5′ - TTAACGCAGTAAAGAGAG - 3′	458 bp（肖乐义等，1995）
魏氏梭菌	cpf:5′ - GCT AAT GT TACTGCCGTTGA- 3′ cpr:5′ - CCTCTGATACATCGT GT AAG- 3′	324 bp（王磊等，2005）
猪链球菌	ssf:5′ -GCAGCGTAT TCT GT CAAACG-3′ ssr:5′ -CCATGGACAGA TAAAGAT GG-3′	688bp（Okwumabua et al., 2003）
多杀性巴氏杆菌	pmf:5′ -TGATCCTGGCTCAGATTGAACG-3′ pmr:5′ -TTCTGTAATTAACGTCAATGATGCC-3′	485 bp（朱吕昌，2009）
胸膜肺炎放线杆菌	apxf:5′ -CGCACTTTCTGAGGAGTTGGC-3′ apxr:5′ -CGAATGTCTTTATCCGTCGTGTAAT-3′	342 bp（朱吕昌，2009）
副猪嗜血杆菌	hpsf:5′ -TGATCCTGGCTCAGATTGAACG-3′ hpsr:5′ -CCACCTCGCGGCTTCGTC-3′	1258 bp（朱吕昌，2009）
猪丹毒丝菌	spaf:5′ -GGGTACCAAAGTTTCGAAG-3′ spar:5′ -GATCTTTAGGTTTTTCTTC-3′	1029 bp（Hassanein et al., 2003）

三、不同发酵程度垫料主要猪病原菌分布

在不同发酵程度的垫料中，大肠杆菌在四个发酵等级的垫料中都有存在；链球菌和胸膜肺炎放线杆菌分布比较广泛，在发酵等级i、ii、iii、iv中都能找到，其中，链球菌分布在除i 7-1和iii 3-3之外的样本中，胸膜肺炎放线杆菌分布于除iv 6-2的样本中；魏氏梭菌在发酵等级ii和iii的垫料中含量较低；副猪嗜血杆菌在发酵等级iii的垫料中未检测到；多杀性巴氏杆菌在发酵程度为i和iv的垫料中未检测到；沙门菌和丹毒丝菌未检测到（图8-12）。

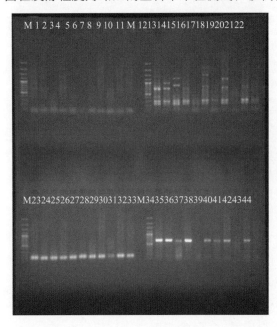
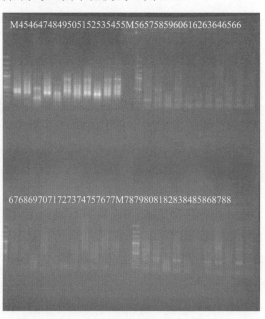

图8-12 不同发酵程度垫料中致病菌毒素基因的克隆

M:marker；1～11：垫料1-1、1-2、2-1、2-3、3-3、4-1、4-2、5-4、6-2、7-1、7-2，以引物spa扩增的结果；12～22：垫料（顺序同上）以引物apx扩增的结果；23～33：垫料以引物udi扩增的结果；34～44：垫料以引物ss扩增的结果；45～55：垫料以引物hps扩增的结果；56～66：垫料（顺序同上）以引物pm扩增的结果；67～77：垫料（顺序同上）以引物sc扩增的结果；78～88，垫料（顺序同上）以引物cp扩增的结果

四、发酵不良的垫料主要猪病原菌的分布

浸水垫料被认为是发酵不良的垫料，垫料中大肠杆菌和副猪嗜血杆菌分布广泛，四份浸水垫料中都有存在；链球菌和胸膜肺炎放线杆菌次之；魏氏梭菌和多杀性巴氏杆菌在育肥猪的垫料中存在，而在仔猪栏没有检测到；而沙门菌和丹毒丝菌在育肥猪栏和仔猪栏都未检测到（图8-13）。与发酵良好的垫料相比，发酵不良的浸水垫料中的病原菌分布更为广泛。

五、基于发酵床位置的猪病原分布聚类分析

为了区分不同猪病原在发酵床的分布特征，以致病菌是否存在为指标，存在为1，未检

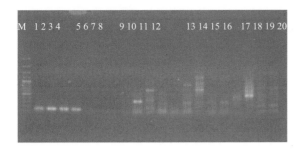

图8-13 浸水垫料中致病菌毒素基因的PCR扩增

M:marker；1～4：垫料编号育肥猪2-1、育肥猪2-4、仔猪栏8-1和仔猪栏8-4，以引物udi扩增的结果；5～8：垫料（顺序同上）以引物sc扩增的结果；9～12：垫料（顺序同上）以引物ss扩增的结果；13～16：以引物apx扩增的结果；17～20：垫料（顺序同上）以引物hps扩增的结果；21～24：垫料（顺序同上）以引物pm扩增的结果；25～28：垫料（顺序同上）以引物spa扩增的结果；29～32：垫料（顺序同上）以引物cp扩增的结果

测到为0，对病原菌及垫料进行聚类分析（表8-17）。以致病菌种类为样本，采用R型聚类欧氏距离法，对垫料中的多种致病菌种类进行系统聚类，结果见图8-14。当 $\lambda=13.7$ 时，可将病原菌分为三类，第一类是低频种类，其特征是在垫料中分布少，这类菌株包括多杀性巴氏杆菌、沙门菌和丹毒丝菌；第二类是中频种类，其分布适中，包括菌株魏氏梭菌和副猪嗜血杆菌；第三类为高频种类，其特征是在各类型垫料中广泛存在，包括胸膜肺炎放线杆菌、大肠杆菌和链球菌。

表8-17 垫料的毒素基因扩增结果

位置	*udi*	*cp*	*hps*	*pm*	*sc*	*ss*	*apx*	*spa*
	大肠杆菌	魏氏梭菌	副猪嗜血杆菌	多杀性巴氏杆菌	沙门菌	链球菌	胸膜肺炎放线杆菌	丹毒丝菌
Ⅰ-4-1	1	0	1	0	0	1	1	0
Ⅰ-7-1	1	1	1	0	0	0	1	0
Ⅱ-2-3	1	0	0	1	0	1	1	0
Ⅱ-4-2	1	0	0	0	0	1	1	0
Ⅱ-5-4	1	1	1	0	0	1	1	0
Ⅲ-1-2	1	1	0	1	0	1	1	0
Ⅲ-2-1	1	0	0	0	0	1	1	0
Ⅲ-3-3	1	0	0	0	0	0	1	0
Ⅳ-1-1	1	1	0	0	0	1	1	0
Ⅳ-6-2	1	0	1	0	0	1	1	0
Ⅳ-7-2	1	1	1	0	0	1	1	0
W-2-1	1	1	1	0	0	1	1	0
W-2-4	1	1	1	0	0	1	0	0
W-8-1	1	0	1	0	0	1	1	0
W-8-4	1	0	0	0	0	0	1	0

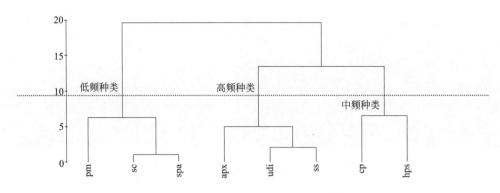

图8-14 发酵床垫料中不同猪病原分布聚类分析

六、基于猪病原分布的发酵床位置聚类分析

为了区分不同位置的发酵床垫料中猪病原的分布特征，以垫料中致病菌种类为指标，以不同发酵床垫料为样本，采用 Q 型聚类欧氏距离法对不同位置垫料种类进行系统聚类，结果见图 8-15。当 $\lambda=1.6$ 时，可将发酵床分为三类，第一类是Ⅳ-6-2、Ⅲ 3-3 和Ⅳ-1-1，其特征是致病菌种类少；第二类为Ⅱ-2-3、Ⅲ-1-2 、W-2-1 和 W-2-4，这类垫料中的致病菌种类多，其中分布的特征病原菌为多杀性巴氏杆菌和链球菌；第三类为Ⅱ-4-2、Ⅲ-2-1、W-8-4、Ⅰ-4-1、W-8-1、Ⅳ-7-2、Ⅰ-7-1 和Ⅱ-5-4，这类样本中致病菌种类适中；当 $\lambda=1.4$ 时，可将第三类样本分为两个亚类，第一个亚类包括Ⅱ-4-2、Ⅲ-2-1、W-8-4、Ⅰ-4-1 和 W-8-1，其特征病原菌为胸膜肺炎放线杆菌；第二个亚类包括Ⅳ-7-2、Ⅰ-7-1 和Ⅱ-5-4，其特征致病菌为魏氏梭菌、副猪嗜血杆菌和胸膜肺炎放线杆菌。

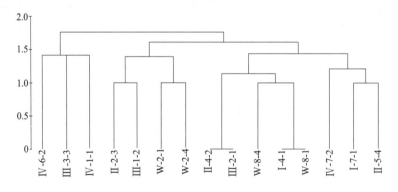

图8-15 猪病原在发酵床不同位置垫料的聚类分析

七、讨论

随着规模化养猪的发展，养猪业带来的副产物尤其是猪粪便带来的污染问题日益严峻，对水体和土壤等环境形成了巨大压力。粪便中的病原菌和寄生虫可对动植物产生巨大危害，并最终影响人类健康。在发酵床猪舍中，猪粪便直接排放于垫料中，研究发现，猪只肠道与

发酵床垫料中的细菌种类相同（王潇娣等，2012；周学利等，2014），但是细菌含量存在差异，由于发酵床中的益生菌的拮抗作用使得它们维持在不使动物患病的水平。垫料 - 猪粪尿的生物降解是通过发酵床的发酵作用完成的，发酵产生的高温，使得垫料的温度升至45℃时，多数病原菌如大肠杆菌、沙门菌、志贺菌能被杀死。谢实勇等（2012）研究表明，发酵床对降低妊娠母猪在妊娠期间发生蹄病和魏氏梭菌病、减少无损淘汰具有一定的作用。

氧气浓度与水分浓度是影响发酵床中菌种发酵方式的重要因子，发酵床的功能菌群多为好氧微生物，适宜的氧气浓度有助于维护发酵床功能。在健康的发酵床上，猪粪尿与垫料相结合可降低水分，增加透气性，定期翻耕，创造好氧环境，促进微生物将粪便中的有机物降解为无机物（蓝江林等；2010；胡锦艳等，2015）。若垫料中含水量过高，会减少垫料中的氧气，造成厌氧发酵，影响发酵效率，产生恶臭物质，使得病原菌滋生（陆扬等，2010；何侨麟等，2012）。研究发现，在发酵等级为ii、iii的垫料中，魏氏梭菌含量低，在发酵等级为i和iv的垫料中分布较多，而在浸水垫料中都有存在。推测是等级为ii和iii的垫料中微生物活跃，能维持健康的发酵状态，能产生发酵高温杀死魏氏梭菌，使之数量降低；随着垫料使用时间的增加，垫料老化，微生物代谢速率降低，致病菌如魏氏梭菌、副猪嗜血杆菌被检测到。多杀性巴氏杆菌在发酵程度为i和iv的垫料中未检测到，在ii和iii的垫料中分布较少，而在浸水垫料中广泛存在。管理不善的浸水垫料中含有病原菌魏氏梭菌、嗜血杆菌和多杀性巴氏杆菌，推测是垫料含水量高，创造了局部的厌氧环境，垫料发酵终止，从而促进病原菌的生长。这些致病菌的分布特点说明垫料发酵对致病菌有抑制作用。尹德明等（2011）报道，某发酵床猪场猪繁殖与呼吸综合征病毒和致病性沙门菌混合感染，沙门菌是猪肠道中的条件致病菌，也是水泥地养猪猪舍中普遍存在的微生物类型，通过目前的实验手段暂未在渔溪发酵床猪舍中检测到，这方面的数据还需要进一步追踪观察。黄江林（2014）发现在发酵床生态养猪过程中，猪丹毒病仍时有发生，但在渔溪发酵床垫料中也未检测到此类病原菌。综上得出，微生物发酵床对病原菌有抑制作用，但是要做好发酵床的维护工作，使得发酵床保持能自然杀菌的良好发酵状态。

第七节
发酵床猪舍空气细菌种群分布

一、概述

养猪废弃物带来的环境污染问题日益突出，空气微生物是规模化养猪场所产生的环境污染源之一，也是导致养殖场大规模疫病的重要因素（羌宁，2003；苏扬，2006）。微生物发酵床可以减少臭气产生与扩散，养殖场周围无明显臭味，从而在一定程度上保障了畜禽养殖场周围空气的质量。

空气微生物包括空气中的细菌、放线菌和真菌等，主要来源于环境中的土壤、水体、动植物等，它们在自然界的物质循环中具有重要的地位，是生态系统中的重要组成部分（孙平勇等，2010）。空气微生物主要以气溶胶的形式传播扩散。畜禽舍内的微生物气溶胶是畜禽舍内空气中的微生物附着在粉尘粒子上形成的，它以微生物气溶胶的形式悬浮在空气中。这种形式下的微生物，在空气中的滞留时间长，传播速度快，难以预防，是造成气源性禽畜疾病的主要诱因。据 WTO 的统计资料表明，60% 的人类传染病来源于动物，50% 的动物传染病可以传染给人（陈焕春，2005）。18 世纪初，人们发现在畜禽舍工作的工人很容易感染呼吸道和肺部疾病。Dutkiewicz 等（1994）也发现在畜禽舍存在大量的微生物，这些微生物会对工人健康带来潜在威胁。Masclaux 等（2013）调查了瑞士的 37 个猪场，研究包括金黄色葡萄球菌在内的细菌以及真菌的分布，结果证明养猪业产生的空气微生物对从业者会有潜在的职业风险，对公众健康也有很大影响。微生物是造成动物舍环境污染的主要因素之一，动物舍的空气污染会引发一系列传染病的流行。空气微生物的浓度和种类对于禽畜舍环境质量的管控具有重要的指导意义。

微生物发酵床养殖过程无臭味，为揭示发酵床空气微生物多样性，以下的研究采用可培养的方法，采集发酵床空气微生物，探究发酵床空气微生物组成，为预防微生物发酵床养猪的疫病提供基础。

二、研究方法

1．材料

（1）实验地点　福清农科院示范基地接触式微生物发酵床大栏养殖系统猪舍。猪舍长93m、宽33m，总面积3069m²，其中发酵床长度88.7m、宽27.7m，面积2457m²，垫料高度80 cm，垫料体积2321m³，椰糠＋谷壳垫料约733t，猪只1500 头。

（2）采样方法　自然沉降法是德国细菌学家 Koch 利用空气微生物粒子的重力作用建立的取样方法。在一定时间内，区域内空气中的微生物颗粒逐步沉降到培养基表面，通过培养皿中的菌落生长结果反映空气中的微生物群落结构和数量，具有简单经济的优点。采用自然沉降法在猪舍内部上风口（4 系列）、下风口（1 系列）和猪舍外部连续采样（图 8-16），每隔 1m 放置 1 个培养皿，采样高度为 1.5 m，暴露 30 min 后加盖封好，放置于 37℃进行培养。

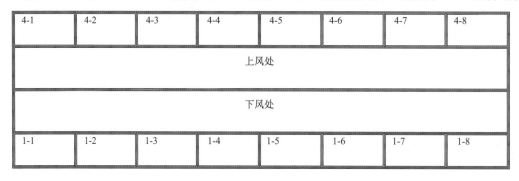

图8-16　采样位置示意

（3）培养基和试剂 LB 培养基：胰蛋白胨 10.0 g，酵母提取物 5.0 g，氯化钠 5.0 g，琼脂 15.0 g，水 1.0 L，pH 7.2～7.4。2×PCR Master Mix 购自上海铂尚生物技术有限公司；引物合成和测序由上海铂尚生物技术有限公司完成。

2. 方法

（1）菌株培养 将采集后的 LB 平板置于 (36±1)℃培养箱中培养 48 h，进行细菌分离鉴定。

（2）菌株鉴定 采用平板划线法在培养后的平板中挑取不同形态菌落，划线分离。根据菌落形态特征等进行微生物归类、统计及纯化。采用细菌基因组 DNA 提取试剂盒提取细菌基因组 DNA 并进行 16S rDNA 的序列扩增，引物为：27F（5′-AGAGTTTGATCCTGG CTCAG-3′）和 1492R（5′-GGTTACCTTGTTACGACTT-3′）。PCR 反应条件：94℃ 预变性 5 min；94℃变性 30 s，55℃退火 30 s，72℃延伸 45 s，共 30 个循环；72℃延伸 5min 。对 PCR 产物进行测序，测序结果通过 NCBI 网站比对分析，初步判定微生物分类地位。

（3）数据统计与分析 所得的实验数据采用 SPSS 12.0 分析。

三、发酵床猪舍空气细菌的分离与鉴定

从猪舍空气中共分离细菌 60 余株，经过 16S rDNA 基因序列的同源性比对分析，对 58 个菌株进行初步鉴定，并最终确定 27 个代表菌株进行后续分析（表 8-18）。结果表明，芽胞杆菌属 14 个种（51.9%）为最优势属，假单胞菌属 5 个种（18.5%），葡萄球菌属 4 个种（14.8%），苍白杆菌属、类芽胞杆菌属、赖氨酸芽胞杆菌属、藤黄色单胞菌属各一个种。

表8-18 微生物发酵床猪舍空气微生物16S rDNA鉴定结果

细菌分类	序号	最近匹配	相似性	中文名称	属种类
芽胞杆菌	1	*Bacillus altitudinis*	100	高地芽胞杆菌	14
	2	*Bacillus amyloliquefaciens*	100	解淀粉芽胞杆菌	
	3	*Bacillus cereus*	100	蜡样芽胞杆菌	
	4	*Bacillus clausii*	100	克劳芽胞杆菌	
	5	*Bacillus licheniformis*	100	地衣芽胞杆菌	
	6	*Bacillus megaterium*	100	巨大芽胞杆菌	
	7	*Bacillus pseudomycoides*	99	假蕈状芽胞杆菌	
	8	*Bacillus psychrodurans*	99	耐冷芽胞杆菌	
	9	*Bacillus safensis*	99	沙福芽胞杆菌	
	10	*Bacillus simplex*	100	简单芽胞杆菌	
	11	*Bacillus subtilis*	99	枯草芽胞杆菌	
	12	*Bacillus tequilensis*	100	特基拉芽胞杆菌	
	13	*Bacillus thuringiensis*	100	苏云金芽胞杆菌	
	14	*Bacillus vallismortis*	99	死亡谷芽胞杆菌	
	15	*Lysinibacillus fusiformis*	99	纺锤形赖氨酸芽胞杆菌	1
	16	*Paenibacillus polymyxa*	99	多黏类芽胞杆菌	1

细菌分类	序号	最近匹配	相似性	中文名称	属种类
有机物降解菌	17	*Luteimonas dalianensis*	100	大连藤黄色单胞菌	1
	18	*Pseudomonas extremorientalis*	99	适冷假单胞菌	
	19	*Pseudomonas fluorescens*	99	荧光假单胞菌	
	20	*Pseudomonas gessardii*	100	盖氏假单胞菌	
	21	*Pseudomonas koreensis*	99	韩国假单胞菌	
条件致病菌	22	*Staphylococcus haemolyticus*	99	溶血性葡萄球菌	4
	23	*Staphylococcus lentus*	99	缓慢葡萄球菌	
	24	*Staphylococcus lugdunensis*	100	路邓葡萄球菌	
	25	*Staphylococcus xylosus*	100	木糖葡萄球菌	
	26	*Ochrobactrum oryzae*	99	水稻苍白杆菌	1
	27	*Pseudomonas aeruginosa*	99	铜绿假单胞菌	5

四、发酵床猪舍空气微生物种类空间分布异质性

猪舍的上风口和下风口空气细菌的分布见表8-19。猪舍外的细菌种类为适冷假单胞菌、巨大芽胞杆菌、韩国假单胞菌、枯草芽胞杆菌、溶血性葡萄球菌、死亡谷芽胞杆菌和假蕈状芽胞杆菌。在猪舍的上风口主要分布的细菌为芽胞杆菌，如巨大芽胞杆菌、苏云金芽胞杆菌、蜡样芽胞杆菌、克劳芽胞杆菌和简单芽胞杆菌等，此外，还包括假单胞菌、葡萄球菌、苍白杆菌和藤黄色单胞菌。猪舍内的下风口主要空气微生物为芽胞杆菌，种类包括枯草芽胞杆菌、克劳芽胞杆菌和解淀粉芽胞杆菌等。猪舍内下风口空气微生物种类最为丰富。

在猪舍内部，相邻位置的空间微生物种类普遍有重叠。如育肥舍1-3和1-4，都包含克劳芽胞杆菌；育肥舍1-4和1-5都包含纺锤形赖氨酸芽胞杆菌。猪舍内部的空气流动，使得空气微生物主要以气溶胶的形式传播扩散，因此相邻位置有相似的微生物组成。

表8-19 微生物发酵床猪舍空气微生物的分布

来源	对比结果		属种类
猪舍外	*Pseudomonas extremorientalis*	适冷假单胞菌	7
	Bacillus megaterium	巨大芽胞杆菌	
	Pseudomonas koreensis	韩国假单胞菌	
	Bacillus subtilis	枯草芽胞杆菌	
	Staphylococcus haemolyticus	溶血性葡萄球菌	
	Bacillus vallismortis	死亡谷芽胞杆菌	
	Bacillus pseudomycoides	假蕈状芽胞杆菌	
育肥舍1-1	*Pseudomonas gessardii*	盖氏假单胞菌	5
	Bacillus licheniformis	地衣芽胞杆菌	
	Pseudomonas fluorescens	荧光假单胞菌	
	Staphylococcus lugdunensis	路邓葡萄球菌	
	Bacillus pseudomycoides	假蕈状芽胞杆菌	
育肥舍1-2	*Bacillus megaterium*	巨大芽胞杆菌	4
	Bacillus thuringiensis	苏云金芽胞杆菌	
	Bacillus cereus	蜡样芽胞杆菌	
	Paenibacillus polymyxa	多黏类芽胞杆菌	

续表

来源	对比结果		属种类
育肥舍1-3	*Staphylococcus lentus*	缓慢葡萄球菌	5
	Staphylococcus xylosus	木糖葡萄球菌	
	Bacillus clausii	克劳芽胞杆菌	
	Bacillus thuringiensis	苏云金芽胞杆菌	
	Bacillus simplex	简单芽胞杆菌	
育肥舍1-4	*Bacillus clausii*	克劳芽胞杆菌	5
	Lysinibacillus fusiformis	纺锤形赖氨酸芽胞杆菌	
	Bacillus megaterium	巨大芽胞杆菌	
	Bacillus subtilis	枯草芽胞杆菌	
	Bacillus licheniformis	地衣芽胞杆菌	
育肥舍1-5	*Bacillus cereus*	蜡样芽胞杆菌	3
	Lysinibacillus fusiformis	纺锤形赖氨酸芽胞杆菌	
	Pseudomonas aeruginosa	铜绿假单胞菌	
育肥舍1-6	*Bacillus psychrodurans*	耐冷芽胞杆菌	5
	Ochrobactrum oryzae	水稻苍白杆菌	
	Lysinibacillus fusiformis	纺锤形赖氨酸芽胞杆菌	
	Bacillus amyloliquefaciens	解淀粉芽胞杆菌	
	Luteimonas dalianensis	大连藤黄色单胞菌	
育肥舍4-1	*Bacillus subtilis*	枯草芽胞杆菌	2
	Bacillus amyloliquefaciens	解淀粉芽胞杆菌	
育肥舍4-2	*Bacillus subtilis*	枯草芽胞杆菌	4
	Bacillus tequilensis	特基拉芽胞杆菌	
	Bacillus safensis	沙福芽胞杆菌	
	Bacillus altitudinis	高地芽胞杆菌	
育肥舍4-3	*Bacillus subtilis*	枯草芽胞杆菌	1
育肥舍4-5	*Bacillus subtilis*	枯草芽胞杆菌	2
	Bacillus clausii	克劳芽胞杆菌	
育肥舍4-6	*Bacillus clausii*	克劳芽胞杆菌	1
育肥舍4-7	*Bacillus amyloliquefaciens*	解淀粉芽胞杆菌	1
育肥舍4-8	*Bacillus amyloliquefaciens*	解淀粉芽胞杆菌	1

五、发酵床猪舍空气微生物种类聚类分析

按照不同物种在发酵床猪舍的三个空间的分布情况，将它们的空间分布特征分为五类，即 1 表示同时出现在 3 个地方，2 表示仅在室外，3 表示仅在上风处，4 表示仅在下风处，5 表示在上风、下风处。应用 SPSS 进行分析，可将微生物明显聚成猪舍下风处特有微生物、猪舍上风处微生物和猪舍外微生物 3 类（图 8-17）。

如表 8-20 所列，猪舍内下风处微生物种类最多，有 20 种，其中 15 种仅在下风处分布。有 4 种微生物仅分布在猪舍外部，包括死亡谷芽胞杆菌、适冷假单胞菌、韩国假单胞菌和溶血性葡萄球菌。3 种微生物仅分布于猪舍内部上风处，包括高地芽胞杆菌、沙福芽胞杆菌和特基拉芽胞杆菌。其中枯草芽胞杆菌在三个位置都有分布，克劳芽胞杆菌和解淀粉芽胞杆菌分布在猪舍内部的上风和下风处，巨大芽胞杆菌和假蕈状芽胞杆菌分布在猪舍外和猪舍内的下风处。

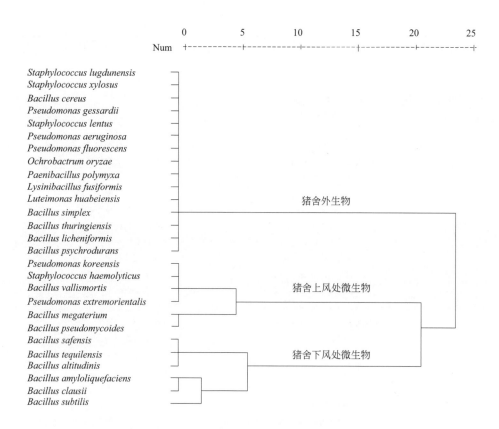

图8-17　微生物发酵床空气微生物聚类分析

表8-20　微生物发酵床猪舍空气微生物分布多样性

种类	猪舍外	下风处	上风处
高地芽胞杆菌Bacillus altitudinis	0	0	1
解淀粉芽胞杆菌Bacillus amyloliquefaciens	0	1	1
蜡样芽胞杆菌Bacillus cereus	0	1	0
克劳芽胞杆菌Bacillus clausii	0	1	1
地衣芽胞杆菌Bacillus licheniformis	0	1	0
巨大芽胞杆菌Bacillus megaterium	1	1	0
假蕈状芽胞杆菌Bacillus pseudomycoides	1	1	0
耐冷芽胞杆菌Bacillus psychrodurans	0	1	0
沙福芽胞杆菌Bacillus safensis	0	0	1
简单芽胞杆菌Bacillus simplex	0	1	0
枯草芽胞杆菌Bacillus subtilis	1	1	1
特基拉芽胞杆菌Bacillus tequilensis	0	0	1
苏云金芽胞杆菌Bacillus thuringiensis	0	1	0
死亡谷芽胞杆菌Bacillus vallismortis	1	0	0
纺锤形赖氨酸芽胞杆菌Lysinibacillus fusiformis	0	1	0
大连藤黄色单胞菌Luteimonas dalianensis	0	1	0
水稻苍白杆菌Ochrobactrum oryzae	0	1	0
多黏类芽胞杆菌Paenibacillus polymyxa	0	1	0
铜绿假单胞菌Pseudomonas aeruginosa	0	1	0
适冷假单胞菌Pseudomonas extremorientalis	1	0	0
荧光假单胞菌Pseudomonas fluorescens	0	1	0

续表

种类	猪舍外	下风处	上风处
盖氏假单胞菌Pseudomonas gessardii	0	1	0
韩国假单胞菌Pseudomonas koreensis	1	0	0
溶血性葡萄球菌Staphylococcus haemolyticus	1	0	0
缓慢葡萄球菌Staphylococcus lentus	0	1	0
路邓葡萄球菌Staphylococcus lugdunensis	0	1	0
木糖葡萄球菌Staphylococcus xylosus	0	1	0

注：1和0分别表示有和无。

六、讨论

本研究采用自然沉降法采集了微生物发酵床猪舍内部上风处、下风处以及猪舍外部的空气微生物，并根据 16S rDNA 分析其多样性。研究表明，微生物发酵床猪舍空气微生物主要由芽胞杆菌属、假单胞菌属、类芽胞杆菌属以及葡萄球菌属组成，其中芽胞杆菌属是优势菌株，尤其是枯草芽胞杆菌（Bacillus subtilis）广泛分布在猪舍内外部。Wright（1969）研究表明，66% 的空气微生物为球菌，芽胞杆菌占 25%，此外还包含病毒、放线菌、真菌等。Elliott 等（1976）研究猪舍空气微生物，发现了空气中有致病菌、条件致病菌和非致病菌，包括大肠杆菌、葡萄球菌、放线菌和拟杆菌等微生物。Kristiansen（2011）首次利用 16S rDNA 高通量测序的方法研究猪舍过滤器滤膜上的微生物多样性，发现猪舍空气微生物主要包含 β- 变形菌和拟杆菌，空气中的细菌以革兰阳性菌为主，芽胞杆菌和葡萄球菌含量最高，与笔者的研究结果类似。

空气微生物通过气体交换传播，养殖舍内与周围环境形成微生物浓度差，导致微生物扩散，同时微生物种类易受环境因素影响。陈剑波等（2016）采用 Andersen-6 级撞击式空气微生物采样器，对不同猪舍内不同时间、不同位点的空气细菌气溶胶粒度分布进行了分析，表明细菌浓度与不同位点无关，但与通风显著相关。柴同杰等（2001）研究指出，微生物气溶胶借助风力传播到大气，猪舍内部下风处的微生物种类明显多于猪舍内上风处和猪舍外部，微生物种类受到风向影响。李庆雷等（2010）采用大肠杆菌为指标菌，确认了动物舍内微生物气溶胶的起源以及向舍外环境传播，上风处分离的大肠杆菌并非来源于动物粪便和舍内空气，舍内空气和下风处分离的则来源于动物粪便，舍内微生物可通过空气交换传播。Schulz 等（2011）研究了空气微生物的传播距离，发现在猪舍内部相邻位置有相似的微生物组成，禽畜舍中的葡萄球菌可通过气流运动传播到几百米以外。

目前，已知存在空气中的细菌和放线菌有 1200 种，真菌 4 万余种（宋凌浩，2000）。利用目前的培养方法，无法全面地揭示空气微生物的多样性，近年来采用宏基因组方法研究空气微生物成为研究趋势（Jiang et al.，2015）。Barberán 等（2015）采用宏基因组学的方法研究了庇里牛斯山（Pirineos）的大气微生物，表明区域功能可能产生促使空气微生物传播的动力，并影响微生物组合分布，空气微生物的多样性远超预期。李红梅等（2015）采用 16S rDNA 高通量测序研究猪舍空气微生物的多样性，证明猪舍空气微生物多样性丰富，包括 16 门 115 科 217 属的微生物。以上实验采取的采样方法为自然沉降法，具有简单易操作的优点，但易受外力干扰，影响取样。不同微生物气溶胶粒径不同，细菌为 0.25 ~ 8μm，真菌孢子为 1～30 μm，病毒小于 0.3μm，进一步采用机械法采样，选择合适的取样区间，结合宏基因组方法分析，将会更加准确和全面地揭示空气微生物多样性。

第八节
发酵床对猪细菌病害的生防机理

一、概述

微生物发酵床养猪技术的核心理念是：通过垫料和生猪粪便的协同发酵作用，快速转化生猪粪、尿等养殖废弃物，消除恶臭，抑制害虫、病菌；同时，有益微生物菌群能将垫料、生猪粪便合成可供生猪食用的糖类、蛋白质、有机酸、维生素等营养物质，增强生猪抗病能力，促进生猪健康生长。同时由于发酵床核心发酵层温度高，不断地发酵、分解、杀死病害菌，使得有益菌在猪的环境中占据了优势地位。实践证明，利用发酵床养猪最大的好处是给猪在其生态环境中创造了一道益生菌抵抗有害菌的天然防线，提高了猪的免疫水平，大大降低了发病率、死亡率。在发酵床养猪这个生态系统中，动物体内固有的微生物菌群、微生物饲料添加剂和垫料中生长的微生物菌群，组成了动物体（猪）内外的微生态系统。动物体内的有益菌及其代谢产物有机酸、抗菌肽、酶等，可以提高猪的免疫力、抗病力及饲料的利用率。这些有益菌源源不断地通过粪便排到发酵床上，保持了发酵床中的有益菌始终占绝对优势，养护了猪舍的微生态环境。以下的实验是通过发酵床垫料中分离出来的优势菌对大肠杆菌和沙门菌的抑制作用，研究发酵床对猪细菌病害的生物防治机理。

二、研究方法

1. 供试菌株与培养基

通过 NA 培养基从 5 批基质垫料中分离的细菌，菌种编号：FJAT-8344～FJAT-8352、FJAT-8436～FJAT-8442、FJAT-8584～FJAT-8597、FJAT-8841～FJAT-8860、FJAT-8911～FJAT-18914、FJAT-10500～FJAT-10522、FJAT-11349～FJAT-11389。以肠道病原菌为靶标筛选对病原菌有拮抗作用的垫料细菌。靶标菌株：Ⅰ为猪大肠杆菌，编号 K88；Ⅱ为沙门菌，编号 ATCC 12048（购自福建微生物所）。

培养基：NA/L，牛肉浸膏 3.0 g、蛋白胨 5.0 g、葡萄糖 10.0 g、琼脂 17.0 g，pH7.2。

2. 菌种活化

（1）靶标菌株（大肠杆菌、沙门菌）的活化　在 −70℃ 保存的靶标菌株于 NA 平板上活化，

37℃培养 24 h。然后挑取一环接种于装瓶量为 1/5 的 LB 液体培养基中，37℃、170 r/min 恒温摇床振荡培养，24 h 后取样，用血细胞计数板计算培养液的菌体浓度，并将菌液浓度调整为 8×10^6 CFU/mL 浓度的孢子悬浮液。

（2）供试菌株活化　将在 –70℃保存的 85 株垫料分离细菌于 NA 平板上活化，30℃培养 24h。然后挑取一环接种于装瓶量为 1/5 的 LB 液体培养基中，30℃、170 r/min 恒温摇床振荡培养，48 h 后取样，用血细胞计数板计算培养液的菌体浓度，并将菌液浓度调整为 8×10^6 CFU/mL 浓度的孢子悬浮液。

3．抑菌圈法测定

吸取靶标菌培养液 1mL，加入到熔化并冷却至 50℃的 100mL 0.7% 的 NA 培养基内，混合后，倾覆在预先已凝固的 NA 平板上，作为上层培养基，待其凝固后，在每块平板上用打孔器（直径 0.7 cm）打 5 个孔，用移液枪向每个孔中分别加入菌株培养液各 70 μL，以未接菌的培养基为空白对照。处理后的平板放置在 37℃培养，48h 后，测量抑菌圈直径，比较各菌株的抑菌能力。

4．优势种的确定

优势种是对群落影响最大的物种，决定着群落外形、结构和功能。传统方法是根据相对密度、相对生物量或者出现率，定义密度优势种、生物量优势种或者出现率优势种。研究采用重要值（IV），重要值（IV）=（相对密度 + 相对生物量 + 相对频率）/3。

相对密度 = 某种细菌的平均密度 / 各种细菌的密度和 ×100%

相对生物量 = 某种细菌的数量 / 各种细菌数量和 ×100%

相对频度 = 某种细菌的出现频率 / 各种细菌出现频率和 ×100%

三、微生物发酵床细菌优势种的确定

对每个月的优势菌测定结果如表 8-21 所列，在第 1 个月，优势菌为芽胞杆菌属（*Bacillus*）、微杆菌属（*Microbacterium*）、短杆菌属（*Brachybacterium*）和不动杆菌属（*Acinetobacter*）；第 2 个月，节杆菌属（*Arthrobacter*）大量生长，成为最大的优势菌，此外，乙酸钙不动杆菌（*Acinetobacter calcoaceticus*）、短短芽胞杆菌（*Brevibacillus brevis*）仍然占有重要的地位；第 3 个月，鞘脂杆菌 (*Sphingobacterium* sp.) 增加，与摇蚊短单胞菌（*Brachymonas chironomi*）和短短芽胞杆菌（*Brevibacillus brevis*）共同构成了垫料的优势菌群；第 4 个月和第 5 个月，垫料中的优势菌为微杆菌（*Microbacterium* sp.）、枯草芽胞杆菌（*Bacillus subtilis*）和短短芽胞杆菌 (*Brevibacillus brevis*)，由此可见，在垫料的使用过程中枯草芽胞杆菌和短短芽胞杆菌能够始终保持其重要的优势菌地位，从垫料使用的整体过程来看（表 8-22），短短芽胞杆菌是最重要的优势菌，该菌是发酵床技术添加的环境益生菌，实验结果表明，其在基质垫料中可以始终保持其优势菌的地位，形成稳定的微生物群落。

表8-21　每个月垫料细菌优势种的种名及重要值

使用时间	菌种名称	相对生物量	相对密度	相对频度	重要值
	*Brevibacillus brevis*短短芽胞杆菌	34.86	8.72	14.81	19.46
	*Microbacterium lacticum*乳微杆菌	14.95	3.74	7.41	8.70
	*Brachybacterium zhongshanense*中山短杆菌	10.02	2.51	11.11	7.88
	*Acinetobacter junii*琼氏不动杆菌	14.65	3.66	3.70	7.34
	*Microbacterium sp.*微杆菌	10.68	2.67	3.70	5.68
	*Bacillus subtilis*枯草芽胞杆菌	1.62	0.40	11.11	4.38
	*Acinetobacter towneri*汤纳不动杆菌	6.28	1.57	3.70	3.85
1个月	*Bacillus cereus*蜡样芽胞杆菌	0.31	0.08	11.11	3.83
	*Microbacterium arabinogalactanolyticum*解阿拉伯半乳聚糖微杆菌	0.21	0.05	11.11	3.79
	*Gordonia cholesterolivorans*食胆固醇戈登菌	4.19	1.05	3.70	2.98
	*Klebsiella pneumoniae*肺炎克雷伯菌	0.07	0.02	7.41	2.50
	*Acinetobacter calcoaceticus*乙酸钙不动杆菌	2.09	0.52	3.70	2.11
	*Ralstonia pickettii*皮氏雷尔菌	0.06	0.01	3.70	1.26
	*Bacillus megaterium*巨大芽胞杆菌	0.01	0.00	3.70	1.24
	*Arthrobacter protophormiae*原玻璃蝇节杆菌	32.26	8.06	13.79	18.04
	*Acinetobacter calcoaceticus*乙酸钙不动杆菌	26.24	6.56	13.79	15.53
	*Brevibacillus brevis*短短芽胞杆菌	15.34	3.84	13.79	10.99
	*Microbacterium lacticum*乳微杆菌	3.43	0.86	13.79	6.03
	*Comamonas kersterii*科氏丛毛单胞菌	6.10	1.53	10.34	5.99
2个月	*Corynebacterium efficiens*有效棒状杆菌	5.93	1.48	10.34	5.92
	*Ochrobactrum sp.*苍白杆菌	7.02	1.75	6.90	5.22
	*Comamonas testosteroni*睾丸酮丛毛单胞菌	0.84	0.21	6.90	2.65
	*Acinetobacter lwoffii*鲁氏不动杆菌	2.59	0.65	3.45	2.23
	*Bacillus subtilis*枯草芽胞杆菌	0.17	0.04	3.45	1.22
	*Serratia marcescens*黏质沙雷菌	0.08	0.02	3.45	1.18
	*Sphingobacterium sp.*鞘脂杆菌属	43.25	10.81	14.29	22.78
	*Brachymonas chironomi*摇蚊短单胞菌	40.96	10.24	14.29	21.83
	*Brevibacillus brevis*短短芽胞杆菌	12.03	3.01	14.29	9.77
	*Rhodococcus pyridinivorans*食嘧啶红球菌	1.86	0.47	10.71	4.35
	*Arthrobacter nicotianae*烟草节杆菌	0.57	0.14	10.71	3.81
	*Acinetobacter towneri*汤纳不动杆菌	0.14	0.04	7.14	2.44
	*Bacillus subtilis*枯草芽胞杆菌	0.18	0.05	3.57	1.27
3个月	*Acinetobacter calcoaceticus*乙酸钙不动杆菌	0.14	0.04	3.57	1.25
	*Arthrobacter protophormiae*原玻璃蝇节杆菌	0.14	0.04	3.57	1.25
	*Bacillus cereus*蜡样芽胞杆菌	0.14	0.04	3.57	1.25
	*Bacillus megaterium*巨大芽胞杆菌	0.14	0.04	3.57	1.25
	*Bacillus flexus*弯曲芽胞杆菌	0.14	0.04	3.57	1.25
	*Paenibacillus polymyxa*多黏芽胞杆菌	0.14	0.04	3.57	1.25
	*Paracoccus aminovorans*噬氨副球菌	0.14	0.04	3.57	1.25

续表

使用时间	菌种名称	相对生物量	相对密度	相对频度	重要值
	Microbacterium sp.微杆菌	55.38	13.84	15.38	28.20
	Brevibacillus brevis 短短芽胞杆菌	17.93	4.48	15.38	12.60
	Bacillus subtilis 枯草芽胞杆菌	5.18	1.29	15.38	7.29
	*Staphylococcus gallinarum*鸡葡萄球菌	9.96	2.49	7.69	6.71
	*Bacillus licheniformis*地衣芽胞杆菌	2.39	0.60	11.54	4.84
	*Bacillus amyloliquefaciens*解淀粉芽胞杆菌	1.20	0.30	7.69	3.06
4个月	*Stenotrophomonas maltophilia*嗜麦芽寡养单胞菌	3.19	0.80	3.85	2.61
	Sphingobacterium sp.鞘脂杆菌属	1.99	0.50	3.85	2.11
	*Acinetobacter calcoaceticus*乙酸钙不动杆菌	0.80	0.20	3.85	1.61
	*Bacillus cereus*蜡样芽胞杆菌	0.80	0.20	3.85	1.61
	*Bacillus megaterium*巨大芽胞杆菌	0.40	0.10	3.85	1.45
	*Burkholderiales bacterium*伯克霍尔德菌	0.40	0.10	3.85	1.45
	Enterobacter sp.肠杆菌	0.40	0.10	3.85	1.45
	*Microbacterium barkeri*巴氏微杆菌	58.85	14.71	11.11	28.23
	Brevibacillus brevis 短短芽胞杆菌	20.17	5.04	22.22	15.81
	Bacillus subtilis 枯草芽胞杆菌	8.54	2.14	22.22	10.97
5个月	*Bacillus cereus*蜡样芽胞杆菌	2.37	0.59	16.67	6.54
	Staphylococcus epidermidis 表皮葡萄球菌	5.79	1.45	5.56	4.26
	*Pseudomonas alcaligenes*产碱假单胞菌	0.24	0.06	11.11	3.80
	*Acinetobacter calcoaceticus*乙酸钙不动杆菌	3.56	0.89	5.56	3.34
	*Bacillus flexus*弯曲芽胞杆菌	0.47	0.12	5.56	2.05

表8-22 垫料5个月使用过程中优势菌菌名及重要值

菌种名称	相对生物量	相对密度	相对频率	重要值
*Brevibacillus brevis*短短芽胞杆菌	18.91	0.95	15.63	11.83
Microbacterium sp.微杆菌	11.36	0.57	3.91	5.28
Sphingobacterium sp.鞘脂杆菌	10.77	0.54	3.91	5.07
*Acinetobacter calcoaceticus*乙酸钙不动杆菌	8.26	0.41	6.25	4.97
*Brachymonas chironomi*摇蚊短状杆菌	9.87	0.49	3.13	4.50
*Arthrobacter protophormiae*原玻璃蝇节杆菌	8.92	0.45	3.91	4.42
*Bacillus subtilis*枯草芽胞杆菌	2.50	0.12	10.16	4.26
*Microbacterium barkeri*巴氏微杆菌	8.56	0.43	1.56	3.52
*Microbacterium lacticum*乳微杆菌	3.41	0.17	4.69	2.76
*Bacillus cereus*蜡样芽胞杆菌	0.57	0.03	6.25	2.28
*Comamonas kersterii*科氏丛毛单胞菌	1.68	0.08	2.34	1.37
*Brachybacterium zhongshanense*中山短状杆菌	1.65	0.08	2.34	1.36
*Corynebacterium efficiens*有效棒状杆菌	1.63	0.08	2.34	1.35
Ochrobactrum sp.苍白杆菌	1.93	0.10	1.56	1.20
*Staphylococcus gallinarum*鸡葡萄球菌	1.73	0.09	1.56	1.12
*Acinetobacter junii*琼氏不动杆菌	2.42	0.12	0.78	1.11

四、微生物发酵床细菌对靶标大肠杆菌和沙门菌的抑制效应

用抑菌圈法，分别对微生物发酵床垫料中分离的 74 株细菌，进行大肠杆菌和沙门菌的抑菌实验，实验结果如图 8-18、表 8-23 和表 8-24 所示，74 株细菌中对大肠杆菌有抑制作用的有 9 种，分别为枯草芽胞杆菌（*Bacillus subtilis*）、弯曲芽胞杆菌（*Bacillus flexus*）、短短芽胞杆菌（*Brevibacillus brevis*）、肺炎克雷伯菌（*Klebsiella pneumoniae*）、黏质沙雷菌（*Serratia marcescens*）、噬氨副球菌（*Paracoccus aminovorans*）、鸡葡萄球菌（*Staphylococcus gallinarum*）、睾丸酮丛毛单胞菌（*Comamonas testosteroni*）和科氏丛毛单胞菌（*Comamonas kersterii*）。其中抑菌效果最好的是枯草芽胞杆菌和短短芽胞杆菌，其抑菌圈直径分别为 31.13mm 和 29.89mm，对沙门菌有抑制效果的菌株有 5 种，分别为肺炎克雷伯菌、黏质沙雷菌、鸡葡萄球菌、短短芽胞杆菌和枯草芽胞杆菌，其中抑菌效果最好的是肺炎克雷伯菌，抑菌圈直径为 21.56 mm。短短芽胞杆菌作为微生物发酵床技术使用的益生菌，在基质垫料中始终保持其优势菌的地位，对大肠杆菌和沙门菌的抑制起主要作用。

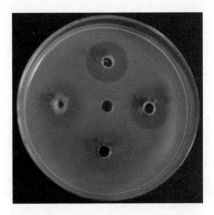 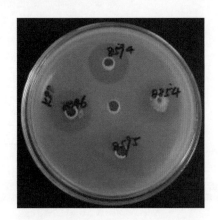

(a)垫料细菌对大肠杆菌K88的抑菌圈(正面)   (b)垫料细菌对大肠杆菌K88的抑菌圈(反面)

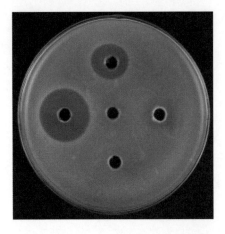 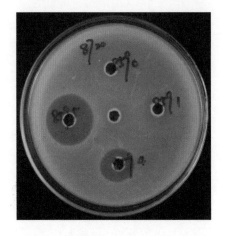

(c)垫料细菌对沙门菌ATCC 12048的抑菌圈(正面)   (d)垫料细菌对沙门菌ATCC 12048的抑菌圈(反面)

图8-18　微生物发酵床垫料来源的细菌对大肠杆菌和沙门菌的抑制作用

表8-23　对大肠杆菌K88有抑菌作用的菌株及抑菌圈大小

属名	细菌名称	抑菌圈（ϕ）/mm
芽胞杆菌属（*Bacillus*）	*Bacillus subtilis*枯草芽胞杆菌	31.13
	*Bacillus flexus*弯曲芽胞杆菌	19.82
短芽胞杆菌属（*Brevibacillus*）	*Brevibacillus brevis*短短芽胞杆菌	29.89
克雷伯菌属（*Klebsiella*）	*Klebsiella pneumoniae*肺炎克雷伯菌	21.33
沙雷菌属（*Serratia*）	*Serratia marcescens*黏质沙雷菌	17.1
副球菌属（*Paracoccus*）	*Paracoccus aminovorans*噬氨副球菌	16.44
葡萄球菌属（*Staphylococcus*）	*Staphylococcus gallinarum*鸡葡萄球菌	11.66
丛毛单胞菌属（*Comamonas*）	*Comamonas testosteroni*睾丸酮丛毛单胞菌	14.63
	*Comamonas kersterii*科氏丛毛单胞菌	12.7

表8-24　对沙门菌ATCC 12048有抑菌作用的菌株及抑菌圈大小

属名	细菌名称	抑菌圈（ϕ）/mm
克雷伯菌属（*Klebsiella*）	*Klebsiella pneumoniae*肺炎克雷伯菌	21.56
沙雷菌属（*Serratia*）	*Serratia marcescens*黏质沙雷菌	19.23
葡萄球菌属（*Staphylococcus*）	*Staphylococcus gallinarum*鸡葡萄球菌	18.83
短芽胞杆菌属（*Brevibacillus*）	*Brevibacillus brevis*短短芽胞杆菌	15.94
芽胞杆菌属（*Bacillus*）	*Bacillus subtilis*枯草芽胞杆菌	15.32

五、讨论

在微生物发酵床垫料这个微生态系统中，动物体内固有的微生物菌群、微生物饲料添加剂和垫料中生长的微生物菌群，组成了动物体（猪）内外的微生态系统，增加了微生态环境中的生物多样性，其微生物结构是标志垫料生物学特性的重要指标。对垫料细菌经16S rDNA 基因扩增和序列测定，结果表明，74 株细菌可以分为34 个物种，属于4 个门20 个科22 个属。在垫料使用前后，其群落差异较大，第 2 个月中没有拟杆菌门细菌，第 4 个月中无放线菌门细菌，而厚壁菌门和变形菌门在使用前后都有检测到。其中短短芽胞杆菌是最主要的优势菌，短短芽胞杆菌作为微生物发酵床技术添加益生菌，在垫料中能够始终存在，形成稳定的菌落，并保持绝对的优势菌地位。

微生物发酵床垫料细菌对大肠杆菌和沙门菌有抑制作用，其中起主要抑制作用的是芽胞杆菌属（*Bacillus*）的细菌，说明微生物发酵床能够有效地抑制垫料中病原微生物的生长，对生猪疫病起到生物防治作用。

第九章

微生物发酵床推广应用

福建省微生物发酵床养猪调查报告

一、福建省微生物发酵床养猪技术调研计划

1．调研县市

(1) 闽东（宁德、莆田、福州）　蕉城区、周宁县、仙游县。

(2) 闽南（漳州、泉州、厦门）　龙海市、安溪县。

(3) 闽西（三明、龙岩）　清流县、尤溪县、建宁县、新罗区。

(4) 闽北（南平）　建瓯市、罗源县。

2．调研时间

调研行程时间安排由各小组召集人负责，调研结束时间：2011 年 5 月 18 日。

3．调研内容

见以下内容：福建省养猪场（区）养殖模式调查问卷

二、福建省养猪场（区）养殖模式调查问卷

1．封面

养猪场代码：_____

省：_____

市（地区）、县：_____

乡（镇）：_____

村：_____

养猪场名称：_____

联系人：_____

联系电话：_____

调查员姓名：_____

调查时间：_____

2．调查对象基本情况

[1]　企业名称_____

[2]　通信地址_____

[3] 联系人姓名 _____ 联系电话 _____

[4] 成立时间_____成立性质_____

[5] 养猪场面积 _____员工数量_____

[6] 投资规模_____固定资产_____

[7] 猪年存栏数_____猪年出栏数_____

[8] 养猪场的地理位置_____

　　 距离国道_____；距离最近村部_____；距离小溪_____

[9] 养殖场海拔高度___m，夏季高温___℃，时间从___月至____月。

[10] 养猪场所有者学历_____养猪经验_____

3．规模化养猪场粪污处理情况

[11] 目前采取的养殖模式是：

　　 □沼气　 □发酵床　 □漏缝地板　 □养种结合　 □干清粪　 □其他

[12] 养种结合的主要种植种类_____面积：_____

[13] 采用发酵床养猪模式的主要原因是：

　　 □立项要求　 □减少污染　 □增加收入　 □其他_____

[14] 建设时间：___，母猪栏采用面积___m^2，育肥猪栏采用面积____m^2，小猪栏采用面积____m^2。

[15] 发酵床养猪模式的改造成本，育肥猪___元/m^2，母猪___元/m^2，小猪____元/m^2。

[16] 母猪栏建造成本___元/m^2，育肥猪栏建造成本____元/m^2，仔猪栏建造成本____元/m^2。

[17] 总建设成本____，占养猪场总投资成本的比重_____。

[18] 资金的主要来源是：

　　 □自有资金　 □政府补助　 □银行贷款　 □民间借贷　 □其他_____

[19] 管理运行成本是多少？_____主要是哪些方面？_____

[20] 技术指导是：

　　 □县乡技术人员　 □省市技术人员　 □科研院所专家　 □建造公司　 □其他

[21] 发酵床垫料厚度：小猪_____，育肥猪_____，母猪_____。

[22] 垫料更换的时间：小猪_____，育肥猪_____，母猪_____。

[23] 垫料配方：锯末____%，谷壳_____%，其他_____%。

[24] 垫料成本：

锯末_____元/t，谷壳_____元/t，其他_____元/t，运输费_____元/t，人工费_____元/t，合计___元/t。

[25] 不同年份垫料成本：

2007年____元/m^3，2008年_____元/m^3，2009年_____元/m^3，2010年_____元/m^3，2011年___元/m^3。

[26] 发酵床的管理方法：夏季，_____；冬季，_____。

[27] 发酵床养猪与常规养猪成本差：_____。

[28] 发酵床养猪猪健康状况：_____。

[29] 所使用的处理措施对猪场粪污的处理率达到_____%。

[30] 本场认为所采用的方法存在的最主要困难（或问题）是：_____。

[31] 猪场猪粪、沼渣、沼液或用后垫料的去处是：

  □直接用于农作物　□卖给肥料厂　　□其他_____

[32] 目前所了解的几种养殖方法，有意向采用哪一种，需要什么支持？_____

[33] 本场所拥有的果园面积：_____，菜园面积：_____，周边的果园面积：_____，周边的菜园面积：_____。

4．相关政策

[34] 你希望国家以何种形式进行补贴：

  □直接发放现金　□免费提供相关技术指导　　□免费或优惠提供水泥等材料
  □免费提供培训　□补助贷款利息（贴息贷款）　□其他_____

[35] 你希望国家发放补贴数量的主要依据是：

  □建造规模　□养殖数量　□其他_____

[36] 你认为对不同养殖模式的现金补贴应该占建设总成本的比例是：

干　清　粪：□ 0～20% □ 20%～40% □ 40%～60% □ 60%～80% □ 80%～100%

漏缝地板：□ 0～20% □ 20%～40% □ 40%～60% □ 60%～80% □ 80%～100%

沼　　气：□ 0～20% □ 20%～40% □ 40%～60% □ 60%～80% □ 80%～100%

发　酵　床：□ 0～20% □ 20%～40% □ 40%～60% □ 60%～80% □ 80%～100%

其他：_____

[37] 国家对本场目前的养殖方式直接补贴了_____现金，其他方面补贴_____。

[38] 本场收到过来自于周围社区的有关于气味、污水等方面的投诉吗？

  □没有　　　□有，一年几次：_____

[39] 微生物发酵床养猪"垫料换肥料"模式：公司免费提供垫料给养猪企业，1年后公司免费回收用过的垫料；育肥猪出栏后养猪企业给垫料供应公司每头 30 元人民币，母猪每头每年 100 元人民币，本场愿意接受吗？

  □愿意　　□不愿意　　□其他

三、福建省"零排放养猪模式"推广应用调研主体报告

1．概述

2011 年 4 月 24 日，福建省副省长视察了省农科院"远程监控秸窠微生物发酵床零排放养猪法"示范基地，了解到零排放养猪技术对于协调养猪业发展与污染治理矛盾具有良好效果，是实现养猪业可持续发展的重要技术之一，希望省农业科学院专家进一步调研，发现推广中存在的问题和提出切实可行的实施对策，以便决策在福建省推广此项技术，达到养猪与治污同步发展的目的。根据省相关领导的指示，农业科学院组织了 30 多位专家，深入福建

省 9 地市，共 26 个猪场，采用问卷调查和现场走访的形式进行"福建省养猪场零排放养猪情况"的调研，以了解"微生物发酵床零排放养猪技术"的优点、缺点、技术难题、推广问题、政策需求等，为国家制定零排放养猪技术发展政策提供坚实的实践依据，加快零排放养猪技术在福建省范围内的推广应用，促进福建省养猪业的健康可持续发展。

2. 养猪业的环境污染状况

近几年，福建省养猪业发展迅猛，由生猪输入省份转变为输出省份，2010 年人均猪肉消费量由 2005 年的 46.6kg 增加到 64.1kg，上升了 37.6%。但养殖规模的日益扩大，在大力改善人民生活的同时也带来了严重的环境污染问题，成为农业面源污染的主要来源（占农业面源污染的 80%）。福建省目前有大小猪场近 70 万个，其中，年出栏 10000 头以上的规模养猪场（户）有 133 个，仅占 0.02%，而年出栏 50 头以下的有 64.28 万个，占 91.4%；2010 年福建省生猪存栏 1300 多万头，出栏数达 1900 多万头，产生粪污约 7000 万吨（粪、尿、污水），这对该省生态安全和城乡居民身体健康构成严重威胁。根据省环保局调查测算，闽江流域畜禽养殖废水排放量 30.17 万吨 / 日，畜禽养殖废水 COD 排放量 760.35t/ 日、氨氮排放量 76.57t/ 日，分别是流域工业废水排放量的 5.7 倍、7.5 倍。因此，加大养猪场的污染治理力度刻不容缓。

3. 养猪业污染治理的方法比较

目前养殖粪污处理的主要方法有物理化学法、自然消纳法、沼气处理法、干清粪减量法、微生物处理法。

（1）物理化学方法　利用曝气池和氧化塘进行污水处理，用机械方法、吸附沉淀法等进行固液分离，用红外或煤加热烘干，需设备投入和大量能源。

（2）自然消纳方法　粪便还田，纳入农业良性生态循环，现在发展成湿地法，每 5 头猪需配备净化土地 1 亩。

（3）沼气处理法　对粪尿、污水后处理用生态菌法，主要有塑料大棚好氧发酵法、充氧动态发酵法、膨化法、沼气法等。主要问题是前期投入资金大，沼渣、沼液需再处理，存在二次污染。

（4）干清粪减量法　建设猪舍漏缝地板，进行干清粪的减量化清理，减少污水。

（5）微生物处理法　利用农副产品废弃物配制成垫料吸收分解猪粪尿，利用微生物益生菌替代抗生素，利用微生物菌剂分解猪粪尿，养殖过程无臭味、无污水排放。但是，垫料原料来源必须有保障，同时，原位发酵猪粪要实现资源化利用。

养猪污染治理方法比较如表 9-1 所列。

表9-1　养猪场粪污处理方法比较

养殖污染处理方法	技术特点	技术优点	技术缺点
物理化学方法	猪粪干燥-污水处理	(1)传统管理、污水处理； (2)污泥转化、清水排放	(1)投资巨大、高耗运行； (2)农业项目、难以持续
自然消纳方法	种养结合-粪便还田	(1)传统管理、清水冲洗； (2)池塘化粪、头猪亩田	(1)臭味污水、大量耗水； (2)吸纳有限、治污有限

养殖污染处理方法	技术特点	技术优点	技术缺点
沼气处理方法	猪-沼-果等	(1)传统管理、沼气转换； (2)沼渣进田、种养结合	(1)投资甚大、臭气依旧； (2)吸纳有限、二次污染
干清粪减量法	猪粪减量-肥料还田	(1)漏缝地板、干粪收集； (2)水洗减量、粪水利用	(1)臭气依旧、用工量大； (2)沼气配套、投资较大
微生物处理法	微生物分解猪粪	(1)垫料、微生物分解； (2)除臭防病、资源利用	(1)资源利用、生物菌种； (2)用工较大、技术较难

4．以微生物发酵床技术为核心的综合治理有望彻底解决养猪污染问题

彻底解决养猪场污染问题，必须走"循环经济"的途径。构建以"微生物发酵床技术"为核心的养猪废弃物循环利用模式能够从源头到过程彻底解决养猪污染问题。该技术就是：猪粪尿在发酵床中经有益微生物菌的发酵后，得到充分分解和转化，达到无臭、无味、无害化目的；用后垫料又可用来生产有机肥以及作为食用菌基质、生物肥药基质等，成为再生资源，符合循环经济"3R"原则，是一种无污染、无排放、无臭气的新型环保养猪技术，具有良好的生态和经济效益。该技术自 2006 年推广以来，福建省环保局、福建省农科院、中国农科院等单位就开办了微生物发酵床"零排放"养猪技术现场会，在福建省推广"零排放"养猪技术，并在闽江、九龙江流域等上游以及重点养殖大县选择一批规模化养猪场，作为技术推广试点单位，以推动技术的应用，几年来，确实达到了清洁养猪、污染零排放的预期目标。

5．微生物发酵床零排放养猪技术的优点和缺点

（1）微生物发酵床零排放养猪技术的优点　根据对养猪场的实际调研，将微生物发酵床零排放养猪技术的主要优点概括为"三省、两提、一利、零排放（3210）"，具体如表9-2所列。

表9-2　微生物发酵床零排放养猪技术的主要优点

优点	详细内容
节省养猪厂用水	微生物发酵床无需用水冲洗，节约用水80%以上，没有污水向猪场外排放
节省劳动力投入	新建微生物发酵床可较好地实施机械化作业，节省约30%的劳动力使用量
节省饲料	实施发酵床养猪模式后，猪生长较快，从22.5～105kg可提前10～15d左右出栏，节省了生猪的单位饲料成本
提升猪肉品质	与传统猪舍相比，微生物发酵床场地宽阔，空气流动性好，生猪生长环境较为优越，运动量较大，提升了生猪的猪肉品质
提高养猪安全性	发酵床养殖模式提高生猪免疫力，减少疾病（如胃肠炎）发生，减少用药，养猪安全性提高，生猪从22.5～105kg的成活率达97%～98%
利于冬季猪舍保温	发酵床的垫料发酵产生的热量，可提高猪舍的温度，降低冬季的猪舍保温成本；冬季生猪生长快，出栏提前，降低饲用成本
实现猪场零排放	猪粪尿经有益微生物菌的发酵后，得到充分分解和转化，垫料可作为有机肥向外出售，真正实现养猪场无污染、无排放、无臭气的生态效果，有效改善养猪场的空气环境

注：资料根据调查访谈结果整理。

（2）微生物发酵床零排放养猪技术的缺点　根据对养猪场的实际调研，总结归纳微生物

发酵床零排放养猪技术的缺点如表 9-3 所列。

表9-3　微生物发酵床零排放养猪技术的主要缺点

缺点	详细内容
投资及管理成本高	新建微生物发酵床的建设成本比传统猪舍高120～150元/m²；而旧舍改造成微生物发酵床的成本约为200元/m²。有的猪舍由于空间小或改造难度大，无法实现垫料翻搅与回收的机械化作业，增加了人工使用量，提高了养猪场的劳动力成本
垫料价格渐涨，供应紧张	常规垫料（锯末、谷壳或米糠）的市场价格逐渐提高，如目前锯末价格400～500元/t；谷壳500元/t，龙海市甚至涨至2200元/t；多数调查对象担忧大量养猪场实施微生物发酵床养猪模式，将导致垫料供应不足，影响该养猪模式的可持续性，且会大大提高养猪成本。加上生物菌剂成本，则增加养猪成本为30～80元/头
用后垫料销售困难	用后垫料可生产有机肥，但因需求和相关渠道缺乏，导致废垫料不能顺利进行市场销售，不能产生效益。垫料销售价格低（为200～250元/t），与新垫料存在严重的"剪刀差"现象，无法较好地回收旧垫料、减少垫料成本，垫料处理成为养猪场的后顾之忧
生物菌剂市场混乱	当前在福建省推广的零排放养猪模式多为日本"洛东技术"，生物菌剂价格高；很多养猪场只好选择价格低廉但质量无法保证的菌剂，导致生产出现问题，从而对发酵床模式产生怀疑，并放弃该模式
猪部分疾病控制	生猪粪便均排放在发酵床，垫料湿度难以控制，影响发酵效率；垫料发酵使猪舍温度升高，尤其是夏季高温天气，就会影响生猪的健康生长。个别养猪场反映，疾病包括呼吸道疾病（如哮喘）、胀气病、消化道疾病、皮肤病（与垫料来源地有关）、倒地等，猪舍寄生虫增多，出现小猪吃垫料、僵猪等现象

注：　资料根据调查访谈结果整理。

6．微生物发酵床零排放养猪模式缺点克服方法的可行性分析

（1）微生物发酵床零排放养猪模式总体评价　通过调研发现：发酵床零排放养猪技术是成熟的，对养猪场粪污能够进行完全有效的处理，能够提高猪的免疫力、降低猪病发生概率。

阻碍发展原因：①宣传引导不足、养猪户环保意识欠缺；②垫料供应不足和用后垫料出路不畅；③进口的微生物制剂价格高；④发酵床设施不全和管理不善等，导致养殖成本升高，从而影响技术的推广实施。

推动应用关键：①解决垫料替代和用后垫料资源化；②降低微生物菌剂成本；③加强发酵床养猪设施的改进；④强化用户服务与技术指导；⑤猪场污染治理政策的公平化。

（2）解决微生物发酵床零排放养猪模式中几个关键环节的可行性

① 推行"垫料换肥料"的经营模式　以厦门市江平生物基质技术有限公司作为"垫料换肥料"的经营主体，由福建省农业科学院（资源所、牧医所、土肥所、生态所、植保所）作为技术指导单位，与生猪养殖户签订合作协议。厦门市江平公司无偿提供微生物发酵床养猪垫料的采购、发酵、配送、服务，资源所负责提供微生物菌种和技术指导，养猪户负责垫料养猪的日常管理，每出栏一头猪养殖户向厦门市江平公司（垫料提供单位）交费30元，待垫料使用一年时，由厦门市江平公司无偿获得垫料作为生物基质（培养土）的原料，进行产业化开发。这一模式已经与双方企业（厦门市江平生物基质技术有限公司，养猪公司）磋商，达成共识。

② 国家扶持"发酵床微生物菌剂"的生产，低价提供菌剂　由福建省农科院提供"发酵床微生物菌剂"技术，由福建省华龙饲料集团建立生产厂，由国家提供部分技术改造资金，生产发酵床用的益生菌和降污菌，用目前市场价格的20%向养殖户提供微生物菌剂，保障产品质量，降低养殖成本，提高养殖效益。该科技成果已获得福建省科学技术二等奖，菌剂获得生产许可证（与中国农科院合作），具备了产业化条件。

③ 国家扶持发酵床养猪设施的改进　国家可通过一次性财政补贴的方式解决养猪场的部分初始投资成本，鼓励养猪场转变粪污处理方式。按福建省环保局原来实施的方法，对采用"微生物发酵床零排放养猪模式"的养猪大户，在猪舍的水帘、卷帘和风机降温设备、垫料翻动机械等设施上给以补贴，如每个万头猪场一次性补贴30万元，这样在资金上解决了微生物发酵床的夏季高温问题。

④ 强化用户服务与技术指导　福建省农业科学院（资源所、牧医所、土肥所、生态所、植保所）作为技术指导单位，与各地畜牧局结合，组建技术小分队，对用户实施培训、技术监理、技术指导、技术巡回等。调研发现，垫料购买的地域范围窄是垫料供应紧张与购买价格上涨的重要原因之一，针对这一问题，因地制宜进行替代垫料研究（如食用菌菌渣、椰子壳粉等）能够在很大程度上缓解原料供应压力。另外，通过垫料供应专业公司企业化运行，垫料的供应渠道稳定、范围扩大，用后垫料有效回收利用，完全能够解决垫料供应紧张与价格上涨的问题。微生物发酵床养猪模式中的猪发生的部分疾病，主要是因为管理不善产生，加强技术指导，可以防止猪部分病害的发生。

⑤ 猪场污染治理政策的公平化　国家对养猪业的污染治理应有统一的政策，建立养猪场环境治理统一标准，对不同排放水平的猪场收取排污费。关于这方面，龙岩市环保局出台的政策很有借鉴意义，根据环保达标的水平，对每头猪收取30元、20元、10元、0元不等的排污费。这样，政策统一，让所有养猪户必须重视猪场的污染治理。在调研中了解到，随着环保压力的增大以及国家宣传力度的加大，大部分养殖户的环保意识已经有了很大提高。许多养殖户在猪场建设前都会认真了解掌握各种粪污处理技术和方法，力求能够先于养猪前而建设完善，保证有一个优良的养猪环境。对于发酵床零排放技术，多数养猪场愿意采纳该模式。

7．微生物发酵床零排放养猪技术的产业化发展模式构建

（1）专业的技术服务体系的构建　由政府部门牵头，设立专项资金，组织相关单位专业技术人员，成立专门的技术服务机构，开展相关服务，包括加强技术宣传，定期开展技术培训，建立示范户、示范片，开展专业猪舍建造设计、菌剂使用方法指导、垫料管理指导等。

（2）垫料供、销公司化运营模式　成立专业机构（或企业），为养猪场提供新垫料供应与废垫料回收服务。该运行模式为：垫料供销机构专门进行新垫料供应信息与废垫料需求信息的搜寻，扩大垫料采购量，降低单位成本，销售给养猪场；垫料供销机构同样成为废垫料的购买主体，向养猪场回收废垫料，并在市场上寻找废垫料需求者，进行废垫料的买卖活动。国家对该机构（或企业）进行资金、政策等方面的扶持。

该模式不仅能解决零排放养猪场垫料供应与废垫料处理的问题，而且可以降低新旧垫料的交易成本，节约社会资源，有利于微生物发酵床零排放养猪技术的长期可持续发展。

（3）垫料换肥料产业新模式构建　该运行模式为：有机肥生产商与养猪场签订合作协议，由有机肥生产商为养猪场免费提供垫料和回收废垫料，鉴于新旧垫料单位体积的重量差较大，存在盈利空间；或者养猪场给予有机肥生产商适当的费用（如目前的排污费用30元/头）作为补偿。国家对养猪场的补贴可以从建设面积、相关设备或微生物菌剂等方面进行。对有机肥生产商可通过财政拨款、税收优惠等政策进行扶持。

该模式的优点为：养猪场仍仅负责猪的饲养经营，不必考虑购买垫料和废垫料处理难题；有机肥生产商可以无偿使用养猪场的发酵空间，降低大规模的发酵基地建设投资，保证有机肥生产原料的长期有效供应，有利于简化国家扶持政策的贯彻落实。

8．产业化发展的政策建议

（1）强化技术创新政策扶持，克服发酵床零排放养猪的技术瓶颈　针对当前零排放养猪技术发展中急需解决的技术难题，相关部门应着力于组织科研力量，进行科研攻关；加快垫料替代资源研究，鼓励农业废弃物资源循环利用；扶持企业，进行微生物菌剂的生产；通过微生物菌剂价格补贴的形式，鼓励养猪户使用；通过政策和资金支持，鼓励企业开展废旧垫料的回收和利用，开展垫料翻搅等专业机械的设计与研究。

（2）建立合理的财政补贴机制，加大零排放养猪技术的扶持力度　省政府应加大对零排放养猪技术的扶持力度，通过财政补贴、税收优惠、技术扶持等优惠政策，降低其运营成本，使其能达到甚至超越市场平均收益水平，保持或提升该类养猪场的市场竞争力，从而达到鼓励更多养猪场实施零排放养猪技术的良好效果。

首先，建立新场建设与旧舍改造的财政补贴机制，可依据建设规模或改造规模确定补贴标准。降低养猪场的初始投资成本，缓解投资者的资金压力，鼓励养猪场转变现有养猪模式。

其次，加强机械设备购买的扶持力度。政府可通过财政拨款形式，为养猪场购买垫料翻搅与回收机械、通风设备等提供部分资金补贴；或者通过机械设备加速折旧、购买成本抵扣进项税额、所得税优惠等税收优惠方式，间接地对养猪场进行补贴。

（3）制定垫料供应及回收利用的扶持政策，对相应企业进行直接补贴　调研发现，有机肥生产商有望作为"微生物发酵床零排放养猪技术"产业化发展的重要主体，成为新垫料的供应者与废垫料的购买者，因此，在利润最大化目标的驱动下，有机肥生产商根据自身发展需要和市场需求实际，进行新型垫料研发与废垫料的创新和利用。政府应通过财政补贴、税收减免、贷款扶持或价格补贴等优惠政策进行扶持和鼓励。

（4）设立专门的技术服务机构　由政府部门牵头，设立专项资金，组织相关单位专业技术人员，成立专门的技术服务机构，开展相关服务，包括加强技术宣传，定期开展技术培训，建立示范户、示范片，加快推进统一猪舍设计标准、统一养猪技术管理规范、统一组织治污技术培训、统一实施治污现场监督、统一提供微生物发酵床菌剂等；及时总结技术上的缺陷和失败的教训，总结成功的技术与管理经验，编制"福建省微生物发酵床养猪技术规范与维护细则"，发放给零排放养猪场；定期举办培训班，开展巡回技术指导，以帮助养猪场提升微生物发酵床的管理水平。

（5）加强污染治理监督　由政府相关部门牵头，组织农业、环保、规划、土地、卫生、执法等部门，协调开展工作。一方面大力宣传有关食品安全及环保治理的国家或地方法律法规，提高从业人员的环保意识，自律发展清洁生产；另一方面按国家、省有关规模养猪场环保措施的标准，开展产地环境的监测监管工作，定期对不达标的养猪场进行曝光；行政执法部门对不按要求进行生产，造成严重污染的，依法进行关停。对于达标养猪场，进行奖励，树立榜样。

四、微生物发酵床养猪技术缺点的调查报告

1．概述

为了尽快提出福建省养猪业污染治理技术方案，2014年5月10～20日，福建省农业科学院抽调20人的多学科专家团队，分别赴福建省8个设区市的13个县（市、区）调研，选择不同的养猪规模、不同的海拔高度，实地走访20家养猪场，调查了30个养猪户，发放调查问卷50份，广泛听取了养猪户、基层畜牧及环保技术人员等的意见。

从治理养猪业污染、建设八闽秀美山川、发展现代养猪业、促进农民增收的角度进行总结，得出发酵床养猪具有许多优点，广大农民、基层工作人员希望尽快出台激励养猪业治污的政策措施，编制发酵床养猪技术规程以及发酵床日常管理与维护的实施细则。

现将调研情况、技术对策与政策建议报告如下。

2．发酵床养猪的优缺点情况调查

（1）发酵床养猪的主要优点

主要优点：三省、两提、一增。

"三省"，即省水75%～90%，节省精饲料10%～15%，节省劳力30%。

"两提"，即改善生猪生长环境，降低疫病风险，减少药物使用，提高猪肉品质；提高生猪对饲料的利用率，出栏毛重每头增加10～15kg。

"一增"，即增加养猪的生态社会效益，使得猪场内外无臭味，氨气含量明显降低，能有效消纳养殖过程的污染物，实现污染减排目标。

综述：从实现减排目标角度看，比较不同的养猪业污染治理模式，发酵床技术是首选；从疫病防控看，发酵床及其配套的技术，有广泛的推广空间。

（2）发酵床养猪的主要缺点或不易推广的主要原因

① 激励治污的政策导向还需更加明确，目前部分应用发酵床的养猪场成本比不治污的成本高。

② 大规模推广发酵床，顾虑垫料涨价以及日常管理维护的费用较大。

③ 有的猪舍发酵床太干燥造成猪的呼吸道疾病多发，有的发酵床翻堆管理不善造成寄生虫卵较多。

④ 旧猪舍改造推广发酵床的费用比新建猪舍成本高。

⑤ 养殖户对猪舍发酵后的垫料出路没有信心，即存在资源的利用问题。

⑥ 进口的发酵床菌种价格高，而市面上销售的生物菌种又比较混乱，有时应用便宜菌种导致发酵床发酵失败。

⑦ 国家相关资金扶持在试点养猪企业占比过大，缺乏全面的扶持政策。

五、福建省推广发酵床养猪技术的政策建议

1．明确本省养猪业治污的环境政策主旨

围绕本省养猪业污染减排、促进农民增收、建设生态文明、实现跨越发展的政策目标，突出先进治污技术的研发与推广，突出扶持养猪治污关联产业链的发展壮大，突出提升养猪及其关联产业的现代化水平，突出依靠科技促进养猪农民增收。

2．制定鼓励发酵床养猪治污技术发展的扶持政策

（1）鼓励养猪场采用先进的治污设施，安排专项的扶持资金　设施包括垫料日常翻堆的电缆式小型农机和清运垫料的挖掘机、夏季猪舍降温水帘和通风设施、猪舍改造为微生物发酵床等。具体实施政策为：①从省环保专项资金和闽江、九龙江流域水环境综合整治专项资金中安排经费用于发酵床养猪技术的推广，设区市和县级环保部门也应安排相关的资金予以扶持，并做好资金使用的管理与审计。②通过养猪治污设备的加速折旧、购买先进治污设备抵扣排污费和所得税等优惠措施，间接补贴养猪场治污。③对新建猪舍采用微生物发酵床或旧猪舍改造为微生物发酵床的，依据建设规模或履行规模确定财政补贴标准，对验收合格的给予一次性的财政补助，以降低养猪场治污的初始投资成本。建议猪舍的建造应与大中型沼气池工程享受同等的补助政策。④将发酵床养猪技术列入《福建省鼓励发展的环境保护技术名录》，给予重点扶持。

（2）制定全省统一的养猪业排污费核减征收政策　养猪排污费统一上缴财政，列入环境保护专项资金管理，专款专用，促进养猪业的健康发展。根据国家《畜禽养殖业污染物排放标准》（GB 18596—2001），建议我省养猪业排污费征收的奖罚标准是：①对于采用微生物发酵床技术或猪 - 沼 - 草（果、竹、林等）生态养殖模式实现污水"零排放"的，免征排污费，按存栏数计给予每头生猪直接发放政府补贴 40 元，全省 2000 万头生猪约需 8 亿～10 亿元。②对于按养猪业污染治理责任制要求，建有污水处理设施，实行生态养殖模式，但污水无法实现零排放的，无捡拾猪粪的每头征收排污费 4.2 元，80% 捡拾回收猪粪的征收排污费 2.1元。③只建有沼气池，但无其他配套的污水处理设施的，无捡拾猪粪的每头征收排污费 8.4元，80% 捡拾回收猪粪的征收排污费 4.2 元。④无任何环保处理设施，污水未经任何处理直接排放的，无捡拾猪粪的每头征收排污费 30 元，80% 捡拾回收猪粪的征收排污费 15 元。⑤母猪排污费按上述标准每头加 1 倍征收，以存栏数计征。⑥对于农户散养 50 头以下的，不征收排污费。

（3）对采用微生物发酵床技术的养猪场，给予简化环评审批手续支持　包括：①对养猪场采用发酵床技术的环境影响评价，可简化为编制环境影响报告表，并以养猪场选址、场区布局与清粪工艺、粪污垫料储存等为主要内容。②本省各级环保部门应根据国家发改委、环保部《关于降低畜牧业生产建设项目环评咨询收费，加强环评管理促进畜牧业发展的通知》（发改价格〔2008〕8 号）要求，督促环评单位减半收费。③严格养猪场的环境监管，鼓励采用微生物发酵床技术。执行养猪场禁建区、禁养区规定，禁养区内禁止养猪，禁建区内不达标的养猪场限期搬迁。但对禁建区内已建设并采用发酵床技术的养猪场，经当地政府和相关

部门同意的，可不予搬迁关闭。

（4）加大发酵床养猪治污技术的研发资金投入　①省科技、发改、财政、农政、环保等部门，通过设立养猪业治污科技重大专项，支持省内的科教机构，组织跨学科专家团队，重点研发降低发酵床菌种供应价格、扩大垫料来源、促进粪污垫料的资源化利用等方面的关键技术。②加快发酵床菌种国产化步伐，鼓励科技型企业开发可降低菌种生产成本的技术工艺，建立企业标准，给予省内推广菌种的专项资金补贴，在加速菌种国产化、生产设备折旧、企业税收等方面给予政策扶持。③鼓励研发养猪业粪污垫料资源化利用的技术服务体系，包括研发粪污垫料种植蘑菇等食用菌、生产有机肥和生物肥药等方面的技术。对利用粪污垫料生产有机肥的，在有机肥的产品认证、企业税收优惠等方面给予政策扶持。鼓励养猪场与粪污垫料资源化开发企业，以及关联的食用菌、有机肥企业，组成福建省养猪治污产业技术创新战略联盟，在科技研发上给予项目支持。④鼓励农民推广应用粪污垫料生产的有机肥，可在本省农业综合开发的改良沃土工程中，拨出资金用于扶持垫料有机肥的推广应用。

（5）制定全省统一的发酵床养猪治污技术规范，加大培训宣传力度　①由省内科教单位、环保及农业行政单位，共同编制福建省微生物发酵床养猪技术规范与维护细则，统一猪舍治污设计标准、统一养猪技术管理规范、统一组织治污技术培训、统一实施治污现场监督、统一提供微生物发酵床菌种。②加强发酵床养猪的技术指导，编写专题培训教材，拍摄发酵床养猪专题电视科教片，通过抓试点示范，采取技术培训与现场指导相结合，严格执行发酵床养猪的技术规范。③加大发酵床养猪的宣传推广力度，各级政府、各部门要支持新闻机构宣传报道发酵床养猪推广应用的进展与成效，同时利用"6.18"项目成果对接、"9.8"中国国际投资贸易洽谈会和"5.18"海交会、"11.18"中国农业博览会等平台，鼓励更多的企业使用发酵床养猪技术，鼓励关联企业投资养猪业治污的关联产业。

（6）制定养猪业治污相关联的环境协调政策　①鼓励养猪集中地区采用先进的治污技术，借鉴环境交易规则和以工补农、财政转移支付政策，鼓励本省受益于养猪业减排的发达城市（如厦门市），给予生猪生产集中区（如龙岩市）适当的治污补助。②扶持发酵床养猪企业的品牌创建，扩大知名度。鉴于采用微生物发酵床生产的猪肉品质好，省里有关部门在养猪场申请安全食品、绿色食品和有机食品（基地）的认证上给予支持，提升养猪产业化水平。

六、福建省畜禽养殖场（户）粪污治理的建议

1．畜禽养殖污染治理的重要意义

畜禽养殖给城乡人民生活水平的提高做出了巨大贡献，而与此同时，也成为农业环境面源污染的主要来源，对养殖业的可持续发展造成了严重影响，已经到了必须要着力解决的程度。

（1）畜禽养殖污染严重，减排任务艰巨　根据福建省统计年鉴（2010年）资料，2009年福建省生猪存栏1315.79万头，年出栏生猪1922.93万头，能繁母猪达133.4万头。

一头体重 90kg 的猪，平均每天排泄粪 2.2kg、尿 2.9kg，则年产猪粪量为 803kg、猪尿 1058.5kg。一个万头猪场每年有 40.7t COD 和 30.3t BOD 流失到水体中。前文已述，根据福建省环保局调查测算，闽江流域畜禽养殖废水排放量 30.17 万吨 / 日，畜禽养殖废水 COD 排放量 760.35t/ 日、氨氮排放量 76.57t/ 日，分别是流域工业废水排放量的 5.7 倍和 7.5 倍。其中仅南平市区域内畜禽养殖排放的 COD 和氨氮分别约占全流域畜禽养殖污染的 70％和 54％。

据统计，福建省全省约有 70％的畜禽养殖场没有粪污治理设施，畜禽粪污未经过任何处理随意向周边排放。小、散、多的养殖户粪污治理任务重，难度大。

（2）单一处理方法难以实现达标排放　目前养殖粪污处理的主要方法有以下几种。

① 物理学方法：主要是用机械方法、吸附沉淀法等进行固液分离，用红外或煤加热烘干。但需要大量能源，每烘干 1t 粪约用煤 1t。

② 自然净化法：粪便还田，纳入农业良性生态循环，现在发展成湿地法。

③ 生物学方法：对粪尿、污水后处理用生态菌法，主要有塑料大棚好氧发酵法、充氧动态发酵法、膨化法、沼气法等。该方法的主要问题是每天处理量大，占地面积多，投资大，处理后残渣无法进行再处理，仍然是污染源，存在二次污染。

无论采用哪种方法，都必须在治理过程中实现资源的循环利用，通过科企合作，形成循环产业链，从而实现清洁养猪、资源高效利用的可持续发展模式。

（3）构建畜禽养殖废弃物资源化利用体系意义重大　解决养猪场的污染问题，必须走"循环经济"的模式。微生物发酵床技术从源头上控制养猪造成的环境污染，达到环保养猪的目的。将养猪过程看做生物资源的转化过程，利用微生物对猪粪进行发酵，可转化为食用菌培养基资源，食用菌菌糠成为功能微生物的培养基，通过微生物发酵，加工成颗粒功能有机肥药，返回农田使用，增加肥力，控制病害，促进植物生长，形成资源的再生循环，可以保障实现"最佳生产，最适消费，最少废弃"，符合循环经济的"三 R"原则，达到建设人与自然和谐的、可持续发展的新型社会目标。

（4）与国家可持续发展战略结合紧密　党的十六届五中全会提出了建设社会主义新农村的重大历史任务，十七大又提出生态文明建设。清洁的生产环境，无公害的养殖产品，是国家新农村生态文明建设的必要条件，符合《国家中长期科学和技术发展规划纲要》生态农业技术的主题，有利于促进"社会主义新农村"的建设。

2．微生物发酵床养猪技术原理

根据微生态理论，利用微生物发酵控制技术，将微生物与锯木屑、谷壳或秸秆等按一定比例混合，进行高温发酵后作为有机物垫料，制成发酵床。将猪饲养在发酵床上，其排出的粪尿在垫料中经过微生物及时分解、消纳，不必冲洗猪舍，无粪尿污水向外排放，形成无污染、无排放、无臭气的零排放清洁生产，从源头上控制养猪造成的环境污染，达到环保养猪的目的。这种模式是一种倡导慎重开发利用资源、废弃物资源化、清洁生产、遵循自然生态系统的物质良性循环规律的经济发展模式，是一个"资源—产品—再生资源"的闭环反馈式循环过程。

3．发酵床的建造

（1）一般性原则 通常采用微生物发酵垫料床零排放养猪法的猪舍与普通养猪的猪舍差异不大，可以是单列式，也可以是双列式。单列式猪舍跨度为9～13m，猪舍屋檐高度2.6～3.5m。栏圈面积大小可根据猪场规模大小而定，一般为40 m^2 左右，饲养密度为0.8～1.5头 /m^2。除了通常必备的操作通道、隔栏、食槽、饮水装置、通风降温装置外，还新增了饲喂台、垫料槽、垫料、垫料进出口等。饲喂台，即在保育舍和育肥舍垫料槽边砌一80～120cm宽的水泥台，用于安装食槽，有利于猪正常采食。垫料槽，即将舍栏建设成低于硬地平台50～80cm的潜槽，即垫料槽，用于存放发酵垫料。垫料槽地面根据地下水位情况，可用水泥固化，也可不固化。垫料就是发酵垫料，也称为"发酵床"。垫料进出口一般位于猪舍的外侧，便于垫料的进出和清理。垫料进出口可用木板等遮挡。

① 地面槽式结构 其样式与传统中大猪栏舍接近，三面砌墙，高度保育猪约为50～70cm、中大猪约为90～110cm，一般要比垫料层高10cm左右，上方设置50～80cm高度的铁栏杆防止猪跑出。

优点：猪栏高出地面，雨水不容易溅到垫料上，地面水也不易流到垫料中，不仅通风效果好，且垫料进出方便。

缺点：猪舍整体较高，造价相对也高，猪转群不便，由于饲喂料台高出地面，投喂饲料不是很方便。

② 地下坑道式结构 根据不同类型猪，地面下挖，也就是垫料在地面以下。深度保育猪约为40～60cm、中大猪约为80～100cm。栏面上方增添50～80cm铁栏杆防止猪跑出。

优点：猪舍整体较低，造价相对较低，猪转群方便，由于饲喂台与地面持平，投喂饲料方便。

缺点：雨水容易溅到垫料上，垫料进出不方便，整体通风比地面槽式结构差，地下水位高时不易施工。

③ 半坑道式构造 该结构介于地面槽式结构与地下坑道式结构之间，地下、地上各占1/2，可以因地制宜选择。

④ 老猪场改造 利用老猪场，保持基本结构不变，在猪舍走道处垫高40cm，形成天然坑，加入40cm的垫料即可。或直接将猪栏地面先下挖40～80cm，形成垫料槽。

（2）各种猪舍的设计要求

① 育肥舍 以谷壳、锯末为主要原料制作的发酵垫料，一般每头育肥猪应使用大于0.7m^3。每个猪栏面积70～100m^2，饲养密度1.3～1.6 m^2/头为宜。发酵床设在猪栏外侧，面积占猪栏面积的1/2左右，垫料槽深度60～100cm，猪栏内侧建造120cm宽饲喂台以安装食槽，饲喂台下10cm与垫料槽之间做一水泥过渡斜面，由饲喂台向垫料槽方向倾斜，坡度10%～15%。盛夏养猪时只要降低20～30cm垫料的厚度，大部分水泥过渡斜面就可裸露出来供猪休息，其他季节养猪可以用垫料将水泥过渡斜面铺平。相邻两栏垫料槽之间的隔栏用活动的铁栅栏分隔，其他隔栏则用水泥砖砌分隔。这种结构的猪舍饲喂台适当加宽，猪栏面积根据正常饲养的头数做一些调整，也适用于饲养后备猪和待配种猪。

② 保育舍　一般每头保育猪应有大于 0.3m³ 的发酵垫料。每个猪栏面积 30 ～ 40m²，饲养密度 0.6 ～ 0.8m²/ 头为宜。在猪栏内侧建设 80cm 宽饲喂台以安装食槽，其余部分全部建成垫料槽，垫料槽深度为 50cm，实际铺设垫料厚度为 40cm。

③ 怀孕舍和分娩舍　一般每头怀孕母猪和分娩母猪分别应有大于 1m³ 和 2m³ 的发酵垫料。怀孕母猪采用定位栏饲养，分娩母猪采用高床分娩栏饲养，猪舍的建设和普通猪舍基本相同，只是在两列定位栏或高床分娩栏之间，建设宽 200 ～ 300cm、深 60 ～ 80cm 的地下坑道式垫料槽，用人工或者高压喷气枪等机械将猪粪清理到发酵垫料上。

4．垫料发酵菌种的选择

在 2009 年以前，福建省应用的主要是从日本引进的"洛东 EM 菌"，由于微生物菌种的垄断，使得应用该技术的成本居高不下，限制了推广。福建省农业科学院研发了具有自主知识产权的微生物菌剂"秸窠"，价格下降 60%，实现了整体技术的国产化。

5．发酵垫料的制作

（1）垫料原料的选择　应根据当地的资源状况就地取材，一般选择来源广泛、供应稳定、成本低廉的原料，如谷壳、锯末、棉籽壳、秸秆等，使用木屑不可用加防腐剂的，使用秸秆应先将其切成 8 ～ 10cm 长的小段，同时为确保垫料制作过程中微生物发酵的进程及效果，也可选择其他一些原料作为辅助原料，如米糠、玉米粉、鲜猪粪等。

（2）垫料的制作方式

① 集中统一制作垫料　在猪舍外场地统一搅拌、发酵制作垫料。这种方法可以使用较大的机械操作，效率较高，适用于规模较大的猪场。在制作新垫料时通常采用这种方法。

② 在猪舍内直接制作　这是常用的一种方法，即在猪舍内逐栏把谷壳、锯末、米糠、垫料发酵菌按比例混合均匀发酵后使用。这种方法效率较低，适用于中小型猪场。

（3）垫料的发酵制作　垫料的配方一般为：锯末 50%，谷壳（棉籽壳、秸秆等）50%，米糠或玉米粉 2kg/m³，鲜猪粪 2kg/m³，垫料发酵菌按照厂家产品说明添加。

① 发酵菌剂的配制　按照厂家产品说明进行。

② 干垫料的混合　将 50% 锯末、50% 谷壳、2kg/m³ 米糠或玉米粉以及 2kg/m³ 鲜猪粪分别铺开，然后混合均匀，若有结块的物料，应尽量拍散。

③ 加水混合　把菌液和垫料均匀混合，水分含量一般掌握在 45% 左右。其鉴定方法就是手握成团，松手即散，指缝间无水滴漏。

④ 垫料的堆制　将加入菌剂混合好的垫料堆积发酵，用厚草帘或编织袋覆盖，有条件的地区可再加盖一层塑料薄膜，以达到保温保湿。

⑤ 监测和记录　发酵期间，每天测量发酵温度，并作好记录。从第 2 天开始在不同角度的三个点约 30cm 深处测量温度，垫料经发酵，温度达 60 ～ 70℃ 左右时保持 3d 以上；再将垫料翻堆重新堆积发酵，二次堆积发酵时间一般为 5d，温度应保持在 45 ～ 50℃ 左右。当垫料摊开，气味清爽，没有粪臭味时，说明发酵成功，即可摊开到每一个栏舍。

⑥ 垫料池的铺设　将发酵成熟的垫料铺在发酵池中，垫料铺设的厚度应不低于40cm，每个栏垫料的体积不小于10m³。将垫料表面耙平，用新鲜的谷壳、锯末覆盖表面，厚度为5～10cm。间隔24h后即可进猪饲养。

6．发酵床养猪日常运行和管理

（1）猪群的日常管理　与传统饲养方法类似，按程序做好驱虫、疫苗免疫接种，控制疾病发生。

① 猪只免疫　猪进栏前需做好免疫工作，根据国家和本省疫病发生的种类和特点及市、区（县）动物防疫部门制订的免疫程序，结合本场实际情况，确定免疫接种内容、方法及合理的免疫程序。免疫猪群应做详细记录和标记，并仔细观察免疫反应情况。

② 疫病监测　养猪场对一些常见疫病，包括口蹄疫、猪水泡病、猪瘟、猪伪狂犬病、猪繁殖与呼吸道综合征和布鲁杆菌病等要进行疫病监测。

③ 消毒　凡进入生产区的所有工作人员应洗手、戴工作帽、穿工作服和胶靴，或淋浴和更换衣鞋。工作服、帽等应保持清洁，并定期消毒。养猪场内应建立必要的消毒制度并认真实施，应定期开展场内外环境消毒、猪只体表喷洒消毒、饮水消毒、夏季灭源消毒和全场大消毒等，并观察和监测消毒效果。疫病流行期间，应增加消毒次数。

④ 日常健康检查　对于群饲和舍饲猪，饲养员和兽医每天必须对所有的猪只进行检查。所有疑似发病或受伤猪必须立即接受诊断、治疗。对疑似发生传染病的猪只，必须立即隔离，通知动物防疫机构，并将疫病确诊所需样品送往指定实验室进行诊断。

⑤ 日常打扫和清洗　房舍、圈舍、设备和器皿必须定期打扫和清洗，以防交叉感染和积聚病原微生物。粪、尿和饲料残渣必须经常清除，以避免产生粪臭异味以及防止苍蝇和啮齿动物滋生。

（2）垫料的运行管理

① 水分调节　垫料表面太干燥时要适当喷水，在特别湿的地方加入适量新的锯末和谷壳，使其表面湿度保持在45%即可。

② 通气性管理　根据垫料湿度和发酵情况调整垫料，一般每周结合疏粪管理或水分调节管理翻动1～2次，翻动深度在30cm左右。

③ 垫料补充　进猪一段时间，猪舍中的垫料变少时需适当补充缺少部分，要及时添加一些锯末、谷壳等垫料原料，以保证垫床的厚度。

④ 空栏后管理　将垫料放置干燥2～3d，再将垫料从底部反复翻弄均匀，适当补充垫料原料和发酵菌剂，重新堆积发酵；发酵期间可将操作通道、饲喂台、隔栏、定位栏架、高床分娩栏清洁、消毒。发酵完成后可再次进猪。

7．微生物发酵床旧垫料资源化利用

① 经简单粉碎加工作有机肥直接使用、销售（适用于小型猪场或大型农场）。
② 作为食用菌培养基的基质（适用于食用菌生产的地区）。
③ 经规范化工艺制作成生物有机肥（适用于大型猪场或技术输出企业）。

8．保障措施

（1）加强领导，健全组织　成立专项治理小组，落实各项任务；成立技术指导小组，确保技术实施到位。

（2）政策引导，推进实施　农业、环保等相关职能部门要从政策上将发酵床技术作为减排适用技术加以确定，促进技术的推广实施。

（3）加大扶持，资金到位　建立专项扶持资金，主要用于菌种和垫料补助，按每头猪100元的标准，直接发放到养猪户。建立严格的项目资金管理制度，设立专用账户，实行专款专用，强化资金使用管理，确保资金的使用效率。

（4）加快培训，做好服务　围绕技术内容，加大培训力度，实行梯次培训方式。首先进行县（区）、乡畜牧技术推广人员的培训，再培养、培训农民技术骨干，建立示范户、示范片，以点带面。通过举办培训班、播放录像、编印技术资料等形式宣传培训，提高技术的普及率，为养猪场（户）减排实施提供技术支撑。

（5）加强管理，确保质量　实行各地区责任人负责制和目标管理制，建立层层负责的监督考核机制。根据项目区各地承担的任务指标，合理确定考评指标，定期实行检查验收，并把结果作为下一年度调整资金分配的依据。

七、福建省闽西-闽南片区微生物发酵床养猪模式调研报告

以下内容摘自福建省闽西 - 闽南片区养猪现状的实际调查报告。

1．概述

为深入、直观地了解"微生物发酵床零排放养猪模式"的优缺点、技术与经济可行性、技术难题、政策需求等实际情况，为政府制定零排放养猪模式的发展政策提供良好的实践依据，福建省农科院实施《福建省养猪场零排放养猪情况》的调研工作，调研对象为地方环保局和畜牧站等政府部门工作人员、已采纳"微生物发酵床零排放养猪模式"的养猪场；通过调查访谈，总结归纳了零排放养猪模式的7大优点和9大缺点，并对零排放养猪模式进行经济学分析，认为政府应以财政补贴、税收优惠、技术扶持和垫料购销服务等优惠政策来引导和鼓励养猪场实施该生态养猪模式；最后分析了下一步需要深入调研的内容。

2．调研目的

养猪业是中国农村经济的优势产业，近年来发展很快，其中能够创造集约经济优势的规模化养猪场更是呈现出加速发展的态势，规模化养猪场已成为生猪主产区的养猪主体。然而，规模化养猪在实现集约经济优势的同时也带来了严重的环境污染问题。生猪的集中饲养生产方式造成了粪尿过度集中和冲洗水大量增加，不但严重地影响了养猪场自身的可持续发展，还加重了对农村生态环境的污染。为此，国家加大了规模化养猪场的污染治理力度，强制规模化养猪场处理粪污、废弃物等污染物，甚至有些地区还强制关停部分污染治理不力的养猪场。

常见的养猪场废弃物污染治理模式有达标排放模式、种养平衡模式、沼气生态模式与微生物发酵床零排放养殖模式等。微生物发酵床零排放养殖模式主要是指从日本引进的"洛东微生物发酵床零排放养猪模式"和福建省农业科学院科技成果"远程监控秸秆微生物发酵床零污染养猪法"，猪粪尿经有益微生物菌发酵后，得到充分的分解和转化，达到无臭、无味、无害化的目的，这是一种无污染、无排放、无臭气的新型环保养猪技术，并取得了良好的生态效益、经济效益。2008年3月26日，福建省环保局在福清举行推广微生物发酵床"零排放"养猪技术现场会，2009年省政府拨出专项资金200万元在全省示范推广"远程监控秸秆微生物发酵床零污染养猪法"近20家万头猪场，2010年福建省农业科学院的"远程监控秸秆微生物发酵床零污染养猪法"通过科技成果鉴定达到国内先进水平。作为2011年农业推广养殖示范基地，目前"零排放"养猪技术已在全省全面展开，成为闽江、九龙江流域养猪场废弃物污染治理的措施之一。

虽然"微生物发酵床零排放养猪模式"取得了良好的示范效果，但却没有实现大范围的推广应用，至今采用该养猪模式的养猪场比重很小。是什么因素制约其大范围推广？政府应制定怎样的扶持政策来鼓励和推广该模式？这些问题均亟待解答。因此，福建省农业科学院实施福建省养猪场零排放养猪模式的调研工作，目的在于深入、直观地了解"微生物发酵床零排放养猪模式"的优点、缺点、技术与经济可行性、发展前景、技术难题与政策需求等，并根据调研结果，提出具有针对性、可操作性的政策建议，为政府制定政策提供良好的理论指导与实践依据，以更好地促进"微生物发酵床零排放养猪模式"的推广应用，缓解养猪业的环境污染问题。

3．调研对象

本次调研采用面对面访谈与猪场实地考察的方式进行，地域范围包括漳州龙海市和龙岩市，调查对象为地方环保局和畜牧站等单位的工作人员以及已采纳"微生物发酵床零排放养猪模式"的养猪场，调研的内容包括微生物发酵床养猪模式的优点与缺点、发展前景、技术难题与扶持政策需求情况等。接受调查的养猪场分为两类：一类是新建微生物发酵床的养猪场；另一类是原有猪舍改造为微生物发酵床的养猪场，两类发酵床的成本不同。与旧舍改造的发酵床相比，新建发酵床在垫料投放、翻搅与回收作业等方面的机械化水平较高，劳动力成本较低，效率更高。

4．调研结果

（1）微生物发酵床零排放养猪模式的优点　根据养猪场工作人员的访谈结果，将微生物发酵床零排放养猪模式的主要优点概括为"三省两提一利零排放"，具体如表9-4所列。

表9-4　微生物发酵床零排放养猪模式的主要优点

优点	详细内容
节省养猪厂用水	微生物发酵床常年无需用水冲洗，大大降低了养猪场的用水成本，克服了传统养猪模式的粪污排放难题
节省劳动力	新建微生物发酵床可较好地实施机械化作业，节省约30%的劳动力；而旧舍改造微生物发酵床未能实现节省劳动力的效果
节省饲料投入	有养猪场反映，实施发酵床养猪模式后，猪生长较快，从22.5～105kg可提前10～15d左右，节省了生猪的单位饲料成本

优点	详细内容
提升猪肉品质	与传统猪舍相比，微生物发酵床场地宽阔，生猪生长环境较为优越，运动量较大，在一定程度上提升了生猪的猪肉品质
提高养猪安全性	发酵床养殖模式提高了生猪免疫力，减少了疾病（如胃肠炎）发生，养猪安全性提高，生猪从22.5~105kg的成活率达97%~98%
利于冬季猪舍保温	发酵床的垫料发酵产生的热量，可提高猪舍的温度，有利于生猪成长，降低冬季的猪舍保温成本
实现猪场零排放	猪粪尿经有益微生物菌发酵后，得到充分的分解和转化，垫料可作为有机肥向外出售，真正实现了养猪场无污染、无排放、无臭气的生态效果，有效改善了养猪场的空气环境

注：资料是笔者根据调查访谈结果整理得到。

（2）微生物发酵床零排放养猪模式的缺点 根据养猪场工作人员的访谈结果，总结归纳微生物发酵床零排放养猪模式的缺点如表9-5所列。

表9-5 微生物发酵床零排放养猪模式的缺点

缺点	详细内容
前期投资成本高	新建微生物发酵床的建设成本比传统猪舍高120~150元/m²；而旧舍改造成微生物发酵床的成本约为200元/m²
垫料市场价格渐涨	随着越来越多的养猪场实施微生物发酵床养猪模式，常规垫料（锯末、谷壳或米糠）的市场价格逐渐提高，如锯末价格由300~320元/t上涨到400~500元/t；谷壳价格也已涨至500元/t，龙海市甚至涨至2200元/t
养猪成本提高	微生物发酵床养猪模式需投入生物菌和大量垫料，直接增加了养猪成本，而垫料价格上涨又提高了猪场的养猪成本，与传统养猪模式相比，零排放养猪模式增加的养猪成本为30~80元/头
垫料供应不足	多数调查对象担忧：假设大量养猪场实施微生物发酵床养猪模式，在没有发展新型垫料的情况下，必将导致垫料供应不足，影响该养猪模式的可持续性；且会大大提高养猪成本
废垫料销售困难	谷糠、锯末等新垫料分期逐步投放，导致垫料发酵程度不一，且当前有机肥需求量不高，导致养猪场废垫料销售困难，且销售价格低（约为200~250元/t），与新垫料存在严重的"剪刀差"现象，无法较好地回收旧垫料、减少垫料成本，垫料处理成为养猪场的后顾之忧
生物菌市场混乱	当前在福建省推广的零排放养猪模式均为"洛东技术"，技术模式与管理模式与洛东提供的生物菌匹配；而"远程监控秾窠微生物发酵零污染养猪法"又未能在市场上购置其活性菌，很多养猪场为了降低成本，施用成本较低的国产生物菌，导致发酵床管理出现问题，从而对发酵床模式产生怀疑，并放弃该模式
猪舍温度和湿度难控制	生猪粪便发酵均在发酵床完成，导致发酵床的湿度难以控制，而湿度又会影响发酵床的发酵效率，从而导致猪舍的温度难以控制，给猪场管理和生猪生长造成一定的困难，尤其是夏天温度高，如果猪舍的温度无法有效控制，就会影响生猪的健康生长
产生新的猪疾病	根据养猪场反映，发酵床养猪模式出现的常见疾病包括呼吸道疾病（如哮喘等）、胀气病、消化道疾病、皮肤病（与垫料来源地有关）、倒地等，还有猪舍寄生虫增多、小猪吃垫料、中大猪生长慢等不利现象，影响生猪生长
劳动力压力增强	旧舍改造的发酵床由于空间小或改造难度大，无法实现垫料翻搅与回收的机械化作业，增加了养猪场的劳动力使用量（有养猪场反映劳动力增加了1倍），且因工作环境问题需相应提高工资待遇，因此也提高了养猪场的劳动力成本

注：资料是笔者根据调查访谈结果整理得到。

（3）微生物发酵床零排放养猪模式的经济学思考　根据对实施微生物发酵床零排放养猪模式的养猪场的初步调查结果发现，现有养猪场普遍认为零排放养猪模式的经济效益不如传统的养猪模式。因为采用零排放养猪模式的养猪场付出了更高的养猪成本，却未能在生猪或猪肉销售市场上得到更高的回报，这就使得零排放养猪场在生猪市场上处于不利的竞争地位。

由于养猪场实施微生物发酵床零排放养猪模式具有较强的正外部性，其生态效益和社会效益大于经济效益。因此，单靠市场的力量无法保证养猪场长期实施零排放养猪模式，这就需要政府进行宏观调控，即政府可通过环保立法、征收排污费、财政补贴、税收优惠等法律手段、行政手段和经济手段，强制或鼓励养猪场实施零排放养猪模式。虽然，福建省已通过征收排污费、行政罚款、关停养猪场等行政手段，使未实现零排放养猪场的外部性成本内部化，但这仅仅实现了福建省内养猪业的公平竞争，仍无法使实施零排放养猪模式养猪场的经济效益达到市场平均效益，这将导致福建省养猪业的整体效益降低，使得福建省养猪业在与省外养猪业竞争时处于不利地位。

通过以上分析可知，福建省政府应通过财政补贴、税收优惠、技术扶持等优惠政策，将实施微生物发酵床零排放养猪模式养猪场的外部性收益内部化，降低其运营成本，使其能达到甚至超越市场平均收益水平，保持或提升该类养猪场的市场竞争力，从而达到鼓励更多的养猪场实施零排放养猪模式的良好效果。

5．政策建议

（1）加大技术研发投入　根据畜牧站等单位的工作人员以及养猪场的反映，目前微生物发酵床零排放养猪模式的高运营成本主要与生物菌价格高、垫料种类少和废垫料经济价值低等有关，反映在技术上就是出现了技术瓶颈：生物菌开发能力低、垫料替代品研发不足与旧垫料利用研究不足。因此，应加大对以上三大技术的资金投入力度。首先，针对当前零排放养猪模式发展中急需解决的技术难题，相关部门应组织一批科技重大专项，通过财政直接拨款，支持高校、科研机构和企业等科研单位及其有关专家进行生物菌、垫料替代品与旧垫料利用的研发与试验活动，突破三大技术瓶颈，以帮助养猪场降低生物菌成本，扩大垫料来源、缓解其价格上涨压力，提升废垫料的经济效益，从根本上降低零排放养猪模式的运营成本，保障该生态养猪模式的长期可持续发展。

（2）加大零排放养猪模式的扶持力度　根据调查访谈结果，微生物发酵床零排放养猪模式的前期投资和日常运营成本较高，却无法在市场上得到更高的经济回报，导致其经济收益长期低于市场平均水平，处于不利的竞争地位。这一不利局面使得该养猪模式难以得到广泛推广应用。因此，应加大对零排放养猪模式的扶持力度。首先，应建立新舍建设与旧舍改造的财政补贴机制，主要依据建设规模或改造规模确定补贴标准。降低养猪场的初始投资成本，缓解投资者的资金压力，鼓励养猪场转变现有养猪模式，实施微生物发酵床零排放养猪模式。其次，加强机械设备购买的扶持力度。政府可通过财政拨款形式，为养猪场购买垫料翻搅与回收机械、通风设备等提供部分资金；或者通过机械设备加速折旧、购买成本抵扣进项税额、所得税优惠等税收优惠方式，间接地对养猪场进行补贴。再次，强化技术扶持力度。发酵床的管理水平直接关系着生猪的生长环境，关系着零排放养猪模式的经济效益。零排放养猪场示范推广以来，有成功的案例，也有失败的案例。我们应总结成功养猪场的管理经验与技术以及失败养猪场在管理和技术上的缺陷，编写成书面材料发放给零排放养猪场，同时组织专家或养猪场工作人员对养猪场的正反案例进行宣传介绍，以帮助养猪场提升微生物发酵床的管理水平，促进零排放养猪模式的可持续发展。

（3）建设与完善垫料购买与销售服务体系　垫料供应不足与废垫料销路不畅成为推广发展发酵床养猪场的主要阻碍之一，解决好此问题，可在一定程度上促使更多的养猪场实施零排放养猪模式，扩大零排放养猪规模。首先，发展垫料产业化利用新模式。该运行模式为：养猪场与有机肥生产商签订合作协议，由有机肥生产商为养猪场提供垫料和承担废垫料回收工作，养猪场给予适当的经济回报作为补偿。该模式的优点为：①养猪场可以将全部精力放在养猪场的经营管理上，不必担忧购买垫料和废垫料处理问题；②有机肥生产商可以无偿使用养猪场的发酵空间，降低大规模的发酵基地建设投资，保证有机肥生产原料的长期有效供应；③有利于简化政府扶持政策，在该模式下，政府只要对新建或改建养猪场的初始投资成本和翻搅机械购买成本进行补贴即可，而对有机肥生产商可通过财政拨款、税收优惠等政策进行扶持。在调查访谈过程中，笔者所在团队也对养猪场采纳该模式的意愿进行了初步了解，大多数养猪场表示愿意采纳该模式，以解决自身的垫料购买与处理问题。其次，政府可设立非盈利性的垫料供销机构，专门为养猪场提供新垫料供应与废垫料回收服务。该运行模式为：垫料供销机构成为垫料的购买主体，在全国范围内进行垫料收购活动，再将垫料销售给养猪场；垫料供销机构成为废垫料的购买主体，向养猪场回收废垫料，并在市场上寻找废垫料需求者，进行废垫料的买卖活动。垫料供销机构专门进行新垫料供应信息与废垫料需求信息的搜寻，扩大垫料采购量和降低远程采购的单位成本；同时成为废垫料的主要供应商，更好地与有机肥生产商进行沟通交流，降低交易成本。因此，垫料供销机构不仅能解决零排放养猪场垫料供应与废垫料处理的问题，而且可以降低新旧垫料的交易成本，节约社会资源，有利于微生物发酵床零排放养猪模式的长期可持续发展。

6. 需进一步深入调研的内容

在本次调查过程中，虽然对微生物发酵床养猪场零排放养猪模式的优缺点进行了详细调查，可以确定"洛东微生物发酵床零排放养猪模式"在技术上是可行的，但是在经济可行性方面，养猪场的诸多反映是定性的、主观的，或者是大概性的模糊回答，也就无法对实施零排放养猪模式的新增经济收益与新增成本进行定量化分析，从而无法从根本上确定实施零排放养猪模式的经济效益，无法判断零排放养猪模式的经济可行性。零排放养猪模式经济效益未能确定，无法为零排放养猪模式扶持政策的制定提供坚实的实践依据。

因此，在下一步的深入调研过程中将对实施零排放养猪模式的新增经济收益或节省的成本进行定量化评价，如每年节省的用水费用、保温费用、劳动力费用、饲料费用、医疗费用和管理费用等；对实施零排放养猪模式的新增成本进行定量化评价，如新增固定资产投资成本、生物菌成本、垫料成本、劳动力成本等。通过问卷调查收集的新增收益和新增成本的一手数据，利用净现值法计算零排放养猪模式的经济效益，从定量化角度确定该模式的经济可行性，为政府制定财政补贴、税收优惠等扶持政策提供现实依据，有利于提高政策制定的科学性与可操作性。

八、福建省闽北片区微生物发酵床养猪模式调研报告

以下内容摘自福建省闽北片区养猪现状的实际调查报告。

1．调研概况

闽北片区调研组由 5 人组成，从 5 月 11 日至 5 月 13 日，对罗源、建瓯两地共 7 家规模化猪场进行调研，现场考察了 6 个猪场。

这些猪场的主要清洁管理模式有干清粪、漏缝地板结合垫料、干清粪结合沼气或生化塘等清洁管理模式。污染治理的模式主要是直接作为有机肥使用以及猪 - 沼 - 林（果）等模式。

① 罗源县 2010 年生猪存栏 8.4 万头，年出栏 1000 头以上的规模养猪场 9 家，其中年出栏 1000 ～ 4999 头的 5 家、年出栏 5000 ～ 9999 头的 2 家、年出栏 10000 头以上的 2 家。

目前没有采用发酵床养猪，一般采用漏缝地板结合垫料的清洁模式和猪 - 沼 - 果（林）的治污模式。

② 建瓯市 2010 年生猪存栏 16.8 万头，出栏 28 万头。共有猪场 4439 家，其中存栏 1 ～ 49 头的有 4280 家，年出栏 15 万头；存栏 50 ～ 999 头的有 144 家，年出栏 5.2 万头；存栏 1000 ～ 4999 头的有 10 家，年出栏 2.1 万头；存栏 5000 ～ 10000 头的有 2 家，年出栏 13300 头；存栏 10000 头以上的有 3 家，年出栏 48000 头。

目前没有采用发酵床模式养猪，多采用漏缝地板结合垫料的清洁模式和猪 - 沼 - 果（林）的治污模式。

2．投资运行情况

（1）基建投资比较

① 漏缝地板结合垫料模式　其漏缝的设施不同，投资也不同。猪舍建设与常规猪舍的成本相当，增加漏缝板和垫料成本，一般水泥材质为 160 元 /m²，铸铁的为 200 元 /m²，垫料成本平均 80 元 /m²，则平均增加 240 ～ 280 元 /m²。猪场无需建设后续污水处理设施。

② 沼气建设　一般采用红泥塑料，造价 1500 元 /m³ 左右，沼液目前直接用于浇灌猪场周边的农田、林地等，沼渣供应给附近的村民使用，均为免费。

（2）运行成本

① 垫料成本　现有谷壳 300 元 /t（不含运费），锯末为 350 元 /t（不含运费），平均一栏猪要投入 2 批垫料，则为 160 元 /m²。垫料目前供应紧张，购买较难。

② 人工管理　一般垫料 3 天要大动作翻动一遍。每次 100 m² 投入人工 2 个，费用 80 元，平均每头猪增加人工成本 80 元。目前尚没有相关的企业收购消纳用后垫料，多是养猪场自有的种植土地进行消纳，或者以低价甚至免费供给周边种植业者使用。如果垫料使用后出售价格能达到 350 元 /t，则垫料成本与再利用价值可以抵消。

3．存在主要问题分析

（1）技术问题　包括：①垫料管理工作量大，缺乏适用的机械设备，造成管理成本增

加;②罗源县有丰富的袖珍菇菌渣资源,需进一步进行替代的可行性研究。对于其他地区,则需尽快解决垫料替代问题。

(2)成本问题

① 垫料再利用问题 所调查猪场粪便和废弃垫料均未进入市场销售,缺乏相应的流通途径,因此应尽快构建垫料再利用的模式,这是降低养殖成本、扩大发酵床应用规模的关键。

② 人工成本 目前养猪场不易招工,平均每月2000元/人。而垫料使用增加劳动量,工人使用意愿不强。

4.技术与政策支撑

① 加强领导,健全组织 成立专项治理小组,落实各项任务;成立技术指导小组,确保技术实施到位。

② 政策引导,推进实施 农业、环保等相关部门要从政策上将发酵床技术作为减排适用技术加以确定,促进技术的推广实施。

③ 加大扶持,资金到位 建立专项扶持资金,主要用于菌种和垫料补助,按每头猪100元的标准,直接发放到养猪户。建立严格的项目资金管理制度,设立专用账户,实行专款专用,强化资金使用管理,确保资金的使用效率。

④ 加快培训,做好服务 围绕技术内容,加大培训力度,实行梯次培训方式。首先进行县(区)、乡畜牧技术推广人员的培训,再培养、培训农民技术骨干,建立示范户、示范片,以点带面。通过举办培训班、播放录像、编印技术资料等形式宣传培训,提高技术的普及率,为养猪场(户)减排实施提供技术支撑。

⑤ 加强管理,确保质量 实行各地区责任人负责制和目标管理制,建立层层负责的监督考核机制。根据项目区各地承担的任务指标,合理确定考评指标,定期实行检查验收,并把结果作为下一年度调整资金分配的依据。

九、福建省闽东片区微生物发酵床养猪模式调研报告

以下内容摘自福建省闽东片区养猪现状的实际调查报告。

1.调研概况

闽东片区调研组由7人组成,从5月11日到5月14日,调研了莆田市仙游县、宁德市蕉城区、宁德市周宁县3个县10家规模化猪场,现场考察了7个猪场。这些猪场的主要清洁管理模式有发酵床养猪、负压漏缝干清粪、漏缝水泡粪和传统水冲式4种。污染治理模式有发酵床零排放模式、猪-沼-林(果)模式和厌氧-好氧-沉淀三段式治理模式3种。

(1)仙游县 现有生猪存栏24.32万头,能繁母猪3.2万头,年出栏数约48万头。存栏100头以上规模化养猪场106家,其中存栏100~499头的65家、500头以上的41家。目前采用发酵床的有2家规模化猪场,其他新建猪场一般采用漏缝地板清洁模式和猪-沼-果(林)的治污模式,大部分的旧猪场仍采用干清粪后水冲式清洁模式和猪-沼-果(林、菜、

草）等治理模式。

（2）蕉城区　现有生猪存栏 12.7 万头，能繁母猪 1.2 万头，年出栏数约 21.5 万头。存栏 100 头以上规模化养猪场 131 家，其中存栏 100 ～ 499 头的 120 家、500 头以上的 11 家。目前采用发酵床的有 3 家规模化猪场，采用漏缝地板清洁模式和猪 - 沼 - 果（林）治污模式的有 2 家，大部分的旧猪场仍然采用干清粪后水冲式清洁模式和猪 - 沼 - 果（林、菜、草）等治理模式。

（3）周宁县　现有生猪存栏 3.66 万头，能繁母猪 0.2 万头，年出栏数约 4.95 万头。存栏 100 头以上规模化养猪场有 22 家，其中存栏 100 ～ 499 头的有 17 家、500 头以上的有 5 家。目前采用发酵床的有 2 家规模化猪场，大部分的旧猪场仍然采用干清粪后水冲式清洁模式和猪 - 沼 - 果（林、菜、草）等治理模式。

2．发酵床清洁模式与其他模式投资运行情况比较

（1）基建投资　传统干清粪水冲式管理模式，污水产生量大，一般平均污水产量为 25kg/ 头，生猪存栏 100 头，一般需要粪污处理设施投资约 3.5 万元，而且周边还需配套足够的种植区消纳沼液、沼渣，才能实现综合利用。负压漏缝（干清粪或泡粪）清洁模式，其漏缝的设施不同，投资也不同。铸铁漏缝板，一般增加造价为 450 元 /m², 按生猪存栏 100 头计算，增加设备投资 2.25 万元，配套粪污处理设施投资约 1.0 万元，合计约 3.25 万元；塑料漏缝板或水泥漏缝板，一般增加投资为 250 元 /m², 一般生猪存栏 100 头，合计漏缝设施及粪污处理设施等投资为 2.25 万元。此外，猪场周边也需配套相应的种植区以消纳沼液。

发酵床模式与传统模式相比，采用发酵床模式一般需要增加土建，造价为 150 元 /m², 同时养殖密度会降低 1 倍（1.1 m²/ 头）（传统模式或漏缝模式为 0.5 m²/ 头）。因此，生猪存栏 100 头，则增加土建工程投资为 1.65 万元，但无需建设后续污水处理设施，若垫料有确定出处，则无需配套相应的种植区。

（2）运行成本　不同的清洁模式，人工费及料肉比基本相同，各猪场未发现明显差别，其养殖成本主要存在以下不同之处。

① 采用传统的水冲式清洁模式或漏缝的清洁模式，从闽东片区调查的 10 家猪场看，其猪场位置水资源丰富，一般清洁用水使用成本较低，只有当沼液无法消纳的时候，粪污的达标处理费会达到 3.0 元 /m³（蕉城南阳猪场）。那么采用漏缝清洁模式的存栏 2000 头，日粪污产生量为 20 t，经厌氧发酵后的沼液进行曝气处理后，达标排放，每吨沼液的处理费为 3 元，年出栏按 4000 头计算，则粪污处理费为 5.5 元 / 头。

② 发酵床模式，以现有垫料谷壳为 460 元 /t（到场价）、锯末为 600 ～ 700 元 /t（到场价），加上菌剂等，平均成本为 50 ～ 60 元 / 头，如果垫料使用后出售价格能达到 350 元 /t，那么其垫料成本与再利用价值可以抵消。发酵床的人工费与发酵床运行状况有密切关系，若管理不善则人工费增加较大。

3．发展发酵床养猪的主要问题分析

（1）技术问题

① 母猪定位栏　采用发酵床，由于垫料床与水泥平台高低差大，猪大小便后其后脚较

难爬上水泥平台，因此周宁县的益宁养猪场将母猪定位栏改为半定位栏形式。

② 保育猪　夏天高温，猪只应激反应明显，新增料容易出现呼吸道疾病；垫料使用三批次后，小猪在转栏第 1 周易产生其他疾病。

③ 其他问题　由于发酵床消毒难度大，所以随着垫料使用时间的延长，蛔虫病相对较多；生猪喜欢拱垫料，有时会把垫料吃到体内，相对发生胃溃疡也会多些；由于活动场地大，接种疫苗和观察生长情况相对不方便。

（2）成本问题

① 垫料再利用问题：根据调查的 3 个县区，有 7 个猪场采用发酵床养殖模式，目前只有 1 家猪场以 300 元 /t 出售使用后的垫料；周宁县益宁养猪场，其垫料尚未达 3 年，其他 5 家出栏垫料，基本没有经济收入。因此，如何为垫料找一条有价再利用的模式，是发展发酵床模式的关键。

② 根据周宁县益宁养猪场的调查发现，采用发酵床饲养的生猪，其屠宰率会高 1～2 个百分点，而且由于发酵床饲养的生猪，运动量较大，猪肉口感也更好。因此，如何证实猪肉品质提高，以实现优质优价，也将成为发酵床模式推广的另一方面问题。

4. 技术与政策支撑

（1）技术进一步完善和提高　针对应用发酵床清洁模式的养猪场所发现的问题，在项目技术推广前，尚需要加强相关研究。

① 不同生育阶段的猪舍，其垫料的湿度是否应不同，以控制呼吸道疾病等。

② 不同气候条件下，其配套管理措施应如何调整；从海拔高度、气候条件等方面开展发酵床养猪场的立地条件研究。

③ 不同养殖模式下，其猪肉品质是否不同，以提高猪肉品质，实现优质优价，保障养殖户利益。

④ 加强运行管理相关机械化技术研究以降低劳动强度，减少运行管理人工费；加强对发酵床管理技术的研究和技术指导，减少人工支出和疫病发生。

⑤ 加强配套产业化技术研究：提高"废弃物"再利用价值，实现垫料"废弃物"的产业化再利用，保障养猪户的利益；研究发酵床主要原料的替代品，减轻木屑等原料的市场供应压力，或建立预混垫料的采购和配送机制，但必须做好原料及其包装物的消毒。

（2）政策支持

① 改造工程政策补助　在猪舍改造和有机肥厂建设方面应该执行与大中型沼气工程同等的补助政策，以调动养殖户采用发酵床技术模式的积极性。

② 运行管理政策补助　环境执法部门，应根据《畜禽养殖业污染物排放标准》（GB 18596—2001）制定相关的奖罚条例，对不达标排放的养殖户进行罚款，对"零排放"的养殖户进行相应的奖励。

十、罗源县和建瓯市"微生物发酵床零排放养猪"调研报告

以下内容摘自福建省罗源县和建瓯市"微生物发酵床零排放养猪"推广情况的实际调查报告。

1．调研目的

规模化养殖加剧了两江流域生态环境的污染，为此，福建省各级人民政府从2001年起就加强了规模化养殖场的污染治理力度。

目前在福建省常见的养猪场废弃物污染治理工艺主要为沼气工程工艺和微生物发酵床零排放工艺。沼气工程工艺已经列入国家农业部国债项目，近年福建省每年都有近50家规模化养殖场沼气工程获得国债项目资助。2008年微生物发酵床"零排放"养殖技术在莆田和福清试点推广，取得了良好的示范效应，但至今仍未能实现大范围的推广应用，反而出现推广萎缩。

因此，福建省农业科学院开展"福建省养猪场发酵床零排放工艺"调研工作，目的在于深入了解"微生物发酵床零排放工艺"在推广应用中存在的技术瓶颈以及政策支持，通过与沼气工程工艺技术相比较，提出操作性强的技术解决方案，同时为政府制定政策支持提供实践依据，以促进"微生物发酵床零排放工艺"的推广应用，缓解养猪业的环境污染问题。

2．调研区域及方式

本次调研集中在福建省罗源县和建瓯市，罗源县和建瓯市为非重点生猪养殖县市。其中，罗源县2010年底存栏生猪83917头，年出栏1000头以上的生猪规模养殖场9家；建瓯市2010年出栏生猪28.4万头，存栏万头的规模化养殖场3家。

通过与地方畜牧局等单位联系后随机进行现场考察，并与养殖场业主面对面访谈。由于罗源县和建瓯市没有正在运行或筹建中的微生物发酵床，因此调研养猪场主要分为两类：一类是曾建有微生物发酵床后停止运行的养猪场；另一类是从未建设有微生物发酵床的养猪场。

3．调研结果

（1）养猪场概况调研结果

① 养猪场养殖规模分布，如表9-6所列。

表9-6　养猪场养殖规模分布

猪年存栏数/头	养猪场的数量/家	养猪场所占比重/%
<500	1	14.3
500～1000	2	28.6
1000～2000	1	14.3
>2000	3	42.8
合计	7	100

② 养殖场业主受教育程度，如表9-7所列。

表9-7　养猪场业主受教育程度

养猪场场长受教育程度	养猪场的数量/家	养猪场所占比重/%
小学及以下	0	0
初中	2	28.6
高中或中专	3	42.8
大专及以上	2	28.6
合计	7	100

③ 养猪场的成立年限，如表 9-8 所列。

表9-8 养猪场成立年限

成立年限	养猪场的数量/家	养猪场所占比重/%
≤5	6	85.7
5～10	0	0
10～20	1	14.3
>20	0	0
合计	7	100

注：年限以至调研日期为止。上限包括，下限不包括。

④ 养猪场业主养殖经验，如表 9-9 所列。

表9-9 养猪场业主养殖经验

经验年限	养猪场的数量/家	养猪场所占比重/%
≤5	1	14.3
5～10	1	14.3
10～20	3	42.8
>20	2	28.6
合计	7	100

注：上限包括，下限不包括。

⑤ 养猪场与附近村落的距离，如表 9-10 所列。

表9-10 养猪场与附近村落的距离

距离/km	养猪场的数量/家	养猪场所占比重/%
0～1	1	14.3
1～3	4	57.1
3～5	1	14.3
>6	1	14.3
合计	7	100

注：上限包括，下限不包括。

⑥ 与附近主要水域的距离，见表 9-11。

表9-11 养猪场与附近主要水域的距离

距离/km	养猪场的数量/家	养猪场所占比重/%
0～1	1	14.3
1～3	1	14.3
3～5	3	42.8
≥6	2	28.6
合计	7	100

⑦ 养猪场建设初期是否有建设沼气池的立项要求，见表 9-12。

表9-12　建设沼气池的立项要求

建设沼气池的立项要求	养猪场的数量/家	养猪场所占比重/%
是	2	28.6
否	5	71.4
合计	7	100

⑧ 养猪场业主环保态度，如表9-13所列。

表9-13　养猪场业主环保态度

环保态度	养猪场的数量/家	养猪场所占比重/%	沼气工程发展程度平均值
积极	5	71.4	0.69
消极	2	28.6	0
合计	7	100	

注：沼气工程发展程度是指已建沼气池体积与理论应建沼气池体积之比值。余同。

⑨ 环保局检查次数，如表9-14所列。

表9-14　地方环保局检查次数

年检查次数/次	养猪场的数量/家	养猪场所占比重/%
0	2	28.6
1~3	5	71.4
≥4	0	0
合计	7	100

⑩ 社会公众压力民众上访情况，如表9-15所列。

表9-15　民众上访情况

民众上访情况	养猪场的数量/家	养猪场所占比重/%	沼气工程发展程度平均值
受到民众上访	1	14.3	1
未受到民众上访	6	85.7	0.49
合计	7	100	

⑪ 养猪场获国家补贴情况，如表9-16所列。

表9-16　养猪场国家补贴情况

补贴情况	养猪场的数量/家	养猪场所占比重/%	沼气工程发展程度平均值
有补贴	4	57.2	0.64
无补贴	3	42.8	0.30
合计	7	100	

（2）养猪场沼气工程建设及运行情况调研结果

① 养猪场沼气池建设情况，如表9-17所列。

表9-17　沼气池建设情况

沼气工程发展程度	数量/家	比重/%
0	3	42.8
0~0.3	0	0
0.3~0.5	0	0
0.5~0.8	1	14.3
0.8~1.0	1	14.3
≥1.0	2	28.6
合计	7	100

② 沼气池建设成本占养殖场总投资的比例情况，如表9-18所列。

表9-18　沼气池建设成本占养殖场总投资的比例情况

成本比例/%	养猪场数量/家	养猪场所占比重/%
≤10	5	71.4
10~20	2	28.6
20~30	0	0
30~40	0	0
≥40	0	0
合计	7	100

③ 沼气池建设主要困难，如表9-19所列。

表9-19　沼气池建设主要困难

存在困难	养猪场数量/家	养猪场所占比重/%
资金短缺	6	85.7
缺乏技术支持	0	0
没有土地	0	0
其他	1	14.3
合计	7	100

④ 建设沼气池的技术指导来源，如表9-20所列。

表9-20　沼气池建设技术指导来源

建池技术指导	养猪场的数量/家	养猪场所占比重/%
县乡技术人员	0	0
省市技术人员	0	0
科研院所专家	0	0
专业公司	3	100
其他	0	0
合计	3	100

⑤ 沼气利用情况，如表9-21所列。

表9-21　沼气利用情况

沼气利用率/%	养猪场的数量/家	养猪场所占比重/%
≤20	3	100
20~40	0	0
40~60	0	0
60~80	0	0
≥80	0	0
合计	3	100

⑥ 沼肥利用方式，如表 9-22 所列。

表9-22　沼肥利用方式

沼肥利用方式	养猪场的数量/家	养猪场所占比重/%
出售	1	33.3
回田种植	2	66.7
合计	3	100

⑦ 沼肥利用率，如表 9-23 所列。

表9-23　沼肥利用率

沼肥利用率/%	养猪场的数量/家	养猪场所占比重/%
≤20	0	0
20~40	0	0
40~60	0	0
60~80	0	0
≥80	3	100
合计	3	100

⑧ 沼气技术人员定期服务情况，情况如表 9-24 所列。

表9-24　沼气技术人员服务情况表

沼气技术人员定期服务	养猪场的数量/家	养猪场所占比重/%
有	0	0
无	3	100
合计	3	100

（3）微生物发酵床零排放工艺调研结果

① "微生物发酵床零排放工艺" 熟悉程度调查，如表 9-25 所列。

表9-25　"微生物发酵床零排放工艺" 熟悉程度调查情况

熟悉程度	养猪场的数量/家	养猪场所占比重/%
曾建有微生物发酵床后停止运行	2	28.6
未建设微生物发酵床，但对微生物发酵床零排放模式有所了解	3	42.8
未建设微生物发酵床，但听说过微生物发酵床零排放模式	2	28.6
未建设微生物发酵床，从未听说过微生物发酵床零排放模式	0	0
合计	7	100

② 建设微生物发酵床意愿调查，如表 9-26 所列。

表9-26　建设微生物发酵床意愿

建设微生物发酵床意愿	养猪场的数量/家	养猪场所占比重/%
非常愿意	0	0
可以考虑，但技术需改进	4	57.14
可以考虑，但需国家补贴	1	14.29
肯定不建	2	28.57
合计	7	100

③ 养猪场期望的国家补贴形式，如表 9-27 所列。

表9-27　养猪场期望的国家补贴形式

补贴形式	养猪场数量/家	养猪场所占比重/%
直接发放现金	7	100
免费或优惠提供技术指导	0	0
免费或优惠提供建设材料	0	0
免费提供培训	0	0
补助贷款利息	0	0
合计	7	100

④ 养猪场对国家补贴的意愿，如表 9-28 所列。

表9-28　养猪场对国家补贴的意愿

国家补贴比例的意愿/%	养猪场数量/家	养猪场所占比重/%
10~20	0	0
20~40	1	14.3
40~60	6	85.7
60~80	0	0
≥80	0	0
合计	7	100

⑤ 猪场种养结合情况，如表 9-29 所列。

表9-29　猪场种养结合情况

种养结合情况	养猪场的数量/家	养猪场所占比重/%
种养结合，配套地目前可以完全消纳沼肥或者堆沤猪粪尿	5	71.4
种养结合，配套地目前不能完全消纳沼肥或者堆沤猪粪尿	1	14.3
未采用种养结合	1	14.3
合计	7	100

⑥ 应用信息系统管理猪场，如表 9-30 所列。

表9-30　应用信息系统管理猪场情况

是否使用信息系统	养猪场的数量/家	养猪场所占比重/%
是，使用生猪电子档案	2	28.6
是，使用非生猪电子档案	0	0
否，使用ReID耳标	5	71.4
否，使用非ReID耳标技术	0	0
合计	7	100

注：ReID 为行人重识别技术，即判断图像或者视频序列中是否存在特定行人，包含图像检索 (image retrieval) 子问题，以及时间 (time)、空间 (camera ID) 两个维度回溯，是人脸识别技术的重要补充。

⑦ 应用猪舍监控系统，如表 9-31 所列。

表9-31　应用猪舍监控系统情况

是否应用猪舍监控系统	主要检测参数	养猪场的数量/家	养猪场所占比重/%
是	猪舍温度、猪舍氨气浓度	3	42.9
否		4	57.1
合计		7	100

⑧ "微生物发酵床零排放工艺"存在的问题根据养猪场业主访谈整理归纳微生物发酵床零排放工艺存在的问题如表 9-32 所列。

表9-32　"微生物发酵床零排放工艺"存在的问题

序号	存在的问题	可能的解决方法
1	夏天温度高、湿气重，气温33℃，猪舍内温度可达39℃	
2	垫料原料来源少	因地制宜，研制当地原料替代品
3	垫料成本高	
4	劳动工作量大	引入有机肥生产企业
5	可能引发猪呼吸道疾病及消化道疾病	改进微生物发酵床
6	发酵菌种价格差异大	

4．建议

（1）技术层面

① 改进微生物发酵床建设模式，增加漏缝地板，实现夏天猪和垫料分离，解决使用"微生物发酵床零排放工艺"导致夏天猪舍温度高及降温困难等问题。冬天通过垫高垫料层，实现猪和垫料接触，有利于增加猪舍温度，利于生猪生长。

② 调研中发现，规模化养猪场基本上建设有电子监控系统，个别养猪场建设有生猪电子档案。"微生物发酵床"可以结合猪舍温度和氨气浓度电子控制系统，实现猪舍电子监控，甚至植入生猪电子档案系统，节约养猪企业成本。

③ 因地制宜，研发使用当地垫料原料代替"微生物发酵床"中的谷壳、锯末等原料。如罗源县盛产九节麻，并且是全国秀珍菇之乡，研发利用九节麻和废秀珍菇筒代替谷壳、锯末等材料不但能够解决原料来源问题，还能降低垫料原料成本，同时实现了废物的资源化利用。

（2）政策层面

① 大中型沼气工程有国债项目可以申请补助资金资助，应加大对"微生物发酵床零排放工艺"财政扶持力度。

② 通过调研发现，建设有沼气工程的养殖场，基本上都是引入专业化环保公司进行设计和建设，保证了沼气工程的良好运行和维护。"微生物发酵床零排放工艺"也应实行规范建厂。

③ 建立标准"微生物发酵床零排放工艺"示范场，以点带面，实现"微生物发酵床零排放工艺"推广应用。

④ 引入有机肥生产企业，实现垫料直接转化为有机肥。有机肥企业提供垫料购置及进出料，猪场负责日常管理，垫料所有权归有机肥生产企业、使用权归猪场。

⑤ 规范"微生物发酵床零排放工艺"菌种供应企业，建立企业标准。

⑥ 建立和完善"微生物发酵床零排放工艺"技术服务体系。

十一、微生物发酵床养猪模式调研

以下内容摘自福建省微生物发酵床养猪模式调研总结会和座谈会的会议记录报告。

1. 关于微生物发酵床养猪技术

微生物发酵床养猪技术作为福建省环保局国际合作项目，于2005年从日本引进使用，该项技术与传统的养猪技术相比，具有占用土地少，投资成本小，饲养成本低，猪肉品质好，垫料可用作有机肥料，无环境污染，社会效益、经济效益、环保效益显著的特点，具有良好的市场前景。该技术也被我国列为政府重点环保实用技术。福建省政府和各有关单位也对该技术提供了大量的政策和资金支持。例如，对于省定的零污染养猪示范场，省厅给予每家猪场10万~15万元的补助；龙海市新罗区区政府对于改造$1m^2$猪舍补助20元，$1m^3$垫料补菌种资金22元。诸如这些优惠政策都极大地提高了农户们的养殖热情，同时对这项技术的推广也起到了积极的作用。通过这几年使用该技术的试点和推广来看，虽然取得了一定成效，但还是存在很多实际问题需要解决。比如母猪更适合采用猪-沼-草等生态养殖技术，小猪和育肥猪采用发酵床效果好，这种把新的技术与传统技术有机结合，达到了取长补短、因地制宜的目的。以前这项技术靠进口，微生物菌的价格很高，现在福建省农业科学院已经研究出发酵床的微生物菌剂和技术体系，完全可以替代进口产品，为该技术的推广提供了基础。

2. 微生物发酵床养猪养殖户的说法

通过连续3天的调研工作，例如召开座谈会、走访普通农户、认真听取农户意见，了解到发酵床养猪在现实中存在的问题。同时也看到了微生物发酵床养猪技术给养殖户带来的各方面益处，例如，在龙岩上杭县调研时，很多农户就认为这种技术在冬天时候保暖效果好，猪只胃肠炎疾病的发生比较少，对环境的污染也很小，而且通过这种技术养殖的猪肉品质好，瘦肉含量比较高。但在养殖过程中也有一些负面情况发生，例如用微生物发酵床养猪，不能添加抗生素，一些呼吸道疾病的发生就比较多，皮肤病也比较多；猪因为有拱食的习性所以会吃进一些垫料,这也会对猪的胃肠道造成伤害,而且吃进去的一些虫卵,对猪的健康也很不利;谷皮、木屑成本比较高,市场上现在谷皮和木屑的价格达到每吨500元左右,这对一些规模小的养殖户也是一个不小的负担;由于垫料发酵要进行不断的翻动,一些大的养殖场会配备小型的挖掘机对垫料不断翻动,但一些小规模的养猪场却只能采用人工劳动力进行翻动,这也增加了投入的成本;还有就是许多养猪场的垫料到后期使用完之后去路不明,虽然经过多年的发酵垫料可以形成比较高效的有机肥料,但是没有专门的肥料公司进行收购,这对于养猪场来说也是一个处理难题,所以还没有从根本上解决垫料回收利用的问题。

十二、福建省猪场养殖模式调研总结

以下内容摘自福建省微生物发酵床养猪模式调研总结会和座谈会的会议记录报告。

在本次调研中,主要对发酵床养殖模式进行了考察,得出该养殖模式可以很好地实现"零排放",如果大量推行这种模式,那么养猪业对环境的污染将是微乎其微的。在考察中也发现,同样是这种养殖模式,每个养殖户所面临的问题都有不同,现将各猪场遇到的问题及各养殖户在实践中总结出的较有效的解决方法归纳如下。

(1)垫料的使用年限不同 有的养殖户垫料使用不到一年就出现垫料潮湿、猪场苍蝇多、寄生虫大量繁殖的现象,而有的养殖户垫料使用了三年猪场依然干燥干净,这主要是因为后者每周对垫料进行了2~3次的堆翻,并且在堆翻的时候将干的垫料与湿的垫料进行混合,从而保证了垫料的湿度,使其中的猪粪得到充分发酵,保持了猪场清洁。因此对垫料进行适度的、有目的的堆翻可以大大延长垫料的使用寿命。

(2)气候条件及通风条件不同 气候条件和通风对发酵床养殖有着直接的影响。由于发酵床在堆肥发酵过程中产生热量,因此在冬季温度低时,各地区各猪场的养殖效果均较好,但在夏季则不同,温度高的地区或通风条件差的猪场由于温度过高,会出现料肉比升高、呼吸道感染、皮肤病等问题。因此保持夏季猪场的通风,给猪场适度的降温极为重要,目前在猪场中采用喷雾降温效果明显。

(3)猪的密度不同,对猪的生长影响也不同 垫料养猪密度夏季必须控制在 $1.5m^2/$ 头,冬季控制在 $1.2m^2/$ 头,当猪生长到 $9kg/$ 头时,必须调整猪的密度,否则将增加猪的料肉比,增加养殖成本,且不利于猪的正常生长。根据养殖户的经验,没有条件的猪场此时应先处理一批猪,以减低猪的生长密度,有条件的猪场则可以分散一部分猪到其他猪栏,或更换更大的猪栏以降低猪生长的密度。

(4)使用的菌种不同,对猪发酵床模式产生的效果也不同 部分养猪户由于缺乏对国内菌制剂的认识和信心,造成大部分的猪场花高价购买进口的洛东酵素。目前洛东酵素在国内的销售价格为 80~100 元/kg,平均到每头猪则成本约为 50 元,这对于养殖场是一笔很大的开支,因此我们应加强对菌制剂研制的投入力度,研制出适合高效的菌制剂,改变我国菌制剂所处的局面,同时配备专业的技术人员对发酵床养殖技术进行科学指导,避免因养殖技术不当而造成各种问题,消除养殖户对国产菌制剂的不信任感,降低猪场在这方面的投入成本。

(5)因养殖技术不当产生的问题 个别养殖户认为使用发酵床养殖模式大大增加了猪场的僵猪现象。经过交流后发现,这些养殖户在小猪仔断奶后就直接放入发酵床中饲养,由于小猪仔还不能辨别何种食物是可食用的，所以造成猪仔食用了大量的垫料，从而使猪场的僵猪数量大大增加。而专业的养殖户则是先将断奶的小猪用传统的养殖模式饲养 10 多天，让小猪仔学会辨别食物后再放入发酵床养殖模式中，这样猪仔就会减少食用垫料，一定程度上避免了僵猪产生。

（6）不同猪场发酵床日常堆翻用工量大　采用旧的猪场改造后的发酵床，由于猪舍结构设计的问题，不能使用大型机械对垫料进行堆翻，而考虑到成本问题，很多小的养殖户也没有条件购买大型机械堆翻垫料。对垫料的日常堆翻管理成为很多猪场面临的头号难题，由于该项操作工作量大且工作环境差，使猪场在这方面使用的人工成本大大增加。因此有必要加大对小型机械的研发生产力度，积极鼓励机械厂生产专业的、低成本的微型堆翻机，以利于各种发酵床养殖模式的日常管理。

由于发酵床养殖模式需要大量的垫料，因此垫料的来源及成本问题是养殖户普遍关心的，目前垫料采用的原材料多为农业加工附加产品谷壳、米糠，木材加工附加产品锯末、木屑等，谷壳的成本在 450～500 元 /t，米糠成本 1500～2000 元 /t，锯末、木屑成本 350～450 元 /t，采用发酵床养殖模式后养猪成本比普通的养殖模式高出 35～50 元 / 头。如果大量推行发酵床养殖模式，还将可能出现垫料原材料的价格迅速上涨且幅度较大，不利于这一模式在行业的发展。因此，研究替代物质作为垫料将是这一养殖模式发展的关键，由于替代物质多为农作物废弃物，而垫料的成本必须控制在较低的范围内，再加上较高的运输成本，经营替代垫料的企业基本上不会有太大的利润，但从环境角度看，这一行业的发展将有利于废弃物的回收利用，并且垫料经过发酵床堆肥发酵后可以成为很好的有机肥，这样不仅可以充分利用大量的农业废弃物资源，而且对环保型循环经济的可持续发展也会有很好的推动作用，因此国家有必要出台相应的鼓励政策以促进该行业的发展。

另外养殖户普遍关心的就是垫料的去路问题，作为养殖户，垫料正常使用一年半后就必须更换一次，而产生的垫料出售的价格低，对于有机肥加工厂，即使以零成本的方式购买垫料，除去运输及加工经营成本，有机肥加工厂能得到的利润也是很微薄的。因此，要从根本上解决这一问题，最好的办法就是让经营这一行业的企业可以得到一定的经济收益，在调控方面不仅仅只是着力有机肥厂的初期建设，也要使得有机肥加工厂在运行中有所收益。而笔者所在团队提出的以企业为纽带解决垫料的来源及垫料使用后再收回企业进行加工就是一个很好的解决这一问题的方法。有些养殖户提出的提高化肥的税收、降低有机肥加工厂的税收，通过价格调控让经营废弃物加工的企业切实得到收益也是使该养殖模式能长期发展的可行方法。

本次调研重点是考察零排放养殖模式的发展状况，从环境保护的角度看，该养殖模式是可以解决猪场污染问题的最好方法之一，但由于气候条件、养殖成本及猪舍改造成本等问题，因地制宜地采用各种养殖模式才是可行的方法。传统的养殖模式如果能保持实现猪 - 沼 - 果园或猪 - 沼 - 鱼等循环状态也是可行的。

另外，发酵床的养殖技术方面，由于每个养殖户遇到的问题不同，解决的方法自然也不同，对于一些养殖户存在的无法解决的问题有可能另外的养殖户已经有了解决办法，只有将各个地方的养殖经验，取其精华去其糟粕，集中在一起，那么许多养殖户遇到的问题就可能迎刃而解了，当然也有很多问题通过这种方式也无法解决，比如我国菌制剂所处的局面以及如何研制出适合发酵床专用的堆翻器械等，这就需要人们花大量的精力和时间去研究出适合的菌制剂，或适合的机械设备，来帮助养殖户解决问题。

十三、养猪与环保治理的调研报告

以下内容摘自福建省微生物发酵床养猪模式调研总结会和座谈会中提交的实际调查报告。

1. 概述

随着养猪产业的不断发展以及养殖规模的不断扩大，猪场的污染问题变得日益突出。"限养令""拆迁令"等给现有的养猪与环保治理模式带来了沉重的压力。规模化养猪所产生的环境污染问题已引起人们的高度重视。在这种背景下，笔者等于 2011 年 5 月 10～12 日参加了关于闽南、闽西片区的"养猪与环境污染问题"现场调研。调研过程中，进行了现场察看和经由多家养猪户介绍。现就调研中谈到的一些发酵床养猪问题进行探讨。

2. 养猪与污染概况

大量的规模化猪场产生的污水直接影响生态环境，据统计，2009 年福建省出栏生猪 1900 多万头（2009 年农业统计资料），年产生的猪粪约 900 万吨、猪尿液 1500 万吨，采用传统的水冲洗养殖工艺，产生的污水达到 7000 万吨。现有的规模猪场污水处理虽然起到了一定的作用，但效果并不理想，生产中通常是污水未经处理或处理不达标就进行排放，周边的水体和土壤又无法充分消纳排出的污物，导致下游生态环境、居民生活和农业生产活动受到影响，规模养猪的污染物排放始终难以得到有效治理。

在这种情况下，养猪场要想继续生存，就必须处理好养猪与环保的矛盾，寻求有效的污染治理途径。

3. 发酵床养猪技术

发酵床养猪技术是将养殖过程与污染治理环节有机结合。发酵床采用锯末、稻壳等作为垫料，在猪日粮或垫料中加入微生物菌种，利用微生物分解猪粪尿中的氮等污染物。该技术具有零排放、节水节能等特点，受到普遍关注。

4. 发酵床养猪与夏季热应激

通过现场察看加上养猪户的介绍及之前笔者等了解到的一些情况，秋冬春季发酵床养猪效果较好，而夏季由于气温高，再加上垫料发酵产生的热能，如持续时间长，则对猪是一种强烈的应激，主要表现为猪只采食量下降、机体分解代谢增强而合成代谢降低，这对猪的生长会产生很大的影响。从漳州龙海区与龙岩的新罗区的对比也可发现，高海拔的山区，早晚温差大，热应激程度相对较轻，反映的情况较好。

总结调查到的情况，可采用的措施与效果预测有以下几方面。

① 新建造的猪舍，具备良好的降温措施，其效果比较理想。采用的降温措施有猪舍高度达到一定的要求（3.5 m 以上）、良好的屋顶隔热、舍内采用水帘降温系统或强力纵向抽风（风机直径在 1.2 m 以上、猪舍纵向长度应在风力范围内）设施＋舍内喷雾。

② 如果养猪户采用经过改造的旧猪舍，由于受到原有条件的限制（主要问题是猪舍的高度和跨度及屋顶隔热效果差），饲养上或多或少会出现一些问题，其使用效果会受到影响。要在硬件上增加投入，可考虑在屋顶安装喷雾降温设施、舍内采用水帘降温系统和强力纵向抽风＋舍内喷雾。

③ 适当降低养殖密度。

④ 在采食区增加水泥硬台面积，以供猪只休息。

⑤ 如果发酵床表面温度较高，可临时在发酵床上面铺垫隔热效果好的木板，供猪只休息。

⑥ 掌握好垫料的湿度，对发酵床勤加管理。

5．垫料与粪尿排泄量的关系

从现场观察到，猪的粪尿排泄地往往集中在发酵床的一个边或一个角落，这无疑增加了该位置垫料的污染程度，也增加了人工翻料的频率和工作量，夏季高温时，猪只常常会在该位置打滚，这对猪的生长也有不利的影响。猪的粪尿排泄量直接影响垫料中细菌对污染物的分解，如果能降低粪尿排泄量，则可相应减少污染程度，增加垫料使用时间，减少翻料次数。根据近几年对猪营养研究的情况，若按照理想蛋白质氨基酸平衡模式和可消化氨基酸需要量配制低蛋白日粮，即将猪的常规日粮蛋白质降低 2～4 个百分点，补充晶体氨基酸，饲料中直接降低豆粕的用量可达到 5%～12%，可减少氮排放量 25%～35%、减少饮水量 20%～25%。表 9-33 列举了 Pfeiffer 等（1995）的研究结果。如果该技术得到应用，将减轻垫料的污染程度，提高垫料的使用效率。

表9-33　低蛋白日粮对水消耗和尿排泄的影响（Pfeiffer et al.，1995）

项目	低蛋白（蛋白质含量为 14.4%～18.5%）	高蛋白（蛋白质含量为25%）	减排比例
饮水量/（kg/d）	3.42	5.43	-59%
排尿量/（kg/d）	1.87	2.86	-53%
粪含水量/（kg/d）	1.19	1.19	

6．发酵床养猪与疾病控制

部分养猪户反映，采用发酵床养猪后，有利于猪的趾蹄发育，"五号病"、胃肠道疾病减少，而在冬季，由于气候寒冷干燥，即使是水泥地面，呼吸道疾病也会增加。针对这种情况，建议在猪舍旁边另外建造病猪隔离舍，每天巡视时将大群中发生呼吸道疾病的猪单独挑出，一是阻断传染，二是方便治疗。同时，根据实际情况对垫料进行适当的喷雾加湿，以增加舍内湿度。

十四、关于将椰子壳粉作为发酵床养猪垫料的可行性报告

以下内容摘自福建省农业科学院委托厦门市江平生物基质技术股份有限公司（以下简称江平生物基质技术公司）所做的关于椰子壳粉作为发酵床养猪垫料的可行性报告。

1．椰子壳粉作为垫料资源的可行性

（1）椰子壳粉的成分　椰子壳粉为椰子壳纤维提取加工过程中产生的粉料，其主要特性见表 9-34。

表9-34　椰子壳粉的理化性质

指标	单位	数值
pH值	—	5.0～6.8
碳氮比	—	80∶1
纤维素	%	20～30
木质素	%	65～70
有机质	g/kg	940～980
有机碳	g/kg	450～500
干密度	g/mL	0.09～0.11（含20%水）
饱和密度	g/mL	0.38～0.45（含88%水）
保水能力	—	8～9倍干重
孔隙率（最大含水量）	%（体积之比）	12%～20%（体积之比）
湿润后体积膨胀系数	—	1.7（最大含水量体积/干燥体积）

（2）椰子壳粉作垫料的优点　椰子壳粉是发酵床养猪垫料最好的来源之一，其具有的优点如表 9-35 所列。

表9-35　椰子壳粉作垫料的优点

原料获得	是椰果提取物，可再生资源，每年都可产生，原料获得容易
成分	单一材料，可精确控制
稳定性	惰性材料，降解速度慢，经处理，可多次重复使用
吸附性	可吸收自身重量的8倍水分，吸附能力强，并可吸收空气中的异味
透气性	湿润到最大含水量时，体积会膨胀到干体积的1.7倍，透气疏松
纤维性	椰子壳粉中仍含有较多的短纤维，可促进猪的肠胃消化功能，可作为饲料的配料

2．椰子壳粉的资源供应

有关于垫料经营和操作方面，合作方厦门市江平生物基质技术股份有限公司具有以下几个优势：

（1）原材料供应量的优势　根据测算，按照发酵床养猪方法每头猪需要垫料 30kg 左右，按照 1 千万头猪所需要的垫料计算，需要垫料 30 万吨，公司在印度尼西亚有自己的椰壳纤维加工厂，并且和各大型加工厂均有长期合作协议，可以保证大量的原料供应。

（2）价格优势　江平生物基质技术公司每年生产大量的椰壳纤维。椰子壳粉为加工椰壳纤维过程中产生的下脚料，在工厂中属于加工剩余物的利用，其进口到中国的成本主要是物流成本和关税成本，该公司在椰子壳粉经营上具有巨大的价格竞争优势。

（3）行业及市场优势　江平生物基质技术公司作为生物基质专业生产和销售的企业，率先在国内推广应用椰子壳粉产品，生产销售椰子壳粉制品时间已达十年之久，已经成功地将椰子壳粉材料广泛应用于植物栽培和土壤改良等领域，在全国许多城市均有销售网点，是国内最大的椰子壳粉产品生产和经销企业。最近正在积极探索将椰子壳粉作为养猪垫料，并做了大量的试验工作。

3. "垫料换肥料"经营模式的可行性

（1）经营模式　江平生物基质技术公司作为"垫料换肥料"的经营主体，由福建省农业科学院农业生物资源所（下称资源所）作为技术指导单位，与生猪养殖户签订合作协议。该公司无偿提供微生物发酵床养猪垫料的采购、发酵、配送、服务，资源所负责提供微生物菌种和技术指导，养猪户负责垫料养猪的日常管理，每出栏一头猪向江平生物基质技术公司（垫料提供单位）交费30元，待垫料使用一年时由该公司无偿获得垫料作为培养土的原料。

（2）成本分析　每头猪使用椰子壳粉垫料的成本分析见表9-36。按照饲养每头猪的面积为1m²、垫料厚度为50cm估算，每头猪的垫料消耗量为0.2 m³。

表9-36　每头猪使用椰子壳粉垫料的成本分析表

成本项	单价/（元/m³）	用量/（m³/头）	合计/（元/头）	备注项
椰子壳粉材料	235	0.2	47	到厦门港
到厂物流成本	28.6	0.2	5.72	厦门港到用户场地运输费
出场物流成本	20	0.2	4	用户场地到基质加工厂运输费用
人工费用	5	0.2	1	进出场地装卸费、猪场垫料铺设及收集费
合计项	288.6	0.2	57.72	
垫料回收利用价值			-24	有机肥按照700元/t计算，每吨肥料按照7m³计算，每头猪耗用垫料0.2m³，由于猪粪的利用，考虑垫料增加20%的数量。计算式为（700/7）×0.2×1.2=24
最终每头猪垫料成本价			33.72	

4. 环保效益

通过采用福建省农业科学研究院研发并由厦门江平生物基质技术公司提供的以椰子壳粉为主要材料的垫料微生物发酵床"零排放"养猪技术，猪场的粪尿直接排入垫层中，经微生物发酵分解和吸氨固氮，粪尿转化为有机肥，猪舍里不产生臭气和氨味，无需冲洗猪圈；猪因粪尿氨过重和猪场冲洗猪冷热不均而造成的呼吸道疾病也大大降低，可节省大量的粪尿处理成本。猪粪的处理，通过福建省农业科学研究院和厦门江平生物基质技术公司共同研发生产成有机肥，由厦门江平生物基质技术公司回收，猪粪便变废为宝，解决了养猪场污染物无处排放的难题。微生物发酵床，首先要求猪舍的空气流动性好，养殖密度根据春夏秋冬不同季节来合理调控；只要选择健康的猪苗，按照不同周龄的要求注射疫苗，待稳定期过后进入已经发酵完全的猪舍，几乎没有病猪发生，几乎不用抗菌药物，提高了猪肉的品质。因为发酵床中含有大量的混合型有益微生物菌群，可以抑制各种病原体的入侵，无药物残留，且各项指标都达到当时现行的《无公害食品　猪肉》（NY 5029）的要求。

5. 生态效益

目前在国内用于种植业的大量的基质产品——"泥炭"是不可再生资源。我国用泥炭作为基质种植分为两种情况，一种是用进口泥炭，另一种是用国产泥炭。进口泥炭品质好且质量稳定，但价格贵，每立方米的价格达人民币500元以上，而国产泥炭品质一般，但价格便宜，每立方米的价格在人民币 260 元左右。

这里将椰子壳粉作为基质用在了种植上，该产品结构稳定，成分单一，可以与其他任何基质混合使用，而不会产生不良反应，主要是将其用在对基质质量要求较高、用量较大并且对使用成本有一定要求的品种上，其价格相对便宜，每立方米的价格为 260~290 元。

目前国内用在种植上的进口泥炭超过 200 万立方米，按每立方米人民币 500 元（低估）估算金额约人民币 10 亿元，国内自产泥炭用量超过 500 万立方米，按每立方米人民币 260 元估算金额为人民币 13 亿元。如利用厦门江平生物基质技术公司提供的以椰子壳粉为主要材料的猪粪便垫料，通过福建省农业科学研究院研发出代替泥炭的产品，按每年现有的泥炭进口量和价格与同等量的椰子壳粉计算：$200 \times 10^4 \times 500 - 200 \times 10^4 \times 260 = 4.8$ 亿元，从以上数据得出，一方面在进口方面为我国减少了每年 4.8 亿元的外汇支出；另一方面如果能替代国内现有的泥炭，替代部分泥炭开采量（每年开采 500 万立方米），则在生态保护和环保方面具有非常良好的社会效益。

十五、关于"垫料换肥料"的合作协议模板

合作方（甲方）：福建省农业科学院农业生物资源研究所
合作方（乙方）：厦门市江平生物基质技术股份有限公司

为了共同推广以椰粉为主要材料的垫料微生物发酵床"零排放"养猪法，促进我国养猪业的健康发展，有效控制养猪造成的环境污染，保证村镇地表饮用水的安全，达到节能减排、生态环保的目的，甲乙双方达成以下协议。

1．甲方的责任

① 选定乙方为本项目的唯一垫料供应商。
② 无偿提供给乙方发酵床养猪垫料所需要的菌种和相关技术，并由乙方统一管理和使用。
③ 有关养殖户所需的发酵床养猪技术由甲方全程监控和管理。
④ 如在回收垫料所产生的效益达不到乙方的成本需要，则由甲方组织人员进行研发，以达到成本需要为止。
⑤ 甲方应协助乙方进行研发，开发出以回收垫料为主要材料替代进口泥炭的产品。
⑥ 双方共同向政府申请补贴，补贴应优先考虑乙方的成本需要。

2．乙方的责任

① 提供以椰粉为主要材料的发酵床养猪项目所需要的垫料。
② 负责无偿回收本项目所有的垫料。
③ 乙方应保证原料的供应量，不影响项目的进展。
④ 如甲方在本项目有课题需要，乙方应积极配合直到课题结束。
⑤ 乙方应负责该项目的实际经营操作。

3．未尽事宜

双方共同友好协商；甲乙双方对本合同严格保密，不经双方同意，任何一方不得以任何

形式泄露给第三方。

第二节
微生物发酵床在动物饲养中的研究与应用

一、发酵床养猪研究

1. 发酵床饲养法对猪生长性能和肉质的影响

熊立寅（2015）研究了发酵床饲养法对猪生长性能和肉质的影响，其主要内容如下所述。

采用饲养试验结合屠宰试验，测定发酵床饲养法对猪生长性能和肉质等的影响。试验选择体重在20kg左右的杜长大仔猪120头，其胎次和日龄相近，公母各1/2，随机分成两组：试验组(发酵床栏舍)和对照组(水泥地面栏舍)。每个组设有6个重复，每个重复10头仔猪。试验分为20～50kg和50～90kg两阶段进行。养殖试验结束时，分别随机从试验组和对照组选取12头猪(每重复1头，每处理6头)进行屠宰测定试验，分析胴体品质和肉质等项目和指标。试验结果如下：

（1）发酵床饲养法对猪生长性能的影响　研究结果显示，在整个试验期发酵床饲养法对猪生长性能起到与普通水泥地面养殖相当的效果。

① 在20～50kg阶段，试验组日增重比对照组提高2.2%($P > 0.05$)；在50～90kg阶段，试验组日增重比对照组提高了1.1%，同样差异不显著($P > 0.05$)。

② 在试验期各阶段，发酵床饲养法未对平均日采食量形成显著影响($P > 0.05$)。

③ 各处理组料重比均未形成显著性差异($P > 0.05$)。前期(20～50kg)，试验组料重比高于对照组；后期(50～90kg)及整个饲养期(20～90kg)，试验组的料重比较对照组有降低的趋势。

（2）发酵床饲养法对胴体性状和肉质的影响　发酵床饲养法对生猪的眼肌面积和平均背膘厚没有显著影响($P > 0.05$)。试验组的滴水损失比对照组降低2.4%($P > 0.05$)。试验组有降低肌肉剪切力的趋势，相对对照组降低了26%，说明试验组肉的嫩度较好。各组肌肉中的pH1、pH24（猪被宰杀后45～60min内，测定的pH值记录为pH1；宰杀后24 h测定值，记录为pH24，或称最终pH值）都在正常值范围之内($P > 0.05$)，肉色指标(a*、b*和L*)试验组较对照组有改善趋势，但差异不显著($P > 0.05$)。肉品的化学组成各组之间不存在显著性差异($P > 0.05$)。肌肉蛋白质含量试验组高于对照组；肌肉水分含量试验组低于对照组；肌内脂肪含量试验组低于对照组。

（3）发酵床饲养法对血清脂肪酸的影响　发酵床饲养法可显著提高50kg猪血清花生酸(C20:0)($P < 0.05$)和极显著提高二十二碳六烯酸（DHA，C22:6）的含量($P < 0.01$)。

发酵床饲养法可极显著提高油酸 (C18:1) 和单不饱和脂肪酸 (MUFA) 在 90kg 生猪血清中的含量 ($P < 0.01$)。

（4）发酵床饲养法对肌肉脂肪酸组成的影响　发酵床饲养法能显著提高猪肉中多不饱和脂肪酸 (PUFA) 的含量 ($P < 0.01$)，与水泥地面饲养组相比，试验组显著提高了肌肉中亚油酸 (C18:2)(提高 27.0%，$P < 0.01$)、花生二烯酸 (C20:2)($P < 0.01$) 和花生四烯酸 (C20:4)($P < 0.05$) 的含量 (提高 50.0%)。

综上所述，发酵床饲养法能显著提高猪肉中有益于人体健康的多不饱和脂肪酸含量，同时还具有提高猪生长性能和改善猪肉质的趋势。

2．模拟发酵床养猪的垫料筛选及菌种优化组合的研究

张强龙（2015）开展了模拟发酵床养猪的垫料筛选及菌种优化组合的研究，其主要内容如下所述。

发酵床养猪是应用生态学的原理，将微生物技术、发酵技术和养殖技术等相互融合而成的一种新型现代化养猪模式，其关键为垫料的管理和菌种的选择使用。制作常规垫料均以稻壳和锯末为主，而在西北地区原材料相对缺乏，市售的商品菌种质量良莠不齐，且价格昂贵，从而制约了该项技术的广泛推广与应用。鉴于此，本研究在选择最佳垫料配比和最佳使用菌种两个阶段展开模拟试验，以期获得能适用于西北地区猪用发酵床的最佳优化组合。

（1）第一阶段：垫料替代研究　共设定了 8 种垫料配比组合，具体试验设计为：按稻壳和锯末重量比 1：1 制作的常规垫料 (CK)、70% 常规垫料 +30% 玉米秸秆 (A1)、50% 常规垫料 +50% 玉米秸秆 (A2)、30% 常规垫料 +70% 玉米秸秆 (A3)、70% 常规垫料 +30% 玉米芯 (B1)、50% 常规垫料 +50% 玉米芯 (B2)、30% 常规垫料 +70% 玉米芯 (B3)、40% 常规垫料 +30% 玉米秸秆 +30% 玉米芯 (AB)。

（2）第二阶段：菌种开发研究　共设定了 8 种菌种配比组合，具体试验设计为：100% 土著菌种 (C1)、100% 纤维分解菌群 (C2)、100% 商业菌种 (C3)、30% 土著菌种 +70% 纤维分解菌群 (D1)、50% 土著菌种 +50% 纤维分解菌群 (D2)、70% 土著菌种 +30% 纤维分解菌群 (D3)，以及不添加任何发酵菌种的处理组 (NO)。

在模拟发酵床条件下，进行相关指标的测定，综合判断模拟发酵的发酵效果。得到以下研究结果：

① 在垫料原料替代阶段，30% 常规垫料 +70% 玉米芯 (B3) 表面平均温度最高 (15.9℃±0.56℃)，与 30% 常规垫料 +70% 玉米秸秆 (A3) 和 40% 常规垫料 +30% 玉米秸秆 +30% 玉米芯 (AB) 差异不显著 ($P > 0.05$)，与其他试验组差异显著 ($P < 0.05$)；25cm 处平均温度以 40% 常规垫料 +30% 玉米秸秆 +30% 玉米芯 (AB) 最高 (32.3℃±2.97℃)，与 30% 常规垫料 +70% 玉米秸秆 (A3) 和 30% 常规垫料 +70% 玉米芯 (B3) 差异不显著 ($P > 0.05$)，与其他组差异显著 ($P < 0.05$)。

② 在垫料原料替代阶段，40% 常规垫料 +30% 玉米秸秆 +30% 玉米芯 (AB) 氨气平均含量 [(6.84 ± 0.37)mg/m^3] 均显著低于其他组 ($P < 0.05$)；各处理组垫料表面相对湿度差异均不显著 ($P > 0.05$)，但与室内差异显著 ($P < 0.05$)。综合评价，AB 组垫料配方发酵效果相对较好，B3 组次之。

③ 在菌种开发应用阶段，100% 商业菌种 (C3)20cm 处平均温度最高 (36.23℃ ±2.24℃)，显著高于 100% 纤维分解菌群 (C2) 和不添加任何发酵菌种的处理组 (NO)($P < 0.05$)，但与其他组差异不显著 ($P > 0.05$)。

④ 在菌种开发应用阶段，计算各周期中相同天数的氨气、硫化氢浓度平均值，各试验组间在不同天数存在差异。从平均值来看，30% 土著菌种 +70% 纤维分解菌群 (D1)、70% 土著菌种 +30% 纤维分解菌群 (D3) 和 100% 商业菌种 (C3) 氨气浓度分别降低了 95.09%、94.71% 和 94.71%；70% 土著菌种 +30% 纤维分解菌群 (D3)、100% 土著菌种 (C1) 和 50% 土著菌种 +50% 纤维分解菌群 (D2) 组硫化氢浓度分别降低了 94.70%、94.23% 和 94.12%。

⑤ 在菌种开发应用阶段，100% 商业菌种 (C3) 垫料孔隙度平均值最高 (87.91%±0.91%)，NO 组垫料含水率平均值最高 (61.12%±0.78%)，均与其他组差异不显著 ($P > 0.05$)。

通过两个阶段的探索试验，综合评价，以 40% 常规垫料 +30% 玉米秸秆 +30% 玉米芯 (AB) 为垫料载体，添加 70% 土著菌种 +30% 纤维分解菌群 (D3) 的组合为最佳优化组合（张强龙等，2015；2016）。

3. 微生物发酵床不同菌种组合发酵效果研究

魏平（2015）开展了微生物发酵床不同菌种组合发酵效果研究，其主要内容如下所述。

目前商业菌种和土著菌种是传统发酵床的主要菌种，而商业菌种质量参差不齐，价格相对较高，引进的土著菌种应用效果差，导致发酵床养殖成本高、利润降低，所以需要选择适合本地区的菌种进行替代来降低生产成本，提高经济效益。为筛选适宜在西北地区推广发酵床养猪的菌种，以下的研究以兰州当地菌种、实验室保存的纤维素分解菌群和购买的商业菌种为供试材料，通过模拟发酵床进行试验。共设了 7 个处理组合，分别为 100% 土著菌种 (A1)、100% 纤维素分解菌群 (A2)、100% 商业发酵菌种 (A3)、30% 土著菌种 +70% 纤维素分解菌群 (B1)、70% 土著菌种 +30% 纤维素分解菌群 (B2)、50% 土著菌种 +50% 纤维素分解菌群 (B3) 以及不添加任何发酵菌种 (CK)。试验期共计 60d，前 10d 为发酵成熟阶段，以后每 7d 为 1 期，共 7 期，从酵熟后开始，每 7d 早上 10 时添加一次猪粪。试验前、第 25 天、第 40 天 15 时向 A1、A2、B1、B2 和 B3 处理组添加等量的菌种和营养液。通过测定温度、pH 值、有机质、全氮、粗纤维、铵态氮等指标，结合成本分析，综合判断发酵效果，得到了以下结果：

① 从发酵温度看，添加 70% 土著菌种 +30% 纤维素分解菌群的 B2 组在 30cm 处平均温度最高 (37.66℃ ±1.32℃)，与其他组差异显著 ($P < 0.05$)。

② 在整个试验过程中，A1、A2、A3、B1、B2 和 B3 组的 pH 值始终比 CK 组低，其中，B2 组 pH 值最低，显著低于 CK 组 ($P < 0.05$)。各试验组的 pH 值均处在 7.0 ~ 8.5 之间，在适宜微生物生长的范围内。

③ 各试验组铵态氮含量前期快速上升，达到最大值后，由于固氮微生物大量活动及 NH_3 的大量挥发，含量逐渐降低。到第 6 期时，A1、A2、A3、B1、B2 和 B3 组铵态氮含量显著低于 CK 组 ($P < 0.05$)。

④ C/N 在整个试验过程中均呈现持续下降趋势，其中，A1、B2 和 B3 组下降趋势明显

大于其他组 ($P < 0.05$)。到第 7 期时，各试验组 C/N 仍保持在 20 以上，其中 B2 组 C/N 最低 (21.24±0.46)。

⑤ 各试验组粗纤维的含量总体呈下降趋势，而降解率呈先上升后下降的趋势，其中在 11 ～ 35d 降解率最大。到第 7 期时，A2、B2 组粗纤维的总降解率分别为 44.38% 和 45.08%，比 CK 组高 7.44% 和 8.14%。

⑥ 各试验组全氮和有机质含量总体呈降低趋势，其中，A1、A2、A3、B1、B2、B3 和 CK 组全氮含量分别比初始降低了 36.8%、33.3%、29.6%、30.4%、27.1%、38.6% 和 29.7%；有机质含量分别比初始降低了 12.15%、9.97%、11.47%、11.53%、11.66%、12.07%、12.76%。

⑦ 成本分析结果表明，发酵床的制作成本，B1、B2 和 B3 组之间差异不显著，A1 成本最低，A3 成本最高。

以上结果表明，B2 组发酵的温度相对较高、pH 值适宜、C/N 调整较好、发酵后营养养分含量高，整体发酵效果最为理想。综合经济因素，在本试验条件下，初步确定 70% 土著菌种 +30% 纤维素分解菌群的组合应用于发酵床效果较好（魏平等，2015）。

4．复方中药添加剂和发酵床养猪模式中微生物菌群的分析

高凯翔（2015）进行了复方中药添加剂和发酵床养猪模式中微生物菌群的分析，其主要内容如下所述。

在桂林兴牧养殖有限公司发酵床养猪示范基地进行猪场的改造建设，探讨复方中药饲料添加剂能否代替抗生素饲料添加剂防治猪支原体肺炎，分析发酵垫料的理化性质和发酵床主要菌群。确定了大肠杆菌、金黄色葡萄球菌、沙门菌、猪链球菌、枯草芽胞杆菌为发酵垫料的主要菌群，其中大肠杆菌、金黄色葡萄球菌、沙门菌和猪链球菌为致病菌，枯草芽胞杆菌为益生菌。猪支原体肺炎防治试验中选择中药大黄、炙麻黄、柴胡、白芷、苏子、冬花、白芍、半夏、黄芩、甘草、板蓝根等配伍的不同中药复方。用已筛选的适宜发酵复方中药的黑曲霉菌种进行发酵降解，降解后的中药与西药支原净分别拌入猪只的基础日粮，观察记录猪支原体肺炎的发病情况。结果证明，新型薄垫料发酵床在猪只发病率、料肉比和排放废气等方面较传统养殖有很大优势。复方中药拌入基础日粮喂食猪只后，可以有效增进猪只消化吸收、促进猪只生长，增强其免疫力、降低发病率和死亡率。

① 结合其他发酵床养猪模式和传统水泥地养猪法的优点，根据我国南方气候条件设计一种薄垫料发酵床养猪法。将其与传统养猪法进行对比，指标包括耗料量、料肉比、耗水量、猪舍有害气体 (H_2S、NH_3) 的含量等。结果表明，传统猪舍和发酵床猪舍 3 个批次的料肉比差异显著 ($P < 0.05$)，发酵床猪舍料肉比较低。两种猪舍之间的猪只日增重比较差异显著 ($P < 0.05$)，发酵床猪舍猪只日增重较高。发酵床猪舍 3 批次出栏率均为 100%，而传统猪舍的出栏率分别为 95.0%、93.3%、92.7%，虽然两组组内比较差异不显著 ($P > 0.05$)，但是组间比较差异依然显著 ($P < 0.05$)。两种猪舍有害气体 H_2S、NH_3 的含量在保育期和育肥期的差异都极显著 ($P < 0.01$)，发酵床猪舍的有害气体含量比传统猪舍含量低很多。薄垫料发酵床养猪法既能解决传统养猪法的缺点，又可达到生态养猪的效果，是一种可持续发展的新模式。

② 发酵床深 15cm 处垫料的 pH 值较小、温度较高，其微生物碳氮量也较高且与其他

层差异显著 ($P < 0.05$)，其硝态氮的含量高，水分含量低，表明垫料深度 15cm 为微生物发酵的核心区域。中药饲料添加剂发酵床垫料、普通饲料添加剂垫料和传统猪舍健康猪只粪便中分离的细菌种类大致相同，主要为大肠杆菌、金黄色葡萄球菌、链球菌、沙门菌、枯草芽胞杆菌。三组中大肠杆菌的含量相同，差异不显著 ($P > 0.05$)。而沙门菌的差异显著 ($P < 0.05$)，其中中药组垫料中的含量比普通组垫料含量少。三组中金黄色葡萄球菌的含量都很高，中药组和普通组的差异不显著 ($P > 0.05$)，但是发酵床垫料和猪粪便中的差异显著 ($P < 0.05$)。药敏实验结果表明，大肠杆菌、金黄色葡萄球菌和猪链球菌的耐药谱广泛，沙门菌的耐药谱不广泛。

③ 复方中药和西药支原净分别添加到猪基础日粮中，考察利用复方中药替代支原净等抗生素类药品防治猪支原体肺炎的效果和可行性。中药组 4 个月的发病率依次为 16.67%、10%、6.67%、3.33%，支原净组则为 13.33%、10%、20%、26.67%。结果表明，利用复方中药防治猪支原体肺炎，可明显降低猪支原体肺炎的发病率。相对于支原净，随着时间的推移，复方中药的防治效果一直保持，而支原净组的防治效果越来越差，因此复方中药可以替代支原净防治猪支原体肺炎。中药组中三个处方 4 个月的发病率分别为 10%、10%、0%、0%、20%、10%、10%、0%、20%、10%、10%、10%，表明处方一的防治效果最佳。

5. 发酵床与传统水冲圈饲养模式对猪瘟、蓝耳病和口蹄疫血清抗体及主要寄生虫感染的影响

吴文开（2014）研究了阜宁县生猪发酵床与传统水冲圈饲养模式对猪瘟、蓝耳病和口蹄疫血清抗体和主要寄生虫感染的影响，主要内容如下所述。

猪瘟、口蹄疫和高致病性猪蓝耳病等是生猪养殖中极为重要的传染病，疫苗免疫是疫病防控中非常重要的一环，通过对猪瘟、猪蓝耳病和口蹄疫疫苗免疫后的血清抗体进行监测，有助于这三种疫病的防控。发酵床养猪是近年来兴起的一种无污染养殖方式，然而这种养殖方式对疫苗免疫效果有无影响还不明了。以下的研究通过对阜宁县生猪猪瘟、猪蓝耳病和口蹄疫血清抗体进行两年半的跟踪监测，同时对比了发酵床与水冲圈血清抗体水平的差异，以及发酵床模式下寄生虫虫卵调查及寄生虫防治效果观察，以指导临床上这三种疫苗的免疫策略。

试验一：分别于 2011 年 5 月、11 月，2012 年 5 月、11 月以及 2013 年 5 月在阜宁县 22 个镇（区）分别采集生猪血样 1338 份、1235 份、1288 份、1313 份和 1235 份共计 6409 份，用 ELISA 法检测血清中猪瘟、猪蓝耳病和猪口蹄疫抗体阳性率。结果：2011 年 5 月、11 月，2012 年 5 月、11 月以及 2013 年 5 月猪瘟血清抗体阳性率分别为 88.3%、88.5%、94.9%、96.4% 和 96.8%；猪蓝耳病病毒血清抗体阳性率分别为 66.7%、64.8%、62.0%、57.1% 和 75.0%；口蹄疫血清抗体阳性率分别为 85.5%、91.5%、88.4%、94.6% 和 98.1%。结论：阜宁县生猪猪瘟抗体阳性率在 2011 ~ 2013 年间逐年升高，免疫效果渐渐好转，但还没有达到 100% 的免疫效果；猪蓝耳病血清抗体阳性率在此阶段免疫效果较差，需要加强猪蓝耳病病毒疫苗的免疫；口蹄疫在此阶段的免疫效果良好，要坚持猪口蹄疫疫苗的免疫。

试验二：分别于 2012 年 11 月以及 2013 年 5 月在阜宁县 22 个镇（区）分别采集生猪血

样 1313 份 (发酵床 602 份) 和 1235 份 (发酵床 563 份) 共计 2548 份，以 ELISA 法检测血清中猪瘟、猪蓝耳病和猪口蹄疫抗体阳性率。结果：2012 年 11 月和 2013 年 5 月发酵床模式下猪瘟血清抗体阳性率分别为 97.7% 和 97.9%，略高于水冲圈的 95.4% 和 96.0%，但差异均不显著 ($P \geqslant 0.05$)；猪蓝耳病病毒血清抗体阳性率分别为 65.3% 和 75.2%，极显著高于水冲圈的 50.2% 和 70.4%($P < 0.01$)；口蹄疫血清抗体阳性率分别为 95.2% 和 96.8%，与水冲圈的 94.1% 和 99.1% 基本持平，差异不显著 ($P > 0.05$)。结论：阜宁县发酵床养猪模式下相比传统水冲圈生猪蓝耳病血清抗体阳性率高，猪瘟血清抗体阳性率略高，猪口蹄疫血清抗体阳性率基本一致。

试验三：进行阜宁县发酵床中寄生虫虫卵调查及发酵床模式下寄生虫防控措施疗效观察。方法：选择阜宁县 A、B、C、D、E 5 个发酵床猪场及 W、X、Y、Z 4 个传统水冲圈猪场，于 2012 年 11 月和 2013 年 6 月进行新鲜粪便中寄生虫虫卵的定性和定量检测，根据检测结果在 A、B、C 和 D 4 个发酵床猪场及 X、Y、Z 3 个水冲圈猪场制定和实施发酵床模式下的寄生虫防治程序，猪场 E 和猪场 W 作为对照不采取任何驱虫处理。2013 年 9 月按同样方法对上述 9 个猪场进行粪便的寄生虫虫卵定性和定量检测以确定发酵床模式下的寄生虫防治效果。结果：2012 年 11 月和 2013 年 6 月的调查结果发现，发酵床模式下猪群主要感染猪蛔虫、猪鞭虫和猪球虫这三种寄生虫，且相比水冲圈感染强度更高。无论是发酵床还是水冲圈模式，实施制定的驱虫程序后猪蛔虫和猪鞭虫的防治效果较为理想，猪球虫的防治效果次之。结论：阜宁县发酵床养猪模式相比水冲圈猪场容易感染猪蛔虫、猪鞭虫和猪球虫，所制定的驱虫程序对防治猪蛔虫和猪鞭虫效果显著。

6．发酵床饲养模式对猪肉品质、血液生化指标及消化生理的影响

陈长乐（2012）研究了发酵床饲养模式对猪肉品质、血液生化指标及消化生理的影响，其主要内容如下所述。

试验一：发酵床饲养对生长肥育猪生产性能的影响。按照体重相近（平均体重为 30kg）、公母各半的原则随机分为 2 个处理，每个处理 3 个重复，每个重复 20 头，饲养时间为 53d。两个处理分别为对照组（传统的水泥地面饲养方式）和试验组（发酵床饲养）。结果表明，对生产性能而言：在日增重方面，发酵床饲养模式比传统水泥地面模式提高了 14.53%（$P < 0.05$）；在料重比方面，发酵床饲养比传统水泥地面饲养显著减少了 2.11%（$P < 0.05$）；在腹泻率方面，发酵床饲养模式显著降低（$P < 0.05$）。

试验二：发酵床饲养对生长肥育猪肉品质的影响。试验结果表明，在猪肉化学成分方面，与传统水泥地面饲养方式相比，发酵床饲养模式对生长肥育猪肌肉组织中粗脂肪和钙含量的影响均差异不显著（$P > 0.05$），但在肉的干物质的含量、粗灰分的含量与粗蛋白含量方面显著提高（$P < 0.05$）。在生长肥育猪的背最长肌的脂肪酸方面，无论是传统饲养还是发酵床饲养，肌肉中的脂肪酸含量最高的为棕榈酸，其次依次为硬脂酸与肉豆蔻酸；在肉的饱和脂肪酸含量方面，发酵床饲养模式的猪肌肉中的棕榈酸 (C16:0) 含量、肉豆蔻酸含量和硬脂酸的含量均显著降低（$P < 0.05$）。但发酵床组的猪肌肉中的单不饱和脂肪酸的含量与对照组相比显著增加（$P < 0.05$），此外，发酵床组与对照组相比，猪背最长肌中 α- 亚麻酸的含量和花生四烯酸含量显著提高（$P < 0.05$）；在肌肉组织中的氨基酸方面，发酵床组背最长肌中苏

氨酸、天冬氨酸、酪氨酸、赖氨酸、组氨酸、谷氨酸、丝氨酸的含量显著提高 ($P < 0.05$)，而肌肉中的半胱氨酸、缬氨酸、异亮氨酸、亮氨酸、苯丙氨酸、精氨酸、脯氨酸的含量与对照组相比差异不显著 ($P > 0.05$)。由本试验可知，通过发酵床饲养能提高猪肉的营养成分，进而提高猪肉的品质。

试验三：发酵床饲养对生长肥育猪血液生化指标的影响。试验结果表明，在血液生化指标方面：与传统饲养方式相比，发酵床饲养模式下猪的血清碱性磷酸酶活性提高了 13.86%（$P < 0.05$），发酵床饲养模式显著降低了丙氨酸转氨酶活性、血清尿素氮及总胆固醇的含量 ($P < 0.05$)，而血清中的总蛋白、球蛋白的含量显著上升 ($P < 0.05$)；在血清激素方面：发酵床组与对照组相比差异不显著 ($P > 0.05$)。由本试验可知，通过发酵床饲养能显著增加猪对蛋白质和脂类的代谢效率，减少血清尿素氮的浓度，但对生长肥育猪血清激素的影响并不显著。

试验四：发酵床饲养对猪消化生理的影响。试验结果表明：①与对照组相比，发酵床饲养的生长肥育猪十二指肠绒毛高度 / 隐窝深度 (DCR)、回肠绒毛高度 / 隐窝深度 (ICR)、空肠绒毛高度 / 隐窝深度 (JCR) 均呈上升趋势 ($P < 0.05$)；②与对照组相比，十二指肠总蛋白水解酶、十二指肠 α- 淀粉酶、空肠 α- 淀粉酶和回肠 α- 淀粉酶活性均有不同程度提高 ($P < 0.05$)；③与对照组相比，发酵床饲养大肠杆菌、双歧杆菌均呈下降趋势，且差异显著 ($P < 0.05$)，而乳酸杆菌有上升的趋势 ($P < 0.05$)。由此可见，通过发酵床饲养能显著增加肠道内有益菌群的数量而减少有害菌群的数量。

7. 发酵床猪场的疾病调查和发酵床新型垫料的研究

王飞（2012）开展了安徽省宣州区发酵床猪场的疾病调查和发酵床新型垫料的研究，其主要内容如下所述。

对安徽宣州区发酵床猪场的主要猪病、发病的病因进行调查，同时对区域性资源——香菇废棒作为发酵床垫料的可能性进行研究。

试验一：安徽省宣州区发酵床猪场猪发病情况的调查及综合防控措施的改善。对安徽宣州地区五家发酵床猪场进行流行病学调查、血清学调查以及对三家发酵床猪场送检的病猪进行病理剖检观察，并取病料进行微生物学检测、病毒检测和病理组织学观察；同时，根据诊断结果和临床经验，采用三种方法对此病进行如下治疗试验：选择病情基本相同的 54 头病猪，随机分成 3 组 (分别为 A、B 和 C 组)，每组 18 头。A 组采用方法 1：注射用头孢噻呋钠 +P- 特板蓝根 (早晚各一次，连用 5d)，饲料添加菌克 (1kg/t 饲料)+P- 特板蓝青颗粒 (1kg/t 饲料)，连用 5d；B 组病猪采用方法 2：注射用阿莫西林 +P- 特板蓝根 (早晚各一次，连用 5d)，饲料添加阿莫西林 (1kg/t 饲料)+P- 特板蓝青颗粒 (1kg/t 饲料)，连用 5d；C 组病猪采用方法 3：饲料内添加菌克 +P- 特板蓝青颗粒 (1kg/t 饲料)，连用 5d；改善发酵床制作方法和发酵床猪场饲养管理，并对猪瘟进行加强免疫和猪瘟抗体水平监测 (共采集血清样本 404 份)。结果表明：该地区发酵床猪场猪所患疾病为猪瘟病毒（CSFV）、猪繁殖与呼吸综合征病毒（PRRSV）、猪圆环病毒 2 型 (PCV2) 和副猪嗜血杆菌（HPS）混合性感染；临床的治疗试验结果表明方法 1 为治疗此病的最佳方法；防控措施改善后，5 家猪场的猪群健康状态良好。

试验二：不同比例香菇废棒发酵床对猪健康和生产性能的影响。试验选用健康、体重相近、日龄为 21d 的杜长大三元仔猪 280 头，随机分成对照组、试验 1 组、试验 2 组和试验 3 组，每组 2 个重复，每个重复 35 头，分别在含 0%、5%、10% 和 20% 香菇废棒的发酵床上饲养，试验周期为 133 天。试验期间测定和记录猪舍内、外的环境温度，4 组垫料表层下 5cm 和 20cm 的温度，垫料的损耗度；记录猪群的发病状况；测定猪增重和耗料情况，计算猪的生产性能和经济效益；检测仔猪猪瘟的抗体水平。试验结果表明：从 6 月至 10 月，四个垫料组表层下 5cm 的温度差异不显著 ($P > 0.05$)，表层下 20cm 的温度差异也不显著 ($P > 0.05$)；对照组的垫料下降厚度与试验 1 组差异不显著 ($P > 0.05$)，但与试验 2 组和试验 3 组差异极显著 ($P < 0.01$)；各组猪的呼吸道发病率、腹泻发病率及死亡率均无显著性差异；平均日增重、日均耗料量和料肉比在四个试验组间无显著性差异 ($P > 0.05$)，但在整个试验期，试验 1 组、2 组和 3 组的料肉比比对照组分别降低 0.10%、2.73% 和 3.64%，且试验后期三个试验组料肉比降低的百分数均高于试验前期；经济效益方面：对照组中每头猪的利润比试验 1 组、2 组和 3 组分别少 12.5 元、34.4 元和 52.4 元；猪瘟抗体水平：二次免疫后的抗体水平均高于首次免疫。由此可见：含 5% ~ 20% 香菇废棒发酵床对猪群的健康无影响，对生产性能无显著性改善，提高了经济效益。这说明香菇废棒不仅可作为发酵床的重要原料用于猪发酵床的制作，而且在循环利用香菇废棒的过程中可产生良好的经济效益。

8. 猪微生物发酵床垫料中细菌群落结构动态变化

朱双红（2012）研究了猪微生物发酵床垫料中细菌群落结构动态变化，其主要内容如下所述。

发酵床养殖技术的核心是垫料中微生物群落的活动，因此，微生物发酵床微生物优势菌选育及微生物群落结构多样性变化规律成为研究的热点。以下的研究采用传统培养法和限制性片段长度多态性（RFLP）技术对猪微生物发酵床垫料内的细菌群落结构动态变化进行研究。

微生物的分离鉴定试验：①采用传统培养法，从发酵床样品中分离了 30 株细菌、17 株放线菌；②对分离的菌株进行有机物 (淀粉、蛋白质、油脂、纤维素) 降解试验，筛选出 9 株对有机物降解能力较强的菌株，其中细菌 6 株、放线菌 3 株；③对 6 株高效降解细菌进行生理生化鉴定和 16S rDNA 鉴定，结果为枯草芽胞杆菌、嗜热脂肪芽胞杆菌、地衣芽胞杆菌、蜡样芽胞杆菌、黏质沙雷菌和假单胞杆菌，对 3 株高效放线菌进行了生理生化鉴定，初步判断结果为链霉菌属、螺孢菌属、孢囊菌属。

RFLP 技术分析：①对保育 1 年期 (B1)、保育 2 年期 (B2)、保育 3 年期 (B3)、育成 1 年期 (Y1)、育成 2 年期 (Y2)、育成 3 年期 (Y3) 等猪微生物发酵床 6 个样品进行了微生物总基因组 DNA 的提取，琼脂糖凝胶电泳片段大小约为 21kp；测得 DNA/RNA 之比在 1.6 ~ 1.8 之间，DNA 浓度在 300 ~ 400 ng/μL 之间；②通过酶切分型分析，从保育 1 年、2 年、3 年期样品中，分别获得 28 个、20 个和 15 个序列类型，从育成 1 年、2 年、3 年样品中分别获得 30 个、23 个和 17 个序列类型；③随着使用年限增加，猪微生物发酵床垫料中的微生物群落的多样性有降低的趋势；④微生物发酵床样品中，所获得的序列归到厚壁菌门、变形菌门和拟杆菌门，分别占克隆子总数的 60%、18.2%、10%；⑤获得了 13 条未知序列，它们可能是新的微生物，它们在微生物发酵床垫料中的作用有待于进一步研究。

9．猪用微生物发酵床垫料中微生物群落多样性变化及芽胞杆菌分离与鉴定

王迪（2012）开展了猪用微生物发酵床垫料中微生物群落多样性变化及芽胞杆菌分离与鉴定研究，其主要内容如下所述。

采用纯培养法筛选高效芽胞杆菌及运用变性梯度凝胶电泳（DGGE）技术对猪用微生物发酵床垫料中微生物群落多样性变化进行研究。

高效芽胞杆菌的筛选与鉴定：①通过对菌落形状、表面光滑度、边缘形状、颜色、透明度等形态特征的识别，从发酵床样品中纯化分离了 15 株芽胞杆菌；②对分离的 15 株芽胞杆菌进行产淀粉酶和蛋白酶检测，筛选出 5 株产淀粉酶和蛋白酶能力都强的芽胞杆菌；③通过对这 5 株高效芽胞杆菌进行传统的菌落形态观察、革兰染色、芽胞染色和生理生化鉴定，结合 16S rDNA 分子生物学鉴定，可以确定分别为蜡样芽胞杆菌、巨大芽胞杆菌、枯草芽胞杆菌、地衣芽胞杆菌、嗜热脂肪芽胞杆菌。

DGGE 分子生物学分析：①提取微生物总基因组 DNA，进行 16S rDNA 基因 V6—V8 区的 PCR 扩增，通过对 DGGE 图谱的分析计算和多次试验调整，确定 DGGE 平行胶的变性剂浓度范围为 45% ～ 65% 后，进行平行 DGGE 得到保育期和育成期的微生物发酵床样品细菌 DGGE 图谱。②通过 Quantity One 软件分析 DGGE 图谱发现：a. 保育期各年限、各厚度和各层次的样品细菌 DGGE 图谱中条带丰富度明显高于育成期样品，b. 保育期和育成期中二年期样品在各自厚度样品中的细菌多样性较高，c. 相同猪只饲养阶段和垫料使用年限的各层次之间的细菌多样性差异较小，d. 保育期浅层和深层微生物发酵床之间的细菌多样性差异较小。③进行条带回收克隆测序发现：a. 在微生物发酵床中存在大量未被或难被分离培养的微生物，这些微生物存在也发挥着一定的作用，有待进一步认知；b. 虽然检测到不少条件致病菌，但是在这些发酵床上饲养的猪只发病率并不高，这可能得益于其他有益微生物的拮抗作用和猪只自身免疫力较高的原因；c. 对猪粪降解可能起关键作用的细菌和放线菌；d. 一株在高盐的环境可以生存的细菌；e. 菌株土壤戴伊菌（*Dyella terrae*）对微生物发酵床中的铜离子进行吸附和积累，从而去除其中存留的重金属污染。

10．发酵床垫料微生物对动物免疫功能的影响

高金波（2011）研究了发酵床垫料微生物对动物免疫功能的影响，其主要内容如下所述。

选择乳酸菌、芽胞杆菌、酵母菌作为有益发酵菌种制备发酵床，通过饲养小鼠和猪试验，探讨发酵床对动物免疫机能的影响，为开发利用有益微生物发酵玉米秸秆作为发酵床垫料提供科学依据和技术支撑。

山东省猪用发酵床垫料中微生物质量调查：对山东省部分地区的 10 个养猪场垫料中的微生物数量进行了统计，并对微生物分布规律进行分析，结果显示：同种微生物数量在不同地区猪场之间以及同一猪场不同层次之间均存在显著差异（$P < 0.05$），但相同地区不同猪场间差异不显著，发酵床垫料微生物可以显著抑制肠杆菌及寄生虫的生长繁殖。

玉米秸秆发酵垫料微生物对小鼠免疫功能的影响：将小鼠随机分为 4 组，第 1 ～ 3 组小鼠分别置于用不同微生物配方发酵的玉米秸秆垫料中饲养，第 4 组用未发酵的垫料作为对照组，期间检测小鼠血清中的抗体效价、IL-4 和 IFN-γ 的含量，血液中白细胞总数、淋巴细胞

数量、红细胞总数及小鼠盲肠内乳酸菌数量、抗疲劳游泳时间等指标。结果显示，三组发酵床垫料微生物均能提高小鼠的增重率，但差异不显著，可显著提高小鼠抗体效价 ($P < 0.05$)，可增加血清中 IFN-γ、IL-4 含量和血液中白细胞总数、淋巴细胞数量，差异不显著，血液中红细胞数量、血红蛋白浓度及盲肠乳酸菌数量也有明显提高 ($P < 0.05$)。

不同垫料发酵床养猪效果研究：将 40 头猪随机分为 4 组，第 1～3 组分别是以粉碎玉米秸秆、花生壳和锯末为主的发酵床饲喂组，第 4 组为水泥地面饲养对照组，各组猪均注射猪瘟、猪蓝耳、猪伪狂犬疫苗防疫，并按常规方法饲养，试验期为 60d。实验期末测定每头猪增重率、血清抗体阳性率、IFN-γ 和 IL-4 含量以及血液中血红蛋白、淋巴细胞数量和红细胞总数。结果表明，第 1～3 组发酵床垫料可以显著提高猪的增重率 ($P < 0.05$)，明显提高猪伪狂犬病抗体阳性率 ($P < 0.05$)，增加血清中 IFN-γ 和 IL-4 含量，但差异不显著，血液中血红蛋白含量、淋巴细胞数量和红细胞总数较对照组也明显增高。

添加益生菌对发酵床养猪效果的影响：将 20 头猪随机分为 2 组，第 1 组猪在发酵床上饲养，并饲喂益生菌 (实验组)，第 2 组猪在发酵床上饲养，不饲喂益生菌 (对照组)。两组猪均注射猪瘟、猪蓝耳、猪伪狂犬疫苗，并按常规方法饲养。期间测定每头猪增重率、血清中的抗体水平、IL-4 和 IFN-γ 含量以及血液中血红蛋白、淋巴细胞数量和红细胞总数。结果表明，饮用益生菌可显著提高猪的增重率 ($P < 0.05$)，极显著提高猪伪狂犬病抗体水平 ($P < 0.01$)，血清中 IFN-γ 和 IL-4 含量均高于对照组，但差异不显著，血液中血红蛋白含量、淋巴细胞数量和红细胞总数略高于对照组，但均无显著差异。添加益生菌发酵床养猪，对猪的生长性能有促进作用，并增强其免疫功能。

11．猪用发酵床垫料中微生物动态变化及对猪免疫力的影响

毕小艳（2011）研究了猪用发酵床垫料中微生物的动态变化及对猪免疫力的影响，其主要内容如下所述。

采用 2×2 因子完全随机区组试验设计 (垫料原料比例、菌剂)，垫料配比两水平为木屑与谷壳的比例 B1(5 ：5) 和 B2(3 ：7)(体积比)，菌剂两水平为菌剂 E1 和菌剂 E2。选取遗传基础相似、体重相近 (6.5kg±0.5kg)、健康无病的杜长大（杜洛克 × 长白 × 大约克）三元杂交断奶仔猪 160 头，随机分配到 4 个处理组，即 T1(垫料 B1，菌剂 E1)、T2(垫料 B1，菌剂 E2)、T3(垫料 B2，菌剂 E1) 和 T4(垫料 B2，菌剂 E2)，每个组设 4 个重复，每个重复10 头猪 (阉公猪 5 头和母猪 5 头)。按照接种菌剂分别检测微生物在猪用发酵床垫料中的数量变化，测定猪的生长性能、血清猪瘟抗体效价、口蹄疫抗体效价、白介素 -2(IL-2)、肿瘤坏死因子 -α(TNF-α) 和免疫球蛋白。

发酵床垫料微生物在养猪过程中的数量变化：试验结束时，试验组 T1、T2、T3 和T4 枯草芽胞杆菌的活菌数比第 1 天分别降低了 14.45%（$P < 0.05$）、16.53%（$P < 0.05$）、21.42% ($P < 0.01$) 和 24.04% ($P < 0.01$)，试验组 T2 和 T4 酵母菌数量比第 1 天分别降低了36.45%($P < 0.01$) 和 30.62%($P < 0.01$)，试验组 T1 和 T3 放线菌数量比第 1 天极显著下降($P < 0.01$)，试验组 T1、T2、T3 和 T4 霉菌比第 1 天分别增加了 26.15%（$P < 0.05$）、25.52%（$P < 0.05$）、38.26% ($P < 0.01$) 和 38.63% ($P < 0.01$)，大肠杆菌分别提高了 26.15%（$P < 0.05$）、25.52%（$P < 0.05$）、38.26% ($P < 0.01$) 和 38.63% ($P < 0.01$)。垫料配比、菌剂在试验结束时除对试

验组 T1 和 T3 的酵母菌、T2 和 T4 的放线菌影响差异显著（$P < 0.05$）外，垫料配比和菌剂、垫料原料和菌剂的交互作用对其他阶段微生物影响不大。

发酵床养猪模式对猪生长性能及免疫水平的影响：各组间猪在 6 ~ 15kg、15 ~ 30kg、30 ~ 60kg 和 60 ~ 100kg 阶段以及饲养全期的日增重 (ADG)、日采食量 (ADFI) 和料肉比 (F∶G) 差异均不显著 ($P > 0.05$)，试验组 T1 略优于其他试验组，垫料原料、菌剂及其交互作用对猪各饲养阶段和全期生长性能的影响不显著 ($P > 0.05$)。试验 15d，各处理组间的猪瘟抗体滴度、TNF-α、IL-2、IgG 和 IgM 含量差异不显著，但菌剂 E1 组猪瘟抗体效价显著高于 E2 组 ($P < 0.05$)，垫料原料配比为 5∶5 组 IgM 浓度显著高于配比为 3∶7 组 ($P < 0.05$)。饲养第 30 天，各处理组间的猪瘟和口蹄疫抗体滴度、IgG 和 IgM 含量无显著差异，但试验组 T4 血清中 TNF-α 含量显著高于试验组 T2 ($P < 0.05$)，提高了 21.91%，其他组差异不显著，试验组 T1 组血清 IL-2 含量极显著高于其他组 ($P < 0.01$)，垫料配比为 5∶5 组的血清 IL-2 含量极显著高于 3∶7 组 ($P < 0.01$)，菌剂 E1 组的 IL-2 含量显著高于菌剂 E2 组 ($P < 0.05$)。试验第 45 天和第 60 天，各处理组间口蹄疫抗体滴度差异均未达到显著水平 ($P > 0.05$)，而垫料原料配比和菌剂对口蹄疫抗体效价影响差异不显著 ($P > 0.05$)。

12．养猪发酵床垫料微生物群落动态及其对猪细菌病原生防作用

卢舒娴（2011）开展了养猪发酵床垫料微生物群落动态及其对猪细菌病原生防作用的研究，其主要内容如下所述。

采用平板分离法和磷脂脂肪酸 (PLFAs) 法对微生物发酵床养猪猪舍垫料微生物群落结构多样性、病原菌分布动态进行研究。①通过系统调查发现，发酵床猪舍垫料中含有丰富的微生物种群，从垫料中分离的细菌经鉴定，属于 22 个不同属。②微生物发酵床中细菌是优势菌，分布数量达到了 10^8 数量级，其群落动态呈现先上升后下降的趋势，而真菌和放线菌的分布数量相对于细菌低 3 ~ 4 个数量级。③垫料有一定量大肠杆菌和沙门菌分布，但是垫料使用一段时间后，其分布数量呈现不断下降趋势，至第 5 个月，降至一个极低的水平。大肠杆菌分布数量与细菌呈显著负相关 ($r= -0.47$)，与放线菌呈显著正相关 ($r=0.48$)。沙门菌分布数量与细菌呈显著负相关 ($r=-0.62$)，与真菌 ($r=0.67$) 和放线菌 ($r=0.58$) 呈极显著正相关。④发酵床技术使用的先导菌短短芽胞杆菌在基质垫料中以优势菌稳定存在，并对大肠杆菌和沙门菌有明显的抑制作用。通过抑菌圈实验发现，垫料中有些细菌对大肠杆菌和沙门菌有明显的抑制作用，能有效抑制病原微生物的生长。其中，发酵床基质垫料中的芽胞杆菌属细菌对生猪疫病防治起主要作用。⑤采用磷脂脂肪酸 (PLFA) 法，分析不同使用时间发酵床垫料中微生物群落结构的动态变化，结果从不同使用时间发酵床垫料中共检测出了 41 个脂肪酸生物标记，表明垫料中含有大量的不同的微生物类型；分析垫料使用过程中多样性指数变化，发现各多样性指数变化不大，表明发酵床垫料微生物群落结构相对稳定。

13．微生物发酵床对猪生长性能、胴体品质和健康的影响

贾金生（2011）研究了微生物发酵床对猪生长性能、胴体品质和健康的影响，其主要内容如下所述。

　　为了研究微生物发酵床对猪生长性能、胴体品质和健康的影响，以下的研究进行了三个实验。在比较饲养效果差异的基础上，进一步探讨微生物发酵床对仔猪血液免疫抗体浓度和粪中双歧杆菌、乳杆菌及大肠杆菌的影响，以及对生长肥育猪胴体组成和肉质的影响。

　　实验一：微生物发酵床对哺乳仔猪生长性能和健康的影响。选择 12 窝、健康、1 日龄的杜洛克 × 长白 × 大约克三元杂交初生仔猪 120 头 (12 头经产母猪生产，每头产仔 10 头)，采用单因子实验设计，随机分为 2 个处理 (对照组和实验组)，每个处理组 3 个重复，每个重复两窝共 20 头仔猪，各重复组始重差异不显著（$P > 0.05$），进行为期 28d 的饲养实验，研究微生物发酵床对哺乳仔猪生长性能和健康的影响。结果表明，采用微生物发酵床保温饲养，促进了哺乳仔猪的生长发育和健康水平。28 日龄断奶时，与对照组相比，实验组仔猪的平均断奶体重提高 8.27%（$P < 0.05$），料肉比降低 5.71%；粪中双歧杆菌提高了 7.8%，乳杆菌提高了 7.0%，大肠杆菌减少 1.0%；仔猪血液抗体 IgM、IgG 和 IgA 浓度分别比对照组高 36.36%（$P < 0.01$）、16.67%（$P < 0.05$）和 7.41%，腹泻率降低 96.87%，发病率降低 93.33%。

　　实验二：微生物发酵床对断奶仔猪生长性能和健康的影响。选择健康、28 日龄的杜洛克 × 长白 × 大约克三元杂交断奶仔猪 60 头，采用单因子实验设计，随机分为两个处理组，每个处理设 3 个重复组，每个重复 10 头，分别饲养在微生物发酵床栏 (实验组) 和水泥地面垫草栏 (对照组)，进行为期 21 天的饲养实验，研究微生物发酵床对断奶仔猪生长性能和健康的影响。结果表明，微生物发酵床组猪的平均日采食量和日增重分别为 623.52g 和 381.25g，分别比对照组猪提高了 3.47% 和 10.80%（$P < 0.05$）；耗料增重比 (F/G) 为 1.63，比对照组的 1.78 降低 8.43%；仔猪血液抗体 IgM、IgG 和 IgA 浓度分别比对照组提高了 26.10%（$P < 0.05$）、7.70% 和 3.0%，腹泻率和发病率分别比对照组降低 82.0%（$P < 0.01$) 和 80.90%（$P < 0.01$）。

　　实验三：微生物发酵床对生长育肥猪生长性能和胴体品质的影响。选择 60 头健康、体重约为 25.00kg 的杜洛克 × 长白 × 大约克三元杂交去势生长猪，随机分为两个处理组，每个处理设 3 个重复组，每个重复 10 头，分别饲养在微生物发酵床栏 (实验组) 和水泥地面栏 (对照组)，进行为期 90 天的饲养实验，主要研究微生物发酵床对生长育肥猪生长性能和胴体品质的影响。结果表明，微生物发酵床组猪的平均日增重比对照组猪提高 6.80%（$P < 0.05$）；料肉比比对照组降低 4.67%；微生物发酵床提高了育肥猪的胴体品质，肉色评分和大理石纹评分分别比对照组提高 22.45%（$P < 0.05$）和 22.22%（$P < 0.05$），屠宰后 45min 和 24h 的 pH 值、系水力、育肥猪的屠宰率、胴体瘦肉率和眼肌面积也均有提高。经济效益分析，每头猪降低成本 16 元。

14．微生物发酵床养猪的应用技术研究

　　杨鸿（2011）开展了微生物发酵床养猪的应用技术研究，其主要内容如下所述。

　　以大邑县川安生态农业有限公司为试验基地，对比了发酵床养猪技术和传统养猪技术在舍内温度、氨气浓度、肉品质、生产成本等方面的差异，并进行了垫料还田试验。结果表明，微生物发酵床猪舍舍内温度高于传统猪舍，有利于猪只过冬，不利于猪只越夏；与传统猪舍相比，微生物发酵床猪舍能显著降低舍内氨气的浓度；微生物发酵床技术生产出来的猪只体重更重，料重比低于传统养猪法生产出来的猪只；微生物发酵床技术生产出来的猪只肉质优于传统养猪法，且符合国家环保绿色食品的要求；微生物发酵床养猪技术能节约养殖成本，平均每头猪比

传统养猪技术节约了 53 元；微生物发酵床养猪使用后的垫料可以用作有机肥，但肥力有限。

15. 生物活性垫料对生猪疾病防控的影响及猪PRV免疫程序的改进

余丰（2009）开展了生物活性垫料对生猪疾病防控的影响及猪伪狂犬病毒（PRV）免疫程序的改进研究，其主要内容如下所述。

（1）湖南省部分规模猪场生猪 PRRS、PR 防控情况的调查　2007 年对湖南省不同市县的规模猪场生猪 PRRSV 抗体、PRV 野毒抗体进行了血清学调查。结果发现，湖南省规模猪场生猪 PRRSV 抗体水平参差不齐，部分猪场内 PRRSV 抗体水平高的生猪样品 S/P 值（S 表示样本的吸光度值；P 表示阳性对照的吸光度值）高达 4.0 以上（S/P > 0.4 则为阳性），而抗体水平低的却呈阴性。检测样品 PRRSV 抗体阳性率 100% 的猪场只有 16 个，PRRSV 抗体阴性率 100% 的猪场也只有 2 个。所有血清总阳性率为 81.78%；PRV 野毒感染抗体阳性率也比较高，调查的 46 个猪场中有 19 个猪场存在伪狂犬野毒的感染，占调查猪场总数的41.3%，部分猪场伪狂犬野毒抗体阳性率达到了 83%。在检测的 757 份血清中，有 164 份血清为伪狂犬野毒感染抗体阳性，占调查血清总数的 21.66%。可见，对生猪 PRRSV、PRV 等疾病防控进行研究仍有很大的必要性。

（2）生物活性垫料对生猪疾病防控的影响研究　选用 40 头保育猪进行了 PRRSV、PRV疫苗免疫试验；对生物活性垫料在生猪 PRRSV、PRV 免疫抗体产生方面的影响进行了评估；此外，还对生物活性垫料养猪的保育舍、传统水泥地面养猪的保育舍空气中的细菌及有毒有害气体含量进行了检测，从生态环境的角度对两种养猪模式在疾病防控方面的影响进行比较。试验结果表明，生物活性垫料模式饲养的生长育肥猪在免疫后 30d 的 PRV、PRRSV 抗体转阳率分别为 70%、30%。传统水泥地面饲养模式饲养的生长育肥猪抗体产生情况同生物垫料模式，生物垫料模式并不能明显影响生猪疫苗免疫抗体的产生，但生物活性垫料养猪有利于改善保育舍内的生态环境。这对于疾病的防控具有有利的影响。

（3）生物活性垫料猪场生猪伪狂犬免疫程序的改进研究　对规模猪场伪狂犬病疫苗的免疫程序进行了改进研究，发现，每年的 1 月、5 月、9 月普免 3 次伪狂犬病毒基因缺失苗的种猪在 2 月份、6 月份、12 月份时抗体阳性率均为 100%，而每年的 3 月、9 月普免 2 次伪狂犬病毒基因缺失苗的生猪在 2 月份时抗体阳性率为 90%，出现了 PRV 抗体阴性的母猪。可见，种猪 1 月、5 月、9 月普免 3 次 PRV 疫苗效果优于 3 月、9 月普免 2 次；对生长育肥猪于 60 日龄、100 日龄时各免疫一次伪狂犬疫苗，生猪在 150 日龄时抗体水平仍保持阳性，而仅于 60 日龄接种一次伪狂犬病毒疫苗，40% 的生长育肥猪于 150 日龄时抗体水平已处于阴性，出生后不接种伪狂犬疫苗的生猪 150 日龄时，伪狂犬抗体水平全部为阴性。可见，对生长育肥猪于 60 日龄、100 日龄时各免疫一次伪狂犬疫苗有利于保持育肥猪的 PRV 抗体水平，有利于整个规模猪场伪狂犬病毒的净化。

16. 生猪发酵床配套技术研究

刘金林（2009）进行了生猪发酵床配套技术的研究，其主要内容如下所述。

进行了混合发酵菌和商业发酵菌的比较试验，结果表明，自制发酵菌＋洛东发酵菌

(1：1) 的组合的发酵能力及发酵稳定性较好，经济效益明显。发酵床养殖与常规养殖比较试验的结果显示，发酵床养殖发病率 (腹泻、咳嗽、消化不良症) 分别下降 19.7% 和 25.1%（$P < 0.05$），减少了 50% 以上的用工量，节约了 82.07% 用水量 ($P < 0.05$)，猪日增重提高 7.23%（$P < 0.05$），料肉比下降了 0.12（$P < 0.05$）。发酵床的发酵特性分析表明，垫料温度刚开始时急剧上升，30d 后基本稳定；水分含量在第 6 天时处于稳定饱和状态；pH 值在 6.0～8.0 之间；盐分含量随着时间延续在垫料中累积增加；有机质和全氮含量分别在第 6 天和第 30 天后累积量与分解转化量处于动态平衡状态。不同深层发酵床系统中有机垫料剖面分析结果显示，垫料剖面层次表现很明显，木屑垫料仅利用表层 20cm，混合垫料利用 20～30cm，其下层的无机氮含量、水分含量、粗灰分含量、总有机质含量、垫料密度、总盐分含量等指标均与之有显著差异 ($P < 0.05$)；铺填 50cm 高度的有机垫料可以承接 2～3 批次生猪粪尿，按照养殖周期为 4 个月，可以使用一年；试验表明，木屑是最佳的有机垫料，稻壳虽然持水性比较强，水分不易挥发，同时较易自身分解和腐烂，但仍可以替代部分木屑材料，缓解农村木屑材料的短缺；有机垫料养殖一批次后应进行翻堆，稍稍晾晒后混匀使用，可以有更好的降解效果。对两种不同使用年限的发酵床有机垫料剖面样品进行相关物理、化学与微生物特征分析，结果表明，连续使用两年的陈垫料中可溶性盐含量远高于使用两个月的新垫料，呈重度盐渍化；两种垫料总孔隙度维持在 70% 以上，差异不明显，新垫料除细菌在垫料底层略低于陈垫料外，纤维素分解菌与霉菌数量均高于陈垫料 ($P < 0.05$)，其差异可能是陈垫料采样时因为养猪无新鲜粪便补充所致。

17．猪发酵床养殖中芽胞杆菌菌株的筛选、鉴定及产蛋白酶条件的优化

张金龙（2009）进行了猪发酵床养殖中芽胞杆菌菌株的筛选、鉴定及产蛋白酶条件的优化，其主要内容如下所述。

优良高活性芽胞杆菌菌株的筛选是发酵床养猪的技术关键，而优良高活性芽胞杆菌菌株只有具有生长繁殖速度快，含分解粪污有害物质的酶量多且对大肠杆菌、沙门菌等有害细菌具有显著的抑制作用，能够使猪粪尿中的有机物质得到充分的分解和转化等特性，才能达到发酵床养猪的目的。张金龙（2009）从四川本地猪场采集样品分离得到 20 株芽胞杆菌菌株，对这 20 株芽胞杆菌菌株分泌蛋白酶、纤维素酶、淀粉酶的活力进行了初筛和复筛，初筛采用平板培养、染色法，复筛采用分光光度计比色法来测定芽胞杆菌培养液酶活力。筛选出了胞外酶活力高的 2 株芽胞杆菌，其编号分别为 Yb16、Yb17，其分泌胞外酶活力分别达到：蛋白酶 2.509 U/mL (Yb16)、2.576 U/mL(Yb17)；淀粉酶 2.0 U/mL(Yb16)、3.25 U/mL(Yb17)；纤维素酶 6.0643 U/mL(Yb16)、4.6126 U/mL(Yb17)。以 3 株常见的条件性病原微生物为指示菌，采用双层琼脂平板法对 2 株芽胞杆菌进行抑菌试验，筛选到芽胞杆菌 Yb17 具有较好的抑菌效果，可作为备用菌株。利用形态学观察、生理生化试验，及 16S rDNA 序列测定，与 GenBank 序列比对，菌株 Yb17 鉴定为巨大芽胞杆菌。芽胞杆菌 Yb17 对酸和胆盐的耐受能力较强，小鼠安全性试验结果表明，芽胞杆菌 Yb17 安全无毒副作用。采用单因素设计，分别研究温度、起始 pH 值、培养时间和接种量等因素对芽胞杆菌 Yb17 产蛋白酶的影响；根据单因素测定结果，设计四因素三水平正交实验优化芽胞杆菌 Yb17 产蛋白酶条件，确定最佳产酶条件为温度 30℃、起始 pH7.5、发酵时间 18h、接种量 1%。

18．生物活性垫料猪场猪瘟抗体监测及其免疫程序的改进

尹德明（2008）开展了生物活性垫料猪场猪瘟抗体监测及其免疫程序的改进研究，其主要内容如下所述。

猪瘟是由猪瘟病毒引起的一种高度接触性热性传染病。由于猪瘟造成的经济损失巨大，国际兽疫局将其列为 A 类 16 种法定传染病之一。临床上以母猪繁殖障碍型为主，多表现为新生仔猪发病、死亡和产死胎，隐性感染和持续性感染的病例呈上升趋势。

（1）猪瘟免疫抗体水平及部分猪 CSFV 感染情况的调查 从长沙市 10 个生物活性垫料猪场采取 420 份血样用 IDEXX 公司生产的 ELISA 试剂盒进行免疫抗体检测。结果表明，10 个猪场中，所有不同年龄段 (经产母猪、20 日龄、60 日龄、140 日龄) 猪群猪瘟免疫抗体阳性率均在 80% 以上的只有 1 个猪场；各猪群猪瘟抗体阳性率均在 70% 以下的有 3 个猪场；所抽检的 10 个猪场中各猪群平均抗体阳性率除 3 周龄仔猪群外均低于 70% 的水平。对猪瘟抗体水平极其低下或过高的血样取血凝块进行 RT-PCR 检测，发现 40 份样品中有 9 份存在猪瘟病毒的感染。

（2）生物活性垫料猪场猪瘟免疫程序改进的研究 通过试验研究证明，母猪免疫 2 头份或 4 头份猪瘟疫苗的效果明显优于 1 头份剂量接种，2 头份或 4 头份接种的母猪，产前 14d 免疫阳性率分别为 100% 和 95%，且血清抗体检测值较高 (阻断率在 83% 左右)，其所产仔猪母源抗体在 30 日龄时猪瘟抗体阳性率仍有 90%，两种免疫剂量无明显差异，可达到免疫保护的要求；但母猪免疫 1 头份疫苗，母猪产前 14d 免疫阳性率只有 70% 且血清抗体检测值较高 (阻断率在 50% 左右)，所产仔猪母源抗体到第 30 日龄时，猪瘟抗体阳性率只有 40%，免疫保护效果差。仔猪母源抗体消长变化受母猪产前抗体水平高低影响很大，生长育肥猪一般以 30 日龄首免和 60 日龄二免的免疫程序效果较好，但仔猪首免日龄要以抗体监测结果为依据，没有固定模式；按照农业部 913 号公告要求提高了猪瘟疫苗质量标准后，试验中选用的三个由不同厂家生产、不同种类的专用猪瘟活疫苗，其免疫效果均比较理想，且相互之间差异不显著。同时发现，生物活性垫料养猪和传统水泥地面养猪对猪瘟免疫抗体的产生和猪瘟免疫效果无影响。

19．猪用发酵床的研究

李娜（2008）进行了猪用发酵床的研究，其主要内容如下所述。

采用天然素材制成高温发酵床和低温发酵床，并且在低温发酵床饲养 4 头体重为 20kg 左右商品杂交猪。测量猪床垫料上、中、下三层的温度，比较发酵过程中各垫料层温度变化以及讨论发酵床形成过程中粪便的作用。结果表明，与无粪对照组相比，高温发酵床温度上升迅速，最高达 60.6℃，在不补充可发酵原料条件下维持 11d；低温发酵床于进猪后床温升高，经 15d 稳定于 52℃左右。自然材料制备发酵床可行，粪便可能对发酵的形成和维持具有重要作用，高温发酵可用于出栏后灭菌、灭虫防疫卫生管理。研究包括监测环境控制室内构建的发酵床养猪系统空气中 PM_{10} 浓度和换气量，分析发酵床的微粒和水汽分布特性；随后监测补充锯末及停止养猪两种情况下的发酵床温度变化，剖析发酵床及镇江 TC 发酵床猪舍环境的特点。结果显示，环境控制室内空气中 PM10 浓度随发酵床的形成逐渐下降，稳定后

浓度为 0.254mg/m³，低于畜禽场环境质量标准 293.7%，较常规养猪低，畜舍实效换气量为 0.31m³/s，发酵床垫料 PM_{10} 产生量为 1.453mg/（min·m²），水汽产生量为 0.198g/（min·m²），远小于猪的水汽产生量，补充木屑有利于发酵进行，床温升高了 6～11℃，停止养猪 53d 后，床温下降 16℃，持续 30℃低温发酵；镇江市 TC 猪舍，PM_{10} 浓度为 0.392mg/m³，氨气浓度为 0.893mg/m³，垫料中丙酸含量甚微，乙酸、丁酸未测出，发酵床垫料以好氧型发酵为主，粪便干物质铜含量为 350mg/kg，3 年床的垫料中铜含量为 380mg/kg，而 1 年床的上层垫料中铜含量为 226mg/kg、中层为 214.3 mg/kg。为防止温度过高抑制微生物活性，必须加强通风，饲料低铜、粪便及其水分调整管理至关重要。分别在夏季和冬季测定发酵床猪舍温热环境指标，并观察猪的行为，剖析生长猪在发酵床和水泥地面上的休息姿势的变化与温热环境的关系。结果表明，夏季空气温度 29～32℃、冬季 5.9～6.7℃，夏季发酵床温度在 31～37℃、冬季在 17.5～23.8℃，夏季猪呼吸数平均值达 57 次/min、冬季平均值达 22.8 次/min，夏季安静姿势占 80%、冬季仅占 47.8%，夏季在水泥地面上的维持行为高达 73%，且社会空间行为回避机体接触占 60%，而冬季则分别为 83.6% 和 37.0%，夏季发酵床发酵热给猪只散热增加负担，而冬季保温效果明显。在江淮以南地域设置水泥地面有益于防暑和动物选择舒适环境。

20．基于畜禽废弃物管理的发酵床技术研究

朱洪（2007）开展了基于畜禽废弃物管理的发酵床技术研究，其主要内容如下所述。

通过对养殖场污染调查结果发现，养殖场排放的废水带有强烈的恶臭气味，对周围的空气造成严重污染。废水中 COD_{Cr}、BOD_5、NH_3 等含量分别为 7029.12mg/L、4231.53mg/L、1760 mg/L，严重超过国家标准；养殖场排放的畜禽粪便中，粪大肠菌群的数量远远超过国家粪便无害化控制标准；本次调查中，沙门菌虽未检出，但仍存在使环境遭受其污染的风险；耐药细菌的检测结果表明，由于养殖场使用抗生素所产生的耐药细菌在排放到环境中后，存在加速细菌耐药性扩散的风险。按万头规模养殖场推算，采用发酵床技术能向环境减排 $10.8×10^4 m^3$ 养殖废水；能减排粪尿 21600t；能增加经济效益 10 万元以上。接种剂应用试验结果表明：接种微生物菌剂能降低垫料环境 pH 值；垫料铵态氮和硝态氮的含量在第 5 天均降到最低值，其中混合垫料最大值时接种组铵态氮与 CK 差异极显著；过氧化氢酶活性在第 5 天达到最大值，其中木屑垫料最大值时接种组与 CK 差异极显著；脲酶在第 10 天达到最大值，两种垫料最大值时接种组与 CK 均达到极显著水平；纤维素酶在第 5 天达到最大值，两种垫料最大值时接种组与 CK 均达到极显著水平；蛋白酶在整个试验过程中呈现旺盛的酶活性，呈逐渐增加趋势，接种微生物菌剂加快了猪粪降解速度。

二、发酵床养牛研究

1．大温差地区牛粪高温发酵回用牛床垫料研究

张秋萍（2017）进行了大温差地区牛粪高温发酵回用牛床垫料研究，其主要内容如下所述。

牛粪发酵回用垫料技术不仅可以实现养殖粪便就地资源化，同时也不会对环境造成二次污染，可为企业较大幅度节约养殖成本，成为养殖业与环境保护协调发展的有效途径之一。但在较为寒冷的大温差地区牛粪高温发酵面临着升温慢、周期长以及发酵难以进行等问题。以下的研究以发酵温度、发酵含水率、pH 值、微生物群落结构以及致病菌等指标作为牛粪高温发酵无害化的标准，研究一年中不同季节的发酵情况。结果表明，春季与夏季发酵过程可在自然条件下顺利经历升温期、高温期，结束时含水率接近 50%，发酵周期分别为 16d 和 12d，高温期持续时间分别为 9d 和 10d；秋天与冬天未达到高温期，表明低的环境温度（–20 ～ 15℃）对发酵升温影响较大。考察 –10 ～ 15℃ 的亚低温条件下牛粪高温发酵工艺参数的调控过程，优化不同的秸秆添加比例、不同翻抛频率以及不同微生物菌剂原液添加量，结果表明，只有牛粪：秸秆为 2∶1（体积比）时，发酵体达到高温期且持续 7d，其他添加比例则未进入高温期完成发酵过程；翻抛频率 4d/ 次为最适，不仅升温速度快、高温期持续时间长，发酵结束含水率亦最低；添加微生物菌剂原液能明显提高发酵效率、完成高温发酵，其中添加 1.3 L/t 时，进入高温期时间早且持续时间长，发酵完成更彻底。由此获得了亚低温条件最优发酵工艺，有效加快升温并缩短了发酵周期。通过 PCR-DGGE 研究发酵不同周期微生物群落变化规律，发现夏季快速发酵的微生物群落丰富，尤其在升温和高温阶段，微生物多样性指数高，优势菌群为梭菌属（*Clostridium*）、芽胞杆菌属（*Bacillus*）以及黄杆菌属（*Flavobacterium*）。对整个发酵周期进行 PCR 荧光定量检测致病菌，结果发现，沙门菌和志贺菌存在于发酵初期和升温期，高温期和结束时未检出；金黄色葡萄球菌全程未检出；致病性大肠杆菌直至高温期仍然存在，但发酵结束时未检出。由此得出牛粪高温发酵回用牛床垫料工艺满足无害化以及卫生标准，发酵产品可回用于牛床垫料。

2. 常温秸秆复合菌系的筛选及其在犊牛生物菌床养殖中的应用

邓兵（2017）进行了常温秸秆复合菌系的筛选及其在犊牛生物菌床养殖中的应用研究，其主要内容如下所述。

近些年我国奶业快速发展，规模奶牛场数量不断增长，随之而来的粪尿污染问题已经成为奶业发展的瓶颈，如何减轻和处理粪污染成为奶业发展的热点之一。以下的研究尝试研发一种新型的生物菌床犊牛养殖技术来解决上述问题。采用模拟试验和现场试验结合的方法，对生物菌床的垫料成分和饲养密度进行了选择和优化；筛选出一组在常温条件下能够快速分解木质纤维素的复合菌系，对复合菌系进行细菌多样性分析；以复合菌系为接菌剂接种于生物菌床；运用高通量测序技术分析了垫料中细菌组成多样性，对菌群结构进行了分析。最后提出了犊牛生物菌床养殖技术的主要参数。其主要研究结果如下：

① 以纤维素降解率为主要指标，富集和筛选得到了一组高效降解纤维素的复合菌系。复合菌系的最适纤维素分解温度为 30℃，最适 pH 值为 8.0，此时滤纸和玉米秸秆的降解率分别为 66.5% 和 66.1%，玉米秸秆中的纤维素、半纤维素、木质素的降解率分别为 32.0%、85.2% 和 17.2%。通过高通量测序的技术手段分析了复合菌系的细菌组成多样性，结果表明，在属的水平上，复合菌系主要由假单胞菌属 33.9%、拟杆菌属 11.8%、食酸菌属 6.9%、产碱杆菌属 3.9%、丁酸弧菌属 1.0% 等组成。在种的水平上，菌系主要由粪产碱杆菌（*Alcallgenes faecalis*)2.0%、空气除氮微枝杆菌 (*Microvirgula aerodenitrificans*)1.5% 等组成。

② 饲养密度模拟试验表明，三个模拟密度 (T1：头 /2m²、T2：头 /1.8m²、T3：头 1.5/m²) 处理间温度差异不显著，模拟饲养密度为 T1 和 T2 的氨气排放量较低，在饲养密度上更优先选择这两组进行饲养。在以稻壳和锯末为垫料的模拟试验结果表明，以锯末为垫料效果好，因为锯末处理 T1 的温度高于其他成分组，最高温度达到 39℃，并且锯末处理 T1 的氨气排放量低于其他组，最低可达 1.456 mg/L，因此在垫料成分上优先选择锯末作为垫料的主要成分。

③ 现场饲养密度试验结果表明，试验设置的三个密度梯度 (T1：头 /1.6m²、T2：头 /1.5m²、T3：头 /2m²，对照组 CK：头 /1.8m²)，试验过程中 T3 的表层 pH 值最高，深层 pH 值间没有显著差异，各区域的含水率变化趋势一致，T3 的含水率最低，T3 的温度也高于其他各组；在第 60 天时垫料表层最高温度达到 32℃，深层温度达到 37℃；T3 的氨气排放量在 45d 以前高于其他各组，45d 之后氨气排放量低于其他各组，CK 的深层氨气排放量远远高于处理组。处理组的总氮含量要高于对照组，总有机碳的含量变化趋向一致，但 T3 深层的总有机碳高于其他各组，呈现出了一定的优势，因此 T3 的饲养密度最为适宜。

④ 对现场试验垫料细菌多样性分析表明，从门的水平看，变形菌门为优势菌群，各测试点的变形菌门含量均在 35% 以上，其次是拟杆菌门，除了处理初始阶段，其他各测试点的拟杆菌门含量在 27% 以上，最高达到 41.7%。垫料中属的种类较多，不同处理的不同时间段会出现不同的优势菌属，垫料内部微生物会针对菌群的变化繁殖出可以降解粪便的菌属，包括芽胞杆菌属、梭菌属、纤维弧菌属、假单胞菌属等。

通过上述试验，明确了常温秸秆复合菌系的降解能力及细菌组成多样性，并将其运用到生物菌床中，同时也选择出将锯末作为垫料成分试验效果良好，确定了每头犊牛占地 2m²，为生物菌床技术的完善及广泛应用打下了基础。

3．牛粪垫料对泌乳牛趴卧行为和环境卫生的影响

孟妍君（2014）研究了牛粪垫料对泌乳牛趴卧行为和环境卫生的影响，其主要内容如下所述。

为改善奶牛卧床的舒适度，解决奶牛卧床垫料的来源和成本问题，实现废物的循环再利用，将新鲜牛粪经筛分晾晒后作为卧床垫料，研究牛粪垫料对泌乳牛健康和行为方面的影响。选择两栋规模和型式一样的泌乳牛舍分别作为对照舍和试验舍，对照舍内卧床铺垫橡胶垫，试验舍卧床在橡胶垫的基础上铺垫 3～5cm 厚的牛粪垫料，通过对牛粪垫料的物理特性分析、牛粪垫料使用前后的细菌计数、牛体后驱清洁度的评分和趴卧行为的观测，对牛粪垫料夏季时的使用效果及使用过程中存在的问题进行了研究。试验结果表明：

① 铺设牛粪垫料的泌乳牛舍舍内温度和湿度分别为 25.7℃ 和 78.8%，未铺设牛粪垫料的泌乳牛舍舍内温度和湿度分别为 26.6℃ 和 77.4%；在 8：00、14：00 和 20：00 测得牛粪垫料卧床表面温度（℃）分别为 26.3 ± 0.3、27.4 ± 0.2 和 27.9 ± 0.2，测得无垫料卧床表面温度（℃）分别为 26.8 ± 0.1、27.7 ± 0.3 和 27.9 ± 0.2，同一测定时间点两种卧床表面温度相比，差异不显著 ($P>0.05$)；使用牛粪垫料的泌乳牛舍早上 8：00 测得 NH_3 浓度为 (3.5 ± 0.3) mg/m³，晚上 19：00 测得浓度为 (5.8 ± 0.3)mg/m³，与同一测定时间段未铺垫牛粪垫料牛舍内的 NH_3 浓度 (3.3 ± 0.2)mg/m³ 和 (5.5 ± 0.2)mg/m³ 相比，差异不显著 ($P<0.05$)。

② 铺垫 3d 的牛粪垫料克雷伯杆菌、链球菌和大肠杆菌计数分别为 11.0Log10CFU/mL、10.5Log10CFU/mL 和 10.9Log10CFU/mL，未铺垫过的牛粪垫料细菌计数依次为 10.8Log10CFU/mL、9.9Log10CFU/mL 和 10.7Log10CFU/mL，同种细菌相比菌落计数差异不显著 ($P < 0.05$)。

③ 铺垫牛粪垫料的奶牛后驱清洁度总分为 2.1，总分属于分类二 (中度污染)，铺橡胶垫奶牛后驱清洁度总分为 1.7，属于分类一 (轻度污染)。

④ 除去榨奶时间，泌乳牛每天在牛粪垫料卧床上平均每次躺卧回合时间 (49.9min±3.0min) 及回合次数 (15±0.6) 显著高于在橡胶垫上的躺卧时间 (37.5min±5.1min) 和回合次数 (13±0.6)($P < 0.05$)；泌乳牛在牛粪垫料卧床上回合之间的站立时间 (9.0min±0.6min) 低于在橡胶垫卧床上的站立时间 (11.2min±0.7min)，差异显著 ($P < 0.05$)；泌乳牛在牛粪垫料卧床上躺卧前准备的时间 (22.6s±5.2s)，显著低于在橡胶垫卧床上的时间 (86.7s±7.38s)($P < 0.05$)。

试验结果说明：牛粪垫料不仅不会影响牛舍内的小气候及牛舍的卫生状况，还会增加泌乳牛的趴卧时间，缩短站立时间，提高泌乳牛的舒适度，在改善动物福利的同时，在一定程度上又解决了奶牛场的粪污处理问题，对奶牛养殖业的可持续发展具有一定的意义。但是，在使用牛粪垫料时需要注意奶牛卧床的改造和粪便的清理。

4. 牛床舒适度等级对泌乳牛泌乳性能、繁殖性能和健康状况的影响

李世歌（2014）研究了牛床舒适度等级对泌乳牛泌乳性能、繁殖性能和健康状况的影响，其主要内容如下所述。

牛床环境是影响舒适度的重要因素，而牛床表面的柔软程度和缓冲能力则尤为重要。牛床在为奶牛提供休息场所的同时，应使奶牛遭受的伤害最小化。畜牧工作者理想的工作环境对动物来说未必是理想的生存环境，牛床环境恶化会严重影响奶牛的趴卧活动，进而对泌乳性能、繁殖性能和健康状况产生直接或间接的影响，不利于奶牛生产潜力发挥和经济效益的最大化。以荷斯坦牛血统含量不同的低代杂种、高代杂种和纯种三种基因型的泌乳牛群体为研究对象，根据牛舍中牛床舒适程度不同，将 2005 年 11 月至 2013 年 4 月间不断改进的牛床划分为 5 个舒适度等级，记录奶牛在不同等级牛床下的日产奶量、乳成分 (乳脂率、乳蛋白率、乳糖率、非脂乳固体含量)、胎次、产后第一次配种天数、空怀天数、一次妊娠配种次数、总受胎率、乳房炎和肢蹄病发病率，分析牛床舒适度等级对奶牛的泌乳性能、繁殖性能和健康状况的影响，为奶牛场提高牛床舒适度，改善奶牛福利条件，进而提高生产性能提供理论依据。

结果表明：①牛床舒适度等级的提高能显著增加奶牛的日产奶量；②牛床舒适度等级与总受胎率呈显著正相关，牛床等级越高，总受胎率越高；③泌乳牛的乳房炎和肢蹄病发病率与牛床舒适度等级呈显著负相关，提高牛床舒适度对奶牛健康状况有关键作用。

5. 奶牛对不同牛床垫料的喜好选择

崔琳（2010）研究了奶牛对不同牛床垫料的喜好，其主要内容如下所述。

奶牛每天有 12 ~ 13h 的时间是趴卧的，有 35 ~ 175min 站立在牛床上。奶牛喜欢在松软处卧息反刍，不喜欢在硬质地面休息。所以地面质量的好坏，不仅影响舍内小气候和卫生状况，而且影响奶牛的休息和反刍以及生产性能。将奶牛全部限制在水泥地面的环境下，能改变奶牛的社会行为，干扰奶牛的休息行为及延长奶牛站立时间；奶牛感觉舒适则能增强健康，增加产奶量和生产寿命，究其原因则是改善了动物的福利。

以下的研究是利用行为学方法研究砖地、木板、草垫和玉米芯四种牛床垫料对奶牛牛床环境利用的影响，将试验分为限制试验和偏好试验两个部分。通过两部分试验中的奶牛对四种牛床环境的利用程度，在不同牛床环境中所表现出的趴卧站立时间、次数，以及趴卧时其他行为状态等的综合比较，在四种牛床环境中选择出最利于奶牛生长、生活、休息和行为正常表达的环境，以满足奶牛福利的需要和奶牛生产的需要。选取 6 ~ 12 月龄身体健康、体重均匀的荷斯坦育成牛 20 头，随机分成 4 组，并对奶牛在不同牛床环境中所表现出的趴卧、站立时间、次数及趴卧时与舒适相关的行为状态等进行观察。在限制牛床垫料环境对奶牛选择影响的研究试验中，每组试验牛分别在单一牛床环境的四种试验条件下饲养一周；在自由环境条件下奶牛对不同牛床垫料选择嗜好的研究试验中，每组试验牛分别在提供 2 种混合牛床环境的四种试验条件下饲养一周。两个试验均于每周的第 4 天和第 6 天进行 24h 持续录像，采用持续记录法采集行为参数，提取 24h 时段内，奶牛在不同牛床上的趴卧及站立时间、次数，以及趴卧时其他行为状态，并对选取的行为参数进行综合比较。

研究结果表明：在限制牛床垫料环境对奶牛选择影响的试验中，奶牛在玉米芯垫料 (813.00min/d±46.24min/d) 和草垫 (774.60min/d±25.45min/d) 牛床上的趴卧时间显著高于木板 (452.00min/d±31.92min/d) 和砖面 (651.80min/d±27.65min/d) 牛床的趴卧时间 ($P < 0.05$)；奶牛在玉米芯垫料牛床上的站立时间 (99.40min/d±8.08min/d) 及平均每次站立时间 (9.58min±0.38min) 均显著高于其他组 ($P < 0.05$)。观察中发现，奶牛趴卧时头部处于直立状态时的时间显著高于头部处于其他状态的时间 ($P < 0.05$)。在自由环境条件下奶牛对不同牛床垫料选择嗜好的试验中，20 头奶牛平均 24h 趴卧在铺垫玉米芯组的累积总时间最长 (28840min/d)、趴卧在木板组的累积总时间最短 (3536min/d)，20 头奶牛平均 24h 站立在砖面组的累积总时间最长 (4240min/d)、站立在玉米芯组的累积总时间最短 (2392min/d)。总体来说，奶牛休息时在铺垫玉米芯和草垫牛床上表现出更舒适的行为，铺垫玉米芯和草垫均有利于奶牛的休息和改善其福利。

6. 西藏发酵床养牛的垫料制作技术和日常的管理

（1）垫料的制作　发酵床养牛的垫料制作不同于一般的发酵床制作，因为牛的体重比猪要重几倍，常规的发酵床垫料不能承受牛强大的重力，针对发酵床养牛经过不断的实践探索总结出一套适合养牛的发酵床技术。垫料不论采用何种方法，只要能达到充分搅拌，让它充分发酵就可。

① 确定垫料厚度：牛舍垫料层高度夏天为 60cm 左右，冬季为 80 ~ 100cm。

② 计算材料用量：根据不同夏冬季节、牛舍面积大小，以及与所需的垫料厚度计算出所需要的秸秆、稻草以及益生菌液的使用数量。

③ 垫料准备：发酵床养牛的垫料主要分三层：第一层，首先在最底层铺一些玉米秸

秆，按每平方米加入 1kg 益生菌（液体）均匀搅拌，水分掌握在 30% 左右（手握成团、一触即散为宜）；第二层，中间一层要铺上稻草，然后再喷洒一遍益生菌液；第三层，铺上用益生菌喷洒后的粉碎的玉米秸秆，充分混合搅拌均匀，在搅拌过程中，使垫料水分保持在 50%～60%（其中水分多少是关键，一般 50%～60% 比较合适，现场实践是用手抓垫料来判断，即物料用手捏紧后松开，感觉蓬松且迎风有水气说明水分掌握较为适宜），再均匀铺在圈舍内，最上面用干的碎秸秆覆盖 5cm 厚，3d 后即可使用。

④ 发酵好的垫料摊开铺平，厚度约 10cm，然后等待 24h 后方可进牛。如牛在圈中跑动时灰尘出现，说明垫料干燥，水分不够，应根据情况喷洒水分，便于牛正常生长。因为整个发酵床中的垫料存在大量的微生物菌群，通过微生物菌群的分解发酵，发酵床面一年四季始终保持在 25℃ 左右的温度，为牛的健康生长提供了一个优良环境。

（2）维护管理　发酵床养护的目的主要有两个方面：一是保持发酵床正常微生态平衡，使有益微生物菌群始终处于优势地位，抑制病原微生物的繁殖和病害的发生，为牛的生长发育提供健康的生态环境；二是确保发酵床对牛粪尿的消化分解能力始终维持在较高水平，同时为牛的生长提供一个舒适的环境。

（3）发酵床养护　主要涉及垫料的通透性管理、水分调节、垫料补充、疏粪管理、补菌、垫料更新等多个环节。

① 垫料通透性管理。长期保持垫料适当的通透性，即垫料中的含氧量始终维持在正常水平，是发酵床保持较高粪尿分解能力的关键因素之一，同时也是抑制病原微生物繁殖、减少疾病发生的重要手段。通常比较简便的方式就是将垫料经常翻动，翻动深度 25～35cm，通常可以结合疏粪或补水将垫料翻匀，另外每隔一段时间（50～60d）要彻底将垫料翻动一次，并且要将垫料层上下混合均匀。

② 水分调节。由于发酵床中垫料水分的自然挥发，垫料水分含量会逐渐降低，但垫料水分降到一定水平后，微生物的繁殖就会受阻或者停止，定期或视垫料水分状况适时补充水分，是保持垫料微生物正常繁殖，维持垫料粪尿分解能力的另一关键因素，垫料合适的水分含量通常为 38%～45%，因季节或空气湿度的不同而略有差异，常规补水方式可以采用加湿喷雾补水，也可结合补菌时补水。

③ 疏粪管理。由于牛具有集中定点排泄粪尿的特性，所以发酵床上会出现粪尿分布不匀，粪尿集中的地方湿度大，消化分解速度慢，只有将粪尿分散布撒在垫料上（即疏粪管理），并与垫料混合均匀，才能保持发酵床水分的均匀一致，并能在较短的时间内将粪尿消化分解完全。通常保育小牛可 2～3d 进行一次疏粪管理，中大牛应每 1～2d 进行一次疏粪管理。夏季每天都要进行粪便的掩埋，把新鲜的粪便掩埋到 20cm 以下，避免生蝇蛆。牛粪若集中在一起要人工疏散，把粪便均匀地散开在发酵床上面，再埋入秸秆里面，最好每天清理一次，使粪便及时分解。

④ 补菌。定期补充益生菌液是维持发酵床正常微生态平衡，保持其粪尿持续分解能力的重要手段。补充益生菌最好做到每周一次，按 1 :（50～100）倍稀释喷洒，一边翻牛床（深 20cm）一边喷洒。补菌可结合水分调节和疏粪管理进行。

⑤ 垫料补充与更新。发酵床在消化分解粪尿的同时，垫料也会逐步损耗，及时补充垫料是保持发酵床性能稳定的重要措施。通常垫料减少量达到 10% 后就要及时补充，补充的

新料要与发酵床上的垫料混合均匀，并调节好水分。发酵床垫料的使用寿命有一定期限，日常养护措施到位，使用寿命相对较长，反之则会缩短。当垫料达到使用期限后，必须将其从垫料槽中彻底清出，并重新放入新垫料，清出的垫料送堆肥场，按照生物有机肥的要求，做好陈化处理，并进行养分、有机质调节后，作为生物有机肥出售。同时也要及时更换部分垫料，发酵床养牛床面的温度在25℃，20cm以下是发酵层，温度可以达到50℃左右，表层的湿度在30%，若水分过大就会造成秸秆板结、发臭，不能使用，因此遇到这种现象时要及时把垫料清理掉，再重新加入新垫料。

三、发酵床养羊研究

1. 概述

发酵床养羊与在羊圈中垫草料是完全不同的，因为草料不能分解粪便，只能起到保暖和吸收粪尿的作用，会有大量氨的产生，对羊的生长十分不利；而发酵床则完全可以分解羊粪和吸收挥发的羊尿，不会有有害气体产生（赵立君等，2015）。

新疆维吾尔族自治区的北疆地区绵羊存栏多，而且正在推广生产冬羔羊的养殖方式。但北疆冬季漫长、气温低，羔羊腹泻、肺炎等疾病发病率和死亡率较高。为了提高舍内温度，圈舍需要生火保暖，而且要定期更换垫草，增加了养殖成本。随着发酵床在养猪业上的兴起，其在养羊上的效果和应用研究也成为寒冷地区关注的一个热点。江宇等（2012）在76种羊场选择4家养殖户用不同比例的秸秆代替谷壳和锯末制作发酵床垫料，设置4个试验组：第1组，谷壳：锯末：油菜秆：麦草=1:1:1:1，饲养羔羊64只；第2组，谷壳：锯末：油菜秆=1:1:1，饲养羔羊62只；第3组，谷壳：锯末：麦草=1:1:1，饲养羔羊81只；第4组，谷壳：锯末=1:1，饲养羔羊56只；各组均添加玉米粉3kg/m^2。对照组为传统羊舍。由于种种原因，第4组的发酵床未发酵起来，退出后续试验，结果表明，1～3组羔羊采食正常，发酵床表面无粪便堆积，舍内空气无刺鼻气味，说明羔羊粪尿可以正常分解；连续6周的舍内温度记录显示，发酵床羊舍内的平均气温为9.4～28.8℃；综合来看，第2组的养殖效果优于其他组，每只羔羊所占的发酵床面积为0.3～0.5m^2。由于发酵床养羊技术改善了羊的生活环境，提高了地面温度，羊的自由活动空间大，四肢得到了锻炼，羊从垫料中采食到有益微生物，明显提高了羊群健康水平，发病率比传统羊舍降低7.5%，死亡率降低7%，整体经济效益提高了11491.5元。因此，发酵床在养羊业上也是值得推广的。

严光礼和徐猛（2012）比较了微生态发酵床养羊与传统养羊的效果，在羊舍内铺设锯末、谷壳等有机垫料，添加微生物菌制剂降解羊粪，结果表明，发酵床养羊的铵态氮、钙、磷的排放量分别减少了49.57%、46.15%和27.97%，说明发酵床养羊能提高饲料营养物质利用率，减少营养物排放；羊粪的含水量增高，说明在饲料中添加益生菌可以改善羊的消化道功能，减少便秘发生；在整个试验过程中，发酵床中的羊群健康状况和生理反应良好，毛色红润，被毛光亮，无寒冷扎堆、狂躁兴奋等不良行为；感官评价优于传统养羊，羊群生长发育好，整齐度高，未发生各类疾病；综合投入和产出情况，发酵床养育肥羊每头比传统养羊多获利52.12元。

为拓宽微生物发酵床应用范围，减少养殖业污染，促进畜牧业可持续发展，单慧等（2013）在推广微生物发酵床养猪的基础上，在黑龙江昌图县安宁牧业肉羊养殖场进行微生物发酵床养羊试验。结果表明，发酵床在冬季能明显提高舍内温度；降低育肥成本，平均每只育肥羊比普通羊舍减少支出 67 元；提高了饲料利用率，平均每增重 1kg 比普通羊舍少消耗 0.8kg 饲料；育肥羊的经济效益十分显著，每只育肥羊比普通羊舍的纯收入增加了 190元。在母羊繁殖及羔羊存活率方面，30 日龄羔羊存活率比普通羊舍高出 17%；每只可繁母羊的经济效益比普通羊舍提高了 137 元。这些结果在一定程度上表明利用发酵床羊舍进行养羊的优势。

2. 发酵床养羊优点

这种"零排放"养殖模式具有无污染、无臭味、零排放，省料、省工、省水等优点，能提高抗疫情风险能力，牲畜发病少、出栏快、肉质好。发酵床养羊的好处在于（赵立君等，2015；李东平等，2018）：

（1）降低基建成本，提高土地利用率。省去了传统养羊模式中不可或缺的粪污处理系统（如沼气池等）投资，提高了土地的利用效率。

（2）降低运营成本

① 节省人工　无需每天冲洗圈舍。

② 节约用水　因无需冲洗圈舍，可节约用水 90% 以上。

③ 节省饲料　由于羊的饲料和饮水中也添加了微生态制剂——超强乳酸菌，因此在羊的胃肠道内存在大量有益菌，这些有益菌中的一些纤维素酶、半纤维素酶类能够分解秸秆中的纤维素、半纤维素等，采用这种方法养殖，可以增加粗饲料的比例，减少精料用量，从而降低饲养成本，加之羊生活环境舒适，生长速度快，一般可提前 10d 长成，根据生产实践，一般节省饲料都在 10% 以上。

④ 降低药费成本　羊生活在发酵床上，更健康，不易生病，减少医药成本。

⑤ 节省能源　冬天发酵产生的热量可以让地表温度达到 20℃ 左右，有助于解决圈舍保温问题，夏天只是通过简单的圈舍通风和遮阴，就解决了圈舍炎热的问题。因此，发酵床养羊冬暖夏凉，不需采用地暖、空调等设备，大大节约了能源。

（3）垫料和羊的粪尿混合发酵后，直接变成优质的有机肥。

（4）提高了羊肉品质，更有市场竞争优势。目前用该方式养羊的企业，生羊收购价格比普通方式每千克高出 0.4～1 元，而在消费市场上羊肝的价格是普通养殖方式的数倍。

3. 发酵床养羊的操作规程

（1）发酵床垫料的选择　发酵床养羊的垫料和发酵床养猪的垫料相似，一般由锯末、玉米秸、稻壳秆等组成，垫料的搭配比例很灵活，根据当地农作物的废弃资源多少适当调整，下面举例介绍。

一种方式是采用全部秸秆式，发酵床养猪全部采用秸秆效果不好，应该以惰性比较大的锯末为主，而发酵床养羊不一样，猪是杂食动物，排粪中的含氮量较多，如全部用秸秆，秸秆容易被快速分解变质，而羊是食草性动物，它排泄的粪便中含氮量要明显少于猪粪，所以发酵床养羊垫料完全可以利用秸秆组成。垫料配比：发酵床铺设分三层，最下面一层用稻草，中间用整株玉米秸秆，最上面有粉碎的玉米秸秆，每层厚度约 20 ～ 30cm，每铺设一层后需均匀喷洒上用水稀释过的益加益发酵床菌液，稀释比例是 1 : 200 左右，最后湿度控制在 40% ～ 50%。另一种方式是采用锯末秸秆式，锯末干净卫生，把方式一中最上面一层粉碎过的玉米秸秆换作锯末，羊卧在上面，很舒服。

（2）发酵床养羊的饲养密度　一个是单位面积所饲养的羊的数量，密度不能过大，密度过大，粪尿量过大，发酵床的吃水性达到了饱和程度，就会对发酵床产生影响，发酵效果就会很差，其中的道理很简单，羊的粪便就是垫料里微生物的养料，粪便多了，营养可能过剩，微生物不能消化完全，自然不能充分分解，这样就达不到发酵床的作用，而粪便少了，微生物就会因为养料不够而活力不足，这样也不能很好地发酵分解。一般幼羊的饲养密度控制在每头占地面积 0.8 ～ 1m^2，成年羊的饲养密度控制在每头占地面积 1.2 ～ 1.5m^2。

（3）日常人工管理

① 翻耙　一般 5 ～ 7d 就对发酵床翻耙一次。

② 补菌　当发酵床不能分解粪便或有异味时要及时补充复合菌剂。

四、发酵床养兔研究

1. 接触式发酵床养兔技术

（1）发酵床兔舍的建设

① 选址　根据当地风向等情况，选地势高燥地带。

② 大棚发酵床养兔舍的建设大棚两端顺风向设定，长宽比为 3 : 1 左右，高 3.2m 左右，深挖地下 30cm 以上，北方地区则要 40cm 以上（也可以在泥土地面上四周砌 30 ～ 40cm 高度的挡土墙，但同时兔舍也需加高 30 ～ 40cm），以填入垫料。地上式的更为简单一些，也适用于旧兔舍的改造，只需在旧兔舍内的四周，用相应的材料（如砖块、土坯、土埂、木板或其他可利用的材料）做 30 ～ 40cm 高的挡土墙即可，地面是泥地，垫入 30 ～ 40cm 的垫料。同时在兔舍外单独建设一个隔离栏舍，以备病兔隔离治疗处理之用。

（2）发酵床垫料的制作

① 垫料配方。垫料的主要原料都是惰性比较大的材料，可以根据当地资源情况，适当地掺入秸秆资源，但必须粉碎处理或切短处理（3cm 左右长短），混合到惰性原料中，不能集中铺放秸秆料，不然会造成板结，影响发酵床功能。具体的垫料配方如下所述。

配方 1：锯末 1800kg+ 发酵菌液 30kg+ 水 500kg。

配方 2：锯末 1600kg+ 稻糠 200kg+ 发酵菌液 30kg+ 水 600kg。

配方 3：锯末 1300kg+ 统糠或稻谷秕谷 500kg+ 发酵菌液 30kg+ 水 600kg。

配方 4：锯末 800kg+ 统糠或稻谷秕谷 1000kg+ 发酵菌液 30kg+ 水 600kg。

配方 5：锯末 900kg+ 统糠或稻谷秕谷 900kg+ 发酵菌液 30kg+ 水 600kg。

配方 6：棉籽壳粗粉 600kg+ 木屑 600kg+ 棉秆粗粉 600kg+ 发酵菌液 30kg+ 水 600kg。

配方7：花生壳（简单粉碎）700kg+ 木屑 1100kg+ 发酵菌液 30kg+ 水 600kg。

② 垫料选择的原则。以惰性（粗纤维较高不容易被分解）原料为主，硬度较大，有适量的营养如能量在内，各种原料的惰性和硬度大小排序为：锯木屑＞统糠粉（稻谷秕谷粉碎后的物质）＞棉籽壳粗粉＞花生壳＞棉秆粗粉＞其他秸秆粗粉，惰性越大的原料，越需要加营养饲料如米糠或麦麸，保证垫料的碳氮比在25，否则全部用惰性原料如锯木屑，通透性不好，发酵比较慢，没有一些颗粒或者体积大的粗垫料在内，发酵产热比较缓慢，所以在发酵时需要添加适量的秸秆粉末或者稻糠。注意惰性原料的颗粒粒度不能过细或过粗，如统糠粉，以 5mm 筛片来粉碎为度，木屑也要用粗木屑，以 3mm 筛子的"筛上物"为度，或者用粗粉碎的原料。对于锯木屑，只要是无毒的树木，硬度大的锯木屑都可以使用。含有油脂的如松树的锯木屑以及具有特殊气味的樟树的锯木屑作畜禽类等的发酵床都是可以的。

③ 垫料的厚度。在高温的南方，垫料总高度达到30cm 即可，中部地区要达到35cm，北方寒冷地区要求至少在40cm。由于垫料在开始使用后都会被压实，厚度会降低，因此施工时的厚度要提高20%，例如南方计划垫料总高度为30cm，在铺设垫料时的厚度应该是36cm。

（3）发酵床养兔的密度控制　发酵床养兔，一般控制养殖密度比传统养兔略小一些，建议（每平方米）：1～7 日龄28 只，8～14 日龄20 只，15～21 日龄16 只，22～28 日龄14 只，29～35 日龄12 只，36～42 日龄8 只，43～49 日龄6 只。另外，冬季可适当提高肉兔饲养密度，利于棚内温度提高。舍内温度保持在32～35℃。

2．分离式发酵床养兔技术

分离式发酵床养兔技术是在兔舍内因地制宜挖2～4 个粪沟，粪沟的宽度约1.4～1.6m、长度不限，粪沟四周砌砖，底面整平，不敷水泥，粪沟内垫上本身高度1/4～1/3 厚度的垫料，保持垫料60% 的水分，先洒营养液，再接种发酵菌液，做好发酵床。兔生活在漏缝地板上，兔粪尿排放到粪沟内，微生物把兔粪尿当作养分，在兔舍粪沟内把兔粪尿就地进行无害化处理，可以将容易产生氨气、不稳定的铵态氮变成稳定的硝态氮，把可能会产生硫化氢的含硫物变成稳定的硫酸盐，同时利用微生物发酵产生的高温杀灭各种致病菌。

分离式发酵床养兔技术拥有干净、暖和、整洁的兔舍。兔舍内空气质量稳定，无氨气味，无异味，可以达到"零排放"。每个养兔场根据自己兔舍的饲养密度，制定1～2 年清理一次兔粪，清理出的兔粪基本已经彻底发酵，可直接作为生物有机肥来利用。

分离式发酵床具有省水、省电、省工、省力、绿色、环保和"零排放"等优势，与同样面积的传统兔舍相比，使用分离式发酵床技术要比传统养殖的方法提高40% 以上的劳动效率，呼吸道患病率减少75% 以上，综合经济效益提高50% 以上。

3．发酵床养兔的优点

（1）彻底解决养兔对环境的污染　采用发酵床"零排放"养兔技术后，由于有机垫料里含有相当活性的特殊有益微生物，能够迅速有效地降解、消化兔的粪尿排泄物，不需要每天清扫兔栏、冲洗兔舍，没有冲洗圈舍的污水，从而没有任何废弃物排出养兔场，真正达到了养兔"零排放"的目的。

（2）改善兔舍环境 发酵床兔舍为全开放，兔舍通风透气、阳光普照、温湿度适宜，适合兔的生长。兔粪尿在微生物的迅速分解下，不会产生臭气，也避免了苍蝇滋生。

（3）提高饲料利用率 在饲料中按 0.05% 的比例添加益生菌，它们可相互作用而产生代谢物质和淀粉酶、蛋白酶、纤维酶等，同时还耗去肠道内的氧气，给乳酸菌的繁殖创造了良好的生长环境，改善了兔的肠道功能，提高了饲料的转化率，一般可以节省饲料 10% 左右。

（4）提高兔肉品质 兔饲养在垫料上，显得十分舒适，兔的活动量也较大。兔生长发育健康，几乎没有兔病发生，几乎不用抗生药物，提高了兔肉品质，可生产出有机兔肉。

（5）变废为宝 垫料在使用 2～3 年后形成了可直接用于果树、农作物的生物有机肥，达到了循环利用、变废为宝的效果。

（6）节工省本、提高效益 由于发酵床养兔技术不需要用水冲洗兔舍、不需要每天清除兔粪；采用自动给食、自动饮水技术等众多措施，达到了省工节本的目的，一般可节水 90% 以上。在规模养兔场应用这项技术，经济效益十分明显。

4．发酵床养兔的管理要点

（1）保持兔舍通风 简单地说，通风就是将兔舍内外的空气进行交换循环。在发酵床养兔的通风过程中，较为重要的环节是舍内气体循环。发酵床内的有益微生物分解兔粪时，在将兔粪变为蛋白质等物质的同时，也会产生氨气、二氧化碳、水蒸气等，这些气体如果量少对于兔子并无害处，但它们一旦在舍内蓄积过多，又不能及时排出舍外，则很容易引起兔子的呼吸道疾病。

（2）兔舍温度监测 在发酵床养兔过程中，测温是一项必不可少的工作。很多养殖户测试温度是参照在兔背 1.2m 高处的温度计上的温度读数。其实，这样的温度并不是兔群感觉到的温度。建议养殖户在测试温度时，使用红外光温度计，将红外光多次打在兔背上进行平均计算。兔子不同的生长阶段有着不同的适宜生存温度，一般生长兔适宜温度为 15～25℃，种兔适宜温度为 20～25℃。

五、发酵床养鸡研究

1．概述

发酵床养鸡技术是 20 世纪 50 年代由日本山岸会创建的，因此被称为山岸养鸡法（陆波和陆银忠，2014）。它是一种无臭味、无苍蝇、无污染、"零排放"的生态农业技术。其原理是运用土壤中自然生长的被称为土著微生物的多种有益微生物，迅速降解、消化鸡的排泄物。发酵床养鸡技术的做法是采用特定益生菌，按一定配方将其与稻草、锯末等木质素、纤维素含量较高的原料混合，形成有机垫料，铺在按一定要求设计的鸡舍，将鸡放入鸡舍，鸡从小到大都生活在这种有机垫料上面，鸡的排泄物被有机垫料中的微生物消纳和降解（刘卫国和魏宗友，2014）。采用发酵床养鸡具有无臭味、无污染、可提高鸡的免疫力等优点，同时省工省料，经济效益明显提高（刘振钦和高继辉，2009）。

2. 发酵床养鸡技术的相关研究

张曼（2017）开展了益生菌制剂在肉鸡养殖中的应用效果评价，其主要内容如下所述。

① 益生菌制剂制备工艺筛选。以乳酸菌为试验菌，以其存活率和水分含量为指标，采用低温喷雾干燥技术制备出乳酸菌制剂，通过单因素试验和正交试验优化设计，得到该制剂生产的最佳工艺条件为：进风温度140℃、出风温度55℃、固形物浓度20%，该条件下制备的乳酸菌菌制剂活菌总数高达 $1.28×10^{12}$ CFU/g，水分含量为3.7%，储存期为1年。

② 益生菌制剂筛选。分别取3种不同配比的混合益生菌制剂(包括乳酸菌、酵母菌和芽胞杆菌)，编号分别为1号、2号和3号，各制剂分别饲喂80只1日龄健康公雏肉鸡，随机分成4组，每个组设2个重复，每个重复组10只鸡。日粮组成分别为：对照组，只给肉鸡饲喂基础饲粮；试验组1，给肉鸡饲喂基础饲粮+1%的1号复合益生菌制剂；试验组2，给肉鸡饲喂基础饲粮+1%的2号复合益生菌制剂；试验组3，给肉鸡饲喂基础饲粮+1%的3号复合益生菌制剂。研究结果表明，整个试验期间(1～42d)，1号试验组的采食量和体增重分别比对照组高3.38%和6.91%(P < 0.05)，饲料转化率提高了8.05%(P < 0.05)，说明1号益生菌制剂能显著提高肉鸡的生产性能。试验组1的鸡肉中干物质、粗蛋白和表观代谢能较对照组均有显著提高(P < 0.05)，说明1号益生菌制剂可以提高肉鸡对饲料的转化率。而2号复合益生菌和3号复合益生菌试验组的采食量、体增重和饲料转化率较对照组增加均不显著(P > 0.05)。

③ 1号制剂的免疫增强作用研究。在肉鸡42日龄时，试验组肉鸡的胸腺、脾脏和法氏囊指数分别显著高于对照组27.2%、35.7%和65.2%，说明在基础日粮中添加1号益生菌制剂可有效刺激肉鸡的脾脏、胸腺和法氏囊等免疫器官的发育。血液生化指标检测发现，1号益生菌制剂对肉鸡的血糖影响较小，在不损伤肝脏的情况下，增加了总蛋白含量，提高了机体的循环抗体水平。本试验还研究了1号益生菌制剂对肉鸡抗体水平的影响。在发酵床的垫料中植入1号益生菌制剂，肉鸡在发酵床中自由活动、自由饮食，分别检测不同日龄(40日龄、70日龄和100日龄)肉鸡血清中的新城疫抗体和禽流感H9抗体水平。结果表明，发酵床中饲养肉鸡的新城疫和禽流感抗体水平均比普通地面养殖的肉鸡高出约2个滴度(P < 0.05)。

④ 1号制剂的抗肠道菌感染作用研究。结果表明，攻入强毒大肠杆菌菌液后，在肉鸡42日龄时，阴性对照组(A组)、阳性对照组(B组)、益生菌制剂组(C组)3组的死亡率分别为7.78%、73.78%和21.11% (P < 0.05)，说明1号益生菌制剂可以降低大肠杆菌感染的死亡率。在肉鸡35日龄时注射大肠杆菌，C组大肠杆菌数量分别比A、B组低80.76%和83.27% (P < 0.05)；C组的乳杆菌数量分别比A、B组高277.79%和292.55%(P < 0.05)。在肉鸡42日龄时，B组大肠杆菌数量分别是A、C组的4.93倍和4.74倍 (P < 0.05)；C组的乳杆菌数量分别是A、B组的2.91倍和4.07倍(P < 0.05)，说明1号益生菌制剂不仅促进乳杆菌的繁殖，而且抑制大肠杆菌的生长。在肉鸡35日龄时人工感染注射大肠杆菌，C组盲肠内容物sIgA含量分别比A、B组高出14.08%和12.36%(P < 0.05)；42日龄时，C组盲肠内容物sIgA含量分别比A、B组高出12.95%和25.34%(P < 0.05)；IgG含量分别比A、B组高出15.02%和22.90%，差异性显著 (P < 0.05)，说明1号益生菌制剂可以增强肠道黏膜免疫水平，提高

体液免疫水平。在肉鸡 35 日龄时注射大肠杆菌，3 组之间的 IL-2 和 IL-6 含量差异性均不显著 ($P > 0.05$)。42 日龄时，B 组的 IL-2 含量显著低于 C 组 ($P < 0.05$)；B 组的 IL-6 含量显著高于 A、C 组，A 组的 IL-6 含量与 C 组的差异性不显著 ($P > 0.05$)，说明 1 号益生菌制剂可促进 IL-2 分泌，抵抗大肠杆菌的感染。

张洪瑜（2013）研究了发酵床养鸡对鸡肉安全性及垫料卫生的影响，其主要内容如下所述：本试验研究了发酵床养鸡中垫料在使用过程中微生物数量和多样性的变化；不同使用年份的发酵床对鸡血清免疫指标的影响；同时还检测了不同使用年份的发酵床垫料和鸡肉中亚硝酸盐、重金属（铅、镉）和霉菌毒素（总黄曲霉毒素、玉米赤霉烯酮、呕吐毒素、T-2 毒素、赭曲霉毒素、烟曲霉毒素）的含量。结果表明：

① 发酵床使用过程中，垫料中大多数细菌数量随使用年份的增加呈下降趋势，但不同类型的微生物数量下降的特点有所不同。益生菌（芽胞杆菌、乳酸杆菌）等以优势菌群稳定存在，乳酸杆菌呈先上升后下降的趋势，芽胞杆菌逐年递减；有害菌（沙门菌、大肠杆菌和霉菌）等数量急剧下降。

② DGGE 指纹图谱显示，随着发酵床使用年份的增加，表层、中间层和底层垫料中菌群的多样性均呈逐渐降低的趋势，第 1 年、第 2 年、第 3 年垫料中的平均条带数从 39.9 条降至 21.3 条。

③ 不同使用年份的发酵床试验组与普通水泥（地面）上饲养的对照组相比，鸡血清总蛋白、球蛋白和白球比的检测值，均有所提高但不存在显著性差异 ($P > 0.05$)；对照组的白蛋白浓度比第 3 年试验组显著性降低 ($P < 0.05$)；试验组鸡血清中免疫球蛋白 (IgA、IgM、IgG) 的浓度均高于对照组；第 1 年、第 2 年、第 3 年发酵床试验组的 IgG 含量比对照组分别增加了 47.59%、60.19%、43.39%，均呈显著性差异 ($P < 0.05$)；第 2 年与第 3 年发酵床组的 IgA 的含量比对照组分别增加了 24.00% 和 17.59%，均呈显著性差异 ($P < 0.05$)；第 2 年发酵床组的 IgM 的含量比对照组和第 1 年发酵床组显著性增加 42.86% 和 25.00%($P < 0.05$)；由此可以看出，由于发酵床饲养方式的鸡活动量相对提高，同时鸡会经常啄食垫料中的微生物，从而刺激试验组产生高于对照组的非特异性免疫力。

④ 不同使用年份的发酵床垫料中铅、镉的含量随垫料使用时间的延长存在累积现象；垫料和鸡肉样本的各检测值均在国家标准的限量要求范围之内，说明发酵床在使用年限内，铅、镉等重金属含量符合国家安全要求。

⑤ 垫料和鸡肉中霉菌毒素（总黄曲霉毒素、T-2 毒素、呕吐毒素、玉米赤霉烯酮、赭曲霉毒素、烟曲霉毒素）的检测值均低于检出限量，符合国家标准。说明发酵床养鸡过程中严格控制发酵床的湿度、温度和使用年限等容易导致霉菌毒素生长的因素，垫料中的霉菌毒素含量将维持在国家标准的限量范围之内，不会影响鸡的生长性能和鸡肉品质，符合食品安全的要求。

⑥ 第 1 年、第 2 年、第 3 年的发酵床垫料和鸡肉中亚硝酸盐的含量均逐年增加，呈显著性差异 ($P < 0.05$)，说明亚硝酸盐在发酵床垫料和鸡肉中存在积累现象，但各样本的检测值均符合国家标准。使用不同年份的发酵床饲养的鸡肉中亚硝酸盐的含量达到农产品安全质量无公害畜禽肉安全要求，说明发酵床养鸡模式符合食品安全的要求。

胡黔（2012）进行了微生物发酵床在旧院黑鸡养殖中的应用研究，其主要内容如下所述：为了解决旧院黑鸡养殖中日益严重的粪尿污染问题，根据发酵床技术基本原理和旧院黑鸡生活习性，采用发酵床养殖技术饲养黑鸡，改善养殖环境，提高黑鸡生产性能和肠道微生态环境，为旧院黑鸡养殖提供一种新的养殖模式。结果表明：

① 试验组垫料表面几乎无臭味散发，较干燥，垫料内部温度呈先升高后降低的变化；垫料整体的 pH 值降低，这对控制鸡粪中 NH_3 的挥发有一定作用。而对照组表面始终散发出臭味，引来较多苍蝇，且垫料很潮湿，有腐烂，在整个养殖过程，温度几乎与室温相同，pH 值始终高于试验组。

② 在应用过程中，第 15 天时，试验组垫料中大肠杆菌数量与对照组差异显著 ($P < 0.05$)；试验组乳酸杆菌数量显著升高 ($P < 0.05$)；同时总需氧菌和总厌氧菌数量显著增加 ($P < 0.01$)。第 30 天时，试验组垫料中大肠杆菌数量与对照组差异显著 ($P < 0.05$)；试验组乳酸杆菌数量显著升高 ($P < 0.05$)；同时总需氧菌和总厌氧菌数量显著增加 ($P < 0.01$)。采用 PCR-DGGE 指纹图谱技术分析垫料中的微生物，随着使用时间延长，垫料中菌群的多样性降低，平均条带数量从 38.7 条降低到 29 条，稳定性进一步提高。

③ 对旧院黑鸡生产性能的影响，结果如下所述。试验组增重率和绝对生长率均明显高于对照组，而料肉比低于对照组。在试验第 15 天时，试验组旧院黑鸡的净膛率提高了4.07%，与对照组相比差异显著 ($P < 0.05$)，在第 30 天时，试验组旧院黑鸡的净膛率提高了5.98%，与对照组相比差异极显著 ($P < 0.01$)；在整个试验期间，试验组旧院黑鸡十二指肠的绒毛高度、隐窝深度、高度 / 隐窝深度（V/C 值）和肠壁厚度均提高，与对照组相比差异显著 ($P < 0.05$)。

④ 垫料养殖 15d 时，鸡粪样中双歧杆菌、类杆菌、总厌氧菌数量差异不显著 ($P > 0.05$)，而乳酸杆菌、大肠杆菌、肠球菌和总需氧菌差异显著 ($P < 0.05$)。其中，试验组乳酸杆菌数量显著升高 ($P < 0.05$)，同时肠杆菌、肠球菌和总需氧菌数量显著下降 ($P < 0.05$)。垫料养殖 30d 时，鸡粪样中大肠杆菌、肠球菌、总需氧菌、乳酸杆菌、双歧杆菌、类杆菌和总厌氧菌数量差异显著 ($P < 0.05$)。其中，试验组乳酸杆菌、双歧杆菌、类杆菌和总厌氧菌数量显著升高 ($P < 0.05$)，同时大肠杆菌、肠球菌和总需氧菌数量显著下降 ($P < 0.05$)。

⑤ 从旧院黑鸡肠道菌群 PCR-DGGE 指纹图谱中可以看出，试验组比对照组菌群的多样性更高，平均条带数为 27.6 条，而对照组只有 23.6 条，差异明显；同时，试验组各样品间相似度较高，最高达到了 97%，最低值为 87%。而对照组各样品间相同条带重复性低，相似性最高只有 91%，最低仅为 77%，个体间的差异非常明显。说明通过发酵床技术饲养旧院黑鸡，显著增加了旧院黑鸡肠道菌群的多样性，降低了个体间差异，同时促进了肠道内细菌的定植，提高了菌群稳定性。

李娟（2012）进行了发酵床养鸡不同垫料筛选及其堆肥化效应的研究，其主要内容如下所述。

本试验根据鸡本身的生理结构和制作垫料的特殊要求，选取常见易得的农作物废弃物（玉米秸秆）及非金属吸附材料（沸石）；探索其用作发酵床垫料的可用性及加工方法，确定不同材料配合应用的合适比例，以保证发酵床维持合适的孔隙度和发酵活性，并降低应用和养护成本。发酵床垫料使用一段时间后腐熟陈化，但远未达到有机肥的标准要求，将陈化垫料进行加工处理使其变废为宝，保证发酵床养殖生态循环的完整性。研究结果表明：

① 发酵前期，所有处理的最高温度均超过 40℃，没有高过 70℃，表明发酵床微生物菌群已经建立，玉米秸秆、沸石可以作为发酵床垫料的部分替代材料。

② 发酵床饲养肉鸡期间，各试验组平均日增重、平均日耗料、料肉比均差异不显著（$P > 0.05$）。垫料含水率和鸡舍内氨浓度变化规律相似，垫料含水率高，鸡舍内氨浓度也高。

③ 发酵床饲养肉鸡期间，处理 30%S 组的料肉比最低、死淘数最少，肉鸡收入、毛利高于其他各处理，且垫料含水率、氨浓度均低于其他处理，其对于优化发酵床垫料配方有一定的参考价值。沸石在氨浓度抑制方面的效果不明显。综合判断，本试验条件下常规垫料和玉米秸秆按 30%S（S 指玉米秸秆，下同）混合作垫料饲养肉鸡最为适宜。

④ 陈化垫料堆肥期间，各处理堆体在堆置过程先后经历了升温期、高温期、降温期和腐熟期。处理 30%S 温度最高，且高温持续时间最长。随着后期补水，90%S 在降温期和腐熟期温度高于其他处理。

⑤ 陈化垫料堆肥期间，随着堆肥含水率及体积不断降低，堆体的总干物重和有机质存在大量损失，但堆肥中养分的相对含量却表现出不同的变化趋势，各处理堆肥全氮含量呈现先降低后升高的变化趋势；全磷及全钾含量则表现出逐渐上升的趋势。

⑥ 在氨挥发损失方面，各处理氨气经历了快速挥发和缓慢挥发两个阶段，其中处理 90%S 组相对其他处理氮素损失较多。

⑦ 堆肥发芽指数在堆肥期间呈不断上升的趋势，5 个处理堆肥种子发芽率均超过 80%，达到全部腐熟。

夏晓方（2012）开展了微生物发酵床去除鸡粪恶臭的研究，其主要内容如下所述：本研究采用模拟微生物发酵床技术，从长期堆放鸡粪的土壤中分离纯化土著微生物，并从中筛选出具有高效除臭作用的菌株，探讨了发酵垫料厚度和含水率的适宜值，研究了复合菌株及其配比对发酵床处理鸡粪效果的影响，并针对该技术做了养鸡小试，以寻找出能快速达到去除鸡粪臭味目的的生物处理方法。

① 通过土著微生物的分离与鉴定，共分离出微生物 10 株，其中酵母菌 3 株、放线菌 3 株、黑曲霉 2 株、光合细菌 2 株；通过对分离出的各菌株进行菌落特征观察及镜检，确定所分离得到的菌株为目的菌株。

② 通过将微生物用于模拟发酵床对鸡粪除臭的实验，得到如下结论：单一菌株酵 1[#]、放 1[#]、黑 1[#] 和光 2[#] 表现出较好的除臭能力，其中酵 1[#]、放 1[#] 和光 2[#] 到第 7 天时臭味等级降为 0 级，NH_3 浓度分别为 0.251mg/m³、0.136mg/m³、0.077mg/m³，比 CK1 降低了 90.2%、94.7%、97%，比 CK2 降低了 94.8%、97.2%、98.4%；黑 1[#] 到第 8 天时臭味等级为 0 级，NH_3 浓度为 0.362mg/m³，比 CK1 降低了 85.9%，比 CK2 降低了 92.5%；而两组对照组中加入土壤的 CK1 除臭效果比没加土壤的 CK2 除臭效果好；通过对垫料厚度和含水率的探讨，得出在垫料厚度为 30cm、含水率为 60% 时，模拟发酵床技术对鸡粪臭味的去除效果最好；通过对各高效除臭菌株的组合实验及其配比的研究，发现各组合菌株的除臭效果较各单菌株的除臭效果好，四种菌株组合的除臭效果最佳，在第 6 天时臭味等级降为 0 级，NH_3 降解率为 97.2%，复合菌种的最佳配比为酵 1[#] : 放 1[#] : 黑 1[#] : 光 2[#] =1 : 1 : 1 : 1。

③ 通过养鸡小试发现，微生物发酵床技术能够降解鸡舍中的臭气，在整个养殖过程

中，垫料上的鸡粪较少，并且没有蚊虫、蛆蝇滋生，发酵温度保持在 25 ～ 30℃，垫料含水率维持在 50% ～ 60%。在养殖密度为 3 只 /m² 时，NH_3 的平均浓度为 0.263mg/m³；养殖密度增至 6 只 /m²，NH_3 的平均浓度为 0.384mg/m³，远远低于鸡舍中 NH_3 的最高允许浓度 15mg/m³。

黄彪（2009）比较了两种蛋鸡饲养模式的环境污染与减量化问题，其主要内容如下所述：对禽蛋之乡的海安笼养模式和太湖水域镇江丹徒区的发酵床模式的环境与环境污染进行估测，以求有针对性地解决和防治家畜粪便污染问题。

① 对近几年江苏省家畜粪尿排放量及污染现状进行估测。根据统计年鉴和文献数据，确定粪尿资源计算参数及各种家畜粪便折算成猪粪当量的系数，计算出 2003 ～ 2007 年的江苏省、镇江市及海安县的猪粪当量数。用 GM(1,1) 模型，对未来 5 年的家畜粪尿负荷预警值进行预测。结果表明，2003 ～ 2007 年，江苏省家畜粪尿负荷警报级别仍保持在 Ⅱ 级水平。全省各类家畜中粪尿年排放量最大的是禽类，且呈上升趋势，2007 年上升到 42.86%。镇江的家畜排放量有上升趋势，从 2008 年开始粪尿负荷警报级为 Ⅱ 级。海安粪尿负荷警报在未来几年一直为 Ⅳ 级，表明粪便已对环境产生了污染。家禽粪便占有绝对的比例，加强对家禽粪便的处理十分重要。

② 对海安县蛋鸡舍内环境状况及泾流的污染情况进行调查。通过冬、夏两季的测定结果表明：蛋鸡舍内氨气浓度较高，冬季最高达（40.2±0.6）mg/m³，相对湿度波动较大，应加强通风；夏季舍内平均温度 33.18℃，已严重损害鸡的健康，夏季应及时降温。河水介于 Ⅳ ～ Ⅴ 类水间，表明当地的家畜粪尿已对水体造成了污染。如何处理家畜粪便是当务之急。

③ 对塑料大棚式发酵床蛋鸡舍环境进行测定。分析舍内环境状况，旨在探索出一条新型的有机养殖方式。结果显示：空气温度（℃）为（28.8±0.07）～（33.0±0.55），相对湿度为 63.2% ～ 68.9%，适宜蛋鸡生长；实效换气量为 6696 ～ 9561m³/h，满足鸡舍内的最大换气量；氨气浓度为（1.48±0.08）mg/L，PM_{10} 为（0.327±0.013）mg/L，分别为《畜禽场环境质量标准》（NY/T 388—1999）上限值的 9.87% 和 8.16%。以上表明，大棚式发酵床蛋鸡舍环境好，且产生的粪便不需处理，不造成污染，是一种可行的粪便减排蛋鸡饲养新模式。

李运喜等（2015）为了明确 SPF（无特定病原体）鸡粪菌移植与发酵床养殖模式下肉鸡的生产性能和耐药性，与传统普通地面平养模式相比较，测定肉鸡的增重、成活率，免疫器官、消化器官的发育，以及大肠杆菌耐药性。结果表明，SPF 鸡粪菌移植与发酵床养殖模式下肉鸡生产性能和发育性能均高于传统普通地面平养模式，大肠杆菌耐药性有降低趋势。赵谨等（2015）研究了使用微生物发酵床饲养肉鸡对其生长性能与屠宰性能的影响，选用 2400 只 35 日龄体重相近的肉鸡，随机平均分为对照组、微生物发酵床加菌组（基础日粮添加益生菌）和微生物发酵床组，试验期 40d，结果表明，微生物发酵床加菌组生长性能显著提高（$P < 0.05$）；屠宰性能中，半净膛率、全净膛率比较，对照组和微生物发酵床加菌组、微生物发酵床组差异显著（$P < 0.05$）；使用微生物发酵床还能提高免疫器官指数水平；使用微生物发酵床饲养肉鸡对其生长性能与屠宰性能、免疫功能有一定改善作用，且日粮添加益生菌剂效果更佳。

周玉刚等（2014）通过对发酵床与常规鸡舍饲养的肉鸡血清生化指标的检测，了解发酵床饲养环境下对其血液生化指标有无影响，试验选用 1 日龄健康 AA 肉鸡 5000 只，随机分为试验组和对照组，每组 2500 只，试验期 42d，结束时，每组随机选择 20 只鸡颈静脉采血，分离血清，测定血清总蛋白（TP）、白蛋白（ALB）、总胆固醇（TC）、葡萄糖（Glu）、谷草转氨酶（AST）、谷丙转氨酶（ALT）、碱性磷酸酶（ALP）、钙（Ca）、磷（P）、尿素（UREA）、甘油三酯（TG）、肌酸激酶（CK）、γ- 谷氨酰转移酶（γ-GT）、肌酐（CREA）、尿酸（UA）的浓度。结果显示，与对照组比较，试验组血清中 TP、ALB、TC、Glu、ALT、ALP、Ca、P、UREA、TG、CK、γ-GT、CREA、UA 均差异不显著（$P > 0.05$），AST 显著升高（$P < 0.05$），表明发酵床环境养鸡对机体部分血清生化指标无明显影响。曹珍等（2014）比较了夏季高温条件下南方地区发酵床与普通薄垫料养殖肉鸡的生产性能及其舍内环境差异，同时对比了添加不同菌种的发酵床平养肉鸡的效果。试验分 3 组，分别为添加菌种 1、菌种 2 的发酵床及普通薄垫料组。每组 1 栏，每栏面积为 64.5m²，每栏矮脚黄公鸡雏 680 只，试验周期为63d。结果表明：发酵床因其内在微生物分解鸡粪产热，会增加垫料温度，比普通薄垫料温度高 2.23 ～ 2.45℃，但该发酵热对舍内温度影响不大；夏季南方发酵床平养肉鸡平均体重比普通垫料低 50 ～ 80g/ 只，成活率低 4.26% ～ 4.50%，鸡群均匀度低 3.94% ～ 7.68%，但发酵床中的芽胞杆菌可抑制大肠杆菌和沙门菌繁殖，改善鸡群肠道健康，降低料肉比（2%），即夏季南方地区普通薄垫料平养肉鸡效果比发酵床好，但添加不同菌种的发酵床平养肉鸡的生产性能及舍内环境差别不大。

匡伟等（2014）研究了夏季发酵床养殖方式对鸡舍环境的影响。选取 50 日龄体重相近的仔鸡 2700 只，按性别随机分为 3 组，进行饲养对比试验。结果表明：整个试验期发酵床试验组鸡舍内的氨气浓度均低于对照组；发酵床试验组鸡舍内空气中飘浮的肠道致病菌和志贺菌显著低于对照组（$P < 0.05$）。综合分析认为，发酵床养殖方式可以为鸡群提供良好的生长环境，达到健康养殖目的。李娟等（2014）通过发酵床饲养肉鸡期间对 5 个不同养殖场的垫料［常规垫料（CK）、70% 常规垫料 +30% 玉米秸秆（70%CK+30%S）、40% 常规垫料 +60%玉米秸秆（40%CK+60%S）、10% 常规垫料 +90% 玉米秸秆（10%CK+90%S）、20% 常规垫料 +60% 玉米秸秆 +20% 沸石（20%CK+60%S+20%Z）］理化性质进行测定，拟找出垫料理化性质及微生物菌群的变化规律，为发酵床养殖提供科学有效的养殖方法及理论依据。结果表明：饲养肉鸡期间，发酵床垫料理化性质不断变化，各处理垫料同一元素变化规律相近，全氮、全磷、全钾、pH 值、电导率均随着饲养肉鸡的进行，其含量呈逐渐升高趋势，总菌数呈递减的趋势，大肠杆菌和沙门菌数量基本没有变化，垫料有益菌群数量降低。提示，为保证发酵床垫料发酵活性持续有效，饲养肉鸡期间，必须适时适量补充发酵床菌液，增加翻挖垫料次数，以维持垫料的发酵活性。王彬等（2014）选择 17 日龄 AA 肉鸡 21000 只，进行 2 个重复试验，每个重复随机分成 3 组，按照既定方案，每天做好肉鸡的耗料量、发病、死亡、用药及日常管理记录。通过对 17 ～ 45 日龄肉鸡出栏的数据进行统计，结果表明，采用发酵床养殖技术与采用传统的塑料大棚养殖技术相比，在降低料肉比、改善饲养环境、降低发病率及死亡率、减少药物投入等方面都有明显的改善和提高。试验还表明，土著菌种与商品菌种发酵床养殖技术效果差异不显著（$P > 0.05$），但成本低，所以土著菌种是值得推广应用的发酵床菌种。王润之等（2014）选取 50 日龄体重相近的仔鸡 2700 只，按性别随机分为发酵床试验组和地面平养对照组进行饲养对比试验，研究发酵床养殖方式对优质鸡生产性能及鸡舍环境的影响，结果表明，试验组鸡日增重高于对照组，但差异不显著（$P > 0.05$），试验组平均日采食量显著低于对照组，料肉比较对照组降低17.6%（$P < 0.05$）；在进入产蛋期后，试验组鸡群产蛋时间和产蛋量方面均高于对照组；此外，发酵床试验组舍内氨气浓度和空气中固体悬浮颗粒物浓度均显著低于对照组（$P < 0.05$）。

王春蕾等（2013）选取锯末、稻壳、玉米秸、麦秸、稻草、花生壳和棉花柴7种原料，分为9个试验组，测定三阶梯蛋鸡饲养条件下垫料发酵过程中铵态氮含量的变化以及垫料总重、含水率和干重的变化趋势，结果表明，铵态氮指标不宜作为发酵垫料使用效果的评价指标；发酵过程中，鸡粪被微生物大量分解代谢为CO_2等气体释放，发酵床处于超载状态，垫料干重呈线性增加趋势；不同原料制成的发酵垫料对鸡粪的承载能力有一定的差别，有机质含量变化趋势也不同，这一特性可作为定性的评价依据之一；根据垫料干重的周增重计算得到了不同试验组的鸡粪承载量和超载程度等评价指标，结果显示，锯末稻壳组承载能力最强，棉花柴组次之，为锯末稻壳组承载力的90%；锯末花生壳、稻壳麦秸粉、稻壳稻草粉表现比较接近（> 80%）；锯末麦秸切短、麦秸粉麦秸切短效果较差（< 75%），其相应的超载程度分别为59.85%～123.93%。周玉刚等（2013）将1日龄AA肉鸡5100只随机分成对照组和试验组（发酵床养殖），常规育雏，12日龄开始发酵床试验，40日龄终止试验，观察发酵床养殖对AA肉鸡生产性能的影响以及鸡舍内温度、湿度和空气中H_2S及NH_3浓度的变化，结果显示，与对照组比较，发酵床养殖能够提高AA肉鸡的成活率、增重（$P < 0.05$）、采食量和降低料重比，改善饲料的转化率。发酵床鸡舍H_2S及NH_3的浓度均极显著降低（$P < 0.01$）。各阶段发酵床垫料厚度在10cm以上至30cm以下的垫层温度均保持较高水平，下午发酵床鸡舍温度显著升高（$P < 0.05$，$P < 0.01$），2组舍内湿度没有差异（$P > 0.05$）。可见，发酵床养殖能够明显提高AA肉鸡的生产性能，改善鸡舍环境，增加经济效益。

刘俊珍和盛清凯（2011）测定了垫料厚度分别为20cm、40cm和60cm的锯末稻壳型肉鸡发酵床不同位置的温度、水分、pH值及灰分的变化，结果表明，垫料厚度影响垫料温度，垫料表面的肉鸡粪尿影响垫料中的水分、pH值和灰分。因此，肉鸡发酵床，垫料适宜厚度为20～40cm，并经常翻挖垫料。盛清凯等（2011）以金针菇菌渣为原料，分析了菌渣的碳氮比、木质素、持水力等发酵指标，并用菌渣与锯末、稻壳等垫料原料制作发酵床饲养蛋雏鸡，研究菌渣发酵床对雏鸡生产性能的影响，结果表明，25%菌渣+25%锯末+50%稻壳发酵床垫料表面、垫料深10cm、垫料深20cm处的发酵温度都高于50%锯末+50%稻壳发酵床。这两种发酵床对雏鸡生产性能的影响无显著差异，且菌渣能够降低发酵床垫料成本，从而可以部分代替锯末用于发酵床。刘珊珊等（2010）选择1000只生产性能正常的本地黑鸡（蛋鸡），随机分为试验组与对照组，试验组采用发酵床垫料，结果显示：试验组的产蛋率、蛋料比、蛋的平均重量、蛋的均匀度以及疫病防控等指标均好于对照组；试验组鸡舍NH_3的浓度低于对照组，粪便降解充分；试验组垫料由上至下形成温度梯度，但试验组与对照组垫料表面温度差异不显著；试验组平均每天比对照组多增加经济效益22.26元。

3. 发酵床养鸡日常管理要点

（1）经常观察粪便 发酵床养鸡不需要像发酵床养猪一样需要把粪便进行人工掩埋，基本都是鸡在用爪刨地的同时将粪便掩埋在垫料中。但建议每20d进行10cm深垫料翻动一次。发酵床养鸡不需要经常补充水分，即使在夏天也只需要 2 ～ 3d 使用 100 倍的保健液简单喷洒一次，不能喷洒鸡身。冬季、多雨季节可以长时间不喷洒，主要根据垫料表面的湿度来决定。

对于一般性个别鸡拉稀现象，应挑出来，进行隔离治疗，治愈后方可放回发酵床鸡舍。病鸡的排泄物需要清除，同时在拉稀粪便处撒 (洒) 上生石灰粉 (或纯保健液) 后将粪便与石灰埋入 20cm 深的发酵床垫料中。

（2）注意观察垫料薄厚和垫料表面湿度　发酵床垫料的添加，一般在每批鸡出栏后 (或每 3 ～ 4 个月) 补充极少量的新垫料 (约 5%)，或者两批鸡出栏后补充一次 (6 ～ 8 个月)。

添加的垫料可直接用惰性主原料 (最好是锯末)，加上清水和保健液菌种 (每 100kg 锯末需要添加 50kg 水 +1kg 保健液混匀方可使用)。表层垫料的含水量控制在 25% ～ 30%，一是保证鸡舍内不太潮湿；二是不能扬尘，如果扬尘，则会影响到鸡的呼吸系统。

垫料的厚度控制，随不同的季节而有所不同，冬天最好多加垫料，以厚一些为好，夏天则可以减少一些垫料，以养殖舍内不臭为准。另外，如果养殖密度比较大，也要垫厚一些。

（3）垫料微生态平衡的维护　除了根据垫料数量和含水量进行维护外，主要靠闻气味来诊断发酵床是否处于正常的运行状态。

正常运转良好的微生态垫料，气味应该清香、有原料味。如果垫料中有氨味和轻臭味，则说明可能粪便分解不了，排泄的粪尿超过了微生态垫料的降解能力。这时可通过以下几种方法加以解决：①增加垫料厚度，特别是进入冬天，或天气转冷的情况下，靠别的措施无法根本解决；②添加活力菌种，如添加保健液，可在垫料表面洒入保健液，也可翻动垫料洒入到 15cm 以下层中，每平方米洒入 1 ～ 2kg 高活力保健液；③翻动垫料层，耙松垫料，增强发酵效果，这种做法是在垫料相对板结或垫料水分过高的情况下进行；④减少饲养密度，这种做法是在雏鸡进入中大鸡阶段，需要进行密度调整的情况下进行。

良好的活力微生态垫料，可以连续使用 3 年以上甚至 10 年，垫料如果板结加快，分解粪尿能力下降，可考虑更换垫料。更换时，挖出老垫料层上面的 10 ～ 20cm 即可，最下层垫料气味正常甚至有香味，可留作菌种源，不必更换，只要补充上层垫料即可。

六、发酵床养鸭研究

1. 鸭用微生物发酵床制作与日常管理（韩青等，2013）

（1）鸭用微生物发酵床制作

① 垫料原料的种类　原料的基本类型按照用量划分主要包括主料和辅料。主料通常占物料比例的 80% 以上，由几种原料构成，常用的主料有木屑、米糠、草炭、秸秆粉等。辅料是主要用来调节物料水分、C/N 值、C/P 值、pH 值、通透性的一些原料，由一种或几种原料组成，通常辅料占整个物料的比例不超过 20%。常用的辅料有鸭粪、稻壳粉、麦麸、饼粕、生石灰、过磷酸钙、磷矿粉、红糖或糖蜜等。

② 原料选择与垫料制作　应首先根据当地的资源状况确定主料，然后根据主料的性质选取辅料。发酵床的厚度为 35 ～ 40cm，包括锯末、稻壳、生理盐水、石谷子、水和

蔗糖。使用的配方种类和比例：锯末 45.5kg/m²、稻壳 22kg/m²、生理盐水（用食盐现配）0.8% ～ 0.95%、石谷子（沙土或新鲜生土）6.8kg/m²，利用水调节湿度 (60% ～ 65%)。

（2）发酵床垫料日常管理　使用发酵床育雏，要提前 12h 预温。如果不在发酵床中育雏，则以进鸭前 10d 为观察期，防止垫料表面扬尘。此段时期内一般不用特殊管理，主要观察鸭排泄区分布和鸭活动情况。观察有无异常现象，做好相关记录。一般每周根据垫料湿度和发酵情况翻动垫料 2 ～ 3 次，随着肉鸭日龄以及群体密度的增大应该适当提高翻耙料的频率。若垫料太干，有扬尘出现，应根据其干燥程度向垫料表层喷洒清水。

（3）发酵床养鸭日常饲养管理　发酵床养鸭与常规养鸭方式在饲料配制、温度、湿度、光照等日常管理方面类似，但在育雏期管理、密度控制、通风管理等方面存在一定的差异。

① 育雏期管理。发酵床饲养肉鸭可采用雏鸭在专用育雏舍、生长育肥期转至发酵床饲养的两阶段饲养模式。也可采用育雏至出栏全部于发酵床饲养的模式。前一种模式，育雏要在专门的育雏舍；后一种模式则在较小的育雏区内进行，在育雏区内育雏时周围用塑料薄膜与外界隔开。随着肉鸭的生长，育雏区逐步扩大，直至生长到足够大再布满整个发酵床鸭舍。

② 养殖密度。发酵床养鸭密度相比传统饲养方式略小一些。应根据肉鸭生长阶段合理调整饲养密度，一般发酵床饲养肉鸭密度为：1 周龄 35 只 /m²，2 周龄 10 ～ 12 只 /m²，3 ～ 5 周龄 6 ～ 8 只 /m²，成年中鸭 6 ～ 7 只 /m²，成年大型肉鸭 4 ～ 6 只 /m²。具体还需根据鸭群个体大小与季节而定，冬季的饲养密度可适当增加。

③ 通风管理。对半封闭房舍通风的目的在于调节舍内温度与湿度，而对于全封闭的鸭舍来说则还有排出舍内污浊的空气、更换新鲜空气的作用。相比传统饲养方式，发酵床圈舍对通风要求更高，特别是夏天的南方地区，发酵热产生较多。

④ 防暑降温。高温季节，特别是南方地区夏季气温和发酵热构成了高温环境，极易导致鸭群的热应激反应。全封闭房舍宜采用适当的喷雾方式、加强通风、降低饲养密度等综合措施来缓解高温对鸭群的影响。对于半封闭的发酵床鸭舍来说，可以采用适当的喷雾和架设临时遮阳设备的方式来降低鸭群发生热应激的概率。

2. 发酵床养鸭技术的相关研究

庞海涛（2015）研究了发酵床养殖模式对樱桃谷肉鸭养殖环境和免疫功能的影响，其主要内容如下所述。

通过与普通网上养殖对照，研究不同养殖模式下其血液免疫细胞、肠道免疫细胞免疫、免疫抗体水平的差异。试验选用 1 日龄樱桃谷肉鸭 300 只，分成试验组和对照组两个，每个组 3 个重复，每个重复 50 只肉鸭，每组共 150 只肉鸭，肉鸭生长到 10 日龄时，再按照肉鸭整齐度均匀分到每个重复组中，试验周期共计 42d。试验组为发酵床网上饲养模式的鸭舍，基础饲料中添加微生态制剂，现用现配，当天用完，发酵床每周调整垫料 1 ～ 2 次。对照组为常规网架饲养模式的鸭舍，基础饲料饲喂，粪便处理按照鸭场原有网养方式进行。试验结果如下：

（1）发酵床养殖模式对樱桃谷肉鸭养殖环境的影响　试验组空气中需氧菌（细菌、真菌）浓度始终变化不大且低于对照组；试验组空气中需氧细菌浓度和需氧真菌浓度在生长前期 (14 ～ 21d) 始终变化不大，35 ～ 42d 时虽有略微升高，但是整体趋势变化不大；而对照组空气中需氧细菌浓度和需氧真菌浓度随着日龄的增长不断上升。试验组氨气浓度基本保持不变,而对照组氨气浓度随日龄增加逐渐增大;经过统计系统查验,试验组和对照组在 14～21 日龄,肉鸭发酵床圈舍和普通圈舍内氨气浓度差异不显著 ($P > 0.05$);21～28 日龄,肉鸭发酵床圈舍和普通圈舍内氨气浓度差异显著 ($P < 0.05$),28～42 日龄,肉鸭发酵床圈舍和普通圈舍内氨气浓度差异极显著 ($P < 0.05$);试验组的平均日增重显著高于对照组 ($P < 0.05$),试验组的平均日采食量、料重比显著低于对照组 ($P < 0.05$),试验组的存活率显著高于对照组 ($P < 0.05$)。

（2）发酵床养殖模式对樱桃谷肉鸭免疫功能的影响　法氏囊指数,试验组始终高于对照组,且两组实验的法氏囊指数随着日龄的增加逐渐减小,21 日龄法氏囊指数试验组与对照组差异不显著 ($P > 0.05$),35 日龄、42 日龄法氏囊指数试验组与对照组差异极显著 ($P < 0.01$);脾脏指数,试验组始终高于对照组,且两组实验的脾脏指数随着日龄的增加逐渐减小,21 日龄脾脏指数试验组与对照组差异不显著 ($P > 0.05$),35 日龄脾脏指数试验组与对照组差异显著 ($P < 0.05$)、42 日龄脾脏指数试验组与对照组差异极显著 ($P < 0.01$);胸腺指数,试验组发酵床圈舍饲养肉鸭始终高于对照组普通圈舍饲养肉鸭,随日龄增长两组试验肉鸭的胸腺指数逐渐减小,肉鸭在 21 日龄、35 日龄、42 日龄,两组试验肉鸭的胸腺指数差异极其显著 ($P < 0.05$);巨噬细胞吞噬能力主要表现为吞噬率和吞噬指数,42 日龄,试验组发酵床圈舍饲养肉鸭腹腔内巨噬细胞,吞噬率统计结果表现出极显著高于对照组 ($P < 0.01$),吞噬指数统计结果表现出显著高于对照组 ($P < 0.05$),证实了发酵床养殖模式可以提高肉鸭腹腔内巨噬细胞的吞噬能力;试验组的 T 淋巴细胞转化率始终高于对照组,14 日龄差异不显著 ($P > 0.05$),21 日龄、28 日龄、35 日龄、42 日龄,试验组 T 淋巴细胞转化率和对照组差异极显著 ($P < 0.01$),试验前期,外周血的 T 淋巴细胞转化率处于增长状态,后期趋于下降;肉鸭十二指肠上皮内淋巴细胞（iel）数量,试验组始终高于对照组,在 21 日龄,试验组发酵床圈舍饲养肉鸭十二指肠 iel 数量高于对照组,但统计结果差异不显著 ($P > 0.05$);35 日龄、42 日龄,试验组发酵床圈舍饲养肉鸭十二指肠 iel 数量统计结果表现出差异极其显著高于对照组 ($P < 0.01$);肉鸭十二指肠肥大细胞数量,试验组始终高于对照组,21 日龄、35 日龄、42 日龄,试验组发酵床圈舍饲养肉鸭十二指肠肥大细胞数量统计结果表现出差异极其显著高于对照组 ($P < 0.01$);肉鸭十二指肠杯状细胞数量,试验组始终高于对照组,21 日龄,试验组发酵床圈舍饲养肉鸭十二指肠杯状细胞数量高于对照组普通养殖圈舍,统计分析差异不显著 ($P > 0.05$);35 日龄、42 日龄,试验组发酵床圈舍饲养肉鸭十二指肠杯状细胞数量统计结果表现出显著高于对照组 ($P < 0.05$),试验组的抗体水平均高于对照组;试验组在 28 日龄 (免疫禽流感疫苗后 21 天) 时达到最高 , 对照组的抗体水平在 21 日龄 (免疫禽流感疫苗后的 14d) 后达到最高;在 28 日龄、35 日龄,两组实验的抗体水平差异极显著 ($P < 0.01$),其他日龄差异不显著。

综上所述,发酵床养殖模式有效降低了鸭舍空气中需氧菌和氨气的浓度,改善了鸭舍的环境,促进了肉鸭的增重、降低采食量和料重比,提高成活率,提高了樱桃谷肉鸭的生产性能,促进了免疫器官发育,提高血液中巨噬细胞吞噬能力和 T 淋巴细胞转化能力,促进了肠黏膜免疫相关细胞生长,提高了禽流感抗体水平,揭示了发酵床养殖模式能增强鸭群特异性和非特异性免疫能力。

章小婷（2015）开展了肉鸭发酵床垫料菌群结构演替、大肠杆菌耐药性和锌抗性的关系研究，其主要内容如下所述：

对使用不同批次的肉鸭发酵床垫料菌群结构、垫料源大肠杆菌耐药水平和体外模型下大肠杆菌耐药性的诱导进行研究。

（1）肉鸭养殖过程中发酵床垫料菌群结构的变化　采集江苏某肉鸭发酵床养殖场内刚制作完成的发酵床垫料样品及饲养 4 批次、8 批次肉鸭后的垫料样品，同时采集各批次 34 日龄肉鸭粪便样品，采用变性梯度凝胶电泳技术、16S rDNA 基因序列分析和实时荧光定量 PCR 技术对发酵床使用过程中的垫料菌群结构进行定性和定量研究。结果表明：0 批次 (D0) 与 4 批次 (D4)、8 批次 (D8) 垫料菌群相似性分别为 68.81%、70.82%，而 4 批次 (D4) 和 8 批次 (D8) 垫料菌群的相似性则达 81.93%，显著高于 D4、D8 与 D0 间相似性 ($P < 0.05$)。条带 6、8(最相似的物种分别为突尼斯军团菌 *Leqionella tunisiensis*、*Pensisddobacter bauzanensis*) 在三个时间点垫料菌群中均表现优势，且含量较为稳定；条带 10(最相似的物种为女院鲁梅尔芽胞杆菌 *Rummeliibacillus suwonesis*) 仅在两个重复使用垫料菌群中表现优势；条带 12、13(最相似的物种分别是嗜冷杆菌 *Psychrobacter* sp. PRwf-1、马蛇滨日应微所菌 *Iamia majanohamensis*) 共同存在于垫料样和粪便样。肉鸭粪便中大肠杆菌的数量显著高于 4 批次、8 批次垫料中的数量 ($P < 0.05$)，与 0 批次垫料间差异不显著 ($P > 0.05$)。综上所述，发酵床垫料的使用时间和肉鸭粪便微生物共同影响了垫料菌群结构和数量，菌群结构随使用时间的延长而趋于稳定。

（2）发酵床使用过程中垫料源大肠杆菌耐药性和锌抗性的分析　以从江苏徐州某肉鸭发酵床养殖场的 0(D0)、4(D4)、8(D8) 批次垫料中分离的 152 株大肠杆菌菌株为对象，采用美国临床和实验室标准协会 (CLSI) 推荐的微量肉汤稀释法和琼脂稀释法进行抗生素和锌的最低抑菌浓度测定。结果表明：菌株对不同抗生素的耐药程度不同，其中对氟苯尼考、四环素和强力霉素的耐药率均在 95% 以上，对恩诺沙星、氧氟沙星的耐药率在 76% ~ 81% 之间，对庆大霉素耐药率最低，为 21.05%；不同批次垫料源大肠杆菌的耐药率也有所不同，8 批次垫料源的大肠杆菌对头孢类和喹诺酮类药物的耐药率显著高于 4 批次垫料源的菌株 ($P < 0.05$)。多重耐药现象在本研究菌株中普遍存在，多耐菌株占 98.03%(149/152)，其中以耐 5 种抗生素的菌株居多。对分离菌株进行锌耐受测定，结果显示耐锌现象较为严重，耐锌率达 100%，且随垫料使用时间的延长，菌株锌 MIC 值有所升高。但并未发现菌株锌的耐受程度和抗生素耐药性之间存在相关性。

（3）发酵床垫料源大肠杆菌质粒介导恩诺沙星耐药和耐锌分析　通过 PCR 法检测肉鸭发酵床垫料中分离的 66 株恩诺沙星高耐菌 (MIC ≥ 32μg/mL) 和 11 株敏感菌株 (MIC ≤ 0.25 μg/mL) 中 4 种质粒介导喹诺酮类耐药基因［*qnrS*、*qepA*、*oqxAB*、*aac*（6′）*-lb-cr*］和耐锌基因 (*zntA*)，并结合耐受表型进行分析。结果表明：质粒介导的 3 种恩诺沙星耐药基因 *qnrS*、*oqxAB*、*aac*（6′）*-lb-cr* 和耐锌基因 *zntA* 在被检菌株中普遍存在。77.92% 菌株至少携带一种质粒介导的耐药基因，携带最普遍的是与外排泵相关的 *oqxAB* 基因 (57.14%)，其次是与氨基糖苷类乙酰转移酶相关的 *aac*（6′）*-lb-cr* 基因 (38.96%) 和与拓扑异构酶有关的 *qnrS* 基因 (33.77%)，而 *qepA* 基因在被检菌株中并未检测到。结合相应菌株的恩诺沙星和锌耐受表型发现，9 株恩诺沙星表型敏感菌，检测到至少携带一种耐药基因；15 株恩诺沙星表型高耐菌，未检测到这 4 种耐药基因；在 98.70%(76/77) 耐锌菌株中均检测到 *zntA* 基因。

（4）低浓度恩诺沙星和锌对体外模型中大肠杆菌敏感性的影响研究　选取 4 株恩诺沙星敏感菌株 (MIC=0.5μg/mL) 分别在含 1/2 MIC(0.25μg/mL) 恩诺沙星的 MH 肉汤（E 组）、含 1/3 MIC(1.33μg/mL) 氯化锌的 MH 肉汤 (Zn 组) 和含 1/2 MIC 恩诺沙星和 1/3 MIC 氯化锌的 MH 肉汤 (E+Zn 组) 中进行体外诱导培养，并对诱导的第 3、6、9、12、15、18 代菌株测定恩诺沙星和锌 MIC 值；检测 0、18 代的菌株抗性基因携带情况。结果表明：低浓度恩诺沙星单独诱导可显著提高菌株的耐药性 (MIC 提高至亲本的 4 倍)；Zn 组和 E+Zn 组也能提高菌株耐药性，但差异不显著；对抗性基因检测可知，亲本菌株中仅能检测到 *qnrS* 基因，而诱导菌株中均能检测到 *oqxAB*、*aac*（6′）-*lb-cr*、*qnrS* 基因；不同诱导模式均可在一定程度上提高菌株锌 MIC 值，*zntA* 基因普遍存在于所有菌株中。提示，诱导前后菌株恩诺沙星 MIC 值的提高可能与 *oqxAB*、*aac*（6′）-*lb-cr* 基因的获得存在一定的联系，抗锌基因 *zntA* 普遍存在于所有菌株中。

孙彦（2014）研究了发酵床养鸭对垫料卫生状况及肉鸭肠道微生物多样性的影响，其主要内容如下所述。本试验研究了 1 个月和 6 个月发酵床表层、底层垫料的含水量、pH 值、硝态氮含量、铵态氮含量、蛋白酶活性、纤维素酶活性、脲酶活性的变化，发酵床垫料和肉鸭肌肉中的亚硝酸盐的变化；以及探究了发酵床垫料的微生物数量和多样性的变化对肉鸭肠道微生物的影响。结果表明：

① 发酵床养鸭垫料样品的含水量约为 47% ～ 49%。1 月份底层垫料含水量高于 1 月份表层垫料，差异不显著 ($P > 0.05$)。6 月份底层垫料含水量高于 6 月份表层垫料，差异不显著 ($P > 0.05$)。6 月份垫料的含水量高于 1 月份垫料，差异不显著 ($P > 0.05$)。

② 发酵床养鸭垫料各样品的 pH 值为 7.3 ～ 7.6，呈微碱性。相同使用时间的垫料随深度的增加，pH 值差异不显著 ($P > 0.05$)。相同层次的垫料随使用时间的增加，pH 值差异不显著 ($P > 0.05$)。

③ 相同使用时间的垫料随深度的增加，脲酶活性、蛋白酶活性、纤维素酶活性降低 ($P < 0.05$)。相同层次的垫料随使用时间的增加，脲酶活性、蛋白酶活性、纤维素酶活性降低 ($P < 0.05$)。

④ 1 月份和 6 月份发酵床养鸭底层垫料的铵态氮、硝态氮含量均高于表层垫料，差异显著 ($P < 0.05$)。6 月份发酵床养鸭垫料的铵态氮、硝态氮含量高于 1 月份发酵床垫料，差异显著 ($P < 0.05$)。

⑤ 发酵床垫料和肉鸭肌肉各样本的亚硝酸盐检测结果均在国家标准的限量范围之内，符合食品安全的要求。相同使用时间、不同层次的发酵床养鸭垫料亚硝酸盐含量差异不显著 ($P > 0.05$)。6 月份发酵床养鸭垫料的亚硝酸盐含量高于 1 月份发酵床垫料，差异显著 ($P < 0.05$)。生长于不同使用时间的发酵床上的肉鸭肌肉中的亚硝酸盐含量差异均不显著 ($P > 0.05$)。

⑥ 随发酵床垫料深度的增加，细菌总量显著减少，表层的细菌总量较底层的高；芽胞杆菌和肠球菌的数量逐渐减少，大肠杆菌有减少的趋势；而乳酸杆菌的数量逐渐增多。随发酵床使用时间的增加，除大肠杆菌外，细菌总量以及乳酸杆菌、芽胞杆菌和肠球菌的数量显著减少。总体来看，垫料中的 4 种细菌中，芽胞杆菌的数量最多，其次是乳酸杆菌、大肠杆

菌，而肠球菌的数量相对最少。DGGE 图谱中，1 个月、6 个月发酵床表层垫料的平均条带均多于底层；1 个月垫料的平均条带均多于 6 个月垫料。由聚类分析可看出，1 个月和 6 个月发酵床表层、底层垫料的各样品个体图谱间相似性指数在 49% 以上。PCA 分析中，1 个月和 6 个月的垫料聚集于不同区域，表明不同使用时间的垫料细菌组成差异较大；上层垫料与下层垫料无聚集在不同区域的趋势，说明上下层垫料的细菌组成差异不明显。垫料的多样性指数均具有统计学意义（$P < 0.05$），表明发酵床垫料菌群多样性存在显著差异。相同使用时间的发酵床表层垫料的多样性高于底层垫料；相同层次的 1 个月的发酵床垫料多样性高于 6 个月的发酵床垫料。

⑦ 回肠与盲肠中的大肠杆菌、乳酸杆菌、芽孢杆菌、肠球菌的数量具有统计学意义（$P < 0.05$），说明肉鸭不同肠段的细菌数量存在显著差异。然而，相同肠段中的细菌数量无统计学意义（$P > 0.05$），说明相同肠段的细菌数量不存在显著差异。乳酸杆菌的数量在肉鸭回、盲肠中最多。相比回肠，盲肠的细菌数量较多。由 DGGE 图可看出，盲肠的条带数较回肠丰富。由聚类图看出，不同使用时间发酵床上生长的肉鸭回肠、盲肠样本 DGGE 图谱间相似性指数在 50% 以上，尤其是回肠样本的相似性更高。PCA 图谱显示，肉鸭回、盲肠的细菌组成存在差异；相同肠段细菌组成差异不明显。回肠与盲肠的多样性指数表明，不同肠段的菌群多样性差异显著（$P < 0.05$）；相同肠段多样性指数差异不显著（$P > 0.05$）。

韩天龙等（2014）研究了不同饲养模式对商品肉鸭养殖效益的影响，选择 1 日龄健康樱桃谷 SM3 系商品代肉鸭 20970 只，随机分为网上（N 组）和发酵床上（B 组）2 组进行饲养，监测一个完全生长周期内肉鸭死淘率及其生产性能指标。结果表明：N 组和 B 组均在第 5 周龄出现死淘高峰，N 组的最高双日死淘率为 3.394%；最高周死淘率为 6.564%，总死淘率为 7.724%。B 组的最高双日死淘率为 4.604%，比 N 组高 1.210%；最高周死淘率为 10.780%，比 N 组高 4.216%；总死淘率为 12.403%，比 N 组高 4.679%。N 组肉鸭单只全净膛重比 B 组高 0.033kg，单只耗料量比 B 组高 1.422kg，料肉比比 B 组高 0.502，肉料比比 B 组低 0.065。结果提示，N 组商品肉鸭单位体增重的耗料量比 B 组高，N 组养殖效益相对较低；在有效控制死淘率的情况下，我国北方寒冷气候下使用发酵床饲养可提高饲料转化率，提高商品肉鸭的生产性能。韩天龙等（2015）选择 1 日龄健康樱桃谷 SM3 系商品代肉鸭 18490 羽，随机分为网上（N 组）和发酵床上（B 组）2 组进行饲养，监测冬季一个完全生长周期内（42d）鸭舍温度（T）、相对湿度（RH）及温湿指数（THI）变化，探讨不同养殖模式对商品肉鸭舍温湿指数的影响。结果表明：N 组和 B 组舍内平均温度均明显高于平均气温；N 组舍内温度全部高于 B 组，N 组平均温度比 B 组高 8.32℃，差异显著（$P < 0.05$）。N 组和 B 组舍内相对湿度均明显高于室外；N 组舍内平均相对湿度比 B 组高 2.47%，无显著性差异（$P > 0.05$）。试验期 N 组有 16d 处于热应激状态，B 组有 6d 处于冷应激状态。结果提示，在北方寒冷气候下网上供暖养殖模式能为商品肉鸭提供更为舒适的温湿度条件。

林勇等（2012）设计建造了适合在广大农村地区推广的经济适用型发酵床旱养鸭舍，既可以满足不同品种鸭的生活习性，又能保证相应的生产性能，避免了因鸭直接接触公共水体产生的水源污染和疾病传播，实现了鸭的生态旱养，该鸭舍造价低，建设简单。他们比较了传统依水圈养、微生物发酵床旱养 2 种不同饲养模式对苏邮 1 号鸭生产性能、鲜蛋与咸蛋品质以及肉品质的影响，选取 50 日龄苏邮 1 号鸭 600 羽，随机分为 2 组，分别为依水圈养组（对照组）、发酵床旱养组（试验组），结果表明：与对照相比，发酵床旱养的苏邮 1 号鸭 5% 产蛋率日龄和 50% 产蛋率日龄分别极显著或显著提前 12d（$P < 0.01$）和 10d（$P < 0.05$），鸭蛋的平均蛋重显著提高（$P < 0.05$），腿肌的亮度值显著下降（$P < 0.05$），腿肌的红度值显著提高（$P < 0.05$），胸肌剪切力显著提高（$P < 0.05$），胸肌的滴水损失和蒸煮损失显著降低（$P < 0.05$），腿肌的滴水损失显著提高（$P < 0.05$），说明微生物发酵床旱养不影响苏邮 1 号鸭产蛋性能，未对鸭蛋鲜蛋与咸蛋品质产生不利影响，解决了苏邮 1 号鸭规模饲养带来的环境污染问题（林勇等，2015a）。作者又研究了不同季节（春、夏、秋、冬）与养殖密度条件下（2.7 只 /m²、3.6 只 /m²、4.4 只 /m²）发酵床养殖对樱桃谷肉鸭生产性能的影响，结果表明：相比较传统的水养模式，不同季节发酵床养鸭均可显著改善肉鸭的成活率、出栏重和饲料报酬（$P < 0.05$）夏季肉鸭成活率、出栏重与采食量均为最低，秋季肉鸭成活率、出栏重与总料重比为最优；不同饲养密度条件下，发酵床养鸭较传统水养均可显著提高肉鸭成活率和料重比（$P < 0.05$），且肉鸭生产性能随着养殖密度的降低而提高，说明不同季节和饲养密度条件下，发酵床养殖均可改善肉鸭部分生产性能，肉鸭生产性能随饲养密度降低而改善（林勇等，2015b）。研究还分析了肉鸭发酵床使用过程中抗生素、各类金属元素累积特性，以及细菌抗生素耐受性演变特性，选取刚制作完成发酵床的鸭舍，和饲养 4 批次、8 批次肉鸭时的鸭舍，检测发酵床中抗生素、金属元素含量，及发酵床中细菌的抗生素耐受水平。肉鸭发酵床垫料内强力霉素残留量因每批次肉鸭饲料中的使用而显著上升，氧氟沙星未发现在垫料内累积。发酵床垫料饲养至 8 批次肉鸭时，垫料内耐受 16μg/mL、100μg/mL 强力霉素三种可培养细菌的平均菌落数与比例为最高，而耐受 8μg/mL、50μg/mL 氧氟沙星的平均菌落数、菌落数比例未出现明显的增长趋势。发酵床使用过程中，垫料内 As、Pb、Hg 元素含量未显著增加，Cd 元素检测量极低，Zn、Mn 元素含量增加趋势明显，Cu、Cr 元素累积速度缓慢。每批次使用强力霉素可在多批次肉鸭饲养后显著增加发酵床垫料中强力霉素含量，显著增强垫料中肠道菌群耐受强力霉素能力，Zn、Mn 元素含量总体呈上升趋势（林勇等，2015c）。

李雯等（2012）为研究发酵床养鸭效果，选取 1980 只肉鸭分成 2 组，每组 3 个重复，每重复 330 只肉鸭，试验组使用发酵床饲养，对照组采用网架饲养，考察不同饲养模式对肉鸭生产性能、屠宰性能及器官指数的影响。结果表明：发酵床和网架饲养方式对肉鸭生产性能和器官指数各项指标没有显著性差异，发酵床组略占优势；发酵床组和网架组的囊肿率差异极显著，发酵床组比网架组低 60.52%；发酵床的应用不会降低肉鸭的生产性能且能改善鸭的外观，并具有降低发病率的作用，可以达到节省劳动力并少排放且少污染环境的效果。

王海洲等（2014）比较了地面平养发酵床和网床发酵床模式与传统地面平养（垫稻壳或麦秸）对肉鸭养殖效益的影响，结果表明：发酵床饲养比传统地面平养每只肉鸭可增加利润 0.5 元左右，饲料消耗降低 6.13%，每只肉鸭药物成本降低 0.1 ~ 0.2 元，每批次节约用水 500m³，肉鸭养殖污染也得到了很好的改善。赵伟等（2012）比较了 2 种不同垫料组成的发酵床与普通旱养模式对樱桃谷肉鸭生产性能的影响，结果表明：与普通旱养模式相比，2 种垫料的发酵床养殖在日采食量、日增重、料肉比方面差异不显著，但普通旱养模式采食量要稍高于发酵床养殖模式；发酵床养殖能够降低舍内 NH_3 浓度，并随着鸭日龄的增加，舍内 NH_3 浓度显著降低；饲养结束后，分析 2 种模式的经济效益，与普通旱养模式比较，一个养殖周期每只鸭可节约成本 1.24 元。谭善杰等（2010）试验选择饲养密度、品种、日龄完全一致的肉鸭 17786 只分为试验组和对照组。对照组实行网上平养，试验组采用发酵床垫料，饲养试验中对成活率、出栏重、料肉比、舍内有害气体含量、药费等相关指标进行记录测定。结果显示：试验组的料肉比、成活率、平均出栏体重、药费等指标均明显好于对照组；对照组鸭舍 NH_3、H_2S 浓度高于试验组 2～4 倍以上；试验组比对照组平均每只肉鸭多增加经济效益 0.9 元。

七、发酵床养鹅研究

目前发酵床养殖技术已广泛应用于养猪、养鸡、养鸭中，但在肉鹅养殖中关于发酵床养殖技术的报道很少见。江苏畜牧兽医职业技术学院在滨海县进行了发酵床生态养白鹅的探索，通过实践，取得了成功，产生了显著的经济效益和生态效益。

发酵床养鹅与传统养殖模式相比具有以下优势：①改善养殖环境，促进废弃物的循环利用；②增强鹅的免疫力，提高饲料利用率；③降低用工成本，节省水电气等资源；④减少疾病发生，提升了鹅产品品质；⑤节省饲养成本，提高了养殖效益，平均每只多赚 5.4 元（陈章言等，2011）。韩青等（2014）在重庆市荣昌县进行了肉鹅发酵床养殖研究与实践，研究利用锯末、矿物质等材料制作垫料，分析利用发酵床养殖肉鹅的效果，并初步比较了添加锯末和稻草秸秆以及不同菌种发酵床养殖肉鹅的差异，发现利用发酵床养殖肉鹅确实能够起到消除粪便对环境的污染，减少有害气体排放的作用，但对于料肉比及增重没有显著影响。

李琴等（2015）研究了不同饲养方式对 2～10 周龄四川白鹅肉鹅生长性能、羽毛生长及腿部健康的影响。采用单因素试验设计，设放养组（NGR）、网床组（NR）、发酵床组（LR）3 种饲养模式，选择 432 只体重相近、健康的 14 日龄四川白鹅肉鹅，随机分成 3 组，每组 6 个重复，每个重复 24 只，公母各占 1/2，试验期为 56d。在试验第 70 天，进行体重、耗料、主翼羽发育测定及步态和脚垫损伤评分，同时每组挑选 12 只体重接近各组平均体重的试验鹅进行屠宰试验。结果表明：饲养方式对试验鹅末重、平均日增重、平均日采食量有显著或极显著的影响（$P < 0.05$ 或 $P < 0.01$），依次为：发酵床组＞网床组＞放养组；发酵床组试验鹅屠体率、半净膛率、腹脂率、心脏指数显著高于放养组（$P < 0.05$），放养组头率极显著高于网床组和发酵床组（$P < 0.01$），脚率极显著高于发酵床组（$P < 0.01$），放养组腺胃指数显著高于网床组（$P < 0.05$）；放养组主翼羽平均长度显著低于发酵床组（$P < 0.05$），平均宽度、宽度／长度比平均值均极显著高于网床组和发酵床组（$P < 0.01$），羽毛评分极显著低于网床组和发酵床组（$P < 0.01$），网床组 100 根正羽重显著高于发酵床组（$P < 0.05$）；发酵床组步态评分显著低于网床组（$P < 0.05$），脚垫评分显著低于网床组和放养组（$P < 0.05$）。由此可见，采用网床饲养能够提高四川白鹅肉鹅生长性能，放养有助于改善肉鹅的羽毛生长及健康状况，而发酵床饲养则有助于改善肉鹅腿部、脚垫健康。

八、发酵床养蛇研究

1．概述

过去的养蛇模式是"一条一箱"养殖，经过养殖业的不断发展有立体笼养殖、屋内散养、半露天散养、立体池散养等各种养殖新概念。新的养殖模式都围绕蛇的生活习性进行设计，目的就是为了让蛇有天然、生态的生长环境。现在利用微生物养殖概念，使用发酵床复合菌制作成零排放垫料接触式养蛇，统称发酵床养蛇（蒋爱国，2013）。发酵床养蛇的效益远比传统模式高，是工厂规模化养殖业发展到一定阶段而形成的又一个养殖亮点，是养蛇业可持续发展的新模式（石艳会和王旭，2012）。

蒋福升等（2014）探讨了发酵床模式养殖尖吻蝮、舟山眼镜蛇和王锦蛇的可行性，分别选取3种健康驯饲好的4月龄蛇苗，各分成两组，一组采用传统沙床饲养模式，另一组采用发酵床饲养模式，饲养8个月后，通过比较蛇的体重、料肉比及环境氨气浓度变化，分析发酵床养殖模式优劣。结果表明：就尖吻蝮养殖效果而言，采用两种养殖模式无显著性差异；但采用发酵床模式对眼镜蛇和王锦蛇饲养相比沙床模式具有明显优势，表现为增重更快、料肉比更小，且氨气浓度显著降低；氨气浓度及体重变化分析结果表明，5mg/L以上浓度对王锦蛇生长有一定影响，10mg/L以上浓度对眼镜蛇生长有一定影响。因此，发酵床技术可用于蛇类养殖，而且总体上优于传统沙床模式。此外，发酵床模式尤其适宜如眼镜蛇和王锦蛇等活动较多、进食量较大、排便量大的蛇类养殖。

2．发酵床生态养蛇的技术原理

散养蛇类可以直接排泄在发酵床垫料上，无需清理蛇在发酵床的粪便，蛇的粪便在发酵床上，一般只需两天就会被发酵床中的微生物耗氧发酵分解处理，经过有益微生物分解，粪便给发酵床垫料中的微生物提供了丰富营养，促使发酵床中的有益菌不断繁殖而形成有益菌体蛋白，可杀灭发酵垫料上的有害病菌。蛇生活在具有有益菌群的发酵床上，更有利于其健康成长，不容易生病。春夏季的雨水比较多，蛇类生活在发酵床上比较干爽，发生皮肤病感染比较少见。冬季发酵床又能保温，可减轻无冬眠设施养殖户的加温养殖成本，是天然微生物有益菌的生态养蛇场地。

3．发酵床生态养蛇模式的优点

发酵床养蛇是一种新型全生态养蛇模式，它具有如下优点。

① 节省人工：蛇类可以在发酵垫料上直接排泄，无需每天清理蛇箱。

② 节省饲料：蛇的粪便在发酵床上一般只需两天就会被微生物分解，粪便给微生物提供了丰富营养，促使有益菌不断繁殖而形成菌体蛋白，蛇类采食了这些菌体蛋白，不仅可以补充营养，还能提高机体免疫力。

③ 降低蛇用药成本：蛇生活在有益菌群的发酵床上，更有利于其健康生长，不易生病，减少医药成本。

④ 改善蛇类体感温度。因蛇是温湿动物，夏季生活在发酵床上会感觉很凉爽，冬季又

能保温，能达到冬暖夏凉的效果，所以发酵床是一种天然的生态养蛇场。

⑤垫料和蛇粪混合发酵后，直接变成优质的有机肥。

⑥提高了蛇肉的品质，口感好，无土腥味。

4．发酵床生态养蛇模式的技术要点

（1）发酵床养蛇垫料的选择　发酵床垫料的选择以当地废弃的农作物为主要利用原料，最好的材料是锯末、稻壳，比例为7∶3左右，如果这两种原料缺乏，也可以用其他的废弃资源代替，例如花生壳、棉籽壳、玉米芯、玉米秸秆等，选择的原则要以惰性物质为主。垫料应是新鲜、无变质、无毒、无杂、无异味的。垫料具体搭配比例比较灵活，可以使用两种或者两种以上材料，使用原则以锯末为主、其他材料为辅。

（2）前期发酵垫料的处理　在蛇上发酵床之前，要把垫料堆积起来，进行前期发酵，将菌剂、锯末、泥土、盐、糖等按一定比例在垫料池内搅拌、混合，使水分含量达到50%～60%，以保证功能微生物菌种能够大量繁殖，经2d左右即可开始发酵。这样做的目的：①通过增殖优势菌种，使之达到能完全分解粪便的作用，同时抑制杂菌污染；②利用生物热能杀灭大部分垫料中的病原菌、病毒、虫卵等有毒有害生物体；③通过发酵使有益菌复活、无限繁殖，增加有益菌的存活量，抑制有害杂菌的生长。

（3）发酵床垫料的管理　通过闻气味来诊断发酵床是否处于正常的运行状态。良好的垫料气味应该清香、有原料味（使用越久的垫料，气味越没有原料味，而会有发酵粪便的气味，但不臭，刚开始使用的垫料还应该有曲香味）。如果垫料中有氨味和轻臭味，则说明可能粪便分解不了，排泄的粪尿超过了垫料的消化能力，这时候应做到：①需要增加垫料厚度，即补充垫料，特别是进入冬天或气温转冷的情况下，依靠别的措施无法根本解决问题；②添加菌液，可以在垫料表面洒入菌液，也可以翻动垫料，洒入到15cm以内层中；每平方米洒入1～2kg菌液；③翻动垫料层，耙松垫料，以进入更多空气，增强发酵效果，这种做法主要是在观察到垫料比较板结的情况下进行，或垫料水分过高的情况下进行；④减少饲养密度，这种做法主要是雏蛇进入中大蛇阶段，需要进行密度调整时进行。

九、发酵床养狗研究

1．概述

肉狗是指专门养殖用于食用的狗，肉狗养殖投资少、奏效快、效益高，社会效益和经济效益非常显著。狗习惯于不停活动，故养狗要有足够的运动场地，可以圈养。种狗在生产繁殖期若是活动量不足，则会影响母狗发情或配种不育。发酵床养狗技术可以解决这些问题。

2．发酵床养狗技术的优点

发酵床养狗具有以下优点：

（1）除臭又环保　狗的粪便很臭，如果不及时处理肉狗的粪便，狗场的环境会非常差，也就会影响肉狗的生长，而发酵床养狗，狗的粪便会在功能菌的作用下，一部分降解为无臭气体

被排放掉，例如水蒸气和CO_2；另一部分转化为粗蛋白、菌体蛋白和维生素等营养物质。这从源头上消除了狗粪尿对生态环境的污染，使狗舍无臭味，达到无污染、零排放的良好效果。

（2）节能还省粮　中年肉狗对环境的适应能力比较强，但幼狗对于环境温度的变化却很敏感，保温对于幼狗来说相当重要，而发酵床不管冬夏，其表层温度均保持在20℃左右，可以节省供暖费用。而且肉狗的粪尿及垫料在有益菌的作用下，降解形成菌体蛋白及多种有益物质被肉狗食入，使得废物循环利用，节省部分饲料。

（3）抗病促生长　发酵床垫料通过物理吸附、化学中和以及发酵过程的生物化学作用消除了粪尿中的臭味物质，肉狗长期生活在大量的有益菌环境中，圈舍内环境清新，明显提高了肉狗的抗病能力，肉狗生长顺利，长得快。

（4）节水、省人工　发酵床养狗，不用清粪，也不用冲圈，可节水90%以上，管理起来更加方便、简单，减少人工投入。

（5）提高肉品质　干撒式发酵床养肉狗，狗生病少、用药少，或几乎不用药，可大幅减少甚至消除药物残留，使狗肉的品质更优、口感更好，售价高，提高了养殖效益。

第三节
我国微生物发酵床畜禽养殖技术推广应用

一、华东地区微生物发酵床的推广应用

1. 安徽省发酵床应用

（1）2008～2010年示范推广情况　现代化规模养猪，在提高生产率的同时，也带来了大量的畜禽粪尿难以处理，由此造成严重的环境污染，这就迫切需要寻找一种更为理想和行之有效的猪场污水废物处理技术。利用全新的自然农业理念和微生物处理技术——发酵床技术，可以实现养猪无排放、无污染、无臭气，彻底解决规模养猪场的环境污染问题。发酵床养猪技术就是在土壤中采集出一种生物菌落，经过特定营养剂的培养形成白色土著微生物原种，将"原种"按一定比例掺拌锯屑或稻皮和泥土，以此作为猪圈的垫料进行养猪（周玉刚等，2008a）。

随着养猪业规模化、集约化程度的不断提高，我国养猪业取得了前所未有的发展，但同时伴随而来的一系列问题也摆在了面前，例如：如何减少猪群应激，提高猪只福利，使猪群形成坚强的免疫力？如何降低疾病风险压力？如何节能减排，实现效益最大化？如何解决食品质量安全问题，生产出真正意义上的无公害猪肉产品等（周玉刚等，2008b）。据统计，1头猪的日排泄粪尿平均约为6kg，按6个月的生长周期计算，1头猪生长期间产生的粪尿达

到 1.08t。1 个万头养殖场年排泄粪尿高达 21600t，这些粪尿污染物若得不到有效处理，囤积于养殖场内，必然造成粪污漫溢、臭气熏天、蚊蝇孳生。微生物发酵床养猪技术是一种新的养猪观念，它是一种"以猪为本、快乐养猪"新模式的尝试。其核心是以发酵床为技术中心，通过特定有益菌种的发酵过程，对垫料上粪尿中的有机物质进行分解，而无需用人工清粪和大量水冲洗圈舍，实现了污染物"零排放"的目标（周玉刚等，2008b）。

微生物发酵床养猪技术，有利于养殖业可持续发展。汪道明（2009）介绍了发酵床的操作技术和发酵床养猪的常规管理，指出发酵床养猪效果显著，以期为猪的养殖提供技术参考。保障畜产品安全和增加养殖利润，这就要求有一种低成本生态养猪技术出现，于是发酵床养猪法应时而生，并得到普遍推广。曾凡亮（2009）阐述了在发酵床制备过程中菌种的采集、扩培过程中应掌握的操作规程，以及发酵床和猪舍的建造。周玉刚等（2009）选择 18 头"杜长大"（杜洛克 × 长白 × 大约克）三元杂交仔猪进行饲养试验，应用优化后的垫料配方和传统配方进行比较试验，研究两者对 28 日龄断奶仔猪生产性能和腹泻的影响，结果表明，与对照组相比试验组的末重、料重比和腹泻率差异不显著。

近年来，我国的养猪业发展迅猛并取得了令人瞩目的成绩，同时也面临着环境污染、畜产品安全和养殖效益等诸多问题，解决养猪业给环境带来的压力，变废为宝，一直是国家、科研人员和广大养殖户共同追求的目标。发酵床养猪可以很好地解决这些难题，采用发酵床猪舍，使仔猪一出生就生活在有机垫料上，其排泄物被微生物迅速降解、消化或转化。同时，猪粪提供的营养使有益菌不断繁殖，形成高蛋白的菌丝，再被猪食入，不但利于消化和提高免疫力，还能提高饲料转化率，降低投入产出比与料肉比，且出栏相同体重育肥猪可节省饲料 20% ～ 30%，省去 6 ～ 8 成以上的劳动力（陈玉红等，2010）。

发酵床猪舍是结合现代微生物发酵处理技术提出的一种有效的生态环保猪舍。为了探究发酵床猪舍养猪的饲养效果，丁小玲等（2010）进行了发酵床猪舍对肉猪肥育性能及肉质的影响试验。结果表明，试验组与对照组（常规水泥地饲养）猪的平均日增重分别为 620g 和 613g、料肉比分别为 2.46 和 2.61，均无显著差异（$P > 0.05$）；在屠宰与肉质性状方面，试验组猪的眼肌面积、肉色和大理石纹指标显著优于对照组（$P < 0.05$）。

随着畜牧业的蓬勃发展，畜禽养殖场造成的环境污染已越来越引起人们的重视，成为众多学者普遍研究的热点。彭军（2010）开展了巢湖流域规模化畜禽养殖场对水环境污染的评价及其控制对策研究，以保护巢湖流域生态环境、维系巢湖水资源为主要目的，对流域内规模化畜禽养殖场造成水环境的污染进行粗略评价并有针对性地提出防控对策，为有关部门制定优化方案和控制措施提供一定的参考。其主要研究结果如下：

① 巢湖是我国五大淡水湖之一，水网密度大，土壤类型多样，其在自然资源供给、生态环境调节等方面发挥着极其重要的作用。全流域经济和社会发展水平较高，是安徽省重要的商品粮生产和加工基地。研究表明，巢湖流域生态环境质量处于中等水平，生态调控相对脆弱，水土流失严重，湖体面积缩小。最近几十年，流域水环境遭受各种污染，巢湖水体富营养化严重，农业面源中畜禽养殖业粪便造成的污染是重要原因之一。

② 对以巢湖市居巢区为代表的部分畜禽养殖场调查分析发现，该流域规模化畜禽养殖场数目较多，规模化程度较小，多近水源分布，经营管理水平较差，畜禽粪便多数未经处理。研究表明，流域饲养的猪和家禽排放的氮、磷是畜禽养殖业氮磷污染的主要来源，占排

放总量的 96% 以上。

③ 据当年的预测，未来几年巢湖流域畜禽养殖量将以每年 8% 左右的速度增加，其潜在污染负荷也将随之增大。至 2015 年巢湖流域规模化畜禽养殖量折合成猪约为 400 万头，TN 和 TP 产生量分别达到 $30.71 \times 10^4 t$ 和 $13.23 \times 10^4 t$；若依靠防控技术及措施的运用普及率实现 35% 的污染削减量，则当年 TN 和 TP 的入湖量也将达到 3000t 和 1200t，污染形势依然严峻。

④ 针对巢湖流域规模化畜禽养殖场基本情况和污染现状，从合理制定污染控制总体方案，加强管理、强化执法，优化养殖布局、推行农牧一体化，加大国家投入、应用研究成果，加强宣传教育、提高公众环保意识五个方面实施养殖场环境管理和污染防控对策及技术措施是当务之急。

⑤ 发酵床养猪作为生态养殖技术应用，是利用自然环境中经人工筛选、培养的微生物资源，通过特殊制成的有机垫料（即发酵床）对猪粪尿进行分解、转化，进而实现无污染、零排放、无臭气的新型养猪技术。该技术以节水、省饲料、节劳力，提高畜禽抗病能力和肉产品品质，增加养殖效益等优点应予重点应用和推广。

安徽省养猪户田广友的干式无臭养猪法引起了人们的兴趣，认为这是一种值得推广的养猪新法。其工作原理是利用有机垫料建成发酵床，猪排泄出来的粪便被垫料掩埋，水解过程中无需用水冲洗粪便，所需的水只要满足猪只饮用即可，所以称为干式无臭养猪法，又称为发酵床养猪法。其主要操作规程如下：

① 圈舍要求。一般要求猪舍坐南朝北，这样的圈舍采光好，利于发酵；而且通风良好，不臭也没有蚊蝇。用大棚，冬天采光好、保暖，猪可以安全越冬；夏天放下遮阳膜，把四周裙膜摇起，可以通风、降温。

② 建垫料床。砌深度 1m 左右的水泥池，在南方地下水位比较高的地方，一般采用地上式；反之则采用地下式。

③ 垫料准备。90% 的垫料原料是木屑，因其质地松软，可以吸收水分，其他 10% 为土和盐。

④ 上床发酵。把菌种和垫料拌匀后上床，垫料厚度为 80 ～ 90cm，发酵 4 ～ 5d，就可以进猪（苏跃民，2010）。周玉刚等（2010）比较了发酵床猪舍和传统猪舍的 H_2S 和 NH_3 浓度，发现发酵床猪舍 H_2S 和 NH_3 浓度显著低于传统猪舍。

（2）2011 ～ 2013 年示范推广情况　如今依靠科技创新，安徽省亳州市众多养殖场变成了空气清新、瓜果飘香、花草葱翠的花园式企业，这得益于黄牛和生猪发酵床养殖技术、秸秆发酵养猪技术、沼气工程等（董英等，2011）。路振香等（2011）研究了发酵床养猪对肥育猪生产性能和肠道有关细菌的影响，选择 50 ～ 70 日龄的三元杂交猪 40 头，随机分为：实验组和对照组 2 组，每组重复 1 次，每圈 10 头；投入实验的前 7d 进行预实验，对猪群进行驱虫。然后 5 头猪为一组称重，将称重后猪随机分到 2 组。饲养方式采用自由采食和饮水。实验期为 120d。结果表明，实验组猪在饲料利用率、日增重、肠道内乳酸菌和大肠杆菌的数量都比对照组有所提高，肠道内没有分离到沙门菌。因此，发酵床养猪技术可以解决猪生产中的环境污染问题，改善猪的生活环境，利于猪的生长和发育，其环保性和经济性都高于传统养猪场。

邵颖等（2011）分析了土著发酵床对商品猪生产性能和血液生化指标的影响。研究采集徐州当地土著微生物作为原始菌株制作发酵床，选择60头"杜长大"（杜洛克 × 长白 × 大约克）三元配套系仔猪进行实验，仔猪断奶日龄为21d。实验组商品猪饲喂于发酵床猪舍，对照组饲喂于水泥地面猪舍。每组设3个重复，每个重复随机选取健康仔猪10头。仔猪饲喂125d后考察土著发酵床对商品猪生产性能和血液生化指标的影响。结果表明，土著发酵床具有一定提高商品猪日增重的效果，并可显著降低料重比（$P < 0.05$），但对猪胴体品质未产生显著影响；在血液生化指标方面，实验组商品猪血液中的总蛋白、白蛋白、碱性磷酸酶含量均显著高于对照组（$P < 0.05$）。因此，土著发酵床可以提高猪的生产性能和免疫机能。

发酵床生态养猪，就是利用微生物垫料养猪，在厚达60～80cm的微生物发酵垫料上依靠垫料中的微生物发酵作用和垫料本身的吸附作用分解利用排出的粪尿和污物，满足猪的福利，减少各种应激。针对养猪业面临的环境污染、疫病防控及肉品安全、效益低下等问题，近年来安徽省亳州市畜牧兽医局推广了"发酵床生态养猪技术"，取得了较为理想的经济效益、生态效益和社会效益。例如，位于皖西北部的利辛县是畜牧大县，也是国家级生猪调出大县。近年来该县大力推行健康养殖模式，积极推广发酵床养猪技术，成效显著，建设养猪发酵床达到2100m^2（张俊宝，2011）。

周玉刚等（2011a）分析了发酵床饲养对育肥猪血液生化指标的影响。研究选择25d断奶三元杂交（杜洛克猪 × 长白猪 × 大约克猪）仔猪80头，公母各1/2，随机分成试验组和对照组，试验组以发酵床饲养，对照组采用常规水泥地面饲养，肥育试验期为135d；试验结束时，提前12h禁食，称重，每组随机抽取6头猪血样，离心分离血清，测定血液生化指标。胰岛素含量采用放射免疫法测定，其他血液生化指标采用全自动生化分析测试仪测定。结果表明，试验组猪血清中的高密度脂蛋白明显升高（$P < 0.05$），低密度脂蛋白和尿素含量明显降低（$P < 0.05$），其他各项指标均与对照组无明显差异。周玉刚等（2011b）还研究了发酵床养猪对育肥猪生产性能及猪肉品质的影响，选择28d断奶的"杜长大"（杜洛克 × 长白 × 大约克）三元杂交仔猪60头，随机分成试验组和对照组，试验组以发酵床饲养，对照组采用常规水泥地面饲养，试验期为125d，试验结束时，每组随机抽样6头猪进行屠宰测定。结果发现，与对照组相比，试验猪日增重和饲料转化效率分别提高了8.49%和6.27%，背膘厚降低6.8%，脂率降低5.37%，腿臀比例增加6.98%，差异均为显著（$P < 0.05$），而眼肌面积、瘦肉率、屠宰率、板油率、骨率及皮率等指标无明显差异（$P > 0.05$），在肉品质方面，试验组猪肉的颜色、pH值、失水率、滴水损失、熟肉率等肉品质指标均有明显改善（$P < 0.05$）。结果表明，相对于水泥地面饲养，发酵床养猪有明显提高猪的生产性能和猪肉品质的作用。

目前，我国正处于经济转型期，如何促进产业低碳发展，成为经济发展领域研究的重点。低碳经济是当今世界各国经济发展的趋势，是实现经济可持续发展的必然要求。低碳经济实质上是通过节能减排技术、能效技术、可再生能源开发技术等技术创新和相关的制度创新，提高能源效率、发展清洁能源，以低能耗、低排放、低污染和高效能、高效益、高效率为基础，最终实现经济发展、生态良好、资源节约的环境友好型、资源节约型社会，实现以人为本、人与自然和谐相处的可持续的经济发展模式。生猪养殖业是畜牧业的重要组成部分，不仅关系着农业发展、农民增收，同样也关系到我国经济的稳定。但生猪养殖业发展的同时，也对资源环境等造成了不良影响，生猪养殖过程中的废弃物，已经成为农村面源污染的重要来源之一。资源浪费、生态环境破坏又反过来制约生猪养殖业的发展。生猪养殖业向低碳养殖模式转变，是生猪养殖业可持续发展的必然趋势，因此，转变生猪养殖业发展模式，用低碳发展的理念指导生猪养殖业发展，实现产业发展与生态环境改善的共同进步，具有重要的理论意义和现实意义。因此，白强（2012）开展了安徽省生猪养殖业低碳发展模式及经济效果研究，其主要研究内容如下：①生猪养殖业低碳发展模式的研究背景、研究意义；②对生猪养殖业低碳发展模式的国内外现状进行了综述；③对生猪养殖业低碳发展模式的有关理论基础以及低碳经济的内涵、原则等进行了论述；④对安徽省生猪养殖业的发展现状进行了描述；⑤对安徽省生猪养殖业发展过程中对环境的污染进行了评估，并分析了安徽省生猪养殖废弃物的资源化利用潜力；⑥在实地调研基础上，对种养结合模式、发酵床养殖模式以及水泡粪养殖模式这三种低碳养殖模式的经济效果进行总结和评价，并与传统的生猪养殖模式进行对比，同时论述了推广低碳养殖模式存在的困难所在；⑦根据安徽省实际情况，对如何促进安徽省生猪养殖业从传统养殖模式向低碳养殖模式转变，向农民推广低碳养殖模式，保障安徽省生猪养殖业稳定、健康、可持续发展提出了对策和建议。

泗县位于安徽省东北部，地处淮北平原东部，江苏、安徽2省5县交界地带，属于暖温带半温润季风气候，适于各类农作物生长，尤其是农林牧生产条件得天独厚，既是农业大县也是畜牧大县，全县年生猪饲养量在100万头左右。但随着生猪产业的不断发展和壮大，许多问题也随之而来，其中最大的问题是规模化养猪生产时粪污量大，严重污染周围环境和地下水质，威胁人民群众身心健康，同时还会给病原微生物繁殖、传播带来可乘之机，易造成传染病的发生，这些因素制约着养猪业健康发展和经济效益正常发挥，也是亟待解决的问题。因此推广发酵床生态养猪，对于解决畜禽养殖污染、改善生态环境、实现畜牧业可持续发展具有十分重要的意义（金旭光和陈军辉，2012）。颍上县2011年列入全国生猪调出大县，该年份全县生猪出栏84.47万头、存栏38.46万头。颍上县自2008年开始引入发酵床养猪技术，到2012年3月底全县已建成生态发酵床4200m²。荣发瑜（2012）分析了该县发酵床养猪中存在的问题，提出相应的发展对策，以期促进该县生态养猪业的健康持续发展。许家玉（2012）对发酵床养猪技术的概念、原理以及发酵床养猪相对于传统养猪方法的优点进行分析，并详细介绍发酵床养猪技术在无为县一些养猪场应用过程中的猪舍的建造、垫料制作、饲养管理中应注意的问题，分析其推广的几个关键环节和经济效益情况，并由此得出，发酵床养猪技术在无为县推广是切实可行的。生态发酵床养猪技术的推广与应用为养殖业污染治理提供了有效途径，郑玉才（2012）介绍了生态发酵床养猪技术的优点、发酵床垫料的制作、菌种采集、猪场建设设计要求、注意事项等，以为发酵床养猪提供参考。

随着规模化、集约化和现代化养猪场的不断增加，猪排出的粪便带来的环境污染问题日益突出。而发酵床养猪是近年来兴起的一种基于控制畜禽粪便排放与污染的养殖新技术，它是以发酵床为载体，通过微生物的作用，使粪便降解、转化，有效缓解了养猪场的环境污染问题，同时生产无公害猪肉，显著提高了经济效益。由于该技术在我国兴起的时间短，缺少疫病诊断和防控方面的系统调查与研究，且发酵床所用的垫料受区域性资源的限制，新型垫料方面的研究较少。为此，王飞（2012）针对安徽宣州区发酵床猪场的主要猪病以及发病的病因进行调查，同时对区域性资源——香菇废棒作为发酵床垫料的可能性进行了研究。其主要研究内容和结果参见前文相关部分。

朱元召等（2012）研究了低蛋白质日粮预混料对发酵床猪生长和消化的影响，选择64

头生长猪，随机分为 A 组、B 组、C 组和 D 组，每组 2 个重复，每重复 8 头猪。A 组和 B 组应用 4% 低蛋白质日粮型预混料（补充赖氨酸、蛋氨酸、苏氨酸和色氨酸），C 组和 D 组应用 4% 普通预混料;A 组、B 组、C 组和 D 组配合日粮粗蛋白分别为 15.9%、14%、15.6% 和 13.7%。测定猪日增重、采食量、饲料转化率及粗蛋白质、钙、磷、粗脂肪和粗纤维表观消化率。结果表明，生长猪前期、后期和全期，试验 A 组（正常蛋白质水平额外补充必需氨基酸）、B 组（日粮蛋白质水平降低 1.6 个百分点再补充必需氨基酸）和对照 C 组（正常蛋白质水平）各组间日增重（ADG）、日采食量（ADFI）和料重比均未见差异;生长全期，A 组、B 组及 C 组 ADG 和 ADFI 较 D 组（日粮蛋白质水平降低 1.9 个百分点而未补充氨基酸）分别提高 5.33%、6.51% 及 6.31% 和 1.46%、2.44% 及 2.68%，差异均显著。D 组粗蛋白、钙和粗纤维消化率较 C 组分别降低 10.97%、8.25% 和 8.43%，差异均显著。表明蛋白质水平降低 1.6 个百分点并补充必需氨基酸的猪生长和营养物质消化率未受影响，而未补充氨基酸时生长和消化则显著下降。

（3）2014 ～ 2018 年示范推广情况　杨志柳（2013）从鸡舍建造、发酵床制作和发酵床养鸡的日常管理 3 个方面总结了发酵床养鸡技术。胡元庆等（2013）研究了家禽发酵床养殖环境对病原微生物的防控作用。他们检测了微生物发酵床养禽基质垫料中病原性大肠杆菌和沙门菌的数量，分析微生物发酵床技术对禽舍中病原菌的生物防控作用。参考国标检测环境中大肠杆菌和沙门菌的方法，以传统大棚养禽舍为对照，检测发酵床养鸡和发酵床养鸭舍中大肠杆菌和沙门菌的数量，同时检测动物肠道中两种病原微生物的数量指标，从环境微生物和动物体内携带微生物方面分析发酵床养禽技术对病原微生物的抑制作用。发酵床基质中两种病原微生物的数量明显低于普通饲养舍组，发酵床养殖环境中禽的肠道大肠杆菌和沙门菌的数量也低于普通养殖环境中动物体内携带的病原菌数量。这说明，发酵床养殖环境可以显著抑制病原微生物的繁殖，对控制禽类的细菌性传染病具有积极的生态安全意义。周俊秀（2014）介绍了发酵床养鸡技术的优点和方法。发酵床养鸡技术是利用农作物秸秆以及稻壳、锯木屑等农牧业废料作为垫料，借助有益菌的作用，形成一个稳定的微生物环境，这些微生物可以降解鸡粪中的有机物质，使鸡的排泄物迅速得到分解，供给鸡所需的部分营养成分，消除鸡粪中的臭味，使得鸡在发酵床上健康成长。按照发酵模式，发酵床可分为提前发酵式和干撒式;按照垫料位置，发酵床可分为地上式、地下式和综合式。养殖户可根据当地的气候环境及养殖场的条件选择适合的发酵床模式。

沙宗权（2013）介绍了发酵床生态养猪技术概况及其优点，总结了常见发酵床的设计模式、发酵料的构成及日常养护、应用前景等，并针对常见问题提出解决方法，以为发酵床养猪提供参考。许开明（2014）对萧县实施污染减排项目的十几家规模化养殖企业的不同治理措施的实际运行效果跟踪调查，筛选出符合实际情况、投资小、治污效果好的几项污染治理措施。通过厌氧、沼气利用、微生物发酵床等工艺对产生的粪便、污水进行处理和综合利用，达到减少污染物排放的目的，从而改善养殖场周边环境，同时产生清洁能源供居民使用，有着较好的环境效益、社会效益和经济效益。为研究发酵床养殖模式的菌群分布，周学利等（2014）采集发酵床猪场不同饲养阶段的猪肠道内容物和发酵床垫料进行细菌分离，检测菌株的致病性与耐药性。结果表明，从各阶段猪的肠道内容物和垫料中均可分离到大肠杆菌、沙门菌、链球菌、葡萄球菌和普通枯草芽胞杆菌，在各垫料样品中分离到了黏液性枯草芽胞杆菌，但同种细菌在不同样品中的含量不同；分离到的大肠杆菌、沙门菌、链球菌和葡萄球菌中均存在耐药性严重的致病菌株。研究结果显示，发酵床的垫料和猪肠道内容物中含有的细菌种类基本相同，但含量差异较大，表明细菌与环境之间具有双向的选择性和适应性。

王深圳等（2017）调查了肉牛棚舍发酵床饲养模式，其研究分为冬夏两期，夏季评价发酵床饲养模式对畜舍环境及肉牛生理指标的影响；冬季测试发酵床状态对其床体不同深度温度变化的影响，依据不同发酵状态区分为高温组、中温组、低温组，剖析其不同深度的温度变化特性。结果表明，夏季发酵床组相对湿度与温湿指数显著高于水泥地面组（$P < 0.05$）；肉牛的呼吸数、皮温和直肠温度亦显著高于水泥地面组（$P < 0.05$）。因此，夏季发酵床会加重高温的影响。冬季发酵床不同深度的温度呈现出先升高后降低的趋势。高温组 20～60cm 深度区域的温度大于 35℃，显著高于 0～10cm 表层（$P < 0.01$）；中温组 25～45cm 区域的温度高于 25℃，显著高于 0～10cm 和 65～80cm 区域的温度（$P < 0.05$）。床温可反映发酵实态，调查结果提示，20～45cm 区域为发酵床进行有氧发酵的主要区域。

张永芳和刘永田（2017）介绍了五河县农委组织相关人员在广泛调研的基础上，提出以发酵床养猪技术作为解决养猪污染的重要措施之一，并采取了一系列的鼓励政策，取得了较为理想的效果。异位发酵床养殖技术是养殖场粪污处理的新技术，具有成本低，操作简单，基本达到无污染、零排放等优点。李杰（2018）介绍了异位发酵床养殖技术的基本原理、工艺流程、制作方法、日常维护注意事项及应用效果。针对目前国内发酵床翻耙机无法及时有效翻耙而导致的发酵床"死床"、发酵不充分等问题，翁凯全和邱磊（2018）设计了一种能够实现自动翻耙和检测的自走式翻耙机，并对翻耙装置、检测装置、喷雾装置进行改进，确定其关键参数，根据夏季发酵床养殖情况，结合皖北地区气候特点进行了试验。结果表明，相同条件下，自走式翻耙机与人工翻耙相比能够使发酵床垫料各层温度显著升高，平均达 3.1℃，垫料湿度降低 16%，C/N 值下降明显，每日最高温度下 THI（猪舍温湿度指数）均值为 69.7，所以使用自走式翻耙机能够改善夏季猪舍环境，从而促进生猪生长。

2．福建省发酵床应用

（1）2008～2010 年示范推广情况 现代发酵床养猪技术源于日本，由畜禽排泄物的堆肥化处理技术演变而来，于 2005 年由福建洛东生物技术有限公司引入我国福建，被称为洛东微生物发酵床养猪技术（陈永明等，2008）。2005 年 2 月福建省莆田市优利可农牧发展有限公司通过莆田市环保局牵线首次与日本洛东株式会社接触，意向合作试验，3 月日本相关人员到现场勘察，一周后传回土建图纸，进行中大猪舍改造，约 80m²，并于 4 月进猪饲养，第 1 批 78 头；同年 11 月改建保育猪舍约 200m²；2006 年 5～8 月扩改建约 1900m²；2008 年 3 月新建投产 2000m²，计划新建面积 7000m²（林国徐，2008）。垫料由谷壳、锯末各 50% 构成，锯末经防腐剂处理过的不得使用，锯末、谷壳不得霉变；怀孕母猪、哺乳母猪每头最少需要 1.5m³ 垫料来吸收消纳排泄出来的粪尿，怀孕母猪如果是定位栏（栏面宽 0.6～0.7m），垫料厚度大约在 1.0～1.5m；保育猪垫料一般在 0.5～0.6m；中大猪垫料一般在 0.8～0.9m；洛东酵素（包含洛东 A-90 纳豆芽胞杆菌、淀粉酶、蛋白酶等微生物和酶类）长期添加在猪的饲料中，猪的消化道内形成益生菌的强势群体（林国徐，2008）。

据监测，1 头 90kg 左右的商品猪日排粪量约 2.2kg、尿量 2.9kg 和产生污水 20～30kg，这些污染物若得不到及时处理，任其随意排放就会污染环境，因此，采取生态养殖模式，重视养殖全过程管理，实行清洁生产，是控制猪场污染、提高猪肉品质、增加养殖收入的关键（滕建标等，2008）。董佃朋等（2009）以成熟芦苇秆为原料，研究了不同粉碎程度的芦苇秆在发酵床中的适宜配比、堆积发酵和使用特点，及如何通过调节不同原料的配比来控制霉菌的发生。结果表明，芦苇秆发酵床堆积 10 ～ 15h 后温度可升到 60℃左右，并可保持较长时间，垫料堆中的温度呈正态分布；在垫料堆积期间均无霉菌发生，发酵结束摊开 5d 后，添加 40% 和 60% 芦苇秆但未加锯末垫料的中、下部均出现霉菌，而添加 40% 锯末的芦苇秆垫料无霉菌发生，使用运行正常。因此，垫料中添加芦苇秆有利于促进发酵热量的快速提升，通过添加锯末和控制霉菌生长条件可减少霉菌发生的概率。

猪的一生中仔猪期其生长发育最快，饲料利用率最高。同时，仔猪阶段的死亡率也是最高的，特别是出生后 1 周和断奶 2 周内的发病率和死亡率尤其突出。仔猪死亡会给养猪者带来巨大的经济损失。因此，加强仔猪的管理，特别是加强断奶仔猪的管理是降低养猪成本、提高养猪效益的关键。仔猪发病和死亡的主要因素源于应激。因此，仔猪管理的实质是减少仔猪应激，即应激管理。应激管理的核心是环境管理，即仔猪栖息环境和体内消化道环境。洛东微生物发酵床养猪技术的特点是注重猪只体内和体外的环境管理。张益书（2009）总结了该技术饲养断奶仔猪的管理内容和特点，如下所述。

① 改善仔猪消化道酶系统环境。仔猪在 20 日龄以前，消化器官不发达，消化腺机能不完善，消化酶 (胃蛋白酶、肠胰蛋白酶和淀粉酶) 在 3 周龄后才开始上升，35 ～ 40 日龄，蛋白酶才具有较强活性，表现出消化能力，仔猪才能较好地利用乳汁以外的饲料。目前，集约化养猪场普遍采用 3 周龄断奶，由于仔猪对母乳的依赖而产生强烈的应激。仔猪强烈的依赖母乳是由于仔猪没有能力获得乳汁以外饲料中的营养，这种应激是仔猪生理需要所产生的条件反射。在仔猪开口料、断奶过渡料和保育料的全价饲料中添加洛东酵素，很大程度上弥补了仔猪消化道内所缺乏的、具有高活性的淀粉酶和蛋白酶 (胃蛋白酶和肠胰蛋白酶)，同时，酵素中的纳豆芽胞杆菌及促进发展起来的双歧杆菌和乳酸菌所分泌的多种酶和多种酸 (乙酸、丙酸、丁酸和乳酸)，改变了消化道的 pH 值和功能，从而激活了原有酶的活性，使消化道内消化酶的总量增加和酶的活性增强，达到改善消化道微生态环境、提高仔猪消化乳汁以外饲料的能力的目的。洛东酵素 A-120 在仔猪开口料、断奶过渡料和保育料中的添加量为 2kg/t。

② 建立消化道的菌群平衡，改善仔猪消化道的微生态环境。随着仔猪消化器官的发育，消化机能不断完善，消化道的微生态系统将逐渐得到优化，但时间较长，需在 40 日龄后。在此之前，仔猪消化道的微生态系统是很脆弱的，易受到致病菌攻击而导致仔猪生病。因此，人为改善仔猪消化道环境，建立消化道的菌群平衡尤为重要。仔猪饲料中添加洛东酵素 (纳豆芽胞杆菌、凝结芽胞杆菌) 就是为此目的而进行的。纳豆芽胞杆菌进入消化道后，大量生长繁殖，快速消耗掉肠道内的氧气，这为长期定植在消化道内的双歧杆菌和乳酸菌创造了厌氧条件，使其大量增殖，同时带动凝结芽胞杆菌生长。这样，仔猪消化道就形成了以纳豆芽胞杆菌、凝结芽胞杆菌、双歧杆菌、乳酸菌为主体的益生菌强势菌群，提早建立起消化道的菌群平衡，有效地改善了消化道的微生态环境，从而增加仔猪采食量，提高饲料转换率以及仔猪日增重、免疫力和抗应激能力。采用洛东微生物发酵床养猪的饲料中，从开口料开

始到育肥出栏的全过程，均无需添加抗生素和高铜，因为抗生素和 Cu^{2+} 会杀灭纳豆芽胞杆菌和凝结芽胞杆菌等益生菌。Fe、Cu、Zn、Mn 等微量元素的补充，最好采用氨基酸螯合物原料。在喘气病和传染性胸膜肺炎流行较严重的猪场，可间断式（半月左右）地在饲料中添加抗生素饲喂 35d 做预防，停药后垫料需深翻或堆积发酵一次，将抗生素杀灭的益生菌培养起来。

③ 有效改善仔猪栖息环境温度和空气质量。仔猪从 7 日龄开始有调节体温的能力，到了 3 周龄发育完全。尽管如此，仔猪调节体温的能力仍然较弱，且皮下脂肪较少，对低温非常敏感，稍有不慎，就会造成仔猪低温应激。仔猪断奶后留产床 1 周，有保温箱保护，温度较好控制。1 周后转入传统保育舍，仔猪栖息的地面有效环境温度与空气温度的温差较大（如空气温度 28℃时，水泥地面的有效环境温度为 20℃）而造成温差应激。

针对近几年微生物发酵床养猪技术的应用发展趋势，蓝江林等（2010）论述了采用微生物发酵床养猪模式的生态安全问题，并结合调查和研究结果，认为微生物发酵床养猪模式生态安全问题产生的根本原因不在于技术本身，而是目前缺乏相应的管理运行措施。因此，亟须建立一套资源循环利用管理运营体系，包括垫料替代及管理技术、饲料源头控制制度、废弃垫料资源化循环利用技术。近年来，龙岩市新罗区的生猪养殖业快速发展，成为当地经济发展的支柱产业，但同时也导致九龙江龙岩段水质特别是新罗区段水质出现了不同程度的下降，流域污染加重。如何促进养殖业与环境保护协调发展一直是困扰当地经济发展的一大难题。为此，刘金林（2010）开展了新罗区生猪发酵床配套技术研究，对发酵菌、接种量、垫料方式以及垫料材料进行研究，以期为进一步完善发酵床技术提供理论依据。

为研究微生物发酵床饲养环境下肉仔鸡在白天（8:00 ～ 20:00）的行为表现，郑雪芳等（2010）随机选取 9 只肉仔鸡进行连续 1 周的观察。结果表明，微生物发酵床饲养下，鸡的各行为持续时间中，趴卧时间最长，约占 80%，而鸡的行走、奔跑及梳羽等运动时间较少，约占 10%，且运动主要集中在 8:00 ～ 10:00 和 18:00 ～ 20:00 这两个鸡舍环境温度相对较低的时段。一天中，鸡出现两次采食高峰期和两次饮水高峰期：采食高峰期出现在 14:00 ～ 16:00 和 18:00 ～ 20:00；饮水高峰期出现在 14:00 ～ 16:00 和 10:00 ～ 12:00。此外，肉仔鸡的体温和张嘴率与环境温度密切相关，与之成正比。

（2）2011 ～ 2013 年示范推广情况　宋泽琼等（2011）采用"盐梯度悬浮法"测定不同发酵时间发酵床垫料的悬浮率，根据垫料表观确定其发酵程度级别，可将 30 个样品分为四级：一级发酵程度浅；二级发酵程度中等；三级发酵程度深；四级发酵程度很深。结合多元线性回归分析法，确定垫料发酵指数方程为 $Y=3.9932-0.0046 X_1+0.0531 X_2-0.0484 X_3-0.0083 X_4-0.0179 X_5-0.0404 X_6$，判别的相关系数高达 94.20%。结果表明，使用该方程测定未知垫料的发酵指数，能快速、准确地判定未知垫料的发酵程度。蓝江林等（2013）利用气相色谱-质谱联用（GC/MS）技术分析不同发酵程度垫料的挥发性物质，共检测到 7 类 22 种物质（匹配度≥90，相对含量≥4%）。根据挥发性物质的种类和含量，将 30 个样品分为 4 类，分别对应 4 个发酵级别，即Ⅰ级发酵程度浅、Ⅱ级发酵程度较深、Ⅲ级发酵程度深、Ⅳ级发酵程度很深。利用聚类分析、逐步判别分析，构建了垫料发酵程度判别模型。判别模型对垫料发酵程度级别的判别准确率达 96.67%，精确度可以满足垫料发酵程度归类，为建立养猪微生物发酵床垫料发酵程度判别模型标准和计算机自动分析方法提供了可靠的基础。

不论传统养殖还是微生物发酵床养殖，高温高湿的饲养环境都将会引发猪群严重的热应激。当室内温度达到25℃时，猪群有不适应感，尤其以母猪表现明显；当舍内温度达28～30℃时，猪群出现明显热应激，猪只呼吸加快、喘气、食欲下降；室内温度达32～35℃时，猪只呼吸加快，张口呼吸、流涎、心跳加快、采食量减少或不食，如不及时降温通风，可导致中暑及其他潜伏性疾病发生，造成严重经济损失。为做好生物发酵舍猪群度夏，余红等（2011）结合多年实践经验，从降温措施、垫料管理和猪群管理三方面系统介绍了夏季发酵床养猪的技术措施，以降低热应激给养猪业带来的经济损失，促进养猪业健康、稳定发展。其中，防暑降温设施包括猪舍顶隔热处理、安装强制通风设备等。通风降温措施包括水帘风机降温、雾化通风降温和滴水降温。利用水分蒸发、通风等来调控发酵床养猪小气候环境，使舍内温湿度调控至猪群比较适宜的程度，减少热应激带来的损失。

郑雪芳等（2011）通过调查微生物发酵床养猪垫料大肠杆菌及其毒素基因的数量分布变化动态，分析微生物发酵床对猪舍大肠杆菌的生物防治作用。分离不同使用时间、不同层次垫料的大肠杆菌，利用PCR特异性扩增 *UdiA* 基因来鉴定、检测大肠杆菌，并对大肠杆菌12种毒素基因进行多重PCR检测。构建大肠杆菌种群分布的动态模型，分析微生物发酵床对大肠杆菌病原的生物防治效果。从不同使用时间、不同层次垫料分离鉴定出大肠杆菌419株，并从这些菌株中检测出59株携带毒素基因，毒素基因类型为8种。其中1个月垫料的毒素基因阳性检出率最高，为22.47%，其次是7个月的基质垫料，为16.5%，最低的是9个月的基质垫料，为4.23%。大肠杆菌在微生物发酵床垫料中的种群数量随时间变化规律为：随着使用时间的增加种群数量逐步减少；种群数量空间变化规律为：表层（第1层0～10cm）和底层（第4层60～70cm）分布量最大，第2层（20～30cm）分布量最少。大肠杆菌毒素基因的分布规律与之类似。从构建的大肠杆菌种群分布动态模型可以看出，垫料第1层（$y=169.67x-1.0137$）和第3层（$y=313.11x-2.1885$）大肠杆菌种群数量随使用时间呈指数线性方程分布；第2层（$y=0.1006x^3-2.3733x^2+16.094x-22.454$）和第4层（$y=0.3159x^3+6.0913x^2-35.634x+79.513$）大肠杆菌种群数量随使用时间呈一元三次方程分布，垫料能明显抑制大肠杆菌的生长。垫料使用后期（第9个月）比使用初期（第1个月）大肠杆菌种群数量明显减少，降低幅度在67.45%～96.53%，说明微生物发酵床对猪舍大肠杆菌能起到显著的生物防治作用。微生物发酵床能抑制大肠杆菌特别是携带毒素基因的大肠杆菌的生长，且对大肠杆菌的生物防治效果随使用时间的延长而增加。

陈燕萍等（2012）采用椰子壳和菌糠为配比基材，以传统垫料配方谷壳：锯末 =1：1为对照，检测其堆积发酵过程中的温度、pH值、电导率、盐度、微生物量等理化参数的变化，初步分析并确定菌糠和椰子壳粉制作养猪垫料的优势配比；然后结合实际养猪试验，比较不同配比垫料的感官品质和猪肉品质，确定制作垫料的最佳配比。结果表明，2号处理椰子壳粉：菌糠 =2：1（体积比）配置垫料的温度、pH值、电导率、盐度、细菌数量、真菌数量变化趋势均与对照相似，在聚类分析 $\lambda=1.5$ 时，与对照归为1类；3号处理椰子壳粉：菌糠 =1：1（体积比）配置垫料的温度、pH值、细菌数量变化趋势与对照相似，在聚类分析 $\lambda=8.75$ 时，与对照、2号处理归为1类。两个配比垫料养猪试验发现，2号、3号处理的垫料感官品质及饲养猪肉品质均好于对照。总结分析表明，椰子壳粉和菌糠制作微生物发酵床养猪垫料的最佳配比为椰子壳粉：菌糠 =2：1，其次是椰子壳粉：菌糠 =1：1。为进一步探索生物发酵床发酵机理，何侨麟等（2012）分析了发酵床不同断面温湿度的变化及与猪舍环境小气候的关联。结果表明：①发酵床不同断面温度变化差异显著（$P < 0.01$），其中10cm断面温度较表层提高2.56℃（$P < 0.05$），20～40cm断面温度较表层提高7.10～9.42℃（$P < 0.01$）；②发酵床10cm断面垫料含水率较20cm和30cm断面分别高11.5%（$P < 0.05$）和13.5%（$P < 0.05$），20cm断面含水率与30cm断面差异不显著（$P > 0.05$）；③发酵床不同断面温度和含水率与环境小气候相关性不显著（$P > 0.05$）。可见，发酵床温度不会随外界环境温湿度的变化而有较大变化，其表层和内部温度能维持相对稳定。

刘金林（2012）通过对发酵床养殖与常规养殖进行比较试验，评价了生猪发酵床养殖效果。结果显示，发酵床养殖发病率（腹泻、咳嗽、消化不良症）分别下降24.5%（$P < 0.05$），减少一半以上的用工量，节约5.4倍的用水量（$P < 0.05$），猪日增重提高13.2%（$P < 0.05$），料肉比下降4.17%（$P < 0.05$）。浅层垫料发酵床养殖和深层垫料发酵床养殖分别较常规养殖节支15.6万元和10.1万元，经济效益显著。唐建阳等（2012）比较了微生物发酵床养殖和传统养殖条件下仔猪的行为特点。结果发现，两种养殖模式下，仔猪躺卧和睡眠行为持续时间占被测行为比例最高，达70%以上，采食和饮水行为次之，分别为15.96%（微生物发酵床养殖）和9.33%（传统养殖）。相比传统养殖，在微生物发酵床养殖中，仔猪探究行为发生概率和持续时间比例明显增加，分别增加了28.62%和12.21%；争斗行为发生概率和持续时间比例明显减少，分别减少了49.83%和91.26%。微生物发酵床饲养下仔猪的营养指数和传统饲养下仔猪的营养指数相当，分别为10.83和10.03，而微生物发酵床饲养下仔猪的健康指数为245.12，明显高于传统饲养下仔猪的健康指数（21.96），说明微生物发酵床养殖模式下，仔猪生长得更为健康。蓝江林等（2013）通过持续采样，分析不同使用时间和不同发酵程度垫料的理化特性，结果表明，不同使用时间垫料各理化性质变化显著。使用5～16个月的垫料，吸水性随着使用时间的延长不断降低，pH值、含水量、电导率、盐度、有机质和氮磷钾总量不断升高，与使用5个月时差异显著（$P < 0.05$）。垫料有机质的含量随使用时间的延长而逐渐降低。使用5个月、7个月、9个月和16个月的垫料有机质含量分别为59.72%、49.34%、44.94%和38.41%，含量变化差异显著。全氮的含量随着垫料发酵的进行逐渐减少，全磷和全钾的含量随着使用时间延长均呈上升趋势。

（3）2014～2016年示范推广情况 曾庆才等（2014）以微生物发酵床养猪技术带来的新兴农业副产物——微生物发酵床养猪垫料为主要培养基质，以产孢量为指标，通过单因素、响应面分析法优化生防菌哈茨木霉FJAT-9040固体发酵的培养基。单因素结果表明，发酵培养基主成分微生物发酵床养猪垫料与麸皮的比例为9:1；最适疏松值、无机碳源和无机氮源分别为麦粒40.00%、蔗糖3.00%和硫酸铵2.00%。响应面分析结果表明，麦粒、蔗糖、硫酸铵对哈茨木霉产孢量存在显著相关性（$P < 0.05$）。通过求解回归方程可得：当微生物发酵床养猪垫料:麸皮=9:1、麦粒含量为36.74%、蔗糖含量为3.07%、硫酸铵含量为1.75%时，孢子产量最高，可达$2.98×10^9$CFU/g，与实际值相近。

李兆龙等（2014）分析了大栏微生物发酵床养猪模式对育肥猪品质的影响。试验以2000头胎次相近、60日龄左右的"杜洛克×长白×大约克"商品猪分别在水泥地面猪舍（对照组）和微生物发酵床大栏猪舍（试验组）中饲喂120d。试验结束时，试验组、对照组各选取15头猪进行屠宰并测定肉质。结果表明，大栏微生物发酵床养猪模式饲养的肉猪背膘厚比对照组高 2.2%（$P < 0.05$），眼肌面积比对照组多 5.5%（$P < 0.05$），差异显著；肉色得分，大栏微生物发酵床养猪模式饲养的肉猪比传统猪舍饲养的肉猪高 18.21%（$P < 0.01$），大理石样纹（肌间脂肪）比对照组高 39.11%（$P < 0.01$），嫩度比对照组高 17.06%（$P < 0.01$），差异极显著；肉质中氨基酸总量有差异，但不显著，赖氨酸和组氨酸的含量比传统水泥地板猪舍饲养肉猪提高了 3.27% 和 15.7%，差异显著，其他方面差异不显著。说明发酵床养猪可以显著提高猪肉的嫩度，改善猪肉的风味，对肉色、部分氨基酸等肉品质指标及全性能指标有显著影响。刘波等（2014e）报道了微生物发酵床菜猪大栏养殖猪舍结构设计。微生物发酵床育肥猪大栏养殖猪舍占地面积 2100m²，养猪发酵床面积 1900m²，利用率 90.48%，比传统猪舍包括隔离带的建设占地面积利用率 46% 提高 45 个百分点。猪舍四周设有喂食槽，饮水槽设置在发酵床的中央分割线上和短边喂食槽的中部，实现料水干湿分离。猪舍长边的两侧设置有电动铝合金卷帘，用于控制通气、降温和保温；短边的两侧分别设置有风机和湿帘，屋顶外安装有喷雾降温装置，用于猪舍内的降温。猪舍的环境控制，包括光照、温度、水分、湿度、二氧化碳、氨气实现自动化。利用椰糠和谷壳配置的发酵床垫料养猪，实现了无臭味、"零排放"、肉质优、省人工、控猪病、无药残、产肥料、智能化、机械化。

刘波等（2014b）研究提出全程接触式微生物发酵床母猪大栏饲养系统猪舍设计。整个猪舍用地规划面积 5700m²，边缘留有绿化带和工作场所。接触式微生物发酵床母猪大栏养殖系统猪舍长 93m、宽 33m，总面积 3069m²，其中办公室面积 60m²、走道 107m²、发酵床长 88.7m、宽 27.7m，面积 2457m²，占猪舍总面积的 95%，垫料高度 80cm，垫料体积 2321m³，椰糠＋谷壳垫料约 733t。在一个大空间微生物发酵床上，设计安排公猪养殖、后备母猪、怀孕母猪、母猪产床、保育仔猪等养殖区。微生物发酵床母猪大栏养殖猪舍系统装备设计了自动喂料系统、自动喷淋系统、怀孕母猪自动定位栏系统、母猪产床系统、风机水帘降温系统，视频监控系统、环境参数包括光照、温度、水分、湿度、CO_2、NH_3 等自动监控系统。在各个养殖区域设计了采食槽和饮水槽，饮水槽设计了溢流管，排除多余的水。整个猪舍饲养母猪 500 头，每头母猪平均占有发酵床的面积是 4.9m²，年出栏仔猪 10000 头。

刘波等（2014f）开展了微生物发酵床大栏养殖 1500 头猪群管理的研究。以猪日龄为核心，观察体重范围、平均体重、日增重、饲喂天数、日采食量范围、日均采食量、阶段采食量、累计采食量、料重比、累计料重比等，建立了一套猪群生长状况动态模型，包括：①猪体重（y）与日龄（x）模型为 $y=0.7589x-19.883$（$R^2=0.9937$）；②猪增重（y）与日龄（x）幂指数关系模型为 $y=1.0395x^{0.5051}$（$R^2=0.8854$）；③日均采食量（y）与日龄（x）模型为 $y=0.0235x-0.3343$（$R^2=0.9917$）；④猪料重比（y）与日龄（x）线性关系模型为 $y=0.022x+0.4278$（$R^2=0.9885$）等，作为理论值，判别特定日龄下猪的生长状况。当猪体重、猪增重、日均采食量、猪料重比实际值低于理论值时，必须寻找原因，加强猪的管理。对微生物发酵床大栏养殖 1500 头猪群，60～77 日龄生长阶段的日均采食量观察，可以看出在 60～65 日龄发酵床猪日均采食量低于理论值，表明发酵床养殖初期，猪还有个适应过程，到了 70～75 日龄发酵床猪日均采食量高于理论值，表明猪已适应发酵床养殖，特别是在 75 日龄发酵床猪日均采食量提高 21%，表明发酵床养猪更加有利于猪的生长。微生物发酵床大栏养殖猪群的主要病害有皮炎（痘状斑疹）、拉稀（消化道疾病）、咳嗽（呼吸道疾病）、僵猪（营养不良）、眼病（眼结膜炎）、外伤（拐脚），未发现烈性传染病。从发酵床养猪发生的病害看，整体发病情况比较低，各种病害的发病率不超过 10%，治疗的难度也不大，只要加强垫料管理，注意喂食，保障水质干净，许多病害可以自愈。

应正河等（2014）开展了利用微生物发酵床养猪垫料废料（不同添加比例）栽培毛木耳（*Auricularia polytricha*）研究，分析其对毛木耳的产量、品质及重金属含量的影响。结果表明，垫料添加到 30% 时（垫料 30%，木屑 49%，棉籽壳 11%，麸皮 7%，1% 石膏，1% 石灰，1% 轻质碳酸钙，含水量为 63%），产量最高，每袋达到 269g，比对照提高 11.16%（$P < 0.01$），其子实体中磷、钾、钠、钙、镁、铁、锌及锰含量均比对照高，且子实体中铅、镉、砷和汞含量符合绿色食品标准。应正河等（2014b）测定了微生物发酵床养猪垫料的营养成分，研究其不同添加量对 5 种食用菌菌丝生长的影响。结果表明，垫料含氮量为 1.63%，可作为食用菌菌丝生长的氮源；5 种食用菌菌丝在不同的配方上都能生长，适宜的添加量有利于促进菌丝生长，添加垫料为 35% 时，平菇菌丝生长速率最快，达 9.50mm/d；添加垫料为 40% 时，毛木耳菌丝生长速率最快，达 4.50mm/d；垫料添加量为 35% 时，金针菇菌丝生长速率最快，达 4.35mm/d；垫料添加量为 20% 时，滑菇菌丝生长速率最快，达 4.52mm/d；垫料添加量为 45% 时，真姬菇菌丝生长速率最快，达 2.60mm/d，它们和对照差异极显著（$P < 0.01$）。

为了将农业副产物——微生物发酵床养猪垫料废弃物（简称垫料）替代草炭应用于新型育苗基质，陈燕萍等（2015）建立了一套通过垫料浸提液快速筛选基质配方的方法。将两种不同使用年限的垫料分别提取浸提液并梯度稀释后检测其对甜瓜、黄瓜、白菜、甘蓝、番茄和辣椒 6 类种子的发芽影响；同时参照浸提液稀释浓度，用垫料与椰壳粉按比例配制成基质，穴盘育苗检测基质对种苗生长的影响；分析两个试验之间的相关性。结果表明，供试基质各理化性质基本符合理想基质要求。最适宜种子发芽的浸提液质量分数均为 30%，发芽率都在 97% 以上；同时最适宜种苗生长的基质中垫料含量为 30%（体积分数），出苗率均达 85% 以上。相关性分析表明，垫料浸提液对种子的发芽率、发芽指数、活力指数与基质对种苗的出苗率和成苗率具显著正相关性。由此推导筛选基质配方的快速方法：通过检测不同浓度的垫料浸提液对作物种子的发芽影响，筛选最适种子生长的浓度，依据该浓度推导最佳基质配方中垫料含量。为进一步探索微生物发酵床养殖过程中陈化垫料的资源化利用过程，李艳波等（2015）研究了陈化垫料好氧堆肥过程中的温室气体排放以及微生物菌剂的影响。结果表明，在碳氮比合适的情况下，无论添加菌剂与否，陈化垫料均能正常堆肥并达到腐熟要求，添加微生物菌剂可以促进堆肥进程，缩短生产周期。添加微生物菌剂处理的 CO_2 与 CH_4 排放通量均高于空白对照，高温发酵菌剂 FC-1（$> 70℃$）处理能降低 N_2O 排放，温室气体总排放率明显低于普通发酵菌剂与空白对照，与空白对照相比，减排率为 9.1%。

为了解大栏微生物发酵床养猪对育肥猪抗病力的影响，李兆龙等（2015）将 60 日龄左右体重相近的"杜洛克 × 长白 × 大约克"商品猪 2000 头随机等分为试验组和对照组。试验组采用大栏发酵床饲养方式，对照组采用常规水泥地板饲养方式进行育肥，其他饲养管理条件一致，试验期 120d。试验结束时，试验组和对照组各随机抽取 6 头猪空腹采集血样检测。检测结果发现，试验组的血清碱性磷酸酶活性比对照组提高 0.86%（$P > 0.05$），丙氨酸转移酶活性降低 33.8%（$P < 0.01$），血清尿素氮含量降低 39.8%（$P < 0.01$），总胆固醇含量增加 9.4%（$P < 0.05$），总胆红素增加 36.4%（$P > 0.05$），血糖降低 41.4%（$P < 0.01$）；IgA（g/L）含量增加 34.05%（$P < 0.01$），IgG（g/L）含量提高 21.6%（$P < 0.01$），IgM （g/L）含量提高 17.3%（$P < 0.05$）；猪瘟抗体效价比对照组增加 37%（$P < 0.05$）。结果表明大栏微生物发酵床饲养方式，可以改善猪体内的糖、蛋白质和脂肪的代谢，降低猪的应激，提高猪的免疫力，增强抗病能力。为阐明微生物发酵床大栏猪舍的度夏问题，林营志等（2015）研究分析了猪舍环境参数在夏季高温季节的动态变化。通过自动观测系统连续采集 2014 年 6 月 1 日至 9 月 12 日共 104d 的猪舍室内外环境数据，结果表明：室内平均温度为 29.3℃，垫料内层（20cm）平均温度为 40.5℃，室内平均湿度为 78.0%，平均氨气体积分数为 14.4×10^{-6}，平均二氧化碳体积分数为 955×10^{-6}。由于猪舍通风能力强，辅以降温设备，室内空气平均温度不超过 30℃，平均氨气体积分数小于 20×10^{-6}，平均二氧化碳体积分数小于 1200×10^{-6}，均低于猪舍限定阈值，符合生猪生长要求，从而解决了发酵床养猪的度夏问题。室内温度与垫料内层（20cm）温度呈显著正相关，相关系数为 0.5540，室内温度与室内湿度呈显著负相关，相关系数为 –0.433 3。夏季猪舍内温区可分为 2 类：第 1 类为高温区，温度范围为 28 ～ 32℃；第 2 类为中温区，温度范围为 24 ～ 27℃，舍外温区划分与之相似。猪舍室内、外环境相关系数分析表明，室内平均温度与室外二氧化碳呈负相关（–0.42），室内相对湿度与室外温度（平均、最高、最低）、室外地表温度、室外二氧化碳浓度呈显著正相关，相关系数分别为 0.54*、0.54*、0.46*、0.44*、0.52*（* 表示差异显著）。潘志针等（2015）采用极性从低到高的 5 种有机溶剂对微生物发酵床养猪中垫料的物质组分进行梯度萃取，发现物质提取率乙醇＞丙酮＞乙酸乙酯＞氯仿＞石油醚。采用气相色谱质谱联用（GC/MS）对不同溶剂层的物质组分进行分析鉴定。研究结果显示，垫料中的物质组分以酯类物质和烃类物质为主，其中石油醚和氯仿对低极性的酯类物质和长链烷烃的提取效果较好，但氯仿层提取的种类更多，对不饱和烃的提取效果要优于石油醚层；乙酸乙酯对烯烃类化合物（包括多环芳烃）有较好的提取效果；丙酮适合全物质提取，对垫料中低极性的烷烃组分到高极性酯组分的提取效果均较好；乙醇溶剂适合极性较高的酯类物质的提取。

为探索发酵床养猪垫料废弃资源作为毛木耳培养料的再利用技术，汤葆莎等（2015a）以毛木耳 781 为试验菌种，采用试管培养的方法，探讨发酵床养猪废弃垫料以不同比例替代麦麸、木屑的培养基质配方对毛木耳菌丝生长效果的影响。试验结果表明：以发酵床腐殖质代替 50% 木屑的培养基，菌丝生长速度最快、培养后期的持续生长力最强。试验证实，纤维含量丰富的发酵床养猪废垫料，适宜作为毛木耳菌丝培养的木屑替代料，其最大替代比例为 50%，可有效促进菌丝生长速度与持续生长势；而以发酵床养猪废垫料替代部分麦麸作为培养料，则明显削弱菌丝后期的生长速度。发酵床腐殖质是现代化畜牧养殖业中产生的废弃物，为避免造成环境污染，必须多方式加以资源化再利用。汤葆莎等（2015b）以不同比例的发酵床腐殖质作为培养大球盖菇菌丝的主要基质原料，比较其菌丝形态和生长速度，对发酵床腐殖质代料培养大球盖菇菌丝的适合性进行评价。结果表明：完全替代麦麸用料组（处理Ⅰ）的菌丝由于生长细弱、稀疏，不适宜作为替代料配方使用；完全替代木屑用料组（处理Ⅱ）菌丝生长缓慢；有添加麦麸的其他配方，菌丝均洁白、较浓密，菌丝生长情况与 CK 组相当。鉴于相同的菌丝生长情况，可继续优化发酵床腐殖质的替代应用方法，选择最佳替代比例进行大球盖菇菌丝培养。

吴志丹等（2015）通过连续 4 年（2009 ～ 2012）田间定位试验，研究配施不同比例生物基质肥料（养猪场发酵床垫料）对茶园土壤酸度的影响，探讨生物基质肥料降低茶园土壤酸度机制。试验设置生物基质肥料替代化肥比例的 5 个处理：0（CK）、25%、50%、75% 和 100%。结果表明：与 CK 相比，配施生物基质肥料处理的 0～20cm 土层土壤有机碳含量提高 3.00%～22.74%，pH 值提高 0.22～0.72 个单位，土壤交换性酸降低 16.01%～73.64%，盐基离子总量增加 39.29%～248.21%，盐基饱和度提高 43.90%～254.21%；20～40cm 土层土壤有机碳含量提高 0.99%～11.48%，pH 值提高 0.14～0.59 个单位，土壤交换性酸降低 8.75%～32.15%，盐基离子总量增加 46.03%～301.59%，盐基饱和度提高 51.79%～252.95%。配施生物基质肥料处理能有效降低茶园土壤酸度，改良效果随着生物基质肥料施用比例的提高而增大。配施生物基质肥料能提高酸化土壤的盐基离子浓度和盐基饱和度，降低土壤交换性酸含量是生物基质肥料改良茶园土壤酸度的重要原因。

为优化枯萎病生防菌哈茨木霉 FJAT-9040 生防菌剂的固体发酵条件，肖荣凤等（2015）以农业副产物——微生物发酵床养猪垫料为主要培养基成分，采用聚丙烯塑料袋培养法进行菌株 FJAT-9040 的固体发酵，分析了接种方式、装料量和培养时间等因子对该菌株生长的影响，并测定了发酵产物对苦瓜植株生长的影响及其对苦瓜枯萎病的田间小区防治效果。结果表明，拌菌后装袋培养处理组优于装袋后接菌培养处理组。综合比较发现，采用拌菌后装袋培养，当装料量为 60%～70% 时，第 18～20 天时产孢量达到最大值，为（4.33～4.46）×10^8CFU/g，较初始接菌量增加了 4 个数量级。此时，外观观察发现菌丝体呈深绿色，且长满整个培养袋。使用 5% 和 10% 哈茨木霉 FJAT-9040 生防菌剂处理苦瓜苗，能显著促进植株根系与藤蔓的增长，比对照组分别长 8.0～8.3mm 和 27.5～51.2mm，但对叶片数影响不显著。移栽时及移栽后共使用 2 次该生防菌剂对田间苦瓜枯萎病的防治效果为 61.21%，与相同处理方式的化学药剂多菌灵的防治效果 59.93% 相当。

为了揭示微生物发酵床猪舍病原菌的空间分布特点，陈倩倩等（2016）对浸水垫料和不同发酵等级的垫料进行致病菌毒素基因的克隆，分析垫料中致病菌的分布特征。结果表明，在发酵床垫料中大肠杆菌是普遍存在的微生物，链球菌和胸膜肺炎放线杆菌分布也比较广泛。魏氏杆菌在发酵等级为 Ⅱ、Ⅲ 的垫料中含量低，在发酵等级为 Ⅰ 和 Ⅳ 的垫料中分布较多，而在管理不善的浸水垫料中普遍存在。同样，副猪嗜血杆菌在发酵等级 Ⅲ 的垫料中未见到，在 Ⅱ 和 Ⅳ 的垫料中较低，而在管理不善的垫料中广泛存在。多杀性巴氏杆菌在发酵程度为 Ⅰ 和 Ⅳ 的垫料中未检测到，在 Ⅱ、Ⅲ 的垫料中分布较少，而在管理不善的垫料中广泛存在。沙门菌和丹毒杆菌在发酵床垫料中都未检测到。通过对发酵床病原菌分布的聚类分析，将病原菌分为低频种类、中频种类和高频种类三种类型；将不同位置的发酵床垫料分为致病菌种类少、种类中等和种类多样的垫料三种类型。

蓝江林等（2016）采用定点取样、平板分离的方法，分析了养猪发酵床垫料微生物的结构特性。结果表明，在 30 个样点 5 次取样过程中，微生物含量总体为细菌＞放线菌＞真菌。细菌含量变化幅度最大 [（33.72～197.23）×10^5CFU/g]，真菌含量变化相对较小 [(7.87～48.64)×10^3CFU/g]，而放线菌含量变化稳定 [（20.14～33.18）×10^4CFU/g]。细菌含量类群 Ⅰ（＞70.00×10^5CFU/g）平均 9.2 个样点、占总样点的 28.67%；类群 Ⅲ（＜30.00×10^5CFU/g）平均为 8.6 个样点，占总样点的 30.67%；类群 Ⅱ [(30.00～70.00)×10^5CFU/g] 平均为 12.2 个样点，所占比例最大，为 40.67%。真菌类群 Ⅰ（＞70.00×10^3CFU/g）平均仅 3.8 个样点，所占比例最低，为 12.67%；类群 Ⅱ [(30.00～70.00)×10^3CFU/g] 平均为 6.4 个样点，所占比例为 21.33%；类群

Ⅲ（＜ 30.00×10³CFU/g）平均 19.8 个样点，所占比例高达 66.00%。放线菌 3 种类群所占比例与真菌类似，类群Ⅰ（＞ 70.00×10⁴CFU/g）平均仅 1.4 个样点，所占比例最低，仅为 4.67%；类群Ⅱ [（30.00 ～ 70.00）×10⁴CFU/g] 平均 8.4 个样点，所占比例为 28.00%；类群Ⅲ（＜ 30.00×10⁴ CFU/g）平均 20.2 个样点，所占比例高达 67.33%。

新型低位微生物发酵床是在传统漏缝地板的下方建设的，由漏缝地板与发酵床结合形成。低位微生物发酵床利用谷壳、锯糠、椰糠作垫料，加入微生物发酵剂，混合搅拌，平铺在发酵床内。发酵床表面建立一个轨道运行的翻堆蛟龙，定期翻堆混合垫料。猪群排泄物通过人工收集或经漏缝地板漏到发酵床上，经微生物发酵，消除臭味，分解粪污，发酵产生有机肥，达到养猪污染治理的目的（刘波等，2016b）。发酵床养猪是对环境友好的新型养猪技术，其中发酵床垫料表层温度的控制是猪养殖过程中一个关键因素。为了探讨夏季高温期间微生物发酵床表层温度的状态，刘波等（2016c）对微生物发酵床猪舍内部各个区域及其外部环境的表层温度进行测量分析，结果表明：猪舍内发酵床垫料区域 [（30.13±0.86）℃] 和非垫料区域如采食槽 [（30.58±1.09）℃]、饮水槽 [（30.93±0.86）℃] 和猪舍走道 [（29.90±0.69）℃] 的表层温度不存在显著差异，而猪舍内部表层温度与外部温度 [阴影区（35.25℃ ±2.70℃）、非阴影区（41.44℃ ±2.12℃）] 则存在显著差异；不同猪养殖密度的发酵床垫料表层温度不存在显著性差异；在一定养殖密度范围内，猪舍排泄区和非排泄区的垫料表层温度不存在显著性差异。养猪微生物发酵床分解猪粪、消除恶臭，将猪粪形成生物菌肥，实现了养猪污染的微生物治理和猪粪的资源化利用，微生物起到关键作用。然而，关于发酵床微生物群落的种类、数量、结构等方面的系统研究鲜见报道。刘波等（2016d）采用高通量宏基因组学方法，系统地开展了微生物发酵床的微生物组研究，揭示不同空间、不同深度、不同发酵程度、不同垫料组成、不同季节发酵床中的微生物组成及其区系演替规律。就相关的宏基因组测序的样本采集、样本处理、测序原理、分析模型、数据统计、结果表述等分析流程和方法进行了归纳，阐明微生物组操作分类单元（OTU）鉴定，物种累积曲线，核心微生物组，种类丰度主成分分析，种类秩 - 多度曲线，物种组成丰度柱状图、热图、星图等分析的原理与方法，列举微生物组种类复杂度 α- 多样性分析、β- 多样性分析、种类显著性差异 LEfSe 分析，冗余分析等实例，为深入研究发酵床微生物群落提供了完整的分析思路和范例。

潘志针等（2016）采用 TES-135 色差仪对微生物发酵床大栏养猪场的 160 份垫料样本进行色度分析，采用亨特（Hunter）色差公式：$\Delta E=[（\Delta L）^2+（\Delta a）^2+（\Delta b）^2]^{1/2}$ 对样本间的色差进行统计分析，结合 STDEV 算法，根据样本的色差相对于平均值（μ）的离散程度（σ），将垫料的发酵等级分为 4 级：$0 < \Delta E \leqslant \mu–2\sigma$ 为发酵 1 级；$\mu–2\sigma < \Delta E \leqslant \mu$ 为发酵 2 级；$\mu < \Delta E \leqslant \mu+2\sigma$ 为发酵 3 级；$\Delta E > \mu+2\sigma$ 为发酵 4 级。通过表观颜色、干湿度、味道、腐烂程度等对不同发酵等级的垫料样本进行表观描述，结果显示垫料的色度分析能准确反映垫料的发酵等级。这为垫料发酵等级的快速鉴定奠定了理论基础。好氧堆肥是一种有效处理农业废弃物的方法，有利于实现农业资源的循环利用。但堆肥也有它的缺点，堆肥过程中的碳素损失是造成温室气体形成的重要原因。因此研究碳素在堆肥过程中的转化规律对于如何减少堆肥潜在的对环境的负面影响十分重要。王义祥等（2016）以生猪养殖发酵床废弃垫料及秀珍菇菌渣为原料，利用强制通风静态堆肥技术研究垫料和菌渣不同配比及添加 EM 菌剂对堆肥过程碳素物质转化的影响。结果表明，堆肥过程中总有机碳呈逐渐下降趋势；胡敏酸呈逐渐增加的趋势；微生物生物量碳和可溶性碳呈先增后降的变化趋势。堆肥结束时，碳素降解率为 5.7% ～ 10.2%，胡敏酸增加了 56.0% ～ 131.0%，可溶性有机碳增加了 54.5% ～ 81.5%，微生物生物量碳增加了 31.7% ～ 73.4%。以垫料为主料的堆肥处理碳素损失高于以菌渣为主料的处理，添加 EM 菌剂可以加速有机质的矿化分解和提高腐殖质化指数。

为了解大栏养猪微生物发酵床垫料中青霉菌的种类情况，筛选有益青霉菌用于指导管理生猪健康生长，肖荣凤等（2016）从福建省福州市福清和永泰两个基地共采集了 106 份垫料样品，分离其中的青霉菌。对不同样品中分离到的菌株根据菌落形态初步归类后，从不同菌落类群中选出代表性的 3 个菌株，采用菌落形态与菌体形态特征，结合 β- 微管蛋白基因序列分析进行鉴定。结果表明，这 3 株青霉菌中 2 株为橘青霉菌 Penicillium citrinum、1 株为爪哇正青霉菌 Eupenicillium javanicum。叶少文等（2016）于福建省福清市国家现代农业示范园的微生物发酵床养猪栏内采集 0 ～ 50cm 垫料层样品，对微生物发酵床不同方位及不同深度垫料进行酶活性研究，测定其蔗糖酶、纤维素酶、半纤维素酶、中性与碱性磷酸酶活性，探讨酶活性变化规律。结果表明：在 0 ～ 50cm 的垂直深度，随着深度的加大，酶活性显著下降，为微生物发酵床作用机理及垫料发酵程度提供理论参考。

郑雪芳等（2016）开展了微生物发酵床垫料微生物及其猪细菌性病原群落动态的研究，通过分离不同使用时间和不同垫料层次中的细菌、真菌和放线菌，分析微生物发酵床垫料微生物群落动态；分离基质垫料中大肠杆菌和沙门菌，研究其在发酵床垫料中的时间、空间分布动态，分析微生物发酵床对这两种病原细菌的抑制效果。结果表明，微生物发酵床中细菌分布数量最大，在各使用时间和层次的分布量均达到 10^7CFU/g 数量级以上，放线菌分布数量次之，真菌分布数量最小；细菌的分布数量呈现随着垫料使用时间的增加先上升后下降的趋势，而真菌和放线菌分布量随着垫料使用时间的增加而减少。基质垫料有一定量大肠杆菌和沙门菌的分布，分布数量与细菌呈显著的负相关，与真菌和放线菌呈显著正相关，在垫料使用的后期（使用 5 个月）比使用前期（使用 1 个月）分布数量明显减少，减少幅度分别为95.34% 和 44.41%，说明微生物发酵床对猪舍大肠杆菌和沙门菌病原能起到显著的抑制作用，可控制由大肠杆菌和沙门菌病原引起的猪病害。

余勋信和黄金龙（2014）介绍了发酵床养鸡技术的研究进展。发酵床养鸡（又称生态养鸡、土著菌养鸡），是指将鸡散养在由锯末、稻壳、秸秆等物料铺成的发酵床上，从而实现粪污零排放的养殖方法。传统的笼养方式，改变了鸡的生物习性，同时封闭的环境极易滋生致病菌。发酵床养鸡技术是利用自然环境中的生物资源，即采集土壤中的多种有益微生物，通过对这些微生物进行培养、扩繁，形成有相当活力的微生物母种，再按一定配方将微生物母种、稻草以及一定量的辅助材料和活性剂混合，形成有机垫料，在按照一定要求设计的鸡舍垫上有机垫料，鸡从小到大都生活在垫料上，鸡的排泄物被垫料中的微生物迅速降解，不需要对鸡的排泄物进行人工处理，达到"零排放"。试验表明，采用此法饲养，可以明显提高蛋鸡的日产蛋量，肉鸡可以提早 3 ～ 7d 上市。

（4）2017 ～ 2018 年示范推广情况　近年来，在农业部悉心指导下，福建省立足水系发达、农业资源环境压力大等特点，把畜禽粪污资源化利用作为农业面源污染防治工作的重中之重，加强组织领导，强化政策保障，加大投入力度，创新治污机制，狠抓措施落实，畜禽粪污综合利用取得显著成效，全省粪污综合利用率提高到80%左右，有力推动了畜牧产业转型升级，走出了一条畜牧业生产与资源环境保护"双赢"的绿色发展道路（福建省农业农村厅，2017）。

目前，闽北地区全番鸭养殖量约占水禽养殖量的70%，但鸭棚模式多种多样且大多数鸭棚的建造及使用不符合国家养殖业面源污染治理要求。陈俄建（2017）针对鸭棚模式现状，提出鸭棚模式改造方向，介绍了两种可供选择、实现养鸭零排放和零污染的"全番鸭圈养，发酵床使用益生菌"鸭棚养殖模式。其中，发酵床EM菌技术就是在鸭舍"床"上铺上锯末、稻糠、谷壳等材料，与有益菌群混合发酵制成有机复合垫料。发酵床垫料厚度为30cm，越往下温度越高，向下10cm处的温度可达40℃左右。群鸭饲养在这种"床"上，排泄物可及时被益生菌群分解，既干净又保暖，减少了病原入侵的机会，还省去了打扫鸭舍粪便的人力成本。经过发酵的垫料可以直接用作果树、蔬菜等农作物的有机肥，实现养殖废弃物的资源化利用，真正做到养鸭废物"零排放"。

为了研究微生物发酵床不同发酵等级垫料中大肠杆菌的分布及其特性，陈倩倩等（2017）采集了微生物发酵床猪舍不同发酵程度的垫料，进行大肠杆菌的分离鉴定和药敏试验，分析了发酵床中大肠杆菌的致病性和抗生素抗性。结果表明，在10^{-5}稀释倍数下，仅在垫料发酵级别为一级的垫料，即垫料使用时间较短、发酵程度较低（$0 < \Delta E \leqslant 7.63$）的条件下，分离到41株大肠杆菌；而在发酵程度较高的垫料中，即垫料发酵程度二级以上（$\Delta E > 7.63$）的环境中未分离到大肠杆菌。随着发酵的进行，发酵床中大肠杆菌数量逐渐减少。41株大肠杆菌中含有致泻性大肠杆菌15株，其中具有热稳定肠毒素（astA）基因的大肠杆菌9株，占总数的22%，含耐药性因子（sepA）基因的大肠杆菌2株，占总数的4.8%；耐强力霉素的大肠杆菌11株，占总数的27%。含有sepA基因的大肠杆菌具有强耐药性。从以上结果来看，微生物发酵床对猪舍大肠杆菌具有抑制作用，可为发酵床的推广应用及垫料再利用提供一定依据。

为提高枯萎病生防菌地衣芽胞杆菌FJAT-4的固态发酵水平，陈燕萍等（2017a）以农业副产物——微生物发酵床养猪垫料为主要培养基成分，以活菌体数量为指标，通过单因子试验对菌株FJAT-4的最适发酵培养基成分及发酵条件进行优化。结果表明，菌株FJAT-4最适发酵培养基配方为垫料∶麸皮（质量比）=7∶3、K_2HPO_4 0.05%、$MgSO_4$ 0.025%；最佳发酵培养条件为温度35℃、湿度45%、通气量75%、发酵周期40h。在最佳发酵培养基和发酵条件下，菌株FJAT-4固态发酵物干重活菌体数可达2.63×10^9CFU/g。陈燕萍等（2017b）选取椰糠、棉籽壳、麸皮及草炭分别与发酵床养猪垫料混合配制黄瓜育苗基质，结果显示：最适宜的原料为椰糠，其次是棉籽壳，黄瓜种子发芽率均在95%以上，与草炭（对照）差异不显著（$P > 0.05$）；最适宜的基质配方为垫料∶椰糠为3∶7，出苗率达100%、成苗率达95.83%，且黄瓜苗高、茎粗和根长均优于其他配比，与草炭（对照）差异不显著（$P > 0.05$）。

异位发酵床是集中处理养猪废弃物的场所，通常建设在传统猪舍的周围。刘波等（2017a）的课题组设计了一种新型异位发酵床，由钢构房、喷淋池和发酵池组成，并配备翻堆机、喷淋机等设备；发酵床内铺设垫料，将猪舍的排泄物引导到异位发酵床内，通过翻堆机将排泄物与发酵垫料混合，进行发酵，消纳粪污，消除臭味，实现零排放，生产有机肥。异位发酵床可适用于各种传统养猪方法的污染治理，具有较高的生态效益、经济效益、社会效益。异位发酵床（舍外）养猪粪污处理系统是福建省自主研发的一种集源头减量化、过程无害化和末端资源化为一体的治理猪场粪污的集成创新技术，也是福建省治理猪场粪污的 3 种主要模式之一。异位发酵床（舍外）养猪粪污处理系统的工艺流程是，将养猪粪（便）污（水）引到猪舍外的集污池喷淋于发酵槽内，与垫料（谷壳、木屑和秸秆等）、耐高温发酵菌剂混合后，通过翻抛机进行连续性有氧发酵，最后将腐熟后的固态腐殖质加工成为配方有机肥（黄宏源等，2017）。

刘波等（2017b）研究设计了一种新型的饲料发酵床，以 200m² 的饲料发酵床猪舍为例，猪舍的长 20m、宽 10m、高 4.5m，垫料深度 50cm。发酵床饲料垫料管理包括保持垫料一定的湿度（45%）和通气量（经常性翻耕），一般每 3d 将饲料发酵床表面垫料翻耙 1 次，猪的日常翻拱也有助于垫料的疏松。饲料发酵床饲养密度为每平方米 4 头小猪（20kg 以下）、2 头中猪（20～50kg）、1 头大猪（50～100kg）。由于猪粪排泄不均匀，而猪翻拱仅可分散一部分猪粪，发酵床发酵饲料的管理还需人工处理，将集中的猪粪均匀地分散在垫料中。发酵床垫料中的发酵饲料可以提供猪所需饲料的 30%，其他 70% 饲料可以通过添加常规饲料来补充，饲料可以直接撒在发酵床上供猪取食。以 200m² 饲料发酵床养殖实例，30d 内猪的平均初重 36.4kg，末重为 59.5kg，料肉比达 2.7∶1，均匀度良好，无死亡，发病率为 5%，主要表现为发烧、精神沉郁、食欲低下，经治疗均康复或自然康复。试验取得的经验为饲料发酵床的进一步研究、推广提供了基础。

为了解微生物发酵床大栏养猪垫料中的芽胞杆菌多样性和空间分布规律，刘国红等（2017）将发酵床划分为 32 个方格（4 行 ×8 列），采用五点取样法获得每个方格的样品。采用可培养法从 32 份样品中分离芽胞杆菌菌株，利用 16S rRNA 基因序列初步鉴定所分离获得的芽胞杆菌种类。利用聚集度指标和回归分析法，分析芽胞杆菌的样方空间分布型。通过 Shannon-Wiener 多样性指数、Simpson 优势度指数、Hill 指数及丰富度指数分析，揭示微生物发酵床中芽胞杆菌的空间分布多样性。从 32 份样品中共获得芽胞杆菌 452 株，16S rRNA 基因鉴定结果表明它们分别隶属于芽胞杆菌纲的 2 个科、8 个属、48 个种。其中，种类最多的为芽胞杆菌属（*Bacillus*），30 种；赖氨酸芽胞杆菌属（*Lysinibacillus*），6 种；类芽胞杆菌属（*Paenibacillus*），5 种；短芽胞杆菌属（*Brevibacillus*），3 种；鸟氨酸芽胞杆菌属（*Ornithinibacillus*）、大洋芽胞杆菌属（*Oceanibacillus*）、少盐芽胞杆菌属（*Paucisalibacillus*）和纤细芽胞杆菌属（*Gracilibacillus*）各 1 个种。芽胞杆菌种类在发酵床空间分布差异很大，根据其空间出现频次，可分为广分布种类，如地衣芽胞杆菌（*Bacillus licheniformis*），寡分布种类，如根际芽胞杆菌（*Bacillus rhizosphaerae*），少分布种类，如弯曲芽胞杆菌（*Bacillus flexus*）；依据其数量，可分为高含量组优势种群，如地衣芽胞杆菌（*Bacillus licheniformis*），中含量组，常见种群为耐盐赖氨酸芽胞杆菌（*Lysinibacillus halotolerans*），寡含量组，寡见种群如根际芽胞杆菌（*Bacillus rhizosphaerae*），低含量组，偶见种群如土地芽胞杆菌（*B. humi*）。空间分布型聚集度和回归分析测定表明，芽胞杆菌在微生物发酵床的分布类型为聚集分布。微生物发酵床垫料中芽胞杆菌种类总含量高达 $4.41×10^8$CFU/g，其种类含量范围为 $(0.01～94.1)×10^6$CFU/g（均值为 $8.96×10^6$CFU/g），丰富度指数（D）、优势度指数（λ）、

Shannon 指数（*H*）和均匀度指数（*J*）分别为 0.4928、0.2634、1.3589 和 0.9803，其中香农指数最大的单个芽胞杆菌种类为地衣芽胞杆菌（*Bacillus licheniformis*）。根据芽胞杆菌种类多样性指数聚类分析，当欧式距离 *λ*=17 时可分为高丰富度高含量和低丰富度低含量类型。微生物发酵床的芽胞杆菌种类丰富、数量高，是一个天然的菌剂"发酵罐"，有望直接作为微生物菌剂应用于土壤改良、作物病害防控以及污染治理等领域。

　　堆肥是处理农业废弃物最适宜的技术之一，但堆肥产生的有害和温室气体排放会导致环境污染问题。王义祥等（2017）以生猪养殖发酵床废弃垫料及菌渣为原料，利用强制通风静态堆肥技术研究垫料和菌渣不同配比及添加 EM 菌剂对堆肥过程温室气体排放和微生物区系的影响。结果表明，不同堆肥处理温室气体排放通量以堆肥前 20d 较大，堆肥中后期降低；微生物总量和种类在不同堆肥处理间没有发生显著性变化；CO_2 和 N_2O 排放速率与细菌、真菌和甲烷氧化菌间具有显著的正相关关系。整个堆肥期间，以菌渣为主料并添加 EM 菌剂的堆肥处理温室气体减排效果最佳，相对其他 3 个处理温室气体减排 0.7%～10.2%。由此认为，以菌渣为主料和通过添加 EM 菌剂的堆肥方式可以作为降低菌渣 - 发酵床废弃垫料堆肥过程温室气体排放的策略。

　　为优化生防菌非致病性尖孢镰刀菌菌株 FJAT-9290 的固体发酵培养基配方，肖荣凤等（2017a）以农业副产物——微生物发酵床养猪垫料和麸皮作为基础培养基，采用单因素试验考察麦粒、蔗糖和硝酸钠对菌株产孢量的影响，通过 Box-Benhnken 试验设计和响应面分析法，建立以产孢量为响应值的多元二次回归模型，确定菌株固体发酵的最优培养基配方。结果表明，建立的模型差异极显著（$P < 0.0001$），可以用该模型来拟合试验。菌株 FJAT-9290 在垫料和麸皮质量比 17：3 的基础培养基上，其他成分的最佳添加量分别为麦粒 39.14%、蔗糖 2.97% 和硝酸钠 0.30%，采用该优化组合的菌株平均产孢量可达 $2.48×10^8$CFU/g。响应面结果也表明，各因素对产孢量的影响结果排序为麦粒＞蔗糖＞硝酸钠，其中蔗糖和硝酸钠两因素的交互作用最显著。肖荣凤等（2017b）从福建省福清和永泰 2 个基地共采集 106 份垫料样品，采用稀释平板法分离曲霉菌。对从不同样品中分离到的曲霉菌菌株的初步形态进行归类后，从不同类群中共选取 10 个代表性菌株，经菌落培养和菌体形态观察，再结合 β- 微管蛋白基因序列分析进行种类鉴定。共鉴定出曲霉菌 6 个种，即构巢曲霉（*Aspergillus nidulans*）、亮白曲霉（*Aspergillus candidus*）、聚多曲霉（*Aspergillus sydowii*）、土曲霉（*Aspergillus terreus*）、黄曲霉（*Aspergillus flavus*）和烟曲霉（*Aspergillus fumigatus*）。从福清养猪发酵床垫料中分离鉴定出除烟曲霉外的其他 5 种曲霉菌，而从永泰养猪发酵床中仅分离到土曲霉、黄曲霉和烟曲霉。结果表明，养猪地区不同，其发酵床中的曲霉菌种类组成存在差异。

　　伴随着猪场规模化、集约化程度的日益提高，猪场的粪污排泄物、猪场废弃物给人们生活环境造成巨大的困扰，给土地、河流带来灾难性的污染，给国家经济、社会带来严重的负面影响。叶鼎承等（2017）通过阐述微生物异位发酵处理养殖粪污综合技术，对其实施应用中的影响因素进行分析，希望能给广大畜牧业同行在解决畜禽粪污问题上带来技术启发与思考。

　　为了研究微生物发酵床猪舍空气微生物的组成，陈倩倩等（2018）采用自然沉降法对猪舍空气微生物进行收集，利用 16S rRNA 序列分析及形态观察确定微生物的分类，揭示猪舍空气微生物的多样性。从猪舍空气中共分离到细菌 60 余株，经过 16S rRNA 基因序列的同源性比对，最终确定 27 个代表菌株进行后续分析。分析结果表明，27 株细菌中包含芽胞杆菌属 14 个种（51.9%），假单胞菌 5 个种（18.5%），葡萄球菌 4 个种（14.8%），苍白杆菌属、类芽胞杆菌属、赖氨酸芽胞杆菌属及单胞菌属各 1 个种；27 株细菌中包含 5 种条件致病菌、6 种有机物降解菌。采用 SPSS 分析将猪舍空气微生物按采集地点明显聚成 6 类：仅分布于猪舍下风处的菌、仅分布于猪舍上风处的菌、仅分布于猪舍外的菌、猪舍上风和下风处共有菌、猪舍下风处和猪舍外共有菌及 3 处共有菌。对猪舍空气微生物空间分布的研究显示，猪舍下风处微生物种类较多，有 20 种，多于猪舍上风处和猪舍外部，其中 15 种为下风处特有种。由于微生物以气溶胶的形式存在，猪舍内相邻位置具有相似的微生物组成。以上研究结果表明，微生物发酵床猪舍空气微生物种类丰富，且微生物分布与风向相关。为揭示夏季和冬季微生物发酵床的细菌群落结构，明确季节性温度下发酵床垫料细菌群落的变化，探究发酵床有机物降解菌的多样性，陈倩倩等（2018b）采用宏基因组方法分析发酵床微生物组季节性变化，提取垫料宏基因组 DNA，扩增原核生物 16S r DNA 基因 V3～V4 区，采用 Illumina 进行高通量测序；构建热图，分析两个季节微生物的演替；以 RDA（冗余分析）法研究垫料菌群与季节性温度之间的关系；通过 PICRUSt 比较了两个季节细菌的代谢水平。测序共获得 762923 条序列，包括 34 门、70 纲、260 科、1843 类 OTUs。夏季和冬季的细菌群落结构不同，前者有更为丰富的细菌类群。两个季节的微生物发酵床优势菌为拟杆菌门、厚壁菌门、变形菌门和放线菌门。在门水平，夏季样本中的放线菌门和异常球菌 - 栖热菌门的含量高于冬季样本；后者的拟杆菌门和变形菌门含量高于前者。夏季有机物降解菌主要为特吕珀菌属和漠河菌属，冬季主要为假单胞菌属和硫假单胞菌，分别适应高温和低温环境。PICRUSt 分析显示夏季发酵床中细菌代谢碳水化合物、脂类和氨基酸代谢基因数目高于冬季。研究表明，温度是影响微生物发酵床细菌群落的重要因素，夏季微生物发酵床细菌群落具有更高的丰富度和多样性，代谢水平也高于冬季垫料。为揭示养猪微生物发酵床垫料细菌群落的多样性，明确发酵程度对垫料细菌群落结构的影响。

陈倩倩等（2018c）研究基于高通量测序技术分析了微生物发酵床 3 个发酵等级垫料的细菌群落特征，测序共获得 1198467 条序列，包括包含 33 个门、73 纲、272 科、600 属的细菌，发酵床垫料细菌多样性与发酵等级相关。其中，中度发酵垫料细菌数量最多，深度发酵垫料细菌种类最多。拟杆菌门、变形菌门、放线菌门和厚壁菌门是优势菌类群。随着发酵等级的增加，垫料中的葡萄球菌科和皮杆菌科细菌含量减少，说明发酵床可以抑制致病菌，保护养殖健康。在三个发酵阶段，微生物发酵床中起主要降解作用的细菌不同。在轻度发酵时期，黄单胞杆菌科和间孢囊菌科细菌是主要的降解菌群；在中度发酵时期，变形菌门的腐螺旋菌科、拟杆菌门的黄杆菌科、放线菌门的棒状杆菌科和异常球菌 - 栖热菌门的特吕珀菌科起主要降解作用；在深度发酵时期，厚壁菌门梭菌目瘤胃菌科、拟杆菌门的紫单胞杆菌科、变形菌门的产碱菌科和假单胞菌科起降解作用。随着垫料等级的增加，粪便中的指示菌——瘤胃菌含量增加，可作为垫料更换的信号。PICRUSt 分析显示随着发酵等级增加，细菌代谢水平下降。该研究可为发酵床猪粪的生物降解提供理论依据，同时为发酵床垫料的管理与维护提供参考。

针对微生物发酵床养猪舍垫料内部测温问题，黄语燕等（2018）设计了一套基于无线传感器网络的多点温度测量系统。系统以 STC89C52RC 单片机为控制器，C 语言为编程语言，完成了采集节点和汇聚节点的软硬件设计。每个采集节点可串播 3 个 DS18B20 温度传感器来测量垫料不同深度的温度，并将数据通过无线模块 NRF905 发送给汇聚节点。汇聚节点具有显示和报警功能并通过串口将数据传输到上位机。上位机通过 VB6.0 软件编程实现温度数据的实时显示、保存、报警、历史数据加载等功能。经测定，该系统具有较高的实用性和可靠性，通过改造，也可用于其他农业监测系统，扩展性好。

为了解大栏养猪微生物发酵床的真菌空间分布特性，肖荣凤等（2018）通过空间格局采样、分离鉴定发酵床中的真菌并统计其在不同空间的种类与含量；利用空间分布频次、空间分布型指数、多样性指数和生态位特征等指标，评估发酵床真菌种群的空间分布特性，为养猪发酵床管理、猪粪资源化利用、猪病防控等提供理论依据。结果表明，从 32 个空间样本中共分离鉴定出真菌 18 个种，归于 10 个属，其中种最多的是曲霉属，包含 7 个种。发酵床不同空间样本的真菌种类与数量存在明显差异，种数为 1～4，数量为 4×10^2～5.8×10^5 CFU/g。高频次分布的种有总状毛霉和橘青霉，分布频次大于 10 次；高数量分布的种有短柄帚霉、构巢曲霉和亮白曲霉，数量大于 2.00×10^5CFU/g。利用 6 个空间分布型指数和 Taylor 幂法则的分析结果表明，发酵床的真菌种群呈聚集分布型。32 个空间样本种群多样性指数分析结果表明，除两个空间样本仅分离到 1 个种类外，其他 30 个空间样本呈现明显的空间分布多样性，为集聚分布和不均匀分布。空间样本 2-A 和 3-D 真菌种群具有较高的丰富度、均匀度和优势度，包含出现频次和数量较高种类，如总状毛霉、尖孢枝孢菌、橘青霉和构巢曲霉。空间样本 1-A 和 1-B 的真菌数量最大、种类也较多，但它们的丰富度、均匀度和优势度均较低，所包含的多为出现频次低于 3 次的种类，如亮白曲霉、短柄帚霉和白地霉。生态位特征的分析表明，发酵床中真菌的生态位宽度与生态位重叠没有明显的正相关性。总状毛霉和尖孢枝孢菌生态宽度值大，分别为 7.60 和 5.18，为广适应种；而亮白曲霉、薛氏曲霉、土曲霉、短柄帚霉、水贼镰刀菌和毛壳属菌等 6 个种的生态位宽度值较小，仅介于 1.00～1.10，为窄适应种。总状毛霉可与其他 12 个种存在重叠，但尖孢枝孢菌仅与其他 2 个种存在重叠。总之，养猪微生物发酵床的真菌种群呈现明显的群落多样性，空间分布特性为聚集分布和不均匀分布，总状毛霉和尖孢枝孢菌为优势种群，在发酵床中分布广、适应性强。

郑雪芳等（2018）采用磷脂脂肪酸（phospholipid fatty acids，PLFA）生物标记法分析发酵床大栏养猪微生物群落结构的空间分布特点。从发酵床的 5 个区域（A、B、C、D、E）和 3 个层次（表层、中间层和底层）采集垫料样品，利用 Sherlock MIS 4.5 系统分析各样品的 PLFA。结果表明，15:00、17:00、a15:0 等 7 种 PLFA 在各样品中均有分布，为完全分布型，而 a12:0 和 17:1ω6 分别只在 A 区和 B 区分布，为不完全分布型。指示细菌、真菌、放线菌、革兰阳性细菌（G^+）、革兰阴性细菌（G^-）的 PLFA 及总 PLFA 在 D 区表层分布量最大。在各垫料中，PLFA 分布量均表现为细菌＞真菌＞放线菌。A 区各层次的真菌/细菌比值显著高于其他区域（$P<0.05$），而 G^+/G^- 比值则显著低于其他区域（$P<0.05$）。多样性分析表明，不同区域和层次的垫料 Simpson 指数、Shannon 指数和 Pielou 指数值均呈现显著差异（$P<0.05$）。聚类分析表明，当兰氏距离为 117.1 时可将各样品聚为两个类群：类群 I 包含 A 区的垫料，其特征是指示不同微生物的 PLFA 种类少和含量低；类群 II 包含其他 4 个区域的垫料。当兰氏距离为 23.4 时，B 区和 D 区各层次样本聚在同一亚类群中，其 PLFA 种类多、含量高，而

C区和E区各层次样本聚在另一亚类群中,其PLFA含量中等。主成分分析表明,主成分1和主成分2基本能将发酵床不同空间垫料样本区分出来,其中A区单独归在一类群,D区和B区归在一类群,C区和E区归在一类群,与聚类分析结果一致。综上,发酵床大栏养猪不同空间的微生物种群结构不同,A区微生物种类少、含量低,而B区和D区微生物种类多、含量高。

3．浙江省发酵床应用

（1）2009～2010年示范推广情况　随着养猪规模化、集约化程度的不断提高,养猪业面临着三大难题:一是质量安全;二是效益提高;三是环境治理。如何解决这些问题,特别是环境治理,方法较多但效果不好。应用彭乃木等（2009）开展了生物发酵舍与传统法养猪效益对比试验,达到了免冲洗猪栏、零排放、环保型、无公害养殖之目的。洪华君等（2010）引进、创新、提高微生物发酵床养猪技术,包括应用实用型发酵舍结构和价格低廉的液体发酵菌种以及执行严格的饲养管理制度等,从发酵床的建造、垫料的制作、日常管理、效益分析等方面阐述了微生物发酵床养猪技术特点,并提出问题与建议,以为我国南方地区推广使用微生物发酵床养猪技术提供参考。钱芳成（2010）介绍了发酵床的作用原理及其养猪的优点,总结了常见发酵床的设计模式、发酵料的构成和制作、发酵床日常养护、饲养管理等,并针对其常见问题提出解决方法,以期为发酵床养猪提供参考。

NH_3排放系数是对规模化养殖场NH_3排放量估算、NH_3减排方法与技术应用效果评估的有效指标之一。汪开英等（2010）通过在模拟实际生产动物人工气候室对3种不同地面结构的育肥猪舍NH_3排放相关数据的连续在线检测,研究了不同地面类型猪舍内NH_3排放与主要影响因子的相关性及其排放系数。研究得出半缝隙地面猪舍、实心地面猪舍、微生物发酵床猪舍内每头猪NH_3排放系数分别为:$(9.47\pm7.09)g/d$、$(11.23\pm4.23)g/d$、$(4.27\pm2.09)g/d$。为评估发酵床养殖垫料的潜在重金属污染风险,王福山等（2010）对衢州市3个代表性猪场进行了初步调查,并分析测定了饲料与垫料中重金属Cu、Zn的含量。监测分析结果表明,各猪场垫料中Cu、Zn含量普遍偏高,参照我国现行农用污泥中污染物控制标准,则垫料中Cu含量超标率62%,样品的Zn含量不超标;若参照德国的腐熟堆肥标准,垫料中Cu、Zn的超标率分别为100%和33%。随着垫料使用时间的延长,垫料重金属含量有较明显的累积趋势,累积量受饲料中重金属含量的影响。

（2）2011～2018年示范推广情况　汪开英等（2011）研究了冷、暖季节下微生物发酵床、水泥实心、全缝隙3种不同地面结构的机械通风育肥猪舍的恶臭浓度、排放系数及地面结构、舍内温湿度、猪体重对恶臭浓度的影响。研究表明,猪舍的恶臭浓度与舍内温度、猪体重呈显著正相关（$P < 0.05$）,恶臭浓度与相对湿度无显著相关性（$P > 0.1$）;地面结构不同,恶臭浓度存在显著差异（$P < 0.05$）;微生物发酵床猪舍有助于恶臭减排,恶臭浓度最低,水泥实心地面猪舍的恶臭浓度最高,全缝隙地面猪舍的恶臭浓度居中;微生物发酵床、全缝隙、水泥实心地面育肥猪舍的恶臭排放系数分别为（3.39 ± 3.33）$OU/(m^2 \cdot s)$、（3.70 ± 1.31）$OU/(m^2 \cdot s)$、（4.33 ± 2.39）$OU/(m^2 \cdot s)$。

2010年,在淳安县畜牧兽医局的指导下,杭州银蜂生态农业开发有限公司成功实施了省、市农技推广基金项目"发酵床养殖及农业资源循环利用技术示范推广"。该项目主要有两项技术创新环节：一是微生物发酵床养猪，产生的粪尿通过微生物发酵菌发酵成有机肥料；二是在桑园的桑树行间用微生物发酵有机肥养殖蚯蚓，并在桑园中放养土鸡，形成一条"生猪养殖—粪尿即时发酵—有机肥肥桑养蚕和蚯蚓养殖—桑园养鸡"的立体生态循环农业生产体系（祝荣等，2011）。

何世山等（2012）试验研究了常规饲养模式和发酵床养殖模式对生猪胴体品质和肌肉品质的影响。结果表明：发酵床模式猪胴体品质中的背膘厚和脂肪率极显著低于常规模式（$P < 0.01$），肉色中的亮度值 L^* 显著高于常规模式（$P < 0.05$）。发酵床模式猪肌肉嫩度及烹调后肉的香味、嫩度、多汁性和肉汤的透明度在一定程度上优于常规模式，但是差异不显著（$P > 0.05$），其他指标间均差异不显著（$P > 0.05$）。未见发酵床养猪对猪肉的风味和口感有不利影响。李艳玲等（2012）就发酵床养猪技术的推广可行性进行讨论，支持发酵床养猪的优点。发酵床养猪法之所以能在我国各地引起极大关注，在于它不仅满足了养殖业要向生态环保方向发展的要求，也在经济效益上满足了广大养殖户的需求。发酵床垫料里的活性微生物的发酵作用，可以迅速有效地降解和消化猪的粪和尿，因此猪的排泄物可长期留存于猪舍内，不对外排放，无需对猪粪尿采用清扫排放，也不会形成大量的冲圈污水，并且由于猪的排泄物都被垫料中的微生物吸收转化，猪舍内几乎无臭味、无蚊蝇，实现了无污染的生态养殖。

章红兵和高士寅（2012）选择 23d 断奶三元杂交（杜洛克猪 × 长白猪 × 大约克猪）仔猪 60 头，公母各 1/2，随机分成试验组和对照组。试验组以发酵床饲养方式，对照组采用常规饲养方式，试验期为 137d，每组设 2 个重复，每个重复 15 头。试验过程观察试验猪发病率和死亡率，测定肉猪的生产性能。试验结束时，提前 12h 禁食，称重，每组随机抽样 6 头猪血样，离心分离血清，采用全自动生化分析测试仪测定血液生化指标。每组随机抽样 6 头猪屠宰，用原子吸收分光光度计测定猪肉中部分重金属含量。结果表明，在保育期，试验组发病率比对照组降低 26.47%，在生长期和育肥期，试验组发病率比对照组分别提高了 42.29% 和 39.50%，各组死亡率没有变化；试验组平均日增重比对照组增加了 6.76%，差异显著（$P < 0.05$），料重比降低了 5.13%，差异不显著（$P > 0.05$）；试验组血清中尿素含量明显降低（$P < 0.05$），其他各项指标均与对照组无明显差异；试验组猪血清 IgA、IgG 含量提高明显（$P < 0.05$），但对血清 IgM 无影响。各组猪肉肉质感官和部分重金属含量均符合标准，说明发酵床饲养方式对猪是安全的，可以明显提高肉猪的生产性能，但后期发病率有所提高。

余建妹等（2013）介绍了浙江淳安县食用菌循环经济的"桑枝、茶枝、山核桃等农林副产物—食用菌"模式、"松杉木屑—发酵床生态养殖—食用菌"模式、"废菌棒—沼气—灭菌"低碳模式和"菌糠综合利用循环"模式四种模式；总结了发展食用菌循环经济的主要经验，即：加强领导，创造浓厚产业发展氛围；制定扶持政策，推动产业发展进程；创新服务，提高产业发展水平。同时指出了存在的主要问题为品种结构单一，产品质量安全不均衡，集约化程度低，管理、服务队伍不适应产业发展要求，科研开发相对滞后等，并提出若干发展建议。

蒋仁卫等（2014）在用木屑、米糠及谷壳等制成的相同垫料配比及堆积方式下，分别拌混益加益、农富康及 EM 三种不同复合菌群，进行鸭舍发酵床试验。结果表明，EM 复合菌在除臭、降低发酵床氨气和硫化氢的产生及扩散作用上效果较理想，为微生物发酵床养鸭生产的商业化菌种选择提供参考。虞益江和屠翰（2014）利用微生物发酵床养殖废弃物制取生物质颗粒燃料，有效解决了畜禽养殖废弃物环境污染问题，同时扩大了生物质颗粒燃料的原料来源渠道。通过对比试验，研究不同配比原料制取生物质颗粒燃料，微生物发酵床养殖废弃物与木屑比值为 3∶7 时，产品性能最优。通过示范工程建设，规模化推广应用该技术，取得了良好的经济效益、社会效益和生态效益。

异位发酵床技术在养殖粪污处理中的应用是起步不久的新技术。目前国内养殖场粪污处理技术主要有两大类：一类是采用沼气工程技术处理后还田生态消纳；另一类是采用工业化技术处理后达标排放。异位发酵床技术与目前国内粪污处理技术相比较，具有成本低、操作简单、无污染、无排放、无臭气等优点。屠平光等（2016）简要介绍了异位发酵床技术的基本原理、工艺流程、制作方法、日常维护注意事项及应用前景。

近年来，江山市以"绿色发展"理念引领畜牧业转型，全域推进异位微生物发酵床"零排放"治污技术，有效形成了畜牧业"4+1"管控新模式，为畜牧业实现绿色发展构筑起一道坚强的生态保护屏障。江山市通过机制创新，构建了"4+1"生猪养殖规范管理长效管控模式，其中，"4"是指控量监管、排放监管、智能监管、联动监管等 4 大监管措施。江山市确定全市生猪养殖总量，并将具体指标分配到全市 184 个生猪养殖场；通过推广农牧结合，明确治理标准，实现养殖无污染；通过安装视频监控、液位仪等智能化在线监控检测设备，实现全时段智能监控；推行死亡动物集中收集、统一处理，实行生猪保险与无害化处理联动。"1"是指推广异位微生物发酵床"零排放"治污技术。江山市通过自主创新"雨污分流→粪尿收集→调节均质→生物发酵→分解成肥"的排泄物处理工艺，并在全市保留的 184 个生猪养殖场全面推广，建成发酵床 $11.4\times10^4\mathrm{m}^3$，实现养殖场"零污染、可循环、纯生态"的目标（焦永亮，2017）。

4. 江苏省发酵床应用

（1）2006～2010 年示范推广情况　发酵床养猪具有投入少、成本低、无污染、猪肉品质好等优点，但由于发酵床是由锯屑、泥土加入活性微生物及营养液等成分组成，必须采用适宜的管理方法，才能发挥发酵床养猪的最大效益。具体应注意以下 8 个方面：①猪舍设计要合理，一方面应保证猪床随太阳升起和降落都能接受到光照，可采用温室大棚式猪舍，东西向，猪床在南面过道和食槽靠北边，只有接受到光照，垫床内的微生物才能适宜地生长繁殖，另一方面猪舍应方便通风透气，垫料微生物发酵分解猪粪尿会产生一定量的气体，只有通风透气，才能保持舍内空气新鲜，有利于垫料微生物和生猪的生长。②发酵床厚度应达到 80cm 以上，这样才不会因为猪的拱翻而影响微生物的降解能力。③发酵床湿度应控制在60% 左右，若水分过多，不利于生猪生长，需开窗通风；而水分过少，灰尘飞扬，生猪易发生呼吸道疾病。④饲料饲喂量应控制在 80% 左右，这样猪才会去翻拱垫料，通过翻拱，粪尿可与垫料充分混合，从而有利于粪尿的分解发酵和微生物的繁殖滋生，同时生猪也可采食垫料中的菌体蛋白等营养物。⑤生猪进圈前必须先驱虫，因为发酵床是由活性微生物制成，使用过程中若应用化学药物和抗生素药品，会影响微生物的生长繁殖甚至杀死微生物。⑥生猪饲养密度应适宜，密度过低，浪费资源；密度过大，发酵床的发酵能力不足，不能迅速降解、消化猪的粪尿，一般每头猪占地 1.2～1.5m²。⑦应密切注意土壤微生物菌的活性，必要时需要加活性剂来调节，以保证发酵能正常进行。⑧生猪进圈初期有定点大小便的习惯，应采用人工的方法将猪的排泄物分布到猪圈的各个角落，以充分利用发酵床的微生物（朱永红，2006）。

新型微生物发酵床养猪技术是一种新兴的无公害养猪技术，它可有效地解决猪生产中的粪便处理和环境污染问题，改善猪的福利状况，利于猪只的生长和发育，其环保性和经济性明显优于集约化、规模化养猪方式。王远孝等（2007）介绍了微生物发酵床的概念、分类和工艺流程，讨论了其技术要点和应用效果，并对其发展前景进行了展望。

发酵床养猪技术是基于猪排泄物管理而发展的一种新型养殖技术。朱红等（2007a）采集了两个使用年限不同的发酵床有机垫料剖面样品，进行相关物理、化学与微生物特征分析，结果表明，连续使用两年的陈有机垫料中可溶性盐含量远高于使用两个月的新垫料，呈重度盐渍化；两垫料总孔隙度维持在 70% 以上，差异不明显，新垫料除细菌在垫料底层略低于陈垫料外，纤维素分解菌与霉菌数量均高于陈垫料，其差异可能是采样时陈垫料因未养猪无新鲜粪便补充所致。因此，脱盐等再生处理是延长垫料使用年限的关键。

发酵床是饲养动物排泄物原位降解的场所，也是动物活动和休息的主要场所。因此，常志州和掌子凯（2008a）指出：猪舍发酵床系统包括猪舍建筑物、发酵床、动物养殖及管理方法，是一个完整的饲养体系；发酵床系统的运行状况是各子系统状态及耦合度的综合反映；一个好的猪舍发酵床系统不仅能够节能减排．而且可以通过节水省工和促进生猪生长等方式提高养殖整体经济效益。发酵床填料操作及日常养护对于发酵床动物排泄物原位降解及养殖环境质量有直接影响。发酵床填料与维护得当，圈舍动物排泄物可迅速得到降解，恶臭成分得到转化，养殖床及硬化地面可保持相对清洁干爽，舍内无明显恶臭，空气质量良好；否则，发酵床分解能力差，床面和地面污秽潮湿，空气恶臭，养殖环境差，达不到经济、环保、健康养殖的目的（常志州和掌子凯，2008b）。

李娜等（2008）利用有机素材的自然发酵床进行养猪试验，监测补充锯末及停止养猪两种情况下的发酵床温度变化，剖析发酵床的特点。结果显示，补充锯末有利于发酵进行，床温升高了 6～11℃；停止养猪 53d 后，床温下降了 16℃；以及持续 30℃ 的低温发酵。镇江市某猪舍，PM10 浓度为（0.3924±0.0204）mg/m³，NH₃ 浓度为（0.8925±0.0852）mg/m³。镇江市某猪舍粪便干物质铜含量为（350.0±35.1）mg/kg，3 年床的垫料中铜含量为（379.8±2.6）mg/kg，而 1 年床的上层垫料铜含量为（226.2±12.7）mg/kg、中层为（214.3±12.9）mg/kg，因此，饲料低铜、粪便及其水分调整管理至关重要。王远孝等（2008a）采用天然素材制成高温发酵床和低温发酵床，并且在低温发酵组饲养 4 头体重为 20kg 左右商品杂交猪。测量了猪床垫料上、中、下三层的温度，比较发酵进程。结果表明，高温发酵组温度上升迅速，最高达 61.6℃，在不补充可发酵原料条件下维持 11 日；低温发酵组于进猪后床温升高，经 15d 稳定于 52℃ 左右。因此，自然素材发酵床可行，粪中微生物对发酵的形成和维持具有重要作用。王远孝等（2008b）在环境控制室内构建发酵床养猪系统，监测了空气中 PM10 浓度和换气量，分析了发酵床系统的微粒和水汽分布特性。结果显示，空气中 PM10 浓度随发酵床的形成逐渐下降，稳定后浓度为 0.254mg/m³，低于畜禽场环境质量标准 293.7%；畜舍实效换气量为（0.31±0.02）m³/s，发酵床垫料 PM10 产生量为（1.453±0.535）mg/(min·m²)，

水汽产生量为 $(0.198\pm0.010)g/(min\cdot m^2)$。朱洪等（2008）通过养殖场养殖试验，研究了夏季高温、高湿条件下的发酵床养殖效果，并比较了不同垫料方式及垫料材料对猪生长的影响。结果显示，发酵床养殖发病率较常规养殖平均下降 22.4%，减少了 50% 以上用工量，节约了 82.1% 用水量，猪日增重率增加了 7.23%。按万头规模养殖场推算，采用发酵床技术可向环境减排 $10.8\times10^4 m^3$ 养殖废水，能减排粪尿 21600t，能节约成本 10 万元以上。即使在高温高湿的夏季，发酵床养殖在技术上、经济上和生态环境效益上仍然是一种切实可行的控制养殖场污染物排放的管理模式。

何鑫等（2009）选择苏淮猪 20 头，按照性别相同（母猪）、体重一致 $[(30.0\pm5.5)\,kg]$ 的原则分为 4 个组。对照组（CT）为健康猪不添加或注射任何药物，组 1（T1）为健康猪群，采用拌料方式，用药量为预防量；组 2（T2）为轻微咳嗽猪群，采用拌料方式，用药量为治疗量；组 3（T3）为重症连续长咳猪群，采用拌料和肌注两种方式结合治疗。试验期 30 天，分别对每组床体进行温湿度测量及其各组床体对粪便的分解能力以及对圈舍气味进行评定。结果表明，各项指标 T1 组与对照组差异不显著（$P>0.05$）；T2 组发酵床床体中层 15cm 和下层 30cm 处温度显著低于对照组（$P<0.05$），垫料表面湿度和内部湿度均显著大于对照组（$P<0.01$），对粪便的分解能力显著（$P<0.05$）低于对照组；T3 组发酵床床体表层 0cm 处（$P<0.05$）、中层 15cm（$P<0.05$）和下层 30cm（$P<0.01$）处温度显著低于对照组，垫料表面湿度和内部湿度均显著大于对照组（$P<0.01$），对粪便的分解能力显著（$P<0.01$）低于对照组，且 T3 组气味显著重于对照组（$P<0.01$）。

微生物发酵床养鸡是近几年来兴起的一种养殖新模式，受到了养殖业者的广泛关注。发酵床养鸡是指将鸡散养在由锯末、稻壳、秸秆等惰性物料铺成的发酵床上，从而实现粪污"零排放"的养殖方法。由于发酵床能迅速分解鸡的粪便，不用每天清理圈舍，减少了人工，而且基本杜绝氨气等有害臭气产生，减少了畜禽呼吸道疾病。粪便被分解后生成菌体蛋白，降低了饲料成本。采用发酵床养殖，整个圈舍都形成了有益菌群的氛围，抑制了有害病菌的发生，同时畜禽所采食的有益菌改善了肠道环境，增强了体质，提高了免疫力，大大降低了畜禽的发病率，减少医药费（郗正林，2009）。在南京推广应用塑料大棚发酵床养鸡技术短短 1 年多时间里，就涌现出南京科环、六合秦邦吉品、浦口润霖等存栏规模达 5 万只以上的集约化发酵床养鸡成功的典型案例，而且呈蓬勃发展的趋势。出现这种趋势的内在因素在于：塑料大棚具有投资省、移动性好的特点，与鸡发酵床垫料配方制作简便、鸡的行为特点(刨食啄食)对床体的维护性能好、鸡舍环境清新舒适有益于鸡的生产性能的发挥，两者有机结合的特点是安全、高效、低成本并可持续应用、自我完善，深受养殖场户欢迎（郗正林，2010）。也有人认为，发酵床养鸡技术是利用自然环境中的生物资源，即采集土壤中的多种有益微生物，通过对这些微生物进行培养、扩繁，形成有相当活力的微生物母种，再按一定配方将微生物母种、稻草以及一定量的辅助材料和活性剂混合形成有机垫料（常国斌等，2010）。

王学敏等（2010）针对农村个体养殖农户养猪的特点，研究给出了适合农户进行商品肉猪适度规模化养殖的经济实用型发酵床猪舍设计方案。何加骏等（2010）就养殖业发展对环境的影响，探讨了整治养殖业污染物的生态措施——发酵床养殖技术，并通过实例论证，提出了加强投入、强化技术、宣传培训等推动该项成果的对策和建议，以推动畜禽养殖业的生态良性发展。

（2）2011～2013 年示范推广情况　肉鸭发酵床养殖技术是基于鸭排泄物管理而发展的一种新型养殖技术。林勇等（2011）研究并推广适合农户实施的肉鸭发酵床养殖的综合配套技术，以减轻肉鸭养殖业给农村生活环境带来的压力，对于实现农民增收和养鸭业的可持续发展具有重要意义。通过江苏全省多年的肉鸭发酵床养殖实践与研究，从肉鸭发酵床养殖品种与养殖场地的选择、发酵床鸭舍的设计与建造、发酵床的制作与管理等方面构建了肉鸭发酵床养殖综合配套技术。赵伟等（2012）使用 2 种不同垫料组成的发酵床与普通旱养模式作对比，分析对樱桃谷肉鸭生产性能的影响、舍内 NH_3 浓度，以及经济效益分析。研究结果表明，与普通旱养模式相比，2 种垫料的发酵床养殖在日采食量、日增重、料肉比方面差异不显著，但普通旱养模式采食量要稍高于发酵床养殖模式。发酵床养殖能够降低舍内 NH_3 浓度，并随着鸭日龄的增加，舍内 NH_3 浓度显著降低。饲养结束后，分析 2 种模式的经济效益，与普通旱养模式比较，一个养殖周期每只鸭可节约成本 1.24 元。

近年来，太仓的畜禽规模养殖快速发展，年出栏生猪 500 头以上的规模猪场达 68 家，规模奶牛场 19 家，规模养殖比重分别达到 91% 和 100%，规模养殖已经成为畜牧生产的主体，为保障本市畜产品有效供给发挥了重要作用，也为推进现代畜牧业发展奠定了良好基础。但随着规模养殖的快速推进，畜禽粪便污染与生态环境之间的矛盾逐渐凸显。因此，推行生态健康养殖，减少畜禽污染物排放，成为转变畜牧业生产方式、促进畜牧业可持续发展的必然选择。2009 年 2 月，太仓市邀请福建洛东生物有限公司的养殖专家来太仓举办发酵床养猪技术培训班，之后积极组织两个养殖场开展试点试验。太仓市种猪场新建发酵床猪舍 3 栋，面积达 1200m²，太仓市项桥畜牧有限公司新建发酵床猪舍四栋，面积达 1200m²。在 2 个试点场试验成功后，召开太仓市全市发酵床养猪技术现场推进会，以点带面，发动推广，目前发酵床养猪技术在太仓已有 14 个场点得以应用（陈倍技等，2011a）。2010 年 12 月，太仓市种猪场成功申报国家级梅山猪保种场后，在原场址北新拓展 30 亩地块，根据《规模猪场建设》(GB/T 17824.1—2008) 的要求，新建梅山猪保种场猪舍 10 幢，其中 8 幢猪舍均采用大面积发酵床养殖方式，饲养后备种猪、断奶猪和育肥猪以及杂交利用生产的优质商品猪。而 2 幢梅山母猪舍在栏舍设计布局上考虑梅山母猪性情温驯不易驱赶，既要满足其地方猪种特性的有可活动的场地，也要符合当前环保和低碳的要求，还要便于生产操作管理，设计者将群养、哺乳、康乐和"零排放"进行了有机集成，较好地迎合了梅山猪原生态养殖的自然特性（陈倍技等，2011b）。

衡德茂（2011）从发酵床猪舍建设、垫料准备、规范引种、发酵床维护等方面介绍了发酵床养猪技术，并对该技术产生的效益进行分析，以供参考。李荣刚（2011）提出：根据垫料在进猪饲养前是否需要加水和提前发酵，发酵床总体可分为两种，即需要加水提前发酵的湿式发酵床技术和不需加水发酵的干撒式发酵床技术。刘峰（2011）以江苏省睢宁县发酵床养殖为例，分析了目前我国传统生猪养殖业的发展现状，探讨了发酵床养猪技术在国内外的发展情况和在睢宁县的推广应用，对该种技术的优点及经济效益、社会效益和生态效益进行了分析，指出了存在的问题并提出了发展对策。

发酵床养殖技术的主要优点是无臭味、无污染、零排放、生态环保。近年来，在江苏省畜牧业"三新"技术推广及应用过程中，提供了一个成熟的养殖新模式，走出了一条生态养殖、适度规模的新路。李媛媛（2011）通过深入实地、走访参观、理论学习、养殖实践等形式对发酵床养殖肉鸡的现状进行调查，她认为发酵床肉鸡养殖技术具有出栏快、资金周转快、见效快、投资小的优点。在日常管理方面，要定期翻动上层垫料，翻动垫料最好用铁叉，用铁叉翻垫料比用铁铲要快，而且省劲，也可用铁耙。30 日龄到出栏前，可以完全不翻动垫料。肉鸡出栏后，先在垫料表面喷洒少量水分，将垫料翻动 20cm 左右深度，把鸡粪翻入垫料中层，同时注意拍碎粪块。这样鸡粪就会在几天内发酵降解。后期不翻动垫料的好处有 4 方面：①减少成鸡阶段的发酵产热，这对热天降低鸡舍温度十分必要；②将发酵的产热过程推迟到下一批育雏时，为雏鸡提供温暖条件；③减少劳动量，消除翻动过程对鸡群的惊扰；④将部分发酵过程转移到养鸡间歇阶段，减少养鸡时产生的废气。

要将发酵床养殖方法在江苏省全面推广，建立一套适应江苏省气候特点并与发酵床养殖技术相配套的经济实用型养殖设施体系十分重要。余刚等（2011）研究和介绍的半塔式的大棚结构、环境因子的监控设施、智能灭蚊驱蝇系统等发酵床养殖设施装备与调控技术体系建设成本低，实用性强，能基本解决发酵床生猪养殖过程中的环境调控问题，是值得在江苏省农村地区推广的标准化设施模式。

江苏省 2012 年开展了鼓励集约化规模养猪，推广发酵床生态养猪模式，建议采取自繁、自养、自宰、自销的"四自"经营策略，养猪场逐渐向加工流通延伸。以科学发展观为指导，按照"减量化、无害化、资源化、生态化"为原则，综合利用优先，实行农牧结合，通过生物措施、农业措施、工程措施等多种形式进一步探索和深化规模畜禽场废弃物处理新模式，达到减少排放和"零排放"的目标，推进畜牧业生产方式转变，保障畜牧业持续健康稳定发展。江苏省的圈舍设计方案为：大棚东西长 40m、宽 7.5m、高 4m，共 3 栋。双层薄膜保温，棚顶有换气扇或天窗。夏季要将前后薄膜卷起，形成穿堂风。每栋南半边用楼板在离地面 70cm 架空铺宽 3.5m 左右，其中，走道 1m，猪采食和饮水台 22.5m，在饮水乳头下的台面浇铸成一锅底状，中心向下设排水管，将漏水排出圈外。每圈长 4m，用钢筋栏隔开。每栋大棚前年投资额在 9 万元左右，全年饲养 2 批猪，可饲养 200 头猪。微生物发酵床：每圈约 3m×4m，底部连在一起，以粉碎的秸秆、锯末（不能过细）、稻壳等按照一定比例混合，加入特定的有益微生物，加水发酵（夏季 3d，冬季 10～15d）后，填垫满床，将猪放入按 1.2 m^2 放 1 头猪，每圈 10～12 头，利用微生物能量循环、发酵产生的有机复合垫料，自动满足猪舍内生猪对保温通风以及微量元素的生理需求。同时，生猪排泄物被微生物迅速降解、消化和转化，利用其拱掘习性翻动垫料，人工翻动：每 7～10 天 1 次。发酵床每床一次性投料约 1000 元，下批进猪只需填满发酵好的垫料约 300 元，连续使用 3 年以上。发酵床不会产生氨气等有害气体，夏天没有苍蝇。垫料使用有一定的年限，一般为 3 年，3 年后是很好的有机复合肥，能够改善土壤结构。养猪过程中节省人工，不需要每天清扫猪粪、冲洗猪舍，节约用水 90%，节省人工近 50%，有效解决了传统饲养生猪的废弃物污染问题，对周围环境无任何影响，非常环保（李茂平和朱桂芳，2012）。

发酵床生态养猪技术在江苏省邳州市的应用与推广为江苏省三项工程资助项目。刘娟等（2011）通过对发酵床养猪进行对比试验，分析了发酵床生态养猪技术带来的明显的经济效益、生态效益和社会效益，阐述了发酵床生态养殖具体的工艺技术流程，提出了推广发酵床生态养殖节能减排的优势及其对改善城镇、农村群众生产和生活环境等方面所发挥的积极作用。为了进一步推进江苏省响水县生态养猪事业的发展，实现由生猪养殖大县向生猪产业强县的跨越，促进响水县农村经济发展，提高农民收入，陈进等（2012）对 2011～2012 年响水县发酵床生态猪养殖示范基地建设的基本情况进行了总结，并提出了相应的目标及管理措施。

吴琴燕等（2011）对分离自江苏句容市瓦屋山竹林土壤的 5 株真菌纤维素降解活性进行分析，结果表明：各菌株在 CMC 平板上均能较好地生长，而在 CMC 液体培养时仅 TZ-4 和 TZ-15 菌体干重较高；秸秆固态发酵后，TZ-4 木聚糖酶活最高达 355 U/g，TZ-15 滤纸酶活最高达 2.28 U/g，与里氏木霉相近，TZ-4 和 TZ-15 的纤维素类物质分解能力较强，可作为功能性菌株应用于发酵床。

近年来，随着连云港市畜牧业规模养殖的迅猛发展，养殖污染也越发严重。为切实减轻畜禽粪便对连云港市周边环境的污染，改善农村环境质量，实现畜牧业可持续发展，周明和单玉平（2011）对发酵床养猪与原传统养猪模式进行比较试验，为解决粪污排放、降低养猪成本探索一条新路。他们通过对郊区周边养殖户摸底，选择经济条件好、有经验的连云港市开发区隔村刘红卫猪场进行发酵床养猪（以下称试验组）和传统养猪方法（以下称对照组）对比试验，整个试验按照生猪的营养标准化、饲养管理标准化、疫病防治程序标准化的要求进行。分成两阶段计算效益：前期投资和养殖期效益，对照组前期投资按当时市场价格计算，试验组前期投资按刘红卫实际投资计算。选择 20kg 左右的仔猪 200 头分为两组，除饲料不同外，两组试验猪品种、饲养管理、防疫完全一样。试验组饲料没有添加药物和促生长剂，其他营养成分不变，生猪 90kg 出栏。整个试验由一名饲养员负责，发酵床养猪减少用工费用没有计入本次效益分析中。通过对比试验，结果发现，发酵床养殖比传统养殖模式每饲养百头猪增加收入 4600 元。

曹卉等（2012）将锯木屑、稻壳按照 6∶4、5∶5、4∶6 比例，设计 3 个发酵床垫料配方。选择长×白二元杂交仔猪 150 头，公母各 1/2，随机分为 3 组，每组 50 头，分别饲养在 3 种发酵床上，每天测定发酵床温度，出栏时称量猪体重。结果表明：垫料中锯木屑和稻壳比为 6∶4、5∶5、4∶6 时，不会影响发酵效果，但试验 3 组常有粪便堆积现象。锯木屑和稻壳比为 6∶4 时，猪的日增重最大，但 3 个试验组间均无显著性差异。考虑到锯木屑来源有限，取材不便，实际生产中，可将锯木屑和稻壳按照 5∶5 比例混合使用。曹姣（2012）在近几年的工作实践中发现，垫料的选择应该遵循碳含量高、吸收性好、透气性强的原则。在选择垫料过程中，还应该注意多样化，即按照一定的比率进行合理挑选。一般是就地取材，采用稻壳、木屑、草炭、秸秆粉等。这些原料选择应该注意防霉病处理，选择干净、干燥的粉状物。符合垫料原料或原料组合总体碳氮比超过 26∶1。在配比过程中，可根据原料的特点进行合理配比，一般是锯木类与稻壳类的配比各占 50% 左右。

胡志刚等（2012）挑选胎次相同、日龄相近的"杜×大×申"商品猪 90 头，随机分成 2 组，每组 3 个重复，每个重复 15 头猪，分别在水泥地面猪舍（对照组）和发酵床猪舍（试验组）中饲喂 137d，测定其生长性能。试验结束时，每组随机选 6 头猪屠宰并测定肉质及药物、重金属残留。结果表明，试验组的腹泻率比对照组降低了 57.2%，且差异显著（$P < 0.05$）；试验组的发病率比对照组降低了 60.1%，且差异显著（$P < 0.05$）。发酵床猪舍饲养的肉猪在胴体斜长、背膘厚、6～7 肋骨膘厚、皮厚、眼肌面积、瘦肉率方

面优于传统猪舍饲养的肉猪。发酵床猪舍饲养的肉猪与传统猪舍饲养的肉猪在嫩度方面差异显著，在肉色和肌内脂肪方面有差异倾向，其他方面差异不显著。说明发酵床养猪可以显著提高猪肉的嫩度，改善猪肉的风味，有提高瘦肉率的趋势，但对屠宰率、肉色等肉品质指标及安全性能指标无显著影响。

王学敏等（2012）在夏季 7～8 月份高温季节对南京市六合区江苏省农科院试验猪场两种不同类型育肥猪舍室内温度进行了观测分析。数据比较分析表明：夏季新型可移动发酵床育肥舍室内日平均温度波动幅度较大，而普通育肥舍室内日平均温度波动幅度较小；新型可移动发酵床育肥舍在夏季中午高温时舍内日平均温度高于普通育肥舍内日平均温度，而早上和晚上的日平均温度低于普通育肥舍内日平均温度。杨敬辉等（2012）通过 3 株纤维素降解菌和 1 株酵母菌的单菌和混合菌发酵试验，确定 2 个优势生长菌群（A，B），以益生菌原液（C）和空白（D）为对照，将其应用于模拟发酵床猪粪腐解试验，拟筛选出高效发酵猪粪腐解菌群。结果表明，A（TZ-4+ 酵母）和 B（TZ-4+TZ-15+TZ-16+ 酵母菌）2 个菌群对猪粪的腐解效果相当，均优于市售益生菌原液，B 菌群中主要以 TZ-4 和酵母菌起腐解作用。腐解 47 天后，A 菌群腐解垫料变黑，猪粪中水解性 NH_4^+-N 含量从初始 8.31mg/g 降低至 0.57mg/g，种子发芽系数达到最高，为 82%，整个发酵过程基本无恶臭味产生，pH 值始终保持在微生物的最适活性范围内。因此，A 菌群可作为腐解剂进一步应用于发酵床。

我国畜牧业经过改革开放以来的不断发展进步，规模化养殖已经成为畜禽养殖的主流，与此同时，畜禽养殖场对环境影响的负面作用也越来越大，如何处理好发展与环保的关系，显得非常迫切。顾行兵（2013）提供了一个三口之家建设一座现代生态家庭生猪养殖场的设计模式。该家庭养猪场需两个主要劳动力，投入资金 50 万元，建设猪舍 3 栋，其中，育肥猪舍 2 栋，采用生态发酵床结构，母猪仔猪舍 1 栋，采用现代限位栏、产床、保育栏结构，现代与生态有机结合。年出栏生猪 500 头，创纯收入 20 万～30 万元，还可增加 50 亩种植用地有机肥料，这对于当前农民增加收入、农村环境保护、畜牧业转型升级具有较强的指导意义。

宦海琳等（2013）以选择性培养基（营养琼脂、甘露醇氯化钠琼脂、伊红美蓝琼脂及沙门菌和志贺菌属琼脂等）为采样介质，采用自然沉降法，通过培养计数，对发酵床猪舍和水冲清粪猪舍的气载需氧菌（细菌总数、真菌总数、葡萄球菌含量、大肠菌群含量、沙门菌含量）进行了监测。研究结果表明，发酵床猪舍气载细菌总数、真菌总数、葡萄球菌含量、大肠菌群含量分别为 $(4.57～8.71)×10^4$ CFU/m³、$(1.26～2.27)×10^4$ CFU/m³、$(3.10～5.59)×10^4$CFU/m³ 和 $(1.86～3.07)×10^3$CFU/m³，水冲清粪猪舍气载细菌总数、真菌总数、葡萄球菌含量、大肠菌群含量分别为 $(6.00～10.00)×10^4$CFU/m³、$(1.54～2.60)×10^4$CFU/m³、$(3.62～6.52)×10^4$CFU/m³ 和 $(1.77～2.57)×10^3$CFU/m³，沙门菌在 2 种猪舍中都未检出。发酵床猪舍环境气载需氧菌季节性波动较大，需氧总菌含量（细菌总数、真菌总数）夏季最高，秋季最低，而冬季的气载葡萄球菌含量最高。采用磷酸盐、硅酸盐的复合粉剂在消毒后 1h 可明显降低夏季发酵床猪舍气载微生物浓度，而不影响发酵床垫料微生物含量。为了解决发酵床垫料来源问题，降低发酵床制作成本，贾月楼等（2013）选用身体健康、体重和日龄相近的育肥猪进行养殖试验。通过试验来比较用食用菌废菌糠代替部分锯末对发酵床温度、生猪生长育肥的影响，并分析不同垫料组分的制作成本。试验表明，废弃食用菌块的加入不影响发酵效果及生猪的育肥性能，在废弃食用菌资源比较充足的条件下，可以广泛应用。针对发酵热带来的夏季热应激问题，林家彬等（2013）设计了3个层次的夏季温度调节系统，分别采用气窗自然通风、风机强制通风、喷雾系统雾化降温等方式分别应对不同温度下的降温需求。其中，他们自主研发的间歇式自充压高压喷雾系统，通过储能管储存的压力维持连续喷雾，雾滴在空气中汽化而不影响床体湿度，每天仅耗1度电，是适合配套发酵床养殖技术在农村地区推广的设施装备。

在多年发酵床和发酵饲料养猪技术研究与生产示范基础上，柳丽等（2013）总结出连云港地区"微生态健康养猪"各个生长环节的生产技术规程，包括对猪场环境的要求、垫料的制备、发酵床的养护、饲养品种的选择、发酵饲料的制作、饲养期垫料温湿度控制及疫病预防、饲养密度与饲养时间的选择等。为比较不同饲养方式及垫料环境下发酵床养的猪的生产性能及常规肉品质差异，潘孝青等（2013a）选取150头60日龄仔猪，随机平均分成5组，分别为常规饲养（自由采食组、限饲组）、发酵床饲养（木屑组、酒糟组、菌糠组），采用统一饲料饲喂。结果表明：发酵床处理的猪增重显著高于对照组，其中菌糠组效果最好；从料肉比看，发酵床处理中以菌糠组最低，对照组（自由采食）最高；发酵床不同垫料间以及发酵床饲养与常规水泥地面饲养间的猪肉 pH 值、持水率、剪切力、水分含量、肌内脂肪含量、蛋白质含量等常规肉质指标均未出现显著差异；但发酵床养殖模式下的猪肉 pH 值、持水力、剪切力、肌内脂肪含量、蛋白质含量等指标在一定程度上优于常规养殖模式。潘孝青等（2013b）研究了发酵床养殖模式对猪臀肌中 MSTN 基因表达量影响及其与肉品质间的相关性，旨在描述不同饲养环境对调控肌肉发育相关基因表达量的差异。在常规水泥地面饲养与发酵床饲养模式下，MSTN mRNA 基因相对表达量并未出现显著性差异（$P > 0.05$），但与常规饲养相比，发酵床猪臀肌中 MSTN mRNA 基因相对表达量低 8.6%；常规水泥地面饲养模式下臀肌中 MSTN mRNA 表达量与剪切力呈显著负相关（$P < 0.05$）；发酵床养殖模式下臀肌中 MSTN mRNA 表达量与水分含量及其肌纤维直径呈显著负相关（$P < 0.05$）。两种模式下猪臀肌中 MSTN mRNA 表达量与猪肉其他品质间的相关性无显著差异（$P > 0.05$）。

秦枫等（2013）探讨了发酵床养殖对猪组织器官、血清免疫指标的影响。试验选择 60 头体况良好、体重相近（28.4kg±0.30kg）60 日龄苏钟猪（阉割）作为试验动物，随机分为发酵床组（垫料基质为菌糠）和对照组（传统水冲圈）2 组，试验期 90d（育肥前期、后期）。结果表明：①发酵床养殖条件下猪脾脏、胰腺重量显著高于对照组，且脾脏重量/总体重也显著高于对照组（$P < 0.05$）。②免疫指标方面，育肥前期，2 组猪血清中总蛋白、白蛋白浓度没有显著差异（$P > 0.05$），但发酵床条件下猪血清 IgG、IgA、IgM 浓度极显著高于对照组（$P < 0.01$）；育肥后期，两组猪血清中各项免疫指标均无显著差异（$P > 0.05$），但猪血清 IgG、IgA、IgM 浓度有提高的趋势（$P=0.067$，$P=0.06$，$P=0.06$）。因此，较于传统养殖，发酵床养殖一定程度上可以改善猪的器官发育，提高猪的免疫能力。近几年，发酵床生态养猪已较广泛地应用于育肥猪，并取得了较为成熟的经验和成功的饲养模式，但却较少地应用于种公猪和种母猪的饲养以及哺乳期仔猪的饲养。王会灵（2013）的实践表明，发酵床饲养的公猪与传统水泥地饲养的公猪相比，其采精量和精子活力没有显著差异，但发酵床养殖可明显保护种公猪的肢蹄，延长种公猪的利用年限。哺乳期仔猪饲养在发酵床上，其 35 日龄成活率和断奶重都显著高于饲养在水泥地面上的仔猪。

王学敏等（2013）在长江中下游地区冬季低温时期对新型发酵床猪舍与普通猪舍室内平均温度变化规律进行了对比分析。结果表明：冬季新型发酵床育肥舍室内平均温度波动幅度较大，而普通育肥舍室内日平均温度波动幅度较小；在冬季中午室外温度较高时新型发酵床育肥舍室内日平均温度基本能达到普通育肥舍室内日平均温度（$P > 0.05$），而在早上和晚上室外温度较低时猪舍室内的日平均温度明显低于普通育肥舍内日平均温度（$P < 0.05$）。试验表明，冬季新型发酵床育肥猪舍室内日平均温度具有显著变化差异。夏新山等（2013）用不同菌种、不同日龄猪、不同养殖方式开展试验，探索了发酵床养殖模式与传统养殖模式的差异。结果表明：发酵床养殖模式可显著提高育肥猪的末重、用料量，降低料重比，使之比传统养殖方式下降 14.3%；可显著提高断奶猪的末重，降低料重比，使之比传统养殖方式下降 8.6%；发酵床养殖方式可使猪只呼吸道、消化道的发病率大幅下降；可有效节水、节工和节料；采用发酵床养猪技术饲养育肥猪，每头猪可多获利 111.9 元，并带来良好的社会效益和生态效益。温度是发酵床养猪技术的关键问题之一，育肥猪最适宜的生长温度为 20℃。夏季猪舍要完全打开通风窗，必要时开启强制通风系统，使舍内空气能够对流，降低舍内温度。另外，在饮水中加点绿豆水等可降低猪体内燥热感（徐燕，2013）。苏淮猪是 2011 年刚通过国家畜禽遗传资源委员会审定的新品种，其在正常饲养条件下，25 ～ 90kg 日增重 650g，90kg 体重的日龄约 175d，料重比 3.1：1，屠宰率 72%，背膘厚 28.7 mm 以下，胴体瘦肉率 56% 以上。在发酵床养殖条件下，达到 90kg 体重需 190 日龄，日增重为 565g，屠宰率、背膘厚和胴体瘦肉率差异不显著，而料重比为 2.87：1，节约饲料 9%，特别是肌肉氨基酸含量明显提高，超过正常值 40% 以上（颜军等，2013）。

发酵床养殖模式在推广过程中取得了较好的效果，但新建大量的发酵床猪舍对中小规模猪场的成本投入、养殖管理和防疫都提出了新的挑战，因此，对传统旧猪舍进行发酵床猪舍改造成为推广发酵床养殖模式的重要方式之一。余刚等（2013）以江苏省泗阳县天蓬猪场发酵床猪舍改造为例，从生猪行为习性、动物福利以及环境系统角度，对传统水泥地面猪舍进行发酵床养殖设施改造，分别论述了发酵床养殖的内环境特点、主要内环境参数、舍内通风降温及相关配套设施设备的选择等，进而确定发酵床猪舍改造的主要内容，选择猪舍的最佳改造设计模式，为今后的发酵床猪舍改造建设提供模式借鉴和参考，为发酵床饲养模式在江苏地区推广提供理论依据。2011 年 7 ～ 10 月，张霞等（2013）在江苏省农业科学院六合动物科学基地猪发酵床养殖场，选择两种不同垫料，一栋使用已饲养 2 批猪的木屑与稻壳并按比例添加部分木屑与稻壳为垫料，一栋以发酵猪粪、果树枝、菌糠及中药渣为主并配以少部分木屑为垫料，监测在育肥猪一个生长周期不同垫料内重金属 Cu、Zn、As、Cr 等的积累变化情况。结果表明，在一个养殖周期内，不同垫料内重金属元素 As、Zn、Cr、Cu 含量随时间增加而显著增加，Cu、Zn、Cr 等元素在不同垫料内的积累差异显著；经过约一个养殖周期，发酵猪粪、果树枝、菌糠、中药渣垫料内 As、Zn、Cu 元素含量由浅层（0 ～ 20cm）到深层（20 ～ 40cm、40 ～ 60cm）呈降低趋势。以发酵猪粪为主的垫料内重金属元素含量均显著高于果树枝、菌糠、中药渣成分为主的垫料，其他材料为主的垫料对垫料内重金属元素积累影响则不明显。

为探讨不同发酵床猪舍结构和管理因素对舍内湿热环境和通风状况的影响，周忠凯等（2013）选择彩钢瓦和大棚膜两种结构类型的半钟楼式发酵床猪舍，采用猪舍环境数据自动监测系统，对发酵床猪舍的温度、湿度、CO_2 浓度进行连续监测，分析冬季、春季和夏季舍内湿热环境状况，确定发酵床猪舍的通风量。结果表明，测试期间不同类型的发酵床猪舍内平均温度为 20.3℃，湿度为 77.8%，CO_2 浓度为 1720mg/m³，通风量为 3018m³/h；两种发酵床猪舍内平均温度差异不显著（$P > 0.05$），大棚膜结构猪舍内湿度和 CO_2 浓度显著高于彩钢瓦结构猪舍（$P < 0.05$），冬季发酵床猪舍 CO_2 浓度显著高于夏季（$P < 0.05$）；两种发酵床猪舍平均通风量差异不显著（$P > 0.05$），夏季通风量最大，平均为 4460m³/h，冬季通风量最小，平均为 786m³/h。供试的两种猪舍结构基本满足江苏地区发酵床生猪饲养对温度和通风环境的需求，但需要进一步增加舍内空气流动以降低舍内湿度过高对生猪生产带来的影响。

（3）2014～2016 年示范推广情况　近年来，随着我国畜牧业生产方式的转变，苏州国家积极开展畜牧业转型升级工作，以推动畜牧养殖从传统养殖方式向生态健康型方式转变。在推进畜牧业转型升级中，生猪发酵床养殖技术就是其新技术之一（陈江等，2016）。

白建勇等（2014）研究了发酵床饲养模式下饲粮中添加抗菌肽对仔猪生长性能、胰腺和小肠内容物消化酶及小肠黏膜二糖酶和垫料蛋白酶、脲酶、铵态氮的影响。选用 108 头 35 日龄、体重 13kg 左右的健康苏钟猪随机分为 3 组，每组 3 重复，每重复 12 头，分别饲喂基础饲粮（对照组）、基础饲粮 +40mg/kg 杆菌肽锌 +20mg/kg 硫酸黏杆菌素（抗生素组）和基础饲粮 +300mg/kg 抗菌肽（抗菌肽组）的试验日粮，试验期 49d。结果表明：①各组间仔猪生长性能差异不显著（$P > 0.05$）。②与对照组相比，饲粮中添加抗菌肽能够显著提高仔猪胰腺、十二指肠和空肠内容物淀粉酶及空肠内容物胰蛋白酶活性（$P < 0.05$）；并显著提高仔猪十二指肠黏膜麦芽糖酶和空肠黏膜蔗糖酶、乳糖酶及回肠黏膜蔗糖酶活性（$P < 0.05$）；抗菌肽组十二指肠黏膜麦芽糖酶活性比抗生素组提高（$P < 0.05$）。③各组间发酵床垫料蛋白酶和脲酶活性及铵态氮含量差异不显著（$P > 0.05$）。综上所述，试验条件下，饲粮添加 300mg/kg 的抗菌肽能够在一定程度上提高仔猪生长性能；提高胰腺、小肠内容物及小肠黏膜消化酶活性；同时不影响垫料蛋白酶、脲酶活性和垫料铵态氮含量。

冯国兴等（2014）利用生产金针菇过程中产生的大量废弃菌糠为发酵床垫料，探讨此种垫料的发酵效果，以及与水泥地面饲养方式相比较下的发酵床养猪的生产性能差异，旨在探索区域性农业废弃物资源在发酵床垫料使用的可行性，为降低发酵床垫料使用成本提供试验数据。试验结果表明：在不接种任何菌剂的条件下，菌糠作为发酵床垫料使用时表现出较高的发酵温度，并且发酵温度持续时间长；在常规水泥地面饲养与发酵床饲养模式下比较，发酵床饲养的猪平均增重和日增重分别提高 14.41%、12.59%，差异显著（$P < 0.05$），料肉比优势明显。为评价不同养猪模式温室气体排放情况，郭海宁等（2014）对南京六合发酵床和传统水泥地面猪舍温室气体排放情况进行试验测定。通过测定猪舍内空气中 CH_4、CO_2、N_2O 浓度，根据二氧化碳平衡法原理，计算不同猪舍的温室气体排放通量。结果表明：发酵床舍内 CH_4、CO_2、N_2O 的平均含量分别是传统猪舍的 61.2%、78.6%、125.0%；其舍内 CH_4 平均排放通量要低于传统猪舍，是其 63.6%，而 N_2O 和 CO_2 平均排放通量分别是传统猪舍的 10 倍和 1.4 倍；考虑到传统猪场猪粪堆肥和化粪池后续管理过程中的温室气体排放，试验期间发酵床养猪模式每天每头猪排放的 CO_2 当量的温室气体总量较传统养猪模式多 26.3%，CO_2 是发酵床养猪过程中温室气体排放总量的主要贡献者，其次是 N_2O。郭玉光等（2014）

研究了发酵床饲养方式对肥育猪生产性能的影响。选取日龄相同的杜梅二元杂交猪 40 头，初始体重为（20.1±0.69）kg，随机分为 2 组，每组 4 个重复，每个重复 4 ~ 6 头猪，分别在有运动场的水泥地面猪舍和发酵床猪舍中饲喂 101d，全程记录试验期间每天户外、水泥地面猪舍及发酵床猪舍内的气温。结果表明，50 ~ 70 日龄阶段舍内气温，水泥地面舍 29.4℃、发酵床猪舍 27.5℃，发酵床组日增重、采食量、料肉比均好于水泥地面组；70 ~ 90 日龄阶段，水泥地面舍与发酵床舍气温相同，发酵床组日增重、料肉比均高于水泥地面组，采食量低于水泥地面组；90 ~ 130 日龄阶段，发酵床猪舍气温略高于水泥地面舍，采食量、料肉比和日增重无显著差异 ;130 ~ 150 日龄阶段，舍外气温低于 19℃，发酵床舍平均气温 19.9℃，水泥地面舍 18.6℃，发酵床组日增重、采食量比水泥地面组分别提高了 6.4% 和 9.9%，料肉比均为 3.32。说明发酵床养猪对猪的生产性能具有促进作用，小气候环境改变是促进猪生长的关键。

为了比较发酵床模式和传统水冲圈模式下生猪的猪瘟、猪蓝耳病和猪口蹄疫血清抗体的差异，华利忠等（2014）于 2012 年 11 月以及 2013 年 5 月在江苏省阜宁县 22 个镇（区）分别采集生猪血样 1313 份（发酵床 602 份）和 1 235（发酵床 563 份）共计 2548 份，用 ELISA 法检测血清中猪瘟、猪蓝耳病和猪口蹄疫抗体阳性率。结果显示：2012 年 11 月和 2013 年 5 月发酵床模式下猪瘟血清抗体阳性率分别为 97.7%、97.9%，略高于水冲圈的 95.4%、96.0%；猪蓝耳病病毒血清抗体阳性率分别为 65.3%、75.2%，高于水冲圈的 50.2%、70.4%；口蹄疫血清抗体阳性率分别为 95.2%、96.8%，与水冲圈的 94.1%、99.1% 基本持平。

为了解垫料基质中细菌的群落结构多样性，宦海琳等（2014）应用 PCR-DGGE 技术对发酵床 7 种不同垫料（锯木屑、稻壳、酒糟、菌糠、醋糟、稻草、稻壳炭）的细菌群落结构进行了研究，根据 DGGE 指纹图谱，对它们的细菌群落多样性和优势条带进行了分析。结果表明，垫料样品的细菌多样性指数、丰富度均有所不同，酒糟垫料组细菌多样性指数最高，稻草垫料组细菌多样性指数最低。全锯木屑与 50% 稻壳相似性较高而聚为一类，与 50% 菌糠的相似性次之，与 50% 稻草的相似性最低。在垫料基质中检测到的菌群主要是节杆菌属（Arthrobacter）、污水管球菌属（Amaricoccu）、马杜拉放线菌属（Actinomadura）、芽胞杆菌属（Bacillus）、梭菌属（Clostridium）、埃希菌属（Escherichia）、细杆菌属（Microbacterium）、假单胞菌属（Pseudomonas）、红球菌属（Rhodococcus）、葡萄球菌属（Staphylococcus），以及一些未知的菌群。垫料组成是影响发酵床垫料微生物构成的重要因素，稻壳、菌糠作为垫料可部分替代锯木屑，而对发酵床垫料的微生物区系影响较小。

为解决发酵床垫料部分区域积水导致的烂床等问题，李辉等（2014）试验确定了"热气脉动法"的垫料水分调控方法，并设计了一套发酵床垫料水分调控设施设备，即以 STC89C52 单片机为核心，WL433A 无线通信模块进行数据传输，使用 VB.NET 进行上位机开发，Access 为后台数据库，实现了对发酵床垫料内部信息的实时采集、无线传输、自动存储以及远程实时监测等，为发酵床垫料水分调控的研究提供了基础设施，在一定程度上推动了养殖设施设备的发展。

重金属已成为影响土壤健康的限制因素，李买军等（2014a）通过对发酵床垫料、垫料下土壤、发酵床外土壤和传统猪场的土壤样品进行连续定点测定，评价了发酵床养殖方式对土壤环境中重金属含量的影响。结果表明，5 个月的发酵床养殖，Cu、Zn、Cr、Pb 在垫料层 0～40cm 累积明显，分别增加了 41.23mg/kg、51.73mg/kg、13.52mg/kg 和 5.23mg/kg，垫料下方土壤 Cr 增加 14.30mg/kg，累积量较 Cu、Zn、Pb 显著升高；传统猪场土壤中的 Cu、Zn、Cr 较发酵床养殖方式累积更明显，主要集中在 20cm 以下的土壤中，分别达 22.77mg/kg、41.83mg/kg、5.50mg/kg；与传统养殖方式相比，发酵床养殖对周边土壤重金属污染较小。李买军等（2014b）从 2012 年 11 月 17 日到 2013 年 5 月 24 日，在江苏省泗阳县天蓬猪场的发酵床养猪栏内连续采集 0～20cm、20～40cm 垫料层及 40～60cm、60～80cm 的土壤层样品，测定其过氧化氢酶活性、纤维素酶活性及蛋白酶活性，研究酶活性的变化以及对深层水土环境的影响。结果表明，在 0～40cm 垫料的垂直深度，随着深度加大，酶活性显著下降（$P < 0.05$）；随着垫料使用时间延长，垫料中过氧化氢酶和纤维素酶活性有增大的趋势，而蛋白酶活性有降低的趋势，垫料下层土壤中酶活性变化不显著。马晗等（2014a）通过测定发酵床养猪栏内 0～20cm、20～40cm 垫料层和 40～60cm、60～80cm 土层样品的含水率、pH 值、不同形态氮素含量以及有机质含量等指标，研究垫料中氮素形态的转变及其对下层土壤一些理化指标的影响。结果表明，随着垫料使用时间的延长，垫料含水率和有机质含量均呈现持续降低趋势；由于猪粪尿的不断排放，垫料中全氮、碱解氮和硝态氮含量逐渐增加，而铵态氮含量和 pH 值均呈现先上升后降低趋势。在发酵床垫料的下层土壤中有机质和氮素含量呈升高趋势，因此在发酵床养殖方式下应采取必要的防渗措施以保护深层地下水土。马晗等（2014b）通过对不同深度层次的发酵床垫料、垫料下土壤、发酵床外土壤和传统猪场外的土壤样品进行连续分析测定，比较了不同养殖模式下 As 的累积状况及对周边环境的影响情况。结果表明：发酵床垫料使用近 1 年后，As 在 0～20cm、20～40cm 垫料层中存在明显的累积，累积量分别达 7.5mg/kg、6.7mg/kg，存在向垫料下层土壤迁移的风险，且 As 在垫料下土壤中浓度的增加量高于发酵床外同深度的土壤（$P < 0.05$）；废弃垫料中 As 的浓度在 11.5～12.0mg/kg，符合我国有机肥料农业行业标准，可以适当处理后进行农用；发酵床养殖模式对周边土壤中 As 累积的影响低于传统养猪模式。

为了探讨发酵床不同垫料对猪生长、组织器官及血液相关指标的影响，秦枫等（2014）选择 90 头体质状况良好和体重相近的 60 日龄苏钟猪（阉割）作为试验动物，随机分为 3组：木屑发酵床组、酒糟发酵床组、传统水冲圈饲养组（对照），试验期 90d。结果显示：①木屑发酵床组、酒糟发酵床组猪试验末体重、总增重、平均日增重和心脏重均显著高于对照（$P < 0.05$）。②育肥前期（试验第 45 天）酒糟发酵床组猪血清中总蛋白质浓度显著高于木屑发酵床组和传统水冲圈饲养组；育肥后期（试验第 90 天），酒糟发酵床组猪血清中总蛋白质浓度显著高于木屑组（$P < 0.05$）。③育肥前期，酒糟发酵床组猪血清中生长激素（GH）和三碘甲腺原氨酸（T3）均显著高于对照（$P < 0.05$），木屑发酵床组和酒糟发酵床组猪血清中乙酰胆碱（Ach）浓度均显著高于对照（$P < 0.05$），酒糟发酵床组血清 5-羟色胺（5-HT）浓度显著高于木屑发酵床组（$P < 0.05$）。以上表明，发酵床养殖（酒糟发酵床组和木屑发酵床组）可显著提高猪的生长性能，有利于猪心脏发育；另外，发酵床养殖可促进激素（T3）、情绪物质（Ach 和 5-HT）的分泌，增强猪免疫机能。闫俊书等（2014a）选取健康无病、体重 30kg 左右的苏钟猪 120 头，随机分为 2 组，研究发酵床育肥前期猪日粮中应用清洁型复合饲料添加剂对猪生长性能、营养物质代谢及激素分泌的影响。结果表明：①清洁饲粮组体重、平均日增重和料重比较对照组无显著差异（$P > 0.05$）。②清洁型复合饲料添剂组血清总蛋白及白蛋白较对照组均有提高，但差异不显著（$P > 0.05$）；甘油三酯含量较对照组降低了 58.82%（$P < 0.01$），而葡萄糖、胆固醇、高密度胆固醇及低密度胆固醇差异不显著（$P > 0.05$）；清洁型复合饲料添加剂对血清中酶活性的变化无显著性影响，但谷丙转氨酶及谷草转氨酶都有提高的趋势（$P > 0.05$）。③清洁饲粮组血清中 T3 和 T4 含量均显著提高，其中甲状腺素 T3 和 T4 含量分别较对照组提高了 18.12% 和 18.84%（$P < 0.05$），胰岛素样生长因子（IGF-Ⅰ）、胰岛素（INS）和生长激素（GH）含量较对照组也有提高的趋势，但差异不显著（$P > 0.05$）。以上结果表明，在发酵床育肥前期猪日粮中应用清洁型复合饲料添加剂，可提高猪的生长性能，改善营养物质代谢水平，降低血清中甘油三酯的含量，并提高猪血清中 T3、T4 的含量，改善猪体内内分泌激素的水平。闫俊书等（2014b）研究了在日粮中应用生物制剂对发酵床育肥后期猪生长性能、血清生化指标及内分泌激素的影响。选取健康无病的 70kg 左右的苏钟猪 120 头，随机分为 2 组，每组 4 个重复，每个重复 15 头猪。对照组饲喂基础日粮，试验组在基础日粮中添加生物制剂（包括植酸酶、复合酶、枯草芽胞杆菌、酵母菌、乳酸菌），预试期 7d，正试期 28d。结果表明，与对照组相比，试验组平均日增重提高了 4.62%，料重比降低了 6.53%，但差异均不显著（$P > 0.05$）。与对照组相比，试验组血清中甘油三酯（TG）含量极显著降低（$P < 0.01$），其他血清生化指标均无显著差异（$P > 0.05$）。与对照组相比，试验组血清中 INS 和 IGF-Ⅰ 含量分别显著和极显著升高（$P < 0.05$；$P < 0.01$），血清中甲状腺素（T3、T4）、GH 含量虽有升高的趋势，但差异均不显著（$P > 0.05$）。综上所述，在发酵床育肥后期猪日粮中添加生物制剂，可提高猪的生长性能，改善营养物质代谢水平，降低血清中 TG 的含量，并提高猪血清中 IGF-Ⅰ 及 INS 的含量，改善猪体内内分泌激素的水平，建议生产中在发酵床育肥后期猪日粮中应用由植酸酶、复合酶、枯草芽胞杆菌、酵母菌、乳酸菌组成的生物制剂。

为了探明发酵床养猪过程碳素流向及二氧化碳与甲烷排放特征，张丽萍等（2014a）分别选取 3 种不同原料的发酵床：稻壳＋锯木屑（FD）、稻壳＋菌糠（FJ）、稻壳＋酒糟（FW）作为研究对象，通过垫料采集和静态箱法收集气体，对一个养殖周期内的碳素变化和二氧化碳、甲烷排放量进行测定。结果表明，一个养殖周期结束后，三种发酵床二氧化碳与甲烷的排放总量占碳素总损失的比例分别为 41.21%（FJ）、54.12%（FD）、48.27%（FW），是碳素转化的主要形式。三种垫料的二氧化碳排放特点呈现一定的相似性，均在养殖前期与后期各出现 1 个排放高峰期，后期排放量大于前期；其二氧化碳排放总量具有显著性差异，FD 在整个养殖周期内二氧化碳排放量最大，其次是 FJ。FJ 与 FW 的甲烷排放特点与二氧化碳相似，均在养殖前期与后期出现两个排放高峰期且排放量大小相近，而 FD 的甲烷排放集中在前期，后期仅有微弱回升；三种发酵床的甲烷排放总量同样具有显著性差异，一个饲养周期内 FW 的甲烷排放总量最大，其次是 FJ。通过相关性分析发现，三种发酵床二氧化碳与甲烷的排放呈负相关关系，初步表明发酵床存在甲烷氧化成二氧化碳的生物途径。张丽萍等（2014b）以节约经济成本和适宜猪生长发育为前提，选取三种发酵床垫料组合，分别为 40% 和 60% 的稻壳＋菌糠（FJ）、稻壳＋锯木屑（FD）、稻壳＋酒糟（FW），研究猪舍不同发酵床垫料及发酵床下部表层土壤中 Cu 的累积特征与活性。结果表明，经过 1 个养殖周期，FW 对 Cu 的吸纳能力较强，养殖后垫料 Cu 含量超背景值比例为 202%。不同垫料组合对垫料中 Cu 生物有效性的影响差异不显著；而 FJ 发酵床垫料下部的表层土壤中 Cu 生物有效性达

16.86%，显著高于另外两种垫料（$P < 0.05$）。所选取的三种垫料中，FD 中的 Cu 含量超背景值比例为 198%，对 Cu 的吸纳能力居中，渗漏到土壤中的 Cu 含量超背景值比例为 119%，而 Cu 生物有效性为 8.37%，在三种垫料中最低。因此，从减少 Cu 污染角度出发，该配比垫料优于 FJ 与 FW。生态危害评价表明，养殖结束后三种组合垫料以及垫料下部表层土壤中 Cu 的潜在生态危害均未超过轻微生态危害临界值，为控制 Cu 污染并保留有机肥营养，建议发酵床使用年限为 3 年左右。张丽萍等（2014c）以节约经济成本和适宜猪生长发育为前提选取 3 种发酵床垫料组合：40% 稻壳 +60% 菌糠（FJ）、40% 稻壳 +60% 锯木屑（FD）、40% 稻壳 +60% 酒糟（FW），采用物质流分析的方法分析了在一个养猪周期内 3 种垫料 Zn、Cu、As 全量的累积过程；同时测定了不同垫料剖面层次中 3 种重金属的含量变化；并通过测定有效态 Zn、Cu、As 含量分析 3 种重金属在垫料和表层土壤中的活性；最后应用瑞典科学家 Hakanson 提出的潜在生态危害指数法分析和评价该区域表层土壤的重金属污染指数和潜在生态危害。结果表明，经过一个养殖周期，Zn 和 Cu 含量随垫料层次加深逐层递减，而 As 含量则随垫料层次加深逐层递增，尽管如此，绝大部分 Zn、Cu、As 仍作为库存累积在垫料中，只有极少部分通过淋溶作用渗漏到床底表层土壤中；不同垫料对 3 种重金属的吸纳效果、活性大小的影响均不同；经过生态危害评价分析，3 种垫料在养猪结束后其 Zn、Cu、As 的潜在生态危害均未超过轻微生态危害临界值（RI ≤ 150），为了最好地控制 Cu、Zn、As 污染并保留有机肥营养，建议发酵床使用年限为 3 年左右。为了探明发酵床养猪过程中的氨挥发与氧化亚氮排放特征，张丽萍等（2014d）分别选取 3 种不同原料的发酵床：稻壳 + 锯木屑（FD）、稻壳 + 菌糠（FJ）、稻壳 + 酒糟（FW）作为研究对象，采用静态箱法收集气体，对 1 个养猪周期内（140d）的氨挥发和氧化亚氮排放量进行测定。结果表明，3 种垫料的氨挥发高峰期呈现出一定的时间顺序，FW 主要出现在饲养前期、FJ 出现在前中期，而 FD 则集中在饲养中后期。3 种垫料的氨挥发总量具有显著性差异，FW 发酵床在整个养殖周期内的氨挥发总量最大，为 9.06kg；其次是 FJ，氨挥发总量达到 4.83kg。3 种发酵床垫料的氧化亚氮排放规律具有一致性，即排放高峰期主要集中在饲养中后期；其排放总量同样具有显著性差异，同氨挥发总量一样，FW 的氧化亚氮排放总量最高，达到 2.06kg；其次是 FJ，氧化亚氮排放总量为 1.74kg。通过物质流分析发现，以氨气和氧化亚氮转化损失的氮量占氮素总损失量的 23% ~ 36%，说明气体转化是发酵床养猪过程中氮素的主要损失途径之一。

为了确定发酵床生猪养殖过程中氨气的排放率，周忠凯等（2014）选择彩钢瓦和大棚膜两种结构类型的半钟式发酵床猪舍，利用猪舍环境数据自动监测系统测定发酵床猪舍内氨气浓度，采用二氧化碳平衡法估算发酵床猪舍的通风量，并确定发酵床猪舍的氨气排放率。研究结果显示，测试期间彩钢瓦和大棚膜猪舍内氨气平均浓度分别为（5.8 ± 1.3）mg/m^3、（6.2 ± 2.0）mg/m^3；两种类型猪舍内氨气浓度差异不显著，随着季节冬—春—夏的变化而逐渐降低，冬季猪舍内的平均氨气浓度显著高于春季、夏季，春季、夏季猪舍内的氨气浓度差异不显著；两种类型猪舍的氨气排放率分别为（6.7 ± 2.0）g/（天·头）、（7.4 ± 0.5）g/（天·头），差异不显著，平均排放率为（7.1 ± 0.3）g/（天·头）；冬季排放率显著低于春季和夏季（$P < 0.05$），春季与夏季发酵床猪舍氨气的排放率间差异不显著，分别为（7.5 ± 0.2）g/（天·头）、（8.9 ± 0.6）g/（天·头）。

白建勇等（2015）研究了发酵床饲养模式下饲粮添加抗菌肽对仔猪生长性能，胰腺和小肠内容物消化酶，小肠黏膜二糖酶，及垫料中蛋白酶、脲酶、铵态氮的影响。选用 108 头 35 日龄、体重 13kg 左右的健康苏钟猪随机分为 3 组，每组 6 重复，每重复 6 头，分别饲喂基础饲粮（对照组）、基础饲粮 +267g/t 杆菌肽锌 +200g/t 硫酸抗敌素（抗生素组）、基础饲粮 +300g/t 抗菌肽（抗菌肽组），试验期 49 天。结果表明：①与对照组相比，饲粮添加抗菌肽能够在一定程度上提高仔猪平均日增重，降低料重比，但差异不显著（$P > 0.05$）；抗菌肽组与抗生素组生长性能差异不显著（$P > 0.05$）。②与对照组相比，饲粮添加抗菌肽能够显著提高仔猪胰腺和十二指肠内容物淀粉酶及空肠内容物胰蛋白酶活力（$P < 0.05$）；抗菌肽组仔猪十二指肠黏膜麦芽糖酶和空肠黏膜蔗糖酶、乳糖酶及回肠黏膜蔗糖酶活力均比对照组显著提高（$P < 0.05$）；抗生素组仔猪空肠内容物淀粉酶活力比抗菌肽组高（$P < 0.05$），十二指肠黏膜麦芽糖酶活力比抗菌肽组低（$P < 0.05$）。③与对照组相比，饲粮添加抗菌肽能够提高发酵床前期、中期垫料蛋白酶和脲酶活力，但未达到显著水平（$P > 0.05$）；同时，抗菌肽组垫料铵态氮比对照组有所降低（$P > 0.05$）；抗菌肽组垫料蛋白酶活力、脲酶活力及铵态氮含量与抗生素组均差异不显著（$P > 0.05$）。综上所述，在发酵床饲养模式下，饲粮添加 300g/t 的抗菌肽能够提高仔猪胰腺、小肠内容物及小肠黏膜消化酶活力；能够在一定程度上提高垫料中蛋白酶、脲酶活力，降低垫料铵态氮含量，而对仔猪生长性能无不良影响。

为研究发酵床养猪甲烷排放情况，李建辉等（2015）对南京六合猪场发酵床猪舍内 CO_2 和 CH_4 浓度进行测定，通过二氧化碳平衡法，估算了猪场甲烷排放通量，并分析垫料含水率、pH 值、温度和有机质的变化，探讨其对 CH_4 排放的影响。结果表明：试验期间舍内 CH_4 和 CO_2 浓度总体呈升高趋势，CO_2 平均浓度为 894.81mg/m³，明显低于猪舍环境质量标准推荐的 CO_2 浓度标准（1500mg/m³）；CH_4 平均浓度为 1.59mg/m³，单只育肥猪平均 CH_4 排放通量变化范围为 122.48 ～ 162.09mg/(h·头) 或每标准动物单位排放量 711.27 ～ 1199.75mg/(h·AU)。在不同影响因素中，垫料有机质含量是影响舍内甲烷排放量变化的最重要因素（$r=0.949$，$P < 0.05$），有机质含量越高，其甲烷排放潜力越大。

随着环保压力的日益增加和农户环保意识的逐渐增强，发酵床养猪技术逐渐被农户接受，但是发酵床熟化垫料再利用相对较难，限制了发酵床养猪技术的推广。刘海琴等（2015）采用高温堆制的方法对养猪发酵床废弃垫料进行处理，研究了外源菌剂的添加对堆肥效果的影响。结果表明：添加外源菌剂可使堆体提前 1d 进入 55℃ 高温期；添加外源菌剂对堆体含水率、pH 值、总氮、全磷及重金属含量影响不大；添加外源菌剂可以显著提高堆肥浸提液中大白菜的种子发芽指数，在堆制 15d、30d 后，处理组的种子发芽指数分别为 88.33%、98.74%，对照组的分别为 62.66%、84.93%。罗佳等（2015）将两种发酵床熟化垫料分别进行高温堆肥处理，熟化垫料总养分（氮、磷、钾）含量均超过 50g/kg，重金属和粪大肠杆菌含量均未超标，蛔虫卵死亡率 95% 以上，符合商品有机肥标准。作物试验表明，在等氮量施用条件下，发酵床熟化垫料有机肥施用后辣椒产量与化肥和常规有机肥处理相当，并能提高辣椒品质，改善土壤肥力。PCR-DGGE 结果表明，不同处理土壤细菌群落结构可大致分为三种类型：对照（CK）和化肥（CF）处理群落结构相似，为第一类；常规猪粪有机肥（POF）为第二类；两种发酵床熟化垫料有机肥（FOF 和 ROF）群落结构相似，为第三类。施肥处理能明显改变土壤微生物多样性，施用有机肥（POF、FOF、ROF）对土壤微生物多样性改变的效果比化肥（CF）大；不同来源的有机肥（POF 和 FOF、ROF）对土壤中微生物区系改变方向不一样，来源接近的有机肥（FOF 和 ROF）对土壤微生物区系改变方向接近。

潘孝青等（2015）研究了发酵床饲养模式（fermentation bed breeding，FB）以及常规水泥地面饲养模式（conventional breeding，CB）下，猪群运动时间差异，以及由此差异造成的对猪生产性能、肌纤维形态、肌肉生长抑制素（MSTN）蛋白表达的影响。结果显示，在 FB 条件下，猪只运动时间占总时间比率较 CB 显著增加 82.60%（$P < 0.05$）；生产性能上，FB 与 CB 饲养效果相比，平均增重与平均日增重分别提高 10.50% 与 11.72%，差异显著（$P < 0.05$）；FB 条件下猪臀部肌纤维束变粗，且与 CB 相比，肌纤维直径增加 4.90%（$P > 0.05$）；免疫组织化学结果显示，内源性 MSTN 蛋白在 CB 条件下，猪臀肌中的阳性比例较高，FB 条件下，猪臀肌中内源性 MSTN 蛋白显著减少（$P < 0.05$）。为评价生态养猪过程中不同发酵床垫料组成对温室气体排放的影响，魏思雨等（2015）在南京六合发酵床养殖基地，设置 3 种不同垫料的发酵床处理，其垫料组成分别为木屑（S）、木屑 + 稻壳（SR）、木屑 + 稻壳 + 秸秆段（SRS）。在一个试验周期内，连续测定垫料中 CO_2、CH_4 及 N_2O 等温室气体的排放，以及 pH 值、含水率、铵态氮和硝态氮的动态变化，同时分析了三种垫料温室气体排放差异的机理。结果表明，垫料排放的温室气体以 CO_2 和 N_2O 为主，二者在三种温室气体二氧化碳排放当量中的占比高达 99.3% ～ 99.6%；三种垫料 N_2O 的排放主要集中在猪出栏前 1 个月，占整个试验期间排放总量的 61% ～ 68%；在垫料中添加秸秆段（SRS）对 CO_2 和 N_2O 排放总量的影响不显著，但显著增加 CH_4 的排放，其 CH_4 排放总量分别是 S 和 SR 的 2.30 倍和 2.46 倍；SRS 的二氧化碳排放当量亦高于 S 和 SR，而 S 和 SR 的二氧化碳排放当量相差不大，三种处理间无显著性差异。

徐小明等（2015）研究了发酵床饲养模式下日粮中添加地衣芽胞杆菌对仔猪生长性能、胰腺和小肠黏膜消化酶活性及肠道主要菌群数量的影响。选用 108 头体重 13kg 左右的 35 日龄健康苏钟猪，随机分为 3 组，每组 3 个重复，每个重复 12 头，分别饲喂基础日粮（对照组）、基础日粮 +40mg/kg 杆菌肽锌 +20mg/kg 硫酸黏杆菌素（抗生素组）、基础日粮 +300 mg/kg 地衣芽胞杆菌（益生菌组）的试验日粮。预试期 7d，正试期 52d。结果表明：①与对照组相比，日粮中添加地衣芽胞杆菌能够在一定程度上提高仔猪平均日增重、平均日采食量，降低料重比，但各组间差异均不显著（$P > 0.05$）；②与对照组相比，日粮中添加地衣芽胞杆菌能够极显著提高仔猪胰腺中淀粉酶活性、十二指肠黏膜中麦芽糖酶活性和空肠黏膜中乳糖酶活性（$P < 0.01$），十二指肠黏膜和空肠黏膜中蔗糖酶活性显著提高（$P < 0.05$）；③与对照组相比，日粮中添加地衣芽胞杆菌能够显著提高仔猪盲肠芽胞杆菌数量（$P < 0.05$）；乳酸杆菌数量较对照组提高 4.09%，大肠杆菌数量较对照组降低 4.86%，但均未达到显著水平（$P > 0.05$）。综上所述，在试验条件下，日粮中添加 300 mg/kg 地衣芽胞杆菌能够提高发酵床饲养仔猪胰腺、小肠黏膜消化酶活性及盲肠芽胞杆菌数量，同时仔猪生长性能也在一定程度上有所改善。

发酵床垫料的选择是发酵床养殖推广的重要环节，垫料原料的选择、管理等直接关系到垫料的利用效率，为此，尹微琴等（2015）连续采集南京六合发酵床养殖基地 4 个月的垫料样品，对其中有机质、纤维素、半纤维素、木质素及 C/N 值等进行了测定。结果发现，C/N 值受垫料组成成分的影响，以稻壳和木屑为原料的垫料中分别添加酒糟（垫料Ⅱ）、菌糠（垫料Ⅲ），其 C/N 值下降要快于以稻壳和木屑为原料的垫料（垫料Ⅰ）。经 117d 的使用，垫料Ⅰ的纤维素、半纤维素、木质素的降幅分别为 36.12%、25.12%、18.35%，均小于垫料Ⅱ的48.37%、48.16%、31.66% 和垫料Ⅲ的 49.42%、56.6%、32.69%；垫料Ⅰ、垫料Ⅱ、垫料Ⅲ的纤维素占对应有机质的百分比分别下降 1.77%、3.11%、2.19%；垫料Ⅰ的半纤维素占有机质的百分比上升 0.66%，而垫料Ⅱ和垫料Ⅲ的半纤维素分别下降 2.57% 和 3.38%；木质素占有机质的百分比分别上升 5.36%、5.26% 和 3.88%。为了解各种抗生素发酵床益生菌的影响，袁厅等（2015）采用纸片扩散法研究 8 种发酵床常用的益生菌单独培养及混合培养对50 种常用抗生素的敏感性。结果表明，单独培养的多数益生菌对氯霉素类、氨基糖苷类、喹诺酮类、四环素类及大环内酯类高度及中度敏感，但对青霉素类、头孢类以及林可霉素低敏感或不敏感。混合培养菌对氯霉素类、氨基糖苷类、喹诺酮类、强力霉素、克林霉素高敏感；对四环素、林可霉素、阿莫西林、头孢曲松、头孢噻肟等中度敏感；对氨苄西林和头孢唑肟低敏感；对复方新诺明、多黏菌素 B、青霉素、头孢克肟、头孢吡肟、头孢噻肟不敏感。

张霞等（2015）通过测定果树枝、菌糠、中药渣、发酵猪粪垫料以及稻壳 / 木屑不同配比垫料内腐殖质及其组分含量，研究育肥猪一个生长周期内猪发酵床垫料中腐殖质及其主要组分胡敏酸、富里酸的形态变化特性。结果表明，初始中药渣垫料内胡敏酸与富里酸总碳量及富里酸含量最高，初始菌糠垫料内胡敏酸含量、胡 / 富比及胡敏酸 E4/E6 比值（E4 和 E6分别为 465nm 和 665nm 波长下的吸光值）最高。在育肥猪一个生长周期内，除中药渣垫料外，包括稻壳 / 木屑不同配比的其他垫料内胡敏酸与富里酸总量表现为前 3 个月增加而后降低，富里酸表现为前 2 个月增加而后下降；除菌糠垫料外，包括稻壳 / 木屑不同配比的其他垫料胡敏酸均表现为持续增加，所有垫料内胡敏酸 E4/E6 值均下降。饲养三批猪的稻壳 / 木屑垫料内腐殖质及其不同组分含量以及胡敏酸 E4/E6 值均相对较低。中药渣、菌糠、果树枝与发酵猪粪垫料同一取样时期垫料内胡敏酸与富里酸总量、胡敏酸以及富里酸含量差异显著，稻壳 / 木屑垫料不同配比同一取样时期垫料内胡敏酸与富里酸总量、胡敏酸以及富里酸含量差异不显著。不同垫料间胡敏酸 E4/E6 差异显著，表现为发酵猪粪＞果树枝＞菌糠＞中药渣（初始期除外），稻壳 / 木屑配比为 60∶40 时胡敏酸 E4/E6 值较低。

为了探讨发酵床养殖给猪常见疾病防控效果带来的具体影响，赵春林和张磊（2015）选取 160 例养殖猪作为具体的研究对象，随机进行分组，其中水泥养殖组为 80 例、发酵床养殖组为 80 例，对两组养殖模式的致病菌率进行分析和对比。结果表明，水泥养殖组的致病菌率为 10%，酵床养殖组的致病菌率为 8.8%，发酵床养猪模式的致病菌检出率要略低于水泥地的养猪模式，组间数据对比具有明显差异，具备统计学意义（$P < 0.05$）。因此，发酵床养猪模式并没有给猪常见疾病防控效果产生影响，值得推广。樊睿（2016）比较了发酵床模式和传统水冲圈模式下生猪圆环病血清抗体的差异。2015 年 11 月以及 2016 年 6 月在阜宁县 3 个猪场分别采集生猪血样 272 份（水冲圈 137 份，发酵床 135 份），用 ELISA 法检测血清中猪圆环病毒抗体阳性率。结果表明，2015 年 11 月和 2016 年 6 月发酵床模式下猪圆环病毒血清抗体阳性率分别为 70.0% 和 78.5%，极显著高于水冲圈的 41.3% 和 64.5%。因此，阜宁县发酵床养猪模式下相比传统水冲圈生猪圆环病血清抗体阳性率高。

李晟等（2016）采用盆栽试验，选用熟化的发酵猪粪垫料及酒糟垫料作有机肥，研究白菜的产量变化及不同重金属在白菜中的累积情况，并对采收的白菜进行安全评价。结果显示，垫料作有机肥添加量较高时，对白菜出苗率与产量均有一定的影响；酒糟/木屑垫料作有机肥安全施用量约为 5%～10%。垫料作有机肥时，白菜不同重金属元素铜（Cu）、锌（Zn）、砷（As）、铬（Cr）表现为随施肥量增加其含量增加，Cu、Zn、As、Cr 含量均在安全标准要求之内。健康风险指数表明，猪发酵床垫料作有机肥时，铜、锌、砷、铬元素没有明确的安全问题。林家彬等（2016）对发酵床垫料水分调控装置的运行参数进行了优化研究。采用 4 因素 3 水平的正交设计，分别对试验温度、充气停止时间、充气时间和空气流量 4 个试验因素进行了 9 组试验研究，以优化各个试验参数的设置，提高混合垫料的水分去除效率、降低装置运行能耗。三种温度条件下混合垫料平均含水率降低分别为 $4.58\% \pm 2.91\%$、$13.17\% \pm 3.77\%$、$10.8\% \pm 7.72\%$；试验温度为 45℃、充气停止时间为 15 min、充气时间为 7 min、充气量为 4m³/min 时垫料水分的去除效率较高，为垫料水分调控装置运行参数的最佳因子组合模式；各试验因素对垫料含水率的影响顺序为空气流量＞温度＞充气时间＞充气停止时间；影响混合垫料水分去除效率的主要顺序为温度＞空气流量＞充气时间＞充气停止时间。发酵床垫料水分调控装置的运行参数进行优化后，可以提高混合垫料的水分去除效率，降低装置运行能耗。

为了研究传统依水圈养、微生物发酵床旱养对 220 日龄高邮鸭鸭肉品质的影响，赵伟等（2015）选取 60 日龄的高邮鸭 180 羽，随机分为 2 组，分别为依水圈养组（对照组）和发酵床旱养组（试验组）。结果表明，与对照组相比，发酵床旱养 220 日龄高邮鸭胸肌的亮度值、滴水损失、蒸煮损失与腿肌的滴水损失均显著升高（$P < 0.05$），腿肌的剪切力显著下降（$P < 0.05$）。研究结果揭示了微生物发酵床旱养模式对 220 日龄高邮鸭胸肌的肉色、系水力产生不利影响，可显著改善腿肌的嫩度值，但对其他肉品质性状未产生不利影响。林勇等（2016）将发酵床旱养与普通水养模式进行对比，分析发酵床旱养对樱桃谷种鸭生产性能的影响。选取健康、体重相近的 1200 羽樱桃谷 SM3 父母代种鸭（母鸭 1000 只、公鸭 200 只），随机分为 2 组，分别为对照组（水养组）和试验组（发酵床旱养组）。结果表明：产蛋初期 26～27 周龄试验组肉种鸭的产蛋率为 61.2%、76.5%，极显著低于对照组的 73.6%、83.4%（$P < 0.01$）；28 周龄后，试验组肉种鸭的产蛋率均低于对照组，但差异不显著（$P > 0.05$）。在 26～32 周龄期间，试验组肉种鸭的料蛋比均高于对照组；在 33～36 周龄期间，试验组肉种鸭的料蛋比低于对照组，且两组料蛋比均处于 2.20 左右。在 26～36 周龄试验期间，试验组肉种鸭的种蛋受精率均低于对照组，但差异不显著（$P > 0.05$）。说明发酵床旱养模式会对肉种鸭的产蛋率、种蛋受精率产生较小负面影响，对料蛋比未产生不利效应，且具有一定的环境保护意义。为解决规模化肉鸭生产中粪污影响鸭健康和污染环境的问题，应诗家等（2016a）研发了一种发酵床结合网床架养新技术及其配套的可移动式网床下发酵床垫料翻耙系统，并研究了该模式在控制舍内气载微生物数量和提高鸭生产性能中的优势。结果显示：

① 可移动式发酵床垫料翻耙系统实现不同发酵床体共用一台翻耙机。

② 与发酵床平养相比，鸭 26 日龄之前未翻耙垫料时，发酵床网养舍内需氧菌总数（$1.531 \times 10^5 CFU/m^3$）和大肠杆菌数量（$1.298 \times 10^4 CFU/m^3$）显著升高（$P < 0.05$）；鸭 27～34 日龄时每 4 天翻耙垫料一次，发酵床网养舍内需氧菌总数（$2.304 \times 10^5 CFU/m^3$）和

金黄色葡萄球菌数量（$1.353 \times 10^5 CFU/m^3$）显著降低（$P < 0.05$）；鸭 35～39 日龄时每天翻耙垫料，发酵床网养舍内需氧菌总数（$1.255 \times 10^5 CFU/m^3$）和"沙门＋志贺"菌数量（14.13 CFU/m^3）显著降低（$P < 0.05$）。

③ 在发酵床平养舍内，与每 4 天翻耙 1 次垫料相比，每天翻耙 1 次垫料舍内需氧菌总数（$2.688 \times 10^5 CFU/m^3$）、大肠杆菌（$2.038 \times 10^4 CFU/m^3$）、金黄色葡萄球菌（$8.90 \times 10^4 CFU/m^3$）和"沙门＋志贺"菌（47.11$CFU/m^3$）数量显著降低（$P < 0.05$），而在发酵床网养舍内，每天翻耙 1 次垫料舍内需氧菌总数（$1.255 \times 10^5 CFU/m^3$）和"沙门＋志贺"菌（14.13 CFU/m^3）数量显著降低（$P < 0.05$）。

④ 与发酵床平养相比，发酵床网养增加鸭体重（$P < 0.05$），降低死亡率和上市淘汰率（$P < 0.05$）。结果表明研发的肉鸭养殖新模式能更好地减少舍内空气中病原菌浓度，改善鸭舍内空气环境，提高鸭生产性能。该研究为发酵床结合网床架养新模式在规模企业中推广应用提供了技术支持。应诗家等（2016b）探究了发酵床结合网床架养模式对舍内环境质量和肉番鸭生产性能的影响。研究选择同批次 30 日龄番鸭 6000 只，随机等份放入发酵床平养、网床架养和发酵床网养 3 种鸭舍。每隔 10 天分别在 08:00、14:00 和 20:00 时检测舍内有害气体、粉尘、气载内毒素和细菌浓度以及鸭生产性能。结果显示，鸭 36 日龄、46 日龄、56 日龄和 66 日龄时，发酵床网养舍内 NH_3、内毒素、总菌数、大肠杆菌和"沙门＋志贺"菌含量显著低于发酵床平养（$P < 0.05$）或网床架养（$P < 0.05$），56 日龄时的 PM10 浓度低于发酵床平养（$P < 0.05$）；08:00、14:00 和 20:00 时，发酵床网养舍内 NH_3、总菌数、大肠杆菌和"沙门＋志贺"菌含量显著低于发酵床平养（$P < 0.05$）或网床架养（$P < 0.05$），14:00 时的内毒素以及 20:00 时的 CO_2 和内毒素浓度低于发酵床平养（$P < 0.05$）。发酵床网养番鸭的日增重高于发酵床平养（$P < 0.05$），成活率和饲料利用率（$P < 0.05$）均高于网床架养和发酵床平养。结果表明，发酵床网上养鸭模式比单纯的发酵床平养或网床架养模式能更好地改善舍内空气环境质量以及提高番鸭健康和生产性能。为了探究夏季发酵床结合网床养鸭模式对舍内环境质量和肉鸭生产性能的影响，为发酵床养殖模式在南方地区推广提供理论依据，张甜等（2016）比较分析了发酵床平养、网床架养和发酵床结合网床架养三种养殖模式对鸭舍内温度、湿度、粉尘、有害气体、微生物以及番鸭生产性能的影响。结果显示，在整个试验期间，大部分日龄发酵床结合网床架养的舍内 NH_3、CO_2、PM_{10}、总菌数、大肠杆菌、沙门菌＋志贺菌含量低于网床架养或发酵床平养（$P < 0.05$）。舍内温度、湿度、内毒素和 PM10 浓度在大部分日龄 3 种养殖模式间差异不显著（$P > 0.05$）。发酵床结合网床架养模式的公番鸭上市体重、上市率均高于发酵床平养（$P < 0.05$），料重比低于网床架养和发酵床平养（$P < 0.05$），发酵床结合网床架养母番鸭上市体重、日增重均高于发酵床平养（$P < 0.05$），料重比低于网床架养和发酵床平养（$P < 0.05$）。可见，南方夏季高温高湿季节发酵床结合网床养鸭模式比单纯的发酵床养殖或网床架养模式能更好地改善舍内空气环境质量以及提高番鸭健康和生产性能。

为研究在发酵床养猪过程中不同组成垫料的 As、Hg 累积规律，刘天宇等（2016）以木屑、稻壳和秸秆为原料，配制成三种垫料处理，分别为木屑（S）、木屑＋稻壳（SR）和木屑＋稻壳＋秸秆段（SRS），在 1.5 年的时间里测定了 4 批育肥猪养殖结束时不同层次垫料中 As、Hg 含量，分析了长期使用后不同发酵床垫料中 As、Hg 累积情况，为发酵床废弃垫料的后续农用提供理论依据。结果表明，随着猪养殖批次的延长，3 种处理及其不同层次垫料 As、Hg 含量均存在不同程度增加。4 批猪养殖结束时，As 累积量最大的是 SRS 处理的发酵床，为 1921.7 mg/ 栏，Hg 累积量最大的也是 SRS 处理的发酵床，为 21.1 mg/ 栏。S、SR、SRS 处理的 As、Hg 含量分别为 2.921 mg/kg、2.190 mg/kg、2.621 mg/kg 和 0.048 mg/kg、0.036 mg/kg、0.042 mg/kg，均符合《农业行业标准有机肥料》（NY 525—2012）和《食用农产品产地环境质量评价标准》（HJ/T 332—2006）的标准限值。

有机肥和化肥配合施用比单施化肥或有机肥具有明显的优势，但在配合施用时其对土壤生物多样性的影响方面还缺乏深入探讨。为此，罗佳等（2016）在等氮量条件下，将水葫芦（*Eichhornia crassipes*）有机肥（WOF 处理）、猪粪有机肥（POF 处理）和发酵床熟化垫料有机肥（FOF 处理）分别以 1 : 1 的比例与化肥 [w（N）: w（P_2O_5）: w（K_2O）=15 : 15 : 15] 配施，并以单施化肥（CF 处理）和不施肥（CK 处理）为对照，分析其对设施大棚黄瓜（*Cucumis sativus*）产量及土壤微生物多样性的影响。结果表明：采用不同有机肥与化肥配施可以获得与化肥相当或者超过化肥的产量，其中 FOF 处理产量最高，比 CF 处理提高 26.77%，其次为 WOF 处理。有机肥与化肥配施不仅可以保持或提高黄瓜果实产量，同时可以提高果实品质，WOF、POF 和 FOF 处理维生素 C 含量比 CF 处理增加 30% 左右。与 CF 处理相比，有机肥与化肥配施能提高氮素利用效率，但是不同来源的有机肥与化肥配施在氮素利用效率上存在明显差异。PCR-DGGE 分析显示细菌群落结构可分为三大类，CK 和 CF 处理群落结构相似，WOF 和 POF 处理群落结构相似，FOF 处理则单独成一类；不同来源的有机肥与化肥配施都能提高土壤中细菌的香农 - 威纳指数和丰度，与 CF 处理相比最高能提高 5% 以上。施入外源有机物质可以改变土壤的细菌群落结构，提高土壤微生物多样性，而施入化肥对土壤的细菌群落结构无显著影响。

秦枫等（2016）探讨了发酵床不同垫料对肥育猪生产性能及脂肪代谢相关指标的影响。选择 120 头体况良好、体重相近（31.4kg±0.38kg）60 日龄苏钟猪（阉割）作为试验动物，随机分为 4 组：对照组Ⅰ（传统水冲圈饲养，自由采食）、对照组Ⅱ（传统水冲圈饲养，顿饲）、酒糟发酵床组（垫料基质为酒糟，简称酒糟组）、菌糠发酵床组（垫料基质为菌糠，简称菌糠组），试验期 90d。结果表明：①酒糟组、菌糠组总增重、平均日增重均显著高于对照组（Ⅰ、Ⅱ）（$P < 0.05$）；酒糟组末重显著高于对照组（Ⅰ、Ⅱ）（$P < 0.05$）；料重比以菌糠组、酒糟组最低，但无显著差异（$P > 0.05$）。②血液脂肪代谢指标，酒糟组、菌糠组血清乳酸脱氢酶（LDH）、尿素氮（BUN）浓度显著低于对照组（Ⅰ、Ⅱ）（$P < 0.05$）；高密度脂蛋白胆固醇（HLDC）浓度菌糠组显著高于对照组Ⅱ；葡萄糖（GLU）去甲肾上腺素（NE）浓度发酵床组低于对照组，其中酒糟组 NE 显著低于对照组Ⅰ，菌糠组 GLU 显著低于对照组（Ⅰ、Ⅱ）（$P < 0.05$）；谷氨酰转移酶（G GT）发酵床组高于对照组，酒糟组显著高于对照组Ⅱ（$P < 0.05$）；甘油三酯（TG）浓度酒糟组和菌糠组有降低的趋势。③肝脏方面，脂蛋白脂酶（LPL）、脂肪酶（LPS）、肝酯酶（HL）、脂肪合成酶（FAS）、谷丙转氨酶（GPT）、谷草转氨酶（GOT）、碱式磷酸酶（AKP）均无显著差异（$P > 0.05$）。由此可见，发酵床养殖对育肥猪血清及肝脏相关脂肪代谢指标没有显著影响，但可以提高猪的生产性能及健康水平。

长期以来，我国肉牛生产多以分散户传统养殖模式为主，养殖污染严重、品种落后、繁育技术及育肥手段单一、饲料营养不全面、饲养管理技术水平低，致使牛的生产周期长、出栏率低，整体养殖生态效益和经济效益差，无法满足市场居民日常消费需求，也无法适应现代发展环境友好型畜牧业的要求。为此，唐式校和王义（2016）开展了发酵床养殖育肥用乳公牛试验。试验从 2014 年 7 月起至 2015 年 7 月结束。供试牛选取育肥用 3 月龄荷斯坦公牛 600 头，随机分成试验组和对照组，每组各 300 头。试验组采用发酵床养殖，对照组采用传统法养殖。结果表明：试验组与对照组相比提高产量 45.10%，降低成本 20.96%，发病率降低 8.67 个百分点。此为全国肉牛养殖户提供了一个示范性的国内最先进的低温发酵养牛基地，安置当地农村剩余劳动力 2000 户（1 牛 1 户 1 档领养托管，交由示范场全面代养）、下岗职工 20 人到养殖场就业。

王俊超等（2016）以发酵床废弃垫料和秸秆为原料，采用限氧热解法制备不同温度（300℃、400℃和 500℃）下的垫料生物炭（D300、D400 和 D500）和秸秆生物炭（S300、S400 和 S500），通过 X 射线能谱仪、扫描电镜、傅里叶变换红外光谱仪等手段表征其物理化学性质，研究不同吸附时间、Cd^{2+} 浓度和初始 pH 下垫料生物炭对 Cd^{2+} 的吸附性能，并与秸秆生物炭进行比较。结果表明，D300 和 D400 的吸附过程较符合准二级动力学模型，D500 的吸附过程更符合颗粒内扩散模型，吸附时间以 30h 为宜；垫料生物炭对 Cd^{2+} 的等温吸附实验更符合 Freundlich 模型，400℃制备的垫料生物炭对 Cd^{2+} 的吸附效果最好；D300 和 D400 对 Cd^{2+} 的吸附能力受 pH 值的影响较大，D500 对 Cd^{2+} 的吸附能力受 pH 值的影响较小，pH 值在 4.5 ~ 7.5 之间吸附效果较好。秸秆生物炭吸附 Cd^{2+} 到表观平衡所用的时间在 20h 左右，而最大吸附量比垫料生物炭多 2.727mg/g。

张丽萍等（2016）选取 3 种垫料（40% 稻壳 +60% 菌糠、40% 稻壳 +60% 锯木屑、40% 稻壳 +60% 酒糟）为研究对象，分别在育肥猪进栏前和出栏后对垫料和表层土壤进行采样分析，采用物质流分析的方法分析了一个养猪周期内 3 种垫料 TP 和 TK 的损失途径。结果表明：P 素在发酵床养殖过程中主要的损失途径为猪采食与淋溶损失，总损失量分别为 FJ（40% 稻壳 +60% 菌糠组合）15.69kg、FD（40% 稻壳 +60% 锯木屑组合）16.61kg、FW（40% 稻壳 +60% 酒糟组合）14.37kg；而 3 种发酵床分别有（FJ）80.74kg、（FD）52.48kg、（FW）84.65kg 的总 P 库存在垫料中，75% ~ 85% 的 P 素会滞留在垫料中，损失率均超过 14%。K 素的主要损失途径也为猪采食与淋溶损失，总损失量分别为（FJ）45.95kg、（FD）33.95kg、（FW）63.95kg；总库存的 K 素分别为（FJ）158kg、（FD）107kg、（FW）136kg，68% ~ 78% 的 K 素会留存在垫料中，损失率均超过 22%。养殖过后发酵床下部表层土壤会出现 P 素和 K 素累积现象，为了防止元素通过淋溶作用渗漏损失，建议发酵床垫料厚度要超过 50cm。

为了综合评价不同秸秆还田方式对低产水稻田土壤性质及水稻产量的影响，周运来等（2016）研究了秸秆原料生物炭 + 化肥、发酵床秸秆垫料有机肥和秸秆 + 猪粪有机肥施用后土壤养分、有机质、易氧化有机碳及水稻生长和产量的变化。与不施肥对照相比，不同秸秆还田方式下土壤中速效养分含量均有不同程度增加，但差异均不明显。秸秆生物炭 + 化肥有利于水稻稳产高产，产量高达 7.86 t/hm²，比单施化肥和不施肥对照分别增加 9.78% 和 62.4%；秸秆生物炭施用有利于水稻分蘖期与拔节期生长和吸收养分，发酵床秸秆垫料有机肥和猪粪秸秆有机肥两种处理的水稻产量及生物量均显著低于单施化肥处理。表明不同秸秆还田方式对水稻田土壤理化性质及产量有着不同的影响，其中施用秸秆生物炭能提高土壤肥力并显著提高水稻产量。短期来看，不配施化肥而单施发酵床秸秆垫料有机肥或秸秆猪粪有机肥对水稻生长不利，长期效果有待观察。

朱洪龙等（2016a）在两种不同饲养方式下，对断奶仔猪生产性能、行为特征和唾液皮质醇激素水平做对比分析，以期说明发酵床饲养可提高仔猪动物福利。按照密度一致原则（0.67m²/头），将88头体重相近（10.42kg±0.36kg）的35日龄断奶苏钟仔猪（公母各1/2）随机分为两组，即漏缝地板饲养组（slatted-floor house，SFH）和发酵床饲养组（deep-litter house，DLH）。每组设4个重复，SFH和DLH组中每个重复分别为6头和16头。适应14 d后，进入试验期，试验为21d。自由采食和饮水。试验期间记录仔猪日采食量，分别于仔猪49日龄和70日龄时进行个体称重，按重复计算仔猪的日增重和料肉比；于仔猪68日龄时进行24h录像采集，每个重复随机挑选3头仔猪用于行为学观察，观察时间为07:00～17:00；于69日龄上午9:00～10:00，每个重复选择3头仔猪用于唾液采集，测定其皮质醇激素含量。结果显示，SFH和DLH组仔猪末重、日均采食量、日增重和料肉比均无显著差异（$P > 0.05$）。与SFH组相比，DLH组仔猪站立和犬坐行为时间比例显著增加（$P < 0.05$），躺卧行为显著降低（$P < 0.05$）；仔猪主要活动时间为08:00～10:00和12:00～15:00;DLH组中仔猪运动和探究行为（特别是翻拱垫料行为）时间比例显著高于SFH组（$P < 0.05$），操纵圈舍行为和攻击行为显著低于SFH组（$P < 0.05$）；与SFH组相比，DLH显著提高了仔猪饮水时间比例（$P < 0.05$），但对排泄（排尿和排便）行为无显著影响（$P > 0.05$）；DLH组仔猪总采食时间显著低于SFH组（$P < 0.05$），但因采食次数的显著增加（$P < 0.05$），使DLH组仔猪每次采食持续时间显著高于SFH组（$P < 0.05$）。DLH组仔猪唾液中皮质醇激素含量显著高于SFH组（$P < 0.05$）。以上结果说明发酵床饲养能够增加断奶仔猪的探究行为、运动行为以及每次采食持续时间，降低其攻击和操纵圈舍行为，提高了仔猪动物福利。

朱洪龙等（2016b）在两种饲养方式下对猪运输前后唾液皮质醇水平、待宰栏行为和宰时血液福利指标做对比分析，以期说明发酵床饲养可降低猪对宰前应激的生理反应，最后对胴体性质和肉品质进行评估。按照密度一致原则（0.85m²/头），将144头日龄相近［（70.47±1.60）天］、体重为（27.08±1.06）kg的杜×长×大三元仔猪（公母各1/2）随机分为两组，即水泥地面饲养组（concrete floor house，CFH）和发酵床饲养组（deep-litter house，DLH），每组6次重复，CFH和DLH中每个重复分别为10头和14头，自由采食和饮水。饲养期间记录猪日采食量，分别于试验第64天和第106天进行个体称重，按重复计算平均日增重和料肉比；试验结束时，每组选择10头体重约为105kg猪进行屠宰（公母各1/2）。于运输前在饲喂栏（–60min）和运输后待宰栏内0和120min采集猪唾液，用于皮质醇测定；待宰栏内采集行为录像，用于猪行为学分析；宰时采集血液用于葡萄糖、乳酸、皮质醇含量及肌酸激酶活性测定；最后对猪胴体性质（热胴体重、屠宰率、胴体滴水损失、背膘厚、肉厚、瘦肉率）和背最长肌肉品质（pH值、肉色、肌内脂肪、滴水损失、剪切力）进行评价。饲养期间，CFH和DLH猪末重、日均采食量、日增重及料肉比均无显著差异（$P > 0.10$）。运输前后，DLH猪唾液皮质醇水平均高于CFH猪（$P < 0.05$）；与运输前相比（–60min），运输后0和120min DLH猪唾液皮质醇升幅均显著低于CFH猪（0min:+2.85±0.66与+5.08±1.33，$P < 0.01$；120min:+1.03±0.63与+2.66±1.54，$P=0.04$）。猪在待宰栏休息时，在0～30min和30～60min时段，猪休息、站立、探究、走动、争斗和饮水等行为方面，CFH和DLH

组之间无显著差异（$P > 0.10$）；然而，在 $60 \sim 90min$ 时段，DLH 猪在探究、走动、争斗等行为方面显著低于 CFH 猪（$P < 0.05$）。与 CFH 相比，DLH 显著降低了宰时猪血液中乳酸含量和肌酸激酶活性（$P < 0.01$），皮质醇含量有增加趋势（$P=0.07$），但对葡萄糖含量无显著影响（$P > 0.10$）。CFH 和 DLH 猪屠宰率、胴体滴水损失、平均背膘厚及肉厚均无显著差异（$P > 0.10$）；关于肉品质，与 CFH 比，DLH 对猪背最长肌肌内脂肪含量和滴水损失分别有提高和降低趋势（$P=0.10$），但对 pH 值、L^*（亮度）、a^*（红度）、b^*（黄度）等指标无显著影响（$P > 0.10$）。说明 DLH 能够降低待宰栏内猪的争斗行为和宰前生理应激反应，提高猪对宰前应激的应对能力，但对其生长性能、胴体性质和肉品质无显著影响。

（4）2017 ～ 2018 年示范推广情况　为研发肉鹅舍内养殖新技术，避免传统水禽生产造成的公共水体污染问题，戴子淳等（2017）研究开展了肉鹅的发酵床网上养殖试验，并与地面发酵床平养在舍内环境因子、生产性能和经济效益方面进行了对比。试验期为 70d。结果显示：随着肉鹅生长，舍内空气质量逐渐下降；同一采样时间点，气载活菌数、空气脂多糖浓度以及粉尘含量，发酵床网养均显著或极显著低于地面发酵床平养（$P < 0.05$ 或 $P < 0.01$）。出栏时，发酵床网上养殖鹅群死亡率为 4.13%、体重变异系数为 10.67%，分别低于地面发酵床平养的 6.16% 和 13.57%，且前者净利润率高出发酵床平养 9.47 个百分点。研究表明：在较低的饲养密度下，发酵床网上养殖模式能提供更好的养殖环境，可成为肉鹅旱养的一种新模式。

高文瑞等（2017）以第一代猪发酵床废弃垫料基质（WD）为主要原料，通过添加蛭石和醋糟中的一种或两种进行基质配比，测定了不同复配基质的理化性质（容重、总孔隙度、水气比、pH 值、EC 值、全氮、碱解氮、有机质等），研究了不同基质对辣椒的植株生长、光合作用、产量及果实品质的影响。结果表明：T8 处理（WD：醋糟：蛭石 =9：2：6）的物理性质均在理想基质范围内；T7（WD：醋糟：蛭石 =9：4：4）、T8、和 T9（WD：蛭石 =9：5）处理的全氮、碱解氮、速效钾含量较低，全磷、速效磷含量较高，pH 值较高，EC 值较低；T7、T8 和 T9 处理的辣椒植株株高、茎粗显著高于其他的处理；T8 处理的辣椒叶片光合作用最强，叶绿素含量最高，且显著高于 CK；T8 处理的辣椒植株产量最高，其次为 T4（WD：醋糟 =5：2）处理，T4、T8 处理分别较 CK 产量提高 7.74%、11.14%；T7 和 T8 处理辣椒的可溶性固形物含量相对较低，但其维生素 C、可溶性蛋白和可溶性糖含量相对较高。综合考虑，生产上推荐使用 T8 处理作为辣椒生长的有机栽培基质。

畜禽规模养殖中粪尿产生的环境污染问题严重。据相关数据，农业面源 COD 和 TN 排放量分别占全国排放量的 43.7% 和 57.2%，生猪养殖污染占畜禽养殖业污染的 80% ～ 90%。大量未经处理的生猪粪尿所造成的环境污染已威胁到农业和社会经济的可持续发展。顾洪如等（2017）介绍了一种新型养猪粪尿处理设施技术——异位发酵床的原理、处理工艺、结构、运行管理、存在问题及建议，以期能够为畜禽粪便污染治理提供技术支持。侯建华等（2017）以木屑、稻壳和秸秆为原料，配制木屑（S）、木屑＋稻壳（SR）和木屑＋稻壳＋秸秆（SRS）3 种猪发酵床垫料。在 1.5 年左右的使用中，监测垫料中养分元素及重金属含量变化，并测定饲养 4 批猪后垫料的种子发芽系数。结果表明：经过 4 批养猪周期后，各处理垫料 TN、TP、TK 含量以及 pH 值、EC 值、含水率有所升高，垫料总养分能够达到国家相关标准的要求，铜、锌、镍、铬、砷含量，符合国家相关标准中的限制规定，而镉、铅含量超标较严重。通过种子发芽指数表示的垫料腐熟度，略低于可接受水平，直接施用于土壤时存在安全风险。宦海琳等（2017）研究了发酵床饲养模式下，猪日粮中添加地衣芽胞杆菌对发酵床的理化性质和微生物群落的影响。分别饲喂基础饲粮（对照组）、基础饲粮＋杆菌肽锌＋硫酸黏杆菌素（抗生素组）和基础日粮＋地衣芽胞杆菌（益生菌组）的试验日粮。结果表明：饲粮中添加地衣芽胞杆菌能显著提高发酵床垫料蛋白酶活性（$P < 0.05$），对垫料脲酶活性和铵态氮含量无显著影响（$P > 0.05$）；试验第 15 天时，抗生素组的垫料放线菌数量显著低于对照组（$P < 0.05$），第 35 天时，益生菌组的芽胞杆菌数量显著高于其他组（$P < 0.05$），第 49 天时，益生菌组的芽胞杆菌数量显著高于抗生素组（$P < 0.05$），抗生素组的葡萄球菌数量比对照组显著降低（$P < 0.05$）；益生菌组、抗生素组的大肠杆菌低于对照组，抗生素组的细菌总数、芽胞杆菌数量低于对照组，但差异均不显著（$P > 0.05$），饲粮抗生素一定程度上减少了垫料益生菌，但能有效减少垫料病原菌；各处理组间，垫料微生物 DGGE 的香农 - 威纳指数、均匀度均无显著差异（$P > 0.05$）。饲用地衣芽胞杆菌显著增加垫料中芽胞杆菌分布数量，提高垫料中蛋白酶活性，没有显著影响垫料细菌多样性指数，一定程度上提高了粪便原位降解效率。

刘丽珠等（2017）探讨了添加不同种类保水剂（SAP）发酵床秸秆垫料栽培基质（以下简称垫料基质）对番茄生理指标及产量的影响，为蔬菜基质节水栽培提供参考依据。在垫料基质中添加 3 种类型（SAP1、SAP2 和 SAP3）及 2 个浓度（0.4% 和 0.8%）的 SAP，测定各处理垫料基质的基本理化性状和种植番茄的生长参数、光合参数和保护酶活性等生理指标。与不添加 SAP 的对照（CK）相比，在等量浇水的情况下，垫料基质添加 0.8%SAP1、0.8%SAP2 和 0.8%SAP3 的番茄总产量分别提高 10.0%、14.5% 和 26.5%，以添加 0.8%SAP3 的番茄增产效果最佳；添加 3 种 SAP 均有利于提高番茄叶片光合速率（Pn）和蒸腾速率（Tr），且 SAP 浓度越高，效果越佳；在开花期，添加 0.8%SAP1、0.8%SAP2 和 0.8%SAP3 的番茄叶片超氧化物歧化酶（SOD）和过氧化物酶（POD）活性均显著高于 CK（$P < 0.05$）；在结果期，添加 SAP 处理的番茄叶片 SOD 活性降低，而 POD 活性升高，其中添加高浓度（0.8%）SAP 的番茄叶片 POD 活性比添加低浓度（0.4%）SAP 的升幅更明显。在垫料基质中添加 SAP 特别是添加淀粉基保水剂（SAP3）可改善番茄的部分生理指标，有利于番茄生长并提高产量，在蔬菜基质栽培中具有较高的推广价值。刘宇锋等（2017）对地下式发酵床、保育仔猪发酵床、地上式发酵床等 3 种发酵床类型，表面、中层、底部等不同深度垫料的发酵温度和环境温度、基本理化指标和养殖生猪情况进行了 12 个月的连续监测。结果表明，发酵床类型差异对垫料各指标影响不明显，不同发酵床类型表层垫料发酵温度受环境影响明显，而 40 ～ 60cm 底层垫料作为主要发酵层，其垫料温度主要与养殖生猪的数量及其发育状态紧密相关。三种类型发酵床的表、中、底层垫料有机质含量和电导率（EC）值总体表现为表层＞中层＞底层的变化规律；而粗灰分、pH 值则呈现底层＞中层＞表层的变化趋势；全氮、全磷和全钾含量在 3 种类型发酵床表层、中层和底层垫料间总体表现为表层高于中层、中层高于底层的规律，三者间表现出极显著正相关性。宋修超等（2017）通过两批次田间试验，研究不同化肥施用量对猪发酵床垫料基质栽培樱桃番茄当季及重茬栽培番茄果实品质、器官中氮（N）、磷（P）、钾（K）元素含量的影响。结果表明，适量施肥可提高产量，增加番茄可溶性固形物、可溶性蛋白质和维生素 C 含量，促进各器官尤其是根系对 N、P、K 元素的吸收。过量施肥增产效果不显著，可溶性固形物和维生素 C 含量显著降低，且硝酸盐含量

随施肥量增多不断积累。与新基质相比，连续两季重茬栽培对番茄产量与植株生物量影响不显著；但前茬栽培施肥量对重茬栽培有较大影响，前茬高肥并不能对番茄产量产生持续促进作用。综合考虑试验结果，以 15 L/ 株基质栽培樱桃番茄推荐 N、P₂O₅、K₂O 追肥量分别为 20g、10g、30g；在合理的施肥条件下，连续两茬基质栽培樱桃番茄无需消毒处理过程。

王秋君等（2017）研究了有机基质栽培过程中施用化肥对基质中可溶性有机质化学结构的影响。以猪舍发酵床垫料、珍珠岩、蛭石和泥炭按体积比 4：2：2：2 混合作为西瓜栽培基质，设置不施肥（CK）、施氮钾肥（NK）、施氮磷钾肥（NPK）3 个处理，研究对西瓜生物学性状和基质化学性状的影响。结果表明，NPK 处理的西瓜果实产量较 NK 处理提高了 33.4%，处理间差异显著；植株生物量较 CK、NK 处理分别提高了 35.3%、13.8%，处理间差异显著。与 CK 和 NK 处理相比，NPK 处理显著增加了西瓜茎中的氮、磷含量，并显著降低了基质中有机质、铵态氮和速效磷含量；NPK 处理可溶性有机物的腐殖化程度高于 CK 和 NK 处理。研究结果表明，以猪舍发酵床垫料为原料的有机基质可以作为西瓜生长的载体，不同肥料处理不仅通过其自身所带养分改变了基质中养分含量，同时也可能通过改变基质中可溶性有机物化学结构而间接影响了基质中速效养分的含量，最终改变了西瓜生物学性状。王欣等（2017）以江苏农业科学院资源与环境保护所制成的第 1 代猪发酵床废弃垫料基质为主要原料，通过添加蛭石、醋糟、草炭、木薯渣等基质中的一种或几种进行基质复配，测试不同复配基质的容重、总孔隙度、水气比等物理性质及 pH 值、EC 值、全氮、碱解氮、全磷、速效磷等化学性质，以筛选出适宜设施蔬菜生长的优良基质配方。结果表明，第 1 代猪发酵床废弃垫料基质：醋糟：蛭石 =9：2：6、第 1 代猪发酵床废弃垫料基质：醋糟：蛭石 =6：1：3、第 1 代猪发酵床废弃垫料基质：木薯渣：草炭 =3：1：1 进行复配，其理化性状都在理想基质范围内，是适宜设施蔬菜生长的优良基质。张晶等（2017a）以发酵床垫料为主要原料的复合基质作为栽培基质，采用槽式栽培方式，研究了连茬种植西瓜效果、种后基质理化和微生物学性状的变化特征以及棉隆消毒后旧基质连茬种植西瓜效果。结果表明：种完一茬西瓜的旧基质继续种植西瓜会出现再植障碍，整个生育期枯萎病发病率可达 35%；种植西瓜对基质中尖孢镰刀菌数量影响显著，连续种植两茬西瓜后，基质中尖孢镰刀菌数量可从 0 升高至 8.0×10³CFU/g 基质；种完一茬西瓜的旧基质经棉隆消毒处理后，真菌和尖孢镰刀菌数量均显著减少，且继续种植西瓜后其产量和单果重与新配基质相比均无显著差异。张晶等（2017b）以发酵床垫料为主要原料的有机基质作为栽培基质，采用槽式栽培方式，研究其在辣椒种植上的应用效果以及种植不同茬次辣椒后基质理化和微生物学性状的变化情况，并研究该有机基质的重复利用效果。结果表明：基质栽培的辣椒与土壤栽培的辣椒对照相比，在株高、根长、整株鲜重和产量方面均无显著差异，且用完一茬的旧基质继续种植第二茬辣椒不影响其产量。种植第一茬辣椒后对基质理化性状影响最大，其中，EC 值、速效氮和速效钾含量与新基质相比变化最为显著，分别降低了 81.17%、92.15% 和 85.16%，种植二茬辣椒后基质理化性状与一茬时相比变化不显著。PCR 扩增结果表明：连续种植二茬辣椒对基质中细菌数量影响不大，而真菌数量在一茬后显著降低，二茬后真菌数量与一茬时相比差异不显著。PCR-DGGE 分析结果表明，种植第一茬辣椒明显改变了基质中细菌和真菌群落结构，并能明显提高真菌的群落多样性，但种植第二茬辣椒对基质中细菌和真菌多样性影响较小，细菌和真菌群落结构与一茬时相比变化不大。

固体堆肥发酵是合理利用发酵床熟化垫料的有效途径之一，但是发酵床熟化垫料因在养殖场中经过腐熟分解过程，存在无法满足固体堆肥发酵及畜禽粪便无害化处理要求的风险。张苗等（2017）将不同比例的酒糟添加进发酵床熟化垫料中，改善发酵床熟化垫料理化性状，使其能够进行正常的堆肥发酵，并对发酵过程中的温度、pH 值、电导率（EC）、养分以及发芽指数进行检测，从而观察不同处理之间堆肥发酵进程差异，在兼顾堆肥耗时、腐熟度以及养分含量的情况下，选出较为合适的混合发酵比例。结果表明，经过 53d 的堆肥发酵，添加酒糟的 T2、T3、T4、T5 处理能够延长堆肥中高温阶段的天数，满足无害化对温度的要求，达到腐熟发酵床熟化垫料的目的；但与其他处理比较 T2 处理耗时最短，成本最低。酒糟的添加不仅能够明显提高堆体初始 pH 值以及 C/N 值，而且明显降低堆体初始的 EC 值，有一个相对合适的初始发酵条件。因此，发酵床熟化垫料添加 25% 的酒糟进行混合发酵，不仅可以得到较好的堆肥效果，而且控制了发酵床熟化垫料成本，节省时间。

秸秆还田是影响稻田土壤固碳潜力的重要措施，研究秸秆不同还田方式下土壤微生物碳源代谢特征对提高农作物秸秆利用和增加土壤碳固定具有重要意义，为此，周运来等（2017）采用自动微生物鉴定系统（Biolog-ECO）研究在短期耕作条件下小麦秸秆不同还田方式对稻田耕层土壤微生物群落结构和多样性的影响。以江苏省六合区黄棕壤为研究对象，对等氮量秸秆发酵床垫料化还田（SP）、秸秆炭化（补施化肥）还田（BR）、秸秆 + 猪粪发酵还田（OF）、传统施用化肥（CF）和不施肥（CK）对照处理土壤进行分层采样，采用 Biolog-ECO 方法揭示微生物群落结构的多样性，并采用主成分分析法（PCA）探讨土壤微生物群落结构的变化特征。结果表明，不同秸秆还田方式能显著影响土壤微生物碳代谢特征，OF 处理土壤微生物碳代谢能力、微生物多样性各项指数及糖类、氨基酸、胺类和多聚物利用率明显高于其他处理；而 SP 处理土壤微生物的影响明显小于 OF、BR 处理；不同秸秆还田方式能显著影响土壤表层（0～5cm）和耕作亚表层（5～10cm）微生物碳利用，而对耕作底层（10～20cm）的影响较小；不同秸秆还田方式影响土壤微生物多样性，与 CF 和 BR 处理相比，OF 和 SP 处理增加了土壤微生物多样性。所以他们认为 OF 和 BR 处理可在短期内显著提高土壤微生物碳代谢多样性和对碳源的利用。

针对我国目前的养殖方式，朱冰等（2017）研制了一种畜禽舍发酵床翻抛机，其翻抛机带有最大深度为 40cm 的深松铲。与未带深松铲的翻抛机进行对比试验，试验表明：经翻抛及深松铲深松后垫料各层的温度，高于没有深松铲深松仅翻抛后的温度。经翻抛及深松铲深松后垫料底层（35cm 处）温度为 38℃，垫料中层（20cm 处）温度为 42℃。没有深松铲深松仅翻抛后垫料底层温度为 34℃，垫料中层温度为 40℃。利用深松铲对发酵床底层深松，给底层好氧菌提供更充足的空气，促进粪便分解。利用翻抛机改善畜禽舍环境，从而促进畜禽生长。

陈应江等（2018a）探讨了不同养殖模式及季节性因素对肉鸡生长性能、屠宰性能及肉品质的影响。选取 2 个批次的相同品种肉雏鸡，第 1 批饲养时间为 10～12 月份，第 2 批饲养时间为 3～5 月份，从第 5 周龄开始，将每个批次的肉鸡随机分为 3 组，各组饲养模式分别为散养、网上平养、发酵床养殖。测定并比较相同批次内不同养殖方式与相同养殖方式下不同批次5～10 周龄肉鸡的生长性能，以及 10 周龄后肉鸡的屠宰性能和肉品质性能指标。结果表明：第 1 批散养肉鸡的第 10 周龄体重极显著高于发酵床养殖（$P < 0.01$），第 2 批散养肉鸡的第 10

周龄体重极显著高于发酵床养殖和网上平养（$P < 0.01$）；第 1 批散养肉鸡的胸肌肉色和粗脂肪含量极显著高于发酵床养殖和网上平养（$P < 0.01$），第 2 批散养肉鸡的胸肌粗脂肪含量极显著高于发酵床养殖和网上平养（$P < 0.01$）；第 2 批散养肉鸡的腿肌水分极显著低于发酵床养殖和网上平养（$P < 0.01$），腿肌粗脂肪含量极显著高于发酵床养殖和网上平养（$P < 0.01$）。3 种饲养模式下，第 2 批肉鸡的第 8 ～ 10 周龄体重均极显著高于第 1 批（$P < 0.01$）；网上平养模式下，第 1 批肉鸡的屠宰率与全净膛率显著高于第 2 批（$P < 0.05$）；网上平养与散养模式下，第 1 批肉鸡的胸肌率极显著高于第 2 批（$P < 0.01$）；3 种饲养模式下，第 2 批肉鸡的胸肌粗蛋白含量极显著高于第 1 批（$P < 0.01$），第 1 批肉鸡的腿肌肉色、剪切力与系水力极显著高于第 2 批（$P < 0.01$）。综上提示，散养模式下肉鸡的体重及肉品质指标优于网上平养及发酵床养殖模式；肉鸡的生产性能、屠宰性能及肉品质受季节性因素影响。为研发笼养蛋鸡发酵床垫料作为杂交稻制种生长基肥，以及了解其对水稻生产性状及收后土壤的改良效应，陈应江等（2018b）采用人工接种地衣芽胞杆菌进行促成发酵，并将发酵近 6 个月的垫料用于杂交稻制种肥效试验。结果表明：①发酵床垫料发酵达 4 个多月时，垫料的 pH 值为 8.23，电导率为 1006.01S/cm，有机质含量为 60.16%，TN+TP+TK ≥ 7.22%。②发酵床垫料对孕穗期与成熟期水稻的株高有良好的调控作用，有利于增强其抗倒伏性能。③施用发酵床垫料有机肥的土壤经种植后，TP 与速效钾的含量较对照有显著增加（$P < 0.05$），显示出蛋鸡发酵床垫料作基肥施用有助于改良土壤。综上，该发酵床垫料制作模式有效，作为有机肥应用具有推广价值。

金崇富等（2018）以黄羽肉鸡为研究对象，进行了不同饲养模式下鸡生长性状、肉品质及屠宰性能的对比分析。生长性能研究结果表明，5 周龄体重发酵床模式极显著高于散养及网上平养模式（$P < 0.01$）；8 周龄体重网上平养及发酵床模式极显著高于散养模式（$P < 0.01$）；9 周龄体重发酵床模式极显著高于网上平养模式（$P < 0.01$）。屠宰性能研究结果表明，3 种模式下产肉性能均较好。肉品质研究结果表明，在胸肌品质中，肉色发酵床模式极显著高于散养模式（$P < 0.01$）、显著高于网上平养模式（$P < 0.05$）；剪切力发酵床模式极显著高于网上平养模式（$P < 0.01$）、显著高于散养模式（$P < 0.05$）；水分发酵床模式极显著高于散养模式（$P < 0.01$）、显著高于网上平养模式（$P < 0.05$）；粗蛋白质发酵床模式显著高于网上平养及散养模式（$P < 0.05$）。在腿肌品质中，pH 值网上平养模式极显著高于发酵床及散养模式（$P < 0.01$）；肉色网上平养及发酵床模式极显著高于散养模式（$P < 0.01$）；剪切力发酵床模式显著高于散养及网上平养模式（$P < 0.05$）；粗蛋白质网上平养及发酵床模式极显著高于散养模式（$P < 0.01$）。

董飚等（2018）以 28 日龄太湖鹅为试验素材，采用地面平养、高床养殖和发酵床养殖 3 种模式进行饲养，探讨不同养殖模式对体重、体尺和肠道指标等的影响。结果表明：发酵床养殖的鹅体重高于其他两种养殖模式，在 70 日龄时不同模式之间差异不显著，在 100 日龄时发酵床养殖的公鹅体重显著高于其他两种模式。除发酵床养殖的鹅胫围、胫长显著低于地面平养外，其他指标在不同饲养模式之间均无显著差异。除少数指标外，发酵床养殖鹅肠道指标高于其他模式，大部分指标显著高于地面平养。

以农业废弃物替代珍贵的泥炭资源成为栽培基质的主要原料是设施农业发展的必经之路。但农业废弃物原料基质普遍存在持水性差、养分保蓄能力差、容重大、易板结、孔隙性差等问题，大大限制了其应用推广。范如芹等（2018）以发酵床废弃垫料（SPLC）为原料的配方基质为研究对象，通过高吸水树脂（SAP）、生物炭、硅藻土以不同比例混合，配制成不同基质复合调理剂，研究调理剂在废弃垫料以不同比例替代泥炭条件下对基质性能的影响，并进一步验证不同复合调理剂对基质栽培空心菜生长的影响。结果表明，未添加调理剂情况下，随 SPLC 比例提高及泥炭比例降低，配方基质持水性、总孔隙度、通气孔隙度均明显降低，而电导率则显著升高；相应地，空心菜出苗率及株高、地上和地下生物量等生长指标也逐渐降低。添加复合调理剂后，各处理基质理化性质及空心菜生长差异明显，总体而言，调理剂中 SAP 的添加显著提高了基质持水性，促进了空心菜出苗及生长；随生物炭添加比例的增加，配方基质孔隙度及持水量呈上升趋势，但电导率也迅速上升；随硅藻土比例的增加，基质容重逐渐增加，但对基质电导率有降低作用。各复合调理剂综合作用结果显示，0.8 g/L SAP+5% 生物炭 +5% 硅藻土及 0.8 g/L SAP+10% 生物炭 +10% 硅藻土 2 个调理剂配方明显改善了配方基质各项理化性状和空心菜生长，在 SPLC 比例由 30% 增至 50%、泥炭比例由 30% 降至 10% 的情况下，仍然提高了空心菜产量。说明这 2 个复合调理剂可以有效改善配方基质性能，有助于农业废弃物替代泥炭成为蔬菜栽培基质的原料。孟莉蓉等（2018）以污泥和发酵床废弃垫料热解制备的生物炭为钝化剂，采用土壤培养试验的 BCR 分级提取方法研究生物炭对铅（Pb）、镉（Cd）单一和复合污染土壤中重金属形态变化的影响。采用小白菜盆栽试验，研究添加 2 种生物炭对植株生物量和地上部重金属含量的影响。结果表明：添加生物炭可以促进重金属从弱酸提取态向可氧化态和残渣态转化并降低其生态风险；可以提高小白菜的生物量，其中垫料生物炭处理达到了显著性效果；能降低小白菜地上部 Pb、Cd 的含量，且在单一重金属污染土壤处理中达到显著性效果；与污泥生物炭相比，垫料生物炭钝化修复 Pb、Cd 污染土壤的效果更佳。

时凯等（2018）对比分析了在 3 种不同饲养模式下肉鸡的生长性状、体尺性状、屠宰性能及肉品质。生长性状研究结果表明，3 种不同养殖模式饲养的肉鸡在 5 周龄、6 周龄、7 周龄、8 周龄、9 周龄时肉鸡体重没有显著差异；10 周龄时，散养模式的肉鸡体重极显著高于发酵床模式及网上平养模式。体尺性状研究结果表明，3 种不同养殖模式饲养的肉鸡体斜长、龙骨长、胸宽、胫长、胫围、鸡冠高 1、鸡冠高 2、鸡冠长及毛孔数没有显著差异。屠宰性能研究结果表明，3 种不同养殖模式养殖的肉鸡屠宰率、半净膛率、全净膛率、胸肌率及腿肌率没有显著差异。肉品质研究结果表明，3 种不同养殖模式饲养的肉鸡胸肌和腿肌的 pH 值、肉色、剪切力、系水力、水分含量、粗蛋白含量、粗脂肪含量及胶原含量没有显著差异。

为确定高压喷雾降温系统在夏季自然通风发酵床猪舍的适用性，周忠凯等（2018）选择 2 栋发酵床育肥猪舍，对不同气象条件下猪舍内的温湿度和风速进行了测定，选择温湿度指数、热负荷指数和综合气候指数 3 种指标评估了高压喷雾降温系统对猪舍内热环境的影响。结果显示：试验期间高压喷雾系统的降温效率在 18.4% ～ 89.2%，平均为 59.1%；与无喷雾猪舍相比，高压喷雾降温系统可有效降低舍内温度 6.2℃，最高降低 10.5℃，湿度增加 23.9 个百分点（平均湿度为 72.2%）；整个试验期间，喷雾猪舍平均温湿度指数（THI）为 74.3（比无喷雾猪舍降低 12.2），热应激减少 23.7%，喷雾猪舍热负荷减少 2713，室内温度平均降低 4.8℃。高压喷雾降温系统可以有效缓解自然通风发酵床猪舍内生猪遭受的热应激。

5．江西省发酵床应用

（1）2008 ～ 2010 年示范推广情况　针对传统养殖中的环境污染问题，杨群等（2009）介绍了国外一种全新的养猪模式（发酵床养猪），并从发酵床养猪的定义、技术原理、建造管理技术以及发酵床养猪的优点和缺点及在我国的应用前景等几个方面进行综述。

目前的养猪方式由过去的散养化向规模化、集约化转变，这在提高生产率的同时也带来了畜禽粪便难以处理从而导致环境污染的问题。现有的各种粪便处理技术都不尽人意，巨大的粪便处理投资使本来就微利的养殖业者难以承受。发酵床养猪技术是利用全新的自然农业理念，结合现代微生物发酵处理技术提出的一种环保、安全、有效的生态养猪技术，实现养猪无排放、无污染、无臭气，彻底解决规模养猪场的环境污染问题。它既不增加投入，又能培养出健康无病的生猪，还能显著提高经济效益。它是工厂规模化养猪发展到一定阶段而形成的又一亮点，是养猪业可持续发展的新模式（李建喜，2010）。

（2）2011 ～ 2018 年示范推广情况　从江西推广微生物发酵床养猪技术情况看，虽然对其综合效益的评估不够，但总体情况较为乐观，技术逐渐完善，因地制宜、以点带面、进一步加快示范与推广将是畜禽清洁生产的一个较好选择（刘继明，2012）。

敖梅英等（2011）研究了不同剂量土霉素、盐酸环丙沙星、克拉霉素、乙酰甲喹对垫料中益生微生物生长的影响。方法以饲料中抗生素添加量、抗生素在动物体内转化率为依据，观察 $0.1\times$ 国标、$1\times$ 国标和 $10\times$ 国标对应的抗生素残留对垫料中主要益生微生物生长的影响。结果与空白组相比，$0.1\times$ 国标的土霉素和克拉霉素残留对 3 种益生微生物影响小，盐酸环丙沙星和乙酰甲喹残留使枯草芽胞杆菌和酵母菌数量不可检测；$1\times$ 国标量的土霉素残留对 3 种益生微生物影响较小，而盐酸环丙沙星、克拉霉素、乙酰甲喹残留造成了益生微生物的不可检测；除植物乳杆菌在 $10\times$ 国标的土霉素残留中生长变化小外，所有检测菌在该浓度其他抗生素残留中均不可检测。因此，土霉素、盐酸环丙沙星、克拉霉素、乙酰甲喹残留对垫料中主要益生微生物生长均有不同程度的影响。

发酵床垫料翻耙机是由动力驱动旋耕刀辊翻松垫料的耕作机械，刀辊是由多把旋耕刀安装在刀轴上然后按照一定的顺序对称排列而成。由于垫料翻耙机的特殊功用，何仁财等（2011）对垫料翻耙机的工作原理进行研究，利用三维绘图软件 PRO/E 绘制结构及部件图，从而优化翻耙机机构，改进翻耙机的部分结构，使垫料经过翻耙机翻耙后，恢复透气性和达到最佳的蓬松状态，调节垫料固、液、气态的比例，从而达到节省人力、提高养殖效率的目标。随着我国养猪业的迅速发展，猪粪对环境的污染日益严重，资源化处理猪粪技术是解决目前猪粪污染的关键措施。雷小文等（2012）介绍了堆积发酵生产沼气、猪粪发酵床养猪法、养殖蚯蚓、养殖蝇蛆这 4 种目前我国现有的技术方法，并分析各方法的优劣。其中养殖蚯蚓、养殖蝇蛆这两种方法更加符合生态循环农业的发展要求，可更好地延伸养猪产业链。为了更好地发展生态循环农业，结合蚯蚓、蝇蛆资源化处理猪粪技术，发展"猪粪—蝇蛆—蝇蛆粪—蚯蚓—蚯蚓粪"模式有待于进一步研究。

管业坤等（2013）选择健康无病、体重和日龄相近的三元杂交断奶仔猪 90 头，随机分成 5 组，比较不同菌种、不同垫料比例制作微生物发酵床养猪模式与传统水泥地面养猪模式的饲喂效果及其对环境的影响。结果表明：应用商品菌制作发酵床养猪模式保育猪的日增重与土著菌种接种的微生物发酵床、传统水泥地面养猪模式差异不显著；相比传统的水泥地面养殖模式，发酵床养殖模式极显著地降低猪舍中有害气体的排放，同时，能做到养猪生产过程中粪污不外排，减轻了养猪生产对外界环境的污染。为探讨本土环境条件下采集的土著菌能否替代商业菌作为发酵床养猪的适宜菌种，王荣民等（2013）选择在不同区域采集菌种，并将其中生长较好的菌种进行扩繁，与商业菌种分别接种在不同组成比例的垫料，对发酵后的垫料进行菌种分离培养，比较不同垫料接种不同菌种发酵后的菌群变化情况。研究发现，菌种及垫料的组成对发酵后的菌群种类均有明显影响，但对总菌数无明显影响，商品菌种相似性（71.43%）高于本土菌种相似性（28.57%），表明商业菌种经特殊工艺纯化后，其发酵效果更稳定。由于土著菌在当地采集，不会对本地土壤微生物安全带来任何影响，因此采集培养效果良好的土著菌种制作微生物发酵床养猪前景广阔。

为了探讨南方夏季高温条件下应用不同菌种、不同垫料比例微生物发酵床养猪的效果，杨艳等（2014）选择体重 16～24kg 的健康杜 × 长 × 大三元杂交商品仔猪 60 头，随机分成 5 组，进行为期 123d 的饲养试验。结果表明：各组猪日增重均差异不显著（$P > 0.05$）；试验 1、2、3 组发病率分别为 16.7%、16.7%、25.0%，与对照组（25.0%）基本一致；试验 1、2、3 组死亡率为零，低于对照组的 8.3%；微生物发酵床养猪舍氨气浓度为（1.10±1.09）mg/kg，水泥地面猪舍氨气浓度为（2.58±1.02）mg/kg，二者间差异显著（$P < 0.05$）；微生物发酵床养猪经济效益优于传统水泥地面养猪（51.3 元 / 头）。

为了解发酵床养猪垫料微生物菌群区系结构，探索菌种及垫料对发酵床垫料微生物区系的影响，管业坤等（2015）将商业菌、土著菌分别接种于含稻壳与锯末成分比为 1∶1 和 2∶1 的垫料中，制作成四个处理组的发酵床，经 154d 猪饲养试验后，收集发酵床垫料，采用 16S rDNA 高通量测序技术对发酵床中微生物区系进行测定分析。结果表明：①丰富度方面，土著菌（Chao 指数 :10175～10754）丰富度高于商业菌（Chao 指数 :6720～7554）；②相似性方面，商业菌种处理的菌群结构受垫料因素的影响较小，土著菌处理的菌群结构受垫料因素的影响较大；③多样性方面，垫料对菌群多样性的影响较菌种对其的影响大，且稻壳与锯末比值为 2∶1 的垫料微生物多样性（shannon 指数 :6.64～6.91）高于稻壳与锯末比值为 1∶1 的垫料微生物多样性（shannon 指数 :5.90～5.94）；④菌群组成方面，发酵床垫料菌群主要由 4 个门组成：拟杆菌门（27.66%～60.93%）、厚壁菌门（13.41%～34.21%）、变形菌门（10.28%～14.71%）和放线菌门（4.63%～26.24%），并从属水平上确定了黄色杆菌属（*Galbibacter*）为发酵床垫料微生物的优势菌属。试验发现菌种和垫料对发酵床垫料微生物区系的丰富度、相似性、多样性均有不同程度的影响。

畜禽粪污是养殖生产过程中造成环境污染问题的重要来源，集约化养殖生产的环境污染更突出，俨然已成为畜牧业持续健康发展的瓶颈。江西规模养殖水平名列全国前茅，全省年出栏 500 头以上的生猪规模养殖场达 1.1 万个，占出栏比重的 69%。减量化生产是指在生猪生产过程中，即通过源头分流，将粪污减少到最低量，有效减少生猪废弃物的产生，实现生猪清洁生产。

6. 山东省发酵床应用

（1）2008～2010 年示范推广情况　日本早在 20 世纪 60 年代就提出"畜产公害"问

题，在生态养殖领域进行了探索，积累了经验，发酵床养猪就是其中一项成果。日本是发展蔬菜大棚最早的国家之一，并广泛推广微生物肥料，在蔬菜过剩、价格过低无利可图时，在大棚周围挡上挡板垫上柴草试着养猪，猪吃微生物饲料，这种养猪方式逐渐发展为发酵床养猪，而且大多是组装式大棚养猪。山东省泰安市岱岳区黄前镇邹光晋也是利用废弃的蔬菜大棚垫锯末养猪多年，效果很好。山东农业大学于1993年与泰安市等地科技人员结合正式试验实践发酵床养猪。在第一个试点建成100 m²（5m×20m）发酵床，安装自动食槽，对面安装自动饮水器，圈内铺垫料饲养100头猪，共出栏3批共300头猪，无一伤亡，当年猪价较高，共盈利6万元左右。由于发酵床养猪有明显的优点，吸引了大批养猪户参与（李铁坚，2008）。

盛清凯等（2008）综合他们的试验及全国各地的推广经验，发现发酵床养猪技术与我国传统水泥地面饲养模式相比，确实具有生态环保优势，但也存在许多问题，该类问题也是目前养猪户普遍关心的。中国地域广阔，南北气候差异大，和日本、韩国的气候与资源条件明显不同，在猪舍设计、建筑成本等方面必然存在一些具体问题，需要研究解决。近两年来，发酵床养猪技术（通常称为自然养猪法）在山东省得到广泛关注，并在各地进行了示范和推广。山东省农业科学院畜牧兽医研究所原种猪场采用发酵床养猪法先后进行两批次生长育肥试验。两次试验分别在夏季和冬季进行，在试验过程中对发酵床饲养方式的操作规程、出现的问题以及应注意的关键环节有了深刻的认识。采用发酵床饲养对圈舍结构有着特殊的要求，在圈舍建设结构上，有两种设计方案：一种是韩国设计方案，该方案采用半敞开式，并借用了冬暖式大棚的建筑结构，猪舍东西走向、坐北朝南，该种圈舍可充分采光，冬季圈舍内保持25℃左右的温度，适于猪的生长；另一种是日本设计方案，即采用全封闭式的圈舍设计方案，该种方案利用通风进行散热。采用发酵床养猪的圈舍设计可以在满足圈舍要求的基础上，利用该场现有圈舍进行改造，以节省大量的费用（王诚，2008）。

王远孝等（2008a）采用天然素材制成高温发酵床和低温发酵床，并且在低温发酵组饲养4头体重为20kg左右的商品杂交猪，测量了猪床垫料上、中、下三层的温度，比较发酵进程。结果表明，高温发酵组温度上升迅速，最高达61.6℃，在不补充可发酵原料条件下维持11日；低温发酵组于进猪后床温升高，经15d稳定于52℃左右。自然素材发酵床可行，粪中微生物对发酵的形成和维持具有重要作用。盛清凯等（2009）通过与我国目前水泥地面养殖模式比较，研究冬季发酵床养殖模式对育肥猪生产性能及血清学指标的影响。试验选用60头三元杂交断奶仔猪，分为对照组和试验组，每组内设5个重复，每重复6头猪。对照组为水泥地面饲养模式，猪饲养于水泥地面猪舍，试验日粮为基础日粮+10%杆菌肽锌20 mg/kg与10%硫酸黏杆菌素20mg/kg。试验组为发酵床养殖模式，猪饲养于发酵床舍，试验日粮为基础日粮+0.1%日本酵素。测试指标为猪舍温度、湿度、悬浮颗粒浓度、氨气浓度、猪料肉比、平均日增重及血清IgA、IgM、IgG浓度。试验时间106d。结果显示，与对照组相比，试验组显著提高了猪舍温度（$P < 0.05$），极显著降低了猪舍氨气和悬浮颗粒浓度（$P < 0.01$），对猪舍湿度无显著影响；试验组显著提高了平均日增重、饲料转化率及血清IgA、IgG浓度（$P < 0.05$），对血清IgM浓度无显著影响。试验表明，冬季发酵床养猪模式可改善猪舍环境，提高猪的生产性能与免疫性能，优于水泥地面养殖模式。

发酵床养猪法又称生态养猪法、自然养猪法、懒汉养猪法。近几年我国也引进了该项技术，在长江以北的山东、河北、内蒙古、吉林等地区的中小规模养猪场（户）进行了试验，对育肥猪特别是哺乳和断奶仔猪应用效果良好，特别是在冬季，由于菌体增殖发酵产热，发酵床表面温度可保持在 18～21℃，猪只增重快。另外，发酵床养猪还能省劳力约 30%、省水约 75%、省饲料 20%～30%（位孟聪和杨瑞，2009）。它是一种无污染、零排放、环保型高效畜牧养殖实用新技术，是当前依靠科技、促进节能减排、提高经济效益的重要技术。发酵床养猪法的现有基本模式是：在舍内设置一定深度（50cm 以上，一般 80～100cm）的地下或地上式垫料池，填充锯末或秸秆等农副产品垫料，接种高效的有益菌种对垫料进行发酵，形成有益菌繁殖的发酵床（李守现等，2009）。2008 年初，作为全国生猪调出大县之一的高密市大力倡导和推行了这种无污染、零排放、环保型的高效畜牧业养殖实用新技术（崔秀丽和孙明家，2009）。泰安市岱岳区投入生产和在建的猪场达 60 余家，收到了良好的经济效益和社会效益（刘树军等，2009）。

在山东自然养猪法推广发展三年多的时间里，各级畜牧部门边实验、边总结、边推广，使自然养猪法得到迅速普及和应用，截至 2009 年 12 月 15 日，全省已发展自然养猪法养殖场户 8363 个，建设发酵床面积达 $496.01 \times 10^4 m^2$，存养各类猪只 396.11 万头（周开锋，2010）。滕州市还于 2009 年 9 月开始在西岗镇肉鸡标准化示范场推广发酵床养鸡技术，取得了显著的经济效益和生态效益（白福翯，2010）。

马文胜和李同华（2009）选择 40kg 左右的杜×长×大三元杂交仔猪 198 头，随机分为三组，进行不同垫料原料、不同猪舍结构冬季养猪效果的研究。实验结果表明：自然养猪法实验组日增重均不同程度高于对照组，而料肉比均低于对照组，而且与对照组差异极显著（$P < 0.01$）；自然养猪法舍内温度显著（$P < 0.01$）高于普通砖混结构猪舍和舍外的温度，且全天相对稳定；以花生壳为主要垫料的发酵床有效发酵时间比全锯末组短。王诚等（2009）选用同批断奶的大约克猪 60 头，以常规猪舍（水泥地面）为对照，研究了发酵床饲养模式对猪生产性能、猪肉品质和血液免疫水平的影响。结果显示，与水泥地面猪舍相比，发酵床饲养模式猪舍的环境得到显著改善；日增重提高 5.26%（$P < 0.05$），料重比降低 2.57%（$P < 0.05$）；猪肉失水率降低 17.30%，大理石纹评分提高 7.35%，发酵床饲养模式可以改善猪肉的品质；提高血清 IgA、IgG 含量，对血清 IgM 无影响。

发酵床养猪模式是基于减少养殖过程中污染物排放而发展起来的一种新的养殖技术，栾炳志等（2010）探讨了发酵床养猪模式下垫料升温及垫料降解规律、微生物增殖规律等基础参数。设定不同的猪粪添加量，模拟发酵床的垫料发酵过程，测定了发酵不同时期垫料的温度、水分、pH 值、氮素及大肠菌群最可能数（MPN）等指标。结果表明，垫料中原有的土著微生物能启动发酵床垫料温度升高，而猪粪的添加可使垫料快速升温到 50℃ 以上，且随猪粪量的增加，发酵温度也随之升高，并延长维持高温的时间；垫料的初始水分 65% 能满足发酵、升温的需要，但随发酵的进行，水分含量逐渐降低；垫料中氮素的损失主要集中在发酵的前期；垫料发酵产生的高温能达到抑制大肠菌群等有害微生物的目的。结果提示，生产中随猪粪尿的持续加入和适当的管理，发酵床可持续稳定运行，满足生产需要，且符合粪便无公害处理的要求。

黄保华等（2010）研究发现发酵床养殖垫料的含水量、铺撒厚度、翻动频率以及每日鸭粪排泄量等可人工控制因素对垫料的温度、湿度、供氧和营养物质含量等具有复杂的交叉影响，从而调控垫料中发酵菌群的构成和生长状态，最终导致了鸭粪转化程度和氨气排放量的变化。结果表明，环境温度在 20 ～ 35℃、垫料含水量在 45% ～ 60%、垫料厚度为 50 ～ 60cm、每天翻动 1 ～ 2 次的情况下，发酵垫料每日最高可承载自身干重 7.5% ～ 10% 的鲜鸭粪，折合蛋鸭养殖密度为 10 只 /m²。如鸭粪排泄量超过垫料的承载能力，将使鸭粪的处理能力逐渐降低，氨气的排放增加。

盛清凯等（2010）分析了使用 2 个月的发酵床新垫料和使用 18 个月的旧垫料中不同深度位点垫料成分的变化。试验结果表明，与新垫料相比，旧垫料持水能力降低，孔隙度下降，总氮、铵态氮、灰分及总磷的含量增加；随着垫料深度的不断增加，新垫料和旧垫料水分、孔隙率、总氮、铵态氮、灰分和总磷含量总体呈现逐渐降低趋势，新垫料和旧垫料中间层存在不同程度的板层现象。谭善杰等（2010）选择饲养密度、品种、日龄完全一致的肉鸭 17786 只分为试验组和对照组。对照组实行网上平养，试验组采用发酵床垫料，饲养试验中对成活率、出栏重、料肉比、舍内有害气体含量、药费等相关指标进行记录测定。结果显示：试验组的料肉比、成活率、平均出栏体重、药费等指标均明显好于对照组；对照组鸭舍 NH₃、H₂S 浓度远远高于试验组 2 ～ 4 倍以上；粪便降解充分，无污染、零排放，生态效益、经济效益、社会效益显著；试验组比对照组平均每只肉鸭多增加经济效益 0.9 元。

（2）2011 ～ 2013 年示范推广情况　侯丽丽等（2011）于 2009 年 3 月 6 ～ 27 日在山东南阳湖农场猪场进行了利用生态环保养猪技术饲养保育猪的试验研究。选择 45 日龄左右的 60 头断奶仔猪，随机分成两组，一组选用 40 头作为试验组，另一组选用 20 头作为对照组。记录两组猪的饲料消耗量、试验初重和末重、腹泻情况并对发酵床不同深度的温度变化进行测量。结果表明生态环保养猪法应用于保育猪比传统养猪具有较大优势。

刘俊珍和盛清凯（2011）测定了垫料厚度分别为 20cm、40cm 和 60cm 的锯末稻壳型肉鸡发酵床不同位置的温度、水分、pH 值及灰分的变化。结果表明，垫料厚度影响垫料温度，垫料表面的肉鸡粪尿影响垫料中的水分、pH 值和灰分。肉鸡发酵床，垫料适宜厚度为 20 ～ 40 cm，并需经常翻挖垫料。

盛清凯等（2011a）以金针菇菌渣为原料，分析了菌渣的碳氮比、木质素、持水力等发酵指标，并用菌渣与锯末、稻壳等垫料原料制作发酵床饲养蛋雏鸡，研究菌渣发酵床对雏鸡生产性能的影响。结果表明：25% 菌渣 +25% 锯末 +50% 稻壳发酵床垫料表面、垫料深 10 cm、垫料深 20cm 处的发酵温度都高于 50% 锯末 +50% 稻壳发酵床。这两种发酵床对雏鸡生产性能的影响无显著差异，且菌渣能够降低发酵床垫料成本，从而可以部分代替锯末用于发酵床。盛清凯等（2011b）以菌渣和稻壳为垫料，研究了菌渣和稻壳不同配比及垫料覆盖方式对发酵温度的影响。结果表明，菌渣和稻壳的配比为 40∶60、50∶50、60∶40，第 4 天垫料最高发酵温度即达 60℃；用麻布袋覆盖垫料可显著提高发酵温度（$P < 0.01$）。菌渣 3 种配比均可用于发酵床制作。养殖户可根据垫料原料价格及冬夏环境温度，适当调整垫料原料配比及覆盖方式。盛清凯等（2011c）检测了使用 18 个月的发酵床废弃垫料的理化指标及研究不同浓度的废弃垫料提取液对农作物和蔬菜种子发芽率的影响。试验结果表明，废弃垫料中氮、磷、钾、铜、铁、锌、锰含量对生猪生产性能及猪肉安全无不良影响；不同浓度的垫料提取液对小麦、玉米、白菜、番茄和黄瓜种子发芽率影响不同，适宜浓度的垫料提取液可促进种子发芽。

发酵床养殖作为一种新型的绿色环保养殖模式已经逐步得到广大养殖户的认可，2010 年也是发酵床养禽法大发展的一年。山东省发酵床养禽技术走在全国的前列，技术方法也日趋科学与完善，据不完全统计该省发酵床养禽面积已经达到 50000m² 以上（朱常旺和李昕辰，2011）。发酵床养殖是将传统的生态养殖理念与现代生物技术结合产生的一种新型生态养殖模式，在当前养殖污染压力大、水资源紧张的形势下，推行发酵床养殖，有着积极意义。发酵床养殖最先应用于猪，以后逐步应用于鸡、鸭、牛等，当前肉鸭的发酵床养殖在山东省已获得了大面积推广，在沂南地区已形成较大规模（靳玉平，2012）。

发酵床连续养殖是环保、节能的养殖技术，但它是否对疫病控制有不良影响，则是需关注的另一方向。王鑫等（2012）采集同一地区不同养殖方式的白羽肉鸡样品，采用斑点杂交技术和抗体检测技术检测，试验结果表明，两种养殖方式在马立克病病毒（MDV）、网状内皮细胞增生病病毒（REV）检测结果上没有差别；在禽贫血病病毒（CAV）检测上抗体差异明显：发酵床养殖阳性率为 28%，普通网上养殖阳性率为 86%；NDV HI 抗体滴度差异极显著（$P < 0.01$）。综合评价认为，发酵床连续养殖可有效控制疫病的感染。

为阐明发酵床养殖对断奶仔猪消化道菌群的影响，任素芳等（2013）对发酵床和水泥地养殖仔猪消化道大肠杆菌和乳酸菌的动态变化进行了比较分析。试验期为 42d。15 头 30 日龄断奶仔猪分别在试验开始第 1 天（断奶当天）、第 21 天和第 42 天进行扑杀，每次每组扑杀 3 头，取胃、回肠、盲肠、结肠黏膜层及各段内容物进行两类细菌的分离计数，同时检测相同时间点发酵床表层与深层垫料中的细菌数量。结果发现：随着养殖时间的延长（1 ～ 42 d），消化道大肠杆菌呈下降趋势，如发酵床仔猪结肠段大肠杆菌由开始的 $6.4 \times 10^7 CFU/g$ 降低到 $2.2 \times 10^5 CFU/g$，而乳酸菌先下降后上升，如发酵床仔猪回肠段内容物乳酸菌数量由 $4.6 \times 10^9 CFU/g$ 降到 $2.6 \times 10^8 CFU/g$ 后再增加到 $1.4 \times 10^{10} CFU/g$。发酵床养殖未改变仔猪胃肠道细菌变化规律，同时发酵床垫料中的乳酸菌数量不影响断奶仔猪消化道内的乳酸菌数量；此外，随着发酵床使用时间延长，发酵床垫料中致病菌的数量和种类增加，发酵床垫料底层大肠杆菌在试验开始未检测到，在试验 42d 时增加到 $6.1 \times 10^7 CFU/g$。

王春蕾等（2013）选取锯末、稻壳、玉米秸、麦秸、稻草、花生壳和棉花柴 7 种原料，分为 9 个试验组，测定三阶梯蛋鸡饲养条件下，垫料发酵过程中铵态氮含量的变化以及垫料总重、含水率和干重的变化趋势。结果表明，铵态氮指标不宜作为发酵垫料使用效果的评价指标；发酵过程中，鸡粪被微生物大量分解代谢为 CO_2 等气体释放，发酵床处于超载状态，垫料干重呈线性增加趋势。不同原料制成的发酵垫料对鸡粪的承载能力有一定的差别，有机质含量变化趋势也不同，这一特性可作为定性的评价依据之一。根据垫料干重的周增重计算得到了不同试验组的鸡粪承载量和超载程度等评价指标，结果显示，锯末稻壳组承载能力最强，棉花柴组次之，为锯末稻壳组承载力的 90%；锯末花生壳、稻壳麦秸粉、稻壳稻草粉表现比较接近（> 80%）；锯末麦秸切短、麦秸粉麦秸切短效果较差（< 75%），其相应的超载程度范围为 59.85% ～ 123.93%。

（3）2014 ～ 2016 年示范推广情况　近几年全国商品鸭养殖进入了一个快速发展阶段，特别是公司加农户的合作模式，养殖户从中获得了很高的经济效益。但是由于一些养殖户养殖废水、粪便随处排放，导致养殖场附近臭气熏天，邻近的河沟全是臭水黑水，人们不敢靠近，地下水也受到严重污染，直接影响到人们的日常生活。发酵床养殖技术，可以有效减少这种污染（崔士栋等，2014）。

王海洲等（2014）对肉鸭采用地面平养发酵床和网床发酵床模式与传统地面平养（垫稻壳或麦秸）进行对比。结果表明，发酵床饲养比传统地面平养每只肉鸭可增加利润 0.5 元左右，饲料消耗降低 6.13%，每只鸭药物成本降低 0.1 ～ 0.2 元。每批次节约用水 500m³，肉鸭养殖污染也得到了很好的改善。

为完善猪发酵床养殖技术及促进土壤对垫料中磷的利用，张印等（2014）研究分析了同等时间干法发酵床和湿法发酵床表层垫料、中层垫料和底层垫料中磷的变化情况。结果表明：①湿法发酵床垫料水分含量、温度极显著高于干法发酵床（35.54% 与 31.49%、34.87℃ 与 31.91℃），垫料深度对水分含量、pH 值、温度有极显著影响（$P < 0.01$），垫料中层温度最高；②湿法发酵床和干法发酵床总磷含量无差异（3.00% 与 3.43%）；植酸磷极显著低于干法发酵床（21.04mg/kg 与 27.59mg/kg），有效磷极显著高于干法发酵床（94.22mg/kg 与 91.16 mg/kg），垫料深度对总磷、植酸磷、有效磷有极显著影响（$P < 0.01$）；③湿法发酵床植酸酶、中性磷酸酶、脲酶活性高于干法发酵床（2.98U/L 与 2.56U/L、25.83mg/g 与 21.77mg/g、1.93 U/L 与 1.88U/L），垫料深度对该三种酶活性有极显著影响（$P < 0.01$）；垫料中层总磷、植酸磷、有效磷含量及该三种酶活性最高。发酵床种类和垫料深度对垫料 pH 值、植酸磷、植酸酶活性的互作极显著（$P < 0.01$）。研究表明，发酵床中磷的降解主要发生在垫料中层，湿法发酵床更有利于垫料中磷的降解，干法发酵床在养殖过程中需增加垫料的湿度。

山东省莒南县是首批全国生猪调出大县。2013 年，全县生猪存栏量、出栏量分别达到 190 万头和 290 万头，外调生猪 201 万头。近年来，莒南县以建设资源节约型和环境友好型社会为目标，大力推广生物环保养猪、环保垫料养殖等新型饲养方式。生物环保垫料养猪具有可解决环境污染、提高饲料利用率、提高猪肉品质、节工省本和提高资源良性循环等优点，是对传统养猪模式的重大变革（赵志刚，2014）。微生物发酵床技术有利于改善种公猪舍环保饲养管理，主要包括综合利用种猪管理、栏圈设施、发酵床建造、垫料配比等配套技术。种公猪经常翻拱微生物发酵床垫料，维护了垫料，又替代了对种公猪的驱赶运动，生物垫料吸附和转化有毒有害物质，显著改善饲养环境，猪舍不再有氨臭，还去除了种公猪特有的骚臭气味，空气质量显著改善，呼吸道、消化道发病率显著降低（左秀丽和左秀峰，2014）。

为了促进发酵床废弃垫料的循环利用，盛清凯等（2015a）设计 5 种发酵床，以锯末稻壳发酵床为对照，在对照发酵床中分别以 15%、45% 的金针菇菌渣或 15%、45% 的杏鲍菇菌渣替代等比例的锯末，饲养生猪 100d 后测定垫料的化学成分及 0 倍、50 倍、100 倍垫料稀释液对小麦种子发芽率、主根长度及超氧化物歧化酶（SOD）、过氧化物酶（POD）、过氧化氢酶（CAT）活性的影响。结果表明：该 5 种发酵床垫料中的氮、磷、钾、铜、铁、锌、锰含量均居于合理区间，第 2 天小麦种子发芽率皆达到 100%，彼此无显著差异。零倍稀释液的主根长度、SOD、POD、CAT 活性极显著高于 100 倍稀释液（$P < 0.01$）。同期该 5 种发酵床小麦种子的发芽率、主根长度及各种酶活彼此无显著差异（$P > 0.05$）。表明锯末稻壳发酵床中分别添加 15%、45% 的金针菇或杏鲍菇菌渣对小麦种子发芽无不利影响。为了促进菌渣的利用，盛清凯等（2015b）研究了不同菌渣发酵床对猪生产性能、血液指标、垫料中臭气与菌群的影响。试验采用 1+2×3 析因设计，对照组为锯末稻壳发酵床，试验组为菌渣发酵床，菌渣种类为金针菇菌渣和杏鲍菇菌渣，菌渣在锯末稻壳发酵床中的添加比例为 15%、

45%、60%。和对照组相比，菌渣添加比例为 45% 的试验组平均日增重 ADG 显著升高，耗料增重比 F/G 显著降低（$P < 0.05$）；血清皮质醇、热应激蛋白 70 含量极显著下降（$P < 0.01$），血清生长激素、IgA 含量以及总抗氧化能力上升（$P < 0.05$）；试验初期 15cm 深处的垫料温度升高（$P < 0.05$）；试验末期垫料中氨气、硫化氢、3- 甲基吲哚浓度降低，枯草芽胞杆菌含量增加（$P < 0.05$）。其他各组与对照组无显著差异。菌渣添加剂量效应显著（$P < 0.05$），菌渣种类效应不显著，菌渣剂量与种类无互作（$P > 0.05$）。结论为金针菇菌渣和杏鲍菇菌渣皆可用于发酵床，其添加比例以 45% 最好。为了促进发酵床废弃垫料的循环利用，万鲁长等（2015）研究了不同菌渣发酵床养猪后的菌渣垫料对玉米种子发芽及酶活性的影响。分别设置添加金针菇菌渣和杏鲍菇菌渣发酵床各 2 种，金针菇菌渣在发酵床中的添加比例分别为 15%、45%，以常规发酵床（60% 木屑和 40% 稻壳）为对照。杏鲍菇菌渣的添加比例为 15% 和 45%。在发酵床饲养生猪后测定其垫料 0 倍、50 倍、100 倍稀释液对玉米种子发芽率、主根长度及超氧化物歧化酶（SOD）、过氧化物酶（POD）、过氧化氢酶（CAT）酶活性的影响。结果为这 5 种发酵床垫料 0 倍稀释液在第 2 天、第 3 天及第 4 天玉米种子的发芽率皆极显著高于 100 倍的稀释液（$P < 0.01$），相同时间 5 种垫料同一稀释倍数的种子发芽率之间无显著差异。发芽第 3 天 0 倍稀释液的主根长度、SOD、POD、CAT 极显著高于 100 倍稀释液（$P < 0.01$）。结果表明这 5 种发酵床垫料皆可用于玉米种子发芽，适当的稀释垫料有助于种子发芽。

近年来，随着鸭肉市场消费需求的增加和农业结构的战略性调整，国内养鸭业得到了快速发展。目前，肉鸭养殖主要采用大棚养殖、网上饲养、网下自动刮粪模式。由于肉鸭饲养周期短，出栏后需用大量水冲洗鸭舍，每栋鸭舍 $1000m^2$、需水 $500m^3$，冲刷出的粪污对周边环境造成严重污染。随着《畜禽规模养殖粪污防治条例》的实施，这种养殖模式已不能适应肉鸭养殖的需要，通过改用肉鸭网床发酵床养殖技术使肉鸭养殖出栏后不再冲刷鸭舍，彻底解决了肉鸭养殖的污染问题（王海洲等，2015）。目前新泰市商品肉鸭多采用"网架饲养＋刮粪板"的养殖模式，多数养殖户单批饲养规模在 3000 ～ 5000 只，养殖观念陈旧，养殖技术落后，环保意识淡薄，环境污染问题突出。通过建立新型肉鸭养殖家庭农场示范基地，积极探索网上平养、网下发酵床（简称"上网下床"）的商品肉鸭养殖模式，在养殖污染治理和提高养殖绩效方面都取得了一定进展（王兆山等，2015）。零排放网床结合肉鸭发酵床养殖模式创造性地将肉鸭网上养殖和微生物发酵床养殖技术相结合，兼具两者的优点，通过对网架结构、发酵床和饮水管进行创新改进和完善，在鸭舍内实现粪便原位降解，肉鸭养殖真正实现了粪污的零排放。采用自动垫料翻扒机，节省了人工，提高了翻扒效率和效果；采用专用的管式饮水器代替传统的饮水区，节约了鸭舍冲洗用水，同时也增加了有效使用面积，一般可增加 10% ～ 20%，提高了鸭舍的载鸭量；肉鸭不与垫料接触，有利于控制球虫病、沙门菌病的感染概率，降低了生物安全风险，节省了用药成本；肉鸭网养密度可以达到 8 ～ 10 只 $/m^2$，比平养密度提高 30%；垫料通过旋耕机耙翻后变蓬松，肉鸭接触不到垫料，垫料不再被压实，确保里面有充足的空气，易于通风散湿，使用期更长，能使用养殖 30 个批次，使用期限延长 30% ～ 50%（常维山等，2016）。传统的肉鸡养殖模式主要有两种：一种是地面平养，即在鸡舍的地面上铺设 5 ～ 10cm 的垫料进行养殖或发酵床养殖；另一种是网上平养，这种方式是将肉鸡放在网床上进行饲养，由于减少了肉鸡直接与粪便以及污染物的接触机会，发病率大大降低，因而这种方式在各地得到了普遍的推广，并且在技术上渐趋成熟和完善。

近年来，枣庄地区肉鸭养殖业发展迅速，在养鸭业取得巨大成绩的同时环境污染、药物残留等问题也接踵而至。朱维（2016）研究了发酵床养殖模式降低鸭舍需氧菌浓度、氨气浓度，改善肉鸭养殖环境，提高肉鸭生产性能。通过与普通网上养殖对照，比较不同养殖模式下其免疫抗体水平的差异，增强肉鸭免疫能力，提高肉鸭生产性能，为发酵床养殖模式在肉鸭养殖中推广应用提供了理论依据和技术指导。

（4）2017～2018年示范推广情况　为了促进发酵床废弃垫料的循环利用，韩建东等（2017）以猪菌渣发酵床垫料为原料，进行了堆肥腐解试验，测定了菌渣垫料堆肥的理化性状和重金属含量，开展了菌渣垫料堆肥种植甘蓝试验。结果表明，菌渣垫料堆肥中有机质、pH值、重金属含量均达到了《有机肥料》（NY 525—2012）标准要求，全氮、全磷、全钾的总养分含量为4.48%，略低于标准要求。用作底肥种植甘蓝，每公顷施用菌渣垫料堆肥6000kg时，甘蓝产量与施用相同用量商品有机肥无显著差异，随着菌渣堆肥施用量的增加，甘蓝产量呈增加趋势。

柳尧波等（2017）利用PCR-DGGE技术研究了发酵床和水泥地养殖21d和42d仔猪消化道各段菌群多样性和相似性，结果表明，饲养全程中仔猪胃中菌群种类较少，经胃酸等的抑制作用，回肠中菌群最少；之后，菌群迅速增殖，盲肠、结肠中菌群种类较多。相比于水泥地，发酵床提供了稳定而丰富的菌群和稳定的温湿度，能够持续增加消化道两端的胃和结肠中的菌群多样性，促进回肠菌群演替为稳定的盲肠菌群；全程保持较高比例的乳酸菌属，一定程度上抑制或减缓了弯曲菌属、志贺菌属、埃希菌属生长增殖，有利于构建和维护仔猪消化道正常菌群，对于提高仔猪健康和生产性能是一种较为理想的养殖方式。

7．上海市发酵床应用

（1）2009～2010年示范推广情况　发酵床使用的培养基源自自然界土壤中的多种有益微生物，通过进行筛选、培养、扩繁，建立有益微生物种群，然后根据它们生长所需的营养要求，配置出人工培养基（即按一定比例将微生物母种群、木屑、有机质及营养液进行混合、发酵形成有机垫料），让有益微生物在这种人工创造的有机垫料中大量繁育，然后充分发挥这些功能微生物的作用，将动物粪便、尿水等有机废物充分消化、降解掉。而发酵床养猪技术就是在经过特殊设计的猪舍里，填入上述有机垫料，再将仔猪放入猪舍。猪从小到大都生活在这种有机垫料上面，猪的排泄物被有机垫料里的微生物迅速降解、消化，短期内不需对猪的排泄物进行人工清理，减少了粪便尿水向外界排放，另一方面细菌大量繁殖所产生的部分菌丝蛋白被猪食用，补充了饲料中的蛋白来源。最终实现"零排放"、无污染，生产优质猪肉，达到提高养猪生态效益、社会效益的目的（陈桂平等，2009）。

畜禽饲养场是目前城郊农村环境污染源之一，但不能把养猪等同于环境污染，如何解决这一矛盾，俞锦禄（2009）提出了5条思路：①选择以非规模化养殖方式为主，严格控制和适当压缩规模化养殖；②非饮用水源保护区的猪场，可按"生态还田型"和"生态还田综合利用型"环保工程进行改建；③探索种植业与养殖业相结合，走生态循环农业之路，择机重建一些养殖场；④在作物秸秆过剩、农田较少、道路比较方便的郊区可适当提倡用秸秆作垫料养猪；⑤推行"零排放"、无污染发酵床养猪技术。

（2）2011～2018年示范推广情况　松江区从2009年开始，在种养结合家庭农场试点发酵床饲养肉猪，以探索种养结合养猪模式下适应本地区气候、地理条件和饲养工艺的发酵床养猪模式，并为进一步推广提供实践经验和技术支撑（李闽，2011）。

发酵床养殖技术也被称为原位堆肥技术，是一种值得推荐的控制畜场粪便排放与污染的生态养殖模式。陆扬等（2011）检测了发酵床的水分、温度和pH值变化以及在连续饲养两批猪后垫料中碳、氮和磷的组成与含量变化情况及其对植物毒性的强弱。结果表明，发酵床使用期间水分为58%～61%，垫料内部温度维持在40～55℃；在连续饲养两批猪后，垫料的pH值升高至8.16，氮、磷含量显著提高，铵态氮、亚硝态氮和硝态氮浓度显著升高，C/N值由养猪前的84：1下降至31：1，N/P值由2.8：1下降至1.26：1；垫料中的总铜浓度由7mg/kg升高至89mg/kg。以白菜种子作发芽试验考察废弃垫料的植物毒性，其相对发芽率为86.67%，相对根长为132.95%，发芽指数（germination index，GI）为115.23%，说明饲养了两批肥猪的发酵床垫料无植物毒性作用，对根的生长有促进作用，可作为有机肥还田。

胡志刚等（2012）挑选胎次相同、日龄相近的"杜×大×申"商品猪90头，随机分成2组，每组3个重复，每个重复15头猪，分别在水泥地面猪舍（对照组）和发酵床猪舍（试验组）中饲喂137天，测定其生长性能。试验结束时，每组随机选6头猪屠宰并测定肉质及药物、重金属残留。结果表明，试验组的腹泻率比对照组降低了57.2%，且差异显著（$P < 0.05$）；试验组的发病率比对照组降低了60.1%，且差异显著（$P < 0.05$）。发酵床猪舍饲养的肉猪在胴体斜长、背膘厚、6～7肋骨膘厚、皮厚、眼肌面积、瘦肉率方面优于传统猪舍饲养的肉猪。发酵床猪舍饲养的肉猪与传统猪舍饲养的肉猪在嫩度方面差异显著，在肉色和肌内脂肪方面有差异倾向，其他方面差异不显著。说明发酵床养猪可以显著提高猪肉的嫩度，改善猪肉的风味，有提高瘦肉率的趋势，但对屠宰率、肉色等肉品质指标及安全性能指标无显著影响。

随着养猪业的快速发展，养猪给环境造成的压力越来越大。生态床养猪模式是在垫料中添加有益微生态制剂，粪尿在垫料上经有益微生物发酵降解，养殖过程中无污水排放，因而有效地减少了养猪生产中的污水排放和污水治理费用。但目前人们对发酵床养猪模式的认识不足，且褒贬不一，特别是对这一养猪模式是否适合温暖湿润地区还存在较大争议。为了探讨发酵床养猪模式在我国华东地区应用的可行性，薛惠琴等（2012）对发酵床养猪与常规水泥地面养猪的生产性能、空气环境，以及能源消耗情况进行了对比研究。结果表明，发酵床圈舍组的发病率为18.7%，普通圈舍组为29.6%，普通圈舍组比发酵床圈舍组高10.9个百分点，差异极显著（$P < 0.01$）；发酵床圈舍组猪因死亡而淘汰的概率为1.3%，普通圈舍组为6.1%，差异极显著（$P < 0.01$）；普通圈舍的氨气含量为6.74mg/L，发酵床圈舍的氨气含量为4.00 mg/L，发酵床圈舍中氨气的含量比普通圈舍低40.65%，差异极显著（$P < 0.01$），这说明发酵床养猪能有效降低猪舍内氨气的浓度，从而改善猪舍环境。

胡启蒙等（2013）利用新型复合菌种制备发酵床进行生长猪饲养试验，探讨不同菌种发酵床对生长猪饲料中氮及氨基酸消化利用的影响。试验选择60头体重20kg左右杜×长×大三元杂交猪，分为3个不同来源菌种发酵床饲养组（JDM、SHC、GLD）和1个对照组（CON），饲养期为30d。研究结果表明，JDM、SHC及GLD试验组间饲料中氮及氨基酸的表观消化率没有显著差异（$P > 0.05$），但JDM试验组中氮表观消化率及多种氨基酸表观消化率均有提高的趋势。与对照组相比较，JDM试验组中Ser（84.3%）、Gly（75.6%）、Lys（85.4%）、Phe（85.6%）的表观消化率均显著提高（$P < 0.05$），分别提高6.2个、4.9个、5.9

个、6.8 个百分点；GLD 试验组 Met（69.9%）、Try（81.4%）表观消化率最高，显著高于对照组（62.3%、73.1%）（$P < 0.05$）。结果提示，发酵床饲养生长猪有利于提高饲料中氨基酸的消化率，发酵床生态养猪菌种的组成对饲料中各种氨基酸消化率测定值都有不可忽视的影响，从氨基酸的利用率来看，复合菌种的应用效果要好于单一菌种。张媛媛等（2013）利用新型复合菌种制备发酵床进行生长猪饲养试验，在对比不同菌种发酵床养猪饲料矿物质元素消化率基础上，对垫料 N、P 含量及重金属元素含量变化进行测定分析，旨在为发酵床养猪废弃垫料能否作为肥料用于种植业提供理论依据。研究结果表明，无论是生长期矿物质元素的表观消化率，还是育肥期矿物质元素的表观消化率，各个试验组之间均无显著差异（$P >$ 0.05）。随着饲养天数的延长，垫料中 N、P、Cu、Zn 含量及重金属 As、Pb 的含量逐渐增加，饲养 3 个周期后，垫料中 N、P 含量分别为 2.28%、1.65% 左右，Cu、Zn 富集量分别达到 266mg/kg、93.3mg/kg，重金属元素 As、Pb 富集量分别达到 2.86mg/kg、0.92mg/kg；饲养过程中 Cu 元素的富集量要明显高于 Zn 元素的富集量，砷元素的富集量要明显高于铅元素的富集量。各个试验组间 N、P、Cu、Zn 含量及重金属 As、Pb 的含量变化没有显著差异（$P > 0.05$）。结果提示，发酵床生态养猪废弃垫料中 N、P 含量较高，适合用于种植业肥料，但矿物质元素 Cu、Zn 及重金属元素 As、Pb 的富集量较高，其肥效有待进一步验证。

曹传闰等（2014）通过对微生物发酵床生态养猪与传统养猪生产数据的对比试验研究，评价微生物发酵床生态养猪技术的优劣。分别选择 60 头二元杂交（长 × 梅山）断奶仔猪和 60 头三元杂交（杜洛克 × 长白 × 大约克）断奶仔猪，依据体重、性别比例相近的原则，将 2 个品种的断奶仔猪分别进行随机分组，即 2 个试验组、2 个对照组，每组 30 头仔猪，进行饲养试验，同时记录试验组和对照组猪的增重情况、饲料消耗量、料肉比、死亡情况等。结果表明：微生物发酵床生态养猪既环保又能提高生产效益。随着养猪业的快速发展，养猪对环境造成的压力愈来愈大。生态床养猪模式是在垫料中添加有益微生态制剂，粪尿在垫料上经有益微生物发酵降解，养殖过程中无污水排放，因而可有效地减少养猪生产中的污水排放和污水治理费用。

为了保护水丰湖的水质，李红娜等（2016）对水丰湖流域畜禽养殖业中污染负荷的产生、排放情况进行了调查与分析。结果表明，流域内畜禽养殖产生的 COD、TN 和 TP 等污染负荷分别为 17420.70 t/a、2246.68 t/a 和 251.04 t/a，畜禽养殖特别是分散养殖产生的养殖废弃物利用率极低，在入湖污染物中，来自畜禽养殖的 COD、TN 和 TP 分别占到了入湖总量的 50.23%、68.22% 和 55.54%，对湖泊水质污染的影响最大。因此，应从源头提高饲料的吸收利用率、从过程中采用异位发酵床技术将粪尿转化为有机肥料以部分替代现有农田种植中的化肥、从末端将已产生的畜禽废弃物作为食用菌基质来高值利用，以形成绿色循环的养殖体系。

周德平等（2016）利用高通量测序平台分析了肉牛垫料养殖床中的细菌群落结构，结果显示，从发酵床样品中共获得 17772 条有效序列，其中优质序列有 13301 条，在 97% 相似水平上聚为 1603 个 OTU 分类单元；目水平上，细菌优势种群集中在芽胞杆菌目（21.70%）、红螺菌目（18.20%）、乳杆菌目（14.90%）、梭菌目（14.10%）、黄杆菌目（10.50%）、伯克菌目（5.50%）、黄单胞菌目（3.00%）、放线菌目（2.10%）和根瘤菌目（1.80%）；属水平上，细菌的优势种群主要集中于醋酸杆菌属（15.17%）、金黄杆菌属（9.50%）、乳杆菌属（6.90%）、芽胞杆菌属（6.30%）、乳球菌属（6.0%）、高温放线菌属（3.50%）、类芽胞杆菌属（2.40%）、梭菌目的 1 属（2.10%）、伯克菌属（2.10%）和葡萄糖醋杆菌属（1.80%）。

张晓慧等（2017）使用专用的菌种和锯末混合制成发酵床，通过检测温度、水分变化了解发酵床的使用状态，通过检测发酵床牛舍和普通牛舍内的氨气含量、牛奶产量、疾病记录、乳汁体细胞数等方面评估发酵床临床应用效果，并从员工工作效率、粪污清理、使用成本等方面综合分析发酵床应用的可行性。结果表明：试验期间，发酵床含水量逐渐升高，由55%左右上升至70%左右；发酵床温度先逐渐上升，40d后基本稳定在34℃左右；与普通牛舍相比，发酵床牛舍氨气含量稍低，牛肢蹄病有明显好转，但乳房健康状况不稳定，平均日产奶量无显著影响；试验中，发酵床牛舍员工工作效率与普通牛舍基本接近，但发酵床牛舍有25%的粪尿无法通过发酵床处理，发酵床使用前期投入成本为3727元/头，后续运行成本为2681.45元/（头·年）。

何静等（2018）于2013年12月1日至2014年2月1日，以上海动物园繁殖场内的11只山魈（*Mandrillus sphinx*）为研究对象，分为2组做发酵床圈养对照实验，实验组山魈4只，对照组山魈7只，分析了发酵床垫料对圈养山魈活动行为比例的影响。发酵床的垫料分别由木屑、米糠、黄土组成，投放比例为5∶4∶1。结果表明，在有丰容设施时，山魈的休息行为和刻板行为明显减少，摄食和玩耍行为明显增加，与预期结果一致。在对丰容设施的利用上，增加的丰容垫料设施有效地促进了山魈对垫料的利用。实验组山魈的垫料活动行为包括探究、咀嚼、嬉戏和坐息行为，分别占垫料活动总行为的49%、23%、8%和20%，其中探究行为所占行为比例最高。对照组山魈的主要行为为休息行为，占该组总行为的52.01%，实验组的主要行为为其他行为，占该组总行为的51.53%。

二、华南地区微生物发酵床的推广应用

1．广东省发酵床应用

（1）2011～2013年示范推广情况　发酵床养猪技术是一种能将环境污染控制在最小、零排放的有机养殖技术。其原理是利用多种有益微生物迅速降解猪的排泄物。这种技术可以有效缓解猪场的环保压力，解决猪场粪尿的排放问题，维持养猪业的可持续发展和生态环境平衡。

为研究发酵床养鸭效果，李雯等（2012）选取1980只肉鸭分成2组，每组3个重复，每重复330只肉鸭，试验组使用发酵床饲养，对照组采用网架饲养。考察不同饲养模式对肉鸭生产性能、屠宰性能及器官指数的影响。结果表明：发酵床和网架饲养方式对肉鸭生产性能和器官指数各项指标没有显著性差异，发酵床组略占优势。发酵床组和网架组的囊肿率差异极显著，发酵床组比网架组低60.52%。发酵床的应用不会降低肉鸭的生产性能且能改善鸭的外观，并具有降低发病率的作用，可以达到节省劳动力，并达到少排放且少污染环境的效果。

朱双红等（2013）对猪生物发酵床保育期垫料样品中效应细菌的组成和作用进行了研究，共获得了6株效应细菌；经纯培养后观察其个体与群体形态，并进行生化特征鉴定以及16S rRNA基因分析。结果表明，所得的6株效应细菌中，芽孢杆菌属（*Bacillus*）细菌有4株，分别为枯草芽孢杆菌（*Bacillus subtilis*）、嗜热噬脂肪芽胞杆菌（*Bacillus stearothermophilus*）、蜡样芽胞杆菌（*Bacillus cereus*）、地衣芽胞杆菌（*Bacillus licheniformis*）；沙雷菌属（*Serratia*）有1株，为黏质沙雷菌（*Serratia marcescens*）；假单胞菌属（*Pseudomonas*）有1株。

（2）2014～2018年示范推广情况　在环保压力日益严峻的环境下，鉴于发酵床技术的潜在优势，吸引了很多业内人士对发酵床养殖畜禽技术进行不断探索。目前该技术在我国已取得一定成绩，虽然生产实践中仍存在很多盲区，但正在逐步改进与完善中。曹珍等（2014）综述了发酵床垫料选择的原则、pH值、温度、翻耙频率、含水率、含氧量及发酵菌种等基本参数的研究进展，总结了各参数的适宜范围，并指出其在生产实践中的操作，以期对发酵床养殖畜禽技术的应用与推广起一定指导作用。曹珍等（2014a）比较了夏季高温条件下南方地区发酵床与普通薄垫料养殖肉鸡的生产性能及其舍内环境差异，同时对比了添加不同菌种的发酵床平养肉鸡的效果。试验分3组，分别为添加菌种1、菌种2的发酵床及普通薄垫料组。每组一栏，每栏面积为64.5m²，每栏矮脚黄公鸡雏680只，试验周期为63d。结果表明：发酵床因其内在微生物分解鸡粪产热，会增加垫料温度，比普通薄垫料温度高2.23～2.45℃，但该发酵热对舍内温度影响不大；夏季南方发酵床平养肉鸡平均体重比普通垫料低50～80g/只，成活率低4.26%～4.50%，鸡群均匀度低3.94%～7.68%，但发酵床中的芽胞杆菌可抑制大肠杆菌和沙门菌繁殖，改善鸡群肠道健康，降低料肉比（2%），即夏季南方地区普通薄垫料平养肉鸡效果比发酵床好，但添加不同菌种的发酵床平养肉鸡的生产性能及舍内环境差别不大。

梁祖满等（2016）研究了发酵床对罗曼粉青年蛋鸡生产性能和胫长的影响。试验采用单因子随机分组试验设计，选取2400只1日龄罗曼粉蛋鸡苗，随机分成两个组，分别为对照组和发酵床组，每组三个重复，每个重复400只鸡。对照组采用普通笼养，发酵床组采用发酵床垫料平养。试验结果表明，发酵床有增加2周龄、6周龄、8周龄、10周龄采食量、体重、胫长和体重均匀度、盲肠乳酸菌数量的趋势，同时有降低料肉比和盲肠大肠杆菌数量的趋势，其中，显著降低6周龄的料肉比（$P < 0.05$），显著增加6周龄、8周龄、10周龄的体重均匀度（$P < 0.05$），显著增加第6周龄的胫长（$P < 0.05$），显著提高10周龄盲肠乳酸菌的数量（$P < 0.05$）。试验结果表明，采用发酵床饲养罗曼粉青年蛋鸡有提高生长性能、胫长、盲肠乳酸菌和体重均匀度的作用。为研究发酵床对樱桃谷鸭养殖的影响，罗秋兰等（2016）选取1500只1日龄樱桃谷鸭苗，随机分成对照组和发酵床组，每组3个重复，每个重复250只樱桃谷鸭。对照组采用传统水养，发酵床组采用发酵床垫料平养。试验结果表明，发酵床有增加2周龄、4周龄、7周龄日增重的趋势，同时有降低采食量和料肉比的趋势（$P > 0.05$）；发酵床提高成活率0.7个百分点（$P > 0.05$），提高经济效益0.9元/羽。熊宽荣等（2016）将锯末和稻壳以5∶1体积混合作为发酵床垫料，自动翻耙，研究了两种翻耙频率和三种发酵菌剂添加量对猪舍外异位发酵床垫料微生物群落的影响。结果表明，发酵菌剂添加量一致时，增加垫料日翻耙次数能显著提高垫料总菌、芽胞杆菌的数量和脲酶活性（$P < 0.05$）；翻耙频率一致时，增加发酵菌剂添加量能显著增加垫料总菌、芽胞杆菌数量，提高细菌结构多样性和过氧化氢酶、脲酶活性（$P < 0.05$），但翻耙频率与发酵菌剂对垫料微生物群落的影响并无显著互作效应。在试验条件下，添加30g/m³的发酵菌剂、翻耙频率4次/d，能够促进垫料微生物的生长，从而加快粪污分解。

黄袁金（2017）结合传统养猪方法与发酵床养猪方法的特点，根据我国南方气候条件专门设计了一种新型养猪技术——高床发酵型生态养猪方法，将其与传统养猪方法与发酵床养猪方法进行对比，结果表明，该养猪法既能解决传统养猪和发酵床养猪的缺点，又可达到生态养猪效果，是养猪业发展低碳、零排放、可持续发展的模式。

2. 广西壮族自治区发酵床应用

（1）2009 ～ 2010 年示范推广情况 唐万林等（2009）选用健康的平均体重为25.36kg的杜×长×大（杜洛克猪×长白猪×大约克猪）三元杂交生长猪60头，采用单因子变量设计，随机分为2个处理组，每组3个重复栏，每个栏10头猪。探讨发酵床对生长猪生产性能和经济效益的影响。结果表明：发酵床促进了猪的生长，提高了饲料转化率，猪的平均日增重比对照组提高6.70%（$P < 0.05$），饲料转化效率提高3.66%（$P < 0.05$），每头猪节约成本24元，经济效益显著。李玉元等（2010）选用48头平均体重为60kg的杜×长×大三元杂交生长猪，按随机区组设计分成2个组，每组设4个重复，每个重复6头猪，以探讨"发酵床"对生长猪生产性能和胴体品质的影响。结果表明："发酵床"提高了生长育肥猪的生长性能，平均日增重提高了5.63%（$P < 0.05$），料肉比降低了3.36%，而对屠宰率、胴体瘦肉率、眼肌面积和背膘厚的影响不明显。

张家富等（2010）探讨了在南方气候下，不同季节使用发酵床养猪技术饲养保育猪的效果。研究试验选择20 kg左右的杜×长×大杂交猪230头，随机分为两组，每组五个重复，每个重复23头猪。第一组即试验组，使用发酵床技术饲养。第二组即对照组，使用高床漏缝栏饲养。第一阶段在高温季节（2008年8月份）进行该试验，结果发现：对照组在日增重、采食量、料肉比、呼吸道病发病率、腹泻率方面均好于试验组，但差异不显著；试验组死亡率3.48%，比对照组死亡率1.30%高2.18%。第二阶段在低温季节（2008年12月份）进行该试验，结果发现：对照组在日增重、采食量、料肉比、呼吸道病发病率方面均好于试验组，但差异不显著；对照组的腹泻率低于试验组，差异显著；试验组的死亡率为5.21%，比对照死亡率3.04%高2.17%。高温与低温季节使用发酵床饲养20kg保育猪的对比结果是：高温季节的采食量高于低温季节，差异极显著（$P < 0.01$）；不同季节在日增重方面差异不显著；低温季节保育猪的料肉比低于高温季节，差异极显著（$P < 0.01$）。呼吸道疾病发生率，高温季节与低温季节差异不显著；低温季节腹泻率比高温季节高，差异极显著（$P < 0.01$）。高温季节猪的死亡率是3.48%，比低温季节保育猪的死亡率5.12%低1.64%。

（2）2011 ～ 2013 年示范推广情况 近年来，广西北流市大力推广应用发酵床养猪技术，用户群超过200家，建造面积超过50万平方米，实现了养猪废水"零排放"，在增强猪抗病能力、提高饲养效益和猪肉品质等方面取得了明显效果。但发酵床养猪技术在实际应用中也遇到一些问题，北流市总结出了一整套有效解决发酵床夏季高热、发酵床上生虫等问题的经验（陈登添等，2011）。经一年多的实验探索表明，微生态发酵床养猪不仅经济效益高，而且实验养猪零排放、无污染、无臭气，彻底解决规模养猪场的环境污染问题，为推动广西零排放发酵床养猪技术做出了样板（刘小丽和张伟，2011）。

俸祥仁等（2012）结合传统发酵床养猪方法与水泥地养猪方法的优点，根据我国南方气候条件专门设计一种新的通用型无臭、无污染养猪技术——经济型高床式微生态发酵床养猪方法。将其与传统发酵床养猪方法与水泥地养猪方法进行对比，指标包括猪舍造价、垫料用量和成本、发病率、出栏率、耗水电量、日增重、料肉比以及猪舍有害气体（H_2S、NH_3）的含量等，结果表明，该养猪法既能解决水泥地面养猪和传统发酵床养猪的缺点，又可达到生态养猪效果，是养猪业发展低碳、零排放、可持续发展的模式。

近几十年来，国内外养猪业纷纷采用"零排放"的微生物发酵床技术来解决养殖过程中猪粪尿污染带来的环境问题。但是该技术存在诸多问题，如成本过高、发酵床发酵过程中温度过高以及产生毒害气体等。宋德贵等（2012）结合发酵床养猪方法与水泥地养猪方法的优缺点，设计了一种更适合我国南方地区气候条件的无污染养猪法：薄垫料异位发酵养猪法，并将其与传统养猪模式进行对比实验，试验指标包括垫料用量、垫料成本、发病率、出栏率、耗水量、体重增量和料重比等，结果表明：该养猪法比传统的水泥地养猪法和传统发酵床养猪法环保、省工、省药、省水，达到低成本、低排放、无臭味生态养猪的效果。

倸祥仁等（2013）探讨了水稻、玉米、木薯、甘蔗、桑树等农作物秸秆替代 50% 锯木屑进行发酵床养猪的可行性，以期为各种农作物秸秆用作养猪发酵床垫料提供科学依据。以 100% 锯木屑作发酵床垫料养猪为对照，分别以水稻、玉米、木薯、甘蔗、桑树等农作物秸秆替代 50% 锯木屑制作发酵床养猪，4 个月后计算猪平均日增重和料肉比，并检测垫料温度、湿度以及 N、P、K 含量和猪舍 H_2S、NH_3 浓度。结果表明：以桑树秸秆粉和甘蔗秸秆粉替代 50% 锯木屑的猪增重效果与对照处理较接近；在发酵床温度与湿度方面，除了以桑树秸秆粉替代 50% 锯木屑的垫料湿度与对照处理相近外，其他处理则显著或极显著高于对照处理；发酵床垫料中 N、P、K 含量也是以桑树秸秆粉替代 50% 锯木屑的与对照处理较接近；各处理发酵床猪舍 H_2S、NH_3 浓度均低于中华人民共和国农业行业标准对农产品安全质量无公害畜禽肉产地环境的要求（猪舍 H2S 浓度 $\leqslant$ 10 mg/m^3、NH_3 浓度 $\leqslant$ 25mg/m^3）。可见，桑树秸秆可以替代 50% 锯木屑作发酵床垫料，而水稻秸秆、玉米秸秆、木薯秸秆、甘蔗秸秆均不适宜过多添加到发酵床垫料中，但其使用量有待进一步探讨。

文信旺等（2013）通过乌鸡饲养的发酵床组（实验组）与放养组（对照组）的对比实验，对环境空气及产品质量进行统计分析，结果表明，实验组与对照组乌鸡饲养成活率差异不明显，氨气含量对照组明显比实验组高，粗脂肪、粗蛋白、干物质含量实验组均比对照组高，上市肉鸡屠宰性能实验组优于对照组。

（3）2014 ~ 2018 年示范推广情况　廖青等（2014）从发酵床垫料中初步分离出 43 株纤维素降解菌。采用刚果红鉴别培养基及滤纸条培养基初筛，得到 5 株透明圈较大且使滤纸条产生崩解的菌株，通过进一步液体发酵，测定其羧甲基纤维素（CMC）酶活力、滤纸酶活力（FPA）和天然纤维素酶活力，获得 2 株具有较高纤维素降解活性的菌株，并分别命名为 F7 和 F21。经 16S rRNA 基因序列分子生物学鉴定和系统发育分析表明，这两株纤维素降解菌分别为枯草芽胞杆菌（*Bacillus subtilis*）和链霉菌（*Streptomyces* sp.）。

发酵床养猪方法全称为"微生物发酵床零排放健康养猪法"。为了检验该方法对生猪的增重效果，唐昭成（2014）选取出生时间、体重接近的杜×长×大三元杂交断奶小猪 36 头，随机分成 2 组，在县种猪场进行试验。用 t 检验分析结果表明，当显著性水平 a=0.05，自由度 df=34 时，检验值 t=2.14，大于临界值 $t_{0.05}$ 2.032，试验组比对照组增重效果差异显著。

北流市从 2010 年起引进推广微生物发酵床养猪技术，生态发酵床建设超过 $15 \times 10^4 m^2$，生态养猪基地 25 个，累计出栏绿色生态猪 100 万头以上，全市微生物发酵床养猪实现新增收 2 亿多元。目前，北流市已成为广西最大的微生物发酵床生态养猪示范基地之一。养猪实现粪尿零排放，达到经济效益、社会效益和环境效益"三赢"。微生物生态发酵床养猪在北流市推广是可行的（陈惠光和张伟，2015）。

为提高广西壮族自治区贵港市奶牛生产性能，贵港积极探索奶牛规模健康养殖技术，通过在荷斯坦奶牛饲料中添加益生菌，采用发酵床生态养殖奶牛技术及新工艺，降低奶牛疾病暴发率，从而减少对药物的使用，同时采用大跨度钢结构、机械通风等新工艺降低奶牛热应激，有效提高奶牛产奶量及质量安全，进一步提高养殖奶牛经济效益、社会效益和生态效益（郑宏伟等，2018）。

三、东北地区微生物发酵床的推广应用

1. 黑龙江省发酵床应用

（1）2008～2010年示范推广情况 讷河市通南镇国富村李振国创办的生猪养殖场建于2005年，占地1万平方米，猪舍2000平方米，现存栏生猪120头。2007年他从某公司引进了一项生物发酵环保节能养猪技术，此技术将有相当活力的微生物菌种与稻壳、锯木屑、米糠等天然物进行混合发酵成有机垫料，在猪舍内挖出80 cm深的菌池填入有机垫料，使猪从小到大生活在垫料上，猪的排泄物作为微生物的养料被迅速降解、消化，且产生大量菌体蛋白，利用生猪的拱翻习性使粪尿有机质得到充分的分解和转化。同时，繁殖生长的大量微生物能抑制其他有害菌的生长和繁殖，从而将猪舍演变成绿色工厂，可以3年不用清粪，不用清洗猪舍，达到无臭、无蝇虫、无害化，降低了猪发病率，是一项降低养殖成本、耗料省、效益高、节能环保的生态养殖新技术（张学艳等，2008）。现代化规模养猪，在提高生产率的同时，也带来了严重的环境影响。为了解决养殖过程中存在的此类问题，胡海燕等（2009）从2008年4月份开始着手准备，进行了微生态发酵床养猪的试验。发酵床垫料的原料有锯末、玉米秸秆、黄土、畜牧盐、畜禽育生菌，比例为每立方米需锯末170kg、黄土30kg、畜牧盐0.45kg、原菌1000mL。按照比例（锯末占主料的80%左右，玉米秸秆20%左右）添加各种原料，搅拌均匀，然后将原菌加入水中搅拌均匀，分次喷洒到垫料上，继续加水，以用力攥在手指缝中能看见水但不滴为好，含水量为60%左右，最后在垫料表面喷洒原菌1次。将配好的垫料放入坑槽，7d之后发酵完熟即让猪只入舍。

发酵床式生态养猪是一种新的养猪模式，可解决传统养猪模式产生的粪、尿治理难度大、劳动强度高，污染严重，致使猪舍环境差，疾病控制难，所用人力、财力、物力增加，运行费用高，养猪成本增加，效益下降等问题。为了验证此技术饲养育肥猪的效果，周福等（2009）选择日龄、体重相近、健康无病的三元杂交猪48头，随机分成2组，每组24头。第1组为对照组，按传统模式常规饲养，第2组为试验组，按发酵床生态养猪模式饲养。日粮组成对照组与试验组基础日粮相同。基础日粮组成为：玉米61%、豆粕17%、麦麸15%、鱼粉2%、磷酸氢钙1%、食盐1%、预混料3%。其营养成分：消化能12.93 MJ/kg，粗蛋白15.78%，钙0.53%，磷0.42%。试验地点为同江市街津口乡个体养猪场，时间从2008年7月18日至11月25日，预饲期10d，试验期100d。两组由同一饲养员统一管理，按场内正常的饲养程序进行饲养，喂食3次/d，湿拌料，自由饮水。试验前进行阉割、免疫、驱虫。定期消毒。试验开始、试验结束时对每头猪进行空腹称重，记录各组的采食量，计算日增重、料肉比。计算用工、菌种、垫料、用药等费用。结果表明，对照组每头猪日增重0.76kg，试验组日增重 0.87kg，试验组比对照组多 0.11kg，提高 14.47%，差异显著 ($P < 0.05$)。经济效益分析结果表明，对照组和试验组在耗料相近的情况下，虽然试验组人工、菌种及垫料等费用大，但毛收入多，料肉比小，饲养成本低，差异显著 ($P < 0.05$)。

五常市华宝生猪养殖专业合作社生态养殖示范园于 2009 年 8 月动工兴建，由合作社投资 100 万元，征地 3.5 万平方米，新建 2 栋发酵床生态猪舍 2380 m²。2009 年 12 月 18 日投入使用，采用由合作社担保、农户联保的方式，为入驻示范园的 5 户社员贷款 100 万元，并统一购进 1200 头保育猪（每户 200～300 头），在管理上，严格执行统一饲料配送、统一兽药疫苗供应、统一防疫消毒、统一技术指导、统一产品销售的"5 统一"模式，填补了五常市生猪集约化、集体化养殖的空白，有力地推动了生猪标准化规模养殖水平（孟连军，2010）。

无公害发酵床养猪是以饲养过程不用清理粪便、提高冬季猪舍温度、增加猪只抵抗能力、节约成本、提高效率和生产优质保健猪肉为主要特点的综合养猪技术。因其具有污染物"零排放"、节约饲料、节约能源等优点，受到广大养殖户的密切关注。2008 年 8 月，黑龙江省佳木斯市组织专业技术人员和部分养殖专业户前往吉林省九台市参观考察了该项技术的应用情况，考察后就开始运作，对原有的猪舍实行改造并投入生产，效果良好，起到了积极的示范作用，并在佳木斯市郊区迅速推广开来（赵玉梅，2010）。

发酵床养鸡的鸡棚要根据当地风向情况，选地势高燥地带建设。大棚两端顺风向设定，长宽比为 3∶1 左右，高为 3.5m 左右。深挖地下 30cm 以上，北方则要 40cm 以上，以填入垫料。也可以在泥土地面上四周砌 30～40cm 高度的挡土墙，但同时鸡舍也需加高 30～40 cm。地上式的更为简单一些，也适用于旧鸡舍的改造（魏强，2010）。

（2）2011～2013 年示范推广情况　青冈县位于黑龙江省中南部、松嫩平原腹地，气候属大陆季风气候，夏秋两季多雨，霜冻早临，冬季严寒，冻结期长，年平均气温 1.4℃，最高气温 38℃，最低气温 –38.5℃。为进一步提高青冈县生猪生产的规模化、标准化水平和科技含量，全面加大新技术引进和推广的力度，将微生态发酵床养猪技术引入青冈县进行试验、示范并逐步推广。目前，已有 15 个养猪场应用了发酵床养猪技术，遍及全县 6 个乡镇，改造和新建发酵床猪舍 12000 多平方米，养殖生猪 20000 多头。取得了以下成果：①节约了成本、节省了劳动力。在规模猪场，传统方法养猪每个劳动力只能负担 150～200 头育肥猪，而发酵床养猪法由于不用清圈，大大节省了劳动力，每人可饲养 500 头以上的育肥猪。②节省了燃料。冬季，在不采用人工增温措施的条件下，猪舍内温度白天可达 18℃以上，夜间也在 16℃左右，相当于让猪住上了火炕，确保了冬季生猪生产的顺利进行。冬季采用发酵床养猪技术饲养 100 头育肥猪大约可节省燃煤 2t 以上。③节省了大量的冲刷用水。每头猪大约可以节省用水 85%，约 100 L 以上。④减少了污染。由于发酵床养猪采取了生物制剂降解措施，猪的粪尿不再直接冲刷排放到舍外，而是在舍内通过生物降解产生有利于生猪生长的有益菌类，被生猪采食。舍内没有异味，舍外没有粪便污水，从根本上解决了养猪场污染周边环境的问题。⑤节约了用药成本。由于生物学上的原理，猪处在良好的生长环境中，舍内没有粉尘和刺激性的有害气体，使猪患消化道和呼吸道疾病的概率大大降低。所有入栏生猪生长良好，未发生消化道和呼吸道疾病，因此节省了用药成本。⑥提高了猪肉品质（李岩等，2011）。

海伦市位于黑龙江省中部、松嫩平原东北端，夏秋两季多雨，霜冻早临，冬季严寒，冻结期长，年平均气温 3.2℃，最高气温 37.0℃，最低气温 –38.4℃。为进一步提高海伦市生猪生产的规模化、标准化水平及科技含量，打造海伦绿色生猪生产基地品牌，在加快标准化生猪养殖企业建设的同时，全面加大新技术引进和推广的力度，将微生态发酵床养猪技术引入海伦市进行试验、示范并逐步推广，在养殖技术突破上产生质的飞跃。截至2010年年底，海伦市已有11个养猪场应用了发酵床养猪技术，改造和新建发酵床猪舍约3000m²，养殖生猪约6000头。2011年应用这项技术的养猪场新增30个，发酵床猪舍新增10000m²，生猪饲养量达2万头（徐军等，2011）。

为了研究稻壳、稻壳粉发酵床在生猪饲养中的实用性，吴赛辉等（2012）在黑龙江地区发展生态养猪模式，用稻壳、稻壳粉代替锯末，作为垫料原料制作猪发酵床，对猪舍内温度进行观测，分析使用此廉价垫料的可行性。结果表明：冬季发酵床床面温度和舍内温度基本不受舍外温度变化的影响，床面温度基本保持在20～23℃，舍内温度基本保持在15～17℃，适合猪生长需求。梁晓庆等（2013）于2008～2012年，在萝北县太平沟乡石虎沟村开展了应用发酵床圈养杂交野猪技术的示范项目，该示范项目设计饲养杂交野猪1000头，产值300万元，增加值在110万元左右，提供优质猪肉75t，生产有机肥500m³，取得了很好的效果。

采用微生物发酵床环保节能养猪技术，有效控制了猪的排泄物对环境的污染，净化了空气，改善了人类的生存环境，同时也是发展生态畜牧业，生产无公害的绿色有机猪。鸡西市城子河区禄艳养猪场2011年1月至2012年12月采用该项技术进行"生态养猪技术示范推广"项目的实施，取得了较好的应用效果（王世栋，2013）。

（3）2014～2018年示范推广情况　为了解决发酵床垫料来源问题，降低发酵床制作成本，李景荣等（2014）以金针菇菌糠代替部分锯末制作发酵床，研究发酵床垫料配比对其温度和生猪育肥性能的影响，并分析金针菇菌糠在发酵床养殖过程中的应用前景。结果表明，金针菇菌糠发酵床不会影响发酵床的发酵效果及生猪的育肥性能，有效降低了发酵床的制作成本。菌糠发酵床的最佳配方为：锯末20%、菌糠60%、稻壳20%。菌糠发酵床不仅有效解决了食用菌菌糠的环境污染问题，还可以极大降低发酵床的制作成本，可应用于该地区的发酵床养猪生产中。

发酵床饲养肉牛技术是一种以发酵床为基础的粪尿免清理的新兴生态环保养殖肉牛技术。该技术的核心是肉牛在发酵床垫料上生长，排泄的粪尿被发酵床中的微生物及时将粪便中的有机物降解为无机物，实现无臭、无味、无害化排放的一种生态环保饲养技术。粪尿可免于清理，对环境无污染。发酵床垫料主要由外源微生物、牛粪尿、秸秆、锯末、稻壳等组成，厚度为40～90cm，牛在铺有锯末或稻壳的垫料上生长（韩永胜等，2015）。

发酵床技术也被应用于养羊中。羊的粪便在发酵床上，一般只需3天就会被微生物分解，微生物通过获取粪便提供的丰富营养，促使不断繁殖有益菌，形成菌体蛋白，羊食入这些菌体蛋白既可以补充营养还能提高免疫力。另外，由于羊的饲料和饮水中也配套添加微生态制剂，大量有益菌存在于胃肠道内，这些有益菌含有的一些纤维素酶、半纤维素酶类能够分解秸秆中的纤维素、半纤维素等，通过这种方法饲养，可以提高粗饲料的比例，降低精料额用量，从而降低饲料成本（赵立君，2015）。

杨慧和陈艳（2016）研究探讨了冬季发酵床养殖模式对猪舍环境和猪生产性能的影响。选择60头杂交断奶的仔猪并按照统计学原理分为数量均等的对照组和观察组。对照组采用传统的水泥地面猪舍养殖模式，予以日粮和 10% 杆菌肽锌 20mg/kg 以及 10% 硫酸黏杆菌素 20mg/kg，观察组施行发酵床养殖模式，给予日粮和 0.1% 的日本酵素，比较两组仔猪的生长情况。实验结果表明，观察组猪舍温度高于对照组，数据符合统计学差异（$P < 0.05$）；与此同时，观察组平均日增重以及血清中 IgA、IgG 浓度均高于对照组，数据符合统计学差异（$P < 0.05$）。冬季发酵床养殖模式对改善猪舍环境、提高猪的生产性能具有重要意义，各项指标显著高于常规的水泥地面猪舍养殖模式。白洁（2018）以常规水泥地养殖环境为对照组，制作 10cm、20cm、50cm 三个厚度的发酵床作为试验组饲养仔猪，观察其腹泻性疾病发生情况，其中对照组腹泻性疾病发生率最高，为 9.9%，10cm、20cm、50cm 厚度组腹泻性疾病发生率分别为 8.8%、7.1%、7.3%，从仔猪腹泻性疾病发生率角度认为 20cm、50cm 厚度发酵床使用效果更佳。

黑龙江省林口县推广应用生态发酵床养猪技术，将猪只排泄物的无污染处理与养殖过程有机结合起来，从源头上实现了养殖污染的减量化、无害化和资源化，不仅改善了养殖环境，增强了猪只抵抗力，提高了畜产品安全水平，而且还不需要额外占用土地来处理猪只排泄物，消除了二次污染，增加了养殖收益。两年来饲养能繁母猪 1050 头，出栏肥猪 44873 头，增收节支总额达 946.229 万元（袁学斌和陈伟，2016）。

2. 吉林省发酵床应用

（1）2007 ~ 2010 年示范推广情况　集约化水泥地面养猪方式的主要特点是坚固耐用，便于清扫和冲刷，但在养猪过程中易引起猪的矿物质缺乏、仔猪腹泻，也会导致猪的皮肤粗糙变厚。针对水泥圈舍养猪存在的弊端，在参照日本自然养猪法的基础上，长春市食用菌研究会从 2004 年开始用"速功"原菌试验"微生态发酵床"，经过 7 年多的试验研究，该项技术已经完善。为了加大这种养猪技术推广力度，2006 年刘振钦等对吉林省蛟河市苇塘村、辽宁省昌图县老四镇、吉林省抚松县敬老院、吉林省永吉县四间房村、吉林省四平市平西乡 5 个养殖户进行应用效果调查。调查发现，在北方室外气温 –16 ~ –13℃条件下，发酵床深处达 46.6℃，发酵床圈舍温度为 19℃，水泥圈舍温度为 9 ~ 11℃，发酵床温度比水泥圈舍温度提高 10.2℃。发酵床垫料表面温度在 30℃左右，猪在发酵床上，如同人躺在热炕头上一样，利于猪生长发育，猪增重快。

尹航等（2008）对发酵床养猪与传统水泥地面养猪两种模式下猪舍的环境指标进行测试。结果表明，采用发酵床养猪，猪舍环境温度在冬季可达 16.1 ~ 21.3℃，氨气含量在通风前后分别为 16.80mg/m³、10.95mg/m³，有利于猪的健康生长。丁瑜等（2010）研究了发酵床养猪氮元素的分配。结果表明：微生物产生的氮极显著高于对照组；发酵床产生的气体氮极显著低于对照组；可溶性有机氮显著高于对照组。发酵床养猪不仅可减少臭味产生，而且可减少氮素损失，从而改善了猪舍环境，节约了成本，增加了环境效益和经济效益。

为了研究冬季不同取暖方式对猪舍环境及育成猪生长性能的影响，李娜等（2010）对发酵床舍、热风幕舍和地热舍内的温度、湿度以及舍内饲养的育成猪生长性能进行了测定。结果表明：地热舍内温度高、湿度低、猪生长速度快，最为经济适用；发酵床舍内虽温度低，但地面温度高，猪能够健康成长，且无取暖费用支出，建议增加饲养密度以提高舍内温度；热风幕舍内温度稍高，但湿度较大，猪生长速度慢，取暖费用高，不建议推广应用。林莉莉等（2010）比较了发酵床养猪与传统养猪对猪生产安全性的影响。对发酵床养猪和传统养猪猪舍环境中和猪体表的菌落总数、大肠菌群、金黄色葡萄球菌进行研究。发酵床养猪猪舍与传统猪舍相比，环境中和猪体表的菌落总数、大肠菌群、金黄色葡萄球菌数均较少；发酵床养猪洁净卫生，为猪提供了较好的生活环境。发酵床养猪技术提高了猪的生产安全性。

（2）2011～2017年示范推广情况　随着养鸭业的不断发展，人们常用抗生素来抑制或杀灭消化道内的有害微生物，以提高其生产性能，但是饲料中添加抗生素有副作用，如导致鸭体内菌群失调、产生抗药性以及药物残留对人类健康的影响等，也日益引起世界的关注，许多国家已经越来越多地禁止用抗生素作为饲料添加剂。微生态制剂作为抗生素的替代品在养鸭业中的应用越来越广泛，并取得了良好的经济效益（初建军等，2011）。

为了探讨成本低廉的发酵床垫料配比，张学峰等（2011）以秸秆、稻壳、锯末为主要成分，通过孔隙度和保水力的测定确定适宜的垫料配比，并进行发酵模拟试验，以核心层发酵温度、微生物蛋白含量作为菌群发酵效果评定指标，综合评价实际发酵效果良好的低成本垫料。结果表明：玉米秸秆、锯末、稻壳的比例为 1∶5∶4、1∶4∶5、1∶3∶6 的发酵效果均较好；但随着稻壳比例的增加垫料成本降低，发酵温度也有所降低。最终确定玉米秸秆、锯末、稻壳的比例为 1∶4∶5 的垫料配比成本和发酵效果最为理想。

为了研究发酵床猪舍冬季饲养育肥猪效果，许越等（2013）采用杜大长育肥猪 180 头，以水泥地面猪舍为对照，以猪舍温度、相对湿度、氨气浓度和平均日增重、料重比为判定指标。结果表明：与水泥地面猪舍相比，猪舍湿度、氨气浓度得到显著改善，日增重提高了 7.5%。发酵床养猪模式是利用微生物发酵锯末、稻糠、秸秆等制成的垫料及猪排出的粪尿，有效地解决了养猪生产中的粪便处理问题，显著降低了猪舍内 NH_3、H_2S 等有害气体的浓度，同时实现了猪舍免冲洗、免清粪，这对减少猪群应激、改善动物福利、提高猪的健康水平有一定作用。许越等（2013）以玉米秸秆、稻壳、锯末为主要原料制成发酵床，将发酵床养猪和常规水泥地面养猪进行对比，通过测定平均日增重、耗料增重比、死淘率等指标研究发酵床养猪模式对猪生产性能的影响，为推广发酵床养猪技术提供理论依据和技术支撑。为了探讨北方冬季发酵床猪舍内的环境状况，张爽等（2014）对发酵床猪舍的环境进行了测定。在冬季 11～12 月份，每隔 3d 测定 1 次猪舍的温度、湿度、光照、风速和猪舍内 NH_3 和 CO_2 浓度，每次测定在早、午、晚 3 个时间点。结果表明：冬季发酵床猪舍内环境温度为 17.36℃；舍内的湿度相对较高，但基本上能够满足猪的生长要求；发酵床猪舍垫料 10cm 处的温度为 26.14℃、20cm 处的温度为 26.35℃；发酵床猪舍内 NH_3 的浓度为 10.71mg/m³、二氧化碳的浓度为 0.13%，NH_3 和 CO_2 含量均在卫生学范围内，不会对猪生产性能的发挥起不利作用。在试验条件下，北方冬季发酵床饲养模式能够提高猪舍内的温度，显著改善猪舍内环境，有效解决了粪尿污染问题。

张学峰等（2013）通过对养猪土著微生物发酵床稳定期时核心发酵层的判断以及对该发酵床土著微生物的分布进行分析，旨在探讨不同深度垫料对养猪土著微生物发酵床稳定期微生物菌群的影响。试验分别从发酵床的表层和深 30cm、40cm、50cm、70cm 处取垫料样品后测其温度、pH 值、自由水、硝态氮和粗纤维，并从中分离纯化出 22 株菌，采用 16S rDNA 序列分析鉴定微生物种类。结果表明，表层垫料温度显著小于其他 4 层（$P < 0.05$），并且随着深度加深垫料温度依次降低；表层垫料 pH 值显著高于其他 4 层（$P < 0.05$），其中

30cm、40cm处垫料pH值相等，50cm、70cm处垫料pH值相等，40cm、50cm处垫料差异显著，整体呈下降趋势；表层垫料自由水、硝态氮和粗纤维含量与30cm处垫料含量差异不显著，从整体上看，30cm、40cm、50cm、70cm深垫料的自由水和硝态氮含量呈下降趋势，而粗纤维含量呈上升趋势；表层活菌数显著（$P < 0.05$）小于30cm深处垫料活菌数，30cm、40cm、50cm、70cm深垫料的活菌数依次降低。结果表明，30cm深处为该发酵床的核心发酵层，地衣芽胞杆菌为该发酵床的主要土著菌种。表层垫料的各项指标受环境影响较大，其所存在的菌种主要为大肠埃希菌属。40cm深处所分离的菌种主要为乙酰微小杆菌。50cm、70cm深处除分离出地衣芽胞杆菌外还分离出其他多种微生物。稳定期土著微生物发酵床各层的菌种分布主要与外界环境的变化有关。

为了研究北方寒冷地区冬季保温措施对育成猪生长性能及保温所耗成本的影响，张宗伟等（2014）试验采用温度实际测量法对发酵床舍、地热舍、热风暖气舍、挤缩板＋保温棉＋苇草舍内温度及室外温度和猪生产性能进行了测定。结果表明：地热舍内温度高，温度维持稳定，猪只生长速度快，患病率低，而且投入成本适中；挤缩板＋保温棉＋苇草舍保温性能良好，造价低，虽然雾水较多，但是保温性能良好；发酵床舍内温度低，虽然床上温度适宜猪只生长，但是时间过长舍内就会极度潮湿，并且需要定期进行人工清理，否则猪只没有地方躺卧，猪因为潮湿而生长缓慢，患病率高；热风暖气舍取暖费用稍高，并且温度起伏不定，猪只生长缓慢。说明挤缩板＋保温棉＋苇草舍与地热舍取暖费用适中，猪增重较快，成活率较高且患病较少，是北方寒冷地区冬季适宜采用的猪舍。

冉桂霞等（2015）研究了发酵床与常规饲养对猪生产性能的影响。试验于2014年在白城市畜牧科学研究院猪场进行。选取平均体重相近的长白×大约克二元杂交断奶仔猪120头，公母各1/2，随机分为两组，每组60头，每组分4栏饲养，每栏15头。分别采用常规养猪法、发酵床养猪法饲养，每组于实验开始和结束时空腹16h称重，统计各组每一栏猪饲料采食量，对比平均日增重及饲料转化率。常规养猪法为对照组，实行传统水泥地面饲养，发酵床养猪法为试验组。试验期不转栏，不淘汰(自然死亡除外)。两组饲喂相同日粮，自由采食、饮水。结果表明，对照组和试验组每只猪平均日采食量分别为1901g和2024g、平均日增重分别为650.93g和737.73g，提高了13.44%，差异不显著（$P > 0.05$）。发酵床养猪增重效果不明显。平均料肉比分别为2.92∶1和2.74∶1，试验组每千克增重的饲料消耗量比对照组降低了0.18kg，方差分析结果表明，两组间差异显著（$P < 0.05$），表明发酵床猪舍能够明显提高育肥猪的饲料转化率。

为了解由玉米秸秆代替部分稻壳和锯末作为发酵床垫料对生长育肥猪生长性能的影响，蒙洪娇等（2016）设计了4组发酵床垫料配方；选取体重相近健康的"杜×长×大"三元去势公猪，随机分为4组，每组4头，三栏一组，分别置于12个发酵床栏内饲养。对各处理组间垫料的变化、生长育肥猪的生长状况进行相关测定。结果表明：在试验期间，各处理组间垫料的孔隙度变化、含碳量、含氮量等变化差异不显著（$P > 0.05$）。生长育肥猪的生长状况，如平均日增重、料重比等指标差异不显著（$P > 0.05$）。屠宰后胴体指标，如肌肉嫩度、眼肌面积、大理石花纹、胴体直长、胴体斜长等指标差异不显著（$P > 0.05$）。经过统计，一定比例的秸秆替代发酵床中稻壳和锯末能降低饲养成本，但综合生产现场和市场行情，在垫料中替代10%对生长肥育猪生长效果的影响较为明显。

3. 辽宁省发酵床应用

（1）2008~2010 年示范推广情况　利用生物发酵舍（零排放）养猪是利用有氧菌发酵、消化有机物的原理，使猪粪、尿等排泄物在有氧条件下被微生物分解，其操作技术简单方便易行，能达到增强猪群健康、增加猪肉产量、提高品质、增加经济效益和社会效益的目的。周志旺等（2008）在辽宁省黑山县志旺种猪场分两批进行试验：第一批改建了废弃小学教室 4 间作为保育舍，面积 $108m^2$，6 月中旬保育舍已投入使用，至今转入 500 头猪，育成率由原来的 95% 提高到 98%；第二批新建育肥舍 1 栋，发酵床面积 $240m^2$，7 月 9 日转入育肥舍育成猪 240 头，平均体重为 11kg，10 月 10 日出栏时的平均体重达 109kg，无 1 头死亡，且生长速度快、整齐度好，舍内空气清新。

"微生物发酵床养猪污水零排放养猪技术"引进锦州已经 3 年了，陈志明等（2010）在推广这项技术过程中，在锦州市畜牧技术推广站结合锦州地区的实际情况，对该技术进行了深入的学习和研究，总结出了一套适合北方地区的微生物发酵床养猪污水零排放养猪技术，包括不同阶段发酵猪舍的设计、微生物发酵床的建立、垫料的管理、猪群的管理和售后技术服务等，提供了一套小型规模猪场微生物发酵床母猪舍的设计方案。

2007 年，朝阳县畜牧技术推广站在朝阳市畜牧技术推广站的指导下引进了发酵床养猪技术，在朝阳县根德乡苑清辉个体养户场进行了试验。经过半年的生产情况看，试验已取得初步成功，能够真正达到养猪无排放、无污染、无臭味的目的，基本解决了规模猪场的环境污染问题（任磊，2010）。

（2）2011~2013 年示范推广情况　为研究微生物发酵床养猪技术中相同的菌种与不同垫料组合对生长育肥猪生长性能的应用效果，筛选出最适合养猪场应用的模式，池跃田等（2011）随机选择 30 头健康无病、日龄相近、平均体重 $(8.91\pm1.32)kg$ 的杜 × 长 × 大三元杂交断奶仔猪，公母各 1/2。垫料使用锯末、废弃食用菌块和稻壳按不同的比例混合，A 组为 50% 锯末 +50% 稻壳、B 组为 70% 锯末 +30% 稻壳、C 组为 30% 锯末 +30% 菌块 (食用菌废弃的菌块)+40% 稻壳。试验于 2010 年 8 月 17 日开始，10 月 15 日结束，共 60d。结果表明，A 组、B 组、C 组对育肥猪平均日增重影响的差异均不显著；三组垫料上所饲养的肥育猪生长速度为 A 组＞ B 组＞ C 组，消耗饲料量 A 组＞ B 组＞ C 组，料肉比分别为 3.0、3.3、3.1，B 组＞ C 组＞ A 组。经济效益分析表明，三组育肥猪经济效益差异不显著 $(P < 0.05)$，但 A 组经济效益较高。刘强等（2011）将复合菌剂应用于发酵床养猪，拟建造出成本低、收益高、消耗低、排放少、可持续发展的生态农业养殖技术。选用同批次断奶猪 30 头，以传统猪舍为对照，研究了应用复合菌剂发酵床养猪模式对猪舍卫生环境和猪生长环境的影响。结果显示，90 天后，复合菌剂发酵床相对于传统猪舍氨含量和硫化物含量分别降低了 61.51%（$P < 0.01$）和 22.72%（$P < 0.01$），气流显著提高（$P < 0.05$）；复合菌剂发酵床养猪相对于传统养猪可促进猪更快生长，日增重提高 6.21%（$P < 0.05$），料重比降低 10.75%（$P < 0.05$）。说明复合菌剂可显著改善传统猪舍内的卫生环境，有利于科学生态养猪产业的建设与发展。为探讨发酵床生态养猪法对猪生长性能的影响，马占峰等（2011）选择月龄相同的二元和三元断奶仔猪，进行对比饲养试验，分别对 35d 和 61d 猪的增重和料肉比进行分析。试验结果表明，对照组的料肉比、日增重和耗料量均优于试验组，试验组的成本低于对照组。

庄河市从 2008 年开始推广应用发酵床养猪技术，现已累计建设发酵床面积 30000 多平方米，其经济性、环保性已经充分显现，这一技术有望成为今后养猪的重要措施之一（孙飞成，2011）。凌源市自 2009 年开始推广此项技术，2010 年初见成效；在此基础上，2011 年继续在大地缘牧业有限公司等几家猪场推广应用微生物发酵床养猪技术，并扩大了规模，经过 1 年来的运作，取得了显著效果（张良，2011）。阜新地区是辽宁省主要的商品猪基地，特别是近几年，随着标准化养殖小区建设工作的开展，全市建成标准化养猪小区 600 多个，发展养猪大户 1.3 万户，生猪生产呈现出良好的发展态势。阜新市阜蒙县和彰武两县均被列为全国生猪调出大县，而且全市人均生猪饲养量、出栏量均列全省第二位，农民人均养猪达到 4 头以上。养猪业已发展成为全市农村经济主导产业，但随着规模化、集约化养猪快速发展，畜牧环保问题特别是粪污污染问题日益突出，大部分养猪专业村均不同程度存在污染地下水源和空气的问题，畜禽粪污污染已经与居民生活垃圾、工业污染列为三大污染源，成为制约畜牧业发展的主要瓶颈，使畜牧业经济步入恶性循环。为此，2011 年阜新市畜牧兽医局大力推广微生物发酵床养猪项目，成效显著（焦喜军和高淑丽，2012）。2011 年，喀左县畜牧技术推广站在朝阳市畜牧技术推广站的指导下引进了发酵床养猪技术，在喀左县官大海农场西官分场养猪户乌某的养猪场进行了试验，从该养猪户利用发酵床技术饲养的 90 头育肥猪的结果看，该个体猪户已经成功地掌握了发酵床养猪技术和垫料制作、猪舍改造等技术（于向东，2012）。辽阳市应用发酵床养猪技术是从 2008 年开始，经过全市畜牧工作者不懈努力，逐步被广大养殖户认可。目前，辽阳市建发酵床面积为 31000m²，饲养商品猪达 2.8 万头，而且总体看是成功的（王秀坤和闫俊臣，2013）。

法库县在 2008 年开始引进发酵床养猪技术，为了探索出适合本地的垫料配比，梁家宏（2012）于 2010 年 8～12 月在法库县秀水河镇丰达猪场做发酵床养猪不同垫料配比筛选试验，通过比较不同垫料配比在法库县的应用效果，以筛选出最适宜法库县的发酵床养猪垫料配比，结果表明，锯末 50%+稻壳 50% 垫料配比的应用效果较好。佟成峻（2012）选择健康无病、体重和日龄相近的二元杂交断奶仔猪，公母各 1/2，共 60 头，随机分为 6 组。第 1 组和第 2 组垫料组合为锯末加稻壳（D 组），比例为 75%：25%；第 3 组和第 4 组垫料组合为锯末加秸秆（E 组），比例为 75%：25%；第 5 组和第 6 组垫料组合采用锯末加菌棒（F 组），比例为 85%：15%。试验结果表明，锯末+稻壳垫料组合在仔猪日增重、床面温度上都比锯末+菌棒、锯末+秸秆效果好。在冬季不同的养殖模式对猪舍环境和生产性能的影响不同，为了筛选出较佳的冬季养猪模式，陈志明等（2013）开展了塑料大棚发酵床猪舍与一般发酵床猪舍养猪模式同传统水泥地面养猪模式的试验研究，选用 60 头三元杂交断奶仔猪分三组进行育肥试验，结果表明，塑料大棚发酵床猪舍模式、一般发酵床模式和传统水泥地面模式的平均日增重分别为 710g、686g 和 610g，塑料大棚发酵床猪舍模式较对照组头均日增重提高 16.4%，一般发酵床模式较对照组头均日增重提高 12.5%，经 t 检验差异显著（$P < 0.05$），头均饲料消耗量分别为 112.5kg、115.62kg 和 122.27kg，试验组增重效果明显，同时节约饲料 8.0% 和 5.4%，头均收益分别为 248.18 元、243.15 和 144.58 元，较对照组多收入分别是 103.6 元和 98.57 元，这说明塑料大棚发酵床猪舍模式无论是猪舍的空气质量和增重效果都明显优于常规发酵床模式和传统水泥地面模式，一般发酵床模式效果次之。

为拓宽微生物发酵床应用范围，减少养殖业污染，促进畜牧业可持续发展，在推广微生物发酵床养猪的基础上，单慧等（2013）于2012年10月至2013年2月在昌图县安宁牧业肉羊养殖场进行了微生物发酵床养羊试验。选用386只断奶小尾寒羊的羔羊，采取随机分组的方式，发酵床舍和普通舍各193只。饲养管理、饲草、饲料种类及品质两组相同。一天饲喂两次，以玉米秸秆和青储料为主，精料为玉米面85%、羊用浓缩料15%、食盐1.5%，添加微量元素和多种维生素，自由饮水。按常规防病，发现病羊及时隔离治疗。分别测定羊舍内外温度、湿度，发酵床表面、床深10cm、20cm处的温度，舍内地面上1m处和羊采食台表面温度和舍外温度、湿度。试验结束后对育肥羊个体称重，计算出90d育肥羊净增重、日增重，对饲料利用进行分析，并同普通舍育肥羊净增重进行对比。育肥羊试验结果表明：①发酵床在冬季能明显提高舍内温度；②降低育肥成本，发酵床舍比普通舍每只羊平均减少支出67元；③平均每增重1kg比普通舍少耗料0.8kg。

不同的养殖模式对猪舍环境和生产性能的影响不同，为了筛选出最佳猪舍环境的养猪模式，王志强等（2013）开展了发酵床与传统水泥地面养猪模式的猪舍环境对比试验研究，试验测定了发酵床猪舍与传统水泥地面猪舍的环境温度、地面温度和有害气体含量等指标并进行分析。有研究者于2011年11月～2012年5月在凌海市荣华养猪场进行了试验，该场有发酵床养猪和传统水泥地面养猪两种模式。选取一栋发酵床猪舍作为试验组，一栋水泥地面猪舍作对照组。随机选择300头15～20kg健康无病的杜×长×大三元仔猪，分成2组，组间体重差异不显著 ($P < 0.05$)。每组150头，分别在发酵床猪舍和传统水泥地面猪舍的环境下进行饲养。试验结果表明，在北方11月份，舍外温度一般在0～10℃左右；冬季发酵床猪舍早晨、中午、晚间3个时段舍内温度分别比对照舍提高106.4%、82.1%、106.1%，差异极显著。说明发酵床猪舍冬季保温效果好。

（3）2014~2018年示范推广情况　近几年，鞍山市养猪业已经逐步向规模化和产业化发展，随着养殖量和规模的不断增加，排泄物对空气、土壤、水也造成了一定程度的污染，严重影响周围居民的生活及环境，特别是生猪产业集中地区表现尤为突出。为了从根本上解决这些问题，引进了微生态微生物发酵床养猪技术。此项技术不仅投资小，而且操作简便，与传统养猪技术相比，充分体现了其经济效益、生态效益和社会效益。目前，鞍山全市已在25个乡镇推广，推广面积为$3.5×10^4m^2$，生猪饲养规模达3.8万头（张玉芳，2014）。

针对传统微生物发酵床技术在实际应用中存在的一些问题，董立婷等（2016）采用微生物异位发酵床技术应用于生猪养殖废弃物的处理，探究了试验过程中填料的基本参数变化及养殖废水的吸纳量，为更好地应用和推广微生物异位发酵床技术提供理论依据。结果表明：发酵床填料最高发酵温度为66℃，在40℃以上维持了48d。试验全过程pH值平均在8左右，处于弱碱性环境下，适宜微生物的好氧发酵。填料含水量保持在50%～65%，适宜微生物的好氧发酵。研究中每千克填料对生猪养殖废水的吸纳系数为2.53，优于对奶牛养殖废水的吸纳系数。发酵体系微生物以细菌活动为主，填料中的微生物有效地降解、消除废弃物有机物。研究结束时，填料的总养分含量和有机质的质量分数分别为6.19%和56.11%，均达到国家有机肥料关于总养分含量及有机质的质量分数的标准。为了研究养猪废弃填料的资源化利用，董立婷等（2017）对异位发酵床的废弃填料进行了安全性评价。通过对两种废弃填料的养分含量、重金属含量、种子发芽率指数、蛔虫卵死亡率和粪大肠菌群数进行分析，结果表明：废弃填料中的营养物质丰富，总养分含量分别为6.19%、7.21%，有机质的质量分数分别为 56.11%、48.63%，pH 值分别为 8.0、8.5，重金属元素含量较低，均符合我国城镇垃圾农用控制标准和中华人民共和国农业部规定的有机肥料标准；废弃填料的种子发芽率指数分别为 127.67%、118.77%，表明其对农作物无毒性；废弃填料的蛔虫卵死亡率分别为 95.75%、95.60%，粪大肠菌群数分别为 76 个和 83 个，均符合我国有机肥料中的相关标准。该结果证实异位发酵床技术是可以实现养殖废弃物资源化利用的环保型养殖模式。

伞洪玖等（2018）根据猪舍结构形式不同，分别设计试验组 A、对照组 B、对照组 C、对照组 D，结合快速育肥猪技术、母猪繁育技术、猪疾病防控技术，对繁育母猪和育肥猪分别进行饲养对比试验。试验结果表明：试验组 A 的繁育母猪生产水平和育肥猪生产性能都明显高于对照组 B、C、D，差异显著（$P < 0.05$），尤其是试验组 A，具有良好的经济效益和社会效益，差异极显著（$P < 0.01$）。因此，大力推广友好型生猪养殖集成技术，是发展绿色、环保、无公害、友好型生猪生产的有效途径，对养猪业发展具有重大现实意义。

四、华中地区微生物发酵床的推广应用

1．河南省发酵床应用

（1）2009~2010 年示范推广情况　近两年，发酵床养猪技术已在部分猪场应用，但人们对发酵床技术优势的认识并不一致，有些人甚至对这项技术持怀疑和否定的态度。吴金山（2009）根据其近两年在发酵床应用中的观察和研究，对发酵床养猪技术的应用价值进行总结。他认为发酵床养猪技术的应用价值可归纳为干净、健康、节省、优质四大方面。

当前，发酵床养殖正以迅猛的态势在全国各地推广和应用，不仅仅因为绿色和环保问题，更重要的是它存在实在的经济价值。山东临沂市作为全国率先推广的地区之一，不仅在发酵床养猪方面有所成效，而且在发酵床饲养肉鸡方面也进行了有效的尝试与探索，为此，河南滑县专门组织了学习考察小组对临沂康源生态养殖专业合作社进行了为期 6d 的学习与考察。经过对合作社内两县（莒南、平邑）23 个肉鸡大棚的实地调查，小组达成以下共识：在商品肉鸡饲养上完全可以大力推广，同时还可以尝试在种鸡饲养上进行推广应用（牛连信等，2010）。

（2）2011~2013 年示范推广情况　为了研究发酵床饲养对生长肥育猪生长性能与血液生化指标的影响，谢红兵等（2011）选择体重为 30kg 的杜×长×大(杜洛克×长白×大约克)三元猪 120 头，根据体重相近、胎次一致、公母各 1/2 的原则随机分为对照组（传统水泥地饲养）和发酵床组，每组设 3 个重复，每个重复 20 头，试验期 53d。研究结果表明：发酵床组与对照组相比，日增重提高 14.53%（$P < 0.05$），料重比减少 2.11%（$P < 0.05$）；在血液生化指标方面，血清碱性磷酸酶活性提高 13.86%（$P < 0.05$），丙氨酸转氨酶活性降低 5.81%（$P > 0.05$），血清尿素氮含量降低 12.8%（$P < 0.05$），总蛋白含量提高 11.95%（$P < 0.05$），白蛋白含量提高 5.39%（$P > 0.05$），球蛋白含量提高 18.6%（$P < 0.05$），总胆固醇含量降低 9.97%（$P < 0.05$）。因此，通过发酵床饲养，能减少环境污染、提高生长肥育猪生长性能。谢红兵等（2012）选用平均体重为 30kg 的杜×长×大三元猪 120 头，根据体重相近、公母各 1/2 的原则随机分为对照组（传统水泥地饲养）和发酵床组，每组设 3 个重复，每个

重复 20 头猪，试验期为 53d，旨在研究发酵床饲养对生长肥育猪肉营养成分的影响。结果表明，在肉常规营养成分方面，与对照组相比，发酵床组猪背最长肌中粗灰分、钙含量差异均不显著，干物质、粗蛋白质及粗脂肪的含量均显著提高（$P < 0.05$）；在肉的脂肪酸方面，发酵床饲养可显著降低饱和脂肪酸含量（$P < 0.05$），部分多不饱和脂肪酸含量显著升高（$P < 0.05$）；在生长肥育猪背最长肌组织中氨基酸的含量方面，与对照组相比，发酵床组猪背最长肌中天冬氨酸、苏氨酸、丝氨酸、谷氨酸、甘氨酸、丙氨酸、蛋氨酸、酪氨酸、赖氨酸、组氨酸的含量均显著提高（$P < 0.05$）。结果说明，发酵床饲养生长肥育猪能提高肉中多不饱和脂肪酸、氨基酸的含量，改善猪肉风味。

生态发酵床养猪技术是一种新型的环保型、福利型、节约型的养猪方式。王桂玲和胡梅（2013）在猪舍建造、菌种制作、垫料选择制作、中药营养液的制备、日常管理和注意事项等环节进行了系列创新性实践，取得了较好的成效。

（3）2014~2017 年示范推广情况　匡伟等（2014）研究了夏季发酵床养殖方式对鸡舍环境的影响。选取 50 日龄体重相近的仔鸡 2700 只，按性别随机分为 3 组，进行饲养对比试验。结果表明：整个试验期发酵床试验组鸡舍内的氨气浓度均低于对照组；发酵床试验组鸡舍内空气中漂浮的肠道致病菌和志贺菌显著低于对照组（$P < 0.05$）。综合分析认为，发酵床养殖方式可以为鸡群提供良好的生长环境，达到健康养殖的目的。

张校军等（2016）研究了不同产圈对母猪繁殖性能及应激水平的影响，以期探究一种能在实际生产中推广应用的福利友好型哺乳母猪饲养模式。选取胎次相同，妊娠期、体况相近的 24 头二元杂交母猪（大约克猪 × 长白猪），随机分为 3 个处理组，即限位栏产圈 + 高床组（FCB，$n=8$）、自由产圈 + 高床组（FFPB，$n=8$）、自由产圈 + 部分发酵床地面组（FFPF，$n=8$）。在母猪预产期的前 7d 将其转入不同的产圈，分娩后第 21 天仔猪断奶。结果显示：① FFPB、FFPF 母猪分娩时长显著低于 FCB（$P < 0.05$），FFPB 母猪分娩间隔显著低于 FCB（$P < 0.05$）；FFPB 母猪血液催产素（oxytocin，OT）及催乳素（prolactin，PRL）含量有升高的趋势（$P < 0.10$）。②在母猪转入产房后第 2 天，FFPB 和 FFPF 母猪腰部体表温度显著低于 FCB（$P < 0.05$）。在分娩后第 7 天，FFPB 与 FFPF 母猪唾液 α-淀粉酶（α-amylase，AMY）含量显著低于 FCB（$P < 0.05$）。在分娩后第 14 天，FFPF 母猪唾液 AMY 含量显著低于 FCB（$P < 0.05$），FCB 母猪唾液皮质醇（cortisol，COR）有明显升高的趋势。结果表明：在分娩当天，自由产圈母猪血液繁殖激素含量升高，产程及分娩间隔时间减少；分娩后的 1 ～ 2 周内，自由产圈母猪应激水平明显降低，更接近福利友好型哺乳母猪饲养模式。

为探讨规模化猪场 NH_3 排放特征及影响因素，石志芳等（2017）对河南省 34 个规模猪场进行调查研究，探讨地面类型与清粪方式、通风方式以及屋顶形式与材料等因素对猪舍 NH_3 浓度和 NH_3 排放系数的影响。结果表明：在机械通风模式下，猪舍内 NH_3 浓度因地面类型与清粪方式不同而有所差异，猪舍内 NH_3 浓度由高到低依次为缝隙地面水泡粪、水泥地面干清粪、微生物发酵床舍、缝隙地面刮板清粪，猪舍内 NH_3 浓度日变化呈现早低、午高、晚降低的趋势；缝隙地板刮板清粪和微生物发酵床猪舍内 NH_3 排放系数显著降低；自然通风舍内 NH_3 浓度显著高于自然 + 机械和机械通风 2 种通风方式（$P < 0.05$），分别高出 36.71% 和 58.57%；猪舍内通风量越大 NH_3 排放速率越小；不同屋顶形式与材料对猪舍内 NH_3 浓度

的影响均符合 NH₃ 浓度日变化规律，即呈现早低、午高、晚降低的趋势，但不同屋顶形式与材料对猪舍内 NH₃ 浓度和 NH₃ 排放系数无显著影响（$P > 0.05$）。

2．湖北省发酵床应用

（1）2009~2010 年示范推广情况　湖北省桑梓湖种猪场作为国家生猪现代产业技术体系荆州综合试验站建设依托单位，于 2008 年成功试验了微生物发酵床养猪技术模式在保育舍、培育舍的应用，之后，又投入到妊娠母猪舍的试验中，2008 年 6 月份完成单体限位栏的建设 1 栋 654m²，10 月份完成开放式妊娠母猪栏建设 1 栋 654m²，通过近半年的不断摸索、试用、改造、投产，应用效果良好，先后饲养母猪 4 批 436 头，室内空气清新，母猪安静舒适，健康和膘情均保持良好状况，基本掌握了一套实用于妊娠母猪舍的发酵床养猪技术模式（王家圣等，2009）。武华玉等（2009）选择 50 日龄的试验猪 300 头随机分成 2 组，分别采用微生物发酵床养猪技术、传统养猪技术进行饲养，60d 后发现：采用微生物发酵床养猪技术饲养的猪较传统养猪技术的日增重可提高 14.1%，料重比降低了 5.63%，且猪粪中干物质、粗蛋白及钙、磷含量分别减少了 10.68%、7.87%、39.57%、23.77%，达到了零排放和无污染的目标。

生猪养殖是宣恩农民现金收入的主要来源。近年来，宣恩县抢抓机遇，大力发展生猪产业，促进了畜牧业持续发展。2008 年全县出栏生猪 28.38 万头、大牲畜 1.20 万头、家禽 66.83 万只、山羊 2.70 万只，年末存栏（笼）分别达到 30.4 万头、4.07 万头、50.5 万只、2.21 万只，牧业产值 49327 万元，占农林牧渔业总产值的 37.18%。在实践中，宣恩县探索出了生猪"4450"养殖新模式，即 1 户修建 1 栋含 40m² 微生物发酵床的猪舍、饲养 4 头能繁母猪、年出栏不少于 50 头，实行自繁自养。仅短短 3 个多月就发展了 134 户农户参加生猪"4450"养殖模式（喻家权等，2009）。

（2）2011~2013 年示范推广情况　姚兴中等（2011）将 10000 只肉鸡随机分成两组，一组采用普通网上平养技术饲养，另一组采用发酵床技术饲养。严格按照既定方案，每天记录肉鸡的耗料量、死亡只数、体重。通过 45d 的饲养，进行数据统计，结果表明，采用发酵床技术比采用普通网上平养技术养鸡在降低料肉比、降低死亡率、改善饲养环境和药物投入等各方面都有明显的改善和提高。

叶胜强等（2011）为了比较夏季不同养殖模式下不同饲养阶段生猪饲养效果，选择初始体重（9.61±0.81)kg 保育猪 124 头和（18.37±1.28)kg 生长猪 94 头，随机分成 3 组，分别采用传统模式、微生物发酵床模式、干湿分区模式进行饲养。保育猪饲养期为 31d，生长猪饲养期为 57 天。结果表明：干湿分区模式相对于微生物发酵床模式和传统模式，其保育猪日增重分别提高 14.6%、26.9%，料重比分别降低 11.7%、6.8%; 生长猪日增重分别提高 2.7%、9.8%，料重比分别降低 9.8%、1.3%。夏季保育猪和生长猪采用干湿分区模式饲养可获得最佳饲养效果。王定发等（2012）探讨了饲料中不同抗菌物质对发酵床养猪效果的影响。结果表明，微生态组、抗菌肽组和对照组育肥全期日增重分别为 0.670kg、0.658kg 和 0.639kg，料肉比分别为 2.840、2.987 和 2.962；经济效益分别为 3.71 元、3.18 元和 3.54 元；整个育肥阶段，微生态制剂优于对照组，抗菌肽则比对照组略差。检测结果显示，微生态和抗菌肽粪便和垫料中氮磷和铵态氮均较对照组低，微生态制剂优势更明显。

（3）2014~2018 年示范推广情况　随着我国现代蛋鸭产业的发展，蛋鸭新型养殖模式在全国各地相继出现，有蛋鸭笼养、蛋鸭网床养殖、蛋鸭发酵床养殖和蛋鸭旱养，其中以蛋鸭网床养殖模式在全国发展较快，得到蛋鸭养殖农户的认可与欢迎。国家水禽产业技术体系武汉综合试验站总结近年来国内蛋鸭网床养殖技术经验，撰写了蛋鸭网床养殖饲养管理技术，谨供蛋鸭养殖农户及蛋鸭养殖行业参考（梁振华等，2015）。

湖北省荆门市依托丰富的山林、丘陵、岗地、河谷等天然资源，因地制宜发展生态鸡产业。2015 年年底，全市采用"553"模式的生态鸡养殖户共有 312 户，通过生态鸡产地认证企业 80 家，总饲养量达到 1000 万只，年创产值 12 亿元，初步走出了一条"特色＋规模＋生态"的发展之路。"十三五"期间，如何在产业发展新常态下加快进行供给侧结构性改革，更好地推动生态鸡产业发展，刘建军等（2016）针对生态鸡标准化养殖综合配套技术进行了研究与探索，引入发酵床技术养殖土鸡。最近几年，郧西县依托拥有黑猪特色资源的优势，出台黑猪资源保护与开发工作方案。紧紧抓住上级扶贫帮扶的契机，积极推动黑猪养殖。在传统黑猪饲养模式下，饲养户单打独斗，养殖效益低，同时猪代谢废物还会对周围环境造成严重的影响。黑猪发酵床养殖模式能够很好地降低生产成本，缩短养殖周期，提高饲料利用率和转化率，增加养殖效益，同时，该种养殖模式还具备很强的生态效益，实现养猪排放零污染，值得在黑猪养殖产业中大力推广（孙孟军，2016）。

纯种太湖猪是中国比较有名的地方品种，这种猪的肉质非常鲜美，猪出生后 1 ～ 6 个月生长非常快，公猪在成年之后的体重约 98kg、母猪约 93kg。其肥育期日增重约 400g，74kg 的屠宰率约为 71%。纯种太湖猪已经成为各种品牌猪肉的首选品种，湖北省竹山县各个相关养殖部门和养猪专家根据纯种太湖猪本身所具有的生物学特性，改变了传统意义上的养殖模式，研究发展纯种太湖猪的生态养殖技术，并且形成了多种生态养殖模式。其中，竹山县上庸镇的养殖场大部分采取了发酵床养殖模式（甘仕清和贺朝军，2017）。

异位发酵床是畜禽养殖废弃物资源化利用中起步不久的新技术，具有操作简单、成本低、无污染、无臭气、无排放等优点。针对传统规模养牛在新的环保压力下存在的问题，杨前平等（2017）介绍了无污染"零排放"的有机农业新技术——微生物异位发酵床在现代肉牛健康养殖中的应用，提出了资源化再生利用养殖新模式。汪明阳等（2018）总结了建立异位发酵床的条件、处理模式和异位发酵床后期处理难题等，并指出：推广异位发酵床，一定要结合实际，科学规划。

3. 湖南省发酵床应用

（1）2009~2010 年示范推广情况　最近，湖南省邵阳县岩口铺镇李永喜的养猪场试行让猪睡"席梦思"的养殖新技术，成了当地的一件新鲜事。该养殖场的猪舍与人居住的平房差不多，走近猪圈，闻不到猪粪、猪尿的臊臭味（高春奇，2009）。

湘潭县是湖南省"长株潭城市群'两型'社会建设试验区"的核心区之一。作为全省生猪生产第一县和全国生猪调出第一县的湘潭县，如何着力解决养猪业给环境带来的压力，推广生态养猪，减少环境污染，积极推进"两型"社会和新农村建设，是畜牧工作者必须认真研究的一个重要课题。廖立春（2009）对生态养猪进行了广泛的调查研究，发现：为解决养猪业给环境带来的不良影响，该县广大养猪场户在生态养猪方面进行了一些有益探索，形成了以下几种生态养猪模式雏形：①猪—沼—稻（果、菜、渔）模式；②猪粪生产有机肥模式；③发酵床养猪模式，目前全县已发展发酵床养猪 101 户，建立发酵床 $3.5 \times 10^4 m^2$。

为了抑制发酵床垫料中霉菌、大肠杆菌及金黄色葡萄球菌等杂菌的生长，陈薇等（2010）选取了贯众、鱼腥草、黄连等 30 余种中草药进行体外抑菌实验。结果表明：淫羊藿、茵陈、贯众、秦皮、鱼腥草、白头翁和丙酸钙等对枯草芽胞杆菌、产朊假丝酵母和高温放线菌等益生菌无抑菌作用，而对霉菌或致病菌有不同程度的抑菌作用。将该 7 味中草药互相配伍组成 5 种复方，其对有益菌均无抑菌作用，而对霉菌、大肠杆菌及金黄色葡萄球菌具不同程度的抑菌作用。7 味中草药可选作微生物发酵床垫料中的抑菌药物。

苏铁等（2010）选取杜 × 长 × 大三元杂交猪 44 头，随机分成试验组和对照组，每组两个重复。试验组和对照组分别采用微生物发酵床技术饲养及传统方式饲养，研究两组猪在小猪阶段（20 ～ 60kg）和大猪阶段（60 ～ 120kg）的生长性能差异及对猪舍环境的影响。结果表明：试验组和对照组在第一阶段的日增重分别为 770.8g 和 741.7g，差异显著（$P < 0.05$）；料肉比分别为 2.1 和 2.24，差异显著（$P < 0.05$）；在小猪阶段试验组较对照组节省饲料成本 21 元 / 头，经济效益明显，而在大猪阶段两种饲养模式对猪的生长性能影响较小；在秋冬季节，采用发酵床技术饲养，栏舍温度较传统方法饲养的栏舍提高了 3.1，有利于猪的生长。

微生物发酵床养猪技术作为养殖业污染治理的方法，在湖南省株洲市推广了近 3 年时间，针对这种方式是否适合中亚热带季风湿润气候，能否有效促进生猪生长、减少污染，并降低劳动强度，刘开元等（2010）于 2009 年 7 ～ 8 月份调查了 5 个养猪场（1 号猪场为株洲市茶陵县元王养猪场、2 号猪场为株洲市攸县恒生养猪场、3 号猪场为株洲市攸县华园养猪场、4 号猪场为株洲市攸县惠农养猪场、5 号猪场为株洲市醴陵市祥农养猪场）。1 号、2 号猪场全部采用微生物发酵床技术，其余 3 个只在保育栏中采用该技术，猪舍均为敞开式结构，舍高 3.2m，垫料厚度 0.8m。仔猪保育栏水泥地面与发酵床面积各占 1/2。在调查期间，上述猪场均采用自配饲料，并按正常程序予以免疫，均未发生疫情。发现发酵床养猪的主要优点是：①环境卫生好转，所调查猪场猪舍卫生均有较为明显改善。猪舍异味减轻，污水积留少，蚊蝇少。②用水量大幅降低。使用发酵床猪除了生猪饮用水以外，其他用水少。③仔猪保健费用下降。着重调查了 2 号猪场保健费使用情况，每出栏一头猪平均所花费动物保健费用约为 14 元，其中，小猪保育阶段费用仅 4 元（疫苗注射费用），没有发病产生的治疗费用，与周边传统猪场相比，每头节约费用约 3 元。

吴买生等（2010）选择 46kg 左右的杜 × 长 × 大三元杂交猪 60 头，随机分成两组（试验组，发酵床猪舍；对照组，传统水泥地面猪舍），每组 3 个重复，每个重复 10 头猪，在日粮配方相同的情况下进行饲养试验、屠宰测定和肉品质量检测。结果表明：日增重（840 ～ 874g）、料肉比（3.01 ～ 3.1），试验组略优于对照组，而饲料成本试验组比对照组每头降低 20.7 元（按增重 90kg 计算）；眼肌面积、瘦肉率试验组比对照组分别提高 21.5%（$P < 0.05$）和 3.04%。发酵床猪舍对猪肉品质及肌肉化学成分、氨基酸含量无明显影响，但能显著提高肌肉中粗脂肪、精氨酸的含量，粗脂肪提高 15.12%（$P < 0.05$）、精氨酸提高 12.58%（$P < 0.05$）；发酵床猪舍不会造成肌肉中铜、铅、砷、汞、镉、铬的残留超标。结果显示，采用发酵床养猪技术能改善胴体品质，节省用水，特别是猪舍臭味明显减少，无粪尿污水外排。赵迪武等（2010）选择同品种、同批次、平均体重（16.35±2.33)kg 的三元杂交（本地白♀ × 大约克♂）猪 180 头，随机分成 3 组，每组 4 次重复，每重复 8 头公猪，7

头母猪。第 1 组对照组：传统水泥地圈栏；第 2 组试验组：发酵床圈栏（负压抽风）；第 3 组试验组：发酵床圈栏（负压抽风+水帘降温），试验期为 150d。结果表明，试验 2、3 组与试验 1 组比较日增重分别提高了 8.29%、13.34%；饲料转化率分别提高了 2.78%、6.06%；发病率降低了 14.52%、19.35%；增重成本分别降低了 2.61%、3.55%；猪胴体各项指标无显著差异，猪肉检测符合无公害食品标准。

为探讨接种菌剂对猪粪的原位降解效果，尹红梅等（2010）在室内模拟条件下，以锯木屑与稻壳为垫料，用自行研制的微生物菌剂作为接种剂，研究了垫料中 pH 值、无机氮、部分酶活性变化、有机物降解率（COD 去除率）及对大肠杆菌抑制作用。试验结果表明，接种菌剂能降低垫料环境 pH 值；能加快有机物的降解，其中 B 组菌剂 COD 的去除效率最高，发酵 25d，COD 的去除率达（79.5±3.1)%；垫料铵态氮含量在第 5 天降到最低值，但整个发酵过程中，接种菌剂铵态氮含量都比对照组高；接种菌剂有效地提高了发酵过程中各类酶的活性与峰值，酶活性大小因酶种类与发酵时间的不同而各异；接种菌剂对大肠杆菌有较好的抑制作用。

（2）2011~2013 年示范推广情况　为了有效防控发酵床垫料中霉菌、寄生虫、大肠杆菌及金黄色葡萄球菌等的生长，曾艳（2011）选取了几十种中药及化学制剂进行了体外抑菌试验。结果表明，所有化学药物对垫料中一种或几种有益菌有不同程度的抑制效果；蒲公英、鱼腥草、茵陈、秦皮、大青叶、淫羊藿、青蒿、穿心莲、龙葵、博落回、地锦草对垫料中有益菌无抑制作用，对大肠杆菌及金黄色葡萄球菌有一定的抑制效果；丙酸钙对有益菌无抑制作用，对霉菌有明显的抑制效果；贯众与土荆皮对有益菌无抑制作用，可作为垫料中的驱虫药。为了抑制发酵床垫料中霉菌、大肠杆菌及金黄色葡萄球菌等杂菌的生长，曾艳等（2011）配制了 A、B、C、D、E 五种复方制剂进行抑菌试验。结果表明：试验组垫料中霉菌、大肠杆菌、金黄色葡萄球菌的数量均比空白组低，试验组猪只平均增重也均比空白组高；其中，复方制剂 D 对垫料中有害菌的抑制效果最好，试验猪的平均增重值最大；同时，复方中草药制剂对有害菌的抑制效果及试验猪的平均增重随着添加量的增加而提高，其中以 400g/m² 添加量添加至垫料中性价比最优。

邓贵清和蒋宗平（2011）选用健康、体重和日龄相近的杜长大生长育肥猪，随机分成 2 组，试验期为 60d，考察利用废弃食用菌块制作微生物发酵床垫料组合对育肥猪生长性能的影响。结果表明：利用废弃食用菌块代替垫料原料中的锯末，对育肥猪生长性能与对照组相比差异不显著，不影响饲养效果，废弃食用菌块在微生物发酵床养猪生产中可以广泛应用。贺月林等（2011）选择同品种、同批次、平均体重（41.08±3.34)kg，杂交猪（杜 × 长 × 大）54 头，随机分成 2 组，每组 3 次重复（5♂4♀）。第 1 组对照组，传统水泥地圈栏；第 2 组试验组，发酵床圈栏，试验期 48d。结果表明：试验组与对照组比较，日增重提高了 8.0%（$P > 0.05$）；饲料转化率提高了 16.0%；发病率降低了 10.3%；猪肉品质符合无公害食品标准的要求。

贺月林等（2011）采用复合碘溶液（第 1 组）、复合酚溶液（第 2 组）、复方戊二醛溶液（第 3 组）和二氯异氰脲酸钠粉（第 4 组）4 种养猪场常用消毒剂，按说明书常规消毒用量浓度对发酵床进行消毒，研究消毒剂对垫料中的益生菌、温度、部分酶活性的影响。结果表明，第 1、4 组消毒剂实施消毒后，对垫料中添加的枯草芽胞杆菌、放线菌的活菌数无不良影响（$P > 0.05$），对垫料中的酶活性无不良影响（$P > 0.05$）；第 2、3 组消毒剂实施消毒后，3d 内垫料中添加的枯草芽胞杆菌、放线菌的活菌数从千万级降到百万级（$P < 0.05$），到第 7d 时恢复到千万级水平（$P > 0.05$），消毒初期（$1 \sim 3d$）发酵床中过氧化氢酶与蛋白酶活性都有所降低（$P < 0.05$），但 7d 后，酶活性与对照组的酶活性相当；四种消毒剂对发酵床垫料中活菌总数和温度无不良影响。

丰来等（2012）研究了微生物复合菌剂在生猪发酵床中的效果。采用室内模拟发酵的方法，通过分析微生物发酵与自然发酵过程中温度、pH 值、硝态氮、铵态氮、脲酶酶活、蛋白酶酶活的变化，探讨复合微生物菌剂的添入对生猪发酵床的影响。与自然发酵的对照组相比，接种菌剂能促进发酵升温，并延长高温持续的时间，其温度升至 60℃并维持了 10d；接种菌剂能降低垫料环境 pH 值，其最终 pH 值为 7.05，低于对照组的 7.81；接种菌剂能促进铵态氮向硝态氮的转化，减少氮的损失；接种菌剂后，垫料中脲酶和蛋白酶的活性得到提高，加速了生猪排泄物的降解。该研究为生猪发酵床菌种开发、筛选及效果评价提供了技术参考。尹红梅等（2012）从健康猪生长的发酵床垫料中筛选到 1 株耐高温的高效降解菌 Y34，把其接种到猪粪水中反应 25d 后，对 COD 与 NH_3-N 的降解率分别为 84.7%、83.5%。生长特性表明其最适生长温度为 50℃。通过形态观察、生理生化鉴定及 16S rDNA 序列比对，鉴定菌株 Y34 为地衣芽胞杆菌（*Bacillus licheniformis*）。对此菌发酵过程中产酶情况做了研究，结果表明，在 50℃培养条件下菌株 Y34 能够分泌过氧化氢酶、蛋白酶、脲酶，具有用于研制发酵床微生物制剂的潜力。胡永灵等（2013）采集南岳衡山土壤中原始土著菌群进行分离培养，制成南岳山土著菌粉。通过加入发酵床和饲料中进行为期 90d 的饲养试验，与传统养猪在驱臭灭蝇、日增重、肠道疾病防治效果和生产性能进行对比试验。结果表明：试验组较对照组猪舍 NH_3 和 H_2S 气体含量分别极显著降低了 68.1%（$P < 0.01$）和 54.7%（$P < 0.01$）、苍蝇极显著减少了 88.9%（$P < 0.01$）、肠道疾病发病率显著降低 25%（$P < 0.05$）、头均日增重显著提高 12.7%（$P < 0.05$）、饲料报酬率显著提高 3.5%（$P < 0.05$）；在饲养期内试验猪肠道疾病很少发生、基本不用抗生素药物。南岳山土著菌群能有效解决集约化养猪造成的环境污染、降低猪肠道疾病的发病率、提高猪生长性能。

吴买生等（2013）选择体重 94kg 左右的"杜×长×大"三元杂交猪 27 头，随机分成 3 组（试验 1 组、试验 2 组和对照组），每组 9 头。试验 1、2 组在基础日粮中分别添加 1% 的复方肉质调理剂和 1% 的复合益生菌添加剂，对照组饲喂基础日粮。经过 40d 饲养试验后进行屠宰测定。结果表明，试验 1 组和 2 组的日增重均略优于对照组（$P > 0.05$），料肉比较对照组分别降低了 2.80%（$P > 0.05$）和 2.29%（$P > 0.05$）；各组胴体品质方面，屠宰 24h 后肉色和屠宰后不同时段肌肉 pH 值无显著差异（$P > 0.05$）；试验 1、2 组较对照组肌肉失水率分别降低 11.95%（$P < 0.05$）和 5.52%（$P > 0.05$），熟肉率提高 4.09%（$P > 0.05$）和 9.53%（$P < 0.05$），储存损失则分别降低 6.25%（$P > 0.05$）和 5.36%（$P > 0.05$）。说明试验用复方肉质调理剂和复合益生菌调理剂有提高育肥猪生产性能的趋势，亦可在一定程度上改善肉品质，具有较好的生产开发应用潜能。

为了探讨微生物菌剂对发酵床陈化垫料堆肥腐解的影响，尹红梅等（2013a）以陈化垫料为原料，用实验室分离纯化得到的不同类型的微生物菌株，选择搭配优势群体组成复合微生物菌剂，进行堆肥腐解试验。结果表明：添加不同配比比例的枯草芽胞杆菌、康宁木霉和高温放线菌能有效促进陈化垫料腐解，其中接种复合微生物菌剂（Kc∶Kn∶Gf=1∶1∶1）

腐解效果最好，高温保持的时间达 13d，堆肥结束时纤维素降解率、木质素降解率、发芽率指数、C/N 值分别为 47.6%、30.2%、98.5%、18.5%，大肠杆菌未检出。为探讨不同条件对陈化垫料堆肥腐熟的影响，尹红梅等（2013b）采用室内堆肥试验方法，研究在相同水分（60%）、相同接种量（0.2%）条件下，不同碳氮比、不同通气方式及添加过磷酸钙对堆肥进程的影响及各种指标在堆肥进程中的变化趋势。结果表明：陈化垫料堆肥的接种量为 0.2%，水分控制在 60% 左右，碳氮比控制在 25.3：1 左右，同时添加 3% 的过磷酸钙以及采用机械强制通气方式通气时，堆肥腐熟效果最好。在此优化条件下处理的高温保持时间为 14 天，木质素降解率、纤维素降解率、发芽率指数及有机肥料总养分质量分数分别为 38.7%、41.3%、112.3% 和 9.1%。

（3）2014~2018 年示范推广情况　为探讨发酵床垫料中微生物 16S rDNA 基因扩增实验中诸多因素对实验结果的影响，杜东霞等（2014）采用单因素法对 16S rDNA 基因扩增时 PCR 反应体系中的 5 个潜在因素（Mg^{2+}、dNTP、引物、Taq 酶、模板 DNA）5 水平上进行优化实验，并进一步优化了反应程序中的退火温度、循环次数。结果表明，25μL 的最佳反应体系为：10×PCR buffer 2.5μL、$MgCl_2$ 2.0mmol/L、dNTP 0.2mmol/L、引物 0.2μmol/L、Taq dNA 聚合酶 0.5U、模板 DNA 50ng。最佳反应程序为：在 94℃下进行 4min 预变性；随后循环扩增 25 个循环（包括 94℃变性 45s，53.7℃退火 30s，72℃延伸 90s）；最后在 72℃下延伸 10min。

为解决养猪场污染物问题，孙碧玉等（2014）从猪场微生物发酵床中分离 10 株芽胞杆菌，用养猪污水进行培养，筛选出净化污水能力最强的一株，通过鉴定其为蜡状芽胞杆菌，并优化了该菌固体发酵培养基及固体发酵工艺条件。结果表明，此蜡状芽胞杆菌能使养猪污水中 COD 和氨氮分别降低 47.1% 和 54.4%。优化后的培养基组分和条件为 m（豆粕）：m（稻壳）：m（麸皮）=2：9：9（样品干重比），含水率为 50%，KH_2PO_4 含量为 1.5%，$MgSO_4 \cdot 7H_2O$ 含量为 0.1%，初始 pH 为 6.5。3% 的菌株接种量在发酵温度为 30℃的培养基中生长状况最佳，24h 后菌落数达到 3.8×10^8 CFU/g。为获得高效纤维素降解菌，王震等（2015a）从发酵床垫料中分离出 5 株能降解纤维素的微生物菌株，对 5 株菌进行了透明圈和纤维素酶活性测定。结果表明：5 株菌株均可在纤维素 - 刚果红平板上快速形成透明圈，其中菌株 A3 产酶活性最强，在接种后 72h 达到 125.47U/mL。对其 16S rDNA 序列进行分析，结合形态学观察和生理生化特征，将该菌鉴定为地衣芽胞杆菌（*Bacillus licheniformis*）。培养时间和温度对菌株的酶活力影响较大，各菌株的产酶最适温度为 30 ～ 40℃。该芽胞杆菌分解纤维素能力强、适应能力高，在发酵床垫料堆肥中具有潜在的应用前景。为选育养猪微生物发酵床优势菌种，王震等（2015b）分析了湖南地区正常运行的发酵床中优势细菌种类，并对其生物学特性进行了初步探讨。从生态养猪模式的发酵床中分离纯化优势细菌，通过形态学、16S rDNA 序列分析和同源性比较，鉴定出不同种属的 10 株细菌，其中 5 株为芽胞杆菌。菌株耐热试验结果表明，5 株芽胞杆菌耐热能力强，能安全度过发酵床发酵过程的高温期。5 株优势芽胞杆菌能够产生与猪粪降解相关的酶类，有 3 株菌对某些病原菌具有抑制作用，对猪安全并有促进生长的功能。

发酵床养猪模式是基于减少养殖过程中污染物排放而发展起来的一种新的养殖技术。尹红梅等 (2016) 测定了发酵床 5cm、20cm 垫料层温度、含水率、pH 值及有机质含量等指标，分析发酵床理化参数，为养猪生产提供参考。结果表明，垫料表层5cm处温度在20～35℃，垫料20cm处的温度在35℃以上；垫料水分在40%～55%，pH值在6.5～8.0范围内变化，能够满足微生物正常发酵的需要；随着垫料使用时间的延长，有机质含量、C/N值呈持续下降趋势；由于猪粪尿的不断排放，垫料中全氮含量逐渐增加，而有效菌含量呈现先上升后降低趋势。

杜东霞等（2017）采用CMC-Na平板法和刚果红染色法从猪发酵床陈化垫料中分离到1株纤维素高效降解真菌M6。该菌株测序后的ITS基因序列与NCBI数据库进行BLAST比对，并构建系统发育树，该菌株初步鉴定为草酸青霉。优化固态发酵产酶工艺，确定最佳产酶条件为：以麸皮＋羧甲基纤维素钠为碳源，豆粕为氮源，初始pH值为6.0，接种量为10%，发酵温度为30℃、发酵时间为96h，羧甲基纤维素酶酶活最高可达1446U/g，是优化前的2.31倍。堆肥试验结果表明：接种M6组和EM菌剂组均在第3天进入高温期（＞50℃），且高温分别维持了10d和6d；菌株M6组、EM组、对照组纤维素降解率分别为41.1%、38.8%、14.8%。因此，菌株M6组高温维持时间长、纤维素降解率高，在发酵床陈化垫料堆肥腐熟发酵中具有潜在的应用前景。

刘标等（2017）以传统水泥地面养殖方式为对照，研究了发酵床饲养方式对猪舍环境的影响。结果表明，发酵床组空气相对湿度、氨气含量显著低于水泥地面组（$P < 0.05$）；发酵床组和水泥地面组的环境温度以及空气总悬浮物颗粒和可吸入颗粒物（PM10）浓度无显著性差异；发酵床组空气中细菌总数显著高于水泥地面组（$P < 0.05$）；从猪场排水口废水取样分析可知，发酵床组废水中氨含量、磷含量、化学需氧量（COD）和粪大肠菌群数量显著低于水泥地面组。由结果可知，夏季高温高湿季节发酵床饲养模式能够改善猪舍环境。

为探讨发酵床饲养模式对生猪生长和血液指标的影响，肖翰等（2017a）以72头三元杂交猪（杜洛克猪×长白猪×大约克猪）为研究对象，随机分成两组，一组以发酵床模式饲养，一组采用常规水泥地面饲养，喂养64d后测定猪的生产性能及血液指标，试验过程中观察生猪的发病率。结果表明：与传统水泥地面养猪相比，发酵床养殖模式对生猪的生长性能无显著影响（$P > 0.05$），但能显著降低生猪的发病率（$P < 0.05$），促进生猪健康生长；同时，发酵床养殖模式还可改善猪舍环境，减少猪粪尿对环境的污染。肖翰等（2017b）以发酵床垫料与猪粪为原料，研究接种微生物菌剂对发酵床垫料中微生物数量和酶活性变化的影响。结果表明，接种菌剂试验组微生物数量高于对照组；接种菌剂提高了发酵床垫料温度，延长了高温保持的时间；接种菌剂有效地提高了发酵过程中各种酶的活性和峰值。酶活性的大小因酶种类和发酵时期的不同而异，过氧化氢酶、纤维素酶在发酵初期活性高，B试验组、对照组过氧化氢酶活性峰值分别为8.26U/g、4.72U/g，纤维素酶活性峰值分别为44.8U/g、32.4U/g；蛋白酶活性峰值出现在中期，B试验组、对照组蛋白酶活性峰值分别为36.2U/g、27.6U/g。

为促进发酵床陈化垫料的循环利用，蒋海燕等（2018）以陈化垫料为原料，进行了堆肥腐解试验，探讨各种指标在堆肥进程中的变化趋势。结果表明：两试验组在堆置过程先后经历了升温期、高温期、降温期、腐熟期，温度变化趋势基本一致（$P > 0.05$）；pH值均维持在7.5～8.5，水分不断降低（$P > 0.05$）；两试验组堆肥发芽指数(GI)保持上升趋势，堆肥至20天时，GI都大于80%（$P > 0.05$）堆肥结束时，有机质、总养分、大肠杆菌（MPN）数、蛔虫卵死亡率及重金属指标均达《有机肥料》(NY 525—2012) 标准要求。研究结果显示，陈化垫料经高温堆肥后，产品能达到有机肥的要求。

五、华北地区微生物发酵床的推广应用

1．天津市发酵床应用

（1）2009~2012 年示范推广情况　发酵床养猪技术是新兴的环保养猪技术，它既能解决生猪粪便对环境的污染问题，实现生猪绿色养殖，又能增加养猪场户的经济效益。发酵床养猪是通过参与垫料和牲畜粪便的协同发酵作用，快速转化生猪的粪、尿等养殖废弃物，消除恶臭，抑制害虫、病菌，同时，有益微生物菌群能将垫料、粪便合成可供牲畜食用的糖类、蛋白质、有机酸、维生素等营养物质，增强牲畜抗病能力，促进牲畜健康生长（王俊强，2012）。

（2）2013~2018 年示范推广情况　为了比较发酵床和"水泥地面＋加热垫"两种不同的养殖方式在北方冬季条件下对断奶仔猪生长性能的影响，董殿元（2015）选择 140 头体重7.5kg 左右、28 ～ 35 日龄正常断奶的健康"杜 × 长 × 大"三元杂交仔猪，开展养殖对比试验。结果显示，发酵床养殖方式下断奶仔猪的生长性能、血清生化和饲养成本指标均有一定程度的改善。单纯从北方冬季条件下断奶仔猪的饲养阶段来看，应用发酵床养殖方式有它的优势与可行性。

唐丽丽等（2016）以 2014 年天津市十大涉农区县规模化畜禽养殖量数据为基础，核算出天津市规模化畜禽养殖典型污染物 COD 和氨氮的排放量，并运用地理信息系统（GIS）对天津市规模化畜禽养殖污染的区域分布特征进行了分析。基于该市规模化畜禽养殖污染现状，以粪尿处理工艺及排放去向为控减方向，设定了 3 种控减情景，深度挖掘规模化畜禽养殖污染减排潜力。结果表明：2014 年天津市规模化畜禽养殖 COD 排放量为 29795.20t，氨氮排放量为 1805.71t。通过大力推进商品有机肥生产、实现畜禽污水深度处理与资源化利用以及应用微生物发酵床养殖技术等控减措施，能够实现近 12424.50t COD 和 1044.24t 氨氮的削减量，污染减排潜力巨大。在此基础上，有针对性地提出了天津市畜禽养殖业污染防治对策与建议，为相关部门进一步开展规模化畜禽养殖污染防治提供参考。

2．河北省发酵床应用

（1）2008~2013 年示范推广情况　为实现我国养猪生产的发展与环境的协调，实现养猪生产粪尿的资源化利用和无害化处理，探索解决环境污染的新途径，国内许多省份目前都在积极探讨和推广"微生态发酵床养猪技术"。王银钱等（2008）走访了多家规模化猪场，对该项技术实施的优缺点进行了调查。

2010 年宽城满族自治县相继建成了 3 个规模化生态养猪场，分别是板城镇张玉祥猪场3000 头规模、板城镇安达石村张德才猪场 1200 头规模、汤道河镇白庙子村邢玉猪场 500 头规模（张庆和，2011）。

李珊珊等（2012）从猪场采集土样，经过初筛、芽孢鉴定、感官法等步骤，筛选出 9 株有一定除臭能力的产芽胞菌株，对筛选出的 9 株菌进行分解利用 NH_3 和 H_2S 能力的检测，最终得到 1 株有较强除臭能力的芽胞杆菌 Z-22。依据形态特征、生理生化试验和 16S rDNA 全序列分析，鉴定 Z-22 菌株为解淀粉芽胞杆菌（*Bacillus amyloliquefaciens*）。该菌株对 NH_3 的去除率为 29.2%、对 H_2S 的去除率为 52%，具有明显的除臭效果，为微生态发酵床的研究提供了微生物种质资源。李蕴玉等（2012a）以传统水泥地面猪舍作对照，在冬季条件下研究种养结合型发酵床养殖模式对猪舍环境的影响。结果显示，试验猪舍平均温度可达 15.45℃，比传统猪舍显著提高 63.15%（$P < 0.05$），氨气浓度显著降低 54.79%（$P < 0.05$），湿度和气流速度的差异不显著（$P > 0.05$）。这提示种养结合型发酵床养猪的环境得到有效改善。李蕴玉等（2012b）通过对秋季条件下测定的简易发酵床猪舍和传统水泥地面猪舍的环境指标，研究秋季发酵床养猪模式对猪舍环境的影响。结果显示，与传统水泥地面猪舍相比，简易发酵床猪舍内的温度、湿度、光照强度均差异不显著，但气流速度显著增加，氨气显著降低了 51.54%（$P < 0.05$）、细菌数减少了 23.50%（$P > 0.05$）、舍内无臭味、少苍蝇，表明简易发酵床猪舍内的环境得到了改善。

李政等（2012）以河北省滦南县利民种猪繁育养殖场育肥猪栋舍设计为例，进行了该地区发酵床养猪舍的建筑选型和尺寸设计。在归纳总结传统发酵床养殖栋舍形态的基础上，研发了种养结合型发酵床养猪新模式。栋舍暖棚部分、通风口、窗户和檐高等设计充分考虑猪舍温度、采光和通风条件，满足冬季日照满窗、夏季窗口遮阳的要求，为栋舍提供良好的日照和保温条件。同时考虑猪舍内小气候的调节并兼顾冬季补饲青饲料的需要，特意设计了舍内牧草种植区。该建筑模式具有易于推广、生态环保、经济适用等特点，是适合我国一定区域中小规模养猪场的发酵床栋舍的建造方案。金晓东等（2013）通过利用不同配方比例发酵床对猪生产性能进行实验，确定适合本地区的发酵床配方及比例；并研究发酵床对猪舍温度和空气质量的影响，结果表明：发酵床可明显提高冬季猪舍温度，降低猪舍内 NH_3、H_2S 的浓度，提高舍内环境质量。

（2）2014~2018 年示范推广情况　发酵床首先应用于猪的饲养中，后经技术创新又运用于鸡的饲养中。此技术中的发酵床不仅制作简单，还能创建出环境良好的鸡舍，为鸡的成长提供有利条件。在建立发酵床时，将稻壳、锯末等混合物按照一定的比例进行添入，同时将酵母菌等多种有益菌种添入其中，从而产生了发酵有机垫料。鸡具有啄食、刨食的习惯，使粪便能充分与垫料进行混合，同时迅速进行转化、分解等工作，能在真正意义上实现清洁生产。而塑料大棚的使用，具有较好的移动性和投资小等特点。两者结合能将更多更好的优势充分展现出来，深受广大养殖户的喜爱（张铁军，2014）。

为了研究发酵床育肥猪舍与实心地面育肥猪舍有害气体的浓度变化，王国华等（2016）分别检测 NH_3、H_2S 及 CO_2 浓度，为育肥猪生态养殖、粪便除臭及环境保护提供理论依据。试验随机选取健康、体重 60kg 左右、品种一致的育肥猪 400 头平均分为两组。发酵床猪舍为试验组，实心地面猪舍为对照组，在为期一个月的试验中每天分不同的时间、高度进行 NH_3、H_2S 及 CO_2 浓度检测。在相同条件下发酵床组测得的 NH_3 及 H_2S 浓度要低于在实心地面组的浓度（$P < 0.05$）；而 CO_2 浓度是发酵床组高于实心地面组。发酵床猪舍有效降低了 NH_3 及 H_2S 的浓度，但会使 CO_2 浓度升高。

发酵床养殖技术是依据微生物学、营养学、生态学、空气动力学等原理，利用特有活性的功能微生物复合菌群，持续、稳定地将动物的粪尿废弃物转化为多种营养物质与能量，实现粪尿完全降解的无污染、零排放目标的一种新环保型养殖模式。其中高转化率微生物菌株起着重要作用。秦艳梅和张爱民（2017）对具有除臭功能的枯草芽胞杆菌 N43 进行发酵条件研究，通过单因素试验对培养基成分进行筛选，利用响应面分析法和 Box-Benhnken 中心组合试验建立数学模型，确定该菌株最佳培养基浓度为玉米粉 0.5%、大豆饼粉 2.5%、$FeSO_4$ 0.5%、$MgSO_4$ 0.05%，最佳培养条件为 pH7.5、种龄 20h、装量 30mL/250mL，芽胞生成率为 95%。

3．北京市发酵床应用

（1）2009~2013 年示范推广情况 发酵床的正常运行依赖多种条件的支持，并且能够与猪群生活条件相融合。目前对其养猪优势报道较多，而带有基础性的相关研究报道还较少。单达聪等（2009）于 2008 年夏秋季在北京郊区两个规模化养猪场，采用现场试验与检测的方法，对发酵床的运行特征进行了相关研究，目的是为满足发酵床养猪对圈舍设计和管理措施标准化的要求提供相关的科学依据。研究开展的内容包括对发酵床运行时的垫料温度、水分含量动态、饲养密度、耗水量和用工量，以及发酵床垫料的使用成本等指标进行试验测定与分析。结果表明，发酵床中心点 30cm 深度垫料温度可作为发酵床运行状态的判断指标（53.5℃ ±3℃）；发酵床垫料初始水分对运行期间其水分含量的高低影响很小，而饲养密度则是影响发酵垫料床运行期间水分含量动态的第一因素，垫料组方特性和猪舍通风量则为第二和第三重要因素；由于猪群排泄在垫料中的水分总量（猪群重量的 9.7%）与其总体重高度相关，因而衡量饲养密度高低的指标应以每平方米承载猪群体重（50kg/m²）而不是头数为定量标准；发酵床出现"死床"的征兆是垫料湿度过高（50% ~ 55%）、垫料板结、泥泞、温度明显降低等，实践中最易出现"死床"的直接因素是垫料水分含量过高所致；发酵床正常发酵运行所需垫料含水量不是一个严而窄的范围，而是一个较宽泛的区域（25% ~ 50%）；垫料碳氮比低的主因是含氮量快速上升而不是含碳量的大幅度下降，因为碳素营养不足导致发酵微生物活动减弱其原因主要是速效碳源的耗竭而不是总碳含量的快速下降；现场试验的两个规模场中圈栏硬化地面比例过小（< 20%）是导致猪群加重热应激的主要原因；与规模养猪"干清粪"管理工艺相比较，节水量不大（3% ~ 4%），在不计算垫料进出发酵床以及制作用工前提下，猪舍内部管理用工量节省 46%，但劳动强度较大；影响发酵床既定垫料组方使用成本的关键因素是饲养密度和使用年限。指出降低猪群热应激、提高消解猪粪尿效率和垫料水分蒸发速度，以及延长垫料使用期限是发酵床养猪应继续研究的重点课题。

发酵床养猪技术因粪尿依靠微生物的活力可被自然降解而形成的诸多优势在全国各地的养猪业中受到极大的关注，但是在使用过程中，不少行业人士对采用此种技术能否使用消毒药对发酵床垫料进行消毒，而存在一些担忧。为此，王振玲等（2009）采用两种消毒药对其消毒后，通过垫料中的微生物菌落总数的变化，初步观察了发酵床上的细菌数量随着消毒后时间的增加，细菌数量呈现一个先下降后上升过程，不同取样层呈现出不同的变化趋势，表层相对明显。不同取样层的细菌数量在消毒后 48h 分别恢复到了 60% 以上。

冯占雨等（2011）为验证妊娠后期母猪饲粮中添加以 N- 氨甲酰谷氨酸（NCG）为主的复配产品对其繁殖性能的影响，于 2010 年 12 月至 2011 年 2 月，选择 45 头长白或者大约克母猪参与试验。按照胎次、品种和妊娠天数均衡的原则将这些母猪随机分配到 2 个不同饲粮处理中，对照组母猪 22 头，饲喂猪场的常规玉米 - 豆粕 - 小麦麸型基础饲粮；试验组母猪 23 头，在饲喂基础饲粮的基础上每头每天额外添加 3g NCG 复配物，从妊娠中后期（怀孕第 55 ～ 65d）开始饲喂，直至母猪分娩。参与试验的母猪饲养于发酵床饲养舍中，每栏饲养 2 ～ 3 头母猪。每天上午和下午各饲喂 1 次，对于 NCG 复配物组母猪，下午添加完基础饲粮后根据栏中母猪头数额外补加一定数量的 NCG 复配物，搅拌均匀任其采食。预产期前一周左右将母猪转移至产房饲养。母猪分娩后 24h 内对仔猪进行个体称重，记录活仔窝重、窝产仔数、窝产活仔数和弱仔数。以母猪个体为单位利用 SAS 的 GLM 程序对生产性能指标进行分析。试验结果表明，妊娠第 55 ～ 65 天开始在母猪饲粮中添加 NCG 复配物可有效改善母猪的窝产性能，试验组母猪活仔初生窝重更高、窝产仔数和窝产活仔数更多，仔猪头均重更大，同时也发现 NCG 复配物组母猪的弱仔率和死胎率有所降低；除此之外，在发酵床饲养体系中使用 NCG 复配物可能还有改善母猪机体健康、降低死淘率的作用。

为评估发酵床模式对安全养猪的影响，苏霞等（2011）对 4 个猪场的猪瘟、猪繁殖与呼吸综合征免疫抗体和致病性大肠杆菌、沙门菌、猪链球菌及寄生虫携带情况进行了检查。结果显示：发酵床与水泥地 2 种模式饲养猪的病毒病抗体水平和寄生虫检查结果差异不明显；发酵床猪群的致病菌检出率略低于水泥地面养殖猪群。从半年间的试验数据和观察看，与水泥地面相比，发酵床养殖没有对猪常见疾病的防控产生不良影响。锯末是生态发酵床养猪、食用菌栽培等用量最多、性能最好的原料，但其使用受到生产成本高、来源少等问题的制约。针对这一问题，周雪青等（2011）设计了一种以修剪后的树枝、玉米或花卉等作物秸秆为原材料，可生产锯末的双刀盘三喂入式树枝粉碎机。试验表明，该粉碎机能够有效完成树枝、秸秆等的粉碎成料工作，生产率、碎片合格率等各项指标均达到了设计要求。为了探讨发酵床养猪模式下有效的垫料组合，崔晓东等（2012）研究了在不同垫料组合下，垫料的温度、湿度、pH 值、大肠杆菌菌群数指标的变化情况。结果表明，秸秆含量分别为 20%、40%、60%、80% 试验组的平均温度、湿度、pH 值与对照组差异显著；发酵床在一定程度上可以抑制大肠杆菌。秸秆、稻壳、锯末含量分别为 40%、36%、24% 的试验组是比较合适的垫料组合。为探明通风与不同养殖模式情况下猪舍的温室气体浓度，高姗姗等（2012）测定了 6 个不同养殖场育肥猪舍内的甲烷（CH_4）和氧化亚氮（N_2O）含量。结果表明：在采样月份，晚上不采取通风的养殖场与其他全天通风的养殖场相比，其 CH_4 含量存在显著性差异（$P < 0.05$），含量明显高于其他养殖场实验猪舍。在采样月份，采用微生物发酵床养殖工艺的养殖场与传统养殖工艺的养殖场相比，其 N_2O 含量存在显著差异性（$P < 0.05$），含量明显高于其他养殖场实验猪舍，但其含量远小于堆同样粪便量产生的 N_2O 的含量。说明通风以及不同养殖工艺与舍内温室气体的排放浓度有着密切的关系，为进一步改善猪舍空气质量提供了依据。

郭彤等（2012）研究了发酵床饲养模式对断奶仔猪生产性能、腹泻、肠道菌群和畜舍环境等方面的影响，为发酵床的进一步推广应用提供科学理论依据。选择 84 头体重在 (7.5±0.2)kg 的"杜 × 长 × 大"三元杂交断奶仔猪，并随机分为 2 组。试验组采用发酵床饲养，对照组采用传统水泥地面饲养，基础日粮完全相同。结果表明，与对照组相比，试验组日增重显著增加（$P < 0.05$），饲料增重比和腹泻率显著降低（$P < 0.05$）；试验组盲肠和

结肠内容物中大肠杆菌、沙门菌数量明显降低（$P < 0.05$），而乳酸杆菌和双歧杆菌数量显著升高（$P < 0.05$）；发酵床饲养模式中猪舍的环境得到显著改善，舍内温度明显升高（$P < 0.05$），氨气浓度和悬浮颗粒浓度均显著低于传统水泥地面猪舍（$P < 0.05$），无论对照组还是试验组，在猪只的新鲜粪便、发酵床垫料及水泥地面中均未检测到寄生虫的存在，研究说明发酵床养殖可提高断奶仔猪日增重和降低饲料增重比和腹泻率，具有改善肠道微生态平衡和畜舍环境的作用。

纪玉琨等（2012）对我国畜禽养殖场规模进行初步划分，调查了目前畜禽养殖业普遍使用的处理技术，将后评价技术中层次分析和灰色关联度法相结合，评价出适用于不同规模畜禽养殖场的污染防治技术。结果表明，对于大型畜禽养殖场，最适宜的工程技术是能源型沼气工程，其次是发酵床；中型畜禽养殖场，最适宜的污染防治工程技术是发酵床，其次是能源型沼气工程；小型畜禽养殖场，首先推荐发酵床，其次是好氧堆肥技术。该后评价实现了定性评价与定量评价的结合，保证了评价结果的科学性和公正性，为畜禽养殖场选取适用技术提供了依据。

李娟等（2012a）通过养殖试验，比较了发酵床不同垫料配比对肉鸡生长性能及鸡舍环境的影响。按照总重量相同原则，试验共设 5 个处理，分别为常规垫料（CK）、70% 常规垫料 +30% 玉米秸秆（30%S）、40% 常规垫料 +60% 玉米秸秆（60%S）、10% 常规垫料 +90% 玉米秸秆（90%S）、20% 常规垫料 +60% 玉米秸秆 +20% 沸石（60%S+20%Z）。结果表明：①试验期间各试验组平均日增重、平均日耗料、料肉比均差异不显著（$P > 0.05$）；但处理 30%S 料肉比最低、死淘数最少。②各处理垫料含水率和氨浓度随肉鸡的生长逐渐升高，其中 30%S 处理含水率比 CK 降低了 12.91%，平均氨浓度比 CK 降低了 7.96%。综合判断，试验条件下常规垫料和玉米秸秆按 30%S 混合作垫料饲养肉鸡最为适宜。发酵床养殖技术是基于控制畜禽粪便排放与污染而发展起来的一种新型养殖技术，其技术核心在于养殖垫料的调配与管理。按照各处理垫料总重量相同，李娟等（2012b）共设 5 个处理，分别为：常规垫料（CK）、70% 常规垫料 +30% 玉米秸秆（30%S）、40% 常规垫料 +60% 玉米秸秆（60%S）、10% 常规垫料 +90% 玉米秸秆（90%S）、20% 常规垫料 +60% 玉米秸秆 +20% 沸石（60%S+20%Z），研究畜禽进入发酵床前垫料堆积阶段的发酵特征、含水率、全氮含量。结果表明：所有处理垫料堆积 2 ~ 4d 后温度可升到 45℃左右，并可保持 1 ~ 3d；各处理垫料含水率、全氮含量、有机质含量均呈降低趋势；pH 值缓慢升高；电导率在整个发酵期间变化不明显。其中 30%S 处理发酵效果最好，温度在高温期和降温期均高于其他处理；其含水率、全氮和有机质分别下降了 16.23%、26.31% 和 37.06%；pH 值则升高了 7.13%。综合判断，本试验条件下常规垫料和玉米秸秆按 30%S 混合进行前期发酵最为适宜。谢实勇等（2012）研究了生态发酵床养殖模式下对种猪蹄健康和仔猪成活率的影响。结果表明：发酵床对降低妊娠母猪在妊娠期间发生蹄病，减少无损淘汰具有一定的作用，种猪的淘汰率降低 1 个百分点；发酵床模式的饲养改善了妊娠母猪生活环境和体况，增加窝产活仔数，平均每头母猪提高 1 头窝产活仔猪；发酵床养殖对提供保育猪成活率效果显著，平均提高 2 个百分点；在提供育成猪成活率方面差异不显著。

郭彤等（2013）探讨了发酵床养猪模式下，不同使用时间、不同深度的发酵床垫料中垫料组分的变化及重金属的沉积规律。结果表明，随垫料使用时间的延长，总氮、钾、总磷、钙、粗灰分、粗蛋白以及重金属 Zn、As、Pb、Cd 的含量均显著增加（$P < 0.05$），而水分含量降低不明显（$P > 0.05$）；随着垫料深度的不断增加，水分以及 Cu、Cd、Pb、As 含量逐渐降低（$P < 0.05$）；在使用 1 年和 2 年的垫料中从上层到下层总氮、总磷、总钾和钙的浓度逐渐降低（$P < 0.05$），而使用 3 年的垫料中间层总氮、总钾、钙浓度是最高的（$P < 0.05$）。汞在不同使用时间、不同深度发酵床垫料中的沉积规律不明显（$P > 0.05$）。不同使用时间、不同深度发酵床垫料中，粪尿组水分、总氮、钾、总磷、钙、粗灰分、粗蛋白及重金属 Cu、Zn、As、Pb、Cd、Hg 含量均显著高于其他组（$P < 0.05$）。通过垫料中各种成分与国家相关标准的比较发现，该猪场使用 1～3 年的垫料中所检测的重金属含量均低于国家标准的最高允许含量，表明控制好饲料中的重金属含量、管理好发酵床并经常深翻、合理补充新的垫料和菌种，废弃垫料能直接用作有机肥还田。

为研究生物调节剂对仔猪生产性能的影响，华勇谋和赵庶吏（2013）在发酵床条件下，采用生物调节剂给新生仔猪喂服、拌料，检测其生产性能的变化。结果表明：饲料中添加生物调节剂的仔猪的日增重、成活率、利润分别为 265g、97.9%、114.1 元 / 头，分别比未添加生物调节剂的对照组提高 9.1%、19.8%、12.6%。马建民等（2013）应用原子吸收方法测定不同年限、不同位置发酵床垫料中的砷残留。结果表明：1 年、2 年、3 年发酵床垫料中砷残留最大值分别是 2.148mg/kg、5.014mg/kg、8.3353mg/kg；随着年限的增加，发酵床粪便区砷残留出现明显富集。为探索发酵床清出垫料还田利用的环境安全性，为其合理利用提供科学依据，赵兴征等（2013）分别采集新投入使用 1 个月、26 个月的微生物发酵床垫料，进行有机质、总氮、总磷、总钾等营养成分和 Cu、Zn、Cr 等重金属元素含量测定。结果表明：不同厚度垫料间的同一营养成分和重金属元素含量无显著差异，刚清出垫料中平均总氮、总磷和总钾成分含量分别为 1.75%、2.47% 和 1.35%，比新使用垫料分别提高 0.44 个、1.09 个和 0.62 个百分点（$P < 0.01$）。有机质含量，刚清出垫料（40.05%）比新使用垫料（37.55%）高 2.5 个百分点（$P < 0.05$）。刚清出垫料中 Cu（1.712mg/kg）、Zn（2.906mg/kg）元素含量分别比新使用垫料高 116% 和 110%（$P < 0.01$），Cr 元素含量无明显差异（$P > 0.05$）。使用 26 个月的垫料中重金属元素含量处于较低水平，满足相关国家标准限值要求，可直接作为有机肥还田使用。

（2）2014~2016 年示范推广情况　为了研究使用过的发酵床垫料能否作为有机肥施用于土壤，纪玉琨和何洪（2014）采用实地采样检测的方法，测定了使用过 1 年、2 年及 3 年的发酵床垫料中有机质、全氮、全磷、全钾、速效氮、速效磷、速效钾浓度以及总养分含量和含水量，以及垫料中砷、汞、铅、镉、铬、铜含量。以未施用垫料的土壤作为背景值，检测施用 3 年垫料的土壤有机质、全氮、全磷、全钾、速溶氮、速溶磷、速溶钾和重金属砷、汞、铅、镉、铬、铜含量。结果表明：发酵床垫料水分、总养分不符合有机肥标准要求，有机质、pH 值达到有机肥标准要求，有机质、全氮、全磷、全钾、速溶氮、速溶磷、速溶钾浓度均随垫料使用时间延长而增高，垫料中重金属浓度未超过国家标准，但随着垫料使用时间增长而增高。施用垫料的土壤有机物质含量明显高于未施用土壤，施用垫料土壤重金属含量略高于背景土壤重金属含量，富集现象不明显。此研究结论给发酵床废弃垫料应用提供了技术支撑。为了有效控制猪发酵床垫料所含重金属对环境和人类的危害，马建民等（2014）采集北京市大兴某生态养猪场不同使用时间的育肥猪发酵床垫料，用干法灰化、盐酸溶解和原子吸收仪对其中的重金属残留进行了测定分析。结果表明：使用 1 ～ 3 年的发酵床中铜、锌、铅、镉、砷最高含量分别为 178.82mg/kg、251.36mg/kg、1.71mg/kg、0.23mg/kg、8.34mg/kg，含量均低于国标最高允许量。说明使用 3 年的猪发酵床垫料重金属残留不影响其资源化再利用。

王海宏等（2014）研究了发酵床养殖在极端气候条件下对育肥猪生产性能的影响。试验分两次进行，分别在夏季的 7 ～ 8 月份和冬季的 12 月至次年 1 月份，设水泥地面对照组。夏季试验发酵床养猪的试验群体为 105 头，分 9 圈饲养，密度为 1.7m²/ 头；冬季试验发酵床养殖观察的群体数量为 112 头，分 9 圈，密度为 1.7m²/ 头。水泥地面对照观察 3 圈，群体为 42 头，密度 1.5m²/ 头。水泥地面猪舍无后窗，发酵床猪舍后墙开窗 90cm×100cm，窗距离地面 1.0m，夏季采用自然通风，冬季水泥地面采用热风管道供暖，发酵床无采暖设施。饲养观察期为夏季 30d，冬季 60d。结果表明，夏季发酵床比水泥地面日增重低 6.7%，料重比增加 4.4%；冬季发酵床比水泥地面日增重提高 16.7%，料重比降低 5.5%。因此，在凉爽和寒冷的季节采用发酵床养猪效果显著，表现出较好生产性能。夏季发酵床的高温环境对育肥猪的生长性能有明显的不利影响，而且体重越大，影响越大。采用发酵床养殖模式，需要通过圈舍设计和通风设施的改进来扬长避短。田宗义（2015）研究了发酵床养猪和传统养殖的区别，分析发酵床养殖的优点，为养殖业提供方向。选取种猪 120 头，分为发酵养殖组和传统养殖组进行养殖，观察两组猪生长情况、患病情况和养殖其他情况的不同之处。结果表明，发酵组使用的饲料明显好于传统组，并且发酵组患病的比率也要少于传统养殖组。因此，采用发酵床进行养殖，能够改善猪场的养殖环境，减少猪染病的风险，提升猪场的经济效益，可以应用在规模化养猪中。李晓晨等（2016）对不清粪、不冲洗猪舍的发酵床养猪模式和传统的干清粪、定期冲洗圈舍的硬化地面养猪模式中不同生理阶段猪的耗水量进行测定和对比。结果表明，发酵床养猪方式中，空怀与妊娠母猪、哺乳母猪、保育猪、生长育肥猪比传统养猪方式平均每日每头猪耗水量分别减少 4.36L、3.63L、6.41L、0.54L，差异分别为显著（$P < 0.05$）、不显著（$P > 0.05$）、极显著（$P < 0.01$）和不显著（$P > 0.05$），说明发酵床养猪节水效果明显。同时提出了改进用水设备，可进一步减少养猪生产中的用水量。

（3）2017~2018 年示范推广情况　郭彤等（2017a）研究了杏鲍菇菌糠作为发酵床垫料对发酵床温度、断奶仔猪生长性能、腹泻率和消化酶活性的影响。选择 120 头体重 (8.0±0.5)kg 的"杜 × 长 × 大"三元杂交断奶仔猪，随机分为 5 组，对照组：50% 锯末 +50% 稻壳；试验组Ⅰ：100% 菌糠；试验组Ⅱ：15% 锯末 +15% 稻壳 +70% 菌糠；试验组Ⅲ：25% 锯末 +25% 稻壳 +50% 菌糠；试验组Ⅳ：35% 锯末 +35% 稻壳 +30% 菌糠。结果表明，试验组发酵床表面温度与对照组相比，差异不显著（$P > 0.05$）；试验组Ⅰ、Ⅱ和Ⅲ发酵床下 20cm 处温度明显升高（$P < 0.05$）；除试验组Ⅳ外，其余各组与对照组相比，断奶仔猪平均日增重明显增加（$P < 0.05$）；试验组Ⅰ平均日采食量明显增加（$P < 0.05$）；试验组Ⅱ、Ⅲ和Ⅳ与对照组相比，均显著降低了断奶仔猪的腹泻率和死亡率（$P < 0.05$）；与对照组相比，除试验组Ⅳ外，试验组Ⅰ、Ⅱ和Ⅲ均显著提高了断奶仔猪十二指肠内容物脂肪酶和胰蛋白酶的活性（$P < 0.05$）。提示菌糠可作为发酵床垫料，促进仔猪生长，降低养殖成本，试验组Ⅲ是最佳的垫料配比。在此基础上，郭彤等（2017b）进一步研究了杏鲍菇菌糠作为发酵床垫料对断奶仔猪生长性能、肠道菌群及免疫功能的影响。预试期 7d，正试期 42d。结果表明，

除试验组Ⅳ外，其余各试验组与对照组相比，均不同程度地提高了断奶仔猪的平均日增重，差异显著（$P < 0.05$）。其中，试验组Ⅰ断奶仔猪平均日增重效果最显著，但平均日采食量也明显增加，与对照组相比，差异显著（$P < 0.05$）；除试验组Ⅰ外，试验组Ⅱ、Ⅲ和Ⅳ与对照组相比，均显著降低了断奶仔猪的腹泻率（$P < 0.05$）。与对照组相比，试验组Ⅰ、Ⅱ、Ⅲ显著降低了断奶仔猪结肠和盲肠中大肠杆菌和沙门菌的数量（$P < 0.05$），显著提高了乳酸杆菌和双歧杆菌的数量（$P < 0.05$）；与对照组相比，断奶21d和42d时，4个试验组仔猪的外周血液T、B淋巴细胞阳性率明显升高（$P < 0.05$）；试验组Ⅱ和Ⅲ能显著提高仔猪肠道黏液中IgA含量（$P < 0.05$）。菌糠作为发酵床垫料，不仅提高了仔猪的生产性能，还改善了其免疫功能，降低了腹泻率。其中，试验组Ⅲ（25%锯末+25%稻壳+50%菌糠）是最佳的垫料配比比例。

杨久仙等（2017）将400日龄枫叶种鸭6264只随机分为发酵床组（发酵床养殖3076只）和对照组（3188只），每组4个重复，分别记为A、B、C和D。试验期18周，研究发酵床养殖对蛋种鸭生产性能的影响及鸭舍内空气中氨气、二氧化碳和硫化氢质量浓度的变化。结果显示，与对照组相比，发酵床养殖能够极显著地提高种鸭的产蛋率（$P < 0.01$）；在成活率、种蛋合格率、采食量及料蛋比方面，试验组与对照组间差异不显著（$P > 0.05$）；在种蛋受精率、孵化率和健雏率方面，发酵床组A与对照组A之间差异不显著（$P > 0.05$）。与对照组相比，发酵床组鸭舍内氨气和二氧化碳的质量浓度均极显著降低（$P < 0.01$），空气菌落数也显著降低（$P < 0.05$）。综上可得，发酵床养殖能够明显提高种鸭的生产性能，改善鸭舍环境，增加经济效益。

郭彤等（2018）研究了食用菌下脚料作为发酵床垫料对生长肥育猪生长性能、饲料养分表观消化率及肠黏膜形态的影响。选择90头体重（30.0±0.5）kg的"杜×长×大"三元杂交生长肥育猪，随机分为5组，对照组垫料：50%锯末+50%稻壳；试验Ⅰ组垫料：100%食用菌下脚料；试验Ⅱ组垫料：15%锯末+15%稻壳+70%食用菌下脚料；试验Ⅲ组垫料：25%锯末+25%稻壳+50%食用菌下脚料；试验Ⅳ组：35%锯末+35%稻壳+30%食用菌下脚料。预试期7d，正式期90d。结果表明，与对照组相比，试验组平均日增重和饲料转化率明显提高，差异显著（$P < 0.05$）；试验组Ⅲ平均日增重和饲料转化率明显优于试验组Ⅳ（$P < 0.05$），但与试验组Ⅰ、Ⅱ相比，差异不显著（$P > 0.05$）；消化试验表明，与对照组相比，试验组Ⅱ和试验组Ⅲ使生长肥育猪对饲料中干物质、粗蛋白、粗脂肪、粗纤维的表观消化率显著升高（$P < 0.05$）；与对照组相比，试验组显著增加十二指肠和空肠的绒毛高度（$P < 0.05$），显著降低隐窝深度（$P < 0.05$），其中试验组Ⅱ和试验组Ⅲ效果最显著。考虑到垫料价格和养殖成本，确定试验组Ⅱ（15%锯末+15%稻壳+70%食用菌下脚料）是中小型养殖场生长肥育猪最佳的垫料比例。

冀颐之等（2018）筛选能够高效降解木质纤维素的黄腐酸生产菌株，以提升有机固体废弃物资源化利用水平。从北京市京郊奶牛养殖场发酵床垫料样品中，分离筛选获得7株45℃条件下生长良好的耐高温菌株，检测其黄腐酸产量和木质纤维素降解率，得到能够较好降解纤维素和半纤维素的黄腐酸生产菌株DLS07和木质素降解性能良好的黄腐酸生产菌株DLS03。将两株菌以1∶1复配，进行黄腐酸发酵试验，结果证明复合菌剂试验组其黄腐酸产量为76.73g/kg，较DLS03、DLS07单菌发酵分别提高37%、9%，纤维素、半纤维素、木质素的降解率高于单菌发酵，分别为 32.87%、45.46%、44.55%，说明采用复合发菌剂发酵较单菌发酵具有更高的转化效率。DLS03、DLS07 菌株经 16S rDNA 分类鉴定，初步确认 DLS03 为枯草芽胞杆菌、DLS07 为地衣芽胞杆菌。芽胞杆菌复合菌剂能够高效降解木质纤维素，黄腐酸产量较高，在有机固体废弃物资源化利用领域有着极大的潜力。

为了避免夏季高温对发酵床猪舍造成的不利影响，张海文等（2018）研究了发酵床模式下猪对喷雾降温的行为响应。选择通风加喷雾、通风两种降温方式猪舍，分别测定其干、湿球温度及发酵床温度，观察猪的呼吸数、采食量及其站立、俯卧、侧卧、游戏走动及饮水等行为。结果表明：与仅通风比较，通风加喷雾条件下猪舍温度可降低 3～4℃，生长猪食欲偏好，其采食速度提高 6%；通风情况下猪维持行为比例的活动姿态占 20.2%，安静姿态占 79.8%，发酵床区的行为占 26.0%，硬化地面区行为占 74.0%；通风加喷雾情况下，活动姿态占 26.2%，安静姿态占 73.8%，发酵床区的行为占 30.7%，硬化地面区行为占 69.3%；发酵床温度属于高温，变幅稳定。说明通风加喷雾可以显著降低猪舍温度，猪发生高温适应性生理反应的概率小，对发酵床温度影响较小，建议适当增加硬化地面比例。

4. 山西省发酵床应用

当前养猪业发展面临着三大难题：一是"质量安全"；二是"效益提高"；三是"环境治理"。由这三大问题直接导致的药物残留、能源缺乏、饲料短缺、疫病频繁、环境污染等已成为限制我国养猪业发展的瓶颈因素。对此，如何在现有饲养模式下破解"三大难题"是国内养猪业必须要考虑和解决的问题。"发酵床 + 一池三改"养猪法，充分发挥发酵床和户用沼气"一池三改"两者的综合效益，实现了 1+1＞2 的益处，并且这种模式在立足全国上下全面建设新农村，发展户用沼气的基础上，针对养猪业的生产特点，尤其是以家庭为单位的适度规模养猪为主而设计的一种养殖方法，这种方法以资源的可持续利用和现代科学技术进行集约化管理，具有综合开发利用资源，物种配置多样化，高产、优质、无污染，且又顺应生猪福利需求等特点（杜晓光，2008）。

2011 年以来，猪肉价格持续上涨，良好的市场前景和政府所提供的相关配套优惠政策，促进了养猪业的快速发展。仅临汾市尧都区新增规模养猪场、小区及合作社有 70 余个，对稳定猪肉价格、满足居民猪肉消费需求起到了积极作用。但生猪养殖规模增长的同时，产生的粪污由于处理不及时，造成了较为严重的污染环境，如何实现粪污的减量化、无害化，是每个养殖场以及技术人员面临的重要课题。在实际生产中，粪污堆积发酵，方法简单，效果较差。建设沼气工程，粪污充分利用，形成良性循环，效果很好，但投资较大，建设规格及规模难以掌控。因此，小规模大群体生猪生产在市场中仍占主体地位。史志强和王晓峰（2011）认为大力推广生态发酵床标准化养猪技术，是较经济、有效的一种粪污处理模式，适合在各种规模的猪场使用，可以有效减少环境污染，促进养猪业标准化、规模化健康发展。

韩淑芳（2016）选取生长发育良好、日龄相近、健康无病的"杜 × 长 × 大"三元杂交断奶仔猪 46 头，公母各 1/2，随机分为对照组和试验组，每组各 23 头，整个试验期为夏季 2 个月、冬季 1 个月，对照组仔猪饲养在水泥地面圈舍，试验组仔猪养殖在发酵床圈舍，对夏冬两季圈舍内外温度、湿度、氨气浓度、生产性能、经济效益等进行整体比较。结果表明，发酵床养猪与水泥地面传统养猪方式相比优势明显，能够为仔猪的生存创造良好的整体环境，且整体的饲养成本较低，仔猪的日增重和饲料报酬均明显提高，值得在生产中大力推广。

近年来，随着绿色理念逐渐深入人心，畜牧业进入绿色健康可持续发展的时代。生物菌剂发酵床作为一种新型的养殖技术，其通过植物原料和菌剂中微生物的呼吸原理，在养殖过程中达到节能降耗的目的。贾利君（2018）在山西省晋中市某奶牛场，采用生物菌剂发酵床进行奶牛养殖120头，时间约1年，1年后对奶牛养殖的成本和经济效益进行统计。在生物菌剂发酵床的使用中，其制作十分简单，首先在牛舍地面铺设50～60cm的垫料层，垫料由米糠、草粉、锯末、秸秆粉、谷壳等材料组成，然后将专用菌剂均匀铺洒在垫料层中，最后调控适宜菌种生长的湿度即可。奶牛在垫料层菌床上生活，粪便、尿液也会排在菌床上，垫料中的生物菌剂和粪便随着奶牛移动充分混合，通过微生物的作用将这些粪便和尿液分解成二氧化碳、无机盐、尿素和水，而垫料中的米糠、木屑等材料具有良好的吸水性和透气性，管理人员在使用过程中对菌床进行定时翻抛，有效控制了垫料的温度和湿度。通过对奶牛养殖场的试验和考察，发现使用生物菌剂发酵床之后，奶牛场路面很少发现牛粪，氨气、臭骚气味也明显消失，舍内管理工作1人就能够完成。在牛场建造方面，牛场不用再建设粪污处理、地下排污、清粪运行等场所和通道，大大降低了牛场建设的成本。在机械设备方面，只需要旋抛机等设备对垫料进行定期翻抛即可，降低了养殖机械设备方面的成本投入。

5．内蒙古自治区发酵床应用

（1）2009~2010年示范推广情况　发酵床养猪法又称生态养猪法、自然养猪法，近几年我国也引进了该项技术，在长江以北的山东、河北、内蒙古、吉林等地区的中小规模养猪场（户）进行了试验，对育肥猪特别是哺乳和断奶仔猪应用效果良好，特别是在冬季，由于菌体增殖发酵产热，发酵床表面温度可保持在18～21℃，猪只增重快。另外，发酵床养猪还能省劳力约30%、省水约75%、省饲料20%～30%（位孟聪和杨瑞，2009）。

为了探讨微生物发酵床养猪与传统养猪生产效益的不同，高丽南等（2010）试验选用600头三元杂交（杜×长×大）断奶仔猪，依据体重、性别比例相近的原则，将断奶仔猪随机分成2个处理组即试验组和对照组，试验期3个月。试验结果表明：试验组仔猪的平均日增重和饲料利用率分别比对照组提高10.42%（$P < 0.05$）和2.76%（$P < 0.05$），经济效益提高50%以上。说明微生物发酵床养猪既环保又能提高生产效益。

目前，生猪养殖已成为农民增收的重要途径，传统养殖方式臭味重、清粪烦、冬天急取暖、夏天忙通风，并花费很多人工，特别是大兴安岭地区属寒温带和中温带大陆性季风气候，冬季寒冷漫长，夏季温凉短促，春季干旱多风，秋季降温急骤，霜冻早。全年无霜期96天，本地受蒙古高原气团控制，气温很低，年平均温度-2.8℃。冬季极端温度可达-48℃，每年取暖期7.5个月，为生猪养殖带来很大的不便。发酵床猪舍"零排放"养猪方式具有明显优势，发酵床本身产生热量，冬季可使猪舍温度达到20℃左右，免除了取暖的麻烦和费用，为北方的广大养殖户带来了很大的便利（王振起，2010）。

（2）2011~2016年示范推广情况　在提倡低碳环保、重视食品安全及人类健康的大背景之下，畜产品中药物及饲料添加剂残留越来越受到人们的关注。近几年，孟繁荣（2011）利用发酵床养有机猪，在赤峰市敖汉旗已经推广发酵床近9000m²，在发酵床上养的有机猪已经获得有机认证，取得了良好的经济效益、生态效益和社会效益。在发酵床养猪推广之初，发酵床垫料主要由锯末和稻壳组成。随着发酵床养猪的大面积推广，发酵床垫料变得越来越紧缺，价格也随之不断提高，很多养猪户都抱怨说买到锯末实在是太难了。孟繁荣等（2013）从2008年开始在内蒙古赤峰地区推广发酵床养猪。到2013年为止已经推广了超过 $3 \times 10^4 m^2$，所用发酵床垫料主要是农副产物，其中玉米秸秆占90%左右，也有完全用玉米秸秆作发酵床垫料的。

为了研究不同饲养模式对商品肉鸭养殖效益的影响，韩天龙等（2014）选择1日龄健康樱桃谷SM3系商品代肉鸭20970只，随机分为网上（N组）和发酵床上（B组）2组进行饲养，监测一个完全生长周期内肉鸭死淘率及其生产性能指标。结果表明：N组和B组均在第5周龄出现死淘高峰，N组的最高双日死淘率为3.394%；最高周死淘率为6.564%，总死淘率为7.724%。B组的最高双日死淘率为4.604%，比N组高1.210%；最高周死淘率为10.780%，比N组高4.216%；总死淘率为12.403%，比N组高4.679%。N组肉鸭单只全净膛重比B组高0.033kg，单只耗料量比B组高1.422kg，料肉比比B组高0.502，肉料比比B组低0.065。结果提示，N组商品肉鸭单位体增重的耗料量比B组高，N组养殖效益相对较低；在有效控制死淘率的情况下，我国北方寒冷气候下使用发酵床饲养可提高饲料转化率，提高商品肉鸭的生产性能。

孙彩霞等（2016）围绕发酵床生猪养殖模式在内蒙古呼和浩特地区养殖环境下对育肥猪生产性能的影响展开研究，通过传统水泥地面养殖与发酵床养殖2种模式的对比试验，得出以下结论：①在相同的饲养日期和饲料条件下，试验组日增重比对照组日增重提高108g，平均日增重提高16.1%，差异极显著（$P < 0.01$）；料重比降低18.6%，差异极显著（$P < 0.01$）。②使用发酵床后，生猪出栏日龄平均提前17d，可节约一定的饲养成本。

六、西北地区微生物发酵床的推广应用

1. 甘肃省发酵床应用

（1）2009~2010年示范推广情况　段淇斌等（2009）在微生物发酵床立地条件下，对40头体重60kg、健康无病的杜×长×甘三元商品育肥猪分两组进行育肥试验研究，结果表明，试验组和对照组头均日增重分别为686g和610g，试验组较对照组头均日增重提高12.46%，经t检验差异显著（$P < 0.05$）；头均饲料消耗量试验组和对照组分别为115.62kg和122.27kg，试验组增重效果明显，同时节省饲料5.75%，试验组和对照组头均纯收益分别为234.15元和144.58元，试验组较对照组头均多收入89.57元。说明在微生物发酵床立地条件下，生产效果显著提高。为充分利用当地丰富的秸秆资源，降低发酵床制作成本，段淇斌等（2010）在饲料营养、管理和试验猪完全相同的情况下，用20%和30%秸秆替代部分稻壳制作发酵床，进行了育肥猪增重和应用效果的对比试验。试验结果表明：试验组与对照组在发酵床应用效果头均增重及效益上差异不显著，但在制作发酵床成本上试验组比对照组高出21元和14元。因此在北方地区稻壳原料较少的情况下，用玉米秸秆替代部分稻壳是可行的，在生物发酵养猪生产中可以推广应用。

石旭东等（2010）选取产期相近的杜长大 35 日龄断奶仔猪 180 头，采用随机分组法分为 2 组，每组 90 头。试验组饲养在发酵床保育猪舍，对照组饲养在高床保育猪舍，试验期 35 天。结果表明，试验组与对照组相比，日增重提高 14.18%（$P < 0.05$），料重比、腹泻率和死淘率分别降低 6.33%、43.42% 和 39.96%，头均水、煤、药支出减少 19.23 元，头均增重毛利增加 45.27 元。证实发酵床保育猪舍具有提高增重、饲料报酬、经济效益及改善猪舍环境的显著效果。

通过建立微生物发酵床，利用垫料中有益菌群的占位、生物热消毒、杀菌抑菌原理，配套疾病综合控制措施，田华等（2010）对比观察了育肥猪的疾病发生情况。结果表明：发酵床条件下育肥猪的发病率降低了 10.07%；因病死亡率降低 1.65%；头均防治费降低 5.60 元，降低了 52.8%；场内原有的猪瘟、猪丹毒、猪肺疫、仔猪副伤寒、传染性鼻炎、关节炎的发病得到了有效控制；胃肠炎、蛔虫、疥癣及感冒等的发病率也出现大幅度下降趋势，分别降低 8.5%、12.1%、10.6% 和 3.8%。微生物发酵床改善了猪舍环境，增强了猪的体况，提高了免疫效果，保障了猪群的健康。

（2）2011 ~ 2013 年示范推广情况 为了研究微生物发酵床对育肥猪舍空气环境的影响，段淇斌等（2011）于 2010 年 1 月 10 日 ~ 12 月 10 日在定西某猪舍进行气体采集测定试验，对利用微生物发酵床技术（试验组）和普通水泥地面饲养（对照组）圈舍内氨气（NH_3）和硫化氢（H_2S）2 种气体的季节浓度变化进行了研究。结果表明：微生物发酵床技术组冬季猪舍环境温度显著高于普通水泥地面饲养组（$P < 0.05$），分别为 17.8 ~ 21.3℃和 6.9 ~ 12.4℃；试验组猪舍内 NH_3 平均浓度在各季节均低于对照组，夏季极显著低于对照组（$P < 0.01$）；试验组 H_2S 浓度极显著低于对照组（$P < 0.01$）。据此认为，发酵床养猪降低了猪舍内 NH_3、H_2S 等有害气体的浓度，为猪的生长发育提供了适宜的环境。

为了研究发酵床养猪对猪肉品质的影响，段淇斌等（2012）对在微生物发酵床（试验组）和普通水泥地坪（对照组）猪舍饲养的猪进行了屠宰试验，并对肉样中的氨基酸、脂肪酸、矿物元素及重金属进行了比较，结果表明：试验组与对照组氨基酸总量差异不显著，但苯丙氨酸、色氨酸及必需氨基酸总量（EAA）显著高于对照组（$P \leq 0.05$）；试验组的主要鲜味氨基酸总量较普通圈舍猪肉组高 11.65%，试验组猪肉必需脂肪酸总量比对照组有所提高，但差异不显著；试验组饱和脂肪酸含量显著高于对照组，两组矿物质元素和重金属残留无显著差异。郝怀志和董俊（2012）通过比较 2 种饲养方式下的耗水量、日增重、饲料用量、用工量等，对秸秆型发酵床猪舍和常规养殖猪舍养猪效果进行研究。结果表明：发酵床养猪可提高劳动效率 60% 以上；常规养殖用水量是发酵床养殖的 6.89 倍，发酵床养殖节水率为 85.49%；发酵组猪的平均日增重高于常规养殖组，耗料增重比低于常规养殖组，经检验差异显著（$P < 0.05$）。郝怀志等（2012）分别测定了夏季和冬季发酵床养猪猪舍和常规养殖猪舍温度，结果表明，冬季发酵床养猪猪舍温度显著高于常规水泥地面养殖猪舍（$P < 0.01$）；夏季发酵床养猪猪舍温度略高于常规水泥地面养殖猪舍，差异不显著（$P > 0.05$）。

发酵床养猪，猪舍的建设是发酵床养猪技术成功与否的重要环节，由于我国幅员辽阔，南北气候差异大，发酵床猪舍设计并不相同，在发酵床猪舍设计时，应充分考虑当地的地理位置、气候条件等。微生物发酵床养猪法对于猪舍建设要求较高，何振富等（2012）经过三年多试验研究，总结出了在甘肃河西地区气候条件下微生物发酵床养猪保育、育肥猪舍的设计和建设要点。

魏玉明等（2012）通过对发酵床养猪和普通水泥地面养猪两种养殖模式下猪舍内空气指标进行测试，结果表明，采用发酵床养猪猪舍内 NH_3、H_2S 在冬季和夏季平均浓度均低于普通水泥地面猪舍，但猪舍内 PM10 浓度在夏冬两季却有增有减。分析认为，发酵床养猪可有效降低猪舍内 NH_3 和 H_2S 气体的浓度，但管理措施不到位，将会增大 PM_{10} 浓度，影响猪舍内的空气质量。赵冬青等（2012）选用健康无病的"杜×长×大"三元杂交育肥猪40头，以水泥地面传统养猪为对照，研究了干旱半干旱区微生物发酵床养猪效能和对猪肉品质的影响。试验结果表明，与传统养猪相比，头均日增重提高 12.46%，差异显著（$P < 0.05$）；头均饲料消耗量节省 5.75%，头均纯收益增加 89.57 元；试验组必需氨基酸总量（EAA）、主要鲜味氨基酸总量（FAA）显著高于对照组（$P < 0.05$）；主要重金属残留量与传统养殖差异不显著（$P > 0.05$），低于国家行业标准；试验组猪肉饱和脂肪酸（SFA）含量极显著高于对照组（$P < 0.01$），不饱和脂肪酸（UFA）含量差异不显著（$P > 0.05$），常规矿物质元素含量差异不显著（$P > 0.05$）。通过试验，在干旱半干旱区应用微生物发酵床养猪可保障动物福利，经济效益显著，肉品营养成分和风味优于传统饲养方式，重金属残留低于国家行业标准，品质安全健康。但由于饱和脂肪酸含量高，高血脂类人群应节制少食。

丁文姣等（2013）以小白鼠为实验动物，对甘肃地区筛选出的7株猪发酵床土著菌种进行了安全性评价。结果显示，接种后的小白鼠均无死亡，采食情况、行为能力、体貌特征均无异常，表明筛选出的7个土著菌种均安全可靠，可以用于猪发酵床制作接种并作为合成菌剂的备选菌种。

（3）2014~2018年示范推广情况　发酵床养殖技术的核心在于发酵垫料的配比和管理。为筛选获得微生物发酵床最优垫料，替代传统原料稻壳和锯末，蔡婷等（2014）进行了以土著微生物为菌种，稻壳、锯末、玉米秸秆、玉米芯不同添加比例为垫料的发酵床模拟试验。按照总重量相同原则，试验设8个处理。试验期60d，每5d对垫料发酵过程中温度、全氮、有机质进行测定并分析。结果表明：所有处理发酵最高温度均超过35℃，全氮、有机质含量均为降低趋势。其中添加30%玉米秸秆+30%玉米芯+40%对照的AB处理发酵效果较好，高温期和降温期的温度值均超过其他处理，其全氮、有机质含量分别下降了44.27%、19.87%。结合成本投入综合计算筛选出最优垫料为AB处理，建议在西北地区发酵床养殖中推广利用。

近年来随着发酵床养猪的进一步发展，锯末和稻壳的价格随之水涨船高，直接造成养猪户经济效益的减少，而凉州区作为农业大区每年有大量的秸秆资源得不到很好的利用。刘彦和魏时来（2014）通过设计8个试验单元，其中100%锯末组为对照组，其他7种垫料配方使用玉米秸秆或玉米芯取代部分锯末作为发酵床垫料为试验组。试验结果表明：7种试验配方均能达到全锯末发酵床的养殖效果，均能应用于发酵床养猪。

赵芳芳等（2014）采用单因子完全随机试验设计，以水泥地面圈舍塑料覆膜屋顶为对照组，发酵床圈舍塑料覆膜屋顶为试验1组，发酵床圈舍采光板屋顶为试验2组，测定不同圈舍结构内3个时间点（7∶00、12∶00、17∶00）的温度变化以及 NH_3 和 H_2S 浓度变化、试验猪生长发育状况以及经济效益差异，以此研究3种结构圈舍在生态养猪中的应用效果。结果表明：试验2组温度极显著高于对照组（$P < 0.01$），试验1组温度显著高于对照

组（$P < 0.050$）；对照组 NH_3 浓度显著高于试验 1 组、试验 2 组（$P < 0.05$），分别提高 20.1%、33.2%，对照组 H_2S 浓度极显著高于试验 1 组、试验 2 组（$P < 0.01$），分别提高 45.2%、74.5%；试验 1 组、试验 2 组日增重较对照组提高 14.09%、19.05%，差异显著（$P < 0.05$），试验 1 组与试验 2 组差异不显著（$P > 0.05$），对照组料肉比较试验 1 组、试验 2 组高 19.2%、24%，差异显著（$P < 0.05$），试验 1 组与试验 2 组差异不显著（$P > 0.05$）；试验 2 组的头均纯收益 408.23 元，较试验 1 组多收入 54 元，较对照组多收入 112.84 元；试验 1 组较对照组多收入 58.84 元。发酵床圈舍采光板屋顶结构优于发酵床圈舍塑料覆膜屋顶结构和水泥地面圈舍塑料覆膜结构。

在传统养猪业向现代设施养猪业转变的过程中，猪疾病在发病种类、数量和危害程度方面均呈现出上升趋势，严重威胁着设施养猪业的健康快速发展。为了提高养猪业的经济效益，2012 年以来，李俊等（2015）在定西市安定区开展了微生物发酵床保育猪疾病防控试验，通过微生物发酵床养猪技术的应用，极大提高了场内猪只的整体健康状况，疫病的发生与流行得到了有效控制，取得了显著成效。林治佳等（2015）选择断奶仔猪 30 头分试验组和对照组进行育肥试验，结果表明：日增重对照组为 698.8g，试验组为 681.2g，对照组高于试验组 17.6g（$P < 0.05$）。对照组料肉比为 2.74∶1，试验组料肉比为 2.55∶1，试验组育肥单位增重耗料比对照组降低 6.93%。经济效益分析结果表明对照组头均增重收入为 1419.2 元，支出为 858.5 元，试验组分别为 1384.0、806.3 元。对照组净收入为 560.7 元，试验组为 577.7 元，较对照组增加 17 元，增加了 3.03%。

为筛选适宜于在西北地区推广发酵床养猪的菌种，魏平等（2015）以稻壳、锯末、玉米秸秆和玉米芯为原料，通过添加当地土著菌种、实验室保存的纤维素分解菌群和商业发酵菌种，研究不同菌种对发酵床效果的影响。试验共设了 7 个处理组合，分别为：100% 土著菌种（A1）、100% 纤维素分解菌群（A2）、100% 商业发酵菌种（A3）、30% 土著菌种 +70% 纤维素分解菌群（B1）、70% 土著菌种 +30% 纤维素分解菌群（B2）、50% 土著菌种 +50% 纤维素分解菌群（B3）、不添加任何发酵菌种的对照组（CK）。结果表明：整个试验过程中，B2 组发酵床 30cm 处平均温度最高为（37.66±1.32）℃，与其他组差异显著（$P < 0.05$），其中，在前 5 组，B2 组与 A3 组差异不显著（$P > 0.05$）；各试验组的 pH 值都处在 7.0～8.5 之间，均在适宜微生物生长的范围内，其中 B2 组 pH 值显著低于同期其他组（$P < 0.05$），说明添加微生物菌剂能降低垫料的 pH 值，对猪粪中 NH_3 的挥发有一定抑制作用；C/N 在整个试验过程中，均呈现持续下降的趋势，其中，A1、B2 和 B3 组下降趋势明显大于其他组（$P < 0.05$）；各试验组粗纤维在 11～35d 降解速率最大，42d 后 A2 和 B2 组粗纤维的总降解率分别为 44.38% 和 45.08%，显著高于 CK 组（$P < 0.05$）。综合评价，70% 土著菌种 +30% 纤维素分解菌群组发酵效果相对较好。

为了探索能替代发酵床原料稻壳和锯末的新型垫料，比较分析不同垫料配比对发酵效果的影响，张强龙等（2015）采集了兰州当地的土著微生物用作发酵床菌种，并设了 8 种垫料配比组合，分别为：按稻壳和锯末质量比 1∶1 制作的常规垫料（CK）、70% 常规垫料 +30% 玉米秸秆（A1）、50% 常规垫料 +50% 玉米秸秆（A2）、30% 常规垫料 +70% 玉米秸秆（A3）、70% 常规垫料 +30% 玉米芯（B1）、50% 常规垫料 +50% 玉米芯（B2）、30% 常规垫料 +70% 玉米芯（B3）、40% 常规垫料 +30% 玉米秸秆 +30% 玉米芯（AB）。在模拟发酵床条件下，通过测定垫料表面温度、25cm 处温度、垫料表面湿度、氨气含量等指标，选择最佳垫料配比。结果表明：B3 组垫料表面平均温度最高为（15.9±0.56)℃，与 A3、AB 组差异不显著（$P > 0.05$），与其他组差异显著（$P < 0.05$）；AB 组垫料 25cm 处平均温度最高为（32.3±2.97)℃，与 A3、B3 组差异不显著（$P > 0.05$），与其他组差异显著（$P < 0.05$）；AB 组垫料氨气平均含量为（6.84±0.37)mg/m³，均显著低于其他组（$P < 0.05$）。综合评价，AB、B3、A3 组发酵效果相对较好。张强龙等（2016）筛选适用于西北地区猪用发酵床的最佳使用菌种，比较分析不同菌种配比对发酵效果的影响。以兰州当地的土著菌种、实验室保存的纤维分解菌群和购买的商业菌种为供试材料，共设 7 个处理，分别为 100% 土著菌种（A1）、100% 纤维分解菌群（A2）、100% 商业菌种（A3）、30% 土著菌种 +70% 纤维分解菌群（B1）、70% 土著菌种 +30% 纤维分解菌群（B2）、50% 土著菌种 +50% 纤维分解菌群（B3），以及不添加任何发酵菌种的处理组（CK）。在模拟发酵床条件下，通过测定床体 20cm 处温度、垫料含水率、氨气浓度、硫化氢浓度、孔隙度等指标，选择最佳菌种配比。A3 处理 20cm 处平均温度最高为（36.23±2.24)℃，显著高于 A2 和 CK 处理（$P < 0.05$），但与 A1、B1、B2 和 B3 处理差异不显著（$P > 0.05$）；B2、B3 和 A3 处理氨气平均浓度相对较低；B1、B2 和 A3 处理硫化氢平均浓度相对较低；A3 处理垫料孔隙度平均值最高为（87.91%±0.91%），CK 处理垫料含水率平均值最高为（61.12%±0.78%），与其他处理差异不显著（$P > 0.05$）。因此，B2、B3 和 A3 处理发酵效果均较理想。

为明确益生菌发酵床养殖模式对肉杂鸡新城疫抗体水平、禽流感抗体水平和耐药性的影响，张曼等（2016）分别在 40 日龄、70 日龄、100 日龄测定肉杂鸡的新城疫抗体水平、禽流感 H9 抗体水平和 100 日龄时大肠杆菌耐药性。结果表明，益生菌发酵床养殖模式下肉杂鸡新城疫抗体水平、禽流感抗体水平比传统普通地面平养模式高 2 个滴度左右，差异性显著。100 日龄时大肠杆菌耐药性试验结果显示，对照组和试验组耐药性都较低，无显著性差异。说明益生菌发酵床养殖模式可以增强肉杂鸡对新城疫和禽流感病毒的抵抗力，但不能明显改善大肠杆菌的耐药性。

2. 陕西省发酵床应用

（1）2008~2010 年示范推广情况　陕西省宁强县为大力发展生猪养殖，增加农民收入，2006 年从吉林省惠农生物科技开发公司引进微生态发酵床养猪技术，并通过扶贫办、畜牧兽医局等部门从资金、技能等环节给予大力支持，使全县生猪产业得到快速发展，2007 年底生猪饲养量达 60 万头，其中出栏 32 万头，产值达 3.5 亿元。目前，该技术已普及全县 26 个乡镇的 7.5 万农户及 200 多家规模养殖户（向奋强，2008）。为了给生猪提供舒适的生长环境，陕西省武功县长宁镇镇东万头发酵床养猪场建立了一个花园式小区，50 栋新型猪舍排列整齐，周围栽满了树，每舍存栏 100 头，小区年出栏生猪上万头。走进猪舍，几乎闻不到粪便味道，上百头育肥猪在发酵床上自由拱食，个个体毛光亮（常永军，2010）。

罗创国等（2010）比较了发酵床养猪与水泥地面养猪的养殖效果。通过选择日龄相近、生长发育良好、体重在 10kg 左右的"杜 × 长 × 大"三元配套系商品猪仔猪 95 头（公猪去势，母猪不去势）。随机分为三组，对照组（30 头）饲养在水泥地面圈舍，试验组 1（30 头）和试验组 2（35 头）饲养在发酵床圈舍。试验组 2 全程饲喂添加了 0.5% 益生素的饲料，试验组 1 饲料中不添加益生素，饲养 137d 后出栏。结果表明：在各组平均断奶体重 10.3kg 的情况下（$P > 0.05$），试验组 1、试验组 2 和对照组出栏时的平均体重分别为 101.98kg、105.64kg、108.00kg；料重比分别为 2.62、2.51、2.61；死淘率分别为 5.0%、1.7%、8.9%。试验组 1 和试验组 2 每头平均增重分别高出对照组 3.87kg 和 6.41kg，试验组 1 与对照组差异不显著，试验组 2 的出栏重和每头平均增重显著高于对照组（$P < 0.05$），表明发酵床养猪没有显著效果，使用益生菌效果显著。试验组 2 料重比比对照组降低了 0.103（3.94%），说明饲料利用率明显较高。另外试验组 1 和试验组 2 的死淘率与对照组相比分别降低了 4.9% 和 7.2%，说明试验组 1 和试验组 2 的猪只免疫力较高，抗病能力强。通过屠宰性状和肉质性状的分析，发现各组差异不明显（$P > 0.05$）。

（2）2011~2013 年示范推广情况　陕西省武功县已建成万头发酵床养猪小区 2 个，年出栏 2000 头以上的发酵床养猪小区 18 个，新建、扩建发酵床规模养猪场 46 个。大庄镇观音堂村万头发酵床养猪小区是发酵床养猪技术在武功县形成的第三代养殖模式。白涛等（2011）对该小区发酵床养猪技术和普通规模养猪技术进行了比较试验，结果表明：在相同条件下，前者各项数据均优于后者，饲养周期 108d，缩短 23 ~ 31d；日增重 825g，增加 145g 左右；料肉比 2.40，降低 0.5 左右；死亡率 1.8%，下降 7 个百分点；节省劳力 40%，节水 70%，每头育肥猪可增加收入 135 元左右。张志德（2011）比较了发酵床养殖育肥猪、母猪和保育猪的经济效益，发现发酵床最适合养保育猪，并介绍了保育猪发酵床猪舍的设计和垫料的选用。董建平和王玉海（2012）分析了在发酵床养猪实践中，三种不同垫料配合饲养效果，以 50% 稻壳 +50% 锯末 + 麸皮 + 菌种饲养效果最好。

为鉴定陕西某规模化猪场发酵床养殖圈舍仔猪发生严重腹泻症的病原，研究对病死仔猪肝、脾等脏器进行细菌分离，邱立等（2012）对疑似致病菌进行生化试验鉴定和 16S rDNA 测序，并进行小鼠接种试验验证细菌毒力和药敏实验检测敏感药物。结果显示，分离菌为鲍曼不动杆菌（Ab），对小鼠具有较强的致病性，对卡那霉素等少数抗生素敏感，对其他多种抗生素具有耐药性。研究结果表明 Ab 对仔猪具有较大威胁，特别是对发酵床养殖模式下的仔猪具有更大威胁。

（3）2014~2018 年示范推广情况　陕西发酵床猪舍的平面布置概况如下：按存栏 1 头需 1.2m² 计算，其中，发酵床面积 0.8 ~ 1.0m²/ 头。饲养 30 ~ 40 头 / 栏，100 头分 3 个栏。猪舍长 18.24m，宽 8.24m。舍内纵向分为人行道、水泥饲喂台、发酵床 3 部分。其中，人行走道宽 1.0m；饲喂台关中和陕南地区宽 1.5m、陕北地区和陕南高山区 1.3m；与饲喂台相连的是发酵床，宽 5.5 ~ 5.7m。水泥饲喂台位于走道一侧，设排水槽（高兴阳等，2014）。

林启才等（2017）以菌糠为微生物发酵床垫料在牛场进行养殖，通过微生物发酵床养殖技术与传统养殖技术的对比分析，得到了微生物发酵床养殖技术对养殖场污染物的去除效果。试验表明，菌糠垫料对牛粪尿的吸附转化率超过 200%，养牛小区加垫料后与传统养殖方式相比，氨氮削减 47% ~ 68%，硫化氢和二氧化硫削减 20% ~ 38%，说明添加微生物发酵床垫料对养殖场污染物去除效果明显，经过微生物发酵床发酵后的垫料生产的有机肥达到《有机肥料》（NY 525—2012）标准的各项指标要求。

3．青海省发酵床应用

（1）2009~2012 年示范推广情况　近年来，平安县生猪生产向规模化、集约化方向蓬勃发展，不论是生猪饲养量，还是经济效益都创历史新高。但随着生产的发展，许多问题随之而来，其中最大的问题是规模化养猪生产粪污产生量大，严重污染周围环境和地下水质，威胁人民群众身心健康，同时还给病原微生物繁殖、传播带来可乘之机，易造成传染病发生。为此，该县按照"引进推广、消化吸收"的工作思路，积极推广"微生物发酵床"养猪法，并通过养殖大户示范，取得了良好的成效（王志香，2009）。

杨生东（2009）选取生长发育正常、体重相近的长本 F1 代去势仔猪 30 头，随机分为试验组和对照组，每组 15 头，对微生态发酵床饲养猪的效果进行了观察。结果表明：试验组日增重比对照组提高 35.38%，试验组比对照组净收入增加 266.9 元、提高 69.72%；两组猪体重达到 100kg 时试验组育肥期缩短 35d。

从 2008 年开始，乐都县从福建引进洛东发酵养猪技术，在福乐养殖场试验获得成功，又通过培明养殖场等 5 家养猪场的验证，达到生态养殖、增产增效的预期目标，获得了明显的经济效益、社会效益和生态效益，得到了广大养殖户的认可（吴义祥，2011）。

微生态养猪亦称发酵床养猪、零排放养猪等。它是一种新兴的环保养猪技术，以生物除臭和物料的快速腐熟为技术核心。从 2007 年起，青海省部分养殖场和养殖户陆续采用了微生态养猪方式，截至 2009 年年底，微生态养猪场（户）达 93 家、存栏猪 1.45 万头，年出栏 5.4 万头，取得了较好效果（张晋青和韩学平，2011）。

为了对高原地区发酵床养猪育肥效果和经济效益进行科学的评价，韩学平等（2012）将 30 头断奶仔猪随机分成 2 组，每组 15 头，一组采用发酵床养殖模式饲养，一组为传统标准化猪舍饲养，试验猪初始体重为 8.1kg，组间体重无显著差异（$P > 0.05$），进行育肥试验，育肥猪体重 90 ～ 100kg 时出栏。试验结果表明：试验组头均耗料 197.3kg，对照组头均耗料 226.7kg，试验组料肉比为 2.28∶1，对照组料肉比为 2.56∶1，试验组育肥单位增重耗料比对照组降低 10.9%。经济效益分析结果表明，对照组净收入为 617.8 元，试验组为 660.4 元，较对照组增加 42.6 元，增加了 6.9%。

（2）2013 ～ 2018 年示范推广情况　陈西英（2013）开展了高海拔地区发酵床养猪的效果评价。发酵床建设于青海省化隆县群科镇，平均海拔 2200m，年平均气温 9.3℃，无霜期一般为 170 ～ 190d。根据当地的气候地理条件，微生物发酵床多采用地下方式，地下挖 0.90m，发酵床东西北三面各有 1.2m 的过道，整栋猪舍用钢筋隔成 6 个圈；将发酵菌用水 500 倍稀释后均匀喷洒在锯末和小麦衣上，混合拌匀后铺平，厚度约 0.90m，10 ～ 12d 后开始使用。选择 50 头体重相近、已经断奶的、约 40 日龄的健康无病长白仔猪随机分为 2 组，每组 25 头，即第 I 组为试验组，在微生物发酵床上饲养；第 II 组为对照组，在普通温室饲养。试验前设 1 周的预试期，正试期为 60d。从试验结果来看，在高海拔地区利用发酵床养猪技术与传统养猪方法比较在仔猪增重方面差异不显著；在饲料消耗方面分别为 3.09∶1 和 3.24∶1；而在腹泻发生率方面第 I 组的仔猪发生腹泻的概率比第 II 组供试仔猪少。

2011 年初，同仁县吾屯牧星生态养殖专业合作社从山东、宁夏等省份学习引进了半坑道式（一般低于地面 1m）发酵床生态养殖技术，通过试养两年，摸索出了一套适合同仁县适度规模养殖户掌握的技术，并取得了一定的生态效益和经济效益（唐生林，2013）。

为了实现猪舍的保暖增温性能，张海云等（2017）从新材料的应用、合理选址、日常的科学管理、控制、集成现有的技术成果进行优化设计等多方面入手，将日光温室、发酵床、塑料膜、保温被、手动卷膜通风、一次喷涂成型高强度保温材料等技术集成优化设计；同时配合科学管理控制。结果表明：这种猪舍冬季的平均保温性明显高于传统猪舍，比传统猪舍平均增温 8～10℃，实现了高原日光温室生态猪舍冬季的保暖增温通风性能。冬季保温通风系统建立后，可使高原日光温室生态猪舍环境温度达 14～23℃，湿度达 50%～80%，是猪只生存的最佳环境，使猪生长速度快、肥育效果好。

4. 宁夏回族自治区发酵床应用

陈西风和刘德忠（2011）选用健康的平均体重18kg的杜×长×大三元杂交猪96头，采用单因子变量设计，随机分为2个处理组，每组4个重复栏，每栏12头。对比分析发酵床养育肥猪与传统养殖对生产性能和经济效益的影响。结果表明，发酵床促进了育肥猪的生长，具有一定的经济效益，符合当前生态农业发展和循环经济建设的需求。

为了充分利用秸秆资源，降低发酵床养畜使用锯末的成本，刘顺德等（2011）筛选适合宁夏种植业特点的发酵床垫料，对固原、平罗和银川三地玉米秸秆的部分营养成分进行分析。结果表明：吸附水含量分布范围为 2.31%～2.92%，粗灰分含量 6.26%～6.74%，粗纤维含量 37.94%～39.10%，木质素含量 32.01%～32.38%，有机物含量 90.73%～90.95%。木质素含量对有机物含量的回归显著。刘顺德等（2012）探索了环保养猪方式下不同垫料猪床饲养生长育肥猪的综合效果，为优化养猪方式提供理论与实践依据。对比测定和评价宁夏寒季自然床与发酵床饲养生长育肥猪对舍内温湿度指标、生长发育性能和经济效益的影响。在相同饲养管理条件下，自然床和发酵床均可为生长肥育猪提供良好的生活生长环境、提供相似的生长速度和饲料利用率，但自然床可以降低环保养猪的垫料成本、提高饲养生长育肥猪的经济效益。生物学、环境与经济效益评价的结果表明，采用自然床饲养生长肥育猪是可行的。

5. 新疆维吾尔自治区发酵床应用

（1）2009~2012 年示范推广情况　随着畜牧业的发展，养猪业所面临的环境污染、疫病防控及肉品安全、效益低下等问题越来越突出，成为当前限制养猪业发展的"3 大难题"。现代养猪业已经向节约、环保、健康、经济的方向转变，如何在激烈的竞争中寻求发展，要求人们转变思想，寻找新的饲养技术。生物发酵舍零排放养殖技术是 2008 年国家环境保护部建议推广的环境保护实用技术，其核心价值目标是彻底解决畜牧业养殖中粪便排放的环境污染老大难问题。该技术目前主要应用在养猪业，也应用在包括鸡、鹅、鸭、牛、羊、马等其他禽畜养殖业上，技术使用的领域还有待积极深入开拓与发展（鲁春刚和刘燕，2009）。

吴镜等（2010）在冬、夏两个不同季节采用发酵床生态养猪与传统养猪进行了对比试验，试验结果表明：冬季和夏季采用发酵床生态养猪技术，平均日增重、料肉比均优于传统养猪技术（$P < 0.05$）；采用发酵床生态养猪技术可以减少用药费用约 40%，节约用水 60%～80%，节省人工费用 40%，提高养殖效益 50% 以上；采用发酵床生态养猪技术养猪

可以改变舍内环境，达到减量排放和不污染环境的目标。

为了比较发酵床与传统模式的饲养效果，刘让等（2011）选择日龄相近、生长发育良好的"杜×长×大"三元配套系商品猪分为小猪组和大猪组。小猪组 36 头，试验组和对照组各 18 头；大猪组 32 头，分为试验组和对照组各 16 头，分别在发酵床和传统模式两种环境中生长。结果表明：发酵床模式与传统模式相比，小猪和大猪的试验组日增重比对照组分别提高 4.52%、16.73%；料重比分别降低 3.16%、7.43%；传统模式舍内环境与发酵床模式差异不显著。总体分析采用发酵床技术饲养育肥猪，每头可多获利 126.24 元。发酵床养猪模式的饲养效果优于传统养猪模式。

田明亮等（2011）挑选胎次相同、日龄相近的"杜×长×大"育肥阉公猪 60 头，随机分为 2 组，每组 3 个重复，每个重复 10 头猪，分别在水泥地面猪舍（对照组）和发酵床猪舍（试验组）中饲喂 101d，测定其生长性能。试验结束时，每组随机选 10 头猪屠宰并测定肉品质。结果表明：与对照组相比，试验组的剪切力、腹泻频率和发病频率分别降低 11.8%（$P < 0.05$）、57.9%（$P < 0.05$）、63.8%（$P < 0.05$）；日采食量、平均日增重和料重比差异不显著（$P > 0.05$）；平均背膘厚提高 8.3%（$P > 0.05$），眼肌面积降低 7.2%（$P > 0.05$），胴体重、屠宰率和体斜长差异不显著（$P > 0.05$）；大理石纹评分提高 11.8%（$P > 0.05$），pH Ⅰ（屠宰后 40min 时的 pH 值）、pHu（屠宰后 24h 时的 pH 值）、失水率和肉色均无显著差异（$P > 0.05$）；肌苷酸含量提高 5.3%（$P > 0.05$），干物质含量、粗蛋白含量和肌内脂肪含量无显著差异（$P > 0.05$）。这说明：在夏季的新疆地区，发酵床养猪可以显著提高肉的嫩度、降低腹泻频率和发病频率，改善猪肉风味，有降低瘦肉率的趋势，对屠宰率、肉色、粗蛋白含量等肉品质指标及生长性能无显著影响。

为研究在不同环境下的菌种配比使用情况，李宏健等（2012）经实验室筛选得到 Sf、PDAs、Nf、Nb、SKm 5 种野生菌和现场采集的菌种，用 65% 的棉秆代替锯末、稻壳制作发酵床，分别在 10℃、15℃、25℃、30℃ 的环境条件下进行发酵试验。结果表明，在 10℃ 的条件下，菌种配比为 23311；在 15℃ 的条件下，菌种配比为 24211；高于 25℃ 的环境条件下，菌种配比为 34211。为了研究以棉秆为底物的发酵床菌种，崔艳霞等（2012）用不同培养基对几种样品中的复合菌种进行活化、分离、纯化、富集，利用模拟肉汤培养基测定各复合菌种的产酸性能，进行猪粪降解和棉秆发酵试验，根据试验结果进行综合分析以筛选出优质菌种。结果表明：Sf、PDAs、Nf、Nb、SKm 5 种复合菌生长情况好，能发酵棉秆，对猪粪的除臭效果明显。江宇等（2012）从提高舍内温度和增加经济效益出发，用秸秆代替锯末、稻壳制作发酵床进行研究，饲养羔羊规模为 56～81 只。结果表明，发酵床模式比传统模式的发病率降低 7.5%，死亡率降低 7%，整体经济效益提高了 11491.5 元。因此，发酵床在养羊业上也是值得推广的。徐亚楠等（2012）从新疆本地样品中分离筛选出土著菌种，用于含有葵花秆和玉米秆的新型发酵床垫料，以期筛选出优势的发酵菌种。通过感官和 pH 值测定筛选除臭和发酵菌种，制备成混合菌种后进行实验室模拟发酵，根据发酵过程温度和 pH 值的变化评估用于实际生产的可能。实验室模拟发酵中试验组发酵床内部的温度最高达到 45℃，比对照组高出 11℃，比室温高出 21℃；试验组 pH 第 3 天开始就有明显下降趋势，较对照组发酵效果显著。试验筛选得到的新疆土著菌种能够作用于新型发酵床垫料，且发酵效果显著。

（2）2013~2018年示范推广情况　为探讨棉秆替代锯末制作发酵床养殖的效果，王香祖等（2014a）选择日龄相近、生长发育良好、体重在30kg左右的"杜×长×大"三元商品育肥猪30头（公猪去势，母猪不去势），随机分成3组并分别饲养：试验Ⅰ组，稻壳、锯末配比为5∶5的发酵床；试验Ⅱ组，稻壳、锯末、棉秆配比为5∶3∶2的发酵床；对照组为常规水泥地面。结果表明，试验Ⅱ组用棉秆部分替代锯末发酵效果良好，发酵床舍内温度低于对照组和试验Ⅰ组，与对照组差异显著，与试验Ⅰ组差异不显著；试验Ⅱ组的猪末重、平均日增重、料肉比指标均显著优于对照组，平均日增重显著低于试验Ⅰ组，末重、料肉比虽然均低于试验Ⅰ组，但相互间差异不显著；试验Ⅱ组的饲养总成本比试验Ⅰ组和对照组分别节约22.7元/头和43.7元/头。为探讨消毒对发酵床微生物的影响，王香祖等（2014b）选择发酵床式育肥猪舍，用百毒杀进行喷雾带猪消毒，消毒后24h翻耙垫料，补充菌液。结果表明：发酵床猪舍可以进行带猪消毒，消毒液对垫料上层（0～-15cm）微生物的影响较大，但随着消毒后时间的延长以及补菌措施的采用，消毒48h后芽孢杆菌的数量基本恢复到消毒前，发酵床运行良好；发酵床猪舍内带猪消毒可使垫料上层（0～-15cm）的大肠杆菌、葡萄球菌、链球菌等病原菌数量减少，从一定程度上预防了疫病的发生。

为了解发酵床养殖模式下猪胃肠道寄生虫的感染情况，朱伟杰等（2014）采集石河子地区某发酵床养猪场4～5月龄肥猪粪样120份，用饱和盐水漂浮法、水洗沉淀对粪样进行了定性检查，用麦克马斯特计数法对线虫卵和球虫卵囊进行了定量检查。结果发现，该发酵床养猪场粪样中检出的主要是线虫卵，具体为蛔虫、结节虫和毛首线虫，还有部分猪感染棘头虫、吸虫及球虫等。粪样中线虫的总阳性率为94.55%，根据调查结果，建议发酵床养猪场应采取定期检测寄生虫感染情况、勤翻发酵床、合理选用驱虫药物的综合防治措施，才能达到科学养殖的目的。

藏香猪又叫琵琶猪、藏雪豚等，是我国唯一的高原、高寒放牧猪种，有着耐粗饲、自身对病原的抵抗力强、在各种气候条件下适应能力强等特点。目前，藏香猪养殖专业户已达到8户，养猪圈舍面积1200m²，发酵床生态饲养藏香猪数量达到500头（邢善等，2016）。

七、西南地区微生物发酵床的推广应用

1. 贵州省发酵床应用

发酵床是结合现代微生物发酵处理技术提出的一种环保、安全有效的生态养猪法，为了推广发酵床养猪技术，李荣林等（2009）选择60日龄大小体重约26kg的长白猪20头，公母各半，随机分成试验组（发酵床饲养）和对照组（常规法饲养），通过试验期为120d的对比饲养试验，分别对60d、20d的增重和饲料消耗量进行分析，以及试验期结束后随机屠宰5头试验猪作肉质测定分析。结果表明，试验组与对照组相比日增重无显著差异（$P > 0.05$）；饲料用量试验组比对照组低0.4kg/（头·天）（$P < 0.05$）；试验组饲养成本比对照组低27.9元；试验组6项肉质指标均优于对照组。简志银等（2010）以芽孢杆菌和酵母菌为主的能快速分解利用猪粪尿的微生物菌株制成发酵剂，用其制作发酵床进行养猪，并与传统（水泥圈）养

猪进行比较。结果表明：以锯末为垫料的发酵床养猪，按 1 头 /m²，完全能达到零排放要求；比传统（水泥圈）养猪日增重提高 7.63%（$P < 0.05$），料重比降低 2.14%（$P < 0.05$），屠宰率提高 1.39%；猪肉品质及养猪效益均优于传统（水泥圈）养猪。

黄义彬等（2011）通过对发酵床养猪后发酵床垫料的无害化堆肥技术研究，对垫料堆肥过程中堆肥温度、pH 值、电导率、总养分（有机质、全氮、全磷、全钾）、有效养分（有效磷、速效钾）、堆肥腐熟度（种子发芽指数）等指标进行监测并分析。结果表明：发酵床养猪系统中产生的有机垫料经过堆肥化处理后的产物达到了有机肥料标准，是一种优质的有机肥；不仅解决了畜禽养殖的污染压力，而且对畜禽粪便进行了综合利用。为了提高养殖产品质量的安全性及改善养殖环境，减少环境污染，周康等（2011）进行了发酵床养猪和传统养猪对比研究。结果表明：发酵床养猪在对空气、水质的污染和蛔虫卵杀灭方面均优于传统养猪模式，改善了养殖环境。

为探索微生物发酵床养猪技术在贵州省的应用效果，李凤娟等（2018）随机调查本省 6 个应用微生物发酵床养猪的猪场和 6 个应用非微生物发酵床养猪的猪场猪舍环境卫生，并进行科学客观的评价。结果显示，夏季所有猪舍舍内温度高于舍外温度，微生物发酵床猪舍内温度高于非微生物发酵床猪舍温度，猪舍内氨气浓度与非发酵床养猪猪舍的氨气浓度差异不显著。而冬季微生物发酵床猪舍内温度显著高于非微生物发酵床猪舍舍内温度，所有猪场猪舍内温度显著高于舍外，猪舍内氨气浓度无显著差异，冬季猪舍内的氨气浓度均高于夏季。研究结果可为微生物发酵床养猪技术在贵州省推广应用提供参考。

孟俞辰等（2018）研究了猪圈发酵床分离细菌的系统发育树及生理生化特征。采用 R2A 培养基对猪发酵床上层垫料进行分离菌株培养，将培养得到的单个菌落培养于固体培养基中，获得纯培养菌株；肉眼观察培养基中细菌的生长情况，电镜下观察细菌的形态、大小和排列特点，采用 16S rRNA 基因序列扩增、测序，采用邻接法构建 16S rRNA 序列的系统发育树，将分离到的猪圈发酵床中的细菌与文献中获知的初期发酵床优势细菌的标准菌株进行生理生化特征的比对。结果表明，在 R2A 培养基中分离得到 3 株细菌 SZDIS-1-1、GZDIS-1 和 SZDIS-2，鉴定为微杆菌属细菌；与文献中获知的 4 种标准菌株一样，培养得到的 3 种细菌镜下均为杆状，过氧化氢酶、吲哚试验均为阴性，能够利用麦芽糖作为生长碳源；药敏试验显示，分离得到的 3 株细菌对阿米卡星、头孢呋辛、利福平、妥布霉素、青霉素和环丙沙星等抗生素比较敏感，其中头孢呋辛抑菌效果最佳。

2. 四川省发酵床应用

杨厚春和李洪斌（2009）在四川广元苍溪县白桥镇白桥村和陵江镇白观村的杨某和张某养猪场进行了小规模猪场发酵床养殖技术试验，取得了较好的经济效益、生态效益，为全县提供了试点示范。

为研究发酵床养鸭效果，李雯等（2012）选取 1980 只肉鸭分成 2 组，每组 3 个重复，每重复 330 只肉鸭，试验组使用发酵床饲养，对照组采用网架饲养。考察不同饲养模式对肉鸭生产性能、屠宰性能及器官指数的影响。结果表明：发酵床和网架饲养方式对肉鸭生产性能和器官指数各项指标没有显著性差异，发酵床组略占优势。发酵床组和网架组的囊肿率差异极显著，发酵床组比网架组低 60.52%。发酵床的应用不会降低肉鸭的生产性能，且可改善鸭的外观，并具有降低发病率的作用，可以达到节省劳动力，并达到少排放且少污染环境的效果。

高原养猪业发展比较滞后，阿坝州多数高寒县猪肉不能自给，李勇平（2012）经过两年在壤塘县的深入调查了解，发现利用发酵床养猪是比较适于高原养猪的方式。为研究南方高热高湿地区发酵床养殖模式的微生态菌群分布，王潇娣等（2012）以四川邛崃、遂宁两大发酵床养猪场为研究对象，采集不同年龄阶段猪只肠道内容物及不同饲养阶段发酵床垫料进行细菌分离，对分离菌株进行动物致病性试验，并对致病菌进行耐药性分析。结果表明，不同年龄猪肠道以及发酵床分离细菌种类相同，但是细菌含量存在差异，主要分离菌有大肠杆菌、葡萄球菌、沙门菌、链球菌、黏液性枯草芽胞杆菌、普通枯草芽胞杆菌。小鼠致病性试验显示，大肠杆菌、沙门菌、链球菌、葡萄球菌为致病菌，黏液性枯草芽胞杆菌与普通枯草芽胞杆菌为有益菌。病原菌耐药性分析结果显示，分离到的4种病原菌仅对第3代头孢类药物（头孢曲松钠、头孢吡肟）敏感，对其他药物不敏感或敏感性低。可见，发酵床养猪模式的环境中存在大肠杆菌、葡萄球菌、沙门菌、链球菌等致病菌的威胁，且致病菌的耐药性严重，一旦发病很难用药物控制。试验结果可为发酵床养猪模式细菌性疾病控制提供参考。为了调查养猪发酵床中致病菌的情况，于吉锋等（2012）采集了四川地区发酵床不同深度的垫料分离细菌并进行小白鼠致病性试验，以便为发酵床养猪安全性提供参考性数据。结果表明，发酵床中共分离到大肠杆菌、沙门菌、葡萄球菌等共14大类致病性细菌，常规饲养仅分离到大肠杆菌、沙门菌、变形杆菌、单胞菌、猪嗜血杆菌、粪肠球菌、莫拉菌属共7大类致病菌，远低于发酵床中分离到的细菌数量；小白鼠致病结果表明，发酵床中分离到的细菌存在较高的致病性，其致死率高于从常规饲养中分离到的细菌。研究表明，发酵床中存在着非常多的致病菌，对猪群的健康构成了潜在威胁，证实发酵床养猪存在较大的风险性。

赵谨等（2015）研究了使用微生物发酵床饲养肉鸡对其生长性能与屠宰性能的影响。选用2400只35日龄体重相近的肉鸡，随机平均分为对照组、微生物发酵床加菌组（基础日粮添加益生菌）和微生物发酵床组，试验期40d。结果表明，微生物发酵床加菌组生长性能显著提高（$P < 0.05$）；屠宰性能中，半净膛率、全净膛率比较，对照组和微生物发酵床加菌组、微生物发酵床组差异显著（$P < 0.05$）；使用微生物发酵床还能提高免疫器官指数水平。所以使用微生物发酵床饲养肉鸡对其生长性能与屠宰性能、免疫功能有一定改善作用，且日粮添加益生菌剂效果更佳。

四川省农村面源主要分为农田面源、畜禽养殖粪便污染面源和农村生活污染面源，研究根据排放因子法计算了两种主要考核污染物化学需氧量和氨氮的排放量。郭卫广等（2016）根据四川省农村面源污染状况特征提出了面源治理对策措施，其中，农田面源治理措施包括推广测土配方施肥、农田面源生态拦截技术等；畜禽养殖污染治理措施包括加强小型畜禽养殖污染治理，推广农牧结合、干清粪、发酵床处理工艺等；农村生活污染治理措施包括推进农村生活污水收集及小型污水处理设施等。

为比较发酵床养鸭和传统地面养鸭对肉鸭生产性能的影响，王沐等（2016）以樱桃谷肉鸭为对象，比较传统水泥地面养殖和发酵床养殖下圈舍环境、出栏重、料肉比、患呼吸道疾病的概率和死亡率及血清IgG等指标差异。结果表明：与传统模式相比，发酵床模式生长期和育肥期的圈舍温度升高，氨气浓度降低，血清 IgG 水平升高；同时，发酵床模式下肉鸭存活率高于传统模式，患呼吸道疾病的概率和死亡率降低，出栏体重、每日平均采食量及料重比没有明显区别。由此可见，发酵床养殖模式显著改善鸭舍环境，增强了肉鸭免疫功能，降低了呼吸道疾病发病率和死亡率。

3. 西藏自治区发酵床应用

张健等（2017）选用两种益生菌来制作干式发酵床，以不添加任何益生菌的发酵床饲养藏猪作为对照，对饲养 5 个月的藏猪计算试验结束时测定的体重 (结测重)、平均日增重和检测垫料的温度、湿度并观察藏猪的行为、健康状态。结果表明：2 种添加益生菌制作的干式发酵床饲养的藏猪结测重差异不显著（$P > 0.05$），但显著高于对照组（$P < 0.05$）；未添加任何益生菌的发酵床饲养藏猪生长缓慢，患病率高；通过测定，添加益生菌的干式发酵床垫料核心温度在 17 ～ 28℃、湿度不超过 30%，能较好地发酵降解粪便，能够减轻养猪对环境的污染，降低藏猪疾病发生率，为高海拔地区饲养藏猪提供健康养殖技术和理论研究依据。

经过多年的实践，笔者总结了西藏发酵床养牛的垫料制作技术和日常的管理要点：

（1）垫料的制作　发酵床养牛不同于一般的发酵床制作，因为牛的体重比猪要重几倍，常规的发酵床垫料不能承受牛强大的重力，其技术要点如下：①确定垫料厚度，牛舍垫料层高度夏天为 60cm 左右、冬季为 80 ～ 100cm。②计算材料用量，根据不同夏冬季节、牛舍面积大小，以及与所需的垫料厚度计算出所需要的秸秆、稻草以及益生菌液的使用数量。③垫料准备，发酵床养牛的垫料主要分三层，第一层，首先在最底层铺一些玉米秸秆，按每平方米加入 1kg 益生菌（液体）均匀搅拌，水分掌握在 30% 左右（手握成团、一触即散为宜）。第二层，中间一层要铺上稻草，然后再喷洒一遍益生菌液。第三层，铺上用益生菌喷洒后的粉碎的玉米秸秆，充分混合搅拌均匀，在搅拌过程中，使垫料水分保持在 50% ～ 60%（其中水分多少是关键，一般在 50% ～ 60% 比较合适，现场实践是用手抓垫料来判断，即物料用手捏紧后松开，感觉蓬松且迎风有水气说明水分掌握较为适宜），再均匀铺在圈舍内，最上面用干的碎秸秆覆盖 5cm 厚，3d 即可使用。④发酵好的垫料摊开铺平，覆盖上面整平，厚度约 10cm，然后等待 24h 后方可进牛。如牛在圈中跑动时，表层垫料太干，灰尘出现，说明垫料干燥、水分不够，应根据情况喷洒水分，便于牛正常生长。因为整个发酵床中的垫料存在大量的微生物菌群，通过微生物菌群的分解发酵，发酵床表面一年四季始终保持在 25℃ 左右的温度，为牛的健康生长提供了一个优良环境。

（2）维护管理　发酵床养护的目的主要是两个方面：一是保持发酵床正常微生态平衡，使有益微生物菌群始终处于优势地位，抑制病原微生物的繁殖和病害的发生，为牛的生长发育提供健康的生态环境；二是确保发酵床对牛粪尿的消化分解能力始终维持在较高水平，同时为牛的生长提供一个舒适的环境。发酵床养护主要涉及到垫料的通透性管理、水分调节、垫料补充、疏粪管理、补菌、垫料更新等多个环节，其技术要点如下：①垫料通透性管理，长期保持垫料适当的通透性，即垫料中的含氧量始终维持在正常水平，是发酵床保持较高粪尿分解能力的关键因素之一，同时也是抑制病原微生物繁殖、减少疾病发生的重要手段。通常比较简便的方式就是将垫料经常翻动，翻动深度 25 ～ 35cm，通常可以结合疏粪或补水将垫料翻匀，另外每隔一段时间（50～60d）要彻底将垫料翻动一次，并且要将垫料层上下混合均匀。②水分调节，由于发酵床中垫料水分的自然挥发，垫料水分含量会逐渐降低，但垫料水分降到一定水平后，微生物的繁殖就会受阻或者停止，定期或视垫料水分状况适时补充水分，是保持垫料微生物正常繁殖、维持垫料粪尿分解能力的另一关键因素，垫料合适的水分含量通常为38%～45%，因季节或空气湿度的不同而略有差异，常规补水方式可以采用加湿喷雾补水，也可结合补菌时补水。③疏粪管理，由于牛具有集中定点排泄粪尿的特性，所以发酵床上会出现粪尿分布不均，粪尿集中的地方湿度大，消化分解速度慢，只有将粪尿分散布撒在垫料上（即疏粪管理），并与垫料混合均匀，才能保持发酵床水分均匀一致，并能在较短的时间内将粪尿消化分解干净。通常保育小牛可2～3d进行一次疏粪管理，中大牛应每1～2d进行一次疏粪管理。夏季每天都要进行粪便掩埋，把新鲜的粪便掩埋到20cm以下，避免生蝇蛆。牛粪若集中在一起要人工疏散，把粪便均匀地散开在发酵床上面，埋入秸秆里面，最好每天清理一次，使粪便及时分解。④补菌，定期补充EM益生菌液是维护发酵床正常微生态平衡、保持其粪尿持续分解能力的重要手段。补充EM益生菌最好做到每周一次，按1:（50～100）倍稀释喷洒，一边翻牛床20cm一边喷洒。补菌可结合水分调节和疏粪管理进行。⑤垫料补充与更新，发酵床在消化分解粪尿的同时，垫料也会逐步损耗，及时补充垫料是保持发酵床性能稳定的重要措施。通常垫料减少量达到10%后就要及时补充，补充的新料要与发酵床上的垫料混合均匀，并调节好水分。发酵床垫料的使用寿命有一定期限，日常养护措施到位，使用寿命相对较长，反之则会缩短。当垫料达到使用期限后，必须将其从垫料槽中彻底清出，并重新放入新的垫料，清出的垫料送堆肥场，按照生物有机肥的要求，做好陈化处理，并进行养分、有机质调节后，作为生物有机肥出售。及时更换部分垫料：发酵床养牛床面的温度在25℃，20cm以下是发酵层，温度可以达到50℃左右，表层的湿度在30%，若水分大就会造成秸秆板结、发臭，不能使用，遇到这种现象要及时把垫料清理掉，重新加入新垫料。

4. 云南省发酵床应用

（1）2009~2014年示范推广情况　为了解发酵床饲养保育仔猪的实际效果，张青等（2012）选取日龄和体重接近的60头杜×长×大三元杂交仔猪随机分成2组，分别在同一猪舍发酵床圈栏和普通猪舍圈栏用相同的日粮进行饲养，以比较两种圈栏对猪生长保育性能的影响。结果表明：发酵床圈栏饲养的生长保育猪，其70日龄结束实测体重、试验期日增重和料重比分别为（26.96±3.51)kg、（485±75)g和1.55:1，分别比普通猪舍圈栏饲养的生长保育仔猪增加0.17kg（$P > 0.05$）、提高8g（$P > 0.05$）和降低0.01kg。为了解发酵床饲养育肥猪的实际效果，黄茂盛等（2012）将日龄和体重接近的100头杜×长×大三元杂交仔猪随机分成两组，分别在发酵床和普通猪舍用相同的日粮进行饲养，以比较两种猪舍对猪生长育肥性能的影响。结果表明：发酵床饲养的生长育肥猪，其达100kg体重日龄、30～100kg日增重和料重比分别为（170.67±3.31)d、（731±28)g和2.94:1，分别比普通猪舍饲养的生长育肥猪缩短3.61d（$P < 0.01$）、提高26g（$P < 0.01$）和降低0.17kg，节水效果和经济效益明显。

秦家毅（2014）依据养猪饲料的不同，对比分析了发酵床与水泥地面的养猪效果。选取育肥猪 34 头，体重均在 25～35kg 之间，将 34 头育肥猪随机平均分为观察组和对照组两组，采用同样的饲料配方，对育肥猪进行 3 个月的饲养试验并对比效果，记录 34 头育肥猪的生长情况等。3 个月饲养期结束后，每组抽取 8 头屠宰并检测肉的品质。结果显示，对比试验 3 个月后猪肉的相关特性可知，观察组和对照组的育肥猪各项指标均为正常；同时，观察组猪肉的整体质量明显优于对照组，两组差异对比具有统计学意义（$P < 0.05$）。结果说明：发酵床养猪方案优于水泥地面，能够成为目前养殖业发展的模板，能够确保养猪场的经济效益，对生态环境也有极佳的保护作用。从生产的角度看，发酵床有一定优势；而从环保的角度入手，发酵床养猪是目前值得推广的有效饲养方案之一。

（2）2015~2018 年示范推广情况　蒙自县畜牧兽医局在 2008 年底首次引入生态零排放养殖新模式，并在攀枝花村绍兴养殖场开展新模式养殖试点工作，取得了良好的经济效益、生态效益和社会效益。通过对蒙自县绍兴养殖场、永林养殖场、芷村镇生态零排放养猪项目示范点进行调查，将生态零排放养殖模式与规模化养殖、农村传统散养养殖方式进行对比分析，生态零排放养殖模式在经济效益、生态效益和社会效益方面表现出良好的优越性，弥补了传统养殖方式经济效益无法提高、环境污染严重等的不足。生态零排放相对于规模化养殖技术要求低，农民易于掌握，投资少，饲养规模灵活，易于大面积推广（魏静萍等，2015）。

为了解冬季发酵床饲养保育仔猪的实际效果，张青等（2015）选择日龄和体重接近的 48 头 DLY 三元杂交仔猪随机分成两组，分别在同一猪舍发酵床圈栏和普通猪舍圈栏用相同的日粮进行饲养，以比较两种圈栏对仔猪生长保育性能的影响。结果表明：发酵床圈栏饲养的保育仔猪，其结束实测体重、试验期日增重和料重比分别为（30.38±4.91)kg、（475±87）g 和 1.51：1，分别比普通猪舍圈栏饲养的保育仔猪增加 0.55kg（$P > 0.05$）、提高 22g 和降低 0.07kg，节约用水 4.76%，经济效益提高 4.73%。为了解冬春季节发酵床饲养育肥猪的实际效果，岳虹等（2016）将日龄和体重接近的 48 头 DLY 三元杂交仔猪随机分成两组，分别在发酵床和普通猪舍用相同的日粮进行饲养，以比较两种猪舍对猪生长育肥性能的影响。结果表明：①发酵床饲养的生长育肥猪，其饲养达 100kg 体重日龄、50～100kg 日增重、30～100kg 日增重和料重比分别为（154.35±14.11)d、（892±81）g、（873±66）g 和 3.08：1，分别比普通猪舍饲养的生长育肥猪缩短 3.94 天（差异不显著，$P > 0.05$）、提高 42g（差异显著，$P < 0.05$）、提高 30g（差异不显著，$P > 0.05$）和降低 0.03kg，试验全期头均日耗水量节约用水 12.19%，经济效益提高 3.27%;②发酵床饲养的生长育肥猪，其屠宰前活重、屠宰率、瘦肉率、平均膘厚、眼肌面积分别为 (107.88±2.87)kg、（77.42±1.20)%、（66.93±2.01)%、（2.80±0.25)cm、（49.46±14.19)cm^2，分别比普通猪舍饲养的生长育肥猪多 0.63kg（差异不显著，$P > 0.05$）、高 0.52 个百分点（差异不显著，$P > 0.05$）和 2.08 个百分点（差异不显著，$P > 0.05$）、少 0.11cm（差异不显著，$P > 0.05$）、多 3.88cm^2（差异不显著，$P > 0.05$）；③发酵床饲养的生长育肥猪，其肉质粗蛋白含量、pH 值、大理石纹、熟肉率、失水率、滴水损失分别为（26.53±2.21）%、5.94±0.17、（2.38±1.11）分、（62.61±2.07）%、（30.04±14.99）%、（3.95±1.97）%，分别比普通猪舍饲养的生长育肥猪低 0.05 个百分点、低 0.14（差异不显著，$P > 0.05$）、少 0.25 分（差异不显著，$P > 0.05$）、少 0.19 分（差异不显著，$P > 0.05$）、高 7.15 个百分点（差异不显著，$P > 0.05$）、高 0.82 个百分点（差异不显著，$P > 0.05$）。

干撒式发酵床饲养盐津乌骨鸡是一种新型的健康养殖方式，它利用全新的自然农业理念和微生物发酵技术，实现养鸡零排放、无臭气，缓解规模养鸡场的环境污染问题，是一种全新的低能耗、环保养鸡方式。与常规水泥地面饲养方式相比，发酵床养殖模式可显著改善鸡舍环境和鸡的福利状况，有利于盐津乌骨鸡健康生长，并改善生产性能和鸡肉品质，其安全性和经济性优势明显，应用前景广阔（武祥飞等，2016）。

5．重庆市发酵床应用

微生物发酵床养猪技术的出现和推广，改变了现有的养猪模式，在一些科学试验及实际生产中得出了高效益、低污染、省劳力等结论，同样也出现了费时、费力、高成本等说法（王露和郭宗义，2009）。

张邑帆等（2012）根据微生物之间的相互协同作用原理，对分离纯化的微生物进行相容性试验，获得6株相容性较好的微生物。将它们按照不同比例组成复合功能菌剂，通过检测脱氢能力、淀粉分解能力和纤维素分解能力，筛选出高效微生物发酵菌剂 V，其比例为：细菌：除臭菌：乳酸菌：纤维素菌：放线菌：酵母菌=15：15：15：25：15：15。该研究对发酵床垫料中菌种的本土化进行了有益探索。钟成华等（2012）采用稀释平板涂布法和平板划线法，从长期堆放鸡粪的土壤中分离出3株酵母菌、3株放线菌和2株光合细菌；从发霉的馒头上分离出2株黑曲霉。通过模拟发酵床养鸡技术，采用日本6级恶臭强度法，经过9d的发酵，最终筛选出4株除臭效果较好的菌株为酵 1#、放 1#、光 2# 和黑 1#。

肉鹅发酵床养殖技术是基于鹅排泄物管理而发展的一种新型养殖技术。韩青等（2014）结合在重庆市荣昌县的肉鹅发酵床养殖研究与实践，从发酵床制作、管理、效果分析等方面进行了阐述。研究利用锯末、矿物质等材料制作的垫料的发酵床养殖肉鹅的效果，并初步比较了添加锯末和稻草秸秆以及不同菌种发酵床养殖肉鹅的差异，发现利用发酵床养殖肉鹅确实能够起到消除粪便对环境的污染、减少有害气体排放的作用，但对于料肉比及增重没有显著影响。

李琴等（2015）研究了不同饲养方式对 $2 \sim 10$ 周龄四川白鹅肉鹅生长性能、羽毛生长及腿部健康的影响。采用单因素试验设计，设放养组（NGR）、网床组（NR）、发酵床组（LR）3种饲养模式。选择432只体重相近、健康的14日龄四川白鹅肉鹅，随机分成3组，每组6个重复，每个重复24只，公母各占1/2。试验期为56d。在试验第70日龄时，进行体重、耗料、主翼羽发育测定及步态和脚垫损伤评分，同时每组挑选12只体重接近各组平均体重的试验鹅，进行屠宰试验。结果表明：饲养方式对试验鹅末重、平均日增重、平均日采食量有显著或极显著的影响（$P < 0.05$ 或 $P < 0.01$），依次为：发酵床组＞网床组＞放养组；发酵床组试验鹅屠体率、半净膛率、腹脂率、心脏指数显著高于放养组（$P < 0.05$），放养组头率极显著高于网床组和发酵床组（$P < 0.01$）、脚率极显著高于发酵床组（$P < 0.01$），放养组腺胃指数显著高于网床组（$P < 0.05$）；放养组主翼羽平均长度显著低于发酵床组（$P < 0.05$），平均宽度、宽度／长度平均值均极显著高于网床组和发酵床组（$P < 0.01$），羽毛评分极显著低于网床组和发酵床组（$P < 0.01$），网

床组 100 根正羽重显著高于发酵床组（$P < 0.05$）；发酵床组步态评分显著低于网床组（$P < 0.05$），脚垫评分显著低于网床组和放养组（$P < 0.05$）。由此可见，采用网床饲养能够提高四川白鹅肉鹅生长性能，放养有助于改善肉鹅的羽毛生长及健康状况，而发酵床饲养则有助于改善肉鹅腿部、脚垫健康。

为评估微生态发酵床养猪技术在生产中的安全性，郭定章等（2017）在某养猪场分别采集发酵床的表层、中层、深层垫料样品，对其中的大肠杆菌进行分离、鉴定，并进行小白鼠致病性试验。结果显示：从发酵床垫料中分离到的 6 株大肠杆菌都具有致病性，可见微生态发酵床养猪模式存在一定的安全隐患。

参考文献

Adam C,Hogan J A.2005.The development of feather pecking in Burmese red jungle fowl: the influence of early experience with exploratory-rich environment [J].Appl Anim Behav Sci,93:283-294.

Albuquerque L,Simões C,Nobre M F,Pino N M,Battista J R,Silva M T,Rainey F A,da Costa M S.2005.*Truepera radiovictrix* gen.nov.sp.nov.,a new radiation resistant species and the proposal of Trueperaceae.fam.nov.[J].FEMS Microbiol Lett,247(2):161-169.

Ali M A,E I Zubeir I E,Fadel Elseed A M.2014.Aflatoxin M1 in raw and imported powdered milk sold in Khartoum state,Sudan [J].Food Addit Contam Part B Surveill,7(3):208-212.

Amann R L,Ludwig W,Schleiffer K H.1995.Phylogenetic identification and in situ detection of individual microbial cells without cultivation [J].Microbiol Rev,59(1):143-169.

Antony R,Krishnan K P,Laluraj C M,Thamban M,Dhakephalkar P K,Engineer A S,Shivaji S.2012.Diversity and physiology of culturable bacteria associated with a coastal Antarctic ice core [J].Microbiol Res,167(6):372-380.

Bandh S A,Kamili A N,Ganai B A.2012.Identification of some *Aspergillus* species isolated from Dal Lake,Kashmir by traditional approach of morphological observation and culture [J].Afr J Microbiol Res,6(29):5824-5827.

Barberán A,Henley J,Fierer N,Casamayor E O.2014.Structure,inter-annual recurrence,and global-scale connectivity of airborne microbial communities [J].Sci Total Environ,487(14):187-195.

Bardgett R D,Hobbs P J,Frostegård Å.1996.Changes in soil fungal: bacterial biomass ratios following reductions in the intensity of management of upland grassland [J].Biol Fert Soils,22(3):261-264.

Beattie V E,Walker N,Sneddon I A.1996.An investingation of the effect of environmental enrichment and space allowance on the behavior and production of growing pigs [J].Appl Anim Behav Sci,48:151-158.

Bejelloun T Z, Sanainettip P J,Parsot C.1995.*SepA*,the major extracellular protein of *Shigella flexneri*:autonomous secretion and involvement in tissue invasion [J].Mol Microbiol,17(1): 123-135.

Bernardet J F,Segers P,Vancanneyt M,Berthe F C J,Kersters K,Vandamme P.1996.Cutting a gordian knot:emended classification and description of the genus *Flavobacterium*,emended description of the Family Flavobacteriaceae,and proposal of *Flavobacterium hydatis* nom.nov.(Basonym,Cytophaga aquatilis Strohl and Tait 1978)[J].Int J Syst Bacteriol,46(1):128-148.

Blum G,Perkhofer S,Grif K,Mayr A,Kropshofer G,Nachbaur D,Kafka-Ritsch R,Dierich MP,Lass-Flörl C.2008.A 1-year *Aspergillus terreus* surveillance study at the university hospital of Innsbruck:molecular typing of environmental and clinical isolates[J].Clin Microbiol Infect,14:1146-1151.

Boerlin P,Rebeccah T,Carlton I.2005.Antimicrobial resistance and virulencegenes of *Escherichia coli* isolates from swine in Ontario [J].Appl Environ Microbial,71(11):6753-6761.

Bonneau M,Dourmad J Y,Lebret B,Meunier-Salaün M C,Espagnol S,Salaün Y,Van Der Werf H.2008.Evaluation globale des systèmes de production porcine et leur optimisation au niveau de l'exploitation [J].INRA Prod Anim,21:367-386.

Borg B S,Libal G M,Wahlstrom R C.1987.Tryptophan and threonine requirements of young pigs and their effects on serum calciu,phosphorus and zinc concentrations [J].J Anim Sci,64(8):1070-1078.

Boschker H T S,Middelburg J J.2002.Stable isotopes and biomarkers in microbial ecology [J].FEMS Microbiol Ecol,40：85-95.

Bowman J P,Nichols C M,Gibson J A.2003.*Algoriphagus ratkowskyi* gen.nov.sp.nov.*Brumimicrobium glaciale* gen.nov.sp.nov.*Cryomorpha ignava* gen.nov.sp.nov.and *Crocinitomix Catalasitica* gen.nov.sp.nov.novel flavobacteria isolated from various polar habitats[J].Int J Syst Evol Microbiol,53(5)：1343-1355.

Bracke M B M,Zonderland J J,Lenskens P,Schouten W G P,Vermeer H,Spoolder H A M,Hendriks H J M,Hopster H.2006.Formalised review of environmental political decision making [J].Appl Anim Behav Sci,98:165-182.

Breulmann M,Masyutenko N P,Kogut B M.2014.Short-term bioavailability of carbon in soil organic matter fractions of different particle sizes and densities in grassland ecosystems [J].Sci Total Environ,497-498：29-37.

Calderón F J,Jackson L E,Scow K M,Rolston D E.2000.Microbial responsesto simulated tillage in cultivated and uncultivated soil [J].Soil Biol Biochem,32(11):1547-1559.

Chan D K O,Chaw D,Christina Y Y L.1994.Management of the sawdust litter in the 'pig-on-litter' system of pig waste treatment [J].Resour Conserv Recy,11:51-72.

Chen F Y,Zhang C,Jia X,Wang S,Wang J,Chen Y,Zhao J,Tian S,Han X,Han L.2015a.Transcriptome profiles of human lung epithelial cells A549 interacting with *Aspergillus fumigates* by RNA-Seq [J].PLoS ONE,10(8):e0135720.

Chen Q Q,Liu B,Wang J P,Che J M,Liu G H,Guan X.2017.Diversity and dynamics of the bacterial community involved in pig manure biodegradation in amicrobial fermentation bed system [J].Ann Microbiol,67:491-500.

Chen X H,Deng Y C,Zhong B Y,Hao F.2015b.*Aspergillus fumigates* diffusates suppress polymorphonuclear neutrophil phagocytic functions and respiratory burst levels in hematopoietic stem cell transplantation patients [J].Genet Mol Res,14(3):9233-9243.

Collin A,Van Milgen J,Le Dividich J.2001.Modelling the effect ofhigh,constant temperature on food intake in young growing pigs [J].Anim Sci,72：519-527.

Dawkins M,Webster S.2000.The post weaning behavior of indoor-bred and outdoor-bred pig [J].Anim Sci,71(2):265-271.

Deininger A,Tamm M,Krause R,Sonnenberg H.2000.Penetration resistance and water-holding capacity of differently conditioned straw for deep litter housing systems [J].Agri Engng Res,77(3)：335-342.

Dellaporta S L,Wood J,Hicks J B.1983.A plant DNA minipreparation：version Ⅱ [J].Plant Biol Rep,1(4):19-21.

Demoling A L,Bååth E.2008.Use of pollution-induced community tolerance of the bacterial community to detect phenol toxicity in soil [J].Environ Toxicol Chem,27(2):334-340.

Diaz-Ravina M,Bååth E.1996.Development of metal tolerance in soil bacterial communities exposed to experimentally increased metal levels [J].Appl Environ Microbiol,62(8)：2970-2977.

Dong H M,Tao X,Lin J,Li Y,Xin H.2001.Comparative evaluation of cooling systems for farowing sows [J].Appl Eng Agr,17(1):91-96.

Dubey S K,Tripathi A K,Upadhyay S N.2006.Exploration of soil bacterial communities for their potential as bioresource [J].Bioresour Technol,97(17):2217-2224.

Dutkiewicz J,Pomorski Z J H,Sitkowska J,Krysińska-Traczyk E,Skórska C,Prażmo Z,Cholewa G,Wójtowicz H.1994. Airborne microorganisms and endotoxin in animal houses [J].Grana,33(2):85-90.

Eddie A E B,Koene P.2003.Behavior of fast-and slow growing broilers to 12 weeks of age and the physical consequences

[J].Appl Anim Behav Sci,81:59-72.

Edgar R C.2013.UPARSE:Highly accurate OTU sequences from microbial amplicon reads [J].Nat Methods,10(10):996-998.

Elliott L F,McCalla T M,Deshazer J A.1976.Bacteria in the air of housed swine units [J].App Environ Microbiol,32(2):270-273.

Eo J,Park K C,Kim M H.2015.Plant-specific effects of sunn hemp (*Crotalaria juncea*) and sudex (*Sorghum bicolor* × *Sorghum bicolor* var.*sudanense*) on the abundance and composition of soil microbial community [J].Agr Ecosys Environ,213：86-93.

Felsenstein J.1985.Confidence limits on phylogenies：an approach using the bootstrap [J].Evolution,39:783-791.

Fouts D E,Szpakowski S,Purushe J,Torralba M,Waterman R C,MacNeil M D,Alexander L J,Nelson K E.2012.Next generation sequencing to define prokaryotic and fungal diversity in the bovine rumen [J].Plos One,7(11):e48289.

Fraser D,Phillips P A,Thompson B K,Tennessen T.1991.Effect of straw on the behaveior of growing pigs [J].Appl Anim Behav Sci,30：307-318.

Fraterrigo J M,Balser T C,Turner M G.2006.Microbial community variation and its relationship with nitrogen mineralization in historically altered forests [J].Ecology,87(3)：570-579.

Frostegård A,Tunlid A,BaatI E.1993.Phospholipid fatty acid composition,biomass,and activity of microbial communities from two soil types experimentally exposed to diferent heavy metals [J].Appl Environ Microbiol,59:3605-3617.

Garland J L,Mills A L.1991.Classification and characterization of heterotrophic microbial communities on the basis of patterns of community-level sole-carbo-source utilization [J].Appl Environ Microbiol,57(8):2351-2359.

Ghani M,Ansari A,Aman A,Zohra R R,Siddiqui N N,Qader S A.2013.Isolation and characterization of different strains of *Bacillus licheniformis* for the production of commercially significant enzymes [J].Pak J Pharm Sci,26(4):691-697.

Gong C M,Inoue K,Inanaga S,Someya T.2005.Survival of pathogenic bacteria in compost with special reference to *Escherichia coli* [J].J Environ Sci,17(5)：770-774.

Groenestein C M,Van Faassent H G.1996.Volatilization of ammonia，nitrous oxide and nitric oxide in deep-litter systems of fattening pigs [J].J Agric Eng Res,65(4):269-274.

Hackl E,Pfeffer M,Donat C,Bachmann G,Zechmeister-Boltenstern S.2005.Composition of the microbial communities in the mineral soil under different types of natural forest [J].Soil Biol Biochem,37(4):661-671.

Hamman S T,Burke I C,Stromberger M E.2007.Relationships between microbial community structure and soil environmental conditions in a recently bursned system [J].Soil Biol Biochem,39(7)：1703-1711.

Hassanein R,Sawada T,Kataoka Y,gadallah A,Suzuki Y,Takagi M,Yamamoto K.2003.Pathogenicity for mice and swine of *Erysipelothrix* isolates from the tonsils of healthy cattle [J].Vet Microbiol,91(2-3):231-238.

Hill G T,Mitkowski N A,Aldrich-Wolfe L,Emele L R,Jurkonie D D,Ficke A,Maldonado-Ramirez S,Lynch S T,Nelson EB.2000.Methods for assessing the composition and diversity of soil microbial communities [J].Appl Soil Ecol,15:25-36.

Hong S B,Kim D H,Park I C,Samson R A,Shin H D.2010.Isolation and identification of *Aspergillus* section fumigati strains from arable soil in Korea [J].Mycobiology,38(1):1-6.

Hoy S,müller K,Willig R.1997.Investigations on the concentration and emission of ammonia and nitrous oxide in various deep litter keeping systems for fattening pigs and in slatted floor keeping [J].Berl Munch Tierarztl Wochenschr,110(3):90-95.

Hubka V,Kolarik M,Kubatova A,Peterson S W.2013.Taxonomic revision of *Eurotium* and transfer of species to *Aspergillus* [J].Mycologia,105(4)：912-937.

Jankowska-Mąkosa A,Knecht D.2015.The influence of endoparasites on selected production parameters in pigs in various housing systems [J].Res Vet Sci,100:153-160.

Jiang W J,Liang P,Wang B Y,Fang J H,Lang J D,Tian G,Jiang J K,Zhu T F.2015.Optimized D N A extraction and metagenomic sequencing of airborne microbial communities [J].Nat Protoc,10(5)：768-779.

Jukes T H,Cantor C R.1969.Evolution of protein molecules.*In*:Munro H N.(ed)Mammalian Protein Metabolism,vol.3 [M].New York：Academic Press：21-132.

Juneja V K,Foglia T A,Marmer B S.1998.Heat resistance and fatty acid composition of *Listeria monocytogenes*：effect of pH,acidulant,and growth temperature [J].J Food Prot,61(6)：683-687.

Juni E,Heym G A.1986.*Psychrobacter immobilis* gen.nov.sp.nov.:genospecies composed of gram-negative,aerobic,oxidase-positive Coccobacilli [J].Int J Syst Bacteriol,36(3):388-391.

Kaufmann R,Heller W,Bieri M.1997.Nutrient balance in the biological-bed system for fattening pigs [J].Agrarforschung,4(1):25-28.

Kazuyo F,Hong S Y,Yeon Y J,Joo J C,Yoo Y J.2014.Enhancing the activity of *Bacillus circulans* xylanase by modulating the flexibility of the hinge region [J].J Ind Microbiol Biotechnol,41(8):1181-1190.

Khalil A I,Beheary M S,Salem E M.2001.Monitoring of microbial population and their cellulolytic activities during the composting of municipal solid waste [J].W J Microbiol Biotech,17：155-161.

Kieft T L,Ringelberg D B,White D C.1994.Changes in ester-linked PLFA profiles of subsurface bacteria during starvation and desiccation in a porous medium [J].Appl Environ Microbiol,60(9)：3292-3299.

Kim J J,Jin H M,Lee H J,Jeon C O,Kanaya E,Koga Y,Takano K,Kanaya S.2011.*Flavobacterium banpakuense* sp.nov.,isolated from leaf-and-branch compost [J].Int J Syst Evol Microbiol,61(Pt 7):1595-1600.

Kim O S,Cho Y J,Lee K,Yoon S H,Kim M,Na H,Park S C,Jeon Y S,Lee J H,YiH,Won S,Chun J.2012.Introducing EzTaxon-e：a prokaryotic 16S rRNA Gene sequence database with phylotypes that represent uncultured species [J].Int J Syst Evol Microbiol,62:716-721.

Klamer M,Bååth E.1998.Microbial community dynamics during composting of straw material studied using phospholipid fatty acid analysis [J].FEMS Microb Ecol,27(1):9-20.

Klich M A.2002. *Aspergillus fumigatus*.In：Identification of common *Aspergillus* species [M].Utrecht：Centraalbureau voor Schimmelcultures,The Netherlands：50-51.

Knecht D,Popiołek M,Zaleśny G.2011.Does meatiness of pigs depend on the level of gastro-intestinal parasites infection? [J].Prev Vet Med,99(2-4):234-239.

Koji N,Norihisa N,Kazunori W.2002.Cloning and characterization of a novel chromosomal drug efflux gene in *Staphylococcus aureus* [J].Biol Pharm Bull,25(12)：1533-1536.

Kourtev P S,Ehrenfeld J G,Häggelom M.2002.Exotic plant species alter the microbial community structure and function in the soil [J].Ecology,83(11):3152-3166.

Kristiansen A,Pedersen K H,Nielsen P H,Nielsen L P,Nielsen J L,Schramm A.2011.Bacterial community structure of a full-scale biofilter treating pig house exhaust air[J].Syst Appl Microbiol,34(5):344-352.

Kumar E V,Srijana M,Kumar K K,Harikrishna N,Reddy G.2011.A novel serine alkaline protease from *Bacillus altitudinis* GVC11 and its application as a dehairing agent [J].Bioprocess Biosyst Eng,34(4)：403-409.

Kuwayama M,Shigemoto N,Oohara S,Tanizawa Y,Yamada H,Takeda Y,Matsuo T,Fukuda S.2011.Simultaneous detection of virulence factors from a colony in diarrheagenic *Escherichia coli* by a multiplex PCR assay with Alexa Fluor-labeled primers [J].J Microbiol Methods,86(1):119-120.

LaMontagne M G,Michel Jr F C,Holden P A,Reddy C A.2002.Evaluation of extraction and purification methods for obtaining PCR-amplifiable DNA from compost for microbial community analysis [J].Microbiol Methods,49:255-264.

Langille M G,Zaneveld J,Caporaso J G,McDonald D,Knightsd,Reyes J A,Clemente J C,Burkepile D E,Vega Thurber R L,Knight R,Beiko R G,Huttenhower C.2013.Predictive functional profiling of microbial communities using 16S rRNA marker gene sequences[J].Nat Biotechnol,31(9):814-821.

Le P D,Aarnik A J A,Ogink N W M,Becker P M,Verstegen M W A.2005.Odour from animal production facilities：its relationship to diet [J].Nutr Res Rev,18(1):3-30.

Leconte M C,Mazzarino M J,Satti P,Crego M P.2011.Nitrogen and phosphorus release from poultry manure composts：the role of carbonaceous bulking agents and compost particle sizes [J].Biol Fert Soils,47(8):897-906.

Lee C C,Smith M,Kibblewhite-Accinelli R E,Williams T G,Wagschal K,Robertson G H,Wong D W S.2006.Isolation and characterization of a cold-active xylanase enzyme from *Flavobacterium* sp.[J].Curr Microbiol,52(2):112-116.

Lee S,Ka J O,Song H G.2012.Growth promotion of *Xanthium italicum* by application of rhizobacterial isolates of *Bacillus aryabhattai* in microcosm soil [J].J Microbiol,50(1):45-49.

Li Y,Wang X F,Wang X Q,Wang J J,Zhao J C.2020.Life-long dynamics of the swine gut microbiome and their implications in probiotics development and food safety [J].Gut Microbes,11(6):1824-1832.

Libert X,Chasseur C,Bladt S,Packeu A,Bureau F,Roosens N H,De Keersmaecker S C J.2015.Development and performance assessment of a qualitative SYBR® green real-time P C R assay for the detection of *Aspergillus versicolor* in indoor air [J].Appl Microbiol Biotechnol,99(17):7267-7282.

Liu B R,Jia G M,Chen J,Wang G.2006.A review of methods for studying microbial diversity in soils [J].Pedosphere,16:18-24.

Louhelainen K,Kangas J,Veijanen A,Viilos P.2001.Effect of in situ composting on reducing offensive odors and volatile organic compounds in swineries [J].AIHA J,62(2):159-167.

Madhuri A,Nagaraju B,Harikrishna N,Reddy G.2012.Production of alkaline protease by *Bacillus altitudinis* GVC11 using castor husk in solid-state fermentation [J].Appl Biochem Biotechnol,167(5)：1199-1207.

Margesin R,Hämmerle M,Tscherko D.2007.Microbial activity and community composition during bioremediation of diesel-oil-contaminated soil：effects of hydrocarbon concentration,fertilizers,and incubation time [J].Microbiol Ecol,53(2)：259-269.

Marschner P,Kandeler E,Marschner B.2003.Structure and function of the soil microbial community in a long-term fertilizer experiment [J].Soil Biol Biochem,35(3)：453-461.

Masclaux F G,Sakwinska O,Charrière N,Semaani E,Oppliger A.2013.Concentration of airborne Staphylococcus aureus (MRSA and MSSA),total bacteria,and endotoxins in pig farms [J].Ann Occup Hyg,57(5):550-557.

Masella A P,Bartram A K,Truszkowski J M,Brown D J,Neufeld J D.2012.PANDAseq：paired-end assembler for illumina sequences [J].BMC Bioinformatics,13:31.

Masood A,Stark K D,Salem N Jr.2005.A simplified and efficient method for the analysis of fatty acid methyl esters suitable for large clinical studies [J].J Lipid Res,46(10)：2299-2305.

Matte J J.1993.A note on the effect of deep-litter housing on growth performance of growing-finishing pigs [J].Can J Anim Sci,73(3):643-647.

McCarthy C M,Murray L.1996.Viability and metabolic features of bacteria indigenous to a contaminated deep aquifer [J].Microbiol Ecol,32(3)：305-321.

Mcdaniels A E,Rice A L.1996.Confirmational identification of *Escherichia coli*：a comparison of genotypic and penotypic assays for glutamate decarboxylase and *β*-D-glucuronidase [J].Appl Environ Microbiol,62:3350-3354.

McDonald D,Price M N,Goodrich J,Nawrocki E P,DeSantis T Z,Probst A,Andersen G L,Knight R,Hugenholtz P.2012. An improved Green genes taxonomy with explicit ranks for ecological and evolutionary analyses of bacteria and archaea [J].ISMEJ,6：610-618.

Medeiros P M,Fernandes M F,Dick R P,Simoneit B R T.2006.Seasonal variations in sugar contents and microbial community in a ryegrass soil [J].Chemosphere,65(5):832-839.

Merilä P,Malmivaara-Lämsä M,Spetz P,Stark S,Vierikko K,Derome J,Fritze H.2010.Soil organic matter quality as a link between microbial community structure and vegetation composition along a successional gradient in a boreal forest [J].Appl Soil Ecol,4(2)：259-267.

Mitloehner F M,Schenker M B.2007.Environmental exposure and health effects from concentrated animal feeding operations[J].Epidemiology,18(3):309-311.

Moche M,Gutknecht J,Schulz E.2015.Monthly dynamics of microbial community structure and their controlling factors in three floodplain soils [J].Soil Biol Biochem,90：169-178.

Modi D A,Farrell J J,Sampath R,Bhatia N S,Massire C,Ranken R,Bonomo R A.2012.Rapid identification of *Aspergillus terreus* from bronchoalveolar lavage fluid by PCR and electrospray ionization with mass spectrometry[J].J Clin Microbiol,50(7):2529-2530.

Morrison R S,Hemsworth P H,Cronin G M,Campbell R G.2003.The social and feeding behaviour of growing pigs in deep-litter,large group housing systems [J].Appl Ani Behav Sci,82:173-188.

Morrison R S,Johnston L J,Hilbrands A M.2007.The behavior,welfare,growth performance and meat quality of pigs housed in a deep-litter,large group housing system compared to a conventional confinement system [J].Appl Ani Behav Sci,103(1-2):12-24.

Mukherjee S,Das P,Sivapathasekaran C,Sen R.2009.Antimicrobial biosurfactants from marine *Bacillus circulans*：extracellular synthesis and purification [J].Lett Appl Microbiol,48(3):281-288.

Müller K D,Weischer T,Schettler D,Ansorg R.1998.Characterization of the periodontal microflora by the fatty acid profile of the broth grown microbial population [J].Zentralbl Bakteriol,288(4):441-449.

Murata T,Kanao K M,Takamatsu T.2005.Effects of Pb,Cu,Sb,In and Ag contamination on the proliferation of soil bacterial colonies,soil dehydrogenase activity,and phospholipids fatty acid profiles of soil microbial communities [J].Water Air Soil Poll,164(1/4):103-118.

Nasri T,Hedayati M T,Abastabar M,Pasqualotto A C,Armaki M T,Hoseinnejad A,Nabili M.2015.PCR-RFLP on β-tubulin gene for rapid identification of the most clinically important species of *Aspergillus* [J].J Microbiol Methods,117：144-147.

Neufeld J D,Dumont M,Vohra J,Murrell J C.2007.Methodological considerations for the use of stable isotope probing in microbial ecology [J].Microbiol Ecol,53(3)：435-442.

Nyongesa B W,Okoth S,Ayugi V.2015.Identification key for *Aspergillus* species isolated from maize and soil of Nandi County,Kenya [J].Adv Microbiol,5:205-229.

Oberauner L,Zachow C,Lackner S,Högenauer C,Smolle K H,Berg G.2013.The ignored diversity:complex bacterial communities in intensive care units revealed by 16S pyrosequencing [J].Sci Rep,3(3):1413.

Ogram A,Sayler G S,Barkay T.1987.The extraction and purification of microbial DNA from sediments [J].Microbid Metods,7:57-61.

Okwumabua O,O'Connor M,Shull E.2003.A polymerase chain reaction (PCR) assay specific for *Streptococcus suis* based on the gene encoding the glutamate dehydrogenase [J].FEMS Microbiol Lett,218(1)：79-84.

Osmani S A,Mirabito P M.2004.The early impact of genetics on our understanding of cell cycle regulation in *Aspergillus nidulans* [J].Fungal Genet Biol,41(4):401-410.

Pant H K,Warman P R.2000.Enzymatic hydrolysis of soil organic phosphorus by immobilized phosphatases [J].Biol Fert Soil,30：306-311.

Paul F K,Josephine Y A.2004.Bacterial diversity in aquatic and other environments：what 16S rDNA libraries can tell us [J].FEMS Microbiol Ecol,47:161-177.

Persand K,Dodd G.1982.Analysis of discrimination mechanisms in the mammalian olfactory system using a model nose [J].Nature,299:352-355.

Piccolo A.2002.The supramolecular structure of humic substances：A novel understanding of humus chemistry and implications in soil science [J].Adv Agron,75:57-134.

Pitt J I,Samson R A.2000.Integration of modern taxonomic methods for *Penicillium* and *Aspergillus* classification [M]. Reading:Hardwood Academic Publishers,UK:51-72.

Ponder Jr F,Tadros M.2002.Phospholipid fatty acids in forest soil four years after organic matter removal and soil compaction [J].Appl Soil Ecol,19:173-182.

Popoff M Y,Bockemuhl J,Gheesling L L.2004.Supplement 2002 (no.46) to the Kauffmann-White scheme [J].Res Microbiol,155(7)：568-570.

Porebski S,Bailey L G,Bernard R.1997.Modification of a CTAB DNA extraction protocol for plants containing high polysaccharide and polyphenol components [J].Plant Mol Bio Rep,15(1):8-15.

Prakasham R S,Hymavathi M,Rao C S,Arepalli S K,Rao J V,Kennady P K,Nasaruddin K,Vijayakumar J B,Sarma P N.2010.Evaluation of antineoplastic activity of extracellular asparaginase produced by isolated *Bacillus circulans* [J].Appl Biochem Biotechnol,160(1):72-80.

Puglisi E,Nicelli M,Capri E,Trevisan M,Del Re AAM.2005.A soil alteration index based on phospholipid fatty acid [J].Chemosphere,6(11):1548-1557.

Quast C,Pruesse E,Yilmaz P,Gerken J,Schweer T,Yarza P,Peplies J,Glöckner FO.2013.The SILVA ribosomal RNA gene database project:improved data processing and web-based tools [J].Nucleic Acids Res,41(Database issue):590-596.

Rahman M,Bora J R,Sarma A K,Roychoudhury R,Borgohain A.2015.Effect of deep litter housing and fermented feed on carcass characteristics and meat quality of crossbred Hampshire pigs [J].Vet World,8(7):881-887.

Rao C S,Madhavendra S S,Rao R S,Hobbs P J,Prakasham R S.2008.Studies on improving the immobilized bead reusability and alkaline protease production by isolated immobilized *Bacillus circulans* (MTCC 6811) using overall evaluation criteria [J].Appl Biochem Biotechnol,150(1):65-83.

Rasmussen M A,Madsen S M,Stougaard P,Johnsen M G.2008.*Flavobacterium* sp.strain 4221 and *Pedobacter* sp.strain 4236 beta-1,3-glucanases that are active at low temperatures.[J].Appl Environ Microbiol,74(22):7070-7072.

Ren G,Xu X,Qu J,Zhu L P,Wang T T.2016.Evaluation of microbial population dynamics in the co-composting of cow manure and rice straw using high throughput sequencing analysis [J].W J Microbiol Biotechnol,32(6):1-11.

Rosebrough R W,Steel N C,McMurtry J P.1983.Effect of protein level and supplemental lysine on growth and urea cycle enzyme activity in the pig [J].Growth,47(4):348-360.

Ruess L,Chamberlain P M.2010.The fat that matters：soil food web analysis using fatty acids and their carbon stable isotope signature [J].Soil Biol Biochem,42(11)：1898-1910.

Saetre P,Bååth E.2000.Spatial variation and patterns of soil microbial community structure in a mixed spruce-birch stand [J].Soil Biol Biochem,32：909-917.

Saitou N,Nei M.1987.The neighbor-joining method：a new method for reconstructing phylogenetic trees [J].Mol Biol Evol,4:406-425.

Samson R A,Pitt J I.1985.Advances in *Penicillium* and *Aspergillus* systematic [M].New York：Plenum Press.

Schauss T,Busse H J,Golke J,Kämpfer P,Glaeser S P.2016.*Moheibacter stercoris* sp.nov isolated from an input sample of a German biogas plant [J].Int J Syst Evol Microbiol,66(7):2585-2591.

Schloss P D,Westcott S L,Ryabin T,Hall J R,Hartmann M,Hollister E B,Lesniewski R A,Oakley B B,Parks D H,Robinson C J,Sahl J W,Stres B,Thallinger G G,Van Horn D J,Weber C F.2009.Introducing mothur：open-source,platform-independent,community-supported software for describing and comparing microbial communities [J].Appl Environ Microbiol,75(23):7537-7541.

Schulz J,Formosa L,Seedorf J,Hartung J.2011.Measurement of culturable airborne staphylococci downwind from a naturally ventilated broiler house [J].Aerobiologia,27(4):311-318.

Segata N,Izard J,Waldron L,Gevers D,Miropolsky L,Garrett W S,Huttenhower C.2011.Metagenomic biomarker discovery and explanation [J].Genome Biol,12(6)：R60.

Seiler H,Schmidt V,Wenning M,Scherer S.2012.*Bacillus kochii* sp.nov.,isolated from foods and a pharmaceuticals manufacturing site [J].Int J Syst Evol Microbiol,62(Pt 5):1092-1097.

Steger K,Jarvis A,Smårs S,Sundh I.2003.Comparison of signature lipid methods to determine microbial community structure in compost [J].J Microbiol Methods,55(2)：371-382.

Syakti A D,Nerini D,Mazzella N,Guiliano M,Doumenq P.2006.Phospholipid fatty acid of a marine sedimentary microbial community in a laboratory microcosm：response to petroleum hydrocarbon contamination [J].Org Geochem,37(11):1617-1628.

Tam N F Y,Tiquia S M.1994.Assessing toxicity of spent pig litter using a seed germination technique [J].Resour Conserv Recy,11(1-4):261-274.

Tam N F Y,Vrijmoed L L P.1993.Effects of the inoculum size of a commercial bacterial product and the age of sawdust bedding on pig waste decomposition in a pig-on-litter system [J].Waste Manag Res,11(2):107-115.

Tam N F Y,Wong Y S.1995.Spent pig litter as fertilizer for growing vegetables [J].Biores Technol,53(2)：151-155.

Tam N F Y.1995.Changes in microbiological properties during in-situ composting of pig manure [J].Environ Technol,16(5):445-456.

Tamura K,Stecher G,Peterson D,Filipski A,Kumar S.2013.MEGA6:Molecular evolutionary genetics analysis version 6.0 [J].Mol Biol Evol,30:2725-2729.

Tan W,Cong H,Chen C,Liang B,Wang A J.2016.Bioaugmentation of activated sludge with elemental sulfur producing strain *Thiopseudomonas denitrificans*,X2 against nitrate shock load [J].Bioresour Technol,220:647-650.

Tan W,Jiang Z,Chen C,Yuan Y,Gao L F,Wang H F,Cheng J,Li W J,Wang A J.2015.*Thiopseudomonas denitrificans* gen. nov.sp.nov.isolated from anaerobic activated sludge [J].Int J Syst Evol Microbiol,65(1):225-238.

Tarah S S,Mary E S,Mark W P.2006.Parallel shifts in plant and soil microbial communities in response to biosolids in a semi-arid grassland [J].Soil Biol Biochem,38:449-459.

Tatiana K,Susan C,Weir E.2007.Genetic relatedness of *Escherichia coli* isolates in interstitial water from a Lake Huron (Canada) beach [J].Appl Environ Microbiol,73(6):1961-1967.

Techtmann S M,Fortney J L,Ayers K A,Joyner D C,Linley T D,Pfiffner S M,Hazen T C.2015.The unique chemistry of eastern Mediterranean water masses selects for distinct microbial communities by depth [J].PLoS One,10(3):e0120605.

Thompson J D,Gibson T J,Plewniak F,Jeanmougin F,Higgins D G.1997.The CLUSTAL_X windows interface：flexible strategies for multiple sequence alignment aided by quality analysis tools [J].Nucleic Acids Res,25:4876-4882.

Tiquia S M,Tam N F Y,Hodgkiss I J.1997.Effects of turning frequency on composting of spent pig-manure sawdust litter [J].Bioresource Technol,(62):37-42.

Tiquia S M,Tam N F Y,Hodgkiss I J.1997a.Effects of bacterial inoculum and moisture adjustment on composting of pig manure [J].Environ Pollut,96(2):161-171.

Tiquia S M,Tam N F Y,Hodgkiss I J.1997b.Effects of turning frequency of composting of spent pig-manure sawdust litter [J].Biores Technol,62(1/2):37-42.

Tiquia S M,Tam N F Y.1998a.Composting pig manure in Hong Kong [J].BioCycle,39(2):78-79.

Tiquia S M,Tam N F Y.1998b.Composting of spent pig litter in turned and forced-aerated piles [J].Environ Pollut,99(3):329-337.

Tiquia S M,Wan J H C,Tam N F Y.2002.Microbial population dynamics and enzyme activities during composting [J]. Compost Sci Utiliz,10(2)：150-161.

Tomita M,Kikuchi A,Kobayashi M,Yamaguchi M,Ifuku S,Yamashoji S,Ando A,Saito A.2013.Characterization of antifungal activity of the GH-46 subclass Ⅲ chitosanase from *Bacillus circulans* MH-K1 [J].Antonie Van Leeuwenhoek,104(5):737-748.

Torneman N,Yang X,Bååth E,Bengtsson G.2008.Spatial covariation of microbial community composition and polycyclic aromatic hydrocarbon concentration in a creosote polluted soil [J].Environ Toxicol Chem,27(5):1039-1046.

Tunlid A,Hoitink H A J,Low C,White D C.1991.Characterization of bacteria that suppress rhizoctonia damping-off in bark compos media by analysis of fatty acid biomarkers [J].Appl Environ Microbiol,55(6):1368-1374.

Tunlid A,White D C.1992.Biochemical analysis of biomass,community structure,nutritional status,and metabolic activity of microbial community in soil.Stotzky G,Bollag J M.Soil Biochem [M].New York:Dekker Press:229-262.

Venugopal M,Saramma A V.2007.An alkaline protease from *Bacillus circulans* BM15,newly isolated from a mangrove station:characterization and application in laundry detergent formulations [J].Indian J Microbiol,47(4):298-303.

Vestal J R,White D C.1989.Lipid analysis in microbial ecology:Quantitative approaches to the study of microbial communities [J].Bioscience,39:535-541.

Vladimir M,Gordana K,Danica H,Polonca M.2010.Deep-litter pig keeping：Croatian perspectives [J].Acta Agraria Kaposvariensis,14(2):209-213.

Wagner D,Hurley K,Stavisky J.2018.Shelter housing for cats：Practical aspects of design and construction,and adaptation of existing accommodation [J].J Feline Med Surg,20(7):643-652.

Wang Q,Garrity G M,Tiedje J M,Cole J R.2007.Naive Bayesian classifier for rapid assignment of rRNA sequences into the new bacterial taxonomy [J].Appl Environ Microbiol,73(16):5261-5267.

Webster G,Watt L C,Rinna J,Fry J C,Evershed R P,Parkes R J,Weightman A J.2006.A comparison of stable-isotope probing of DNA and phospholipid fatty acids to study prokaryotic functional diversity in sulfate-reducing marine sediment enrichment slurries [J].Environ Microbiol,8(9)：1575-1589.

White D C,Davis W M,Nickels J S,King J D,Bobbie R J.1979.Detemination of the sedimentary microbial biomass by extractible lipid phosphate [J].Oecologia,40(1):51-62.

White D C,Stair J O,Ringelberg D B.1996.Quantitative comparisons of *in situ* microbial biodiversity by signature biomarker analysis [J].J Ind Microbiol,17:185-196.

Wilkinson S,Anderson J,Scardelis S,Tisiafouli M,Taylor A,Wolters V.2002.PLFA profiles of microbial communities in decomposing conifer litters subject to moisture stress [J].Soil Biol Biochem,34:189-200.

Winding A,Hund-Rinke K,Rutgers M.2005.The use of microorganisms in ecological soil classification and assessment concepts [J].Ecotoxicol Environ Saf,62(2)：230-248.

Wirth H.1983.Criteria for the evaluation of laboratory animal bedding [J].Lab Anim,17:81.

Wright T J,Greene V W,Paulus H J.1969.Viable microorganisms in an urban atmosphere [J].J Air Pollut Control Assoc,19(5):337-341.

Yan Z,Zheng X W,Han B Z,Han J S,Nout M J,Chen J Y.2013.Monitoring the ecology of *Bacillus* during Daqu incubation,a fermentation starter,using culture-dependent and culture-independent methods [J].J Microbiol Biotechnol,23(5):614-622.

Yao H,He Z,Wilson M J,Campbell C D.2000.Microbial biomark and community structure in a sequence of soil with increasing fertility and changing land use [J].Microb Ecol,40(3):223-237.

Yazdani D,Zainal Abidin M A,Tan Y H,Kamaruzaman S.2011.Molecular identification of *Aspergillus* and *Eurotium* species isolated from rice and their toxin-producing ability [J].Mikrobiologiia,80(5):707-727.

Yeates C,Gillings M R,davison A D,Altavilla N,Veal D A.1998.Methods for microbial DNA extraction from soil for PCR amplification [J].Biol Proced Onlines,1(1):40-47.

Zelles L,Rai Q Y,Reck T,Beese F.1992.Signature fatty acids in phospholipids and lipopolysaccharides as indicators of microbial biomass and community structure in agricultural soils [J].Soil Biol Biochem,24(4):317-323.

Zelles L.1999.Faatty acid patterns of phospholipids and lipopolysaccharides in the characterization of microbial communities in soil:A review [J].Biol Fert Soils,29:111-129.

Zhou J,Bruns M A,Tiedje J M.1996.DNA recovery from soils of diverse composition [J].Appl Environ Microbiol,62(2):316-322.

安宝聚．2012.发酵床养猪的猪舍设计、垫料制做与管理[J]．养殖技术顾问，3:4.

敖梅英，陈廷涛，熊顺强，姜淑英，汪孟娟，吴青龙，魏华．2011．4种市售抗生素对发酵床垫料中益生微生物生长的影响[J]．中国微生态学杂志,23(7)：623-625,628.

白福翥.2010．商品肉鸡发酵床养殖关键技术[J]．家禽科学,8：12-13.

白红武，白云峰，胡肄农，陆昌华，王冉，赵国华，冯国兴，薛渊，崔娥，吕海云．2010．RFID电子射频耳标在种猪场的对比试验[J]．江苏农业学报，2:446-448．

白建勇，宦海琳，闫俊书，温超，周岩民，周维仁．2015．抗菌肽对发酵床饲养仔猪抗氧化指标、免疫指标及肠道主要菌群数量的影响[J]．家畜生态学报，36(5)：66-70．

白洁．2018．不同厚度薄层发酵床对仔猪腹泻性疾病的影响[J]．中国畜牧兽医文摘,34(6):116．

白强．2012.安徽省生猪养殖业低碳发展模式及技术经济效果研究[J]．合肥：安徽农业大学．

白涛，魏昌，王战会，李磊磊．2011．武功县发酵床养猪技术及疫病防治调查[J]．畜牧兽医杂志，30(4):51-53．

白震，张旭东，何红波，闫颖，侯松嵋，陈盈，解宏图.2007．长期氮肥施用对农田黑土NLFA与PLFA特性的影响[J]．土壤学报，44(4):709-716．

薄清如，周志江，吴小伦，徐海聂，黄云君，冯家望，王小玉，黄建珍，陈静静，潘文波，廖秀云．2005．五重PCR检测大肠杆菌O157:H7菌体抗原和毒素基因[J]．中国兽医学报，25(2)：169-172．

毕丽君，高宏岩．2006．电子鼻(EN)及其在多领域中的应用[J]．医学信息，19(7):1283-1286．

毕小艳．2011．猪用发酵床垫料中微生物动态变化及对猪免疫力的影响[D]．长沙：湖南农业大学．

蔡宝祥．2001．家畜传染病[M].第4版.北京：中国农业出版社．

蔡婷，赵芳芳，刘天宝，余炜，封洋，姜天团，滚双宝.2014．生物发酵床垫料的筛选研究[J]．广东农业科学，41(11)：66-68,77．

曹传闰，甘叶青，卞益，朱冬冬，许光明，王勃，陈建生．2014．微生物发酵床生态养猪的应用试验[J]．上海畜牧兽医通讯(6):46-47．

曹东，陈新忠，刘兴华，王峰．2012．发酵床养猪技术的研究与应用[J]．汉中科技(4):43-44．

曹卉，东晓，赵海侠．2012．不同垫料比对发酵床养猪效果的影响[J]．畜牧兽医科技信息，8:38-39．

曹姣．2012．发酵床养猪模式的机理、设计及管理[J]．养殖技术顾问，6:12-13．

曹珍，陈峰，张祥斌，毕英佐.2014a.夏季南方地区薄垫料与发酵床平养肉鸡的效果比较[J]．中国家禽，36(07)：38-42．

曹珍，陈峰，张祥斌，毕英佐.2014b．发酵床养殖畜禽基本技术参数的研究进展[J]．家畜生态学报，35(4):7-11．

曾峰，赵国强，宋占魁．2010．智能电子鼻对煤矿火灾预报气味识别的研究[J]．传感器与微系统，7:21-23．

柴同杰，张继祥，侯颜平，赵云玲．2001．畜禽舍微生物气溶胶向环境扩散的研究[J]．畜牧与兽医，33(4):10-12．

常国斌，戴网成，沈晓昆．2010．肉鸡发酵床养殖技术的研究与应用[J]．今日畜牧兽医(06)：9-11．

常维山，陈静，付石军，宋道桢，张德华．2016．零排放网床结合肉鸭发酵床养殖模式初探[J]．北方牧业，6:24．

常永军．2010．养猪方式的转型:自然养猪法[J]．北京农业，13:27-28．

常志州，掌子凯．2008a．猪舍发酵床系统设计[J]．农家致富，21:38-39．

常志州，掌子凯．2008b．发酵床填料操作与日常养护[J]．农家致富,22:38-39．

陈倍技，丁叶青，刘卫国．2011a．浅谈太仓市发酵床养猪技术的推广工作[J]．上海畜牧兽医通讯，6:67．

陈倍技，刘卫国，丁叶青．2011b．发酵床与母猪(散养)哺乳栏的设计[J]．上海畜牧兽医通讯，5:54．

陈财，吴文开，华利忠，高昆，邵国青．2016．发酵床与传统水冲圈模式下猪寄生虫虫卵调查及防治效果[J]．江苏农业科学，44(1)：242-244．

陈登添，凌开宝，张伟．2011．南方地区发酵床养猪常见问题的原因及应对措施[J]．养殖技术顾问，11:6.

陈俄建．2017．闽北全番鸭鸭棚模式选择的探讨[J]．福建畜牧兽医，39(6)：39-40.

陈红英，施春霞，吴婷婷，吴红艳，彭炤源，崔伯塔，张发明，喻春钊．2015．经内镜肠道植管术的配合及护理[J]．中国现代医药杂志，12:72-74.

陈焕春．2005．我国动物重大传染病科学研究和技术平台建设的设想[J]．中国禽业导刊，28(6):10-12.

陈桂平，牛鹏霞，王华听，徐培风．2009．发酵床养猪技术及存在问题[J]．现代畜牧兽医，4:24-25.

陈惠光，张伟．2015．北流市推广发酵床养猪可行性的调查报告[J]．中国畜牧兽医文摘，10:41-42.

陈剑波，韩一超，王树华，武守艳，韩文儒，程晓亮．2016．规模化猪场封闭舍内细菌气溶胶粒度分布研究[J]．黑龙江畜牧兽医，9:128-133.

陈江，陈玲，孙炜．2016．苏州生猪发酵床养殖现状与思考[J]．上海畜牧兽医通讯，2:73.

陈杰，赵祥杰，邝哲师，林显丽．2014．利用微生物处理畜禽粪便的研究[J]．安徽农业科学，28:9910-9911.

陈进，顾兵，蔡小丽，刘峰，李正洋．2012．江苏省响水县发酵床生态猪养殖示范基地建设的目标与管理[J]．畜牧与饲料科学，33(8):93-94.

陈琳，庄壮欣．2012．妊娠母猪舍的规格和设计[J]．国外畜牧学：猪与禽，32(3):7-9.

陈倩倩，刘波，王阶平，刘国红，车建美，陈峥，唐建阳．2016．微生物发酵床猪舍垫料主要病原菌空间分布的研究[J]．家畜生态学报，37(4)：68-73.

陈倩倩，刘波，王阶平，刘国红，车建美，陈峥，唐建阳．2017．微生物发酵床猪舍不同发酵等级垫料中大肠杆菌的分离鉴定[J]．中国畜牧兽医，44(1)：268-274.

陈倩倩，刘波，王阶平，车建美，张海峰，朱育菁．2018a．微生物发酵床猪舍空气微生物种群结构的研究[J]．中国畜牧兽医，45(2):536-543.

陈倩倩，刘波，王阶平，朱育菁，张海峰．2018b．基于宏基因组方法分析养猪发酵床微生物组季节性变化[J]．农业环境科学学报，37(6)：1240-1247.

陈倩倩，刘波，王阶平，车建美，朱育菁，张海峰．2018c．养猪微生物发酵床垫料细菌多样性分析[J]．环境科学学报，38(12)：4751-4759.

陈叁拾．1996．母猪定位栏与传统母猪舍饲养繁殖比较[J]．福建畜牧兽医，18(1):29-30.

陈珊，陈双林，郭子武，樊艳荣．2014．林地覆盖经营对雷竹叶片主要养分特征的影响[J]．浙江农林大学学报，1(2)：272-279.

陈薇，贺月林，曾艳，孙翔宇，缪东．2010．中药制剂对发酵床霉菌及致病菌的防控研究[J]．湖南农业科学，19:119-121.

陈西风，刘德忠．2011．宁夏生态发酵床养育肥猪的生产性能分析[J]．科技创新导报，27:146.

陈西英．2013．高海拔地区发酵床养猪的效果评价[J]．青海畜牧兽医杂志，43(4):13-14.

陈晓玲，周玲艳，温仕杰，谢振文．2009．沙门氏菌PCR快速检测技术研究[J]．湖北农业科学，3:527-529.

陈欣，常志州，袁生，叶小梅，费辉盈，朱红．2007．畜禽粪便中人畜共患病原菌对蔬菜污染的研究[J]．江苏农业科学，5：238-241.

陈燕萍，刘波，夏江平，唐建阳，蓝江林．2012．不同配比椰子壳粉和菌糠制作微生物发酵床养猪垫料的理化性质及养殖效果研究[J]．福建农业学报，27(12)：1369-1377.

陈燕萍，肖荣凤，刘波，唐建阳，蓝江林，史怀．2015．利用微生物发酵床养猪垫料制备蔬菜育苗基质的研究[J]．福建农业学报，30(8)：802-809.

陈燕萍，肖荣凤，刘波，史怀，唐建阳，朱育菁．2017a．基于发酵床养猪垫料的地衣芽胞杆菌FJAT-4固态发酵培养条件的优化[J]．中国生物防治学报，33(1)：128-133．

陈燕萍，朱育菁，肖荣凤，刘波．2017b．微生物发酵床养猪垫料配制黄瓜育苗基质研究[J]．福建农业科技，6:1-4．

陈应江，时凯，陈长宽，金崇富，侯福银，冶冬阳，杨智青．2018a．不同养殖模式及季节性因素对肉鸡生长性能，屠宰性能及肉品质影响的研究[J]．畜牧与饲料科学，39(7)：1-7．

陈应江，时凯，刘兴华，杨智青，裔群英，王伟义，丁立彤，金崇富，陈长宽，侯福银．2018b．笼养蛋鸡发酵床垫料对水稻生长与产量的效应[J]．大麦与谷类科学，35(2)：31-35．

陈永明，董佃朋，李坤．2008．生物发酵床养猪技术研究进展[J]．猪业科学，9:1-21．

陈玉红，王荣祥，史家云，王强，王新梅．2010．发酵床养猪技术示范与推广[J]．畜牧与饲料科学，31(3):136-139．

陈章言，王健，杨廷桂，赵旭庭．2011．发酵床养鹅 环境污染少 百姓得益多[J]．黑龙江畜牧兽医，24:66-67．

陈长乐．2012．发酵床饲养模式对猪肉品质、血液生化指标及消化生理的影响研究[D]．福州：福建农林大学．

陈志明，袁晓春，万凤武，蒲健霖，邹玲．2010．小型规模猪场生物发酵床母猪舍最佳设计模式[J]．现代畜牧兽医，9:15-17．

陈志明，王志强，郭成辉．2013．冬季不同养殖模式对猪舍环境及生产性能的影响[J]．湖南饲料，1:29-30．

陈钟佃，冯德庆，黄温钟．2010．畜牧业发展与低碳经济[J]．中国农学通报，24：257-263．

程文定，郜敏，何毅，吴天德，蒋东芳，任惠琴，张丽娟，马爱霞．2006．畜禽粪便饲料资源化开发应用的研究[J]．饲料研究(8):62-65．

池潜．2019．集装箱养殖浅析[J]．渔业致富指南(12):35-36．

池跃田，于洪斌，金玉波，戴奇峰，查英．2011．微生物发酵床养猪不同垫料组合对生长育肥猪生长性能影响的试验[J]．现代畜牧兽医，3:49-50．

初建军，庄宏伟，宋淑华，李春娟，丁富仁．2011．发酵床养鸭技术应用要点[J]．中国畜禽种业，7(12):129-130．

崔伯塔，王敏，季国忠，范志宁，张发明．2013．粪菌移植：公元4世纪至2013年[J]．世界华人消化杂志，30:3222-3229．

崔琳．2010．奶牛对不同牛床垫料喜好选择影响的研究[D]．哈尔滨：东北农业大学．

崔士栋，韩薇，王桂林．2014．发酵床养鸭技术措施[J]．水禽世界，2：13-14．

崔晓东，陈余，王梁，程柏丛，谢实勇．2012．生态发酵薄床垫料组合的筛选试验[J]．猪业科学，7:84-85．

崔秀丽，孙明家．2009．自然养猪法的优点及关键技术措施[J]．山东畜牧兽医，30(7)：30-31．

崔艳霞，刘让，李宏健，徐亚楠，潘晓亮．2012．以棉秆为底物的发酵床菌种筛选试验[J]．黑龙江畜牧兽医，6:99-101，183．

戴芳，曾光明，牛承岗，胡天觉，吴小红．2005．堆肥化过程中生物酶活性的研究进展[J]．中国生物工程杂志，B04：148-151．

戴子淳，尉传坤，杨智青，金崇福，施振旦．2017．发酵床网养在肉鹅完全舍内饲养的应用研究[J]．中国家禽，18:40-44．

单慧，孙喜奎，杨立军，刘玉坤，董汉荣，郑平．2013．利用微生物发酵床养羊试验[J]．黑龙江动物繁殖，21(5):55-56．

邓百万，陈文强．2006．猪粪发酵饲料的菌种筛选[J]．江苏农业科学，4:103-104.

邓兵．2017．常温秸秆复合菌系的筛选及其在犊牛生物菌床养殖中的应用[D]．大庆：黑龙江八一农垦大学．

邓贵清，蒋宗平．2011．废弃食用菌块在生物发酵床养猪生产中的应用[J]．湖南畜牧兽医，3:13-14.

邓利军，王彩玲，梅红，李瑞珍，张小玲．2006．哺乳母猪舍两种供暖方式的效果比较[J]．河南畜牧兽医，27(8):7-8.

丁文姣，李晓蓉，董俊．2013．甘肃地区猪发酵床土著菌种安全性评价[J]．甘肃农业科技，7:30-31,32.

丁小林，邵凯，丁月云，候振顶，殷宗俊．2010．发酵床猪舍对肉猪肥育性能及肉质的影响[J]．贵州农业科学，38(11):175-176.

丁瑜，姜海龙，田占辉，李乐，张学峰．2010．发酵床养猪模式中氮素分配研究[J]．饲料研究，8:41-42.

丁元增，张焕忠，魏祥法．2016．简易肉鸡棚改造层叠式笼养注意的问题[J]．家禽科学，6: 18-20.

董飚，王健，顾文婕，杨晓志，张蕾，殷洁鑫．2018．不同养殖模式对肉鹅生长发育和肠道指标的影响[J]．中国家禽，40(8): 53-55.

董佃朋，陈永明，李坤．2009．发酵床养猪用芦苇秆作为垫料原料的研究[J]．农业环境与发展，26(6):90.

董殿元．2015．北方冬季条件下两种不同养殖方式对断奶仔猪生长性能的影响[J]．现代畜牧兽医，3:30-34.

董红敏，陶秀萍，刘以连，林金天，王新谋，秦渊基．1998．分娩猪舍滴水降温系统的试验研究[J]．农业工程学报，14(4):168-172.

董建平，王玉海．2012．发酵床养猪不同垫料配合效果观察[J]．甘肃畜牧兽医，1(42):11-12.

董立婷，朱昌雄，张丽，马金奉，杨翔华，耿兵．2016．微生物异位发酵床技术在生猪养殖废弃物处理中的应用研究[J]．农业资源与环境学报，33(6): 540-546.

董立婷，朱昌雄，马金奉，阿旺次仁，杨翔华，耿兵．2017．微生物异位发酵床养猪废弃填料的安全性评价[J]．中国农业科技导报，19(1): 118-124.

董淑红．2006．畜禽粪便再生饲料资源的开发与利用[J]．广东饲料(12):33-35.

董英，姚磊，张应松．2011．科学养殖创收又环保[J]．乡镇论坛，13:27.

杜东霞，尹红梅，张德元，刘标，许隽，王震，贺月林．2014．发酵床垫料中微生物16S rDNA PCR反应条件的建立与优化[J]．农业资源与环境学报，31(5): 470-475.

杜东霞，许隽，杜宇，尹红梅，刘惠知．2017．发酵床陈化垫料纤维素降解真菌的分离及其堆肥效果研究[J]．福建农业学报，32(9): 1006-1011.

杜晓光．2008．"发酵床+一池三改"模式养猪的特点及操作[J]．南京农业大学：第二届南京农业大学畜牧兽医学术年会论文集:39-41.

段栋梁，王树华，穆秀梅，裴路生，汤铭，淡江华，毛向红．2013．母猪舍饲群养工艺及智能化管理系统研究与开发[J]．山西农业科学，41(3):259-262，269.

段丰富．2008．畜禽粪便再生饲料的加工与利用[J]．中国猪业，3(1):50-51.

段淇斌，姬永莲，赵冬青，张凡华，冯强，吴丽岗．2009．生物发酵床与暖棚式圈舍对育肥猪育肥效果的对比试验[J]．草原与草坪，5:35-37.

段淇斌，姬永莲，赵冬青，冯强，张凡华，吴丽岗．2010．干旱半干旱地区不同配方发酵对育肥猪的增重与应用效果试验[J]．甘肃农业，11：95-96.

段淇斌，冯强，姬永莲，丁学智，唐春霞．2011．生物发酵床对育肥猪舍氨气和硫化氢浓度季节动态的影响[J]．甘肃农业大学学报，46(3):13-15.

段淇斌，姬永莲，冯强，唐春霞，丁学智，张凡华，韩向敏，赵东青，吴丽岗．2012．生物发酵床养猪对猪肉品质的影响[J]．甘肃农业大学学报，47(1)：45-48．

段云峰，吴晓丽，金锋．2015．自闭症的病因和治疗方法研究进展[J]．生命科学，09:820-844．

樊睿．2016．猪不同饲养方式下猪圆环病毒血清抗体的调查[J]．中国畜牧兽医文摘，11:56．

樊志刚，李胜刚，鞠立杰，刘文涛．2008．生物发酵舍养猪技术原理及优点[J]．畜禽饲养，11:18-19．

范如芹，罗佳，张振华．2018．复合调理剂对栽培基质性能及蔬菜生长的影响[J]．江苏农业学报,34(4):887-896．

范永光．2007．竹林养鸡 鸡鲜笋多[J]．福建农业科技(06):30．

方栋龙．2010．红哺鸡竹林地覆盖技术研究[J]．中南林业科技大学学报:自然科学版，2:48-50．

方如相．2012．生物发酵床养猪技术的操作与管理[J]．浙江畜牧兽医，2:27．

费秀鲁，陈宇飞．2001．风化煤腐植酸多种改性的机理探讨[J]．腐植酸，2:22-24．

冯国兴，刘鎏，潘孝青，杨杰，徐小波，秦枫，李健，宦海琳，李晟．2014．农业废弃物菌糠作为发酵床养猪垫料使用效果分析[J]．上海畜牧兽医通讯，2：65-67．

冯占雨，谯仕彦，李良兴，吴亚辉，王宏伟．2011．母猪妊娠中后期饲粮中添加N-氨甲酰谷氨酸复配产品对其生产性能的影响[J]．养猪，3:20-22．

丰来，游嘉，谭武贵，蔡浩，周艳，侯亚卓．2012．微生物复合菌剂在生猪发酵床中的效果研究[J]．农业科学与技术，13(10)：2152-2154，2168．

俸祥仁，崔艳莉，姜源明，赵武，蒋爱国，黄连丽，胡昌文．2012．经济型高床式微生态发酵床养猪试验[J]．广东农业科学，39(23)：101-103，109．

俸祥仁，兰宗宝，蒋爱国，张鑫．2013．广西农作物秸秆在养猪发酵床中的应用研究[J]．中国农学通报，29(5):21-25．

俸祥仁，蒋爱国．2014．发酵床养鸡日常管理注意事项[J]．农村百事通，10：47-49．

福建省农业农村厅．2017．大力推进粪污综合利用，全力打造现代生态畜牧业[J]．中国畜牧业，16:33．

符利辉，贺月林，陈微，赵迪武．2010．益生菌发酵床养殖技术养猪效果研究[J]．家畜生态学报，(3):41-45,75．

付君，张军强，张成，保钟波，仪垂良，李涛，刘学峰，周进，王伟．2011．ZF552型有机肥翻堆机电气系统的设计[J]．农机化研究，33(12):75-78．

富相奎，刘娣．2005．畜禽粪便处理与发展方略[J]．黑龙江农业科学，1:40-41，57．

甘丽，岳仁宋．2015．粪菌移植与中药金汁的相关性探究[J]．四川中医，10:32-34．

甘仕清，贺朝军．2017．生态猪的养殖模式浅析[J]．农民致富之友，12:265．

高长明，王定发，吴金英，程蕾，凌明湖，刘晓华，陈橙，王正伟，陈祖荣，潘绪文，钱运国，金尔光，常志勇，王莲芳．2011．生物发酵不同菌种在断奶仔猪生产中应用效果[J]．上海畜牧兽医通讯，6:23-24．

高春奇．2009．发酵床养猪环保又增效[J]．科学种养，7:9-10．

高鼎涵，章琦，万峻麟．2019．一种大型设备方舱结构设计与分析[J]．新技术新工艺(06):30-32．

高金波，牛星，牛钟相．2012．不同垫料发酵床养猪效果研究[J]．山东农业大学学报(自然科学版),43(1):79-83．

高金波，牛钟相．2011．玉米秸秆发酵垫料微生物对小鼠免疫功能的影响[J]．中国农业科学，44(16):3463-3468．

高金波．2011．发酵床垫料微生物对动物免疫功能的影响[D]．泰安：山东农业大学．

高凯翔. 2015. 复方中药添加剂和发酵床养猪模式中微生物菌群的分析[D]. 桂林：广西师范大学.

高丽南，王思珍，冯霞. 2010. 生物发酵床养猪与传统养猪生产效益的对比试验[J]. 猪业科学，27(11):44-45.

高姗姗，邓柏林，刘薇，王承民，史文清，何宏轩. 2012. 育肥猪舍甲烷和氧化亚氮排放浓度检测[J].猪业科学，29(12):80-82.

高文. 2009. 快乐养猪 养快乐猪[J]. 农民致富之友，23:30.

高文瑞，王欣，徐刚，李德翠，孙艳军，韩冰，史珑燕. 2017. 猪发酵床废弃垫料不同配比基质对辣椒生长及品质的影响[J]. 土壤，49(6)：1100-1107.

高兴阳，段春玲，童涛. 2014. 自然养猪法的猪舍建设[J]. 中国畜牧兽医文摘，6:79.

葛慈斌，刘波，车建美，陈梅春，刘国红，魏江春. 2015. 武夷山地衣表生和内生芽胞杆菌种群的多样性[J]. 微生物学报，55(5)：551-563.

谷文彬，冯丽杰. 2006. 致犊牛腹泻产肠毒素大肠杆菌及其检测[J]. 畜牧兽医科技信息，10：48.

顾洪如，杨杰，潘孝青，张霞. 2017. 异位发酵床猪粪尿处理技术综述[J]. 江苏农业科学，45(21):6-9.

顾宪红. 1995. 猪舍漏缝地板[J]. 上海畜牧兽医通讯(01):14-15.

顾行兵. 2013. 现代生态家庭养猪场设计[J]. 当代畜牧，9:65-66.

关红民，刘孟洲，滚双宝. 2010. 舍饲型合作猪生长曲线拟合研究[J]. 家畜生态学报，1:46-49.

关松荫. 1986. 土壤酶及其研究方法 [M]. 北京：农业出版社：274-339.

关怡，黄天培，潘洁茹. 2010. 应用多元PCR鉴定水体中大肠杆菌的毒素基因[J]. 中国农学通报，26(16):40-43.

管业坤，王荣民，杨艳，刘继明，张国生，丁君辉，林春斌. 2013. 发酵床养猪模式对保育猪饲喂效果的试验[J]. 江西畜牧兽医杂志，6：15-18, 19.

管业坤，杨艳，王荣民，娄佑武，吴志勇，涂凌云. 2015. 利用16S rDNA高通量测序技术对发酵床垫料微生物区系的分析[J]. 家畜生态学报，36(12)：72-79.

郭定章，廖天利，龚维，冉莉，张力力. 2017. 发酵床养猪的安全性评定[J]. 四川畜牧兽医，44(12):35-36.

郭海宁，李建辉，马晗，薛红波，尹微琴，王小治，封克，顾洪如. 2014. 不同养猪模式的温室气体排放研究[J]. 农业环境科学学报，12：2457-2462.

郭焕金，张家辉. 2011. 规模化猪场之猪舍设计[J]. 北方牧业(18):14-15.

郭彤，郭秀山，马建民，杨久仙. 2012. 发酵床饲养模式对断奶仔猪生长性能、腹泻、肠道菌群及畜舍环境的影响[J]. 中国畜牧杂志，48(20):56-60.

郭彤，马建民，赵曾元，郭秀山. 2013. 不同使用时间和深度的发酵床垫料成分及重金属沉积规律的研究[J]. 中国畜牧杂志，49(10):51-55.

郭彤，马建民，吴艳，陈亚军，郭秀山. 2017a. 杏鲍菇菌糠发酵床对断奶仔猪的影响[J]. 家畜生态学报，38(8):74-80.

郭彤，吴艳，高巍，李凌燕. 2017b, 杏鲍菇菌糠作为发酵床垫料对断奶仔猪生长性能、肠道菌群及免疫功能的影响[J]. 畜牧与兽医，49(5)：35-40.

郭彤，田锦，郭秀山. 2018. 食用菌下脚料作为发酵床垫料对生长肥育猪生长性能、养分表观消化率和小肠黏膜形态的影响[J]. 猪业科学，35(2)：101-104.

郭卫广，雍毅，陈杰，吴怡，薛嘉. 2016. 四川省农村面源污染状况与治理对策研究[J]. 环境科学与管理，41(11)：36-40.

郭祥军．2011．生物发酵床养猪方法实践[J]．恩施职业技术学院学报：综合版，23(3):75-77．

郭玉光，郑贤，陈倍技，颜培实．2014．发酵床饲养方式对肥育猪生产性能的影响[J]．江苏农业科学 (4).148-151．

韩宝龙，倪伟．2014．基于WSN猪场养殖环境监控系统设计[J]．中国农机化学报，35(1):260-263,269．

韩建东，万鲁长，杨鹏，任海霞，李瑾，张柏松．2017．猪菌渣发酵床垫料堆肥的肥效[J]．中国土壤与肥料，2：126-129．

韩青，丁宁，卢茵，王阳铭，王丽辉，赵献芝，李琴，谢友慧，罗艺，李静．2013．肉鸭发酵床养殖技术浅析[J]．中国家禽，35(03)：56-57．

韩青，杨柳，张邑凡，陈明君，王丽辉，王阳铭．2014．发酵床技术养殖肉鹅研究[J]．畜禽业，12:16-18．

韩淑芳．2016．发酵床养猪与水泥地面养猪的效果对比分析[J]．湖北畜牧兽医，37(5)：37-38．

韩天龙，赵瑞霞，高翠英，陈学礼，王敏，李晓龙，成含波，李志明．2014．不同饲养模式对商品肉鸭养殖效益的影响[J]．中国家禽，36(12)：55-56．

韩天龙，赵瑞霞，高翠英，陈学礼，王敏，张广和，张英浩，李志明．2015．养殖模式对冬季商品肉鸭舍温湿指数的影响[J]．家畜生态学报，36(2)：80-83．

韩学平，范涛，宁金友．2012．高原地区发酵床养猪育肥试验与经济效益分析[J]．山东畜牧兽医，11:5-6．

韩永胜，佟桂芝，丁昕颖，殷元虎．2015．发酵床养殖肉牛技术措施[J]．中国畜禽种业，11(4):89-90．

杭柏林，郑子勤，黄威．2009．EM发酵畜禽粪便再生饲料技术[J]．科学种养(2):41．

郝怀志，董俊．2012．秸秆型发酵床技术与常规养猪效果对比研究[J]．现代农业科技，15:256-256,258．

郝怀志，董俊，何振富．2012．不同季节发酵床养猪猪舍和常规养殖猪舍温度对比分析[J]．当代畜牧，8:9．

郝燕妮，林建国，郭平，塔娜．2016．一株具有石油烃降解性能的交替假单胞菌的筛选和鉴定[J]．科学技术与工程，5:142-146．

何加骏，甄若宏，周建涛．2010．整治畜禽养殖业污染的生态措施和建议[J]．农业科技管理，29(2):71-72．

何静，王爱善，滕丽微，张致荣，刘振生．2018．发酵床对圈养山魈(Mandrillus sphinx)行为的影响[J].野生动物学报，39(2):265-270．

何侨麟，甘乾福，江志华，梁学武，何金成，张性雄．2012．生物发酵不同断面温湿度变化与猪舍环境小气候的关联研究[J]．中国农学通报，288(23):15-17．

何庆华，王正国，田逢春，沈岳．2010．电子鼻技术在医学中的应用[J]．中国医学物理学杂志，27(5):2125-2127，2132．

何仁财，程国华，吴兆胜，赵宣朝．2011．发酵床翻耙机的研究[J]．南方农机，6：36-38．

何世山，宋美娥，杨金勇，毛石明．2012．发酵床养殖模式与常规模式生猪胴体和肌肉品质的比较[J].畜牧与兽医，2:35-37．

何鑫，任正平，陆冬梅，何敏，于传军，王均顺，黄瑞华．2009．抗生素对苏淮猪发酵床养殖环境的影响[J]．家畜生态学报，30(4):44-47．

何振富，董俊 ，郝怀志，魏玉明．2012．甘肃河西地区生物发酵床保育、育肥猪舍的结构与设计[J]．畜牧兽医杂志，31(4):4-7．

贺月林，尹红梅，周庆华，吴迎奔，张德元，孙志良．2011．消毒剂对生物发酵床中有益菌数量与酶活性的影响[J]．畜牧与兽医，43(10):21-25．

贺月林，张丽．2011．微生物发酵床冬季养猪对育肥猪生长性能的影响[J]．湖南饲料，1:29-31．

衡德茂．2011．发酵床养猪技术及其效益分析[J]．现代农业科技，23:337．

洪华君，郑美娟，李金顺，彭乃木．2010．瑞安市发酵床养猪技术的应用研究[J]．现代农业科技，10:309-310，312.

洪雪珍，王俊，周博，王永维．2010．猪肉储藏时间的电子鼻区分方法[J]．浙江大学学报(农业与生命科学版)，36(5):568-572.

侯建华，孟莉蓉，李晖，刘天宇，尹微琴，王小治，封克，顾洪如．2017．基于肥料化利用的猪发酵床垫料主要化学性状分析[J]．扬州大学学报（农业与生命科学版），38(3):104-110.

侯丽丽，张圆，张善永，刘静波，王长涛．2011．利用生态环保养猪技术饲养保育猪的试验研究[J]．养殖与饲料，5:1-3.

胡彩虹，俞颂东，许梓荣．2002．猪粪便细菌群作用下3-甲基吲哚(粪臭素)和吲哚形成的研究[J]．中国畜牧杂志，05:10-11.

胡海燕，刘双虎，宋景理，王会恩，杨玉玲．2009．零排放发酵床养猪方法[J]．养殖技术顾问，5:21.

胡锦艳，刘春雪，刘小红，刘玉焕，吴珍芳，尹德明，胡文锋．2015．发酵床养猪技术的现状、调研与分析[J]．家畜生态学报，36(4):74-80.

胡启蒙，张媛媛，陈振亮，章振亚，肖明，李新红，潘玉春．2013．新型复合菌制剂对发酵床养猪饲料氮及氨基酸消化的影响[J]．上海交通大学学报（农业科学版），31(2): 7-11，18.

胡黔．2012．微生物发酵床在旧院黑鸡养殖中的应用研究[D]．成都：四川农业大学.

胡伟莲，叶均安，吕建敏，刘建新．2005．饲料中杂色曲霉素检测方法的研究[J]．浙江大学学报（农业与生命科学版），31(5):617-620.

胡元庆，周玉刚，唐红，许百年，张美玲，王玉芳，朱国兰，桂秀，杨彩桥．2013．家禽发酵床养殖环境对病原微生物的防控作用研究[J]．安徽农业科学，26:10671-10672，10795.

胡志刚，刘荣生，陈志雄．2012．发酵床猪舍对育肥猪生长性能和肉品质的影响[J]．江苏农业科学，40(8):222-223.

华利忠，吴文开，邵国青．2014．发酵床与传统水冲圈模式下猪瘟、蓝耳病及口蹄疫血清抗体差异调查[J]．江苏农业科学，42(9):178-180.

华荣虹，张书霞，何孔旺．2006．猪源肠毒素性大肠杆菌菌毛基因多重PCR检测方法的建立[J]．中国兽医学报，2:162-164.

华勇谋，赵庶吏．2013．发酵床条件下使用生物调节剂对仔猪生产性能的影响[J]．现代农业科技，8:246-247.

宦海琳，冯国兴，李健，闫俊书，潘孝青，徐小明，顾洪如．2013．发酵床猪舍内气载需氧菌的分布状况[J]．江苏农业学报，29(6):1411-1414.

宦海琳，闫俊书，周维仁，白建勇，徐小明，冯国兴，顾洪如．2014．不同垫料组成对猪用发酵床细菌群落的影响[J]．农业环境科学学报，33(9):1843-1848.

宦海琳，白建勇，闫俊书，周维仁，徐小明，顾洪如．2017．日粮添加地衣芽孢杆菌对仔猪发酵床垫料理化性质及微生物群落的影响[J]．农业环境科学学报，36(10): 2114-2120.

宦海霞，高崧，刘秀梵．2006．肠致病性大肠杆菌（EPEC）的致病机理[J]．中国人兽共患病学报，22(6):590-593.

黄保华，武彬，石天虹，井庆川，艾武，魏祥法，刘涛，刘雪兰，阎佩佩．2010．发酵床养殖垫料粪污承载力的影响因素研究[J]．家禽科学，8:6-9.

黄彪．2009．两种蛋鸡饲养模式的环境污染与减量化问题[D]．南京：南京农业大学.

黄宏源，卓坤水，叶鼎承，戴文霄．2017．异位发酵床模式推广取得阶段性成果——猪场粪污零排放模式技术创新与示范推广[J]．中国畜牧业(23):56-57．

黄江林．2014．猪丹毒的诊断及综合防控措施[J]．中国畜牧兽医文摘，30(3)：88．

黄丽琼．1994．畜用塑料漏缝地板的研制[J]．农机与食品机械(01):32-33．

黄茂盛，高新，杨国明，张谷，张先勤．2012．发酵床与普通猪舍生长育肥猪饲养对比试验[J]．云南畜牧兽医，4:2-3．

黄义彬，李卿，张莉，周康，郑丽，张建宇．2011．发酵床垫料无害化处理技术研究[J]．贵州畜牧兽医，35(5):3-7．

黄缨，杨丹．2014．信息技术在种猪生产中的应用案例分析[J]．猪业科学，8:90-91．

黄应乐，李日伟，谢伟强．2009．工厂化猪场空怀及怀孕母猪舍饲养管理操作规程[J]．养殖与饲料(4):12-13．

黄玉溢，刘斌，陈桂芬，王影．2007．规模化养殖场猪配合饲料和粪便中重金属含量研究[J]．广西农业科学，38(5):544-546．

黄袁金．2017．高床发酵型生态养猪粪污处理近零排放模式研究[J]．广东化工，44(18):133-134．

黄治平，徐斌，张克强，杨秀春．2007．连续四年施用规模化猪场猪粪温室土壤重金属积累研究[J]．农业工程学报，23(1):239-244．

霍国亮，郑志伟，张建华，杨继昆，霍志民，张四喜，张新生，贺铁军．2009a．生物发酵床养猪垫料的选择与制作（上）[J]．河南畜牧兽医（综合版），30(4):31-32．

霍国亮，郑志伟，张建华，杨继昆，霍志民，张四喜，张新生，贺铁军．2009b．生物发酵床养猪垫料的选择与制作（下）[J]．河南畜牧兽医（综合版），30(5):28-29．

纪滨，朱伟兴，刘宏申．2013．猪舍图像局部亮度调整方法[J]．农业工程学报，29(5):139-146．

纪少丽，李爱花．2013．饲料中添加植物提取物对断奶-育肥猪生长性能及胴体品质的影响[J]．中国畜牧杂志，49(8):61-67．

纪玉琨，王凯军，郑明霞，薛念涛．2012．规模畜禽养殖场的污染防治技术后评价方法研究[J]．安徽农业科学，40(10)：6063-6067．

纪玉琨，何洪．2014．发酵床垫料作为有机肥施用于土壤效果研究[J]．畜牧与兽医，9:31-33．

冀颐之，赵有玺，程艳玲，刘涛，杨昊，龚平．2018．微生物发酵床中黄腐酸生产菌株的筛选及其鉴定[J]．食品研究与开发，39(2):181-186．

贾金生．2011．生物发酵床对猪生长性能、胴体品质和健康的影响[D]．桂林：广西师范大学．

贾金生，宾石玉，唐万林，李玉元．2011．发酵床对育肥猪生产性能和肉品质的影响[J]．黑龙江畜牧兽医（上半月），3:78-79．

贾利君．2018．生物菌剂发酵床在奶牛养殖中的利用[J]．当代畜牧，5:7-8．

贾秀英，罗安程，李喜梅．2005．高铜高锌猪粪对蚯蚓的急性毒性效应研究[J]．应用生态学报，16(8):1527-1530．

贾月楼，陆亚珍，张敏，程明．2013．菌糠在发酵床垫料中的应用研究[J]．当代畜牧，3:13-14．

贾志伟．2013．贾氏新型环保猪舍设计[J]．中国猪业，9:60-61．

简志银，黎云，夏林，王黔生，蔡发国．2010．高效循环发酵床式生态养猪的应用研究[J]．贵州畜牧兽医，34(5):5-6．

江洪涛，戈保卫，李本莲．2004．产仔母猪舍采用地热取暖应用体会[J]．养殖技术顾问(3):15．

江学良，崔云龙，张宗梅，权启镇．2014．粪菌移植的研究现状、存在问题与发展方向[J]．中华消化病与影像杂志(电子版)，04:152-155.

江宇，崔艳霞，张卫平，徐亚楠，潘晓亮．2012．秸秆制作发酵床在养羊业中的应用研究[J]．饲料博览，4:26-28.

江志标，李明良，李迎春，郭子武，叶生月，陈双林，胡德胜．2008．覆盖经营对高节竹叶片主要生理特征的影响[J]．浙江林业科技(3):19-20.

蒋爱国．2013．"新鲜"、"惊险"的养殖项目——发酵床养蛇[J]．农村百事通，11:24-25.

蒋福升，陈铌铍，丁滨，钱朝东，丁志山，范永升．2014．发酵床养蛇初探[J]．蛇志，1:108-111.

蒋海燕，雷平，杜东霞，刘标，许隽，尹红梅．2018．发酵床陈化垫料堆肥效果研究[J]．家畜生态学报，39(4):59-62.

蒋建明，闫俊书，白建勇，宦海琳，李寒梅，周维仁．2013．微生物发酵床养猪模式的关键技术研究与应用[J]．江苏农业科学，41(9):173-176.

蒋仁卫，唐伟，汪财生，彭少杰，蒋易发．2014．不同复合菌群对鸭舍发酵床的作用[J]．上海畜牧兽医通讯，4:29-31.

焦洪超，栾炳志．2013．发酵床养猪垫料基础参数变化规律研究[J]．中国兽医学报，33(10):1610-1614.

焦喜军，高淑丽．2012．阜新市大力推广发酵床养猪技术[J]．当代畜禽养殖业，2:19-20.

焦永亮，2017．江山市推进畜牧业绿色发展情况调查[J]．畜牧兽医科技信息，8:25.

金崇富，杨智青，陈应江，时凯，侯福银，陈长宽．2018．不同养殖模式下黄羽肉鸡生长性状、肉品质及屠宰性能的研究[J]．江苏农业科学，46(13):169-171.

金建丽，杨春文，石兰英，金志民，刘铸．2014．人参地土壤酶活性[J]．江苏农业科学，42(3):333-334.

金晓东，郭建军，赵伍祥，陈伟，李晓滨，张家宝，王晓平，徐鸿峰，杨学颖．2013．发酵床养猪对猪舍环境及猪生产性能的影响[J]．当代畜牧，4Z:57-59.

金旭光，陈军辉．2012．泗县发酵床养猪的现状、问题与对策[J]．养殖技术顾问，7:6-7.

靳玉平．2012．肉鸭发酵床养殖技术[J]．家禽科学，11:28.

敬芸仪，邓良基，张世熔．2006．主要紫色土电导率特征及其影响因素研究[J]．土壤通报，37(3):617-619.

孔凡真．2005．日本发酵床养猪技术简介[J]．国际信息，2:40-42.

孔华忠．2007．中国真菌志（第35卷 青霉属及其相关有性型属）[M]．北京：科学出版社.

匡伟，郜正林，王润之，何宗亮，姚远，张立恒．2014．夏季发酵床养殖方式对鸡舍环境的影响[J]．家禽科学，6:12-14.

兰良程．2009．中国食用菌产业现状与发展[J]．中国农学通报，25(5):205-208.

蓝江林，宋泽琼，刘波，史怀，黄素芳，林娟．2013．微生物发酵床不同腐熟程度垫料主要理化特性[J]．福建农业学报，28(11):1132-1136.

蓝江林，刘波，陈峥，宋泽琼，林娟．2013．微生物发酵床猪舍环境气味电子鼻判别模型的研究[J]．福建农业学报，27(1):77-86.

蓝江林，刘波，宋泽琼，史怀，黄素芳．2012a．微生物发酵床养猪技术研究进展[J]．生物技术进展，2(6):411-416.

蓝江林，刘波，唐建阳，郑雪芳，叶耀辉．2010．基于微生物发酵床养猪模式的生态安全探讨[J]．中国农学通报，26(19):324-326.

雷丝丝，蔡娜，王为．2015．粪菌移植临床应用的进展[J]．临床消化病杂志，05:320-322.

雷小文，苏州，钟云平，郭礼荣，黎晶耀，郭添福．2012．我国猪粪资源化处理利用技术的现状及展望[J]．湖南畜牧兽医，4:3-5．

李爱赟，宋海燕，王爱国，李环吴．2010．发酵床养猪技术的应用研究[J]．中国畜牧杂志(23):70-73．

李安平，曹友碧，滕崇光．2011．母猪舍建筑中存在的问题与对策[J]．畜禽业(9):17．

李保明，施正香，张晓颖，周道雷．2004．利用地下水对猪舍地板局部降温效果研究[J]．农业工程学报，20(1):255-258．

李春丽，葛淑贞，惠参军，李建华．2005．微生态制剂对哺乳仔猪生长及免疫机能的影响[J]．中国畜牧兽医，5:14-20．

李春梅．2015．难治性炎症性肠病患者行粪菌移植的观察和护理[J]．基层医学论坛，16:2285-2286．

李道波，吴小江．2014．高位微生物发酵床养猪技术应用研究[J]．兽医导刊(7):31-32．

李东平，余功富，金洁瑜，林滨，王翀，茅慧玲．2018．发酵床在反刍动物养殖中的应用研究进展[J]．浙江畜牧兽医，1:29-32．

李东坡，武志杰，陈利军，朱平，任军．2005．长期定位培肥黑土壤蔗糖酶活性动态变化及其影响因素[J]．中国生态农业学报，13(2):102-105．

李凤娟，陈胜昌，吴亨进，李世静，乔艳龙．2018．生物发酵床技术对贵州猪舍环境影响调查报告[J].中国畜禽种业，14(4):6-8．

李刚．2008．猪胴体淋巴结中致病性大肠杆菌和沙门氏菌的分离与鉴定[J]．中国动物检疫，25(10):33-34．

李国学，李玉春，李彦富．2003．固体废物堆肥化及堆肥添加剂研究进展[J]．农业环境科学学报，8(4):252-256．

李国学，张祖锡，白瑛．1995．高温堆肥和沤肥碳、氮转化和杀灭病原菌的比较研究[J]．北京农业大学学报，21(3):286-290．

李红梅，白林，姜冬梅，李英，曾博，陈淑琼．2015．基于16S rDNA高通量测序方法检测猪舍空气微生物多样性[J]．中国畜牧杂志，51(3):81-84．

李红娜，张翰林，耿兵，叶婧，张晓庆，朱昌雄．2016．畜禽养殖业对水丰湖水质污染调查与分析[J].环境保护与循环经济，36(6):36-38．

李宏健，崔艳霞，刘让，徐亚楠，潘晓亮．2012．不同条件下以棉秆为底物制作发酵床菌种配比的研究[J]．饲料博览，5:6-9．

李怀东，徐兴杰．2015．粪菌移植临床试验的医学伦理探讨[J]．实用医药杂志，05:402-405．

李辉，林家彬，秦竹，周忠凯，余刚，唐玉新，汤赤，陈俊．2014．发酵床垫料水分调控系统设计[J].农业科学与技术(英文版)，15(08):1410-1413．

李建芬，顾春梅，俞坚群，蔡翼虎，沈建秋．2010．微生物发酵床饲养肉猪对比试验[J]．上海畜牧兽医通讯，1:45-46．

李建喜．2010．发酵床在养猪生产中的应用[J]．广东畜牧兽医科技，35(3):22-24．

李杰．2018．异位发酵床在规模猪场的有效应用[J]．当代畜牧，3:7-8．

李锦程．2009．发酵床养猪技术12种说法的探讨．农村养殖技术，2:34-35．

李晋，李绍荣．2007．基于SOPC的远程视频图像监控系统的设计[J]．科技信息(科学教研)，35:275-277．

李静，邓毛程，王瑶，陈维新．2016．共代谢基质促进铜绿假单胞菌降解三十六烷的研究[J]．环境科技，29(4):11-14．

李景荣，张海峰，徐义猛，许珊珊，倪淑君．2014．金针菇菌糠发酵床对生态养猪效果的影响[J]．安徽农业科学，22:7439-7440.

李娟，李吉进，邹国元，孙钦平，刘春生，王海宏．2012a．发酵床不同垫料配比对肉鸡生长性能及鸡舍环境的影响[J]．中国农学通报，28(14):6-11.

李娟，李吉进，邹国元，孙钦平，王海宏，刘春生．2012b．发酵床不同垫料配比前期发酵特征的研究[J]．中国农学通报，28(5):247-251.

李娟，石绪根，李吉进，邹国元，王海宏．2014a．鸡发酵床不同垫料理化性质及微生物菌群变化规律的研究[J]．中国畜牧兽医，41(02):139-143.

李娟．2012．发酵床不同垫料筛选及其堆肥化效应的研究[D]．泰安：山东农业大学．

李俊，董书昌，赵圣明，史玉芳，李国芳．2015．生物发酵床用于保育猪疾病防控效果观察[J]．中兽医医药杂志，34(5):70-72.

李立峰，武佩，麻硕士，鲁珊珊，宣传忠．2011b．基于组态软件和模糊控制的分娩母猪舍环境监控系统[J]．农业工程学报，27(6):231-236.

李立峰，武佩，麻硕士，于明珠，2011a．哺乳母猪舍环境监控系统的研究[J]．农机化研究，33(11):195-198,202.

李买军，马晗，郭海宁，王小治，封克，顾洪如．2014a．发酵床养猪对土壤重金属含量的影响[J]．农业环境科学学报，3:520-525.

李买军，马晗，郭海宁，尹微琴，王小治，封克，顾洪如．2014b．养猪场发酵床垫料及下层土壤中酶活性变化特性研究[J]．农业环境科学学报，33(4):777-782.

李茂平，朱桂芳．2012．推广发酵床养猪的技术实践[J]．中国畜牧兽医文摘，5:63.

李闽．2011．发酵床饲养肉猪的探索[J]．上海畜牧兽医通讯，5:72-73.

李娜，金鑫，王巍，李兆华，赵晓东，张志彬，张树敏．2010．冬季不同取暖方式对猪舍环境及育成猪生长性能影响的研究[J]．黑龙江畜牧兽医，12:77-78.

李娜，艾磊，沈晓昆，戴网成，颜培实．2008．发酵床猪舍的环境管理[J]．畜牧与兽医，40(6):49-52.

李娜．2008．猪用发酵床的研究[D]．南京：南京农业大学．

李宁．2014．肠道菌群紊乱与粪菌移植[J]．肠外与肠内营养，04:193-197.

李琴，陈明君，彭祥伟．2015．饲养方式对2～10周龄四川白鹅肉鹅生长性能、羽毛生长及腿部健康的影响[J]．动物营养学报，27(7):2044-2051.

李卿，张莉，周康，郑丽．2011．发酵床养猪垫料中挥发性有机酸的气相色谱法测定[J]．贵州农业科学，39(7):143-145.

李庆康，吴雷，刘海琴，蒋永忠，潘玉梅．2000．我国集约化畜禽养殖场粪便处理利用现状及展望[J].农业环境保护，19(4):251-254.

李庆雷，柴同杰，刘巍．2010．ERIC-PCR和PFGE对大肠埃希菌由舍内向舍外传播的鉴定及两种方法的比较[J]．动物医学进展，31(s1):112-117.

李荣刚．2011．两种发酵床技术的比较[J]．农家致富，17:38.

李荣林，杨胜林，何勇．2009．发酵床养猪及常规养猪的对比分析[J]．贵州农业科学，37(11)：122-124.

李珊珊，郭晓军，张爱民，贾慧，朱宝成．2012．发酵床除臭微生物的筛选与Z-22菌株的鉴定[J]．河北农业大学学报，35(4):65-69.

李世歌．2014．牛床舒适度等级对泌乳牛泌乳性能、繁殖性能和健康状况的影响研究[D]．兰州：甘肃农业大学．

李式亮．2013．发展竹林养鸡的效益分析和疫病防控技术[J]．福建畜牧兽医，35(02):57-58．

李晟，朱洪龙，顾洪如，张霞，杨杰，李健，潘孝青，秦枫，邵乐，刘蓓一．2016．熟化猪发酵床垫料对白菜产量及重金属积累的影响[J]．江苏农业科学，44(12):201-203．

李守现，李文恩，王发盈，王海刚，张凤合，胡怀彬．2009．生态养猪技术[J]．黑龙江畜牧兽医，5:77-78．

李铁坚．2008．发酵床养猪的沉寂与兴起[J]．猪业科学，25(9):28-29．

李蕴玉，刘谢荣，芮萍，马增军．2012a．种养结合型发酵床养殖模式对冬季猪舍环境的影响[J]．河北科技师范学院学报，26(4):58-60．

李蕴玉，刘谢荣，芮萍，冯敏山，马增军，李政，赵君武．2012b．秋季发酵床养猪对猪舍环境的影响[J]．畜牧与兽医，44(3):44-46．

李雯，舒刚，郑占涛，宋成伟，谭清华．2012．发酵床模式饲养肉鸭效果观察[J]．饲料研究，10:78-80．

李翔，秦岭，戴世鲲，姜淑梅，刘志恒，欧阳永长．2007．海洋微生物宏基因组工程进展与展望[J]．微生物学报，3:548-553．

李晓晨，潘长轩，李雅竹，李园园，郝金鹏，肖西山．2016．两种养猪模式耗水量的比较[J]．当代牧业，10:3-5．

李晓虹，许学斌，蒋琴娣，韩伟．2006．产志贺毒素大肠杆菌的分子生物学检测方法研究[J]．检验检疫科学，16(1):61-63．

李岩，杨新宇，钱志春，贾正才，马洪亮，韩良义．2011．青冈县发酵床养猪技术推广报告[J]．中国猪业，7:48-49．

李艳波，史怀，陈峥，潘志针，朱育菁．2015．发酵床养殖陈化垫料堆肥过程中的温室气体排放[J]．福建农业学报，30(11):1097-1101．

李艳玲，张金枝，翁长阳．2012．发酵床养猪技术在生产中的应用[J]．浙江农业科学，2:231-234．

李以翠，李保明，施正香，周道雷．2006．猪排泄地点选择及其对圈栏污染程度的影响[J]．农业工程学报，22(2):108-111．

李以翠，李保明，施正香．2008．圈栏面积、形状和隔栏方式对猪排泄行为的影响[J]．农业工程学报(11):206-211．

李义民．2009．猪细菌病诊断识别与综合防治[J]．农技服务，5:119-123．

李咏梅，王晶，李淑环．2003．应用多重PCR法鉴定产志贺毒素大肠杆菌毒力基因[J]．北华大学学报:自然科学版，4(4):308-310．

李勇平．2012．高原地区利用发酵床养猪初探[J]．四川畜牧兽医，39(6):37-38．

李玉峰，高述军．2012．北方沙漠地区生态猪舍建造技术及管理[J]．当代畜牧，7:8-9．

李玉元，唐万林，宾石玉，贾金生，孙涛．2010．发酵床对生长育肥猪生长性能和胴体品质的影响[J].湖南畜牧兽医，5:4-6．

李元青．1994．漏缝地板[J]．农村实用工程技术(06):13．

李媛媛．2011．发酵床养殖肉鸡的调查与思考[J]．中国畜牧兽医文摘，27(5):72．

李岳彬，魏世丞，盛忠起，梁义，王玉江，王博，刘长赛，卢方杰．2019．方舱技术发展综述[J]．机械设计，36(04):5-11．

李跃进．2013．关于发酵床养猪特点及操作工艺的几点认识[J]．畜牧兽医，11:113-114．

李运喜，骆延波，宋敏训，冯敏燕，林树乾，刘军伟，郭文龙，刘玉庆，刘焕奇．2015.SPF鸡粪菌移植与发酵床饲养模式下肉鸡生产性能和抗药性研究[J]．山东农业科学，47(5):96-98，101．

李兆君，姚志鹏，张杰，梁永超．2008．兽用抗生素在土壤环境中的行为及其生态毒理效应研究进展[J]．生态毒理学报，3(1):15-20.

李兆龙，刘波，蓝江林，史怀．2014．大栏微生物发酵床养猪模式对育肥猪品质的影响[J]．福建农业学报，29(8):720-724.

李兆龙，刘波，余文权，黄勤楼，蓝江林，史怀，王群，李永发，章琳琍．2015．大栏微生物发酵床养猪模式对育肥猪血液生化及免疫指标的影响[J]．福建农业学报，30(8):731-735.

李政，芮萍，马增军，冯敏山，李蕴玉，刘谢荣，赵君武．2012．种养结合型生态发酵床养猪舍建筑设计[J]．畜牧与兽医，44(2):32-35.

李志宇．2012．动物养殖发酵床中微生物变化规律的研究[D]．大连：大连理工大学．

梁家宏．2012．发酵床养猪的不同配比垫料筛选试验[J]．现代畜牧兽医，2:26.

梁巍．2001．农家母猪舍的冬季保暖[J]．河南畜牧兽医，22(12):45.

梁晓庆，姜欣欣，李洪杰．2013．东北地区杂交野猪发酵床圈养技术示范项目的报告[J]．养殖技术顾问，6:18.

梁亚宁，张巨芳，孙建锋，贾静．2013．禽畜养殖业污染现状及治理对策[J]．畜牧兽医杂志，8：65-67.

梁毅，杨慧，曹建华，卜巧珍，李亮，方培结，王开然．2013．不同土地利用方式下土壤养分和酶活性的变化[J]．广西师范大学学报（自然科学版），31(1):125-129.

梁振华，吴艳，张昊，蒲跃进，齐冬冬，皮劲松，申杰，潘安銮，孙静，村金平．2015．蛋鸭网上养殖饲养管理技术[J]．养禽与禽病防治，8:17-19.

梁重山，党志，刘丛强．2002．土壤/沉积物样品中有机碳含量的快速测定[J]．土壤学报，39(1):135-139.

梁祖满，罗秋兰，苏记良，潘木水，邝哲师，黄静．2016．发酵床对罗曼粉青年蛋鸡生长性能的影响[J]．广东饲料，25(3):19-21.

廖立春．2009．湘潭县生态养猪现状与发展建议[J]．湖南畜牧兽医，3:20-22.

廖青，江泽普，邢颖，韦广泼，黄东亮，李杨瑞．2014．发酵床中纤维素降解菌的分离与鉴定[J]．生物技术通报，3:106-110.

廖梓良，孙传伯，李云，官会林，刘士清，毕云青，郭云周．2008．香石竹根际土壤酶活性变化分析[J]．现代农业科技，2:10-12.

林保忠，林渝宁．2012．西部地区高温高湿环境区福利化妊娠母猪舍规划设计[J]．上海畜牧兽医通讯(5):48-50.

林国徐，李超雄，陈永明．2008．日本洛东式发酵养猪法技术要点及应用效果初报[J]．福建畜牧兽医(1).10-11.

林家彬，秦竹，周忠凯，顾洪如，杨杰，汤赤，陈俊，余刚．2013．经济实用型发酵床养殖温度调节设施的研究[J]．农业科学与技术（英文版），14(7):1053-1056.

林家彬，李辉，汤赤，秦竹，周忠凯，刘建龙，余刚．2016．发酵床生猪养殖垫料水分调控系统运行效果[J]．农业科学与技术（英文版），17(4):923-926.

林家祥，刘慧丽．2015．翻堆机清土铲避障装置的仿真设计[J]．中国农机化学报，36(1):24-25.

林家祥，石学堂，田伟．2014．翻堆机工作装置的模态分析[J]．中国农机化学报，35(1):121-123.

林莉莉，姜雪，冯聪，范亮，王际辉，张彧．2010．发酵床养猪猪舍环境与猪体表微生物分布状况的研究[J]．安徽农业科学，38(34):19530-19532.

林琳．2009．从低碳经济角度审视中国生物质能产业的发展[J]．开放导报，5:20-25.

林启才，张振文，杜利劳，李英杰．2017．生物发酵床养殖技术对养殖场污染物去除效果研究[J]．现代农业科技，22:149-150.

林旭光．2013．微生物发酵床养猪技术的优缺点分析[J]．当代畜禽养殖业(6):23.

林营志，刘波，郑回勇，史怀，陈华，唐建阳，翁伯琦，余文权，刘现．2015．夏季高温季节微生物发酵床大栏猪舍环境参数变化动态[J]．福建农业学报，30(7):685-692.

林勇，施振旦，顾洪如，汤业潮，张胜富，赵伟．2015a．生物发酵床对苏邮1号鸭生产性能和蛋品质及肉品质性状的影响[J]．中国畜牧杂志，51(17): 64-69.

林勇，王建军，施振旦，余新鹏，刘珊，蒋岩，张广勇，赵伟．2015b．不同季节与饲养密度条件下发酵床养殖对肉鸭生产性能的影响[J]．家畜生态学报，36(3):78-82.

林勇，章小婷，计徐，邹雪婷，赵伟，施振旦，顾洪如，姚文．2015c．肉鸭发酵床抗生素、重金属累积及细菌耐药性的演变特性[J]．微生物学报，55(4):457-466.

林勇，赵伟，施振旦，刘玮孟，张广勇，蒋岩，丁沛，吴庆平，蒋明辉．2012．经济实用型发酵床旱养鸭舍设计与建造[J]．江苏农业科学，40(8):372-373.

林勇，赵伟．2011．肉鸭发酵床养殖综合配套技术[J]．江苏农业科学，39(4):236-238.

林勇，师蔚群，顾洪如，施振旦，张广勇，蒋岩，吴庆平，蒋明辉，赵伟．2016．发酵床旱养对樱桃谷种鸭生产性能的影响[J]．江苏农业科学，44(10):284-285.

林治佳，韩学平，刘哲．2015．高原地区发酵床养猪育肥试验与经济效益分析报告[J]．山东畜牧兽医，1:15-16.

凌云，路葵，徐亚同．2007．禽畜粪便堆肥中优势菌株的分离及对有机物质降解能力的比较[J]．华南农业大学学报，28(1):36-39.

凌云，徐亚同．2006．禽畜粪便高效降解菌对堆肥主要理化指标的影响[J]．河北农业大学学报，29(1):24-26,37.

刘标，尹红梅，莫云，许隽，张德元，贺月林．2017．夏季发酵床养猪模式对猪舍环境的影响[J]．江苏农业科学，45(21):173-175.

刘滨疆．2009．环境安全型鸡舍的配置分析与实践[J]．中国禽业导刊，10:21-23.

刘波，蓝江林，唐建阳，史怀．2014a．微生物发酵床育肥猪大栏养殖猪舍结构设计[J]．福建农业学报，29(5):505-509.

刘波，李兆龙，蓝江林，黄勤楼，唐建阳，余文权，史怀．2014b．微生物发酵床母猪大栏养殖猪舍结构设计[J]．福建农业学报，29(6):586-591.

刘波，唐建阳，蓝江林，史怀，李兆龙．2014c．微生物发酵床大栏猪舍育肥猪群管理隔离栏结构设计[J]．福建农业学报，29(10):1028-1032.

刘波，郑雪芳，朱昌雄，蓝江林，林营志，林斌，叶耀辉．2008．脂肪酸生物标记法研究零排放猪舍基质垫层微生物群落多样性[J]．生态学报，28(11):5488-5498.

刘波，蓝江林，唐建阳，史怀．2014e．微生物发酵床菜猪大栏养殖猪舍结构设计[J]．农业科学与技术：英文版，9:1521-1525，1529.

刘波，李兆龙，唐建阳，黄勤楼，郑回勇，蓝江林，史怀，翁伯琦，余文权．2014f．微生物发酵床大栏养殖猪群管理的研究[J]．福建农业学报，29(11):1051-1057.

刘波，刘国红，林乃铨．2014g．基于脂肪酸生物标记芽胞杆菌属种类的系统发育[J]．微生物学报，54(2):139-138.

刘波, 王阶平, 陈倩倩, 刘国红, 车建美, 陈德局, 郑雪芳, 葛慈斌. 2016a. 养猪发酵床微生物宏基因组基本分析方法[J]. 福建农业学报, 31(6):630-648.

刘波, 蓝江林, 余文权, 黄勤楼, 陈倩倩, 王阶平, 陈华, 陈峥, 朱育菁, 潘志针. 2016b. 低位微生物发酵床养猪舍的设计与应用[J]. 氨基酸和生物资源, 38(3):68-72.

刘波, 潘志针, 朱育菁, 陈峥, 许炼, 林营志, 史怀. 2016c. 夏季高温阶段微生物发酵床表层温度分布研究[J]. 福建农业学报, 31(10):1098-1103.

刘波, 王阶平, 陈倩倩, 刘国红, 车建美, 陈德局, 郑雪芳, 葛慈斌. 2016d. 养猪发酵床微生物宏基因组基本分析方法[J]. 福建农业学报, 31(6):630-648.

刘波, 翁启勇, 郑回勇, 丁中文, 温庆放. 2013. 福建省设施农业发展的问题与对策——以中以示范农场为例[J]. 福建农业学报, 28(4):387-391.

刘波, 郑回勇, 林营志, 刘生兵, 郑鸿艺, 尤春中, 史怀, 蓝江林, 李兆龙, 唐建阳, 黄勤楼. 2014d. 微生物发酵床大栏猪舍环境监控系统设计[J]. 福建农业学报, 29(9):913-920.

刘波, 郑雪芳, 朱昌雄, 蓝江林, 林营志, 林斌, 叶耀辉. 2008. 脂肪酸生物标记法研究零排放猪舍基质垫层微生物群落多样性[J]. 生态学报, 28(12):1-11.

刘波. 2016. 养殖污染微生物治理及其副产品资源化利用[J]. 兽医导刊(21):7.

刘波, 戴文霄, 余文权, 蓝江林, 陈倩倩, 王阶平, 黄勤楼, 陈华, 陈峥, 朱育菁. 2017a. 养猪污染治理异位微生物发酵床的设计与应用[J]. 福建农业学报, 32(7):697-702.

刘波, 陈倩倩, 陈峥, 黄勤楼, 王阶平, 余文权, 王隆柏, 陈华, 谢宝元. 2017b. 饲料微生物发酵床养猪场设计与应用[J]. 家畜生态学报, 38(1):73-78.

刘春喜, 贾昌泽, 陈斌, 何华. 2008. 猪细菌病诊断识别与综合防治（Ⅰ）[J]. 农技服务, 10:94-98.

刘顺德, 王旭鹏, 龙德英, 李娜, 马沛利. 2011. 宁夏不同产地玉米秸秆营养成分分析[J]. 农业科学研究, 32(4):35-37.

刘顺德, 李娜, 施安, 王旭鹏, 龙德英. 2012. 宁夏寒季自然床与发酵床饲养生长育肥猪效果评价[J]. 安徽农业科学, 40(4):2058-2059.

刘峰. 2011. 发酵床养猪技术在睢宁县的应用探讨[J]. 绿色科技, 8:58-60.

刘国红, 朱育菁, 刘波, 车建美, 唐建阳, 潘志针, 陈泽辉. 2014. 玉米根际土壤芽胞杆菌的多样性[J]. 农业生物技术学报, 22(11):1367-1379.

刘国红, 刘波, 王阶平, 朱育菁, 车建美, 陈倩倩, 陈峥. 2017. 养猪微生物发酵床芽胞杆菌空间分布多样性[J]. 生态学报, 37(20):6914-6932.

刘海琴, 张志勇, 罗佳, 张迎颖, 刘丽珠, 王岩, 严少华. 2015. 养猪发酵床废弃垫料高温堆制肥料的研究[J]. 江西农业学报, 8:44-48.

刘开元, 王天柱, 张利, 邱立平. 2010. 生物发酵床养猪技术使用情况调查与思考[J]. 湖北畜牧兽医, 1:15-16.

刘继明. 2012. 江西生物发酵床养猪技术的推广情况[J]. 中国畜牧业, 7:60-62.

刘建军, 王元珍, 赵彩荣, 樊力. 2016. 生态养鸡综合配套技术的研究与探索[J]. 中国畜牧业, 12:55-56.

刘金林. 2009. 新罗区生猪发酵床配套技术初探[D]. 福州: 福建农林大学.

刘金林. 2012. 生猪发酵床养殖效果研究[J]. 福建畜牧兽医, 3:5-7.

刘娟, 王新海, 李永春, 李云川, 王觉浩. 2011. 发酵床生态养猪技术在江苏省邳州市的应用与推广[J]. 畜牧与饲料科学, 8:74-77.

刘俊珍，盛清凯．2011．肉鸡发酵床几个垫料指标的变化规律[J]．山东畜牧兽医，32(11):3-4.

刘凯，郁继华，颉建明，冯致，张国斌，李琨，刘佳．2011．不同配比的牛粪与玉米秸秆对高温堆肥的影响[J]．甘肃农业大学学报，46(1):82-88.

刘丽珠，卢信，范如芹，罗佳，张振华．2017．保水剂垫料栽培基质对番茄生理指标及产量的影响[J].南方农业学报，48(7):1242-1248.

刘敏．2012．物联网母猪养殖技术及机械装备[J]．农业装备技术，38(4):22-24.

刘强，梁雷，陈忠林，王杰，王蕾．2011．复合菌剂在发酵床养猪上的应用[J]．辽宁大学学报（自然科学版），38(1):76-78.

刘芹防，崔尚金．2009．如何防治猪沙门氏菌病：猪沙门氏菌病病原学、流行病学，诊断及防治进展[J]．猪业科学，26(12):24-28.

刘让，陈少平，张鲁安，苏贵成，李岩．2010．生态养猪发酵益生菌的分离鉴定及体外抑菌试验研究[J]．国外畜牧学(猪与禽)，30(2):62-64.

刘让，崔艳霞，李宏建，刘国华，徐亚楠，潘晓亮．2011．发酵床养猪模式与传统养猪模式饲养效果比较[J]．家畜生态学报，32(6):88-90.

刘荣乐，李书田，王秀斌，王敏．2005．我国商品有机肥料和有机废弃物中重金属的含量状况与分析[J]．农业环境科学学报，24(2):392-397.

刘珊珊，魏述东，曹洪防，李钦亮，翟荣玲，王新波，沈岩峰．2010．生物环保养殖本地黑鸡效果研究[J].养禽与禽病防治，29(1):7-9.

刘胜军，卢庆萍，张宏福，李辉．2010．高温高湿环境对生长猪生长性能、血浆皮质醇浓度和免疫功能的影响[J]．动物营养学报，22(5):1214-1219.

刘树军，赵艳，张广庆，朱宗涛，李万华，王香菊．2009．自然养猪法在岱岳区的推广应用[J]．山东畜牧兽医，30(2):6-7.

刘涛，王瑞，陈宠智．2011．发酵床猪场猪繁殖与呼吸综合征病毒和猪传染性胸膜肺炎混合感染的诊治[J]．黑龙江畜牧兽医，11:83-84.

刘天宇，李建辉，刘姝彤，俞筱妍，尹微琴，王小治，封克，顾洪如．2016．猪发酵床不同垫料中As、Hg累积规律[J]．农业资源与环境学报，33(4):369-375.

刘卫国，魏宗友．2014．浅谈太仓地区发酵床养鸡技术推广前景[J]．中国畜牧兽医文摘，30(1):55.

刘雯雯，兰远芳，陈功臣，曾凉雄．2013．日粮中添加不同益生菌对发酵床中断奶仔猪生产性能的影响[J]．畜禽业(9):36-39.

刘小丽，张伟．2011．生态养猪法中发酵床的制作方法[J]．养殖技术顾问，2:18.

刘小莉，何振刚，张欣．2012．添加菌渣配制发酵床养猪效果试验[J]．畜牧兽医杂志，3(31):28-30.

刘彦，魏时来．2014．玉米秸秆型发酵床养猪垫料发酵效果的研究[J]．国外畜牧学(猪与禽)，12:58-61.

柳尧波，傅建功，任素芳，郭立辉，张玉玉，刘玉庆．2017．应用PCR-DGGE分析发酵床养殖仔猪消化道菌群多样性及其演替[J]．家畜生态学报，38(3):14-18.

刘毅，吴婷．2007．"全球眼"网络视频监控系统在环境质量监测中的应用[J]．电信科学，23(11):50-53.

刘宇锋，苏天明，张振华．2017．不同发酵床类型中垫料理化性状年变化的监测与分析[J]．江苏农业科学，45(13):201-208，218.

刘云浩，蓝江林，刘波，朱昌雄，郭萍，陈燕萍．2011．微生物发酵床垫料微生物DNA提取方法的研究．福建农业学报，26(2):153-158.

刘振，原昊，姜雪姣，李慧，颜培实．2008．夏季发酵床猪舍的温热环境与猪休息姿势的变化[J]．畜牧与兽医(5):41-42.

刘振钦，高继辉．2009．有机生态菌发酵床养鸡[J]．菌物研究，7(Z1):193-194.

刘振钦，李宏伟，王建全，沈红，苏占峰．2007．发酵床养猪与水泥圈舍养猪效果比较[J]．养殖技术顾问，3:10.

刘正飞，蔡旭旺．2003．副猪嗜血杆菌研究进展[J]．动物医学进展，24(5):17-19.

柳丽，高和坤，李海兵，张孝庆．2013．微生态健康养猪技术规程[J]．湖北畜牧兽医，34(4):65-67.

龙妍，惠竹梅，程建梅，庞学良．2007．生草葡萄园土壤微生物分布及土壤酶活性研究[J]．西北农林科技大学学报（自然科学版），35(6):99-103.

楼杰，胡志刚，涂尾龙．2014．不同原材料按比例混合组建的生态床对猪生产性能及疾病的影响[J]．国外畜牧学（猪与禽），34(9):50-51.

卢胜明．2002．益生芽孢菌制剂对鸡免疫促进作用的研究[J]．畜禽业，11:14-15.

卢舒娴．2011．养猪发酵床垫料微生物群落动态及其对猪细菌病原生防作用的研究[D]．福州：福建农林大学．

陆波，陆银忠．2014．发酵床养鸡技术[J]．中国畜牧兽医文摘，30(1):51.

陆扬，吴淑航，周德平，薛惠琴，李荣杰，陈谊，夏东．2011．发酵床养猪垫料的养分转化与植物毒性研究[J]．农业环境科学学报，30(7):1409-1412.

路振香，戚云峰，周玉刚，王立克，柳卫国，何欢，韩磊，刘树全．2011．发酵床养猪对肥育猪生产性能及肠道有关细菌的影响[J]．中国微生态学杂志，23(12):1074-1076.

鲁春刚，刘燕．2009．生物发酵舍零排放养殖技术及其在养猪业中的应用[J]．饲料广角，11:40-41,47.

栾炳志．2009．厚垫料养猪模式垫料参数的研究[D]．泰安：山东农业大学．

栾炳志，焦洪超，林海．2009．发酵床养猪垫料基础参数研究[J]．内蒙古通辽：2010年全国家畜环境与生态学术研讨会论文集：412-416.

栾冬梅，马淑华．1997．哺乳母猪舍温热环境的测试与分析[J]．黑龙江畜牧兽医(3):17-18.

罗创国，孙世铎，薛瑞超，高瑜龙．2010．发酵床养猪与水泥地面养猪效果比较[J]．家畜生态学报，31(4):52-56.

罗代俊．2013．远程视频图像监控在变电站设计中的实现[J]．中国新技术新产品，12:25-26.

罗昊昊．2013．基于UG的F3200型翻堆机滚筒设计及有限元分析[J]．机电技术，36(3):25-27.

罗佳，刘丽珠，王同，刘海琴，严少华，卢信，范如芹，张振华．2015．养猪发酵床垫料有机肥对辣椒产量及土壤微生物多样性的影响[J]．土壤，47(6):1101-1106.

罗佳，刘丽珠，王同，严少华，卢信，范如芹，张振华．2016．有机肥与化肥配施对黄瓜产量及土壤微生物多样性的影响[J]．生态与农村环境学报，32(5):774-779.

罗剑毅，王俊，徐亚丹，何喜玲，黄会明．2007．基于电子鼻雪青梨贮藏期检测的实验研究[J]．科技通报，23(3):378-381.

罗秋兰，梁祖满，苏记良，邝哲师，潘木水，黄静．2016．发酵床饲养对樱桃谷鸭生产性能的影响[J].广东畜牧兽医科技，41(3):49-50，52.

罗维，陈同斌．2004．湿度对堆肥理化性质的影响[J]．生态学报，24(11):2656-2663.

马晗，郭海宁，李建辉，李买军，尹微琴，王小治，封克，顾洪如．2014a．发酵床垫料中有机质及氮素形态变化[J]．生态与农村环境学报，30(3):388-391.

马晗，郭海宁，郑凯琪，李买军，尹微琴，王小治，封克，顾洪如．2014b．不同养猪模式对土壤As累积的影响[J]．农业环境科学学报，10:2042-2046.

马建民，郭彤，郭秀山．2013．生态养猪场发酵床垫料中砷残留测定[J]．家畜生态学报，5:80-81.

马建民，郭彤，郭秀山，李彦霞，赵增元．2014．猪发酵床垫料中重金属元素残留分析[J]．黑龙江畜牧兽医，1:195-196.

马晋．2004．日本的发酵床养猪技术[J]．当代养猪(2):28-29.

马平，刘小莉．2012．发酵床养猪几种不同垫料组合最佳配比试验[J]．畜牧兽医杂志，31(3):65-66.

马文胜，李同华．2009．自然养猪法在生产实践中的应用研究[J]．中国畜禽种业，5(7):115-116.

马占峰，胡秀双，刘海彪，孙宁．2011．微生物发酵床与传统水泥地面夏季养猪的对比试验[J]．养殖技术顾问，1:187-188.

马占稳．2011．发酵床上养猪 绿色环保效益涨[J]．农民科技培训，8:36.

毛湘冰，杨爱芝，肖兵南，刘毅，易学武．2006．畜禽粪便用于生产饲料的方法[J]．黑龙江畜牧兽医(7):52-53.

孟繁荣．2011．发酵床养有机猪是保护生态环境提高动物福利 关注人类健康的集中体现[J]．内蒙古自治区科学技术协会：内蒙古自治区第六届自然科学学术年会优秀论文集：662-665.

孟繁荣，姜悦生，时玉新，鲍洪芹．2013．用农副产物做发酵床垫料更适合农户养猪[J]．农村养殖技术，6:28-30.

孟莉蓉，俞浩丹，杨婷婷，吴继阳，尹微琴，王圣森，侯建华，王小治．2018．2种生物炭对Pb、Cd污染土壤的修复效果[J]．江苏农业学报，34(4):835-841.

孟连军．2010．五常市华宝生猪养殖专业合作社生态养殖示范场创新管理模式[J]．养殖技术顾问，3:199.

孟祥宇，王刚，原伟涛．2013．北方地区发酵床养猪垫料制作与管理维护要点[J]．农村养殖技术，3:26-27.

孟妍君．2014．牛粪垫料对泌乳牛趴卧行为和环境卫生的影响[D]．哈尔滨：东北农业大学．

孟俞辰，康颖倩，牛雪可，邱文，王颜颜，兰咏哲，张笑娟，明春艳，夏茂宁，廖万清．2018．猪圈发酵床中细菌的分离鉴定及其特征研究[J]．贵阳医学院学报，43(4):383-388.

蒙洪娇，朱世馨，惠铄智，蔡维北，杨一，孔祥杰，姜海龙．2016．垫料配方对发酵床养猪效果的影响[J]．猪业科学，33(10):120-122.

苗立中，李峰，吴忆春．2009．猪群常见细菌病的药物预防和治疗[J]．今日畜牧兽医，4:30-32.

闵令强．2013．QFJ600型牵引式翻堆机的研究与设计开发[J]．农业装备与车辆工程，51(9):67-69.

明镇寰，黄朴，虞左明，詹立．1999．聚合酶链式反应（PCR）用于检测环境水体指示菌的研究[J]．环境科学学报，5(19):122-124.

聂昌林，徐晓娜，宋春阳．2013．发酵床技术在猪生产中的应用[J]．中国饲料(13):42-44.

牛连信，苏红辽，司光林，魏长康．2010．发酵床饲养肉鸡的优势及存在的问题[J]．当代畜牧，4:4-5.

潘培生．2009．猪沙门氏菌病的流行与防制[J]．中国猪业，4(12):36-37.

潘孝青，杨杰，徐小波，冯国兴，李健，秦枫，李晟，邵乐，顾洪如．2013a．不同饲养方式及垫料环境下的发酵床猪生产性能及肉品质[J]．江苏农业科学，12:205-207.

潘孝青，杨杰，徐小波，秦枫，李健，宦海琳，李晟，邵乐，张霞，顾洪如．2013b．发酵床养殖模式对猪臀肌中MSTN基因表达量影响及其与肉品质间的相关性[J]．华北农学报，z1:32-35.

潘孝青，杨杰，徐小波，秦枫，刘蓓一，朱洪龙，李健，宦海琳，李晟，邵乐．2015．发酵床饲养对猪运动时间、肌纤维形态、MSTN蛋白表达的影响[J]．畜牧与饲料科学，36(2):6-9，12.

潘胤飞，赵杰文，邹小波，刘木华．2004．电子鼻技术在苹果质量评定中的应用[J]．农机化研究，26(3):179-182.

潘志针，刘波，朱慧君，朱育菁，张连宝，陈峥，郑梅霞，史怀．2015．微生物发酵床养猪垫料中物质组分GC-MS分析[J]．福建农业学报，30(8):810-816.

潘志针，刘波，朱育菁，陈峥，许炼，史怀．2016．基于色差技术的微生物发酵床垫料发酵等级研究[J]．福建农业学报，31(11):1248-1251.

庞海涛．2015．发酵床养殖模式对樱桃谷肉鸭养殖环境和免疫功能的影响[D]．泰安：山东农业大学．

彭华．2014．远程视频图像监控在变电站设计中的实现[J]．中国新技术新产品，24:19-20.

彭军．2010．巢湖流域规模化畜禽养殖场对水环境污染评价及其控制对策研究[D]．合肥：安徽农业大学．

彭乃木，黄展鹏，王国忠．2009．生物发酵床养猪与常规养猪效益对比试验[J]．畜禽业(3):10-12.

彭赛芬．2013.不同地面覆盖物对黄甜竹林土壤化学性质及生产力的影响[J]．安徽农业科学，41(13):5783-5785.

彭新宇，黄应开，孙俊颖．2011．发酵床养猪模式下猪主要寄生虫病的控制策略[J]．黑龙江畜牧兽医，8:93-95.

蒲丽．2011．微生物发酵床日常管理和维护需注意的问题[J]．现代畜牧兽医，6:59.

朴哲，崔宗均，苏宝林．2001．高温堆肥的生物化学变化特征及植物抑制物质的降解规律[J]．农业环境保护，20(4):206-209.

齐祖同．1997．中国真菌志:曲霉属及其相关有性属 [M]．北京：科学出版社．

钱芳成．2010．发酵床养猪模式探究[J]．现代农业科技 (3):332-333.

羌宁．2003．城市空气质量管理与控制[M]．北京:科学出版社．

秦枫，潘孝青，李晟，杨杰，顾洪如．2013．发酵床养殖对猪组织器官和血液免疫指标的影响[J]．畜牧与兽医，45(10):72-74.

秦枫，潘孝青，顾洪如，徐小波，杨杰，刘鎏．2014．发酵床不同垫料对猪生长，组织器官及血液相关指标的影响[J]．江苏农业学报，30(1):130-134.

秦枫，潘孝青，李健，徐小波，李晟，杨杰，顾洪如，朱庆亚，潘晶晶．2016．发酵床不同垫料对肥育猪生长性能及脂肪代谢指标的影响[J]．西南农业学报，29(7):1724-1728.

秦家毅．2014．发酵床养猪与水泥地面养猪饲养效果比较[J]．当代畜牧，8Z:88-89.

秦树基，黄林．2000．用于酒类识别的电子鼻研究[J]．郑州轻工业学院学报(自然科学版)，15(4):17-19.

秦艳梅，张爱民．2017．微生态发酵床功能菌株产孢条件的优化[J]．江苏农业科学，45(4):235-238.

邱立，王兴龙，郝华芳，郭潇，张耀相．2012．仔猪鲍曼不动杆菌的分离鉴定及生物学特性研究[J]．中国预防兽医学报，34(11):882-885.

任磊．2010．微生态发酵床养猪试验的效果观察[J]．养殖技术顾问，1:11.

任素芳，郭立辉，骆延波，凌泽春，柳尧波．2013．发酵床养殖对仔猪胃肠道大肠杆菌和乳酸菌增殖的影响[J]．华中农业大学学报，32(1):87-91.

荣发瑜．2012．颍上县生态发酵床养猪现状及发展对策[J]．现代农业科技，13:274，282.

冉桂霞，鲁明鹤，刘笑鸿，鲁英，郭艳芹．2015．发酵床与常规饲养对猪生产性能的影响[J]．中国畜禽种业，11(3):94.

伞洪玖，张启祥，陈恩秋，王雪姿，王金川．2018．友好型生猪养殖集成技术试验报告[J]．现代畜牧兽医，2:32-36.

沙红，王燕飞，曲延英，高文伟，张立明，刘军．2005．一种适于甜菜RAPD分析的DNA快速提取方法[J].

新疆农业科学，42(3):162-164.

沙宗权．2013．微生物发酵床养猪技术的应用[J]．现代农业科技(10):261-262.

单达聪，王海宏，王四新．2009．养猪发酵床运行特征的研究[J]．饲料与畜牧·规模养猪，1:8-10.

单慧，孙喜奎，杨立军，刘玉坤，董汉荣，郑平．2013．利用微生物发酵床养羊试验[J]．黑龙江动物繁
　　殖，21(5):55-56.

邵颖，秦卫东，陈安徽，樊美珍．2011．土著发酵床对商品猪生产性能和血液生化指标的影响[J]．中国微
　　生态学杂志，23(9):806-809.

沈剑华．2010．"发酵床"养猪的利弊分析[J]．石河子科技，4(2):69-70.

沈萍，陈向东．2007．微生物学实验 [M]．北京：高等教育出版社:15-20.

沈跃．2005．国内外控制养殖业污染的措施及建议[J]．黑龙江畜牧兽医，5(5):1-3.

盛清凯，武英，王成立，季相武，姜殿文，赵红波，王诚．2008．发酵床养猪建筑设计中存在的一些问题
　　与解决方案[J]．猪业科学，9:45.

盛清凯，王诚，武英，郭建凤，赵红波，张桂芝．2009．冬季发酵床养殖模式对猪舍环境及猪生产性能的
　　影响[J]．家畜生态学报，30(1):82-85.

盛清凯，武英，赵红波，刘华阳，王星凌．2010．发酵床养殖垫料组分的变化规律[J]．西南农业学
　　报，23(5):1703-1705.

盛清凯，赵红波，宫志远，冉文霏，尹志明．2011a．菌渣发酵床对雏鸡生产性能的影响[J]．山东农业科
　　学，4:100-102.

盛清凯，王可，马跃宁，冉文斐，武英．2011b．菌渣垫料堆积发酵试验[J]．山东农业科学，11：67-68,72.

盛清凯，赵红波，周萍，尹志明，宫志远．2011c．发酵床废弃垫料理化特性及对种子发芽率的影响[J]．猪
　　业科学，28(5)：86-88.

盛清凯，韩红，韩建东，宫志远，任鹏飞，万鲁长．2015a．生猪菌渣发酵床垫料对小麦种子发芽及酶活的
　　影响[J]．山东农业科学，47(3):72-75.

盛清凯，伊惠，王怀中，韩建东，万鲁长，武英．2015b．不同菌渣发酵床对猪生产性能、血液指标及臭气
　　的影响[J]．西南农业学报，28(6)：2774-2778.

施光发，甘友保，朱冠元，何柏水，丁正金．2006．土壤微生物发酵床养猪技术[J]．畜牧与兽医，38(3):59.

施正香，李保明，张晓颖，周道雷．2004．集约化饲养环境下仔猪行为的研究[J]．农业工程学
　　报，2(20):220-225.

石旭东，苟献福，苟宇博．2010．发酵床保育猪舍与高床保育猪舍饲养保育猪效果对比试验[J]．中国畜牧
　　兽医学会：中国畜牧兽医学会养猪学分会第五次全国会员代表大会暨养猪业创新发展论坛论文集:439-442.

石艳会，王旭．2012．利用发酵床养蛇的优势与经验[J]．养殖技术顾问，2:73.

石志芳，姬真真，席磊．2017．规模化猪场NH_3排放特征及影响因素研究[J]．中国畜牧杂志，53(8):100-
　　104.

时凯，杨智青，陈长宽，侯福银，金崇富，陈应江．2018．不同养殖模式下肉鸡生长性状，体尺性状，屠
　　宰性能及肉品质的研究[J]．江苏农业科学，46(15):129-131.

史志强，王晓峰．2011．推广标准化健康养猪技术的重要意义[J]．农业技术与装备，23:58-59.

帅起义，邓昌彦，李家连，邓冲，颜元喜，齐德生．2008．生物发酵自然养猪技术养猪效果的试验报告
　　[J]．养猪，5:27-29.

宋德贵，辜澜涛，俸祥仁．2012．薄垫料-外发酵养猪新技术及其对比试验[J]．广西师范大学学报（自然科

学版），30(2):123-126.

宋凯，单安山，李锋，程宝晶．2008．液体发酵制备木聚糖酶及其对育肥猪生长性能与血液生化指标的影响[J]．东北农业大学学报，39(1):90-94.

宋凌浩，宋伟民，施玮，蒋蓉芳．2000．上海市大气微生物污染对儿童呼吸系统健康影响的研究[J]．环境与健康杂志，17(3):135-138.

宋修超，郭德杰，马艳，严少华，张晶．2017．化肥施用量对基质栽培樱桃番茄产量品质的影响及基质重茬利用效果[J]．江苏农业科学，45(20):165-169.

宋泽琼，蓝江林，刘波，林娟．2011．养猪微生物发酵床垫料发酵指数的研究[J]．福建农业学报，26(6):1069-1075.

苏霞，王海宏，步卫东，夏永恒，伍诚意，陈小玲，杨兵．2011．发酵床养殖对猪常见疾病防控效果的影响[J]．畜牧与兽医，43:17-25.

苏承宗，吴启承．1995．大肠杆菌K88，K99双价基因苗预防仔猪黄白痢试验报告[J]．上海畜牧兽医通讯，6:26-27.

苏铁，李丽立，肖定福，张松柏，黎卫，陈文，张彬，陈宇光．2010．生物发酵床对猪生长性能和猪舍环境的影响[J]．中国农学通报，19(20):18-20

苏杨．2006．我国集约化畜禽养殖场污染问题研究[J]．中国生态农业学报，14(2):15-18.

苏跃民．2010．绿色养猪法[J]．农民致富之友，11:48.

孙碧玉，邵继海，秦普丰，汤浩，黄红丽．2014．养猪发酵床中净水芽孢杆菌的分离及其固体发酵研究[J]．环境工程，32(11):60-63.

孙彩霞，王根云，王学峰，韩引刚，赵云刚，刘双翼．2016．发酵床养殖技术在内蒙古呼和浩特地区育肥猪生产中的应用研究[J]．畜牧与饲料科学，37(3):96，99.

孙飞成．2011．浅谈生物发酵床的维护[J]．现代畜牧兽医，8:57.

孙华，彭先文，梅书棋．2008．湖北白猪优质系生长曲线分析[J]．安徽农业科学，36(32):14124-14125.

孙孟军．2016．黑猪的发酵床养殖模式浅论[J]．当代畜牧，10Z:45.

孙平勇，刘雄伦，刘金灵，戴良英．2010．空气微生物的研究进展[J]．中国农学通报，26(11):336-340.

孙亚楠．2010．猪用发酵床系统的发酵特征[J]．饲料与畜牧:新饲料(12):17-20.

孙彦．2014．发酵床养鸭对垫料卫生状况及肉鸭肠道微生物多样性的影响[D]．成都：四川农业大学.

孙英杰，何成新，徐广平，张德楠，周翠鸣，曾丹娟，黄玉清．2014．广西十万大山南麓不同植被类型土壤酶活性[J]．中国农学通报，30(31):33-40.

谭善杰，吴占元，王月静，田水．2010．生物环保技术饲养肉鸭试验[J]．山东畜牧兽医，31(12):9-10.

谭熙忠．2012．微生物发酵床与水泥地面养猪方式对比试验报告[J]．当代畜牧(10):4-5.

唐建阳，郑雪芳，刘波，蓝江林，卢舒娴，胡桂萍．2012．微生物发酵床养殖方式下仔猪行为特征[J].畜牧与兽医，321(4):34-38.

唐丽丽，包景岭，张维，高郁杰，李燃，常文韬，温娟，孙静．2016．天津市规模化畜禽养殖污染现状及减排潜力挖掘[J]．安徽农业科学，44(34):110-113，118.

唐启义，冯明光．2002．实用统计分析及其DPS数据处理系统[M]．北京：科学出版社.

唐式校，王义．2016．发酵床养殖育肥用乳公牛试验研究[J]．现代畜牧科技，10：22-23.

唐生林．2013．发酵床生态养猪技术浅述[J]．畜禽业，7:44-45.

唐万林，宾石玉，贾金生．2009．发酵床对生长猪生产性能和经济效益的影响[J]．湖南畜牧兽医，4:13-15.

唐昭成．2014．发酵床养猪增重试验效果[J]．当代畜牧，9:1．

汤葆莎，陈君琛，沈恒胜，吴俐，赖谱富．2015a．以发酵床养猪废垫料为替代料的毛木耳菌丝培养基质筛选[J]．中国农学通报，31(25):66-69．

汤葆莎，沈恒胜，陈君琛，李怡彬，翁敏劼．2015b．发酵床腐殖质代料培养大球盖菇菌丝的适合性评价[J]．中国农学通报，31(19):92-95．

陶建丰．2008．仔猪梭菌性肠炎的综合防治[J]．畜禽业：南方养猪，5：87-88．

陶志伦，项云，金华．2004．猪生长曲线探讨[J]．浙江农业学报，16(2):99-101．

滕建标，范绪和，柯荣峰．2009．发酵床生态养猪技术探讨[J]．养殖与饲料，5：117-119．

田冬梅．2010．仔猪腹泻的主要防治措施[J]．中国猪业，3：31-32．

田华，李顺荣，冯强．2010．生物发酵床条件下育肥猪疾病控制效果观察[J]．中国动物保健，12:15-17，21．

田浪，廖党金，万昭军，王文贵，魏甬，谢晶，赵素君，曹冶．2010．养猪发酵床中主要致病菌鉴定及致病性研究[J]．当代畜牧，4:13-15．

田明亮，王子荣，姜广礼，李建鲲，朱民望．2011．夏季发酵床对育肥猪的生长性能和肉品质的影响[J]．猪业科学，28(7):82-85．

田宗义．2015．发酵床养猪与传统养殖的优势对比研究[J]．北京农业，2:67．

童城．2008．地球上的土壤究竟是如何形成的[J]．资源导刊，9:36-37．

童建国，肖玉梅，陈保华．2008．中草药提取物对育肥猪生长性能和肉质的影响[J]．饲料工业，29(18):11-14．

佟成峻．2012．不同垫料对微生物发酵床养猪效果的影响[J]．当代畜牧，7:10．

屠平光，项云，杜喜忠，章啸君，楼芳芳，胡旭进．2016．异位发酵床技术在猪场粪污处理中的应用[J]．农技服务，33(15):153．

万鲁长，韩红，韩建东，宫志远，任鹏飞，盛清凯．2015．菌渣-猪粪发酵床垫料对玉米种子发芽及酶活性的影响[J]．中国食用菌，34(4):67-71．

万水霞，朱宏赋，蒋光月，李帆，郭熙盛．2011．食用菌菌糠综合利用情况综述[J]．安徽农业通报，17(14):247-248．

万熙卿，卢惟本，苏泽民．2006．生长育肥猪采用节水型板条式半漏缝地板的应用效果[J]．养猪(02):47-48．

万忠梅，吴景贵．2005．土壤酶活性影响因子研究进展[J]．西北农林科技大学学报（自然科学版），6(33):88-91．

汪道明．2009．发酵床养猪技术[J]．现代农业科技，18:288．

汪明阳，王颖欣．2018．推广异位发酵床，还需"三思而后行"[J]．养殖与饲料，7:1-2．

王家圣，韩安勤，尹晓黎．2009．湖北省桑梓湖种猪场生物发酵床饲养妊娠母猪效果初报[J]．中国畜牧业协会：全球猪业论坛暨2009(第七届)中国猪业发展大会论文集:53-55．

汪开英，代小蓉，李震宇，魏波．2010．不同地面结构的育肥猪舍NH_3排放系数[J]．农业机械学报(1):163-166．

汪开英，魏波，应洪仓，罗皓杰．2011．不同地面结构育肥猪舍的恶臭排放影响因素分析[J]．农业机械学报，9:186-190．

王露，郭宗义．2009．生物发酵床养猪的利与弊[J]．畜禽业，3:8-10．

王秋君，严少华，马艳．2017．基质栽培中追施化肥对可溶性有机质及西瓜生长的影响[J]．江苏农业科学，45(21):154-157．

汪时龙. 2017. 宣城市宣州区毛竹笋覆盖催笋技术[J]. 现代农业科技，21:19-21.

王彬，王俊卿，刘洪明，宋玉财，于晓云，于小川，赵明晓，徐晓静. 2014. 发酵床养肉鸡试验研究与推广应用[J]. 山东畜牧兽医，35(11):1-3.

王晨光，陈昭辉，王美芝，孙亚男，刘继军. 2013. 冬季北方哺乳母猪舍建筑与暖通设计[J]. 家畜生态学报，34(11):44-48.

王诚. 2008. 发酵床养猪法的几个关键环节[J]. 农业知识(科学养殖)，9:36-37.

王诚，盛清凯，武英，李福昌，郭建凤，赵红波，陶海英. 2009. 冬季水泥地面猪舍与发酵床猪舍养猪效果比较[J]. 黑龙江畜牧兽医，4:56-57.

王诚，张印，王怀忠，郭建凤，武英. 2009. 发酵床饲养模式对猪舍环境、生长性能、猪肉品质和血液免疫的影响[J]. 山东农业科学，11:110-112.

王春蕾，曹顶国，李福伟，武彬，雷秋霞，黄保华. 2013. 发酵垫料蛋鸡粪便承载能力评价指标的研究[J]. 家畜生态学报，34(6):76-80.

王迪. 2012. 猪用生物发酵床垫料中微生物群落多样性变化及芽胞杆菌分离与鉴定[D]. 武汉：华中农业大学.

王定发，高长明，吴金英，陶利文，程蕾，凌明湖，刘晓华，钱运国，金尔光，陈橙. 2012. 发酵床养猪饲料中不同抗菌成分饲养育肥猪试验[J]. 饲料博览，3:25-27.

王冬梅，周晓峰. 2006. 猪疫病流行及防治分析[J]. 农村实用科技，10:32-33.

王飞. 2012. 安徽省宣州区发酵床猪场的疾病调查和发酵床新型垫料的研究[D]. 南京：南京农业大学.

王福山，周斌，汪开英，陆建定. 2010. 发酵床养猪垫料中重金属累积初探[D]. 内蒙古通辽:2010年全国家畜环境与生态学术研讨会：432-434.

王桂玲，胡梅. 2013. 生态发酵床养猪技术引进创新[J]. 河南农业，14:50-51.

王国华，郝荣超，李广东，王健诚，左飞，孙敬辉，郑建涛，苗玉涛. 2016. 发酵床与实心地面育肥猪舍氨气、硫化氢及二氧化碳浓度对比检测研究[J]. 家畜生态学报，37(10):69-71，87.

王海宏，杨兵，郭鹏，俞荣，耿爱莲，初芹，张剑，王昌青. 2014. 极端气候采用发酵床养殖对育肥猪生产性能的影响[J]. 畜牧与兽医(7):47-49.

王海霞，曾庆南，杨军，程平，余林. 2017. 不同措施对毛竹冬笋笋期和产量的影响研究[J]. 竹子学报，36(1):30-35.

王海洲，李维荣，陈淑爱，张黎鑫. 2014. 两种发酵床养殖模式饲养肉鸭效果试验[J]. 中国家禽，36(21):65-67.

王海洲，刘相春，李永华，张黎鑫，侯海平. 2015. 发酵床养殖肉鸭技术的科技创新与推广[J]. 山东畜牧兽医，36(6):21-22.

王会灵. 2013. 发酵床饲养种猪及仔猪要点[J]. 农家致富，5:38-39.

王俊超，郑凯琪，俞筱妍，薛红波，李建辉，尹微琴，王小治. 2016. 垫料生物炭对Cd^{2+}的吸附性能[J]. 环境工程学报，10(11):6655-6661.

王俊强. 2012. 发酵床养猪技术的优缺点[J]. 中国畜牧兽医文摘，3:78.

王磊，胡玉洁，李学军，朱泽闻，舒锐. 2019. 陆基推水集装箱式水产养殖模式适养种类初探[J]. 中国水产(11):61-63.

王磊，王峰，尹彬彬，王安生，高玉君，柴同杰. 2005. 魏氏梭菌PCR检测方法的建立及应用研究[J].山东畜牧兽医，2:1-2.

王磊．2014．智能猪舍监控系统的设计[J]．科技视界，16:134-135．

王莉，孙春萍，尹志明，刘玉民．2012．乳酸菌微胶囊制剂的添加和不同养殖模式对断奶仔猪生长性能的影响[J]．山东畜牧兽医，33(10):2-4．

王连珠，李奇民，潘宗海．2008．微生物发酵床养猪技术研究进展[J]．中国动物保健，7:29-30．

王露，郭宗义．2009．生物发酵床养猪的利与弊[J]．畜禽业导刊，3:8-10．

王沐，于真来，魏守海，韩春春，黎丽．2016．发酵床养鸭和传统地面养鸭生长性能的比较研究[J]．中国家禽，38(17):70-72

王钦军，杜维．2011．发酵床养猪法的现状与应用前景．养殖技术顾问，11:17．

王荣民，杨艳，管业坤，张国生，刘继明，林春斌．2013．土著菌种的采集培养及菌种分析[J]．江西畜牧兽医杂志，6:11-14．

王润之，匡伟，黄忠阳，郗正林，何宗亮，姚远，舒茵．2014．发酵床对优质鸡生产性能和鸡舍环境的影响[J]．安徽农业科学，42(7):2049-2050，2061．

王深圳，李杰元，崔志浩，柳卫国，魏明，张萌萌，颜培实．2017．夏季和冬季肉牛棚舍发酵床饲养模式的研究[J]．畜牧与兽医，49(9):38-41．

王世栋．2013．生态养猪技术示范推广的经济效益和社会效益[J]．养殖技术顾问，12:11．

王仕军．2009．低碳经济研究综述[J]．开放导报，5:44-47．

王曙光，侯彦林．2004．尿素肥斑扩散对土壤微生物群落结构的影响[J]．生态学报，24(10):2270-2274．

王伟东，刘建斌，牛俊玲，吕育财，崔宗均．2006．堆肥化过程中微生物群落的动态及接菌剂的应用效果[J]．农业工程学报，22(4):148-152．

王香祖，刘瑞玲，席继锋，韩学平．2014a．添加棉秆制作发酵床养猪效果试验[J]．江苏农业科学，3:157-158．

王香祖，席继锋，韩学平．2014b．消毒对发酵床微生物的影响试验[J]．黑龙江畜牧兽医，8:32-34．

王潇娣，廖春燕，朱玲．2012．发酵床养猪模式中垫料的主要菌群分析[J]．养猪，3:69-72．

王小红，吕峰，常代奇，苏爱梅，季雪峰．2013．不同菌种组合的发酵床养猪试验效果分析[J]．江苏农业科学，3:177-178．

王新梅，李金喜，陈书启．2014．发酵床养猪的优势及不足[J]．养殖技术顾问，3:18．

王欣，高文瑞，徐刚，李德翠，段传龙．2017．以猪发酵床废弃垫料为主要原料的无土栽培基质理化性状分析[J]．江苏农业科学，45(24):251-254．

王鑫，杜燕，李传龙，赵鹏，崔治中．2012．发酵床连续养殖对白羽肉鸡病毒感染状态影响的分析[J].中国畜牧兽医，39(7):241-243．

王秀坤，闫俊臣．2013．浅谈发酵床养猪技术的几点体会[J]．现代畜牧兽医，3:38-39．

王学敏，孟翠，任守文，顾洪如，涂峰，李碧侠，方晓敏．2013．冬季新型发酵床猪舍与普通猪舍温度比较分析[J]．家畜生态学报，34(11):49-51，70．

王学敏，任守文，李碧侠，李健，冯国兴，方晓敏．2012．夏季新型发酵床猪舍与普通猪舍温度比较分析[J]．家畜生态学报，33(1):77-80．

王学敏，任守文，李碧侠．2010．农户养猪的经济实用型发酵床猪舍设计[J]．畜牧与饲料科学，31(1):122-123．

王义祥，高凌飞，叶菁，李艳春，翁伯琦．2016．菌渣垫料堆肥过程碳素物质转化规律[J]．农业工程学报，32(z2):292-296．

王义祥，高凌飞，辛思洁，叶菁，李艳春，翁伯琦．2017．菌渣-发酵床废弃垫料堆肥中温室气体排放及与微生物的关系[J]．环境科学学报，37(12):4662-4669.

王银钱，乔晓，张玉明．2008．要慎重利用微生态发酵床养猪技术[J]．北方牧业，12:19.

王远孝，李雁，钟翔．2007．猪用发酵床的研究与应用[J]．家畜生态学报，28(6):51-53.

王远孝，李娜，李雁，李海芳，颜培实．2008a．自然发酵床的研制[J]．畜牧与兽医，40(3):31-34.

王远孝，李娜，李雁，沈晓昆，颜培实．2008b．发酵床养猪系统的卫生学评价[J]．畜牧与兽医，40(4):43-45.

王远孝，钱辉，王恬．2011．微生物发酵床养猪技术的研究与应用[J]．中国畜牧兽医，38(5):206-209.

王泽民，张维强．2013．FP2500A型翻堆机关键零件的模态分析[J]．农机化研究，35(10):16-20.

王兆山，刘光臣，王桂林，张英．2015．商品肉鸭"上网下床"养殖模式探索与思考[J]．山东畜牧兽医，36(12):16-17.

王兆勇．2009．自然养猪法的垫料管理技术[J]．山东畜牧兽医，30(7):100-101.

王振玲，王伟清，郭秀山，邓志峰，李景芝．2009．消毒药对发酵床微生物的影响[J]．猪业科学，26(3):98-99.

王振起，孙红岩．2010．浅谈发酵床生态养猪饲养管理[J]．中国畜禽种业，6(8):77.

王震，许丽娟，刘标，杜东霞，尹红梅，贺月林．2015a．发酵床垫料中高效纤维素降解菌的分离与筛选[J]．农业资源与环境学报，4:383-387.

王震，尹红梅，刘标，杜东霞，许隽，贺月林．2015．发酵床垫料中优势细菌的分离鉴定及生物学特性研究[J]．浙江农业学报，27(1):87-91.

王政，王雪丽．2016．军用方舱发展趋势[J]．现代军事(05):70-72.

王志强，郭成辉，王晓丽，陈志明．2013．发酵床猪舍与传统猪舍空气质量对比试验[J]．中国畜牧兽医文摘，4:59-60.

王志香．2009．平安县积极推广微生态发酵床养猪技术[J]．青海农牧业，4:35.

王中华，黄修奇．2011．甜菜碱对育肥猪生长性能、胴体品质和肉质的影响[J]．中国饲料，17:18-20.

卫亚红，梁军锋，黄懿梅，曲东．2007．家畜粪便好氧堆肥中主要微生物类群分析[J]．中国农学通报，23(11):242-248.

魏静萍，翟芸，李春．2015．蒙自县发酵床养猪的推广应用初探[J]．中国畜禽种业，11(2):4-6.

魏平，滚双宝，张强龙，赵芳芳．2015．不同菌种对猪用发酵床的应用效果[J]．甘肃农业大学学报，50(06):18-24.

魏平．2015．生物发酵床不同菌种组合发酵效果研究[D]．兰州：甘肃农业大学．

魏强．2010．国外发酵床养鸡技术的简介[J]．养殖技术顾问，6:245.

魏思雨，李建辉，刘姝彤，郭海宁，马晗，尹微琴，王小治，封克．2015．猪舍不同发酵床垫料温室气体排放研究[J]．农业环境科学学报，10:1991-1996.

魏玉明，郝怀志，董俊，何振富．2012．发酵床养猪对猪舍空气质量的影响[J]．当代畜牧，7:7-8.

位孟聪，杨瑞．2009．发酵床养猪技术简介[J]．科学种养，9:32-33.

闻晓波，崔玉东，朱战波，朴范泽．2007．牛产肠毒素大肠杆菌毒力因子多重PCR检测方法的建立[J].中国兽医学报，27(3):322–324.

文信旺，韦凤英，吴亮，覃仕善，廖玉英，秦黎梅，黄丽，何仁春．2013．发酵床养鸡对环境空气及产品质量的影响[J]．上海畜牧兽医通讯，4:48.

翁凯全，邱磊．2018．皖北地区猪舍发酵床自走式翻耙机设计与试验[J]．鄂州大学学报(4):102-104.

吴东祥．2013．竹林养鸡技术[J]．福建农业科技(10):27.

吴金山．2009．发酵床养猪技术的应用价值[J]．中国畜禽种业，12:61-63.

吴镜，陈文武，王忠山，付秀珍，吴荷群，刘彩虹，田明堂，王全得．2010．新疆地区发酵床生态养猪试验报告[J]．当代畜牧，12:5-8.

吴买生，唐国其，陈斌，贺长青，罗强华，刘天明，向拥军，李朝辉．2010．发酵床猪舍对育肥猪生长性能及肉品质的影响[J]．家畜生态学报，31(6):39-43.

吴买生，左晓红，胡德忠，朱光辉，黄凌，邬怀志，戴求仲．2013．肉质调理剂对杜长大杂交猪育肥性能、胴体特性及肉质的影响[J]．饲料与畜牧·规模养猪，6:9-12.

吴琴燕，陈宏州，杨敬辉，潘以楼．2011．5株土著真菌的纤维素降解活性分析[J]．江西农业学报，23(5):150-151.

吴赛辉，何鑫淼，彭福刚，王文涛，刘娣．2012．黑龙江省发酵床养猪冬季温度研究[J]．黑龙江农业科学，5:78-79.

吴世芬．2014．重庆地区生猪"发酵床"养殖技术推广存在的问题探讨[J]．当代畜牧，6Z:23-24.

吴文开．2014．阜宁县生猪发酵床与传统水冲圈饲养模式对猪瘟、蓝耳病和口蹄疫血清抗体和主要寄生虫感染的影响[D]．南京：南京农业大学.

吴义祥．2011．乐都县发酵床养猪技术的应用探析[J]．青海畜牧兽医杂志，41(6):50-51.

吴玉臣，郭爽，阴正兴，唐光武．2009．舍温对生长猪生长性能的影响[J]．广东农业科学，8:183-184.

吴志丹，江福英，尤志明，王峰，张磊，翁伯琦．2015．配施生物基质肥料对茶园土壤酸度的改良效应[J]．茶叶科学，2:196-202.

吴中红，王新谋．2010．母猪舍建设与环境控制[J]．猪业科学(3):48-50.

武华玉，乔木，郭万正，彭先文，宋忠旭，郭锐，梅书棋．2009．生物发酵床养猪效果研究[J]．湖北农业科学，48(12):3090-3091.

武祥飞，李星丛，刘启斌．2016．浅析干撒式发酵床饲养盐津乌骨鸡技术[J]．中国畜牧兽医文摘，32(2):100.

武英，盛清凯，王诚，周开峰．2012．发酵床养猪技术的创新性研究[J]．猪业科学，29(8):74-76.

武英，赵德云，盛清凯，王诚，张印．2009．发酵床养猪模式是改善环境、提高猪群健康和产品安全的有效途径[J]．中国动物保健，5:89-92.

郗正林．2009．绿壳蛋鸡钢架卷膜大棚发酵床养殖效果[J]．家禽科学(5)．32-34.

郗正林．2010．塑料大棚发酵床养鸡技术细节与注意事项[J]．家禽科学(01):15-17.

夏飚．2008．发酵床对猪免疫抑制病的有效防治[J]．今日畜牧兽医，10:31.

夏晓方．2012．生物发酵床去除鸡粪恶臭的初步研究[D]．重庆：重庆工商大学.

夏新山，包祥嘉，徐巧琴，李新宇，韩祥林，孙军华，朱苏晋，孙谦，钱祥．2013．发酵床养猪与传统养猪对比试验报告[J]．中国猪业，12:59-60.

鲜凌瑾，吴永胜，周光荣，傅安静．2010．生物发酵床对断奶仔猪血液生化指标的影响[J]．黑龙江畜牧兽医，14:64-65.

项云，胡旭进，杜喜忠，楼芳芳，章啸君．2010．利用Gompertz方程拟合金华猪新品系（B型）后备猪生长曲线的研究[J]．浙江畜牧兽医，35(5):1-3.

向奋强．2008．微生态发酵床养猪助宁强县农民节支增收[J]．农村财政与财务，8:46.

肖翰，陈薇，刘标，汪彬，贺月林．2017a．发酵床饲养模式对育肥猪生长和血液指标的影响[J]．湖南农业科学，4:95-97．

肖翰，雷平，刘标，许隽，杜东霞，尹红梅．2017b．接种菌剂对发酵床垫料中微生物数量与酶活性的影响[J]．江苏农业科学，45(8):157-159．

肖沪燕．2009．生物发酵零排放养猪技术的应用推广[J]．山东畜牧兽医，30:10-11．

肖乐义，阎小君，侯瑜，张瑞骞，苏成芝，郭爱海，李陕区，刘君，陈远鑫．1995．多重PCR扩增伤寒杆菌、痢疾杆菌和霍乱弧菌特异基因片段方法的建立[J]．第四军医大学学报，16(4):274．

肖荣凤，刘波，唐建阳，史怀，陈燕萍．2015．哈茨木霉FJAT-9040生防菌剂固体发酵及其对苦瓜枯萎病的防治效果[J]．中国生物防治学报，31(4):508-515．

肖荣凤，朱育菁，刘波，潘志针，刘国红，刘芸．2016．微生物发酵床大栏养猪垫料中青霉菌的分离与鉴定[J]．福建农业学报，31(2):189-193．

肖荣凤，郑梅霞，刘波，陈燕萍，朱育菁，葛慈斌．2017a．利用响应面法优化非致病性尖孢镰刀菌FJAT-9290固体发酵培养基[J]．中国生物防治学报，33(2):258-265．

肖荣凤，朱育菁，刘波，潘志针，刘国红，刘芸．2017b．微生物发酵床大栏养猪垫料中曲霉菌的分离与鉴定[J]．福建农林大学学报（自然科学版），46(3):336-342．

肖荣凤，刘波，朱育菁，阮传清，刘国红，王阶平．2018．养猪微生物发酵床真菌空间分布特性研究[J]．中国生态农业学报，26(4):493-504．

谢红兵，刘长忠，陈长乐，张峰，王自良．2011．发酵床饲养对生长肥育猪生长性能与血液生化指标的影响[J]．江苏农业科学，39(6):347-348．

谢红兵，常新耀，王永强，杨永生，陈长乐．2012．发酵床饲养模式对生长肥育猪肉营养成分的影响[J]．中国饲料，12:16-19．

谢实勇，陈余，张鹏．2012．生态发酵床养殖对妊娠母猪肢蹄健康和仔猪成活率的影响研究[J]．猪业科学，29(9):86-87．

谢伟，黄建兵．2017．发酵床技术在生猪养殖中的应用试验[J]．当代畜牧，26:61-62．

邢成军，隗金玲，方琳．2005．大蒜素对育肥猪生产性能的影响[J]．黑龙江畜牧兽医，2:32-33．

邢善，郝翠兰．2016．藏香猪生态养殖技术示范及应用[J]．农村科技，4:73-74．

熊宽荣，张益煮，曹珍，王燕，史金才，吴银宝，廖新俤．2016．翻耙频率和发酵菌剂对猪舍外发酵床垫料微生物群落的影响[J]．家畜生态学报，37(6):43-50．

熊立寅．2015．发酵床饲养法对猪生长性能和肉质的影响[D]．长沙：湖南农业大学．

徐昌棠．1998．竹林养鸡效益高[J]．新农村，(04):9．

许开明．2014．萧县畜禽养殖污染防治工作中存在的问题及解决办法[J]．当代畜牧，1:53-54．

许越，秦萌，王立国，蔡淑先，魏峰．2013a．发酵床猪舍冬季饲养育肥猪试验报告[J]．当代生态农业，1:7-9，100．

许越，王立国，佟瞳，秦萌，魏峰．2013b．发酵床猪舍饲养断奶仔猪效果试验[J]．黑龙江畜牧兽医，10:79-80．

徐军，马洪亮，韩良义，杨新宇，钱志春，贾正才，李岩．2011．北方高寒地区发酵床养猪技术的应用[J]．养殖与饲料，6:12-13．

徐鹏翔，王大鹏，田学志，齐运才，杨明．2013．国内外堆肥翻抛机发展概况与应用[J]．环境工程(S1):547-549．

徐如海，胡锦平，翁经强，褚晓红，黄少珍．2007．连续日称重杜洛克公猪的生长曲线分析[J]．浙江农业学报，19(5):343-345.

徐晓静，惠鸿文．2005．应用多重PCR方法检测出血性大肠杆菌O157:H7[J]．畜牧与饲料科学，26(1):31-33.

徐小明，白建勇，宦海琳，闫俊书，周维仁．2015．地衣芽孢杆菌对发酵床饲养仔猪生长性能、消化酶活性及肠道主要菌群数量的影响[J]．中国畜牧兽医，42(4):923-928.

徐亚楠，潘晓亮，崔艳霞，刘让，李宏建．2012．新型发酵床垫料混合菌种的初步筛选研究[J]．石河子大学学报（自然科学版），30(3):333-336.

徐言明．2012．高温季节发酵床养猪的安全度夏措施[J]．中国畜牧兽医文摘，28(8):68.

徐燕．2013．南方地区发酵床养猪越夏技术[J]．农家致富(9):36-37.

徐旨弘，王美芝，贾静，田见晖，吴中红．2013．北京地区发酵床养猪方式冬夏季环境状况测试与分析[J]．中国畜牧杂志，49(5):66-71.

许家玉．2012．发酵床养猪技术在无为县的推广应用[J]．现代农业科技，10:314-315，318.

薛惠琴，梁应国，陆杨，李荣杰，胡志刚，夏东．2012．不同养殖模式对保育猪生产性能和饲养环境的影响[J]．上海畜牧兽医通讯，5:30-31.

严光礼，徐猛．2012．微生态发酵床养羊与传统养羊效果的对比分析[J]．养殖技术顾问，1:234-235.

闫俊书，宦海琳，周维仁，杨杰，徐小明，冯国兴，顾洪如．2014a．清洁型复合饲料添加剂对发酵床育肥前期猪生长，营养代谢及激素分泌的影响[J]．家畜生态学报，35(12):43-48.

闫俊书，宦海琳，周维仁，杨杰，徐小明，冯国兴，韩祥林，顾洪如．2014b．日粮中添加生物制剂对发酵床育肥后期猪生长性能、血清生化指标及内分泌激素的影响[J]．中国畜牧兽医，41(12):126-130.

颜军，朱柳燕，吴晓敏，马云，许静，王万想．2013．发酵床饲养苏淮猪及胴体指标检测[J]．中国畜牧兽医文摘，29(2):73-74.

杨朝飞．2001．加强禽畜粪便污染防治迫在眉睫[J]．环境保护，2:32-35.

杨国武，王黎．2009．养殖与发酵床技术[J]．山东畜牧兽医，30(10):24-25.

杨鸿．2011．生物发酵床养猪的应用技术研究[D]．成都：四川师范大学．

杨厚春，李洪斌．2009．小规模猪场养殖技术试验[J]．四川畜牧兽医，36(12):41-42.

杨虎，徐兴莉．2013．生物发酵床养猪技术应用及管理 [J]．猪业科学，01:78-79.

杨慧，陈艳．2016．冬季发酵床养殖模式对猪舍环境及猪生产性能的影响[J]．现代畜牧科技，9:177.

杨建华，候宏，王磊，刘福．2002．基于集成气敏传感器阵列的电子鼻系统环境响应特性分析[J]．传感技术学报，15(3):197-202.

杨静，李同洲，曹洪战，卜海燕．2014．不同水平饲用桑粉对育肥猪生长性能和肉质的影响[J]．中国畜牧杂志，50(7):52-56.

杨敬辉，吴琴燕，陈宏州，肖婷，狄华涛，张文文，庄义庆．2012．发酵床猪粪腐解菌群筛选[J]．生态学杂志，31(3):659-663.

杨久仙，关文怡，郭秀山，于凤芝，李玉清，张浩，张元其，齐军喆，张京和．2017．夏季发酵床鸭舍环境监测及蛋种鸭生产性能的试验研究[J]．饲料研究，24:19-22.

杨前平，李晓峰，熊琪，索效军，张年，陈明新．2017．微生物异位发酵床在肉牛健康养殖上的应用[J]．湖北畜牧兽医，38(11):32-34.

杨群，谢金防，韦启鹏，储怡士，唐艳强．2009．浅谈发酵床在养猪生产中的应用与研究进展[J]．江西饲料，4:1-3.

杨少华，柴同杰．2006．利用多重PCR检测兔肠致病性大肠杆菌和魏氏梭菌的毒力基因[J]．中国预防兽医学报，28(2):228–230．

杨生东．2009．微生态发酵床养猪效果观察[J]．青海畜牧兽医杂志，39(5):27-28．

杨威，俞守华．2014．视频监控技术在生猪规模化养殖中的应用[J]．现代农业装备，4:37-41．

杨艳，王荣民，管业坤，娄佑武，吴志勇，刘继明，丁君辉，卢红梅．2014．南方夏季生物发酵床对育肥猪饲养效果试验[J]．黑龙江畜牧兽医(9):97-99．

杨志柳．2013．发酵床养鸡技术[J]．农技服务，30(4):403．

杨正时．1985．致病性大肠杆菌的现代分类原则:血清型、毒力因子和移居因子抗原[J]．国外医学：微生物学分册，1:29-34．

姚春香．2010．浅谈检疫猪炭疽病的方法[J]．畜牧兽医科技信息，5:23-24．

姚兴中，周忠光，边兵来．2011．发酵床养殖AA＋肉鸡效果研究[J]．现代农业科技，23:327-328．

叶鼎承，胡玲英，戴文霄，黄勤楼．2017．微生物异位发酵床在养殖粪污中的应用[J]．中国猪业(7).30-32．

叶少文，车建美，刘波，王阶平，陈倩倩，刘国红，陈峥，唐建阳．2016．微生物发酵床垫料酶活性变化特性研究[J]．福建农业学报，31(1):52-56．

叶胜强，陈洁，鲍伯胜，郭一，金尔光，钱运国，王莲芳，万平民，闵娟．2011．夏季不同养殖模式生猪饲养效果比较研究[J]．现代农业科技，2:330-332．

易庆平，罗正荣，张青林．2007．植物总基因组DNA提取纯化方法综述[J]．安徽农业科学，35(25):7789-7791．

易松强，林克团，刘光楠，张含，王冷眉，和玉丹，杨文清．2018．几种粪污减量化生产模式探析[J].江西畜牧兽医杂志，2:24-25．

尹德明，李润成，颜运秋．2011．发酵床猪场猪繁殖与呼吸综合征病毒和沙门菌混合感染的诊治[J]．中国兽医杂志，47(3):40-41．

尹德明．2008．生物活性垫料猪场猪瘟抗体监测及其免疫程序的改进[D]．长沙：湖南农业大学．

尹航，周海柱，娄玉杰．2008．生态型发酵床养猪模式对猪舍环境的影响[J]．养猪，6:30-31．

尹红梅，贺月林，张德元，吴迎奔．2010．发酵床微生物接种试验研究[J]．家畜生态学报，31(6):49-53．

尹红梅，吴迎奔，张德元，王震，陈薇，贺月林．2012．发酵床中耐高温地衣芽孢的分离鉴定及产酶分析[J]．家畜生态学报，6:97-102．

尹红梅，陈文辉，王震，刘标，杜东霞，贺月林．2013a．发酵床陈化垫料腐解复合微生物菌剂筛选[J]．家畜生态学报，34(12):30-33．

尹红梅，贺月林，李兰芝，王震，吴迎奔，许丽娟，陈薇，丁祥力．2013b．发酵床陈化垫料堆肥的腐熟条件[J]．贵州农业科学，41(3):84-87．

尹红梅，刘标，许隽，杜东霞，许丽娟，陈薇，贺月林．2016．发酵床养猪垫料基础参数变化[J]．家畜生态学报，37(1):76-80．

尹微琴，李建辉，马晗，郭海宁，李买军，王小治，封克，顾洪如．2015．猪发酵床垫料有机质降解特性研究[J]．农业环境科学学报，34(1):176-181．

应三成，吕学斌，何志平，龚建军，陈晓晖．2010．不同使用时间和类型生猪发酵床垫料成分比较研究[J]．西南农业学报，23(4):1279-1281．

应诗家，杨智青，朱冰，戴子淳，李毅念，赵伟，林勇，丁为民，施振旦．2016a．发酵床垫料翻耙结合网床养殖改善鸭舍空气质量与鸭生产性能[J]．农业工程学报，32(3):188-194．

应诗家，张甜，蓝赐华，肖文权，赵伟，吴云良，林勇，施振旦．2016b．发酵床对舍内环境质量和肉番鸭生产性能的影响[J]．畜牧兽医学报，47(6):1180-1188.

应正河，林衍铨，江晓凌，黄秀声，罗旭辉，翁伯琦．2014a．利用微生物发酵床养猪垫料废料栽培毛木耳[J]．食用菌学报(3). 23-27.

应正河，林衍铨，江晓凌，黄秀声，罗旭辉，翁伯琦．2014b．微生物发酵床养猪垫料对5种食用菌菌丝生长的影响[J]．福建农业学报，29(10):982-986.

游金明，翟明仁，张宏福．2003．猪饲料中必需微量元素的盈缺对养猪生产的影响[J]．中国饲料，8:16-17.

于树，汪景宽，李双异．2008．应用PLFA方法分析长期不同施肥处理对玉米地土壤微生物群落结构的影响[J]．生态学报，28(9):4221-4227.

于向东．2012．微生态发酵床养猪试验结果报告[J]．中国畜牧兽医文摘，3:79.

余丰．2009．生物活性垫料对生猪疾病防控的影响及猪PRV免疫程序的改进研究[D]．长沙：湖南农业大学．

余刚，林家彬，秦竹，周忠凯，唐玉新，汤赤，陈俊．2011．经济实用型发酵床生猪养殖设施的研究[J]．江苏农业科学，39(6):342-344.

余刚，周忠凯，秦竹，顾洪如，杨杰，林家彬，唐玉新，汤赤，陈俊．2013．传统猪舍的发酵床养殖设施改造[J]．江苏农业科学，41(2):369-372.

余红，王永强，董佃朋．2011．夏季生物发酵床养猪技术[J]．中国畜牧兽医文摘，27(6):74-75.

于吉锋，廖党金，万昭军，王文贵，魏勇，谢晶，赵淑君，叶永刚，罗丹丹．2012．四川地区发酵床养猪风险性的调查[J]．中国畜禽种业，8(9):79-82.

余建妹，郑社会，潘飞云．2013．浙江淳安食用菌循环经济模式与发展建议[J]．食药用菌，2:78-81.

余琼，申学林，蒲学栋，李敬瑞．2010．凯里宏大猪场妊娠母猪舍的建设规划及应用探讨[J]．农技服务，27(10):1318，1357.

余勋信，黄金龙．2014．发酵床养鸡技术研究进展及推广应用[J]．黑龙江畜牧兽医(1):31-33.

喻家权，张桂芳，杨亨祥，杨秀中．2009．宣恩县生猪"4450"养殖模式初探[J]．湖北畜牧兽医，9:17-18.

俞锦禄．2009．养猪不造成环境污染思路探讨[J]．家畜生态学报(5):109-112.

俞守华，董绍娴，区晶莹．2009．猪舍有害气体NH_3、H_2S的电子鼻定量识别[J]．农业工程学报，25(7):153-157.

禹兰景，郭伟珍，王彦芝，齐志茹．2008．城市污泥与树皮、秸秆、醋糠混合堆肥研究[J]．河北林果研究，23(3):271-275.

虞益江，屠翰．2014．利用生物发酵床养殖废弃物制取生物质颗粒成型燃料研究[J]．能源工程，6:40-42,47.

袁学斌，陈伟．2016．生态发酵床养猪技术的推广应用[J]．当代畜禽养殖业，5:10-11.

袁雪波，张护，李志雄．2018．异位发酵床技术及在猪场粪污处理效果分析[J]．中国畜禽种业，14(6):102-103.

袁厅，华利忠，宦海琳，顾洪如，吴叙苏，邵国青．2015．8种发酵床常用菌种的药敏试验[J]．中国动物保健(6). 69-72.

岳虹，张青，陶正泽，刘保有，黄茂盛，王红琴，罗正英，张先勤，王孝义，郭荣富．2016．不同猪舍对育肥猪饲养效果及屠宰性能的影响[J]. 云南畜牧兽医，1:7-10.

曾凡亮. 2009. 生态养猪法中床舍的建造技术[J]. 农技服务，5:116, 118.

曾庆才，肖荣凤，刘波，胡桂萍，陈燕萍. 2014. 以微生物发酵床养猪垫料为主要基质的哈茨木霉FJAT-9040固体发酵培养基优化[J]. 热带作物学报(4):771-778.

曾艳. 2011. 发酵床养猪垫料中病原防控的研究[J]. 中国畜牧兽医，38(5):196-199.

曾艳，王春平，陈薇，汪彬，贺月林. 2011. 复方中草药制剂对猪舍发酵床养猪垫料中有害菌的防控研究[J]. 湖南农业科学，12:48-49.

湛方栋，陆引罡，关国经，唐远驹，张永春，黄建国. 2005. 烤烟根际微生物群落结构及其动态变化的研究[J]. 土壤学报，42(3):488-494.

张家富，罗丽萍，肖正中，刘桂武，覃小荣，何若钢. 2010. 南方不同季节采用发酵床养猪技术饲养保育猪的研究[J]. 养猪，4:44-46.

张俊宝. 2011. 安徽省亳州市发酵床生态养猪技术的应用效果观察[J]. 浙江畜牧兽医，5:22-23.

张海文，韩敏琦，杨林林，杨胜敏，赵桂生，高秀清，魏林虎. 2018. 发酵床模式下猪对喷雾降温的行为响应[J]. 黑龙江畜牧兽医（下半月），2:86-88.

张海云，肖棠，吴海峰，金显明，王斌. 2017. 高原日光温室生态猪舍冬季保温通风系统的设计[J]. 黑龙江农业科学，2:68-71.

张洪瑜. 2014. 发酵床养鸡对鸡肉安全性及垫料卫生影响的研究[D]. 成都：四川农业大学.

张健，王亚非，商鹏，强巴央宗. 2017. 高海拔地区干式发酵床饲养藏猪技术的初步研究[J]. 家畜生态学报，38(11):72-75.

张晶，郭德杰，宋修超，马艳. 2017a. 棉隆消毒改善发酵床垫料基质连茬栽培西瓜的效果研究[J]. 农业资源与环境学报，34(6):562-567.

张晶，罗佳，马艳. 2017b. 发酵床垫料栽培基质重复利用对辣椒生长和基质性状的影响[J]. 土壤，49(6):1108-1114.

张晋青，韩学平. 2011. 青海高原地区微生态养猪技术育肥效果[J]. 黑龙江畜牧兽医（上半月），6:75-76.

张金龙. 2009. 猪发酵床养殖中芽胞杆菌菌株的筛选、鉴定及产蛋白酶条件的优化[D]. 成都：四川农业大学.

张丽萍，孙国峰，盛婧，陈留根，郑建初. 2014a. 养猪舍不同发酵床垫料碳素流向及二氧化碳与甲烷排放初探[J]. 农业环境科学学报，33(6):1247-1253.

张丽萍，盛婧，孙国峰，郑建初. 2014b. 基于物质流分析的发酵床Cu累积特征[J]. 生态与农村环境学报，30(3):364-368.

张丽萍，盛婧，孙国锋，郑建初. 2014c. 养猪舍不同发酵床重金属累积特征初探[J]. 农业环境科学学报，3:600-607.

张丽萍，孙国峰，盛婧，陈留根，郑建初. 2014d. 猪舍不同发酵床垫料氨挥发与氧化亚氮排放特征[J]. 中国生态农业学报，22(4):473-479.

张丽萍，盛婧，刘红江，陈留根，郑建初. 2016. 发酵床养猪过程中垫料P素和K素物质流分析[J]. 农业环境科学学报，35(9):1750-1755.

张良. 2011. 生物发酵床养猪存在的问题及对策[J]. 当代畜牧，11:7.

张琳，邵晟宇，杨柳，董晓强，丁学全. 2009. 红外光谱法气体定量分析研究进展[J]. 分析仪器(2):6-9.

张灵启，李卫芬，余东游. 2008. 芽胞杆菌制剂对断奶仔猪生长和免疫性能的影响[J]. 黑龙江畜牧兽医，3:37-38.

张履祥辑补. 1956. 沈氏农书. 北京：中华书局.

张曼. 2017. 益生菌制剂研制及在肉鸡养殖中的应用效果评价[D]. 兰州：甘肃农业大学.

张曼，杨书会，曾巧英. 2016. 益生菌发酵床养殖模式对肉杂鸡新城疫和禽流感抗体水平及大肠杆菌耐药性的影响研究[J]. 家畜生态学报，37(7):64-67.

张苗，刘丽珠，严少华，张志勇，张振华，徐冉，罗佳. 2017. 发酵床熟化垫料肥料化发酵特性[J]. 江苏农业科学，45(21):297-301.

张明清，周惠强，舒琥，郭静文，钟东明，侯丽萍，舒锐. 2019. 酪酸菌对集装箱养殖的宝石鲈生长性能及肠道菌群的影响[J]. 饲料工业，40(12):40-45.

张鹏. 2015. 视频监控对生猪质量流程化管理的促进作用[J]. 广东畜牧兽医科技，40(2):48-49.

张鹏飞. 2008. 中西医结合治疗仔猪黄白痢病[J]. 畜牧兽医杂志，27(6):111-113.

张强龙，滚双宝，赵芳芳，蔡婷. 2015. 模拟猪舍发酵床垫料的筛选[J]. 甘肃农业大学学报，50(03):1-6,22.

张强龙，滚双宝，赵芳芳，魏平. 2016. 猪用发酵床菌种优化组合的研究[J]. 甘肃农业大学学报，51(02):28-34.

张强龙. 2015. 模拟发酵床养猪的垫料筛选及菌种优化组合的研究[D]. 兰州：甘肃农业大学.

张乔良，张贵才，葛际江. 2004. 腐植酸在油田中的应用[J]. 钻井液与完井液，21(3):3-5.

张青，潘巧珍，懂江鸿，蒋睿，杨绍聪，杨聪，李伟，屠云，高新，蒋会德. 2012. 仔猪保育发酵床与普通猪舍对比试验[J]. 云南畜牧兽医，6:6-7.

张青，岳虹，刘保有，陶正泽，黄茂盛，蒋会德，张先勤，郭荣富. 2015. 冬季发酵床与普通猪舍保育仔猪饲养对比试验[J]. 云南畜牧兽医，2:2-4.

张庆和. 2011. 生态养猪的利与弊[J]. 国外畜牧学（猪与禽），31(3):91-92.

张庆宁，胡明，朱荣生，任相全，武英，王怀忠，刘玉庆，王述柏. 2009. 生态养猪模式中发酵床优势细菌的微生物学性质及其应用研究[J]. 山东农业科学，4:99-105.

张秋萍. 2017. 大温差地区牛粪高温发酵回用牛床垫料研究[D]. 呼和浩特：内蒙古工业大学.

张树清，张夫道，刘秀梅，王玉军，邹绍文，何绪生. 2005. 规模化养殖畜禽粪主要有害成分测定分析研究[J]. 植物营养与肥料科学，11(6):822-829.

张树山，戴建军，吴彩凤，张廷宇，张德福. 2012. 巴马小型猪早期生长曲线拟合研究[J]. 上海农业学报，28(3):49-51.

张爽，纪术远，周海柱. 2014. 冬季发酵床养猪舍内环境状况评价[J]. 中国畜牧兽医文摘(4):137.

张甜，应诗家，蓝赐华，肖文权，赵伟，吴云良，林勇，施振旦. 2016. 夏季发酵床结合网床养殖模式对舍内环境质量和肉番鸭生长性能的影响[J]. 江苏农业学报，32(4):860-868.

张铁军. 2014. 塑料大棚和发酵床应用于养鸡时对其设置与维护的要求[J]. 养殖技术顾问，6:12.

张霞，顾洪如，杨杰，冯国兴，徐小波，余刚. 2011. 猪发酵床垫料中氮、磷、重金属元素含量[J]. 江苏农业学报，6:1414-1415.

张霞，杨杰，李健，潘孝青，秦枫，顾洪如. 2013. 猪发酵床不同原料垫料重金属元素累积特性研究[J]. 农业环境科学学报，32(1):166-171.

张霞，李晟，顾洪如，杨杰，李健，潘孝青，秦枫，邵乐，刘蓓一. 2015. 不同猪发酵床垫料内腐殖质变化特性研究[J]. 农业环境科学学报，11:2215-2221.

张晓华，张东星，刘远方，常伟，李阳，李景明，倪元颖．2007．电子鼻对苹果货架期质量的评价[J].食品与发酵工业，33(6):20-23．

张晓慧，张瑞华，夏青，张克春．2017．发酵床技术在泌乳牛群的临床应用研究[J]．上海畜牧兽医通讯，5:14-17．

张校军，王占彬，鲍伟光，高乾坤，万熙卿，顾宪红，郝月，崔艳军．2016．不同产圈模式对母猪繁殖性能及应激水平的影响[J]．畜牧兽医学报，10:2027-2036．

张兴权．2011．滚筒式内置动力装置污泥翻堆机技术研究[J]．水工业市场(9):72-75．

张学峰，丁瑜，董晓庆，常馨月，姜海龙．2011．发酵床养猪低成本垫料配比研究[J]．黑龙江畜牧兽医，13:86-87．

张学峰，周贤文，陈群，魏炳栋，姜海龙．2013．不同深度垫料对养猪土著微生物发酵床稳定期微生物菌群的影响[J]．中国兽医学报，33(9):1458-1462．

张学艳，高晓菲，曹玉国．2008．生物环保、节能的养猪新技术——发酵床养猪法[J]．养殖技术顾问，6:21．

张雪寒，何孔旺，张书霞．2003．产肠毒素性大肠杆菌肠毒素的研究概况[J]．动物医学进展，24(3):38-40．

张亚宁．2004．堆肥腐熟度快速测定指标和方法的建立[D]．北京：中国农业大学．

张炎，史军辉，李磐，冯耀祖，马海刚．2004．农田土壤氮素损失与环境污染[J]．新疆农业科学，41(1):57-60．

张燕．2014．浅谈竹林养鸡的疾病防控[J]．中兽医学杂志(11):35．

张益书．2009．生物发酵床饲养断奶仔猪[J]．猪业科学，26(3):50-51．

张邑帆，卢茵，黄微，杨柳．2012．发酵床垫料复合菌剂优化组合的研究[J]．现代畜牧兽医，2:51-54．

张印，焦洪超，林海，郭建凤，盛清凯．2014．干法和湿法猪发酵床垫料中磷的变化规律研究[J]．家畜生态学报，35(6):76-80．

张勇，董岩，朱宇旌，付丽．2008．不同蛋白质水平饲粮对生长育肥猪生长性能、免疫机能及臀中肌中μ-calpain表达量的影响[J]．中国饲料，23:18-20．

张永芳，刘永田．2017．五河县发酵床养猪技术推广与应用体会[J]．当代畜牧，4:7-8．

张玉芳．2014．鞍山市一猪场生物发酵床养猪技术经济效益的分析[J]．养殖技术顾问，8:277．

张媛媛，胡启蒙，刘春燕，严国祥，姜红菊，李新红．2013．发酵床养猪垫料重金属含量变化[J]．上海交通大学学报（农业科学版），31(4):23-29．

张志德．2011．发酵床最适合养保育猪[J]．中国猪业，10:44-45．

张宗伟，李娜，刘庆雨，吴文利，李兆华，金鑫，张佳，赵晓东，李玉分．2014．北方寒冷地区冬季不同保温措施对猪生长性能的影响[J]．黑龙江畜牧兽医，2:101-102．

章红兵，楼月琴，徐玉花，宋维龙．2012a．发酵床饲养方式对育肥猪血清免疫指标和肉品质的影响[J]．家畜生态学报，4:85-90．

章红兵，楼月琴，徐玉花．2012b．发酵床饲养方式对猪舍环境的影响[J]．家畜生态学报，33(3):96-99．

章红兵，高士寅．2012．发酵床饲养方式对商品猪生产性能和发病率的影响[J]．中国猪业，4:49-51．

章婷曦，王晓蓉，金相灿．2007．太湖沉积物中碱性磷酸酶活力（APA）和磷形态的垂向特征及相关性[J]．农业环境学报，26(1):36-40．

章小婷．2015．肉鸭发酵床垫料菌群结构演替、大肠杆菌耐药性和锌抗性的关系研究[D]．南京：南京农业大学.

章啸君，金新振，胡旭进，楼芳芳．2013．夏季母猪舍湿帘-风机降温系统的效果观察[J]．浙江畜牧兽医，38(5):22-23.

赵春林，张磊．2015．试论酵床养殖以及猪常见疾病防控效果的相关性[J]．中兽医学杂志，8:47.

赵迪武，贺月林，符利辉，陈微，廖立春，张劲松．2010．益生菌发酵床养猪对猪生产性能及饲养效益的影响[J]．湖北农业科学，49(11):2842-2845.

赵冬青，吴建平，段淇斌．2012．生物发酵床养猪效能和猪肉营养成分影响研究[J]．草业学报，21(2):212-218.

赵芳芳，刘天宝，余炜，冯强，滚双宝，姜天团，封洋．2014．不同结构圈舍在生态养猪生产中的应用效果比较[J]．甘肃农业大学学报，4:23-27.

赵国华，方雅恒，陈贵．2015．生物发酵床养猪垫料中营养成分和微生物群落研究[J]．安徽农业科学，48(8):98-101.

赵厚伟．2017．发酵床养猪模式利弊思考[J]．中国畜禽种业，13(3): 98-99.

赵谨，郑艺蕾，王志刚，张锦玥，曾东，舒刚．2015．生物发酵床对肉鸡生长性能与屠宰性能的影响[J]．饲料工业，36(5):20-22.

赵立君．2015．发酵床养羊的优点及其工作原理[J]．现代畜牧科技，2:16.

赵瑞香，周艳．2009．副猪嗜血杆菌病的病因分析及其防治[J]．养殖技术顾问，7:75.

赵伟，刘玮孟，张广勇，林勇，施振旦，蒋岩，丁沛，吴庆平，蒋明辉．2012．樱桃谷肉鸭发酵床养殖生产性能及效益分析[J]．江苏农业科学，40(10):192-193.

赵伟，林勇，施振旦，俞新鹏．2015．不同养殖模式对高邮鸭肉品质性状的影响[J]．江苏农业科学，43(12):232-234.

赵希彦．2009．芽孢杆菌制剂对肉仔鸡生产性能和免疫力的影响[J]．中国饲料，11:37-39.

赵欣．2010．发酵床养猪技术及疾病的防控措施[J]．养殖技术顾问，7:6-7.

赵兴征，刘宝庆，葛成冉，刘晨峰，高振记．2013．生物发酵床养猪垫料中营养成分及重金属含量的测定[J]．贵州农业科学，41(11):129-131.

赵勇，周志华，李武，刘彬彬，潘迎捷，赵立平．2005．土壤微生物分子生态学研究中总DNA的提取[J]．农业环境科技学报，24(5):854-860.

赵玉梅．2010．在我区应用的无公害发酵床养猪技术[J]．养殖技术顾问，3:16.

赵志刚．2014．生物环保养猪存在的问题及对策措施[J]．中国畜牧兽医文摘，4:67.

赵志龙，方实槐，江荷美，朱惟忠，杨惠萍．1981．猪粪发酵饲料喂猪试验[J]．上海农业科技，06:22-24.

郑宏伟，韦海芬，刘桂衡，谭乃淙．2018．荷斯坦奶牛优质高产集成技术研究与应用[J]．中国畜牧业，15:51.

郑宏文，马克源，李永红，郭立新．2014．生态发酵床养猪的优点、原理与合理利用[J]．畜禽饲养，2:18-19.

郑雪芳，刘波，蓝江林，苏明星，卢舒娴，朱昌雄．2011．微生物发酵床对猪舍大肠杆菌病原生物防治作用的研究．中国农业科学，44(22):4728-4739.

郑雪芳，刘波，林营志，蓝江林，刘丹莹．2009．利用磷脂脂肪酸生物标记分析猪舍垫料微生物亚群落的分化[J]．环境科学学报，29(10):2306-2317.

郑雪芳，刘波，卢舒娴，林抗美，蓝江林，黄有旺，许梓豪．2010．微生物发酵床微生态养鸡过程鸡的行为观察[J]．福建农业学报，25(4):399-404.

郑雪芳，刘波，朱育菁，王阶平，陈倩倩，魏云华．2018．磷脂脂肪酸生物标记法分析养猪发酵床微生物群落结构的空间分布[J]．农业环境科学学报，37(4):804-812．

郑玉才．2012．生态发酵床养猪技术的推广与应用[J]．现代农业科技，18:274-275，278．

钟成华，夏晓方，郭祥，张文东，刘洁．2012．模拟发酵床对鸡粪除臭菌株的筛选[J]．湖北农业科学，51(13):2780-2782．

钟小庆，吴亚梅，尹立鹏．2019．受控式集装箱循环水绿色生态养殖技术[J]．渔业致富指南(05):37-40．

周德平，褚长彬，赵峥，姜震方，吴淑杭．2016．基于高通量测序的肉牛垫料养殖床中细菌群落分析[J]．上海农业科技，6:26-27，41．

周福，张升昌，刘志才，张雷，朱权．2009．应用发酵床式生态养猪技术饲养育肥猪的效果观察[J].畜牧兽医科技信息，9:31．

周光宏．2002．畜产品加工学[M]．北京:中国农业出版社．

周开锋．2008．垫料池的建设与垫料原料的选择[J]．今日养猪业，3:10-12．

周开锋．2010．山东省自然养猪法研究推广情况总结[J]．猪业科学，27(1):80-81．

周康，张莉，何卫宏．2011．发酵床养猪对养殖环境的影响[J]．农技服务，28(9):1323-1325．

周俊秀．2014．发酵床养鸡技术的优点和方法[J]．养殖技术顾问(9):32．

周明，单玉平．2011．发酵床养猪与传统养殖的比较优势[J]．中国畜禽种业，7(11):79-80．

周显青，崔丽静，林家永，范维燕，张玉荣．2010．电子鼻用于粮食储藏的研究进展[J]．粮油食品科技，18(5):62-66．

周学利，吴锐锐，李小金，方国跃．2014．发酵床养猪模式中猪肠道与垫料间的菌群相关性分析[J].家畜生态学报，35(2):70-74．

周雪青，张晓文，陈惠存，程存仁，王影．2011．双刀盘三喂入式树枝粉碎机的研究应用[J]．农业技术与装备，4:14-16，19．

周轶韬．2009．规模化养殖污染治理的思考[J]．内蒙古农业大学学报，11(43):117-120．

周玉刚，许百年，张怀平，潘磊，柳卫国，韩磊．2008a．发酵床养猪土著菌种的制备技术[J]．畜牧兽医科技信息，11:38-39．

周玉刚，许百年，张怀平，潘磊，柳卫国，韩磊．2008b．发酵床养猪的社会和经济效益分析[J]．畜牧兽医科技信息，12:67．

周玉刚，许百年，曹晋荣，胡琴，柳卫国，韩磊．2009．发酵床垫料优化配方与传统垫料配方在断奶仔猪上的应用研究[J].畜牧兽医科技信息，7:24．

周玉刚，许百年，潘磊，胡琴．2010．发酵床猪舍和传统猪舍H_2S和NH_3浓度的比较研究[J]．畜牧兽医科技信息(3):30-31．

周玉刚，宁康健，刘树全，许百年，谢俊龙．2011a．发酵床饲养对育肥猪血液生化指标的影响[J]．安徽农业大学学报，2:263-266．

周玉刚，闻爱友，宁康健，许百年，谢俊龙，唐红，刘树全．2011b．微生物发酵床对育肥猪生产性能及猪肉品质的影响[J]．安徽科技学院学报(01):9-12．

周玉刚，宁康健，闻爱友，吕锦芳，许百年，王立克，柳卫国，陈会良，唐红．2013．发酵床鸡舍环境监测及AA肉鸡生产性能的观察[J]．当代畜禽养殖业，11:7-11．

周玉刚，宁康健，谢俊龙，唐红，许百年，王围围．2014．发酵床对肉鸡血清生化指标的影响[J]．中国畜禽种业，10(2):133-135．

周育，吉小凤，李文均．2012．曲霉类真菌毒素污染、危害及生物脱毒技术研究进展[J]．中国兽医学报，32(11):1741-1746．

周运来，张振华，范如芹，钱晓晴，罗佳，卢信，刘宇锋，刘丽珠．2016．秸秆还田方式对水稻田土壤理化性质及水稻产量的影响[J]．江苏农业学报，32(4):786-790．

周运来，张振华，范如芹，钱晓晴，卢信，刘丽珠．2017．小麦秸秆不同还田方式下土壤微生物碳代谢多样性特征[J]．生态与农村环境学报，33(10):913-920．

周志旺，周保国，蒲健霖．2008．生物发酵舍(零排放)养猪技术的实施与应用[J]．现代畜牧兽医，11:54-55．

周忠凯，秦竹，余刚，林家彬，唐玉新，汤赤，陈俊．2013．发酵床育肥猪舍内湿热环境与通风状况研究[J]．江苏农业学报，29(3):592-598．

周忠凯，余刚，秦竹，林家彬，严建民，汤赤，顾洪如，杨杰，唐玉新，陈俊．2014．发酵床育肥猪舍的氨气浓度及其排放率[J]．江苏农业科学，7:210-212．

周忠凯，李辉，秦竹，孙倩，顾洪如，夏礼如，余刚．2018．自然通风猪舍高压喷雾降温系统的降温效率[J]．江苏农业学报，34(1):106-113．

周忠强，沈根祥，徐昶，宋梦洁，陈晓婷，王振旗，付侃，钱晓雍．2019．上海市典型畜禽养殖场恶臭污染物排放特征调查[J]．浙江农业学报，5:790-797．

朱冰，李毅念，丁为民，施振旦．2017．带有深松铲发酵床翻抛机的研制及试验[J]．中国农机化学报，38(2):12-16．

朱常旺，李昕辰．2011．发酵床养禽法技术概论及其优势[J]．家禽科学，2:21-23．

朱昊宇．2015．红壤丘陵区不同林分类型土壤酶活性及养分特征[J]．现代农业科技，6:203-225．

朱洪，常志州，王世梅，黄红英，陈欣，费辉盈．2007a．基于畜禽废弃物管理的发酵床技术研究：Ⅰ发酵床剖面特征研究[J]．农业环境科学学报，26(2):754-758．

朱洪，常志州，王世梅，费辉盈，陈欣．2007b．基于畜禽废弃物管理的发酵床技术研究Ⅱ．接种剂的应用效果研究[J]．江苏农业科学，2:228-232．

朱洪，常志州，叶小梅，费辉盈．2008．基于畜禽废弃物管理的发酵床技术研究：Ⅲ高湿热季节养殖效果评价[J]．农业环境科学学报，27(1):354-358．

朱洪．2007．基于畜禽废弃物管理的发酵床技术研究[D]．南京：南京农业大学．

朱洪龙，杨杰，李健，潘孝青，秦枫，周忠凯，冯国兴，顾洪如．2016a．两种饲养方式下仔猪生产性能、行为和唾液皮质醇水平的对比分析[J]．中国农业科学，49(7):164-172．

朱洪龙，杨杰，徐小波，潘孝青，秦枫，李健，徐业飞，周晓云，顾洪如．2016b．饲养方式对猪宰前生理行为，胴体性质及肉品质的影响[J]．中国农业科学，49(22):4441-4450．

朱吕昌．2009．猪胸膜肺炎放线杆菌、多杀性巴氏杆菌、副猪嗜血杆菌复合PCR检测方法以及猪胸膜肺炎放线杆菌PCR-ELISA检测方法的建立[D]．扬州：扬州大学．

朱明恩．2010．规模化猪场猪巴氏杆菌病综合防制[J]．四川畜牧兽医，9:49-50．

朱尚雄．1990．漏缝地板[J]．农村实用工程技术(01):17．

朱双红．2012．猪生物发酵床垫料中细菌群落结构动态变化研究[D]．武汉：华中农业大学．

朱双红，韩垂旺，邓昌彦，郑嵘．2013．猪生物发酵床保育期垫料中效应细菌的筛选及鉴定[J]．中国饲料，6:17-20．

朱维．2016．发酵床养殖模式对肉鸭养殖环境的影响试验[J]．中国畜禽种业，12(10):142-144．

朱伟杰，柳建卫，王正荣．2014．发酵床养殖模式下猪胃肠道寄生虫感染情况调查[J]．新疆农垦科技，12:24-25．

朱伟兴，戴陈云，黄鹏．2012．基于物联网的保育猪舍环境监控系统[J]．农业工程学报，28(11):177-182．

朱伟兴，刁统山，葛广军．2006．规模化畜禽养殖场气味检测及控制[J]．安徽农业科学，34(6):1207-1208．

朱永红．2006．发酵床养猪八注意[J]．农业科技与信息(5):32-32．

朱元召，葛金山，胡忠泽，徐梅，王靓靓，王峰．2012．低蛋白质日粮预混料对猪生长和消化的影响[J]．饲料研究，2:1-3．

祝荣，方剑波，张金妹．2011．生物发酵床养猪与传统猪舍养猪效果的试验报告[J]．中国猪业，5(3):42-43．

左秀丽，左秀峰．2014．生物发酵床技术在种公猪舍的环保应用[J]．中国畜禽种业，10(5):59-60．